COURS COMPLET
D'AGRICULTURE

THEORIQUE, PRATIQUE, ECONOMIQUE, ET DE MEDECINE RURALE ET VÉTÉRINAIRE,

TOME XII.

Avec des Planches en taille-douce.

Désignation des matières traitées par chacun des auteurs du COMPLÉMENT DU COURS D'AGRICULTURE.

Grandes cultures, semis, pépinières, culture des jardins, des marais, plantes textiles, à fourrage, arbres nouvellement acclimatés en France, emploi des eaux.	M. THOUIN, Professeur d'Agriculture au Muséum d'Histoire naturelle, Membre de l'Institut et de la Société impériale d'Agriculture de Paris. M. TOLLARD, aîné, de plusieurs Sociétés savantes. M. BOSC, Membre de la Société d'Histoire naturelle de Paris, de la Société Linnéenne de Londres, de la Société d'Agriculture de Seine et Oise, Inspecteur des pépinières impériales de Versailles.
Restauration, repeuplement et aménagement des bois et forêts. — Comparaison des systèmes de culture de France et d'Angleterre.	M. DE PERTHUIS, Membre de la Société impériale d'Agriculture de Paris, de celles de l'Yonne et de Seine et Marne.
Dessèchemens des terrains marécageux, irrigation et culture des terrains nouvellement desséchés.	M. DE CHASSIRON, Tribun, vice-Président de la Société impériale d'Agriculture de Paris.
Économie rurale et domestique, éducation des animaux et oiseaux de basse-cour, conservation, préparations économiques, et commerce des produits agricoles; culture de plantes oléagineuses.	M. PARMENTIER, Membre de l'Institut national, de la Société impériale d'Agriculture, Inspecteur-général du service de santé des armées.
Éducation, choix, conservation en santé, engraissement, et traitement en maladies des animaux domestiques; régénération des haras.	M. CHABERT, Directeur de l'École impériale vétérinaire d'Alfort, Membre de la Société d'Agriculture de Paris, correspondant de l'Institut. M. FROMAGE, Professeur à l'Ecole vétérinaire d'Alfort, Membre de l'Athénée d'Alençon et de la Société d'Agriculture de Caen. M. CHAUMONTEL, Professeur à l'École vétérinaire, Membre des Sociétés d'Agriculture d'Amiens et de Caen.
Éducation des mérinos, régime qui leur est convenable; tableau des plantes utiles ou nuisibles pour la nourriture de tous les bestiaux. — Engrais. — Culture des sables.	M. LASTEYRIE, Membre de la Société impériale d'Agriculture de Paris, etc.
Abeilles. — Météorologie.	M. COTTE, de la Société impériale d'Agriculture de Paris, de celle de Versailles, etc.
Plans de constructions rurales.	M. DE PERTHUIS, Membre de la Société impériale d'Agriculture.
Pêche et chasse, étangs.	M. DE SONNINI, Membre de la Société d'Agriculture de Paris, continuateur de Buffon.
Application de la physique et de la chimie à l'agriculture, aux arts agricoles, et aux premières préparations des produits ruraux. Assainissement des demeures des hommes et des animaux; économie dans les combustibles, par de meilleures constructions des fourneaux, cheminées, poêles, dans les distilleries, par de nouveaux alambics; désuintage des laines; rouissage, etc.	M. BIOT, Professeur de physique au Collége de France, Membre de l'Institut national. M. ROARD, Directeur des teintures des Manufactures impériales. M. CURAUDAU, de la Société des Pharmaciens de Paris.

COURS COMPLET
D'AGRICULTURE

THÉORIQUE, PRATIQUE, ÉCONOMIQUE, ET DE MÉDECINE RURALE ET VÉTÉRINAIRE;

OU DICTIONNAIRE UNIVERSEL D'AGRICULTURE,

Rédigé par MM. Rozier, Chaptal, Parmentier, Delalause, Mongez, Lasteyrie, Dussieux, Gilbert, Rougier de la Bergerie, etc. etc.

TOME DOUZIÈME,

Rédigé par MM. A. THOUIN, PARMENTIER, BIOT, de CHASSIRON, CHABERT, LASTEYRIE, de PERTHUIS, ROARD, COTTE, SONNINI, FROMAGE, CHAUMONTEL, TOLLARD aîné, BOSC, CURAUDAU.

Formant le complément de cet Ouvrage, et contenant les découvertes et améliorations faites en agriculture, art vétérinaire et économie rurale, depuis vingt ans.

A PARIS,

Chez { MARCHANT, Imp.-Lib., Editeur du Cours complet, rue de la Harpe, Collége d'Harcourt, N°. 117;
DREVET, rue St-André-des-Arts, N°. 73;
CRAPART, CAILLE et RAVIER, Libraires, rue Pavée-St-André-des-Arts, N°. 12.

M. DCCC. V.

COURS COMPLET

D'AGRICULTURE

THÉORIQUE, PRATIQUE, ÉCONOMIQUE ET DE MÉDECINE RURALE ET VÉTÉRINAIRE.

EAUX, EN FRANCE, (*Economie rurale.*) Nous ne parlerons ici des eaux que sous les rapports qui intéressent l'économie rurale, et qui ne sont pas présentés dans le Cours d'Agriculture de Rozier. Il a parfaitement développé les principes constitutifs de l'eau, sa manière d'agir sur tous les corps, particulièrement son action sur la végétation; il n'a point parlé des grandes masses d'eau que nous offre le globe, de l'utilité que nous pouvons en tirer pour les produits agricoles, sur-tout de la nécessité de ne pas déranger d'une main imprudente le système général, le mécanisme de la nature qui, en distribuant sur notre globe de grands dépôts d'eaux, a eu ses vues, ses vastes combinaisons qu'il faut respecter. L'homme doit donc se borner à user des bienfaits de la nature, et à ne pas en *abuser*, sans quoi il seroit bientôt puni de sa témérité.

Il faut distinguer, en agriculture, deux espèces d'eaux, celles de la mer, et les eaux douces.

Celles-ci se subdivisent en eaux courantes, fleuves, canaux, rivières, torrens, etc.;

En eaux stagnantes, lacs, étangs, mares, fontaines, terres inondées;

En eaux souterraines, que l'art élève sur la surface du sol, et qu'il tire des puits, des sources, des citernes.

Il faut ajouter à cette nomenclature les eaux de l'atmosphère ou du ciel, que répandent les pluies, les brouillards, les rosées.

Laissons à la physique à connoître les causes qui produisent ces différentes eaux; laissons à la chimie à en analyser les principes; cherchons leurs effets, leur influence, leur utilité pour l'agriculture; ce seul rapport en présente trois importans.

Les routes ou transports par eau des produits du sol, (*la navigation intérieure et maritime*) les irrigations et les arrosemens, enfin les *assèchemens* et les dessèchemens *à faire* ou à protéger par des travaux utiles et par des réglemens d'administration publique.

Ces différens objets sont traités aux mots : Eaux de la mer, Navigation intérieure, Irrigations, Dessèchemens, Assèchemens, Réglemens nécessaires aux Sociétés de Dessèchemens. (*Voyez* ces articles.)

On donnera quelques développemens à ces articles, sur-tout à celui des grands dessèchemens, parce que M. Rozier n'a parlé que de celui des prairies ou des pièces de terre de peu d'étendue, et non de ces grandes conceptions, de ces belles conquêtes que le génie de l'homme a faites sur les eaux; telles que la Hollande, une partie de la Flandre maritime, et des départemens de l'Ouest et du Midi. En général, tout ce qui concerne le domaine des *eaux*, l'administration des eaux, est trop peu connu en France.

Si cependant il existoit (avant nos conquêtes) douze cent mille arpens à dessécher en France; (*Voyez* Boncerf et la Nouvelle Encyclopédie) si le reste du territoire français peut retirer des avantages immenses d'une bonne administration des eaux, il ne sera ni inutile ni déplacé de suppléer à ce qui manque dans l'ouvrage de Rozier. Tel est l'objet qu'on s'est proposé dans ce Supplément.

Eaux de la mer. Quels sont les avantages que l'agriculture peut retirer des eaux de la mer? En quoi peuvent-elles lui être nuisibles? C'est ce qu'il convient d'examiner.

Il seroit inutile de répéter que la mer étant le lien qui unit tous les peuples, tous les continens, qui ouvre des routes promptes et faciles au commerce, favorise l'agriculture dont elle transporte en peu de temps les produits à des distances qu'il faudroit des années entières pour franchir par terre; nous ne considérons ici les eaux de la mer que par leur action sur le sol et la végétation.

Les grandes masses des eaux de la mer nuisent à la végétation; si elles séjournent trop long-temps sur le sol, elles le durcissent, elles y déposent des parties bitumineuses qui, en resserrant toutes les parties du sol, le rendent impénétrable aux instrumens d'agriculture, et s'opposent à toute végétation. Tel est le phénomène qu'offre une partie de la Flandre maritime dans le dessèchement appelé les Moëres.

C'est à l'homme, aidé de son industrie et des secours de la nature, qu'il appartient de vaincre ces difficultés.

Il est évident que, tant que l'eau de la mer séjourne sur ces terrains, il est impossible d'en tirer parti; elles ne peuvent pas plus les pénétrer que le bassin le plus habilement construit.

Il faut donc commencer par faire écouler les eaux qui couvrent le sol par les moyens prescrits à l'article Dessèchemens, ensuite, il faut le rompre, soit à bras d'hommes, soit avec une forte charrue hollandaise ou flamande. Ainsi divisé, le terrain est livré à l'action de l'air et des eaux pluviales qui l'amendent. Dès qu'on y voit paroître quelque végétation, on peut le labourer, y semer des orges ou des avoines, enfin des blés fromens dont les étonnans produits dédommagent pendant long-temps des avances des premières années qui ont été sans revenu.

Prés salés, *mésottes*. Mais si les eaux de la mer, par un séjour trop prolongé sur la terre, nuisent à la végétation, elles la fécondent puissamment par des arrosemens modérés. Tout le monde connoît la fécondité des prés dits *salés*, autre part *mésottes* ou *mirottes*, que la mer couvre et découvre aux hautes marées; l'herbe qui y croît nourrit, engraisse, fortifie les bestiaux, rend leur chair succulente. On sait encore combien la végétation est forte sur les bords de l'Océan, même dans les terrains les plus médiocres. Les hommes, comme les animaux, y sont plus forts, plus vigoureux, et semblent destinés à braver les fatigues et les dangers de l'élément qui les environne.

Il ne faut donc pas négliger un moyen aussi puissant, fourni par la nature; et si l'on peut arroser à volonté le terrain, en y introduisant l'eau de la mer, on est certain d'avoir des prés, des pacages abondans, et qui jamais n'auront besoin d'être renouvelés par des engrais. Tout l'art consiste à tirer parti des moyens qu'offre la nature; mais, pour cela, il faut les bien connoître.

Dans les départemens maritimes, où les salines sont abondantes, l'art peut imiter l'opération de la nature, en jetant sur la terre les sels *de rebut* dans le commerce, au moment des grandes pluies, ou lorsqu'on peut introduire des eaux douces sur le terrain.

C'est la seule expérience où le sel employé comme amendemens, (car ce n'est pas un engrais) ait paru produire de grands effets sur le sol. (Chassiron.)

ECHAUFFEMENT, (*Maladie des animaux.*) L'échauffement, dans le sens propre, est l'augmentation de la chaleur. On a donné à ce mot un sens médical, et le vulgaire, sur-tout, en fait usage fréquemment pour désigner une chaleur intérieure, qui, dans quelques circonstances, semble dessécher les entrailles et les membranes extérieures des animaux. On dit même que le sang est échauffé; on donne aussi l'épithète d'échauffé à l'animal qui est constipé, qui rend des excrémens durs, secs. On exprime encore cette affection dans quelques cantons, en disant que la bile est recuite.

Dans ce qu'on appelle échauffement, la bouche est un peu plus chaude, plus sèche, la conjonctive et la membrane du nez sont un peu plus rouges, les mouvemens des flancs sont un peu plus accélérés, l'air expiré est un peu plus chaud que dans l'état sain; la peau des ars est desséchée, sur-tout dans le mouton; le berger fait sortir de l'anus, avec son doigt, des crotins desséchés, durs, et quelquefois teints d'un peu de sang: il vient alors, sur-tout aux chevaux, à toute la surface du corps, des petits boutons qu'on nomme Ampoules, Echauboulures, (*voyez* ces mots) ébullition de sang.

La constipation avec l'échauffement sont souvent accompagnés, dans la vache, de la dureté des alimens que renferme la panse, dureté que l'on reconnoît au moyen de la pression avec le poing sur le flanc gauche. La constipation dans les vaches et dans les bœufs, et sur-tout la couleur noire des excrémens, indiquent que les alimens contenus dans les feuillets y séjournent depuis long-temps, et qu'ils sont dans un état de dessèchement qui en rend la sortie très-difficile.

L'échauffement, dans l'espèce bovine sur-tout, est dangereux, lorsqu'il est accompagné du hérissement du poil sur les lombes, d'un pouls dur, petit et accéléré. (*Voyez* Charbon.)

Beaucoup d'autres maladies aiguës peuvent être précédées de l'échauffement, telles que la Fourbure, la Péripneumonie, la Maladie rouge. (*Voyez* ces mots.)

Les animaux d'un tempérament vif, sec, d'un caractère ardent, quelques jeunes sujets sont plus disposés que d'autres à l'échauffement; il est aussi plus fréquent dans les pays secs, dans les longues chaleurs de l'été, et en hiver.

Les causes qui le déterminent sont la disette et les alimens secs, la chaleur des écuries, des étables, des bergeries; l'excès de grain donné pour réparer les pertes causées par des travaux forcés, les épis que les moutons mangent dans les champs après la récolte.

Les moutons, les veaux et les bœufs, qui restent quelque temps dans l'échauffement, éprouvent une longue diminution de la transpiration, sont sujets à des démangeaisons et même à la gale; les poils, la laine tombent ou s'arrachent très-facilement; les animaux se frottent, perdent de leur poil, en les déglutissant avec les alimens, ou en se léchant les uns les autres; d'ou résulte la formation des gobbes ou égagropiles.

On voit que le plus souvent l'échauffement n'est qu'une disposition maladive, et c'est alors qu'il importe de le traiter avec méthode, pour en éviter les suites.

Les intentions doivent être de prévenir les effets de l'inflammation, de procurer l'évacuation des excrémens qui séjournent dans le canal intestinal, d'exciter doucement les organes à reprendre la plénitude de leurs fonctions.

Il faut, dans les premières vingt-quatre heures, cesser entièrement de donner des alimens solides, puisqu'ils ne pourroient qu'augmenter l'embarras. On pratiquera d'abord la saignée aux chevaux, et on la réitérera le jour suivant, si l'intensité du mal continue; on donnera un lavement émollient toutes les trois ou quatre heures; les boissons seront copieuses, et consisteront dans l'eau tiède, blanchie par le son de froment ou par la farine d'orge, dans chaque décalitre de laquelle on mettra un gros de sel de nitre (nitrate de potasse.)

Pour les bêtes à cornes, on donnera en breuvage une forte décoction de son et de graine de lin, avec un peu d'huile d'olive, le tout à la dose de douze à quinze litres par jour pour chaque bête; on leur continuera ces breuvages jusqu'à ce qu'elles évacuent très-librement: lorsque les matières altérées dans le feuillet sont arrivées dans les intestins, elles prennent un caractère purgatif, qui rend l'évacuation complète; puis on réparera les forces, sur-tout de l'estomac, au moyen de panades dans lesquelles il entrera du vin, de la bière ou du cidre; on ne donnera d'alimens solides que peu à peu, et quand l'appétit sera bien décidé; on continuera l'eau blanchie pendant quelques jours, et on ne remettra que par degrés les chevaux à la nourriture et aux travaux ordinaires.

Les troupeaux dans lesquels la plupart des animaux sont affectés d'échauffement, ne pouvant être traités bête par bête, il faut, si c'est à la fin de l'hiver, les conduire dans des champs ensemencés de blé ou de seigle, afin qu'ils en mangent les feuilles; ce qu'on appelle *effaner.*

Ces alimens tendres et nouveaux les purgent dans deux fois vingt-quatre heures; alors la tige de la plante n'est pas encore montée; les animaux ne pâturent que les feuilles d'hiver, ce qui ne fait aucun tort; au contraire, cette opération semble arrêter les sucs nourriciers dans les racines qui se fortifient par-là, et poussent des tiges plus multipliées: l'évacuation s'arrête d'elle-même, quand les matières du canal intestinal sont à peu près renouvelées.

Quant à l'échauffement qui a lieu dans les grandes chaleurs, il faudroit tâcher d'en prévenir les suites en donnant de l'eau acidulée, des racines hachées, des légumes, et des fourrages de prairies artificielles; outre que ces derniers moyens fournissent les plus grandes ressources, en tout temps, aux cultivateurs pour leurs animaux, ce sont encore les seuls qui puissent préserver des effets de la disette dans les années de sécheresse et de pluies prolongées. (Ch. et Fr.)

ECHIQUIER, (*Pêche*,) espèce de filet en nappe simple et carrée, bordée d'une corde, qui est forte sans être grosse, et que l'on attache, par les quatre coins, aux extrémités de deux arcs formés par deux perches légères, pliantes, se traversant en croix, plus longues que la diagonale de la nappe, et fixées, par le point de leur réunion, à une grande perche qui sert de manche au filet. Quelquefois les perches, ou bâtons, ne sont point courbés en arc et forment simplement la croix; d'autres fois la nappe est attachée presque immédiatement au manche, ou suspendue à une corde.

L'échantillon des mailles de l'échiquier est plus ou moins grand, suivant les espèces de poisson auxquelles on les destine. Il est clair que plus les mailles ont de largeur, plus on a de facilité à retirer le filet de l'eau, et c'est un avantage; car le succès de cette pêche dépend de la promptitude que l'on met à le relever.

Pour pêcher avec l'échiquier, on le plonge dans l'eau, de manière que la nappe s'étende sur le fond; on choisit les endroits échauffés par les rayons du soleil, ou ceux dans lesquels on appercevra beaucoup d'insectes. On retire le filet dès que l'on voit au dessus quelques poissons, ou que l'on juge qu'il peut s'en trouver. Cette sorte de pêche se fait en toute saison. (S.)

ÉCLATS. (*Jard.*) On appelle ainsi des parties séparées des souches mères, et qui ont une organisation semblable, mais qui n'ont pas de racines particulières; ce sont de véritables bourgeons qui, au lieu de croître sur des branches, viennent sur le corps des racines. Il est plusieurs végétaux, soit parmi les herbacés, soit parmi les ligneux, qui se multiplient par la voie des éclats de leurs racines, tels que plusieurs ombellifères vivaces à grosses racines solides; des câpriers, des figuiers, et des palmiers même. Ce qui sera dit sur la manière de séparer les œilletons, de les faire reprendre et de les cultiver, est absolument la même chose pour les éclats, et nous y renvoyons. On doit observer seulement de ne pas arroser les éclats avant qu'ils ne poussent; de les tenir plus sèchement, et d'exciter leur végétation par une douce chaleur, particulièrement pour les espèces des climats chauds. A défaut d'éclats tirés des racines, on éclate quelquefois des tiges dans la longueur de plusieurs pieds, et avec les racines qui se trouvent correspondre à la portion éclatée. Ce moyen ne réussit pas toujours; on l'emploie pour quelques végétaux rares, et, avec des soins, il donne souvent des résultats satisfaisans. Voici le moyen employé: Veut-on multiplier un jeune arbre de deux à trois pieds de haut, dont la tige a environ deux pouces de diamètre par bas? on l'enlève de terre avec toutes les racines; on lui coupe la tête horizontalement avant la naissance des branches, ensuite on le fend en deux ou même en quatre parties dans toute sa longueur, et on laisse à chaque quartier de l'individu, la portion de racines qui lui appartient; on la rogne un peu par l'extrémité, et on supprime toutes les parties qui ont pu être déchirées par l'opération.

On plante chaque quartier séparément dans une terre meuble et substanticlle, soit en pleine terre ou en pots. Il convient ensuite d'envelopper de mousse fraîche, fixée avec de la ficelle, toute la partie de la tige qui se trouve hors de terre, et de la couvrir par-dessus la mousse d'une légère enveloppe de paille longue. Cette opération a pour but d'abriter la plaie, dans toute sa longueur, du contact de l'air, et de l'entretenir humide et fraîche. Ce moyen de multiplication est plus extraordinaire qu'utile; il compromet l'existence d'un arbre qu'on auroit pu multiplier plus sûrement de marcotes, de greffes ou même de boutures. Nous l'avons vu pratiquer à Gênes sur de jeunes orangers, des citronniers, ainsi que des souches de câpriers; mais nous n'en avons pas constaté la réussite. Il est assez curieux de savoir ce que devient la moelle dans ces arbres, et les vaisseaux qui communiquent de ce conduit médullaire entre l'aubier et l'écorce, pour y déposer le cambium qui, suivant l'opinion de Daubenton, sert à fournir les couches ligneuses. Des expériences suivies avec soin sur cette partie, pourroient jeter beaucoup de jour sur un point de physique végétale très-intéressant. On multiplie les ognons écailleux, tels que le martagon du Canada, (*lilium superbum* L.) et autres, en séparant les écailles les unes des autres. Ces écailles, après avoir été exposées à l'air pendant quelques heures à l'ombre, sont plantées dans des caisses ou des terrines remplies de terreau de bruyère, et placées à l'exposition du levant. Il ne leur faut que de très-légers bassinages pendant la fin de l'automne, temps le plus favorable à leur plantation, encore moins pendant l'hiver, et un peu davantage au printemps. Ces écailles poussent, dès le premier printemps, de petites bulbes qui ne produisent qu'une feuille, cette première année; mais, les années suivantes, elles en produisent davantage, et sont en état de fleurir la cinquième année. Les hivers, il convient de couvrir ces jeunes bulbes de litière, ou de les rentrer pendant les fortes gelées dans une serre froide; enfin, on fend quelquefois en deux ou en quatre parties, des ognons qu'on veut multiplier, et cette opération réussit très-souvent : c'est le jour de la plantation qu'elle s'exécute, peu d'heures auparavant. Les parties d'ognons sont plantées dans des pots avec du terreau de bruyère plus sec qu'humide, et on ne les arrose que lorsqu'ils commencent à pousser. (T.)

ECREVISSE, (*Cancer astacus* Lin.) *Addition* aux art. ECREVISSE et ETANG, tome II du COURS. L'écrevisse se trouve dans toute l'Europe et au nord de l'Asie; elle préfère les eaux vives des rivières et des ruisseaux qui coulent sur un fond pierreux; on parvient difficilement à la tenir dans une eau stagnante, et si on l'y transporte après l'avoir tirée d'une eau courante, on la voit en sortir, se traîner sur la terre pour chercher une habitation plus convenable, et périr dans ce trajet, hors de son élément naturel. Ce n'est qu'après avoir sacrifié un certain nombre d'écrevisses, que l'on peut en conserver quelques unes dans des eaux non courantes, mais pures, car celles qui sont corrompues tuent ces crustacés.

Lorsqu'on met les écrevisses dans quelque réservoir pour les prendre au besoin, on doit pourvoir amplement à leur nourriture, si l'on veut qu'elles prennent de la chair et qu'elles engraissent. Ces animaux sont très-voraces et ne vivent que de substances animales, soit fraîches, soit en putréfaction; ils se dévorent même entr'eux s'ils manquent d'alimens; mais ils passent presque tout l'hiver sans manger.

La multiplication des écrevisses est très-considérable. Une singularité remarquable, c'est qu'elles ont aux pattes les organes de la génération; une cavité profonde et remplie par une masse charnue indique les organes du mâle à la dernière paire de pattes; les femelles ont au même endroit une ouverture ovale : celles-ci pondent des œufs en grand nombre, d'un brun rougeâtre, et attachés en grappes aux filets qui garnissent le dessous de leur queue.

Tout le monde sait que le vert-brun de l'écrevisse se change, par la cuisson, en un rouge foncé. Mais la cause de ce changement de couleur n'est pas connue; la chimie n'a pas encore dirigé ses recherches vers cet objet, qui n'est pas sans quelque importance, parce qu'il peut donner des lumières sur les principes colorans. Les acides versés sur ces mêmes animaux, font le même effet que la cuisson; en sorte qu'en servant un plat d'écrevisses rougies de cette manière, on les verroit, quoique ayant l'apparence d'être cuites, s'enfuir de tous côtés sur la table. L'on dit que, dans certains lacs de la Suisse, on pêche des écrevisses fort grosses et de couleur bleuâtre, qui ne deviennent point rouges quand on les fait cuire.

Une autre variété qui intéresse les amateurs de la bonne chère, c'est l'écrevisse qu'en quelques endroits on distingue par la dénomination d'*écrevisse à pattes rouges*, parce qu'elle porte en effet des taches rouges aux pattes; elle est, du reste, d'un vert olivâtre foncé, et elle rougit dans l'eau bouillante; sa chair est d'un meilleur goût que celle de l'écrevisse commune. Cette variété affecte, dans l'état de liberté, certaines eaux, et ne se montre jamais dans d'autres; j'ai eu occasion d'observer cette sorte de ligne de démarcation entre les deux variétés; au confluent de deux rivières, dont l'une ne nourrissoit que des écrevisses communes, et l'autre des écrevisses à pattes rouges : ces dernières ne se trouvent que dans les eaux courantes.

Il est facile de conserver, pendant plusieurs jours, les écrevisses à la maison, en les tenant dans un lieu frais, et les enfermant dans un panier avec des orties ou autres herbes récemment coupées, ou bien dans un baquet au fond duquel on met un peu d'eau; on peut prolonger leur existence en les nourrissant avec du foie de bœuf.

Nos cuisiniers font une grande consommation d'écrevisses; il en arrive par milliers à Paris, mais elles y sont moins bonnes qu'ailleurs, parce qu'elles maigrissent dans le transport. Leur usage entroit aussi très-souvent dans le régime diététique prescrit par l'ancienne médecine; la nouvelle le rejette, dit-on, comme fondé sur des préjugés. Cela peut être; mais ces doctes innovations n'acquerront de l'intérêt qu'à l'époque où l'on s'appercevra que les maladies sont moins fréquentes, et que l'on en guérit plus tôt qu'autrefois.

Les écrevisses fournissent encore au commerce de la droguerie et de la pharmacie, de petites pierres en forme de demi-globes, que l'on nomme improprement *yeux d'écrevisses*, et qui se trouvent deux à deux dans l'estomac de chacun de ces crustacés. L'on en tire une assez grande quantité du Nord, et principalement de la Russie asiatique, où les pêcheurs font pourrir les écrevisses en tas, pour avoir ces pierres. Mais ce médicament, que la médecine employoit depuis des siècles, est presque entièrement discrédité en France, et mis au rebut par la nouvelle doctrine; les principes et les moyens curatifs changent, mais les maladies restent.

Pêche des écrevisses. On les prend à la main dans les trous où elles se retirent, sous les pierres ou les racines d'arbres, le long des bords des rivières et des ruisseaux. Quand on en rencontre, il faut les saisir par le milieu du corps et les jeter promptement sur la terre; l'on doit sur tout prendre garde à leurs pinces qui serrent avec tant de force et de ténacité, que pour faire lâcher prise à l'écrevisse, il n'est pas d'autre moyen que de lui casser la patte, ou, si l'on est à portée, de lui brûler la queue. Cette manière de pêcher est aussi prompte que fructueuse; on la pratique également la nuit : on saisit les écrevisses à la lueur des flambeaux, lorsqu'elles se mettent en mouvement pour chercher leur nourriture.

Ces animaux se pêchent aux filets, et voici le procédé que l'on emploie : on ajuste un petit filet sur un cercle de fer ou de bois, et l'on attache à ce cercle un bâton long d'environ cinq pieds, par trois endroits également éloignés l'un de l'autre, en sorte que le filet posé à plat, le bâton se tient droit de lui-même, comme s'il étoit fiché en terre. Un morceau de viande quelconque, la plus corrompue est la meilleure, est fixé au milieu du filet; le tout se place dans l'eau aux endroits que les écrevisses fréquentent, et, vers la nuit, elles ne tardent pas à sortir de leurs retraites et à se jeter avec avidité sur l'appât; alors on retire le filet en levant le bâton, et l'on choisit les plus grosses parmi celles qui sont prises.

Un fagot d'épines, au centre duquel on place l'appât, présente les mêmes avantages, et se trouve plus tôt préparé que le filet dont je viens de parler. En cherchant à parvenir jusqu'à la viande, les écrevisses s'embarrassent dans le fagot, et se laissent enlever avec lui; c'est principalement en été que cette pêche est productive.

Si l'on jette simplement dans l'eau une charogne de quelque quadrupède, retenue par une corde, on la retire souvent couverte d'écrevisses : une morue salée produit le même effet. Le sel est si fort du goût de ces animaux, que quelques pêcheurs se contentent de laisser tremper dans l'eau de vieux sacs qui ont servi à le renfermer, et ils prennent avec cet appât une grande quantité d'écrevisses. Il ne faut pas négliger, dans ces différentes sortes de pêches, de passer au dessous de l'appât, auquel les écrevisses s'accrochent, un panier, une nasse ou un filet qui reçoivent celles qui se laissent couler au fond de l'eau.

Ayez une douzaine de petites perches longues de cinq pieds, et de la grosseur d'un pouce; fendez-les par le petit bout, et fixez-y pour appât une grenouille ou de la viande gâtée; prenez ensuite ces perches par le gros bout, et présentez l'autre à l'entrée des trous où vous soupçonnez que les écrevisses se retirent; elles viendront s'attacher à l'appât; alors vous glisserez au dessous une petite trouble ou un panier au bout d'un bâton; vous leverez en même temps l'appât, et si votre proie le quitte, ce ne sera que pour tomber dans la trouble ou le panier.

Il est encore une autre pêche qui s'exécute par plusieurs personnes. On se rend à l'endroit du ruisseau où l'on soupçonne qu'il y a le plus d'écrevisses; on plante des piquets, suivant la largeur du ruisseau, et l'on assujettit en travers une grosse perche capable de soutenir le fil de l'eau; on achève cette espèce de digue ou de bâtardeau, en mettant contre les pieux des morceaux de gazon pour fermer le passage à l'eau et la forcer de prendre son cours ailleurs. Une partie du lit du ruisseau se trouve à sec; les écrevisses, qui se sentent privées d'eau, quittent leur asile, et on prend celles qui sont assez belles pour figurer sur la table.

Au nord de la Russie, les Tartares fabriquent avec de l'osier des plateaux ronds; ils attachent au milieu une pierre assez pesante pour les maintenir au fond de l'eau, et ils y ajustent un morceau de viande. Après avoir fait à la glace des trous assez grands pour passer les plateaux, qui ont environ un pied de diamètre, ils les descendent au fond de l'eau, et les en retirent de temps en temps, au moyen de deux cordelettes d'osier, pour prendre les écrevisses qui s'y trouvent. (S.)

ELYME DES SABLES, (*Elymus arenarius* Lin.)

Feuilles, aiguës, striées, longues de deux pieds, glauques.

Fleurs, en épi terminal, droit, blanchâtres, de sept à neuf pouces de longueur.

Semence, longue, blanche, creusée en gouttière pointue, un peu moins grosse que celle de l'avoine cultivée, contenant une matière farineuse alimentaire, d'une saveur agréable.

Port, tige droite, haute de deux à trois pieds, glauque.

Usages économiques. Cette plante, ayant de très-longues et très-fortes racines, et croissant dans les sables mobiles des bords de la mer, pourroit servir à les fixer et à les conquérir ainsi à l'économie forestière ou aux prairies artificielles, en semant ou plantant des végétaux plus utiles à côté d'elle, quand elle seroit fortement enracinée dans le sol.

Lieu. Elle croît naturellement dans les sables maritimes; elle est vivace.

Culture. On en sème les graines en automne ou au printemps; mais, comme elles ne sont pas encore très-abondantes, il convient d'en faire de petites cultures, pour en obtenir les semences en plus grande quantité, et de les semer ensuite en grand et en place. (Tollard aîné.)

ÉMOLLIENS, (*Matière médicale vétérinaire*,) substances employées à l'extérieur pour assouplir les parties, en diminuer la tension et la douleur.

Ce sont, 1°. l'eau tiède; 2°. des substances mucilagineuses, telles que les feuilles de mauve, la racine de guimauve, les feuilles de violette, d'épinards, la farine de graine de lin, la mie de pain, le son, etc.; 3°. des corps gras, tels que le saindoux, l'huile d'olive, l'onguent populéum, etc.

L'eau s'emploie en bains, en douches, en lotions, en fomentations; souvent on la rend plus efficace, en y faisant bouillir les substances mucilagineuses qui viennent d'être nommées; on en étuve les parties avec une éponge pendant le temps suffisant; on l'administre aussi en lavemens. On fait cuire les feuilles et les racines fraîches dans très-peu d'eau; ou sèches, on les réduit en poudre, ainsi que la graine de lin: le son et la mie de pain se préparent de même. Ayant fait dégager le mucilage par l'eau bouillante, on applique ces substances tièdes, à nu, sur les parties horizontales, et dans des sachets, sur celles qui sont déclives.

Les cas où les émolliens sont indiqués, sont la chaleur, la douleur, la dureté, la rigidité des parties; la contraction spasmodique des muscles, des tendons, des ligamens, les eaux aux jambes, la gale, etc.

Dans ces deux derniers cas, ces moyens ne sont que préparatoires.

Lorsqu'il y a beaucoup de douleur, on ajoute aux émolliens les anodins, tels que les feuilles de morelle, de jusquiame, ou le pavot.

Les émolliens gras sont mis en usage sur les parties où l'on ne peut fixer des cataplasmes; ou on en fait des onctions, après avoir long-temps frotté le lieu affecté et les environs. Lorsqu'il y a beaucoup de dureté, de tension, d'épaississement de la peau, avec une chaleur suffisante, on fait d'abord les frictions et les onctions, et on applique en outre le cataplasme émollient, qu'on rend même anodin, lorsque la douleur et le spasme compliquent les accidens. (Ch. et Fr.)

EMPAUMURE, (*Vénerie.*) On donne ce nom à la partie supérieure de la tête du cerf, parce qu'elle représente la paume de la main. (S.)

ENCRE, (*Chimie.*) Avant que les chimistes eussent fait des recherches sur la nature de l'encre, elle n'étoit, le plus souvent, que le résultat de recettes informes et de mélanges plus ou moins compliqués, dont la destruction très-prompte ne présentoit, dans les actes privés et publics, aucune garantie, ni aucune stabilité. Lewis fut le premier qui, comparant entr'eux les procédés et les substances employés pour l'obtenir, fit voir que sa perfection ne dépendoit que des proportions exactes et bien déterminées de galle, de couperose et de gomme. Dans un travail très-étendu sur cet objet, Ribeaucourt ne se contenta pas d'en examiner les principes et la manière dont ils agissent entr'eux, il s'occupa aussi de la nature des précipités, et il établit les différences qui doivent exister entre les bains de teinture en noir, et la composition de l'encre. Mais les phénomènes qui se passent dans toutes les opérations de ce genre étoient déjà connus depuis quelque temps, par les belles expériences de M. Berthollet sur la teinture ; il avoit prouvé que, dans la combinaison de l'astringent avec le fer, la couleur noire est due à la double cause de la réduction de l'oxide ramené à l'état d'oxide noir, et au développement d'une portion plus ou moins forte de carbone, en raison de l'oxigène absorbé. C'étoit beaucoup d'être parvenu à se procurer, d'une manière constante, une belle couleur noire, il falloit encore la rendre fixe; et l'on vit dès-lors que le carbone, en se combinant avec les substances colorantes, pouvoit seul les mettre à l'abri de la destruction. Pitel annonça avoir trouvé une encre qui ne pouvoit être attaquée par aucun des agens connus : mais, examinée avec soin, les avis furent partagés, car Grunner et Verhs la détruisoient par la potasse caustique et l'acide muriatique oxigéné, tandis que Wiegleb et Thorey trouvoient qu'elle résistoit même à l'action de ces deux puissans réactifs. Quelques chimistes, qui savoient l'impossibilité d'obtenir une encre inaltérable en faisant entrer dans sa composition le sulfate de fer, cherchèrent un moyen plus simple de se la procurer, en l'extrayant des substances végétales qui paroissent nous l'offrir spontanément. Bosse, en adoptant les idées de Murray, fit beaucoup d'expériences sur les sucs des plantes; mais, quoiqu'il eût obtenu de plusieurs d'entr'elles une liqueur inattaquable par l'acide muriatique oxigéné, la couleur qu'il en obtenoit ne lui paroissant pas assez intense, il abandonna des essais très - heureusement commencés. Cependant nous savons qu'une grande quantité de substances indigènes et exotiques, telles que le *genipa Americana*, l'*actea spicata*, la bruyère à fruits noirs, l'airelle, quelques espèces de toxicodendrons, l'anacarde, la busserole, le marrube aquatique, et sur-tout le croton cascarilla, peuvent fournir abondamment une belle couleur noire. Quoique nous n'ayons encore obtenu rien de positif des nombreuses expériences faites sur cette matière, nous leur devons de nous avoir indiqué les moyens d'arriver à la solution de ce problème, qui consiste à trouver le dissolvant du charbon. Nous sommes d'autant mieux fondés à l'espérer, que nous dissolvons très-bien les substances qui le contiennent en plus grande quantité, comme l'indigo, le brou, la garance et la galle, qui, par cela même, sont devenues, en teinture, la base des couleurs les plus solides.

Nous allons terminer cet article en faisant connoître quelques procédés dont les résultats nous ont paru les plus avantageux; voici celui que M. Desormeaux emploie depuis dix ans, en Angleterre, avec le plus grand succès :

Faire bouillir, pendant une heure, dans six pintes d'eau, quatre onces de campêche haché; passer la dissolution chaude. Étant refroidie, on en prend cinq pintes, auxquelles on ajoute une livre de noix de galle concassée, quatre onces de sulfate de fer (couperose) calciné à blanc, trois onces de cassonade, et quatre gros d'acétite de cuivre (verdet); on l'écrase dans un mortier, et on en fait une pâte, en y ajoutant un peu de la décoction.

Vestrumb, qui s'est occupé de ces cherches, donne le moyen suivant, comme fournissant une encre très-belle et indestructible :

A un mélange d'une partie de brésil, de trois parties de noix de galle, d'une et demie de sulfate de fer, (couperose) d'une partie un quart de gomme, et d'un quart de sucre, le tout dissous dans quarante-six parties d'eau, il ajoute une partie un quart de bon indigo broyé très-fin, et trois quarts de noir de fumée.

(I. L. R.)

ENGRAIS, (*Economie rurale.*) Rozier définit les *amendemens*, l'art de donner à la terre un degré de perfection de plus, *pour augmenter ses produits.*

Les *engrais*, substance quelconque qui rend à la terre ou augmente les principes *nécessaires à la végétation.*

Les *fumiers*, toute substance susceptible de fertiliser la terre, etc., soit en divisant ses molécules, soit en rendant à la terre, la terre végétale ou *humus.*

Il résulte de ces définitions, que les engrais, les fumiers, sont des amendemens, puisqu'en augmentant les principes nécessaires à la végétation, ils augmentent les produits du sol.

Mais, comment veut-on alors que le fermier, le simple cultivateur saisisse la différence existante entre les mots *amendemens*, *fumiers*, *engrais*, puisque leur définition et leurs effets paroissent les mêmes ?

Cette confusion dans les mots en met nécessairement dans les idées, et c'est le plus grand obstacle au progrès de toute science.

Définissons donc bien les mots, attachons-leur un sens clair, précis; alors on ne disputera plus sans s'entendre, on n'entassera plus volume sur volume.

Il me semble qu'*amender* veut dire : *réprimer, corriger. Amendement* veut dire : *correction*, *répression* d'un vice quelconque. *Engrais*, au contraire, emporte l'idée de substances grasses, savonneuses.

Engraisser, signifie se charger de graisse.

Ne devroit-on pas conserver, en agriculture, aux mots amendemens, engrais, leur signification naturelle ?

Ainsi, amender la terre, ce seroit corriger ses vices. Le sable amenderoit les terrains argileux; l'argile, les terrains sablonneux; la charrue, la bêche, les terres durcies et compactes

Les engrais donneroient ou restitueroient au sol l'*humus*, les parties grasses et savonneuses, les influences météoriques, le sel aérien dont parle Bergmann.

Ainsi, les amendemens disposeroient la terre aux engrais.

Les amendemens ne donneroient point à la terre de nouveaux principes de végétation, mais la disposeroient à les recevoir.

Il me semble qu'alors il seroit possible de s'entendre, ce qui n'est pas aussi facile, quand on veut prouver à un laboureur qu'il peut fumer, engraisser son champ, en y semant des pierres ou du sable pur.

Si ces définitions sont admises, on dira que les fumiers sont tantôt des amendemens, tantôt des engrais.

Ainsi, les fumiers longs, les pailles non pourries, seroient des amendemens, en divisant la terre.

En pourrissant dans le sol, ils deviendroient des engrais.

Il me semble que ces définitions de

mots jeteroient une grande clarté sur l'économie rurale, et sur la question des amendemens et des engrais. (Chassiron.)

ENGRAISSEMENT, (*Economie rurale.*) *Voyez* Graisse.

EPERVIER, (*Pêche*,) filet employé très-communément sur les rivières, et que l'on voit non seulement entre les mains des pêcheurs de profession, mais encore entre celles des amateurs de la pêche, quoique les anciennes ordonnances en défendissent l'usage. Il a la forme d'un entonnoir ou d'une cloche, à la pointe de laquelle est attachée une corde ou ligne; des balles de plomb, percées à leur milieu, s'enfilent dans la corde qui borde le bas du filet, et s'y assujettissent par des nœuds. Le bord du filet excède d'un pied ou d'un pied et demi la corde plombée; mais cette partie est retroussée en dedans, et attachée de distance en distance, afin de former des bourses dans lesquelles le poisson, qui cherche à s'échapper par-dessous l'épervier, se trouve engagé.

Les mailles de l'épervier doivent être faites avec du bon fil retors, et moins serrées au haut du filet qu'en bas. On donne, pour l'ordinaire, aux mailles supérieures, deux pouces d'ouverture, au lieu que les inférieures laissent à peine le passage du doigt.

On traîne, ou l'on jette l'épervier. Pour le traîner, deux hommes, placés sur les bords de la rivière, maintiennent l'ouverture du filet dans une position à peu près verticale, par le moyen de deux cordes attachées à deux points de cette ouverture. Un troisième pêcheur tient une troisième corde qui répond à la pointe du filet. Quand ils veulent relever l'épervier, les deux premiers lâchent leurs cordes, de manière que toute la circonférence du filet porte sur le fond; l'autre, tirant à lui sa corde, se balance, pour que les balles se rapprochent, et, dès qu'il les voit réunies, il tire l'épervier de toute sa force, et le met sur la rive. Si le filet ne peut embrasser la largeur du courant d'eau, des bouleurs, marchant des deux côtés, poussent le poisson dans le filet; et si la rivière est en même temps large et profonde, les pêcheurs, placés aux deux bouts d'un batelet mis en travers du courant, et au bord duquel ils attachent une partie de la corde plombée, traînent le filet, en poussant leur batelet avec des gaffes, et toujours en travers.

Le jet de l'épervier exige de la force, de l'adresse, et des précautions. Il faut d'abord passer la main gauche dans la boucle de la corde attachée à la culasse, et, de la même main, empoigner tout l'épervier à deux pieds environ de la corde plombée. On tient cette portion de filet pendante, de sorte cependant que les plombs portent un peu à terre; on prend ensuite à peu près le tiers de la circonférence de l'embouchure du filet, et, le renversant en entier, l'on jette cette partie sur l'épaule gauche; enfin, on empoigne de la main droite environ un autre tiers. Le reste du filet pend devant le pêcheur. Alors on se lève tout droit; on s'approche de l'endroit où l'on veut jeter l'épervier; on se campe ferme sur ses pieds; puis, se tournant à gauche pour prendre un élan, et revenant vivement sur la droite, on jette, le plus fortement que l'on peut, le filet entier à l'eau, en lui faisant faire la roue; la corde plombée se précipite au fond de l'eau, et enferme tout le poisson qui se trouve dans l'intérieur de la cloche.

Il faut prendre garde, quand on jette l'épervier, de ne point l'accrocher aux boutons ou aux agraffes des habits; il vaudroit mieux même n'en point avoir; car, si quelque maille venoit à s'y arrêter, on pourroit être entraîné par le mouvement très-vif du filet, et la pesanteur des plombs.

Le fond, sur lequel on déploie l'épervier, doit être net, sans fortes herbes, ni pierres, ni bois, qui pourroient le déchirer. Pour rendre la pêche plus sûre, on amorce aux endroits où l'on se propose de jeter l'épervier; des appâts fort simples, et fort peu coûteux, se font avec du son, des feuilles de menthe sauvage, du millet et d'autres graines germées. Quand l'épervier est retiré de l'eau, le pêcheur saisit la corde à laquelle les plombs sont attachés, la suit sur tout le contour du filet et vide les bourses ou poches qui sont ordinairement remplies de vase, d'herbes, de coquillages, et de très-petits poissons qu'il doit rejeter, et ne conserver que les gros qu'il met dans un panier ou dans un sachet, et dont le fond est garni d'herbes fraîches; il tord ensuite fortement le filet, en retenant le bas avec son pied, afin d'en faire sortir l'eau, et il fait de nouvelles dispositions pour le jeter dans un autre endroit. (S.)

ÉRABLE A FEUILLES DE FRÊNE, (*acerne gundo* L.) arbre de première grandeur dont il est fait mention dans le quatrième volume du Cours complet d'Agriculture, sous le nom d'*Erable à sucre de Virginie*, auquel je renvoie, en observant que cet arbre, au sujet duquel Rozier disoit qu'*on en tireroit d'excellentes planches d'un bois très-dur, bien veiné, qui seroient agréablement employées dans la marqueterie, si on le multiplioit en France*, est actuellement très-multiplié, et que déjà plusieurs plantations en ont été faites et promettent de grands succès. Ainsi, les vœux de cet auteur sont accomplis. Rozier recommande de semer les graines d'érable en terrine, en automne, et de ne les mettre en terre qu'au printemps, dans la crainte que les animaux, qui vivent sous terre, ne les dévorent.

Ce soin est utile, sans doute; mais ce ne peut être que pour de petits semis. J'ai semé en grande quantité la graine d'*acer negundo* en automne, en pleine terre, par rayons. Le semis a été abandonné à lui-même tout l'hiver; et, au printemps, les semences sont sorties de terre, et, la même année, les jeunes érables *negundo* avoient la plupart quatre pieds de hauteur, quelquefois davantage, et tous avoient au moins deux pieds. J'ai répété ce semis, cette année, avec le même avantage, sur cet érable et sur plusieurs autres du même genre. Les plantations en grand de l'érable *negundo*, ou des autres érables, soit pour avenues ou pour forêts, exigent les mêmes règles de plantations que tout autre arbre forestier. (TOLLARD aîné.)

ESPARGOUTTE, ou SPERGULE, (*Spergula arvensis* Lin.) Voyez le mot SPORÉE, du Dictionnaire ou Cours complet d'Agriculture de Rozier. (THOUIN.)

ETANG. Cet article n'est point une addition à celui qui se trouve déjà dans le *Cours*; mais il doit être considéré, sinon comme une réfutation proprement dite des principes énoncés par l'abbé Rozier, du moins comme une modification nécessaire de ces mêmes principes.

L'agriculture, aussi bien que l'économie publique, dont elle forme une des branches principales, n'a pas seulement à redouter les intempéries de l'atmosphère, les météores dévastateurs, les dégâts que commettent dans son domaine une multitude d'animaux destructeurs, enfin tous les fléaux physiques dont elle n'est que trop souvent menacée; il faut encore qu'elle ait à craindre l'exécution de plans mal conçus, de projets désastreux, enfantés dans le silence du cabinet, par des écrivains dont les talens et les lumières sont incontestables, les vues droites et les intentions louables, mais qu'un excès de zèle emporte au delà du but. C'est un reproche que l'on a fait, non sans fondement, aux économistes; et il paroît que la suppression de tous les étangs existans en France est un des préceptes émanés de leur doctrine, et prescrit avec une chaleur inconsidérée par des hommes très-recommandables.

Parmi ces écrivains, l'on a vu Rozier figurer au premier rang, et provoquer la suppression générale des étangs comme un objet indispensable, auquel le salut de la masse des hommes étoit attaché. « Aux » grands maux, disoit-il, il faut de grands » remèdes; les palliatifs les augmentent; » la cognée mise au pied de l'arbre est » le seul remède. Je sais que les proprié- » taires des étangs trouveront ma mo- » rale un peu sévère, qu'ils me traiteront » même de séditieux; mais, est-ce ma » faute si, de gaîté de cœur, connois- » sant l'étendue du mal, ils persistent à » être non seulement le fléau, mais les » destructeurs de l'espèce humaine? »

Au temps où Rozier lançoit cette sorte d'anathème contre les étangs et leurs propriétaires, la marche du gouvernement étoit lente, grave, réfléchie, et fort éloignée de toute innovation trop brusque; les provocations violentes de l'auteur, pour l'anéantissement total des étangs, ne furent point écoutées, et ne firent même aucune sensation. La révolution vint ranimer les espérances des partisans de ce système exagéré; ils en fatiguèrent en vain les deux premières Assemblées législatives; mais la Convention nationale, qui avoit changé la forme politique de la France, n'hésita point à adopter une mesure dont le but étoit de changer aussi la forme de notre agriculture; elle ordonna, en l'an 2, l'assèchement de tous les étangs et lacs de la France, leur ensemencement en grains de mars, ou leur plantation en légumes servant à la nourriture de l'homme.

Cette loi produisit un effet tout opposé à celui que ses provocateurs s'étoient promis. Au lieu des bénédictions qui accompagnent les actes d'une autorité bienfaisante, la Convention qui, séduite par des argumens spécieux, avoit voulu faire disparoître les étangs de notre territoire, comme un moyen de rendre la santé à des millions d'hommes, et à l'agriculture des milliers d'arpens, ne recueillit que des plaintes et des murmures. Des cris et des réclamations s'élevèrent de toutes parts contre l'exécution de la loi; les administrations et même les sociétés populaires adressèrent au gouvernement des observations très-pressantes; et, ce qu'il y a de remarquable, c'est que les réclamations furent très-vives dans les contrées dont la situation avoit servi plus particulièrement de motif à la loi; telles furent la Bresse et la Sologne. Fatiguée de ces plaintes presque unanimes, la Convention rapporta, à peu près un an après l'avoir rendue, la loi relative au dessèchement des étangs; et les choses sont restées depuis dans leur ancien état, à l'exception néanmoins de plusieurs étangs, qu'une trop prompte exécution de la loi fit anéantir, au grand détriment des cantons où ils existoient. C'est ainsi que les Vosges ont perdu de beaux et vastes réservoirs d'eau, d'une grande importance pour l'utilité générale.

Si, par cette perte, l'espèce d'essai ordonné par le gouvernement devint funeste, il servit du moins à décider une question, qui n'en étoit pas une aux yeux des gens éclairés et non prévenus, et à mettre fin à de longues discussions; car les étangs avoient aussi leurs partisans et leurs défenseurs. Quelque solides que fussent leurs raisonnemens, appuyés par un grand nombre de faits et par l'expérience, ils avoient à lutter contre des adversaires dont l'opinion formoit autorité, et leurs écrits étoient défigurés ou tournés en ridicule dans les ouvrages des agronomes, dont la plume exerçoit une sorte d'empire en pareilles matières.

Il n'est pas inutile de remarquer qu'à l'époque où ces agronomes, excités par l'esprit de système, s'agitoient pour arracher du gouvernement des ordres désastreux, l'opinion se manifestoit en Angleterre dans un sens tout opposé : « De » toutes les parties de l'économie rurale » d'Angleterre, écrivoit, en 1792, M. » Arthur Young, celle des étangs est la » plus négligée. Cependant, si nous ob» servons ceux que nous ont laissés nos » ancêtres, nous y remarquons des traces » de dépenses et de travaux considéra» bles, preuves incontestables des grands » avantages qu'ils devoient en retirer. » Nos ancêtres, obligés par leurs insti» tutions religieuses de se nourrir d'ali» mens maigres, sentoient trop le prix » de cette branche de l'économie rurale, » pour la laisser languir dans un état aussi » affreux; mais les carpes, les tanches et » les perches ne sont-elles donc bonnes » que pour les catholiques ? Si elles » sont considérées comme des mets » délicats, pourquoi ne s'occupe-t-on, » pas plus qu'il y a deux cents ans, de » les rendre plus communes en Angle» terre ? J'engageai fortement mon ami » à ne pas négliger cette partie, et je » crois l'y avoir déterminé, en lui prou» vant combien seroit supérieur à celui » de ses mauvaises récoltes d'herbages, » le produit qu'il en retireroit ; et, pour » lui démontrer combien le conseil que » je lui donnois méritoit toute sa con» fiance, nous consultâmes les notes qu'il » avoit prises sur les quatre étangs, ac» tuellement remplis d'eau, qui lui res» toient. » (*Voyage dans le comté d'Essex.*) Les détails que donne ensuite M. Arthur Young, quoiqu'assez peu complets, parce que le propriétaire des étangs n'avoit ni soigné, ni surveillé cette branche de son revenu, présentent un résultat avantageux en leur faveur ; aussi, cet agriculteur célèbre nous apprend-t-il que le propriétaire, frappé d'avantages qu'il avoit dédaignés, s'est déterminé non seulement à rétablir ses étangs, mais encore à apporter plus de choix dans les espèces de poissons destinées à les peupler.

Tandis que les Anglais, au lieu de reprocher à leurs ancêtres catholiques, la formation et l'entretien des étangs, s'encourageoient au contraire à suivre leur exemple, de plates et virulentes diatribes se débitoient dans nos contrées, après la chute de l'ancien gouvernement, en style tant soit peu révolutionnaire, contre les moines qui, disoit-on, avoient multiplié les étangs dans leurs possessions, pour fournir leurs tables de mets délicats en maigre. Mais cette abondance, ou si l'on veut, ce luxe de l'abstinence, loin d'être préjudiciable, tournoit au profit de la mense commune. En effet, l'on ne peut contester que, plus il y a de variété dans la masse des subsistances, moins la cherté se fait sentir parmi celles qui sont d'un usage général et habituel. Si, au lieu de la grande quantité de poissons que leurs cuisines engloutissoient, les anciens cénobites eussent mangé de la viande de boucherie, le prix de cette espèce d'aliment eût nécessairement augmenté avec sa consommation. Les poissons, que des étangs bien entretenus nourrissoient, n'étoient pas uniquement destinés à leurs possesseurs. Par les pêches périodiques qui s'y pratiquoient, les ressources alimentaires s'accroissoient dans les environs, et même à une assez grande distance; et ces ressources étoient à la portée du pauvre comme du riche, en même temps qu'elles procuroient à tous une nourriture aussi saine qu'agréable.

Ce résultat des produits que l'on retire des étangs est un point très-important de l'économie publique, et sur lequel on n'a pas assez insisté. Ceux qui demandoient le dessèchement des étangs ne faisoient pas attention, sans doute, à la perte immense de denrées que la population éprouveroit; car cette seule considération eût été d'un assez grand poids pour les déterminer à abandonner un projet irréfléchi, sur-tout à une époque où les approvisionnemens de quatorze armées et les ravages de la guerre civile dans les parties de la France les plus riches en bestiaux, faisoient éprouver la rareté de la viande de boucherie; où le silence des lois sembloit encourager la licence à la destruction totale des poissons dans les rivières; où la pêche maritime étoit sans activité; où, enfin, presque toutes les sortes de gibier avoient disparu. Certes, c'est avec de pareilles mesures que l'abondance s'éloigne, pour faire place à la disette et à la famine.

L'on peut voir, au mot Carpe, combien est considérable la consommation de cette seule espèce de poisson dans la ville de Paris. Si l'on y ajoute les tanches, les brochets et les perches que les étangs fournissent à cette capitale, on jugera des ressources dont elle auroit été privée, et de la perte que le commerce auroit éprouvée. C'est des départemens de Seine et Marne, de la Marne, de la Haute-Marne, de la Côte-d'Or, de l'Aube, de la Nièvre, de l'Allier, du Cher, de l'Yonne, du Loiret, que le poisson d'étangs afflue à Paris; et ce commerce se monte annuellement à plus de deux millions. Le seul arrondissement de Saint-Fargeau envoie, année commune, plus de soixante mille, tant carpes que brochets; lesquels, estimés seulement à un franc pièce, font une somme de soixante mille francs. Les grandes villes, dans le voisinage desquelles il existe des étangs, y trouvent, ainsi que Paris, une ressource utile dans les poissons qu'ils y envoient; et les habitans des campagnes, auxquels la facilité de transporter les carpes vivantes permet d'offrir ces poissons en hiver, saisissent avec empressement ce moyen peu coûteux de faire quelquefois une diversion salutaire à l'uniformité de leurs repas.

D'un autre côté, les étangs sont, pour ainsi dire, les pépinières où se forment et se propagent les poissons qui vont ensuite peupler les eaux des fleuves et des rivières. C'est le long de leurs bords tranquilles et ombragés que les poissons aiment à déposer et à féconder leurs œufs. Ces actes de leur multiplication n'y sont point interrompus ni par la rapidité du courant, ni par la marche et les cris des riverains, ni par les mouvemens de la navigation. Les petits, à peine éclos, s'échappent par milliers à travers les grils, les palissades, etc., et se laissent entraîner dans les ruisseaux et les rivières, où ils prennent un accroissement rapide. Les crues des étangs facilitent aussi la sortie d'une quantité de gros poissons dont la chair acquiert une chair plus ferme et plus savoureuse dans les eaux courantes, et qui deviennent l'objet de la recherche des pêcheurs et de l'avidité des gourmands.

Ainsi, sous les rapports de l'abondance et d'une utile diversité des subsistances, d'un genre de commerce fort actif et du revenu public, les étangs contribuent à la prospérité générale: ils y contribuent non moins puissamment sous plusieurs autres aspects auxquels il n'est pas superflu de donner quelques développemens, pour effacer les préventions qui peuvent subsister encore contre ces réservoirs d'eau, représentés dans quelques écrits comme extrêmement nuisibles.

Une des principales objections qui ont été énoncées contre les étangs, c'est le tort que l'on prétendoit qu'ils faisoient à l'agriculture, par la perte des terrains qu'ils occupent. D'abord, le nombre des étangs en France n'est pas aussi considérable que leurs antagonistes l'avoient annoncé, et il a encore été réduit, ainsi que je l'ai déjà remarqué, par l'exécution trop prompte de la loi portée par la Convention nationale; en second lieu, presque tous les étangs sont mis alternativement en eau et en culture. Après avoir

avoir donné des produits considérables en poissons qui, portés dans les grandes villes, rendent un argent dont les campagues profitent pour leur amélioration, la charrue passe sur un fond momentanément desséché, et des moissons abondantes en blé, ou en avoine, fruits d'une culture facile et peu dispendieuse, remplacent pour un temps les poissons et leur humide demeure. Le sol des étangs n'est donc point totalement perdu pour la culture proprement dite; et, quand l'on supposeroit cette perte aussi réelle qu'elle est imaginaire, les bénéfices de la vente des poissons surpassent, généralement parlant, ceux que donneroit une culture suivie sur la même surface de terrain. La sorte d'agriculture vivante qui règne dans les eaux des étangs est d'un produit d'un assez grand intérêt, pour ne point être sacrifiée à l'agriculture végétale. Les ressources alimentaires ne doivent pas se borner, sans doute, aux plantes céréales; et tout ce qui tend à les multiplier a droit aux ménagemens et aux soins propres à les conserver.

Que sont, d'ailleurs, sur l'immense et riche territoire de la France, quelques milliers d'arpens non soumis aux cultures ordinaires, sur-tout lorsqu'ils sont consacrés à des productions d'une utilité et presque d'une nécessité générale? Autant vaudroit abattre les forêts pour y semer du blé, et changer la nature de tous les terrains consacrés à l'agrément. N'existe-t-il pas assez de terres vagues, incultes ou couvertes d'épaisses bruyères et de marais pestilentiels, qui attendent pour être fertilisées, l'argent du capitaliste et les efforts du cultivateur? Et ne sait-on pas qu'une exploitation dirigée avec intelligence, sur un terrain borné, est plus profitable que celle qui s'égare, pour ainsi dire, sans moyens et sans discernement sur une grande étendue? Quiconque a observé les étangs a pu reconnoître que leur fond, presque toujours ingrat ou marécageux, se refuseroit à une culture continue, et rentreroit bientôt dans le domaine de la stérilité, si on ne lui rendoit les eaux qui servent d'asile à des myriades de poissons.

Les étangs sont encore utiles à l'agriculture, en fournissant aux irrigations des terres qui les environnent, en y entretenant une humidité fécondante, enfin en leur préparant un excellent engrais, par le limon qui s'amasse sur le lit de ces amas d'eau, par les débris des végétaux qui y croissent et les restes abandonnés de leur pêche.

La salubrité de l'air fut le second motif de quelque importance dont on s'étaya pour solliciter la destruction des étangs. S'il en est qui répandent des exhalaisons pernicieuses dans le voisinage des lieux habités, ils doivent être anéantis; c'est le devoir sacré d'une autorité vigilante et tutélaire. Mais n'auroit-on pas affecté, à dessein, de confondre les étangs avec de vastes marais qui subsistent encore sans utilité sur plusieurs points de la France, et qui exhalent les maladies épidémiques et la mortalité? Le dessèchement de ces espaces fangeux, de ces fondrières pestilentielles, de ces réservoirs intarissables de maux, ne peut être provoqué avec trop d'empressement; et il auroit dû, ce me semble, exciter le zèle de quelques agronomes, plutôt que l'anéantissement des étangs, qui rachètent de foibles inconvéniens par des avantages nombreux et certains.

Si, de ces vues générales, l'on descend à des considérations particulières, il sera facile de se convaincre qu'une foule de maux seroit le résultat inévitable de la suppression des étangs. Ici, la sécheresse de l'atmosphère et du sol, l'aridité s'emparant de prairies ou de pacages qui cesseroient d'être humectés; là, nul abreuvoir pour les bestiaux; plus loin, les routes interceptées par la démolition des digues, les sources taries, les ruisseaux et les rivières sans courant, les canaux ne recevant plus la quantité d'eau nécessaire, la navigation interrompue, des usines abandonnées, etc., etc. : tels sont, en abrégé, les funestes effets qui se manifesteroient, suivant les localités, si les étangs cessoient d'exister. L'intérêt général et privé commande leur conservation dans toutes les circonstances où ils ne sont pas évidemment nuisibles à la santé des hommes : entreprendre de les dessécher et de les convertir en terres cultivées et permanentes, seroit un projet désastreux, et, je ne crains pas de le dire, une calamité publique. (S.)

ETOURDISSEMENT, (*Maladie des animaux*,) affection momentanée qui se manifeste quelquefois par intervalles, et qui consiste dans un embarras momentané, un trouble subit des organes des sens, et même des organes du mouvement. Cette suspension est rarement accompagnée de la chute de l'animal, (*Voyez* Epilepsie.) On s'apperçoit seulement qu'il est égaré, même un instant après que l'attaque est passée; qu'il a peur, qu'il tremble, qu'il conserve un genre d'ébranlement qui ressemble à la stupeur. Les chevaux affectés de l'étourdissement sont encore sujets à être très-ombrageux et en quelque sorte rétifs. Les animaux jeunes, ardens, de même que ceux qui ont les organes digestifs affoiblis, sont plus sujets à l'étourdissement que d'autres.

Cette maladie se rapporte le plus souvent aux affections gastriques, quelquefois aux affections sanguines, et participe aussi de celles qui sont nerveuses.

Si la maladie est sanguine, la conjonctive, la membrane du nez sont gorgées de sang et plus rouges; le pouls est plein et embarrassé.

L'étourdissement, dans le cheval, est quelquefois accompagné de petites traînées brunes au blanc de l'œil sous la conjonctive, vers la réunion de la sclérotique à la cornée lucide, et suivi de la Fluxion périodique, (*Voy.* ce mot) de la cataracte, de la mydriase ou paralysie de la rétine, de l'engorgement des glandes de la ganache, etc. Les suites de l'étourdissement, dans le chien, sont quelquefois la surdité dans une ou dans les deux oreilles.

En général les animaux, dans les intervalles de l'étourdissement, ont la transpiration diminuée, les poils sont hérissés et ont perdu leur brillant.

L'étourdissement sanguin cérébral vient de la gêne occasionnée à la circulation, par des colliers trop étroits, par la mauvaise manière d'enrêner les chevaux de trop court; mais le plus souvent cette affection est due à des embarras des organes digestifs, à la surcharge de l'estomac, et se trouve accompagnée de constipation et de borborygmes fréquens.

La saignée, que les maréchaux pratiquent ici sans raison, comme dans bien d'autres cas, arrête ou diminue les symptômes; mais, en affoiblissant l'animal, elle lui ôte les moyens de force qui sont nécessaires pour rétablir les fonctions de l'estomac et des intestins.

Il vaut mieux donner des purgatifs en breuvages et en lavemens, mais à dose légère et continuée, pour amener par degrés une évacuation douce. On administrera, par exemple, au cheval, deux gros d'aloès et un demi-gros de tartre stibié (tartrite de potasse antimoiné) dans un litre d'infusion de plantes aromatiques, pour un breuvage le matin, qu'on réitérera le soir; et quatre gros d'aloès dans une décoction d'oseille, pour deux lavemens, l'un le soir, l'autre le matin.

Quand l'évacuation se sera déclarée et aura continué doucement pendant trois ou quatre jours, on donnera un litre d'infusion d'absinthe ou autres plantes amères, et on ne remettra que peu à peu le cheval à sa nourriture et au travail accoutumés.

L'étourdissement nerveux se reconnoît au pouls serré, plus petit, aux flancs retroussés. Il complique quelquefois l'autre espèce d'étourdissement, et a pour cause l'excès de travail et de grains, ainsi que des alimens échauffans.

Après l'usage des moyens précédens, on fera cesser le spasme des entrailles par des infusions de mélisse et de feuilles d'oranger, à la dose de deux litres par jour, dans chacun desquels on ajoutera un gros ($\frac{1}{2}$ décagr.) d'éther sulfurique pour le cheval. On lui donnera aussi des lavemens émolliens, dans lesquels on mettra une once de sel de nitre (nitrate de potasse) par chaque, et on les donnera froids pour éviter l'expansion de l'air dégagé dans les intestins.

C'est sur-tout dans le chien que l'étourdissement est nerveux. On lui donnera à boire du lait ou du bouillon léger, coupé avec l'infusion de mélisse; et s'il le refusoit, on le lui injecteroit dans la gueule, ou on le lui verseroit avec une cuiller, en mettant la tête un peu de côté, et en écartant seulement les deux lèvres.

Mais il faudra toujours administrer, dans une première cuillerée, deux gouttes d'éther sulfurique pour les chiens de la petite taille, et huit à dix pour ceux de la plus grande. Les lavemens seront de l'eau de son avec quelques grains de camphre.

(Ch. et Fr.)

ETOURNEAU, (*Sturnus vulgaris*, Lin.) Cet oiseau, dans plusieurs endroits, est plus connu sous le nom de *sansonnet*. Il est du genre auquel les ornithologistes ont laissé son nom, et auquel ils ont assigné pour caractères : le bec droit, sans échancrure, non aminci, formé en alêne et ayant le bout un peu aplati, avec un rebord; un autre rebord au dessus des narines ; la langue fourchue ; quatre doigts, dont trois en avant et un en arrière ; le doigt extérieur joint à celui du milieu jusqu'à la première articulation. Ce genre fait partie de l'ordre des *passereaux*, groupe d'oiseaux qui ont le bec aigu et conique, les pieds minces, et plus propres à sautiller qu'à marcher, les doigts séparés, le corps peu épais; qui se nourrissent de graines et d'insectes, et construisent leur nid avec une sorte d'art.

Un plumage lustré, noir, avec des reflets verts et violets, marqueté de roussâtre en dessus, et piqueté de blanc en dessous, forme la parure modeste, mais agréable, de l'étourneau : ajoutez le bec d'un beau jaune orangé, attribut distinctif du mâle ; celui de la femelle est brun ; tous deux ont les pieds couleur de chair. Les différences des saisons en apportent quelques unes dans le plumage des oiseaux de cette espèce. Les jeunes ont tant de ressemblance avec les femelles, qu'il est extrêmement difficile de les distinguer.

Les étourneaux sont, en général, des oiseaux de passage; c'est un fait dont j'ai acquis la certitude dans mes voyages au Levant. Il en reste néanmoins plusieurs dans nos pays, et ils y choisissent les endroits les mieux exposés, et les plus à portée des sources chaudes, pour y passer l'hiver. Le mois de mars est l'époque de leurs amours ; leur nid, placé dans un trou d'arbre ou de muraille, est formé avec des feuilles sèches, de la mousse et des brins d'herbe ; la femelle pond cinq ou six œufs, d'un cendré verdâtre, qu'elle couve alternativement avec le mâle, pendant dix-neuf à vingt jours. Tout le monde connoît le vol circulaire et serré des étourneaux, qui a fait donner leur nom à ces hommes étourdis, inconséquens, toujours en mouvement sans but ni motifs, et que tout le monde connoît aussi.

Chasse de l'étourneau. L'éducation dont le mâle de cette espèce est susceptible, la facilité avec laquelle il s'accoutume à la familiarité de la vie domestique, engagent beaucoup de personnes à s'occuper de l'élever : on lui apprend à parler très-distinctement; et il parvient à retenir et répéter plusieurs airs entiers de serinette, avec la plus parfaite précision. Plus on veut que cette éducation soit soignée, plus il faut prendre jeunes les élèves qu'on y destine; et cela n'est nullement difficile. Si l'on a la précaution de suspendre, aux murs des clochers, des colombiers ou d'autres bâtimens fréquentés par les étourneaux, de ces pots de terre que l'on emploie communément pour les moineaux, il est immanquable de voir plusieurs paires des premiers venir déposer leur couvée. On peut même les forcer en quelque sorte à y nicher, en se donnant la peine de les troubler dans leurs asiles ordinaires. Les petits dont on veut faire de bons chanteurs, doivent être soustraits du nid trois ou quatre jours après leur naissance : s'ils y restoient plus long-temps, ils auroient déjà contracté l'habitude indélébile de leur ramage naturel, qu'ils mêleroient ensuite aux sons que l'art leur apprendroit à former. On élève ces jeunes oiseaux avec beaucoup de propreté. Leur première nourriture est du cœur de mouton haché en petits morceaux. On leur donne ensuite de la pâtée à rossignol, puis toutes sortes de nourritures. L'étourneau, dans l'état de liberté, est frugivore et insectivore. Cette dernière qualité rend sa présence très-précieuse dans les pays agricoles; il y détruit une quantité prodigieuse d'insectes, et diminue sensiblement les ravages que ces races dévoratrices exercent sur les plantes. Mais, dans les pays riches en fruits, l'étourneau devient à son tour un ennemi nuisible, et dont il faut chercher la destruction. Les cerises, les figues, les olives, les raisins, présentent un appât friand à ses appétits. L'on va jusqu'à prétendre que l'usage de ces deux derniers fruits influe tellement sur le goût de la chair, que ceux de ces oiseaux qui s'en nourrissent de préférence, deviennent un fort bon gibier. Il est certain que ce manger a été plus recherché autrefois qu'il ne l'est aujourd'hui, que même, en Hollande encore, on en fait beaucoup de cas : mais il n'est pas moins certain non plus que l'étourneau est habituellement amer, dur et sec, quelques précautions que l'on prenne pour corriger ces qualités, comme, par exemple, de le dépouiller de sa peau, de lui couper la tête, de le saigner au cou, de lui arracher la langue aussitôt qu'il est tué.

L'habitude qu'ont les étourneaux de se mêler au bétail, en la compagnie duquel ils trouvent plus abondamment des vers et des insectes, fournit un moyen sûr de les tirer avec succès en suivant les troupeaux. On se sert, en ce cas, avec avantage de l'appareil de la VACHE ARTIFICIELLE; (*V.* ce mot) et comme, lorsqu'un de ces oiseaux tombe, les autres se mettent à voler en cercle à l'entour, il n'est pas difficile de tirer plusieurs coups sur la même bande et d'en abattre une assez bonne partie. On leur tend aussi des collets et divers filets dans le genre de la pantière ou pantaine. (*Voyez* BÉCASSE.)

Dans la Hollande, où il y a de grands marécages fréquentés par ces oiseaux, on tend, sur les bords, des filets au moyen de grands pieux ou de perches verticales. A la nuit close, on éclaire la tendue par une lanterne renfermant une chandelle allumée, et des chasseurs battant les roseaux du marécage à coups de gaule, forcent les étourneaux à se lever et à fuir, ce qu'ils font en se précipitant du côté de la lumière qui les fait se jeter dans les filets; on les y prend par centaines à la fois. On a encore imaginé une chasse assez plaisante, d'après la coutume où sont les étourneaux d'aller en bandes, qu'on appelle aussi des *vols*. Si l'on a pu s'en procurer un ou plusieurs en vie, on leur attache aux pattes ou à la queue des ficelles engluées jusqu'à une palme environ du corps, et on tâche de saisir le moment du passage d'un *vol* pour lâcher ces prisonniers. Ils se rejoignent à la bande, et bientôt engluent tous ceux qu'ils approchent. Ainsi embarrassés les uns dans les autres, et ne pouvant plus se soutenir avec leurs ailes, ils tombent à terre, où le chasseur s'en empare.

A l'époque de leur passage, on leur tend les nappes ou filets d'alouettes. On fait aussi cette chasse pour les jeunes, depuis la Saint-Jean jusqu'à la mi-août; il faut être muni, dans les deux cas, d'*appelants* qu'on laisse manquer de nourriture pour les rendre plus criards. Les endroits propices pour tendre ces filets sont les prés humides, les environs des mares ou abreuvoirs, et dans le voisinage de quelques buissons ou des terres ensemencées. Le moment d'un temps sec, joint à ces autres circonstances, assure le succès de cette chasse. (S.)

EXCRÉMENS HUMAINS. De toutes les substances employées à féconder la terre, il n'en est aucune, si l'on en excepte la colombine, qui soit douée d'une force et d'une activité comparables à celle des matières fécales. C'est un engrais qu'on trouve facilement dans tous les lieux, quel que soit le genre d'exploitation ou de culture auquel on se livre; tandis que, pour obtenir celui qui provient des animaux, il est nécessaire d'élever un nombre quelconque de bestiaux, ou de se procurer, à prix d'argent, l'engrais nécessaire pour féconder la terre. Les matières fécales offrent donc aux jardiniers, et aux propriétaires ou fermiers qui cultivent un terrain trop peu étendu pour fournir à l'entretien des bestiaux, un moyen assuré de pourvoir à la fertilité du sol, et d'augmenter ses produits; et, dans tous les cas, elles accroîtront considérablement la masse des engrais.

Les engrais, comme agens de la végétation, peuvent être considérés sous deux rapports principaux; ou bien ils apportent avec eux des principes dont les plantes s'emparent, qu'elles élaborent, et qui deviennent ainsi parties constituantes des végétaux; ou bien ils agissent par un effet de mouvement et de fermentation.

Ce dernier effet est dû à la propriété qu'ont les engrais de s'échauffer, et d'entrer en fermentation; et il est plus ou moins actif, en raison de ce que les engrais sont doués de cette propriété à un degré plus ou moins grand. Il n'en existe sans doute aucun où elle se manifeste avec plus de force que dans les excrémens humains; ces matières, après avoir été exposées long-temps aux influences de l'atmosphère, et avoir par conséquent perdu une grande partie de leurs principes de fermentation, produisent cependant jusqu'à cent degrés de chaleur, ainsi qu'il a été constaté par les expériences de la Société de Médecine de Paris.

Si l'on considère ces mêmes substances sous le rapport des principes nutritifs qu'elles fournissent aux plantes, on doit leur donner le premier rang comme engrais. On sait que le fumier produit d'autant plus d'effet sur les terres, que les animaux dont il provient ont été nourris plus abondamment et avec des alimens plus substantiels; c'est pour cette raison que les chevaux qui mangent des grains donnent un fumier plus actif que ceux nourris uniquement avec de la paille ou du foin. L'effet puissant des excrémens de pigeons et autres oiseaux provient de ce que ces volatiles vivent de semences ou d'insectes (1);

(1) Les meilleurs agronomes regardent la colombine, ainsi que la fiente de la majeure partie des oiseaux, comme un engrais excellent. Leur efficacité n'est pas surprenante, lorsqu'on considère la quantité de substance nutritive qu'ils contiennent. Varron, Liv. 1, Chap. 28, dit que les excrémens des grives et des merles ne sont pas seulement utiles comme engrais, mais qu'ils

les matières fécales doivent, sous ce rapport, être considérées comme le plus puissant des engrais, puisque l'homme se nourrit des alimens les plus substantiels.

Malgré l'abondance de cet engrais, et la facilité qu'on trouve à se le procurer, il n'en existe cependant aucun qui soit plus dédaigné, et qu'on laisse perdre avec plus d'insouciance; le tort qui en résulte pour l'agriculture est incalculable : nous n'avons en France qu'un très-petit nombre de départemens où cette matière soit employée à féconder la terre; et même son usage n'est général que dans la ci-devant province de Flandre. Il est donc très-important de réveiller l'attention des cultivateurs sur ce moyen d'amélioration, et de leur démontrer les avantages qu'ils peuvent en retirer.

Le dégoût que l'on éprouve pour ces sortes de matières, s'oppose à ce qu'on en fasse l'emploi auquel la nature semble les avoir destinées. Mais une délicatesse de ce genre est toujours mal placée; d'autant qu'elle est plutôt l'effet d'un préjugé ridicule, que celui d'un inconvénient réel.

Nous voyons que les ouvriers accoutumés à transporter et à répandre sur les champs cet engrais, n'éprouvent pas une plus grande répugnance pour ce genre de travail, que pour le maniement des autres fumiers. Il sera facile, dans les endroits où ces matières ne sont pas employées, de persuader insensiblement les gens de la campagne d'en faire usage. On leur promettra une récompense, ou bien on augmentera leur salaire, jusqu'à ce qu'ils aient surmonté le préjugé, ou vaincu la répugnance qu'ils éprouvent à exécuter ce genre de travail. Les particuliers qui voudront faire ce petit sacrifice, en seront amplement dédommagés par les avantages qu'ils en retireront.

Quelques personnes rejettent l'emploi des matières fécales, parce qu'elles prétendent qu'elles communiquent un goût fort et désagréable, non seulement aux légumes, mais encore aux grains et aux fourrages. Nous ne prétendons pas nier que cet engrais ne puisse donner un goût aux végétaux, lorsqu'on l'emploie frais en grande abondance, et sans l'avoir préparé convenablement; mais, si cet inconvénient existe, ce qui n'a jamais été bien constaté par l'expérience, on le fera cesser en employant les matières fécales ainsi que nous l'indiquerons.

On a prétendu aussi que ces matières avoient trop d'activité, et qu'elles détruisoient les plantes, au lieu de faciliter leur végétation; mais la force et la chaleur dont elles sont douées ne les rendent que plus précieuses, puisqu'à très-petite quantité, elles peuvent produire de grands effets: il suffit de les employer avec discernement et précaution. On pare en effet à cet inconvénient en les mélangeant avec de l'eau, ou avec des terres, des boues, et d'autres substances de cette nature; et en leur laissant prendre un degré de fermentation qui détruit une partie de leur activité, et la communique aux matières avec lesquelles

fournissent encore un aliment avec lequel on engraisse les bœufs et les cochons. « *Non solum* « *ad agrum utile*, *sed etiam ad cibum ita bubus ac subus*, *ut fiant pingues.* » On voit dans la Bible, au quatrième Livre des Rois, Chap. 6, qu'au siège de Samarie, la quatrième partie d'un cabas (un demi-litron) de fiente de pigeon, fut vendue cinq pièces d'argent (7 francs 60 centimes.) Il paroît que les Juifs mangeoient, dans certaines circonstances, les excrémens humains. Dieu ordonna au prophète Ezéchiel de manger son pain après l'avoir couvert d'excrémens. *Comedes illud*, *et stercore quod egreditur de homine operies illud.* » (Ezéchiel, Chap. 4, verset 12.) Les porcs et d'autres animaux ont un goût décidé pour cette matière. Ces différens faits prouvent que la végétation peut en retirer de grands avantages.

elles se trouvent mélangées. Cette combinaison est un moyen facile d'augmenter considérablement la quantité des engrais.

Mais en agriculture, les raisonnemens, quelque bien fondés qu'ils soient, n'ont pas toujours assez d'ascendant sur l'esprit des hommes pour entraîner leur conviction. Nous allons donc rapporter ici les faits qui démontrent que l'emploi des matières fécales n'a pas les inconvéniens qu'on lui reproche; mais au contraire, que l'agriculture en retire de précieux avantages.

Si nous consultons les anciens, nous trouvons que Cassius, l'un des auteurs grecs qui ont écrit sur l'économie rurale, regardoit cet engrais comme très-précieux, et lui assignoit le second rang après celui qui nous est fourni par quelques oiseaux de basse-cour. Ce sentiment est partagé par Varron et par Columelle, qui lui donne l'épithète de bon par excellence, *excellentissimum;* mais il recommande de ne l'employer, à cause de sa grande activité, que sur des terrains sablonneux, et dénués de tout principe de végétation.

Les anciens Arabes, au rapport de Cassius, se servoient des excrémens humains pour fumer les terres; ils les faisoient sécher; ils les mettoient ensuite macérer dans l'eau; ils leur donnoient une seconde dessiccation, et les répandoient ainsi sur le sol. Cette préparation, qui n'étoit autre chose qu'une espèce de poudrette analogue à celle que l'on fait aujourd'hui aux environs de Paris, a des inconvéniens dont nous parlerons plus bas.

Les Arabes ou Mores d'Espagne, qui avoient poussé l'agriculture à un haut degré de perfection dans cette péninsule, faisoient un grand usage des excrémens humains. Eben el Awam, More de Séville, qui a écrit, dans le douzième siècle, un Traité d'Agriculture, (1) parle, dans plusieurs passages de son ouvrage, de l'emploi qu'on doit en faire; il cite à ce sujet l'opinion de plusieurs anciens auteurs qui avoient écrit avant lui dans différens pays, tels que l'Egypte, l'Asie et l'Afrique, etc.

« Les excrémens humains, dit-il, » ont plus de vertu et de chaleur que » ceux des pigeons et autres oiseaux de » basse-cour. Ils bonifient les fumiers » avec lesquels on les mélange, et ils » produisent de très-bons effets lorsqu'on » les incorpore bien avec la terre; ils » sont avantageux aux arbres et aux lé- » gumes. »

Un autre auteur, cité dans le même ouvrage, dit qu'il est reconnu par l'expérience, que les excrémens humains tiennent, après ceux des oiseaux, le second rang, et qu'ils sont propres à toute espèce de plante.

On trouve, dans Eben el Awam, que la préparation désignée parmi nous sous le nom de poudrette, étoit connue des anciens agronomes. « On emploie les » excrémens humains après les avoir » séchés et pulvérisés; ils sont, dans cet » état, chauds, humides et onctueux. » Il est dit ailleurs: « Les excrémens hu- » mains délayés dans l'eau des étangs » qui servent à l'arrosement des lé- » gumes durant l'été, ne nuisent en au- » cune manière aux plantes; mais, au » contraire, ils leur sont très-convena- » bles; ils donnent une nouvelle vie aux » plantes desséchées, et les rétablissent » promptement; l'excrément humain est » le meilleur de tous ceux qu'on emploie » pour féconder la terre. L'on détruit, » ou l'on diminue considérablement sa » mauvaise odeur, en le mélangeant » avec de la terre et de la fiente d'oi-

(1) Cet ouvrage a été publié, avec la traduction espagnole, en 1802. Il a pour titre: *Livre de l'Agriculture;* par le docteur excellent Abu-Zacharia-Iahia-Aben-Mohamed-Ben-Ahmed-Eben el Awam, de Séville; traduit par D. Joseph-Antoine Banquieri. En deux vol. *in-fol.* Madrid.

» seaux, et le laissant sécher dans cet » état. »

Les Espagnols modernes suivent en ce point l'exemple qui leur a été transmis par leurs anciens maîtres. Nous avons vu employer les matières fécales à l'engrais des terres dans plusieurs parties de l'Espagne, sur-tout dans la Catalogne et dans le royaume de Valence.

Dans la Catalogne, on les laisse fermenter dans les fosses d'aisances, ou dans des creux pratiqués à cet effet; on y ajoute de l'eau pour les rendre plus liquides, pour en augmenter la quantité, et pour en diminuer l'activité : on s'en sert dans cet état pour arroser les champs et les jardins. Les cultivateurs, après avoir formé un sillon, et y avoir déposé à la main la semence, l'arrosent avec les matières fécales délayées ; ils tracent un second sillon en recouvrant le premier, et continuent ainsi successivement le travail jusqu'à ce que le champ soit entièrement ensemencé. Cette méthode est certainement excellente, et peut être appliquée avec beaucoup d'avantage, principalement aux semis de légumes qui se font en sillon, soit dans les jardins, soit dans les champs; on arrose aussi les plantes lorsqu'elles sont en pleine végétation.

On puise la matière dans les fosses d'aisances, par le moyen de vases ou espèces de petits seaux emmanchés d'une longue perche. On la vide dans des comportes qu'on charge sur des bêtes de somme ou sur des charrettes; ces comportes, fermées à leur partie supérieure comme le sont les tonneaux, ont, à cette partie, un rebord et un trou où est une bonde par laquelle on introduit la matière liquide. Lorsqu'on est arrivé sur le champ, on la verse dans des baquets, où l'on va la puiser pour les arrosemens.

On trouve, en Catalogne, dans chaque maison de cultivateurs, des fosses d'aisances disposées de manière à faciliter la préparation et l'extraction de l'engrais. La fosse communique ordinairement hors de l'habitation, et elle est recouverte par des planches qu'on peut enlever au besoin. On ramasse avec grand soin, dans chaque maison de Barcelonne, les matières fécales; la charge d'un mulet se vend à raison de vingt sous ; la perte qu'on en fait en France est une honte pour notre agriculture, et tout cultivateur éclairé ne voit pas, sans étonnement, que les propriétaires de Paris et des autres villes de France soient contraints de payer, pour l'enlèvement de ces matières, une somme assez forte. Les règlemens de police de la ville de Paris ne permettent pas à un propriétaire de faire transporter sur sa terre les vidanges de sa maison; il y a lieu d'espérer que l'on réformera, dans un siècle de lumière, des règlemens qui attentent à la propriété, et qui nuisent essentiellement à l'agriculture. (1)

Les cultivateurs du royaume de Valence, qui ne sont pas moins industrieux que ceux de la Catalogne, ramassent avec soin des matières que nous laissons perdre avec profusion. Les latrines de Valence vont se vider dans des aqueducs, et, de là, tous les immondices se rendent dans une partie des fossés qui entourent la ville; on y a pratiqué des divisions pour recevoir les matières liquides et leur donner le temps de prendre une certaine consistance ; c'est dans cet état que les cultivateurs les enlèvent, en payant un droit à la ville, ce qui produit un revenu assez considérable.

(1) La prohibition d'enlever les matières fécales, soit des maisons de Paris, soit de la voierie de Montfaucon où on les dépose, est d'autant plus attentatoire à la propriété, qu'on accorda aux cultivateurs des environs de Paris, la faculté de prendre ces matières en dédommagement du droit qu'ils avoient de parquer leurs troupeaux sur leurs terres ; droit qui leur fut ravi, lorsqu'on permit aux bouchers de conduire leurs moutons sur les champs, aux environs de la capitale.

L'eau

L'eau qui s'échappe de ces matières est soigneusement conduite sur les champs, et leur procure une grande fécondité.

On connoît, dans quelques cantons du Portugal et de l'Italie, l'usage des matières fécales comme engrais; mais leur emploi est très-borné: on peut en dire autant de l'Allemagne. Les propriétaires des maisons, à Coïmbre, en Portugal, en retirent un petit bénéfice, soit en argent, soit en faisant un accord avec les cultivateurs qui leur donnent en échange quelques provisions de ménage.

Les Anglais mettent peu à profit ces sortes de matières. On trouve cependant, dans l'*Etat de l'Agriculture de Middlesex*, publié à Londres en 1798, le passage dont nous donnons ici la traduction : « On a introduit un nouveau » genre d'engrais depuis un petit nombre d'années; on avoit coutume, avant » cette époque, de jeter les matières » extraites des fosses d'aisances de Londres, dans de grands trous que l'on » creusoit aux environs de cette ville. » Elles étoient ainsi perdues pour l'agriculture, tandis qu'aujourd'hui on les » emploie en les mélangeant avec des terres, et même quelquefois avec de la » chaux. On peut voir ce travail, qui » s'exécute en grand au nord de la nouvelle route, entre Marybone et Poddington. »

Les matières fécales sont employées, dans plusieurs cantons de la France, principalement dans les ci-devant provinces de Flandre, d'Artois, dans le Hainault, la Normandie, la Provence, etc. Leur usage est général dans la Flandre où elles sont désignées sous le nom de *courte-graisse;* souvent on les mélange avec l'urine et les excrémens des bestiaux, et une quantité plus ou moins considérable d'eau. On construit, dans les champs, des fosses ou citernes couvertes en forme de voûte, ou en paille, afin d'empêcher l'évaporation; c'est dans ces réservoirs que l'on jette les matières fécales, en ajoutant la quantité d'eau nécessaire. Après les avoir ainsi laissé fermenter, on les retire de la fosse; on les transvase dans les tonneaux défoncés, qu'on transporte dans les champs sur des brouettes ou sur des charrettes, selon la distance plus ou moins grande du terrain sur lequel elles doivent être employées. L'ouvrier les répand sur la surface du sol, en les jetant autour de lui à une grande distance, par le moyen d'un vase à long manche.

On sait avec quel soin on ramasse les excrémens humains dans toutes les villes de Flandre; on vide tous les quinze jours les latrines, et leur produit est calculé, dans la plupart des maisons, comme une partie des salaires payés aux domestiques.

Les matières fécales ne sont pas ramassées avec moins de soin en Provence qu'en Flandre. Dans les villages de cette partie méridionale de la France, on les répand sur des tas de fumier que l'on forme dans les cours ou dans les rues; on les recouvre de paille, d'herbes, de feuilles, etc., et, lorsque ces substances ont été foulées sous les pieds des passans, on les remue afin de rendre leur mélange plus homogène. Quelques cultivateurs jettent les excrémens dans l'eau destinée aux irrigations; ils sont ainsi délayés et entraînés sur les champs qu'on veut arroser.

Les Chinois, qui sont très-soigneux pour tout ce qui tient au détail de l'économie rurale, regardent les excrémens humains, nommés dans leur langue *tafeu*, comme le plus excellent des engrais. « Il y a deux manières d'employer le *tafeu :* (est-il dit dans les Mémoires concernant les Chinois, tom. II, p. 612) la première consiste à l'accumuler dans des fossés, et puis verser dessus une assez grande quantité d'eau pour qu'étant bien délayé, il ne fasse plus qu'une bouillie très-claire. Cette bouillie, qu'on porte dans des seaux dans les champs, et qu'on y répand ou par manière d'arrosement, ou en la faisant couler dans les rigoles où l'on doit semer, ou en en mettant une certaine quantité dans les fosses qu'on destine aux cotonniers ; cette bouillie, dis-je, rend la terre très-fertile. Il ne nous appartient pas de décider si c'est la meilleure façon d'employer le *ta-feu ;* mais, comme c'est la plus sensible et la plus dégoûtante, il paroît difficile de croire qu'elle se fût conservée, si elle n'avoit de grands avantages. La seconde, qui pourroit prendre plus aisément en France, et enrichir les campagnes de ce qui est plus à charge dans les villes, consiste à jeter les vidanges des fosses d'aisances dans de grands creux découverts, d'où on les tire pour les mêler avec une troisième partie de terre grasse ou franche, qu'on coule ensuite en forme de tartes ou galettes, qu'on fait sécher au grand air, et qu'on transporte après où l'on veut (1). Si ce commerce, qui nourrit à Pékin tant de monde, prenoit jamais à Paris et dans toutes les villes, il y mettroit plus de propreté, délivreroit les rivières de l'infection des vidanges, et procureroit à nos campagnes un excellent engrais ; l'idée en paroîtra ridicule, mais le fait est certain. Les galettes de *ta-feu* et de terres grasses, bien loin de puer quand elles sont sèches, ont une odeur de violette qui est agréable ; on les concasse et on les met en poussière pour les répandre dans les champs. »

« Si le témoignage de l'expérience » mérite d'être écouté, il est démontré » que le *ta-feu* est le plus utile, le plus » efficace et le plus fort des engrais, » sur-tout pour les terres grasses et hu- » mides. Comme rien de tout ce qui in- » téresse la chose publique n'est bas et » vil que pour les petites ames et les » cœurs étroits, nous observerons, en » finissant, qu'au dire des Chinois, » quand on inonde un champ pour l'a- » méliorer, c'est le meilleur temps pour » y porter beaucoup de *ta-feu.* L'eau le » délaie, et l'incorpore à la terre, de » manière à la fortifier pour plusieurs » années. Nous avons dit d'y mettre » beaucoup de *ta-feu*, parce que, dans » ce cas, on peut en doubler ou tripler » même la quantité, sans craindre d'ex- » céder. La pratique générale est d'en » mettre au moins le double ; ce qui se » pratique aussi pour les autres engrais » et fumiers, parce que l'eau qui les » dissout les affoiblit, ou plutôt retarde » leur effet, et le fait durer plusieurs » années. Que ceux qui ont à cœur la » perfection de notre agriculture voient » comment elle pourroit s'approprier » toutes ces pratiques. »

Lord Macarteney, dans son *Voyage en Chine,* tome II, page 38, confirme ce que les Missionnaires nous ont appris sur cette partie de l'économie rurale chinoise. « La terre étoit fumée (dit-il) » non avec de la fiente d'animaux, mais » avec nos matières qui répugnent da- » vantage à des sens, et dont on ne se » sert pas communément en Angle- » terre, dans les travaux de l'agricul- » ture. On voyoit des vases de poterie » enfoncés dans la terre pour recevoir » cette sorte d'engrais, ainsi que pour » contenir le liquide qui lui est ana- » logue, et dans lequel on fait tremper » le grain avant de le semer, parce » qu'on imagine que cette opération » accélère la croissance de la plante, et » empêche les insectes de la piquer

(1) On a vu dans le passage d'Eben el Awam, cité plus haut, que cette méthode étoit usitée parmi les Mores d'Espagne, avec cette seule différence, qu'ils ajoutoient une certaine quantité de fiente d'oiseaux. Ce mélange absorboit la mauvaise odeur des matières fécales ; ce fait, rapporté par Eben el Awam, est confirmé par ce qu'on va lire dans le texte des Missionnaires chinois.

»pendant qu'elle est encore très-jeune.»

Il est évident, d'après ces citations, et d'après les faits que nous avons rapportés, que les matières fécales sont employées comme engrais, dans plusieurs pays, et que l'agriculture en retire de grands avantages. Une méthode si générale doit être exempte de tout inconvénient; si elle en avoit de réels, l'expérience eût appris à les connoître, et elle eût été abandonnée.

Il nous reste à indiquer quelle est la manière la plus avantageuse de préparer et d'employer cet engrais.

On peut en faire usage, 1°. dans l'état où il se trouve au sortir des latrines; 2°. en le délayant et le laissant fermenter dans l'eau; 3°. en le mélangeant avec d'autres fumiers, ou avec des terres; 4°. en le laissant parvenir à un plus ou moins grand degré de siccité.

La première méthode est la plus facile et la plus expéditive; mais aussi c'est la moins avantageuse : elle a d'ailleurs plusieurs inconvéniens. Lorsqu'on emploie les excrémens humains dans l'état où ils se trouvent au sortir des fosses d'aisances, il est difficile de les répandre également sur toute la superficie d'une pièce de terre; ils s'agglomèrent et forment des boulons, de sorte que l'engrais se trouve réparti avec trop d'abondance sur quelques points, tandis qu'il manque sur d'autres. Ainsi les plantes sont brûlées par la trop grande activité de l'engrais; ou bien elles sont privées de son influence. Il arrive en effet que les champs qui ont été fumés de cette manière, ne donnent des produits abondans qu'à la seconde récolte, parce que la division des matières, et leur amalgame avec la terre, ne peuvent avoir lieu que lorsqu'elles ont été délayées par les eaux de pluie, et mélangées par la multiplicité des labours. C'est aussi pour cette raison qu'on a l'usage, dans quelques cantons, de ne répandre les excrémens humains que sur les terres qui doivent rester en jachère; mais, par cette méthode, on perd une partie des principes actifs de cet engrais, qui s'évaporent et se dissipent par les pluies, et par l'action de l'air et du soleil.

Un autre inconvénient, c'est que les matières récentes non délayées peuvent donner une saveur désagréable à certaines plantes, sur-tout à celles dont la fane sert d'aliment aux hommes ou aux bestiaux; mais il est des remèdes à ce mal, ainsi qu'on va le dire.

La seconde méthode, qui consiste à répandre sur la terre les excrémens après les avoir délayés dans l'eau, et les avoir laissé fermenter, est facile, et n'expose pas à l'inconvénient dont nous venons de parler. On jetera soit dans les fosses d'aisances, soit dans des réservoirs construits pour servir de dépôts à la matière, une certaine quantité d'eau, de sorte que le mélange produise un liquide homogène et très-fluide. Il n'y a pas d'inconvéniens à arroser la terre ou les plantes avec ce liquide, après l'avoir bien agité dans la fosse. Les parties en seront assez atténuées et assez divisées, pour qu'il produise beaucoup d'effet, et sans qu'on ait à craindre la communication d'une saveur sensible. On fera mieux cependant de laisser fermenter cette masse pendant quelques mois, ayant soin de la remuer et de la bien mélanger tous les quinze jours; elle acquerra ainsi plus de force et d'activité. On pourra l'augmenter, en y ajoutant l'urine, et même les excrémens des animaux. Ce liquide servira à arroser le pied des plantes, ainsi que les prairies, ou les champs ensemencés.

L'arrosement peut s'exécuter par le moyen de vases, ainsi qu'il a été expliqué plus haut, ou, ce qui est plus expéditif, par le moyen de tonneaux traînés par des charrettes. On adapte, à l'extrémité inférieure de ces tonneaux, un tube longitudinal, percé de trous, au travers desquels s'échappe le liquide. Si l'on veut arroser des plantes semées par rangées, on emploîra, dans ce cas, des tuyaux flexibles faits en cuir. Un ouvrier pourra facilement les diriger par-tout où il en sera besoin.

On gagnera du temps, et l'on évitera un travail désagréable, si l'on exécute le transvasement des réservoirs dans les tonneaux, par le moyen d'une pompe, au lieu de le faire avec des vases, et à force de bras.

Il sera avantageux de recouvrir immédiatement le sol sur lequel on vient de répandre le liquide, ainsi que nous l'avons vu pratiquer en Espagne. L'évaporation qui dissipe plusieurs principes favorables à la nutrition des plantes ne pourra avoir lieu, si l'on suit cette méthode. Elle est sur-tout recommandable dans les climats chauds. D'ailleurs, l'odeur désagréable qui s'exhale dans l'air, lorsqu'on a répandu cette matière sur les champs, sera beaucoup moins sensible, et se dissipera beaucoup plus promptement.

Nous avons indiqué un troisième moyen d'employer les excrémens humains. Il consiste à les mélanger avec des fumiers de différente nature, avec les balayures des maisons, les ordures des cours, des chemins, la vase, enfin avec des terres soit argileuses, soit sablonneuses. On a donné à ces mélanges le nom de *compost*. On les forme dans les latrines lorsqu'elles sont disposées pour cela, en recouvrant les matières, de temps à autres, avec une couche de terre seule, ou avec les différentes substances que nous venons d'indiquer. La masse s'imprègne des parties subtiles et énergiques qui composent ce compost; elle fermente, et donne, au bout de quelque temps, un engrais précieux.

Il seroit plus commode d'avoir, aux environs des fermes, des fosses pour servir à la manipulation des matières : elles doivent être construites de manière que les parties liquides ne puissent filtrer d'aucune part. On répandra, sur le fond, une couche de terre d'un pied au moins; et celle-ci sera recouverte par une couche d'excrémens humains, épaisse de six pouces. L'on formera ainsi alternativement des lits, auxquels on ne donnera pas plus de six pouces d'épaisseur, afin que le mélange soit plus intime, et que la fermentation puisse agir également sur toutes les parties de la masse. Les composts doivent rester dans cet état pendant un an, ou six mois au moins. Il sera bon, afin de se procurer un fumier plus homogène et plus actif, de les remuer et de les bien mélanger à la pelle, quelques mois avant de les employer. On pourra vider les fosses d'aisances plusieurs fois dans le cours d'une année, et former séparément, à chaque fois, un compost, ainsi que nous venons de l'expliquer. En employant ce moyen, on rendra la confection des composts plus parfaite, et leur manipulation plus facile. On les arrosera au besoin, soit avec des urines, soit avec le liquide qui en découle, soit enfin avec de l'eau.

Il n'est pas indifférent de prendre une terre quelconque, pour opérer son mélange avec les matières fécales. On doit diriger son choix, d'après la nature du terrain sur lequel on se propose de répandre l'engrais. Si ce terrain est tenace et argileux, on prendra une terre légère et sablonneuse, *et vice versâ*. On corrigera ainsi les imperfections du sol, non seulement par l'effet de l'engrais, mais encore par l'addition d'une terre dont l'action mécanique produira un amendement aussi avantageux que durable.

Il nous reste à parler de l'emploi des matières fécales en état de siccité. Cette méthode ne peut être employée avec avantage qu'auprès des grandes villes, où le fumier est très-commun et à bon compte, et où l'engrais qui provient des vidanges n'est pas apprécié à sa valeur. On rend, dans de pareilles circonstances, un grand service à l'agriculture, en desséchant ces matières, et en facilitant ainsi leur transport à de grandes distances, et dans des cantons où le fumier est rare et coûteux.

Nous pensons que, dans toute autre circonstance, cette préparation doit être proscrite. En effet, on ne peut obtenir de dessiccation qu'en exposant les matières fécales, durant plusieurs mois, sur une grande surface, à l'air, au vent, au soleil, et même à la pluie. Elles restent ainsi exposées pendant deux ou trois ans à la voierie de Montfaucon, aux environs de Paris. Il faut les remuer à plusieurs reprises, les agiter, les amonceler, les tamiser, etc. L'influence des météores, ainsi que l'effet des manipulations, occasionnent, dans ces matières, une déperdition prodigieuse des principes les plus favorables à la végétation ; de sorte que l'on peut calculer, sans crainte d'erreur, que la même quantité de matière, mise en fermentation avec de l'eau, ou mélangée avec des terres, produira deux fois plus d'effet que ne feront les mêmes matières réduites à un état pulvérulent. Il en est de cet engrais comme de celui produit par les animaux. Quelle diminution n'éprouveroit-on pas dans les fumiers, si, au lieu de les conduire, ainsi que cela se pratique dans nos fermes, on exposoit, pendant des années entières, les excrémens et les urines des bestiaux à l'influence de l'atmosphère, et qu'on les réduisît en poussière, après leur avoir fait subir différentes manipulations? C'est une méthode qu'on ne parviendra jamais à faire adopter aux cultivateurs.

Dans le cas où l'on destineroit ces matières au transport, il vaudroit mieux les amalgamer avec de la terre, et en former des pains ou galettes, ainsi que cela se pratique en Chine. Les Missionnaires, dans l'ouvrage cité plus haut, tome II, page 226, disent que ces galettes sont préparées à Pékin, et que de ce lieu on les envoie dans les provinces méridionales de l'empire. Il est vrai qu'en employant ce moyen, le transport devient plus dispendieux ; mais on ne doit pas hésiter à lui donner la préférence, si, comme on ne peut en douter, la quantité d'engrais est dans ce cas augmentée, de manière à donner de plus grands bénéfices au manipulateur et au cultivateur. On trouve, en outre, dans cette préparation, l'avantage d'employer les matières aussitôt qu'on les sort des fosses d'aisances ; on évite une partie de la dépense ; on gagne du temps, on n'a pas besoin d'emplacemens aussi vastes ; enfin, l'on diminue de beaucoup l'infection qui résulte du maniement de ces matières.

Nous ajouterons, pour résumer ce qui vient d'être dit, que les matières fécales ne doivent point être employées fraîches et sans addition d'eau, ou sans être mélangées avec des terres, ni dans un état pulvérulent, à cause des inconvéniens ou des pertes qui en résultent. La manière la plus avantageuse d'en tirer parti, c'est de les laisser fermenter avec l'eau, ou avec des terres et d'autres substances, ainsi que nous l'avons expliqué dans le cours de cet article. Lorsqu'elles auront subi ces préparations, on pourra les employer dans toute espèce de terrain, et pour quelque genre de production que l'on voudra, sans craindre qu'elles donnent une saveur désagréable, soit aux plantes, soit aux grains, soit aux fruits. Je répéterai qu'il n'est aucun genre d'engrais qui puisse leur être comparé, si l'on en excepte la colombine. Mais la facilité de se les procurer dans toutes les circonstances, et l'abondance avec laquelle la nature les répand, semblent les avoir destinées à être le premier agent de la reproduction des végétaux. (Lasteyrie.)

FAINE, (HUILE DE) ou GRAINE DU HTERE, (*Fagus sylvatica* Lin.) *Addition* à l'article HÊTRE. La faîne, connue dans la majeure partie de l'Europe, et répandue dans toute la France, est renfermée dans une enveloppe d'où elle s'échappe d'elle-même. Elle est, comme on sait, revêtue extérieurement d'une écorce dure et tenace, et l'amande est immédiatement revêtue d'une pellicule mince qui adhère à sa surface. Dans l'intervalle de la face interne de l'enveloppe extérieure, à la face externe de la pellicule de l'amande, la cellule est tapissée par un duvet fin et épais, qui se manifeste au moment de la maturité du fruit.

L'amande de la faîne, comme toutes les noix, contient dans sa substance parenchymateuse une huile et un mucilage unis ensemble. On en sépare l'huile au moyen de l'eau chaude, qui s'empare du mucilage, ou bien par la pression et en laissant séparer l'huile d'elle-même. L'eau s'empare aussi d'un principe sapide qui y existe, donne de la saveur à l'huile, qui, sans cela, seroit fade.

La faîne ne contient une grande quantité d'huile que lorsqu'elle est à maturité, et ne la donne qu'après être desséchée. Pour parvenir à ce but, il faut avoir soin de la conserver dans des endroits secs et exposés aux vents du nord. L'époque pour en extraire l'huile avantageusement, est depuis la fin de novembre jusqu'au mois de mars.

Récolte. On ramasse la faîne quand elle tombe spontanément, et il faut choisir un temps sec. On peut cependant en accélérer la chute, en imprimant des secousses à l'arbre; mais il faut éviter le gaulage, qui est toujours préjudiciable aux bourgeons et aux jeunes pousses.

Les différens procédés pour ramasser les faînes, sont la cueillette à la main, les râteaux et les balais; mais, quel que soit le moyen dont on se servira, il faut les purger des brindilles et des feuilles qui se trouvent mêlées avec elles. On évitera aussi de les accumuler, avant de les avoir bien fait sécher à l'ombre, car étant humides et entassées, elles ne tarderoient pas à fermenter et altéreroient ainsi la qualité de l'huile.

Préparation. Pour préparer la faîne, afin d'avoir une huile de bonne qualité, on doit séparer ce qui auroit resté de corps étrangers, en la vannant, ou plutôt en se servant du *crible à vent*, qui peut être tenu à bras, ou adapté à un moulin à farine.

Pour obtenir une huile superfine, il faut trier les plus belles faînes, et le temps qu'on y emploie est bien récompensé par les résultats avantageux qu'on obtient.

Mais je condamne absolument le procédé qu'on a conseillé, de jeter les graines dans l'eau, afin de les isoler des corps légers qui resteroient à la surface. Joint à ce qu'il y a des corps étrangers plus pesans que la faîne, tels que des caillous, qui se précipiteroient, l'humidité que contracte la graine, la difficulté de l'écorçage augmentée, doivent faire abandonner ce moyen comme vicieux.

Emploi des graines entières. On extrait ordinairement l'huile de la faîne, sans la dépouiller de son enveloppe. Mais il y a diminution de produit, 1°. par une perte d'huile qui est absorbée par le duvet et l'écorce, et qu'on évalue à un septième;

2°. l'huile en est moins douce; 3°. elle dépose davantage; 4°. l'écorce dure se trouvant mêlée dans les tourteaux avec le parenchyme, ils sont moins propres à la nourriture des bestiaux.

Emploi des graines écorcées. L'écorçage consiste à enlever l'enveloppe dure qui forme la cellule de l'amande, et qui adhère à sa pellicule.

Pour le pratiquer, la faîne doit être sèche, et alors son enveloppe se brise facilement entre les doigts. Mais la méthode de l'écorçage à la main est longue, et n'enlève point la pellicule qui est adhérente à l'amande, pellicule qui lui donne une saveur amère, dont le frottement et le vannage la purgent.

On a proposé, dans ce cas, de faire sécher la faîne sur des plaques de tôle; mais la chaleur doit être alors très-modérée, et, crainte d'erreur, je conseillerois aux cultivateurs comme un moyen même économique, de se servir du four lorsqu'on en a retiré le pain.

On pourroit pratiquer l'écorçage en grand au moyen des meules de moulin, qu'on écarteroit de manière à n'attaquer que l'écorce; et cette opération employée pour le mondage des graines (*Voy*. article Gruau) doit avoir de bons résultats.

La faîne ainsi dépouillée de son écorce, veut être employée aussitôt, car elle ne tarde pas à s'altérer, et l'huile qu'elle contient se rancit par le contact de l'air, qui la sature d'oxigène.

Machines et instrumens. On pourroit renvoyer pour cet objet à ce que nous avons dit, sur les moyens propres à extraire les huiles, car les machines et instrumens qu'on emploie sont applicables à la faîne. Mais il faut les nettoyer soigneusement en les échaudant avec une lessive de potasse, car les vieilles huiles dont ils sont imprégnés, altéreroient la meilleure qualité d'huile qu'on pourroit obtenir.

Les instrumens neufs ont un autre inconvénient, qui est de gâter d'abord l'huile, et d'en absorber une certaine quantité; il faut donc, avant d'en faire usage, les saturer et leur faire subir la lessive de potasse. Il seroit, au reste, à désirer que les parties des machines qui touchent à l'huile, fussent en fer battu, et on conçoit assez les raisons pour éviter que jamais elles soient en cuivre.

Ces machines se réduisent à quatre espèces, savoir:

1°. Les premières, destinées à nettoyer les faînes, et qui sont le crible, le van, le tarare, et le moulin à farine. (*Voyez* ci-dessus.)

2°. Les secondes, qui divisent la faîne; sont le moulin à pilon, le mortier, les moulins à farine, et les bluteaux. (*Voyez* ces articles.)

3°. Celles qui expriment cette huile consistent en presses, sacs et chaudières.

4°. Celles qui servent à conserver l'huile, sont des tonneaux, des jarres, et des outres.

Pilage. Il faut diviser la faîne, pour obtenir l'huile qu'elle contient, et on la fait pour cela passer sous des pilons, qui agissent dans des espèces de mortiers ou trous creusés dans le bois. Il faut éviter que les coups des pilons ne soient trop forts, parce qu'ils altéreroient l'huile en l'échauffant. Pour remédier à cet inconvénient, on ajoute de l'eau, et on laisse reposer la pâte afin qu'elle s'imbibe, et on recommence ensuite à piler. Trop d'eau feroit une émulsion, et la juste proportion est d'une livre d'eau sur quinze livres de faînes. Un quart d'heure de battage suffit pour broyer la faîne, et on juge qu'elle l'est suffisamment, lorsqu'en pressant la pâte, on voit suinter l'huile.

Ecrasage. Il ne diffère du pilage, que parce qu'on fait usage des meules.

Mouture. Une manière avantageuse de diviser la faîne écorcée, c'est de la réduire en farine grossière, avec des moulins à eau. On pourroit, en petit, leur substituer les moulins à bras, et enfin des moulins faits comme ceux à moutarde.

Pressage. C'est le même procédé que

pour l'extraction de toutes les huiles. Une température moyenne et de l'eau, sont indispensables pour obtenir une plus grande quantité d'huile; la pression est le seul moyen de la retirer; plus elle est graduée, lente et forte, et plus l'opération est bonne.

Après une première pression, on retire la pâte qui est devenue solide, qu'on pulvérise pour la préparer à une seconde pression. Dans cet état, on la fait chauffer dans des vaisseaux, en y ajoutant de l'eau chaude, mais en plus petite quantité que la première fois, et ayant attention de remuer la pâte, afin qu'elle ne brûle pas. La chaleur qu'elle doit éprouver, est à peu près celle de l'eau qui commence à entrer en ébullition.

La presse à épiciers, et enfin un étau, peuvent servir pour opérer en petit.

Outre la presse, il est nécessaire d'avoir des sacs pour renfermer la pâte ou la farine, et des vaisseaux, afin de recevoir l'huile et pour pratiquer les épurations.

Les sacs peuvent être en crin, en treillis, en grosse toile, en étoffe de laine, en tissu de joncs et en sparte. On doit donner la préférence au crin, parce qu'il n'absorbe point l'huile, parce que ses mailles ne s'obstruent pas, et enfin parce qu'il est résistant et facile à nettoyer.

Les vases destinés à recevoir l'huile, seront ou vernissés, ou en grès, ou en faïence, et même en fer.

Qualités, propriétés, et usages de l'huile de faîne. C'est, après l'huile d'olive, la meilleure, et elle se conserve plus de dix ans. Dans les premières années, elle acquiert de la qualité, et elle peut, dans tous les usages, suffire à nos besoins. Elle est bonne dans les alimens, elle brûle sans odeur, elle peut servir à préparer les laines, et à la peinture; mais elle ne convient pas à préparer le cuir.

La faîne donne le sixième de son poids d'huile.

Sa conservation. Nous avons dit que l'huile de faîne se conservoit dix ans, cependant elle contracte facilement de l'odeur. On peut la garder dans des tonneaux, ou dans des vases; et si on les enterre, elle se détériore moins rapidement encore.

Les trois premiers mois, il est utile de soutirer l'huile sans la remuer, la clarification seule lui donnant une bonne qualité.

Tourteaux. Les tourtes, tourteaux ou pains, sont le résidu desséché de la faîne. Si elle a été écorcée, ils peuvent servir à la nourriture des animaux, tels que cochons, volailles et bœufs, mais on doit faire attention qu'ils rendent leur graisse huileuse.

Ils font, outre cela, un bon feu, dont les cendres donnent beaucoup de potasse.

FAON, (*Vénerie,*) petit des animaux à tête, c'est-à-dire du cerf, du chevreuil et du daim; il garde ce nom jusqu'à six mois. (S.)

FARCIN, (*Maladie des animaux.*) Le farcin est une maladie particulière au cheval, à l'âne et au mulet.

Il consiste dans une éruption de tumeurs froides plus ou moins dures, jamais accompagnées de prurit, à moins qu'elles ne soient compliquées de gale ou autre affection de ce genre.

Les tumeurs qui caractérisent le farcin sont ou superficielles ou enfoncées, et par conséquent apparentes ou difficiles à appercevoir.

Leur volume varie beaucoup: il en est de grosses, de moyennes, et de très-petites.

Les unes sont rondes et circonscrites; on les appelle *boutons de farcin.* Les autres, plus ou moins allongées, quelquefois même aplaties, conservent le nom de *tumeurs farcineuses;* enfin, il en est de plus étroites et plus étendues en longueur, qui sont connues sous le nom de *cordes de farcin.* Ces cordes sont appelées *chapelet* lorsqu'il y a étranglement d'espace en espace, ou que les boutons sont liés entr'eux par des prolongemens plus étroits.

Farcin léger. Il est des boutons très-superficiels, dont le volume n'excède pas celui d'un pois, qui n'attaquent que le corps de la peau, mais qui sont ordinairement très-multipliés. Comme ils résistent foiblement aux efforts de

la

la nature et aux moyens de l'art, on leur a donné le nom de *farcin volant*. Les tumeurs farcineuses n'ont point de siège déterminé, toute la surface du corps y est exposée ; la conjonctive, les tarses, la caroncule lacrymale, la membrane clignotante, même les tendons, les gaînes aponévrotiques, les articulations, n'en sont pas exemptes. Cependant, on voit que les parties latérales de l'encolure, les épaules, les côtes, les flancs, les ars, le poitrail et les extrémités en sont plus souvent affectés que le dos, le dessous du ventre, l'anus, le jarret, la membrane du nez.

Les cordes farcineuses suivent assez constamment le trajet des gros vaisseaux veineux, et sur-tout des vaisseaux lymphatiques, dans l'intérieur desquels la matière farcineuse paroît exister; les étranglemens qui séparent les cordes farcineuses dans les chapelets du farcin, paroissent dus aux valvules de ces vaisseaux.

Farcin grave ou redoutable. Les tuméfactions farcineuses qui sont logées profondément, occasionnent de la douleur, de la fièvre, du dégoût, de la tristesse. C'est à cet enfoncement que sont dus ces engorgemens considérables qui accompagnent ordinairement le farcin des extrémités, des lèvres, des joues, des naseaux et des paupières.

Les tumeurs qui décèlent un farcin redoutable, adhèrent aux chairs, aux tendons et aux aponévroses, aux ligamens, aux cartilages, au périoste, aux os. Ils sont douloureux, ils s'abcèdent avec peine, et jamais entièrement ; les ulcères qui en résultent sont calleux, ils fournissent une ample végétation de chairs baveuses, fongueuses, livides, qui se renversent ou se rabattent en forme de champignon : c'est ce qu'on appelle *farcin cul-de-poule*. D'autres fois, les résultats de cette végétation hâtée sont plus fermes, plus durs, et ont le caractère d'un vrai carcinome. Le pus en est rare ou abondant; dans le premier cas, il est ordinairement blanchâtre, concret, et, suivant les parties où il se fixe sans avoir d'ouverture, il occasionne des ganglions, des nodus et des ankiloses. Quand il est plus fluide, il est en quelque manière dissous, ichoreux, jaunâtre, verdâtre, sanguinolent ; l'odeur alors en est le plus souvent infecte. Quelquefois il ronge la peau, fait tomber les poils, découvre les muscles, les tendons, les ligamens, les articulations ; attaque les os qu'il carie, et au travers desquels il creuse des sinus, des clapiers ; en un mot il détruit toutes les parties qu'il gagne successivement. Nous l'avons vu pénétrer la substance compacte du canon, détériorer la moelle, et ronger la substance réticulaire de cet os.

Il est d'autres boutons et des cordes de farcin, résultant de tumeurs plus volumineuses, dont le poids est de plusieurs livres. Elles sont plus ou moins enfoncées dans les interstices des muscles, elles occupent ordinairement les glandes sublinguales, maxillaires, parotides, axillaires. On en voit aussi dans les mamelles, dans les testicules, entre les carotides à leur sortie du thorax, etc., etc. Dans tous ces cas, l'induration est plus fréquente que la suppuration, qui est toujours extrêmement tardive, et qui n'a jamais lieu que dans une très-petite portion du centre.

Nous voyons encore qu'un seul bouton comme une seule corde, ouverts ou épanouis, forment dans peu un ulcère qui détruit tout le corps de la peau, et s'étend de manière à occuper tout un membre ; tandis qu'il en est dont les progrès, plus obscurs et plus lents, qui attaquent les parties dures, suscitent des fistules lacrymales, des *spina-ventosa*, des javards encornés, etc.

Ceux qui se fixent et s'ouvrent par la membrane pituitaire opèrent le plus souvent un changement dans les symptômes ; les boutons disparoissent, et il s'établit, par les naseaux, un écoulement de matière brune, ou du moins de couleur plus obscure que dans la morve. Quelquefois aussi la morve se déclare, et cette métamorphose est presque toujours désavantageuse. Il n'en est pas de même si le farcin termine la morve : il est quelquefois léger, et nous avons vu des chevaux affectés de la morve, se sauver par cette conversion.

Outre les symptômes relatifs aux tumeurs et aux ulcères, il en est encore d'autres qui pourront faire reconnoître qu'il a un caractère redoutable ; ce sont des œdèmes ou plutôt des indurations carcinomateuses aux paupières, au poitrail, aux muscles abdominaux, aux mamelles, aux testicules, aux jambes ; la lenteur et la foiblesse du pouls, la pâleur de la conjonctive, le terne du poil, la limpidité des urines, l'espèce d'onctuosité qui enduit le derme et qui retient l'étrille, le peu de crasse que cet instrument enlève, etc.

Le farcin a souvent pour symptômes précurseurs, sur-tout dans les chevaux irritables, des lassitudes spontanées, des foiblesses générales, l'insensibilité, des engorgemens œdémateux, le dégoût, la tristesse, l'abattement, la roideur dans les membres et dans le corps, le gonflement de la peau, le hérissement des poils ; le tout accompagné de la toux sèche, de l'accélération de la respiration, d'un pouls petit, concentré et accéléré ; et c'est à la suite de cette commotion fébrile, qui dure vingt-quatre à trente-six heures, que les tumeurs farcineuses paroissent : cette éruption fait cesser tous les symptômes précédens.

Le farcin des extrémités postérieures commence souvent par un engorgement œdémateux aux testicules, au fourreau et aux glandes inguinales ; le jarret du côté le plus affecté s'engorge, devient douloureux et chaud.

La terminaison présente des aspects qui ne sont pas moins variés. Quelques tumeurs farcineuses s'abcèdent au moment où elles paroissent ; d'autres suppurent très-difficilement ; il en est qui restent long-temps dans l'induration ; un petit nombre paroît se résoudre, tandis que la matière ne fait que passer dans une tumeur voisine. La matière des abcès est en partie séreuse et en partie grumeleuse, et jamais ce qu'on appelle louable ; elle manque d'uniformité, n'est point liée, exhale une odeur infecte qui lui est propre, et a beaucoup d'analogie avec celle que fournissent les tumeurs écrouelleuses dans l'homme.

Altération des organes extérieurs, observée dans les cadavres. Si l'on dissèque les parties affectées, on les trouve infiltrées ; le périoste est épaissi, ainsi que le tissu cellulaire qui entre dans leur composition. Les artères sur-tout des jambes sont plus larges, et les veines variqueuses ; la peau est très-épaisse, elle ressemble à du lard ; l'infiltration existe aussi dans tous les tissus aponévrotiques et tendineux ; le tissu réticulaire des os des jambes est moins vermeil lorsqu'elles ont éprouvé des engorgemens considérables.

Altérations dans les parties intérieures. Les parties intérieures des animaux que cette maladie enlève, présentent à peu près les mêmes phénomènes que ceux qui se manifestent à l'extérieur. On y trouve l'engorgement squirreux du plus grand nombre des glandes lymphatiques ; l'engorgement variqueux de la majeure partie des vaisseaux chylifères, le rétrécissement du réservoir du chyle, les glandes inguinales très-tuméfiées, un des poumons comme abcédé, contenant comme des boutons de farcin, une matière blanchâtre, épaisse, concrète, qui se trouve aussi quelquefois dans le foie, dans la rate, qui est desséchée, etc.

Il existe encore, chez plusieurs, des vers de diverses espèces dans l'estomac et les intestins.

Causes prédisposantes. Les chevaux élevés dans les pays marécageux, aquatiques, qui ont de longs poils aux jambes, qui sont lourds, massifs ; tels que les chevaux de rivière, ceux qui habitent des lieux humides sujets à être inondés ; ceux qu'on loge dans des écuries froides, où les harnois se moisissent, où l'eau coule en gouttes le long des murs, où l'air ne se renouvelle point, dans lesquelles la lumière ne pénètre jamais ; ceux qui ne font point un exercice modéré et habituel, qui sont sujets aux engorgemens, aux eaux aux jambes, sont plus disposés au farcin, de même que les chevaux irritables, dont l'ardeur entreprend plus que leurs moyens physiques ne peuvent exécuter.

Causes occasionnelles. Les principales sont, 1°. les mauvais alimens, sur-tout les alimens secs, qui sont vasés, poudreux ; le trèfle donné pour toute nourriture.

2°. Des eaux insalubres, qui dissolvent mal le savon, dans lesquelles les légumes cuisent mal.

3°. Le travail forcé, sur-tout les courses rapides, trop longues, trop répétées.

4°. Le grain donné à discrétion dans les intervalles des travaux excessifs, mais qui ne répare point les forces, parce que les digestions sont toujours imparfaites.

5°. La cessation d'un travail journalier, nécessitée par un clou de rue, une sole brûlée, etc.

6°. Les transpirations arrêtées, sur-tout après le repas, par

Des pluies froides, ou un air froid et humide ;

Une immersion assez longue dans l'eau froide ou glacée, circonstance fréquente dans les chevaux de rivière, et qui entrent souvent dans l'eau étant en sueur ;

Une boisson froide, d'eau de neige, etc.

7°. Le farcin est quelquefois la suite de gourmes imparfaites, d'eaux aux jambes, de gales supprimées.

8°. La contagion.

Si cette maladie se communique, c'est sur-tout par l'application des harnois qui viennent de servir à un cheval farcineux. Dans ce cas, le dos, les épaules, l'encolure, le poitrail seront les parties primitivement affectées ; le contact des lèvres contre les fuseaux du râtelier, contre l'auge ; le frottement d'une partie d'un animal sain contre un ulcère farcineux, peut-être même l'exhalation fétide des ulcères, seroient des moyens de communication, sur-tout s'il y avoit quelque disposition dans le sujet qui cohabite. Le degré ou l'intensité du farcin communiqué dépendroit en ce cas de la disposition du sujet, qui auroit été atteint par le virus; et le farcin transmis sembleroit devoir toujours être regardé comme moins rebelle.

Quoique la participation aux mêmes causes puisse suffire pour donner la raison du nombre d'animaux affectés en même temps, il est cependant toujours prudent de prendre les mesures propres à éviter la contagion.

Le farcin est enzootique dans quelques contrées, dans quelques écuries humides, etc.

Moyens préservatifs. 1°. Eviter la consommation de fourrages altérés, quelle que soit la nécessité, attendu que l'on finit toujours par perdre ces fourrages, et les animaux qui les ont consommés; il vaut mieux ne les nourrir qu'avec la paille et l'avoine, que de remplir leur estomac d'alimens de la sorte.

2°. Lorsque le service est trop actif relativement au petit nombre de chevaux, et qu'il est indispensable de faire redoubler la course pour conduire les courriers, il est de règle qu'on donne le temps aux chevaux de manger l'avoine; et, cette ration prise, les chevaux étant encore tout échauffés, on les attèle et on les fait partir. Cette nourriture, bien loin de restaurer l'animal, gêne les entrailles et lui donne une indigestion. On éviteroit cet inconvénient, dont les suites sont non seulement le farcin, mais encore le vertige et la fluxion périodique, en donnant seulement un demi-litre de vin, une bouteille de bière ou de cidre, suivant les lieux, et en ayant l'attention de modérer la course pendant la dernière demi-poste. Les chevaux arrivant moins essoufflés, on leur donneroit des tranches de pain de seigle ou de méteil, sur chacune desquelles on saupoudreroit du sel de cuisine; les chevaux habitués à cet aliment le mangent avec vivacité; on leur donne par-dessus la boisson spiritueuse dont nous venons de parler : ce qui les met en état de continuer la course, ayant soin d'aller modérément pendant la première demi-poste, et d'augmenter peu à peu lorsque les chevaux se mettent en haleine. Ce régime est en vigueur dans les pays de montagnes où les postes sont rares, où la course est de sept à huit lieues, souvent de neuf; les chevaux étant ainsi restaurés toutes les deux ou trois lieues, supportent le service sans éprouver le moindre accident. Au lieu qu'il est impossible qu'ils digèrent l'avoine, étant dans une agitation aussi violente que celle où les met une course soutenue pendant plusieurs heures.

Une bonne partie de ce régime peut être admis pour les chevaux de diligences, et généralement pour ceux destinés au service public. En général, on se hâte trop de donner à manger aux chevaux immédiatement après la course; ce moment n'est pas celui où l'estomac est disposé à recevoir des alimens; ils s'y accumulent, mais ne s'y digèrent pas. Il faut donc avoir recours aux alimens d'une digestion très-facile.

3°. Eviter les refroidissemens subits; ce qui arrive après la course, lorsqu'on laisse les chevaux étant en sueur, refroidir dans le repos, au lieu de continuer la marche, en la ralentissant peu à peu jusqu'à ce que la respiration soit tranquille et que la sueur soit passée. Alors on les rentre, on les bouchonne, on les couvre; on ne leur permet de manger qu'une bonne demi-heure après qu'ils sont reposés. Si la pluie, le froid rigoureux, s'opposent à cette promenade, et que l'on soit obligé de les rentrer en nage, on prévient les effets du refroidissement subit en les bouchonnant jusqu'à ce qu'ils soient secs, et en leur donnant une chopine de vin chaud.

Tout postillon qui, après la course, expose ses chevaux aux courans d'air, qui s'amuse au lieu de les soigner, doit être congédié, attendu les suites funestes qui résultent de cette inconséquence.

4°. Consacrer à un autre usage les écuries qu'on ne peut rendre salubres, en élevant le sol, en faisant des ouvertures correspondantes qui renouvellent l'air, ou en y pratiquant des ventouses, en enlevant la terre qui rend les murs humides, et en pratiquant des fossés ou des ruisseaux qui fassent écouler les eaux.

5°. Il faudroit faire bouchonner avec de la paille molle brisée tout le corps des chevaux en sueur, et sur-tout des chevaux de rivière, quand ils finissent de travailler; leur mettre une couverture dès qu'ils sont entrés à l'écurie; leur faire prendre, dans le son ou l'avoine, deux ou trois onces de sel de cuisine par jour, leur diminuer le foin et leur donner quelques jointées de féveroles pour exciter l'action des intestins et de la peau.

6°. Avoir dans les postes aux chevaux, des toiles postiches que l'on mettroit sous les panneaux, qui ne serviroient que pour le même cheval, ou bien on laveroit toujours celles qui auroient servi dans la course : on auroit soin aussi de ne les remettre sur les chevaux qu'après qu'elles seroient bien sèches.

Pronostic. Le farcin qui se manifeste autour des lèvres, dont les boutons sont petits, qui n'intéresse pas les glandes lymphatiques de la ganache, et qui ne produit aucun effet sur la membrane du nez, n'est pas ordinairement dangereux.

Il en est de même de celui qui existe sur

les côtes, qui n'intéresse que la peau ou la superficie des muscles. Dans cette espèce de farcin, les parties, après l'opération, sont vermeilles, fournissent une matière uniforme et assez louable ; les bords des ulcères se détuméfient, l'animal est gai, libre dans ses mouvemens, et conserve son appétit.

Le pronostic le moins favorable se tire de la profondeur des ulcères, de leur dureté, de leur sensibilité, de leur multitude, de leur apparition successive et constante, à mesure de la disparition des premiers. Ils végètent sans cesse, forment des champignons plus ou moins volumineux ; il se développe des cordes d'une étendue considérable, qui se prolongent à de très-grandes distances, par exemple, des talons aux ars, au ventre, et pénètrent même dans les grandes cavités. La matière fournie par ces ulcères est sanguinolente, gluante ou séreuse ; enfin, les boutons et les ulcères farcineux se portent sur la membrane du nez ; les glandes lymphatiques se gonflent, et tous les signes de la morve se manifestent. Le mal est ancien, et le sujet est assez ordinairement débile, épuisé par des épreuves auxquelles l'impéritie ne manque pas de le soumettre.

La maladie n'est pas moins incurable s'il y a des douleurs vagues, des claudications subites; si l'animal dépérit de plus en plus, et que ses excrémens et son corps lui-même exhalent une odeur mauvaise.

Traitement. Il y a peu de maladies pour la guérison desquelles on ait tenté un aussi grand nombre de spécifiques. Il n'est pas de maître de poste, de cultivateur, de guérisseur, qui n'aient le leur, auquel ils donnent la préférence. Noix vomiques qu'on faisoit avaler en nombre impair; arsenic donné dans le son et l'avoine ; tuyaux de plumes cachetés contenant du mercure suspendu à la crinière, en prononçant des paroles mystérieuses, voilà quelques uns des mille moyens qui ont été mis en usage contre cette maladie.

Les purgatifs, dont on fait un si grand emploi, ne peuvent convenir que dans le principe de la maladie, lorsque l'estomac et les gros intestins sont surchargés d'une grande quantité de matières alimentaires.

La saignée est rarement indiquée ; cependant s'il y avoit une fièvre sanguine annoncée par la plénitude et la dureté du pouls, on devroit la pratiquer ; mais il faut prendre garde d'affoiblir les forces vitales par une trop grande évacuation de sang.

Les substances minérales qui sont données à pleines mains par les guérisseurs, devenant des moyens indiscrets, produisent la désorganisation plutôt que la guérison. Le mercure, sous quelque forme qu'il ait été employé, nous a toujours paru contraire : une fièvre subite survenue spontanément ou excitée par l'art, a plutôt pour effet d'accroître la maladie que de régulariser les secours. Les substances incendiaires dont on fait usage, jusqu'à présent, causent des éréthismes, des irritations, des inflammations qui s'opposent toujours à toute évacuation salutaire, et aggravent le mal.

Quoique le farcin soit une maladie éruptive, et qu'elle se termine souvent par une espèce de suppuration, elle n'est cependant pas exactement critique ; étant semblable, en beaucoup de points, à celle qu'on appelle écrouelles dans l'homme, on ne doit, pour ainsi dire, s'attendre, de la part de la nature, à aucun effort. En effet, comment espérer des évacuations critiques par des vaisseaux qui tous ne tendent qu'à porter de la circonférence au centre? Nous ne devons donc qu'aviser aux moyens de séparer les points affectés de tout ce qui est sain, et de rétablir l'action de la peau.

Traitement local. Le traitement local, quoique prescrit séparément, doit marcher de front avec le traitement intérieur ; il est relatif à la disposition et à la nature des parties que le mal affecte, ainsi qu'au mode de tuméfaction qui existe.

On se dispense d'opérer le farcin qui occupe la tête ou les jambes, et qui se montre sous forme de petites cordes et de petits boutons, en l'attaquant par une forte teinture de cantharides, dont on réitère l'application jusqu'à ce qu'elle ait produit l'effet désiré.

Lorsque les tumeurs farcineuses ont peu de volume, et qu'elles sont situées de manière à être extirpées sans danger, il est avantageux de se livrer à l'extirpation. La suppuration qui en résulte est simple et toujours passable, quoique ce ne soit pas la tumeur farcineuse qui suppure autant que les parties environnantes.

Dans le farcin très-léger, l'extirpation seule peut suffire pour la cure ; mais il est d'autres cas assez graves où il faut exciter dans les parties opérées une action supérieure à celle dont elles jouissent ordinairement. Le moyen à employer pour cet effet est la cautérisation : on s'arme d'un *couteau de feu*, on le fait chauffer couleur de cerise, on trace une raie de cautérisation sur la peau, dans toute la circonférence de la partie opérée, à un travers de doigt des bords de la plaie ; puis une seconde raie à double distance de la précédente. Le degré de cette cautérisation est absolument le même que celui indiqué pour les paupières, dans la FLUXION PÉRIODIQUE. (*Voyez* ce mot.)

Outre le mode de cautérisation commun à toutes les tumeurs farcineuses, les cordes à chapelet, qui exigent de grandes raies pour les circonscrire dans toute leur étendue, doivent encore recevoir, dans l'intervalle, des boutons de feu ou des raies de cautérisation.

Les pansemens subséquens qu'on doit employer, tant sur les parties cautérisées que sur les ulcères résultant de l'extirpation des boutons et des cordes de farcin, sont très-simples : il ne faut point y appliquer d'onguent : quel qu'il soit, il bouche les pores de la peau, et s'oppose à la transpiration, qu'il est si important de favoriser. Les parties cautérisées n'ont besoin que d'être tenues très-propres, et lorsque la suppuration sera établie, les parties ulcérées ne demandent que d'être recouvertes d'étoupes hachées ou réduites en poudre ; lorsque ces étoupes sont humectées par la suppuration, on les enlève, on déterge les ulcères avec une éponge légèrement imbibée d'eau tiède, et on les recouvre de nouvelles étoupes hachées ; ce renouvellement doit être d'autant plus fréquent, que la suppuration est plus abondante. L'objet essentiel est d'éviter que la matière formée ne puisse séjourner sur la partie, et encore plus sur les parties environnantes, ce qui oblige à panser l'animal plusieurs fois dans la journée ; mais il importe de ne pas rendre ces pansemens douloureux, et d'éviter de faire saigner les ulcères.

Quant aux tumeurs enfoncées, il ne faut pas en attendre la suppuration ; elles contractent plutôt des adhérences avec les parties voisines, et deviennent par-là très-difficiles à extraire ; il vaut infiniment mieux les extirper le plus tôt qu'il est possible. Cette opération exige des connoissances et de la dextérité, attendu qu'elle doit être exécutée sans faire d'insulte grave aux vaisseaux, aux nerfs, aux capsules articulaires, etc., etc.

Cependant, s'il arrivoit que l'artiste, pour ménager des parties essentielles, ou par d'autres considérations qui auroient pour objet l'avantage de l'animal, se déterminât à ne point emporter entièrement la tumeur, il devroit appliquer sur la portion restante des boutons de feu assez multipliés et assez répétés pour y exciter une suppuration suffisante.

Le pansement sera le même que celui précédemment indiqué.

Nous avons quelquefois observé que le feu, de même que les substances caustiques, avoit augmenté la dureté, la tuméfaction de la peau, soit qu'on n'eût pas cautérisé assez fort, soit que le cautère eût agi avec un excès de violence : c'est pourquoi il faut en bien mesurer le degré, et même préparer la partie.

Le cautère seul est souvent insuffisant pour la cure des ulcères farcineux ; il vaut mieux en disséquer même la base, et extirper leurs bords tuméfiés.

Dans les ulcères et dans les tumeurs qui sont de la nature du farcin, on trouve souvent le tissu infiltré d'une grosseur considérable, et ayant un aspect carcinomateux, même en quelque sorte cartilagineux ; la seule ressource, dans ce cas, est encore l'extirpation ; plus elle est complète, et plus la cure est prompte. La peau se cicatrise très-difficilement alors, à moins qu'une compression constante ne la tienne adaptée aux parties auxquelles elle doit se réunir. Si nous la ménageons dans d'autres circonstances, nous ne pouvons, pour celle-ci, donner d'autre conseil que de couper à plat les bords, les bourrelets qui rendent la partie difforme et la cicatrice très-difficile.

Nous avons fait remarquer que de nouvelles éruptions farcineuses peuvent attaquer d'autres parties, quelquefois plus intéressantes que celles qu'on a traitées, et que ces éruptions sont opiniâtres et ordinairement plus graves que celles qu'on vient de guérir. Cette nouvelle éruption sera empêchée en passant aux fesses, au poitrail ou à l'encolure, suivant les cas, deux, trois ou quatre sétons, dont le trajet, sous la peau, ait deux décimètres ou un pied de longueur.

Ces sétons seront aux deux faces de l'encolure, si le farcin se manifestoit à la tête, et surtout dans le voisinage de la membrane du nez, pour éviter que la morve ne vienne à y développer son appareil formidable.

Traitement intérieur et général. Notre objet, ainsi que nous l'avons annoncé, sera rempli en stimulant avec mesure l'économie en général, et en excitant particulièrement l'attention de l'organe cutané.

L'antimoine diaphorétique non lavé, (oxide d'antimoine blanc par le nitre) peut remplir cette indication.

Ou bien, prenez gomme ammoniaque et tartre vitriolé (sulfate de potasse) de chaque une once ; triturez ces deux substances dans un mortier, et lorsqu'elles sont en poudre, dissolvez-les, en versant peu à peu, pendant que l'on continue de faire agir le pilon, un demi-litre de décoction de saponaire bouillante.

Le mélange étant bien fait, et devenu tiède, faites prendre à jeun et doucement, en une dose. Si l'animal se refuse absolument à prendre ce breuvage, faites-en un opiat, en incorporant ces substances dans suffisante quantité de miel.

Il faut de plus donner cette même dissolution de gomme ammoniaque en lavemens; mais on aura soin de fouiller l'intestin rectum, et de le vider avant que de lancer cette liqueur avec la seringue. Il faut encore aviser à tous les moyens de forcer l'animal de garder le lavement.

Ces moyens doivent être continués sans interruption pendant quinze à vingt jours. Si à la suite de l'usage de ces médicamens, la brosse enlève beaucoup de crasse, c'est une marque que la transpiration s'opère. Dans le cas contraire, il faut avoir recours aux bains de vapeur, (*Voyez* VAPEUR) que l'on fera prendre tous les trois à quatre jours; et donner, pendant le bain et à la sortie, trois ou quatre pintes d'infusion de parties égales de fleurs de sureau et de coquelicot.

Si le farcin est compliqué d'eaux aux jambes, de gale, il faudra, outre le traitement prescrit, joindre ceux qui conviennent essentiellement à ces maladies. (*Voyez* EAUX AUX JAMBES, GALE.)

Si l'on remarque des signes d'affection vermineuse à la première cornée de ce breuvage, ajoutez une cuillerée à bouche d'huile empyreumatique distillée sur l'essence de térébenthine. S'il y avoit des tumeurs œdémateuses sous le ventre ou aux extrémités, il faudroit ajouter au breuvage cinq à six gros de sel martial ou vitriol vert, une once de sel commun, et doubler la dose d'huile empyreumatique distillée.

Soins et régime. Outre ceux que nous avons prescrits comme prophylactiques, il faut soutenir les forces du sujet par de l'avoine, donner de la paille dans les intervalles, et ne permettre l'usage du foin qu'autant qu'il sera nécessaire pour empêcher l'animal de dépérir. On donnera d'avoine la moitié de ce qu'il consommoit ordinairement, et on y ajoutera une poignée de blé froment, ou une pareille quantité de féveroles; la boisson sera l'eau pure, dans un seau de laquelle on aura fait dissoudre une once de sel de nitre, et deux onces de sel commun. L'animal sera placé dans une écurie très-sèche et très-saine, ni fraîche ni chaude, dans laquelle on aura soin que l'air se renouvelle, dont le sol sera tenu propre et garni d'une litière fraîche. Le pansement de la main sera répété matin et soir; il sera exécuté à fond, et doit essentiellement consister dans l'action de la brosse que l'on ne sauroit promener trop long-temps et trop fortement sur toute la surface du corps. L'éponge, avec laquelle on nettoiera les parties flasques, comme le fourreau, les paupières, les naseaux, ne doit être qu'humectée, pour éviter de les mouiller.

Quant à l'exercice, il doit avoir lieu matin et soir, s'exécuter au pas pour les chevaux massifs, et au petit trot pour les chevaux légers. Cet exercice doit se continuer long-temps et être d'autant plus soutenu, que celui qu'ils ont quitté étoit plus actif; car rien ne donneroit plus d'intensité à la maladie, qu'un repos absolu; mais il faut prendre garde que l'exercice ne sorte des bornes raisonnables: il y auroit autant d'inconvéniens à épuiser les forces de l'animal, qu'à le condamner à l'inaction. L'exercice de la charrue ou de la herse est celui qui convient le mieux, pourvu qu'on en retire les chevaux avant qu'ils ne soient en sueur. Les animaux rentrés à l'écurie, on les couvrira, mais on ne leur donnera à manger qu'après une bonne demi-heure de repos.

Il ne faut pas oublier que le succès des moyens que nous avons prescrits dépend de leur concours. Ainsi, le farcin grave, rebelle, soit qu'il consiste dans des chapelets, dans des ulcères, dans des tumeurs irrégulières, doit être traité à la fois par l'opération, par les moyens intérieurs, et par des soins exacts.

Nous avons encore désigné celui qui est au dessus du pouvoir de l'art, et que le talent de l'artiste doit reconnoître d'abord comme incurable. (CH. et FR.)

FEU, (*Pêche.*) La pêche au feu se pratique pendant la nuit avec des lumières qui attirent le poisson, et on le prend, soit à la fouenne, soit avec des filets. La chasse et la pêche au feu étoient défendues par les anciennes ordonnances. (S.)

FILETS. On comprend, sous cette dénomination générale, tous les *engins* qui se composent de fils tissus à mailles claires et ouvertes, et qui, sous plusieurs noms et au moyen de diverses formes, rendent infiniment plus destructive non seulement la guerre que l'homme déclare aux quadrupèdes, mais encore celle par laquelle il rend les habitans des eaux et de l'air tributaires de ses besoins. C'est surtout dans cette seconde guerre que les filets deviennent des armes auxiliaires de la plus grande ressource; sans eux, une multitude d'oiseaux et une quantité encore plus grande de poissons échapperoient à nos coups ou à nos ruses. Il suffit, à la rigueur, que l'emploi, le jeu, la destination de toutes les espèces de rets, soient familiers au propriétaire à qui la nature de ses biens offre les avantages de la chasse et de la pêche. Aussi trouvera-t-on dans cet Ouvrage, aux différens articles de poissons, oiseaux, et gibier quelconque, la description la plus exacte qu'il ait été possible de faire, et des filets dont il convient de se servir, et de la manière de les mettre en usage. On a dû supposer, dans ces articles, le chasseur pourvu de tous ces instrumens; mais il n'est que deux manières de s'en pourvoir: c'est de les acheter dans les fabriques, ou de les fabriquer soi-même. L'achat est la voie la plus simple et la plus expéditive, et convient d'ailleurs aux grands et riches propriétaires dont le superflu doit naturellement alimenter tous les genres d'industrie, dont les travaux s'appliquent à leurs besoins ainsi qu'à leurs jouissances. La fabrication est plus économique, et peut utilement occuper les loisirs de l'agriculteur sédentaire qui passe, loin des villes, et sous l'abri du chaume modeste, les longues soirées des hivers. Dans tous les cas, au reste, j'ai cru qu'il étoit utile pour tous de présenter ici quelques idées générales sur cette fabrication, ainsi que sur les soins qu'exige la conservation des filets. Sans ces soins, en effet, leur destruction s'accélère promptement; et, de quelque manière qu'on se les soit procurés, il est toujours intéressant et sage de les conserver. Je saisis encore cette occasion de citer, avec un juste éloge, la complaisante intelligence de M. Clavaux qui m'a fourni les principaux matériaux de cet article, dont l'objet est essentiellement de sa compétence, et de recommander sa fabrique aux propriétaires, chasseurs, ou pêcheurs, jaloux de se munir d'instrumens bien travaillés.

Je crois qu'il seroit bien difficile à celui qui n'auroit aucune idée de la manière dont se fait la maille d'un filet, de puiser cette connoissance dans un livre. Le mouvement mécanique qui conduit les contours du fil et les *passées* de l'aiguille, pour former cette maille, échappe en quelque sorte à l'œil même par sa prestesse. Comment donc le fixer sous la plume? comment rendre sensible à la pensée cet entrelacement des différentes branches du même fil, dont la position déterminée, et en même temps cachée par les doigts de l'ouvrier, n'offre ni formes saillantes qu'on puisse saisir et représenter par un dessin figuré, ni caractère géométrique qu'on puisse décrire par une expression claire et précise? Cependant, comme il n'y a bien certainement aucun canton de France où il ne se trouve au moins quelques *laceurs*, ou faiseurs de filets; que même, dans une foule d'endroits, la fabrication de plusieurs petits meubles en filet de soie est l'occupation des femmes, j'ai pensé qu'avec ce que je vais dire et le secours des connoissances locales qu'il pourroit se procurer, un homme intelligent parviendroit à suffire par lui-même, sinon à tous, du moins à la plupart de ses besoins en ce genre.

Les outils propres à mailler se classent naturellement en tête de toute notion sur l'art de faire le filet. Les premiers sont *l'aiguille* et *le moule*, ensuite *le valet*, les *ciseaux*, des *clous à crochet*, ou à *grosses têtes*, selon que l'on travaille debout ou sur un établi.

Les *aiguilles* varient en grandeur, selon la force des filets que l'on veut faire. Les plus grandes sont de quatorze pouces environ; les moyennes de neuf et huit, et les plus petites de six à sept. Leur matière est le bois de coudrier, du fusain ou bois à lardoire, du saule ou du peuplier. Elles ont la forme d'une petite planchette ou réglette épaisse d'une à deux lignes, large de huit à dix sur une des longueurs ci-dessus désignées, terminée en pointe par un bout, et de l'autre entaillée de manière à former une espèce de fourche carrée dont chaque branche ou fourchon a de trois à quatre lignes de long, ce qui donne la même profondeur à l'entaille. Cette entaille se nomme *talon*, et quelquefois *coche*. Le bout opposé, qui se termine en pointe ou angle aigu, ne doit pas cependant être aiguisé de manière à piquer; cela rendroit l'outil incommode et dangereux. On sent que l'extrémité de cette pointe doit être obtuse ou émoussée. De plus, on évide intérieurement cette même pointe en descendant dans la largeur de l'aiguille. Cette ouverture, faite à jour dans le plein, a depuis deux jusqu'à trois pouces de long. Sa largeur se proportionne à celle de l'aiguille, en laissant aux bords latéraux assez d'épaisseur et de force pour donner à cette partie une solidité suffisante. Cette espèce de châssis, qui termine un des bouts de l'aiguille, est destinée à loger et retenir le fil dont on la charge; et pour cela, on n'opère pas un évidement complet; mais on ménage, sur le milieu de la largeur de l'aiguille, entre les deux côtés montans du châssis, une portion de bois que l'on taille et arrondit en forme de brochette. Cette partie se nomme *languette*. Sa pointe est libre; c'est-à-dire qu'elle est séparée de la pointe intérieure du châssis par un certain intervalle, et qu'elle ne s'élève qu'environ jusqu'au point où les côtés montans du châssis commencent à faire l'angle et se rapprochent entr'eux pour former la pointe de l'aiguille. Il en est qui ne se réservent pas cette languette sur le bois même de l'aiguille, mais qui font l'évidement complet, et ajoutent, pour servir de languette, une petite broche de fer implantée dans le corps de ladite aiguille. Cette invention s'applique aussi au cas où la *languette* de bois vient à casser. On voit quelques aiguilles d'une construction plus simple: pour celles-là, on forme, en haut et en bas, deux coches d'une grandeur quelconque, en observant seulement que les deux branches de la coche qui doit faire la tête ou la pointe de l'aiguille, se rapprochent, soit par l'effet de *la taille*, soit par la flexibilité du bois. Mais cette tête, à double pointe, est incommode dans le travail, et est sujette à accrocher les fils. Pour terminer de suite ce qui concerne l'aiguille, je vais indiquer le mode de la *charger*, *emplir*, ou *couvrir* de fil: ces termes sont synonymes. On prend le bout d'une pelote de fil ou de ficelle, pelote que les *laceurs* appellent *lisseau*; et, tenant l'aiguille dans la main gauche, on passe ce bout à la longueur de deux à trois pouces, par le châssis décrit plus haut: on fait deux tours au pied de la *languette*, et l'on descend la longue branche de son fil, c'est-à-dire celle qui part du peloton, le long d'une des faces de l'aiguille, afin de l'engager entre les deux cornes ou fourchons du talon: en même temps on retourne face pour face son aiguille dans sa main gauche; c'est-à-dire qu'en la roulant sous ses doigts, on lui fait présenter son autre côté au fil qu'on conduit de la main droite, et remontant ce fil jusqu'à la languette, on l'y engage de nouveau, mais cette fois par un simple demi-tour; d'où on le redescend sous le talon, pour le remonter encore et répéter ce mouvement jusqu'à ce que l'aiguille soit assez chargée, ou que l'épaisseur du fil qui la couvre n'excède point l'ouverture des mailles que l'on veut faire, et par lesquelles l'aiguille doit passer. Pour engager facilement le fil par la pointe de la languette, on presse légèrement ce petit morceau de bois qui est flexible, avec le pouce ou le second

doigt;

doigt; ce qui fait incliner sa pointe vers le côté par où on lui présente le fil, en la forçant de sortir hors du plan du châssis, au milieu duquel elle se trouve naturellement encadrée. Les faces, côtés et arêtes de l'aiguille, doivent être bien lisses, pour ne pas accrocher le fil.

Le *moule* ou second instrument du laceur est un morceau de bois plus ordinairement cylindrique, de quelque bois léger, et susceptible d'un grand poli : on en fait de saule. La longueur commune est d'un demi-pied, et moins. Le diamètre est en proportion de celui qu'on veut donner à la maille. Pour les filets de pêche, on prend des moules de douze, dix, huit et sept lignes de diamètre. En général, l'ouverture de la maille est égale au tour du moule; et le quart de ce tour donne la longueur d'un des côtés de la maille. Je suppose, par exemple, qu'on veuille une maille d'un pouce en carré, c'est-à-dire dont chacun des fils qui en forment les côtés ait un pouce de long; on prendra un moule de seize lignes de diamètre : la circonférence ou le tour est à peu près le triple de ce diamètre, ce qui donne quarante-huit lignes, dont le quart est douze; et ce sera la dimension des côtés de la maille faite sur ce moule; ou autrement. le nombre exprimant les lignes de l'étendue du diamètre d'un moule, diminué de son quart, donnera l'étendue des côtés de la maille. Si l'on vouloit augmenter cette maille sans changer de moule, on feroit deux tours de fil, au lieu d'un, autour de ce moule. On peut aussi se servir, au lieu d'un cylindre, d'une règle ou morceau de bois plat et long. Lors même qu'il est question de faire de très-grandes mailles, comme dans les filets destinés aux gros poissons, on prend quelque planchette large, telles que les douves d'un tonneau, qui ont depuis six jusqu'à neuf pouces de face. On sent que leur pourtour ou l'ensemble des deux faces donne la longueur des côtés des mailles, c'est-à-dire qu'elles ont depuis un pied jusqu'à un pied et demi d'ouverture.

Le *valet* d'un faiseur de filets est une règle ou tringle de bois d'une longueur indéterminée, que l'on suspend par son milieu après un mur, au moyen d'un clou et d'un cordon. Chaque extrémité de cette pièce de bois est armée d'un clou à crochet. On passe une maille dans chacun de ces clous, et cet appareil sert à tenir étendue une certaine portion du filet.

On a enfin souvent besoin de ciseaux; on les prend un peu forts, et d'ordinaire *camards*, c'est-à-dire arrondis des deux branches, pour pouvoir se porter dans la poche, sans crainte de se blesser.

Après les instrumens de la fabrication des filets, il est bon d'en connoître la matière. C'est le fil et le cordonnet, ou la ficelle. La qualité des fils qui servent à la plus grande partie des filets, est désignée dans le commerce sous le nom de *fil en trois*. Il y en a de grosseurs très-variées que l'on distingue aussi par un numéro. Tous ces fils ne doivent pas être trop tors. On se sert pour certaines pêches et certaines chasses, de rets faits avec du cordonnet ou de la ficelle : ce cordonnet doit être *tors à l'envers*, c'est-à-dire d'un sens opposé à celui où l'on tord les ficelles ordinaires. Le but de cette précaution est d'empêcher le cordonnet de se replier en spirale sur lui-même dans le travail de la fabrication, ainsi que de se tortiller lorsque le filet va à l'eau.

On fait, sur-tout pour des chasses aux oiseaux, des filets de fil de soie : avec cette matière, on peut réunir, dans une très-grande étendue de filet, la force et la légèreté.

Voilà les premiers élémens de tout filet : sa fabrication résulte de leur emploi. Le premier pas à faire est de former des mailles, le second de *les poursuivre* de manière à les distribuer selon telle ou telle forme déterminée. Les premières mailles formées s'appellent *levure*. *Lever* un filet, c'est le commencer; *le poursuivre*, c'est l'achever. Cet achèvement ne résulte pas toujours de la continuation des mêmes mailles; il faut dans des cas se ménager des espèces de mailles auxiliaires et surnuméraires, qu'on nomme *accrues*; dans d'autres, diminuer leur nombre par des *rapetisses*, quelquefois aussi se donner une rangée de mailles doubles pour pouvoir faire un filet qui tienne à un autre; c'est sur-tout ce qui a lieu dans les filets dits *verveux*, où l'on forme des goulets dans l'intérieur du corps du filet.

Revenons sur nos pas, et retournons à la première maille. Toute maille est le résultat du contour d'un fil autour d'un moule, et d'un certain entrelacement qui arrête les deux branches de ce fil par un nœud. Il y a plusieurs manières de faire ce nœud. Les deux essentielles à connoître sont celles qui forment le nœud dit *sous le petit doigt*, et celui dit *sur le pouce*. On n'a besoin que du premier nœud pour *lever* ou commencer toutes sortes de filets : les méthodes contraires, maintenues par la routine, sont dues aux tâtonnemens du métier. Leur moindre inconvénient seroit de rendre la description que j'entreprends tout à fait inintelligible; elles en ont un plus grand dans la pratique : c'est que les *levures*, formées par ces méthodes, se commencent par de fausses mailles ou demi-mailles dont il faut, quand les véritables mailles y sont attachées, supprimer l'enlacement postiche, ce qui est à la fois une perte de matière et de temps. Le nœud sur le pouce doit être réservé, dans quelques cas, pour *rhabiller*, c'est-à-dire raccommoder les filets, et sur-tout pour faire les fausses mailles ou mailles de surcroît dites *accrues*, qui servent lorsqu'on veut augmenter les dimensions primitives d'un filet; ce qui résulte de l'augmentation du nombre de ses mailles.

Pour commencer un filet en maillant avec le nœud sur le petit doigt, l'aiguille étant suffisamment chargée, sans couper toutefois la branche du fil qui se dévide d'après la pelote, on prendra un bout de ficelle de huit ou dix pouces de long, dont on noue ensemble les deux extrémités, et qu'ainsi noué on accroche après un clou. Cette ficelle, dont on ouvre les deux branches, s'appelle une *anse*. L'on passe son aiguille dans cette anse, en l'engageant de dessous en dessus. Ce premier mouvement place le fil en croix sur le bas de l'anse, et il se plie là en deux branches dont l'une tient à l'aiguille, et l'autre au peloton. Cette seconde branche, ramenée de dessous en dessus dans l'ouverture de l'anse, ressort encore une fois par-dessous à la longueur d'un ou deux pouces, et pliée en double. On engage, dans ce double, le doigt du milieu de la main gauche pour tenir cette partie de fil ouverte et écartée, et former une seconde anse mobile sous la première, qui ne sert que de point d'appui à ces divers mouvemens. Cela fait, on place son moule entre le pouce et le premier doigt de la main gauche, et on l'approche sous *l'anse* de corde à une distance à peu près égale au diamètre du moule, en observant que la branche du fil qui tient à l'aiguille passe sur le moule sur lequel on la presse, en mettant le fil sous le pouce. Arrêté là, ce fil descend sur le petit doigt et en fait le tour. On le remonte de là derrière le moule, où le premier doigt le presse et l'arrête en dessous, et à peu près vis-à-vis l'endroit où le pouce presse en dessus. De ce point on jette l'excédant de ce qui sort de l'aiguille en manière de demi-cercle, en allant encore à gauche, à partir du bout du premier doigt de sa main gauche, remontant vers le clou qui tient l'anse, laissant sur cette anse une trace de fil étendue lâche et circulairement, et redescendant sur la droite, de manière que, sans déranger ce cercle, on puisse de la main droite qui tient l'aiguille, et qui a tracé toute cette marche du fil, présenter la pointe de cette même aiguille vers le creux de sa main gauche. On y engage cette pointe sous la partie du fil tendue du pouce au petit doigt, puis, la dirigeant derrière le moule, on la passe en dessus dans l'anse double qu'on a vue formée plus haut sous le doigt du milieu, de manière qu'elle en sorte de dessous en dessus, et que la partie de la branche de fil jetée en demi-cercle sur l'anse, ne soit point touchée par l'aiguille, mais reste, pour le moment, immobile entre cette aiguille et l'anse. L'aiguille étant ainsi engagée, on la lâche pour la reprendre par la tête, et, la tirant toute entière dehors, on serre le nœud que forme ces entrelacemens, en conduisant toujours contre le moule les points du fil, pris sous le premier et le second doigt, et ne dégageant le petit doigt du double qui l'entoure qu'à la dernière extrémité. Si on a bien exécuté tous ces mouvemens, pour lesquels on doit donner à la branche du fil qui tient à l'aiguille une longueur suffisante, on aura fait une première maille d'après laquelle on pourra en poursuivre des milliers. Pour faire la seconde, on reprend, comme la première fois, sous l'anse de corde, une petite portion en double de la branche du fil qui tient au peloton; ce double s'engage et se tient ouvert toujours par le doigt du milieu de la main gauche, et sert, comme on doit le voir, si on a bien senti les mouvemens de l'aiguille, à fermer la maille entière, en lui donnant quatre côtés. Si l'aiguille s'évide avant que la *levure* soit achevée, on la recharge d'un autre fil, et lorsqu'elle en est suffisamment remplie, on la coupe pour attacher le nouveau bout au nœud de la dernière maille. Lorsque la levure est achevée, c'est-à-dire qu'on a fait, comme je viens de le dire, un premier rang de mailles proportionné à l'étendue qu'on veut donner à son filet, on dégage le moule de ce rang de mailles, et, le retournant de manière que la dernière maille qui étoit à droite devienne la première sur la gauche, on rapporte son moule sous la courbure inférieure de cette première maille; puis, recommençant les mêmes mouvemens du fil sur le moule et autour du petit doigt, etc., on opère comme pour le premier rang, avec cette seule différence que le doigt du milieu de la main gauche n'est plus occupé à former d'anses postiches, et que c'est par les mailles qu'on vient de faire qu'on fait ressortir toujours de dessous en dessus la pointe de son aiguille, lorsqu'on l'a engagée sous la branche de fil qui tient au petit doigt : c'est en laçant dans ces mailles que le second rang se noue après le premier. Pour mailler bien également, on observera de tenir bien alignés les nœuds des mailles du premier rang.

Tel est le procédé le plus parfait pour faire une *levure*. Il en est deux autres un peu plus simples peut-être, mais qui ont quelques inconvéniens. Le premier consiste à se servir de l'anse fixe après laquelle on attache le fil dont l'aiguille est chargée, au lieu de l'anse postiche et mobile qu'on forme avec le doigt du milieu de la main gauche. Mais, par cette méthode, on ne forme, pour son premier rang, que des demi-mailles au lieu de mailles entières; de plus, si on avoit une très-grande étendue de filet à faire, il faudroit considérablement allonger son *anse* pour qu'elle puisse enfiler toute la levure. Le second procédé consiste à faire ses mailles les unes sous les autres; c'est-à dire que la première maille faite, on dégage le moule, et on l'approche sous cette première maille, laquelle sert d'attache à la seconde qui, elle-même, devient le point d'appui de la troisième, et ainsi de suite.

Dans cette manipulation, il faut observer d'abord, pour obtenir la longueur qu'on se propose de donner au côté que l'on travaille, que la maille de cette levure s'allonge en se plaçant en diagonale, et qu'elle se raccourcit lorqu'on va pour l'ouvrir et qu'on tend la *levure* horizontalement; d'où il suit qu'il faut mailler dans une longueur à peu près double de celle qu'on désire obtenir en définitif. Ainsi, pour se réduire à une levure de six pieds, en faisant les mailles les unes sur les autres, ces mailles, travaillées de cette manière, occuperont une longueur d'environ douze pieds. Le plus grand inconvénient de cette méthode c'est que, lorsqu'on forme le second rang, le pincement qui s'opère au bas de chaque maille par le nœud qui attache ce second rang au premier, diminue cette partie inférieure des premières mailles, dont l'angle supérieur ne se trouve plus par-là égal à l'angle inférieur. Une grande pratique donne à un bon laceur l'habitude de corriger cet inconvénient, par le placement de son moule et le serrement de son nœud. Un moule un peu plus gros pour le premier rang seulement, serviroit aussi à y remédier.

De ce qui précède, il suit qu'on maille toujours de gauche à droite; qu'ayant terminé un rang de mailles, on retourne à gauche, et sens dessus dessous, le bout qui se trouve à droite, pour qu'il soit repris par la main gauche. C'est cette même main qui tient nécessairement le moule et le place en bas des mailles; quand elle est en position, le dos de la main est tourné vers la terre, et la paume vers le ciel. Dans les *passées* de l'aiguille que j'ai décrits, sa pointe est toujours dirigée de dessous en dessus pour la faire ressortir en l'air et non vers la terre.

Je passe au nœud *sur le pouce*, appelé ainsi parce qu'on n'y engage point le fil autour du petit doigt; par-là, il pourroit être pratiqué par un laceur qui seroit privé de ce doigt; mais lorsqu'on se sert du nœud précédent, on a réservé celui-ci, comme je l'ai dit, pour certains cas particuliers, entr'autres pour les *accrues*. Soit au reste qu'on travaille après des mailles déjà faites ou que l'on maille sur une *anse* qui tient lieu de maille, on jette sur le moule le fil qui sort de l'aiguille et qui tient ou à une maille déjà faite, ou qui part du nœud fait sur la branche gauche de l'anse qui tient lieu de maille. Le moule étant entouré d'une première révolution du fil, on passe son aiguille en dessous de la dernière maille faite et au travers ou dans l'anse, et de la même manière; et de là on le rabat sous l'extrémité du pouce qui presse cette branche contre le moule. L'excédant, à partir de ce point d'arrêt, se déploie de gauche à droite en demi-cercle; alors la pointe de l'aiguille, portée plus bas que les parties soutenues par la main gauche, se dirige de dessous en dessus, de manière à passer non plus à travers la maille ou l'anse, mais entre leur jambe ou branche la plus à gauche, et par-dessus la partie du fil jetée en demi-cercle; la main droite qui l'a poussée dans ce passage en la tirant par le bas, comme on doit le sentir, l'abandonne pour la reprendre par la tête, et la tirer tout à fait en l'air. On serre alors le fil en tirant à soi, et il en résulte un nœud qui se forme à l'extrémité du pouce. Pour rassembler ce qu'il y a de plus essentiel à dire sur les mailles, je terminerai par la maille double. On fait une maille double, c'est-à-dire deux mailles l'une sur l'autre, en chargeant son aiguille de deux fils. A la fin de la rangée, dégageant l'aiguille, on a une double maille qui part du même nœud. Si, en continuant de mailler, on n'attache le nouveau rang qu'on forme qu'à la maille supérieure, l'inférieure reste libre pour servir de naissance et de point d'appui aux mailles d'un nouveau filet que l'on peut faire partir du sein de l'autre. Ce procédé sert dans des filets de pêche où l'on forme des goulets ou entonnoirs dans l'intérieur d'un autre filet.

Quand on a acquis, par un certain usage, la facilité et l'habitude de conduire ces nœuds et de former ces mailles, on peut, avec un peu d'intelligence, entreprendre toutes sortes de filets. Les filets prennent différens noms, tant par rapport à leurs *mailles* que par rapport à leurs *formes*. Par rapport à la *maille*, on les dit *à mailles en losange* ou *à mailles carrées;* par rapport à leurs *formes*, quand ils s'étendent en surface avec quatre côtés, on les appelle *nappes*, *toiles*, *pantières*, *rets*, *sennes*. Il y en a qui sont composés de trois filets l'un sur l'autre, et on les nomme *tramail* ou *trémail*, *trémaux* ou *tramaux;* mots dont je pense que le sens étymologique est *trois mailles*. Enfin, il y a des filets fermés ou faisant le sac, comme les *nasses*, *verveux*, *pochettes*, etc.

Les filets à mailles en losange, et qui doivent s'étendre tout uniment en long et en large, sont les plus simples à faire. Ils résultent de la poursuite indéfinie de la première méthode de mailler que j'ai décrite ci-dessus en parlant *du nœud sous le petit doigt*. On les dit *à mailles en losange*, parce que le filet étant étendu dans sa position naturelle, les points ou nœuds de chaque maille sont placés en ligne droite du haut en bas; de manière que ces mailles sont opposées les unes aux autres, *angle* à *angle*.

C'est ainsi qu'on fait les trameaux, nasses, et généralement tous les filets désignés par le nom générique de *nappes*. Ces filets sont d'ailleurs rectangulaires par leurs *formes*, c'est-à-dire carrés longs, de manière que la hauteur ou largeur soit moindre que la longueur. J'ai déjà eu plusieurs fois occasion de remarquer qu'il falloit tenir, en fabriquant, leurs dimensions d'un quart ou d'un cinquième environ plus grandes qu'on ne se proposoit de les avoir réellement, parce qu'en montant le filet, et ouvrant ses mailles en tous sens, il s'opéreroit toujours par-là un rétrécissement sur les longueurs. Il est assez indifférent de prendre sur la *levure* la hauteur ou la longueur de son filet. Dans les ateliers de M. Clavaux, on trouve plus de commodité à *lever*, c'est-à-dire à commencer par le côté qui doit être le plus long. Ainsi, si une nappe doit avoir trente pieds de long sur huit ou six de hauteur, on commence par faire une levure de trente pieds, plus, cinq ou six pieds qu'on donne pour la perte dans le détirement des mailles.

Le filet à *mailles carrées*, soit qu'on le fasse carré en tous sens, soit qu'on le fasse carré long ou rectangle, ne s'exécute pas tout à fait comme le précédent, quant à la conduite des rangées de mailles. La première maille se fait de même; car toute maille prise isolément est de soi carrée; elle ne se trouve en losange que par le placement d'une suivante qui s'aligne avec la précédente par la pointe et non par les côtés. Un filet à mailles carrées sera donc celui qui, tendu naturellement, présentera ses mailles placées l'une contre l'autre et côte à côte, comme les carrés d'un damier.

Pour faire cette espèce de filet dans les proportions de carré parfait, il faut le commencer par un angle, et aller d'une maille à deux, puis à trois, puis à quatre, jusqu'à ce qu'on ait atteint la longueur latérale que l'on s'est proposé de donner à son carré: alors on décroît d'une maille à chaque rang pour finir par une seule à l'angle inférieur, ainsi qu'on a commencé à l'angle supérieur. C'est dans cette fabrication que les *accrues* et les *rapetisses* sont indispensables. Revenons à la première maille: l'aiguille étant suffisamment chargée de fil, on sépare ce fil du peloton et du bout extrême qui pend après l'aiguille; on fait deux tours autour de son moule; on noue les deux bras du fil sans couper celui qui tient à l'aiguille, et, dégageant le moule, on a une espèce de maille sans forme ou *anse*, que l'on passe dans un clou à crochet, observant que le nœud qui la forme et d'où part le fil de l'aiguille, soit sur le milieu à peu près de la branche gauche de l'anse. Sous cette anse on place son moule, on fait une première maille par le procédé ordinaire, et à côté de cette maille on forme une *accrue ;* c'est-à-dire que, comme je l'ai décrit pour le nœud *sur le pouce*, on fait passer son fil de dessus en dessous du moule ; puis, passant l'aiguille dans l'anse de dessous en dessus, on ramène ce fil sous le pouce, d'où on le jette à gauche en demi-cercle ; et, passant la pointe de l'aiguille en dessous, entre la jambe gauche de l'anse et à travers ce demi-cercle, on tire et forme le nœud d'où résulte une espèce de seconde anse ou *accrue* couchée à côté de la première maille. Ceci fait, on dégage le moule, et, retournant ses fils bout pour bout, l'*accrue* se trouve à gauche et la maille à droite. Le moule étant placé au bas de cette accrue, on maille sur elle comme si elle étoit une véritable maille, et on fait deux mailles de file, l'une qui vient après l'accrue, l'autre après la véritable première maille, et au bout de ces deux mailles on jette comme ci-dessus une nouvelle accrue ; puis, dégageant le moule, on retourne de nouveau le filet ; par-là, cette seconde *accrue* se reporte à gauche pour commencer sous elle son troisième rang. En poursuivant ainsi, et jetant toujours une *accrue* de plus après une maille de plus, le nombre des mailles augmentera d'une à chaque rang. Quand on sera parvenu à augmenter jusqu'au point que l'on aura déterminé pour l'étendue de son filet, on fera l'opération inverse des *rapetisses ;* c'est-à-dire qu'à cette rangée qui détermine le *maximum*, au lieu d'*accroître*, on forme sa dernière maille en passant son aiguille dans les deux dernières du rang supérieur que l'on prend et rassemble toutes deux sous un seul nœud ; renouvelant cette opération à chaque fin de rangée, elles diminueront toutes progressivement de chacune une maille, et le filet finira enfin par une, comme il a commencé. On voit donc que les *rapetisses* sont l'inverse des *accrues*, et qu'elles ont lieu quand on embrasse deux mailles sous le nœud d'une seule. Les filets carrés ont les premières mailles de leur bordure à jambes fort inégales ; ceci est la suite nécessaire de la construction que je viens d'expliquer ; puisque chaque première maille étant faite sous une *accrue*, sa première jambe part du haut de cette *accrue*, et sa dernière se rattache au bas ; cela fait qu'il règne autour du filet une espèce de *cordonnement* formé de mailles sans formes : c'est une sorte de hors-d'œuvre que la construction ne peut éviter. En sortant de la main du laceur, le filet paroît plus long que large, parce qu'il est étendu sur sa diagonale ; mais, en le détirant et l'étendant carrément, il prend sa forme, et les mailles se trouvent placées comme les quadrilles du damier. D'après ce qui vient d'être dit, la fabrication d'un filet carré long ou rectangle et à mailles carrées, ne présentera pas une grande difficulté. Ce filet diffère du précédent en ce que sa longueur excède sa hauteur ; mais d'ailleurs ses côtés opposés sont parallèles et se joignent à angle droit comme dans le carré. Ces espèces de nappes servent dans la composition des *trémaux* ou *tramaux* et filets *contre-maillés*. C'est entre deux rets de cette espèce qu'on place la toile en losange. (*Voyez* la description du tramail, à l'article Caille.) Si donc on veut fabriquer un filet carré long, on le commencera comme un filet simplement carré ; et lorsque l'on aura assez maillé, pour que l'un des côtés faits puisse être regardé comme la hauteur qu'on veut donner à son filet, on fera de ce côté une *rapetisse*, en prenant ensemble, avec l'aiguille, les deux mailles supérieures à la dernière que l'on forme ; puis, poursuivant une nouvelle rangée au bout de cette rangée, on continue de jeter une *accrue* sous laquelle on maille comme à l'ordinaire, pour terminer encore ce nouveau rang de mailles par une *rapetisse*. Répétant ce procédé autant qu'il le faudra, et formant toujours ses *accrues* du même côté et ses *rapetisses* de l'autre, il en sortira un filet qui cessera de croître du côté des *rapetisses*, et qui, s'étendant toujours de celui des *accrues*, acquerra une longueur plus grande que sa hauteur, c'est-à-dire qu'il deviendra un *carré long*.

Les filets fermés à forme cylindrique, ou en entonnoir, tels que plusieurs de ceux qui servent à la pêche, sont à mailles *en losange*. Pour fermer tout filet qui doit faire la poche ou le sac, on commence *la levure* comme ci-dessus; et lorsqu'elle atteint l'étendue convenable, on passe à la seconde rangée. On dispose tout pour la première maille de cette seconde rangée, comme à l'ordinaire; mais lorsqu'il s'agit de former le nœud, au lieu de passer son aiguille à travers la maille supérieure du bout qu'on tient, on va chercher la dernière du bout opposé. C'est dans celle-là qu'on passe l'aiguille, et le nœud qui se forme fera cette maille au dessus de la première du second rang qu'on vient de finir. Continuant le même procédé, on attache la seconde maille de ce second rang après celle qui étoit tout à l'heure l'avant-dernière du premier rang; en poursuivant toujours ainsi, on aura un filet rond comme un baril et aussi long qu'on jugera convenable de le faire. Cette manière de mailler forme le cylindre par une suite de révolutions ou de rangées de mailles qui s'entourent au dessous les unes des autres en spirale, puisqu'on a rattaché la première du second rang sous celle qui se trouvoit la dernière du premier. Si l'on veut que ces filets se terminent en cône, on emploie le procédé des *rapetisses*, suffisamment décrit aux filets carrés; si on veut, au contraire, les étendre et leur donner de l'évasement, on a la ressource des *accrues*. Dans ce cas, ces accrues n'ont pas besoin, comme dans le filet carré, d'être placées exclusivement à la fin de chaque rang. On les jette à toute place et en tel nombre qu'on le juge à propos, en se guidant d'après la forme que l'on veut obtenir. Dans ce cas encore, on fait ces *accrues* un peu différemment de celles décrites plus haut pour les filets carrés. Ici il s'agit de filet à losange; après une maille faite, voulant la faire suivre d'une accrue, on commence toujours par placer son fil sur le moule et sous le pouce, d'où, portant l'aiguille sous le moule et sous le filet, on la passe dans la maille d'un rang plus haut, qui répond au dessus de la dernière qu'on vient de former. L'aiguille passée, on rabat le fil sous l'extrémité du pouce, d'où, le jetant de gauche à droite en demi-cercle sur le filet, on rapporte la pointe de l'aiguille en dessous, et on la fait passer, non par la maille où passe le fil, mais entre les branches du fil qui sortent de cette maille et à travers le demi-cercle jeté ci-dessus; puis, tirant à soi et serrant contre le moule, on a une fausse maille ou accrue qui se place aisément parmi les véritables mailles que l'on poursuit. Lorsqu'on fera le rang de mailles suivant, il se trouvera augmenté d'autant de mailles qu'on aura fait d'*accrues*.

Tout filet étant fini de mailler, subit encore quelques opérations avant de pouvoir être employé. J'ai déjà eu occasion d'en parler, en décrivant l'usage soit des *nappes à alouettes*, soit de la *pantière*, soit du *tramail*, etc. On *borde* en général tous les filets. Les *border*, c'est passer par les mailles extrêmes des côtés un cordonnet plus fort que le fil du filet, et qu'on appelle *maître* ou *mètre*. On attache ce cordonnet de trois pouces en trois pouces, en le cousant, en quelque sorte, après les mailles avec un bon fil, auquel on fait faire de longues révolutions, comme si on cousoit un grand surget. Ce *maître* sert à tenir le filet étendu sur toutes ses dimensions, et à en fortifier les bords, précaution bien nécessaire, sur-tout dans les filets qu'on tend et qu'on traîne, comme *pantières*, *tirasses*, *sennes*, etc.

Enlarmer un filet, c'est jeter et attacher sur ses bords des espèces de grandes *anses* de corde ou de cordonnet, d'une force proportionnée à l'usage de cette *enlarmure*, qui sert communément à recevoir des cordes plus fortes ou des bâtons, comme dans des filets de pêche et dans ceux à alouettes.

On monte un filet, quand on le garnit de tout ce qui est nécessaire au service qu'on en attend. Si on a deux ou plusieurs filets pareils qu'on veuille faire servir d'une seule pièce, on *les coud* en joignant les unes aux autres, par une ficelle, les mailles des deux lisières semblables, rapprochées côte à côte.

Les filets de pêche qui doivent garder dans l'eau une situation verticale, sont garnis par le haut, qu'on appelle l'*arête* du filet, de matières légères; pour l'ordinaire, ce sont des morceaux de liége percés et passés dans une corde qu'on attache au filet. C'est ce qu'on nomme *les flottes*. Elles doivent être en proportion de l'étendue et du poids du filet. On emploie au même usage de petites planches de bois léger, tels que le sapin, le tremble, le tilleul. En Allemagne, on a reconnu que l'écorce du vieux peuplier avoit tous les avantages du liége pour la *flottaison;* et comme elle est d'ailleurs sans autre valeur, l'économie semble en conseiller l'usage. Pour que le bas ou *le pied* tombe au fond, on y attache, au contraire, des matières lourdes. Ce lest s'appelle *la plombée*, parce que l'on se sert d'ordinaire de chapelets de balles de plomb, percées et enfilées sur une corde, ou d'espèces de tuyaux cylindriques de ce même métal, coulés exprès pour cela dans une pierre tendre qu'on peut façonner soi-même pour servir de moule. Lorsqu'on coule le plomb, on tient, au milieu du moule, une broche de fer qui sert d'*ame*, et autour de laquelle se forme le tube cylindrique. On la retire aisément quand le métal est refroidi, surtout si on a soin de faire que cette broche aille un peu en diminuant. Quelques uns, au lieu de plomb, mettent au bas de leurs filets des pierres ou des anneaux de fer.

Les soins que demande la conservation des filets intéressent en quelque sorte davantage leur propriétaire, que la connoissance de leur fabrication. Les filets fatiguent beaucoup, et ce n'est qu'avec des précautions qu'on peut prolonger leur durée. La première de toutes est de les avoir *tannés*. En se procurant du tan et le faisant bouillir dans l'eau pour y plonger ses filets, on leur donne cet apprêt qui est reconnu propre à les conserver. Les proportions de l'eau au tan doivent être de deux parties et demie contre une; c'est-à-dire, deux mesures et demie d'eau contre la même *capacité* pleine de tan. Quand l'eau s'en est suffisamment chargée par une ébullition qui, dans les grandes fabriques, dure jusqu'à dix-huit heures, on retire tout le tan avec un instrument propre à le puiser, et on jette les filets dans l'eau bouillante. Après qu'ils sont imbibés on les fait sécher, en les préservant de la pluie et de la gelée. Les filets de pêche ainsi préparés, résistent à l'eau et y restent des temps considérables sans s'endommager. Outre l'écorce du jeune chêne, celles du saule, du noyer, des sumacs, de l'aulne, ainsi que les bruyères et plusieurs autres végétaux, fournissent aussi du tan.

Le meilleur est celui du chêne : à son défaut, sur-tout pour les filets de chasse, on peut se servir d'une préparation de teinture, et tirée du noyer, qui consiste à lever les écorces de ses racines et à les faire bouillir dans l'eau à la proportion de deux boisseaux d'écorce contre deux seaux d'eau. Après que ce mélange a bouilli une heure, on y plonge et retourne

tourne les filets qui, en trempant vingt-quatre heures, prennent une teinte brune. Les filets verts, nécessaires pour la chasse aux oiseaux, doivent être de fil teint chez le teinturier, autant que possible. On supplée passablement à cette teinture, dans un cas de nécessité, en prenant du blé vert qu'on hache et pile en bouillie dans laquelle on trempe les filets, en les saturant bien de la partie colorante.

On recommande de ne pas laisser entasser les filets mouillés, mais de les étendre et les faire sécher. On doit les laver aussi quand ils ont servi, sur-tout ceux de pêche. On les tiendra renfermés dans un endroit sec, en les isolant, le plus possible, des lieux qui pourroient donner aux rats et souris la facilité de les approcher.

Le soin qu'on ne doit non plus jamais omettre, est celui de les *rhabiller* ou *ramender*, comme disent quelques laceurs. Ce raccommodage les entretient; il est souvent indispensable pour leur service, qui manqueroit si le filet étoit troué; enfin, il empêche les trous de s'agrandir, et le filet de se détruire entièrement. S'il ne manque qu'une jambe à une maille, il n'est pas difficile d'en substituer une nouvelle. Si plusieurs mailles sont emportées, il faut, pour réparer la solution de continuité, agrandir d'ordinaire le trou, en coupant les déchirures, et rendant l'ouverture carrée. C'est souvent dans ce cas que le nœud sur le pouce est nécessaire, sur-tout lorsque l'on travaille sur un grand filet, qu'on est obligé d'étendre par terre ou sur une table; mais on peut aussi rhabiller avec l'autre nœud. Ce qu'on doit se proposer, est de former des mailles bien égales à celles qui existent. Les laceurs expérimentés les forment sur leurs doigts, en prenant la mesure des anciennes. Le fil dont l'aiguille est chargée, étant attaché à l'un des angles du trou, on forme les nœuds des mailles nouvelles sur les nœuds des dernières mailles. Les deux mailles extrêmes du nouveau rang, s'attachent par une simple jambe, sur les côtés du trou. On le remplit d'autant de rangs qu'il est nécessaire, en allant de gauche à droite, et revenant de droite à gauche, parce que souvent il n'est pas possible de retourner le filet. Lorsqu'on a assez de mailles pour fermer le trou par en bas, on joint ces nouvelles mailles aux anciennes par des jambes qui iront alternativement, en montant et en descendant, des mailles neuves au nœud des mailles anciennes. Les gens du métier conviennent, au reste, que c'est un talent très-difficile à acquérir, que celui de rhabiller avec une précision telle qu'il soit difficile de distinguer ensuite l'endroit raccommodé. C'est dans cette partie, le comble de l'art : mais je crois en avoir dit assez pour les usages et les besoins ordinaires. (S.)

FILETS A RESSORT, *de l'invention de* M. Clavaux. La méfiance naturelle à plusieurs espèces d'animaux nuisibles, et qui est chez eux l'instinct de leur conservation, rend souvent inutiles un grand nombre de pièges subtils et sûrs, d'ailleurs, quant au mécanisme de leur jeu, mais dont l'appareil trop sensible sert d'avertissement à l'ennemi contre lequel ils sont préparés. M. Clavaux, à qui je dois déjà plusieurs renseignemens précieux, frappé de cet inconvénient, s'est occupé des moyens de le corriger; et ses recherches l'ont conduit à imaginer que des filets montés sur des châssis, qui seroient couchés à plate terre, ainsi que le sont les nappes d'alouettes, et qui pourroient se relever au moyen d'un ressort appliqué à ces châssis, donneroient l'espèce de piège la moins saillante, la moins sensible de toutes, et échapperoient, autant que possible, à la curieuse inquiétude du gibier. Voici, en conséquence, comment cet ingénieux artiste est parvenu à exécuter son idée.

La figure première de la Planche Ire. offre la forme d'un filet à ressort monté sur sa base E F, avec ses deux ailes A B C D, et *a b c d,* déployées et tendues au moyen des pièces formant le ressort, et que je vais décrire toutes séparément, et tour à tour.

La grandeur du piège est indéterminée. Celui dont on donne ici les proportions est garni de filets à ressort de quinze pouces sur douze : les autres grandeurs que je vais indiquer seront en rapport avec celles-ci.

D'abord la base E F est une petite pièce de bois, communément de hêtre, dont la longueur totale, de E en F, est de d[illegible]x-neuf à vingt pouces. Sa lar[illegible]geur primitive est de vingt-huit [illegible] vingt-sept lignes à sa tête, à l[illegible] prendre entre les lettres D *d*. Cette largeur va en diminuant jusqu'à l'autre extrémité comprise entre A *a*, où elle n'est plus que de vingt-deux à vingt-une lignes. La poignée F D *d*, est d'environ trois pouces, pris sur la longueur totale : on la voit ici découpée en espèce de pique. On sent que cette *façon* est indifférente, et que cette partie, uniquement destinée à servir de prise, pourroit tout aussi bien être *tout d'une venue*. L'épaisseur de cette base est par-tout de huit lignes. J'ai dit que sa largeur primitive étoit de vingt-huit à vingt-sept lignes d'un bout, et de l'autre de vingt-deux à vingt-une. En effet, ces largeurs n'existent plus qu'aux deux points indiqués entre D *d* et A *a :* ce qui forme deux espèces de têtes d'environ six lignes chaque d'épaisseur, et entre lesquelles le bois est entaillé et évidé de A en D, sur une longueur d'environ quinze pouces, et à huit lignes de profondeur. Cette entaille est pratiquée de l'autre côté, c'est-à-dire de *a* en *d :* ce qui ne laisse à la base, entre ses deux têtes, qu'environ douze lignes de large. On peut voir cette disposition d'une manière sensible à la figure 6, représentant la base E F vue par-derrière, et où l'espace *e f* indique la partie rétrécie entre les deux têtes, sur une longueur d'environ quinze pouces. La destination de cette entaille est de recevoir et loger les deux cylindres G H et *g h*, *mêmes figures*, sur lesquels est monté le châssis de fil de fer qui soutient le filet. Ces cylindres ont environ sept lignes de diamètre ; à chaque bout et au centre du diamètre sont plantées quatre petites broches de fer *iiii*, *fig.* 6, lesquelles sont reçues à ces mêmes points *i* par quatre tourillons, ou petits pitons percés, dont on voit les têtes. C'est dans ces tourillons que tournent les broches ou axes des cylindres : leur ressort est de fil de fer tourné en spirale, dit aussi *ressort à boudin*. Ce sont deux branches de fil de fer implantées dans chaque cylindre par une de leurs extrémités aux points L *l*, *fig.* 6, et qui, après avoir embrassé ces cylindres dix ou douze fois, s'enfoncent par leur autre extrémité dans la face supérieure de la base. A chacun de ces points G et *g*, même *fig.* 6, on distingue dans les cylindres deux points noirs : ces points désignent l'extrémité de deux autres broches de fer, qui traversent diamétralement le cylindre et le débordent d'environ deux lignes en dessous seulement ; en dessus elles doivent être rivées à fleur du bois : elles sont implantées, d'ailleurs, dans la même direction que le châssis, et elles servent, comme on va le voir tout à l'heure, à retenir les ailes déployées.

Pour faire les châssis A B C D et *a b c d*, *fig.* 1, on se sert de fil de fer normand non recuit, désigné dans le commerce par le n°. 18. On en a deux bouts de longueur suffisante, qu'on implante fortement dans chaque cylindre, de manière à former un carré long, comme on le voit *figure* 1. On les enfonce dans une position telle, que, dans l'état naturel du

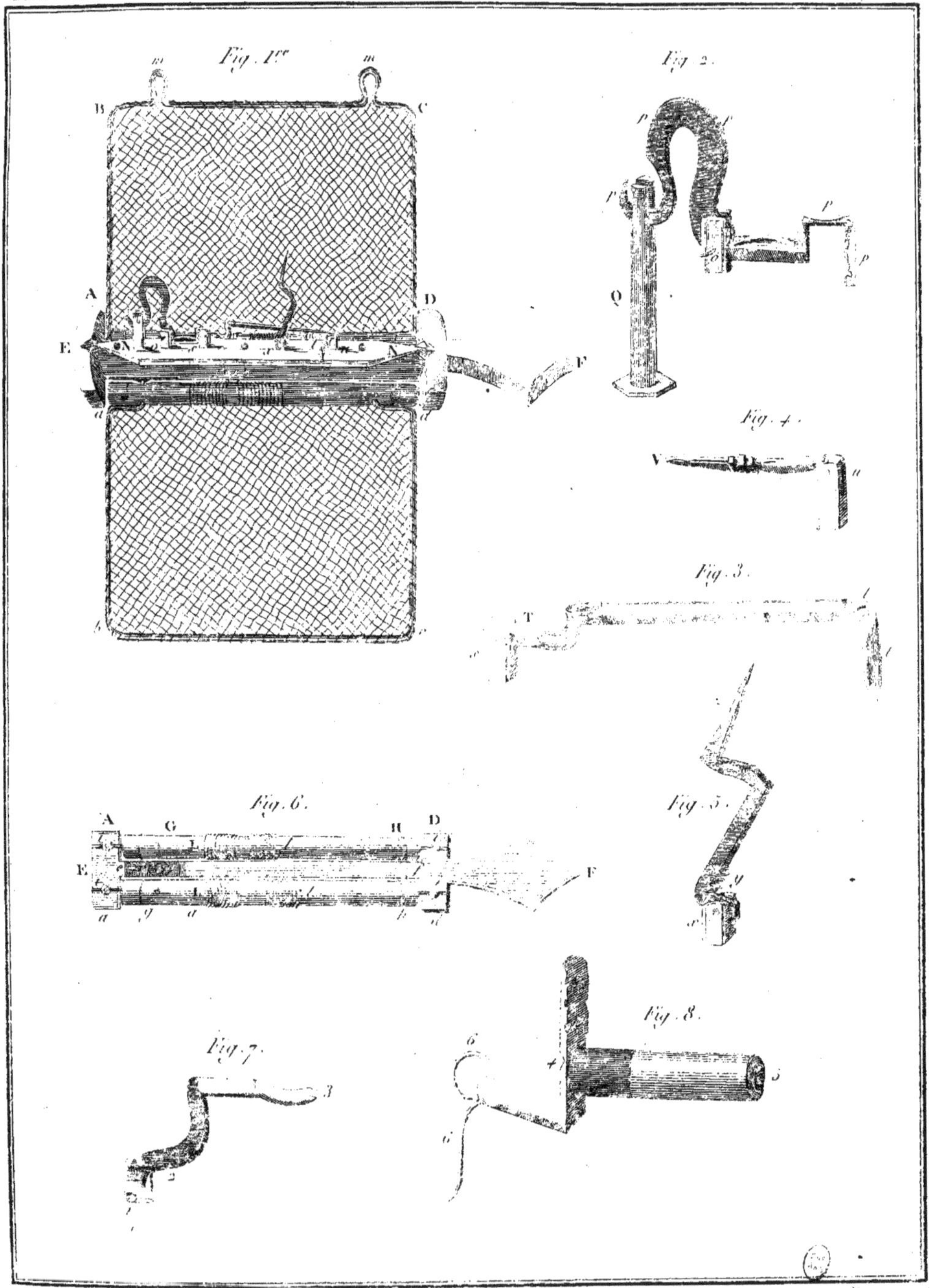
Fig. 1re
Fig. 2.
Fig. 4.
Fig. 3.
Fig. 6.
Fig. 5.
Fig. 8.
Fig. 7.

ressort à boudin, ces deux espèces de portes ou ailes soient serrées l'une contre l'autre, et qu'elles ne puissent s'étendre et se déployer, comme les représente cette *figure* 1, qu'en opérant un resserrement considérable dans les spirales L *l*. Les deux anneaux *m m*, qu'on voit pratiqués sur le côté d'une des ailes, *même figure*, doivent être ménagés de manière à ce que le côté *bc* de l'autre aile batte contre. Sur ces châssis on attache un filet d'un fil proportionné à la force du gibier. On sent que ce filet doit être tendu lâche et boursé, pour envelopper le corps de l'animal.

C'est ici, en quelque sorte, la première partie du piège; la seconde est le ressort et les différentes pièces dont il est composé. Ces pièces sont montées sur une plaque ou platine de métal, de cuivre ou de fer : c'est la pièce N*n*, *fig.* 1, appliquée le long de la base de hêtre, dans l'espace compris entre les deux têtes où la largeur du bois est la moindre. Cette plaque soutient quatre pièces jouant sur autant de pivots, comme on les voit chacune à part, *figures* 2, 3, 4 et 5. La première de ces pièces est la bascule, la seconde, le levier; la troisième, l'échappement; et la quatrième, la détente.

La bascule, *fig.* 2, est composée de deux pièces; la bascule proprement dite PP *pp*, qui joue sur un pivot *o*, et le piston *y* 2, engagé dans cette bascule au crochet *p* par une rainure formée d'une broche; ce qui se voit très-sensiblement à ce point *p*. Le piston *q* 2 est une branche d'environ seize ou dix-huit lignes de long, qui traverse verticalement la plaque de métal, ainsi que la base de bois au point N, *fig.* 1, et qui, sortant en dessous de la base, y est terminé à son extrémité 2 par une espèce de bouton qu'on voit en 2, *fig.* 6. Ce bouton, comme on doit le sentir, est brasé au bout du piston, après qu'il a été placé; il doit être un peu plus large que la base de bois en cet endroit, et ses bords servent à pincer et retenir les broches de fer G*g* qui se trouvent sous ce bouton, lorsque les ailes du piège sont ouvertes. Remarquez que, pour que le bouton recouvre ces petites broches, il faut, avant d'étendre tout à fait les ailes, faire baisser le piston, en appuyant le doigt sur le sommet de la bascule, marqué du second P, *fig.* 2. Lorsque les broches sont prises sous le bouton, on abaisse la branche coudée P*p* de cette bascule, et on la couche sur la platine, de sorte que son coude embrasse le pivot *s* du levier, *fig.* 3. Ce levier, aussi coudé, est renversé vers le point P de la bascule, lorsqu'on tend le piège; et la bascule étant couchée sur la platine, le levier se ramène pardessus, et presse, à son premier point *t*, l'extrémité *p* de la première pièce, à l'effet de l'empêcher de se relever : pour que lui-même ne se relève pas à son tour, on le recouvre, à son autre extrémité *t*, de la pièce *fig.* 4, que j'appelle *échappement*, laquelle roule sur un pivot *u*, et est taillée en biseau à son extrémité *v*. Lorsque cette pièce a été rabattue sur la précédente, on l'y fixe au moyen de la dernière de toutes, qu'on voit *fig.* 5; c'est une espèce de dard roulant aussi sur un pivot *x*, et sur lequel une crémaillère *y*, regardant l'extrémité *v* de la pièce précédente, reçoit et engage cette pièce par cette même extrémité. Lorsque cette crémaillère a mordu l'extrémité *v* de l'échappement, le piège est complètement tendu. Dans cet état, on arme le point *z* du dard de quelque appât; et la bête pour laquelle il est destiné, venant pour s'en saisir, agite cette détente, qui, obéissant au plus léger mouvement, abandonne l'échappement *v* : celui-ci permet au levier T *t* de se relever, lequel à son tour, ne pressant plus la bascule *p*, la laisse se baisser, ainsi qu'elle en est sollicitée par les points G *g* des petites broches qui repoussent le bouton par lequel elles étoient retenues, et cessent de faire obstacle à ce que le ressort à boudin ramène l'une contre l'autre les deux ailes du filet. Tous ces mouvemens successifs se font dans le piège avec une incroyable rapidité.

Les *fig.* 6 et 7 forment un autre échappement un peu différent du précédent, et peuvent remplacer les *fig.* 4 et 5. Mais, au lieu d'être posées en ligne sur la longueur de la platine, elles sont posées vis-à-vis l'une de l'autre sur la largeur de la base, à peu près à la place qu'occupe le dard dans la *fig.* 1, et se rabattent de droite et de gauche. Dans cet échappement, le levier T *t*, *fig.* 3, n'est point coudé; il est droit dans toute sa longueur. Sa tête *t* est prise sous le point 2 de la fig. 6. Cet échappement roule sur un pivot I I, enfoncé comme je l'ai dit, sur le côté de la base du piège, et son extrémité 3, taillée en biseau, se prend dans une légère rainure, dont on voit la naissance au point 4 de la branche plate qui forme la détente, *fig.* 7. Le petit morceau de bois 5 est d'un bois tendre et moelleux; on y attache au point 5, avec une forte épingle, l'appât convenable. La branche 6, de fil de fer ou de fort laiton, enfoncée dans la base vis-à-vis le pivot I I de l'échappement, forme une espèce d'anneau qui sert de pivot à la détente, en lui permettant de jouer librement. Cette détente n'est pas moins subtile que la précédente; elle a pour but de faire, que l'appât soit placé moins en l'air que dans l'autre piège, d'où il suit que l'un convient mieux aux oiseaux, et le dernier aux quadrupèdes. Le premier peut être employé pour les oiseaux, tels que corbeaux, corneilles, pies, et autres espèces voraces; le second, pour les fouines, putois, etc....

Lorsqu'on tend ce piège, on le recouvre de poussière ou de feuilles mortes. On peut l'attacher contre terre, en fixant ses extrémités sous des piquets; et les pièces du ressort étant de métal, cuivre ou fer, doivent être brunies et mates, pour ne pas jeter de lumière.

On peut encore mettre au nombre des filets à ressort, le piège décrit dans *l'Aviceptologie*, sous le nom *de trébuchet œdonologique de M. Arnault de Nobleville*, bien que l'auteur *des Ruses innocentes* en eût depuis long-temps décrit un à peu près pareil. Dans ce piège, le filet au lieu d'être monté sur des châssis rectangulaires, comme dans les précédens, l'est sur deux branches de fort fil de fer, courbées en demi-cercle. Les deux parties ne recouvrent point l'une sur l'autre, mais elles s'étalent à plate terre, et ne peuvent être tendues que sur un endroit uni. La grandeur de ce piège est indéterminée; pour le rendre plus portatif, on ne donne à ses demi-cercles que quinze à vingt pouces d'ouverture ou de diamètre. La construction de ce piège est fort simple, et peut s'exécuter sans ouvrier: on prend un premier bout de fil de fer d'une longueur convenable qu'on ploie en demi-cercle, et dont on recourbe les deux extrémités pour former à chacune d'elles un œillet. Par ces deux trous, on passe en double une forte ficelle ou une corde à boyau, et on la noue de manière qu'elle soit juste à l'espace compris entre les deux cornes ou extrémités du demi-cercle. L'on a ensuite un second bout de fil de fer d'un ou deux pouces plus court que le premier, et qui soit moins gros de moitié, ou même moins encore. On courbe aussi ce second fil de fer en demi-cercle, et on en retourne en crochet les extrémités, comme si on vouloit imiter l'anse d'une marmite de fonte. On sent que ce second demi-cercle a moins de diamètre que le premier, et qu'il lui est *concentrique*, selon l'expression des géomètres; c'est-à-dire, que le plus grand l'embrasse, comme le bord d'un grand verre peut recevoir le bord d'un plus petit. Cela compris, on engage les crochets qui terminent le plus petit demi-cercle, dans la corde double, tendue d'une extrémité à l'autre du plus grand, et faisant faire à ce plus petit demi-cercle un certain nombre de tours ou de révolutions complètes, il opère dans la corde sur laquelle il roule une tension pareille à celle par laquelle on bande une scie. Alors, si on étend à plat ces deux demi-cercles, et qu'on relève en l'air le plus petit comme pour le replier sur le plus grand, on conçoit qu'il ne restera pas dans cette position, mais que, par le fait de l'entortillement de la corde sur elle-même, il sera ramené avec prestesse contre terre dans cette position; les deux demi-cercles se touchant à peu près par leurs extrémités, présentent grossièrement la figure d'un *O* composé de deux parties, l'une un peu plus étroite que l'autre, et séparé en deux à son milieu par une corde. Dans cet état, on attache sur les bords des demi-cercles un filet lâche qui s'étend sur tous deux, et sous lequel se trouvent pris les oiseaux, lorsque le plus petit demi-cercle est levé et tendu. Pour exécuter cette dernière tension, qui complète tout le mécanisme du piège, on commence par fixer solidement le plus grand demi-cercle sur terre à l'endroit que l'on aura choisi, avec un ou deux piquets à crochet. On arrête aussi contre terre la corde diamétrale dont je viens de parler plus haut, en passant entre ses deux branches un long clou ou piquet à tête. L'objet de ces précautions est d'empêcher la machine de sauter et bondir par le contre-coup, qu'elle reçoit lors de la chute du demi-cercle battant. On peut adapter plusieurs *détentes* à ce demi-cercle pour le tenir élevé, jusqu'à ce qu'un oiseau vienne le faire tomber; on peut très-facilement y adapter un quatre de chiffre ordinaire. On se sert aussi d'une détente formée de deux petits bâtons réunis ensemble, et attachés l'un sur l'autre à demeure, de manière à former une sorte de T, la branche descendante étant inclinée par rapport à la supérieure. Celle-ci, grosse comme le petit doigt, est entaillée en dessus de deux coches, une à chaque bout, et dont les mentonnets, ou la partie mordante, se regardent. On place une des coches sous le plus petit demi-cercle fixe; on relève le battant jusqu'à ce qu'on puisse l'engager dans la coche de l'autre bout, et le piège est tendu; amorçant alors le bâton croisant, ou la queue du T, de vers ou de fruits qu'on y fiche avec de longues épingles, les oiseaux qui viennent pour s'en saisir opèrent sur cette petite machine une secousse qui dégage une des coches si elles ne sont pas trop profondes, et qui permet au demi-cercle battant de se rabattre sur eux. On prend à ce piège, en l'appâtant convenablement, des rossignols, des mésanges, des merles, des verdiers, des pinsons, des moineaux, des linottes, etc., etc. On sait que les vers de farine sont l'appât qui convient aux rossignols. Avant de placer le piège, il est bon d'appâter la place quelques jours d'avance pour y attirer le gibier.

L'*Aviceptologie* décrit encore sous le nom d'*assommoir du Mexique*, un autre piège qui, par sa construction, se rapporte beaucoup à celui-ci. La grande différence consiste en ce que le battant de l'assommoir est une planche qui joue entre des montans de bois; la détente est une marchette qui correspond à une gachette à crémaillère, laquelle agit à peu près comme la détente du filet à corbeaux, décrite plus haut. On tend cet assommoir pour des oiseaux, et même pour des quadrupèdes. (S.)

FINS, (*Vénerie.*) Un animal que l'on chasse avec des chiens courans est sur ses fins, quand il est mal mené et prêt à succomber de fatigue. (S.)

FLOUVE, (*Anthoxanthum odoratum.* Classe II, ordre III, graminée. Juss.)

Fleurs, réunies en épi, de couleur brune, calice à deux valves, oblong et acuminé; deux écailles intérieures, deux étamines.

Feuilles. Alternées, vaginées, dont les gaînes sont fendues jusqu'au nœud d'où elles partent.

Fruit. Une semence solitaire couverte de la valve intérieure et persistante du calice.

Port. Tige simple d'un pied à deux pieds de hauteur.

Durée. Vivace.

Lieu. Dans les prés hauts, les bois, très-commune au Bois-de-Boulogne.

Culture. Encore peu pratiquée, elle se fait en pleine terre dans tous les sols, pourvu qu'ils ne soient pas trop humides; on sème les graines au printemps ou au commencement de l'automne.

Usages économiques. Cette plante a été fort recommandée comme fourrage. Je ne pense pas que cultivée seule, elle puisse être d'un produit assez abondant pour lui mériter les frais de culture, et l'emploi d'un terrain plus utile pour un autre objet; mais cette belle graminée étant pourvue, sur-tout par ses racines, d'une odeur des plus suaves, il seroit utile d'en mêler des graines à tous les semis de plantes fourrageuses graminées; car sa présence est indispensable dans le foin, pour lui donner l'odeur particulière, bien connue, qui en caractérise la *meilleure qualité*, parce qu'elle croît naturellement dans la plupart des prairies naturelles.

Les racines de la flouve odorante conservent très-long-temps l'odeur balsamique qu'elles possèdent: j'en conserve en herbier, depuis dix-huit ans, qui ont encore leur parfum. Je suis convaincu que, cultivée dans les terres sablonneuses où elle croît naturellement, et dans la vue d'en obtenir un produit utile par ses racines, on feroit entrer celles-ci en poudre, ou entières, dans diverses préparations qui appartiennent aux arts du pharmacien, du distillateur ou du parfumeur. Mises dans le tabac en poudre, ces racines lui communiquent un arome analogue à celui de *la fève de Toka*, si recherchée des amateurs de tabac, et devenue très-rare dans le commerce.

Le professeur Fourcroy pense que les émanations odorantes qui s'échappent de toutes les parties de l'*anthoxanthum odoratum*, sont dues à la présence de l'acide benzoïque: les agriculteurs placés dans des circonstances favorables, pourroient suivre cette idée, échappée, comme tant d'autres, des flots d'éloquence dont ce savant possède le rare avantage d'enrichir ses leçons, et dont les vues ou les aperçus sont toujours de grands pas vers la vérité. (Tollard aîné.)

FLUXION PÉRIODIQUE, (*Maladie des yeux dans les chevaux.*)

De toutes les maladies qui affectent les yeux des chevaux, il n'en est pas de plus commune et en même temps de plus redoutable, que celle que nous désignons sous le nom de *fluxion périodique*. Cette maladie est connue plus particulièrement sous celui de *fluxion lunatique*; elle a été ainsi nommée, parce qu'on s'étoit imaginé qu'elle dépendoit des phases de la lune; on a cru aussi qu'elle s'effectuoit toujours lorsque la lune étoit dans son plein, et qu'elle se dissipoit lors de son déclin: de là, le cheval qui en est atteint a été appelé cheval lunatique.

Nous nommons cette maladie *périodique*, parce qu'elle se montre, se dissipe et reparoît à différentes époques ou périodes, plus ou moins rapprochées, ou plus ou moins éloignées les unes des autres.

CHAPITRE PREMIER.

Symptômes. Il n'est pas toujours très-facile de distinguer la fluxion périodique, des fluxions aux yeux ou des ophthalmies accidentelles et momentanées, qui peuvent les affecter, sur-tout lorsqu'elle se montre pour la première fois.

§ I. Premier temps. *Symptômes communs à l'ophthalmie et à la fluxion périodique.* L'œil irrité, la conjonctive enflammée, les paupières épaissies, sont des symptômes communs à l'une et à l'autre de ces fluxions; en sorte que la certitude du jugement à porter sur l'existence de cette maladie, exige très-souvent qu'on attende à la seconde période. Cependant, si l'on fait bien attention à la filiation des symptômes qui accompagnent la fluxion périodique, et qu'on les compare avec ceux des autres fluxions, on verra qu'il y a une différence assez frappante.

La fluxion périodique se montre subitement ou peu à peu. Dans le premier cas, toutes les parties environnantes du globe et le globe lui-même, sont enflammés; la *salière* est remplie et forme souvent une exubérance au dessus du bord des parois osseuses de cette cavité; les vaisseaux de la joue, du *larmier*, du *chanfrein*, des paupières, sont très-pleins et très-gorgés; la peau qui recouvre toutes ces parties est très-chaude et même douloureuse; les tarses sont enflés, et leurs glandes sébacées, ainsi que les canaux hygrophthalmiques, fournissent une très-grande quantité d'humeur qui s'épaissit entre les paupières, entre le globe et ces mêmes paupières, et qui coule avec plus ou moins d'abondance le long du chanfrein; la conjonctive est d'un rouge-noir, épaissie et distendue au point de former quantité de plis, de rides qui sortent entre les bords des paupières; la partie de cette membrane qui tapisse l'intérieur de la paupière supérieure est plus susceptible de sortir ainsi; mais la paupière inférieure se renverse plus souvent; la caroncule lacrymale, la membrane clignotante et le corps glanduleux qui lui sert de base sont plus ou moins gorgés et tuméfiés. Si on ouvre et qu'on écarte toutes ces parties qui défendent et entourent le globe, on voit que la cornée lucide est blanchâtre; que l'humeur aqueuse est épaisse et diversement colorée; que l'iris est très-resserré et qu'il est impossible de distinguer le cristallin. Toutes ces parties sont extrêmement sensibles; l'animal s'oppose à ce qu'on les touche, et il redoute même jusqu'à l'impression des rayons lumineux.

Le pouls répondant à l'œil malade, est plein et dur; ces symptômes sont presque toujours accompagnés du dégoût et de la tristesse de l'animal.

Ces phénomènes qui se montrent par gradation, se suivent quelquefois rapidement et tout à coup. Cependant, il y a toujours une succession qui souvent est facile à remarquer.

Dans cette succession plus lente des symptômes, la conjonctive est la première qui s'enflamme; les vaisseaux fins et déliés qui rampent dans son épaisseur, et qui, dans l'état naturel, ne contiennent qu'un fluide transparent, sont pleins de sang; ils sont plus gros, plus prononcés, très-sensibles et très-appercevables, sur-tout sur la partie de cette membrane qui recouvre la cornée opaque et la membrane clignotante; la liqueur rouge que ces vaisseaux admettent, donne à l'œil, et sur-tout aux humeurs du globe, une teinte de rose clair, en sorte que toutes ces humeurs, encore transparentes, paroissent réfléchir des rayons de feu; ce degré d'inflammation augmente d'intensité, toutes les parties extérieures du globe s'engorgent peu à peu, les larmes coulent abondamment, elles sortent en gouttes par la fosse nasale répondant à l'œil malade; leur filtration devenant encore plus considérable, les points lacrymaux étant insuffisans pour leur fournir une issue, elles franchissent l'espèce de digue que leur offrent la caroncule lacrymale et la gouttière des tarses; elles sortent de l'œil, et coulent le long du chanfrein; la membrane clignotante augmentant de volume, s'étend sur la cornée lucide; les paupières devenant plus épaisses, se rapprochent l'une de l'autre.

§. II. Deuxième temps. *Trouble de l'humeur aqueuse.* L'humeur aqueuse perd de sa transparence à mesure de l'augmentation de ces symptômes; les larmes retenues sous les paupières s'épaississent au point d'acquérir la consistance d'une gelée qui, mêlée avec l'humeur que fournissent les glandes des tarses, agglutine les paupières, les colle et les fait adhérer, non seulement l'une à l'autre, mais encore à la partie antérieure du globe, et à la membrane clignotante. A cette époque, l'iris est resserré sur lui-même; l'humeur aqueuse est extrêmement trouble, les vaisseaux extérieurs très-gorgés et variqueux; ceux qui se distribuent dans l'iris, dans le globe, la graisse et les muscles, ne le sont pas moins; toutes ces parties occupent plus d'espace que dans l'état naturel, puisque la cornée lucide se porte en avant, et que la salière est plus remplie qu'elle ne doit l'être. Ces symptômes, au surplus, sont toujours accompagnés de plus ou moins de fièvre, de tristesse et d'inappétence.

Ces métamorphoses s'opèrent dans trois jours, et au plus tard en huit; tandis que dans le premier cas elles s'effectuent dans six, huit, douze, et au plus tard dans vingt-quatre heures; et l'on est surpris d'avoir vu, le soir, les yeux dans le meilleur état, et de les trouver le lendemain matin aussi cruellement affectés.

§. III. Troisième temps. *Première précipitation de la matière opaque*. Cette fluxion, soit qu'elle ait été formée tumultueusement, soit qu'elle ait été établie peu à peu, une fois parvenue à son plus haut degré d'intensité, se dissipe et se résout par gradation; les parties environnantes du globe sont les premières qui se détuméfient; les paupières s'ouvrent à mesure; la résolution, la détuméfaction s'opèrent; les larmes reprennent leur cours ordinaire, l'humeur chassieuse est moins abondante; mais l'œil ouvert, l'humeur aqueuse est encore trouble, et l'iris reste resserré jusqu'à ce que cette humeur ait repris toute sa transparence. La manière dont cette liqueur s'éclaircit est digne d'attention: elle s'effectue par précipitation et ensuite par absorption; celle qui occupe la partie supérieure de la chambre antérieure, commence à être assez claire pour laisser voir le premier segment de l'iris; cette transparence gagne de plus en plus d'étendue; mais à mesure qu'elle fait des progrès de ce genre, la partie de l'humeur qui occupe le bas de la chambre antérieure est plus épaisse et plus trouble. Cet épaississement et cette opacité sont à leur plus haut degré, lorsque la transparence de l'humeur aqueuse permet de découvrir la prunelle, qui est encore néanmoins très-resserrée.

§. IV. Quatrième temps. *Nouveau trouble de l'humeur aqueuse*. A cette époque, il s'établit un second mouvement, la matière opaque commence par souiller de nouveau la totalité de l'humeur aqueuse.

§. V. Cinquième temps. *Seconde précipitation de l'humeur opaque* Ce n'est que lorsqu'elle est ainsi généralement répandue, qu'elle se dissipe. La partie opaque se précipite au bas de l'humeur aqueuse, puis elle est absorbée très-promptement. Cette résorption paroît précédée d'une commotion fébrile dans l'œil même. A mesure que cette absorption s'opère, on voit renaître le mouvement de l'iris, la prunelle s'ouvre dans l'obscurité, et se resserre au grand jour; ces deux mouvemens deviennent sensibles, d'autant plus que la résolution est plus complète.

La maladie parcourt toutes ses périodes en quatre ou cinq jours, et en général plus l'orgasme a été violent, plus l'œil est de temps à se rétablir.

§. VI. *Effets des accès*. L'humeur aqueuse ayant acquis toute sa transparence, et les mouvemens de l'iris jouissant de toute leur étendue, on voit que le cristallin est intact; mais si les mouvemens sont altérés, la transparence du corps lenticulaire dont il s'agit le sera aussi, et l'altération de ce corps sera toujours en raison directe du défaut de mouvement de la pupille.

Les effets de cette fluxion sont d'altérer toujours, plus ou moins, l'œil ou les yeux qui ont été affectés. On observe que, lorsqu'elle s'effectue sur les deux yeux à la fois, elle a moins d'intensité et moins de durée que lorsqu'elle n'affecte qu'un œil. Il est, au surplus, très-rare qu'elle affecte les deux yeux en même temps; il est plus ordinaire de la voir se renouveler sur celui où elle s'est montrée une fois, et de continuer ses ravages sur le même œil, jusqu'à son entière et absolue désorganisation.

§. VII. La fluxion se manifeste quelquefois tous les quinze jours, d'autres fois toutes les trois semaines, plus fréquemment tous les trente à quarante jours, plus rarement tous les deux ou trois mois. On lui a même observé des intermissions de six, huit, dix, onze mois, et même d'un an. Plus ces mêmes périodes sont éloignées les unes des autres, moins elles sont fâcheuses. La variété de ces intervalles, dans l'universalité des chevaux, s'observe encore dans les individus particuliers; en sorte qu'il est bien rare qu'ils tiennent une marche constante et invariable. Au reste, plus les paroxysmes sont subits, plus ils ont d'intensité et de durée; et les désordres qu'ils opèrent sur l'organe affecté, sont en raison directe de la vivacité de leur invasion, et du rapprochement de leur redoublement

Telle est la marche des fluxions périodiques qui affectent les yeux des chevaux, soit qu'on les abandonne à la nature, soit qu'on entreprenne d'en retarder les progrès.

Passons maintenant à la recherche des causes de cette maladie, qui sont assez difficiles à saisir.

CHAPITRE II.

Causes. Nous les distinguerons en causes prédisposantes et en causes occasionelles.

Causes prédisposantes. Nous mettons au nombre des causes prédisposantes le sevrage brusque,

brusque, l'amaigrissement et l'engraissement alternatifs ; les pâturages humides, l'exercice prématuré ; les alimens secs donnés avant la possibilité d'une mastication assez forte.

§. I. *Le sevrage brusque, l'amaigrissement et l'engraissement alternatifs.* Dans la plus grande partie de nos pays d'élèves, le poulain n'est pas plutôt dans le cas d'être sevré qu'il est vendu. Il est séparé de sa mère subitement et de la manière la plus cruelle. Attaché loin d'elle, il fait les efforts les plus violens pour rompre ses liens ; ces efforts continuent jusqu'à ce qu'épuisé de fatigue, il reste sans forces et sans mouvement ; quelques uns périssent subitement, ou en peu de temps, des suites de cette violence faite à la nature.

Le nouveau propriétaire place ce poulain dans un pâturage maigre, où il dépérit sensiblement. Six à huit mois après, il est mis dans un bon fonds; il s'y engraisse promptement, alors il est vendu de nouveau ; le nouvel acquéreur le laisse encore dépérir pour l'engraisser une seconde fois et le vendre de même. Le troisième propriétaire le fait travailler au delà de ses moyens, le nourrit très-peu, le fait encore maigrir, puis l'engraisse d'autant plus promptement et avec d'autant moins de dépenses, qu'il étoit plus maigre.

§ II. *Les pâturages humides.* Toutes les plantes des prairies basses, où l'humidité abonde, sont plus nourries et croissent plus promptement que celles qui composent les prairies des lieux élevés ; les parties constituantes de celles-ci, sont élaborées dans des proportions qui en font la perfection, tandis que les autres ne renferment, pour ainsi dire, que de l'eau. Leur embonpoint apparent ne tient point à un état parfait de santé, puisqu'elles ne fleurissent pas plus tôt que les autres, qu'elles ont infiniment moins d'arome, qu'elles sont moins savoureuses, et par conséquent moins appétissantes : aussi l'animal ne les mange-t-il que parce qu'il est pressé par la faim, tandis qu'il dévore celles qui croissent sur un terrain sec.

Les fourrages, ou le foin de ces prairies basses, de même que les plantes mangées en vert, gonflent les entrailles, les surchargent d'une quantité excessive d'alimens qui renferment, sous beaucoup de volume, une très-petite quantité de sucs nutritifs; de là, la grosseur excessive du ventre de ces animaux, ainsi que le volume énorme de leur tête.

L'expérience prouve encore que, lorsque ces prairies basses abondent en trèfle, et surtout en luzerne sauvage, les yeux des chevaux en souffrent infiniment plus que lorsque ces plantes ne s'y trouvent qu'en très-petite quantité ; cette circonstance a été si bien sentie par certains cultivateurs, que plusieurs d'entr'eux ôtent, après le sevrage, les poulains de ces pâturages, soit en les vendant, soit en les conduisant dans des prairies plus élevées.

Le foin provenant de prairies que l'on a soin d'engraisser tous les ans ou tous les deux ans, fait aussi naître la fluxion, soit aux chevaux indigènes, soit aux chevaux exotiques de tout âge.

§. III. *Le travail prématuré.* Le travail que l'animal fait avant d'être formé, débilite les organes, s'oppose à leur développement, suspend et retarde les digestions, et dispose aux pléthores sanguines, qui établissent dans les vaisseaux les plus fins et les plus déliés des orgasmes et des stagnations, d'où naissent des engorgemens; et comme les vaisseaux du globe sont ceux qui présentent le moins de résistance, c'est aussi sur eux que ces effets se font sentir le plus souvent et de la manière la plus forte.

§. IV. *Les alimens secs donnés avant la possibilité d'une mastication assez forte.* Les poulains et pouliches ne restent guères dans les pâturages que jusqu'à l'âge de trois ans; à cette époque, ils sont mis à la nourriture sèche et au grain, tandis qu'ils devroient ne manger que de l'herbe ; ils sont transplantés dans une région étrangère, tandis que, jusqu'à leur parfait développement, ils devroient habiter le sol qui les a vus naître ; la nourriture sèche et dure qu'on leur donne, exige de la part des mâchoires, des efforts supérieurs à ceux de leur force ; aussi sont-ils insuffisans pour une bonne mastication. Les alimens parvenus dans l'estomac séjournent plus long-temps qu'ils ne le devroient faire dans ce viscère dont la débilité ne permet pas une digestion complète ; les efforts des mâchoires attirent sur la tête une affluence plus considérable de sang : ce fluide en dilate les vaisseaux au delà de leur ton naturel, et les parois fines et déliées des artères et des veines, que l'œil reçoit en grand nombre, sont subjuguées d'autant plus facilement, qu'elles sont entourées de beaucoup de graisse, et qu'elles sont en quelque sorte à l'abri de toute compression. La dilatation contre nature que ces canaux éprouvent les prédispose à recevoir et à admettre une plus grande quantité d'humeurs. La protrusion des dents est toujours accompagnée de l'afflux du sang dans les gencives, la membrane pituitaire, et généralement sur toutes les parties voisines ; les vaisseaux qui portent la nourriture et la vie dans le globe de l'œil admettent, aussi à cette époque, une plus grande abondance de fluide, en sorte que les yeux participent toujours plus ou moins de ces effets, ainsi que la bouche et le nez.

§. I. *L'air vicié des écuries.* Rien n'est plus funeste pour la santé des chevaux, en général, et pour leurs yeux en particulier, que l'excès de chaleur et l'air vicié des écuries ; ils épuisent les animaux par des excrétions forcées ; ils les maintiennent dans une sorte d'orgasme continuel ; cette cause maladive travaille sans cesse au détriment de l'économie ; ses impressions, sur les yeux des chevaux, sont d'autant plus marquées, qu'elle a plus d'intensité.

Les fumiers accumulés dans les écuries sont un foyer qui exhale continuellement des vapeurs qui irritent, agacent les yeux au point de faire couler une ample quantité de larmes.

Ces exhalaisons n'émanent pas toujours des couches plus ou moins épaisses de fumier qu'on laisse croupir et pourrir sous les chevaux : nous voyons un grand nombre d'écuries de cavalerie qui sont nettoyées régulièrement deux fois le jour ; mais toutes ou presque toutes celles que nous avons vues, étant pavées avec des pierres plus ou moins sphériques, fixées par le moyen du sable, présentent des interstices très-considérables, au travers desquels l'urine des animaux s'insinue et pénètre la terre, en sorte que l'urine, dont il ne se perd pas une goutte, se décompose, s'élève en vapeurs, et affecte d'autant plus fortement les yeux et l'odorat des hommes et des chevaux, que cette liqueur n'est point retenue comme dans le cas précédent, par la litière qu'elle imbibe alors, et qui manque totalement ici. Ces vapeurs, agissant sans cesse sur les yeux des chevaux, les irritent et y font affluer le sang et les humeurs, de manière que les fluxions dont il s'agit, sont d'autant plus fréquentes et d'autant plus multipliées, que les écuries sont plus mal pavées, qu'elles ont moins de paille, qu'elles sont plus basses, plus échauffées et moins aérées.

Ces vapeurs titillent et agacent la cornée lucide, la conjonctive et les paupières ; ce qui dispose l'œil ou les yeux à devenir le foyer de l'affection qui nous occupe.

Les pays où le foin est rare, où les prairies artificielles sont méconnues, ne sont pas exempts de cette maladie, sur-tout si on substitue à cet aliment, ainsi qu'il est d'usage, le fourrage qu'on appelle *hivernage* ; c'est-à-dire, les pois, les vesces, les féveroles, etc., par la raison que ces fourrages sont de très-difficile digestion, qu'ils exigent une longue et forte mastication ; qu'ils sont venteux, et donnent même très-souvent lieu à des indigestions mortelles.

Ces fourrages ne sont pas les seuls qui déterminent la fluxion périodique ; la paille de seigle, celle d'orge, ainsi que l'avoine mal récoltée, qui auroit fermenté dans les champs et dans les greniers, forment des alimens d'une très-difficile digestion et qui sont la source de cette maladie ; c'est ce qui a été observé dans plusieurs régimens de cavalerie, la fluxion s'étant montrée sur la presque totalité des chevaux, plusieurs mois après qu'ils avoient fait usage de ces alimens.

CHAPITRE III.

Altérations que ces causes produisent dans les animaux. Nous allons les développer sous plusieurs chefs. Nous considérerons principalement : 1°. les embarras des organes digestifs ; 2°. les gourmes imparfaites ; 3°. les coups de sang à la tête.

Embarras des organes digestifs. Les chevaux qui restent trop long-temps dans l'écurie, tels que ceux des troupes sur-tout, qui ne sortent que deux ou trois heures sur quarante-huit, éprouvent nécessairement des gonflemens et des engorgemens dans les entrailles, qu'un exercice doux et journalier dissiperoit. Les excrétions stercorales sont encore diminuées par une transpiration forcée et continuelle que la chaleur excessive des écuries occasionne ; et l'exercice qu'on exige de ces animaux, toutes les quarante-huit heures, étant violent et presque exécuté en masse, sur un terrain poudreux, il en résulte qu'il suspend plutôt qu'il n'excite l'action des organes digestifs ; de là une nouvelle cause de l'embarras du bas-ventre.

Gourmes imparfaites. Cette crise, quand elle est complète, exempte d'une infinité de maladies ; mais elle ne s'effectue bien ordinairement qu'à l'âge de trois ans et demi ou quatre ans. Le changement de nourriture et la transplantation des chevaux en hâte l'éruption, et l'évacuation en est le plus souvent supprimée par les pluies, l'air froid, et les intempéries que les animaux éprouvent pendant une route un peu considérable, par les saignées et plusieurs autres moyens barbares que l'on met en usage pour supprimer le flux, dans la crainte que les animaux ne dépérissent, soit que les conducteurs aient dessein de les vendre, soit qu'ils les emmènent pour remonter des régimens, des équipages, etc. La morve n'a le plus souvent pas d'autres causes, et on la voit presque toujours commencer, dans les régimens, par les chevaux de remonte, lorsque cette crise n'a pas lieu suivant le but de la nature.

Coups de sang à la tête. Les causes qui déterminent une affluence prompte et subite du sang à la tête, capable de subjuguer les vaisseaux du globe, sont en très-grand nombre ; nous ne rapporterons ici que celles qui nous ont paru donner le plus souvent lieu à la maladie qui nous occupe. Ces causes sont des impressions trop fortes des rayons du soleil sur le crâne et sur le front ; des saignées pratiquées dans l'intention de remédier à des indigestions ; l'omission de ces mêmes saignées, lors des pléthores sanguines produites par des chaleurs du printemps, et par les herbes nouvelles dont les animaux se nourrissent à cette époque, ainsi que par ces mêmes plantes qui repoussent à la fin du mois d'août, et qui ne sont pas moins dangereuses que les premières.

CHAPITRE IV.

Causes occasionelles. Les causes occasionelles, inhérentes au cheval, dépendent du développement des os de la tête. Cette partie est beaucoup plus long-temps à se former que dans les autres animaux.

Nous allons rapporter ici les observations de feu M. Flandrin.

Dentition laborieuse dans le cheval. « La dentition dans le cheval est un acte de son organisation, qui dure autant que la vie, et qui produit des changemens très-grands et très-remarquables dans la partie où il s'exécute.

« Le poulain naît avec trois dents molaires à chaque côté de mâchoire. A partir de cette époque jusqu'à celle de cinq à six mois, il lui sort douze dents au devant de la bouche ; et jusqu'à celle de deux ans et demi, trois ans, il sort successivement trois molaires de chaque côté de mâchoire en arrière des premières avec lesquelles l'animal est né.

» A trois ans, trois ans et demi, les crochets commencent à sortir ; c'est aussi dès ce moment, et même dès deux ans et demi, que les dents avec lesquelles l'animal est né, ainsi que celles sorties jusqu'à ce moment (les pinces) commencent à se renouveler.

» Chacun sait que le remplacement de ces dernières s'opère successivement des pinces aux coins ; qu'il a lieu à un an d'intervalle entre chaque paire de dents ; que, par conséquent, le cheval a toutes ses nouvelles dents incisives à cinq ans.

» Les trois premières molaires tombent et sont remplacées dans le même ordre ; elles devancent seulement de quelques mois celles auxquelles je les compare, en sorte qu'à quatre ans et demi, cinq ans, elles sont constamment toutes renouvelées. Ainsi les plus antérieures tombent les premières et avec les pinces, les suivantes avec les mitoyennes, et les troisièmes avec les coins.

» Par cet exposé, on voit que de deux ans et demi à cinq ans, il tombe vingt-quatre dents qui sont remplacées par vingt-quatre autres.

» Pendant cette période de deux ans et demi, les quatre crochets sortent et se développent en plus grande partie ; et les douze molaires postérieures achèvent de sortir au point nécessaire pour servir à la mastication.

» Ces opérations ne peuvent pas s'exécuter sans qu'il se fasse des changemens considérables dans les os qui logent et fixent ces parties.

» A la naissance du poulain, on ne voit aucune place de préparée pour recevoir les douze molaires postérieures. Cette place s'établit à mesure que les dents se forment ; ainsi les mâchoires croissent en longueur à mesure, et en proportion de cette formation, et en raison de la force que doivent avoir ces dents.

» Les dents dont il s'agit ne se renouvellent

point; elles sont très-longues, très-larges, très-épaisses; elles exigent donc des os qui les reçoivent, une expansion très-étendue en tous sens.

» Les dents qui doivent remplacer celles qui tombent, se forment au delà de celles auxquelles elles succèdent. Avant d'agir sur celles-ci pour les chasser, et d'avoir l'avantage nécessaire pour le faire avec succès, il faut qu'elles aient acquis un volume considérable; et, si elles n'ont pas besoin d'avoir pour cela toutes leurs dimensions en longueur, il faut du moins qu'elles les aient en largeur et en épaisseur; il faut donc que les os qui les renferment se dilatent pour suffire à tous ces effets, et que les dents de lait et la partie formée de celles qui vont les remplacer, soient logées en même temps.

» Il se fait effectivement une expansion très-grande; la mâchoire postérieure acquiert une largeur plus grande de l'avant à l'arrière. La mâchoire supérieure offre une protubérance remarquable dans l'épine zygomatique. Cette protubérance est produite par l'extrémité de la racine des dents, et telle est l'action vitale en cet endroit, que la table extérieure de l'os est quelquefois détruite. En mesurant l'espace qui est depuis cette élévation jusqu'à la table de la dent, on juge de la longueur qui résulte des deux dents placées à la suite l'une de l'autre, et cette longueur est de plus de trois pouces dans un cheval au dessous de cinq pieds.

» A cette dilatation étonnante des mâchoires succède leur réduction; elle a lieu lorsque les dents de lait tombent étant poussées par celles qui les suivent, et à mesure que celles-ci sortent.

» Dans le cheval et les autres solipèdes, les molaires sont proportionnellement plus grosses que dans toutes les autres espèces d'animaux.

» Cela posé, l'usure de ces dents ayant lieu par l'effet du frottement qu'elles éprouvent lors de la mastication, il faut, pour qu'elles conservent toujours la même hauteur hors des mâchoires, qu'elles sortent successivement de ces mâchoires à mesure qu'elles s'usent, et c'est aussi ce qui a lieu; d'où il résulte que, dans l'extrême vieillesse, toutes les dents, mais surtout les molaires, sont totalement usées. Il ne reste de ces dernières que le bout des racines doubles, triples, quadruples. Souvent aussi ces racines tombent, et la gencive fait alors très-imparfaitement la fonction de molaire.

» A mesure que les molaires sortent, la tubérosité de la mâchoire inférieure perd de son épaisseur. La supérieure perd la protubérance dont nous avons parlé; mais elle ne diminue pas autant que la précédente, et l'une et l'autre ne perdent pas de leur étendue en proportion du vide qui se fait en elles par la sortie de la dent. Au surplus, les alvéoles disparoissent avec les dents, et il se forme de nouvelles parties qui les remplacent.

» Dans la mâchoire supérieure, les sinus sont ces parties; ils ont peu d'étendue à l'époque de la naissance, et ils en acquièrent beaucoup pendant le développement du sujet: c'est ce dont on peut même juger pendant la vie, par l'espace qu'il y a d'une épine zygomatique à l'autre, dans la partie supérieure de cette épine. Cette largeur naît dans la partie de la mâchoire qui se développe avec les secondes molaires; et, à mesure que ces molaires s'étendent, les parois des sinus dans lesquelles elles sont logées s'écartent.

» L'espace des maxillaires, vers la partie inférieure des épines zygomatiques qui répond aux dents molaires avec lesquelles l'animal est né, ne se développe pas ainsi. Il n'y a aucune cavité dans les premiers temps de la vie, et pendant que les dents molaires qui doivent succéder à celles de naissance, croissent et se perfectionnent, il est seulement dilaté par ces secondes dents, et tout le volume où il parvient, et que nous avons indiqué, est l'effet de cette dilatation.

» Ces secondes dents, substituées aux molaires de lait, ayant acquis leur parfait accroissement, sortent, ainsi que nous l'avons dit, à mesure que leur table s'use. La protubérance qu'elles formoient supérieurement disparoît; la table extérieure devient moins saillante en cet endroit. Le premier changement opéré, et la dent diminuant toujours de longueur, l'alvéole l'accompagne, et l'espace qu'occupoient l'une et l'autre, est remplacé par une cavité qui s'agrandit à mesure que cet espace diminue. De cette cavité résulte un sinus qui répond au cornet inférieur, sinus qui, dans les jeunes sujets, n'est que l'extrémité supérieure de ce cornet.

» Ce sinus est séparé du grand sinus par une cloison osseuse. Il est formé dans la portion du maxillaire qu'occupoient les trois molaires inférieures, et leurs alvéoles.

» En même temps que le sinus dont il s'agit

se forme par la destruction des alvéoles, il prend encore de la largeur par l'écartement de la lame maxillaire qui en forme la paroi extérieure.

» Le sinus qui répond aux trois molaires supérieures acquiert aussi de l'étendue par le même moyen ; mais on apperçoit que cette étendue doit augmenter par la disparition des alvéoles qui les remplissoient. Ainsi il résulte de ces changemens non interrompus, que, dans la vieillesse, lorsqu'il n'existe plus que les racines des molaires, les sinus ont gagné en grandeur tout ce que ces dents et leurs alvéoles ont perdu ; enfin, ces racines détruites, une surface plane prend la place de la saillie qu'elles faisoient dans les sinus, et on ne soupçonneroit pas qu'il y ait eu des dents.

» L'espace occupé par les dents et les alvéoles de la mâchoire inférieure, est remplacé par un tissu osseux réticulaire, très-fort et très-écarté.

» Il est bon d'observer que les sinus n'augmentent pas toujours en largeur, à mesure qu'ils croissent en hauteur : à sept ou huit ans, époque de la parfaite formation, ils ne s'étendent plus en hauteur ; on voit alors au contraire que les parties s'allongent, s'affoiblissent, que les formes se redressent ; ces derniers changemens sont lents, mais ils sont frappans dès qu'on observe des têtes de différens âges.

» Ce qui se passe dans les mâchoires du cheval, par l'effet de la dentition, s'observe aussi dans l'âne et dans le mulet. On voit même plus souvent dans le dernier de ces animaux, des molaires entièrement détruites, et la table de l'os et la gencive les remplacer.

» Dans le bœuf, le mouton, le cochon, le chien, le chat, les dents antérieures sont les seules qui se remplacent. Ces dents sont petites ; elles ne produisent que peu de changement dans les os qui les logent ; les molaires d'ailleurs sont peu volumineuses ; elles sortent de bonne heure, et dans le temps où toutes les parties sont flexibles, douées de ressort, où les fonctions dès-lors se font avec plus d'harmonie et d'ensemble.

» Dans les premiers de ces animaux, les changemens dans les os se font à l'extrémité supérieure et postérieure de la tête. Là, les cornes naissent et croissent sans cesse, et les sinus qui se forment en cet endroit se dilatent, s'allongent jusque dans l'occipital ; ils écartent du crâne ces défenses : aussi le développement osseux de l'extrémité antérieure de la tête est-il très-foible dans ces animaux : les premières dents molaires sont très-petites, et il ne se creuse pas de sinus au dessus.

» Dans le chien, le chat, le cochon, le développement qui coûte le plus, celui des crochets, se fait dans des parties osseuses, peu étendues, et dans lesquelles les changemens nécessaires pour l'opérer et le favoriser influent peu sur tous les os de la tête. »

Cette observation nous prouve que les os de la tête, et sur-tout ceux de la mâchoire supérieure, éprouvent des changemens très-propres à entretenir dans les vaisseaux de la membrane pituitaire en général, et dans ceux du globe en particulier, un genre de fièvre locale, une irritation qui peut être la source de la plus grande partie des maux qui affectent ou le nez ou les yeux du cheval.

En effet, la formation de certains sinus qui ne se trouvent que dans l'animal adulte, l'éruption de trente-six à quarante dents, la chute de ces dents, et leur remplacement, ne peuvent s'exécuter uniformément et sans accidens, qu'autant que les causes prédisposantes dont nous avons parlé, ne pourroient ni accélérer, ni retarder ce travail qui, dans une nature parfaite et non contrainte, s'opère le plus souvent successivement, sans secousses et sans efforts dangereux. L'uniformité de ces mouvemens dépend d'une santé robuste, et celle-ci d'un régime absolument analogue à la nature du cheval. Aussi voyons-nous que les chevaux les plus forts dans leur construction sont non seulement les plus beaux, mais encore les plus vigoureux et les plus dociles. Mais cet état de perfection ne se rencontre que dans les chevaux nés dans un climat favorable à leur développement, et où l'art et la nature concourent ensemble pour la perfection de cet animal précieux. Tels sont les effets de ces dispositions ; elles exemptent, en grande partie, ces animaux des maladies qui les affectent en France. La fluxion périodique, ainsi que la la plupart des flux qui affectent la membrane du nez, dépendent de la manière dont nous élevons et soignons les chevaux ; tandis que ces maux sont, pour ainsi dire, inconnus dans l'Arabie et en Espagne.

Considérations générales sur ces causes. Toutes les causes les plus fréquentes de la fluxion périodique n'ont pas besoin d'agir ensemble et à la fois ; il suffit le plus souvent que l'une d'elles subsiste pour la faire naître, leurs effets étant absolument subordonnés à la disposition du sujet : il en résulte que, dans un individu mal disposé, une légère cause peut acquérir une intensité capable non seulement de faire naître la fluxion dont il s'agit, mais encore de détruire l'œil dans un seul paroxysme.

Enfin, quoique la fluxion périodique affecte plus les jeunes chevaux que les vieux, cependant les poulains à la mamelle en sont exempts. Les chevaux chez lesquels les crochets sont entièrement sortis, et dont les dents de la mâchoire postérieure sont *rasées*, ne l'éprouvent qu'autant qu'ils ont été mis de bonne heure aux fourrages secs et au grain. L'époque la plus ordinaire où elle se manifeste est en général lors de la protrusion des dents, et spécialement de celle des crochets, et sur-tout lors de la sortie des dernières dents mâchelières. Les jumens dépourvues de crochets y sont en quelque sorte moins exposées que les chevaux et les jumens bréhaignes. Le temps le plus ordinaire de l'apparition de cette fluxion, est depuis trois ans jusqu'à l'âge de six et de sept ans. On l'a vue paroître néanmoins à un âge plus avancé ; mais le cas est rare.

Il y a quelques exceptions à cette règle générale : dans quelques parties du Poitou, telles que Saint-Maixent, Niort, Fontenai, les chevaux l'éprouvent plus généralement après l'âge de sept ans. Presque toutes les jumens d'un certain âge sont aveugles ; elles sont destinées à la propagation des mulets. Il en est de même en ce qui concerne les jumens et les chevaux, dans la Franche-Comté. Les poulains de cette province, ainsi que ceux de Béfort, Huningue et leurs environs, y sont aussi très-exposés après le sevrage. Les jumens et les chevaux de ce canton ont tous, ou presque tous, le ventre avalé et très-gros.

Les animaux dont la tête est grosse, grasse, y sont plus sujets que les autres ; ceux qui sont nourris dans des terrains bas, marécageux et aquatiques, en éprouvent les effets beaucoup plus fréquemment que ceux qui sont nourris et élevés sur des terrains secs.

Plus les poulains changent de pâturages, à moins que ce ne soit pour les transporter d'un lieu humide dans un terrain sec, plus ils subissent de vicissitudes dans leur éducation, dans leur nourriture, dans leur tenue, plus ils sont sujets à cette maladie. Si la nature est toujours lésée des révolutions qu'on lui fait éprouver, on ne doit point s'étonner que cette maladie soit aussi fréquente qu'elle l'est dans le cheval, tandis qu'elle n'existe presque pas dans les autres animaux domestiques ; et la raison de cette différence se trouve autant dans les variétés qu'on observe dans la constitution physique de cet animal, que dans l'éducation des poulains, éducation dont l'avarice et la cupidité ont suggéré le mode.

La fièvre locale que la nature établit dans les alvéoles, pour opérer la chute des dents de lait et la sortie de celles qui doivent leur succéder, est d'autant plus forte que les os des mâchoires ont plus de consistance, et que les dents qui les écartent, les ouvrent et les percent, sont plus grosses. La sortie des dents des coins, et sur-tout celles des crochets, coûtant infiniment plus d'efforts à la nature que la sortie des dents des pinces, il s'ensuit que l'époque la plus commune de l'apparition de la fluxion périodique est précisément celle de quatre à cinq ans ; si elle a lieu plus tôt ou plus tard, c'est que les causes occasionelles dont nous venons de faire mention, ont plus ou moins d'intensité ; ou que les causes qui la déterminent directement ne se rencontrent pas dans le temps dont il s'agit.

La plupart des causes que nous avons exposées comme prédisposantes à la première attaque de la fluxion périodique deviennent encore occasionelles, soit du premier accès, soit de ceux qui le suivent, et doivent être rapportées ici comme telles.

CHAPITRE V.

Traitement préservatif. S'il n'est pas permis de détruire la cause occasionelle que nous avons regardée comme inhérente au cheval, il est très-heureusement possible de s'opposer, jusqu'à un certain point, à l'action d'une bonne partie des causes prédisposantes sans lesquelles la maladie n'existeroit pas ; ainsi la plus grande partie de ces causes tenant à l'éducation du poulain, et au régime qu'on lui fait observer dans un âge plus avancé, le point d'utilité est d'indiquer un meilleur régime que pourront faire suivre les personnes qui s'intéressent à la perfection et à la conservation des chevaux.

Nous allons essayer de remplir cette tâche, en appliquant successivement les moyens de correction aux causes que nous avons passées en revue.

§. I. *Sevrage brusque ; amaigrissement et engraissement alternatifs.* Il ne faudroit sevrer les poulains qu'au bout de six ou huit mois d'allaitement, et les sevrer par degrés. Le vœu de la nature seroit même qu'on ne les sevrât qu'au bout d'un an. La jument que l'on fait couvrir peu de jours après qu'elle a pouliné, ainsi que c'est l'habitude, devenant pleine alors, et étant obligée de fournir au développement d'un fœtus et à la nourriture d'un poulain, s'exténue; de même que son fruit et son nourrisson se font tort l'un à l'autre. On a adopté cette méthode afin de faire naître plus de productions; mais si l'on pouvoit se décider à avoir moins d'individus, afin de les obtenir meilleurs, il faudroit ne faire saillir la jument qu'un an après l'accouchement, c'est-à-dire, ne lui faire rapporter qu'un poulain en deux ans.

Les lieux dans lesquels on met pâturer les poulains sevrés devroient être assez secs pour les empêcher d'engraisser, et assez abondans pour fournir les matériaux de leur accroissement.

Du reste, celui qui achète des poulains quelque temps après le sevrage, prendra toujours la chance la plus avantageuse, en choisissant ceux qui sont maigres plutôt que gras, en ayant soin de les placer dans des pâturages qui les fassent croître et se développer sans les engraisser.

§. II. *Pâturages humides.* L'homme recherche dans le cheval ses travaux et non de la chair et de la graisse; c'est pourquoi on devroit ne mettre les jumens, les poulains et les chevaux, dans les pâtures où l'herbe est abondante, qu'après que les bœufs ou les vaches ont rasé la plupart des endroits où la végétation est copieuse, et ne les y laisser que peu de temps chaque jour.

Il faudroit même ne point tenir les mères dans les pâtures humides, sur-tout au commencement du printemps et de l'automne, époques où la végétation est plus active. On devroit éviter de tenir les jumens, et les poulains surtout, dans des brouillards épais qui règnent principalement en automne, et ne les mettre aux pâturages qu'après que ces brouillards sont dissipés.

Les endroits où l'on a répandu des fumiers ne devroient être livrés qu'un an après, comme pâtures, aux chevaux, aux jumens et aux poulains.

Le trèfle, la luzerne en vert, devroient être donnés avec ménagement aux jeunes chevaux; et il seroit bon d'y mêler de la paille.

§. III. *Exercice prématuré.* La nature n'inspire le mouvement aux jeunes sujets que comme un jeu dont l'effet est de favoriser le développement; on peut les faire exercer à la compagnie de chevaux accoutumés au travail, quand les *pinces* d'adulte sont poussées. (*Voyez* Accroissement, Accoutumer, Sommeil.) On peut les faire travailler très-légèrement, lorsque les dents *mitoyennes* d'adulte ont effectué leur protrusion; mais ils ne sont capables d'un travail soutenu, que lorsque les *coins* de lait sont remplacés.

§. IV. *Alimens secs, et changemens de climat.* Il ne faudroit changer les chevaux de climat, que par une gradation bien ménagée, sur-tout quand ils sont jeunes; et il seroit important qu'à mesure que l'âge doit les affermir, on les plaçât dans des circonstances de plus en plus favorables; par exemple, qu'on les ôtât des pâturages copieux et humides, pour leur procurer des herbes savoureuses et délicates. Mais ce n'est qu'après la chute de toutes les dents de lait qu'il convient de les mettre aux fourrages secs, aux grains, et particulièrement à l'hivernage.

Il suit de ces principes que l'on ne devroit amener dans les régimens, pour les remontes, que des chevaux qui eussent aussi *mis* toutes leurs dents d'adulte.

§. V. *Air vicié des écuries.* Le sol de ces logemens doit être élevé et avoir une pente douce qui fasse écouler les urines en dehors; les pavés doivent être aplatis et liés par un bon ciment, ou bien l'écurie doit être *salpêtrée.* Dans les campagnes où le sol de l'écurie est le plus souvent de la terre mêlée d'argile, où il est imbibé des matières décomposées qui ont séjourné dans les trous faits par le piétinement des chevaux, et plus encore par la chute des urines, il faut enlever cette terre très-fétide avant d'en rapporter d'autre pour mettre l'enfoncement au niveau. (*Voyez* Cachexie.)

Les fumiers ôtés souvent des ouvertures correspondantes pratiquées au dessus de la tête des chevaux, et tenues ouvertes sur-tout quand les animaux sont sortis, assainiront l'air de ces logemens, et en empêcheront la chaleur excessive.

Quand il n'y a pas de travaux, la promenade tous les jours doit être mise en usage, pour solliciter la fonction des organes digestifs, et éviter les coups de sang à la tête.

En un mot, en évitant toutes les causes prédisposantes, on s'affranchira des maux qu'elles entraînent à leur suite. Le développement des os de la tête, dans le cheval, et la protrusion de ses dents, s'opéreront avec des efforts successifs et modérés ; si la gourme, cette crise salutaire indispensable dans nos climats, vient à paroître, elle sera disposée à être complète, et on la favorisera plutôt que de s'y opposer. (*Voyez* GOURME.) Ainsi nos chevaux seroient exempts d'une foule d'autres maladies qui ne sont dues qu'au mauvais régime du jeune âge, qu'au défaut de soins, ou aux soins mal entendus dans la suite.

Nous sentons bien que ceux des cultivateurs qui s'occupent de faire naître des poulains pour les vendre ne goûteront guères nos conseils. S'ils sont suivis, ce ne sera probablement que par ceux qui se décideroient à élever des poulains pour leur propre usage, et qui ont pour les bons chevaux un attachement, une sorte de considération et d'estime qui sont rares.

CHAPITRE VI.

Traitement curatif. Les saignées, les vésicatoires, les sétons, les purgatifs, etc., dont on fait souvent usage à contre-temps contre cette maladie, n'en changent pas toujours la marche, lorsqu'elle est une fois commencée, et sur-tout lorsqu'elle a paru plusieurs fois. C'est sans doute l'insuffisance de ces moyens qui a porté à conseiller de détruire un œil pour sauver l'autre.

Si les efforts qu'on a faits jusqu'à présent sont restés sans succès, c'est qu'elle n'a jamais été bien connue ; c'est que la matière qui obscurcit l'humeur aqueuse n'a point été examinée de près, et que sa nature a été ignorée. Elle est plus lourde que l'humeur aqueuse. Cependant, sa pesanteur n'est remarquable qu'après la cessation de l'orgasme; alors ses parties se rapprochent, s'unissent et se précipitent au fond, tant de la chambre antérieure que de la chambre postérieure. Son degré d'opacité est toujours en raison de la plus grande union de ses parties ; et plus cette union est forte, plus l'humeur aqueuse est opaque inférieurement et claire supérieurement. Si à cette époque on ouvre la cornée lucide dans sa partie la plus déclive, par le moyen de la lancette, qu'on recueille l'humeur qui jaillit de cette ouverture, son inspection fera facilement connoître que c'est un *véritable pus.* On trouve ordinairement de cette matière purulente, après cette opération, sur le chanfrein et sur la pointe de la lancette.

D'après ce fait, on doit penser que la nature, dans cette maladie, cherche à opérer une crise ; mais cette crise est toujours imparfaite, à cause de l'impossibilité de l'évacuation par les parties dans lesquelles est son siège. De là les nouveaux efforts pour expulser cette humeur ; de là, l'opiniâtreté de ces crises manquées, qui reparoissent jusqu'à ce que l'œil soit détruit. Ces commotions répétées épaississent l'humeur cristalline, endurcissent et désorganisent les cellules vitrées. (*Voyez* CATARACTE.) L'humeur s'accumule entre le cristallin et sa tunique ; enfin, le retour de cette fluxion sur l'autre œil, peut dépendre des causes de la première fluxion même, de la communication des deux organes, dont le second seroit affecté sympathiquement, ou peut-être aussi du transport d'une portion de cette humeur purulente dans les parties constituantes du second œil. Ainsi cette maladie est sujette à des retours, ou à des périodes. Leur irrégularité se conçoit de même, les causes occasionelles qui peuvent accélérer, ou éloigner le retour du paroxysme variant à l'infini, les effets de ces causes ne sauroient être constans dans leur apparition; et, s'il arrive quelquefois que le sens de la vue se trouve anéanti dès la première fluxion dont l'animal est affecté, c'est que l'orgasme est assez violent, et la matière purulente, qui en est le produit, est en assez grande quantité pour désorganiser les humeurs cristalline et vitrée, ou qu'elle se fixe sur la rétine ou sur le nerf optique. Ces sortes d'orgasmes sont quelquefois si terribles, que le sang se mêle avec cette matière purulente ; en ce cas, la cornée lucide réfléchit une couleur rouge-noire, ou rouge marbrée de blanc et de jaune. Cette teinte subsiste très-long-temps, et après sa dissipation spontanée et lente, on s'apperçoit que les parties contenues par le globe sont entièrement désorganisées.

L'invasion tumultueuse de la fluxion périodique commande promptement le recours à la saignée. Cependant, si l'on étoit obligé de la différer à cause de la plénitude de l'estomac, il faudroit prescrire la diète la plus absolue, donner toutes les demi-heures des breuvages d'infusion de petite sauge, et des lavemens d'eau tiède, dans chacun desquels on auroit fait dissoudre deux gros de savon. On placera dans la bouche un nouet chargé de parties égales de sel marin et de poudre de racine de réglisse.

Au bout de deux heures de ce traitement, on pourra pratiquer la saignée à la jugulaire ; et, si l'orgasme est extrême, que le globe soit très-gonflé, que la tristesse et l'accablement soient à leur comble, on pratiquera à chacune des deux jugulaires à la fois, une saignée de deux pintes de sang ; ce qui feroit une saignée totale de huit livres environ.

L'accès se trouvant modéré, au bout de deux

ou trois jours, on permet à l'animal de manger un peu de son frisé, de boire de l'eau blanche.

Cependant il ne s'agit point ici de traiter une inflammation ordinaire, mais une crise qui ne peut s'effectuer complètement sans le secours de l'art.

Soit que le premier temps se passe subitement, soit qu'on y remarque une succession plus lente, il faut attendre que la diminution des symptômes permette de découvrir le segment supérieur de l'iris, ou même que la matière opaque soit réunie et précipitée au fond des chambres de l'œil; pour cela, il faut observer souvent les changemens qui s'opèrent dans les humeurs. On empêchera que cette matière ne se répande de nouveau dans le globe, et ne se trouve absorbée, en pratiquant une opération qui l'expulse définitivement.

On abattra l'animal sur le côté auquel appartient l'œil sain; on lui placera la tête sur une botte de paille, et on l'y maintiendra d'une manière ferme; on écartera les paupières au moyen d'un *speculum oculi*, qui mettra bien à découvert toute la cornée lucide. Les choses étant ainsi disposées, l'artiste s'armera de la lancette pour faire la ponction; il en enfoncera la pointe dans la partie la plus déclive de la cornée lucide, et la dirigera obliquement de bas en haut (cela s'entend comme si l'animal étoit debout) entre la cornée lucide et l'iris, qu'il se gardera d'offenser. Aussitôt l'humeur aqueuse sort par jet; la cornée transparente, cessant d'être distendue, s'affaisse; mais peu de temps après l'humeur se renouvelle, sa quantité ordinaire rend à la cornée sa tension et sa convexité naturelles. Après l'opération on humectera, toutes les heures, les paupières et la tempe avec le baume de Fioraventi, pendant les deux premiers jours. Pour peu que la pointe de la lancette atteigne l'iris, sur-le-champ un épanchement de sang soulève la cornée lucide et rougit tout le devant du globe: cependant cette circonstance ne doit point effrayer; le sang épanché se trouvera absorbé peu à peu, et l'œil reprendra bientôt sa transparence.

Un sujet irritable se livrant à des mouvemens désordonnés, dans l'instant de la ponction, pourroit occasionner d'autres accidens; la lancette égarée pourroit atteindre des parties profondes et produire des douleurs plus graves. Dans ce cas, très-rare il est vrai, on voit quelquefois, au bout de deux ou trois jours, l'humeur vitrée se montrer entre les deux lèvres de la plaie faite à la cornée. Cet accident arrivant, il faudroit se hâter de calmer la douleur, et d'en prévenir les suites par une prompte et forte saignée, par des collyres faits de blanc d'œuf épaissi par l'alun cru pulvérisé, et fixés au moyen du bandage appelé *œil simple*. Ces collyres seroient renouvelés toutes les quatre heures, le cheval ne seroit nourri que de son et d'eau blanche, et l'on donneroit des lavemens laxatifs réitérés toutes les six heures: ces moyens seroient continués jusqu'à ce que la hernie de l'humeur vitrée fût entièrement disparue.

L'artiste évitera ces contre-temps en faisant usage, pendant l'opération, d'un *torche-nez* ferme; en assujettissant la tête avec soin, et en ménageant, sur le bord inférieur de l'orbite, un point d'appui à la main qui *ponctue*.

On passera, à l'encolure du côté de l'œil affecté, quatre sétons qui s'étendront depuis le bord de la crinière jusqu'à la jugulaire. Leur trajet sera entre la peau et le muscle cutané de l'encolure, et non entre les muscles, ou en les traversant; on en favorisera la suppuration par des frictions d'onguent *populeum*; on en détergera le pus chaque jour avec soin, on supprimera les sétons au bout de dix à douze jours, temps suffisant pour l'effet qu'on en attend ici; et cependant on continuera de laver avec l'eau tiède les parties qu'ils ont occupées, jusqu'à ce que toute suppuration soit finie.

Alors, pour fortifier l'organe et le mettre à l'abri d'une nouvelle attaque, on trace sur chacune des paupières de l'œil affecté deux raies de cautérisation. Elles s'exécutent en arc, avec des cautères de fer dont la lame n'a pas plus de sept à huit lignes de longueur dans la partie qui doit s'appliquer sur la peau; l'une de ces raies suivra la direction du bord de l'orbite, et l'autre, concentrique à la première, doit être dirigée entre cette première raie et le bord des paupières. Cette cautérisation consistera dans des applications du cautère, réitérées jusqu'à ce que la raie ait acquis une couleur d'or, et que, refroidie, elle laisse échapper une sérosité jaunâtre.

On n'appliquera point de substances onctueuses sur la partie cautérisée; le feu n'étant point modéré par ces moyens, en sera plus efficace.

L'ampleur du ventre, la paresse des entrailles, exigent qu'on excite la sortie des matières stercorales par des substances amères, purgatives, telles que l'aloès en poudre, donné chaque matin, en opiat, à la dose de trois gros, incorporé dans un peu de miel. On fera avaler, par-dessus, une infusion de petite sauge; et l'on continuera ces moyens jusqu'à ce que l'animal purge.

Du reste, la maladie sera traitée en ayant égard à ses complications. Si de fortes raisons font soupçonner l'existence de vers dans l'estomac ou dans les intestins, on ajoutera, aux premiers breuvages prescrits, l'huile empyreumatique animale, distillée avec l'essence de térébenthine, (*Voy.* HUILE EMPYREUMATIQUE) à la dose d'une cuillerée à bouche, le matin, et autant le soir.

Si la fluxion périodique venoit à attaquer un certain nombre de chevaux, dans un régiment, par exemple, et qu'on eût à craindre son invasion sur beaucoup d'autres, on tâcheroit de distinguer ceux qui y sont plus disposés, et on leur appliqueroit une partie du traitement précédent, c'est-à-dire les sétons, les laxatifs, etc., mais sans avoir recours à la ponction de l'œil.

CHAPITRE VII.

Soins et régime auxiliaires du traitement curatif. On recherchera particulièrement quelles sont celles des causes dont l'activité a été plus considérable sur les individus que l'on traite, et l'on s'attachera d'abord à en faire cesser l'influence.

Dès l'apparition des premiers symptômes, on retranchera à l'animal au moins la moitié de la ration d'alimens solides, et si le paroxysme est très-violent, ils seront supprimés totalement. L'eau blanche nitrée lui sera présentée à discrétion; on lui fera prendre des lavemens émolliens, matin et soir; on le tiendra couvert et à l'abri de tout courant d'air; il sera promené au pas, étrillé et bouchonné deux fois par jour.

A mesure de la diminution des symptômes, on ramènera, par degrés, l'animal à la ration accoutumée; et les effets de tout le traitement étant suffisamment avancés, on le remettra peu à peu aux travaux ordinaires. (CH et FR.)

FORÊTS, (RESTAURATION DES) *Addition à l'article* FORÊTS, de *Rozier.*

De toutes parts on se plaint de la disette des bois, du déboisement des montagnes, et de la détérioration des forêts, par la fréquentation des bestiaux et les abus de jouissance; en sorte qu'en France la quantité de bois n'y est plus aujourd'hui en proportion avec les besoins de son immense population.

Malgré les précautions salutaires que l'ordonnance de 1669 avoit prescrites contre ces abus, on reconnoissoit déjà, à l'époque de la révolution et depuis la date de cette ordonnance, une diminution d'environ un tiers dans la consistance de ses bois et forêts (1). Pendant la révolution, les précautions ont été négligées en partie, quelques unes même ont été abolies, et l'état actuel des bois et forêts de la France en est le fâcheux résultat.

Leur restauration est donc d'une bien grande importance pour la prospérité générale et particulière de la France.

Le gouvernement connoît cette importance, et s'occupe avec activité de la restauration des bois nationaux; mais il n'est pas seul propriétaire des bois de la France, (il n'en possède tout au plus que la moitié) et, pour faire cesser la disette de bois qu'elle éprouve, il est nécessaire que tous les autres propriétaires puissent concourir également, chacun suivant ses facultés, à la restauration de leurs bois.

Pour parvenir à ce résultat, deux conditions nous paroissent indispensables à remplir: la première est de faire connoître à tous les propriétaires les procédés les plus économiques qu'ils doivent employer pour restaurer leurs bois; nous allons essayer de les exposer d'après notre propre expérience. La seconde dépend du gouvernement: elle consiste à procurer aux propriétaires de bois, placés dans des localités éloignées des lieux de grande consommation, des débouchés assez avantageux pour les indemniser suffisamment de leurs avances et de leurs soins.

Ces deux conditions sont très-natu-

(1) Motifs du projet de loi sur les droits d'usage, dans les forêts, par M. *de Fermont*, conseiller d'état.

relles; car, pour se livrer à un travail quelconque, il faut savoir le faire, et avoir intérêt à s'y livrer.

La restauration des bois se compose, 1°. de toutes les améliorations dont leur administration est susceptible; 2°. d'une bonne conservation.

Cet article sera donc divisé en deux parties: la première traitera de toutes les améliorations dont l'administration des bois est susceptible; et la seconde contiendra les principes de leur conservation.

PREMIÈRE PARTIE.

Améliorations dont l'administration des bois est susceptible.

Les améliorations dont l'administration des bois est susceptible, consistent d'abord dans un aménagement combiné avec la nature du terrain et les essences de bois qu'il produit: nous en avons suffisamment exposé les principes à l'article Bois de ce Supplément. Et ensuite, 1°. dans les semis et plantations des futaies qui n'ont pas repoussé de souche, ou dans de nouvelles plantations de pleins bois, et dans le repeuplement des vides actuels des bois; 2°. dans des plantations d'arbres isolés; 3°. dans les travaux à faire pour empêcher les approches des bestiaux, les anticipations des cultivateurs riverains des bois, et pour faciliter les débouchés des forêts.

CHAPITRE PREMIER.

Semis, plantations et repeuplement des bois.

Section première. *Semis et plantations des bois.*

§. I. *Choix du terrain et des essences de bois.* Le but que l'on doit se proposer, en plantant un terrain en bois, est d'en retirer, après la plantation, un revenu plus grand que celui qu'il produisoit en culture ordinaire.

Cette plantation doit donc, comme toute autre amélioration agricole, être déterminée par le résultat de la comparaison de l'ancien revenu de ce terrain avec celui qu'il produira en bois, déduction faite des intérêts des fonds avancés.

Il résulte de ce précepte, 1°. qu'on ne doit pas planter des bois dans les bonnes terres, les prairies, les pâturages gras par eux-mêmes, et ceux que l'on peut rendre tels par irrigation, parce que, dans cet état, ces propriétés donneront toujours un revenu plus considérable que si elles étoient plantées en bois.

2°. Que, dans toutes les localités où le bois de chauffage est à bas prix, comme à dix francs la corde et au dessous, il ne faut pas planter de bois, parce que, quelque foible que soit le revenu des terres dans les localités, il sera toujours supérieur à celui qu'on en retireroit, plantées en bois, intérêts d'avances déduits.

Ce n'est donc que dans les localités où le bois est à un prix supérieur à dix francs la corde, et sur les terres médiocres et mauvaises de ces localités, que les propriétaires pourront se livrer aux plantations avec un avantage certain; et cet avantage sera d'autant plus grand, que le prix du bois de chauffage y sera plus élevé.

Mais les terrains médiocres et mauvais, que nous désignons pouvoir être avantageusement plantés en bois, ne sont pas également propres à nourrir les mêmes essences de bois. Pour retirer le plus grand avantage des plantations, il faut donc ne confier à chaque nature de terrain que l'essence, ou les essences de bois qui peuvent y prospérer. Leur accroissement y sera plus rapide, leur végétation plus belle, et leur produit plus considérable.

Ainsi, après avoir consulté les besoins de la localité, et avant de planter, un propriétaire consultera aussi la nature du terrain qu'il voudra planter, afin de pouvoir choisir avec sécurité parmi les essences qui lui conviennent, celles dont le produit sera le plus avantageux.

Voyez *Rozier*, article FORÊTS, et chacun des arbres forestiers; voyez aussi le chapitre premier de notre Ouvrage sur l'*Aménagement et la Restauration des Forêts*.

§. II. *Différentes manières de planter des pleins bois*. Il y a plusieurs manières de planter des pleins bois : toutes exigent des avances, mais il y en a qui sont plus dispendieuses les unes que les autres. Malheureusement la jouissance la plus prompte d'une plantation résulte toujours des avances plus grandes qu'on aura faites pour l'établir et l'entretenir.

D'ailleurs, quelle que soit la manière que l'on adopte dans les plantations, l'étendue de leur dépense n'est pas la même dans les différentes natures de terrains. Il y en a dont la culture offre plus ou moins de difficultés à vaincre, et alors elle est plus ou moins dispendieuse. Les terrains sablonneux sont les plus faciles à cultiver; les terrains glaiseux sont les plus difficiles.

La plantation la plus dispendieuse est celle que l'on fait dans un terrain préalablement défoncé de douze à quinze pouces de profondeur. Ce défoncement ne peut être fait qu'à bras d'hommes, et comme il occasionne une grande dépense au propriétaire, il n'emploie guères ce moyen que dans les plantations destinées à la décoration de sa maison.

On connoît quatre manières de planter des pleins bois avec moins de dépenses.

La première consiste à préparer le terrain qu'on veut planter, en le cultivant à la houe. On le cultive à plat, si le sol est sain et léger, et en planches bombées ou en rayons, s'il est humide.

La seconde consiste à cultiver ce terrain, à la houe, par rayons de deux pieds de largeur, avec des intervalles non cultivés. On plante dans les rayons cultivés.

La troisième consiste à cultiver tout le terrain à la charrue, lorsque le site le permet, et à lui donner plus ou moins de façons pour en rendre la terre bien meuble.

La quatrième consiste à ne cultiver ainsi à la charrue que la partie du terrain dans laquelle on doit semer; le surplus reste inculte comme dans la seconde manière de planter.

La culture à bras permet de planter le terrain ainsi préparé en plants enracinés ou en semis; mais celle à la charrue n'admet que les semis.

A ces quatre manières économiques de planter, nous en ajouterons d'autres encore plus économiques, dont nous avons également éprouvé le succès, et qui sont d'autant plus importantes à connoître, qu'une fois les plantations faites, elles n'exigent plus d'autres soins que ceux de conservation.

La première est de planter *en pots*. On fait, sur le terrain à planter, et sans culture préliminaire, des trous de douze à quinze pouces de diamètre, sur un pied de profondeur. On les remplit, de six à huit pouces, de la meilleure terre sortie de ces trous. On place convenablement les plants enracinés sur cette terre, et on les recouvre ensuite avec le reste de la terre des trous. Mais on ne peut faire usage de cette manière de planter que dans des terres légères; car, si l'eau séjournoit dans les pots, comme cela arriveroit dans des terrains glaiseux, elle chanciroit bientôt les racines des plants, et ils périroient.

La seconde manière consiste à lever, avec la houe ou avec la bêche, des gazons sur le terrain à planter. On place un plant enraciné dans chaque trou, et on le recouvre avec les gazons.

Cette manière de planter ne réussit que dans les années pluvieuses; dans celles qui sont sèches, il reprend peu de plants. Cependant elle peut servir à repeupler les vides des bois, d'une manière économique.

La troisième consiste à semer des graines de bois dans de petits carrés de huit à douze pouces de côté, dont on a préparé la terre à l'avance pour la rendre meuble.

La quatrième consiste à planter, dans le terrain qu'on veut mettre en plein bois, quatre cents jeunes plants d'ypréaux ou de trembles, par arpent, ou deux cents plants de haute tige de ces mêmes essences, convenablement et également espacés. On les laisse croître en arbres pendant quatre ans, et on les recèpe ensuite. Il pousse de leurs racines, même avant leur recépage, une grande quantité de drageons qui remplissent les intervalles des souches. Avant la chute des feuilles de l'année du recépage, on sème sur le terrain des graines de bois durs en assez grande quantité, afin qu'après avoir été recherchées par les mulots, les corbeaux et les pies, il en reste suffisamment pour garnir le terrain de ces dernières essences.

Les graines restantes se trouveront recouvertes par les feuilles tombées des bois blancs, qui les préserveront de la sécheresse et de la gelée. Au printemps suivant elles germeront, et se développeront très-bien sous l'ombrage du recru des bois blancs.

Une cinquième manière de planter des bois, qui n'est que la simple imitation de la nature, consiste à semer, à l'automne, à graines perdues, sur des terres incultes et couvertes d'épines, de bruyères, de genêts, ou d'autres arbustes ou de grandes plantes parasites.

Cette manière de planter est sans doute la plus économique, mais elle est bien incertaine, et la jouissance de la plantation se fait attendre bien long-temps. Elle n'est d'ailleurs praticable que sur les terrains d'une certaine consistance; car si le sol est trop léger, il vaut mieux le cultiver et le planter à la charrue.

Lorsqu'on prépare à bras d'hommes le terrain à planter, un seul labour suffit, pourvu que la terre soit bien émiée.

Si on emploie la charrue à cette préparation, il faut donner trois bonnes façons au terrain, si on peut semer ou planter en automne; et quatre façons, quand la plantation ne peut se faire qu'au printemps.

§. III. *Des charrues propres aux plantations des bois.* Pour la préparation des terrains destinés à être plantés en bois, il faudra se servir des meilleures charrues locales, celle avec laquelle on donne aux terres la première façon; mais elle ne seroit pas convenable pour l'entretien des plantations dans leurs premières années. Cette charrue a deux roues, et est attelée de deux chevaux de front. Ces roues et ces chevaux feroient plus de tort aux plantations que les binages ne pourroient leur être utiles.

On éviteroit bien cet inconvénient en faisant donner à bras d'hommes les binages des plantations; mais ce moyen est beaucoup plus dispendieux que l'entretien à la charrue.

Pour employer la charrue à cet entretien, il faudroit se procurer une charrue sans roues, qu'un seul cheval puisse faire mouvoir dans les terres légères; et si la consistance du terrain exigeoit qu'on mît deux chevaux sur cette charrue, il faudroit les y atteler de file.

L'araire de Provence, dont on se sert aussi dans la Limagne d'Auvergne, peut donner une idée de la charrue que nous croyons propre à cet usage. Malheureusement son soc en pointe arrondie, ne fait le plus souvent que détourner les mauvaises herbes, il ne les coupe pas. Il faudroit donc lui donner une forme plus tranchante pour rendre cette charrue propre aux binages de nouvelles plantations.

§. IV. *Des temps favorables pour semer ou planter des pleins bois.* (Voyez *Rozier*, art. FORÊTS.)

§. V. *Espacement des plants et des graines dans la plantation des pleins bois.* La qualité du sol et l'aménagement que l'on se propose d'adopter pour les bois plantés doivent déterminer le nombre des plants qu'il faut y planter. Il est cependant nécessaire d'en planter ou d'en semer un plus grand nombre que cette combinaison ne l'exige, parce que, particulièrement dans les plantations économiques, les plants ou les graines sont exposés à bien des accidens qui empêchent de reprendre beaucoup de plants, ou de prospérer beaucoup de graines.

Si, d'ailleurs, les plantations présentoient trop de plants par la suite, il sera facile de les éclaircir, à moins qu'on ne veuille laisser ce soin à la nature.

1°. *Espacement des plants dans la plantation des futaies.* Les plantations en futaies ne doivent être confiées qu'aux meilleurs terrains, ainsi que nous l'avons déjà dit.

Les arbres en seront plantés à haute tige, par rangées éloignées de douze pieds les unes des autres, et ils seront espacés également de douze pieds sur chaque rangée.

Si le terrain à planter est frais, quoique profond, on plantera la futaie moitié en chênes et moitié en frênes. Dans ce cas, on placera les chênes sur un rang, et les frênes sur l'autre, alternativement. Les rangées seront tracées à douze pieds de distance les unes des autres, et les arbres espacés à dix pieds seulement sur chaque rangée. On entretiendra ces arbres, et on formera leur tige, comme il sera dit ci-après pour les arbres plantés isolément, et on remplacera soigneusement, pendant les cinq premières années, les arbres de cette plantation qui viendroient à périr.

On trouvera un avantage particulier dans cette manière de planter une futaie; à cinquante ou soixante-dix ans, suivant la bonté du terrain, les frênes auront acquis assez de grosseur pour être employés très-utilement dans le charronnage. On les coupera donc alors, et leur absence sera pour les chênes restans un véritable éclaircissement.

Si le terrain à planter se trouvoit léger, il faudroit substituer le pin ou le hêtre au frêne, et conduire, d'ailleurs, la plantation comme nous venons de le prescrire.

Si on veut planter cette futaie en plants enracinés, on espacera les rangées à dix pieds, et les plants à six pieds. Enfin, si l'on veut semer cette futaie, on espacera les rangées à dix pieds, et les graines à six pouces.

Dans ces deux derniers cas, on cultivera les plants ou les semis à bras d'hommes. Les intervalles seront labourés à la charrue; et si, dans ces intervalles, on sème des grains pendant les premières années, le succès de la plantation sera plus assuré.

De ces trois manières de planter une futaie, la première est sans doute la plus dispendieuse; mais elle promet la jouissance la plus prompte. Cependant les arbres de cette futaie ne pouvant pas pivoter, ne pousseront que des racines horizontales. Ainsi, malgré l'espacement avantageux que nous avons donné à ces arbres, leurs racines se rapprocheront les unes des autres, en avançant en âge, et finiront même par s'entrelacer; ce qui abrégera leur longévité.

La seconde manière est moins dispendieuse, mais la maturité des arbres qu'elle produira sera plus tardive. Elle présente aussi le même inconvénient que la première manière de planter une futaie, parce que les arbres n'y pivoteront pas.

Enfin, la troisième manière de planter une futaie est celle qui exige le moins de dépenses; mais elle donne une jouissance encore plus tardive que la seconde.

Cependant, lorsque les arbres de cette futaie auront acquis un certain âge, elle sera mieux garnie, et présentera une végétation beaucoup plus belle que dans les deux autres manières, si on l'éclaircit comme nous l'avons prescrit à l'article Bois de ce Supplément, parce que les arbres de cette futaie ayant été semés, ils pourront pivoter.

2°. *Espacement des plantations en gaulis.* Si on veut planter des bois que l'on destine à être coupés en gaulis, c'est-à-dire à être aménagés de quarante-cinq à soixante-dix ans, il faut les placer dans des terrains de qualité requise. Si on plante ces bois en plants enracinés, il faut les disposer par rangées éloignées de huit pieds les unes des autres, et espacer les plants à quatre pieds sur chaque rangée.

Ces rangées seront dirigées du levant au couchant, afin que l'ombrage des plants puisse préserver du soleil du midi les plantations intermédiaires dont nous allons parler.

Deux ans après cette première plantation, on plantera entre les rangées, et à quarante ou cinquante pieds de distance les uns des autres, des trembles de haute tige, ou des ypréaux, ou des bouleaux, ou des pins de bonne espèce, ou un mélange de ces différens arbres.

Si, au défaut de pins de haute tige, on est obligé de semer des graines de cet arbre, on attendra, pour les semer, que la première plantation donne un ombrage suffisant pour protéger leur germination et leur développement.

Si, au lieu de planter les gaulis en plants enracinés, on se déterminoit à les semer, on le fera par rangées espacées de huit pieds, et on espacera les graines à six pouces sur chaque rangée. On orientera les rangées, comme dans le premier cas, et lorsque les semis auront acquis une certaine force, on plantera également des plants de haute tige dans les intervalles des rangées, et aux mêmes distances.

Ces plantations seront soigneusement entretenues pendant quelques années. On donnera trois binages à bras aux pieds des plants, ou le long des semis, dont un au printemps, un autre dans l'été, et le troisième en automne.

Les intervalles de ces plantations pourront être labourés à la charrue; on leur donnera annuellement deux façons. On pourra semer des grains de mars dans les intervalles, jusqu'à ce qu'ils soient plantés, et le produit leur récolte couvrira les frais d'entretien de la plantation.

3°. *Espacement des plantations en taillis.* Nous comprenons sous cette dénomination tous les bois susceptibles d'être aménagés de vingt à quarante ans.

On plantera les bois de cette classe par rangées orientées, ainsi que nous l'avons indiqué pour les plantations en gaulis. Si le terrain est assez bon, les rangées seront espacées de six pieds. Dans les terrains médiocres et mauvais, on les espacera seulement à cinq pieds.

Si cette plantation doit être faite en plants enracinés, on espacera les plants à quatre pieds sur chaque rangée dans les bons terrains, et à cinq pieds dans les médiocres et les mauvais. Si on la fait en semis, les graines en seront espacées à six pouces sur chaque rangée, quelle que soit la nature du terrain.

Si on plante ces bois en pots, on les espacera à quatre pieds en tous sens, et on mettra deux plants dans chaque pot.

Enfin, si on sème par bouquets, on placera cinq à six graines bien disséminées dans chaque petit carré.

En général, il vaut mieux semer que planter dans de mauvais terrains, le succès de la plantation est plus certain; et, si l'on peut couvrir le semis par des grains, cette plantation sera très-économique.

Dans les bons fonds, il est avantageux de planter des bois de différentes essences. On peut les planter, savoir : les trois quarts essence de chêne, et le surplus en essence de hêtre, de frêne, d'arbres résineux et de bois blancs, le tout bien mélangé.

Dans les fonds de qualité inférieure, on pourra planter ou semer deux tiers essence de chêne, et l'autre tiers en hêtre et bouleau.

Lorsque les sèves de ces plantations donneront des pousses de trois pouces de longueur et au dessus, leur succès sera assuré, et elles n'auront plus besoin que d'une bonne conservation.

Section II. *Repeuplement des vides des pleins bois.* Les vides qu'on apperçoit dans les pleins bois peuvent être occasionnés par deux causes très-différentes.

Si des bois trop clairs sont placés sur de bons fonds, leurs vides sont dus à une mauvaise conservation, et à la fréquentation des bestiaux. Alors, en interdisant leur entrée aux bestiaux, il est facile de repeupler ces vides.

Mais, si les bois dans lesquels on trouve des vides croissent dans un terrain de mauvaise qualité, ces vides peuvent n'être dus qu'à la mauvaise qualité du fond, et alors ces bois ne sont susceptibles d'autre amélioration que d'être soumis à un aménagement plus rapproché.

Pour repeupler les vides des bois, il faut d'abord empêcher l'enlèvement des faînes et des glands, deux ans avant et deux ans après leur coupe; par cette précaution, les petits vides de ces bois se repeupleront naturellement et sans aucune dépense.

Quant aux grands vides, on les regarnira par les plants, les semis, ou les provins.

CHAPITRE II.

Plantation des arbres isolés. Avant la révolution, les grandes routes, les chemins vicinaux et usagers, et même les endroits les moins dommageables des terres en culture, étoient plantés d'arbres utiles dans toutes les localités où le bois avoit une grande valeur; et cette richesse territoriale offroit de grandes ressources aux besoins du charronnage, des arts et du commerce. Maintenant ces arbres n'existent plus, et ce n'est que depuis deux ou trois ans que l'on commence à réparer ces pertes.

Après la plantation des pleins bois, celle des arbres épars contribuera aussi à la restauration des bois de la France, sinon aussi puissamment, du moins d'une manière plus précoce, puisque, toutes choses égales d'ailleurs, le même arbre met moins de temps à prendre toute sa croissance, lorsqu'il est isolé, que quand il est en massif.

Cette propriété des arbres isolés est remarquable, en ce qu'on ne peut l'obtenir que lorsqu'ils croissent dans un terrain de qualité convenable à leur essence.

On remarque en effet que les arbres isolés ne présentent une végétation aussi précoce, que dans un sol où ils trouvent une nourriture assez abondante pour réparer les pertes qu'une trop grande évaporation de sève, ou, si nous pouvons nous exprimer ainsi, qu'une trop grande transpiration leur occasionne pendant l'été, et pour fournir encore à leur accroissement.

Lorsqu'ils sont en massif, ils n'ont pas besoin d'une nourriture aussi abondante; leur tige, préservée de l'ardeur du soleil et du contact immédiat de l'air libre, transpire peu, et alors les arbres peuvent prospérer dans un sol moins substantiel. Aussi peut-on planter des pleins bois dans des terrains de quatre à six pouces d'épaisseur végétale, tandis qu'il faut au moins douze pouces à cette épaisseur, pour pouvoir y planter avec succès des arbres isolés.

Par-tout où le bois de chauffage sera

à

à 10 francs la corde, et au dessous, on ne trouvera pas d'avantage à planter des arbres; et si on s'y détermine, on ne plantera que dans les fonds les meilleurs, et les essences de bois susceptibles de produire à leur maturité les marchandises les plus chères.

Lorsque le bois de chauffage est à 20 fr. la corde et au-dessus, dans une localité, on peut y planter toutes les bonnes essences de bois, mais avec des avantages relatifs aux prix des marchandises que l'on pourra en retirer.

Ainsi, avant de planter, on consultera les besoins des lieux où les bois devront se consommer, afin de pouvoir choisir avec connoissance de cause les essences les plus avantageuses, et on les plantera ensuite dans les terrains qui leur conviennent.

Mais ces préceptes ne suffisent pas encore aux propriétaires pour les guider dans leurs plantations; il faut aussi qu'ils connoissent l'art de bien planter, de dresser la tige des arbres, et d'entretenir les plantations; car s'ils sont obligés de s'en rapporter à des étrangers pour diriger et surveiller leurs plantations, ils doivent s'attendre à être trompés et sur la qualité des arbres, et sur les frais de plantation, et sur les précautions à prendre pour en assurer le succès.

Nous allons donc parcourir avec eux les différens rameaux de cette partie intéressante de l'agriculture.

Section première. *Des pépinières.* Tout propriétaire qui veut planter avec succès et économie doit d'abord se procurer une pépinière en semis (1), afin d'en obtenir des plants enracinés, et ensuite une pépinière en plants de haute tige. Les arbres déjà acclimatés dans les pépinières reprendront beaucoup mieux à leur transplantation définitive, que s'ils étoient tirés de pépinières éloignées, et ils coûteront beaucoup moins.

On doit proportionner l'étendue de ces pépinières sur celle des besoins.

Si le terrain qu'on y destine est bon, une perche de vingt-deux pieds de superficie, semée en graines espacées à à quatre pouces, contiendra quatre mille trois cents plants. Les mêmes graines, étant espacées à cinq pouces dans un terrain de qualité inférieure, la même perche en superficie ne contiendra plus que deux mille huit cents plants.

Dans les pépinières de plants de haute tige, on espacera les plants enracinés, que l'on tirera de la pépinière en semis, à deux pieds sur chaque rangée, et on tracera les rangées à deux pieds six pouces les unes des autres. Alors chaque perche de terrain contiendra quatre-vingt-seize à cent plants.

Ainsi, si l'on veut planter annuellement trois cents arbres de haute tige, on se procurera d'abord une pépinière de cette espèce, de quatre perches de superficie, et on l'augmentera annuellement de deux ou trois perches.

Par cet arrangement on se procurera, tous les ans et de la manière la plus économique, la quantité de sujets dont on a besoin.

Il faut observer que, lorsque le terrain premier planté sera épuisé de sujets, on pourra le remettre en pépinière de la même espèce, mais seulement après trois ans d'une autre culture. Après son défrichement, il rapportera abondamment, et sans engrais, toutes les plantes qu'on voudra lui confier.

§. I. *Terrains propres aux pépinières.* Nous ne dirons pas, comme la plupart des auteurs qui ont écrit sur les planta-

(1) Cette première pépinière devient inutile, si l'on est à la proximité de bois capables de fournir la quantité de plants enracinés nécessaire à la formation de la pépinière en plants de haute tige.

tions, qu'il faut placer les pépinières sur les terrains les meilleurs : tout sol qui présente une épaisseur végétale de douze à quinze pouces est susceptible de remplir cette destination.

D'ailleurs, les arbres sortis de pépinières placées dans les meilleurs terrains, ou rendus tels par la prodigalité des engrais, comme dans presque toutes les pépinières du commerce, réussissent difficilement lorsqu'ils sont transplantés dans des terrains moins bons. Les arbres ne trouvant plus, dans leur nouvelle habitation, autant de principes nutritifs que dans la pépinière, doivent nécessairement y languir, et le plus grand nombre périt ensuite.

Ce n'est donc pas le meilleur terrain disponible qu'il faut choisir pour établir une pépinière, mais celui qui conviendra le mieux au propriétaire, pourvu qu'il ait une épaisseur végétale de douze à quinze pouces.

Si l'on n'a que des terrains glaiseux de disponibles pour cet usage, on les marnera, ou on les mélangera avec du sable ou des cendres lessivées, avant de les défoncer. Ce mélange les rendra plus légers.

Ces terrains sont-ils maigres? on les couvrira de bonnes terres, ou de tourbes terreuses pulvérisées. On les améliorera ensuite avec du fumier long, que l'on répandra sur la pépinière après la plantation. Le fumier ainsi disposé fera plus d'effet sur la plantation, que s'il avoit été enfoui en défonçant le terrain. Nous en avons l'expérience.

Dans le choix des terrains destinés aux pépinières, on affectera le moins mauvais à la pépinière de plants de haute tige, et on placera la pépinière en semis dans le terrain de qualité inférieure.

§. II. *Formation des pépinières en semis.* (Voyez Rozier.)

§. III. *Formation et conduite des pépinières en plants de haute tige.* Après avoir préalablement défoncé le terrain, de quinze à dix-huit pouces de profondeur, et l'avoir rendu bien meuble, on plantera, comme nous l'avons dit, les plants enracinés par rangées, éloignées de deux pieds six pouces les unes des autres, et on y espacera les plants à deux pieds sur chaque rangée.

Par cet espacement général, les hautes tiges acquerront des racines plus longues, et, lors de leur transplantation définitive, on pourra les arracher facilement, sans endommager les racines des arbres restans.

Nous n'entrons pas dans de plus grands détails sur cette plantation, parce qu'ils se trouvent dans *Rozier*, et nous passons de suite à la formation de la tige de ces jeunes plants.

L'art de former les tiges des arbres élevés dans les pépinières n'est pas assez connu des propriétaires. Il est, pour ainsi dire, concentré parmi les pépiniéristes de profession, et ils l'emploient à la formation des tiges des arbres fruitiers et des arbres d'agrément.

Nous l'avons appliqué avec succès à la formation de la tige des arbres utiles, et, comme c'est dans la tige de ces arbres que l'on trouve les bois œuvrés les plus chers, il en résulte que sa publicité est d'une grande importance.

La première année de la plantation des plants enracinés, on choisira, parmi les bourgeons qu'ils auront développés, ceux qui présenteront la végétation la plus vigoureuse, quelle que soit la place qu'ils occupent sur la petite tige qu'on aura laissée à ces plants. Ces bourgeons, ou plutôt ces petites branches seront destinées à former la tige des plants, et, à cet effet, on les conservera intactes.

S'il s'en présentoit plusieurs de même force sur le même plant, on choisiroit pour tige la branche la mieux disposée pour cette destination, c'est-à-dire ou celle du bourgeon le plus élevé, ou quelquefois celle du bourgeon le plus près de terre, suivant que l'une ou l'autre promettra la tige plus droite.

Dans le cas où le bourgeon le plus près de terre seroit choisi pour *branche-tige*, il faudra rabattre la tige du plant jusqu'à un demi-pouce de cette branchetige.

La branche-tige étant choisie, on la laissera intacte, et on rabattra les autres branches depuis deux jusqu'à quatre pouces de leur naissance, suivant leur grosseur; plus elles seront petites et déliées, et plus il faudra les écourter.

Pendant l'été de la seconde année, on supprimera les chicots des branches écourtées l'année précédente, et on rabattra en éventail les branches les plus basses de la branche-tige, suivant leur grosseur. Une partie de la sève s'arrêtera dans ces chicots; le surplus se portera dans la branche-tige, et alors elle prendra une grosseur proportionnée à sa hauteur.

La troisième année, toujours en été, on supprimera les chicots de l'année précédente; on rabattra les nouvelles branches les plus basses de la tige; il faudra seulement les moins écourter que l'année précédente, afin de forcer l'arbre à prendre de la grosseur, et de l'empêcher de filer trop promptement.

La quatrième année, même conduite.

Si, malgré ces précautions, on rencontroit des tiges trop hautes et trop déliées, il faudroit les arrêter à huit pieds de hauteur. Leur tête étant coupée à cette hauteur, la tige reprendra bientôt de la grosseur.

Enfin, s'il existe dans la pépinière des plants qui résistent à la formation de leur tige, il faut les couper près de terre, afin d'essayer d'en obtenir des branches plus vigoureuses et mieux disposées.

Par l'exposé de la conduite des pépinières en plants de haute tige, dont nous avons éprouvé le succès, on voit qu'il est facile de diriger la sève des arbres, de manière qu'on peut, à volonté, la porter en abondance dans telle branche qu'on voudra choisir, et, conséquemment, qu'on peut, à volonté, en accélérer ou en retarder l'accroissement.

Les arbres de cette plantation ayant acquis une grosseur de trois à cinq pouces de tour à six pieds de hauteur de tige, ils sont bons à transplanter; et, si la pépinière a été convenablement entretenue, elle doit en présenter déjà beaucoup de cette force à la quatrième année de la plantation.

On peut cependant transplanter ces arbres un peu moins gros que nous ne le prescrivons; mais alors il faut leur donner des tuteurs, et leur conservation exige beaucoup de soin.

On peut aussi les transplanter plus gros; mais, pour qu'ils puissent bien reprendre, il faut leur laisser des racines proportionnées à leur grosseur.

Lorsque les arbres de la pépinière seront assez gros pour être transplantés, et que les trous destinés à les recevoir seront ouverts, on les lèvera à la fourche, et on évitera d'en contusionner les racines. On coupera les petites racines à la serpette, et les grosses avec une pioche bien tranchante. On aura d'ailleurs l'attention de conserver à ces arbres des racines les plus longues qu'il sera possible de les obtenir, sans endommager celles des arbres voisins.

Section II. *Transplantation et conduite des arbres. Formation de leur tige.*

§. Ier. *Transplantation des arbres de la pépinière.* Si la terre est suffisamment trempée en octobre, on ouvrira les trous destinés à recevoir les arbres que l'on veut planter en novembre et décembre suivant.

Pendant ce temps, les terres que l'on extraira de ces trous se bonifieront. Les trous auront quatre pieds de côté, et deux pieds de profondeur. On séparera les terres qui en proviendront : on placera d'un côté les terres supérieures, et d'un autre les terres inférieures. On labourera le fond des trous, d'un bon fer de bêche.

Avant de planter, on jettera, dans le fond de chaque trou, les terres supérieures qu'on a séparées à cet effet; on les mélangera même avec des gazons, si on peut s'en procurer facilement. Les autres terres serviront à remplir les trous après la plantation.

On rabattra les branches de l'arbre avant de le planter. On en rapprochera les nœuds proprement, et le plus près possible de la tige. On coupera ensuite cette tige en biseau, et bien nettement, à sept pieds six pouces de hauteur, afin que l'arbre étant planté, les bestiaux ne puissent pas atteindre aux branches dont sa tête se chargera.

Des auteurs très-estimables conseillent de ne point couper les têtes des arbres en les transplantant; mais cette manière de planter est très-dispendieuse, et exige d'ailleurs beaucoup trop de soins pour pouvoir être employée dans les plantations simplement utiles; nous ne pouvons donc l'adopter que dans les plantations d'agrément.

Enfin, après avoir préparé les racines de l'arbre, on le placera sur un lit de terre meuble qu'on a disposé dans le trou; savoir : à trois ou quatre pouces de profondeur, dans les terrains humides; à cinq et six pouces, dans les terrains plus sains; et à sept et huit pouces, dans les terrains les plus légers. On les plantera d'ailleurs avec toutes les précautions indiquées dans Rozier.

Cet arbre étant ainsi planté, on l'armera d'épines que l'on serrera fortement contre la tige avec deux ou trois liens, et on le buttera, afin de le préserver du frottement des bestiaux, et de le garantir de la sécheresse et des secousses des grands vents.

Dans quelques localités, on arme les arbres avec de la paille tordue. Cette armure est préférable à la première. Elle dure plus long-temps; mais elle est plus dispendieuse, et les pâtres la dégradent plus facilement.

Les deux premières années de la plantation des arbres isolés, on leur donnera trois façons. La troisième année n'en exigera plus que deux; et la quatrième, on ne cultivera que les arbres les plus foibles.

Dans les plantations faites dans des terrains légers, il faut avoir l'attention d'attirer les eaux au pied des arbres; et dans les terrain humides, il faudra les en éloigner : le buttage remplira cette dernière condition.

D'ailleurs, il ne faut jamais planter ni par la gelée, ni par la pluie.

§. II. *Espacement que l'on doit adopter dans la plantation des arbres isolés.* L'espacement qu'il faut donner à ces arbres dépend, 1°. de la qualité du sol dans lequel on les plante, 2°. de l'essence de ces arbres.

Si le terrain à planter n'a pas une grande profondeur, et qu'on veuille y planter des chênes ou des hêtres, il faut les espacer de vingt à vingt-cinq pieds.

Si ce terrain étoit d'ailleurs propre à la culture du frêne, ou des meilleures espèces de bois blanc, on pourra y espacer les chênes de vingt-cinq à trente pieds, et planter entre chacun un frêne, ou un arbre de bois blanc. Ces derniers auront acquis leur maturité, avant que les chênes ou les hêtres puissent avoir besoin de toute la place occupée par les arbres intermédiaires.

Si on veut planter des ormes sur ce terrain, on ne pourra planter aucun arbre intermédiaire, on les espacera de seize à vingt pieds. Il faut cependant excepter le saule de cette disposition, lorsque la nature du terrain le permettra. Alors on espacera les ormes de vingt à vingt-quatre pieds, et entre chacun on plantera un saule. Les ormes, dans la suite, feront périr les saules ; mais, avant cette époque, on en pourra retirer quatre, cinq, et jusqu'à six tontures.

Si le terrain à planter est de nature à n'admettre que des frênes, on y espacera les arbres de quinze à dix-huit pieds. Il en seroit de même pour les platanes.

Si ce sont des ypréaux ou des trembles, on les espacera de douze à quinze pieds, sans mélange d'autre essence de bois.

Si ce sont des châtaigniers ou des noyers, on les espacera comme les chênes, mais sans mélange d'autre essence, afin de ne pas nuire au développement de leurs têtes.

Si ce terrain convient également à la culture du noyer et du châtaignier, on pourra y planter alternativement un noyer et un châtaignier, en observant le même espacement que pour les chênes.

Lorsqu'on plante des arbres dans des terrains dont la couche végétale a beaucoup d'épaisseur, les espacemens que nous venons d'indiquer peuvent être diminués. Les chênes et les hêtres y seront espacés de quinze à vingt pieds, lorsqu'ils seront sans mélange d'aucune autre essence, ou de vingt-deux à vingt-cinq pieds, avec un frêne ou un platane entre deux. Les ormes sans mélange y seront espacés de quinze à dix-huit pieds ; et les ypréaux, les trembles et les peupliers, à dix ou douze pieds

Il faut observer à cet égard que, pour les frênes, les platanes, les ypréaux, les trembles et les peupliers, un sol de dix-huit pouces d'épaisseur est un sol profond, tandis qu'il n'est qu'un terrain de qualité médiocre pour les meilleures essences.

§. III. *Formation de la tige des arbres plantés isolément.* Lorsque les arbres sont en massif, ils s'élèvent naturellement, et acquièrent de belles tiges sans le secours de l'art, si d'ailleurs ils croissent dans un terrain de qualité convenable; mais il n'en est pas ainsi des arbres plantés isolément. A quelques exceptions près, ils deviendroient tous *pommiers*, si on abandonnoit à la nature le soin de former leur tige. Dans cet état, leur plantation n'est pas aussi avantageuse que lorsqu'on sait leur procurer de belles tiges.

Voici les procédés que nous employons, à cet effet, dans nos plantations personnelles, et nous affirmons qu'il nous ont toujours complètement réussi.

Dans la première année de leur plantation, les arbres isolés poussent beaucoup de bourgeons le long de leur tige. Si on laissoit croître ces bourgeons, ils se partageroient la sève de ces arbres, et ils n'offriroient que des buissons. Il faut donc les ébourgeonner soigneusement, tous les deux mois, pendant cette première année, afin de forcer la sève de s'élever en abondance dans la partie supérieure de leur tige, et d'y pousser des branches vigoureuses. Cet ébourgeonnement se fera tout le long de la tige de chaque arbre, en commençant par le bas, et en remontant jusqu'à un pied de son extrémité. Les bourgeons qui pousseront dans cette partie sont destinés à former la tête de l'arbre, et on les conservera intacts jusqu'au mois d'août. A cette époque, on ne conservera que les quatre bourgeons les plus forts de cette partie, et on retranchera le surplus.

Après cette opération, on choisira, parmi ces bourgeons conservés, la branche la plus verticale et la plus vigoureuse. On la conservera intacte, comme étant destinée à prolonger la tige de l'arbre, et à être identifiée avec elle. Ensuite, on écourtera légèrement les trois autres branches, afin de diriger spécialement dans la branche-tige la plus grande portion de la sève.

La seconde année, on continuera l'ébourgeonnement de la tige. On rabattra au croissant, et à un pied de cette tige, les branches écourtées l'année précédente, et on écourtera en éventail les branches latérales de la branche-tige, avec les mêmes précautions que nous avons indiqué dans la conduite des pépinières de plants de haute tige.

La troisième année, on supprimera les branches écourtées l'année précédente, et on écourtera les nouvelles branches latérales de la branche-tige.

La quatrième année, mêmes opérations; mais il ne faudra supprimer qu'un tiers des branches écourtées l'année précédente, afin que l'arbre puisse prendre une grosseur proportionnée à son élévation.

La cinquième année, on laissera reposer l'arbre, afin que sa tête prenne de la force.

La sixième année, on supprimera le reste des chicots de la seconde année, et la moitié des branches de la troisième année qui ont été écourtées dans la quatrième; et on écourtera, toujours avec les mêmes précautions, les nouvelles pousses latérales de la branche-tige.

Enfin, on répétera les mêmes procédés tous les deux ans.

Il faut observer que la branche-tige ne sera pas toujours placée assez près de l'extrémité de la tige de l'arbre, pour qu'il ne reste pas un chicot au-dessus. On le rabattra le plus près possible de la naissance de la branche-tige, lorsque cette dernière aura acquis assez de grosseur pour pouvoir embrasser ce chicot avec son écorce; et, en polissant la plaie convenablement, elle sera recouverte d'écorce au bout de deux ou trois ans, par la branche-tige, de manière à ne plus présenter, avec l'ancienne, qu'une seule et même tige.

De six à quinze ans de plantation, on doit laisser aux arbres isolés, en les émondant, autant de hauteur de tête que de longueur de tige, afin de leur procurer une grosseur proportionnée à leur hauteur. A vingt ans et au-dessus de cet âge, on les émondera jusqu'aux deux tiers de leur hauteur totale, mais jamais plus haut. Ce sont les proportions les plus belles et les plus avantageuses que l'on puisse donner à ces arbres.

Les nœuds des branches ou chicots supprimés par l'émondage doivent être rasés proprement sur la tige, de manière à n'y laisser aucune protubérance, *aucun champignon*. On coupera ces branches à la hachette, et on polira leurs nœuds avec une serpe droite; la partie inférieure sera parée de bas en haut, et la supérieure, de haut en bas, afin de ne pas déchirer l'écorce environnante. En parant ces plaies, on les rendra un peu plus larges, et cependant elles seront beaucoup plus promptement recouvertes par l'écorce que par la manière ordinaire d'émonder ces arbres.

C'est par ces procédés que l'on parviendra à procurer de belles tiges aux arbres plantés isolément. Malheureusement ils ne sont guères connus que dans les environs de Paris, où même on commence à les négliger. Par-tout ailleurs, même dans les départemens de la France où le bois est le plus cher, ces arbres présentent des tiges difformes et couvertes de protubérances, depuis la tête jusqu'au pied, parce que, pour en obtenir tous les quatre ans un émondage plus abondant, on les a toujours émondés jusqu'à leur cime. Par cet usage, ils acquièrent, à la vérité, une hauteur plus grande que ne le comporte leur essence; mais leur tige frêle est très-facile à rompre par les vents, et sa difformité ne permet d'en retirer le plus souvent que du bois de chauffage.

On voit, par ce que nous venons de

dire, que l'art de planter ne consiste pas seulement à savoir faire un trou et à y placer un jeune arbre tout élevé, mais il demande aussi la connoissance des moyens de le dresser avant la plantation, et de la manière dont il faut le conduire lorsqu'il est planté.

Ces connoissances sont d'autant plus nécessaires aux propriétaires, que le nombre des bons planteurs est très-petit, et que, dans les localités éloignées des grandes villes, on se trouve presque toujours obligé d'en former. Et comment former de bons planteurs, si l'on ignore soi-même l'art de bien planter? D'un autre côté, mieux on plante, et moins les plantations sont dispendieuses, parce que leur reprise étant plus assurée, on n'est pas obligé de recommencer.

L'arbre le mieux soigné n'exigera qu'une dépense de douze à trente sous, suivant les localités, à le prendre depuis son entrée en pépinière jusqu'au moment qu'on l'abandonne à la nature. Cet arbre, qui a coûté si peu à planter et à dresser, peut valoir, à sa maturité, de six francs à cinq cents francs, suivant son espèce, son âge, et sa position!

Ainsi, avec un sacrifice annuel de vingt-cinq à trente francs, on peut planter en vingt ans, cinq à six cents pieds d'arbres; et, si on porte ce sacrifice à mille francs, on peut en planter vingt mille pendant le même temps. Avec ces sacrifices annuels, bien foibles sans doute pour l'homme aisé et l'homme riche, quelles ressources leur famille ne trouvera-t-elle pas dans ces plantations à leur maturité!

Ce grand avantage doit frapper tout propriétaire bon père de famille, et le déterminer à se livrer aux plantations. Il trouvera d'ailleurs une grande jouissance à faire travailler l'indigent, en améliorant ses propriétés, et à en augmenter la valeur, en contribuant à la prospérité de son pays. Car, il ne faut pas se le dissimuler, la disette des arbres est si grande en France, que chaque arbre qu'on plante doit y être regardé comme un bienfait. C'est le tribut que la patrie doit attendre de tout propriétaire aisé. Lui seul peut planter; il ne sacrifiera à cet acte de patriotisme qu'une partie de son superflu, tandis que le pauvre y mettroit son nécessaire.

CHAPITRE III.

Travaux à faire pour empêcher les bestiaux d'entrer dans les bois, et les anticipations des cultivateurs riverains des bois, et pour faciliter les débouchés des forêts. Parmi ces travaux, il y en a qui doivent être exécutés aux frais des propriétaires, mais aussi il y en a d'autres qui doivent être à la charge du gouvernement. Ces derniers font partie des encouragemens que nous désirons lui voir accorder aux propriétaires de bois, pour les exciter à leur restauration.

SECTION PREMIÈRE. *Travaux convenables pour empêcher les anticipations sur les bois, et les préserver de l'entrée des bestiaux.* Pour empêcher les anticipations sur les bois, on se contente ordinairement de les entourer par des fossés de trois pieds de largeur, qui sont bien suffisans pour borner la propriété, mais qui sont trop faciles à franchir par les bestiaux, pour qu'elle ne soit pas habituellement exposée à leurs incursions; et, comme nous le verrons dans la seconde partie de cet article, la dent des bestiaux est aussi pernicieuse pour les bois, que peuvent l'être les anticipations des cultivateurs riverains. On empêchera les unes et les autres en entourant les bois, sur leurs rives, par des fossés de cinq pieds de largeur avec une forte relevée du côté des bois.

Quant aux anticipations des riverains propriétaires de bois, un bornage contradictoire, avec de petits fossés de distance en distance, placés dans les endroits les moins dommageables, et dans la direction de l'alignement des bornes, préviendront toutes les difficultés qui pourroient s'élever sur ces limites.

SECTION II. *Travaux à faire pour faciliter les débouchés des forêts.* Rien n'est à négliger dans l'administration d'une certaine quantité de bois; et, si par des travaux particuliers on parvient à augmenter la valeur de leur feuille dans une proportion avantageuse, en ayant égard à la dépense qu'ils auront occasionnée, il est clair qu'une bonne administration doit les entreprendre.

Le bois de chauffage n'a pas la même valeur dans les différentes localités de la France, et c'est son prix plus ou moins élevé qui donne à la feuille de leurs bois une valeur plus ou moins grande.

D'un autre côté, le prix du bois de chauffage n'est le plus bas que dans les localités où les bois sont en grandes masses, et qui sont privées de débouchés faciles et avantageux; en sorte qu'en procurant aux bois de ces localités les débouchés qui leur manquent, on augmentera leur valeur.

Pour donner un exemple de l'augmentation que de semblables travaux peuvent procurer au prix du bois, nous citerons qu'il y a environ quarante ans, mon père fit ouvrir, dans la Brie, un ruisseau flottable d'environ quatre lieues de cours. Les travaux lui occasionnèrent une dépense de six mille francs, et, aussitôt qu'ils furent confectionnés, les bois sur pied y doublèrent de prix.

Cet exemple n'est pas le seul que nous pourrions donner; et si nous faisions l'histoire de l'augmentation que les ruisseaux flottables, les rivières rendues navigables, et même les grandes routes, ont procurée au revenu des bois qu'ils traversent, nous verrions que cette augmentation a été d'autant plus considérable et plus avantageuse, que les bois se trouvoient moins éloignés des lieux de grande consommation. D'ailleurs, les travaux ne sont pas dispendieux eu égard aux avantages qu'ils procurent, mais ils doivent être proportionnés à ces avantages.

Ainsi, si une forêt de moyenne étendue est située dans une localité privée de débouchés; en ouvrant à travers une route ferrée, dirigée sur la rivière navigable ou flottable la plus prochaine, ou sur une grande route conduisant à une ville très-peuplée, on pourra y faire quelquefois doubler le revenu de cette forêt, et donner alors à ses propriétaires un grand intérêt à sa restauration.

Quelquefois, pour produire le même effet, il suffira de ferrer les plus mauvais pas des chemins de vidange, et d'établir des pontceaux par-tout où ils seront nécessaires. Si les bois sont en plus grandes masses, ces simples travaux ne seroient plus suffisans pour augmenter leurs revenus autant qu'il seroit possible, et il faut en entreprendre de plus étendus.

Ils consisteront à ouvrir des ruisseaux flottables, à bois perdus ou en trains, suivant l'importance de ces bois et la quantité d'eau qu'on pourra réunir, et y multiplier leurs embranchemens autant qu'il sera nécessaire; à rendre navigables les rivières qui en seront susceptibles, et à prolonger la navigation de celles qui sont déjà navigables dans une partie de leur cours, lorsqu'elles s'approchent de forêts de grande étendue.

Ces différens travaux peuvent être exécutés avec la plus grande économie, et les modèles en existent encore en France. Les ruisseaux flottables de la forêt de Villers-Cotterets, la navigation du Gros-Morin qui se jette dans la Marne à Condé, près Meaux, etc., sont des exemples de ces travaux économiques.

Ils produiront encore, dans les bois qu'ils traverseront, une amélioration dont nous n'avons pas encore parlé. En réunissant les eaux de toutes les parties humides d'une forêt, on les dessèchera; et alors

alors ces parties seront susceptibles d'être regarnies de bonnes essences de bois, et améliorées comme les parties les plus saines.

Enfin, si les bois de certaines localités se refusoient absolument à ces différentes améliorations, il faudroit y établir des usines pour en consommer les produits.

On nous objectera peut-être qu'en faisant augmenter le revenu des bois dans ces localités, nous augmenterons la dépense de leurs consommateurs.

Nous en convenons; mais les travaux ou les établissemens qui occasionneront cette augmentation, y procureront plus de travail; ils donneront plus de valeur aux autres denrées et à la main-d'œuvre, et alors les habitans y trouveront une compensation avantageuse.

SECONDE PARTIE.

CONSERVATION DES BOIS ET FORÊTS.

On ne s'est jamais fait une idée assez exacte de l'importance qu'il y avoit à bien conserver les bois, pour empêcher leur destruction. Cette importance est telle, que ce seroit en vain qu'on leur donneroit l'aménagement le plus avantageux, et qu'on s'occuperoit sans relâche de leur restauration, s'ils ne sont pas mieux conservés que par le passé. Les mêmes abus produiroient les mêmes destructions, et les bois de la France seroient bientôt anéantis.

C'est à la nature que la France doit la plus grande partie de ses bois; et, si rien ne la contrarioit, elle sauroit les entretenir et même les agrandir, et ne laisseroit à ses habitans que le soin d'en recueillir les produits à leur maturité.

Suivant les anciens cosmographes, l'ancienne Gaule étoit couverte de forêts. Les douze millions d'arpens de bois, que nous admettons exister encore en France, sont donc, peut-être, les restes de plus de quatre-vingt millions d'arpens qu'elle possédoit il y a deux mille ans.

De tous les bois détruits en France, depuis cette époque, la main des hommes n'y a peut-être pas contribué pour la vingt-cinquième partie; le surplus a été anéanti par les animaux broutans.

L'homme, d'ailleurs, peut bien préjudicier à l'abondance des bois en les coupant prématurément; mais cet abus ne nuit pas à leur reproduction, et il ne peut les détruire qu'en les arrachant.

Il n'en est pas de même des animaux broutans: les bois qu'ils fréquentent habituellement sont détruits en plus ou moins de temps, suivant l'âge plus ou moins avancé auquel on les livre à leur pâturage.

Pour donner une idée de la rapidité avec laquelle les bois livrés au pâturage des bestiaux sont détruits, nous en citerons deux exemples authentiques.

PREMIER EXEMPLE.—*Forêt d'Orléans.* Par un procès-verbal de réformation des bois de cette forêt, fait en 1671, elle contenoit, tant en bois du domaine qu'en bois tenus en *gruerie*, cent vingt-un mille arpens. Et par un autre procès-verbal de réformation, fait en 1721, elle ne contenoit plus que quatre-vingt-sept mille sept cent vingt-sept arpens sept perches. Ainsi, en cinquante ans, cette forêt a perdu plus du quart de sa superficie.

L'ingénieur Plinguet, (qui a donné ces détails dans son *Traité sur la réformation et l'aménagement des forêts*, Orléans, 1789) attribue cette perte à six causes:

1°. *Au droit qu'ont quarante-huit communes de mener paître leurs bestiaux dans cette forêt;*

2°. Au défaut de bornage et de clôture;

3°. A un aménagement trop âgé pour la nature du terrain;

4°. Au mauvais régime de l'administration de cette forêt;

5°. A la jouissance commune des bois tenus en gruerie;

6°. Au grand éloignement des bois du centre de l'administration.

Et il observe ensuite, 1°. que les pertes n'ont été éprouvées que sur les contours de la forêt, *comme étant plus exposés au broutement journalier des bestiaux;* 2°. que l'intérieur de cette forêt présentoit déjà beaucoup de vides en 1671; mais que ces vides étoient très-agrandis en 1721.

Deuxième exemple. — *Bois et forêts du pays de Foix, du Couserans et du marquisat de Mirepoix.* Suivant un procès-verbal de réformation des bois de ces pays, fait en 1667, par M. de Froidure, ces bois y alimentoient quarante-quatre forges et huit martinets roulans. Suivant M. le baron de Dietrich, (description des mines et minerais des Pyrénées, 1786) la plus grande partie de ces usines ne marche plus, et *cette extinction tient à la destruction des bois, opérée par le pâturage des bestiaux.*

Si l'on pouvoit se procurer des procès-verbaux de consistance ancienne et moderne sur les autres forêts de l'empire, ils fourniroient tous des preuves incontestables que *leur destruction est particulièrement due au pâturage des bestiaux* (1).

On doit donc regarder la suppression du droit de pâturage dans les bois, comme la base fondamentale de leur conservation.

L'estimable Plinguet, et d'autres auteurs forestiers, craignent cependant de voir supprimer ce droit si destructeur.

Ils pensent que cette suppression occasionneroit la ruine des communautés qui en ont la possession, parce qu'étant privées de cette ressource pour nourrir leurs bestiaux, elles seroient obligées de laisser leurs terres en friche, et d'abandonner l'éducation des bestiaux. Ils croient aussi que cette suppression seroit une atteinte à la propriété de ces communautés.

Ces motifs paroissent d'abord sans objection; cependant nous allons essayer de les combattre, et de concilier le droit de propriété de ces communautés, avec la nécessité impérieuse de restaurer les bois de la France.

La suppression du droit de pacage est commandée par l'intérêt le plus pressant, et a un but d'utilité publique que personne ne peut plus contester; elle doit donc être prononcée.

Mais elle exige une juste et préalable indemnité envers les communautés qui en ont la possession appuyée sur des titres authentiques.

Pour établir cette indemnité, il faut réduire à leur juste valeur les ressources que le droit de pacage procure aux communautés usagères pour la nourriture de leurs bestiaux. Or, les bestiaux de ces communautés ne peuvent pâturer que dans les bois dits *défensables;* c'est-à-dire, ayant cinq feuilles et au dessus.

A cinq ans, il pousse peu d'herbes sous les bois, et celles qu'on y trouve sont, à cause de l'ombrage, sans saveur et sans qualité. Aussi, en y entrant, les bestiaux commencent-ils par brouter les bourgeons du taillis, ou plutôt les pousses de l'année, et ne paissent l'herbe de ces bois que lorsque la première ressource est épuisée.

Sous les taillis de six à huit ans, l'herbe devient de plus en plus rare, et à mesure qu'ils deviennent plus âgés, elle disparoît totalement. Les bestiaux doivent y mourir de faim.

Ainsi, en retranchant de ces grandes

(1) C'est aussi à la négligence des gardiens de ces bestiaux, qu'on doit attribuer le plus grand nombre des incendies qui ont eu lieu dans les bois, il y a quelques années.

ressources, que le droit de pacage procure aux communautés usagères pour la nourriture de leurs bestiaux, le droit d'en abuser en broutant et détruisant les bois, (droit qu'on ne peut jamais leur avoir concédé) elles se réduisent à un bien foible pâturage de mauvaise qualité, dont il faudroit souvent cinquante arpens pour équivaloir au produit d'un bon arpent de prairie artificielle.

L'indemnité qui résultera de sa suppression, ne doit donc pas être considérable.

On pourroit y satisfaire dans chaque localité où ce droit est exercé, en abandonnant à chaque communauté usagère, et à sa proximité, une certaine quantité de terrain prise sur les parties des bois les plus dévastées, et proportionnée à la quantité de bestiaux que son droit, *légalement exercé*, pouvoit nourrir.

Au moyen de cette indemnité en nature, on ne doit plus craindre que la suppression du droit de pacage puisse entraîner la ruine des communautés usagères, ni le délaissement de leurs terres cultivées, ni même l'abandon de l'éducation des bestiaux, si d'ailleurs la localité est favorable à cette industrie agricole.

Au surplus, on compte en France environ soixante mille communes; il y en a tout au plus quinze mille qui jouissent du droit de pacage. Les trois quarts des communes de la France sont donc privées de cet avantage; leurs terres sont-elles incultes? Les terroirs de ces communes ne présentent-ils pas au contraire une population plus grande, des bestiaux plus nombreux, et sur-tout d'une plus belle espèce, (1) une agriculture mieux entendue, et des récoltes plus abondantes, que ceux des communes usagères ? On doit donc être convaincu que la suppression du droit de pacage ne produira aucune des suites fâcheuses que l'on craignoit, et que sans cette suppression la restauration des bois est impraticable. Il existe encore d'autres droits d'usage qui sont aussi des germes de destruction des bois, et dont la suppression est également commandée par les circonstances, sauf une juste et préalable indemnité envers les communautés qui en jouissent légitimement.

Le premier qui se présente est le droit d'*essartage* ou *écobuage*, qu'exercent depuis long-temps les communautés usagères de la Haute-Champagne, du pays de Liége et du Luxembourg, dans les coupes ordinaires des bois de ces pays. Cet usage est très-pernicieux; il fait périr beaucoup de souches et une grande quantité de glands; il éclaircit les bois, en diminue successivement le produit, et par cela même, menace d'une inaction future les nombreuses usines qu'ils alimentent.

Le second est l'abandon qu'on est dans l'usage de faire d'une certaine quantité d'arpens de bois que l'on affecte au service des usines, et qui est connu sous le nom d'*affectations*.

Les maîtres de forges ne voient, dans l'usage des bois qui leur sont affectés, que la faculté de se procurer, presque gratuitement, la quantité de charbon nécessaire à la consommation annuelle de leurs usines. Les bois sont mal exploités, parce qu'ils négligent tout ce qu'ils ne croient pas susceptible d'être converti en charbon; ils sont d'ailleurs, en général, coupés dans un âge trop peu avancé; et, si ces bois ont encore le malheur d'être grevés d'autres droits d'usage au profit des communautés envi-

(1) Il faut bien que l'usage du droit de pacage ne soit pas favorable aux bestiaux, car tous ceux qui vivent habituellement dans les bois n'offrent que des espèces dégénérées; tels sont les chevaux et les vaches des Ardennes, du Luxembourg, etc.

ronnantes, ils sont bientôt détruits par le concours des abus des charbonniers, des maîtres de forge et de ces communautés usagères. (*Voyez* le Baron de Diétrich, déjà cité.)

Il en est de même des autres droits connus sous les noms d'*usage*, de *chauffage*, ainsi que des jouissances indivises, telles que les bois tenus en gruerie, segrairie, tiers et dangers; tous présentent les mêmes abus de jouissances et de véritables causes de destruction des bois.

Les rédacteurs de la fameuse ordonnance de 1669 connoissoient tous ces abus; et, comme alors la disette des bois, et sur-tout des arbres anciens, ne se faisoit pas encore sentir, ils se sont contentés de soumettre la jouissance de ces droits à une surveillance immédiate. Mais, s'ils n'ont pas eu la gloire d'arrêter ces abus, ils ont celle d'avoir laissé, dans cette ordonnance, un monument durable de leurs connoissances et de leur prévoyance, et un modèle à suivre pour la rédaction du nouveau Code forestier.

Le gouvernement s'est déjà occupé de réformer une partie des abus que nous avons indiqués, et qui se sont beaucoup augmentés pendant la révolution.

Par un arrêté des Consuls, du 19 ventose an 11, les bois des communes, des hospices et des établissemens publics, sont soumis au même régime que les bois nationaux; et leur administration, garde et surveillance, en sont confiées aux mêmes agens.

Par la loi du 28 ventose an 11, les communes qui jouissent des droits de pâturage, de pacage, de chauffage, et autres usages de bois tant pour bâtimens que pour réparations dans les forêts nationales, sont tenues d'en justifier par titres authentiques dans un délai de six mois, sinon, et ce délai passé, défenses leur sont faites d'en continuer l'exercice, à peine d'être poursuivies et punies comme délinquantes.

Enfin, par la loi du 9 floréal an 11, les défrichemens de bois sont défendus pendant vingt-cinq ans, sous peine, 1°. de remettre en nature de bois une égale quantité de terrain; 2°. d'une amende qui ne pourra être au dessous du cinquantième et au dessus du vingtième de la valeur des bois arrachés. Les semis ou plantations de bois des particuliers, ne seront soumis à ces dispositions qu'après vingt ans de plantation.

La même loi oblige les particuliers à faire, six mois à l'avance, la déclaration des futaies qu'ils sont dans l'intention de couper, *hors les cas d'urgence*, au conservateur forestier de l'arrondissement. Celui-ci en préviendra le préfet maritime dans l'arrondissement duquel sa conservation sera située, pour qu'il fasse procéder à la marque des arbres propres au service de la marine; mais le paiement de ces arbres devra s'effectuer avant l'enlèvement, qui ne pourra être retardé plus d'un an après la coupe, faute de quoi le propriétaire sera libre de disposer de ses bois.

Ces lois conservatrices ne sont que les préliminaires du Code forestier que le gouvernement nous promet, et les sages motifs qui les accompagnent doivent nous faire espérer qu'il contiendra toutes les dispositions nécessaires pour arrêter la destruction des bois et encourager leur restauration. (De Perthuis.)

FOUENNE ou FOUANE, (*Pêche*,) instrument propre à percer les poissons dans l'eau. Il est composé d'un fer façonné en dard, ou en lame barbelée, ou en fourche de deux, de trois, ou d'un plus grand nombre de branches; on ajuste ce fer à un manche, et on le lance sur le poisson que l'on apperçoit, ou on l'enfonce dans la vase, aux endroits où l'on juge qu'il y a des poissons. *Voyez* l'article Anguille. (S.)

FOSSETTES, (*Oisellerie.*) Ce piège, dont le nom indique la nature, paroît être le fruit ainsi que l'amusement des loisirs des gardeurs de bestiaux, aux époques où ils ne sont pas forcés, par l'état des campagnes, à exercer sur les animaux confiés à leur garde, une très-active surveillance. Les fossettes réussissent sur-tout, lorsque la disette des fruits a rendu les oiseaux plus hardis à fondre sur les appâts qu'on leur présente. On creuse ces fossettes ou petites fosses, le long des haies, aux environs des buissons. On leur donne jusqu'à cinq pouces de profondeur; leurs autres dimensions sont, d'ordinaire, celles d'un carré long de douze pouces, sur six ou sept de large. On place au fond de la fosse, des noix, des baies de genièvre, du chènevis, du blé, des vers de terre, etc. On a, pour les recouvrir, une pièce de gazon, une tuile, ou une pierre plate; cette trape, qui doit correspondre exactement à l'ouverture du trou, est soutenue et élevée au moyen d'un 4 de chiffre, que les oiseaux ne manquent pas de faire tomber en descendant au fond de la fosse, pour y faire leurs provisions. Ces fossettes sont le tombeau de beaucoup de geais, grives, gros-becs, merles, rouge-gorges, et d'une foule d'oisillons. (S.)

FOUINE, (*Mustela foina* Lin.) quadrupède du genre des *Belettes*.

Caractères génériques. Six dents à la mâchoire supérieure, six dents incisives à la mâchoire inférieure, plus obtuses, rapprochées, dont deux plus internes; la langue lisse.

Caractères spécifiques. Les pieds fendus, le pelage fauve-noirâtre; la gorge blanche.

La fouine est un des ennemis que les ménagères redoutent le plus dans les fermes. Son corps allongé, ses membres flexibles, la légèreté de ses mouvemens, la finesse et la ruse de son instinct, lui donnent de grands et funestes avantages pour la rapine. Voleur et assassin tout à la fois, c'est au sein même des habitations champêtres que cet animal établit communément son repaire, d'où il ne sort que pour porter dans l'ombre ses coups et ses ravages; il enlève et mange les œufs dans les poulaillers, égorge les volailles et les pigeons, et les entraîne dans les vieux bâtimens, les décombres, les trous de murailles, les greniers à foin qu'il a choisis pour y vivre avec ses petits. L'on trouve aussi des fouines dans les bois, elles y vivent de rats, de souris, de mulots, de petits oiseaux, etc., et se logent dans les trous d'arbres ou de rochers. Il paroît qu'elles produisent plusieurs fois par an; car on voit des petits depuis le printemps jusqu'en automne. Les femelles mettent bas de trois à sept petits.

On ne mange pas la fouine, à cause de l'odeur désagréable de faux musc que sa chair contracte par le suintement d'une liqueur jaunâtre, fournie par deux glandes dont les ouvertures sont au derrière de l'animal; sa peau n'a pas grande valeur comme fourrure, et, en tout, la fouine est généralement regardée comme un de ces êtres nuisibles, auquel on voue généralement haine et guerre d'extermination.

CHASSE DE LA FOUINE. On l'attire à la portée du fusil en faisant crier une poule; on la prend avec différens pièges, tels que le 4 de chiffre et le traquenard dans lesquels on arrange pour appât un œuf ou un poulet; enfin, on peut encore la faire périr, ou du moins l'éloigner, en répandant aux endroits qu'elle a coutume de fréquenter, des boulettes d'une pâte composée avec du levain, du sel ammoniac et de l'eau. (S.)

FOULÉES, (*Vénerie*,) impressions du pied des animaux sur le gazon, la mousse ou les feuilles; on les distingue facilement en automne, principalement lorsque le terrain est couvert de gelée blanche. (S.)

FRAYOIR ou FREVOIR, (*Vénerie*,) arbre ou branche contre lesquels les cerfs, les chevreuils et les daims se sont frottés, pour faire tomber la peau velue dont leur tête étoit couverte. (S.)

FRUITS. (MATURITÉ ARTIFICIELLE DES) Je ne veux pas parler des fruits qu'on obtient dans les serres par une chaleur artificielle : ce procédé a été décrit ailleurs dans le cours de cet Ouvrage; mais je rapporterai quelques observations souvent répétées, confirmées par la pratique, qui prouvent qu'on peut hâter la maturité des fruits dans plusieurs circonstances, et de plusieures manières.

Incision annulaire. Au printemps de l'an 7, et à l'époque où les fleurs commençoient à épanouir, je fis une incision annulaire de quatre, six ou dix lignes de hauteur sur les ceps des espèces de vignes les plus tardives, et sur celles qui, mûrissant ordinairement dans le nord de la France, laissent souvent couler leur poussière fécondante, et produisent la maladie appelée *coulure*. La solution de continuité (entaille de l'écorce) fut faite sur le bois d'un, de deux et de trois ans.

Ligature et incision longitudinales. A la même époque, je fis sur les mêmes espèces de vignes dans le même sol, sur des individus différens, et sur des branches de vignes dont d'autres avoient été soumises à l'incision annulaire; je fis, dis-je, de fortes ligatures avec du fil de fer et des cordes; je fis aussi une incision longitudinale dans la tige des vignes de même espèce, et j'y enfonçai des chevilles selon le procédé des anciens, pratiqué sur les oliviers.

Soit que j'aie opéré par l'incision annulaire de quatre lignes de hauteur, de six lignes ou de dix, sur du bois d'un, de deux ou trois ans, que j'aie borné la profondeur de l'incision à l'épaisseur de l'épiderme et du derme, ou que je l'aie faite jusqu'au delà du liber; soit enfin que j'aie employé la ligature ou la perforation des tiges, les résultats furent tous les mêmes, et les raisins mûrirent constamment un mois plus tôt que dans l'état ordinaire; mais une remarque digne d'attention, puisqu'elle est d'une utilité majeure en agriculture, c'est que les grappes étoient plus volumineuses, et leurs grains plus nombreux. Cette dernière remarque fut faite plus particulièrement sur les espèces de vignes dont les fruits coulent ordinairement, et qui, soumis à ces procédés, ne coulèrent pas. Voici donc des faits importans qui sollicitent d'une manière particulière l'attention des habitans du nord de la France, qui jouissent rarement de l'avantage de voir mûrir dans leurs jardins les raisins muscats, ceux de Corinthe et d'Alexandrie, ainsi que les vignes de grande culture, et qui, par des procédés aussi utiles que simples à exécuter, pourront se procurer en parfaite maturité des fruits que la température de leur climat leur a refusés jusqu'alors.

L'objet le plus important de ces mutilations, est l'empêchement de la coulure de la vigne, maladie désastreuse et qui a souvent stérilisé des vignobles entiers. Nous rapporterons des faits tirés de l'antiquité, et qui, sans emprunter l'autorité des agriculteurs grecs et romains, se déduisent de la simple observation des phénomènes de la vie végétale, lesquels démontrent que cette espèce de stérilité est due à une débilité particulière des parties de la fructification; et, en examinant les phénomènes consécutifs de l'opération qui l'empêche d'avoir lieu, il restera démontré qu'il suffit, pour que les anthères ne laissent pas emporter leur pollen par les pluies, de déterminer vers ces organes un concours de forces vitales, afin que les parties de la fructification puissent conserver une énergie suffisante pour résister à l'action débilitante des corps atmosphériques encore froids dans la saison du printemps, surtout pour les plantes exotiques, comme les diverses variétés de vignes.

J'en ai dit assez pour faire sentir que ces diverses opérations, appliquées à quelque végétale que ce soit, hâteront et sa floraison et la maturité de ses fruits. Ainsi on peut l'employer sur les cerisiers, les pommiers, les poiriers, etc. Je les ai pratiquées avec succès sur le coignassier.

Ce n'est pas assez d'avoir établi l'importance de la maturité artificielle des fruits, et d'avoir indiqué les divers procédés mis en usage parmi les Grecs et les Romains, et renouvelés de nos jours pour augmenter nos richesses géoponiques. Dans l'état actuel de la physique animée, on doit chercher à approfondir les causes de cette précocité artificielle, en examinant les phénomènes que présentent ces mutilations végétales qui ont successivement occupé les Bonnet, les Buffon et plusieurs autres naturalistes.

La *ligature*, l'*incision*, la *torsion*, la *perforation*, faites dans une tige. On remarque que toutes les parties de la plante, qui sont au dessus de l'une de ces opérations, croissent avec une plus grande force, et que les rameaux, les tiges, les feuilles, les fleurs et les fruits se développent plus rapidement et sont plus nourris; tandis que toutes les parties de la même plante non opérées restent dans l'ordre naturel, et que celles qui se trouvent comprises sous l'incision languissent et ne prennent aucun accroissement, d'où on doit conclure qu'un fluide descendant a été arrêté dans son cours, et que refoulé dans ses propres vaisseaux, il a été employé à l'accroissement de la partie supérieure de l'incision : ce n'est que lorsque ces plaies sont oblitérées par le développement successif du réseau vasculaire par le bord supérieur, que l'équilibre vital se rétablit dans toutes les parties de la plante, d'où il est évident que la maturité accélérée dans les fruits, et leur augmentation de volume, sont dues à une augmentation de vitalité dans les branches qui les portent, et la même déduction doit se faire de la non coulure des vignes soumises aux mêmes expériences. C'est sur ces faits que repose l'opinion que j'ai émise que la maladie connue en pathologie végétale, sous le nom *de coulure, Sterilitas à pluviâ copiosâ tempore florescentiæ* Pl., avoit pour cause une débilité particulière des organes de la fructification : la pratique des anciens, pour guérir cette maladie, ajoute un degré de force à mon sentiment. Les auteurs géoponiques anciens conseillent d'échauffer le pied des vignes stériles avec de la cendre, de l'eau salée, ou de mutiler leurs rameaux. *Ipsæ etiam vites cinere liquido facto respergendæ sunt. Quidam vero marinam aquam radicibus, affundunt. Alii racemorum summa partes auferre et mutilare studio habent, etc. Cap. XXXIX (de Vitibus defluis* du livre des Géoponiques, (Γεωπονικα) *sive de re rusticâ græcorum.*)

Voilà donc en peu de mots les procédés des anciens pour empêcher la vigne de couler, soit en stimulant la plante entière par des arrosemens de matières salines, soit en détournant au profit d'une seule partie de la plante les sucs nourriciers destinés à nourrir la plante entière. Si ce traitement ne suffisoit pas pour prouver que cette maladie provient d'un état de débilité, il suffiroit pour s'en convaincre de lire la description suivante que donne Démocrite, des vignes qui sont sujettes à couler : *Vites defluas ex foliis dignosces subalbidis et subarefactis; sed et sarmentum latum et instarlori ac molle habent. Medeberis igitur, etc. etc.*

Il conviendroit peut-être que nous ne sortissions pas de ce sujet sans examiner et discuter les opinions tant de fois émises, combattues, et reproduites, sur les mouvemens des fluides végétaux, qui jouent le rôle le plus important dans la production des phénomènes subséquens des mutilations végétales qui ont fait l'objet de cet article : le champ des hypothèses que présente ce beau sujet seroit assez vaste pour que nous puissions y disserter longuement sur la circulation de la sève, et examiner les expériences et les hypothèses des *Malpighi,* des *Mariotte* et des *Delahire*, qui admettent une circulation totale, contre l'opinion des *Hales*, des *Dodart*, des *Bonnet*, des *Magnol*, qui refusent aux fluides végétaux une circulation entière. Il faudroit aussi examiner les belles expériences de Dubamel; les savans Mémoires de Bonnet et de Senebier, sur l'usage des feuilles, et mettre à profit tout ce que les chimistes modernes nous ont appris sur la décomposition de l'eau et des gaz par les plantes. Ce sujet nous conduiroit trop loin ; nous l'avons esquissé ailleurs, et nous avons établi que la source de la sève descendante étoit l'eau dissoute dans l'air, et absorbée par les feuilles, tandis que la sève montante avoit sa source dans les bouches absorbantes des racines. Mon opinion sur ce sujet se fonde sur les expériences suivantes, que je fis en l'an 7.

J'ai fait des incisions circulaires et partielles à l'écorce de plusieurs plantes ; l'oblitération de la solution de continuité s'est constamment faite par le bord supérieur de l'incision, et jamais par le bord inférieur, ce qui prouve qu'il y a une sève descendante entre le bois et l'écorce; ce fait étoit connu de Duhamel. Mais voulant m'assurer si cette sève étoit une continuité de la sève montante, par les fibres ligneuses, selon l'opinion de ceux qui admettent une vraie circulation dans les plantes, ou si au contraire elle étoit aspirée de l'atmosphère par les feuilles, j'effeuillai plusieurs branches auxquelles j'avois fait une incision annulaire; il n'y a plus eu de sève descendante, la plaie n'a pu se cicatriser, et les feuilles que j'avois laissées sur les branches se sont flétries : ainsi il est démontré que la sève descendante est aspirée de l'air par les feuilles. Tels sont les faits physiologiques et économiques à déduire de l'interruption du fluide séveux par la perforation, l'incision annulaire et la ligature des tiges.

Quelque multipliées que soient nos connoissances acquises en physiologie végétale, et quelque nombreuses et utiles qu'aient été de nos jours les applications de cette science à l'économie rurale, n'oublions jamais les préceptes des anciens, consultons souvent leurs écrits: c'est dans les livres des Grecs et des Romains, qui dorment souvent dans nos bibliothèques, qu'il faut puiser comme à sa source l'art de cultiver. « Il semble, » dit d'Alembert, qu'on regarde l'anti» quité comme un oracle qui a tout dit, » et qu'il est inutile d'interroger; et on » fait moins de cas de la restitution d'un » passage, que de la découverte d'un » rameau veineux ; ce mépris de l'éru» dition, ajoute cet auteur, est le pro» pre de l'ignorance et de la présomp» tion. » Aucun traité d'agriculture moderne n'a surpassé les *Géoponiques* pour la culture et l'éducation des oliviers ; quant aux engrais, nous n'avons acquis, depuis les Grecs, sur ce sujet important de prospérité rurale, que les théories que nous a fournies la chimie nouvelle sur leur manière d'agir. *Quintius* a peu laissé à désirer sur ce sujet en examinant les divers degrés de force et de chaleur des engrais animaux, chap. XX, *de Stercore*, du livre des *Géoponiques*, γεωπονικα, *sive de re rustica græcorum*. Après avoir examiné chaque engrais à part, les proportions dans leur mélange sont établies pour convenir le mieux aux différentes qualités de terre. Un grand nombre de

procédés

procédés consignés dans ce recueil, de tout ce que les anciens ont écrit en agriculture, paroissent inconnus des modernes ; il semble que le destin de l'agriculture ait été de décroître depuis quinze siècles, mais particulièrement depuis les Romains; il suffit de lire Palladius, Columelle, et sur-tout Varron qui vivoit sous Auguste, et de considérer l'état actuel de cette science, pour se convaincre qu'elle a fait peu de progrès depuis ces illustres auteurs. Ainsi, l'art qui fut honoré par les grands hommes de l'antiquité n'a d'autres préceptes aujourd'hui que ceux que tiennent de leurs pères les laboureurs et les jardiniers; on diroit qu'il a été condamné à l'oubli, depuis que les autres sciences fleurissent parmi nous, comme si les études qui ont pour objet de nourrir les hommes étoient indignes de l'attention des gouvernemens et des savans qui en font toute la gloire, en même temps qu'ils en sont les plus fermes appuis.

Ce n'est pas que je regarde les écrits des auteurs modernes comme des productions inutiles, je pense au contraire qu'il faut les consulter ; mais je voudrois qu'on consultât aussi les anciens avant de proclamer, ainsi qu'on le voit souvent, comme une découverte, des faits consignés dans les autorités les plus respectables en agriculture, ou quelquefois d'une pratique triviale chez les ouvriers de jardinage : c'est ainsi qu'on a vu annoncer de nos jours le procédé pour empêcher la coulure de la vigne, comme une découverte propre à un jardinier, honnête homme sans doute, mais étranger à la moindre érudition, à l'histoire de l'antique prospérité de la décadence et des progrès renaissans de l'agriculture; et qu'on a vu aussi, ce qui étonne davantage, des hommes célèbres en agriculture consacrer cette erreur de tout l'ascendant de leur nom et proclamer avec enthousiasme comme une nouveauté ce qui est connu depuis deux mille ans. (Tollard aîné.)

FUMÉES, (*Vénerie*,) fiente des bêtes fauves. On juge de ces animaux par leurs fumées, depuis le printemps jusqu'au temps du rut. (S.)

FUMIGATION. Rozier s'étant apperçu que ce mot avoit été oublié, a profité de l'article *Méphitisme* pour présenter tous les avantages d'une pareille opération ; mais je crois utile d'en faire mention ici, et d'indiquer en même temps les différens accessoires qui peuvent en favoriser l'efficacité.

Les fumigations consistent dans des vapeurs ou odorantes, ou acides, ou sulfureuses, qu'on répand dans les lieux dont l'air infecté est insalubre pour la vie de l'homme et des animaux. Telles sont le vinaigre, les baies de genièvre, des plantes aromatiques, des matières résineuses que l'on met en expansion dans les hôpitaux, les prisons, les églises, les lieux obscurs trop peu aérés où se trouvent rassemblés beaucoup d'hommes, pour corriger les mauvaises impressions d'un air vicié sur l'économie animale.

Plusieurs écrits traitant des moyens de désinfecter l'air dans ces établissemens, nous ne nous en occuperons pas spécialement dans cet article ; mais nous allons examiner de quelle manière il est possible de rendre plus sain l'air que respirent les animaux dans les étables, les écuries, les bergeries, les toits à porcs, les poulaillers, les colombiers, etc. ; objet dont on s'est jusqu'à présent trop peu inquiété, quoique plusieurs maladies acquièrent un nouveau degré d'intensité par le concours de ces vapeurs fétides, et de cet air méphitique ou même contagieux dans lesquels croupissent les animaux.

Mais, comme les fumigations seules ne sauroient produire l'assainissement complet de l'air, comme elles ne font qu'ajouter quelquefois des vapeurs désagréables aux miasmes dont cet air est déjà chargé ; comme elles rendent même de plus en plus l'air nuisible à la respiration en l'épaississant davantage, il est nécessaire de recourir à différens moyens pour purifier l'air que respirent les animaux domestiques dans les asiles où ils sont renfermés. On peut établir quatre moyens principaux pour parvenir à ce but. Le premier consiste dans la manière la plus avantageuse de construire et de disposer les étables, les écuries, etc.; le second repose spécialement sur la propreté ; le troisième est fondé sur les moyens mécaniques de chasser l'air infect et de le renouveler ; enfin le dernier dépend des différentes opérations chimiques pour purifier ce fluide atmosphérique.

1°. *De la construction et de l'emplacement les plus favorables à la salubrité des étables, etc.* Quoiqu'on ne soit pas toujours le maître de choisir les lieux les plus convenables, et de construire à son gré les écuries, les bergeries, les colombiers et les autres demeures qu'on destine aux animaux domestiques, il est cependant nécessaire de savoir comment on parvient à les rendre saines. Il importe sur-tout de les placer, s'il est possible, dans un lieu libre et un peu élevé, pour éviter l'humidité qui est très-pernicieuse à la plupart des animaux, et qui, aidant la décomposition des litières et la putréfaction de toutes les substances, répand des principes de corruption dans l'air. Le sol des écuries, etc., sera bien pavé et un peu incliné, pour favoriser l'écoulement des urines, car la position horizontale rend les écuries moins humides ; et rien n'affecte davantage le pied du cheval, que de tenir cet animal sur un plan trop en pente ou en talus. Il faudra, autant qu'on le pourra, construire les étables à une exposition orientale ou méridionale; cependant celle du nord, quoique froide en hiver, est assez salubre ; il est rare que les animaux éprouvent la froidure d'une manière nuisible; (excepté les poules et les pigeons) car les moutons, le vaches, les chevaux, les cochons, supportent très-bien la température de nos hivers, dans leurs étables, où ils s'échauffent d'ailleurs mutuellement. Au contraire, les grandes chaleurs de l'été, pendant lesquelles on les renferme d'ordinaire, les font extrêmement souffrir, principalement ceux à toison épaisse : aussi ces animaux entassés dans un petit espace, presque sans jour, sans air, et au sein des ardeurs de la canicule, suent, halètent et même périssent étouffés ; ou bien, sortant tout à coup de cette atmosphère brûlante et concentrée, ils passent dans un air libre et froid qui suspend leur transpiration et produit de fréquentes maladies.

Rien n'est donc plus nécessaire que de pratiquer des fenêtres ou des larmiers dans les étables, les écuries, les bergeries, d'en proportionner le nombre et les dimensions à l'étendue des bâtimens, et de les construire de manière à pouvoir les ouvrir et les fermer à volonté, pour donner accès à l'air et intercepter la lumière, à les préserver du froid en hiver, et de la chaleur en été; enfin, avec des égouts pour l'écoulement des urines et des ordures, etc.

Mais, comme l'atmosphère de ces localités est fort pesante, et que l'air méphitique, ou le gaz acide carbonique qui se dégage des matières putréfiées, de la respiration, de la transpiration, et des excrémens, est plus lourd que l'air commun, il se tient de préférence dans les parties basses, ce qui nuit d'autant plus aux bestiaux, qu'ils ne peuvent se coucher et dormir sans respirer cet air épais, stagnant et imprégné de toute la mauvaise odeur des litières et des sécrétions. C'est donc principalement dans le bas qu'il importe d'ouvrir des soupiraux, des espèces de *vasistas* propres à balayer l'air pesant et corrompu ; car les fenêtres qui renouvellent le dessus de l'atmosphère d'une écurie ne changent point du tout celui du bas dans lequel se trouvent les bestiaux, et n'en effleurent que la surface ; aussi les cochons, les brebis, les chèvres et les autres espèces moindres d'animaux domestiques souffrent davantage de l'air vicié que les chevaux, les bœufs et les vaches. Cependant la chèvre, la brebis, sont destinées par la nature à vivre au grand air, sur les collines, où elles se plaisent. Les cochons qui préfèrent les terrains fangeux, la boue, et se vautrent dans les marécages, ne sont pas aussi incommodés d'un air lourd et corrompu que les autres bestiaux.

D'ailleurs, la grandeur des écuries, des étables, des bergeries, n'est pas suffisante pour offrir un volume d'air capable d'être respiré par un grand nombre d'animaux ; il est respiré plusieurs fois avant d'être changé ; et dans les pays où les bouviers, les bergers couchent dans les étables, on les voit se lever, chaque matin, pâles, abattus ; ils éprouvent souvent le cauchemar pendant la nuit ; il doit en arriver de même aux bestiaux, surtout aux jeunes, d'où il suit un dépérissement et une mauvaise constitution qui détériorent les espèces. Il est donc nécessaire de donner un assez grand espace à ces animaux, d'exhausser le plancher, de percer les murs en différens endroits, pour donner un libre accès à l'air, en prenant les précautions nécessaires pour empêcher les hommes ou les animaux de proie d'y pénétrer. Ce renouvellement de l'air et cette heureuse exposition sont si utiles aux bestiaux, qu'on ne peut attribuer qu'à cette seule cause tous les avantages du parcage de ces animaux.

Les poulaillers, les colombiers, quoique plus élevés communément que le sol, et moins humides, moins remplis d'un air épais que les écuries et les étables, ont aussi besoin d'avoir des ouvertures pour le renouveler. Les oiseaux sont d'un tempérament plus chaud que les quadrupèdes ; ils ont un besoin plus naturel encore d'air pur, et on les rassemble ordinairement en grand nombre dans le même local ; mais il est essentiel de garnir ces ouvertures d'un treillage fort et serré pour empêcher l'entrée des belettes, des putois et des autres bêtes carnacières ou malfaisantes qui s'introduisent souvent dans ces asiles. Pendant l'été, on placera des châssis de canevas à ces ouvertures, pour empêcher l'entrée des mouches qui harcèlent continuellement les bestiaux.

Pénétrée de toutes ces vérités, la Société d'Agriculture du département de la Seine avoit proposé un prix sur les constructions rurales, qu'elle a décerné à un Mémoire de M. *de Perthuis,* qui a traité cet utile sujet dans cet Ouvrage, avec la méthode et les vues économiques qui persuadent que l'on est inspiré par le seul désir de servir son pays. Il appartenoit à une nation qui a tant fait pour les animaux, qui a infligé des peines, des amendes contre ceux qui, dans les foires, les maltraiteroient, de réunir les notions acquises par les meilleurs agriculteurs ; c'est à M. *Lasteyrie* que nous en devons la traduction, qu'il a enrichie de notes instructives.

Des moyens de propreté. Ce seroit en vain qu'on prendroit toutes les précautions pour offrir un local sain et agréable aux bestiaux, si l'on ne veilloit pas à sa propreté continuelle. Rien ne corrompt davantage l'air que l'amas infect d'urines, d'excrémens, de litières qui se décomposent et qui fermentent sans cesse dans les étables. De ce foyer perpétuel de vapeurs de litières s'exhalent des miasmes qui pénètrent dans les poumons, s'attachent non seulement aux poils, à la laine, à la peau des bestiaux, aux plumes des poules et des pigeons, mais même aux murs et à tous les objets qui

M 2

sont exposés à leur contact. Les excrémens des animaux sont aussi désagréables pour eux que les nôtres le sont pour nous, et leur répugnent autant. Il est très-nécessaire de les nettoyer souvent, de changer leur litière; car il vaudroit encore mieux les laisser coucher sur un plancher propre et uni, que dans une litière pourrie et infecte. Il seroit encore fort utile de laver souvent ces étables et ces écuries, d'en blanchir les murs avec un lait de chaux, de nettoyer les différens ustensiles avec de l'eau un peu vinaigrée, d'enlever la poussière, les toiles d'araignées, de faire périr par diverses lotions âcres et caustiques les œufs des insectes, de faire baigner les animaux plus souvent, de les étriller, les frotter avec un bouchon de paille, de changer leurs auges et mangeoires, ou les tenir nettes; d'enlever sur-tout les excrémens, de faire bien écouler les urines et de préserver de l'humidité les étables, de les maintenir sèches, s'il est possible.

Il ne faut pas trop encombrer les bestiaux, et avoir soin de séparer les malades des sains. L'odeur du foin sec et de la paille, la poussière qui en sort lorsqu'on les secoue, contribuent encore à remplir les écuries, les étables, les bergeries d'un air fort épais; il faudroit donc secouer ces foins et ces pailles dans la grange, avant de les donner aux bestiaux. Ce sont ces soins qu'on néglige, parce qu'ils sont pour des bêtes, qui deviennent quelquefois des causes de graves incommodités et de grandes pertes d'animaux. C'est alors que l'œil du maître est sur-tout nécessaire, et qu'on a besoin de domestiques intelligens et laborieux. Aussi la santé et la beauté des animaux dont on tient les étables propres sont très-remarquables.

Une subsistance saine et abondante ne suffit pas, encore une fois; et, comme on l'a dit, la propreté et la litière d'un animal sont la moitié de sa nourriture.

Des moyens mécaniques. Indépendamment des soins précédens, il existe encore d'autres manières de renouveler l'air et de chasser les exhalaisons méphitiques des étables, des bergeries et des écuries. Il faut sur-tout isoler les espèces de bestiaux dans des lieux séparés, car il paroît que les vapeurs de la transpiration d'une espèce sont plus nuisibles à une autre espèce que les leurs propres. D'ailleurs, ce mélange de diverses exhalaisons d'animaux peut former des miasmes plus délétères que s'ils étoient simples.

La précaution d'éloigner le grenier à foin, qu'on place souvent au dessus des écuries, est encore utile, car lorsque le foin s'imprégne des vapeurs qui s'élèvent de l'étable, les bestiaux dédaignent cet aliment qui acquiert une saveur désagréable à leur goût. Il suffit même que quelqu'un ait couché sur ce foin, pour qu'il leur répugne. La salubrité des écuries et des étables qui n'ont point de greniers à foin au dessus d'elles est plus grande, parce que le foin les échauffe non seulement d'une manière extrêmement sensible, mais encore il exhale une grande quantité de gaz acide carbonique chargé d'une odeur herbacée, comme on peut s'en convaincre par l'odorat; ce qui augmente toujours le méphitisme de l'air.

Si la bergerie ou l'étable n'est point entourée de paille, de foin et d'autres matières facilement combustibles, l'un des moyens les plus utiles pour renouveler l'air, seroit d'y promener une petite botte de paille enflammée, avec toute les précautions nécessaires pour ne pas occasionner d'incendie : c'est ainsi qu'on dilateroit l'air et qu'on le changeroit; ce moyen aideroit aussi à faire périr les mouches, les taons, les œstres, les araignées et autres insectes nuisibles ou malfaisans. Les habitans de l'Europe méridionale, comme dans l'Espagne, le royaume de Naples, chassent ou font périr les scorpions, les crapauds, les lézards, qui viennent en grand nombre se réfugier dans les étables, en brûlant de la poix et du galbanum dont l'odeur les suffoque. Mais il est sur-tout nécessaire d'entretenir une grande agitation dans l'air, soit par des ventouses qui aspirent l'air par le haut, comme le recommande mon collègue *Tessier*, dans les *Mémoires de la Société de Médecine*, année 1779, soit par quelque autre moyen analogue. Le froid est plus favorable à la salubrité des étables que la chaleur, parce que celle-ci hâte la putréfaction des litières, des excrémens, des urines, tient les bestiaux dans une sueur et une transpiration continuelles qui les affoiblissent et les étouffent; aussi ces animaux toussent; leurs poumons deviennent squirrheux, et ils périssent de suffocation. C'est pourquoi il est avantageux de pratiquer des ouvertures du côté où souffle le vent. Il faut excepter cependant le vent chaud et humide du midi et du sud-ouest, qui sollicite la putréfaction dans les corps.

La dessiccation des foins et des autres fourrages dégageant une très-grande abondance de gaz acide carbonique, ou d'air méphitique, il faut écarter de la demeure des bestiaux ces herbes encore à demi-fraîches. Le voisinage des fumiers, des mares ou flaques d'eaux croupies et fangeuses, auprès des étables, des bergeries, des écuries, forme encore un foyer très-dangereux de corruption, qu'il est nécessaire d'éloigner autant que les localités le permettent.

Les toits à porcs doivent avoir des cloisons à jour; ces animaux ne craignent point le froid, ils aiment l'humidité et à se vautrer dans l'ordure, moins par goût, que par la nécessité où ils sont de calmer la chaleur de leur tempérament pendant l'été, et de trouver une espèce de coussin mollet qui leur fasse éprouver des sensations agréables : il convient de laver fréquemment leurs loges.

On pourroit établir, dans les grandes étables, des ventilateurs, une espèce de grand éventail qui, mis en mouvement dans les grandes chaleurs, aideroit à rafraîchir et à renouveler l'air. J'ai vu, dans de vastes écuries, un petit ruisseau d'eau claire qui, les traversant, et charriant au dehors toutes les immondices, y entretenoit la propreté et une fraîcheur agréable avec la salubrité. D'ailleurs, il importe beaucoup de donner aux animaux un espace suffisant pour ne pas être gênés, sur-tout dans la gestation, de peur d'occasionner des avortemens.

Des moyens chimiques. Les mêmes procédés employés pour désinfecter l'air des salles d'hôpitaux, des prisons, des camps, des caveaux, des vaisseaux, des ateliers, enfin de tous les lieux où se rassemble une grande foule d'hommes, peuvent également s'appliquer à ceux où l'on réunit beaucoup d'animaux. Mais, tant qu'on ne parviendra point à éteindre le foyer de l'infection; tant qu'on n'arrêtera pas cette source d'émanations malfaisantes, le secours d'un remède momentané, tel qu'une fumigation, ne sera presque d'aucune utilité; car si elle n'a pour but que de détruire les miasmes délétères de l'air, on auroit plutôt fait de le renouveler entièrement; il faut donc que ces procédés chimiques attaquent principalement le foyer de l'infection, et qu'ils agissent plutôt sur la cause qui vicie l'air, que sur cet air même.

Les anciens agriculteurs ont proposé mille recettes de fumigations pour assainir l'air des étables, des écuries, des poulaillers, des colombiers, etc. Les uns se servoient du soufre, d'autres du benjoin, de l'encens, de plantes, de résines aromatiques, du genièvre, etc., qu'ils faisoient brûler dans les lieux où étoient renfermés leurs animaux domestiques, mais, loin de purifier l'air, ils le remplissoient d'une fumée épaisse et étouffante qui suffoquoit les pauvres bestiaux. D'autres auteurs recommandoient de mettre du vinaigre en expansion, en le versant sur une pelle rougie au feu. Ce procédé n'étoit pas plus utile que les précédens; car le vinaigre se décomposant formoit du gaz acide carbonique, et de l'hydrogène mêlé d'eau en vapeurs qui épaississoient toujours l'air, et le rendoient moins propre à la respiration.

Le moyen le plus avantageux pour détruire la putridité de l'air et les miasmes infects de la demeure des animaux domestiques, lorsque les précautions ci-dessus indiquées ne sont pas suffisantes, consiste dans le procédé de désinfection de M. *Guyton de Morveau*. Ce célèbre chimiste a donné le premier l'idée d'appliquer l'action de l'acide muriatique oxigéné, dans l'état de vapeurs ou de gaz, aux miasmes délétères et contagieux pour les détruire. En effet, l'oxigène dont cet acide est surchargé se combine aux principes putrides répandus dans l'air, change leur nature, et parvient à neutraliser les effets pernicieux qu'ils exercent sur l'économie animale.

L'on a soin de faire sortir d'une écurie ou d'une bergerie infectée tous les animaux qu'elle renferme; lorsqu'on veut mettre ce procédé en pratique pour une étable d'environ trente pieds de longueur, douze de largeur, et autant d'élévation, l'on prend une demi-livre de sel de cuisine pulvérisé, (muriate de soude) deux onces de manganèse en poudre, (oxide de manganèse) huile de vitriol, (acide sulfurique concentré) six onces, mêlés avec autant d'eau.

L'on dispose au milieu de l'étable un petit fourneau bien allumé sur lequel on placera une terrine de grès remplie de sable fin ou de cendre tamisée; sur ce sable ou ces cendres on mettra une capsule de verre ou de grès, dans laquelle on jettera le mélange de sel et de manganèse, ensuite on versera dessus, en mêlant, l'huile de vitriol étendue d'eau, en évitant la vapeur forte qui s'en élèvera aussitôt. On se retirera en fermant exactement toutes les issues, et on laissera les choses en cet état jusqu'au lendemain. Alors on ouvrira les portes, les larmiers; on renouvellera l'air, et l'étable sera purifiée. Nous renvoyons d'ailleurs à l'article Acide muriatique de ce Supplément.

Le docteur anglais *Carmichaël Smith*, a recommandé un autre procédé qui paroît être fort efficace aussi, et qui consiste à mettre en expansion du gaz nitreux, au lieu de l'acide muriatique oxigéné. Pour cet effet, on dispose également un fourneau allumé avec son bain de sable; on met dans la capsule de verre ou de grès environ six onces de salpêtre purifié, (nitrate de potasse) réduit en poudre; on verse dessus six onces d'acide vitriolique, (acide sulfurique étendu d'eau) et l'on retient la vapeur dans le local, en le fermant exactement.

Ces deux procédés ont été mis en usage avec beaucoup de succès, non seulement pour les lieux habités par les hommes, mais encore pour les demeures des bestiaux. Ils sont particulièrement nécessaires dans les cas de maladies contagieuses, d'épidémies et d'épizooties; si l'on ne peut pas faire sortir tous les animaux de l'étable dont on veut assainir l'air, on fera ces fumigations moins fortes de la moitié, pour ne pas incommoder les bestiaux.

Plusieurs expériences ont démontré l'utilité de ces fumigations de gaz acide muriatique oxigéné, dans les redoutables maladies épizootiques contagieuses. *Vicq-d'Azyr* les a recommandées dans ces occasions; et quoique le docteur *Rasozi* et quelques auteurs en aient contesté l'efficacité, cependant elles ne sont point à négliger, sur-tout après avoir épuisé tous les moyens détaillés précédemment. En général, les acides étant les destructeurs des principes putrides et alcalins que développent les maladies contagieuses, leur usage ne peut être que très-salutaire ; et c'est dans ces vues que Rozier a recommandé les fumigations d'acide muriatique simple, suivant le procédé de *Guyton de Morveau*, à l'article MÉPHITISME du Cours complet d'Agriculture.

M. *Paroletti*, membre de l'académie de Turin, a fait le plus heureux usage des fumigations de gaz acide muriatique oxigéné, dans des ateliers de vers à soie attaqués de maladie. Les vers de l'un de ses ateliers, qui avoient passé la quatrième mue, devenoient languissans, refusoient la feuille de mûrier; plusieurs rendoient des excrémens gluans, olivâtres ; d'autres avoient des taches rouges sur la peau, il en mouroit un très-grand nombre. L'auteur mit dans une capsule de verre une once de manganèse en poudre, et versa dessus de l'eau régale, (acide nitro-muriatique) en remuant avec une spatule de cristal. Il s'éleva une vapeur de gaz très-vive, que M. *Paroletti* promena par toute la chambre pendant un quart d'heure, en modérant toutefois la fumigation, de manière à ne point incommoder les vers ; ensuite il renouvela l'air. Au bout de deux jours, la maladie disparut ; les vers montèrent heureusement, et eurent un succès parfait. Dans un second essai fait sur quelques centaines de vers à soie, attaqués d'une maladie qui les rendoit luisans et d'une couleur jaune, il a suffi de tenir ouvert, près d'eux, un de ces flacons portatifs de désinfection que prépare M. *Boulay*, pharmacien : presque tous les vers montèrent et fournirent de très-beaux cocons. Ce procédé seroit sans doute avantageux à la santé des hommes qui, se livrant à l'éducation des vers à soie, éprouvent souvent des fièvres dangereuses.

En 1800, une maladie contagieuse s'est fait sentir à St-Omer et dans les environs; elle a moissonné huit cents bœufs ou vaches, dans l'espace de six mois : une foule de vachers, de cultivateurs ou distillateurs de grains, ont perdu tout ce qu'ils avoient de bestiaux M. *Ramonel*, pharmacien de première classe des armées, avoit dix-sept bœufs dans une seule étable, qu'il nourrissoit avec la drèche provenant de sa distillerie ; son établissement étoit voisin de deux vachers qui voyoient tous les jours leurs bestiaux périr; il conserva les siens, en mettant en expansion, deux fois le jour, du gaz acide muriatique oxigéné, au moyen d'un réchaud qu'il plaçoit à une des extrémités de l'étable dont les portes et les fenêtres étoient fermées pendant une heure; ce gaz sembloit chagriner un peu les bestiaux, ils s'agitoient et toussoient souvent ; mais à peine avoit-on donné de l'air à l'étable, et le gaz dissipé, qu'ils paroissoient très-gais et mangeoient avec avidité. Ce moyen fut employé, pendant quelque temps, sans qu'on se soit apperçu de la moindre indisposition parmi eux ; ils prirent de l'embonpoint comme dans les temps ordinaires.

Le gaz acide carbonique, qui vicie l'air des étables, peut être absorbé par l'eau de chaux, exposée dans des baquets aux coins du local, lorsqu'on ne peut pas y faire circuler du nouvel air; il faut cependant observer que ces agens chimiques n'ont qu'une puissance momentanée, et qu'il est nécessaire de les répéter souvent. Il est d'ailleurs indispensable d'en confier l'emploi aux propriétaires instruits, plutôt qu'à des domestiques aussi peu éclairés que maladroits.

Dans les Mémoires de la Société de Médecine, année 1786, *Lasonne* et *Cornette* recommandent l'usage des acides végétaux en expansion dans les lieux infectés; ils proposent aussi de combiner ces acides à des aromates, tels que le camphre, pour corriger la putridité. Cependant ils regardent avec raison l'usage des aromates comme pernicieux, soit qu'on les brûle, soit qu'on les vaporise seulement à l'air, car l'odeur qu'ils exhalent est une véritable combustion lente qui s'empare de l'oxigène atmosphérique, et diminue la faculté respirable.

L'usage dans lequel sont les fermiers, de renfermer les vaches dans des étables peu aérées, quoique dangereux, leur fait cependant fabriquer une plus grande quantité de lait, parce que ces animaux transpirent peu et absorbent beaucoup dans un air si humide; mais ce lait est plus séreux, moins agréable, et la santé des animaux en est très-altérée. Ce n'est donc point un avantage, et l'on y perd souvent des animaux, qu'un plus grand soin eût conservés à leurs maîtres.

(Parmentier.)

FURET, (*Mustela furo* Lin.) quadrupède du genre des *Belettes*. (*Voyez*, au mot Fouine, les caractères de ce genre.)

Caractères spécifiques. Les pieds fendus et les yeux rouges.

Ce petit animal, originaire de l'Afrique, s'est très-bien acclimaté dans les parties méridionales de l'Europe, où il vit et multiplie. En France, il n'existe que dans l'état de domesticité, et il y périt en hiver, s'il est abandonné à lui-même. Il a la forme allongée et mince des animaux de son genre, et celui dont il se rapproche le plus est le *putois*; il en diffère néanmoins par sa tête plus grosse, son museau plus pointu et son corps plus long et plus étroit. La couleur ordinaire de son pelage est le jaune avec des teintes de blanc.

Dans cette espèce, la femelle est sensiblement plus petite que le mâle; elle porte pendant six semaines, et met bas deux fois par an, de cinq à neuf petits, suivant son âge plus ou moins avancé. On élève ces animaux dans des tonneaux ou des caisses dont on garnit le fond de matières molles et chaudes; on les nourrit de pain, de son, de lait et d'œufs dont le jaune et le blanc sont battus et mêlés ensemble.

Les hommes ont su profiter de l'aversion naturelle des furets pour les lapins, et les ont accoutumés à chasser ou plutôt à tirer des terriers cette espèce de gibier. On transporte le furet enfermé dans un sac ou une cage assez ample pour qu'il puisse s'y coucher à l'aise et au fond desquels on met un peu de paille. On le lâche dans un terrier de lapin dont on bouche l'entrée avec un filet; bientôt le lapin est délogé par son ennemi, et vient se jeter dans le piège.

Il y a quelques précautions à prendre lorsqu'on chasse avec les furets. On ne doit pas les lâcher dans les terriers où l'on soupçonne que des blaireaux ou des renards, dont ils deviendroient les victimes, se sont retirés; il faut éviter également de les introduire dans les cavités de rochers, d'où ils auroient peine à se retirer; enfin on ne les laisse pas aller dans les terriers sans les avoir muselés; autrement ils profiteroient seuls de la chasse et laisseroient le lapin dans le trou après lui avoir sucé tout le sang.

S'il arrive qu'un furet ne sorte pas du terrier, on y fait un feu de fumée, qui est pour l'ordinaire un sûr moyen de le ramener. (S.)

FUSAIN, (*Evonimus*,) genre faisant partie de la famille des nerpruns, classe XIV, ordre XIII, dont toutes les espèces sont cultivées dans les jardins ou dans les serres. Nous ne considérerons ici que le fusain commun dont le bois sert dans les arts.

Fusain commun, (*Evonimus vulgaris*,) *bonnet*

bonnet de prêtre, bois carré, bois à lardoire.

Fleurs, petites, verdâtres, en ombelles dichotomes.

Feuilles, opposées, lancéolées, pointues, finement dentées, d'un beau vert.

Fruit. Capsule à plusieurs angles et à plusieurs tiges, contenant quatre semences oblongues de couleur orangée.

Port, arbrisseau de vingt à trente pieds, branchu, dont les jeunes rameaux sont quadrangulaires, et d'un vert lisse. M. de Courset, dans son ouvrage intitulé le *Botaniste Cultivateur*, dit que cet arbre a dix à douze pieds de hauteur. J'en ai vu chez M. Thévenin, propriétaire à Livri, près Melun, qui sont dans une partie élevée d'un bois composé de diverses espèces d'arbres indigènes et exotiques, qui ont plus de vingt pieds de hauteur, quoique la terre qui nourrit le fusain soit de médiocre qualité et sans culture.

Lieux. Les bois, les haies.

Culture. Le fusain se multiplie par ses semences qu'on met en terre par-tout, et à toute exposition, dans le cours du printemps; elles seront mieux cependant, si on les sème dans un sol ombragé par un abri naturel ou artificiel, et si on mêle un huitième de sable de bruyère à la terre du sol. Le jeune plant sera repiqué, la première ou la deuxième année, par-tout où l'on se propose de le laisser parcourir les périodes successives de sa vie, soit qu'on n'ait en vue que de jouir du spectacle très-agréable, en automne, de ses jolies capsules rouges, et des semences orangées que celles-ci laissent voir lorsqu'elles sont à demi-ouvertes.

Propriétés économiques. Cet arbrisseau est aussi utile qu'agréable; son bois, d'un jaune tendre, obéit au ciseau du sculpteur; il est employé dans la marqueterie; il sert aux luthiers, dans la fabrication des instrumens, et les tourneurs en font des vis, des fuseaux et des lardoires. Ses petites branches carbonisées dans un tube de fer rougi, où elles sont enfermées hermétiquement, font des crayons précieux pour esquisser, parce que leurs traits s'effacent facilement; mais il faut avoir soin de les tailler sur le côté, pour éviter la moelle qui est trop tendre.

Le charbon du fusain entre dans la composition de la poudre à canon; ses fruits servent à teindre en jaune, en vert, et donnent une couleur rousse.

Il réside dans les feuilles, les fruits et l'écorce de cette plante, un principe âcre et caustique qui la rend plus ou moins émétique, sur-tout au printemps, lorsque la sève est dans sa plus grande activité; elle est alors mortelle pour les brebis et les chèvres, et peut être dangereuse même aux vaches qui en mangeroient de fortes doses. Mais le fusain, qui a des effets si terribles pris intérieurement, devient salutaire, si on l'applique extérieurement aux ulcères invétérés. Sa décoction guérit la gale des chiens et des chevaux, et il suffit de s'en laver pour faire périr, sans dangers, les poux et les insectes qui s'attachent à la peau des hommes et des animaux.

Le genre du fusain comprend plusieurs autres espèces ou variétés, qui participent des qualités du précédent, dont la culture, le semis sont les mêmes; on les cultive pour l'ornement des jardins. Je veux parler des

Fusain à fruit blanc, (*Evonimus vulgaris*, Var. *fruct. alb.*) dont les fruits sont blancs;

Fusain à larges feuilles, (*Evonimus latifolius*,) plus beau que le fusain commun; feuilles grandes, larges, belles, luisantes;

Fusain noir pourpré, dont les fleurs sont d'un pourpre obscur;

Fusain d'Amérique, (*Evonimus Americanus*,) dont les fleurs sont jaunes, et les feuilles très-larges.

Tous ces fusains, de même taille que le fusain des haies, se multiplient par leurs graines, par couchage, et par greffes sur le fusain commun;

Fusain galeux, (*Evonimus verrucosus*,) dont les rameaux resserrés en buisson fort épais, sont garnis de points verruqueux, bruns et élevés, et dont les fleurs sont presque noires. Ce dernier se multiplie aussi par graines, par couchage et par sa greffe sur le fusain commun.

FUSIL. *Voyez* l'article CHASSE. (S.)

FUSTET, ou BOIS JAUNE (*Rhus cotinus*,) arbrisseau de douze à quinze pieds de hauteur, faisant partie des térébinthacées, classe XIV, ordre XII. *Juss.*

Fleurs, petites, blanchâtres, odorantes, nombreuses en panicules, composées de beaucoup de pédoncules filiformes, capillaires.

Feuilles, simples, ovales, arrondies, glabres, odorantes.

Fruits. Une petite baie à noyau monosperme, de forme aplatie.

Lieux. L'Italie, l'Espagne.

Port, rameaux tortueux, de douze à quinze pieds de hauteur.

Culture. On le multiplie par couchage et par les semences qui se font en avril et mai, en pleine terre au levant, dans la terre du sol, mêlée d'un huitième de terre de bruyère; mais la présence de cette dernière n'est pas indispensable. Le jeune plant est repiqué, la première ou la deuxième année, dans le lieu qu'on lui a destiné pour en faire ornement ou pour en extraire de la teinture jaune; c'est un des plus beaux arbres d'ornement, et des plus agréables.

Usages économiques. Toutes les parties de la plante fournissent un principe colorant jaune.

Le fustet a été placé de tout temps parmi les substances colorantes peu solides; et les règlemens de Colbert, sur la teinture, défendoient expressément aux teinturiers du grand teint de s'en servir, et même de l'avoir dans leurs ateliers. Aussi ne devons-nous pas être étonnés de voir cette substance, si riche en principes colorans, abandonnée en quelque sorte, parce qu'on n'avoit pas même le droit de l'incorporer avec d'autres substances. Je me suis assuré que l'on peut obtenir du fustet, sur la laine, une belle couleur d'or, bien nourrie, qui résiste encore quelque temps au concours de l'air et du soleil, et qui, mélangée avec la garance et le bois jaune, peut fournir des dorés extrêmement solides.

Dambourney, à qui l'on est redevable de recherches très-importantes sur les teintures de nos végétaux indigènes, en parlant du peu de solidité du fustet, convient cependant qu'on peut le fixer par les dissolutions de bismuth, et sur-tout par son mélange avec l'écorce de bouleau.

GAGNAGES, (*Vénerie,*) pièces de terres ensemencées, dans lesquelles les cerfs, les chevreuils, les daims et les sangliers vont manger pendant la nuit. (S.)

GALE DES MOUTONS. De tous les animaux domestiques qui font l'objet de nos soins, celui qui est le plus sujet à la gale est sans contredit le mouton; plus sa toison est tassée, plus il est exposé à cette maladie.

Symptômes. Rien n'est plus facile à saisir que les signes qui l'annoncent; l'animal gratte avec un de ses pieds postérieurs les parties du cou et de l'épaule qui en sont affectées; il frotte contre le râtelier ou contre d'autres corps, le garrot, le dos, la croupe. La laine, dans les endroits grattés, est plus nette et plus claire que dans les autres parties. Il en sort des mèches que les bergers appellent *laine pendante.* Cette maladie est souvent accompagnée de toux foible et quinteuse, qui est due à la présence de petits vers dans les poumons. (*Voyez* VERS.)

Si on ouvre la toison dans l'endroit répondant aux surfaces grattées, ou dans ceux d'où la laine s'est détachée, on trouve la peau dure, tuméfiée et couverte de petites pustules, dont la pression faite avec les doigts, produit dans l'animal une vive sensation qu'il témoigne en agitant fortement une des extrémités postérieures.

Cette maladie ne se borne pas, ainsi qu'on le croit communément, à diminuer la quantité de laine que l'animal pourroit fournir lors de la tonte; la laine devient encore sèche, cassante, dénuée de qualité, comme celle des moutons morts de langueur; elle est sans ressort, disposée à être la proie des vers. Pour les manufacturiers elle n'a pas plus de valeur que celle qu'on appelle *pelade.*

La gale obligeant l'animal à se gratter sans cesse, le tourmente, le fait dépérir, et souvent le marasme le mène à la mort.

Altérations observées dans les cadavres. La graisse a disparu, le tissu cellulaire est racorni, desséché et de couleur jaune foncé. Ce qu'il y a de constant dans cette maladie, c'est le mode de lésion du tégument; la peau dans la face intérieure des endroits affectés de gale est constamment d'un rouge noir; elle est encore plus épaisse et plus dure que par-tout ailleurs. Toutes ces altérations s'observent non seulement lorque la peau est fraîche, mais même après qu'elle a été desséchée et même tannée. Les personnes habituées au maniement des peaux de moutons, ne se laissent pas tromper à cet égard.

Les viscères, tant de la poitrine que du bas-ventre, sont flétris, déprimés; on trouve un peu d'eau répandue dans la poitrine, le péricarde et le bas-ventre; les lésions qu'offrent toutes ces parties varient en raison des causes qui ont produit la gale, et en raison des maladies dont les animaux ont éprouvé les effets. Si elle est due au défaut de nourriture, on trouve encore dans la caillette des égagropiles, à la présence desquels on ne manque pas d'attribuer la cause de la mort; on trouve de plus des petits vers fins, blancs, de six à huit lignes de longueur, nommés *crinons*; ils sont en petits paquets, dans la partie la plus reculée des bronches. (*Voyez* VERS.)

Si la gale est la suite d'un excès de grains, tels que de vesces, de pois, d'avoine, on trouve aux poumons des points desséchés, plus ou moins étendus, de couleur rouge, brune, et le mouton est ce que les bergers appellent *brûlé.*

Si elle est le produit d'alimens aqueux, elle est suivie de tous les désordres qu'opère la pourriture ou cachexie aqueuse (*Voy.* POURRITURE)

Causes de la gale des moutons, et moyens de la prévenir. Les poux, les tiques ou tiquets, occasionnent aux moutons des démangeaisons assez vives, et leur présence peut être comptée pour quelque chose dans les causes de la gale.

Les tiques se manifestent dès les premiers jours de vendémiaire (septembre); ils disparoissent à l'époque des premières gelées. Ils occupent le cou, les épaules et le garrot; le dessous du ventre n'en est pas exempt, mais ils y sont en moindre quantité. Il se forme, dans les lieux qu'ils occupent, des pustules assez grosses qui renferment une matière suppurée bleuâtre, très-épaisse, et souvent mêlée avec un peu de sang.

Les poux du mouton sont les plus gros qui existent. Leur étendue en surface, en épaisseur, excède celle d'une lentille ; ils s'étendent sur toute la surface du corps, et principalement sur le garrot et le cou ; ils sont rarement isolés ; ils se réunissent plusieurs sur le même point où l'on voit la place de leurs morsures : toutes ces surfaces sont piquées et irritées tant de la part des poux que de celle des tiques. Ils tourmentent les moutons jour et nuit, les empêchent de manger et de reposer, et il en résulte une fonte assez prompte de la graisse. Au surplus, les agneaux, même les antenois, sont plus exposés à être la proie de ces insectes, que les moutons adultes.

Il est très-difficile, pour ne pas dire impossible, de soigner un troupeau de moutons à laine superfine, assez bien pour le garantir entièrement de toute éruption de gale ; mais, dans un troupeau bien entretenu, les pustules qui sortent d'un moment à l'autre sur quelques moutons peuvent être arrêtées et guéries pour ainsi dire à l'instant de leur apparition. L'objet essentiel est que le berger le reconnoisse aussitôt ; c'est à quoi il parvient facilement, s'il n'abandonne jamais les moutons, et s'il a constamment les yeux dessus. Cette éruption de pustules galeuses n'est pas de sa faute ; il n'est coupable, à cet égard, qu'autant qu'elles sont multipliées, que la maladie a fait des progrès ou qu'elle est répandue sur beaucoup de bêtes. En ce cas, plus le nombre des animaux affectés est considérable, plus on a de reproches à lui faire, parce qu'alors c'est une preuve ou de son ignorance, ou de son insouciance et de sa paresse. Il préviendra encore l'éruption de cette maladie, en entretenant, dans la bergerie, une température douce qui ne soit ni froide ni chaude, et en évitant que ce local n'exhale une odeur forte de mouton ; il en est ainsi, lorsque la bergerie est nettoyée souvent et que l'air la traverse sans obstacles.

Pour s'opposer à l'éruption de cette maladie, le berger doit éviter avec le plus grand soin d'échauffer les moutons, en les faisant ou en les laissant marcher trop vite. Ils doivent être conduits de manière que leurs mouvemens ne soient jamais plus pressés dans un temps que dans l'autre, soit qu'il les conduise au pâturage, soit qu'il les ramène à la bergerie.

Une autre attention non moins importante, sur-tout en hiver, c'est d'éviter, autant qu'on le pourra, que les toisons ne soient mouillées à fond ; plus la toison est tassée et serrée, plus elle a de peine à sécher. Si l'humidité qu'éprouve alors la peau de ces animaux se proroge pendant cinq, six, ou même vingt jours, elle est presque toujours suivie de l'éruption de la gale.

En ce qui concerne la nourriture, elle doit être réglée de manière que le troupeau soit toujours en bon état, jamais maigre, et jamais gras. Cette attention à éviter les extrêmes est de la plus grande importance pour la conservation de la santé, sur-tout des troupeaux que l'on destine à former des élèves et à produire des laines fines.

Tout animal de cette espèce, qui a dépéri, est sujet à avoir la gale, lorsque son embonpoint lui est revenu par une nourriture abondante ; de même que le mouton chargé d'une certaine graisse éprouve rarement une diminution un peu prompte et considérable dans son embonpoint, sans être atteint de la gale ; et l'un et l'autre état sont souvent suivis de la maladie que l'on nomme pourriture ou cachexie aqueuse.

Ces changemens fâcheux ont souvent lieu, lorsque les moutons passent de la nourriture sèche, qui les a fait maigrir, à la nourriture verte qui les engraisse ; époque où la nouvelle laine pousse avec force, et où quelquefois l'ancienne tombe.

Traitement de la gale. Lorsque le berger s'apperçoit qu'un de ses moutons est affecté de la gale, il doit le saisir sur-le-champ, le fixer de manière à pouvoir fouiller la toison, et reconnoître la partie de la peau qui porte les bourgeons. Il doit ouvrir la toison dans l'endroit répondant aux pustules, et arracher la laine qui les recouvre ; il en déchirera et enlèvera avec l'ongle les sommités ; il fera un pli à la peau, prendra ce pli à deux mains entre chaque pouce et chaque index, le pressera, le frottera pour faire sortir l'humeur jaune et séreuse que contenoit la pustule ; alors il versera sur le lieu affecté quelques gouttes d'huile empyreumatique préparée (ainsi qu'il va être expliqué ci-après), puis il approchera la toison et il l'égalisera, en sorte que rien n'indique que l'animal ait été pansé. Il fait le même pansement sur les autres pustules, s'il y en a ; et cette seule opération suffit, lorsqu'elle est bien faite, pour arrêter la maladie.

Mais, si les pustules sont multipliées, soit sur le corps de l'animal, soit sur une grande quantité de bêtes, il faut séparer le plus tôt possible les animaux affectés de ceux qui ne le sont pas, afin d'éviter la communication du mal d'une bête malade à une bête saine.

Cette opération exige une revue générale du troupeau. Il faut nécessairement que tous les animaux qui le composent soient examinés à fond ; on prend chaque mouton en particulier, on l'abat sur la croupe ; on lui attache, par le moyen d'un cordon, les quatre extrémités sous le ventre ; on examine toutes les surfaces de la peau, en ouvrant la toison avec méthode et ordre : on commence par le cou près de la tête, on suit cet examen jusqu'à la croupe ; on ouvre la toison à quelque distance du lieu qu'on vient d'examiner, et l'on continue ainsi sur toutes les parties de l'animal, de manière qu'il ne reste pas un point qui n'ait été scrupuleusement examiné. On ne doit pas borner l'examen à une simple inspection ; il faut toucher la peau avec le doigt pour reconnoître si elle ne présente pas de l'épaississement, ou de la dureté.

Tous les moutons dans lesquels on reconnoît des signes de gale seront totalement séparés des moutons sains ; on les tiendra ainsi à part, jusqu'à ce qu'ils n'offrent aucunes traces de cette maladie.

La gale présentant des degrés différens d'intensité, elle ne doit pas être traitée toujours de la même manière.

Tous ceux qui auront peu de gale sur la surface du corps seront traités comme nous l'avons indiqué ; mais attendu que les moutons qui auront de grandes surfaces couvertes de gale ne pourroient supporter l'impression de l'huile empyreumatique grasse qu'il faudroit employer à forte dose sur une aussi grande étendue ; dans ce cas, on sera obligé de traiter cette surface par portion ; ainsi on commencera par n'humecter de cette huile que quatre à cinq pouces carrés ; le lendemain on agira sur une autre surface, et ainsi de suite, jusqu'à ce que toutes les parties attaquées aient éprouvé ce traitement. On doit avoir attention que l'huile dont on se servira, pour cette opération, s'étende toujours un peu au delà des parties malades.

Lorsque la peau affectée de gale présente beaucoup de dureté et de sécheresse, elle doit être préparée pour recevoir l'action de l'huile dont il s'agit, qui autrement seroit sans effet. Cette préparation consiste à ôter, à l'endroit où est la gale, toute la laine qui le recouvre, à l'assouplir par des onctions de saindoux, et à la frotter fortement pour faire pénétrer cette graisse ; on la pince avec les doigts, on la gratte avec l'onglée de fer, et on racle bien toutes les parties. (Cette onglée sera décrite ci-après.) On ramollit ensuite la peau avec le saindoux, et on laisse cette graisse jusqu'au lendemain, époque où la peau est ordinairement assez souple pour y verser de l'huile.

Lorsque les moutons ont une gale étendue, elle ne seroit point entièrement guérie par une seule application d'huile empyreumatique.

Il arrive souvent même qu'elle reparoît dans de nouveaux endroits, ou qu'elle augmente sur les parties qui n'ont éprouvé que foiblement l'impression du remède. Alors on y revient, et on les attaque une seconde fois ; pour peu que l'on suive avec exactitude les effets de la maladie, et du moyen prescrit, la gale est bientôt guérie.

Manière de préparer l'huile empyreumatique pour la gale des moutons. On prend deux parties d'huile empyreumatique grasse, épurée des sels alcalins qu'elle contient ; on y ajoute une partie d'huile à brûler et une partie d'essence de térébenthine ; on mêle bien le tout et on le conserve dans une bouteille bien bouchée. Plus ce remède est ancien, plus il est efficace.

Cette huile ainsi préparée doit être conservée dans une bouteille, qui en contienne une provision suffisante. La partie qu'on doit employer journellement, et que le berger doit porter ou qui peut être placée dans la bergerie, sera dans une petite bouteille de la contenance de quatre à cinq onces de liqueur.

Cette bouteille sera bouchée de manière à ce que la liqueur ne sorte que goutte à goutte. Pour cet effet, le bouchon sera échancré sur les deux côtés, et chaque échancrure portera un tuyau de plume ; ces tuyaux seront fermés par un petit bouchon de liége ; on ôtera ce petit bouchon, lorsqu'on se servira de la liqueur : elle coulera par un des tuyaux ; l'autre donnera passage à l'air extérieur dont la pression fera sortir l'huile par le tuyau opposé.

Le goulot portera une corde qui aura une anse pour suspendre la bouteille, soit dans la panetière du berger, soit à un des piliers de la bergerie.

Description de l'onglée de fer. Elle consiste en une tige de six ou sept pouces de longueur, de la largeur d'un travers de doigt, et de l'épaisseur d'une ou deux lignes.

Une des extrémités aplatie de cette tige est recourbée à angle droit et dentelée, comme une scie. C'est de cette extrémité ainsi dentelée qu'on se sert pour gratter la peau du mouton affecté de gale. (Ch. et Fr.)

GARANTIE, (*Jurisprudence médicale des animaux.*)

Code civil, Liv. III, Sect. XI, décrété le 15 ventôse an 12.

CHAPITRE IV. *Des obligations du vendeur.*

Dispositions générales. ART. 1602. Le vendeur est tenu d'expliquer clairement ce à quoi il s'oblige : tout pacte obscur ou ambigu s'interprète contre le vendeur.

ART. 1603. Il a deux obligations principales, celle de délivrer et celle de garantir la chose qu'il vend.

SECTION II. *De la garantie.* ART. 1625. La garantie que le vendeur doit à l'acquéreur a deux objets : le premier est la possession paisible de la chose vendue ; le second, les défauts cachés de cette chose, ou les vices rédhibitoires.

De la garantie des défauts de la chose vendue. ART. 1641. Le vendeur est tenu de la garantie à raison des défauts cachés de la chose vendue, qui la rendent impropre à l'usage auquel on la destine, ou qui diminuent tellement cet usage, que l'acheteur ne l'auroit pas acquise, ou n'en n'auroit donné qu'un moindre prix, s'il les avoit connus.

ART. 1642. Le vendeur n'est pas tenu des vices apparens, et dont l'acheteur a pu se convaincre lui-même.

ART. 1643 Il est tenu des vices cachés, quand même il ne les auroit pas connus ; à moins que, dans ce cas, il n'ait stipulé qu'il ne sera obligé à aucune garantie.

ART. 1644. Dans le cas des art. 1642 et 1643, l'acheteur a le choix de rendre la chose, et de se faire restituer le prix, ou de garder la chose, et de se faire rendre une partie du prix, telle qu'elle sera arbitrée par experts.

ART. 1645. Si le vendeur connoissoit les vices de la chose, il est tenu, outre la restitution du prix qu'il en a reçu, de tous les dommages et intérêts envers l'acheteur.

ART. 1646. Si le vendeur ignoroit les vices de la chose, il ne sera tenu qu'à la restitution du prix, et à rembourser à l'acquéreur les frais occasionnés par la vente.

ART. 1647. Si la chose qui avoit des vices a péri par faute de sa mauvaise qualité, la perte est pour le vendeur, qui sera tenu envers l'acheteur à la restitution du prix, et aux autres dédommagemens expliqués dans les deux articles précédens. Mais la perte arrivée par cas fortuit sera pour le compte de l'acheteur.

ART. 1648. L'action résultante des vices rédhibitoires doit être intentée par l'acquéreur, dans un bref délai, suivant la nature des vices rédhibitoires, et l'usage du lieu où a été faite la vente.

ART. 1649. Elle n'a pas lieu dans les ventes faites par autorité de justice.

Le législateur n'a établi ici que des principes qui doivent servir de base à la garantie.

Il a pensé que les changemens à faire aux cas rédhibitoires des animaux, ne devoient point entrer dans le Code civil, mais sans doute dans le Code du Commerce, ou bien, être l'objet de règlemens d'administration publique.

Le seul changement établi par le Code civil, est contenu dans l'art. 1644, qui porte que l'acheteur a le droit de rendre l'animal affecté de cas rédhibitoires, et d'en faire restituer le prix ou e garder ce même animal, et d'obtenir sur ce prix une réduction qui sera arbitrée par experts.

De la garantie des chevaux à Genève, aujourd'hui département du Léman, (*Extrait des Edits civils*, *titre* 21.)

ART. 1. Celui qui aura vendu un cheval *morveux* ou *poussif*, ou *courbatu*, sera obligé, pendant huit jours, de le reprendre, et d'en restituer le prix, s'il n'a déclaré ces vices à l'acheteur, lequel, en cas qu'il ne trouve le vendeur, pourra protester contre lui en justice, et faire visiter le cheval par experts.

ART. 2. Mais, sous prétexte d'autres vices, le vendeur ne pourra être obligé de le reprendre, s'il n'a caché ces vices par un dol évident.

ART. 3. Et, s'il y a procès à l'occasion de quelque vice, et que les parties fassent difficulté de reprendre ou retenir le cheval, il sera séquestré et vendu, si le procès ne peut être sommairement liquidé, afin que sa valeur ne soit consumée en frais, à moins que l'une des parties ne voulût s'en charger au prix qu'il sera estimé par experts qui auront examiné ses qualités ou vices prétendus.

De la garantie conventionnelle. L'acheteur et le vendeur peuvent étendre, restreindre, ou même exclure la garantie d'usage, tant pour les cas que pour la durée. Mais les conditions qu'ils s'imposent dans leur convention doivent être arrêtées par écrit, à moins que le prix de la vente ne s'élevât qu'à 100 fr. La preuve par témoins n'est admise en aucune matière, quand il s'agit d'une plus forte somme.

Si le vendeur garantit l'animal *sain* et *net*, la rédhibition a lieu pour les défauts un peu considérables que l'acheteur n'auroit pas reconnus.

En stipulant un cas particulier de garantie, si l'on n'exclut pas les cas rédhibitoires d'usage, ils restent en vigueur dans la convention, suivant la coutume du lieu. Si l'on ne spécifie pas quelle sera la durée de la garantie conventionnelle, elle est aussi la même que le délai d'usage dans le lieu de la vente.

Quel que soit le mode de la vente, l'acheteur et le vendeur peuvent l'annuler de gré à gré. Après la rédhibition exercée en vertu de leur convention ou de l'usage, ils peuvent aussi contracter un nouveau marché.

L'acte de *vente sans garantie* n'a point d'effet, lorsque le vendeur, connoissant les défauts de son animal, les dissimule, au lieu de les déclarer : alors l'acheteur oppose à sa convention l'exception du dol.

PROCÉDURE. *Mode et effets de la rédhibition.* L'acheteur perd son droit à la rédhibition, s'il fait des actes qui annoncent de sa part une prise de possession définitive ; par exemple, s'il coupe les oreilles, la queue de l'animal, etc.

Il doit, avant l'expiration du délai, proposer d'abord, ou faire proposer au vendeur de reprendre l'animal ou les animaux vendus.

Si le vendeur y consent, l'acheteur doit le lui rendre pendant la durée de la garantie ; s'il refuse, il doit le faire sommer par un huissier, aussi avant l'expiration du délai.

L'acheteur ne doit pas se laisser arrêter par des promesses informes de la part du vendeur, par la considération de son amitié, etc. ; sa sûreté exige que le marché ne soit modifié que par une garantie conventionnelle en forme.

Quelques jurisconsultes veulent qu'on joigne à l'exploit le procès-verbal d'un expert qui constaste le cas rédhibitoire. Cela ne nuit pas à l'action, mais l'artiste qui auroit fait un procès-verbal de la sorte, sur la réquisition de l'une des parties, seroit censé prendre les intérêts de son commettant, et non agir avec impartialité : c'est pourquoi il ne pourroit être nommé expert d'office dans cette affaire.

Cependant, s'il veut renoncer à cette nomination, il peut faire le certificat en question. Cette pièce alors est considérée comme l'avis d'un conseil qui ne peut plus être juge dans le procès.

L'acheteur peut tout simplement intenter sa demande, d'après laquelle le tribunal ordonne la visite par un expert qu'il nomme lui-même.

Cet expert doit, dans son procès-verbal, exposer avec un détail suffisant les choses qu'il observe dans l'animal, et répondre nettement à la question qui lui est faite par le tribunal. Le signalement de l'animal sera marqué dans ce rapport ; ou, si l'artiste opère en présence des parties, il fera mention qu'elles ont reconnu la bête pour être celle qui est l'objet de la contestation.

Pour obtenir la rédhibition, l'acheteur doit offrir l'animal, ou fournir des pièces authentiques pour établir qu'il a été saisi par la police, ou qu'il est péri sans sa faute. Il est tenu à la remise des profits et des restes ; tels seroient un poulain né depuis la convention, ou des harnois et ustensiles que la police n'auroit pas fait détruire.

Le vendeur doit le prix qu'il a reçu, l'intérêt de l'argent, les frais du marché, les dommages causés par l'animal ; par exemple, le prix des animaux que la maladie rédhibitoire auroit infectés, les amendes payées, et les frais de désinfection.

Les frais de fourrière ne sont exigibles que du jour de l'action ; le travail de l'animal est censé avoir égalé sa dépense avant qu'il fût déposé en fourrière. Dans tous les cas, la partie qui succombe doit les frais de fourrière, d'expertise, et de procédure.

A Paris, le tribunal de commerce n'admet point de demande en rédhibition, si le prix de la vente est au dessous de 50 francs, à moins que le cas ne soit une maladie contagieuse ; mais les écarrisseurs ou excoriateurs sont exclus de la faveur de cette exception, parce qu'on suppose que l'animal leur a été vendu pour être tué.

Plusieurs animaux étant vendus collectivement, s'il s'en trouve un qui ait un cas rédhibitoire, le marché est résolu pour tous. Il en seroit autrement, si chaque animal avoit eu un prix distinct, et que le défaut ne fût pas de nature à se communiquer par la cohabitation. Cependant, si, dans le marché collectif, les animaux affectés de cas rédhibitoires ne sont que l'*accessoire*, et que leur valeur soit petite comparativement avec l'objet *principal*, il n'y a point de rédhibition. C'est ainsi qu'un cheval poussif ne seroit pas une raison d'annuler la vente du terrain d'un haras et des chevaux qui le composent.

Origine de la garantie en France. Les premières rédactions du Droit coutumier écrit ne datent que du quinzième siècle, et il est bien peu de coutumes qui fassent mention de la garantie des animaux.

Les usages sur la garantie paroissent être du nombre de ceux qui se conservent encore dans la mémoire des hommes.

On a eu cependant une autre source de coutumes écrites : les jugemens des tribunaux sur ces matières ont fourni des décisions que la jurisprudence a recueillies. (*Voyez* CAS RÉDHIBITOIRES)

Mais c'est sur-tout dans la rédhibition des animaux que les décisions de ce genre ont mérité le reproche que leur fait Montesquieu, d'être souvent contradictoires, soit parce que les tribunaux ont eu des opinions différentes, ou parce qu'il est difficile qu'ils aient une opinion sur cette matière, soit parce que les affaires pareilles sont tantôt bien, tantôt mal défendues.

La Jurisprudence française, en cela, se compose donc aujourd'hui de quelques points du Droit romain usité dans nos provinces méridionales, de quelques coutumes, d'arrêts, de règlemens, et enfin, d'usages non écrits, mal établis, le tout assez peu raisonné, et surtout peu d'accord.

En ce qui est des usages non écrits, il y en avoit chez les Romains, même du temps de Justinien. Il les approuve et en exprimé le caractère, en les appelant *des coutumes journalières, admises par le consentement de ceux qu'elles régissent, et servant de supplément à la loi.*

Mais si l'on compare les usages de la vie civile, répétés chaque jour, avec les cas souvent assez rares qui donnent lieu à la rédhibition des animaux, quelle différence ! Les uns sont à la portée du bon sens de tous les citoyens, et leur fréquence en fait répéter chaque jour l'approbation ; les autres, au contraire, sont rares et exigent des connoissances assez approfondies de l'économie animale. On trouve des juges avancés en âge qui ne se souviennent pas qu'on ait jamais formé de demande en rédhibition dans leur juridiction : comment pourroient-ils connoître l'usage ? Il est d'ailleurs difficile de trouver des témoins pour attester un usage non écrit, dont les applications sont très-rares ; il est sur-tout dangereux, si l'on veut innover ou lever une incertitude, de suivre l'avis d'un seul homme, et sur-tout d'un homme peu versé dans les connoissances physiologiques et pathologiques qui, en cela, doivent servir de flambeau au législateur.

Cependant, il n'y a qu'une vingtaine d'années (en 1781), un maréchal, consulté par le tribunal de Commerce de Paris, déclara que le *cornage* ou *sifflage* étoit un cas rédhibitoire pour les chevaux, et qu'il devoit l'être ; et, sur ce témoignage, le Parlement, suivant les conclusions de la partie publique, rendit un arrêt portant : que *dorénavant le cornage* ou *sifflage seroit rédhibitoire.*

A cause de cette incohérence des usages, on a proposé aux tribunaux de Commerce d'ordonner la rescision des marchés, toutes les fois qu'il y a dol évident, ou que l'animal vendu ne remplit pas le but de la vente. Mais ces dispositions seroient loin d'être assez précises. N'est-il donc pas possible de trouver un petit nombre de principes féconds pour établir la garantie des animaux, de manière que les détails en découlent, et qu'ils aient assez de liaison pour former un système ?

Motifs de la garantie. Dans tous les marchés ordinaires, le vendeur est bien décidé à céder sa marchandise pour le prix auquel il consent ; et, après le marché, son seul soin est de vérifier s'il reçoit de bonne monnoie ; alors il a l'équivalent qu'il désire.

Dans le commerce des animaux sur-tout, la condition de l'acheteur est bien différente. Un usage plus ou moins long, un service plus ou moins avantageux, ont donné au vendeur une entière connoissance des qualités de l'animal ; l'acheteur au contraire n'a qu'un instant, et souvent peu de facilité pour faire son examen. Si c'est à l'écurie, on n'y voit pas bien clair ; on apperçoit à peine les formes les plus intéressantes ; les animaux sont pressés l'un sur l'autre. Dans les foires et dans les marchés, les fait-on trotter quelques pas ? le coup d'œil est gêné, croisé par des chevaux que d'autres marchands font trotter en même temps ; ne soupçonnant pas qu'une partie soit affectée d'un défaut même considérable, on n'y fait pas attention séparément. Si le vendeur n'a point d'inquiétude sur l'argent qu'il a reçu, il s'en faut de beaucoup que l'acheteur puisse être dans la même sécurité par rapport à l'animal qu'on lui livre.

Dans tel cheval, la maladie n'existe que par intervalles ; c'est l'*épilepsie* ou *mal caduc*, ou bien la *fluxion périodique*, ou même encore une *claudication* qui n'est bien sensible qu'après un certain temps de repos. Celui-là est attaqué d'une maladie contagieuse, et, peu de temps après qu'elle a été communiquée, le mal n'a point fait assez de progrès pour être appercevable ; tels sont, au commencement de la maladie, le *charbon*, le *claveau*, etc.

Les hommes de l'art les plus connoisseurs, fortifiés par la plus longue expérience, y faisant la plus grande attention, y seroient trompés souvent, puisqu'il n'y a point alors de symptômes. Ces cas réfutent l'opinion de Bornier et de Ranchin, qui prétendent que le

vétérinaire

vétérinaire ne doit point jouir de la faculté de la rédhibition, parce qu'il est censé connoître tous les défauts des animaux.

Cette exclusion seroit plus raisonnable, quand il s'agit de défauts qui échappent au commun des marchands, faute de connoissances suffisantes, ou faute d'assez d'attention : telles sont la pousse, la courbature, la ladrerie, la pommelière, la morve développée, etc.

Il est aussi des vices très-dangereux : c'est un cheval méchant, qui mord, qui rue, qui n'est traitable que pour une seule personne ; un autre est rétif, peureux, ombrageux, quand il est frappé de quelque chose d'extraordinaire ; il recule, il bondit de côté, au point d'exposer la vie de celui qui le mène. De tous ces cas, les uns rendent l'animal impropre au service, les autres l'exposent à être saisi par la police, et sacrifié pour raison de la sûreté publique ; d'autres enfin le rendent nuisible ; et cependant tous ces défauts ne peuvent être reconnus pour tels par ceux qui font ordinairement le commerce ; mais ils sont connus le plus souvent, ou soupçonnés du moins par les vendeurs. N'est-il pas juste qu'ils soient responsables de ceux qui existoient au moment de la vente ?

Un dernier fondement de la garantie, c'est qu'il est dans l'opinion du vulgaire que certains vendeurs ont des moyens de cacher le mal, et de le faire disparoître au point qu'il n'est plus appercevable pendant un temps. De là est venue l'idée de la garantie ; elle semble plutôt une justice qu'une faveur envers l'acheteur.

Le délai lui donne le temps de connoître l'animal, et rend sa condition moins inégale, comparativement avec celle du vendeur.

La garantie existe donc, parce qu'il y a un défaut ; mais quel défaut ?

Les Lois romaines, dit Varron, engagent à garantir sains et sans défauts tous les animaux que l'on vend ; les chèvres néanmoins, ajoute-t-il, en sont exceptées, parce que la garantie n'auroit pu se faire sans fraude et sans mensonge, puisqu'elles ont toujours la fièvre. Chez les Romains, on n'étoit donc pas plus exempt que chez nous de voir les *dictons* de l'ignorance envahir l'opinion des gens instruits. Le cri tremblant de la chèvre n'est point une raison de juger qu'elle a toujours la fièvre.

De ce qui précède, nous concluons que la garantie doit reposer sur les bases suivantes :

1°. Le défaut doit être réel.

2°. Il faut que le défaut soit grave, c'est-à-dire qu'il réduise l'animal à une valeur beaucoup moindre ; qu'il le fasse périr, le rende inutile, ou même nuisible, parce qu'il blessera ou infectera d'autres animaux, et que celui qui l'a en sa possession sera tenu de dommages beaucoup plus grands que son prix.

3°. Pour admettre un défaut à jouir de la garantie, ce défaut doit être caché, c'est-à-dire, existant quelque temps sans se développer, ou bien étant un mal caractérisé par des accès sans aucuns signes dans les intervalles ; ou bien enfin, dans un sens moins rigoureux, ce défaut ne pouvant être reconnu que par ceux qui ont fait une étude approfondie de l'organisation des animaux.

La justice réclame comme quatrième condition, que le défaut soit antérieur à la vente, ou bien, comme on le dit quelquefois, qu'il soit *du fait* du vendeur, du moins quant à sa cause.

Mais il est difficile de se procurer des écrits, des témoins, de réunir des faits qui prouvent cette préexistence. On a estimé le temps moyen que le mal est à se développer, en prenant pour base sa nature : cette détermination a dispensé de recourir à des preuves souvent impossibles.

La garantie doit être uniforme en France. Les variétés des climats de la France ne causent que de légères différences dans les maladies des animaux nourris sur son sol. Par rapport à la législation, les vices et les maladies de la même espèce peuvent être considérés comme y ayant le même caractère ; ce sont les mêmes causes, les mêmes symptômes, les mêmes suites, elles doivent donc donner lieu à la même action ; et, si l'on admet la garantie, elles doivent avoir la même durée sur tout le territoire français. Le règlement étant général, celui qui souffriroit une garantie pourroit la réclamer pareille à son tour dans une juridiction différente.

La jurisprudence devroit être constante et uniforme.

La raison et le goût, dont les préceptes ont été dirigés dans tous les siècles vers les productions du génie et des arts, ont profité du zèle des gouvernemens pour étendre leur influence dans le sanctuaire des lois. L'unité d'objet, l'unité de dessein, sont devenues aussi des principes de législation.

On voit disparoître les contradictions choquantes qui existoient dans nos ordonnances et dans nos coutumes ; ces réformes sont l'ouvrage de la froide raison, et ne pourroient aucunement être attribuées à la fureur des factions. Mais si les lumières et le zèle du législateur lui font chercher le bien hors des anciennes règles, sa sagesse, avant qu'il adopte des changemens, doit lui en faire calculer les effets. Eh ! que pourroit-il craindre ? Les usages sur la rédhibition des animaux ne sont pas de ces coutumes anciennes qui tiennent au caractère national. Il n'est pas question d'abandonner un système de lois pour en établir un autre. Nous proposons seulement de passer, de quelques usages bien équivoques et bien incohérens, à un ordre de principes raisonnés dans une petite partie de la législation qui n'intéresse point la politique, qui ne contrarie aucune affection, et ne tient pas même aux intérêts de famille. Dans un moment où l'on a posé des bases nouvelles sur les successions, sur les mariages, ce ne sont point des craintes qui pourroient empêcher d'établir des règles générales et bien combinées pour une simple branche de commerce qui est d'une importance beaucoup moindre.

La grande tentative de donner à la France des lois uniformes s'arrêteroit-elle à la garantie des animaux ? Quand une puissante révolution a donné à l'État une forme nouvelle, quand le génie qui communique l'impulsion aux législateurs a calmé les haines, rallié tous les partis à force de travaux, mais sur-tout par de bonnes lois, laisseroit-il subsister l'imperfection dans un point qui réclame sa part des améliorations ?

Pour établir d'une manière raisonnable la garantie des animaux, nous proposons que le Code du Commerce donne les détails suivans, comme explicatifs de l'article 1643 du Code civil, ou que le gouvernement en fasse l'objet d'un règlement d'administration publique, suivant le vœu du projet du Code du Commerce.

« Les cas rédhibitoires seroient, pour toutes les espèces d'animaux domestiques, le charbon et les maladies pestilentielles ; pour le cheval, l'âne, le mulet, le taureau, le bœuf et la vache, la méchanceté ; et pour les moutons, le claveau. L'action pour ces cas devroit être intentée par l'acquéreur, avant l'expiration du huitième jour ; si cependant le huitième jour étoit une fête, elle pourroit n'être intentée que le neuvième.

» Seroient aussi rédhibitoires, pour tous les animaux, la rage ; pour le cheval, l'âne, le mulet, le taureau, le bœuf et la vache, l'épilepsie ou mal caduc ; la fluxion périodique pour les chevaux, et le *tournis* pour les moutons mérinos. La garantie seroit de quarante jours pour ces quatre cas.

» En outre, les chevaux, ânes et mulets, qui seroient morveux ou simplement jeteurs, qui seroient affectés du farcin, de la pousse, de la courbature, seroient dans la courte garantie, et pourront être l'objet de la rédhibition, si elle étoit demandée avant l'expiration des vingt-quatre heures qui suivroient la conclusion du marché.

» Il en sera de même des chevaux, ânes et mulets qui seroient affectés de claudication par intervalles, d'immobilité ; qui refuseroient le service, ou seroient rétifs, ombrageux, corneurs, siffleurs ou gros d'haleine.

» Seront pareillement dans la courte garantie (de 24 heures) le cochon, pour la ladrerie ; et la vache laitière, pour la phthisie pulmonaire nommée pommelière, quand elle sera vendue par des marchands forains, et non par des nourrisseurs de ville.

» Il n'y aura point de garantie ni de longue, ni de courte durée, toutes les fois que le prix de la vente sera au dessous de cinquante francs, si ce n'est pour les cas de maladies contagieuses ; exception dont ne jouiront pas les excoriateurs ou écarrisseurs.

» Les cas que le vendeur pourroit prouver avoir déclarés, cesseront d'être rédhibitoires.

» Il est libre à tous les acheteurs et vendeurs de faire des conventions particulières, pour rejeter tous les cas, ou quelques uns seulement, et d'en substituer d'autres, ainsi que d'autres délais.

» Dans les communes où il y a des marchés d'animaux, le maire, ou un commissaire de police, après avoir entendu le rapport d'un homme de l'art, prononceroient sans délai et sans appel pour tous les cas de la courte garantie. Il leur seroit adressé à cet effet une instruction où les cas rédhibitoires seront caractérisés.

» Les acheteurs pourroient déposer entre leurs mains le prix du marché, et ils devroient le remettre dans les mêmes espèces au vendeur, mais seulement après l'expiration de la garantie de droit ou de convention.

» A cet effet, si l'acheteur fait des poursuites en rédhibition, il sera tenu d'en donner avis au maire ou au commissaire de police du lieu du marché, avant l'expiration du délai.

» Les maires ou commissaires de police tiendroient ou feroient tenir un registre sur lequel on inscriroit les animaux dont on auroit déposé le prix, ainsi que les noms et les demeures du vendeur et de l'acheteur.

»L'acheteur pourroit intenter l'action en rédhibition, quoiqu'il n'eût pas déposé le prix, ni fait la déclaration des animaux.

»Le vendeur encourroit de plus la peine de l'amende, s'il vendoit, même dans des lieux particuliers, ou exposoit en vente dans les marchés publics, des animaux attaqués, ou seulement suspects de maladies contagieuses graves.

» Il seroit défendu de présenter aux marchés aucun animal méchant, de quelque espèce que ce soit, sous peine de cinquante francs d'amende. En outre, tout animal qui auroit blessé ou tué un autre animal, ou un homme, seroit tué sur-le-champ, sans préjudice des dommages dus à la partie qui auroit souffert, ou à ses ayant-cause.

» Dans toute affaire pour la rédhibition d'animaux, lorsque les frais égaleroient le prix de la vente, le tribunal seroit tenu d'arrêter la procédure; et si l'enquête ne l'avoit pas éclairé assez pour donner son jugement, il ordonneroit que l'animal, ou les animaux qui sont l'objet de la question, soient vendus à l'enchère, et que les pertes et les frais fussent supportés également par les parties. »

De quelques défauts que la loi ne doit pas comprendre dans la garantie. Il est des cas que nous ne comprenons pas au nombre des défauts qui doivent jouir de la garantie, parce qu'ils sont trop rares ou trop sujets à varier, ou enfin parce qu'il faudroit un trop long délai pour les constater.

Tels seroient les claudications rhumatismales, l'incontinence d'urine ou de sperme; dans les femelles, l'avortement habituel, le renversement habituel de la matrice; la stérilité dans des animaux achetés pour la génération, etc.

On a vu aussi des défauts de conformation assez graves, qu'on ne peut appercevoir que par l'usage, mais qui sont si rares, et qui peuvent être si différens, que nous n'avons pas cru devoir en faire mention particulièrement.

Moyen de reconnoître les maladies qui entrent dans la garantie telle qu'elle est. Le charbon, la rage, le claveau, sont rédhibitoires comme maladies contagieuses. (*Voyez* ces mots.) Le farcin et la morve sont aussi réputés maladies contagieuses (*Voyez* Farcin.)

La morve, dans son état complet de développement, a pour caractères, 1°. un flux particulier par l'un des naseaux, ou par les deux ensemble; 2°. un engorgement des glandes de la ganache sans la participation des tissus voisins; 3°. des ulcères nommés chancres à la membrane du nez.

Si un cheval a quelqu'un de ces symptômes, sans les réunir tous les trois, il n'est considéré, aux yeux de la police, que comme *suspect de morve;* et cependant il est dans le cas de la rédhibition, en vertu de l'arrêt du Conseil d'état, du 26 juillet 1784, article 7.

Courbature. Le vulgaire entend par cette expression une affection vague commençante, et particulièrement un embarras des organes musculaires, des organes respiratoires ou digestifs.

On a restreint l'acception de la courbature rédhibitoire à ce qu'on appelle la courbature ancienne ou chronique, qui consiste dans des indurations aux poumons, l'hydropisie sur-tout dans la poitrine.

Cette affection est le plus souvent la suite de la Péripneumonie, de l'Avortement. (*Voy.* ces mots.)

Le cheval étant bien reposé, s'il a moins de dix expirations, ou plus de vingt-cinq par minute, si l'animal est maigre ou bouffi, s'il a la tête lourde, s'il a la peau sèche, le poil terne, la peau adhérente aux os; si les crins s'arrachent facilement, s'il marche avec roideur, s'il sue spontanément, ou à cause d'un exercice très-léger, la coincidence de ces symptômes doit faire juger la courbature.

Pour les autres cas rédhibitoires, *Voyez* Cornage, Sifflage, Epilepsie ou Mal caduc; Fluxion périodique, Immobilité, Ladrerie, Pommeliere, Tournis, etc.

(Ch. et Fr.)

GEAI, (*Corvus glandarius* Lin.) oiseau du genre des Corbeaux. (*Voyez* ce mot, pour les caractères génériques.) Ceux de l'espèce consistent principalement dans la forme du bec qui est tout à fait droit, et dont les mandibules sont d'une égale longueur.

Si le geai n'avoit pas le bec épais et la tête grosse en proportion du volume de son corps, ce qui lui donne une physionomie dure et grossière, il seroit un des plus beaux oiseaux de nos pays. Le gris cendré et vineux de la plus grande partie de son plumage doux et soyeux est agréablement relevé par le toupet de petites plumes noires, cendrées, bleuâtres et blanches, qui lui couvre le front, et sur-tout par la belle plaque émaillée de différentes nuances de bleu, dont ses ailes à plumes noires, comme celles de la queue, sont ornées. Lorsqu'il se met en colère, ce qui lui arrive souvent, il se couronne d'une huppe, en redressant les plumes de sa tête. Dans cette espèce, le mâle, plus gros que la femelle, a des couleurs plus brillantes.

La plus grande partie des geais quittent nos bois et nos vergers à l'approche de l'hiver, tandis que plusieurs y passent la saison des frimas. Si vous découvrez au printemps, sur un chêne antique, dont le tronc chargé de mousse sert d'appui aux tiges grimpantes du lierre; si vous découvrez, dis-je, un nid assez grossièrement construit avec du bois sec, et garni en dedans d'une couche mal arrangée d'herbes et de racines flexibles, sur laquelle sont posés quatre à cinq œufs un peu moins gros que ceux de pigeon, et colorés en verdâtre avec de petites taches peu apparentes, vous avez à votre disposition un nid de geais. Le mâle et la femelle couvent alternativement pendant treize ou quatorze jours, et il y a, pour l'ordinaire, deux couvées par an. Ces oiseaux sont très-vifs, pétulans, irascibles, brusques, criards, et ils se plaisent à cacher leurs provisions, ainsi que ce qu'ils peuvent dérober. Ceux qui vivent dans nos bois, pendant l'hiver, forment un magasin de differens fruits sauvages. En été, ils se nourrissent d'insectes, de fruits, de grains, d'œufs et de petits des oiseaux. Ils mangent aussi le blé dans les champs, mais non pas sur place, comme les moineaux; ils coupent les épis et les emportent dans la forêt, pour former leur approvisionnement d'hiver.

L'art de la toilette a su tirer parti de la dépouille du geai; les plumes azurées qui brillent sur les ailes de cet oiseau étoient, il n'y a pas long-temps, un des ornemens que les dames recherchoient dans leur ajustement. Cette parure n'est plus de mode; mais elle peut reprendre faveur, comme tant d'autres que l'on avoit également abandonnées. Au reste, c'est le plus souvent dans les productions de la nature que la beauté choisit, avec avantage, ses atours les plus simples et les plus agréables.

C'est plutôt comme destructeur du gibier, que comme gibier lui-même, que le geai est, pour les chasseurs de profession, l'objet d'une guerre assez active. Il dévore en effet non seulement les œufs, mais même les petits d'un grand nombre d'autres volatiles, ainsi que les jeunes portées du menu gibier, sur-tout des espèces que l'homme a le plus particulièrement destinées à flatter ses goûts. Cette rivalité constitue, de la part de cet oiseau, le fait de brigandage, relativement au chasseur, crime dont celui-ci ne manque pas de le punir en vertu de la loi du plus fort. La variété de ses appétits, qui le fait se nourrir d'un assez grand nombre de végétaux, lui vaut aussi d'être mis, par l'agriculteur, au nombre des oiseaux nuisibles par leurs pilleries.

Comme oiseau parleur, son éducation devient pour les oiseleurs un objet de spéculation. Il imite assez facilement, et avec précision, une multitude de sons. Ce caractère imitateur se montre même dans l'état de liberté, et l'auteur de l'*Aviceptologie* atteste avoir trouvé dans les bois des geais qui contrefaisoient la chouette, au point de tromper les oreilles des pipeurs les plus exercés. On perfectionne ces dispositions naturelles, en coupant le filet qui se trouve sous la langue des geais.

Il faut nourrir les petits que l'on prend pour cette destination, avec des pois trempés dans du bouillon et mêlés à du cœur de mouton cuit et haché menu, et, si l'on peut, on y joint des fruits. La nourriture de lait et de pain, plus communément employée, réussit bien plus rarement.

J'ai remarqué plus haut que le geai n'étoit pas considéré, du moins en France, comme gibier; cependant on assure que sa chair est très-mangeable, sur-tout en lui coupant la tête, et mettant ensuite le corps bouillir et rôtir.

On assure même que ceux qui sont jeunes et gras peuvent être servis pour des grives. On les voit exposés en vente dans les marchés d'Italie et d'Allemagne, et j'ai eu occasion de remarquer qu'ils sont regardés, en Grèce, lorsqu'ils y arrivent vers la fin de l'été, comme un manger délicat; aussi ceux qui y passent, à cette époque, sont-ils en général de jeunes oiseaux alors fort gras.

Chasse aux geais. Leur pétulance, leur agitation perpétuelle, les rend très-difficiles à tirer au fusil; mais cette même étourderie et leur hardiesse les font donner tête baissée, et sans trop de méfiance, dans quantité de pièges. Leur haine pour la chouette les attire des premiers aux pipées; ils fondent sur l'arbre avec courage, mais leur force leur permet quelquefois de se sauver avec les gluaux.

On se sert encore avec succès de l'instinct qui les attire aux cris les uns des autres, pour les prendre en troupe, lorsqu'on a pu s'en procurer un vivant qu'on attache couché sur le dos en lui prenant les ailes au moyen de deux crochets piqués en terre, espèce de chasse que j'ai déjà indiquée pour les Corbeaux, les Corbines, etc. (*Voyez* l'article de ces oiseaux.) Cette pratique est fondée sur un fait constant, et sur les habitudes mêmes des geais. Cependant on voit une méthode à peu près semblable, indiquée dans divers Traités de chasse, et d'où l'on attend un effet absolument contraire. Je veux parler du moyen présenté comme propre à écarter les geais des champs ensemencés et d'autres endroits où l'on redoute leurs pillages; moyen qui consiste à attacher çà et là, à des piquets, des geais blessés, dont les cris, assure-t-on, servent à éloigner les autres.

Les abreuvoirs et leurs tendues, toutes les espèces de *collets à ressort*, *rejets*, *raquettes*, ou *repenelles*, etc., sont pour les geais des fléaux destructeurs. (*V.* Abreuvoirs et Collets a ressort.) Des cosses de pois, des cerises, des noix, différentes baies, servent, selon les saisons, à amorcer les pièges. On tend, pour ces oiseaux, les raquettes et repenelles parmi les haies et les buissons, et sur les arbres; mais il faut avoir soin alors que la *marchette* de ces pièges soit tellement isolée, que les geais ne puissent atteindre, autrement qu'en se posant sur ce léger bâton, le fruit quelconque dont la sommité de la raquette est garnie. La raquette proprement dite, dont j'ai décrit la forme aux articles précités, ne se tend commodément que sur terre. Voici comment se façonne la *repenelle* propre à être tendue sur les arbres, et dans les haies et les buissons. On a une baguette de saule, longue d'environ quatre pieds, grosse comme le pouce, et bien droite; on l'aiguise par le gros bout; on laisse à l'autre extrémité une petite fourche, ou crochet, qui sert à suspendre les fruits et autres appâts : à dix ou douze pouces environ de cette extrémité supérieure, on perce transversalement la branche d'un trou, du diamètre au plus d'une foible plume à écrire; et vers l'extrémité inférieure, à six ou huit pouces du bout aiguisé, on fait un second trou dans le même sens que le précédent, et d'un diamètre plus fort.

Ce second trou reçoit une baguette élastique, longue de deux ou trois pieds, grosse comme le petit doigt, et aiguisée, s'il est besoin, d'une manière à entrer à serre, et se ficher solidement dans le trou qui lui est préparé. A l'autre extrémité de cette seconde baguette est une petite ficelle à laquelle s'attache un collet de crin qu'on enfile dans le trou supérieur du gros bâton, et qui passe d'outre en outre, ce qu'on obtient en forçant la petite baguette élastique à se plier en demi-cercle vers ce trou. Pour retenir le piège dans cet état de tension, on a une marchette dont l'extrémité est proportionnée à l'ouverture du trou supérieur, fait dans la branche de saule. Cette marchette, présentée au bord de ce trou, y pince le nœud qui attache la ficelle au collet qui y est engagé. Cet obstacle empêche la branche élastique de se rabattre, et de ramener à elle le collet qu'on déploie en rond sur la marchette; mais, lorsqu'un geai vient à se poser dessus, il la fait tomber; alors la branche du ressort se détend et tire à elle ce même collet qui serre le geai par les pattes contre le bâton montant. Ce mécanisme joue de la même manière que le *collet à ressort* de fil de fer communiqué par M. Clavaux, et décrit à l'article COLLET.

Dans l'arrière-saison, et pendant l'hiver, on prend les geais qui restent dans nos climats, *aux fossettes*, qu'on tend avec succès le long des haies et bouquets de bois, pour un grand nombre d'oiseaux. (*Voyez* FOSSETTE.)

S'il faut en croire quelques ouvrages d'économie champêtre, l'on peut prendre les geais d'une manière assez plaisante, mais que je suis très-éloigné de garantir. On remplit d'huile de noix, ou de toute autre huile bien claire, un vase qui ait la largeur d'un plat ordinaire, et une profondeur de quatre doigts au moins: on le place aux endroits que fréquentent les geais. Sitôt que ces oiseaux se voient dans l'huile, ils voltigent d'abord à l'entour, et, appercevant leur image dans cette espèce de miroir, ils se jettent dans l'huile; lorsqu'ils en sortent, leurs ailes imbibées de la liqueur grasse se refusent au vol, et on les prend sans beaucoup de peine. Pour cette chasse, il faut être caché dans quelque buisson, afin de ne pas être apperçu par les geais, qui sont très-défians. (S.)

GELINOTTE, (*Tetrao bonasia* Lin.) oiseau du genre des *tétras*. (*Voyez* le commencement de l'article du COQ DE BRUYÈRE.)

Cet oiseau n'est guères plus gros que la perdrix rouge, et son plumage tient de celui du faisan et des perdrix rouges et grises. Une peau nue et rouge forme au dessus de l'œil une espèce de sourcil, dont la couleur est plus vive dans le mâle que dans la femelle; le premier se distingue encore par sa gorge noire: la femelle a cette partie grisâtre.

Dans cette espèce, la pariade a lieu aux mois d'octobre et de novembre; la ponte se compose de douze à dix-huit œufs blancs, et le nid est placé sur la terre même, à l'abri d'un buisson ou d'une bruyère.

La gelinotte se trouve dans les contrées boisées et montueuses de la France. Quoique d'un naturel doux et timide, elle préfère ces sites sauvages à tous autres, parce qu'elle y trouve plus de moyens d'y sauver, des poursuites des hommes, sa liberté et son indépendance. Elle est si attachée à ces biens, que l'on n'a pu encore réussir à la plier même à la demi-domesticité du faisan, et elle a toujours péri dans ces essais, malgré les soins les plus intelligens, excités encore par le désir d'augmenter la consommation d'un gibier aussi recherché. On a donc été réduit à continuer de faire la guerre aux gelinottes.

CHASSE DE LA GELINOTTE. Cette chasse se fait en automne et au printemps. Pour tuer les gelinottes, il faut chercher les arbres où elles se cachent, et où elles se laissent approcher, quand elles sont une fois blotties dans leurs plumes. On leur tend aussi des collets et des lacets, et on les attire dans des filets, en se servant d'un appeau qui imite leur sifflement; on le fait avec l'os de l'aile du hibou ou de l'autour; de la justesse de ce petit instrument dépend le succès de la chasse. (S.)

GILLE, (*Pêche,*) filet en forme de grand épervier, dont on se sert pendant l'hiver et à rivière haute. Le gille est du double de l'épervier ordinaire, et porte communément huit cents mailles; il faut trois personnes pour le jeter à l'eau. L'ordonnance de 1669 défendoit l'usage de ce filet (S.)

GLU. La glu est une substance visqueuse, très-adhérente aux corps qu'elle touche. On la tire par la fermentation des sucs contenus dans l'écorce du houx et dans celle du gui; l'écorce du houx fournit un *gluten* d'une meilleure qualité. La glu la plus estimée dans le commerce est celle qu'on fabrique dans la Bourgogne. Cette substance est essentiellement l'arme de l'oiseleur; elle est le grand ressort des pipées et d'une foule d'autres tendues; (*Voy*. entr'autres articles, le mot ABREUVOIR) elle livre d'ailleurs aux amateurs les oiseaux vivans et non blessés : il est si facile de se procurer de la glu, qu'il ne vaut pas la peine de songer à la tirer de sa propre manipulation. Les procédés de sa fabrication, sans être très-pénibles, sont d'ailleurs incommodes et ne conviennent qu'à ceux qui en font une spéculation; je me contenterai de quelques indications générales sur cet objet. On lève l'écorce des jeunes branches de houx, arbrisseau que tout le monde connoît; cette écorce est celle qui se trouve sous une première pellicule qu'on détache facilement après avoir trempé quelques minutes le houx dans de l'eau bouillante; la bonne écorce enlevée est triturée dans des mortiers de pierre; l'humeur visqueuse qui en sort, rassemblée dans des pots de terre, est déposée, pendant une quinzaine, dans un lieu chaud où elle prend un mouvement de fermentation. C'est le degré de cette fermentation qui détermine la bonté de la glu; lorsqu'elle a acquis ce degré, on la lave pour la nettoyer de ses scories.

Souvent la glu qu'on achète est sale. On doit se donner la peine de la nettoyer; ce qu'on fait en la battant, pétrissant, ployant et déployant dans une eau fraîche et courante; elle en enlève les parties hétérogènes qui nuisent à ses effets.

Pour entretenir la glu souple et extensible, on met de l'huile d'olive dans le vase qui la contient. Il faut en éviter l'excès; le moins, en ce cas, vaut mieux que le trop. Une glu trop chargée d'huile peut s'en débarrasser, en l'exposant avec soin et précaution au courant d'un ruisseau. L'huile d'olive qui a de l'odeur doit être exclue de ce procédé; ses émanations suffiroient pour écarter les oiseaux; l'huile la plus inodore est la meilleure : celle de faîne doit être fort bonne pour cet usage; on peut aussi y faire servir celles de navette, de noix ou de lin. (S.)

GLUAUX. On appelle ainsi de petites baguettes enduites de glu, et que l'on dispose de diverses manières sur le passage des oiseaux, et dans les endroits où ils doivent se percher. Ces baguettes touchées, ou par leurs pattes, ou par leurs ailes, s'attachent à ces parties au moyen de la matière visqueuse dont elles sont recouvertes, en gênent et arrêtent les mouvemens, ce qui livre l'oiseau englué, sans moyens de fuir, au chasseur qui a disposé cette espèce de piège. C'est sur les gluaux qu'est fondé l'espoir de l'oiseleur dans les pipées; ils rendent plus meurtrières les tendues des abreuvoirs; l'intelligence du chasseur les fait encore servir dans quelques autres circonstances. (*Voyez*, à ce sujet, les articles ALOUETTES, ABREUVOIRS, PIPÉE, etc.)

Les meilleurs gluaux se font de petites branches de saule, dites *saussais*. Il faut les choisir sur l'espèce de saule blanc employé par les tonneliers. Les meilleures pousses sont celles qui croissent sur le tronc même, ensuite celles des mèresbranches. Les saussais bons à cueillir, sont ceux qui se trouvent assez longs pour que, taillés en gluaux, il leur reste quinze ou seize pouces de longueur ; ils doivent, de plus, être minces, droits, bien filés, d'une bonne couleur. On rejettera les pâles comme de mauvaise qualité, et trop cassans.

On connoît que les saussais sont mûrs quand leurs feuilles se détachent aisément.

Après avoir cueilli la quantité de branches que l'on s'étoit proposée, on les étend pendant deux heures au soleil, s'il y a lieu, ou dans un endroit chaud, tel qu'un four. On les élague ensuite, et on les taille d'égale longueur en les réunissant par le gros bout, et faisant sauter l'excédant des cimes, de manière à leur donner à tous la longueur précitée de quinze ou seize pouces. On aiguise la grosse extrémité en forme de coin; et comme c'est par ce bout qu'on implante les gluaux dans les entailles faites aux arbres pour les recevoir, ils sont, dans cette partie, exposés à un frottement qui les détruiroit bientôt, si on ne prenoit la précaution de les durcir en cet endroit, en les exposant au feu de charbons allumés, ou en les passant dans des cendres bien chaudes.

Après ces premiers préparatifs, les saussais sont en état de recevoir la glu. Au moment de les engluer, on se lave d'huile les doigts, afin de les garantir d'une trop grande adhésion de la matière visqueuse; puis, d'une main, prenant une poignée de saussais, de l'autre, on leur présente un morceau de glu gros comme une noix, qu'on tient avec deux doigts, qui, filant sur les baguettes, s'entortille autour du paquet qu'on fait tourner dans l'autre main, à peu près comme fait une fileuse qui charge de lin sa quenouille. On recommence ce procédé jusqu'à ce que l'on ait mis assez de glu pour garnir tous les saussais. Alors, on les prend des deux mains ; puis, les roulant l'un sur l'autre, par le moyen du frottement alternatif des mains, on force la glu à s'étendre également, et tout du long des baguettes, jusqu'à quatre pouces au plus du gros bout taillé en coin, qu'on laisse net pour pouvoir les manier, placer, et détendre, sans s'engluer.

Les gluaux ainsi préparés se conservent et se transportent dans leur *carton*. Les oiseleurs nomment ainsi une grande bande de cuir, ou de toile cirée, ou d'écorce de cerisier, d'une longueur à peu près égale à la hauteur des gluaux, et assez longue pour faire environ deux tours autour du paquet qu'elle doit envelopper. Les *cartons* de cuir sont préférables pour la durée. On a soin de les huiler, afin que les gluaux ne s'attachent pas après ; on maintient ce rouleau au moyen d'une lanière de cuir, ou d'un fort ruban de fil, cousu sur le bord antérieur de l'enveloppe. (S.)

GORS ou GORDS, (*Pêche.*) On donne ce nom à une construction faite avec des pieux enfoncés dans une rivière, et que l'on dispose en entonnoir dont le bout évasé est tourné vers le courant ; à l'autre bout sont ajustés des Guideaux ou Verveux. (*Voyez* ces mots.) On établit ordinairement les gors dans les petits bras de rivières formés par des îlots. Le poisson qui y passe, engagé dans les files des pieux et entraîné par le courant dont elles augmentent la vitesse, les suit et entre dans le piège.

C'est aux gors seuls où l'on tend des dideaux, aux arches des ponts, et aux moulins, que l'ordonnance de 1669 permettoit de pêcher à d'autres heures que depuis le lever du soleil jusqu'à son coucher (S.)

GOUJON, (*Cyprinus gobio* Lin.) poisson du genre des *cyprins* ou des Carpes. (*Voyez* ce dernier mot.)

Caractères de l'espèce. Onze rayons à la mâchoire anale; deux barbillons.

Les eaux des lacs et des rivières qui reposent ou coulent sur un fond sablonneux, sont légèrement agitées par des grandes troupes de petits poissons au corps arrondi, au dos bleu noirâtre, aux nageoires et à ligne latérale tachetées; enfin aux côtés bleus, au ventre blanc et jaune, à l'œil petit, dont l'iris est un cercle d'or. Ce sont des goujons que la délicatesse et la salubrité de leur chair font rechercher et servir amoncelés sur nos tables. Nous trouvons dans cette espèce deux propriétés qui ne vont pas toujours ensemble, la quantité et la qualité; les individus qui la composent ont, pour l'ordinaire, moins de trois à quatre pouces de longueur; il est rare d'en rencontrer qui parviennent à sept pouces de long, et encore plus rare d'en trouver dont le poids soit d'une demi-livre, comme il m'en est tombé un sous la main. Les femelles sont beaucoup plus nombreuses que les mâles, et cette disproportion rend l'espèce extrêmement abondante.

Le printemps est l'époque du frai des goujons; mais ils procèdent lentement à cet acte de leur multiplication, et ils y emploient tout un mois. Ils vivent de plantes aquatiques, de vers et des débris de corps organisés. On les dit très-friands de la cervelle de bœuf et de cheval, ce qui fournit un moyen de les rassembler et de les prendre en quantité.

Pêche du goujon. Les filets à mailles étroites, les nasses et les hameçons s'emploient le plus souvent à cette pêche. Je l'ai vu pratiquer dans la Moselle d'une manière particulière: on se sert d'un échiquier à mailles serrées; le pêcheur qui le porte entre dans l'eau et l'y plonge un peu incliné. Deux enfans traînent une chaîne de fer à trente ou quarante pas en avant de l'échiquier, et chassent ainsi les goujons vers le filet que l'on ne relève que quand la chaîne le touche; il s'y trouve souvent plus de quatre cents goujons à chaque coup. Pour que cette pêche réussisse, il ne faut pas que l'eau soit trouble, parce qu'alors, au lieu de s'avancer avec la chaîne, les goujons sautent par-dessus; il ne faut pas non plus que l'air soit froid ou agité par un grand vent: dans ces deux circonstances, les goujons ne se tiennent point près des bords des rivières. (S.)

GOURME, (*Maladie des animaux.*) La gourme est une maladie particulière au cheval, à l'âne et au mulet, de nature critique et inflammatoire, soupçonnée de contagion, quelquefois compliquée de spasme, souvent cachectique, dont le signe essentiel est un flux par les naseaux et un abcès sous la ganache.

Nous allons chercher d'abord les causes d'où peut dépendre son existence. En nous occupant ensuite de ses espèces, nous développerons quelles sont les causes qui peuvent accélérer ou retarder cette crise, quelles sont celles qui peuvent en changer la nature et multiplier ses ravages.

De l'origine et de la cause première de la gourme. Elle est sans doute aussi ancienne que la domesticité des chevaux; cependant elle ne règne pas également dans tous les pays. Il y a même des auteurs qui prétendent qu'elle n'existe pas en Arabie, en Espagne, en Italie, et dans tous les pays chauds. Nous manquons de relations assez positives pour établir les faits à cet égard; mais il est vraisemblable que la gourme y est beaucoup moins commune, et beaucoup moins fâcheuse; ou que ses symptômes y sont moins marqués et ses effets moins redoutables qu'en France, en Allemagne, en Angleterre, etc.

Est-elle du nombre des maux inévitables et même de ceux qu'on appelle salutaires?

Est-elle analogue à la petite vérole de l'homme, à celle des dindons, à la vaccine, et au claveau des moutons? Cela est croyable, sans être cependant encore prouvé.

Peut-on penser, avec ceux qui cherchent la cause principale de plusieurs maladies dans l'altération des fluides des corps vivans, que la gourme soit une humeur qui naît avec le cheval, ou un aggrégat d'humeurs excrémentitielles dont l'expulsion n'a pu s'opérer pendant le premier âge où les organes étoient occupés au grand œuvre de l'accroissement ; que ces humeurs s'accumulent et se développent peu à peu, finissent par engorger les viscères, subjuguer les vaisseaux, gêner le cours du sang, détruire l'équilibre, dominer l'organisation, constituer une pléthore, et que la santé ne peut se rétablir qu'après que les forces se sont réunies pour rejeter au dehors ces impuretés, résultat qu'on appelle en conséquence *dépuration?*

Quand elle est incomplète, est-ce qu'il reste un levain qui soit la source, l'origine des nouveaux flux, des nouveaux dépôts qui viennent à reparoître ? Est-ce aussi le défaut de sortie de ce levain qui donne lieu à cet état valétudinaire qu'on voit durer toute la vie dans quelques sujets ?

La dentition qui s'opère depuis la naissance jusqu'à l'âge de cinq à six ans, la fluxion générale de la tête qui arrive souvent lors de l'apparition des crochets et des dernières molaires ; ne suffiroient-elles pas pour expliquer l'affection de la membrane nasale ou l'abcès qui se remarque dans la gourme, sans imaginer une humeur préexistante ?

Le sol marécageux, les changemens brusques de l'atmosphère, les alimens durs, les travaux avant l'âge adulte, qui troublent la protrusion des dents, ne peuvent-ils pas exciter les gourmes des diverses espèces fâcheuses, dont sont exempts les chevaux qui habitent des climats plus salubres, et qui sont soumis à un régime plus favorable ?

Ces questions sont susceptibles de discussions plus ou moins ingénieuses : mais, ennemis de toute hypothèse, nous ne croyons point devoir en dire davantage, préférant nous livrer à des objets d'une utilité réelle.

Tous les chevaux ont-ils la gourme nécessairement, soit d'une manière apparente, par des flux, des tumeurs ; soit d'une manière imperceptible, par la transpiration, par les urines, ou simplement par une fièvre, etc. ?

La gourme étant de la nature qu'on vient de supposer, est-elle encore contagieuse ? Il y a des personnes qui sont de cette opinion, et qui assurent qu'un cheval affecté de la gourme peut la donner non seulement de diverses espèces, mais encore communiquer la morve à un autre cheval qui y auroit de la disposition. Ces faits néanmoins ne nous paroissent point assez constatés pour pouvoir les avancer comme certains ; on n'a point encore fait non plus l'essai de la vaccine pour préserver les chevaux de la gourme, comme on a vacciné les moutons pour les préserver du claveau ; cependant il seroit intéressant que les gens de l'art qui habitent les pays d'élèves, fissent ces expériences, dont le succès auroit des résultats utiles, attendu que la préservation de la gourme devroit sans doute beaucoup diminuer les pertes de chevaux causées par la morve, le farcin, et les eaux aux jambes, qui souvent en sont une suite. (*Voyez* VACCINATION.)

Les différences que l'on remarque dans l'apparition de la gourme, soit quant aux phénomènes, soit quant aux époques, nous obligent de distinguer des gourmes de plusieurs espèces, qui seront :

1°. La gourme avec inflammation modérée ;
2°. La gourme avec inflammation excessive ;
3°. La gourme cachectique ;
4°. La gourme avec spasme ;
5°. La gourme gangreneuse.

De la gourme avec inflammation modérée. L'âge le plus favorable pour l'apparition de la gourme, est celui de trois à six ans, époque pendant laquelle il s'entretient une fièvre locale considérable dans les os des mâchoires et dans toute la tête, pour opérer l'éruption des dents d'adulte. (*Voyez* DENTITION LABORIEUSE, à l'article FLUXION PÉRIODIQUE.) C'est aussi à cette époque que l'animal a acquis un ACCROISSEMENT (*Voyez* ce mot) et une force qui permettent une crise complète. Les causes qui occasionnent et entretiennent ce degré modéré d'inflammation, sont un climat sec, de l'herbe courte et fine, qui ne soit pas privée des rayons du soleil, qui n'ait point reçu d'engrais ; des logemens salubres, des pâturages où les chevaux bondissent en liberté, des travaux modérés, le pansement de la main exécuté avec soin ; enfin le printemps, moment du renouvellement des poils, où l'économie animale semble prendre une nouvelle existence.

Les poulains élevés dans des pays secs, qu'on ne tient dans les pâturages que lorsque le temps est beau, jettent abondamment leur gourme pendant la protrusion des dents d'adulte avec une inflammation modérée, et ne sont pas exposés à des rechutes.

Dans la gourme modérément inflammatoire, il n'y a d'autres symptômes essentiels qu'un écoulement blanc floconneux qui a lieu par les naseaux, et un abcès de matière louable qui a son siège ordinairement à la ganache.

Cet effort de la nature est précédé d'une fièvre légère peu sensible, qui quelquefois se termine au moment où l'écoulement s'effectue, d'autres fois se soutient jusqu'à ce que l'abcès soit entièrement formé, et diminue de plus en plus jusqu'à son entière suppuration, et jusqu'à la fin de l'écoulement par les naseaux. Quelquefois même il n'y a pour ainsi dire point de symptômes autres que la tumeur et le flux. La formation de l'abcès suspend le flux qui se rétablit un peu ensuite. Ces deux évacuations s'épuisant par degrés, l'abcès sur-tout se termine par l'entière détuméfaction des parties environnantes, et la cure est parfaite. La gourme s'effectue de cette manière dans la plupart des chevaux qui sont entretenus dans un régime convenable, qui ont une bonne constitution, et c'est une raison pour qu'ils la conservent. Il y en a qui jettent ainsi leur gourme en travaillant; d'autres qui ne sont arrêtés que quelques jours, et qui sont guéris au bout d'une quinzaine.

En général la gourme, qu'une inflammation modérée accompagne, peut être abandonnée à elle-même.

Cependant, dès le début, par prudence, séparez des malades les animaux sains chez lesquels il y auroit quelque disposition qui feroit craindre en eux l'invasion de la gourme.

On doit seulement, pendant la crise, tenir l'animal en repos, le placer dans un local où il respire un air pur et frais, lui mettre une couverture légère, le bouchonner avec soin deux fois le jour, lui donner de l'eau blanche à discrétion, et le promener par le beau temps.

La tumeur sous la ganache a été ouverte par la nature, ou elle doit l'être par l'art. On ne doit ouvrir l'abcès qu'après que la fluctuation est bien établie, et que les parties environnantes sont détuméfiées. Si l'abcès est ouvert naturellement, et, comme il arrive, que l'ouverture en soit trop petite ponr permettre une libre issue à la matière, il faut l'agrandir de haut en bas, et faire une incision aussi longue que le foyer est large. On détergera souvent les naseaux avec une éponge humectée d'eau chaude, et l'ulcère, avec la même eau lancée au moyen d'une seringue.

On nettoiera la mangeoire du flux et de la suppuration qui peuvent l'avoir salie.

Si le ventre est peu libre, ce qui est assez ordinaire, on donnera, matin et soir, un lavement émollient; et l'on ne fera usage de médicamens, qu'autant que la toux subsisteroit. S'il y avoit quelques difficultés, c'est que la gourme seroit ou deviendroit de la nature des espèces suivantes, et alors il faudroit lui appliquer leur traitement en totalité ou en partie.

Gourme avec inflammation excessive. La gourme avec inflammation excessive se manifeste par la tristesse, l'accablement, le dégoût; par la chaleur extrême de la bouche, la sécheresse de la langue, qui souvent même est engorgée à son frein, et a peine à tenir dans la bouche; par le gonflement des paupières, par la rougeur de la conjonctive, de la membrane du nez, par la tuméfaction de toute la tête, par la toux, la difficulté de respirer, par le soulèvement des parotides, par la difficulté d'avaler les alimens solides, et même les liquides, et sur-tout par le pouls plein, fort et dur.

Cet état violent s'oppose à l'écoulement par les naseaux et à la formation de l'abcès. Si la tumeur ou le flux se montre, l'animal est soulagé, la toux devient grasse, et on observe que l'abcès et le flux sont toujours en raison inverse l'un de l'autre pour la quantité; c'est-à-dire que, quand le flux est abondant, la tumeur est petite, et qu'elle est plus grosse quand le flux est moindre: le flux diminue à mesure que la tumeur s'étend et s'abcède. Il peut donc y avoir complication d'angine, d'ophthalmie, de toux, de pleurésie ou de pneumonie, etc.

Traitement. Il s'agit de modérer toutes les forces pour produire la suppuration, qui est la seule terminaison favorable, et de diriger la tendance vers les parties qui sont les voies les plus avantageuses pour l'évacuation. Il faut convenir cependant que le flux nasal est encore plus simple que l'abcès, en ce que c'est une voie excrétoire ordinaire, et qui est aussi plus prompte.

On obtiendra le relâchement général par des saignées faites seulement au degré de produire la souplesse du pouls, par des lavemens émolliens répétés toutes les trois heures.

Les parties enflammées de la tête seront elles-mêmes relâchées par des cataplasmes émolliens, des vapeurs d'eau bouillante; la bouche et la gorge seront traitées par des gargarismes d'eau d'orge miellée qu'on lancera avec la seringue, et qu'on réitérera souvent. On donnera des opiats composés de miel, de gomme arabique; on pourra, dans la suite, ajouter aux gargarismes un peu de vinaigre.

Si le larynx est le siège principal de l'inflammation, (*Voyez* ANGINE ou SQUINANCIE) il faut se hâter de pratiquer la trachéotomie.

L'inflammation et la tension des parties étant modérées, le flux par les naseaux paroît avec abondance; la tuméfaction de dessous la ganache se centralise, et la suppuration a lieu le quatrième ou le cinquième jour au plus tard; on ouvre l'abcès, et on se conforme en tout à ce qui est prescrit précédemment. Cependant si la toux indiquoit que la poitrine participât à cet état inflammatoire, il faudroit ne pas la perdre de vue; alors on a recours au blanc de baleine, à la gomme arabique, à la racine d'althæa en poudre, de chacun une once, incorporés dans une livre de miel, que l'on fait prendre peu à peu, à différentes reprises, dans le courant de la journée : on continue l'usage de cet opiat jusqu'à ce que la toux ait entièrement cessé.

Mais si elle est grasse et que l'expectoration soit cependant difficile, on a recours à l'opiat suivant : prenez, réglisse en poudre, iris de Florence aussi en poudre, de chacune une once; fleurs de soufre, demi-once, miel, une livre; mêlez, et faites prendre peu à peu par le moyen d'une spatule.

S'il existe une amptitude de la poche gutturale, (poche d'Eustache) ce qu'on reconnoît par le soulèvement de la parotide, l'humeur qui remplit cette poche est la matière suppurée qui est le produit de la crise. Ce dépôt étant complet, il faut lui donner issue; l'opération à exécuter ici demande des lumières et une main habile. C'est l'HYOVERTÉBROTOMIE. (*Voyez* ce mot.)

Lorsque les dépôts s'effectuent sur d'autres parties, telles que le garrot, les ars, les fesses, on doit les panser de manière à les conduire à suppuration et à les traiter d'après les principes prescrits pour les abcès qui arrivent sous la ganache.

Mais lorsqu'ils s'établissent aux articulations des genoux, des jarrets, des boulets, etc., on doit les traiter par les cataplasmes émolliens, par des bains et des douches de même nature. (*Voyez* EMOLLIENT.)

Cette crise, au surplus, ne doit être regardée comme complète, que lorsque, 1°. toutes les détumescences de la tête, du dessous de la ganache, sont entièrement opérées; 2°. que la gaîté ou l'appétit, et tous les autres signes de santé se manifestent peu à peu, pendant les premiers huit jours qui se sont écoulés depuis la cicatrisation de l'abcès.

Mais de tous les signes qui annoncent que la crise est entière, et que le rétablissement de l'animal est assuré, le moins équivoque est celui que l'on tire de l'abondance de la crasse ou de la poussière grasse que la brosse et l'étrille enlèvent journellement de toute la surface du corps. Cette abondance est d'autant plus considérable qu'il y avoit plus long-temps que l'action de la peau étoit suspendue. On voit cette abondance de crasse continuer pendant un mois, et quelquefois plus long-temps.

Gourme avec CACHEXIE, (*Voyez* ce mot.) Les symptômes de cette gourme annoncent un organisme foible et incapable d'une crise complète.

Les tuméfactions qui se manifestent sont irrégulières, quant à leur siège; elles s'établissent non seulement sous la ganache, mais aux parotides, aux articulations du genou, du jarret et du boulet; sont sujettes à des métastases, suppurent lentement, et avec peu d'abondance; la cicatrice en est très-lente; elles sont très-disposées à l'induration, accompagnées de langueur, de foiblesse; les jambes sont engorgées, œdémateuses, au point qu'elles ont peine à se fléchir. Le flux qui a lieu par les naseaux est séreux, dissous, gluant, subsiste long-temps, ne disparoît qu'à la longue, affoiblit le sujet; il est accompagné d'une toux foible qui indique la participation du larynx, de la trachée et du poumon à cette affection catarrheuse. Quelquefois encore il y a tristesse, agitation des flancs, marche pénible, toux fréquente; il existe aussi souvent des vers dans l'estomac, les intestins, les canaux bilifères, et même dans les bronches.

Cette maladie est très-fâcheuse, sur-tout lorsqu'elle est négligée ou qu'elle est mal traitée, ce qui malheureusement n'est que trop fréquent. Elle exige sur-tout une longue convalescence, et encore laisse-t-elle dans les sujets qui en ont été affectés des traces indélébiles. Quand un ulcère est cicatrisé, il vient ailleurs d'autres tumeurs froides, indolentes, soit dans l'instant, soit quelque temps après : on en voit même qui sont situées profondément, et qui par-là sont encore moins accessibles aux moyens de l'art.

Causes et époques. Cette espèce de gourme attaque les animaux depuis l'âge le plus tendre, même les poulains de lait, et les muletons sous la mère : c'est pourquoi on l'appelle alors *gourme de lait.* Elle vient de ce que les poulains et les muletons sont dans les pâturages avec leurs mères, se couchent par terre dans des endroits humides, où l'herbe est couverte de rosée. Elle est plus commune dans les printemps très-pluvieux, et attaque de préférence les sujets dont les mères ont souffert pendant l'allaitement, ou ceux que l'on a sevrés trop tôt.

La gourme est toujours prématurée quand elle vient avant la chute des premières dents de lait. Les poulains qu'on tient toute l'année dans des pâturages aquatiques, où ils restent pendant presque toute la mauvaise saison; qu'on nourrit ensuite misérablement sur des terrains où l'herbe est coriace; puis que l'on vend après les avoir engraissés dans des pâturages abondans; qu'on change de climat, trop jeunes, pour les mettre trop tôt aux alimens secs, à des travaux au dessus de leurs forces, éprouvent de ces gourmes rebelles, dès qu'on les met trop brusquement du régime sec au régime vert, dès qu'ils viennent à passer du chaud au froid, du repos à un travail immodéré.

Cette crise incomplète peut se manifester de même, soit pendant l'âge où la gourme vraiment critique se déclare, soit même après que le cheval est adulte, par l'effet des saignées printanières, de précaution, pratiquées indiscrètement, etc. (*Voyez* SAIGNÉE.)

Voyez, à l'article FLUXION PÉRIODIQUE, le développement de l'influence de ces causes. Lorsque quelques unes viennent à agir d'une manière extraordinaire et générale, qu'il existe, par exemple, des débordemens de rivières, des submersions de prairies, il se déclare des gourmes épizootiques de diverses natures.

Les lieux où la température est toujours humide, toujours froide, sont moins redoutables, pour la gourme, que ceux où il se passe des changemens fréquens, et principalement subits, des influences opposées.

Les causes que détermine cette gourme, la modifient encore, ainsi que nous l'avons observé; elles font changer la maladie de nature, lui donnent des complications analogues, et la font dégénérer dans les eaux aux jambes, avec poireaux, crapauds; en farcin, en fluxion aux yeux, en morve, en foiblesse de digestion, en coliques périodiques.

Par la raison contraire, les chevaux des pays septentrionaux, qu'on mène dans des pays d'une latitude plus méridionale, par exemple du Poitou, de l'Auvergne en Espagne, acquièrent une disposition qui les débarrasse, qui les met dans le cas de prendre par degrés une santé plus robuste.

Traitement. Il faut avoir recours, dans cette maladie, à tous moyens qui excitent et soutiennent les forces, qui soient capables de favoriser l'action de la peau, et sur-tout de prévenir la résolution, puisque la seule issue avantageuse est la suppuration.

Par conséquent, la saignée dont on fait toujours, et par-tout, un si fréquent usage, doit être proscrite.

On donnera des breuvages composés d'infusion de partie égale de sauge et de fleurs de sureau, dans chaque pinte de laquelle on ajoutera une once d'oximel simple, autant d'huile empyreumatique distillée, et d'extrait de genièvre : on en fera prendre trois ou quatre par jour. La tuméfaction des glandes de dessous la ganache exige des onctions d'onguent suppuratif : telles que l'onguent basilicum, ou même de l'onguent vésicatoire, l'application d'une peau de mouton sous la ganache, la laine tournée du côté de la tuméfaction.

Lorsque les forces de la nature ne sont pas trop affoiblies, on voit naître l'inflammation; le pouls se ranime, la chaleur de la bouche acquiert de l'intentité; la tuméfaction de la ganache s'isole, se soulève dans le centre, et l'abcès se forme peu de jours après.

Les choses parvenues dans cet état, on se conforme à tout ce qui est prescrit pour la gourme précédente. Cependant il faut prendre garde au genre d'abcès qui s'est formé. Si le foyer a peu d'étendue, si l'on n'en voit pas s'opérer la fonte des parties environnantes, il faudra cautériser les tumeurs avec des raies de cautère actuel; ouvrir l'abcès dont il s'agit, avec le bouton de feu, et laisser séjourner ce bouton dans le foyer assez de temps pour solliciter de l'inflammation dans toutes les parties tuméfiées. On doit avoir attention d'entretenir la suppuration de cet ulcère, jusqu'à ce que les tuméfactions soient entièrement disparues.

Lorsque les parotides sont tuméfiées, on doit tirer la conséquence que la membrane interne des poches est dans un état catarrheux dont il est essentiel d'opérer la résolution. Pour cet effet, il faut avoir recours aux vésicatoires qu'on applique dans toute l'étendue de la tuméfaction; on réitère cette application deux et même trois fois, jusqu'à entière et complète résolution. Si la parotide n'est que soulevée et non tuméfiée, ce qui cependant rend la respiration difficile, c'est qu'il existe un dépôt dans la poche gutturale; on le traitera aussi par l'hyovertébrotomie; et, s'il y a danger de suffocation, par la trachéotomie.

Quant aux engorgemens qui arrivent sous le ventre ou aux extrémités, on fera dissiper la sérosité qui infiltre le tissu par le moyen d'une suffisante quantité de coups de flamme que l'on distribue à deux ou trois travers de doigt les uns des autres. (*Voyez* HYDROPISIE.)

Ces scarifications faites, on fomente les parties tuméfiées avec des infusions de plantes aromatiques, que l'on rend par la suite plus actives, en y ajoutant de l'eau-de-vie; on continue ces lotions et ces fomentations jusqu'à ce que la résolution soit complète; on fait exécuter de plus la promenade, pour donner de l'action à la circulation.

Gourme avec spasme. Les symptômes qui l'annoncent sont la roideur des membres, la tension des muscles abdominaux, sur-tout le long du flanc, le défaut de liberté des mâchoires, l'espèce d'inflexibilité de l'épine dorsale, de l'encolure, le bruit que font entendre les articulations lorsque l'animal marche, les bâillemens, les nausées suivies de la sortie d'un air acéteux et infect, la dépravation du goût qui porte l'animal à manger le plâtre, la terre. On remarque en lui le froid des extrémités, le pouls serré et embarrassé, la difficulté de fienter et d'uriner, la lassitude, le coma, la tristesse, l'abattement, l'engourdissement des membres, l'érection ou les signes de chaleur dans les femelles. Les extrémités sont roides, il y a des frissons par intervalles, les oreilles sont froides, ainsi que toute la surface du corps; puis les parties deviennent brûlantes, sur-tout la bouche et les oreilles; les tumeurs changent de siège. Il y a des animaux qui font entendre des borborygmes, qui se tourmentent et refusent toute espèce d'alimens solides et liquides.

Le flux se résout plutôt que de devenir purulent; l'ulcère se cicatrise plus promptement que les parties environnantes ne se dégorgent; la tuméfaction subsiste, l'animal jette de nouveau pendant plusieurs saisons, pendant plusieurs années. Les animaux éprouvent aussi, par les naseaux, beaucoup de flux qui ne les soulagent point; ils n'ont aucune aptitude ni à la résolution, ni à la suppuration, en sorte que c'est une fluxion catarrhale et non une maladie critique; ces flux sont continuels ou périodiques; la maladie se termine par des claudications nerveuses, par le cornage, l'immobilité, la pousse, la paralysie complète ou incomplète.

Elle peut être aussi le partage des jeunes sujets, des poulains d'un an, dix-huit mois, deux ans: les chevaux fins, élancés, délicats, *étroits de boyau*, ceux qui pèchent par excès d'ardeur, qui sont craintifs, irritables, qu'on met au sec trop tôt, à qui on a arraché des dents de lait, y sont plus exposés. Ainsi, l'éruption de cette gourme est souvent prématurée, c'est-à-dire qu'elle se manifeste avant que l'animal ne soit formé: d'où il résulte un jetage imparfait, un flux peu abondant par les naseaux, et un dépôt extérieur si petit, qui suppure si peu, que les animaux ne sont point garantis de la gourme. Ils l'éprouvent une seconde et même une troisième fois, et c'est sans doute à ces gourmes irrégulières prématurées, tardives, qu'on doit appliquer les dénominations de *fausses gourmes*, assez usitées parmi le vulgaire. Ce qu'il y a de vrai, c'est que ces gourmes sont des crises imparfaites, qui reviennent plusieurs fois et qui se manifestent sur-tout en automne, en hiver et dans tous les temps où un froid humide succède à une température plus sèche et plus chaude. C'est quelquefois aussi lorsque les chevaux quittent les pâturages pour être mis au régime sec, que se déclarent ces gourmes plus rebelles et plus dangereuses.

Traitement. Le régime qui convient le mieux lorsqu'on est dans une saison favorable, c'est le vert d'escourgeon que l'on fait prendre à l'écurie, et que l'on distribue avec prudence. On accompagne cet aliment de deux ou trois rations de son frisé, dans chacune desquelles on ajoute quatre ou cinq gros de sel commun.

Mais si l'on n'a point d'escourgeon, on aura recours à l'orge cuite à la vapeur de l'eau bouillante; on la mêlera avec le son; on donnera très-peu de foin, et il sera toujours mêlé à trois parties de bonne paille de froment brisée en quatre, pour qu'elle se mêle plus exactement, et que l'animal ne puisse manger l'un sans l'autre.

On tient les animaux couverts, et on les panse de la main deux fois par jour; on les promène au pas et au soleil.

On fait un grand usage de lavemens de décoction de graine de lin; on donne ces lavemens en petite quantité pour mettre l'animal à même de les garder, afin que leur impression soit plus durable. Lorsque l'éréthisme du rectum ne cède pas à ces lavemens, on y ajoute un peu d'onguent populéum et un peu de camphre que l'on fait dissoudre, avant ce mélange, par le moyen d'un jaune d'œuf. On place sur les reins un sac rempli de son qu'on a fait bouillir dans une suffisante quantité d'eau, et qu'on applique chaud sur la partie.

On donne pour breuvage la décoction de son et de graine de lin, dans laquelle on fait infuser des plantes antispasmodiques, telles que la mélisse, la sauge, la bétoine et les feuilles d'oranger; on peut ajouter à chaque pinte de breuvage une once d'eau de mélisse simple, ou une pareille quantité d'eau de fleur d'orange, et un ou deux gros d'huile empyreumatique distillée. Si le spasme persiste, on fera prendre dans la première cornée du breuvage un gros d'éther sulfurique.

Tel est le plan du traitement intérieur qui peut seul, dans cette circonstance, favoriser les évacuations critiques; mais il importe de prévenir ici que les dépôts qui, dans cette maladie, sont très-mobiles, qui se dissipent ou se résolvent spontanément peu de temps après leur apparition, exigent de la part de l'artiste une attention toute particulière pour les fixer sur la partie où ils se sont montrés. On y réussira par le moyen des vésicatoires, qu'on réappliquera même jusqu'à ce qu'ils produisent l'effet désiré; et l'on n'ouvrira la tumeur que lorsque le pus sera parfaitement formé.

Il y a des circonstances où cette gourme a un caractère nerveux si marqué, que la paralysie se manifeste tout à coup. Pour la faire cesser, il faut avoir recours au bain de fumier, (*Voyez* BAIN) pendant l'action duquel on fait prendre en breuvage l'infusion de fleurs de sureau avec quatre ou six gros de sel ammoniac. La sueur étant finie, on applique fortement les vésicatoires sur la partie paralysée. Leur effet a souvent suffi pour rendre le mouvement et le sentiment à la partie.

Lorsque l'animal a le goût dépravé, qu'il lui reste des borborygmes, continuez le breuvage, chaque matin, pendant quelques jours, en y ajoutant une once de magnésie dans chaque dose.

Lorsque le spasme est cessé, et que la souplesse est rendue à toutes les parties, la gourme se manifeste soit par l'abondance du flux, soit par la tuméfaction de la ganache, ou par d'autres dépôts. Alors on se conduit suivant ce qui est prescrit pour les modes de gourme inflammatoire ou de gourme cachectique, eu égard à la marche que prend la nature.

Gourme gangreneuse. Cette espèce est rare; on ne la voit que dans des lieux et dans les saisons où il règne des charbons soit enzootiques, soit épizootiques. (*Voyez* CHARBON, tant pour les symptômes, que pour les causes et le traitement.)

Les particuliers qui auront l'attention surtout d'éviter les causes que nous avons développées, et de traiter leurs animaux par les méthodes qui ont été décrites, auront, à circonstances égales, l'avantage de voir leurs animaux préservés des gourmes fâcheuses, ou beaucoup moins attaqués que ceux de leurs voisins.

(CH. et FR.)

GRAINES. Si on consulte les articles ACCROISSEMENT, FÉCONDATION, GERMINATION, SEMAILLE, SEMIS, SEMENCES, du Cours complet d'Agriculture, il sera facile de se convaincre que les phénomènes les plus importans de l'anatomie et de la physiologie des graines, de ces organes régénérateurs, de ces véritables foyers ou réservoirs du principe vivifiant des végétaux, ont été soigneusement examinés, et présentés avec beaucoup d'intérêt par Rozier, qui les a considérés dans leur application aux besoins des hommes et des animaux, et qu'il a saisi leurs rapports généraux avec les arts, l'agriculture et le commerce.

Il ne reste donc plus qu'à réunir sous un seul point de vue les principaux avantages qu'elles procurent, en les employant à la reproduction; à indiquer comment on doit procéder à leur récolte et à leur conservation; enfin, les moyens les plus certains pour s'assurer de leur bonne qualité.

Contenues dans des espèces d'ovaires qu'on nomme *péricarpes*, et qui leur servent d'enveloppe, les graines ou semences des végétaux varient beaucoup entr'elles par leur couleur, leur consistance, leur forme, leur volume. Ces caractères distinctifs sont très-constans dans celles des espèces végétales conservées par succession pendant la durée des siècles, dans un état sauvage; mais ils changent dans celles des végétaux soumis et qu'on continue à soumettre à la culture, à l'action stimulante des engrais, aux influences d'un sol et d'un climat différens de ceux qui les ont vus naître. Ainsi, la nature perpétue les espèces et maintient leur intégrité, en les traitant toujours de la même manière; ainsi l'art, à l'aide des procédés particuliers, forme et conserve des variétés.

Malgré la quantité de semences que fournissent les végétaux, et qui sert non seulement à les renouveler, mais encore à nourrir une multitude innombrable d'animaux, la nature, comme si elle eût craint d'être au dépourvu, a encore distribué des germes féconds dans presque toutes les parties d'un grand nombre de végétaux, dans les boutons des tiges de ceux qui sont ligneux, et qui, plus lents dans leur développement, rapportent plus tard des semences dans les drageons des racines de ceux qui ne donnent qu'une petite quantité de graines, comme l'*apocyn à la ouate*, l'*asclepias Syriaca*, le *topinambour*, les *pervenches d'Europe*, et peut-être même le *chiendent*, lequel, comparativement aux autres graminées, paroît produire des épis bien moins fournis.

Ces germes, à l'instar des semences, peuvent être mis en terre, former des plantes complètes, capables de donner à leur tour des boutons, des drageons, des cayeux doués de la même propriété générative. Mais comme ils sont moins vigoureux que ceux qui existent dans les graines, que les individus auxquels ils donnent naissance ont la fibre plus molle, plus lâche, qu'ils sont moins rustiques, moins durables, plus susceptibles de se détériorer, et que même ils deviennent stériles, après une suite plus ou moins longue de générations, la nature n'a que très-rarement recours, pour renouveler les végétaux, à ces germes reproducteurs secondaires, et le cultivateur ne les emploie que dans des cas particuliers. Ce n'est, pour ainsi dire, que dans l'enceinte de son jardin qu'il s'en permet l'usage. Veut-il, par exemple, conserver une variété qui lui plaît? il la greffe sur un autre arbre; veut-il hâter ses jouissances, qui seroient retardées par des semis? il couche les branches de ses vignes, il plante la bouture d'un arbre, il divise ses racines, il en détache les rejetons. Mais a-t-il à repeupler des forêts ou des prairies? il préfère la voie des semis; et, pour obtenir des arbres plus robustes et des herbes plus vigoureuses, il choisit pour semences celles qui sont produites par des arbres ou des plantes jouissant de la plus grande énergie.

C'est par des semis faits dans un sol préparé par des labours et fécondé par des engrais, que les hommes sont parvenus à couvrir la terre de plantes céréales et légumineuses, devenues par leurs soins plus alimentaires qu'elles ne l'étoient dans l'état sauvage.

C'est par ce même mode de reproduction et de culture, qu'ils ont pu faire croître, jusque dans les pays du Nord, une infinité de plantes précieuses, originaires des contrées les plus chaudes; mais la culture par laquelle ils ont perfectionné les végétaux utiles, a donné naissance à un grand nombre de variétés, qui toutes diffèrent, plus ou moins, des espèces qui les ont produites, et tendent continuellement ou à s'en rapprocher, ou à s'écarter de leur état actuel, et à subir de nouvelles variations, de manière qu'elles ne peuvent se maintenir dans l'état de perfectionnement où nous les avons amenées, que par des travaux soutenus. Or, c'est particulièrement vers la production de leurs semences que nous devons diriger tous nos soins, puisqu'il est bien démontré que c'est principalement par elles que nous conservons, que nous multiplions ces variétés, que nous empêchons qu'elles ne soient des jeux éphémères de la nature.

Les semences influent tellement sur la nature des productions, que souvent celles-ci éprouvent des changemens successifs dans la qualité et dans la forme; au point que, malgré la richesse du sol, l'abondance des engrais, les faveurs de la saison et l'industrie active des cultivateurs, si ces semences pèchent par leurs caractères spécifiques, si elles ne résultent pas de plantes franches dans leurs espèces, surveillées dans leur culture et dans leur conservation, il ne faut pas espérer d'obtenir de ce concours de circonstances heureuses tous les avantages qu'on auroit droit d'en attendre.

Indépendamment des fonctions que les graines ont à remplir dans l'économie végétale, elles favorisent le transport et la propagation des plantes, d'une extrémité du monde à l'autre; c'est par leur moyen

moyen que nous voyons s'élever, se naturaliser dans nos climats les végétaux qui croissent sus les bords du Gange et du Mississipi, enfin les semis sont la source des variétés innombrables introduites parmi les espèces.

Mais le rôle que jouent les graines dans la végétation ne se borne pas à la reproduction des plantes qui leur ont donné le jour, c'est dans leur intérieur que la nature a déposé les alimens les plus nécessaires à la vie; le froment, le maïs et le riz, sont la nourriture fondamentale de presque tous les habitans du globe; d'autres semences, par l'huile qu'on en exprime, suppléent en quelque sorte à l'absence du jour, ou deviennent l'assaisonnement de la plupart de nos mets, ou présentent des ressources à nos ateliers, et à l'art de guérir des remèdes contre les maux qui affligent l'espèce humaine. Cependant, malgré tous ces avantages, nous ne possédons pas encore de traité dans lequel se trouvent rassemblées les connoissances les plus essentielles sur leurs caractères spécifiques, sur les lieux d'où il faut les tirer, sur leur récolte, leur garde et leur emploi; un traité *ad hoc* seroit cependant d'une grande utilité. *Vilmorin*, qui avoit déjà rassemblé sur ce sujet un grand nombre de faits et d'observations, se proposoit de le publier; mais cet estimable confrère vient d'être enlevé au jardinage et à l'agriculture, qu'il a éclairés pendant trente-six ans: nous avons tout lieu d'espérer que son fils acquittera la dette du père, et adoucira ainsi les regrets que sa perte a occasionnés.

A l'aide d'un ouvrage qui seroit le résultat d'une longue expérience, et d'une suite d'observations exactes, les marchands et les amateurs du jardinage, lorsqu'ils feroient leur provision de graines, sauroient discerner les vieilles d'avec les nouvelles, celles qui sont franches d'avec celles qui sont récoltées sans soin, les graines des variétés d'avec celles des espèces. On n'auroit plus le désagrément de voir avorter des graines qu'on a semées, et d'en voir lever au contraire sur lesquelles on ne comptoit point; on pourroit, pour se les procurer, se servir des meilleurs procédés, et l'on seroit récompensé de ses peines en obtenant les productions les plus excellentes.

Sans vouloir disculper ici les marchands du défaut de succès de quelques graines qu'ils débitent, j'observerai que ce succès ne dépend pas constamment de l'empire des circonstances; la négligence que quelques uns mettent dans la pratique de leur profession en est souvent cause. Les amateurs du jardinage ne sont pas non plus exempts de reproches à cet égard; en général, ils montrent trop d'insouciance sur le choix des espèces dont ils désirent garnir leurs clos. S'ils vouloient réfléchir qu'il faut autant d'attention, de place et d'engrais pour obtenir des productions médiocres, que pour s'en procurer de bonnes, sans doute ils se détermineroient à recueillir sur leur terrain celles des graines auxquelles le canton qu'ils habitent est favorable. Plus assurés alors de l'âge, de la pureté et de la qualité de leurs semences, ils compteroient davantage sur le produit de leurs jardins, et ne seroient pas exposés à voir leurs avances et les soins de leurs jardiniers perdus, comme cela arrive fréquemment.

Des porte-graines. Toutes les plantes viennent originairement de semences; elles en produisent à leur tour: c'est ainsi que la plupart se perpétuent; mais, pour cet effet, il faut une fécondation préalable, qui n'a pas toujours lieu; les graines alors, quoiqu'en apparence de bonne qualité, sont dans le même cas que les œufs clairs des poules qui n'ont point éprouvé les approches du mâle : quand la saison est sèche et chaude, plusieurs d'entr'elles ne germent point; les artichauts en sont un exemple.

Une plante isolée, destinée à propager son espèce, ne produit presque jamais un effet agréable à la vue; rien de plus facile que d'oublier de lui donner tous les soins qu'elle exige pendant le cours de sa végétation, et d'en faire la récolte quand elle est parvenue au point de maturité convenable. La qualité du sol et l'avantage de l'exposition contribuent pour beaucoup au parfait développement des plantes. Un bon jardinier doit avoir pour principe de réserver, tous les ans, dans l'endroit du clos le mieux exposé, une ou plusieurs planches, de les préparer convenablement, de choisir scrupuleusement parmi les plantes destinées à servir de porte-graines, les individus qui réunissent toutes les qualités qui leur appartiennent essentiellement.

Une première attention, c'est de laisser les plus beaux pieds monter en graine; deux à trois de beaucoup d'espèces (nous en exceptons les plantes légumineuses) suffisent pour l'entretien d'un jardin d'une certaine étendue; mais cette quantité seroit insuffisante pour quiconque en fait le commerce, ou qui voudroit compter au nombre de ses actes de bienfaisance agricole la distribution gratuite des graines, aux habitans de son voisinage: alors on ne sauroit assez s'en procurer, ni employer trop de précautions pour les ramasser et les conserver, d'après les bons principes. Traçons ici, en peu de mots, ce qu'il y a de plus essentiel à faire dans cette circonstance.

Après avoir choisi pour porte-graines les sujets les plus beaux et les plus francs, parmi les plantes chez lesquelles l'individu mâle est séparé de l'individu femelle, on les met en réserve jusqu'au moment de leur transplantation; ceux qui ne doivent pas passer l'hiver sur terre, sont replantés au printemps dans un terrain propre à leur espèce, et à une distance convenable, afin qu'ils puissent prendre le plus grand développement possible; on fait toujours en sorte de séparer les espèces analogues, et qui pourroient se faire dégénérer réciproquement, par le mélange des poussières fécondantes.

Si quelques cultivateurs, après avoir tenté de se procurer des variétés par le rapprochement, par le mélange de certaines plantes avec d'autres, n'ont pas réussi, c'est probablement pour n'avoir pas assez consulté l'analogie végétale et les rapports qu'avoient entr'elles les espèces qu'ils vouloient croiser; il n'est pas de jardin qui ne présente journellement des exemples de ces dégénérations, opérées par la fécondation réciproque des plantes d'une même famille les unes par les autres; et, dans les grandes cultures, les céréales et les plantes légumineuses en offrent aussi des preuves multipliées.

Désirant suivre l'effet de ce phénomène sur les haricots, l'auteur du nouveau *la Quintinie* envoya, en 1780, de Normandie, à *Vilmorin*, une collection de toutes les variétés qu'il avoit pu rassembler, avec invitation de les cultiver toutes dans le même terrain, et d'observer jusqu'à quel nombre se porteroient les variétés qui pourroient résulter de cette culture, pendant quelques années: il en planta cent et quelques espèces, toutes triées à la main, pour ne mettre en terre que les semences qui portoient le caractère le plus marqué de leur espèce; il en fit autant de petites planches séparées par un sentier; et le fait est qu'en trois récoltes les espèces ou variétés très-distinctes excédoient déjà trois cents, et il n'y a pas de doute qu'en peu d'années elles ne se fussent élevées à un nombre plus considérable.

Vilmorin a eu fréquemment occasion de faire des observations analogues dans les expériences qu'il a suivies, à dessein d'obtenir et de conserver très-franches quelques espèces de légumes que nous tirons d'Angleterre ; il a remarqué que toutes les fois qu'il a planté isolément le chou d'Yorck, par exemple, il a toujours eu la même espèce dans les plants provenus de la graine ainsi récoltée. Si une planche de chou pommé et une de chou de Milan étoient contiguës, il se trouvoit, dans les productions des graines fournies par chacune d'elles, des plants qui participoient de l'une et de l'autre, et qui étoient dans un état de dégénération bien marqué.

On peut citer encore à l'appui de ces observations une pratique assez généralement adoptée en Angleterre, et à laquelle paroît être due la réputation de quelques espèces de graines que nous faisons venir de ce pays. Ceux des jardiniers qui s'adonnent à la culture des graines, ont l'attention de ne cultiver dans le même enclos qu'une seule espèce de choux ou de pois, ou de toute autre plante d'une même famille ; mais une seule espèce de porte-graines est plus commode à gouverner : on la cultive, on la sarcle et on l'arrose, quand le temps l'exige ; on soutient les tiges par des tuteurs contre les vents qui les fatiguent ; on les rassemble quand elles s'étalent trop, on enlève toutes les feuilles mortes et inutiles, qui concentrent souvent la sève dans le pied et le font pourrir ; enfin on défend la graine de la voracité des oiseaux, qui en sont très-friands, par des épouvantails, par des pièges d'une efficacité reconnue.

Parmi les variétés de choux, il y en a dont les pommes ou têtes sont tellement dures et serrées, que les tiges ne peuvent parvenir à monter ; ce qui empêcheroit souvent d'en récolter la graine, si on n'avoit la précaution de fendre en quatre ces têtes ou pommes, pour donner aux tiges la faculté de sortir. Les belles têtes de choux-fleurs sont quelquefois dans ce cas ; mais comme il y a beaucoup à craindre de les faire pourrir, en y portant le fer pour en retrancher une partie, les jardiniers préfèrent les livrer à eux-mêmes, aux risques de voir leurs plus belles productions dans cette espèce refuser de monter en graine, ce qui arrive assez fréquemment. Les plantes qui rapportent leurs graines la première année, et qui n'ont pas besoin, par conséquent, d'être mises en réserve avant l'hiver, pour être replantées au printemps, n'exigent pas moins que celles-ci un soin particulier dans leur choix ; ainsi on réserve, pour les laisser monter en graine, dans les planches de laitues, de chicorées, etc. les plantes les plus franches, les mieux venues, et on leur donne les mêmes soins qu'aux autres espèces.

A la faveur de toutes ces précautions, on est plus assuré de conserver plus longtemps les espèces dans un état franc ; mais il est d'observation constante que les plantes se fatiguent par des cultures longues et successives, dans la même qualité de terrain, et à une même exposition ; il convient de renouveler de temps à autre les semences, et de préférer, en général, celles qui sont récoltées dans un pays plus septentrional que le sien.

On a remarqué que les graines des superbes choux-fleurs de Malte, d'Espagne et d'Italie, donnent, dans le milieu et le nord de la France, des productions médiocres, et bien inférieures à celles de la même espèce tirées d'Angleterre et de Hollande. Il en est de même de presque tous les légumineux ; ils s'affoiblissent quelquefois par un mode de se reproduire qui n'est pas celui de la nature, et fournissent à la longue des graines très-peu propres à la reproduction : un fait très-remarquable, c'est que la grosse espèce d'artichauts cultivée à Paris et dans les environs, connue sous le nom d'*artichaut de Laon*, ne produit presque jamais de graines, et le peu qu'on en récolte est souvent incapable de germer. Cette particularité ne peut être attribuée qu'à l'habitude où l'on est de multiplier cette plante, depuis un temps immémorial, presque exclusivement par la voie des œilletons.

On sait que les plantes qui suivent mieux les lois de la nature, sont rarement stériles, tandis que les individus qu'on propage par le moyen prompt, facile et peu dispendieux des dragcons, des boutures et des marcottes, fournissent peu de graines, et perdent insensiblement leur vertu reproductive ; en sorte qu'il est très-rare qu'on en récolte de bonnes sur ces sortes de sujets. Il seroit donc à désirer que l'usage de semer des graines franches, les mieux constituées, prévalût sur celui de la reproduction par œilleton, bouture, etc. La multiplication des espèces deviendroit plus considérable, plus vigoureuse, plus vivace, et résisteroit davantage contre les accidens souvent occasionnés par les hivers rigoureux.

Récolte des graines. Les procédés pour recueillir les graines, adoptés par ceux mêmes qui s'occupent particulièrement de cet objet, sous les rapports commerciaux, ne doivent pas être toujours la règle de conduite qu'il faille suivre à cet égard; je m'abstiendrai d'en faire ici la critique, préférant d'indiquer les expériences et les observations d'après lesquelles on est parvenu à en découvrir de meilleures: ce seroit une insouciance impardonnable que de n'en point profiter.

Il convient, autant qu'on le peut, de choisir un temps sec pour la récolte des graines, et d'attendre, pour enlever les pieds, quelques rayons de soleil, afin d'achever leur dessiccation; mais, comme on a remarqué que le même pied produit deux qualités de graines, que la tige du milieu qui mûrit la première, fournit la semence la plus parfaite et la plus hâtive, que les sommités latérales donnent la seconde toujours inférieure, il vaut infiniment mieux couper les tiges, les séparer et mettre de côté les graines fournies par le jet principal. En arrachant les porte-graines il reste toujours de la terre du sable et des petites pierres, qui se mêlent avec la graine, augmentent les difficultés de la nettoyer et de la conserver, ce qui est un grand inconvénient pour les personnes qui en font le commerce.

Dans les petites cultures, on doit préférer de recueillir à la main, à fur et à mesure, les graines de carotte, de laitue et d'autres espèces, qui tombent facilement ou dont la maturité ne s'opère que successivement sur les tiges, et dans un assez long espace de temps : cette méthode a l'avantage de ne donner que des graines parfaitement mûres et nettes, au lieu que quand on est obligé de couper les tiges, il arrive presque toujours qu'au moment où cette opération s'exécute, les premières graines mûres (et ce ne sont pas les moins bonnes) sont tombées ou ont été la proie des oiseaux, et que celles qui ne le sont pas assez, se trouvent également perdues, ou bien sont mélangées par le battage avec celles dont la maturité étoit plus complète, ce qui est un inconvénient encore plus grand.

Comme la dessiccation insensible est préférable à celle qui se fait brusquement par une chaleur plus ou moins forte, il faut, autant que la nature de la graine le permet, la conserver dans les capsules, dans les siliques, gousses, bales ou enveloppes, jusqu'au moment de s'en servir; on réunit les tiges par paquets, qu'on tient dans un lieu à l'abri des alternatives du chaud et du froid, de la sécheresse et de l'humidité; c'est le moyen le plus certain de prolonger la durée des graines, et de les conserver dans toute leur qualité.

Les particuliers qui cultivent et récoltent des graines pour leur propre consommation ne doivent donc pas balancer à les garder dans leurs capsules, après qu'elles ont été recueillies parfaitement mûres, et de ne les en séparer qu'au moment de leur emploi; c'est dans ces capsules qu'elles jouissent encore d'une sorte de vitalité, c'est là qu'elles se perfectionnent, que leurs parties constituantes se combinent, se dessèchent spontanément, et éprouvent ce qu'on appelle le *ressuement*. Les jardiniers maraîchers n'auroient pas l'espoir d'avoir un succès aussi complet dans leurs semis, s'ils ne conservoient ainsi leurs graines d'ognon, de poireau et de plusieurs autres espèces.

Quelque avantageuse que soit la conservation des graines dans les enveloppes, ce moyen n'est pas toujours praticable, et il y en a qu'on est obligé de séparer aussitôt qu'elles ont atteint leur point de maturité; alors on doit les battre sur une aire ou sur un tonneau défoncé, prendre garde que la première qui tombe étant ordinairement la plus mûre, la plus nourrie et la plus sèche, il convient, au moment de la récolte, de la séparer de la seconde, et, pour ne pas mélanger les espèces ou variétés de graines, d'y attacher des étiquettes, placées de manière à ce que le vent ne puisse les emporter.

Il faut que l'emplacement où l'on se propose de battre les graines soit bien nettoyé, avoir l'attention, quand on vient à une autre espèce, qu'il n'en reste point de la première, et ne jamais les serrer qu'au préalable elles n'aient été exposées à l'air, séchées et vannées. Lorsque la récolte de ces graines se fait un peu tard dans la saison, il faut les étendre par lits très-minces, dans un lieu sec, les remuer souvent, et les placer, s'il est possible, sur des claies ou des planches un peu élevées, et les mettre à l'air toutes les fois que le temps est sec.

L'exposition des graines à toute l'ardeur du soleil, ne sauroit être suivie d'aucun inconvénient, toutefois si elles n'y demeurent pas trop long-temps après leur entière dessiccation; il n'en est pas de même de la chaleur artificielle qu'on seroit forcé de leur appliquer, soit que l'humidité s'y trouveroit par surabondance, soit parce qu'elles auroient éprouvé des avaries, ou que, pour les expédier à temps, du nord au midi, on voudroit hâter leur dessiccation; il faut que cette chaleur soit graduée et proportionnée à la nature des graines, et, dans tous les cas, prendre garde que son action ne se porte immédiatement sur le germe; car si la semence, sur-tout quand elle est récemment recueillie, est mise au four ou exposée à toute autre chaleur vive, ce germe éprouve un commencement de cuisson, l'humidité propre de la graine se combine avec les autres principes constituans, d'où résulte cet effet qu'on exprime par *tuer le germe*, c'est-à-dire opérer l'anéantissement de la faculté reproductrice.

Conservation des graines. La graine d'une plante sauvage se conserve beaucoup plus long-temps que celle d'une plante cultivée, toutes choses égales d'ailleurs; mais une fois récoltée avec les soins recommandés, on doit s'occuper de la garantir de la moisissure, de la fermentation, du rancissement et d'une trop grande dessiccation, en les plaçant dans un lieu plutôt froid que chaud, à l'abri de la trop vive lumière et de l'ardeur du soleil, et en veillant attentivement à ce que les rats, souris, les insectes n'y aient aucun accès : le choix du local mérite la plus sérieuse attention : Vilmorin, dans le premier volume des *Annales de l'Agriculture française*, publié par notre collègue Tessier, insiste beaucoup sur ce point, et la Société d'encouragement pour l'industrie nationale, qui en a senti toute l'importance, en a fait le sujet d'un prix.

Chaque espèce de graine doit être mise séparément dans un bocal, dans une boîte, dans des tiroirs ou dans des sacs de toile à mailles claires; mais il faut prendre garde d'entasser ces sacs et de les placer sur le carreau et auprès du mur, en les tenant isolés, autant qu'il est possible, sur des tablettes, ou les suspendant au plancher; ces sacs doivent être longs et étroits, d'une moyenne capacité : s'il étoit même possible qu'ils fussent tissus de natte ou de paille, il n'y a pas de doute qu'on ne dût les préférer; on sait que ce tissu ne s'humecte pas aisément à l'air, qu'il est un mauvais conducteur de la chaleur, et doit maintenir par conséquent la graine dans un état sec et frais.

Indépendamment de ces pratiques générales, usitées par-tout pour conserver les graines, il y en a de particulières, imaginées pour les transporter au loin : M. de Saint-Genis conseille de les mettre dans des bocaux de verre, fermés avec du papier et une toile par-dessus, le tout ficelé; mais ce moyen ne réussit qu'autant qu'elles sont parfaitement mûres et sèches, car les corps les plus secs en apparence renferment quelquefois encore beaucoup d'humidité, qui tend toujours à s'échapper au dehors; or, cette humidité trouvant un obstacle invincible à son évaporation, circule dans l'intérieur du vase, se rassemble en masse sur un point qu'elle mouille, et qui occasionne la moisissure; ce ne seroit peut-être qu'après leur séjour pendant un certain temps dans les sacs, qu'il n'y auroit aucun inconvénient à renfermer les graines dans le bocal.

Le moyen de prolonger un certain temps la durée des graines, a occupé également *Miller*; ce célèbre jardinier a proposé différentes méthodes, entr'autres, celle de les encaisser par couches alternatives dans du sable ou de la terre humide pendant l'hiver, ou de les enfouir à trois ou quatre pieds de profondeur; mais une précaution sur laquelle il insiste, c'est de ne point leur interdire toute communication avec l'air, afin, selon lui, de maintenir le principe de leur faculté végétative. Les expériences qu'il a faites lui ont prouvé que certaines graines, conservées dans des sacs, levèrent à merveille, tandis que celles qu'il avoit enfermées dans des bouteilles scellées hermétiquement, ne germèrent point; d'où il conclut que les personnes qui se proposent de tirer des graines de l'étranger, doivent avertir leurs correspondans de se bien garder de les leur envoyer enfermées dans des pots ou des bouteilles bouchées.

Malgré toute ma déférence pour l'opinion de Miller, je suis forcé d'en émettre une contraire à la sienne; elle est fondée sur les exemples nombreux de graines expédiées par *Vilmorin* dans nos colonies et aux Grandes Indes, avec l'attention de bien goudronner les bouchons, de sorte que les bocaux étoient parfaitement lutés et hermétiquement fermés; moyennant cette précaution, ses envois sont toujours parvenus à leur destination, parfaitement conservés. Il a eu le même succès, en plaçant les graines dans des caisses de fer-blanc ou dans des vaisseaux de cuivre, dont les couvercles étoient bien soudés, et qu'on plaçoit dans d'autres caisses solides. On ne peut se dispenser de convenir que l'humidité dont l'atmosphère de la mer est constamment chargée, doit exercer sur des graines qui y seroient exposées, une influence pernicieuse; il est encore certain que si elles ne sont pas préservées des atteintes des insectes, des rats ou des souris, un envoi entier peut être en peu de temps la proie de ces animaux. On ne devroit donc pas regarder comme préjudiciables des précautions qui tendent à conserver les graines de ces divers accidens; il est bien vrai que si elles sont emballées avant que d'être parfaitement mûres et ressuyées, (et c'est probablement le cas d'un envoi qui aura été fait à Miller) on hâte par ces précautions mêmes leur destruction, en empêchant l'évaporation de l'humidité qu'elles contiennent, et qui amène nécessairement la fermentation; mais ces résultats ne sont plus à craindre, si les semences ont été emballées parfaitement mûres et sèches.

Le hasard a fait découvrir à M. Suedz un moyen de conserver aux semences leur propriété végétative, et de les transporter dans les climats les plus éloignés. Ayant reçu des graines qui, en général, croissent difficilement en Angleterre, lorsqu'on les y porte par la voie ordinaire, et qui se trouvoient mêlées parmi des raisins secs, il les sema dans des pots recouverts avec des châssis: toutes levèrent. Content de ce succès, il chargea ses enfans, qui étoient alors en pays étranger, de ramasser toutes les graines qu'ils pourroient se procurer, et de les lui envoyer, empaquetées dans du papier gris, enveloppées ensuite, les unes avec des raisins secs, les autres avec du sucre bien humide; cette commission fut remplie à la lettre, et, de vingt espèces qu'il sema, pas une n'a manqué; tandis que les mêmes graines, qui lui furent envoyées emballées à la manière ordinaire, ne levèrent point. L'auteur attribue cette propriété à la faculté qu'ont les raisins d'exhaler de l'humidité, que le mucoso-sucré qui transude des raisins de caisse, ou le sirop que forme un sucre humide, vernissant les semences, les garantissent de l'impression de l'air, de l'action qu'exerceroient alternativement sur elles la sécheresse qui dissipe leur esprit séminal, et l'humidité qui l'altère. Or, ces semences confites, pour ainsi dire, dans le sucre, s'y trouvent dans le même état d'inertie que les pepins enfermés dans leur chair séchée avec l'intention de les faire lever plus sûrement, et qu'ils y sont mieux défendus contre les agens qui diminuent ou détruisent la faculté générative des semences en général, même de celles qui sont gardées dans des capsules ou autres enveloppes plus perméables. Ne sait-on pas, en effet, que lorsqu'on peut mettre entièrement les semences à l'abri de ces agens destructeurs, lorsqu'elles sont, par exemple, enfouies profondément dans la terre, elles conservent cette faculté pendant des siècles? Nous pensons que ces fruits agissent ici de différentes manières, soit parce que l'humidité qu'ils exhalent est vineuse, soit parce qu'ils servent de corps intermédiaires, de capsule à la graine.

Nous ne nous permettrons pas de grossir cet article, déjà trop long, par la description d'une foule d'autres recettes insignifiantes, qui se trouvent disséminées dans les ouvrages périodiques. Ne pourroit-on pas avancer qu'il en est de certaines recettes vantées pour conserver les graines, comme de celles de ces médicamens qui doivent leur réputation aux circonstances, plutôt qu'à leur efficacité réelle?

Il ne suffit pas d'avoir récolté en bon état les graines, de les avoir parfaitement séchées et soigneusement renfermées, il faut les visiter de temps en temps, parce que si on s'appercevoit qu'elles fussent attaquées par des insectes, il seroit nécessaire de profiter d'un beau jour pour les étendre au soleil, les nettoyer, les cribler autant de fois que le besoin en est indiqué, et ensuite les remettre en sac.

Mais, au printemps, lorsque la végétation commence à reprendre son activité, la surveillance devient encore plus nécessaire; on diroit que les principes vivifians et fécondans qui, à cette époque, semblent pénétrer toutes les parties de la matière organisée, exercent aussi leur influence sur les graines: on remarque du moins un mouvement sensible de fermentation dans plusieurs espèces, telles que les radis, les choux, les navets et les haricots.

Les graines de laitue particulièrement, ont encore plus besoin de cette visite, parce qu'elles sont fréquemment attaquées par un petit ver ou larve qui s'en nourrit, et qui les ramasse par petites pelotes, dans l'intérieur desquelles il se loge; si on laisse un sac de cette graine pendant deux ans sans y toucher, on le trouve quelquefois entièrement perdu, et la totalité de la graine qu'il contient, réduite ainsi en pelotes par le travail de ces insectes.

Durée des graines. La germination des graines s'opère plus ou moins promptement, à raison de la solidité de l'enveloppe qui les recouvre, de la chaleur du climat, de la sécheresse ou de l'humidité du sol, de la saison, de l'aspect et du pays où elles ont été récoltées; elle présente à cet égard des singularités remarquables, dont il n'est guères possible, même à l'homme le plus instruit en ce genre, de rendre toujours raison; il y a des graines qui perdent la faculté de germer dès qu'elles sont parvenues à maturité; il en est d'autres au contraire qui la conservent cinquante ans et plus. On a vu germer du seigle qui avoit cent quarante ans; à la vérité, cette observation, répétée par tous les écrivains en économie rurale, n'a déterminé aucun à l'essayer; d'ailleurs, a-t-on suivi assez exactement ce grain dans les différens périodes de la végétation, pour savoir s'il pouvoit réellement les parcourir?

L'ouvrage de *Miller* contient la liste des graines qu'il faut semer immédiatement après leur maturité, et celles dont il est possible de conserver la faculté reproductive pendant un certain temps, toutefois en les gardant avec soin; car souvent on a prononcé sur la durée des graines, d'après seulement quelques petits essais entrepris sur des semences défectueuses.

Un grand nombre de cultivateurs sont persuadés, par exemple, que la graine de panais, d'angélique, de salsifis, de scorsonère, de fenouil, d'anis et autres de la même famille, ne lèvent pas la seconde année; mais *Vilmorin* assure, d'après sa propre expérience, que ces graines, récoltées sur des plantes vigoureuses, parfaitement mûres, bien conservées et semées avec le soin qu'elles exigent, lèvent au bout de deux ans; les choux, les navets, les raves, les radis, les cressons, les chicorées, les bourraches, les capucines et autres du même genre, germent jusque dans la cinquième année; le terme ordinaire de la vie des germes est entre quatre et huit ans. Quoiqu'on puisse énoncer comme une proposition générale que les graines nouvelles sont préférables aux anciennes, cependant, parmi celles de plantes potagères et de quelques plantes à fleurs doubles, il en est qu'on aime mieux semer lorsqu'elles ont deux, trois et même quatre ans, parce qu'on a remarqué que les plantes, comme les choux-fleurs, les choux pommés, les chicorées, les laitues qui provenoient des graines nouvelles, s'emportoient beaucoup plus, selon l'expression des jardiniers, montoient plus vite en graine que celles produites par de vieilles semences, et que les balsamines, les giroflées, l'œillet de la Chine, etc., portoient moins de fleurs doubles, lorsque les graines auxquelles elles devoient leur naissance étoient trop récentes. Cette double observation présente un phénomène singulier, dont l'explication est très-facile à donner: il est évident que l'embonpoint des plantes potagères ou des fleurs doubles est une monstruosité occasionnée par le défaut d'énergie des plantes pour la reproduction des semences.

Il est certain que des semences perdent nécessairement, chaque année, une petite quantité de cet esprit séminal, spermatique dont elles sont les réservoirs naturels, de cet esprit qui constitue la force des individus sauvages du règne végétal, ainsi que du règne animal, et qui semble s'opposer à cet état d'obésité qui les caractérise, à mesure qu'ils en sont privés.

Cela posé, il n'est plus étonnant que des graines qui, remplies du principe vivifiant, auroient produit, dans leurs

premières

premières années des plantes très-rapprochées des espèces franches, ne donnent plus, dans la quatrième année de leur existence, que des variétés très-éloignées de ces espèces, quand elles sont presque dépourvues de ce principe.

C'est encore à raison de l'absence presque totale de ce sperme, nécessaire à la reproduction des semences, que les vieux arbres ne donnent plus que des fruits sans pepins ou sans noyaux, quoique plus beaux et plus succulens. D'après cette différence remarquée entre les productions des semences nouvelles et des semences anciennes, on ne doit jamais se permettre dans le commerce de les mêler ensemble.

Moyens de s'assurer de la qualité des graines. Les caractères qui peuvent servir à faire reconnoître la qualité des graines se tirent ordinairement de leur couleur, de leur poids, de leur volume, de leur consistance, de leur forme, des impressions qu'elles font sur les organes, de la plus ou moins grande quantité des corps étrangers qui se trouvent mêlés parmi elles, enfin des atteintes que peuvent y avoirportées les insectes.

On peut établir, comme une maxime générale, qu'une graine qui a l'odeur de moisi ou de rance, ou bien qui est vermoulue, est d'une qualité défectueuse; il faut choisir de préférence celle qui est pleine, pesante, entière et bien nette: en la mettant sur une feuille de papier, et lui imprimant le mouvement du van, il est facile de juger celles qui ne réunissent pas ces propriétés spécifiques. La submersion tant vantée comme une pierre de touche est équivoque, puisque les graines dans lesquelles l'énergie de la reproduction se trouve tout à fait éteinte, n'en va pas moins au fond de l'eau.

Une excellente méthode, quand elle est praticable, consiste à s'assurer de la qualité des graines, en en semant une pincée sous châssis ou cloches, sur une couche chaude; ou bien, comme le pratiquent quelques personnes, à défaut de couche, en mettant dans un linge humecté une quantité numérative de graines, dont on forme un petit paquet qu'on enfouit dans un pot rempli de terre, en le tenant près d'un poêle ou d'une cheminée, et l'arrosant d'eau tiède; on est, bientôt après, en état de juger combien de grains ont germé : cet effet détermine plus puissamment la qualité de la graine, et peut servir à indiquer en même temps combien il est nécessaire d'en employer.

Mais il n'est pas toujours aisé de faire subir aux graines de pareilles épreuves, avec l'attention nécessaire: d'ailleurs elles ne peuvent guères convenir qu'aux semences qui germent facilement, comme celles des crucifères; et encore ces épreuves sont-elles sujettes à erreur, car une semence germera vigoureusement en apparence, et ne donnera ensuite que des produits médiocres. Il vaut mieux, quand on le peut, s'en tenir aux graines qu'on a cultivées et récoltées sur son propre fonds, conservées conformément aux bons principes; on est plus certain de la qualité et de l'âge de celles qu'on sème.

La forme, la couleur, le volume et la pesanteur sont tellement variés dans les graines, qu'il est difficile de saisir tous les caractères qui constituent leur perfection, pour déterminer le choix de toutes les espèces; il faudroit s'arrêter sur chacune d'elles en particulier, et ce travail, malgré toute l'étendue qu'on pourroit lui donner, seroit encore très-imparfait. Voici des indications générales, d'après lesquelles il est permis de prononcer sur la qualité de quelques unes des graines qui sont les plus usitées.

Graines potagères. Les plantes potagères dues aux travaux du jardinier, aux engrais, à la qualité du sol, au hasard, à des alliances végétales bien assorties, à l'action diminuée ou augmentée de l'eau, de l'air et de la lumière, demandent toujours à être cultivées avec le même soin, parce que, délaissées, elles retournent bientôt à l'état sauvage.

La plupart de celles qu'on sème pour leurs produits en racines, ne grènent pas dès la première année de leur végétation; les semences de toutes les variétés de navets se ressemblent à peu près entre elles; elles sont d'un brun foncé, vif, bien lisses à leur surface: jetées sur les charbons ardens, elles doivent pétiller et s'enflammer aisément; ce double effet diminue à mesure qu'elles s'éloignent de leur récolte.

Un autre moyen de s'assurer de l'état récent de cette graine, comme de celui de toutes les semences émulsives, c'est de les écraser sous l'ongle; elles fournissent une quantité d'huile assez remarquable, qui s'épaissit à mesure qu'elle vieillit, et, quand la semence a perdu sa qualité germinative, elle n'en rend plus du tout; la substance intérieure, de blanchâtre qu'elle étoit, devient d'un jaune roux; celle qui n'a pas atteint sa maturité est couleur fauve, et, au lieu de se foncer avec le temps, elle jaunit et perd de son éclat.

L'analogie des graines de choux avec celles de navets est si marquée, pour la forme et la constitution, qu'on peut, à l'aide des mêmes moyens, parvenir à juger de leur qualité; et quoiqu'elles aient l'avantage de conserver long-temps la propriété germinative, leur grande tendance à rancir exige toujours l'emploi de la plus nouvelle.

On ne peut ni à l'inspection, ni au goût, décider sur-le-champ la qualité de la graine de carottes; mais elle réunira les conditions désirables dès qu'elle aura du poids et un peu d'épaisseur, qu'elle se détachera aisément par un léger frottement des poils ou barbes dont elle est hérissée; sans cette attention, on court les risques de semer plusieurs graines par paquets, et d'en mettre trop dans des endroits, tandis que d'autres n'en ont pas assez. Sa couleur est d'un gris de lin terne; quand elle est tant soit peu jaune, elle n'en a pas moins de qualité, pourvu qu'elle ait un montant vif et parfumé, dans lequel on puisse saisir distinctement l'arome de la racine.

Ce n'est guères que sur la bonne foi des marchands qu'on peut prendre la graine de betterave, à cause de sa ressemblance parfaite avec celle de poirée; cependant on observe que la première est plus grosse, mieux nourrie que la seconde; son volume doit approcher de celui d'un moyen poids.

A l'égard du panais, la forme de sa graine est un peu aplatie; cependant, en la pressant dans les doigts, on sent l'existence de l'amande, plus ou moins renflée; elle est jaunâtre, et présente à la concavité une couleur mordorée; quand elle est nouvelle, son odeur est très-forte et très-aromatique; mais cette odeur se conserve plusieurs années, quoiqu'à un moindre degré, à la vérité.

S'il est difficile de reconnoître à l'inspection la graine de carotte vieille ou nouvelle, la difficulté est bien plus considérable pour la graine d'ognon; le seul caractère que l'on puisse indiquer, c'est que celle-ci est d'une couleur noire très-foncée, qui a quelque chose de vif et même de brillant, tandis que la couleur de l'autre est moins vive, plus terne, et qu'elle a perdu, en vieillissant, une partie de ce goût et de cette odeur alliacée que les organes exercés saisissent facilement, quand la graine est nouvelle; mais l'insuffisance de ces caractères oblige de s'en rapporter sur ce point à la bonne foi du marchand.

Les semences des fruits mous et pulpeux qui appartiennent, par exemple, à la famille des cucurbitacées, doivent être choisies parmi ceux qui ont dépassé le terme de la maturité, vu que leur chair est destinée à perfectionner la semence, laquelle produit ordinairement un fruit qui a plus de qualité et conserve plus long-temps sa propriété végétative; mais il faut convenir que ce soin est indispensable pour le concombre, parce qu'on le mange toujours avant sa maturité; il est possible de l'éviter pour le melon et les courges, qu'on ne cueille ordinairement que quand ils sont mûrs.

Graines de prairies naturelles et artificielles. Il arrive souvent que, quand on n'a pas recueilli sur son propre fonds la graine des prairies naturelles, et qu'on est obligé d'en acheter, on court les risques de n'avoir que des débris de greniers à foin, de couvrir son terrain de mauvaises herbes, et qu'on ne vient à bout de détruire par la suite qu'à force de travail et de frais. Pour se procurer de la graine de bonne qualité, c'est toujours sur le second foin qu'il faut la faire cueillir; elle est plus mûre et par conséquent mieux nourrie.

Dès que l'herbe est sur le point d'être fauchée, on coupe les sommités de la plante, qu'on étend sur une toile pour les faire sécher au soleil; on les bat avec précaution, et on garde la graine dans des sacs bien fermés, jusqu'au moment des semailles. Cette méthode, quand on peut l'employer, est bien préférable à l'usage de prendre des graines de prairies sous les tas de foin; outre qu'elle produit des graines plus mûres et de meilleure qualité, elle laisse encore au propriétaire la facilité de ne faire ramasser que celles des plantes de son pré qu'il juge les plus avantageuses à multiplier, et les plus convenables au terrain qu'il veut ensemencer. Cet objet est d'une grande importance, et il seroit à désirer que les propriétaires s'attachassent à reconnoître d'une manière précise la qualité des diverses plantes qui composent les prairies, afin d'avoir la faculté de faire détruire celles qui sont nuisibles ou peu productives, et multiplier au contraire les bonnes espèces.

Il n'est pas facile de prescrire quelque chose de positif sur la quantité de semences qu'on doit répandre dans un arpent; elle dépend de la qualité du terrain, de la nature de la plante, et de l'usage qu'on veut en faire : nous ferons cependant une remarque, c'est que, pour les plantes à prairies, il n'y a pas autant d'inconvéniens à employer un peu trop de semences, parce que le fourrage en est plus fin et infiniment meilleur; en général, les plantes vivaces demandent à être semées plus claires que les annuelles, et elles doivent l'être d'autant moins, qu'elles sont plus vivaces. La graine de pré nouvelle est toujours ordinairement préférable à celle de deux ou trois ans. Il existe un grand nombre de méthodes pour récolter les graines des plantes qui composent les prairies artificielles: celle qui paroît la meilleure consiste à les recueillir un peu avant leur maturité, à choisir celle qui provient de la seconde coupe pour la luzerne, ainsi que pour le trèfle, et celle de la première pour le sainfoin.

La bonne graine de luzerne doit réfléchir une couleur jaune très-éclatante, et avoir beaucoup de pesanteur; elle est détériorée dans ses qualités, dès qu'elle est verdâtre ou noirâtre; il en faut vingt livres par arpent, plus ou moins, suivant le sol. Celle de sainfoin doit être d'un jaune doré, ou d'une couleur un peu rembrunie, mais brillante, et l'amande tirée de sa coque, dans laquelle on la vend toujours, doit être d'un jaune clair, et fléchir plutôt que de se casser sous la dent: lorsqu'elle est verte ou noire, c'est la preuve qu'elle a été récoltée avant sa maturité ou qu'elle est vieille; il en faut cent vingt-cinq à cent cinquante livres par arpent. Enfin le trèfle de deux ans est celui qui produit la meilleure semence; elle est d'une couleur vive, brillante, composée partie de graines d'un jaune clair et partie d'une jolie couleur violette; elle se ternit et rougit en vieillissant; elle lève encore deux à trois ans après sa récolte : il en faut quinze à vingt livres par arpent.

Des graines des fleurs. Si on veut conserver de belles races de fleurs, et acquérir des variétés intéressantes, il faut apporter un grand soin au choix de ces graines. Dans toutes les espèces dont les fleurs doubles ou semi-doubles produisent de la semence, il ne faut jamais recueillir celle des pieds à fleurs simples, qu'il faut détruire au contraire; celui qui sèmeroit des graines d'œillets, de balsamines, et autres récoltées sur des pieds à fleurs simples, n'auroit presque jamais de fleurs doubles. Dans les espèces dont les pieds à fleurs simples portent seuls de la graine, comme les différentes variétés de giroflées, il faut toujours choisir les plantes les plus fortes, les plus vigoureuses, les couleurs les plus vives, les plus tranchées, les panaches les plus agréables.

Le semis est le grand moyen de gagner des variétés, et d'obtenir des fleurs doubles. La doublure parmi les fleurs n'est autre chose que le changement des étamines en pétales; aussi a-t-on remarqué que les fleurs les plus sujettes à doubler sont celles qui ont le plus grand nombre d'étamines, comme les rosacées, les renoncules : ces fleurs, qui font le charme des amateurs, sont regardées par les botanistes comme des monstres par excès; à force de cultiver, de semer une graine, on parvient à créer ces belles fleurs que nous possédons.

Ne nous lassons pas de semer, c'est le moyen d'opérer les plus belles métamorphoses; c'est à cette bonne pratique que nous devons la diversité merveilleuse qu'on admire dans les jacinthes, dans les tulipes, les semi-doubles, les anémones, les auricules, les primevères, les œillets.

Graines d'arbres. Il convient que ces graines soient mûres, nouvelles, et produites, autant que possible, par des arbres qui aient atteint le *maximum* de leur force, parce que les premières semences fournies par des jeunes sujets sont souvent fausses. Celles de quelques espèces, telles que l'orme, les érables, le hêtre, demandent à être mises en terre aussitôt leur maturité; mais le plus grand nombre au printemps. L'exposition du levant ou du nord est la plus favorable; elle devient même nécessaire pour les pins, sapins, mélèzes, et pour tous les arbres verts en général; comme plusieurs espèces ne germent pas la première année, on ne doit jamais se presser de retourner un semis d'arbres.

Les semis d'arbres fruitiers donnent des sujets intermédiaires entre l'état sauvage et l'état cultivé, et par-là plus disposés à l'opération de la greffe et au perfectionnement des races fruitières; ils sont la voie la plus commune par laquelle les arbres se naturalisent, se multiplient et diversifient leurs espèces; leur propension à dégénérer vient souvent du défaut de maturité des semences; il faut donc les laisser long-temps sur l'arbre, avoir grand soin, pour les pommes et les poires, de ramasser dans un coin du fruitier celles qui pourrissent, pour en tirer les pepins, toujours préférables à ceux que l'on recueille sur la table ou qu'on va chercher au pressoir.

Les noyaux, les amandes doivent être pris sur des sujets excellens, et dont les fruits aient passé le terme de la maturité; on les conserve en lieux frais, dans du sablon fin, ou de la terre tamisée. Vers le mois de décembre on les stratifie dans une cave, une orangerie, ou autre lieu dont la chaleur soit douce et tempérée; et en avril, ces noyaux ou amandes sont distribués dans le terrain où ils doivent s'élever. Il faut conserver les noix, les châtaignes, dans leur brou jusqu'au moment de la plantation, et faire en sorte qu'ils aient encore assez d'humidité pour favoriser le développement du germe.

Lorsqu'on se propose de récolter des graines de pin, il faut en général les laisser passer l'hiver sur l'arbre pour acquérir leur maturité, et ne cueillir les cônes que vers le mois de mars; le moyen d'en retirer la graine consiste à mettre ces cônes macérer dans l'eau, et à les exposer ensuite au soleil; les écailles se soulèvent, et alors les graines tombent aisément.

On les rassemble sur un drap, ou autrement; mais il faut bien se garder, comme font souvent ceux qui les vendent, de porter les cônes au four, afin d'en extraire plus aisément la graine: ce procédé, quoique le dernier à employer, devient néanmoins nécessaire dans certaines années; car souvent le moment favorable pour semer les graines d'arbres est arrivé, avant que nous jouissions du temps propre à faciliter l'entier dépouillement du cône, ce qui force à recourir à une chaleur artificielle; mais il faut la graduer avec soin, autrement ces graines ne lèvent point, ou ne donnent que des produits chétifs et languissans.

Toutes les espèces de graines d'arbres dont la récolte se fait avant l'hiver, demandent à être mises en lieu frais, mais non humide, jusqu'au moment où l'on doit les confier à la terre. On reconnoît la bonne qualité des graines d'arbres résineux à une amande blanche et onctueuse, d'un goût assez agréable, quoique un peu fade dans la plupart des pins, quand leur graine est nouvelle; cette amande a un goût de rance bien sensible dans les graines vieilles.

Aujourd'hui que la greffe est devenue presque le seul moyen employé pour multiplier nos bonnes espèces de fruits, on s'occupe peu, trop peu peut-être, du semis des pepins et des noyaux de ces délicieuses productions de nos jardins: ce seroit sans doute le moyen d'ajouter encore à leur perfection, et de trouver des variétés intéressantes. A la vérité ces semis demandent des soins, du temps et de la patience, mais est-ce une raison pour y renoncer entièrement? Ne seroit-on pas bien dédommagé de ses peines et de son attente par la découverte de nouvelles espèces qui le disputeroient en bonté à celles que nous possédons déjà, ou qui peut-être les surpasseroient et augmenteroient encore nos richesses en ce genre? Parce que nos ancêtres ont beaucoup fait pour nous, il semble que nous n'ayons plus rien à faire pour nous-mêmes ni pour nos descendans: c'est fort mal raisonner. Il seroit donc à désirer que quelques personnes s'occupassent des semis de pepins et noyaux d'arbres fruitiers, dans une autre vue que celle de se procurer des sauvageons ou sujets pour la greffe; ce qui est le seul but que tous nos pépiniéristes se proposent dans ces semis. Mais un autre objet d'un intérêt majeur, c'est la multiplication en grand par la voie des semis des arbres forestiers et d'alignement, et l'établissement des pépinières de ces espèces.

La diminution des bois a suivi en France, depuis quelques années, une progression si rapide et tellement disproportionnée aux repeuplemens, qu'il en résulteroit les plus grands maux, si on ne s'empressoit d'y porter remède. Déjà l'administration forestière s'en occupe avec un zèle, une activité et une intelligence qui lui font le plus grand honneur; mais le mal est si considérable, qu'il faut nécessairement que cette administration soit encore secondée par les efforts des propriétaires, afin que, sur toutes les parties du territoire de l'empire, on fasse de nombreuses éducations d'arbres qui nous donnent bientôt l'espoir de faire oublier nos torts, et réparer nos pertes. L'arrêté que vient de prendre le préfet du Haut-Rhin, M. *Félix Desportes*, pour l'établissement d'une pépinière préfecturale et de pépinières communales dans ce département, est une de ces plus heureuses institutions qui deviendra sans doute générale.

En effet, c'est au gouvernement qu'il appartient de donner à cette partie intéressante de l'agriculture l'éclat dont elle est susceptible, et d'enrichir le sol français de toutes les productions exotiques qui peuvent s'y acclimater. Cette vérité n'a pas échappé à la sollicitude du ministre *Chaptal*; les soins qu'il s'est donnés pour faire venir, avant la guerre, des diverses contrées de l'Amérique Septentrionale, une quantité de graines d'arbres de toute espèce, dans le nombre desquelles *le cyprès* de la Louisiane n'a pas été oublié, la distribution qui en a été faite à des cultivateurs soigneux, promettent l'amélioration de ce genre de culture. Mettons autant d'ardeur à semer et à replanter qu'on en a mis à détruire et à abattre; semons dans le nord ceux de nos arbres qui résistent le mieux aux rigueurs de l'hiver, semons ailleurs tous ceux qui s'y plaisent le mieux; multiplions autant qu'il est possible les arbres étrangers parfaitement naturalisés et reconnus pour être les plus utiles; multiplions le sophora qui vient rapidement, et dont le bois est excellent, mais sur-tout l'acacia, etc. C'est dans les *Lettres* qui viennent de paroître sur le robinier, qu'on apprendra tous les avantages qu'il est possible de retirer de ce bel arbre; elles sont un nouveau présent fait à l'agriculture, par le sénateur *François de Neufchâteau*. (Parmentier.)

GRAISSE. *Engraissement des animaux.* (*Hygiène vétérinaire.*) Comment se fait-il que certains animaux s'engraissent très-facilement, tandis qu'il en est qui n'engraissent pas? Pourquoi voit-on des personnes qui s'enrichissent à engraisser des bestiaux, tandis que d'autres s'y ruinent? Nous allons tâcher d'indiquer les moyens de faire de l'engraissement des animaux une spéculation avantageuse, en considérant, 1°. la nature de la graisse et la manière dont elle est élaborée; 2°. la conformation et les signes par lesquels on juge qu'un animal est disposé à engraisser; 3°. des vues générales à remplir pour procurer la graisse; 4°. les divers moyens qu'on met en usage; 5°. les signes auxquels on reconnoît les progrès et la perfection de l'engraissement; 6°. les accidens qui surviennent avant, pendant et après; 7°. enfin, les inconvéniens de la graisse dans les animaux qu'on ne sacrifie pas directement pour la bouche.

Nature et élaboration de la graisse. *Nature de la graisse.* La graisse est une matière qui s'accumule dans le tissu cellulaire, dont la nature varie non seulement dans les différens animaux, mais encore dans les différentes parties du corps du même animal.

La graisse du cheval est fluide et huileuse; celle du canard et de l'oie a beaucoup moins de fluidité; celle du cochon est plus solide; mais les ruminans en fournissent de beaucoup plus dense. La graisse qui entoure l'œil, celle qui est autour des articulations, des glandes lymphatiques, ainsi que celle qui se trouve dans l'intérieur des os, dans l'intérieur du canal vertébral, et qui enveloppe la moelle allongée dans toute son étendue, est la plus fine et la plus blanche.

Le suif qui est le plus compacte est le meilleur; celui des animaux qui ont souffert, soit par des fatigues, soit par des maladies longues, est jaune, desséché, *brûlé*.

Toutes les parties de l'économie animale ne renferment pas une égale quantité de graisse. Elle se montre en assez grosse masse dans les interstices des muscles du globe, entre l'origine des muscles qui fixent le fémur au bassin, sous le scapulum, sous la peau, autour des grosses articulations, des glandes lymphatiques autour de la base de la langue; mais les grands réservoirs où ce corps se rencontre en plus grosse masse, c'est à la base du cœur, dans le médiastin, dans l'épiploon, le mésentere et autour des reins. Nous observons cependant que le cochon fait exception à cette règle générale: son plus grand réservoir est placé sous la peau; mais la graisse qui compose ce qu'on appelle le *lard* est entremêlée de beaucoup de tissu cellulaire, d'autant plus dur, plus épais et plus dense, que l'animal est plus vieux, et qu'il a plus travaillé, soit pour la propagation de l'espèce, soit pour se rendre d'une foire à l'autre, etc. Cet état n'échappe pas aux charcutiers, ils le connoissent sous le nom de *lard routier*. Le cuir en est plus épais; ce qui s'observe sur-tout au garrot : il y a beaucoup plus de tissu que de matière graisseuse, ce qui fait une perte pour le consommateur.

Les parties privées de graisse dans tous les animaux, sont les enveloppes du cerveau, le cerveau et la moelle allongée, le poumon, la rate et généralement toutes les surfaces osseuses dans lesquelles s'implantent les extrémités des muscles. Cependant les parties où la graisse ne se trouve pas en lames, en pelotons, recèlent des sucs graisseux interposés, qui leur donnent cette saveur délicate qui manque aux animaux en mauvais état.

La graisse est pour l'animal vivant une ressource dans les temps d'abstinence, en cas de disette ou de maladie; c'est un dépôt où la nature puise pour son entretien des matériaux dans lesquels il existe déjà un degré d'élaboration que les organes souffrans sont dispensés de lui donner.

Enfin, celle des gallinacées est la plus douce et la plus agréable de toutes.

On remarque encore que celle du cheval, du chien, est chargée d'arome, et qu'elle n'est propre qu'à brûler ou à faire des onguens.

La graisse est d'autant plus fine et plus blanche, que l'animal est plus jeune; d'autant plus grossière et plus jaune, que le sujet est plus vieux ou qu'il a plus souffert; celle des animaux qui ont péri de maladies malignes est d'un jaune très-foncé et très-obscur.

2°. *Elaboration de la graisse*. La graisse s'accumule à mesure que les vaisseaux déposent dans les mailles du tissu cellulaire l'excédant des sucs nourriciers, dont ils ont profité d'abord pour la réparation des pertes.

Elle est en plus grande quantité dans les endroits où ce tissu est plus abondant; mais l'accumulation doit s'en faire peu à peu ou sans réplétion trop subite, ce qui détermineroit des accidens fâcheux.

L'ordre le plus commun suivant lequel les parties se garnissent de graisse est digne de remarque. Ce sont les parties extérieures, et principalement le tissu sous-cutané, qui se remplissent d'abord de cette matière; puis elle se répand entre les muscles, autour des articulations et autour des glandes lymphatiques.

Lorsque toutes ces parties en sont saturées, la nature dirige son travail dans l'intérieur; d'abord dans l'épiploon, le médiastin, le mésentère, le tissu cellulaire du péritoine, enfin autour des reins, lieu où elle établit des réservoirs très-considérables. Ainsi, l'animal peut être gras extérieurement et ne pas l'être encore intérieurement; les bouchers et les charcutiers instruits ne s'y méprennent guères; ils savent bien distinguer l'animal qui n'a pas les deux graisses; cependant ils se trompent quelquefois.

L'animal peut être peu gras extérieurement, et l'être beaucoup intérieurement. Quand un bœuf gras extérieurement ne l'est pas dans l'intérieur, c'est que la nourriture n'a pas été assez abondante, assez substantielle, ou qu'on n'a pas donné à l'animal le temps d'élaborer sa graisse intérieure. Si, au contraire, la bête peu grasse à l'extérieur, l'est beaucoup au dedans, c'est que des accidens, des douleurs, le défaut de nourriture à l'époque où l'engraissement étoit avancé, ont nécessité l'absorption de la graisse extérieure, pour l'entretien de la vie de l'animal.

Les jeunes animaux qui ne sont pas encore formés, n'acquièrent de la graisse dans l'intérieur du corps, qu'après leur crue complète.

On voit que ces jeunes sujets sont plus longs dans leur engrais, attendu la double fonction de la nature à fournir à la graisse et au développement des parties constituantes; mais il faut convenir que le sujet qui a été toujours tenu en bon état pendant tout le temps de son développement, est d'une meilleure nature, que sa chair est plus délicate, et qu'il est susceptible de beaucoup moins d'accidens que celui qui a éprouvé diverses altérations dans son éducation.

La belle graisse est blanche et rend la chair tendre: le sang lui-même éprouve des changemens par l'engraissement. Celui des jeunes animaux en bon état est saturé de sucs graisseux, il est plus onctueux et plus délicat que celui de l'animal formé; et plus le sujet est vieux et en pleine graisse, plus son sang est sec et peu agréable. C'est ce dont on peut s'assurer par les boudins de sang de cochons de divers âges.

CONFORMATION ET SIGNES AUXQUELS ON JUGE QU'UN ANIMAL EST DISPOSÉ A ENGRAISSER. L'expérience journalière ne cesse de nous montrer qu'il se rencontre tous les jours des animaux de toute espèce, qui s'entretiennent dans un embonpoint étonnant, tandis que d'autres de même race, mis au même régime et aux mêmes travaux, restent maigres et en mauvais état; cette différence n'est pas toujours due à des maladies, elle tient au contraire, le plus souvent, à la différence de conformation. Ce doit être ici l'objet d'une étude qui est longue et difficile, mais qui est des plus importantes pour faire de bons choix, soit qu'on veuille engraisser les animaux, soit qu'on en veuille tirer parti pour le travail.

On ne s'est encore occupé de déterminer des mesures exactes pour la belle conformation, que relativement au cheval. (*Voyez* BEAUTÉ, BONTÉ.) Au reste, il y a une grande différence du beau idéal avec la conformation dans laquelle on ne recherche qu'une solidité suffisante pour permettre l'engraissement.

Un bœuf d'une bonne conformation pour l'engrais a la corne fraîche, l'encolure épaisse, le fanon flottant, la poitrine large, la côte élevée en arc, le ventre rond, soutenu, le dos horizontal, enfin les jambes, les épaules et les cuisses très-épaisses.

Le cochon de race commune a le corps trop long; il relève le dos en arc, est gêné dans la marche; quand elle doit être longue pour chercher ses alimens, se fatigant beaucoup, il s'engraisse moins. La parcimonie avec laquelle on élève les porcs, les voyages qu'on leur fait faire pour les conduire dans des marchés éloignés, occasionnent des mortalités chez les particuliers qui en achètent pour les engraisser.

3°. ÉTATS FAVORABLES OU CONTRAIRES A L'ENGRAISSEMENT. La première condition sans laquelle il n'y auroit point d'engraissement, c'est qu'il faut que l'animal répare ses pertes; la seconde c'est que les organes qui exécutent la nutrition soient modifiés de manière à élaborer et à conserver la matière graisseuse qui excède la réparation de ces mêmes pertes. Or, ces deux conditions ne seront pas remplies, si les organes, sur-tout de la nutrition, de la digestion, de la respiration, etc. ne jouissent de leur intégrité et de toute leur action.

Signes de la santé. Les signes principaux qui indiquent que l'animal est en santé, sont la marche libre, la légèreté, la gaîté, le grand appétit; les excrémens de consistance moyenne, sortant avec régularité et sans contrainte; la transpiration exhalant une odeur forte, mais douce, dont la matière reste long-temps à la main qu'on a appliquée sur la peau; la couleur rose-pâle des membranes de la bouche et des naseaux, etc.; dans le bœuf, la vache, la rumination régulière, etc.

La faculté de prendre graisse exige donc une bonne constitution et une bonne santé; l'une et l'autre permettent même de perdre et de reprendre plusieurs fois la graisse; et l'on voit qu'ainsi la surabondance graisseuse peut se concilier avec une longue vie.

Constitution trop foible, organes lésés. Mais, si l'animal est constitué d'une manière par trop foible, si les organes élaborateurs ont éprouvé des lésions considérables, il ne peut engraisser une première fois, ou, s'il a perdu sa graisse, il ne peut la reprendre. Ces causes déterminent encore la conversion de la graisse en cachexie aqueuse plus ou moins marquée, ce qui est d'observation, sur-tout dans le mouton.

On reconnoît une constitution foible au défaut d'aplomb, à la foiblesse des membres, à la roideur de l'épine dorsale et lombaire, au bercement de la croupe, au flageolement des extrémités.

Les lésions des organes s'annoncent par le défaut de gaîté, de souplesse; la respiration qui s'accélère extrêmement après un long exercice; parce que l'animal, conduit en liberté, marche à la suite de ses compagnons; parce qu'il ne fait aucune résistance quand on le contraint; parce que son appétit et ses déjections varient fréquemment; qu'il a des goûts dépravés, qu'il mange la terre, lèche les murs; qu'il a le poil terne, piqué, la peau adhérente aux os, avec une petite toux. (*Voyez* AMAIGRISSEMENT, POMMELIÈRE, FUREURS UTÉRINES, HYDROPISIE, POURRITURE, GALE, etc.)

On a vu souvent le défaut de connoissance dans le choix des animaux, être la cause de la ruine de beaucoup de marchands.

Age. Les animaux, avant d'avoir achevé leur accroissement, prennent la graisse d'une manière moins complète, parce qu'une partie des alimens donnés pour engraisser, ne sert qu'à les faire croître.

Les bœufs qu'on soumet au travail jusqu'à dix à douze ans, ont la chair dure, sèche, moins bonne, s'engraissent lentement et avec plus de dépense.

L'âge le plus convenable pour l'engraissement est donc celui où l'animal a acquis le développement propre à son espèce: cette époque pourroit être fixée pour le mouton et le bœuf, au temps où toutes les dents d'adulte sont sorties; mais on peut, sans beaucoup d'inconvéniens, avancer un peu cette époque, pour les moutons qu'on nourrit sur-tout pour la chair, sans rechercher autant le profit que procurent la laine et le fumier; de même qu'on peut

peut retarder de deux ou trois ans l'engraissement des moutons qu'on entretient pour le fumier et pour la laine, ainsi que l'engraissement des bœufs dont on veut tirer plus de travail, sauf à les engraisser moins, et de les engraisser avec moins de promptitude et d'économie.

Si l'on vouloit cependant une époque fixe pour engraisser ces animaux, ce seroit, nous le répétons, celle de cinq ans, moment où toutes les dents d'adulte ont effectué leur protrusion.

Voici quelques réflexions qui engageront peut-être les cultivateurs à engraisser les bœufs plus tôt qu'ils ne le font ordinairement.

Ne vaudroit-il pas mieux n'avoir que des chevaux pour travailler, et n'avoir des bœufs que pour les engraisser? Nous croyons observer une tendance générale à cet usage qui nous paroît avantageux. On devroit du moins ne faire travailler le bœuf que jusqu'à cinq ans, époque où sa *bouche* est *faite* et son accroissement totalement achevé. A cet âge, le cuir a plus de souplesse, plus de qualité, la chair est plus tendre, plus succulente. Quand on le nourrit au delà, la proportion dont il accroît n'équivaut pas à ce qu'il dépense; et si on le garde jusqu'à dix ans, ce qu'il a mangé de trop étoit suffisant pour nourrir un autre bœuf.

Ces réflexions sont en partie applicables aux autres animaux qu'on engraisse. La véritable économie est de sacrifier souvent, et de renouveler en proportion.

On sait bien que la chair d'un cheval, qu'un accident rend incapable de travailler, n'est point admise à la boucherie comme celle du bœuf qui est dans le même cas; mais c'est une perte qu'il faut faire tôt ou tard. Et quelle valeur peut avoir cette objection, quand il est prouvé, généralement parlant, que tout cheval qui travaille à la terre économise beaucoup plus le temps de l'homme, le met à portée de mieux profiter de la saison, et enfin que son travail est le double de celui du bœuf?

Il nous semble que la civilisation doit amener, par ses progrès, une époque où les choses seront en cela parvenues au point qui nous paroît désirable.

Sexes. La chair de vache, de brebis, même grasses, est moins savoureuse que celle du bœuf et du mouton. On trouve dans celle du taureau et du bélier un goût sauvage très-marqué, qui n'existe cependant pas dans celle des veaux et des agneaux. Les mâles qui ont été long-temps étalons, et les femelles long-temps nourrisses, ont de plus la chair dure et coriace, et n'engraissent qu'imparfaitement. On évite ces désavantages en les employant moins long-temps à la génération. D'ailleurs, on châtre le bœuf, le bélier, la brebis, le cochon et la truie, le lapin, le coq et la poule : la castration dispose à l'engrais.

Cependant on engraisse des coqs et des poules vierges, qui deviennent aussi pesans et plus délicats que les chapons et les poulardes.

Engrais en liberté. Les animaux engraissés en liberté, ou dans des lieux salubres, ont la graisse et la chair plus délicates, plus savoureuses que ceux qu'on engraisse dans la gêne et dans des logemens sales et mal tenus; ce qui est sur-tout plus sensible dans le lapin, le canard, l'oie et le dindon.

3°. Conditions a remplir pour procurer la graisse. — Première condition : *Il est nécessaire que l'animal fasse le moins de perte possible.* La première condition, c'est que l'animal perde le moins qu'il est possible de sa substance; or, il peut perdre par le mouvement, par les sensations, par la génération; la nutrition est la seule fonction réparatrice de toutes ses pertes.

Mouvement. Le repos absolu convient pour hâter la graisse : on ne doit l'interrompre que pour éviter les suites fâcheuses qu'il pourroit avoir. Mais si le repos accélère l'engraissement, un exercice modéré rend la graisse plus parfaite, de manière qu'il faut opter entre la qualité et la quantité. C'est sans doute une des causes pour lesquelles les bœufs engraissés à l'herbe ont la chair plus délicate, parce qu'ils conservent la faculté d'un certain exercice. Les animaux qu'on engraisse aux champs doivent être conduits lentement, soit pour aller au pâturage, soit pour en revenir.

Cependant il faut éviter de faire passer les animaux d'un travail soutenu à un repos absolu, et faire succéder l'un à l'autre par degrés.

On met les volailles dans des cages, des épinettes, des mues, où elles ont peu de mouvement.

La Ménagère rapporte qu'en Pologne on fait entrer un oison dans un pot de terre défoncé, assez étroit pour qu'il ne puisse s'y tourner, et qu'on l'y enferme de manière qu'il ne puisse en sortir. La tête prend les alimens par une ouverture, et l'anus rend les excrémens par l'autre. L'oie gagne un volume si prodigieux, qu'on est obligé de briser le pot pour l'en tirer. On en sale la chair comme celle du cochon, après en avoir enlevé la graisse, que l'on fond comme du saindoux.

Sensations. On met des bandeaux sur les yeux, on les crève, on coud les paupières aux animaux qui n'ont pas besoin de mâcher pour prendre leur nourriture, ou plus simplement on les place dans un endroit obscur. On a observé que des moutons qui avoient presque perdu la vue par le CLAVEAU (*Voyez* ce mot) avoient engraissé plus rapidement que les autres.

Les cochons grogneurs engraissent plus lentement, et troublent leurs compagnons. Il faut les engraisser séparément; enfin, les lieux où l'on engraisse les animaux doivent être éloignés du bruit, etc.

Génération. On châtre d'une manière plus ou moins complète. La méthode d'extirper les testicules et les épididimes, qu'on appelle *affranchissement*, est la plus efficace. Celle qui laisse les organes, en se contentant d'y rendre la circulation difficile, d'altérer seulement les parties, telles sont le bistournage, la collision, laissent subsister des désirs, parce que les testicules et les épididimes continuent de végéter. On sait encore que les bœufs bistournés sont plus méchans et difficiles à conduire.

On adopte le bistournage pour les animaux qu'on destine au travail, parce qu'on a remarqué que ceux bistournés ont un courage supérieur à ceux auxquels on a enlevé les testicules; mais comme ils engraissent plus difficilement, on devroit, quand on les fait cesser de travailler, leur enlever définitivement les organes; ce qui seroit peu dangereux, puisqu'ils sont déjà altérés. Néanmoins, leur chair ne sera jamais aussi délicate.

Mais ce qui est contraire au bon sens, c'est de bistourner les moutons, (animaux qui ne travaillent pas) ainsi que cela se fait dans les pays méridionaux de la France, dans la Touraine, dans le Berry, dans la Souabe, etc.

La chair des animaux bistournés est dure et d'un goût moins agréable.

Les animaux châtrés jeunes ont la chair plus délicate, et s'engraissent plus facilement. C'est pourquoi il faut choisir de préférence les bœufs en qui on trouve le moins la forme de taureaux.

On châtre aussi les femelles, sur-tout la truie, et, dans quelques endroits, la brebis, par l'amputation des ovaires; et la poule par l'amputation de la grappe.

On a, dit-on, pratiqué avec succès la castration à des génisses. On ne châtre point l'oie ni le canard, non plus que leurs femelles.

L'état de l'animal, dans lequel il est disposé à ne pas perdre, vient d'un relâchement universel, mais modéré, opéré dans toute son économie. Il est quelques moyens qui le favorisent généralement; tels sont, 1° une saignée copieuse ou des saignées légères répétées, qui enlèvent aux vaisseaux leur stimulus le plus actif et le plus permanent; et à la fibre une partie de son énergie.

2°. Une température un peu chaude; par exemple, celle des étables, dans lesquelles l'air ne circule pas amplement;

3°. Une température froide pour les animaux qu'on engraisse en plein air. Les chasseurs n'ignorent pas que les grives, les ortolans et les rouge-gorges achèvent de s'engraisser en vingt-quatre heures de cet état de l'atmosphère, après qu'ils se sont nourris des fruits qui ont acquis alors toute leur maturité.

4°. Les vaches engraissent beaucoup mieux quand elles sont pleines; tandis que celles affectées de fureurs utérines n'engraissent jamais.

Deuxième condition : *Il faut que l'animal gagne le plus qu'il est possible, et que la graisse soit de la meilleure qualité.* Pour remplir cette condition, il faut que l'animal consomme des alimens à satiété; que ces alimens soient analogues à son appétit, et de bonne qualité; enfin, qu'il soit placé dans des circonstances telles, qu'il en tire tout le profit possible.

Toutes ces conditions se remplissent sans effort, même presque sans soins, pour les animaux qu'on engraisse en liberté et qui ne manquent pas d'alimens appropriés à leur goût. C'est pour ceux qu'on engraisse artificiellement qu'il faut raisonner davantage les soins. En général, de bons alimens, peu à la fois et souvent, voilà l'abrégé de toute la méthode.

La digestion ne s'effectue pas dans le temps que l'animal mange; le peu de chyle que les vaisseaux pompent alors ne fait qu'entretenir la circulation des vaisseaux chylifères; ce n'est que dans le moment où l'estomac est suffisamment rempli, où l'animal se repose, où il est parfaitement tranquille, à l'abri de la lumière, du bruit, de toute inquiétude, que la circulation devient plus active, que la température du corps augmente; enfin que l'œuvre de la digestion est dans la plus grande activité. Tous ces phénomènes se succèdent dans l'espace de quelques heures; après quoi, la température du corps diminue, la respiration se modère, et la faim se renouvelle. Ce n'est qu'à cette époque qu'on doit la satisfaire, en distribuant la ration peu à peu à chaque bête : de cette manière elles consomment moins, et profitent infiniment davantage. Ici tout est employé au profit de l'animal. Nulle météorisation n'est à craindre ; les déjections sont faciles, et d'une consistance molle ; les urines sont abondantes, modérément épaisses, et colorées.

Une recommandation qui rentre dans cette condition, c'est de ne nourrir ou de n'entreprendre d'engraisser qu'un nombre d'animaux proportionné à ses moyens : autrement tous souffrent, et aucun ne réussit.

Troisième condition : *Que l'engraissement soit lucratif.* Une troisième condition est que l'engraissement soit lucratif au *nourrisseur;* sans cela, on ne trouveroit personne qui s'occupât d'engraisser des animaux. Pour cela, il faut que les moyens d'engraissement et les frais de la vente soient, le plus qu'il est possible, inférieurs au prix de l'animal engraissé ; ou, ce qui revient au même, qu'on emploie pour l'engraissement les substances les moins chères, celles dont l'approvisionnement est le plus facile et le plus sûr, pour lesquelles on n'auroit point d'autre débouché ou qui soient d'un bas prix. En raisonnant les moyens d'engraissement, on en abrège la durée ; on en multiplie les effets, et par conséquent on le rend économique. Nous nous étendrons peu sur cet article, qui exigeroit des détails très-longs, si l'on vouloit embrasser toutes les situations diverses : nous dirons seulement qu'il nous semble que les personnes qui engraissent, et même celles qui nourrissent, feront bien de cultiver, le plus possible, des racines, telles que les carottes, pommes de terre, navets, betteraves, topinambours, etc., pour prévenir les effets fâcheux des années de sécheresse, de disette ; pour suppléer aux herbes, aux pailles, aux grains, qui viennent quelquefois à manquer. Il faudroit même que, par prudence, on eût des provisions d'une année pour l'autre : du reste, chacun doit modifier nos conseils d'après ses localités et suivant son génie.

4°. Moyens d'engraissement. 1°. *Engraissement au pâturage.* Les prés naturels ou prés bas, qu'on appelle herbages et vergers, sont les lieux où l'on engraisse en liberté les herbivores.

Ces pâturages sont de plusieurs sortes ; on en distingue de médiocres, d'abondans, de délicats. Les meilleurs sont ceux dont le fonds est une couche épaisse de terre végétale, sur lesquels on n'est point obligé de répandre de fumier ou autre amendement ; dans lesquels y a des sources de bonne eau, ou qui sont arrosés par des rivières, des ruisseaux ; enfin, qui ne sont point ombragés par des arbres, par des bâtimens : l'herbe en est tassée, tendre et très-succulente.

Les pâturages délicats sont ceux des coteaux où la couche de terre végétale est suffisante, et ceux que l'eau de la mer arrose, et qui constituent ce qu'on appelle l'herbe salée, la mésote du Poitou ; les plantes y sont moins pressées, mais elles y sont fines et savoureuses.

Les endroits où l'humus est mêlé de trop d'argile, d'où les eaux s'écoulent difficilement, où elles séjournent long-temps, ne fournissent que des plantes dures et coriaces qui engraissent avec beaucoup de peine et imparfaitement.

Les herbes des bruyères, des bois, des bords des chemins, des chaumes, des jachères ou guérets, ne pèchent que parce qu'elles sont ombragées, et qu'elles sont ordinairement trop peu abondantes.

L'époque où l'on abandonne les animaux dans les pâtures doit être celle où l'herbe a acquis un, deux, trois ou quatre pouces de hauteur, selon la bonté du fonds, dans les fonds excellens. Elle ne tarde pas à pousser dans les endroits que les animaux ont dépouillés.

Si l'on attend que l'herbe soit devenue plus grande, les animaux en mangent davantage à la fois ; leurs viscères s'affoiblissent, se relâchent ; le pissement de sang, les météorisations n'ont souvent d'autres causes que cette abondance subite.

Le bœuf, la vache, le mouton s'engraissent complètement, sans autres moyens, dans les endroits où l'herbe est abondante et de bonne qualité. Le cochon, le dindon et l'oie sur-tout, qui ont la facilité de pâturer, commencent aussi par là leur graisse.

Il faut proportionner la taille des animaux au pâturage : par exemple, de petits bœufs, de petites vaches conviennent aux fonds médiocres ; les animaux qui ont plus de volume auroient trop de peine à y trouver leur subsistance, et s'y engraisseroient mal.

Il faut encore proportionner le nombre des animaux à l'étendue de la pâture, et tâcher de n'y en mettre ni plus ni moins que la qualité du fonds et l'année ne le comportent. Les diverses qualités des fonds sont avantageuses au *nourrisseur* qui en réunit de plusieurs sortes : c'est qu'il dépose dans les herbages médiocres les bœufs fatigués, au moment où ils arrivent des foires, de même que ceux que l'on commence à mettre à l'herbe : ainsi, ces animaux se trouvent moins dérangés par le vert. Quand on n'a pas à sa proximité un pâturage médiocre pour déposer les bœufs arrivans, et les accoutumer au vert, il faut les retirer de la pâture une partie du jour, et leur donner des alimens secs, soit à l'étable ou dans un enclos.

Lorsque l'engraissement est déjà commencé, on les met dans des pâturages plus abondans pour les faire tourner plus vite à la graisse.

Cette succession prévient aussi le pissement de sang et les météorisations.

Les pâturages où l'herbe est délicate, fine, savoureuse, conviennent aux animaux d'une taille moyenne, et ils leur donnent une graisse plus exquise : mais, si on les en ôte pour les mettre tout à coup dans des endroits où l'herbe soit plus abondante, plus aqueuse, ils éprouvent des diarrhées qui retardent la graisse, ou même qui les font dépérir. La même chose arrive aux animaux accoutumés aux pâturages abondans, s'il survient des pluies longues, continuelles ou répétées qui les mouillent, ainsi que les plantes.

Les bœufs et les vaches restent à l'étable nuit et jour, depuis le commencement du printemps jusqu'aux gelées blanches. La nourriture dans les pâturages se continue même en hiver : les bœufs sont de même dehors; ils mangent les herbes qui restent, et quand la neige les leur dérobe, on leur jette du foin, matin et soir; si le temps devient trop rigoureux, on les rentre à l'étable. Leur engraissement s'achève vers le milieu du printemps suivant; ils se vendent cher, parce que les bœufs de pouture sont épuisés, et que les nouveaux bœufs d'herbe n'ont pas encore eu le temps d'engraisser.

Les bœufs qu'on a commencé, au printemps, d'engraisser à l'herbe, achèvent leur graisse depuis le commencement de l'automne jusqu'à la fin.

On termine l'engraissement par les pâtures les plus copieuses et de la meilleure qualité, telles que des regains de prés naturels ou artificiels, mais dont on fait usage avec ménagement et précaution. Si l'on manque d'herbe, on peut avoir recours aux graines et aux racines dont nous allons parler; mais ordinairement chacun n'achète que la quantité de bœufs proportionnée à ce que son pâturage peut comporter.

Les moutons se trouvent très-bien de cette méthode; leur pâture la plus convenable sont les chaumes, les jachères, les bois, le bord des chemins, les montagnes. Ils passent la nuit à la bergerie. On doit les tenir à l'ombre, de dix heures du matin à trois ou quatre du soir, dans les jours où la chaleur est extrême; les conduire aux champs de très-grand matin, et les ramener très-tard. En automne, les propriétaires d'herbages en achètent pour achever de les engraisser, et les vendre aux bouchers.

Les animaux engraissés dans les endroits où l'herbe est fine et savoureuse ont la viande plus délicate que celle des animaux engraissés dans les pâturages marécageux et de qualité inférieure, elle se conserve aussi plus long-temps sans s'altérer : elle l'emporte encore beaucoup, pour ces avantages, sur la viande des animaux engraissés au grain. La bouche du roi ne consommoit autrefois que de bœufs engraissés à l'herbe.

2°. *Engraissement à l'étable, appelé de pouture.* Pour les bœufs, l'engraissement à l'étable commence ordinairement à la Toussaint, après que les terres sont ensemencées. Il a pour objet des animaux achetés exprès ou bien des paires de bœufs de travail qu'on réforme.

On a eu soin d'abord de les fatiguer moins que les autres, et de les nourrir plus abondamment; puis, on les appareille pour que les voisins ne se fassent pas de tort l'un à l'autre. On saigne ceux en qui on remarque la dureté de la peau, la rigidité des fibres.

On commence toujours par leur donner, le plus long-temps possible, des fourrages verts, tels que les feuilles de choux, de raves, de diverses espèces; des racines, telles sont les betteraves champêtres, la pomme de terre, les navets, les carottes, les topinambours, les raves : on les coupe par tranches, par morceaux pour éviter les *ingurgitations* (ou l'arrêt des racines dans l'œsophage.) On tâche de les garantir de la gelée, et on les rejette si elles sont pourries, étant alors plutôt capables de nuire que de servir à l'engraissement. Les racines cuites sont plus efficaces, et ont encore plus de qualité, si on les fait cuire à la vapeur de l'eau bouillante.

Le foin doit être de très-bonne qualité; celui de *relais* coupé en été, qui croit autour des bouses, et formé de l'herbe que les animaux ne mangent pas, est moins bon que le foin de première récolte.

On prend la paille la meilleure; on la hache dans quelques pays; on fait manger aussi dans quelques endroits les feuilles d'aune, de peuplier, de saule, sur-tout dans des temps de disette. Le foin, dans bien des lieux, est la base de l'engraissement.

On donne encore avec avantage, dans la

Bretagne, l'ajonc, jonc marin ou genêt épineux, qu'on hache et qu'on écrase.

Les grains qui servent à l'engrais de pouture, sont le sarrazin, le maïs ou blé de Turquie, l'avoine, l'orge, le seigle, la graine de lin, le son de seigle et de froment bouilli; les grains crevés, les pois, les petites fèves, les féverolles, etc. Les grains grossièrement moulus se délaient dans l'eau; on en fait aussi des boules de pâte.

Les châtaignes cuites, et leur eau, sont un très-bon aliment. On donne encore le gland, même aux bœufs; mais il est plus efficace étant germé: on a remarqué que le marron d'Inde perd son amertume après avoir été lavé à l'eau courante, dans une barrique trouée, ou mieux encore passé à la lessive.

Les marcs de bière, de graine de lin, de colza, de navette, de chènevis, de noix, réduits en pains ou tourteaux dont on a exprimé l'huile, se donnent encore au cochon, au bœuf et au mouton; on les distribue par portions grosses comme des noisettes; mais on leur reproche de rendre la chair huileuse.

On donne encore les montans des choux et des navets, la luzerne, le trèfle, le seigle, l'orge, l'avoine en vert: on les coupe douze heures d'avance, on les éparpille sous des hangars, dans les granges, de peur qu'ils ne s'échauffent.

On mêle le vert avec le sec, autant qu'il est possible; on commence cependant par faire consommer ce qui seroit dans le cas de se gâter. On donne alternativement les alimens de ces deux classes: on distribue quatre à cinq rations par jour, en commençant de cinq à six heures du matin, et en finissant à huit ou neuf heures du soir, de manière qu'il y ait toujours, entre chaque repas, un intervalle de quatre heures environ. On peut s'appercevoir que la ration est suffisante, que le bœuf et le mouton ont assez mangé, lorsque le flanc gauche commence à se soulever; alors ils se couchent pour se livrer à la rumination.

On fait boire les animaux deux fois par jour, quand ils sont nourris au sec; quand on leur donne l'eau blanche et des fourrages verts, on est dispensé de leur présenter autant d'eau.

Les logemens doivent être tenus dans une grande propreté; les fumiers enlevés, et la litière faite deux fois par jour; les bœufs doivent être étrillés et bouchonnés tous les jours, au moins une fois: on les met dehors, dans quelques endroits, pour les faire boire, et on profite de ce moment pour faire la litière.

Le trèfle, la luzerne, les feuilles de choux, celles des navets, donnent à la graisse un goût de rance et une couleur jaunâtre. Le gland, la faîne, rendent le lard facile à rancir et à fondre, et difficile à saler. On évite ces inconvéniens, en terminant l'engraissement par les meilleurs grains, par les meilleurs fourrages. On donne même des alimens aromatiques; on mêle des baies de genièvre aux alimens, pour donner meilleur goût à la chair. Il faut, nous le répétons, prendre garde de produire un relâchement trop considérable, et soutenir suffisamment l'action des organes digestifs. C'est dans cette intention qu'on donne du sel aux animaux; on le fait prendre, soit en le dissolvant dans l'eau, dont on asperge le foin et la paille, soit en saupoudrant les alimens de sel en grain, ou en suspendant au râtelier une poche pleine de sel que les bœufs lèchent, et d'où le sel transude, étant humecté par la salive: pour les cochons, on met dans les auges des morceaux de fer; ils s'y oxident; la rouille s'en détache, et se mêle à la boisson: ce qui produit à peu près le même effet que le sel. Il y a encore des personnes qui, dans la même intention, mêlent du vin à l'eau.

Les animaux engraissés au grain ont ordinairement plus de suif que ceux qui doivent leur graisse à l'herbe; il est aussi plus compacte, mais ordinairement moins blanc.

Les animaux engraissés au grain se trouvent gras à la fin de l'automne, et approvisionnent les marchés jusqu'au milieu du printemps.

3°. *Engraissement des veaux et des agneaux.* On donne le lait dans l'engraissement, surtout du cochon, des veaux, des agneaux et des volailles. Il fait la base de l'engraissement des *veaux* appelés de *Pontoise;* on le leur fait boire dans des seaux, et même celui de plusieurs vaches. On y ajoute sur la fin des jaunes d'œufs, des pois cuits, ou réduits en farine; aux environs de Rouen, on y mêle du pain à chanter; et, dans le pays de Caux, on met dans chaque seau gros comme un œuf de chaux vive, dans l'intention de faire blanchir la viande.

En les tuant, on les laisse saigner le plus possible; ils fournissent une chair très-blanche, très-tendre; on en voit qui pèsent cent vingt livres à trois mois.

Les agneaux s'engraissent de même avec le lait de leurs mères, et celui des brebis qui ont perdu leurs agneaux. On les tient à la bergerie, on leur donne aussi des substances farineuses délayées dans l'eau. La castration suspend l'engraissement, et l'arrachement du cordon établit une échymose dans les lombes, qui diminue la bonté de la chair. Les marchands connoisseurs rejettent les agneaux châtrés. Ils mangent aussi très-bien le regain des prairies naturelles, ou celui de luzerne, ainsi que l'avoine en grain. On les vend à Paris, depuis Noël jusqu'à la Pentecôte, sous le nom d'agneaux de lait; un agneau de lait pèse, à trois mois, de douze à vingt-cinq livres, suivant la race.

Les cochons de lait deviennent gras seulement en tétant leur mère, quand elle est bien nourrie. C'est une attention qu'il faut avoir aussi pour les autres femelles dont on engraisse les petits au lait.

4°. *Engraissement des volailles.* L'engraissement des volailles se prépare en les faisant glaner après la moisson, en les faisant pâturer dans des vergers où elles mangent aussi des vers; en leur hachant des orties ou autres herbes, des racines, des fruits; on leur donne encore des criblures.

On les enferme dans des cages, des mues étroites, et on les place à l'abri de la lumière. Au Mans, on leur crève les yeux d'un coup d'aiguille; d'autres leur cousent les paupières.

On achève la graisse principalement avec de la farine d'orge, pétrie avec du lait doux ou du lait de beurre, et, quand on veut faire une graisse plus fine, on pétrit la farine avec du beurre frais, et on remplace la farine d'orge par du gruau ou par la farine d'avoine. On fait chauffer le lait, on trempe dedans la boule de pâte, et après que l'animal est rassasié, on lui entonne une ou deux cuillerées de lait.

Dans les pays où les oies ne sont pas nombreuses, il y a des personnes qui, pour engraisser une oie, la clouent par les pattes dans le poulailler ou dans un grenier, et mettent à sa portée un grand pain rond de farine de seigle dont on n'a pas tiré le son; on fait au milieu de ce pain un trou dans lequel on entretient toujours de l'eau.

Les oies qu'on nourrit pour obtenir ce qu'on appelle les *foies gras*, se mettent de plus dans un endroit chaud, par exemple, au coin du feu; l'oie maigrit, mais le foie se ramollit et devient d'un volume énorme.

« Les Romains aimoient sur-tout l'oie; ils inventèrent l'art de l'engraisser et de la faire grossir si extraordinairement, qu'il y avoit des *foies gras* qui pesoient jusqu'à deux livres. Cela se faisoit en nourrissant l'oie pendant vingt jours avec des figues sèches, broyées et arrosées d'eau. Aussitôt que l'oie étoit tuée, on en tiroit le foie et on le mettoit tremper dans du lait et du miel (1).

« Les Grecs engraissoient les oies en leur donnant, pendant un mois, trois fois par jour, deux parties de farine et une partie de son arrosé d'eau chaude, ou mieux tout leur soûl de millet trempé.

»L'usage d'engraisser les poules dans des lieux clos et avec de la pâte est, selon Pline, une invention des habitans de l'île de Cos, en Grèce. Les armées romaines apportèrent cet usage de leurs conquêtes de la Grèce et de l'Asie.

»Fannius, consul, dans la loi qu'il fit recevoir sur le rétablissement de la frugalité, défendit d'engraisser les poules; on l'éluda en châtrant les poulets: on fit ainsi les chapons. Cette fraude fut pardonnée, et l'usage se perpétua (2). »

Dans les pays où on récolte beaucoup de grosses noix, on les donne entières aux dindons. On les fait avaler une à une, en passant la main le long du cou jusqu'à ce que l'on sente que la noix est descendue dans le jabot. On commence par en donner une, puis on augmente d'une par jour, jusqu'à douze, que l'on continue autant qu'il est nécessaire. Le dindon est gras quelquefois lorsqu'on en est à la douzième noix. On dit qu'il y a des personnes qui en donnent jusqu'à quarante. Les noix seroient mal digérées, si ce n'est que le dindon a, comme les autres gallinacées, un gésier très-musculeux dans lequel cet aliment est trituré et broyé.

On doit donner à manger aux volailles, dès que le jabot est vide; cependant la fin de la digestion a lieu ordinairement à des époques fixes, et permet de donner à manger à des heures réglées.

MOYENS DE JUGER DES PROGRÈS DE L'ENGRAISSEMENT. Les premiers signes de l'engrais ne se manifestent que sept à huit jours après que toutes les matières contenues dans l'estomac et les intestins, sont complètement évacuées et renouvelées. Cet espace de temps est plus long dans les ruminans et sur-tout dans les bêtes à cornes; principalement s'il y a dans le feuillet des matières dures, difficiles à humecter et à faire sortir de ce viscère. Les matières conservent une teinte noire et exhalent une odeur fétide. Celles qui sortent après et qui sont le produit du nouveau régime, sont d'un jaune clair et d'une consistance molle; leur odeur n'a rien de désagréable.

Lorsque ce renouvellement des matières est complet et qu'il s'est effectué paisiblement, l'engrais se manifeste au bout d'un certain temps, par la température plus élevée du corps de l'animal, par l'augmentation de la

(1) Palladius Rutilius de Re Rusticâ. *Liv. I. Tit.* 30.
(2) Traité de Police de Delamarre. *Tome II.*

force du pouls, par une plus grande vivacité, une plus grande gaîté, ainsi que par une plus grande liberté dans les mouvemens; par la souplesse de la peau, par son écartement des parties qu'elle recouvre, par une transpiration dont l'odeur est forte et grasse au toucher; cette exsudation de matière grasse s'observe plus particulièrement encore aux ars; plus elle est odorante, plus l'engraissement sera prompt.

Dans le mouton, on remarque plus particulièrement l'épaisseur et l'élargissement des muscles latéraux de la queue, dans l'endroit répondant au sacrum.

Dans le cochon, la peau prend généralement une plus grande étendue; et dans ceux qui sont couverts de soies blanches, elle réfléchit une couleur rose; la gorge, près de la ganache, s'empâte plus ou moins.

En général, dans l'engraissement, toutes les formes s'arrondissent; les saillies musculaires sont dérobées; les éminences des parties dures, telles que les os des hanches, l'épine du scapulum ou paleron, présentent, au lieu de pointes, des enfoncemens résultant de la redondance de graisse dans les parties environnantes; graisse qui n'a pu se loger sur les éminences osseuses, parce que les tissus qui s'y attachent sont trop denses et trop serrés.

La graisse accumulée en moyenne quantité dans les tissus superficiels, remplissant les enfoncemens, dérobe les saillies; ce qui fait que l'animal est plus beau, tandis qu'il a des formes rudes et un aspect désagréable lorsqu'il est maigre.

Cet état, quand il n'est que ce qu'on appelle embonpoint, est accompagné d'une gaîté, d'une souplesse qui font juger que l'animal jouit d'une grande disposition à bien exécuter toutes ses fonctions. Mais tous ces signes d'une bonne disposition à l'engraissement, ne se manifestent promptement que dans les animaux d'une bonne constitution et qui sont parfaitement sains.

A mesure que l'engraissement fait des progrès, les animaux deviennent plus lourds, plus massifs, plus lents, en raison des difficultés qu'ils éprouvent pour se transporter d'un lieu à l'autre: ils sont plus souvent couchés que debout; ils perdent à mesure qu'ils engraissent l'usage de leurs sens, ou deviennent, pour ainsi dire, insensibles et engourdis; ils n'existent plus que pour manger et dormir: c'est sur-tout dans le cochon et les volailles que l'on remarque plus particulièrement ce genre d'engourdissement.

Dans les bœufs, les marchands et les bouchers jugent de la quantité de la graisse par ce qu'ils appellent *maniemens*. Il existe depuis l'articulation du scapulum avec l'humérus jusqu'à la partie supérieure du scapulum, et en avant, une corde de tissu graisseux, qu'ils appellent la *veine*. On désire qu'elle soit grosse et ferme.

Dans l'angle formé par le scapulum et l'humérus, on sent en arrière de ces deux os une glande lymphatique, environnée de graisse; ils l'appellent la *main*, le *nœud du cœur*, ou simplement les *cœurs*.

La peau qui termine le fanon est garnie de graisse, entre les deux membres de devant, sous le sternum: c'est ce qu'on nomme le *dessous de la poitrine*.

La graisse est encore sensible sur chaque côte, et ils disent que l'animal est *bon de côté*, ou *mauvais de côté*.

Il existe dans la duplicature de la peau qui s'étend de la cuisse, ou mieux, de la rotule au ventre, une autre glande lymphatique adhérente aux muscles abdominaux: ils l'appellent *œillet* ou *œillard*; elle est environnée de graisse en plus ou moins grande quantité.

On trouve des coussins de graisse aux côtés de la queue, et principalement dans un pli que fait la peau qui va de l'origine de la queue à la pointe de la croupe.

Les paquets de graisse qui existent des deux côtés du scrotum et qu'ils manient en arriere, entre les deux cuisses, sont appelés le *dessous*.

Enfin, on dit en général qu'un bœuf a ou n'a pas les *maniemens bons*; ou encore on affirme qu'il est *bon* en quelques uns, et l'on nomme ceux d'où il pèche.

Lorsque l'engrais à l'herbe est à son plus haut degré, le poil devient frisé, principalement sur les côtes et sur le dos; une certaine quantité de poils sont droits, et sortent dans les intervalles des autres; ce qui annonce que l'animal est parfaitement gras, et bon à *démarer*, suivant le langage des *nourrisseurs*.

Il est des bœufs engraissés très-vite qui ont tous les maniemens bons; cependant ils ont la graisse peu ferme, ils sont ce qu'on appelle *soufflés*, et n'ont point ou que très-peu de suif.

L'animal parfaitement rempli de graisse, tant extérieure qu'intérieure, a les maniemens amples et fermes. Les bœufs qui les ont mous, n'ont quelquefois pas, suivant le langage des bouchers, assez de suif pour fournir au remplacement de la chandelle qu'on brûle pour en apprêter la viande.

Des divers degrés d'engraissement. Le poids

des animaux engraissés ou le degré de l'engraissement dépendent, 1°. de la taille; 2°. de la constitution, de la race, de l'âge et du travail; 3°. du sexe et de la castration; 4°. de la manière dont l'engraissement s'est fait, soit au pâturage, soit à l'étable.

Un animal plus grand est susceptible de plus de poids et de plus de graisse qu'un petit, toutes choses égales d'ailleurs.

Cependant, il y a des animaux d'une constitution solide et souple, qui prennent beaucoup plus de graisse et qui viennent à peser plus que d'autres qui sont plus grands. Il en est qui ont beaucoup de chair et peu de suif, telle est la race des bœufs suisses; mais ce reproche n'est dû sans doute qu'à ce qu'on ne leur fournit pas une nourriture assez abondante, et sur-tout assez long-temps.

Outre que la quantité et la qualité de la graisse des animaux qu'on nourrit au pâturage sont relatives à la nature du sol et du climat, elles dépendent encore principalement de la constitution atmosphérique qui règne pendant l'engraissement; de sorte qu'une année, les bœufs d'un canton, d'un herbage sont meilleurs ou moins bons qu'une autre année, selon qu'il a fait sec ou humide, et selon la nature primitive du pâturage. Les lieux élevés engraissent beaucoup mieux dans les années humides, et les lieux bas dans les années sèches. Il est aussi des bœufs de même race, et mis dans les mêmes circonstances, en qui une partie prend plus d'extension, plus de graisse que dans les autres; tantôt c'est le devant, tantôt c'est le derrière.

En général, la graisse a un terme dans chaque animal, et lorsqu'il est atteint, il faut se hâter de le vendre au consommateur. Après ce terme, les animaux ne profitent point, à beaucoup près, en proportion des dépenses qu'ils occasionnent, et en proportion du temps que l'on perd.

Le suif d'un bœuf, lorsqu'il est bien engraissé, est ordinairement le huitième du poids de l'animal vivant; la peau, le dixième; la tête et les pieds, un vingtième; les entrailles, un dix-huitième. Toutes ces parties ensemble peuvent s'évaluer au tiers. Enfin, la chair ou les parties principales de l'animal composent les deux autres tiers.

Les proportions sont à peu près les mêmes pour le mouton. Les proportions de la graisse, c'est-à-dire l'axonge et le lard, sont plus considérables dans le cochon, ainsi que dans la poule, et sur-tout dans l'oie.

Les bœufs, en France, rendent à la boucherie, de quatre cents à douze cents livres de viande.

« Il y en a de plus pesans en Hongrie, en Al-
» lemagne, en Suisse, en Angleterre, en Ir-
» lande. On assure qu'il s'en trouve du poids
» de plus de cinq mille.

» On a promené dans Paris, en 1778, un
» bœuf suisse qui pesoit, vivant, plus de trois
» mille livres (1). »

On voit des dindons plumés, non vidés, peser quinze et même vingt livres. On a vu à Crêvecœur, département du Calvados, un coq vierge, plumé et vidé, peser sept livres. Mais, ces degrés excessifs de graisse sont-ils bien avantageux? Les alimens donnés pour les produire serviroient à nourrir d'autres animaux.

6°. ACCIDENS QUI SURVIENNENT PENDANT L'ENGRAISSEMENT. Les sujets qui sont malades, ou qui ont quelque disposition maladive, ne tardent pas à éprouver des effets sinistres, par la surabondance des sucs nourriciers: ces sucs travaillés par des organes viciés ne peuvent acquérir les qualités requises pour être assimilés aux différentes parties.

Lorsque les animaux manquent des dispositions à s'engraisser, la peau reste dure et adhérente, la transpiration ne s'effectue pas, les urines sont claires et copieuses, les déjections sont noires ou fluides. Alors, pour peu que l'on néglige de faire attention à cet état, il faut s'attendre aux plus grandes catastrophes. Les urines ou les matières fécales ne tardent pas à devenir sanguines: dans le premier cas, c'est le PISSEMENT DE SANG; dans le second, c'est la DYSSENTERIE: or, l'une et l'autre sont souvent mortelles. (*Voyez* ces maladies.)

Lorsque les urines et les excrémens ne présentent rien de particulier, et que la peau néanmoins ne reçoit aucune extension, il se forme dans les vaisseaux une replétion dont le siége le plus considérable est la rate. Ce viscère se remplit tout à coup, il acquiert le double, le triple, ou le quadruple de son volume, et l'animal succombe. (*Voy.* MALADIE ROUGE.)

L'engraissement n'est pas funeste aux animaux boiteux, foibles sur membres, trop allongés de corps, il est seulement plus long: les douleurs que la mauvaise conformation leur fait éprouver occasionnent une consommation de sucs nourriciers qui deviennent en pure perte

(1) Encyclopédie méthodique, Dictionnaire d'Agriculture, article BÉTAIL; par M. Tessier.

pour

pour l'engrais. Cette circonstance porte plus de préjudice au propriétaire qui engraisse les animaux dans les champs, qu'à celui qui entreprend l'engrais à l'étable, la translation des animaux d'un lieu à l'autre pour pâturer étant pénible; tandis qu'à l'étable l'animal se soutient debout avec moins d'efforts, ou même peut rester le plus souvent couché.

Les accidens les plus fréquens qui arrivent dans le temps de l'engraissement, et dont le plus petit des inconvéniens est de le retarder, sont les météorisations des estomacs et des intestins, les coliques, la constipation, la diarrhée, le flux de sang, le pissement de sang, le gonflement du foie et de la rate.

Ces différentes maladies qui suspendent l'engraissement, qui même le font rétrograder, et qui détruisent un si grand nombre d'animaux de toutes espèces, tiennent à de mêmes causes, dont il est souvent facile de prévenir les effets, mais auxquelles on n'a pas fait attention, parce qu'il étoit trop simple de s'y arrêter. Ces causes sont essentiellement la quantité et la qualité des alimens que l'on donne ou que l'on permet sans ordre ni mesure. Ainsi, bien loin d'indiquer des remèdes pour les combattre, nous tâcherons de faire mieux, nous nous occuperons des moyens de les prévenir.

Plus la bête est foible par sa constitution physique, ou affoiblie par le travail, la route, par la mauvaise nourriture, le défaut de soin, plus il faut prévoir ces effets désastreux, presque certains. Car, ou il survient une surcharge de matières dans des entrailles incapables par leur débilité de les digérer, ou si la digestion a lieu, les autres organes manquent d'exécuter une bonne élaboration du sang, et les viscères sanguins sont subjugués.

Le succès de l'engrais dépend du commencement; plus ce commencement sera dirigé avec méthode, plus l'engrais sera prompt, efficace et sûr. Ainsi le cultivateur ne sauroit trop examiner l'animal qu'il se propose de soumettre à l'engrais. Les bœufs qu'on engraisse à l'herbe doivent être comptés, visités chaque jour avec beaucoup de soin par le propriétaire, ou par le gardien.

Ceux que l'on engraisse à l'étable doivent être soignés de la manière la plus exacte, par une personne pour laquelle cette occupation soit la principale tâche. Plus un bœuf aura souffert et dépéri, plus on usera de précaution pour le nourrir. On lui donnera d'abord peu d'alimens à la fois. La ration est suffisante, quand le flanc gauche est soulevé et que le bœuf se couche. On ne lui en présente une nouvelle que lorsque la première est complètement digérée, c'est-à-dire lorsque le flanc est abaissé et que l'animal donne des signes d'une faim non équivoque. On persistera dans cette manière jusqu'à ce que les anciens alimens soient complètement évacués. Si cette évacuation étoit trop tardive, on l'accéléreroit par une boisson mucilagineuse; on feroit cuire du son avec de la graine de lin, et on donneroit un seau de ce mélange le matin, et autant le soir, outre les fourrages qui font la principale nourriture.

Ces fourrages doivent être choisis et donnés simplement; il est inutile et même nuisible d'employer des moyens factices, pour forcer l'animal à les manger : dès qu'il les dédaigne, c'est une preuve qu'il en a trop dans l'estomac : il faut les retirer, nettoyer à fond l'auge et le râtelier, et éloigner le repas suivant, jusqu'à ce que la digestion soit faite, et que l'appétit soit complètement revenu.

La boisson doit être l'eau pure : on évitera même d'en donner trop; l'excès d'eau délaie trop les alimens et affoiblit l'estomac. La boisson ne doit jamais rester devant l'animal. On doit la lui présenter deux fois par jour après le repas.

S'il est très-avide de ce liquide, c'est un indice que les alimens sont trop secs ou trop échauffans. Dans cette circonstance, on aura recours à la pomme de terre ou à la rave, aux carottes, aux panais ou autres racines, qu'on pourra se procurer; et, dans le cas où ces objets manqueroient, on y substitueroit l'orge macérée ou cuite à la vapeur de l'eau bouillante.

Mais si, au contraire, l'animal dédaigne absolument la boisson, on conclura que les alimens dont il fait usage sont trop aqueux, et, en ce cas, on les combinera avec des alimens qui renferment moins d'eau : s'il étoit difficile de s'en procurer, on auroit recours au sel, dont on saupoudreroit les alimens matin et soir.

Le cultivateur doit avoir sans cesse les yeux fixés sur les animaux qu'il engraisse à l'étable : pour peu que le flanc gauche des ruminans se soulève après ou dans le courant du repas, que ce soulèvement soit accompagné d'allongement de l'animal, d'un peu de tristesse, que la rumination s'exécute lentement, ou pas du tout, il doit penser que l'indigestion existe et qu'elle ne tardera pas à se manifester par des signes plus fâcheux.

Celle qu'éprouve le cheval et le cochon se reconnoît au soulèvement des fausses côtes, à la tension des flancs, au bâillement, à l'accablement et à des coliques par intervalles. Ces indigestions ont des suites trop funestes pour qu'on néglige d'y porter secours. Elles demandent qu'on supprime sur-le-champ tous les alimens; qu'on donne pour breuvage des infusions de sauge en très-grande quantité, et qu'on ajoute dans chaque pinte une once de sel de cuisine et quatre gros de sel ammoniaque.

L'indigestion passée, elle est assez ordinairement suivie de diarrhées dans le cheval et dans le cochon. Pendant l'évacuation, l'on continuera l'usage de l'infusion de sauge, dans laquelle on se contentera d'ajouter un peu de sel commun.

Ces indigestions, au surplus, ne sont à craindre que lorsqu'on change la nourriture des animaux, et sur-tout lorsque ce changement a pour objet un aliment délicat, substitué à un autre qui l'étoit moins. Il faut encore prendre garde que ce que l'on appelle hivernage, c'est-à-dire, un fourrage dans lequel les pois, les lentilles abondent, et que les chevaux et les bêtes à cornes appètent beaucoup, est très-indigeste.

La pléthore sanguine s'annonce par l'amplitude des vaisseaux superficiels, par la dureté, l'embarras du pouls, par le développement de l'abdomen; et, lorsqu'à tous ces signes se joignent la dureté de la peau, son adhérence aux parties qu'elle recouvre, la mauvaise teinte du poil et l'absence de l'humeur grasse des ars, on doit s'attendre aux plus grands accidens, si l'on ne se hâte de prescrire, le plus promptement possible, la diète la plus absolue, la saignée et les lavemens purgatifs.

Cette pléthore sanguine porte, plus particulièrement dans le cochon, ses effets sur les intestins et sur la rate; et il est rare que l'animal en réchappe, lorsqu'il est affecté de diarrhée. On ne sauroit trop prévoir les accidens qui arrivent dans l'engraissement de ces animaux, sur-tout lorsqu'ils viennent de loin et qu'ils ont souffert en route.

La spéculation d'engraisser des cochons a quelquefois causé la ruine de brasseurs et d'amidonniers de la capitale, parce que la théorie de cette branche d'économie leur étoit absolument inconnue.

Les animaux dont les forces vitales et viscérales sont trop affoiblies doivent être remis en santé, avant que de faire usage des moyens capables de surcharger les entrailles de nourriture, et les vaisseaux de sang.

Les moyens de préparer le cochon à l'engrais sont de le faire reposer dans un toit sec et aéré, de lui entretenir une litière propre; et, si les soies sont ternes, piquées, garnies de lentes, que les poux courent sur la peau, que celle-ci soit dure, sèche, écailleuse, il faut tondre l'animal ou le raser, le frotter avec une éponge imbibée d'une forte décoction de son tiède, et continuer ces fomentations jusqu'à ce que la peau soit nette et souple. Quant aux alimens, ils doivent être de facile digestion, cuits et donnés en petite quantité, une fois seulement le matin ou le soir. Pour peu que les excrémens soient durs et secs, il faut donner, matin et soir, un lavement d'eau de son.

On continuera ce régime et ces soins jusqu'à ce que l'animal soit très-libre dans ses mouvemens, et très-gai; jusqu'à ce que les matières fécales soient de bonne qualité, les urines épaisses et la peau propre et souple; alors on ajoutera peu à peu une partie de la nourriture avec laquelle on se propose de le pousser à l'engrais; et enfin, on parviendra, sans contrainte et sans secousse, à lui donner des rations copieuses, dont il profitera comme on le souhaite.

Il y a des bêtes à cornes, des vaches surtout et des moutons, qui n'engraissent jamais, quelqu'aliment qu'on leur donne: ce sont celles qui sont ce que l'on appelle *brûlées*, c'est-à-dire celles qui ont les plèvres adhérentes, des maculations sur la surface extérieure des poumons, des indurations et des désorganisations quelconques de la substance de ce viscère. Il y a encore un autre genre d'altération qui s'oppose à l'engraissement: ce sont ces sortes de lésions qui tiennent à la texture générale du poumon. Cette lésion consiste dans la foiblesse des vaisseaux aériens et sanguins qui composent cet organe; elle est telle, que le poumon ne peut revenir sur lui-même avec la force et l'activité nécessaires, d'où il résulte que l'expiration est imparfaite; en sorte que le sang, mal travaillé par cet organe, n'est pas propre à la nutrition des parties, et encore moins à l'engrais.

Il est des bœufs de la sorte qui ne prennent jamais la graisse; quand on les retire des meilleurs pâturages, ils ont la peau d'un bleu ou d'un gris plombé, ce qu'on apperçoit en relevant les poils au ventre, sur les côtes, surtout dans les endroits où les poils ont une teinte claire: ces bœufs sont appelés bœufs *faillis*.

Il n'en est pas de même des bœufs qui ont les maniemens très-bons, et qui paroissent maigres aux yeux des personnes qui ne sont pas expérimentées; ils ont souvent beaucoup de suif.

Enfin, il est des moutons qui prennent la pourriture, si l'on tarde de les livrer au boucher quand ils sont gras : mais cet accident n'est point commun à tous les moutons et à tous les lieux ; il tient au climat et aux pâturages humides, qui ont boursoufflé le mouton d'une graisse flasque et aqueuse.

Accidens qui arrivent avant ou après l'engraissement. Les bœufs maigres qu'on achète au loin pour les amener dans les herbages ; ceux que l'on conduit gras à des marchés éloignés, souffrent en route, soit qu'ils s'usent ou se blessent les pieds, sur-tout quand la route est pierreuse, qu'il fait de la boue, ou que la chaleur est excessive, et particulièrement encore ceux qui ont les pieds tendres, les membres foibles, ou qui ont souffert précédemment, en un mot ceux qui sont *mal à pied*, suivant l'expression des marchands. Pour ce qui est des accidens particuliers aux pieds, on a l'usage de les prévenir, autant qu'il est possible, en appliquant des fers aux pieds des bœufs, soit un fer pour les deux doigts, soit un fer à chaque doigt, soit même un fer au seul doigt externe de chaque pied.

La fatigue cause dans les bœufs qui voyagent une tumeur, un emphysème sur l'articulation du fémur avec le bassin. Cette tumeur est large comme les deux mains et assez saillante ; si l'on comprime la peau en cet endroit avec la main, elle est crépitante, c'est-à-dire que la pression déplace l'air avec un certain bruit. En Normandie, cette maladie est nommée *les pigeons*.

La tumeur est d'abord sans emphysème; ce second accident n'a lieu le plus souvent qu'à la suite d'un redoublement d'efforts, ou qu'après que le bœuf s'est couché dans le pâturage ou ailleurs. C'est ce que les marchands expriment en disant que le mal est beaucoup plus dangereux lorsque la bête a été gagnée par les *pigeons de terre*.

L'emphysème se prolonge sur les flancs, sur la croupe, et jusqu'à la queue; si les pigeons sont simples, l'animal peut marcher, mais avec difficulté ; quand ils sont plus graves ou compliqués d'emphysème, il est obligé de se tenir le plus souvent couché.

Les pigeons existent d'un côté ou des deux côtés en même temps.

Il faut placer l'animal en repos, dans une étable sèche, sur une bonne litière, lui donner quelques lavemens, laver l'endroit douloureux, avec de l'eau tiède dans laquelle on aura fait bouillir du son, ou mieux encore, mettre dans un sac du son humecté d'eau, à un degré de chaleur plus que tiède, et fixer le sac sur la croupe du bœuf, de manière qu'il porte constamment sur les parties affectées. S'il y a emphysème, il faudra faire à la peau des incisions à deux travers de doigt de distance les unes des autres, et laver la partie deux fois par jour avec de l'eau tiède acidulée par le vinaigre, ou par l'acide sulfurique. On versera ensuite sur la peau de cet endroit un peu d'eau-de-vie que l'on étendra et que l'on fera pénétrer en frottant avec la main dans toute la surface du mal.

Dans ce cas, on donnera des lavemens d'eau salée ou vinaigrée.

La nourriture sera de l'eau blanchie par le son de froment ou par la farine d'orge, et du foin ou de l'herbe en petite quantité, mais bien choisis.

On étrillera et l'on bouchonnera l'animal deux fois par jour.

Les bœufs, en route, sont sujets à la fourbure, c'est-à-dire à l'engorgement du tissu feuilleté qui unit l'ongle à l'os du pied. Le séjour prolongé du sang dans cette partie, et la continuation de la route, déterminent dans le tissu dont nous parlons, une espèce d'échymose, par l'effet de laquelle la chute de l'ongle s'opère ; c'est ce qu'on appelle *désergoter, dessaboter*. L'animal effectue le dessabotement en secouant son pied à plusieurs reprises, et jusqu'à ce que l'ongle se détache. Alors le tissu feuilleté reste à nu, et l'animal est incapable de continuer la marche.

Il arrive aussi quelquefois que l'ongle ne tombe qu'à un des doigts du pied ; de même qu'on a vu des bœufs et des vaches éprouver la chute des ongles des deux pieds de derrière à la fois ; c'est toujours aux pieds de derrière que ces accidens arrivent.

Il faut, si le bœuf est gras, le vendre à un boucher voisin, et, s'il est maigre, le déposer dans un pâturage où l'ongle pousse, où le bœuf dépérit quelquefois, mais où il est toujours plus de temps à engraisser. Quelquefois les bœufs dessabotent, sur-tout en montant une côte, sans que le conducteur se soit apperçu qu'ils fussent malades ; quelquefois aussi on reconnoît que cet accident menace à la difficulté de marcher et au boursoufflement des vaisseaux près de l'ongle ; il faudroit, pour le prévenir, laisser le bœuf en repos, saigner en pince, ouvrir la peau de haut en bas par sept à huit coups de flamme ou de bistouri autour de l'ongle, pour donner issue au sang qui engorge les vaisseaux du pied.

Si cela étoit sans efficacité, il faudroit, sans perdre de temps, faire à chaque ongle avec la renette ou avec une gouge, un sillon de haut en bas jusqu'au sang, dans toute l'étendue du pied; on tiendroit ensuite le pied enveloppé de cataplasmes faits avec la suie de cheminée liée par le vinaigre.

7°. **Inconvéniens de l'engraissement dans les animaux qu'on ne sacrifie pas pour la bouche.** S'il est vrai, comme nous l'avons prouvé, que l'engraissement suppose dans les organes réparateurs de l'individu un état parfaitement sain, il s'en faut néanmoins beaucoup que nous soyons portés à conclure, avec le vulgaire, que l'embonpoint soit toujours le plus haut degré de la santé. Au contraire, la surabondance de la graisse comprime les vaisseaux, les nerfs, fait même tomber les muscles dans le racornissement. L'animal auquel l'homme demande du travail, ou un autre service, y est moins dispos, moins propre. Le cheval gras sue et est essoufflé au moindre exercice, il éprouve le fraiement aux ars et est sujet à la fourbure; la jument avorte ou devient stérile; le chien perd la finesse de l'odorat et de l'ouïe; la vache qui s'engraisse ne donne plus de lait; la poule ne pond plus, etc., etc.

Ainsi, le chien, le chat, l'âne et le mulet sur-tout, doivent être préservés de la graisse, loin qu'on doive les y faire tendre.

Cependant nous allons exposer la manière dont on engraisse les chevaux dans la plaine de Caen, dans l'intention d'en faire mieux sentir l'inconvenance.

L'engraissement est relatif aux chevaux qu'on doit vendre aux foires d'été et d'automne, et à ceux que l'on destine aux foires d'hiver. Le premier est l'engraissement à l'herbe; le second est l'engraissement au sec.

1°. *Engraissement à l'herbe.* Les chevaux sont mis d'abord sur un fonds d'herbe peu abondant, trois ou quatre mois avant la foire; puis on les place graduellement dans un fonds plus fort. En les mettant dans l'herbage on leur fait une saignée, à la suite de laquelle il survient souvent un trombus qui empêche la vente de ceux qui ne sont pas guéris. On les retire de l'herbe, quelques jours avant la vente, pour les ferrer, les panser à fond, et leur tresser les crins; on les ôte des pâturages plus long-temps auparavant, si l'on veut les soumettre à un piqueur pour les dresser à souffrir l'homme. En agissant ainsi, on n'a point l'intention de les engraisser précisément, mais bien de les *souffler.*

2°. *Engrais au sec.* Six semaines ou deux mois avant la foire, selon l'état des animaux, on les met dans une écurie bien close, afin que l'air y soit toujours d'une température fort supérieure à celle de l'air extérieur. Ils n'en sortent que huit jours avant la foire, et ils ne sont ni étrillés, ni bouchonnés. Pendant tout ce temps on les tient enveloppés d'une couverture de laine, par-dessus laquelle on met une autre couverture de toile. On leur fournit la nourriture la plus substantielle, la plus abondante, et en même temps la plus variée, afin de les exciter à manger davantage. On leur présente alternativement la paille de blé à moitié battue, appelée *gerbée*, des pois gris en gerbe, du lentillon, des féveroles en gerbe, enfin de l'avoine; le tout par petites portions qui se succèdent fréquemment le jour et la nuit. Ils ont pour boisson de l'eau blanchie de farine d'orge; et la farine est donnée en telle abondance chaque jour, qu'un cheval consomme environ trois cents livres de farine durant le temps de son engraissement. Le cheval qui *boude* sur sa ration est saigné; on le saigne encore s'il se manifeste quelques signes de pléthore, et jusqu'à trois ou quatre fois, s'il y a lieu, dans le courant de l'engraissement. Dans la dernière semaine, on l'étrille à fond: tout le vieux poil tombe au premier pansement, et il paroît un nouveau poil très-luisant. On promène le cheval en main, on le dresse à la montre, on le ferre à la marchande, on tresse les crins, et on le présente à la foire.

Nous avons exposé ailleurs les accidens qui sont la suite de cette méthode. (*Voyez* Fluxion périodique, Gourme, Cachexie, etc.)

Conclusion. Pour qu'un animal soit complètement engraissé et que la chair en soit délicate et tendre, il faut donc qu'il ait une conformation solide, et que tous les organes qui servent à la nutrition soient sains et exempts d'altération; qu'il soit jeune, ou châtré jeune par l'enlèvement des testicules: si c'est un animal mâle, qu'on lui fournisse des alimens avec ménagement d'abord, puis en abondance et variés, selon ses dispositions. A la fin de l'engraissement, qu'on lui procure des alimens plus choisis, qu'on lui accorde assez de liberté; enfin, que beaucoup de surveillance et de discernement fassent éviter les accidens qui surviennent avant, pendant et après l'engraissement, qui doit se faire d'ailleurs de la manière la plus économique. On a vu qu'il nuit au service et à la santé des animaux qui ne sont pas précisément destinés pour la bouche. (Ch. et Fr.)

GREFFE, (*Jardinage pratique.*) *Addition.* Les nombreux avantages qui dérivent de la greffe, pour la prompte multiplication des espèces précieuses et l'amélioration de leurs fruits, devoient nécessairement fixer les regards des cultivateurs instruits des lois de la physique végétale, qui étudient la marche de la nature dans une pratique éclairée. Il en est résulté des méthodes nouvelles, des procédés plus parfaits, d'une réussite plus certaine, et plus de clarté dans l'exposition des manières diverses d'opérer. Nous nous faisons un devoir de les consigner dans un ouvrage où notre désir est de décrire toutes les méthodes avantageuses pour la prospérité des campagnes.

La théorie de la greffe consiste à appliquer et faire coïncider exactement les écorces des greffes avec les sujets ; à choisir les époques les plus avantageuses des mouvemens de la sève ; à ne greffer l'une sur l'autre que des variétés de la même espèce, des espèces du même genre, ou des genres d'une même famille ; à observer l'analogie des végétaux dans le mouvement de leur sève, dans la permanence ou la caducité de leurs feuilles, et dans la qualité de leurs sucs propres ; enfin à mettre de la célérité dans l'opération et de la justesse dans l'union des parties.

Les époques auxquelles on doit greffer, sont, la sève montante pour les greffes en fente, en couronne, par juxtaposition, et pour les écussons, à œil poussant ; la sève au milieu de son cours pour quelques arbres résineux ; et la sève descendante pour les jeunes sujets très-abondans en sève, et greffés à œil dormant.

On distingue quatre sortes de greffes, savoir : par *approche*, en *fente*, par *juxtaposition*, en *écusson*, lesquelles se divisent et se subdivisent en plusieurs autres.

La greffe par *approche* se fait sur tronc et sur branches. La première, de trois manières : 1°. en réunissant les deux troncs par un point de contact et conservant à chacun sa tête ; 2°. en coupant la tête du sauvageon pour la remplacer par celle de l'arbre utile ; 3°. un arbre ou plusieurs étayant une tête d'arbre utile, dont le tronc est vicié et menace ruine.

La greffe par *approche sur branches* se fait de cinq manières : 1°. Deux arbres étêtés greffés par une de leurs branches latérales ; 2°. plusieurs branches de différens arbrisseaux composant une haie, greffés sur plusieurs points ; 3°. branches d'un franc planté en terre et greffé par son extrémité supérieure sur un sauvageon ; 4°. plusieurs jeunes plants dont les tiges réunies dans un cylindre se soudent ensemble et ne forment plus qu'un tronc ; 5°. quatre quartiers, de quatre espèces d'arbres différens réunis en un seul tronc, et ne devant pousser que par l'œil de l'extrémité du bourgeon.

La greffe en *fente* se fait dans le cœur du bois, ou en couronne. Dans le premier cas, elle est dite *en poupée*, lorsque le jeune tronc, ou les grosses branches fendues, portent deux greffes de bourgeons d'arbres francs, et elle est dite *en croix*, lorsque le jeune tronc, ou les grosses branches, sont fendues en quatre parties, et portent quatre greffes d'arbres francs. Dans le second cas, elle se subdivise en quatre sortes : 1°. *à cinq bourgeons*, lorsque les greffes sont placées entre le bois et l'écorce sans fendre le cœur du bois ; 2°. *à six bourgeons*, lorsque les greffes sont placées entre le bois et l'écorce sans fendre le premier, mais en incisant la seconde ; 3°. *à l'anglaise*, lorsqu'on place sur un jeune sujet un rameau d'égale grosseur, et lorsqu'on les assujettit au moyen d'une double entaille ; 4°. *à oranger*, lorsqu'on remplace la tige d'un oranger de deux à trois ans, par un rameau du même arbre fleurissant.

On compte cinq espèces de greffes par juxtaposition :

1°. En *anneau*, dans laquelle on enlève un anneau cortical d'une tige de sauvageon, et on le remplace par un anneau d'arbre franc portant un ou deux boutons à bois.

2°. En *flûte*, qui consiste à enlever sur un sauvageon un cylindre d'écorce de sa tige supérieure, et le remplacer par un cylindre de pareille dimension et muni de plusieurs yeux d'arbres francs.

3°. En *cheville*, dans laquelle on fait un trou dans le corps du bois d'un sauvageon, et on le remplit par un bourgeon taillé en forme de cheville, tiré d'un arbre franc.

4°. En *spatule*, qui consiste à faire une entaille dans le corps du bois d'un sauvageon, d'un demi-pouce de profondeur, et le remplir par un bourgeon d'arbre franc, taillé en spatule.

5°. Par *inoculation*, c'est-à-dire, en relevant un bouton à fleur d'une branche pour la porter sur une autre du même arbre.

La greffe en *écusson* se fait aussi de cinq manières. On dit qu'elle est *à œil sans bois*, lorsque l'écusson est dénué de la petite portion d'aubier avec laquelle on le lève ordinairement ; *à œil boisé*, lorsqu'il y a une petite couche d'aubier conservée sous l'écusson; *à la pousse*; lorsque la tête du sauvageon est coupée immédiatement après la pose de la greffe; *à œil dormant*, lorsque la tête du sujet est conservée jusqu'au printemps suivant; *avec chevron brisé*, lorsqu'on fait une incision au dessus des écussons. On emploie cette dernière sur les arbres résineux ou trop abondans en sève.

Les précautions à prendre pour se procurer des greffes sûres, consistent dans le choix des rameaux, et dans le temps de les cueillir. On doit employer uniquement celles de la dernière ou de l'avant-dernière pousse, et dont les yeux sont bien formés, les cueillir pendant l'hiver, pour les greffes en fente, et à l'instant de greffer, pour les greffes en écusson.

Les yeux du milieu des rameaux sont meilleurs pour les greffes en écusson, et les quatre ou cinq yeux inférieurs pour les greffes en fente.

On conserve dans le cellier, en terre, les rameaux à greffes en fente, et on met dans l'eau, ou on enveloppe de mousse fraîche ceux en écusson, après en avoir coupé les feuilles.

Lorsqu'on veut les faire voyager, on les fiche dans un fruit aqueux, ou dans de l'argile mouillée, ou on les met dans des boîtes avec de la mousse ou autre herbe fraîche.

Les analogies convenables à la réussite des greffes consistent dans l'organisation interne qui s'annonce par la configuration des parties externes, dans la densité des bois : un bois dur reprendra difficilement sur un bois tendre; dans la chute ou la permanence des feuilles: un arbre toujours vert, peut reprendre sur un arbre qui se dépouille, *et vice versâ;* mais ils ne vivront pas long-temps ensemble : dans le mouvement de la sève qui doit monter et descendre en même temps dans le sujet greffé et dans celui qu'on greffe; dans les sucs propres qui doivent avoir les mêmes qualités : une sève caustique se mélange difficilement avec un suc doux.

Traçons maintenant de quelle manière on doit opérer chacune de ces greffes, en suivant le même ordre, mais en passant sous silence les méthodes déjà exposées dans le Cours.

1°. *Greffes par approche sur tronc.* Deux arbres, l'un sauvageon, l'autre à bons fruits, se trouvent placés à quelques pieds de distance; le sauvageon est jeune et plein de vigueur, l'arbre à bons fruits est vieux, sur le retour, son tronc est vicié et annonce un dépérissement prochain. Il convient, dans ce cas, de reprendre en sous-œuvre l'arbre à bons fruits, de replacer sa tête sur une bonne souche, et de le rajeunir. Pour y parvenir, on rapproche les deux troncs au point de se toucher dans une partie; on fait une incision parfaitement semblable à chaque tronc au point de contact; on réunit les deux plaies de manière que les écorces coïncident exactement; on les lie avec de la ficelle, on place dessus un emplâtre d'onguent de Saint-Fiacre; on recouvre le tout avec de la paille, ou mieux encore avec de la toile; on diminue le volume de la tête des deux arbres, pour donner moins de prise au vent; après la reprise, on supprime la tête du sauvageon. On enlève ensuite ou on laisse, si on le juge à propos, la souche du franc.

Un arbre dans la vigueur de l'âge est cassé par le vent, ou quelque autre accident, au dessus de la greffe et dans une ligne de pleins vents : on veut profiter d'un beau tronc desservi par un grand nombre de racines excellentes et susceptibles de fournir à une végétation rapide et durable. On doit alors employer la seconde espèce de greffe par approche. La plaie du tronc cassé est d'abord parée avec soin, puis couverte d'onguent de Saint-Fiacre. Dans l'automne, on plante à peu de distance du tronc un arbre déjà fort. Au printemps suivant, lors du mouvement de la sève, on fait au tronc une entaille triangulaire sur la partie de son diamètre qui regarde le jeune arbre qu'il doit recevoir. On fait à la tige du jeune arbre, au point où il doit s'unir au tronc, deux entailles dont le résultat doit être que la plaie faite au jeune arbre forme le coin qui doit remplir le vide du tronc; on réunit la tige du jeune arbre au tronc, en ayant l'attention de faire coïncider exactement les écorces. On ligature les deux arbres, pour qu'ils n'éprouvent point d'oscillations; on couvre ce qui reste de plaie apparente avec l'onguent, et l'opération est terminée.

Veut-on activer la végétation d'un grand arbre, auquel on attache du prix, doubler la durée de son existence, et enfin lui donner une vigueur surnaturelle? on emploie la greffe en étai. Cette greffe a pour but de multiplier les bouches nourricières des arbres, sans accroître sensiblement leurs moyens de déperdition. Elle consiste à réunir plusieurs troncs, pour subvenir à la consommation d'une seule tête. Des jeunes troncs sains et munis d'une grande quantité de racines étendues au loin, entés sous une tête dont le tronc est débile et suranné, lui portent toute la vigueur du jeune âge. Ainsi, aux deux côtés de l'arbre qu'on veut aviver, on plante, dès le commencement du printemps, deux arbres congénères; s'ils ne sont pas de même espèce, ils doivent être de la plus grande force, c'est-à-dire de six pouces de diamètre, si l'arbre auquel ils doivent être unis est déjà gros. On les plante inclinés à l'angle d'environ vingt-cinq degrés, sur le tronc du vieil arbre. Après les avoir plombés, on affermit la terre sur leurs racines, on leur coupe la tête, non à angle droit, mais en biseau. On fait deux entailles au tronc du vieil arbre, et en sens contraire à celle des jeunes arbres, de manière à ce que ces trois parties réunies, il ne reste ni vide ni éminence. Les deux troncs des jeunes arbres, étant réunis par leur extrémité à celui du vieil arbre, on les ligature solidement, on recouvre les plaies avec de l'onguent de Saint-Fiacre.

L'essentiel de cette opération, est de faire coïncider exactement les écorces ensemble par tous les points de contact. Si, au lieu de deux arbres, on en ajoute deux autres, ces quatre étais, placés sur les quatre côtés, soutiendront le vieil arbre en l'air, et le maintiendront contre les efforts des ouragans les plus violens. On peut employer cette sorte de greffe pour un arbre précieux par les qualités de ses fruits, ou par tout autre mérite, dont le tronc vicié par des chancres n'offre plus une garantie de l'existence de l'individu.

Dans ce cas, lorsque les greffes seront bien consolidées avec le tronc de l'arbre, on pourra supprimer celui-ci dans toute la partie qui se trouvera au dessous des étais.

Greffe par approche sur branches. Deux arbres, placés à une distance qui ne permet pas à leurs troncs de se joindre pour être greffés en approche, offrent quelquefois des branches latérales qui peuvent se réunir : dans ce cas, il est facile de les greffer.

On choisit deux branches de deux arbres voisins, dont l'une appartient à un arbre sauvageon, et l'autre à un arbre rare, mais d'espèces congénères; on coupe la tête aux deux arbres, on ne laisse sur chacun d'eux que la branche qu'on veut greffer; on entaille ces deux branches à demi-épaisseur, on joint les deux plaies, on les ligature avec de la filasse, de la laine filée ou de la ficelle, suivant la grosseur des branches greffées; on fait une poupée autour de la greffe, on la soutient par un tuteur qui empêche toute vacillation; on pince les extrémités des deux rameaux greffés; lorsque la greffe est reprise, on sépare la branche du bon arbre pour la laisser sur le sauvageon; on lui donne une position verticale au moyen d'un tuteur, si l'on veut en faire un arbre élevé, on marcotte cette greffe au point de son bourrelet, si l'on veut avoir un arbre franc de pied, ce qui est le parti le plus avantageux.

Les greffes en losange, les boutures greffées, celles par réunion de tiges, ou même par la réunion de parties de tiges, sont décrites dans le Cours.

Greffes en fentes. La greffe *en couronnes à six bourgeons* se fait, lorsqu'on a intérêt de placer sur la couronne d'un sauvageon plus de cinq bourgeons ou greffes, et il est indispensable de varier un peu le procédé.

Après avoir coupé la tête de l'arbre et paré sa plaie avec la serpette, on fait autant d'incisions à l'écorce du bord de la couronne, qu'on a de greffes à placer; elles doivent être verticales et exposées à égale distance dans toute la circonférence de la couronne; elles doivent fendre l'épiderme et toutes les couches du liber jusqu'à l'aubier, et avoir un ou deux pouces de longueur, suivant la force des greffes. On soulève les deux lèvres de l'écorce par la partie supérieure avec la spatule du greffoir, et on introduit la greffe. Ces greffes doivent être taillées en coin, du côté de leur bois, et conserver toute leur écorce, recouvertes de l'écorce du sujet : on doit prendre soin qu'il ne reste aucun vide sous la greffe. Au reste, on fait une ligature et une poupée comme dans les autres.

La greffe *en fente en couronne à l'anglaise* n'est encore connue que d'un petit nombre de cultivateurs; on la pratique pour des arbres dont le bois est très-dur. Elle mérite d'être plus répandue.

On choisit un jeune sujet dont la tige ait depuis la grosseur d'une plume jusqu'à celle du doigt; on lui coupe la tête le plus obliquement qu'il est possible, ensuite on le fend, dans le milieu de son diamètre, d'environ six à huit lignes. On choisit, sur l'arbre que l'on veut greffer, une branche de même grosseur que le sujet; on donne à sa coupe la même forme, mais en sens contraire. On fend également dans le milieu de son diamètre cette greffe, mais en remontant et dans la même longueur que le sujet. On présente la greffe au sujet pour s'assurer si, étant mise en place, son bois et son écorce coïncideront exactement avec le bois et l'écorce du sauvageon. Il convient d'enlever avec le greffoir, au sujet et à la greffe, en sens contraire, une portion d'écorce en prolongation de la première plaie. Cette pratique a pour objet de donner plus de points de contact aux écorces réciproques, et d'assurer la reprise. On écarte ensuite avec la pointe du greffoir la fente perpendiculaire faite au sujet, et l'on y fait entrer la portion de la greffe qui forme le coin pratiqué par la fente inverse qui lui a été faite. Il faut ajuster, avec beaucoup de soin, la greffe sur le sujet pour que toutes les parties soient exactement en rapport. On ligature à la manière ordinaire, et on forme une petite poupée.

Cette greffe, offrant une plus grande quantité de points de contact, est plus sûre; elle est aussi plus solidement établie et moins sujette à être décollée, parce que son bois se trouve emboîté dans celui du sujet. Elle produit aussi des tiges de plus belle venue que celles que donnent ordinairement les autres greffes en fente, puisque le sujet et la greffe sont de même grosseur, et placés dans la même direction.

Sous tous les rapports, cette greffe mérite d'être pratiquée. Plusieurs espèces de chênes d'Amérique, de châtaigniers, de hêtres, de charmes, etc. ne réussissent que par son moyen.

La greffe *en fente à couronne à oranger* paroît être une invention moderne, et avoir été faite par un jardinier de Pontoise, près Paris. Il s'en servit utilement pour sa fortune, en greffant des orangers de deux ans de semis, qui se couvroient de fleurs l'année même dans laquelle il les greffoit.

Pour cela, on choisit sur un oranger un rameau fait, garni de ses ramilles marquant des fleurs, et de grosseur semblable à celle du sujet; on fait une entaille au sujet sur l'un des côtés de sa partie supérieure, dans la longueur d'un pouce environ, et au tiers de l'épaisseur de sa tige. On fait une pareille entaille au rameau à greffer dans sa partie inférieure, et en sens contraire au sujet. On présente les deux parties l'une sur l'autre, pour s'assurer qu'elles s'emboîtent exactement, diminuer l'excédant de bois qui pourroit se trouver à l'une ou l'autre des parties, et empêcher que les écorces ne coïncident tant par le bas que par le haut et sur les côtés. Assuré que toutes les parties se joignent bien ensemble, il faut les accoller, les ligaturer avec de la filasse trempée dans de l'onguent de St-Fiacre, et faire une poupée ob longue qui recouvre la plaie un pouce au dessus et au dessous; placer les sujets sous un châssis ou une bache, à une température de vingt degrés d'une chaleur humide, et les défendre pendant six à huit jours des rayons du soleil.

Cette opération se fait à la fin du printemps sur des sujets abondans en sève. Ordinairement les feuilles de ces greffes ne fanent que médiocrement, et pendant les premiers jours de leur pose. Elles reprennent en deux ou trois jours, mais ne sont consolidées qu'au bout de huit ou dix mois. On laisse la poupée pendant une année. Les boutons de fleurs des rameaux épanouissent et donnent du fruit qui parvient à maturité.

Ces sortes de greffes ne durent pas longtemps; les raisons en sont faciles à concevoir. 1°. Le tissu fibreux du sujet et de la greffe, quoique de même nature, offre une grande différence dans leur densité. Dans le sujet il est lâche, dans la greffe il est serré et compacte. 2°. Le sujet ne peut fournir la quantité de sève nécessaire à l'entretien d'un rameau chargé de feuilles permanentes, qui produit beaucoup de fleurs, et, enfin, au grossissement des fruits.

Si on choisissoit un rameau sans brindilles, peu garni de feuilles, et qu'on ne lui laissât porter ni fleurs ni fruits, il n'y auroit pas de raison pour que la greffe qu'on en feroit ne durât autant que les autres espèces.

La *greffe en fente* et par *juxtaposition* se pratique de la même manière que la greffe en fente ordinaire; mais, au lieu d'une seule languette qu'on introduit dans la fente, on laisse une partie latérale revêtue de son écorce, et on la joint immédiatement à l'écorce du sujet, coupée obliquement. De cette manière, la sève a une voie de plus pour pénétrer dans la greffe, et y monte d'autant plus sûrement, que les deux écorces se coïncident parfaitement au sommet de l'angle que forment les deux languettes. Le succès de cette greffe est pour ainsi dire certain. A peine sur cent arbres greffés ainsi avec soin, en manque-t-il cinq ou six.

Greffes en écusson. Dans les grandes pépinières où l'on greffe, par saison, vingt à trente milliers d'arbres en écusson, quatre personnes concourent à la confection d'une greffe. La première prépare le sujet, c'est-à-dire qu'elle coupe les petits rameaux qui se trouvent dans le voisinage du lieu où doit être placée la greffe. La seconde fait les incisions qui doivent recevoir les écussons. La troisième lève les yeux de dessus les rameaux à greffe, et les pose sur le sauvageon. La quatrième et dernière fait les ligatures. Au moyen de cette marche bien entendue, il est possible de greffer plus de douze cents arbres dans une journée, et de ne pas se laisser surprendre par la retraite de la sève; ce qui arrive souvent.

La préparation des sujets doit avoir lieu quelques jours avant le greffage, parce que la suppression de plusieurs rameaux occasionne un ralentissement dans le cours de la sève, qui peut nuire à la réussite de l'opération.

On greffe en écusson à l'époque de l'ascension des deux grandes sèves, savoir, au printemps et au commencement de l'automne. Ces instans s'annoncent bien visiblement par le développement des bourgeons au printemps, et par la croissance de nouvelles feuilles à l'automne. On s'en assure encore d'une manière plus directe, en examinant si l'écorce des arbres quitte facilement le bois, et si celui-ci est couvert d'une légère couche d'humeur visqueuse.

Après quinze ou vingt jours que les écussons ont été posés, et qu'il commence à se former un bourrelet au dessus de la ligature, il convient de la desserrer, pour qu'elle n'étrangle pas l'arbre et n'occasionne pas la rupture de la tige qui lui est supérieure. Le nœud coulant par lequel on a dû terminer cette ligature est bien nécessaire dans cette circonstance, et économise beaucoup de temps. On déroule le fil de laine, pour le rétablir d'une manière moins serrée, et seulement pour contenir les parties et les abriter du contact de l'air.

Lorsque la greffe a bien poussé, on coupe la tête du sauvageon sur lequel elle a été posée. Il est quelques variantes sur la manière de faire cette opération.

Les uns coupent la tête à quelques lignes au dessus de l'œil, et donnent, pour raison de cette pratique, que le bourrelet est moins saillant, et que la tige en devient plus droite sur son tronc. Cela est vrai.

Les autres coupent la tige du sujet à quatre à cinq pouces au dessus de l'écusson, et donnent pour motifs, que cette extrémité leur sert de tuteur pour attacher le jeune bourgeon produit par l'œil de la greffe, et l'empêcher d'être décollé par le vent. Ce motif est bon, et mérite d'être pris en considération. Ainsi chacun de ces opérateurs a de bonnes raisons pour suivre sa pratique.

Il est une troisième classe qui, profitant des avantages des deux procédés, font disparoître leurs défauts. Ils commencent par couper la tête de leurs sujets à cinq pouces au dessus de la greffe, pour arrêter la sève et la faire passer dans son bourgeon. Ils se servent de cette espèce de chicot pour faire un tuteur à leur jeune bourgeon. L'année d'ensuite, ils suppriment ce chicot au dessus de la greffe, et les deux buts sont remplis. La tige se dresse sur son pied, et le bourrelet ne déforme pas la tige de l'arbre.

On remplace le chicot par un tuteur d'une dimension proportionnée à celle du bourgeon qui, alors, a quatre à cinq pieds de long.

L'ébourgeonnage des sujets greffés mérite de la surveillance, pour ne pas laisser croître au dessus de la greffe une grande quantité de jeunes branches qui, dévoyant la sève de la greffe, l'empêcheroient de profiter, ou même la feroient périr d'inanition. Il faut visiter les sujets greffés de temps en temps, et supprimer tous les bourgeons qui paroissent sur la tige. Cette opération se fait très-vite, puisqu'il ne s'agit que d'empoigner la tige du sujet au dessous de la greffe, et de promener la main ainsi fermée de haut en bas pour décoller tous les petits bourgeons qui commencent à percer sur le tronc.

Ce qui vient d'être dit convient à toute la division des greffes à écusson : les diverses espèces et variétés offrent quelques différences dont on va traiter successivement.

Lorsqu'on ne place qu'un œil sur un sauvageon, cela s'appelle greffer *à écusson simple*. C'est ce que l'on pratique le plus ordinairement dans les pépinières, où l'habitude de cette sorte de greffe et l'habileté des greffeurs les rendent d'une sûreté telle que, sur cent, il en manque souvent moins de dix. Cependant il est des accidens occasionnés par des causes météorologiques, indépendantes du greffeur, qui rendent beaucoup plus incertaine la réussite des greffes; tels sont les vents secs qui, arrêtant tout à coup la circulation de la sève, empêchent l'union de la greffe au sujet, et font périr celle-ci. Dans ce cas, il convient d'arroser abondamment les sujets nouvellement greffés, si l'on en a la possibilité : on rétablit ainsi la circulation de la sève. Quelquefois de petites chenilles ou d'autres larves d'insectes rongeant l'œil de l'écusson, en rendent ainsi la greffe inutile; le seul moyen à employer est de tuer ces insectes. Ces divers accidens ont engagé les cultivateurs à placer plusieurs écussons sur le même sujet, lorsqu'ils attachent beaucoup de prix à la multiplication d'arbres rares.

Il est quelques espèces d'arbres, sur-tout parmi les étrangers, dont le bois est dur, tels que les fusains, les houx, les orangers, etc., aux greffes desquels il ne faut laisser que le moins d'aubier possible. Après avoir levé l'œil de dessus le rameau avec la pointe du greffoir, on coupe tout le bois qui le portoit avec la pointe du greffoir ; on coupe tout le bois qui pourroit se trouver dans la longueur de l'écorce qui forme l'écusson, et on n'en laisse qu'une couche infiniment légère sous l'œil seulement. Il faut bien prendre garde, en faisant cette opération délicate, de ne pas éborgner l'œil, c'est-à-dire, de ne pas enlever le *corculum*, où réside la vie du nouveau bourgeon.

Il est bien certain que, moins on peut laisser de bois, ou, pour parler plus exactement, d'aubier sous un écusson, plus sa réussite est assurée. Le bois établit un corps intermédiaire, entre l'aubier du sujet, et l'écorce de la greffe, qui empêche le *cambium* qui suinte par les canaux médullaires du sauvageon de pénétrer les pores de l'écusson, et de le souder intimement avec le sujet. Cependant il est beaucoup d'espèces d'arbres, sur-tout parmi les fruitiers, lorsque les sujets sont bien en sève, à la réussite desquels un peu de bois ne nuit pas, parce que la sève étant très-abondante, il se trouve une assez grande quantité de points de contact pour opérer la soudure; mais il n'en est pas moins vrai que cette union est moins solide que si l'écorce de l'écusson touchoit dans presque toutes les parties à l'aubier du sujet. La grande quantité de ruptures des bourgeons des greffes, qui a lieu chaque année dans les pépinières, ne proviendroit-elle pas de cette cause ?

De la greffe en écusson à la pousse. Cette sorte d'écusson se fait au printemps lorsque les arbres entrent en sève, et commencent à gonfler leurs boutons; elle se pratique comme toutes les autres greffes de la même série, mais avec cette différence, qu'au lieu de laisser la tête du sujet, on la lui coupe immédiatement après que l'écusson est posé. Il en résulte que son œil pousse sur-le-champ, et que son bourgeon a plusieurs pieds de long à la fin de la saison. Les greffes destinées à cette sorte d'écusson doivent être cueillies quatre à cinq jours avant que de les poser ; on les lie par petites bottes qu'on enterre de trois ou quatre pouces par le gros bout, dans une plate-bande fraîche et au nord ; il en résulte que ces greffes, étant moins avancées en sève que les sujets, s'y attachent plus promptement, et sont plus sûres à la reprise.

Si l'on gagne du temps par ce procédé, on perd d'un autre côté des sauvageons, ou au moins ils perdent de leur mérite. Lorsque les greffes ne sont point reprises, on est obligé de rabattre la tige du sujet au dessous de l'endroit où l'on a fait les incisions, ce qui diminue son mérite d'une part, et d'une autre, comme on l'a étêté en pleine sève, et qu'on a supprimé tous les bourgeons qui se disposoient à pousser au dessous du point où l'on avoit mis la greffe, il en résulte que ce sujet a perdu sa première sève. De plus encore, que, n'ayant pas eu de feuilles qui aient tiré de l'atmosphère les gaz et autres fluides nécessaires à son existence et à celles de ses racines, il est dans un état de langueur et de souffrance dont il ne peut se rétablir que pendant la fin de l'année. Ainsi on ne peut le greffer avec sûreté que l'année suivante ; ce motif est la raison pour laquelle on préfère, dans les grandes pépinières d'arbres fruitiers, la méthode de greffer à œil dormant. Cette raison économique ne doit point déterminer les particuliers qui ne sont point marchands, et qui peuvent faire le sacrifice de quelques sauvageons ; une année d'une jouissance plus hâtive doit être pour eux le motif déterminant.

De la greffe à écusson à œil dormant. Cette greffe est celle qui est la plus généralement pratiquée dans les grandes cultures d'arbres, et particulièrement dans les pépinières de Vitry, de Lucienne et des environs de Versailles; elle est la moins coûteuse, la plus expéditive et la plus sûre, pour une très-grande partie de végétaux ligneux, de toutes celles qui sont pratiquées à présent.

Cette greffe s'effectue à la seconde sève avec des yeux de la pousse du printemps précédent, pris à l'instant ou peu de jours avant de les lever et de les mettre en place. La manière de l'opérer est celle que nous avons décrite avec étendue, à l'article *des greffes en écusson en général.* Toute la différence qui distingue cette variété, c'est qu'au lieu de couper la tête du sujet, pour faire pousser l'œil de la greffe sur-le-champ, on la laisse jusqu'au printemps suivant : pendant cet intervalle, l'œil de la greffe reste dans l'inaction, et semble dormir comme s'il n'avoit pas échangé de rameau. Au printemps, lorsque la sève se met en mouvement, on coupe la tête aux sujets dont la greffe est bonne, on supprime à rez de la tige toutes les branches qui ont crû au dessous de la greffe. On ne laisse, par ce moyen, pour seul canal à la sève des individus, que l'œil de l'écusson. Elle s'y porte sans partage et donne naissance à des bourgeons qui s'élèvent souvent à plus de cinq pieds de haut. Si l'on eût coupé la tête à ces greffes peu de jours après qu'elles ont été opérées, comme le font quelques cultivateurs, ces greffes n'eussent pas manqué de pousser dès le commencement de l'automne. Mais pour peu que l'hiver eût été rude, on auroit pu craindre que le jeune bois de ces greffes, qui n'auroit pas eu le temps de s'aoûter, et qui n'offroit qu'une consistance herbacée et très-aqueuse, n'eût été détruit ou au moins très-fatigué par les gelées. Ainsi, en voulant gagner du temps par une mesure précipitée, on en perd réellement de très-précieux: dès que la mi-août est arrivée, il est prudent de ne greffer qu'à œil dormant pour la plus grande partie des arbres de pleine terre.

De la greffe en écusson à yeux doubles. Les greffes ne réussissent pas toujours, soit parce que le sujet ou la greffe ne sont pas dans un état favorable à la réussite, soit parce que l'opération aura été mal faite, ou soit enfin par quelqu'accident météorologique. Lorsqu'on attache du prix à la multiplication d'une espèce, au lieu d'une greffe on en pose deux et quelfois un plus grand nombre sur le même sujet. Il en résulte un plus grand nombre de chances pour la réussite. Mais ces greffes ne doivent pas être placées au hasard. Pour plus de facilité, les cultivateurs les placent à l'opposite l'une de l'autre, afin que la même ligature serve pour deux greffes. Il n'en résulte aucun inconvénient, lorsque le sujet sur lequel on greffe est à branches opposées, comme dans les frênes, les lilas, les phylliréas. Quand il arrive au contraire que les branches sont alternes, il doit résulter de cette contrariété un malaise qui peut nuire, sinon à la réussite de l'écusson, du moins à sa vigueur, à sa prospérité durable. Autant qu'il est possible, il faut seconder la nature et ne pas la contraindre. Il est donc prudent, lorsqu'on place plusieurs greffes sur un sujet, de les poser dans l'ordre où la nature les eût disposées elle-même.

La greffe *avec chevron brisé* ne se pratique que pour les arbres résineux et autres qui abondent en sève visqueuse, et qui sont susceptibles de noyer leurs yeux et de les faire périr par surabondance de nourriture.

On l'opère comme toutes les autres greffes en écusson; toute la différence consiste en une double incision qu'on fait au dessus de la greffe, lorsqu'on s'apperçoit que l'œil est bien soudé et que la sève descend avec trop d'abondance. Cette incision doit être faite précisément au dessus de la greffe et avoir la figure d'un chevron brisé Λ. Son effet est, en coupant les vaisseaux séveux dans la partie de l'écorce qui se trouve au dessus de la greffe, d'empêcher la sève, qui descend de l'arbre vers les racines, de s'arrêter dans l'incision nécessitée par la greffe et de noyer l'œil.

C'est à Magneville qu'on doit ce procédé ingénieux, qui met à même de multiplier, par la voie des greffes, une série d'arbres très-intéressans, qu'on n'avoit encore pu propager, jusqu'à lui, que de graines. (TH.)

GRÊLE. La cause physique de ce météore, d'autant plus terrible qu'il n'exerce ses ravages qu'à l'instant, pour ainsi dire, où l'espoir d'une abondante moisson dédommageroit le cultivateur de ses soins, de ses peines et de ses avances; la cause physique, dis-je, a été complètement développée par *Rozier;* il n'a pas pourtant indiqué les ressources que peuvent encore se procurer les malheureux habitans des campagnes, qui viennent d'éprouver une pareille calamité. En attendant que les physiciens aient découvert le moyen de conjurer la grêle, comme ils sont parvenus à éloigner la foudre de nos édifices publics, nous allons faire en sorte de réparer cette omission, et insérer dans cet Ouvrage un extrait de notre avis aux cultivateurs dont les récoltes ont été anéanties par la grêle du 13 juillet 1788, qui a ravagé cent lieues carrées du pays le mieux cultivé.

On a pu, dans les temps d'ignorance, croire que la grêle frappoit la terre de stérilité pour quelques années, et portoit avec elle un poison capable de nuire aux productions végétales qu'on essaieroit de faire venir aussitôt après sa chute; mais aujourd'hui qu'on sait, à n'en pouvoir douter, que ce météore n'est autre chose qu'une eau très-pure réduite en glaçons par le moyen de l'électricité, il est évident qu'elle ne sauroit produire d'autre effet que le refroidissement momentané, et le tassement du sol sur lequel elle est tombée, et d'exercer une action mécanique plus ou moins destructive sur les végétaux: il y a donc lieu d'espérer de tirer encore parti de terrains ainsi ravagés, et d'y cultiver quelques plantes utiles, en supposant que la saison ne soit pas trop avancée, que le hâle et la sécheresse ne s'opposent pas à leur développement; mais, avouons-le, il reste bien peu de ressources quand c'est dans le courant d'août que ce fléau a désolé nos champs.

Tout le monde sait que plusieurs espèces de cultures peuvent encore être entreprises vers le milieu de juillet, et même au commencement d'août, lorsqu'on n'a pour objet que d'obtenir une nourriture pour les bestiaux; il ne faut alors qu'un simple labour, semer, herser, pour, dans l'espace de deux mois et demi, changer les terrains grêlés en prairies. Il faut étudier les espèces de grains qui conviennent le mieux à la qualité du sol; et sur-tout celles dont il sera le plus facile de s'approvisionner: telles sont l'orge, l'avoine, le seigle et les semences légumineuses, connues sous le nom collectif de *dragées*, de *grenailles* et de *bisailles*, principalement la vesce hâtive, ou petite vesce, grain qui peut se semer avec l'avoine à la fin de juillet. Ces prairies fauchées à l'époque de la fleuraison, fourniroient un fourrage excellent, qu'on pourroit faire faner et conserver pour la nourriture de l'hiver; mais il vaudroit mieux toutefois, si la saison le permettoit, attendre que le grain fût formé, et le faire servir de semence dans les terres qui auroient été ravagées par la grêle à une époque très-voisine de la maturité. Il ne s'agiroit alors que de labourer légèrement pour enfouir la semence, et de herser. Le hersage et le labourage sont des opérations essentielles après une grêle; elles servent à remuer une terre qui a été battue à sa surface, et à rétablir à la superficie la terre végétale que cette eau congelée a plus ou moins refroidie.

Si les pois, les fèves, les vesces et leurs différens mélanges, sont couchés contre terre par la grêle, et qu'elle ait froissé la plupart de leurs tiges, il est très-difficile alors de tirer parti de ces plantes et d'en faire un fourrage de bonne qualité: ce seroit en vain qu'on compteroit sur une nouvelle végétation, elle ne sauroit être qu'imparfaite dans ce moment. M. Yvart croit qu'il est préférable de les enfouir à la charrue, et on est amplement dédommagé de ce léger sacrifice par l'engrais abondant que cette opération procure. Les terres traitées ainsi sont ensemencées à l'automne et ne reçoivent point de fumier. Cette méthode d'engraisser les terres par l'enfouissement des plantes, est trop peu pratiquée. Il seroit bien à souhaiter qu'elle devînt plus générale dans les cantons sur-tout où le transport des engrais est coûteux et difficile.

On a quelquefois essayé d'abandonner à eux-mêmes des grains qui s'étoient ainsi naturellement ressemés, pour en obtenir une récolte l'année suivante; mais cette méthode, qui réussit communément pour l'orge, a rarement du succès pour le seigle et pour le blé: on en a eu la preuve par des expériences faites dans les années précédentes. Cependant plusieurs anciens cultivateurs se souviennent d'avoir vu, dans une calamité à peu près semblable, mettre en usage cette pratique avec avantage. Quand la saison est avancée, que les épis de seigle et de froment sont totalement battus par la grêle et que le grain est répandu également sur la terre, on pourroit alors faire couper et ramasser la paille qui, dans les cantons grêlés, est ordinairement rare et chère. On herse avec des herses de fer, et on laboure légèrement suivant la nature du sol; dans un fonds sablonneux, le grain donne avant l'hiver un fourrage sain et abondant.

La germination et la végétation sont, dans les terres fortes, plus lentes que dans les fonds secs et légers: on pourroit attendre l'époque des semailles pour cette opération; et quand bien même, comme l'a judicieusement observé M. Bourgeois, économe de la ferme nationale de Rambouillet, on n'auroit que du fourrage au printemps, les terres n'en seroient pas moins propres à être ensemencées en avoine après l'hiver.

Dans l'espoir de tirer quelque parti de plusieurs pièces de terre alternées en seigle, dont les grains avoient été répandus sur le sol par la grêle, M. *Yvart* avoit commencé à en labourer quelques unes, comptant obtenir du fourrage par ce moyen; mais il a cru devoir suspendre son opération jusqu'à l'époque ordinaire des semailles, persuadé que le grain enfoui alors donneroit, l'année suivante, une récolte passable en grains; et sa conjecture a été vérifiée; mais l'orge et l'avoine ont rarement du succès dans ce cas, parce que la moindre gelée saisit ces grains lorsqu'ils germent; quelquefois même, quoique bien levés, ils périssent par le froid et l'humidité.

Il a tenté avec succès un autre moyen pour profiter de l'orge et de l'avoine disséminés sur le sol par la grêle; il consiste à faire manger ces grains par des dindons, des oies et autres volailles, ou bien par des cochons, en les conduisant sur les lieux, et les y faisant garder: on sait que cette nourriture les engraisse promptement.

Quoiqu'une récolte médiocre en grain soit toujours plus avantageuse que la meilleure en fourrage, j'observe que ce mode de semailles aura toujours des inconvéniens, ceux, entr'autres, de ne pouvoir évaluer que par apperçu la quantité de semence, d'enterrer en même temps une foule de mauvaises graines qu'on auroit séparées par le van, par le crible, et d'être exposé à en perdre beaucoup, par les dégâts des oiseaux, jusqu'au moment des semailles.

Les cultivateurs revenus de leur premier effroi, n'ont pas un moment à perdre pour se procurer la plus grande quantité de fourrage; ils doivent se presser de faucher les prairies artificielles qui ont été froissées et hachées sous les coups redoublés des glaçons; c'est un moyen d'accélérer la renaissance du feuillage, et d'augmenter le regain.

L'orge fromentée, ou sucrion, *hordeum nudum*, lève très-promptement, et il ne seroit pas impossible qu'elle vînt encore à maturité avant l'hiver. L'escourgeon pourroit être cultivé également avec avantage, et fauché avant l'hiver.

On peut encore semer jusqu'en septembre, pour obtenir un fourrage de bonne qualité et très-propre à la nourriture des moutons, la graine de spergule: la manière de cultiver cette plante, qui est peu connue des agriculteurs de quelques départemens, est décrite dans ce *Supplément*. La réussite en est assurée si la saison favorise sa prompte germination; ensemencée avec les vesces, les lentillons et les pois gris, elle fournit un fourrage abondant.

La gesse blanche peut fournir un très-bon fourrage, et grener avant les gelées, pour être mangée en vert comme les petits pois.

La chicorée sauvage est du nombre des plantes qui pourroient encore être semées à cette époque critique; et, en supposant qu'il fût trop tard pour en obtenir une récolte en automne, ce seroit au moins une ressource pour le commencement du printemps suivant.

Le blé noir de Tartarie, qui n'est qu'une variété du sarrasin ordinaire, et qui mériteroit de lui être préféré à cause de sa précocité, de son abondance, soit en grains, soit en feuillages, le blé de Tartarie présente encore l'espérance d'un succès assuré; il résiste à la gelée et à l'humidité: l'une et l'autre espèces peuvent également réussir, et offrir les mêmes ressources.

Le maïs ou blé de Turquie, pourvu qu'il n'ait pas été séché au four, est, sans contredit, un des meilleurs fourrages qu'on puisse procurer aux bestiaux; il faudra le semer plus dru que lorsqu'il s'agit d'en récolter le grain; et, en le coupant aux approches des gelées d'automne, il aura acquis sa plus grande hauteur.

Ce ne seroit point assez, sur-tout dans une année où les fourrages sont abondans, de s'être borné à augmenter la nourriture des bestiaux, il faut pourvoir à celle des hommes; et on peut même, à cet égard, espérer encore quelques ressources.

Au mois de juillet, on est encore à temps de cultiver la betterave champêtre; *Commerel* l'a semée plusieurs fois à la volée, avec succès, dans le courant du mois d'août, sur une terre meuble et fraîchement labourée; on l'enterre avec un fagot d'épines, et quelquefois avec le rouleau. Cette plante ne peut être transplantée; les racines en sont moins volumineuses, mais elles poussent, au bout de cinq ou six semaines, des feuilles propres à la nourriture des hommes et des bestiaux; on les récolte jusqu'aux gelées: les racines qu'on enlève de terre à cette époque servent pendant tout l'hiver.

Il n'existe plus, en juillet, de pommes de terre dans nos marchés; l'espèce même la plus hâtive exige toujours, pour compléter sa végétation, le cercle de quatre mois environ, et à peine en reste-t-il trois jusqu'aux premières gelées blanches; mais je puis annoncer, d'après l'expérience, que cette plante, quoiqu'en pleine floraison au moment où son feuillage aura été haché par la grêle, est encore en état de procurer une récolte: il s'agit seulement d'en chausser le pied soit par un léger binage, soit en la butant.

La pomme de terre, comme le topinambour et les autres racines potagères, en bravant ainsi l'effet destructeur de la gelée, prouveront sans doute de quelle importance il seroit de donner encore plus d'extension à leur culture; et ce n'est pas la seule occasion où les malheurs auront rendu l'homme plus sage que sa philosophie.

Après avoir indiqué aux habitans des cantons frappés par la grêle quelques unes des ressources qu'ils peuvent mettre à profit pour augmenter leur subsistance et celle des bestiaux, il y a un autre objet à remplir, et sur lequel mon collegue *Thouin* a bien voulu m'éclairer dans la note qui suit.

Les blessures que la grêle fait aux arbres sont long-temps à se guérir; il en est même qui ne se rétablissent jamais, et la perte qu'elle occasionne est souvent considérable; elle perce les feuilles, casse les branches, meurtrit l'écorce des rameaux et du tronc, ou lui fait des plaies plus ou moins graves, à raison de son volume.

La dilacération des feuilles, lorsqu'elle est portée à un certain point, arrête la végétation des arbres: quoiqu'il faille peu de temps pour la rétablir, il arrive très-souvent que les fruits qui n'ont pas été abattus par la grêle, tombent peu de temps après; il en est de même des feuilles déchirées, qui sont chassées par de nouvelles, mais l'arbre est bientôt rétabli.

Les fractures des branches occasionnent une perte beaucoup plus considérable, parce qu'il faut infiniment plus de temps pour la réparer. Indépendamment de la perte du jeune bois destiné à porter des fruits l'année suivante, on perd encore l'espoir de récoltes abondantes pendant deux ou trois ans. Il est rare que les branches abattues par la grêle soient cassées net; elles sont ordinairement éclatées, elles emportent avec elles des lanières d'écorces, ou elles laissent des chicots irréguliers, fendus dans leur longueur. Ces deux fractures sont fort dangereuses pour les arbres, sur-tout dans une saison où la sève est dans toute son activité, et le soleil dans toute sa force; l'eau qui s'introduit entre le bois et l'écorce, les sépare bientôt, et l'effet du hâle, de la sécheresse et de l'humidité, occasionne des maladies souvent mortelles, telles que la carie, les chancres et les gouttières. Il est important, pour les prévenir, de couper ces branches éclatées, rompues, ou simplement tordues, à quelques pouces au dessus de leur rupture, et de se servir, pour cette opération, d'un instrument bien tranchant; on doit, autant que cela est possible, faire en sorte que ces coupes soient dirigées vers l'aspect du nord, qu'elles soient bien unies, et qu'elles aient assez de pente pour que l'eau des pluies ne puisse s'introduire dans les petites gerçures qui se font dans le cœur du bois. A cette précaution, on doit joindre celle de mettre un emplâtre de Saint-Fiacre, dont voici la composition: on fait un mélange de terre argileuse, de bouse de vache, délayées avec de l'eau en consistance de mortier; on le recouvre d'un peu de mousse longue ou de linge, le tout fixé à la branche par un osier, moyennant quoi les plaies se guériront en peu de mois.

Les plaies de l'écorce, occasionnées par la grêle sur les tiges et sur les branches des arbres, seroient peu dangereuses quand elles ne sont pas en grand nombre, si l'on pouvoit, quelques heures après qu'elles ont été faites, en rapprocher les bords, couper tous les segmens qui ne tiennent que par une trop petite partie, et abriter ces blessures du contact de l'air; mais lorsqu'il s'est passé quelques jours, il convient d'employer un autre moyen. Il suffit souvent de cinq ou six heures, pour que les bords des plaies faites à l'écorce, se dessèchent et changent de couleur, sur-tout si le soleil survient après l'orage et que le hâle soit considérable: l'air pénètre entre le bois et l'écorce, et sépare ces deux parties. Dans ce cas, il convient de couper avec une serpette bien tranchante, l'écorce jusqu'au vif, c'est-à-dire de supprimer toutes les parties qui auront changé de couleur, qui n'auront plus d'adhérence avec le bois, ou qui seront meurtries; ensuite il faut enduire ces plaies avec de l'onguent de St-Fiacre, et les recouvrir avec de grandes feuilles d'arbres contenues par des liens.

Lorsque les plaies sont trop nombreuses, et qu'elles sont accompagnées de beaucoup de meurtrissures, ce qui arrive plus communément à la vigne et aux jeunes arbres des pépinières, le plus court et le plus sûr est de couper rez terre les tiges de ces arbrisseaux, parce que ces plaies et ces contusions, en obstruant l'écorce, gênent la circulation de la sève, et n'en font jamais que des sujets difformes, aussi inutiles que désagréables à la vue. Mais il faut se hâter de faire cette opération, parce que s'il survenoit une sécheresse, les souches repousseroient difficilement; au lieu que dans ce moment, où la seconde sève est en activité et la terre humectée à une certaine profondeur, on peut encore espérer des pousses vigoureuses, qui auront le temps de s'arrêter avant les gelées. A cette précaution, on ajoutera celle de donner un fort binage à la terre pour l'ameublir, parce que l'effet de la grêle est de battre la terre et de la durcir.

Je pense que, dans une circonstance à peu près semblable à celle où l'on s'est trouvé en juillet 1788 et 1792, il convient de ranimer l'ame abattue des cultivateurs, en leur disant ce que l'on sait et ce que l'on pense; ils prendront, dans le conseil qu'on leur donnera, ce qui pourra convenir à leur situation, au sol qu'ils cultivent, à leurs ressources locales, et à l'époque de la saison. Mais à quoi serviroient ces conseils, si les habitans des campagnes, auxquels on les adresse, sont abattus, découragés et dénués des premiers moyens, et s'ils sont dans l'impossibilité de les suivre?

Le gros fermier est à plaindre, sans doute; mais il a des droits à des remises, et n'est pas entièrement privé de ressources; le sort du petit cultivateur est bien plus digne de la commisération publique; il avoit semé ses trois ou quatre boisseaux de grains, il soupiroit après la récolte pour avoir de quoi ensemencer, l'automne, son petit héritage, et subsister pendant l'hiver; et manquant de tout, le voilà menacé, ou de périr de misère ou d'arroser de ses larmes le morceau de pain qu'on voudra bien lui donner, si la bienfaisance éclairée ne vient à son secours. Ce n'est pas de l'argent, c'est du grain pour vivre et pour ses semailles. On pourroit même exercer la charité, en lui prêtant seulement du blé pour semer cette année, à la condition de le rendre à la récolte de l'année suivante, poids pour poids, mesure pour mesure.

On vient d'annoncer dans les journaux un projet d'assurance des récoltes contre le ravage de la grêle; il s'est formé, dans l'arrondissement de Toulouse, une de ces associations; elle est naissante, et composée seulement de 326 propriétaires: néanmoins on en a déjà recueilli les plus heureux effets; vingt-deux cultivateurs, dont les récoltes avoient été entièrement dévastées par les orages, ont reçu une indemnité qui répare leurs pertes. Combien il est à désirer que ces institutions s'étendent! elles peuvent sécher bien des larmes, en offrant le seul moyen de réparer des pertes nécessairement irréparables, et de prévenir la ruine de cent familles, annuellement victimes des fléaux de la nature. (PARMENTIER.)

GRENOUILLES. Il est des pays où les grenouilles sont en horreur; d'autres où elles font les délices de la table. Dans le vrai, ces reptiles fournissent un mets agréable, et que la médecine prescrit souvent dans son régime diététique; on ne mange ordinairement que les cuisses des grenouilles, comme la partie la plus charnue et la plus délicate.

L'automne est la saison où ces animaux sont le plus gras; mais c'est au printemps, c'est-à-dire à l'époque où ils sortent de leur engourdissement hibernal pour se livrer à la propagation de leur espèce, que l'on a le plus de facilité à les prendre en nombre.

PÊCHE DES GRENOUILLES. Une petite truble et un bouloir sont les instrumens les plus en usage pour cette pêche. On se sert encore d'un râteau que l'on traîne sur le fond vaseux d'un ruisseau, en tirant à soi, et avec lequel l'on amène les grenouilles sur le bord.

On les pêche aussi la nuit aux flambeaux. Plus l'obscurité est grande, meilleure est cette pêche, pour laquelle il faut marcher dans l'eau. On voit les grenouilles s'approcher de la lumière, et il est aisé de les prendre à la main; à mesure que l'on en saisit, on les met dans une espèce de sac attaché à la ceinture, et qui pend entre les jambes du pêcheur. (S.)

GRIVE, genre d'oiseaux de l'ordre des *passereaux*. (*Voyez*, au mot ETOURNEAU, les caractères que les ornithologistes ont assignés à cet ordre.)

Caractères génériques. Le bec droit, seulement un peu incliné vers le bout, échancré à l'extrémité de sa pièce supérieure; les narines en ovale et découvertes dans la plupart des espèces; la langue légèrement découpée à son bout; les coins de la bouche garnis de quelques poils dirigés en avant; quatre doigts, dont trois en avant et un en arrière; le doigt du milieu joint à celui qui est en dehors, jusqu'à la première phalange.

On connoît en France quatre espèces de grives, savoir:

La grive proprement dite, (*turdus musicus* Lin.) brune en dessus, tachetée de noir en dessous sur un fond jaunâtre,

jaunâtre, avec des taches jaunes sur l'aile dont le dessous est d'un jaune roux ;

La draine, (*turdus viscivorus* Lin.) brune en dessus et blanchâtre, avec des taches noires en dessous ;

La litorne, (*turdus pilaris* Lin.) dont la tête et le croupion sont d'un gris cendré, les plumes de la queue et les pieds noirs ;

Enfin, *le mauvis* (*turdus iliacus* Lin.) qui a les parties supérieures du même brun que la première espèce, la poitrine variée de brun clair et de jaunâtre, le ventre blanc sale, une ligne blanche au dessus et au dessous des yeux, et les ailes rousses en dessous.

Dans différens pays on surnomme la première, *grive chanteuse* ou *vendangeuse ;* la seconde, *grosse grive*, *grive de brou* ou *de gui*, parce qu'elle paroît friande des baies de ce végétal ; la troisième, *grive de genièvre*, pour une raison semblable; et la quatrième, *grive des Ardennes, Champenoise, et montagnarde.* Ces désignations tirées de certaines habitudes, propres à chacune de ces espèces, servent à les distinguer : toutes d'ailleurs ont plusieurs points de conformité ; dans toutes, le mâle et la femelle se ressemblent beaucoup en grosseur et en couleur ; seulement les mâles ont les couleurs plus vives et plus nettes; toutes se nourrissent de différentes baies, de fruits, d'insectes, de vers qu'elles cherchent à terre après les pluies, de limaçons auxquels elles font la chasse l'hiver, lorsqu'ils se montrent au soleil ou au dégel. Les deux premières espèces se trouvent seules toute l'année, en France : par là on en connoît le ramage qui est fort agréable, sur-tout celui de la grive, dont le mâle est un des premiers chantres du printemps, restés dans les bois et perchés au plus haut des arbres. On voit au retour de cette belle saison, ces oiseaux la saluer de leurs chants long-temps prolongés, et mêler leur mélodie à l'hymne général de la nature.

Ce talent musical a valu à cette espèce d'être plus particulièrement que les autres, destinée à nos fantaisies, et d'être soumise à ce que nous appelons l'éducation des oiseaux, éducation dont elle s'est trouvée très-susceptible : la grive vit très-bien en cage, et y apprend beaucoup de choses.

La litorne et le mauvis diffèrent des précédentes, en ce que ces oiseaux ne paroissent guères dans nos climats qu'à l'automne, lors de la maturité des fruits, et qu'elles voyagent en bandes beaucoup plus nombreuses et plus serrées que les autres qu'on ne trouve qu'en plus petites compagnies.

La transmigration des grives, en général, se fait du Nord au Sud ; l'époque de leurs voyages est celle de la saison de la maturité des fruits. Aux approches des vendanges, elles descendent en troupes des climats du Nord, pour se répandre, pendant l'automne et l'hiver, sur les contrées plus fertiles et moins dépouillées du Midi : je les ai vues porter leurs excursions jusques à l'Egypte, où elles arrivent au mois d'octobre, y vivent assez familièrement, fréquentant l'ombrage des orangers et des citronniers voisins des habitations, et en repartent vers le mois de mai, pour aller, sans doute, accomplir le vœu de la nature, et multiplier leur espèce dans les asiles des rochers du Nord qu'elles quitteront encore l'automne suivant. Chacune de ces transmigrations est si sensible, que ce gibier devient pour les bords de la Baltique, où il fait sa première station, un objet de consommation considérable. Klein assure qu'il s'en vend chaque année quatre-vingt-dix mille paires, dans la seule ville de Dantzick. L'espèce qui reparoît la première est celle de *la grive* proprement dite ; elle est suivie des *mauvis*, puis *des litornes*, et enfin des *draines*. Au reste, malgré ces voyages de l'espèce en général, il reste, comme je l'ai dit plus haut, en tout temps, en France, une certaine quantité de grives et de draines qui habitent les bois pendant le printemps, et qui se répandent sur les plaines et les champs pendant l'automne et l'hiver : la grive sur-tout se plaît dans les bois peuplés d'érables.

Chasse aux grives. Toutes les espèces de Collets, les Raquettes, les Tendues, les Fossettes, les Pipées, et les Abreuvoirs, (*Voyez* ces mots) et différentes sortes de filets, sont les écueils où viennent périr, chaque année, une multitude de grives. Les chasseurs adroits se donnent aussi le plaisir de les tirer au fusil. Le *collet* ou *lacet* proprement dit, que l'on tend sur les nids mêmes de ces oiseaux, et sur ceux de beaucoup d'autres espèces, est un piège très-meurtrier, moins encore par la quantité d'oiseaux que l'on y prend, que parce que la destruction tombe presque toujours sur les mères, et qu'avec une seule mère périt un grand nombre de rejetons. Aussi ce lacet, ainsi que presque toutes les chasses du printemps, devroient n'être mis en usage que contre les espèces nuisibles, et dont on cherche purement et simplement la destruction : mais, du petit au grand, la cupidité est aveugle, et trahit ses intérêts mêmes, en voulant les porter trop loin. Au reste, ce *lacet* que d'autres appellent *lignette*, est fait de deux ou trois crins de cheval. Il ne se serre que par un nœud simple, et non par un nœud coulant, comme les *collets* proprement dits. On attache près du nid, à quelque branche de l'arbre sur lequel il pose, ou après un *arrêt* quelconque, une des extrémités du lacet ; on forme sur le reste de sa longueur un nœud simple, ou simple croisé, qu'on réduit à n'être ouvert qu'autant qu'il le faut pour que ce nœud réponde à la circonférence du nid sur les bords duquel on l'étend ; au bout qui excède après ce nœud fait, on attache un bon fil ou une petite corde fine qui se prolonge à une trentaine de pas. A cette distance se place l'oiseleur tenant le fil et se cachant jusqu'à ce qu'il apperçoive que les oiseaux sont dans le nid. C'est alors qu'il tire le fil, et le nœud mobile se serrant, prend très-souvent par le col l'oiseau qui couve, et que l'inquiétude et l'instinct de sa conservation porte à allonger à chaque instant la tête.

Les autres espèces de collets à nœud coulant ou à ressorts, tels que les raquettes, propres à saisir les oiseaux par le col ou par les pattes, ont été amplement décrits à l'article Collets ; le lecteur peut y recourir. Les habitudes et les appétits bien connus des grives devront d'ailleurs le guider dans le placement de ces pièges et le choix de l'appât convenable pour les amorcer. Des collets distribués aux environs des vignes, des aliziers, des genévriers, à la proximité d'une fontaine et d'une mare, doivent arrêter beaucoup de *grives vendangeuses* et de *mauvis*. Ces derniers, ainsi que *les litornes*, se trouvent l'hiver, en assez grandes bandes, dans plusieurs de nos contrées. Ils fréquentent alors les prairies et les endroits frais qui bordent les lisières des bois, dans lesquelles elles se tiennent. C'est le cas d'y multiplier les collets volants, les raquettes et les rejets amorcés de toutes sortes de baies gardées à cet effet. Les genièvres, pouillots, et sorbes, les lentisques, le myrte, le lierre, etc., fournissent de puissantes amorces qui, exposées sur le passage ou aux regards des grives, ne manquent pas de les attirer aux lieux d'où elles ne doivent plus espérer de retour. L'*Aviceptologie* conseille aux chasseurs peu précautionneux qui n'ont point réservé de fruits pour les chasses de l'arrière-saison, d'imiter, avec de petites boulettes de cire traversées d'un fil, les baies du buisson ardent, et de les réunir en grappes : pour les colorer en rouge vif, on fait fondre deux onces de cire, et l'on y mêle trois gros de vermillon, puis on trempe ces grappes artificielles dans ce mélange liquide. J'ai décrit à l'article GEAI un rejet portatif dont le mécanisme est le même que celui du rejet à *ressort de fil de fer* de M. Clavaux. Les seules différences essentielles consistent en ce que dans le premier, le ressort résulte du ploiement d'une baguette souple et élastique ; ce reject convient très-bien aussi pour les grives, et se place commodément sur les haies et buissons, ou au bord des taillis. Quelques oiseleurs exécutent ce même piège dans les petits bois, et sans y couper les branches dont ils ont besoin ; mais ils se servent du plant vif et sur pied. Pour cela, ils choisissent d'abord un petit arbre montant, droit et assez fort, à la proximité duquel il y ait des brins de taillis flexibles. On élague le petit arbre de ses branches à la partie où l'on se propose de placer son appât, et on le perce d'outre, en outre, à cet endroit nettoyé, d'un trou fait avec une vrille ou vilebrequin : ce trou doit être environ du diamètre d'une plume à écrire. Cela fait, on attache une ficelle, à laquelle est noué un collet de crin, à un brin de taillis flexible qu puisse s'incliner assez vers ce trou pour que le collet passe de l'autre côté ; on l'y arrête par une marchette sur laquelle on étend le collet, comme dans les autres rejets, et le piège est tendu. Les fruits attachés après l'arbre et au dessus de la *marchette* ne doivent être accessibles à l'oiseau que moyennant qu'il se pose sur le petit bâton dont la chute le livre au jeu du collet. On propose, pour *la grive de gui*, un cerceau autour duquel pendent à différentes hauteurs une quantité de collets. Ce cerceau attaché par trois cordes, est placé dans l'arbre où le gui croît, et suspendu au dessus de cette plante, de manière que la touffe de gui soit toute entourée de collets comme d'une haie. C'est ainsi que nombre de *draines* trouvent la fin de leurs voyages. J'ai dit plus haut que les grives qui, en général, sont peu méfiantes, tomboient aussi dans les collets, et dans les pipées ; c'est sur-tout la dernière espèce qui rend fructueuses les pipées tardives, c'est-à-dire, celles qui se font jusqu'en novembre, parce que cette grive est celle qui passe la dernière.

Les chasseurs qui aiment à tirer les grives au fusil les attendent avec succès, lors des vendanges, au moment où elles se retirent, le soir, des vignes dans les bois et haies où elles vont coucher et chercher leur asile. Appesanties et étourdies par les vapeurs du raisin, elles ne se retirent pas sans se reposer une ou deux fois sur les arbres qui se trouvent sur leur route ; les chasseurs les y attendent cachés, et les tuent à loisir : la HUTTE AMBULANTE (*Voyez* ce mot) est beaucoup employée à cet usage.

On a d'ailleurs, pour les attirer en tout temps sous le fusil, des appeaux qui imitent leur cri. Cette imitation se produit en outre très-bien, et assez aisément, en plaçant le bout du doigt *index* dans la bouche et le pressant fortement des lèvres, comme si on vouloit le sucer. Si on le retire alors avec vitesse, il se fait un petit sifflement très-propre à appeler la grive. Les Provençaux tuent une grande quantité de ces oiseaux à la chasse à l'arbret, (*Voyez* BECFIGUE.) Ils ont, pour cette chasse, des *appelants* ou grives en cage qu'ils nourrissent avec des figues hachées dans du son, mêlées à des raisins noirs.

Les filets que l'on tend plus spécialement à ce gibier, sont *le rafle*, et l'*araignée*, ou *aragne*. Il se prend aussi dans de grandes *nappes* tendues perpendiculairement et rasant terre comme *des toiles*, au moyen de perches verticales et de cordages. Ces nappes, qui ont jusqu'à soixante pieds de long sur quinze de hauteur, se placent au bord des bois et au passage des grives; le plus qu'on peut en réunir bout à bout est le meilleur; douze ou quinze, ainsi disposées, forment une ligne très-tendue; plusieurs chasseurs partant de chaque bout de la ligne parcourent une enceinte proportionnée à leur nombre, et se rabattent, souvent de plus d'une demi-lieue, vers les filets où ils poussent doucement tout ce qu'ils ont traqué dans cette longue circonvallation. Par cette méthode, on détruit beaucoup de grives en Suisse.

Le *rafle* est un filet contre-maillé, qui ne diffère du tramail ou de la pantaine que par les proportions. Sa longueur est de douze à quinze pieds, et sa hauteur de huit à dix. Les aumées ou toiles extérieures sont à mailles carrées et de trois pouces d'ouverture; le fil qu'on emploie est retors à trois brins. La nappe du milieu, ou *toile* proprement dite, est faite de fil plus fin, retors à deux brins seulement; elle est de plus à mailles en losange et de neuf à dix lignes de large. Cette toile est à peu près double des aumées en longueur et hauteur, pour que, renfermée entr'elles, elle y puisse bourser et empêtrer le gibier qui s'engage à travers les aumées, et qui, en poussant sur la toile, y forme une poche dans laquelle il s'enveloppe lui-même. On a, pour tendre le rafle, deux perches légères excédant de deux ou trois pieds la hauteur du filet. Ces perches, attachées à chaque bout et le long de cette hauteur, comme on fait pour les traîneaux à cailles, sont portées par deux hommes qui, à leur moyen, gouvernent ce filet et le présentent dans la direction et à la hauteur convenables. La chasse au rafle se fait la nuit par un temps obscur et calme; un peu de brouillard même y est très-favorable. Il faut se réunir au moins quatre. Deux, comme je viens de le dire, portent le filet, un troisième est muni d'une torche; le quatrième traque et bat les haies et les buissons. Arrivés dans un endroit qu'ils savent fréquenté des grives, ainsi que des merles qui vont avec elles de compagnie, les chasseurs se disposent de la manière suivante: Les porteurs du filet se postent à un bout de la haie, ou à la tête des buissons, observant, s'il y a un peu de vent, de se placer de manière qu'ils l'aient à dos, parce que les oiseaux qui doivent venir à eux dorment toujours la tête au vent. Derrière eux et éloigné environ à vingt pas, se place *le porte-torche*. Partant de l'extrémité opposée de la haie, le traqueur la bat, ainsi que les buissons. Les oiseaux éveillés fuient, et la lumière de la torche, qu'ils prennent sans doute pour un rayon du jour, les détermine à se diriger de ce côté; mais le perfide filet interposé au passage entre la haie et la torche, y termine et leur course et leur vie.

L'*araignée*, telle qu'elle est décrite dans la plupart des ouvrages qui traitent de la chasse aux oiseaux, n'est qu'une petite pantaine simple, à mailles en losange d'un pouce de large, faite d'un fil à deux brins, et montée sur une corde qui sert comme de tringle, au moyen de bouclettes, et mieux encore de petits anneaux qui glissent bien mieux. A chaque extrémité de cette corde-tringle étoit un petit bâton de quatre à cinq pouces et cunéiforme, qu'on appeloit *triquet*. Ces triquets s'enfonçoient légèrement sur deux branches d'arbres dans lesquelles on pratiquoit, sur les lieux mêmes, une entaille propre à recevoir l'extrémité de ces coins, lorsqu'au bout de la haie où l'on se proposoit de tendre l'araignée il se rencontroit des arbres ou arbustes assez forts, et placés de manière à ce qu'on pût de l'un à l'autre tendre le filet convenablement. Mais comme cette rencontre doit être rare, on se précautionnoit habituellement d'une ou de deux perches légères, de six pieds environ, que l'on fichoit en terre, et que l'on entailloit par le haut pour recevoir les coins ou triquets. L'enfoncement de ces coins devoit être proportionné au double but de pouvoir soutenir, tout juste, le poids du filet et de céder d'ailleurs au moindre mouvement, de manière qu'un oiseau, en s'y jettant, le fît tomber et s'y trouvât enveloppé. Cette tendue ne pouvoit se faire par le vent; on poussoit les oiseaux vers l'araignée en faisant une battue dans les haies et buissons environnans. Il paroît qu'aujourd'hui on a abandonné ce filet, comme d'un service vétilleux et peu productif. Dans les ateliers de M. Clavaux, on fait aujourd'hui *les araignées contre-maillées*, c'est-à-dire, à trois nappes, comme le ralle dont elles ne diffèrent qu'en grandeur. Ces araignées ont dix pieds de long, douze au plus, sur sept de hauteur. Les aumées à mailles carrées et de trois pouces de large sont de fil fin retors à trois brins; la toile à mailles en losange et de neuf lignes de large, n'est que de fil à deux brins, moitié plus fin que celui des aumées. Ces filets doivent être teints en vert; on en voit cependant de teints en brun. Ils se montent sur deux perches comme le ralle; deux hommes le portent et le gouvernent. On le porte avec succès pendant le jour, aux environs des vignes et de tous les endroits qui offrent aux grives les fruits ou baies dont elles sont friandes, ainsi qu'aux entrées des bois où elles se retirent. Si l'on connoît un canton où elles trouvent une moisson abondante, et où elles aiment à se jeter, plusieurs traqueurs peuvent se réunir pour le battre, en cherchant à rassembler entr'eux les oiseaux et les pousser vers quelque passage abrité, où les deux porteurs de filets puissent se mettre en embuscade. Lorsque les oiseaux traqués d'abord doucement sont près du passage, on les y pousse brusquement, et les *porte-filets*, présentant l'araignée obliquement à leur vol, y enveloppent une grande partie de la bande qu'on leur a amenée.

La grive est un gibier très-estimé: *nil melius turdo*, disoit Horace. La chair de cet oiseau est délicate et saine, recherchée même pour les convalescens, comme de facile digestion, et produisant de plus un suc qui s'élabore bien et propre à fortifier l'estomac. On lui attribue aussi une vertu antiépileptique. Je m'étonne, d'après le prix qu'on y attache, qu'on n'ait point fait en France un objet de spéculation de la méthode d'élever et d'engraisser les grives, qui se pratiqua chez les Romains, lorsque l'art de multiplier les jouissances y fut devenu l'occupation des vainqueurs du monde. La grive, se pliant aisément à la domesticité, étoit, pour ainsi dire, *parquée* avec des merles et avec plusieurs autres oiseaux recherchés, pour prendre dans des volières preparées exprès, une nourriture choisie et une graisse succulente qui la rendoit en peu de temps digne de chatouiller le palais des gourmands de Rome. Je vais terminer cet article en exposant succinctement en quoi consistoit ce procédé, si par hasard l'essai en tentoit quelques amateurs.

On rassembloit une multitude d'oiseaux dans de longues galeries voûtées, tapissées de feuillages, peu éclairées, n'ayant point vue sur les bois ni les campagnes, et traversées d'un filet d'eau fraîche. On prenoit des précautions pour que les habitans libres de l'air n'en apprechassent point; ce qu'on peut obtenir facilement avec des grillages ou des filets. La base de la nourriture de ces prisonniers étoit du millet écorcé et pilé, dont on faisoit une espèce de pâtée avec des figues broyées et de la farine. On y joignoit des baies de lentisque, de myrte, de lierre, et en général tous les fruits propres à donner du parfum et de la saveur à leur chair. Avant de les manger, on faisoit passer ceux que l'on destinoit à l'honneur d'une table splendide dans une cage plus étroite, qui communiquoit à la grande volière où on les prenoit à l'aise, après avoir eu toutefois encore le soin de leur prodiguer, vingt jours auparavant, une nourriture plus abondante et plus délicate. Les propriétaires de ces volières trouvoient très-bien l'intérêt de leurs dépenses et de leurs soins : la fiente même de ces oiseaux étoit recherchée par les cultivateurs, comme un excellent engrais. (S.)

GROS-BEC, (*Loxia coccothraustes* Lin.) oiseau du genre qui porte son nom, et dont les caractères sont : le bec conique, bombé près du front, et à rebord sur les côtés de la partie inférieure; les narines petites et rondes; la langue comme coupée à son bout; quatre doigts séparés à peu près jusqu'à leur naissance, trois en avant et un en arrière. Le genre des gros-becs fait partie de l'ordre des *passereaux*. (*Voyez* au mot ETOURNEAU.)

La couleur qui domine sur le plumage de cet oiseau est un brun marron plus ou moins foncé; le dessous du corps a une teinte vineuse jusqu'au bas-ventre qui est blanc. Une ligne de cette dernière couleur s'étend sur les ailes, dont la pointe est noire, et un petit bandeau noir couvre le front. La femelle diffère du mâle par des couleurs qui, outre qu'elles sont moins vives, ne sont pas les mêmes en plusieurs endroits. Des mouchetures jaunâtres distinguent les jeunes.

Cette espèce paroît sédentaire en France; elle y habite les bois et les montagnes pendant l'été, et descend dans la plaine en hiver; mais, comme elle est peu nombreuse, on soupçonne qu'elle ne fait qu'une couvée par an. Le gros-bec vit de toutes sortes de graines; il est sur-tout très-friand des bourgeons des arbres. C'est uniquement à cause de cet instinct destructeur et nuisible, et non à cause de sa chair, qui est dure et sèche, que je recommande ici la chasse de cet oiseau. Les gros-becs placent leur nid sur les arbres à dix ou douze pieds de haut, à l'insertion des grosses branches contre le tronc; ils le composent de mousse et de filamens de racines; la ponte est de quatre à cinq œufs d'un vert bleuâtre, tachetés de brun olivâtre.

CHASSE AUX GROS-BECS. Il n'est pas difficile de tendre sur leur nid le lacet que j'ai décrit à l'article GRIVE; et c'est même le cas de l'employer bien plus qu'à l'égard des autres oiseaux, dont on ne doit point chercher à diminuer la reproduction. Pour dénicher de petits gros-becs, il faut y aller avec précaution; le père et la mère défendent leur nichée avec courage, et pincent très-serré. L'auteur de l'*Aviceptologie* assure, contre l'autorité de Buffon, que ces oiseaux viennent à la pipée et s'y prennent. On en détruit beaucoup aux abreuvoirs avec les gluaux, les raquettes et les collets; ils donnent dans les FOSSETTES (*Voyez* ce mot) et dans les différens pièges appâtés à leurs goûts : ces goûts sont, comme je viens de l'indiquer, les graines et les bourgeons d'arbres de pin, sapin, hêtre, etc., les noyaux qu'ils cassent avec leur bec singulièrement fort, le chènevis, le pin, l'alpiste, etc.; quand on a de ces oiseaux vivans, on peut s'en servir avec succès, comme *appelants*, pour attirer ceux de l'espèce sous divers filets. (S.)

GRUAU. C'est ainsi qu'on appelle les semences des graminées qu'on a dépouillées plus ou moins complètement de leurs enveloppes extérieures, de leur bâle florale, par une espèce de mouture qui les réduit à l'état d'une poudre grossière. J'en ai trop peu dit à cet article, pour ne pas rendre un supplément nécessaire. La manière d'employer aujourd'hui les gruaux tient encore à l'usage que nos premiers parens firent des farineux ; elle consiste à les délayer et à les cuire dans un véhicule approprié, d'où résulte, toutes choses égales d'ailleurs, un potage différent, pour le goût et pour l'aspect, de celui qu'on obtiendroit du même grain, si, au lieu de le concasser seulement, on le réduisoit à l'état de farine ; cette différence dans la qualité du mets dont il s'agit s'explique aisément.

On croit toujours que l'art de moudre n'opère aucune décomposition dans les substances végétales qui en sont l'objet ; cependant, ce qui vient d'être remarqué, et les observations que j'ai été à portée de faire sur les effets de la mouture économique, sont absolument contraires à cette opinion : il est démontré que le blé contracte, chaque fois qu'il passe sous les meules, un commencement d'altération qui paroît s'exercer particulièrement sur le principe de la sapidité et sur la propriété qu'a la farine d'absorber plus ou moins d'eau au pétrin.

Il seroit difficile que cette remarque échappât dans la préparation de nos potages les plus estimés.

La semoule, c'est-à-dire, le grain ou l'amande du froment, qui a subi une première mouture, étant cuite avec un fluide quelconque, a plus de goût et un aspect autre que la même semoule réduite à l'état de farine, et préparée de la même manière.

Les boulangers de Gonesse employoient à la fabrication de leur pain, si renommé autrefois à Paris, les gruaux bruts de froment ; mais, dès la veille de la fournée, ils avoient soin de les humecter pour les faire crever, disoient-ils, et les disposer le lendemain à l'opération du pétrissage.

C'est en Helvétie et en Allemagne que les potages à l'orge gruée sont en grande faveur. On les prépare avec un fluide approprié selon les circonstances, les ressources locales et les facultés des consommateurs : tantôt le lait, le bouillon ou la bière leur servent d'excipient ; tantôt c'est l'eau simplement assaisonnée avec un peu de beurre, de lard ou de graisse ; mais il faut pour tous une cuisson lente, modérée, sans quoi le comestible conserve une saveur et une odeur désagréables de colle farineuse, et une consistance gluante.

Les semences légumineuses sèches, même dans leurs gousses ou siliques, ne perdent ce goût de verdeur, ce goût sauvageon qui leur appartiennent, que par une longue cuisson à grande eau : aussi toutes les recettes de pain dans lesquelles on fait entrer de la vesce, des lentilles, des haricots, des pois des champs, ne présentent-elles que des résultats défectueux, parce que le fluide qui en constitue la pâte s'y trouve en trop petite quantité, pour leur enlever ce goût désagréable que la fermentation développe encore davantage ; il vaut donc mieux les consommer, ces graines, soit naturellement dans leur état d'intégrité, ou sous forme de purée, quand elles sont la seule ressource alimentaire du canton, plutôt que d'en faire un pain mauvais et coûteux.

On ne sauroit employer non plus trop de soins pour séparer de l'orge, dans l'opération qui monde ce grain, la totalité de l'écorce qui se trouve dans la rainure, sans quoi elle nage dans le potage, adhère au palais, et devient très-désagréable pour les organes de la mastication. Dans le nombre des grains que l'orge pourroit remplacer avantageusement, j'en citerai un dont il seroit utile de restreindre la culture, parce qu'il contient peu de farine, beaucoup de matière farineuse, et plus encore d'écorce: c'est l'avoine, déjà remplacée dans beaucoup d'endroits par l'orge, qui procure une nourriture plus abondante, soit pour l'homme, soit pour les animaux, et dont la valeur dans le commerce est toujours supérieure à celle de l'avoine, sans compter que toutes les fraudes mises en usage pour donner à ce grain, aux dépens de ses qualités intrinsèques, une belle apparence marchande, sont impraticables pour l'orge; mais la réputation de l'avoine comme gruau paroît trop bien établie, pour ne pas indiquer ici la manière dont on l'obtient.

On prend ordinairement de l'avoine blanche qu'on fait sécher au four; lorsqu'elle l'est suffisamment, on la vanne, on la nettoie, et on la porte au moulin, dès que les meules sont fraîchement piquées. Le meunier a soin de les tenir un peu éloignées, afin qu'elles n'écrasent pas le grain, et que celui-ci conserve la forme de riz; par ce moyen, elles enlèvent la totalité de la pellicule: quarante-huit kilogrammes (100 liv.) d'avoine ne donnent guères au delà de vingt-quatre kilogrammes quarante-huit décagrammes (50 liv.) d'avoine gruée.

Les auteurs qui ont avancé que les grains provenant des pays froids, contenoient proportionnellement plus de substance amylacée que de matière muqueuse, parce que, disent-ils, la chaleur du climat ne pouvoit pas si bien assimiler toutes les parties de la sève, se sont bien trompés; car l'analyse que j'ai faite, il y a trente ans, des farineux dont l'homme fait sa nourriture fondamentale, m'a prouvé que l'amidon et le sucre dominoient dans les graminées du Midi, tandis que la matière muqueuse, extractive, et corticale, étoit plus abondante au Nord; ce qui donne par conséquent aux blés de ces contrées une pesanteur spécifique moins considérable.

Considérée sous les rapports de la culture, l'avoine présente encore plus d'inconvéniens que l'orge; ses ennemis dans les champs et au grenier sont aussi plus nombreux. Une récolte passable de ce grain vaut mieux qu'une riche en avoine, dont la nourriture, comme l'on sait, n'est tolérable que sous forme de gruau.

Il paroît que l'avoine n'a pas été employée comme nourriture pour la cavalerie romaine; c'étoit l'orge. Aussi, dans les climats où l'on cultive cette dernière pour la nourriture des chevaux, ces animaux sont fort estimés; tous les voyageurs rapportent qu'en Espagne, en Andalousie, en Mauritanie, en Arabie, en Tartarie, on ne leur donne que de l'orge au lieu d'avoine, et que ce sont les meilleurs que l'on connoisse.

L'avoine occupe un rang distingué parmi les plantes céréales; et quoique, suivant l'observation de mon estimable collègue *Tessier*, qui a donné sur cette culture une excellente instruction, on en compte plus de dix-huit variétés, c'est toujours un grand malheur pour un pays, que ce grain y soit le premier objet de culture, quand ce seroit l'espèce blanche, l'avoine de Hongrie, réputée avec raison pour la plus féconde et la plus alimentaire qu'on préféreroit: elle est d'ailleurs d'un meilleur produit en paille et en grains, et moins sujette au charbon.

Cependant, tant qu'on ne voudra pas renoncer à l'usage de l'avoine pour les chevaux, je doute que les fermiers se déterminent à abandonner sa culture, parce que le bénéfice qu'ils peuvent en retirer les arrêtera toujours; mais je déclare que la masse de la subsistance

publique

publique gagnera infiniment au remplacement de l'avoine par l'orge, et qu'une pareille révolution dans la manière de se nourrir deviendra pour la France une richesse incalculable. Quels que soient les efforts de l'industrie de ceux qui convertissent ce grain en farine et en pain, ils ne viendront jamais à bout d'affoiblir cette couleur foncée et cette amertume nauséabonde qui le caractérisent.

Ces mauvaises qualités, inhérentes à ce grain, sont reconnues depuis longtemps; car les statuts de quelques ordres monastiques ordonnent le pain d'avoine par mortification; et les anciens Romains en ont fait manger à leurs héros pour leur faire faire pénitence de leurs infidélités. *Liébaut* lui-même, un des auteurs de la *Maison rustique*, ne parle de ce pain que comme d'un aliment auquel on a recours en temps de famine.

Je ne puis quitter cet article sans élever la voix contre l'usage dans lequel sont les habitans de plusieurs cantons de la France, de faire consister leurs ressources alimentaires dans le pain d'avoine, et sur-tout quand je pense que ce pain, si peu substantiel, et d'un aspect révoltant, est encore plus cher aux malheureux qui s'en nourrissent, que celui de froment le mieux fabriqué. La plume tombe des mains en réfléchissant sur le coupable aveuglement où l'on est plongé à cet égard. L'homme seroit infiniment moins à plaindre, s'il n'avoit que les fléaux de la nature à redouter.

Les frais pour concilier à l'orge l'état d'orge mondé, ne sauroient excéder ceux que demande la mouture ordinaire de ce grain converti en farine: le déchet, à la vérité, sera plus considérable, à cause des portions de farine qui se trouveront nécessairement confondues dans le son: mais cette perte n'est qu'apparente; car elle devient une ressource pour la nourriture et l'engrais des bestiaux.

Une autre circonstance sur laquelle je ne saurois trop insister, c'est de ne jamais brusquer la cuisson des farineux réduits à l'état de gruau, parce qu'alors ils absorbent moins d'eau; elle ne s'y combine pas de la même manière; et le mélange conserve le caractère d'une matière pultacée, collante, visqueuse, comparable à cet aliment si usité qu'on prépare avec le froment, et connu sous les noms de *bouillie* en France, et de *polenta* au midi de l'Europe. (PARMENTIER.)

GUIDEAU, (*Pêche.*) L'on se sert rarement du guideau dans les rivières, et son usage devroit être interdit, même dans celles qui sont les plus poissonneuses. Les verveux sont employés plus généralement, et sont préférables en ce qu'ils ne nuisent pas autant à la multiplication et au commerce des poissons, en arrêtant et détruisant les plus petits, et en rendant les gros qui s'y prennent hors d'état d'être conservés ou transportés, parce qu'ils y meurent presque tous avant d'en être retirés.

Le guideau est un filet allongé en forme de chausse, dont l'embouchure, qui est fort évasée et tenue ouverte soit par un châssis d'assemblage, soit par des cerceaux, soit par un goulet, se présente à un courant qui la traverse. Les poissons entrent dans cette longue chausse et se pressent au fond, d'où il est rare qu'on les retire en vie; les plus petits, froissés par les gros, poussés eux-mêmes par le courant, y sont quelquefois réduits en bouillie. Pour ôter ces poissons de la queue du boyau où ils s'amoncèlent, on délie une corde qui la tient fermée, ou bien on détache un panier d'osier qu'on y adapte. L'échantillon des mailles de ce grand et pernicieux filet, a de l'ampleur vers l'embouchure ; mais il diminue sensiblement en approchant de la pointe, jusqu'à ne plus présenter qu'un ouverture de trois à quatre lignes, en sorte que le frai et les poissons du premier âge ne peuvent en sortir.

Il est inutile d'avertir que les guideaux doivent être amarrés solidement par leur embouchure, à des pieux ou d'autres corps qui ne puissent être ébranlés, et tendus et arrêtés fortement dans leur longueur, afin que le courant ne puisse ni les entraîner, ni les rouler ou les replier (S.)

HALLIER, (*Chasse*,) filet en usage pour prendre diverses espèces d'oiseaux. *Voyez* la description des halliers, aux articles CAILLE et PERDRIX. (S.)

HAMEÇONS, (*Pêche.*) *Voy*. l'article LIGNE. (S.)

HARDE, (*Vénerie*,) troupe de bêtes fauves.

On appelle aussi *harde* une longue corde de crin avec laquelle on attache et conduit les chiens six à six, ou huit à huit. Cet assemblage de chiens porte encore le nom de *harde*. (S.)

HARAS. *Voyez* MULTIPLICATION ET AMÉLIORATION DES CHEVAUX. (CH. et FR.)

HERBE ROUGE. (*Voyez* BLÉ DE VACHE.) TOLLARD aîné.

HORTENSIA DU JAPON. *Hortensia opuloides* Lamarck. *Hydrangea hortensia*, Hort. Lond. Arbrisseau auquel la beauté de ses fleurs a acquis une grande célébrité en France et en Angleterre, où il est fort multiplié.

L'hortensia fait partie de la XIe classe, ordre III, de la méthode de Jussieu.

Fleurs, grandes, nombreuses, roses, rouges - pâles ; quelquefois bleues, inodores, naissant à l'extrémité des rameaux, où elles forment, par leur réunion, des corymbes touffus et convexes, d'une éclatante beauté, se conservant belles pendant long-temps, et se succédant pendant plusieurs mois, même dans les appartemens, sans perdre de leur beauté ; ce qui rend cet arbrisseau l'un des plus convenables aux appartemens.

Fruit, inconnu, si ce n'est à l'état d'ovaire ; sa forme est sphérique, au rapport de Dumont de Courset.

Feuilles, très-larges, d'un beau vert, nombreuses, opposées, elliptiques, pétiolées, dentées, et unies en leurs surfaces.

Port, tiges glabres, ligneuses, cylindriques, brunes, marquées de points noirs, rameuses, de quatre à six pieds de hauteur.

Lieux, la Chine, le Japon.

Propriétés, inconnues, si ce n'est de fixer les regards et de charmer les amateurs par sa beauté.

Usages économiques, inconnus.

Mode de multiplication. Boutures pendant tout le cours de l'été, avec les jets de l'année.

Culture. On fait les boutures dans des pots, qu'on place dans une couche ou ailleurs, à l'ombre ; et quand elles sont enracinées, on les transplante en pot ou en pleine terre, où cet arbrisseau peut supporter le froid de l'hiver, avec la précaution d'en conserver néanmoins toujours un ou deux dans l'orangerie, dans la crainte d'un hiver extraordinairement froid.

On doit placer cet arbuste en pleine terre, dans un terrain substantiel et des lieux à l'abri d'un soleil excessif, si l'on veut que ses belles fleurs ornent longtemps nos jardins. On regrette que cette fleur soit privée de parfum; ses corymbes, d'un rouge purpurin, disputeroient alors d'agrément à la rose, dont elles ont l'éclat, sans en avoir l'odeur.

(TOLLARD aîné.)

HOULQUE, *Holcus lanatus.*

Fleurs, deux styles, trois étamines, bâle uniflore, polygames; d'abord en épi, ensuite en panicule ouverte, blanches, mêlées de pourpre, velues et cotonneuses.

Feuilles, cotonneuses, larges, molles et douces au toucher.

Fruit, une semence couverte de la valve intérieure et persistante du calice.

Port, tiges droites, d'un à deux pieds et demi à trois pieds de hauteur.

Lieux, les prés.

Durée, vivace.

Usages économiques. Fourrage vert ou sec, particulièrement recommandable par sa propriété de mûrir plus tôt et d'être bon à faucher avant d'autres fourrages.

Culture. Toute terre passablement bonne et légèrement humide lui convient: on en sème vingt livres par arpent; le semis se fait au commencement de l'automne ou dans le cours du printemps. (TOLLARD aîné.)

HUAU, (*Chasse aux Oiseaux.*) On appelle ainsi une verge ou baguette, longue de quatre à cinq pieds, armée à l'une de ses extrémités de deux ailes de buse ou de milan, et de trois ou quatre grelots de chasse. C'est une des pièces qui sert lorsqu'on tend les nappes aux PLUVIERS. *Voyez* cet article. (S.)

HUILES A BRULER. (DÉPURATION DES) La dépuration des huiles à brûler n'est autre chose que leur clarification; c'est sur-tout depuis qu'on a introduit dans l'économie domestique l'usage des lampes à la Quinquet, d'Argan, de Lange, etc., qu'on s'est occupé des moyens de purifier les huiles à brûler, afin de les rendre plus propres à la combustion.

Il existe plusieurs procédés pour opérer la dépuration des huiles, mais tous ne sont pas également bons, et ceux qui font le commerce des huiles épurées tiennent secrets leurs moyens de dépuration.

Cependant, comme l'art d'épurer les huiles ne doit pas être étranger à ceux qui s'occupent immédiatement de leur extraction, nous allons leur indiquer les procédés que nous regardons comme les plus économiques et en même temps les plus simples: il résultera de cette connoissance qu'elle les mettra à même de se procurer les bénéfices que font après eux ceux qui se sont emparé de cette branche d'industrie.

Procédé pour la dépuration des huiles par l'acide sulfurique. Le procédé que nous allons indiquer diffère peu de celui qu'a publié M. Thénard.

A cent parties d'huile de colza, nous ajoutons une partie d'acide sulfurique, étendu dans six fois son poids d'eau; nous agitons ensuite fortement le mélange, et, dès qu'il est exactement fait, nous le laissons en repos jusqu'à ce que l'huile se soit éclaircie; lorsqu'elle est parfaitement claire, la dépuration est faite: il y a au fond du vase une liqueur acide et un peu colorée; on sépare l'huile d'avec le dépôt, et, pour s'assurer que l'huile ne retient plus d'acide, on y ajoute quelques onces de craie en poudre, on agite et on laisse de nouveau reposer l'huile.

Le rôle qu'a joué ici l'acide sulfurique, quoique étendu d'eau, a été de priver l'huile de toute son humidité, et de lui enlever une substance mucoso-extractive, dont la présence dans l'huile diminue l'énergie de la combustion, charbonne la mèche et produit beaucoup de fumée; c'est donc de la soustraction de ces principes étrangers aux huiles que dépend la qualité qu'elles doivent avoir pour bien éclairer.

Autre procédé. Le procédé que nous allons indiquer nous appartient; quelques propriétaires, qui ont déjà eu occasion de le suivre, en ont obtenu beaucoup de succès.

On ajoute à cent parties d'huile de colza, dix parties d'eau, dans laquelle on aura délayé une partie de farine; on agite bien le mélange, ensuite on le fait chauffer jusqu'à ce que l'eau ajoutée soit évaporée, ou plutôt jusqu'à ce que l'huile cesse d'avoir de l'homogénéité avec les substances qu'elle tenoit en suspension: alors, dans cet état, elle est dépurée; au bout de vingt-quatre heures elle est fort claire, et elle ne diffère pas en qualité de celle qui a été préparée avec l'acide sulfurique.

Dans la pratique de ce procédé, on observera de chauffer graduellement, et de ne pas élever la température au dessus de 80 degrés du thermomètre de Réaumur. Cette chaleur est suffisante pour opérer la coction de la farine et de la substance mucoso-extractive que contient l'huile; une plus forte chaleur coloreroit l'huile, ce qui lui ôteroit le coup d'œil favorable à la vente.

J'ai été conduit à ce procédé par une observation que tout le monde a pu être à même de faire: on sait qu'une sauce blanche, lorsqu'elle est trop cuite, se sépare en deux parties; l'une est épaisse et occupe le fond du vase, l'autre est claire et surnage le dépôt: la première substance est la partie caseuse du beurre, qui s'est réunie à la farine qu'on a ajoutée à la sauce, et que la coction a séparée de l'huile; la seconde substance est le beurre dépourvu de tous principes étrangers: dans cet état, il peut être appelé beurre dépuré.

C'est à cette simple observation que je dois l'idée que j'ai eue de dépurer les huiles avec la farine et l'eau. (Curaudau.)

HUTTE, (*Chasse.*) La hutte est l'asile que se prépare, en diverses circonstances, un chasseur attendant un gibier quelconque, qui doit passer à sa portée, et dont il ne veut pas être apperçu.

C'est sur-tout dans une foule de chasses aux oiseaux que la hutte joue un rôle important et même nécessaire.

On trouvera sur cet objet, aux divers articles de ce genre, les notions nécessaires pour diriger le chasseur dans la construction et le placement de cette espèce de fort. (S.)

HUTTE AMBULANTE, (*Chasse aux Oiseaux.*) Il est des oiseaux fuyards, méfians, toujours agités d'un instinct inquiet, qui les rend très-difficiles à approcher.

Pour triompher de cet instinct et endormir leur vigilance, on a eu recours à diverses ruses, et on a cherché à s'aider contre eux des objets communs dans les champs, et avec lesquels on les a vus se familiariser, au point d'oublier leur crainte habituelle. On les a vus approcher des arbres et des buissons, et l'on a dû essayer de se cacher à l'abri des arbres et des buissons; mais cette retraite fixe ne pouvoit servir que quand le gibier vouloit bien lui-même en approcher. On a senti la nécessité d'avoir un abri mobile, qu'on pût porter vers lui, et de là est née la hutte ambulante. Cette hutte est donc une espèce de buisson portatif, dont la construction est fort simple. Sur quatre bâtons, longs de six pieds environ, et dressés verticalement en carré, comme les pieds d'une table, on attache solidement trois cerceaux, dont le diamètre détermine l'écartement des bâtons montans.

On place, à une hauteur proportionnée à celle de ses épaules, dans l'intérieur de cette cage ou carcasse, des traverses de cordes où l'on agence des espèces de bretelles, au moyen desquelles cette légère charpente, portée sur les épaules, soit un peu soulevée de terre. On recouvre le tout de branchages, que l'on attache sur les cerceaux et sur les bâtons, d'où résulte une espèce de dôme ou buisson fourré, dans lequel on doit éviter une certaine régularité. Sous ce couvert, un chasseur, qui s'est rendu au canton fréquenté du gibier qu'il recherche, chemine patiemment et avec la plus grande lenteur.

Les oiseaux, occupés ou de leurs jeux ou de leurs besoins, se laissent approcher d'assez près pour les tirer. Cet appareil rend la *chasse du Brai* plus productive. (*Voyez* Brai.) Il sert à attendre à leurs passages les grives, les perdrix grises, les outardes et une foule d'autres oiseaux. Il est d'un grand secours dans les chasses aux oiseaux aquatiques. Les canards, morelles et plongeons évitent peu la mort qui pleut sur eux des flancs de cette machine. Elle est surtout très-utile pour chasser aux plongeons, auxquels les branchages dérobent le feu du bassinet, dont la lumière suffit, quand ils la voient, pour les avertir de se dérober au plomb en fuyant sous l'eau. Il faut cependant avoir, dans cette chasse, un second pour traquer ces oiseaux. (S.)

HYOVERTÉBROTOMIE. Cette opération chirurgicale est une espèce de *ponction* que l'on fait seulement au cheval, à l'âne et au mulet : elle consiste dans une incision entre l'os hyoïde et la première vertèbre cervicale, pour pénétrer dans une poche qui n'existe que dans ces animaux, et donner issue à une matière qui la remplit dans le cas d'angine, de gourme, de morve.

Cette ponction se pratique d'un côté ou des deux côtés, selon qu'il est nécessaire.

La plénitude de ces poches, appelées *poches gutturales, poches d'Eustache*, se reconnoît au soulèvement des parotides, et à une fluctuation profonde.

Le larynx qui existe entre ces deux poches, se trouvant gêné par leur amplitude, il y a souvent aussi une grande difficulté de respirer; de sorte qu'alors il faut débuter par faire la *trachéotomie*, c'est-à-dire une ouverture assez près du larynx entre les cerceaux de la *trachée-artère*, pour y placer un tube par où l'air puisse passer librement. La *trachéotomie* doit se faire, autant qu'il est possible, l'animal étant debout, parce qu'étant abattu la respiration seroit plus gênée, ce qui augmenteroit encore le danger de suffocation.

Dans tous les cas, si le dépôt n'est que dans une des poches, il vaut mieux abattre sur le côté de l'animal où la collection existe, afin de ne pas diminuer ce qui reste de liberté au larynx.

D'un autre côté, l'opération est plus facile, l'animal étant abattu : c'est à l'artiste à juger alors de ce que la prudence exige, et à ne prendre sa commodité qu'autant que le cas le permet.

L'animal étant donc fixé soit debout, soit couché, on reconnoît le lieu de la ponction dont il s'agit : ce lieu est en avant du milieu de l'apophyse transverse de l'*atlas* ou première vertèbre cervicale, tout près du bord postérieur de la glande parotide, c'est-à-dire à la distance d'environ deux travers de doigt de l'oreille. C'est dans ce point qu'il faut faire à la peau une incision verticale, c'est-à-dire qui tombe de haut en bas, (ce qui s'applique à l'animal debout.) Pour faire cette incision sans offenser les parties que la peau recouvre, l'opérateur et un aide feront à la peau un pli dont la direction soit transversale avec celle de l'incision projetée. Ce pli étant fait, l'artiste pratique, d'un seul coup de bistouri, une incision longue de deux pouces. Il dissèque ensuite et découvre le bord postérieur de la glande parotide, le séparant des parties auxquelles il adhère; et il introduit le doigt *index* dans l'ouverture. Il s'assure, avec le bout du doigt, de la tubérosité de l'os hyoïde, et de la direction d'un petit muscle plat qui s'attache à cette tubérosité, et qui vient de l'apophyse styloïde de l'occipital. Ce muscle est le stylo-kératoïdien. La poche gutturale est sous ce muscle. Pour parvenir dans cette poche par l'endroit le moins dangereux, il s'agit de plonger le bistouri dans le muscle stylo-kératoïdien; la lame suivant la direction de ce muscle, le dos du bistouri touchant le bord de la parotide et tourné du côté de la tubérosité de l'os hyoïde, le tranchant regardant la crinière. Avant de ponctuer, on fait étendre la tête de manière qu'elle suive le plus possible la direction de l'encolure, ce qui fait que les branches de la carotide et les nerfs qui passent en cet endroit s'écartent du lieu de l'incision. Cette position étant prise, on plonge le bistouri un peu obliquement de derrière en avant, et le manche un peu incliné vers le garrot du cheval, ce qui fait qu'on évite de pénétrer à côté de la poche, autrement on pénétreroit seulement dans le tissu qui est en arrière, ou l'on seroit exposé à couper les vaisseaux et les nerfs très-nombreux dans cette partie, qui sont plus supérieurement, dans un tissu qui les fait adhérer aux muscles qui accompagnent la partie inférieure du corps des vertèbres.

La ponction faite, la matière sort, mais toujours imparfaitement. Pour en procurer l'évacuation complète, il faut faire une contre-ouverture. Elle s'exécute en faisant pénétrer dans la poche, par l'ouverture qu'on vient de faire, une sonde courbe que l'on dirige vers la partie inférieure de l'encolure, près de la ganache. On pousse cette sonde de manière à ce que le bout soit apperçu sous la peau. Mais il faut diriger le bout de la sonde à côté de l'une des deux branches de la jugulaire, pour ne pas couper l'une ou l'autre. Le bout de la sonde étant donc saillant vers l'endroit de cette division, il faut inciser la peau de devant en arrière, sur le bout même de la sonde. L'ouverture doit être assez grande pour que la matière sorte librement. Cependant s'il y avoit quelque obstacle, c'est que la matière seroit grumeleuse. On la délaieroit en injectant avec une seringue de l'eau tiède dans la poche. On passe ensuite dans la poche une mèche qui entre par la contre-ouverture et sort par la première ponction. Les deux bouts s'attachent l'un à l'autre en dehors; et l'on a soin de déterger pendant quelques jours, en injectant par la première ouverture de l'eau qui sortira par la seconde.

Du reste, on doit faire le traitement qui convient à la maladie essentielle. D'ailleurs, il ne faut pas confondre le soulèvement des parotides dû à un engorgement catarrheux de la membrane interne des poches et à l'inflammation des tissus environnans, avec l'état des poches qui sont remplies de matière. (*Voyez* Gourme, Angine ou Squinancie, Morve.)

La trachéotomie et l'hyovertébrotomie sont de ces opérations étonnantes, dont l'effet est de sauver, dans l'instant même, un cheval qui seroit près de périr d'une espèce de suffocation.

Elles ont été faites un grand nombre de fois, et avec succès. (Ch. et Fr.)

JAMBON. L'auteur du *Cours complet* a supérieurement décrit les diverses méthodes pratiquées, de temps immémorial, en Italie, à Bayonne et à Mayence, pour préparer et conserver les jambons; mais la manière de procéder à leur cuisson, qui a tant d'influence sur leur qualité, ne paroît pas l'avoir autant intéressé, du moins ce qu'il en dit est éloigné de la pratique que nos meilleurs cuisiniers suivent ; à cet égard, il convient de l'indiquer.

On enveloppe le jambon d'une toile claire, et on le met dans une marmite de capacité requise et garnie de son couvercle; on fait en sorte que la marmite soit suffisamment remplie d'eau, pour que le jambon trempe à l'aise ; on y ajoute aussitôt des carottes, du thym, du laurier, un bouquet de persil, dans lequel se trouvent trois à quatre clous de girofle, deux gousses d'ail, et quelques ognons.

Une attention essentielle, pendant le temps que dure cette cuisson, c'est d'avoir soin que le feu ne soit pas vif, et que la liqueur frémisse seulement, et ne bouille jamais.

Quand elle approche de la cuisson, on essaie si un tuyau de paille entre et pénètre jusqu'au fond du jambon: c'est le signe auquel on reconnoît qu'il est cuit. Alors on ajoute un demi-setier environ d'eau-de-vie, et la marmite demeure encore un quart d'heure sur le feu; le jambon qu'on retire ensuite se désosse facilement et peut être mis sur le plat. On lui laisse la peau pour qu'il se conserve frais autant qu'il dure.

La décoction, ou le bouillon qui reste, peut servir à cuire une tête de veau, qui devient très-délicate, sans aucune autre addition; enfin, si on fait cuire, dans le liquide restant, une poitrine de mouton, et, dans le temps des légumes, une purée de pois ou de fèves de marais, on est assuré d'avoir un excellent potage au pain ou au riz. (Parm.)

INCISION ANNULAIRE. (*Voyez* Fruits, *accélération artificielle de leur maturité.*) Tollard aîné.

INONDATIONS, (*Agriculture pratique.*) Lorsqu'une grande calamité vient frapper une province, détruire l'espérance des récoltes dans les sols les plus riches, le premier soin de l'homme industrieux est d'arrêter ses ravages ; l'objet le plus utile de la science est de réparer ces malheurs, et de convertir les maux passagers que l'on éprouve en une source de richesses et de prospérité future. Si le laboureur ignorant voit ses champs ensemencés inondés par des rivières grossies par des neiges, ou de longues pluies, ou par d'épouvantables orages, atterré par le malheur présent, il est loin de penser que de nouvelles semences confiées à propos à la terre puissent réparer ses pertes, il est loin de voir le limon déposé sur ses prairies devenir pour elles-mêmes une source de richesses et de fertilité en leur procurant le meilleur des engrais.

Manière dont se doivent conduire les cultivateurs dont les terres ensemencées ont été inondées. Les dommages que les gelées et les inondations peuvent causer dans les terres ensemencées en grains ont plus ou moins d'étendue.

Si l'action combinée de ces fléaux a exercé son influence sur des espaces considérables, les cultivateurs savent que, lorsque leur ouvrage, dans des pièces de terre ensemencées en automne, est détruit entièrement par le séjour de l'eau ou par la gelée, il faut, au printemps, y semer d'autres grains dont la végétation s'accomplit en quelques mois.

En 1709, les blés gelèrent. Dans beaucoup de communes on laboura les champs précédemment ensemencés, et on y répandit de l'orge, qui produisit en telle abondance, qu'on souffrit peu de la perte des blés.

Certains terrains, trop battus par l'eau, doivent être labourés de nouveau, plus ou moins superficiellement; un hersage préparatoire est nécessaire à d'autres; et, dans d'autres, on peut se contenter de semer et de herser après.

Mais il arrive plus ordinairement que l'inondation et la gelée ne maltraitent que des portions de champs.

Si ces portions sont peu considérables, on peut réparer promptement le mal, en employant une pratique rarement usitée en France, mais dont le succès est assuré. C'est ici que nous ne pouvons nous dispenser de donner des détails.

On prendra des touffes de froment, de seigle ou d'escourgeon, qu'on voudra repiquer; on les lèvera avec soin, et on les préservera de la sécheresse.

On les séparera en plusieurs brins, laissant à chacun des racines.

On plantera ces brins à la distance de trois à six pouces les uns des autres, suivant l'*ébat* des plants et la qualité des terres.

Les trous auront environ trois pouces de profondeur.

On se servira d'un plantoir ou d'une cheville ordinaire, comme pour repiquer des légumes, ou, ce qui vaudra beaucoup mieux, d'un plantoir à plusieurs branches qui seront écartées convenablement et assujetties par une traverse dans laquelle on fixera un manche. Avec ce dernier instrument on fait plusieurs trous à la fois.

Avant de planter on remuera la terre, s'il en est besoin, avec les instrumens du pays les plus expéditifs.

Lorsque le temps est sec, il faut choisir l'après-midi pour cette opération: le matin convient également, si le ciel est disposé à la pluie, ou le temps couvert.

Quelques sarclages qu'on fera dans la suite rendront la végétation plus vigoureuse.

L'avantage de cette manière de réparer les pertes partielles des grains, c'est que ce qui est repiqué mûrit aussi promptement que les parties semées en automne, qui ont résisté à l'inondation et à la gelée, en sorte que tout le champ peut être récolté en même temps.

Lorsque les dégâts, sans être immenses, occupent des espaces très-étendus, lorsqu'ils n'ont pas eu lieu par petites places, mais dans des portions continues du même terrain, il est utile de planter à la charrue, opération prompte et facile. Dans ce cas, on doit labourer en faisant des sillons qui n'aient que quatre pouces de profondeur.

Des cultivateurs, hommes, femmes ou enfans, suivent la charrue et posent les plants à la manière dont on repique le colza dans beaucoup de pays.

De toutes les plantes qu'on peut repiquer au printemps, le seigle est celle qui reprend le mieux, parce qu'il a une végétation plus forte et plus accélérée. Dans toute autre circonstance, il est démontré que le repiquage ne sauroit être avantageux. (*Voyez* Blé, *plantage.*)

Manière dont se doivent conduire les propriétaires dans les prairies qui ont été inondées. Les rivières, en débordant, déposent sur les prés, et par des alluvions subites, des limons plus ou ou moins fertiles, plus ou moins abondans.

Si ces dépôts limoneux sont gras et non graveleux, si leur couche est peu épaisse, c'est un puissant amendement pour les prés qu'ils recouvrent, quoiqu'ils nuisent aux récoltes du moment. Alors ces dépôts doivent y être précieusement conservés.

Si ces dépôts de bonne qualité sont assez épais pour faire craindre que l'herbe ne puisse pas les percer, événement assez peu commun, il faut, *lorsque cela est possible*, enlever la plus grande partie; ce sera une puissante ressource pour les engrais; elle dédommagera avec usure des avances qu'on pourra consacrer à son emploi.

Lorsque l'excédant de la couche de ces dépôts peut être enlevé pour le répandre sur d'autres terres, principalement sur celles plantées en vignes, il faut auparavant calculer les moyens de transport les plus économiques.

Des ouvriers, placés en relais, conduisant des brouettes sur des planches, offrent le meilleur moyen pour retirer des prés, lorsque leur étendue n'est pas trop considérable, les alluvions qu'on veut en extraire. Vient ensuite celui des bêtes de somme, que l'on charge avec des vaisseaux de bois percés de petits trous, pour en laisser échapper l'eau surabondante. Des camions triangulaires à bascule sont à préférer pour de grands travaux, à cause de la facilité de leur déchargement. Ceux que l'on voudroit employer dans les prés devroient avoir des roues dont les jantes seroient très-larges.

L'enlèvement de ces couches limoneuses doit être prompt, afin de diminuer le danger de leurs émanations, qui est toujours proportionné à l'étendue de leur surface, et afin de se ménager au plus tôt la récolte du terrain qu'elles recouvroient.

Ces couches limoneuses devroient servir principalement à relever les berges des rivières qui les ont produites, et à diminuer ainsi les accidens qu'occasionnent toujours leurs débordemens. On pourroit y en déposer plus que moins; cet excédant, après sa maturité, pourroit servir comme un excellent engrais pour les prés ou autres terrains auxquels on voudroit les consacrer. Il faut veiller seulement à ce que ces dépôts, amoncelés sur les berges, ne puissent pas retomber dans le lit des rivières, dont ils obstrueroient le cours,

Toutes ces terres limoneuses entassées éprouveront, par la chaleur de l'été, une fermentation utile à la perfection de l'engrais qu'elles doivent fournir; car elles sont plus ou moins mélangées : en les répandant ensuite sur les terres, immédiatement avant la gelée, elles y recevront, par son action, la division nécessaire à leur effet.

Mais si ces dépôts charriés par l'eau sur les prés et de bonne qualité ont une couche trop épaisse pour permettre à la meilleure herbe de croître, et que cependant leur excédant ne puisse être enlevé faute du moyen d'exécution, il faut bien alors renoncer à ces prés, et cultiver cette terre nouvelle comme toute autre qui lui seroit analogue. Après plusieurs hersages pour favoriser l'évaporation de l'humidité, il sera nécessaire de donner plusieurs labours profonds, afin de détruire les fortes plantes de ces prairies, derniers signes de leur précédente végétation.

Si ce nouveau sol pouvoit être assez promptement préparé, on pourroit encore y semer, avant l'automne, des navets et turneps. Ce seroit un moyen de remplacer, pour les bestiaux, la nourriture que l'ancienne superficie devoit leur procurer; on y fera ensuite, au printemps, des semis de chanvre. Enfin, après une culture de deux ou trois années, ces terrains pourroient être remis en prés.

Si ces dépôts, suites des débordemens, sont par couches minces et de mauvaise qualité, ce qui est infiniment rare, il faut se résoudre à les laisser sur les prés; ils y rendront le service de détruire la mousse, et l'on peut les bonifier. A cet effet, on y mêlera, le plus tôt qu'il sera possible, avec la herse à dents de fer, une petite quantité de fumier bien consommé. En ameublissant la terre par ce moyen, on procurera à l'herbe qu'elle recouvre la facilité de percer à travers.

Enfin, si ces dépôts, ce qui est peu commun, sont épais et de mauvaise qualité, il faut encore se résoudre à les laisser sur les prés. Les cas où ils pourroient être employés d'une manière utile, sont trop rares, pour établir en principe la nécessité de les enlever. Alors ces prés devront être cultivés comme les autres terres auxquelles ils sont devenus semblables : on observera cependant que ces terrains étant plus humides, ils seront susceptibles de fournir des produits plus abondans et de recevoir des cultures plus variées. Il ne faut pas oublier qu'avec de l'eau, du sable, des engrais et un travail assidu, on obtient encore des récoltes fructueuses.

On doit se hâter de couvrir ces nouveaux terrains d'une plante quelconque; si légère qu'en soit la ressource pour la nourriture des animaux, leur culture est indispensable pour la salubrité de l'air. La végétation n'est jamais plus belle qu'au milieu des émanations délétères que l'homme ne peut respirer sans de grands dangers : les plantes, au contraire, s'en nourrissent, et n'exhalent à leur place que l'air le plus pur.

Les alluvions, en général, sont moins fâcheuses qu'on ne le croit; il y a même beaucoup de circonstances où les engrais qu'elles fournissent à l'agriculture peuvent les faire regarder comme une de ses plus puissantes ressources.

Les alluvions procurent d'autres avantages. En relevant des sols fangeux et marécageux, elles les consolident et les rendent alors susceptibles de toutes les cultures les plus productives.

Si les alluvions naturelles sont les sources de ces inappréciables avantages, il faut, lorsque la nature nous refuse ce secours, les obtenir par des alluvions artificielles.

Un ruisseau supérieur, une prise d'eau dans une petite rivière, menée, dans des temps d'orage, sur un terrain, en suivant lentement ses pentes, retenue à propos par des bâtardeaux pour donner à l'eau le temps de déposer son limon, sont les moyens simples que l'observation nous offre pour imiter la nature. (I. M.)

IRRIGATION DES TERRES. *Moyens de porter à volonté l'eau sur le terrain.* ROZIER ayant traité de l'irrigation des jardins, il ne s'agira ici que de celle des terres, et sur-tout des dessèchemens.

Irrigation des terrains desséchés. L'avantage de l'irrigation est immense pour ceux-ci, parce qu'alors on a presque toujours la faculté de varier la culture en prairies ou en céréales, suivant qu'on trouve plus d'avantage à vendre du blé ou des bestiaux.

L'irrigation est nécessaire dans ces sortes de terrains argileux ou bourbeux, parce que, dans les chaleurs, ils se *retirent* et se fendent en longues crevasses qui ne laissent entr'elles que des *masses durcies* et *intraitables* aux instrumens de culture, impénétrables aux plantes et aux influences *météoriques*.

C'est pour cela que j'ai recommandé, à l'article DESSÈCHEMENT, de se ménager toujours un réservoir d'eau suffisant, dût-on sacrifier une partie du terrain pour y réserver les eaux nécessaires aux irrigations.

J'ai encore, dans le même article, donné les moyens de ménager les eaux, les pentes, les niveaux, par des écluses à poutrelles, des *clapets*, en un mot, de se rendre maître des eaux et de les diriger à sa volonté; c'est un avantage précieux pour les dessèchemens, et dont ne jouissent pas toujours les autres terrains.

Irrigations dans les pays de plaine. Les pays plats ou de plaines n'offrent pas de sources dont le niveau soit plus élevé que celui du terrain. Nous ne pouvons pas créer l'eau à volonté, mais employer celle qu'offre la nature. L'on a proposé l'emploi d'un *taraud* qui perce la terre, jusqu'à ce qu'on découvre une source. La tarrière conduit en même temps dans le trou taraudé un tuyau qui donne passage à l'eau qui souvent s'élève à la surface du terrain, et y forme une fontaine.

Cette machine ingénieuse n'est pas encore assez éprouvée pour qu'on puisse en conseiller l'usage. D'ailleurs, l'eau ne peut remonter qu'autant qu'elle provient d'une source supérieure au terrain, autrement le taraud ne perceroit qu'un puits ordinaire.

S'il y a une source supérieure au terrain, autant vaut la découvrir et la faire circuler sur terre.

Ne *rejetons point les découvertes* qui paroissent *utiles*, mais ne nous y livrons pas *aveuglément ;* sur-tout, voyons si la nature ne nous fournit pas elle-même des moyens plus simples et moins dispendieux. Elle est le *plus grand des artistes*, et le plus sûr dans ses procédés.

Irrigations dans les pays montueux. Lorsque le terrain est dominé par des montagnes et collines, qui offrent toujours des *courans d'eau*, il est facile de les faire circuler ; mais on rencontre souvent une grande difficulté, résultant de la nature du sol qui absorbe l'eau, au lieu de la conduire plus loin. Tels sont sur-tout les terrains sablonneux et calcaires.

Les aqueducs, les conduits en pierre, sont trop dispendieux pour nous. Il faut creuser des troncs *d'arbres blancs*, de peuplier sur-tout, et les enterrer un peu profondément pour les préserver de *l'action de l'air*, de *la pression* des chars, charrettes, bestiaux, etc.

Mais comme *le taraudage* n'est pas à la portée de tous les cultivateurs, il suffit de scier ou fendre l'arbre par moitié dans toute sa longueur ; alors on ôte, avec une *essette* ou *herminette* de *charron*, le cœur du bois ; on rapproche les deux parties, on les contient avec des liens ou des chevilles de bois, et l'on a ainsi des tuyaux à bon marché, et qui durent trente ans.

Je ne connois point de moyens plus simples et moins dispendieux pour conduire l'eau dans les bassins qui la distribuent à la volonté du cultivateur, et selon la nature de chaque terrain, de chaque culture.

Ici l'intérêt de chacun doit le conduire.

La construction du bassin ou réservoir doit toujours être d'argile, de bonne épaisseur. Il ne faut recourir au *ciment*, au *béton*, que lorsqu'on est privé d'argile. Je dois cependant prévenir que les argiles ne sont d'un bon usage pour les bassins qu'autant qu'ils ne restent jamais totalement *à sec*, autrement, il faut repétrir, *remanier l'argile*, qui se retire et laisse des fentes par où l'eau s'échappe et se perd.

Machines à élever les eaux pour les irrigations. La plus simple est le *chapelet* ou *noria ;* (*Voyez* le *Cours*, Art. Puits a roues) mais l'usage de cette machine est difficile dans de grandes profondeurs, et au delà de dix mètres (ou trente pieds environ.)

La pompe foulante aspirante ordinaire, ne peut élever l'eau à plus de trente-deux pieds.

Le bélier hydraulique de M. Mongolfier est une machine tellement ingénieuse, qu'il a fallu, pour croire à ses effets, la voir marcher et agir; mais elle est dispendieuse, ne peut être exécutée et entretenue que par des artistes habiles. Il faut la réserver pour les entreprises publiques, ou pour les jardins de luxe. On peut, par son moyen, obtenir avec la plus petite chute d'eau, des jets d'eau très-agréables, ou porter l'eau à de très-grandes hauteurs : mais je ne puis conseiller de confier cette machine aux mains inhabiles des habitans de nos campagnes. Au reste, elle est si généralement, si honorablement connue aujourd'hui, que je me dispenserai de la décrire.

La planche II représente une machine très-simple pour élever des eaux à une grande hauteur.

Mais on ne peut dissimuler que tous ces instrumens hydrauliques ne sont utiles que pour des terrains de peu d'étendue, et ne procurent qu'un volume d'eau *déterminé*.

Le moulin ou *polder* hollandais est le moyen par excellence pour enlever les grandes masses d'eau; mais il est bien peu de terrains en France qui puissent supporter la dépense de la construction et celle de l'entretien de cette machine.

Il faut donc diriger toute son industrie vers les moyens de s'en passer.

Rozier, ayant parlé de l'irrigation des jardins, et les mêmes principes pouvant s'appliquer aux prairies de peu d'étendue, je me suis renfermé dans mon objet, l'irrigation des dessèchemens.

Je terminerai cet article par la description d'un compas très-simple pour donner une pente uniforme au terrain, aux canaux, aux saignées, sans recourir aux niveaux d'eau, etc.; car nous n'oublierons jamais que c'est pour des cultivateurs que nous écrivons, et non pour des gens de l'art.

Explication des figures de la Planche II.

Figure Ire. Elévation de la pompe.

A, corps de la pompe.
B, colonne montante.
C, tuyau latéral pour la sortie de l'eau.
D, partie supérieure de la colonne montante, fermée hermétiquement, et servant de réservoir d'air, dont la compression rend le jet d'eau continu. Si l'on veut se servir de cette pompe pour un incendie ou des arrosemens, un tuyau en cuir ou toile forte, terminé par *une tête d'arrosoir*, peut arriver à de grandes distances, sans être obligé de transporter l'eau.

E, levier du second genre, portant une molette *e*, servant à faire agir le piston.
Ce levier peut être prolongé, comme on le voit *figures* 10, et alors deux personnes peuvent, sans aucune fatigue, faire mouvoir deux corps de pompe, *figure* 10.

F, *figures* 1 et 2, tige du piston portant sur un de ses côtés une entaille formée par deux morceaux de bois *f*, entre lesquels se place la molette du levier.

G, bride qui dirige et maintient la tige du piston et l'empêche de fléchir.
H, brides qui fixent et consolident la jonction du corps de pompe avec la colonne montante.

I, trou par où l'eau monte dans le corps de pompe, si l'on désire que le corps de pompe soit toujours hors de l'eau, pour pouvoir le visiter, le réparer avec facilité; dans le milieu d'un puits, par exemple, il faut supprimer les trous *I*, et prolonger le corps de pompe par le tuyau *I*, *T*, *figures* 1, 6, 7, 10, et 12.

K, *figure* 2; piston plein ou massif, avec sa tige, ou séparément.
Figure 4, plan du levier E.
Figure 5, pièces qui composent la bride G.
Figure 3, partie de la tige qui montre la molette *e*, que porte le levier, et qui se place dans la molette *f*.

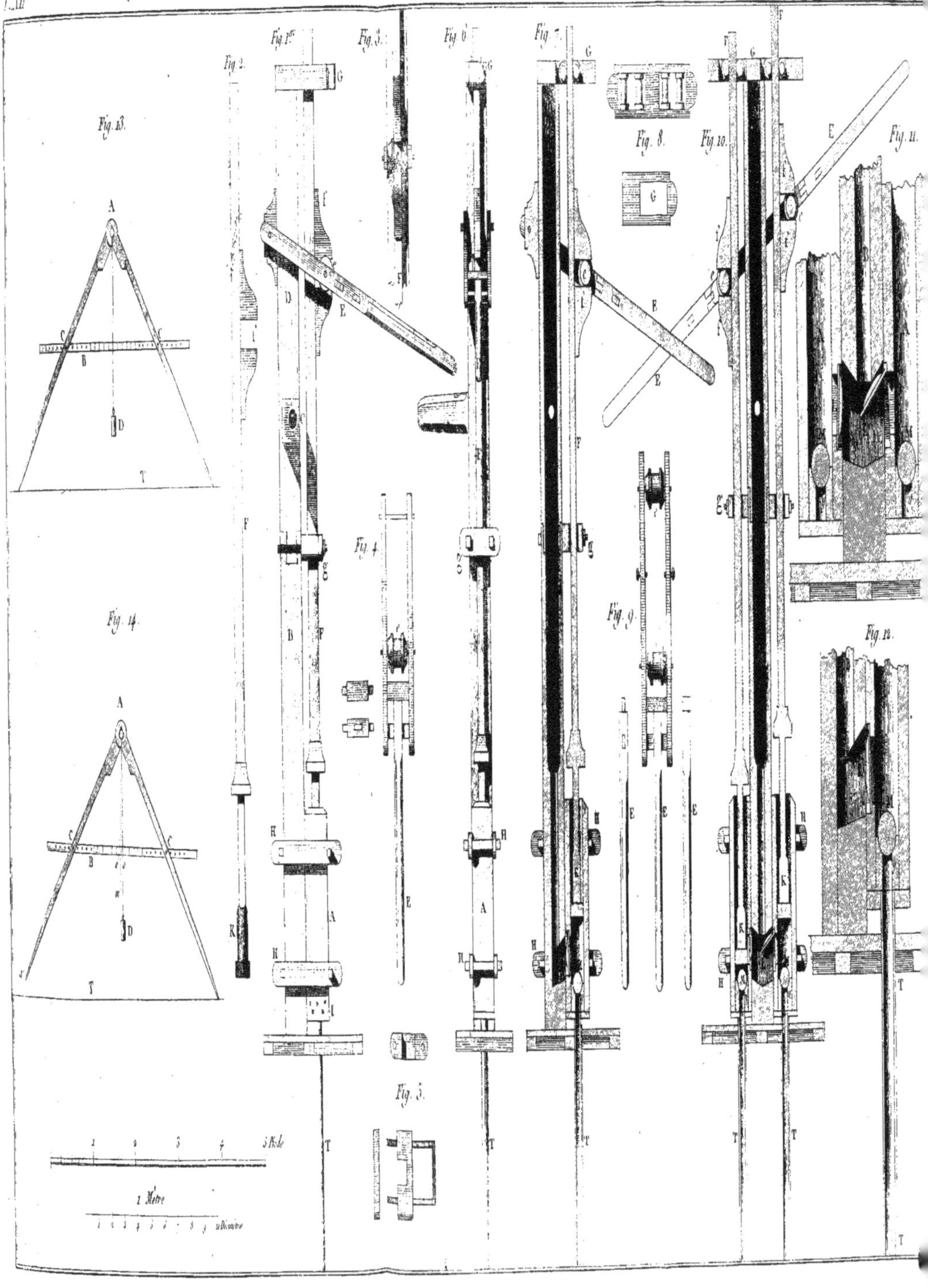
Fig. 13.
Fig. 14.
Fig. 2.
Fig. 1re
Fig. 3.
Fig. 4.
Fig. 5.
Fig. 6.
Fig. 7.
Fig. 8.
Fig. 9.
Fig. 10.
Fig. 11.
Fig. 12.
5 Pieds
1 Mètre
10 Décimètres

Figure 6, élévation de la pompe vue du côté de la tige du piston.

Figure 7, élévation et coupe par le milieu de la pompe où l'on voit le jeu du piston K, et des soupapes L, *m* : cette dernière n'est qu'un boulet rond ou sphère qui retombe par son poids sur l'orifice du tuyau *y*, et s'y adapte hermétiquement.

Figure 10, élévation et coupe par le milieu de la même machine, mais composée de deux corps de pompe, d'un double levier, de deux pistons.

Figure 8, plan de deux brides G, dont une simple, et l'autre avec rouleau de friction, disposées pour la pompe double, *figure* 12.

Figure 9, plan du double levier à bascule, servant à la pompe double.

Figure 11, coupe par le milieu du corps de pompe où l'on voit le jeu des soupapes dessinées doubles de l'échelle.

Figure 12, coupe par le milieu de la pompe à double corps, où l'on voit le jeu des soupapes.

Nota. Le double levier de la *figure* 10 peut être brisé en petit E, de manière à ne se servir que d'un côté, si la pompe se dérange, ou qu'on ne veuille se servir que d'un corps de pompe.

Figures 13 et 14, planche II, compas qui sert à l'homme le moins exercé à donner une pente uniforme au terrain, sans le secours d'aucun niveau.

A, compas ordinaire de deux mètres, ou de dix pieds environ d'ouverture.

B, règle mobile qui traverse en C les deux branches et est maintenue par des chevilles de bois.

D, aplomb ordinaire.

T, terrain supposé horizontal.

Veut-on avoir par deux mètres sur la règle, ou toise, 27 millimètres de pente ? on élève une des branches du compas d'un pouce, comme le voit en *x*, *figure* 14; l'aplomb quitte la perpendiculaire *m*, et s'en écarte en *o*; on y fait une marque, de l'autre côté de la perpendiculaire *m*, à égale distance; on fait une seconde marque en *o* : alors, en tournant le compas et parcourant le terrain, on est certain que toutes les fois que l'aplomb *m* couvrira la marque *o*, la pente sera toujours égale d'un pouce, ou 27 millimètres, sur le terrain.

Trois morceaux de bois ou branches, une corde et une pierre, peuvent composer cet instrument par-tout où l'on se trouve.

(Chassiron.)

JULIENNE, (*Hesperis matronalis* Lin.) plante du genre auquel on a donné le même nom, et de la quinzième classe de *Linnœus*, la *tétradynamie siliqueuse*, qui comprend les plantes dont les fleurs ont quatre étamines longues et deux plus courtes, que des siliques allongées remplacent.

Caractères génériques. Pétales ouverts en croix et fléchis obliquement; une glande de nectaire placée entre les deux courtes étamines; calice serré à quatre folioles caduques; silique cylindrique et comprimée; stigmate à deux lames, plus conniventes au sommet qu'à leur base.

Caractères spécifiques. Tige simple et droite; feuilles ovales, lancéolées et dentées à leurs bords; pétales se terminant en pointe et échancrés.

Lieux. Cette plante croît naturellement dans les prés et dans les lieux un peu ombragés de l'Italie, et de quelques autres parties méridionales de l'Europe.

Usages. Ils se bornent généralement à l'ornement des jardins; ils peuvent néanmoins s'étendre à des objets d'une grande utilité, ainsi qu'on le verra dans cet article.

Peu importe sans doute au cultivateur que le nom latin *hesperis*, donné à la julienne, dérive d'*Hesperia*, dénomination que portoit anciennement l'Italie, ou d'*esperos*, mot grec qui signifie, *le soir*, parce que la fleur de cette plante a plus d'odeur à la fin du jour que pendant sa durée; peu lui importe que l'épithète *matronalis* rappelle que les dames romaines furent les premières qui enlevèrent la julienne à son état sauvage, pour en orner et parfumer les parterres; peu lui importe enfin que l'art soit parvenu à la parer de fleurs doubles; mais il apprendra avec intérêt que la julienne, qui sembloit uniquement destinée à figurer avec éclat parmi les plantes d'agrément, doit être admise au nombre de celles dont la culture est la plus avantageuse et en même temps la plus simple et la plus aisée. Cette assertion est fondée sur mon assez longue expérience.

Cependant il est juste de rendre à chacun ce qui lui appartient ; je dois avouer que l'idée de tirer un parti profitable de la julienne ne s'est point présentée à mon esprit ; elle m'a été suggérée, en 1787, par M. Delys, chanoine et vicaire-général d'Arras, qui voulut bien me remettre des notes au sujet de ce nouveau genre de culture dont la découverte est incontestablement sa propriété. Je n'ai d'autre mérite que d'avoir suivi en grande partie ses procédés, d'avoir confirmé ses expériences par les miennes, et peut-être de les avoir poussées plus loin ; enfin, d'avoir fait ce qu'il désiroit que quelqu'un entreprît, en cultivant la julienne en grand, pour être en état de prononcer sur les avantages et les inconvéniens de cette culture.

C'est comme plante à graine huileuse que la julienne mérite l'attention des cultivateurs. De toutes celles dont on a coutume d'extraire de l'huile, aucune n'en rend une plus grande quantité. M. l'abbé Delys retira de sept pintes de graines de julienne, mesure d'Artois, une pinte d'huile et plus. J'ai fait, pendant plusieurs années consécutives, des expériences comparatives sur les produits en huile, fournis par la julienne, la navette et le chènevis ; elles m'ont donné, pour terme moyen, les proportions suivantes :

Une mesure de graines de julienne, du poids de trente-huit livres, a rendu huit pintes trois quarts, mesure de Paris ; la même mesure de navette, traitée de la même manière, m'a donné un peu plus de sept pintes et demie ; et une égale quantité de chènevis ne m'a produit qu'environ cinq pintes d'huile.

Je n'ai pas été à portée de comparer les produits en huile du colza et de la julienne; mais M. Delys qui habitoit une province où la culture du colza est très-répandue, s'explique en ces termes sur ce sujet.

« La culture de la julienne est beaucoup plus avantageuse que celle du colza, en supposant même qu'elle rapporte moins d'huile. Je dis, *en supposant*, parce qu'il faudroit faire l'expérience en grand, pour s'assurer du produit de la plante de julienne, et le comparer au produit du colza sur un espace de terrain de la même étendue. La graine de julienne est plus petite que celle de colza ; mais une plante de julienne, de l'épaisseur de quatre à cinq pouces, a beaucoup de tiges et beaucoup de fleurs ; la quantité de graines de cette plante peut compenser à peu près la grosseur de celle de colza.

» La julienne est une plante *vivace*, (elle n'est vivace qu'en apparence) qui...... peut durer au moins dix ans dans le même sol, et qui peut durer plus long-temps en la transplantant après cinq à six ans dans un autre terrain, après un léger labour, en divisant les pieds pour en faire plusieurs; le colza, au contraire, n'occupe la terre que pendant six mois : la plante périt ensuite et se sèche, et chaque année il faut le semer et le cultiver sur de nouveaux frais. »

L'auteur de ces observations continue le parallèle entre la culture du colza et celle de la julienne; tout y est à l'avantage de la dernière plante. Quoique M. Delys ne cite point d'expérience positive qui établisse avec exactitude la proportion des produits en huile des deux cultures, l'on voit que, d'après son opinion, le rapport de la julienne est, à cet égard, au moins aussi considérable que celui du colza. J'ai prouvé qu'il étoit supérieur à celui de la navette et du chenevis; j'ai donc pu dire avec fondement que nulle plante connue ne fournit autant d'huile que la julienne; et cet avantage acquiert un plus haut degré d'intérêt, quand on a reconnu que les peines, les dépenses nécessaires à cette culture, sont fort au dessous de celles qu'entraîne la culture des autres plantes à graines oléagineuses. Mais, avant d'entrer dans ces détails, il convient de parler de la qualité de l'huile de julienne.

L'économie domestique trouvera dans cette huile des propriétés désirables, celles de brûler très-bien dans les lampes, de donner une lumière vive, de ne pas se consumer plus vite que les autres huiles, et de ne répandre aucune odeur. Mais ces bonnes qualités ne sont pas sans quelques inconvéniens; l'huile de julienne produit, en brûlant, plus de fumée que toute autre, et cette fumée noircit le linge des personnes qui se tiennent ou travaillent à la lumière de cette huile. Ce n'est guères qu'en ce seul point, que je ne suis point d'accord avec M. Delys, qui assure que la fumée de l'huile de julienne ne noircit point un morceau de papier blanc, exposé à quatre pouces au dessus de la lumière. Il ne seroit vraisemblablement pas difficile de purifier l'huile de manière à se débarrasser de cette fumée incommode.

Du reste, l'huile de julienne se fige et se condense comme celle d'olive; elle a une saveur amère, très-âcre, qui ne permettra jamais de l'employer dans la préparation des alimens; mais elle peut servir utilement dans les arts et les manufactures, où elle remplaceroit avantageusement les huiles qu'on y consomme.

Rien n'est plus simple que la culture de la julienne; la graine une fois semée, le cultivateur n'a plus, pour ainsi dire, à s'occuper de la plante qui se propage d'elle-même, soit par les graines qu'elle laisse échapper à l'époque de leur maturité, soit en produisant des rejetons que l'on replante. « La julienne, » selon M. l'abbé Delys, se plaît dans » les terrains les plus médiocres; cinq » pouces de terre sur la pierre lui suf» fisent, et elle réussit encore sur un » fond de marne, mêlé avec un peu de » terre; le moindre labour lui suffit, et » elle n'exige pas une terre fumée. »

Je n'ai pas observé les différences que la nature du sol peut présenter dans la culture de la julienne, n'ayant semé cette plante que sur une bonne terre, qui avoit reçu des engrais et les façons convenables; la graine y fut répandue très-claire et à la volée, dans les premiers jours d'octobre; elle ne fut recouverte que de fort peu de terre. L'année suivante, les tiges avoient plus de quatre pieds de haut, (celles de M. Delys ne s'élevoient qu'à deux pieds) et jetoient de tous côtés une multitude de rameaux. Les fleurs parurent la seconde année, au mois de juin, et il s'en trouva de blanches, de purpurines et de panachées. Ce mélange de couleurs, dû au hasard, forme le coup d'œil le plus agréable, et l'odeur suave qui s'en exhale embaume l'atmosphère et s'étend au loin, principalement vers le soir, et lorsque le ciel est couvert; les vents poussent quelquefois ces douces émanations jusqu'à plus d'une demi-lieue de distance.

Ces fleurs très-odorantes et d'une jolie apparence, quoique simples, durent et se succèdent pendant un temps assez long; elles produisent de longues et nombreuses siliques qui renferment de petites semences rougeâtres. C'est dans le produit de ces semences que consiste celui de la culture de la julienne; le résultat moyen de ma récolte, durant neuf à dix ans, a été, année commune, de dix-neuf livres pesant de graines par carreau de quinze pieds de long, sur treize de hauteur.

Une portion de graines tombe sur le sol, et sert à entretenir et à multiplier les plantes en abondance; de sorte qu'une fois formée, cette plantation donne chaque année des fleurs et des graines, ce qui a fait croire à M. Delys, comme à plusieurs personnes, que la julienne est une plante vivace, bien que, dans le vrai, elle ne soit que bisannuelle; mais, lorsqu'on en fait un objet de grande culture, elle produit les mêmes effets qu'une plante vivace.

La seule culture qu'exige la julienne consiste à lui donner, au commencement du printemps, un sarclage qui la débarrasse des herbes inutiles, et à remplacer les pieds qui auroient péri par des éclats détachés des touffes existantes. On l'abandonne ensuite à elle-même; et, comme je l'ai dit, elle se soutient et se renouvelle sans aucun autre soin. Depuis dix ans que mon terrain a été ensemencé de julienne, il n'a cessé de produire avec la même vigueur et le même bénéfice.

Il est important de remarquer que les froids les plus rigoureux de nos hivers n'ont point endommagé ma julienne dans une contrée (la Lorraine) où ils se font sentir plus vivement qu'au centre de la France. Le goût âcre de toutes les parties de cette plante en écarte les insectes, et je ne me suis jamais apperçu qu'elle en fût attaquée d'une manière sensible.

Afin de ne rien omettre de ce qui peut servir à propager une culture utile, je vais rapporter un extrait du Mémoire de M. l'abbé Delys.

« Quand il s'agit de semer la graine » de la julienne, on peut ménager le » terrain, en la semant dans le même » champ où on vient de semer de l'a- » voine. Si on n'a pas besoin du terrain, » après la récolte de l'avoine, on peut » y laisser la plante de julienne pen- » dant toute l'automne, parce qu'elle s'y » fortifiera. Si, après l'hiver, on veut lais- » ser le terrain chargé de la plante, on » pourra, au mois de mars, en tirer les » plantes superflues, pour en former » une autre plantation.

» On fera bien cependant, pour se pro- » curer d'abord des plantes, de semer » la graine de julienne séparément de » toute autre. On réservera pour la se- » conde année l'épreuve du jet de la » semence, dans une terre semée en » avoine, ou encore mieux, en blé » sarrasin. On croit qu'elle réussiroit » mieux étant semée dans un champ » chargé de blé sarrasin, vulgairement » appelé *bancuit* en Artois, parce » qu'elle seroit moins exposée à être » étouffée que par les fanes de l'avoine, » si elle étoit semée dans un champ *avêti* » de ce grain, parce qu'on n'auroit pas » à craindre que la plante fût arrachée » par ceux qui vont cueillir des herbes » pour les donner à leurs vaches: le » sarrasin, en effet, étant semé plus tard, » il vient peu d'herbes, et dans ce temps » il n'est plus permis d'entrer dans les » champs ensemencés.

» Soit qu'on sème la julienne dans » un champ d'avoine, ou dans un champ » de blé sarrasin, il ne faut la semer » que quand la houe a formé les sil- » lons, et herser une seconde fois après » avoir semé la julienne. Il est inutile » d'avertir le cultivateur que la graine » de julienne doit être bien éparse en la » semant, et répandue en moindre quan- » tité que l'œillette ou pavot, dont on » est obligé de retrancher beaucoup de » plantes avec la houe...... En plan- » tant les pieds de julienne à la dis- » tance de sept à huit pouces en tout » sens, ils deviendront forts et produi- » ront beaucoup de tiges; d'ailleurs, les » intervalles seront utiles pour recevoir » les graines qui pourroient tomber des tiges,

» tiges, et dont les plantes pourront servir aux remplacemens et à de nouvelles plantations. »

La julienne, que l'on peut regarder comme une plante nouvelle pour notre agriculture, mérite donc d'occuper une place distinguée, par la facilité et le peu de dépense de sa culture, par sa constitution robuste qui la fait résister aux intempéries des saisons et aux attaques des animaux rongeurs; par l'abondance de l'huile qu'elle produit; pourquoi n'ajouterai-je pas aussi, par l'agrément et la bonne odeur de sa fleur? En effet, dans quelque genre que ce soit, n'est-il pas raisonnable, quand on le peut sans nuire à ses intérêts, de donner la préférence aux objets qui, réunissant l'utile à l'agréable, présentent cet *utile dulci*, recommandé par Horace, que nous recherchons avec empressement, et qu'il est si difficile de rencontrer? (S.)

LABOUR A BRAS D'HOMMES, (*Jardinage pratique.*) Labourer, c'est retourner la terre, la diviser, l'ameublir, pour enterrer les engrais qui doivent la fertiliser et l'épurer des substances étrangères qui pourroient empêcher l'extension des racines, ou nuire aux plantes. Rozier a tracé longuement le labour exécuté par les diverses charrues connues alors : mais il a effleuré légèrement les opérations du défonçage et du labour avec les outils mus à bras d'hommes. Suppléons à cette lacune, et traçons ici la meilleure manière d'employer chaque outil, soit pour le défonçage, soit pour les simples labours.

Défoncer un terrain, c'est le fouiller pour la première fois, afin de le rendre perméable aux racines des végétaux qui doivent y être semés, aux météores et aux engrais. On y emploie, dans les grandes cultures, la charrue à coutre et sans soc; mais, dans les jardins, cette opération est faite à bras d'hommes, au moyen du hoyau, de la bêche, de la tournée ou du pic. Voyons la manière dont on doit opérer avec chacun de ces instrumens.

A la bêche. On emploie la bêche dans les jardins, pour défoncer des terrains dont le sol n'est ni dur, ni trop pierreux. Dans les terrains en friche, la jauge doit être ouverte aussi large que profonde; les pierres doivent être rejetées soigneusement du sol, ainsi que les racines des plantes traçantes, comme le liseron, le chiendent, etc. : des terrains ainsi préparés conviennent à presque tous les légumes annuels ou bisannuels.

Au hoyau. Cet instrument convient dans les terrains d'une culture graveleuse. Les ouvriers ouvrent une jauge de deux pieds de largeur sur le terrain à défoncer; sa profondeur varie suivant la nature des végétaux que l'on se propose de cultiver. Si ce sont des plantes annuelles, dix à douze pouces suffisent; si ce sont des plantes vivaces ou bisannuelles, à racines pivotantes, la jauge doit avoir quinze à dix-huit pouces de profondeur; il convient de donner au défonçage trente pouces.

La jauge ayant été arrêtée tant en largeur qu'en profondeur, elle doit se continuer uniformément, si une variation bien sensible dans l'épaisseur de la couche végétale ne force à quelques modifications dans sa profondeur. A mesure qu'une certaine quantité d'ouvriers pioche le terrain, émiettent les mottes au fond de la jauge, d'autres enlèvent la terre avec des pelles, la jettent derrière eux sur la crête des terres sorties de la jauge, et l'étalent; de manière que s'il s'y trouve des pierres, des racines et autres corps étrangers, ils coulent au fond de la jauge, et s'y trouvent couverts par les terres fines qui viennent nécessairement se répandre, par une suite de leur moindre pesanteur, sur la surface du sol.

A la tournée. Cet outil doit être employé dans les sols durs et pierreux, dans ceux où il se trouve beaucoup de racines. La nature des cultures auxquelles on destine le terrain doit régler la profondeur de la jauge, comme lorsque l'on emploie le hoyau : mais, si la quantité de pierres que recèle le terrain surpasse de moitié celle de la terre végétale qui y est mêlée, il convient de donner plus de profondeur à la jauge, afin que les pierres restant au fond, il demeure à la surface, au dessus d'elles, une quantité de terre végétale épierrée, suffisante à la nutrition des plantes qui doivent y croître.

Pour séparer les pierres de la terre, les ouvriers la tamisent en la répandant derrière eux sur la crète de la jauge que l'on a ouverte de la manière dont nous l'avons prescrit ; ou bien, après que les terres ont été émiettées avec la tournée, on les passe à travers une claie de bois placée dans la jauge. Si le terrain est destiné à être planté en bois, les pierres peuvent être laissées, sans inconvénient, au fond de la jauge ; mais si l'on veut y planter des arbres fruitiers ou d'alignement, pour assurer la réussite de ces plantations, on doit enlever les pierres de la jauge, et les remplacer par des terres de rapport.

Au pic. Le pic sert à défoncer les terrains où le tuf se trouve à peu de profondeur, et plus particulièrement les pentes rapides des montagnes ; c'est moins un défonçage qu'un remuement de pierres que l'on amoncèle pour soutenir les banquettes où l'on fait croître la vigne et le mûrier.

La saison des labours est spécialement le printemps et l'automne ; ceux qui précèdent l'hiver sont les plus avantageux dans les terres compactes, parce que les gelées, les neiges et les pluies qui surviennent, émiettent les terres remuées, les divisent, décomposent les engrais, et facilitent leur union plus intime avec la terre du sol, dans les jardins, et sur-tout dans les potagers. Cependant, comme on sème et qu'on plante dans toutes les saisons, on laboure aussi pendant toute l'année. Il faut avoir attention que la terre soit maniable, ni trop dure, ni trop molle, ni trop sèche, ni trop humide. Labourer par le hâle et la sécheresse, c'est un travail plus nuisible qu'utile, c'est dépouiller la terre du peu d'humidité qui lui restoit. L'expérience fait connoître aux bons jardiniers les époques les plus avantageuses au labour, relativement au climat, à la nature du sol qu'ils cultivent. Ils se servent, pour labourer, de la herse, de la bêche et de la fourche.

Labour à la houe pleine. Plusieurs ouvriers rangés en file à la partie inférieure du terrain, courbés en deux, les jambes écartées, tenant cet outil des deux mains, l'enfoncent dans la terre presque horizontalement, en enlèvent les plaques de terre et les retournent derrière eux. Ce travail est très-pénible, il déforme les ouvriers, et ne remue la terre qu'à quatre ou cinq pouces de profondeur. Il est employé dans les petites cultures de céréales et de légumes, et spécialement pour la vigne, dans les terrains peu profonds. On emploie de même la *houe à crochet* dans les terrains caillouteux, dans ceux qui sont remplis d'herbes à racines traçantes.

A la fourche à deux ou trois dents. Les ouvriers qui se servent de la fourche la tiennent des deux mains, l'une placée au haut du manche, et l'autre vers la base, près le fer de l'instrument; leurs corps sont légèrement fléchis en avant lorsqu'ils enfoncent la fourche en terre, ils se relèvent en enlevant la fourchée de terre, et sont presque droits lorsqu'ils la retournent. Ils travaillent en reculant, ce qui laisse aux terres visqueuses, compactes et humides, qu'on laboure de cette façon, toute la division dont elles ont besoin pour être privées d'une humidité excessive, et les soustrait au piétinement qu'elles éprouveroient si elles étoient cultivées à la houe. La fourche convient aux petites cultures.

Labour à la bêche. Ce labour est le meilleur, le plus avantageux à toute espèce de culture; mais il est le plus coûteux; c'est presque le seul en usage dans les jardins : il retourne mieux la terre que tous les autres, l'ameublit à une plus grande profondeur, mêle plus intimement les engrais, fournit les moyens les plus sûrs d'épurer le sol des pierres, des racines et des plantes nuisibles ; mais, pour obtenir cet heureux effet, il faut que la jauge en soit tenue bien droite et bien ouverte, afin que la terre soit bien renversée de haut en bas et que les mauvaises herbes se trouvent bien enterrées. La terre d'un labour à la bêche, bien fait, doit être émiettée et unie à sa surface. (T.)

LACET. Quelques personnes appellent exclusivement de ce nom *les lacs* disposés pour arrêter le gibier par les pattes; d'autres le réservent pour désigner la *lignette* que l'on tend sur le nid même des oiseaux. Quoi qu'il en soit, *les lacets* peuvent être, sans inconvéniens, confondus avec les *collets*, tant pour la matière que pour la confection, et pour l'usage qu'on en peut faire; et le lecteur trouvera à cet article COLLETS, tous les renseignemens désirables sur ces points. (S.)

LAICHES ou LÊCHES. (*V.* ACHÉES.) (S.)

LAISSÉES, (*Vénerie*,) fiente du loup et du sanglier. (S.)

LAIT. Ce fluide n'a pas été consideré tout à fait, dans le *Cours complet d'Agriculture,* sous ses véritables rapports avec l'économie rurale et domestique; d'ailleurs, des expériences, publiées récemment, ont demontré, contre l'opinion de *Rozier*, qui étoit celle de son temps, que si le lait possède quelques unes des propriétés du chyle et de l'émulsion, on ne pouvoit le confondre avec ces deux liquides, puisque en les exposant au feu on n'en obtient, par l'évaporation au feu, aucune pellicule membraneuse, semblable à la matière caseuse, ni aucune matière comparable à ce qu'on nomme *sucre de lait*, et qu'ils ne forment point de *coagulum* par la fermentation spontanée, ou à l'aide de la presure et des acides. (Voyez *Précis d'expériences et observations sur les différentes espèces de lait, considérées dans leurs rapports avec la Chimie, la Médecine et l'Economie rurale,* par Messieurs Parmentier et Déyeux, membres de l'Institut national de France.

Les avantages que le lait procure sont immenses; il est, après le pain, l'article le plus essentiel de la métairie, et ses produits donnent lieu à des fabriques plus ou moins renommées, pour la qualité du beurre ou des fromages qu'elles préparent; les opérations qu'on y exécute ont été trop bien présentées dans cet Ouvrage, pour ne pas borner notre tâche à citer quelques exemples sur les causes capables d'apporter au lait des modifications qui, sans toucher à ses caractères spécifiques, peuvent augmenter ou affoiblir sa qualité.

Rien n'est plus variable que la qualité des parties constituantes du lait, et la proportion où elles se trouvent; l'âge, la santé, l'organisation et la nourriture de la femelle, les soins qu'on en prend, le passage trop subit du sec au vert, *et vice versâ.* Les endroits qu'elle habite ne sont pas les seules circonstances qui influent plus ou moins sur cette proportion.

En effet, l'expérience journalière prouve que le lait est séreux et abondant à l'époque du part; qu'il diminue de quantité et augmente de consistance à mesure qu'on s'en éloigne; que dans une même traite, le lait qui sort le premier du pis n'est nullement semblable au dernier; que celui-ci est infiniment plus riche en principes que l'autre; qu'il faut à ce fluide un séjour de douze heures dans les mamelles, pour acquérir toute sa perfection; qu'enfin le lait, trait le matin, a constamment plus de qualité que le lait du soir, parce que, vraisemblablement, le sommeil donne à l'animal ce calme si nécessaire au perfectionnement de toutes les humeurs; observations importantes qu'il ne faut jamais perdre de vue, quelle que soit la destination qu'on donne aux laitages.

On s'est donc trompé, en imaginant que la nature plus ou moins atténuée et succulente des herbages qui entrent dans la nourriture des animaux contribuoit le plus directement à améliorer la qualité du lait et que les plantes conservoient toujours leur odeur, leur couleur et leur saveur, puisque la plupart se trouvent décomposées par l'acte même de la digestion; ils facilitent le travail de l'estomac, en donnant plus d'énergie aux organes destinés à préparer les premiers matériaux du lait, à les réunir et à leur imprimer le cachet particulier de l'animal. C'est ainsi, par exemple, que du sel marin, ajouté à des fourrages insipides et détériorés, concourt à rendre le lait plus épais et plus savoureux. Certes, il n'y a point, dans ce premier assaisonnement de nos mets, les élémens du beurre, du fromage et du sucre de lait; s'il opère un pareil effet, ce n'est qu'en soutenant le ton de l'estomac et en augmentant les forces vitales, que pourroit affoiblir l'usage d'une nourriture défectueuse.

Cependant, si les alimens n'ont pas toujours une influence marquée sur la nature des différens principes qui constituent le lait, il n'en est pas moins vrai que ces principes reçoivent, de la part des végétaux dont ils sont formés, certains caractères, en quelque sorte indélébiles. Si les fourrages administrés aux animaux sont naturellement aqueux, et par conséquent peu sapides, le lait qui en proviendra sera abondant, mais séreux; si au contraire ils sont, comme on dit, aigres, durs et fibreux, les produits de ce fluide n'auront encore ni moelleux, ni flexibilité; enfin, le lait donnera des résultats plus parfaits dès que les herbages seront fins, savoureux et aromatiques.

Ces observations, qui réduisent à sa juste valeur l'influence des alimens sur la qualité du lait, nous paroissent suffisantes pour expliquer la cause qui fait que le lait provenant des troupeaux nourris dans les prairies composées de beaucoup de plantes fines et aromatiques, donnent des produits qui réunissent tant de qualités; pourquoi, lorsque ces mêmes plantes n'ont perdu, par la dessiccation, que leur humidité superflue et une partie de leur odeur, elles n'en donnent pas moins aux femelles qui en sont nourries un lait aussi abondant, pour le moins, en principes, que si ces animaux étoient au vert; pourquoi les femelles qui paissent dans les lieux aquatiques et ombragés, fournissent communément un lait moins bon que celles qui vivent dans des herbages gras, mais découverts, et sur des terrains qui leur sont propres; car, si la vache se trouve bien des pâturages succulens des plaines, la brebis se plaît sur les endroits secs, et la chèvre dans les pays montueux; enfin, pourquoi la vache qui a vêlé en juillet donne en octobre un lait plus riche en crême, quoiqu'elle soit nourrie avec des fourrages secs.

Il seroit superflu de s'arrêter plus long-temps sur cette question, toute importante qu'elle soit. En général, il paroît démontré que le lait est un de ces fluides dont la perfection est subordonnée à une foule de circonstances, souvent si difficiles à réunir, qu'il n'est pas aussi commun qu'on le pense, de rencontrer des femelles, toutes choses égales d'ailleurs, qui le donnent constamment bon, et dont les principes soient parvenus au même degré d'appropriation.

La plus grande quantité de lait qu'une vache puisse fournir, dans la saison du vert, est évaluée, d'après une suite d'expériences, à vingt-quatre pintes, ou quarante-huit livres environ dans les deux ou trois traites; mais le produit commun est de douze pintes environ; et quoique plus savoureux, et en plus grande abondance pendant l'été que l'hiver, le lait qu'elle donne dans cette dernière saison est plus riche en principes.

C'est dans les organes mammaires que le lait reçoit ses propriétés caractéristiques, qui augmentent ou diminuent d'intensité, à raison d'une foule de circonstances dont nous venons d'exposer les principales; mais, ce qu'il ne faut jamais perdre de vue, c'est que, dans tous les temps et chez toutes les femelles, le lait trait le premier est toujours plus clair et d'une qualité inférieure à celui qui vient ensuite, et que la crême est d'autant plus abondante et plus parfaite, qu'on approche des dernières gouttes restantes dans les pis ; plus on répète les traites, dans l'espace de vingt-quatre heures, plus le lait est abondant et moins il contient de crême, *et vice versâ ;* ce qui sembleroit faire présumer que la nature ne s'occupe d'abord que de la composition du lait, et que c'est avec une portion de ce fluide qu'elle fabrique la crême ; que la succion du lait en facilite beaucoup la sécrétion ; que plus souvent le nouveau né tette, moins le lait qu'il prend est substantiel et gras ; observations importantes, bien capables de donner carrière à l'esprit, par rapport aux conséquences multipliées qu'on peut en tirer pour l'avantage de la médecine pratique et de l'économie domestique.

Il est difficile de déterminer, par l'analyse la plus exacte, la quantité et la proportion des parties constituantes du lait, puisqu'elles changent d'état à chaque instant de la journée et qu'elles varient dans les divers animaux, dans les animaux de la même espèce, dans le même animal, enfin dans la même traite.

A défaut du tableau des produits, nous allons offrir, sous un seul point de vue, les différentes espèces de lait, rangées dans l'ordre où nous pensons qu'elles doivent être, relativement aux produits les plus essentiels que nous avons apperçu qu'ils fournissoient, toutes choses égales d'ailleurs, plus abondamment les unes que les autres.

BEURRE.	FROMAGE.	SEL ESSENTIEL.	SÉRUM.
La brebis.	La chèvre.	La femme.	L'ânesse.
La vache.	La brebis.	L'ânesse.	La femme.
La chèvre.	La vache.	La jument	La jument.
La femme.	L'ânesse.	La vache.	La vache.
L'ânesse.	La femme.	La chèvre.	La chèvre.
La jument.	La jument	La brebis.	La brebis.

On peut donc, à la rigueur, former de ces six espèces de lait les plus usitées, deux grandes divisions ou classes : l'une qui, riche en matière caseuse et butireuse, comprendroit les laits de vache, de chèvre et de brebis, tandis que, dans l'autre, on rangeroit les laits de femme, d'ânesse et de jument, comme plus abondans en sel essentiel et en sérosité.

Mais, l'emploi du lait en nature ne se borne pas seulement aux usages économiques ; on est parvenu à en faire quelques applications heureuses aux arts ; nous citerons, entr'autres, la clarification des liqueurs vineuses et spiritueuses, la conservation des viandes dans le lait caillé, le blanchîment des toiles par le petit lait aigri, etc. (PARMENTIER.)

LAPIN, (*Addition aux art.* CLAPIER, GARDE-CHASSE, GARENNE et LAPEREAU, du *Cours*.) Jamais imprécations ne furent versées avec autant de violence et de profusion que celles dont M. Rozier accabla les lapins. A l'entendre, les ravages des loups ne sont que bagatelles en comparaison du mal que cause cette espèce, et la grêle seule est un fléau plus à redouter dans les campagnes. Son vœu le plus ardent est de voir détruire tous ces animaux, et il s'indigne de ce que leur anéantissement n'est pas généralement résolu. Rozier a vécu assez long-temps pour que ses désirs fussent accomplis sous ses yeux mêmes, au moins dans sa patrie ; son zèle, dont l'expression brûlante n'avoit obtenu aucun succès pendant plusieurs années, triompha tout à coup, et les lapins furent exterminés en France à l'époque de la révolution, c'est-à-dire au moment où l'exagération s'empara des esprits en effervescence, et les entraîna dans une multitude d'excès.

C'étoit, sans doute, une idée exagérée qu'une provocation véhémente à l'anéantissement brusque et total d'une espèce dont la trop grande multiplication seroit, à la vérité, funeste à l'agriculture, mais qui, maintenue dans de justes bornes, présente plus d'un genre d'utilité; et lorsque la licence s'empara de quelques indications inconsidérées, échappées à des hommes à vues saines et louables, mais, en pareil cas, trop bornées et irréfléchies, certes elle n'a aucun droit à nos éloges. Le bien général n'étoit ni son but, ni son guide; et la fougue qui l'anima dès qu'elle ne connut plus de frein, n'étoit que l'emportement de la cupidité et d'une vengeance sans motif.

L'économie publique se compose de diverses branches, parmi lesquelles, dans une contrée telle que la France, l'agriculture doit, sans contredit, occuper le premier rang: comme le plus ancien et le plus indispensable des arts, elle a des droits incontestables aux encouragemens du Gouvernement, aux efforts et à l'industrie des particuliers; elle commande même des sacrifices; mais sa prospérité ne dépend pas absolument d'une foule de privations que s'imposeroient les habitans d'un pays, sans grand profit pour elle, et au détriment de leur aisance personnelle et de la richesse commune. L'abondance des subsistances, l'intérêt du commerce et des manufactures sont aussi des objets qui réclament l'attention générale; et si une foule de considérations puissantes place l'agriculture fort au dessus de tous, leur ruine ou leur langueur ne doit pas être l'effet de la préférence qu'on lui accorde à juste titre. De même que la nature a voulu que dans l'immensité de ses œuvres, un équilibre admirable maintînt les espèces au milieu des causes multipliées de leur destruction, et ne leur permît pas que l'une périsse pour le bien-être d'une autre, ainsi l'homme qui s'est rendu, en quelque sorte, l'émule de la nature, par la création des arts, ne favorise pas l'un aux dépens des autres, règle leurs progrès suivant leur utilité, accorde la prééminence à ceux que son intérêt lui désigne, mais n'en abandonne aucun, et établit entr'eux une sorte d'harmonie qui fait la richesse et la splendeur des nations civilisées.

Pour ne pas sortir du sujet de cet article, il me suffira de démontrer en peu de mots, que notre économie publique a perdu à la destruction des lapins, sans que l'agriculture ait beaucoup gagné. Il y a environ deux ans que j'eus à écrire sur le même objet; l'extrait de ce travail, qui n'est que l'exposition de faits avérés, doit naturellement trouver place ici.

« L'espèce du lapin a pour nous le
» double avantage du nombre et de l'u-
» tilité; c'est un bon aliment pour
» l'homme, et les arts et le commerce
» en retirent un très-grand produit.
» L'on sait que le poil des lapins est
» la principale matière de la fabrication
» des chapeaux; l'on évaluoit à quinze
» ou vingt millions le prix annuel des
» peaux de lapins que les chapeliers
» de France consommoient avant la ré-
» volution. Il entre huit onces de poil
» dans la fabrication d'un chapeau. Lyon
» et Paris sont les deux plus fortes ma-
» nufactures de ce genre; et les cha-
» peaux que l'on y faisoit de cette ma-
» tière produisoient environ cinquante
» millions. La bonneterie l'emploie aussi
» en assez grande quantité; les gants et
» les bas qui en sont faits ont un tissu
» léger, fin et moelleux. Ce poil entre
» encore dans les manufactures de
» draps, et les mêmes peaux qui donnent
» des fourrures fort chaudes servent,
» lorsqu'on en a arraché le poil, à faire
» d'excellente colle, qui a de la finesse,
» de la légèreté, de la transparence,
» beaucoup de ténacité, et qui sert,
» sous toutes sortes de formes, dans plu-
» sieurs ateliers. L'on peut assurer que
» la multiplication des lapins est vrai-
» ment une richesse nationale, et leur
» quantité entretient celle des subsis-
» tances. Tous ces avantages ont été per-

» dus par la destruction générale et inconsidérée des lapins. L'on n'a pas songé que, pendant des siècles, l'abondance avoit souri à nos campagnes, quoiqu'il y eût des lapins dans nos forêts ; que le gibier rend en chair et en dépouille ce qu'il consomme en plantes champêtres ; que sa propagation favorise celle des animaux domestiques, dont elle ménage la consommation ; qu'en privant l'industrie des matières qu'elle emploie, l'on en diminuoit les travaux ; qu'enfin, l'achat de ces matières indispensables à nos manufactures, et qui se trouvoient abondamment dans notre propre pays, faisoit passer à l'étranger des sommes considérables. — Faux calculs de l'imprévoyance, et suites funestes de trop brusques innovations ! Le mal est assez pressant pour que l'on s'occupe de le réparer ; le temps de la destruction n'a que trop duré ; quelque profondes que soient les traces de ses ravages, un zèle éclairé les aura bientôt comblées, et la France verra renaître une branche importante de prospérité publique et d'aisance particulière, pour laquelle des fautes graves en économie générale, l'ont rendue tributaire de l'étranger. Il est même possible que l'agriculture n'ait rien à redouter de la grande multiplication qu'il est indispensable d'introduire de nouveau dans l'espèce des lapins, si l'on forme des garennes qui, par leur isolement ou des barrières, ne permettent pas à ces animaux de se répandre dans les campagnes. Ces garennes offrent le moyen le plus sûr de tirer un fort bon parti des plus mauvais terrains ; les Anglais ne manquent guères d'en établir dans les endroits montueux et stériles de leurs possessions. Un de leurs meilleurs écrivains en économie rurale, a calculé qu'une garenne de dix-huit cents acres rapporte jusqu'à trois cents livres sterlings, ou 7,200 l. tournois de revenu ; tandis que le sol, quelle que soit la culture que l'on y introduisît, produiroit à peine un schelling, ou vingt-quatre sous par acre. L'on cite encore une garenne du comté d'Yorck, où l'on prend, dans une nuit, cinq à six cents paires de lapins, et celle de l'évêque de Derry, en Irlande, de laquelle il retire plus de douze mille peaux de lapins par année. Les Anglais emploient le poil des lapins gris dans les manufactures de chapeaux ; celui des blancs et des noirs est envoyé aux Indes orientales, et le prix moyen de ces peaux est d'un schelling la pièce. La douzaine de peaux de lapins, tués en bonne saison, c'est-à-dire pendant l'hiver, se vend sur le pied de six à sept francs, en poil gris ou commun, sept à huit francs en poil noir ou en poil blanc ; et vingt-quatre francs en poil argenté. La peau d'un bœuf de force commune vaut environ un vingtième du corps entier ; celle d'un mouton en laine, vaut entre un sixième et un dixième, suivant l'espèce ; mais la peau d'un lapin vaut le double du corps ; car son corps ou la chair indemnisant de sa nourriture et des soins qu'on lui donne, la valeur de la peau est en gain : c'est donc une espèce de capital qui donne près de trois fois sa valeur, et trois fois autant, proportion gardée, qu'un bœuf ou un mouton. » (*Nouveau Dictionnaire d'Histoire naturelle*, *article* Lapin.)

Fidèle à ses principes, Rozier n'a enseigné qu'à détruire les lapins ; je parlerai des moyens de les conserver et de les multiplier. Si mon opinion se trouve, sur ce point d'économie publique, absolument opposée à celle d'un écrivain célèbre, je partage le sentiment d'un auteur plus célèbre encore, que l'agriculture française considère, avec raison, comme son patriarche et son oracle, d'*Olivier de Serres*, dont l'ouvrage immortel du *Théâtre d'Agriculture*, renferme un long chapitre consacré aux soins qu'exigent les garennes et les lapins.

Je m'abstiendrai néanmoins de m'étendre autant qu'Olivier de Serres, au sujet des garennes libres, les seules dont l'agriculture puisse éprouver des dommages. Quoiqu'il ne soit pas impossible de restreindre la propagation des lapins livrés à la nature et à la liberté, au point de rendre peu sensibles les dégâts qu'ils peuvent occasionner dans les forêts et les campagnes; quoique j'aie vu de très-beaux bois dans lesquels les lapins étoient communs, je conviendrai que les garennes non closes sont, généralement parlant, funestes aux moissons, aux arbres et même aux vignes, à moins qu'on ne les place dans les landes, les bruyères, sur les montagnes ombragées et dont le sol se compose de roches et de sable, au milieu des dunes de la mer, et par-tout où la culture ne peut fixer la fertilité. Ces terrains ingrats, perdus pour l'agriculture et pour leurs propriétaires, offriroient des produits abondans si on les couvroit de lapins; c'est ainsi que plusieurs cantons de la Hollande et de l'Irlande, qui sembloient sacrifiés à une éternelle aridité, sont devenus une source de richesses.

Les calculs que fait Rozier pour tâcher de prouver que les garennes ouvertes sont d'un mince produit, manquent d'exactitude; il les répète aux mots Clapier et Garenne du *Cours*, en rapportant, dans ces deux articles, un des traits nombreux qui font honorer la mémoire de M. le cardinal de la Rochefoucauld, archevêque de Rouen. Cette répétition avoit déjà frappé M. Luneau de Boisjermain, auteur d'un Traité sur l'*Education des Lapins, ou de l'art de les loger dans des garennes domestiques, de les nourrir et multiplier, de soigner leurs petits, d'améliorer leurs races, et de les rendre aussi bons et aussi agréables à manger que les lapins de garenne*. Paris an 7, ou 1799; et il s'est chargé, avant moi, de la réfutation d'un paradoxe qui, sous la plume de Rozier, ne peut manquer d'obtenir beaucoup d'influence sur l'opinion, et de détourner d'une branche d'industrie aussi agréable que lucrative.

« Le *Dictionnaire d'Agriculture* de » l'abbé Rozier, dit M. Luneau de Boisjer» main, répète, aux mots Clapier et » Garenne, que le cardinal de la Ro» chefoucauld avoit une garenne auprès » de Gaillon, affermée 13,000 liv., et » que ce *prélat l'ayant fait détruire* » *pour faire cesser les clameurs de tous* » *les cultivateurs qui l'entouroient*, » *l'année de cette destruction, la dîme* » *qu'on payoit au cardinal augmenta* » *de 1000 liv*.

» L'auteur conclut de ce fait, que je » n'ai aucun intérêt de lui contester, » que la pâture des lapins de cette garenne » enlevoit aux cultivateurs 9000 livres » de leur récolte, puisqu'au moment » où les lapins ont cessé de pâturer, les » champs, qui leur étoient abandonnés, » ont produit une dîme de 1000 livres, » dixième de 10,000 liv.

» L'auteur de ce Dictionnaire auroit » dû faire, sur le fait qu'il annonce, les » observations suivantes :

» Pendant que la garenne du cardinal » de la Rochefoucauld a existé, il a eu » un revenu de 13,000 liv. produit par » elle; ce revenu lui étoit payé par les » fermiers qui affermoient ce droit.

» A l'instant où la garenne a été dé» truite, le cardinal de la Rochefoucauld » n'a plus retiré de ce fonds 13,000 liv. » de revenu, mais 1000 liv., payées en » dîmes levées sur le terrain soumis au» paravant au droit de garenne.

» Selon le calcul de l'abbé Rozier, les » cultivateurs qui entouroient la garenne » du cardinal de la Rochefoucauld ont

» ont augmenté leur revenu de 9000 livres, réparties entr'eux; ils ont diminué celui du cardinal de 12,000 liv. de rente.

» Ainsi, en détruisant sa garenne de Gaillon, le cardinal de la Rochefoucauld a échangé 13,000 livres de revenu produit par la garenne, contre 1000 liv. de revenu produit par une dîme recueillie sur la terre où il exerçoit un droit de garenne très-lucratif. Le cardinal s'est dépouillé de 12,000 l. de revenu. Il a fait présent aux cultivateurs qui entouroient sa garenne, d'un revenu de 9000 liv. réparti entre eux, et produit par la récolte qu'ils ont levée, et qui n'a point été mangée par les lapins.

» Dans ce calcul, il y a eu 3000 liv. de revenu de perdues pour toutes les parties, puisque 13,000 liv. de revenu en chair de lapin ont été remplacées par 10,000 liv. en grains récoltés.

» La partie des subsistances en France a fait une perte plus considérable.

» Le fermier de la garenne, qui payoit 13,000 liv. au cardinal de la Rochefoucauld, en retiroit au moins 18,000 liv.

» La destruction de cette garenne a privé le château de Gaillon de ces 18,000 liv. en écus, produites par la vente de la chair des lapins; 13,000 l. étoient données au cardinal, et 5000 l. retenues par le fermier, ou perçues par ceux qu'il employoit à faire valoir la ferme de la garenne (1).

» En échange de cette quantité de chair de lapin, qu'on n'a plus ramassée dans cette garenne, des cultivateurs ont fait une récolte en grains de 10,000 liv., partagées entr'eux et le cardinal. Il y a eu un déficit de 8000 l.

» Dix-huit mille livres d'argent ont dû être produites par la vente de 20,000 lapins. Cette garenne fournissoit, aux travaux de l'industrie, 20,000 peaux de lapins.

» Ceux qui achetoient les lapins et qui les consommoient retiroient de la vente de ces peaux, à 5 sous l'une dans l'autre, 5000 liv.

» Les lapins de la garenne de Gaillon fournissoient donc, par an, aux travaux de l'industrie, pour 5000 liv. de peaux de lapins et de poil, et pour 13,000 liv. de chair bonne à manger. »

Il n'est pas inutile de remarquer que les lapins abandonnés à eux-mêmes, dans les lieux ouverts, pouvant vivre et courir à leur gré, respirant l'air de la liberté et n'éprouvant aucune gêne, donnent un aliment plus délicat et plus sain que ceux que l'on renferme dans des enclos où leurs mouvemens sont contraints. Ces lapins, entièrement sauvages, ont plus de vivacité et d'agilité que les autres, la physionomie plus éveillée, le corps moins épais, la tête moins grosse, plus allongée et presque ronde; on les distingue encore des lapins de clapier, à leur poil moins fourni et plus roux, à leurs ongles plus forts et plus pointus, et sur-tout à la teinte rousse

(1) « M. l'abbé Rozier prétend, dans son *Dictionnaire d'Agriculture*, que dix lapins mangent » plus qu'une vache, dans une année. Cela est impossible; les animaux mangent en proportion » de leur grosseur et de leur poids. Comme il n'y en a aucune entre le poids et la proportion » de dix lapins et une vache, l'idée ridicule de M. l'abbé Rozier a été avancée de sa part sans » aucune réflexion. »

» Tout ce que M. l'abbé Rozier dit de ce quadrupède, ne paroît pas dicté par un observateur » éclairé...... » (Je supprime ici la suite de cette phrase, qui porte tous les caractères de la dureté et de l'injustice.)

« Le lapin ne vit pas seulement de la tige qui produit le grain, il mange une infinité d'autres » plantes qu'on ne récolte point, et dont lui seul met à profit la récolte. Ces plantes, inutiles « aux cultivateurs, sont converties, par la chair et la peau du lapin, en une substance utile » aux besoins de la société. »

du dessous de leurs pieds ; les marchands de gibier savent donner cette teinte aux pieds des lapins domestiques, en faisant roussir le poil au feu ; mais il est aisé de reconnoître cette petite fraude, soit par l'odeur de brûlé, soit par la facilité d'effacer la tache artificielle, en la lavant avec de l'eau.

On peut espérer de mettre les arbres fruitiers à l'abri de la dent rongeante du lapin et du lièvre, en plaçant au pied de ces arbres de la suie, qui sert en même temps d'engrais et de défense. La suie qui résulte des opérations chimiques est préférable à celle des cheminées ordinaires, parce qu'étant plus pesante, les vents ne l'enlèvent point, et que son odeur est plus forte et plus durable. Olivier de Serres indique un moyen en usage de son temps, et qu'il est bon de rappeler, pour mettre des bornes aux courses dévastatrices des lapins sauvages, et en préserver les champs, les vergers et principalement les vignes, dont les bourgeons sont fort de leur goût. L'on avoit observé que l'odeur du soufre allumé les fait fuir, et l'on formoit avec au saule ou tout autre bois qui s'enflamme aisément, de petits échalas que l'on fichoit en terre d'un bout, et que l'on trempoit de l'autre dans le soufre comme les allumettes. Ces bâtons se plaçoient sur le terrain, en laissant entre chacun une distance d'environ une toise ; le feu se mettoit au bout soufré, et l'odeur que répandoit une lente combustion tenoit les lapins éloignés des plantes qu'ils auroient pu endommager. Cette odeur dure pendant quatre à cinq jours, après lesquels on renouvelle l'opération, s'il en est besoin.

Si l'on ne se trouve pas dans une situation qui permette de peupler de lapins tout un canton, sans l'exposer à de grands dégâts, on peut former avec beaucoup d'avantages des *garennes forcées*, c'est-à-dire des enclos où des lapins se nourrissent et se propagent. Plus ces enceintes se rapprochent, par leur étendue, des garennes ouvertes ou garennes libres, plus les lapins se rapprochent eux-mêmes de l'état de nature ou de liberté qui, leur laissant le choix des courses et de la nourriture, donne à leur chair une saveur et un prix que, quelque soin que l'on prenne, l'on ne rencontre jamais dans le lapin domestique.

Le sol le plus propre à l'établissement d'une garenne forcée est un sable terreux, dans lequel les lapins puissent creuser facilement, et qui est assez compacte, pour que leurs travaux souterrains ne soient point détruits par les éboulemens. Des rochers épars sur ce sol léger le soutiennent au milieu des nombreuses excavations de ses habitans, et s'il est élevé et exposé au levant ou au midi, on aura la situation la plus désirable. Des arbres et des arbustes doivent l'ombrager ; quand la nature n'a pas fait les frais de cette plantation, il faut y mettre, de préférence, toutes les sortes d'arbres fruitiers qui abondent en bois, tels que poiriers, pommiers, cerisiers, pruniers, cormiers, etc., et dont les fruits sont recherchés par les lapins ; les chênes, les arbres et arbrisseaux sauvages les plus touffus, l'orme dont les racines donnent un excellent goût aux lapins qui s'en nourrissent pendant l'hiver, le thym, le serpolet, le basilic, la lavande et d'autres plantes odoriférantes qui parfument leur chair, le roseau dont le bas de la tige lui fait prendre une saveur douce, le genièvre qui lui communique son odeur aromatique, etc. Les saules, les peupliers, les osiers et autres bois qui se plaisent dans les lieux aquatiques, doivent être rejetés de la garenne ; les lapins qui s'en nourrissent contractent un goût désagréable. Si la plantation n'est pas assez spacieuse ou assez avancée pour fournir à la pâture des lapins, on y supplée par des semis d'orge et d'avoine. La quantité d'arbres et d'arbustes forme une espèce de taillis qui n'est pas sans profit pour le propriétaire. En effet, outre les fruits qu'il peut y recueillir, toutefois, après avoir laissé la part des lapins, il retire du bois par les coupes qu'il y établit. Quant aux bénéfices de la garenne proprement dite, ils dépendent en très-grande partie de l'étendue qui lui est consacrée, et de l'intelligence avec laquelle on la dirige. L'on peut compter, par exemple, que sept ou huit arpens de garenne bien entretenue, fourniront, année commune, plus de deux cents douzaines de lapins.

Mais, ce qui appelle le plus l'attention, c'est la clôture de la garenne; elle varie suivant les lieux et les ressources qu'ils offrent. Quand on le peut commodément, le mieux est d'entourer son terrain de murs bâtis solidement, de neuf à dix pieds de haut, et dont les fondemens pénètrent assez avant en terre pour que les lapins ne puissent, en fouillant, s'échapper par-dessous. Un fossé plein d'eau forme encore une bonne clôture, si sa largeur est au moins de dix à douze pieds, si le bord intérieur est en pente douce, afin que les lapins puissent y descendre et non y tomber, et si le bord opposé est taillé à pic et rehaussé par un cordon en terre, pour ôter à ces animaux la possibilité de franchir le fossé en grimpant contre cette sorte de contrescarpe, dont l'on soutient les terres par de la maçonnerie ou par une plantation de saules et d'osiers. La ceinture d'eau qui entoure la garenne présente le double avantage de l'agrément et du produit. L'on sait combien le voisinage des eaux courantes a de charmes à la campagne; la fraîcheur qu'elles répandent dans l'atmosphère tempère les feux de la canicule; la pelouse et l'ombrage de leurs rives offrent un abri contre la chaleur du soleil, des lieux agréables de repos et des asiles qui semblent consacrés à la méditation, à la douce mélancolie ou aux plus tendres souvenirs. Le sol le plus aride cesse de se refuser aux efforts de la culture et de la végétation, dès que la nature et l'art y dirigent des eaux qui roulent avec elles la fraîcheur et la fertilité; et si de nombreux poissons y habitent lorsqu'elles sont destinées à enfermer une garenne, le tableau devient doublement animé par les courses des animaux terrestres qui s'agitent et se croisent en tous sens, par les mouvemens plus doux, mais non moins précipités, des poissons qui divisent l'eau avec aisance ou s'élancent au dessus de sa surface, et par les peurs que ces deux peuplades timides se communiquent et se rendent réciproquement. La pêche viendra alors joindre ses amusemens et ses profits à ceux de la chasse, et l'on aura accompli le précepte qu'Olivier de Serres rapporte, comme très-utile et déjà ancien de son temps :

> La réparation aura double usage,
> Si tu te veux montrer entendu en ce ménage.

Les palissades et les haies sont de mauvaises clôtures pour les garennes; les lapins sautent par dessus les premières et passent à travers les secondes. D'ailleurs, les unes et les autres laissent quelque accès aux renards, aux fouines, aux chats sauvages et domestiques, ennemis aussi actifs que cruels des lapins, et que l'on ne peut trop prendre de soin d'éloigner des endroits où l'on en nourrit.

Quand un terrain est disposé pour être converti en garenne, rien n'est plus aisé que de la peupler : il suffit d'y lâcher quelques lapines pleines; les petits qu'elles y font s'y propagent en peu de temps, néanmoins pas aussitôt que si l'on établit un *clapier* ou *petite garenne domestique*, d'où l'on tire, comme d'une pépinière vivante, les jeunes rejetons de l'espèce, pour en garnir la grande garenne. A mesure que les jeunes lapins y ont pris quelque accroissement et quelque force, on les porte sur le terrain qui leur est destiné, et où l'instinct leur apprend bientôt à se loger et à multiplier leur espèce. Ce moyen est le plus avantageux pour entretenir la garenne constamment et abondamment fournie de lapins. L'on évite aussi par là l'inconvénient d'une trop grande quantité de mâles qui nuisent à la reproduction de l'espèce, en déchirant et étranglant les lapereaux nouveaux nés. Il suffit d'introduire d'abord dans la garenne un petit nombre de mâles; ensuite, on n'y porte plus que les femelles du clapier; il naît assez de mâles pour les féconder; on doit même empêcher qu'ils ne deviennent trop nombreux, et on les tue de préférence aux femelles : la proportion de laquelle on doit chercher à se rapprocher, est d'un mâle pour trente femelles.

Pendant les hivers rigoureux, principalement lorsqu'une couche épaisse de neige, endurcie par la gelée, charge le sol et couvre les végétaux, on fournira aux lapins de garenne une nourriture que l'âpreté de la saison ne leur permet plus de trouver avec assez d'abondance; on construit un petit appentis sous lequel on leur présente un supplément de vivres, qui se compose ordinairement de foin et d'orge, ou d'avoine.

Ceux qui n'ont pas à leur disposition le terrain qu'exige la formation des garennes forcées, ont la ressource des *garennes domestiques* ou des *clapiers*. Ce sont des enclos étroits dans lesquels on nourrit les lapins; une portion de jardin, une cour, un ancien pigeonnier, une chambre, quelquefois même des tonneaux défoncés à un bout et dressés sur l'autre, peuvent servir à élever les lapins. Tout local est bon à cet usage, pourvu que les bêtes carnassières n'y aient point d'accès. Il est aisé de juger que cette éducation domestique est plus coûteuse que celle qui a lieu dans les garennes où la nature fait presque tous les frais; cependant ce surcroît de dépenses est en partie compensé par les lapereaux que les clapiers fournissent, proportion gardée, en plus grand nombre que les vastes garennes dans lesquelles les lapins, jouissant d'une liberté presque entière, s'accouplent moins souvent, au lieu que, dans un clapier bien soigné, il n'est aucun instant de perdu pour la propagation de ces animaux. D'un autre côté, des précautions fort simples y préservent les nouveaux nés de la cruauté des vieux mâles.

Ces garennes domestiques sont de deux sortes: dans l'une, les lapins ont la liberté de s'ébattre sur le terrain qui leur est destiné; dans l'autre, ils ne sortent jamais des loges qui les renferment.

L'enceinte de la première espèce de garenne doit être fermée par de bonnes murailles, et pavée à trois ou quatre pieds de profondeur, de sorte que les lapins aient une couche de terre assez épaisse pour y fouiller, sans qu'ils puissent passer sous les fondemens des murs. On y pratique des loges de pierre ou de bois, dans lesquelles ces animaux se retirent. On donne vingt-cinq à trente femelles pour un mâle; et si on leur fournit une nourriture abondante, ils pullulent beaucoup, et dédommagent amplement des dépenses qu'ils occasionnent.

Si les lapins, par défaut d'emplacement convenable, doivent être privés de toute liberté, on les enferme dans des loges solides, d'environ quatre pieds de long, trois de large et deux et demi de haut; elles sont faites avec des lattes ou un grillage en fil de fer, afin que l'air y circule librement. Des tonneaux percés de plusieurs trous remplissent le même but. Le plancher des cages est un peu incliné en avant pour que l'urine n'y séjourne pas; on le couvre de litière que l'on change fréquemment. Un petit râtelier qui contient les herbes et les plantes, une petite auge remplie de son, enfin une cuvette pleine d'eau, attachée avec du fil de fer, sont les ustensiles qui doivent meubler les cabanes des lapins. C'est une erreur de dire que les lapins ne boivent pas; cela ne leur arrive en effet que rarement, mais ils cherchent à se désaltérer pendant les chaleurs, et lorsqu'ils n'ont à manger que des grains ou des plantes sèches. Au surplus, le vrai moyen de conserver ces animaux sains et vigoureux, c'est d'entretenir dans leurs loges une extrême propreté.

C'est ordinairement à l'âge de cinq ou six mois que les lapines entrent en chaleur; si l'on veut conserver de belles races, l'on fera bien d'attendre que ces femelles aient atteint un an et plus. On reconnoît le moment de la chaleur au gonflement et à la teinte bleuâtre des parties génitales. La femelle qui présente ces signes, est portée dans la loge du mâle, que l'on ne laisse jamais vivre librement avec les femelles, ou l'on fait entrer le mâle dans la sienne; on les laisse ensemble pendant deux ou trois heures. Trente ou trente-un jours après, la femelle met bas de quatre à huit petits. Quelques jours auparavant, on lui prépare une couche de paille fraîche et douce qu'elle arrange pour y déposer sa progéniture; au bout d'un mois environ, les lapereaux sont enlevés à leur mère, et mis ensemble dans une loge séparée, où on leur donne du bon foin, de l'orge, de l'avoine, des pommes de terre crues ou cuites, coupées par tranches, des croûtes de pain dur, cassées ou broyées, etc.; mais il faut éviter de leur présenter, dans le premier âge, des herbes fraîches, des légumes et même du son, à moins qu'il ne soit mêlé avec de l'orge ou de l'avoine. Les portées de plusieurs femelles peuvent être rassemblées dans la même loge, pendant six semaines ou deux mois; au troisième mois, on sépare les mâles pour être placés dans une loge particulière.

La fécondité des lapines ne va guères au delà de cinq à six ans; les mâles sont plus tôt épuisés, et leur vigueur est presque entièrement perdue à quatre ans. Il est des femelles, sur-tout quand elles ont trop d'embonpoint, qui refusent de prendre le mâle; on les provoque, en leur faisant manger du céleri ou d'autres plantes échauffantes. Mais, quoique, en général, les lapines soient presque toujours en état de recevoir le mâle, et qu'elles puissent porter sept à huit fois par an, il est plus convenable de ne point abuser de leur fécondité et de se contenter de trois ou quatre portées l'année, si l'on veut en obtenir de plus beaux produits: alors on laisse les petits avec leurs mères durant quarante ou cinquante jours. Les lapereaux sont bons à manger à trois ou quatre mois; si on attend jusqu'à six, ils auront la chair plus ferme, mais de meilleur goût.

L'éducation des lapins domestiques convient à l'habitant de la campagne comme au citadin, au riche comme au pauvre; tous recueilleront des bénéfices assurés, en se livrant aux soins fort peu embarrassans de cette éducation, et l'économie publique en retirera de grands avantages. Les moyens de nourrir les lapins sont à la portée de tout le monde: ces animaux mangent non seulement le grain, le son, le foin, les croûtes de pain, etc., ils s'accommodent aussi fort bien des choux et de toutes les plantes légumineuses, des fruits sains ou gâtés, des pommes de terre et d'autres racines, des feuilles et bourgeons de vigne et d'orme, des feuilles de bruyères et de genêt, des feuilles et baies de genièvre et de prunellier, du laiteron, de la laitue romaine, de la mauve, du pissenlit, du séneçon, du liseron, du marrube, de la renouée, du persil, de l'estragon, de la pimprenelle, de l'angélique, du céleri, du fenouil, etc., etc.; ils se soucient peu de laitue pommée, de panais, de camomille, de bouleau. J'ai vu dernièrement (1804) à Vincennes, chez M. Sue, professeur et bibliothécaire de l'Ecole de Médecine de Paris, des lapins fort beaux et bien tenus, qui mangeoient avec avidité les feuilles et les rameaux des girotlées que l'on avoit arrachées du jardin

Lorsqu'on a le choix de la nourriture que l'on distribue aux lapins de clapier, on peut faire contracter à leur chair une qualité et une saveur qui les rapprochent des lapins de garenne. Le persil, la pimprenelle, la sauge, le thym et plusieurs autres plantes aromatiques contribuent beaucoup à leur donner du fumet; la bruyère et le genêt ont la même propriété. Ceux, au contraire, qui ne vivent que de choux et de racines fraîches ne fournissent qu'un mets grossier et souvent de mauvais goût.

De quelque manière qu'un lapin ait été nourri, on rend sa chair plus succulente et d'un fumet plus agréable, si, après l'avoir vidé, on le remplit de serpolet, de mélilot, de feuilles de bois de Sainte Lucie, ou d'autres plantes odorantes, avec un peu de lard ou de beurre. D'autres procédés à peu près semblables sont conseillés par des auteurs d'économie domestique, ou mis en pratique par des cuisiniers.

Dès le temps d'Olivier de Serres, la castration des lapins étoit regardée comme *un moyen exquis pour les faire venir tendres et gras; comparés au chaponner des coqs, même en les achevant de nourrir au clapier (quoiqu'au pire endroit), ils deviennent si délicats qu'ils approchent bien prèz à la saveur des levrauds. Cette science s'est découverte par certains hosteliers, qui pour levrauds donnoient à manger des conils* (lapins) *châtrés, aprés leur avoir safrané les pattes, couurant ainsi leur tromperie, afin de les rendre de couleur semblable à celle des levrauds. Nous nous servirons de cette exquise subtilité, châtrant tous les mâles au clapier pour les fourrer aprèz dans la garenne, laquelle, par ce moyen, se trouuera fournie de chairs précieuses et en abondance.... Il n'y a rien de plus facile que de châtrer des conils, où il n'y a autre mystère que de leur couper les testicules avec un couteau bien tranchant; et aprèz avoir engraissé la playe avec du vieux onguent, sans la coudre, renvoyer les conils en la garenne, où, par les bénéfices de l'air et de la liberté, eux-mêmes se guérissent assez tôt. Ce châtrement n'a aucune saison propre; car, puisque les mères font des petits durant toute l'année, il est toujours bon de les châtrer.* (Théâtre d'Agriculture.) Cette opération se fait quand le jeune lapin a deux ou trois mois; et s'il n'est pas destiné à être, aussi tôt après, lâché dans une garenne, on lui donne un peu d'avoine saupoudrée de sel et arrosée de vin.

Ce n'est pas assez pour le propriétaire d'un clapier de loger commodément ses lapins, et de leur donner les alimens les plus propres à leur faire prendre de l'embonpoint et à rendre leur chair savoureuse, il doit encore chercher à améliorer les races de ces animaux, et à préférer les plus belles. Les bornes d'un article de dictionnaire ne me permettent pas d'entrer dans de plus longs détails au sujet de l'espèce des quadrupèdes domestiques qui coûte le moins à nourrir, sur laquelle il y a le moins à perdre, et dont la multiplication intéresse l'Etat comme les particuliers. Je n'ai rien omis d'important, mais, si l'on désiroit des renseignemens encore plus étendus, relativement à l'entretien d'un clapier, je conseille de les puiser dans l'ouvrage de M. Luneau de Boisgermain, que j'ai cité au commencement de cet article. Ce petit livre a été dicté par l'expérience et de longs succès.

Chasse aux Lapins. La plus commune, la plus amusante et en même temps la plus fructueuse de toutes les chasses que l'on fait aux lapins, est celle où l'on emploie le Furet. (*Voyez* ce mot.) Mais on ne doit pas s'en servir dans les garennes forcées, parce que les lapins ne rentrent plus de long temps dans les terriers que le furet a visités, et que se trouvant dérangés, ils ne s'accouplent point et dépérissent. Cette chasse ne convient donc que pour prendre les lapins vraiment sauvages.

Il en est de même de la chasse au fusil, qui met le trouble dans la garenne et force ses habitans à abandonner leurs demeures souterraines; en outre, un lapin auquel le plomb n'aura fait que des blessures sans l'arrêter sur le coup, ira mourir dans son trou et y empoisonnera tous ceux qui y gîtent avec lui. Il vaut mieux tendre des pièges ou placer des filets à l'entrée des terriers, dans lesquels on enfonce une perche pour obliger les lapins à en sortir. L'on peut aussi tenir suspendu à deux pieds de terre un grand panier d'osier sans fond et façonné en cloche, au dessus de l'endroit où les lapins ont habitude de prendre leur nourriture en hiver; une corde attachée à ce panier et passée à une poulie, aboutit à une cabane où le chasseur est caché; on attire les lapins au lieu de leur repas par quelque signal auquel on les a accoutumés, ou par quelque aliment de choix. Lorsqu'ils sont rassemblés, le chasseur lâche la corde, le panier tombe et en enferme plusieurs; une petite porte pratiquée à un des côtés du panier sert à s'emparer de ceux des captifs que l'on a choisis.

Cependant si on veut se donner le plaisir de tirer les lapins au fusil, même dans une garenne, on bouche au hasard une certaine quantité de terriers; ensuite on met en chasse un chien basset, et l'on attend sur ces terriers fermés les lapins qu'il fait partir et que l'on tire à l'aise.

Les bassets à jambes torses sont préférables à toute autre race de chiens, pour chasser les lapins qui ne font que jouer devant eux, et se laissent battre quelquefois trois quarts d'heure avant de se terrer; ce qui donne toute facilité de les joindre et de les tirer. Mais si l'on fait cette chasse avec des chiens courans, il faut de l'habitude et beaucoup de prestesse pour tirer le lapin qui en est poursuivi; sa course est alors si rapide, ses bonds sont si vifs, et il traverse les routes avec tant de vitesse que l'on a à peine le temps de l'ajuster.

Le chasseur ne doit pas ignorer que les lapins sortent de leurs trous une heure ou deux avant le coucher du soleil; qu'ils y rentrent vers six heures du matin, et qu'ils en sortent encore, pour l'ordinaire, pendant environ deux heures au milieu du jour. C'est sur ces connoissances que sont fondées les chasses de l'*affût* et de la *rentrée*, que les chasseurs patiens font aux lapins comme aux *lièvres*. (*Voy.* le mot Affut.) Quand les lapins habitent en grand nombre un lieu découvert, il suffit de s'y promener doucement, même en plein jour, et de se tenir de temps en temps à l'affût sur un terrier pour les surprendre et les tuer. Cette chasse s'appelle *la surprise.*

Les filets dont on se sert communément pour prendre les lapins sont les *panneaux* ou *pantaines*, soit simples, soit contre-maillées. (Pour cette chasse, *Voyez* l'article Lièvre.) Mais les lapins se prennent plus facilement avec de petits filets nommés *poches* ou *pochettes à lapins*, et qui se ferment comme une bourse. On étend à l'entrée du terrier une de ces poches ouvertes, et l'on attache à une branche ou à un piquet la ficelle qui passe dans la boucle fixée à chaque bout. Si l'on n'a pas assez de *poches* pour couvrir tous les trous de lapins qui sont autour de soi, on ferme ceux qui resteront avec des pierres, des herbes ou des feuillages. Un chasseur va dans le bois avec un chien pour contraindre les lapins à fuir vers leurs retraites et se jeter dans les filets, d'où un autre chasseur, caché à portée, les retire promptement à mesure qu'ils s'y prennent.

On tend avec fruit des COLLETS (*Voyez* ce mot) autour des haies, pour prendre les lapins qui vont butiner, la nuit, dans les jardins et les enclos. Ces collets doivent être de fil de laiton, afin que les lapins qui s'y engagent ne puissent pas les couper avec leurs dents.

Un appeau fait avec un tuyau de paille, une feuille de chiendent ou de chêne vert, une pellicule d'ail, une patte de crabe, sert à attirer les lapins sous le fusil du chasseur. Cette chasse, qui est peu commune en France, mais très-usitée en Espagne, n'a lieu que dans les bois, par un temps doux et lorsque le vent souffle du midi. L'on ne doit piper que rarement et ne donner qu'un seul coup à la fois.

Si l'on veut forcer les lapins à sortir de leurs terriers, on brûle, à l'entrée, de vieux linges soufrés, de sorte que le vent y pousse la fumée; le lapin fuit à l'autre extrémité, où il se trouve pris dans une poche ou bourse que l'on y a arrangée. Une écrevisse que l'on introduit dans le terrier en chasse aussi, dit-on, les lapins qui y sont logés, et les fait tomber dans les pièges. Mais cette méthode, si elle est sûre, a trop de lenteur pour présenter quelque agrément ou quelque utilité. (S.)

LAVANDIÈRE, (*Motacilla alba* Lin.), oiseau du genre des hochequeues. (*Voyez* l'article de la BERGERONNETTE.)

« La lavandière, dit Belon, cet ancien et judicieux observateur de la » nature, tient cette appellation fran- » çaise, pour ce qu'elle est fort fami- » lière aux ruisseaux, où elle remue » toujours sa queue en hochant le der- » rière, comme une lavandière qui bat » ses drapeaux. » (*Nature des oiseaux.*) Ce que j'ai dit de la bergeronnette convient à la lavandière, si ce n'est que celle-ci s'approche plus volontiers de nos habitations, et qu'elle se plaît aux bords des eaux vives et courantes. Le plumage diffère aussi dans les deux espèces; une calote noire et un plastron de la même couleur distinguent la lavandière, qui porte en outre un bandeau blanc, et dont le dessus du corps est d'un gris d'ardoise, et le dessous blanc. Ce sont, du reste, à très peu près, la même élégance dans les formes extérieures, la même empreinte de douceur et d'innocence dans la physionomie, la même vivacité et la même prestesse dans les mouvemens, les mêmes habitudes naturelles, les mêmes services rendus au cultivateur et à ses bestiaux, enfin, les mêmes droits à la reconnoissance de l'homme, et les mêmes persécutions de son industrie ou plutôt de son ingratitude.

CHASSE AUX LAVANDIÈRES. C'est en automne que ces oiseaux se rassemblent dans les campagnes, et qu'il est plus facile de s'en emparer; c'est aussi la saison où leur chair plus grasse fait espérer à l'impitoyable chasseur un mets plus délicat. Les lavandières ont tant de disposition à la familiarité, que, lorsqu'on les tire au fusil, elles ne fuient pas loin, et reviennent se poser près de leur meurtrier.

Depuis quatre heures du soir jusqu'à l'entrée de la nuit, on se place au bord des eaux, on attire les lavandières avec un appelant de leur espèce, ou, si l'on n'en a pas encore, avec quelque autre petit oiseau, et on les prend avec un filet. Cette chasse se fait communément en Italie.

L'abreuvoir avec des gluaux, des collets, des rejets et des raquettes, est souvent aussi le tombeau des lavandières; mais il faut le choisir près des habitations. *Voyez* le mot ABREUVOIR. (S.)

LÉGUMES, (CONSERVATION DES) *économie domestique*. Tandis que le père de famille fait croître en abondance les fruits et les légumes qui couvrent sa table dans la belle saison, la prévoyante ménagère calcule les privations que lui

lui imposeront les rigueurs de l'hiver, et s'efforce d'en diminuer le nombre, en conservant, par des moyens économiques et simples, aux végétaux comestibles leur forme, leur chair et leur saveur. Elle sait faire enterrer à propos les racines dans le sable, conserver les fruits ou les légumes dans le vinaigre et la saumure, comme on l'a vue en dessécher les pulpes par l'action du soleil ou du feu. Suivons-la dans la manière dont elle a nuancé ses procédés pour conserver à chaque végétal les qualités qui le distinguent; ces détails sont minutieux, sans doute, mais ils seront précieux pour l'homme des champs dont ils prolongent les jouissances, et qui préférera toujours des vérités d'une application et d'une utilité journalière, à des théories brillantes dont il n'éprouve pas continuellement les avantages.

Conservation des racines dans le sable frais. Les racines, telles que les *carottes*, les *navets*, les *salsifis*, se conservent frais dans des caves ou dans des celliers. On les cueille par un temps tempéré, ni chaud, ni froid, ni sec, ni humide. On coupe les feuilles à un pouce de la racine, puis on les range à côté les unes des autres, un peu obliquement, dans une espèce de rigole ou tranchée que l'on fait dans le sable. On multiplie ces rigoles; il suffit que chaque rang ou lit de racines soit séparé de l'autre par un lit de sable d'un pouce ou deux d'épaisseur. L'endroit où on les conserve doit être à l'abri de la gelée et de l'humidité; l'une et l'autre les feroient pourrir.

Les *choux pommés*, et ceux dits *de Milan*, se conservent dans le sable, en rigole, comme les racines. Si l'on n'a pas assez d'espace pour les enterrer de cette manière, on peut se borner à les suspendre au plancher, la racine en haut, dans un lieu sec où il ne gèle point, ou les y déposer sur des planches.

Quant aux *choux-fleurs*, il faut, dès les derniers jours d'octobre, choisir les plus gros, les déplanter, les dépouiller de presque toutes leurs feuilles et les replanter dans du sable, dans un lieu où ils ne puissent pas geler. Il ne faut pas les arroser en les replantant, ni après les avoir replantés. Ils profiteront et se conserveront bien. S'il y en a quelques uns trop frais pour être replantés, on ne les enterrera point. On se contentera de les mettre sécher au cellier ou dans une serre.

Il est un moyen simple d'avoir des choux-fleurs en abondance, pendant toute l'année; c'est de les semer dans des caisses ou baquets au milieu d'août. Quand ils seront levés et un peu forts, on descendra les baquets à la cave, où on les laissera tout l'hiver. On les plantera ensuite en bonne terre dans les premiers jours d'avril; on en aura de bons avant les chaleurs; on pourra même, avant que la pomme soit tout à fait formée, les enterrer dans la cave, sur le côté, en rigoles. Là, ils achèveront de se pommer et se garderont fort long-temps. Si on les laissoit en pleine terre, ils monteroient.

Conservation par la saumure. *Artichauts.* Après avoir choisi les plus beaux, on les prépare comme si on vouloit les faire cuire; on les trempe dans l'eau bouillante assez long-temps pour pouvoir en extraire facilement le *foin*; on saupoudre de sel bien fin tout l'intérieur de la partie charnue de l'artichaut, puis on les place dans des pots de grès, que l'on remplit d'eau, en y ajoutant une bonne poignée de sel. Le lendemain, on change cette première eau que l'on remplace par de nouvelle, où l'on met trois ou quatre poignées de sel, avec un demi-setier de vinaigre; enfin, on les couvre d'une couche de beurre fondu pour empêcher l'accès de l'air. La seule précaution avant de les manger, pour leur enlever le goût de saumure, est de les tremper dans l'eau tiéde et de les faire cuire à grande eau.

Haricots verts. On choisit ceux provenant de semence de haricots gris, comme plus tendres; lorsqu'ils sont parvenus à une grosseur moyenne, on les épluche sans les casser en deux, mais en enlevant seulement les deux extrémités; puis on les fait blanchir, en ayant soin de ne pas les laisser trop bouillir, afin qu'ils ne perdent ni leur fermeté, ni leur verdeur; on les fait égoutter; on les place dans des pots de grès contenant environ trois pintes, sans être trop pressés, pour qu'ils puissent baigner dans l'eau. On met dans cette première eau une poignée de sel; le lendemain, on jette cette eau et on la remplace par une saumure composée de deux tiers d'eau et d'un tiers de vinaigre; on l'assaisonne ensuite avec trois ou quatre fortes poignées de sel. Les pots sont préservés de l'action de l'air par une couche de beurre fondu. Les haricots conservent, de cette façon, tout leur goût et leur fraîcheur jusqu'au printemps, et ils reviennent seulement à dix sous la livre au plus à la ménagère qui a suivi cette méthode où les haricots verts ne contractent point un goût de foin, ordinaire dans ceux que l'on conserve en les enfilant par chapelets et les exposant à l'air.

Concombres. Les concombres pelés, dépouillés de leurs graines, et réduits en quartiers un peu plus gros que pour les manger de suite, sont blanchis dans l'eau bouillante; on en sépare ceux qui n'ont pas conservé leur fermeté, on les place enfin dans la saumure acidulée, où on les traite comme les haricots et les artichauts.

La seule précaution à prendre est de les laver trois ou quatre fois dans l'eau tiède, avant de les faire cuire, pour leur enlever tout le goût de saumure dont s'imprégne fortement leur chair.

Les *cardes-poirées* doivent être traitées de même pour être conservées; il faut avoir soin, en les épluchant, d'enlever toutes les filandres qui rendroient ce légume désagréable à manger.

Chicorée. Ce légume demande quelque précaution particulière pour sa conservation. Après avoir été épluchée et lavée avec soin, on jette la chicorée dans l'eau bouillante où on la retourne jusqu'à ce qu'elle soit amortie et non cuite; on la jette ensuite dans l'eau fraiche et on la fait bien égoutter pour lui faire perdre toute humidité surabondante. On la place ensuite dans des pots de grès où on la laisse infuser d'abord pendant vingt-quatre heures dans une saumure légère. Au bout de ce temps, on change cette eau, et on en substitue de nouvelle plus fortement salée; les pots sont ensuite couverts de beurre fondu, et non d'huile qui communique quelquefois un mauvais goût aux légumes.

Oseille. L'acidité de ce légume ne permettant pas de le manger seul, on en tempère l'aigreur en l'unissant avec de la petite laitue, de la chicorée, du cerfeuil, du persil et de la ciboule; mais on en éloigne soigneusement la belle-dame qui lui communiqueroit un goût désagréable. On épluche tous ces légumes en leur enlevant les côtes trop dures, on les hache menu, séparément de l'oseille; on les met d'abord dans le chaudron, parce qu'ils sont plus longs et plus dures à cuire que l'oseille, qui demande d'être mise presque entière dans le chaudron pour conserver son jus. Il faut remuer presque continuellement l'oseille, pour qu'elle ne s'attache pas aux parois du chaudron, comme elle le feroit facilement. Le feu doit être modéré, et l'oseille renouvelée à mesure qu'elle se fondra. Quand elle commencera à s'épaissir, on la salera et la goûtera. Lorsqu'elle paroîtra suffisamment cuite, on la mettra dans des pots de grès, et on la laissera refroidir avant de la couvrir de beurre. Si l'on s'apperçoit, quand l'oseille est refroidie, qu'il surnage de l'eau sur le pot, c'est un signe certain qu'elle n'est pas assez cuite, il est nécessaire de la remettre sur le feu; sans cela elle se gâteroit indubitablement.

Fèves de marais. La meilleure manière de les conserver est de les enfiler et de les dessécher à l'air, encore ne sont-elles bonnes qu'à faire d'excellente purée: elles seroient coriaces, si on les mangeoit entières.

Conservation par le vinaigre. Cet acide est un des plus puissans moyens de conserver les végétaux auxquels une saveur acidule est agréable. On y plonge non seulement les CAPRES et les CORNICHONS, (*Voyez* ces mots) mais encore les graines de capucines, un peu vertes, les bigarreaux, les petits ognons et le petit piment; il suffit de jeter ces fruits dans des vases pleins de vinaigre, de les saler et d'y faire infuser de l'estragon et de la perce-pierre. Ces fruits, ainsi confits, aiguisent l'appétit et sont des mets agreables et salubres (M.)

LESSIVE, (*Economie domestique.*) L'opération qu'on fait subir au linge sale pour le blanchir, s'appelle *lessive*. Chaque ménage fait ordinairement la lessive de son linge. Cependant, dans les grandes villes, il y a des buanderies particulières où l'on se charge de blanchir le linge de chaque ménage; il y a aussi des établissemens affectés à cette seule opération; ce sont des buanderies banales où, moyennant une légère rétribution, chacun peut aller faire sa lessive.

Chaque ménage, chaque blanchisseuse, enfin chaque pays, a sa manière de faire la lessive. Mais combien par-tout cette opération est-elle mal entendue! A combien de détails et de dépenses inutiles n'assujettit-elle pas? Enfin, on doit le dire, cet art est encore dans l'enfance; c'est la routine qui en perpétue les méthodes vicieuses.

Cependant, lorsque le chimiste porte ses regards sur le procédé du blanchissage, et qu'il en examine tous les détails, il ne peut résister au désir de lui voir succéder des moyens plus prompts, plus simples, moins embarrassans, et sur-tout plus économiques.

Ce fut dans cette intention que M. Cadet-Devaux et moi nous fîmes, sur le blanchissage, une série d'expériences, à la faveur desquelles nous nous proposions de vaincre tous les obstacles qui se rencontrent ordinairement dans la substitution d'un procédé à un autre.

Il nous fut d'autant plus facile de surmonter toutes ces difficultés, que je connoissois déjà les expériences que M. Roard avoit faites sur le même objet, et que nous n'avions que de légers changemens à faire au procédé et à l'appareil que M. Chaptal avoit proposés pour une opération analogue.

M. Cadet-Devaux a publié, dans le journal d'*Economie rurale et domestique*, le procédé que nous avons substitué à l'ancien. Il a donné aussi la description de l'appareil et du fourneau que j'ai destinés à ce genre d'opération; enfin, il a fait connoître tous les avantages que l'économie politique et domestique doivent retirer de l'adoption de ce nouveau procédé.

C'est ce même procédé que nous allons décrire ici.

Du blanchissage à la vapeur. Le blanchissage à la vapeur intéresse non seulement l'économie domestique, mais plus esssentiellement encore l'économie politique, sous le rapport des arts, du commerce, de l'industrie nationale, et sur-tout de l'économie du bois, dont le blanchissage fait une consommation ruineuse, puisque quarante millions d'hommes concourent, en France, à cette consommation.

Avant de présenter à l'économie domestique les avantages du nouveau procédé, arrêtons-nous un instant sur ceux que l'économie politique doit retirer de l'adoption du blanchissage à la vapeur. Cet art est entièrement nouveau; il exclut tous les procédés usités pour blanchir le linge: il proscrit les cendres, le salin, la potasse. Nous prouverons bientôt à l'économie domestique que l'emploi de ces substances lixivielles n'a que des inconvéniens; l'économie publique va juger de l'influence de cette proscription sur la dépense générale.

Des cendres. La presque totalité des cendres, dans les villes, est employée au blanchissage; dans les campagnes, c'est la totalité. La cendre est nécessaire aux verreries, à la confection du salpêtre, et ce qui provient de l'incinération du bois que la France consomme seroit plus que suffisant pour subvenir aux besoins de ces deux arts. Or, désormais l'économie domestique n'entrera plus en concurrence avec eux. L'intérêt de ces arts et celui de l'économie sont liés, parce que l'économie bénéficie en vendant ses cendres et achetant le sel lixiviel, dont le blanchîment à la vapeur prescrit l'emploi.

Des sels lixiviels. On donne le nom de sels lixiviels aux sels qu'on emploie à faire la lessive. Ces sels ont la propriété de s'unir avec les substances grasses dont le linge sale est pénétré, et cette union convertit la substance grasse en savon. Les sels lixiviels sont le produit des végétaux : ce sont le salin, la potasse, la soude.

Du salin. Le salin est le sel des cendres: c'est la lessive de la cendre qu'on évapore à siccité. Le salin contient des sels étrangers aux sels lixiviels, et, de plus, une partie colorante qui nuit à la blancheur du linge.

De la potasse. La potasse est le salin purifié et rendu caustique par la calcination; mais la causticité de la potasse est inquiétante, et le devient davantage, lorsqu'on l'augmente par la chaux vive. Au défaut de cendres, c'est le salin, c'est la potasse, que le salpêtrier et le verrier emploient: nous leur restituons la cendre de laquelle on obtient ces sels.

La France, dans son état actuel de pénurie en bois, n'a plus ni salin, ni potasse à fabriquer; c'est de l'étranger qu'on tire ces productions, dont le prix ne cesse d'augmenter en raison de la diminution des bois dans l'Europe entière; car bientôt le Nord et l'Amérique septentrionale même n'auront plus de forêts assez étendues, pour fournir à l'énorme consommation de cette substance. La France tire annuellement de l'étranger pour plus de dix millions de potasse. Par le nouveau procédé, le commerce est affranchi de l'importation étrangère du savon et de la potasse; car, ce que le verrier et le salpêtrier ne consommeront pas de cendres, suffira à la fabrication de la potasse, que quelques autres arts emploient.

De la soude. On tire la soude de l'Espagne. Le peu qui s'en fabrique dans nos provinces méridionales maritimes s'y consomme. En proscrivant la soude, le commerce est également affranchi de cette importation étrangère.

Du savon. Le blanchissage à la vapeur diminue beaucoup aussi la consommation du savon, c'est-à-dire, à peu près du tiers à moitié; mais comme nos savons sont les meilleurs de l'Europe, ce que la France consommera de moins ouvrira une plus forte exportation à l'étranger.

De la consommation du bois. Il résulte d'une suite d'expériences que le blanchissage d'une quantité donnée de linge, dont le simple couler de la lessive consomme pour quinze francs de bois, n'en consomme, par la lessive à la vapeur, que pour quinze sous; il y a donc économie des dix-neuf vingtièmes.

Le prix du bois augmente chaque année; la diminution du bois et sa valeur continuellement progressives, menacent donc l'indigent de sa privation, et déjà il l'éprouve. Son prix exorbitant depuis long-temps gêne l'aisance, et il devient pour le riche un fort objet de dépenses, sur-tout par la prodigalité qu'il y met. On admet, dans l'Empire français, une population de quarante millions; établissons à quinze francs par an ce que riches ou pauvres dépensent en blanchissage. C'est ce que coûte en un jour celui de la maison de nombre de riches. Dans ce calcul, le bois entre pour la moitié du prix de la lessive. Quarante millions d'hommes à quinze francs par an, cela fait 600 millions: moitié pour le bois, 300 millions. En déduisant un vingtième pour celui que la lessive à la vapeur consomme, il en résulte une économie annuelle de 285 millions.

Comparons maintenant les dépenses résultant de l'une et l'autre manières d'opérer, et le temps employé à chaque opération: c'est le moyen d'en connoître les avantages réels. On est parti d'après une lessive composée de 555 pièces de linge, pesant 500 livres.

PROCÉDÉ USITÉ.

PREMIER JOUR.

Echangeage.

A la rivière ou à la fontaine, eau douce.		
Trois journées de buandière à 2 l.	6 l.	s.
Une journée de bête de somme et de son conducteur	2	
Savon à 18 sous, cinq livres.	4	10
	12 l.	10 s.

SECOND JOUR.

Couler à froid.

Une journée de buandière	2 l.

PROCÉDÉ A LA VAPEUR.

Echangeage partiel.

A la maison; eau de puits; il rentre dans la classe des opérations domestiques et n'exige conséquemment point de buandières.

PREMIER JOUR

Tremper le linge, l'égoutter, le passer à la lessive et l'y laisser macérer; ces opérations n'exigent que deux heures, et trois au plus pour un fort blanchissage.

DEUXIÈME JOUR.

Le séjour au cuvier, le retirage et le savonnage, sont les opérations du deuxième jour.

Sel de soude	9 l.	
Savon		18 s.
Bois		15
	10 l.	13 s.

PROCÉDÉ USITÉ.

TROISIÈME JOUR.

Couler à chaud.

Une journée de buandière et une nuit	2 l.	
Cendres, dix boisseaux.	10	
Bois, fagots, bourrées.	15	
	27 l.	0 s.

QUATRIÈME JOUR.

Retirage et savonnage.

Quatre journées de buandières.	8 liv.	
Une journée de bête de somme et de son conducteur	2	
Savon à 18 sous, quatre livres.	3	12
	13 l.	0 s.

PROCÉDÉ A LA [illegible]

Retirage et sa[illegible]

Trois journées de buandières. . . .

Une journée de bête de somme et de son conducteur. . . .

Savon, une livre et demie. . . .

PROCÉDÉ USITÉ.			PROCÉDÉ A LA VAPEUR.		
Récapitulation de la dépense.			Récapitulation de la dépense.		
ndres.	10 l.		Sel de soude	9 l.	
von.	8	2	Savon.	2	5
is	15		Bois.		15
urnées	22		Journées	8	
	55 l.	2 s.		20 l.	0 s.

emps, trois jours, et une nuit ctive, et quatre jours si on coule froid.

Temps, deux jours, trois heures de la veille et une nuit inactive.

Un blanchissage composé de cinquante-cinq pièces, au lieu de six cent cinquante-cinq, seroit l'affaire de trois à quatre heures pour toutes ces opérations.

Procédé usité	55 l.	2 s.
Procédé à la vapeur. . .	20	
Bénéfice.	35 l.	2 s.

INCONVÉNIENS DU PROCÉDÉ USITÉ, AVANTAGES DU PROCÉDÉ A LA VAPEUR.

PROCÉDÉ USITÉ.	PROCÉDÉ A LA VAPEUR.
De l'échangeage.	*De l'échangeage.*
ransport de la totalité du linge à la fontaine. au douce. changeage d'une partie du linge au savon. rais de transport, du savon, et une troisième buandière.	L'échangeage à la maison. Eau de puits. Point d'échangeage au savon. Economie de ces trois dépenses.
De la lessive.	*De la lessive.*
On y emploie la cendre, la oude, le salin, la potasse et quelefois la chaux vive, pour augmenter la causticité de la potasse.	On y emploie le carbonate de soude.
Retirage.	*Retirage et savonnage.*
On passe à l'eau le linge dit blanc de lessive; mais on est forcé y employer du savon pour les aches qui n'ont point disparu, ou our celles que fait la lessive.	Le retirage et le savonnage ne sont qu'une seule et même opération.
Du savonnage.	Quoique douce et molle, notre lessive a dissous la substance grasse et fait céder les taches. Le linge porte avec lui tout le savon nécessaire, quoiqu'en très-petite quantité; l'action de la lessive et de la vapeur donne à ce peu de savon si parfaitement dissous, et mis par là en contact avec le plus léger filament de la toile, assez d'énergie pour obtenir le linge le plus net, le plus clair et le plus blanc.
Cette partie du retirage coûte encore beaucoup de savon, et pour enlèvement des taches, et pour éclaircir le linge que la lessive laisse terne. On emploie le battoir, la brosse, et souvent de la lessive chaude, fatigant ainsi le linge pour faire céder les taches résistantes.	Si la buandière porte avec elle du savon, c'est pour rechercher quelques taches accidentelles.

Terminons ce tableau de comparaison par les résultats l'un et l'autre procédés.

PROCÉDÉ USITÉ.	PROCÉDÉ A LA VAPEUR.
Le linge de corps, malgré l'échangeage au savon, la lessive et le savonnage, n'est pas parfaitement blanc.	Le linge de corps, sans éch geage au savon, acquiert la grande blancheur.
Quant au linge de table qu'on n'échange pas au savon, non seulement il rapporte souvent d'une lessive, même caustique, les taches de vin ou de fruits, et si on le fait sécher au soleil, plusieurs taches de graisse reparoissent.	Nulle tache ne résiste, ave précaution de passer préalablen à l'acide sulfurique étendu d les taches de rouille; et, au s sec, celles qui exigent cette c cation; et, quant aux tache graisse, pas une ne reparo soleil, parce que la lessive, de la vapeur, dissout comp ment les corps gras.
A plus forte raison le linge de cuisine, les torchons, ne peuvent pas subir cette épreuve de séchement au soleil, sans reprendre une partie de leurs taches et une odeur de graillon insupportable; cependant ce linge est échangé au savon; en sorte qu'il est vrai de dire qu'un torchon, à dater du jour où il est mis en service, jusqu'à celui qui le réduit à son dernier lambeau, n'a jamais été pur.	Le linge de cuisine subit r reusement cette épreuve, reproduit ni tache, ni odeu soleil; enfin, le torchon le infect sort du cuvier comm mouchoir de poche.
Le surplus du linge, celui de lits, de chambres, quoique moins profondément sale, ne parvient jamais à être d'un blanc net et clair, malgré la causticité de la lessive usitée.	La totalité du linge est de net, clair, bien odorant, et blancheur éclatante de *lait*, préférable au *blanc bleuâtre* donne au linge pour masqu gris sale qu'il rapporte con ment de la lessive. Enfin, le blanc de notre soutient la comparaison de de Flandres, qu'on obtient pa procédés si dispendieux : l' du savon noir, dont le goût dissipe pas même avec le re le séjour sur le pré, des a mens répétés, font du blar sage, dans ces provinces, l'e tion la plus longue; on pa moitié de sa vie à blanchir le qu'on salit pendant l'autre m Quelle économie pour ces pr ces où le blanchissage est rui
Les cendres, la soude, donnent une lessive dont on connoît très-difficilement la force, parce qu'elles sont mêlées de sels étrangers, et qu'on ignore celle du sel lixiviel qu'elles contiennent réellement; le poids ne peut pas régler, parce que l'une et l'autre sont falsifiées de terre et de sable.	Il ne peut être falsifié, que c'est un sel sous forme de tallisation.
Le prix de la cendre, ainsi que de la soude ne peuvent qu'augmenter, en raison de la pénurie du bois.	Le prix ne peut que dim par la concurrence des fabri Les dix boisseaux de ce sont remplacés par neuf liv sel de soude, qui entrent dan même quantité de lessive.
Les lessives de cendres et de soude sont colorées. Il résulte de cette partie colorante que beaucoup de taches résistent à la lessive, et	La solution du sel de sou trouble pas la transparence de pure. Elle ne colore conséquen point.

PROCÉDÉ USITÉ	PROCÉDÉ A LA VAPEUR.
ue souvent la lessive en fait que savon ne peut pas enlever ; alors faut un ou deux blanchissages our éteindre les taches.	
L'action de cette matière colonte est telle, avons-nous dit, e le linge, en sortant du cuvier, doute le froid : un coup d'air suf- pour le tacher.	Nul de ces inconvéniens.
Souvent on coule à froid : couler chaud la plus petite lessive est ffaire d'une journée.	A la vapeur, quatre heures pour la plus forte lessive
L'arrangement du linge dans le vier est long.	On ne fait que l'y poser.
Le couler à chaud donne lieu à s accidens fréquens et graves de ûlure	La vapeur est contenue par le couvercle.
La buandière n'est pas impunément exposée pendant vingt-quatre ures consécutives à la vive ardeur feu, ainsi qu'à la vapeur humide, ûlante et caustique de la lessive, usticité qui lèse les organes de la spiration, car la buée volatilise e portion du sel lixiviel et de te solution saline. En été, cette peur met la buandière en nage l'épuise : en hiver, elle ne passe s sans danger à un air froid, lorse ses vêtemens sont pénétrés, mme ils le sont, d'une humidité difficile à sécher, comme l'humidité alcaline.	Lorsque, par le couler, on brûle pour 15 francs de bois, nous en brûlons pour 15 sous, ce qui réduit la chaleur extérieure à une bien douce température.
Le plancher de la buanderie est inondé de lessive.	Pas une goutte de lessive sol.
Le local est encombré du cuvier, souvent de deux, quand on coule à part le gros linge ; de seaux, etc.	Un espace de quatre pieds suffit à l'appareil.
Emploie-t-on le salin ? il a les mêmes inconvéniens que la cendre, même la coloration de la lessive.	Rien de plus doux que la sive ; on en boiroit comcament, comme eau minéritive.
Quant à la potasse, elle a une causticité très-préjudiciable ; sa lessive mord, mais emporte le morceau, sur-tout si on l'aiguise avec la chaux vive, et la cupidité préfère un excès de potasse, ce qui diminue la quantité de savon.	C'est le moment d'observer ce qui en fait l'action : le degré de causticité est portée, mais bien les quatre degrés de chaleur, et jusqu'à que prend la vapeur, au bain de laquelle se trouve le linge ; tandis que la lessive bouillante, et à plus de vingts degrés, n'arrive à qu'avec soixante-dix.
C'est avec la potasse aiguisée de chaux qu'on fait la pierre à cautère, qui dissout si efficacement les chairs sur lesquelles on l'applique ; en sorte que le plus ou moins d'activité de cette lessive dépend du plus ou moins d'eau qui étend ce sel.	Ce sont ces dix degrés de plus, qui font le succès chissage à la vapeur.
La causticité de cette lessive est souvent telle, qu'elle agit sur les mains de la buandière, et cependant elle n'en enlève pas mieux les taches, tout en enlevant la peau.	

DU PROCÉDÉ A EMPLOYER POUR BLANCHIR LE LINGE A LA VAPEUR. Nos expériences de comparaison faites sur une quantité de cinq cents livres pesant de linge. Mais, comme la ménagère compte urs son linge par pièce, sans jamais le peser, ce poids déterminé de cinq cents livres ne elle aucune idée. Présentons-lui donc, pour la diriger sur cette relation du poids et des pièces ge, le relevé d'un blanchissage de cinq cents pesant.

LINGE DE CORPS.	POIDS PARTIEL. Liv.	Onces.	Gros.	POIDS TOTAL. Liv.	Onces
Chemises d'hommes, chacune. . .	»	12	»	22	8
Idem.	»	5	»	7	8
Cravates.	»	1	4	1	6
Caleçons	»	6	»	3	12
Paires de bas de coton.	»	3	»	2	4
Bonnets de coton.	»	3	»	1	14
Paires de chaussons.	»	1	4	»	15
Gilets.	»	9	»	5	6
Serres-tête.	»	2	1	1	8
Bandeaux	»	2	»	1	14
Mouchoirs.	»	3	»	11	14
Pantalons	»	10	»	1	4
Linges à barbe.	»	6	»	1	2
Robes de femmes.	1	»	»	5	»
Jupons.	1	8	»	12	»
Corsets	»	4	»	1	8
Peignoirs.	»	10	»	1	4
Idem.	»	8	»	2	»
Essuie-mains.	»	6	»	7	8
Pièces. Total.				48	15

LINGE DE TABLE.	POIDS PARTIEL. Liv.	Onces.	Gros.	POIDS
269 Pièces de l'autre part.				
10 Paires de draps de maîtres.	8	»	»	
6 Paires de draps de domestiques . .	12	»	»	
2 Couvre-pieds piqués	4	8	»	
10 Têts-d'oreillers.	»	3	4	
LINGE DE CUISINE.				
6 Grandes nappes	1	4	»	
12 Moyennes *idem*.	1	4	»	
20 Petites *idem*.	1	»	»	
120 Serviettes.	»	4	4	
50 *Idem* d'office.	»	6	»	
20 Tabliers de service de chambre. .	1	»	»	
40 Tabliers de cuisine en masse. . .				
90 Torchons	»	11	»	
655 Pièces. Total				

De l'échangeage. Le linge sale est pénétré d'une bstance grasse et de taches. La substance asse, et moins encore les taches, ne lui préjucient point.

Mais l'humidité visqueuse et alcalescente ne s'évapore point, ne se sèche point ; elle entretient le humide, le rend susceptible de fermenter, de chauffer, ce qui l'altère ; il prend de l'odeur serrer de pareil linge ? Or, cette humidité visqueuse et alcalescente est dissoluble dans l'eau, sur-tout lorsque le linge en est récemment pénétré, et rien de plus facile alors que de l'en déterger : l'eau de puits suffit. On y trempe son linge, on l'y frotte à la main, on l'exprime, on le passe à une seconde eau, de laquelle on le retire en le froissant et l'exprimant de nouveau pour le mettre sécher au grenier : alors on peut le garder en fagots ou en faisceaux, et attendre le moment de la lessive.

On échange la totalité du linge à la maison et à l'eau; on n'échange au savon ni le linge de corps, ni le linge de cuisine; on emploie indifféremment de l'eau de puits, si l'échangeage se fait partiellement.

Je n'admets que cet échangeage partiel. Attendre jusqu'à la veille de son blanchissage, pour échanger son linge, n'est pas d'une bonne ménagère. Il faut échanger au fur et mesure, au moins toutes les semaines. La ménagère négligente qui aura attendu la veille de sa lessive, procédera comme elle l'entendra à cette opération; si elle multiplie les difficultés, qu'elle sache les vaincre. Elle ne peut pas échanger à l'eau de puits, et le savon lui devient indispensable. Cependant nous capitulerons sur ce point avec le propriétaire rural, qui ne peut disposer que d'eau de puits.

Du passer à la lessive. Le linge partiellement, et dès lors anciennement échangé, on le plongera la veille dans de l'eau douce pour l'imbiber complètement; retiré de l'eau, on le laissera égoutter : le linge échangé et égoutté, on l'étend dans un cuvier fort ordinaire, par fagots minces, que l'on arrose à froid de la lessive que nous allons faire connoître.

On place le linge fin au fond et successivement le plus gros dessus, pour mettre celui de cuisine à la surface. Cet ordre est inverse de celui dans lequel on arrange le linge dans le cuvier, par le procédé usité : on en verra la raison.

Le col et les poignets des chemises, si le linge est extrêmement fin, peuvent se frotter légèrement dans une portion de lessive qu'on réserve à cet effet. On y frotte également les torchons, ce qui tient lieu de l'échangeage au savon.

Composition de la lessive pour blanchir à la vapeur. La lessive, pour ce blanchissage, est composée de

Carbonate de soude cristallisé, ou sel de soude cristallisé, douze livres.

Savon, une livre.

Eau douce, cent livres, (cinquante pintes ou cinquante litres.)

Du degré de la lessive. Ces proportions donnent à l'aréomètre des sels six degrés environ. Mais, avec la quantité d'eau que le linge échangé et égoutté apporte à notre lessive, elle tombe à deux degrés, ce qui fait une lessive molle et douce. Quant au degré des lessives ordinaires, il est difficile de le fixer, ainsi que d'en calculer la causticité; d'ailleurs, ce sont des muids de lessive qu'on emploie, ce qui absorbe en pure perte une grande quantité de sels lixiviels qu'on jette lorsque la lessive est coulée, au lieu que nous n'employons que la quantité relative au linge à blanchir.

De la préparation de la lessive. Le carbonate de soude se dissout à l'eau froide, le savon s'y dissout également; mais, si l'on mêle les deux solutions à froid, le savon caillebotte. En conséquence, on fait dissoudre le savon dans cinq pintes d'eau qu'on met sur le feu; on y ajoute peu à peu, et en agitant, dix pintes de la solution de sel de soude; alors on peut, sans l'inconvénient du caillebottage, faire le mélange au fur et à mesure.

Lorsque nous prescrivons l'emploi du carbonate de soude, le sel de soude cristallisé, nous motivons la préférence que doit avoir cet alcali sur la potasse : mais, si c'est de la soude du commerce qu'on extrait le carbonate de soude, il coûte fort cher : c'est donc du sel marin qu'il faut extraire la soude, pour qu'elle ne puisse valoir que le prix auquel nous l'avons fixée. Cependant, si l'industrie appelée à ce nouveau genre de fabrication n'est pas encore prête, et qu'elle ne puisse, pour le moment, alimenter le commerce, et sur-tout à ce bas prix, de sel de soude, on pourra, en attendant, continuer d'employer la potasse ou la cendre, mais à des doses bien inférieures à celles qu'exige l'ancien procédé. Il est vrai que la potasse et la cendre présentent des inconvéniens; mais on les atténue en ne coulant pas la lessive, et on ne brûle pas pour cette opération l'énorme quantité de bois qu'elle exige; car nous ferons notre lessive de cendre à froid, si c'est de la cendre que nous employons.

On se procurera la cendre la meilleure, la plus nette, la plus recuite; et on la coulera à froid de cette manière-ci.

La cendre mise dans un tonneau, au fond duquel on aura mis de la paille, pour faciliter l'écoulement de la lessive.

On bouchera le trou destiné à cet écoulement : on mettra à la surface de la cendre un petit panier d'osier, ou une mauvaise toile pour recevoir l'eau, dont on ne mouillera la cendre que peu à peu, jusqu'à ce qu'elle en couvre la surface; on laissera le tout dans cet état pendant vingt-quatre heures. Alors on fait couler la lessive, et on remplace la quantité d'eau qui s'écoule par de l'eau qu'on ajoute : on cesse de lessiver lorsque la lessive arrive trop affoiblie.

Si on préfère la potasse à la cendre, on en fait dissoudre dans l'eau une quantité proportionnée à la quantité de linge; et on opérera, dans l'un et dans l'autre cas, comme si c'étoit une dissolution de sel de soude. Cependant nous observerons qu'on doit au moins diminuer d'un tiers la dose de la potasse qu'on substituera au sel de soude.

Quantités respectives de lessive et de linge. Prenons pour base de nos quantités respectives, cent livres de linge, car nous opérons sur cinq cent livres : nous établissons que cent livres de linge échangé et égoutté conservent un poids égal d'eau, c'est-à-dire cents livres : voilà donc cent livres d'eau que cent livres de linge échangé apportent à la lessive. Cette eau va se confondre à la lessive, va en faire partie. La quantité de lessive que nous ajouterons sera du quart du poids de l'eau apportée : ainsi, pour cent livres de linge apportant cent livres d'eau, ce sera vingt-cinq livres, ou douze pintes et demie de lessive.

De ces douze pintes et demie, le linge en retiendra les deux tiers, ou huit pintes, et les quatre autres pintes s'écouleront dans la chaudière. Cette quantité des deux tiers de lessive que le linge égoutté absorbe et conserve pendant l'opération, paroît considérable, sur-tout le linge étant parfaitement mouillé, puisqu'il apporte son poids d'eau. Cette absorption des deux tiers tient à la grande viscosité que donne à la lessive le peu de savon qu'on y a dissous, en sorte que le linge est tout à la fois dans un bain de vapeur et dans un bain d'eau tenant en dissolution du sel lixiviel et du savon.

Comme nous avons opéré dans notre expérience, sur cinq cents livres de linge et qu'il nous a apporté cinq cents livres ou deux cent cinquante pintes d'eau, le quart de la lessive à ajouter a été de cent vingt-cinq livres, ou soixante-deux pintes et demie d'eau, dont les deux tiers environ vont à la chaudière, après avoir traversé le linge. Cette quantité d'eau n'est pas tellement rigoureuse, qu'on ne puisse négliger les fractions; mais voilà les proportions.

De la macération du linge dans la lessive. Le linge ainsi passé à la lessive, on on l'y laisse macérer pendant la nuit. Macérer, c'est faire tremper à froid.

De la mise du linge dans le cuvier à vapeur. La veille a été employée au trempage du linge anciennement échangé, ainsi qu'au passer du linge à la lessive, ce qui n'exige que deux ou trois heures; la nuit est employée à la macération, le second jour terminera notre blanchissage, fût-il de deux mille pesant de linge.

Nous avons dit que le linge mis dans le cuvier à vapeur conserve les deux tiers de lessive, et que l'autre tiers coule dans la chaudière, pour y entrer en ébullition et alimenter la vapeur. Ainsi le cuvier est rempli, et il peut ne pas l'être; on le couvre de son couvercle, on allume le feu; la lessive qui égoutte dans la chaudière ne tarde pas à bouillir; et la vapeur, ainsi que la chaleur, se repandent à l'aide des conduits de vapeur distribués dans le centre et sur les côtés du cuvier; et bientôt elles inondent toute la masse, de la base au sommet. Le temps du séjour est proportionné à la quantité de linge. Dans le grand appareil, il faut environ cinq heures; dans le second, il en faut quatre; et trois dans le troisième: dans le petit appareil portatif, une heure et demie suffit. Enfin, le plus ou moins de séjour dépend de plusieurs petites circonstances qui ne permettent pas de le fixer d'une manière rigoureuse; mais on doit supprimer le feu, lorsque la chaleur ayant gagné le haut du tonneau, la superficie a été l'espace d'une demi-heure dans le bain de vapeur. Ce temps suffit pour les mouchoirs qui sont à la surface et que l'on retire, ainsi que le linge fin qui est immédiatement au dessous; car nous mettons dans le même cuvier le torchon de cuisine et le fichu de batiste, l'un au fond et l'autre à la surface, et chaque pièce est aussi isolée que si elle étoit à part. Elle est entrée dans le cuvier avec sa juste proportion de lessive et de savon, et le linge le plus fin est bien mieux soigné que dans ces savonnages faits exprès pour lui, et dont il sort toujours plus ou moins terne, tandis qu'il sort de notre cuvier d'une éclatante blancheur.

C'est par les mouchoirs et le linge fin qu'on commence le retirage; on retire successivement le reste du linge, qui se conserveroit brûlant pendant la nuit entière, et sans nul inconvénient, si l'opération s'étoit faite le soir au lieu du matin.

Du retirage. On porte le linge, au sortir du cuvier, à la fontaine; on le lave à petite eau en le frottant légèrement, et l'exprimant on le dégorge à grande eau, dont on le retire pour l'égoutter et le transporter à la maison. Point de battoirs, encore moins de brosses; point de torsion, laisser égoutter, et, de préférence, passer le linge à la presse.

Du savonnage. On donne à la buandière un morceau de savon pour la recherche seulement de quelques taches, et il est rare que le linge en ait conservé, en sortant du bain de vapeur. On cessera d'être étonné de ce que cette opération exige si peu de savon. *Où le mettre?* Telle a été la réponse des buandières, à la première expérience qu'elles firent d'un savonnage sans presque de savon. En effet, le linge en est pénétré jusqu'au dernier filament. Or, c'est la manière de l'employer et d'appliquer le savon qui en assure le bon effet.

Des savonnages domestiques. Le savonnage du linge, que sa finesse ne permet pas de hasarder à la lessive ordinaire, tel que la mousseline, la batiste, etc., est, pour les femmes, l'objet d'une forte dépense, sur-tout depuis qu'elles ont généralement adopté le blanc dans leur habillement; mais il est aussi l'objet de beaucoup de soins et d'embarras pour celles qui, désirant alléger cette dépense, font faire à la maison ces savonnages, dont la répétition est si fréquente.

On n'y emploie que le savon ; mais il faut en employer beaucoup pour suppléer à l'énergie de la lessive, et frotter fort, ce qui use beaucoup. Disons donc aux femmes qui allient avec le luxe quelque économie, que ce linge si délicat par son tissu n'a cependant rien à redouter de l'action de la lessive à la vapeur; que c'est même le seul procédé pour obtenir des vêtemens éblouissant de blancheur, et en prolonger du double la durée.

Cette opération du blanchissage domestique est assez compliquée ; on échange à l'eau, ensuite au savon ; une assez forte eau de savon tient lieu de lessive ; on y fait bouillir le linge pendant une heure et plus ; on dégorge le linge au sortir du bain de savon, et souvent on ajoute encore du savon au bleu dans lequel on passe le linge, pour dégorger de nouveau. Il résulte de cette manutention longue et dispendieuse du linge *gris-blanc ;* teinte qu'on déguise par le bleu. C'est inutilement qu'on fatigue le linge par le frottement. Les femmes savent bien que les taches reparoissent, sur-tout celles du collet des robes, des mouchoirs, des plis qui sont en contact avec la peau, sur-tout si les femmes se servent de corps gras. On ne hasarderoit pas le sèchement au soleil de ce linge en apparence blanc; il n'y a que la lessive qui attaque efficacement cette substance grasse profondément recélée dans les filamens du linge. Je sens ce que ces détails ont de minutieux ; mais ils se trouvent ennoblis par leur objet ; la plus grande propreté est la plus grande économie. D'ailleurs, la blancheur du linge est un besoin de tous les âges; elle relève l'éclat de la jeunesse, et rend à la vieillesse quelque chose de la fraîcheur. Substituons à ces savonnages le blanchissage à la vapeur

Procédé du blanchissage à la vapeur, substitué aux savonnages domestiques. Le petit appareil est destiné à remplacer le blanchissage à la vapeur. Cet appareil ne diffère des autres que par son volume et la facilité de le transporter. La manutention sera la même, si ce n'est que le peu de profondeur de la chaudière, ne pouvant pas admettre la cage qui, dans les appareils plus grands, en occupe une partie, nous y substituerons un diaphragme plat, de bois blanc, sur lequel posera le linge. Quant aux conduits de vapeur, il n'en a que quatre, un au centre, et les trois autres placés sur la paroi intérieure du vase. Procédons à notre opération : on mettra tremper la veille son linge pour l'échanger dans l'eau de rivière. Il faut tremper la veille ; car, qu'on ne croie pas que le linge se trempe facilement à grande eau, et sur-tout du linge de corps plus ou moins imbu de substances grasses. En effet, qu'on exprime du linge mouillé et non trempé, on voit beaucoup de bulles d'air s'en échapper. On le dégorgera en le maniant légèrement; échangé dans cette première eau, on le trempera dans une seconde; retiré et égoutté, on le fera macérer pendant la nuit dans la quantité de lessive suffisante. Les parties du linge plus profondément sales par le contact de la peau, s'échangeront au savon sec ; le linge déjà échangé est égoutté, pour que ce savon y demeure plus long-temps.

Le linge ayant macéré pendant la nuit dans sa lessive, on l'en retirera pour le mettre dans le cuvier à vapeur. Il n'est pas nécessaire que le cuvier soit rempli de linge. On y posera son couvercle qu'on assujettira avec un poids pour l'empêcher de verser.

L'expérience aura bientôt fixé le temps du bain de vapeur, il dépendra de la quantité du linge, de son plus ou moins grand degré d'encrassement; une demi-heure d'ébullition suffit dans le petit appareil dont il s'agit, pour inonder l'intérieur du cuvier de vapeur, on y tiendra le linge pendant environ une heure, à une douce ébullition de la chaudière; car, *ici le temps fait à la chose.*

Du retirage. On retire le linge, on l'examine pour le passer à l'eau : si une tache a pu échapper à la lessive, on la recherche avec un peu de savon; enfin, on frotte, ou froisse le linge à la main, pour le bien dégorger de sa lessive, et on l'égaie dans plusieurs eaux. On ne le passera point au bleu sur-tout si on préfère à cette teinte, qui n'a guères pour objet que de farder le linge, ce blanc de lait et cet éclat du linge blanchi à la vapeur.

Admettons un savonnage composé de soixante pièces de linge, vingt grandes de vêtemens, cinq robes et quinze chemises; les robes sont du poids de quatorze à quinze onces; les chemises de cinq à six onces, plus, quarante petites cravates, fichus, etc., du poids de six gros : c'est au total douze livres. Ces douze livres échangées nous apportent douze livres d'eau; il nous faudra douze livres ou six pintes de lessive dans les grands blanchissages; la proportion de lessive est de moitié du poids du linge sec, et conséquemment du quart du linge échangé et égoutté; mais ici la proportion change, nous n'avons que quatre pintes à fournir à la chaudière. Nous prenons donc :

Eau, six pintes ou douze livres.

Carbonate de soude cristallisé, une livre quatre onces; ou potasse blanche de Russie, une livre.

Savon, une once deux gros.

Le prix de ce savonnage, ou plutôt de ce blanchissage, est de vingt-quatre à vingt-cinq sous, y compris le bois ou charbon, et trois ou quatre heures l'ont terminé. Je laisse aux femmes à calculer ce qu'un tel savonnage, fait chez elles, eût coûté de bois, de savon, de temps, de peine et d'embarras, sans compter l'avantage de la blancheur. On l'eût payé à une blanchisseuse en fin, de quatorze à quinze francs.

Observations sur les moyens de se procurer l'appareil. La gravure que nous donnons ici suffit pour diriger dans la construction du fourneau.

Le cuvier, les conduits de vapeur, peuvent se faire par tout tonnelier et menuisier.

Il n'y a que les chaudières qu'il faut se procurer à Paris. Quant aux deux petits appareils, l'un suffisant pour le blanchissage complet d'un petit ménage, et l'autre destiné à suppléer aux savonnages de linge fin, il faut en tirer les fourneaux de Paris; ces fourneaux sont en tôle et d'une construction toute particulière. L'un et l'autre de ces fourneaux deviennent bien précieux pour l'économie domestique : on peut les appliquer à tous les usages. Enfin, il suffit de savoir que, dans les expériences que nous avons faites avec un de mes fourneaux, cent vingt pièces de linge, tenues pendant trois heures en bain de vapeur, n'ont employé que dix livres pesant de bois, c'est-à-dire pour moins de quatre sous. J'ajoute que ce fourneau, susceptible de se transporter, peut échauffer une pièce, pour quelques heures, avec deux sous de bois; il est douteux qu'on puisse ajouter à cette économie de combustible : ainsi ce fourneau, ne fût-il pas destiné à notre blanchissage, il n'en deviendroit pas moins le fourneau de tous les ménages (1).

(1) Le dépôt de ces fourneaux et de tout ce qui a rapport à l'appareil du blanchissage à la vapeur, est chez M. Perte jeune, et Compagnie, rue Grenier-Saint-Lazarre, n°. 606, à Paris. Il

De l'appareil du blanchissage à la vapeur. L'appareil consisite en

Un fourneau;
Une chaudière;
Un cuvier à vapeur.

FIGURE 1ere.—*Du fourneau.* Le fourneau est un carré long, ayant de longueur cinq pieds; de largeur, quatre pieds; de hauteur, trois pieds six pouces.

En enfonçant d'un pied six pouces le fourneau en terre, il se trouve réduit à deux pieds d'élévation au dessus du sol, et alors le cuvier à vapeur est à portée des bras, ce qui en facilite le service.

Il est composé d'un foyer dont la porte est opposée à la cheminée.

La porte a de largeur, huit pouces; de hauteur, dix pouces; de profondeur, trois pieds huit pouces.

Il se prolonge dans la largeur que la porte a à sa base, pour, au dessus de sept pouces, se rétrécir de manière à former une ellipse très-allongée de trois pieds de long, dont l'ouverture se termine dans son plus grand diamètre à quatre pouces.

Le fond de la chaudière est distant de cette ouverture de huit pouces.

Tel est donc l'intervalle qu'occupe le jet de la flamme qui, d'après mes principes, a besoin de cet intervalle pour former un foyer de calorique dont alors l'intensité devient égale à celle du jet de flamme de la lampe d'*émailleur*, ou du tube des lampes à la *Quinquet*.

Le foyer est en même temps le cendrier.

Le *laboratoire*, c'est-à-dire la partie du fourneau qui reçoit le corps ou vaisseau à chauffer, et destiné à une chaudière.

Il a, dans sa circonférence, trois angles circulaires, faisant cerceaux, distans de cinq pouces; leur saillie est de deux pouces, et la distance de la saillie à la chaudière, d'un pouce. Ces angles représentent les dents d'une crémaillère; ils sont destinés à recevoir et réfléchir les coups de la flamme qui tendoit à s'échapper sans avoir exercé toute son action sur la chaudière.

La partie supérieure du laboratoire se termine par une ouverture circulaire d'un pouce de haut, ce qui force la fumée à diviser son courant avant de s'échapper, de manière à ce qu'elle emporte avec elle le moins de calorique possible.

La fumée, après avoir parcouru cette surface circulaire, se dirige dans un tuyau antérieur qui a la largeur du fourneau, sur trois pieds de diamètre.

Une languette, de l'épaisseur d'une brique, sépare ce tuyau d'un tuyau postérieur: elle est élevée de seize pouces au dessus du sol du foyer.

Voici la marche de la fumée.

Elle descend par le tuyau antérieur qui a même diamètre et même longueur, et gagne le tuyau d'issue qui prend naissance à la surface du fourneau. Ce tuyau a huit pouces de longueur sur quatre de large.

Une plaque de tôle est destinée à faire coulisse, pour arrêter le courant d'air et conserver la chaleur, tout en supprimant le feu. On fait la coulisse à deux pieds au dessus du fourneau.

Un tuyau de tôle de quatre pouces, ajusté à l'extrémité de la cheminée, conduit la fumée au dehors, ou dans une cheminée voisine.

La surface du fourneau présente une ouverture circulaire à mi-épaisseur, destinée à recevoir le bord de la chaudière.

Les proportions sont celles du grand appareil destiné à contenir cinq cents pe-

y a aussi des poêles et des cheminées, en tôle ou en cuivre, que j'ai fait construire d'après mes principes, et qui offrent à l'économie domestique des avantages qu'elle n'a pu trouver, jusqu'à ce jour, dans aucunes constructions de ce genre.

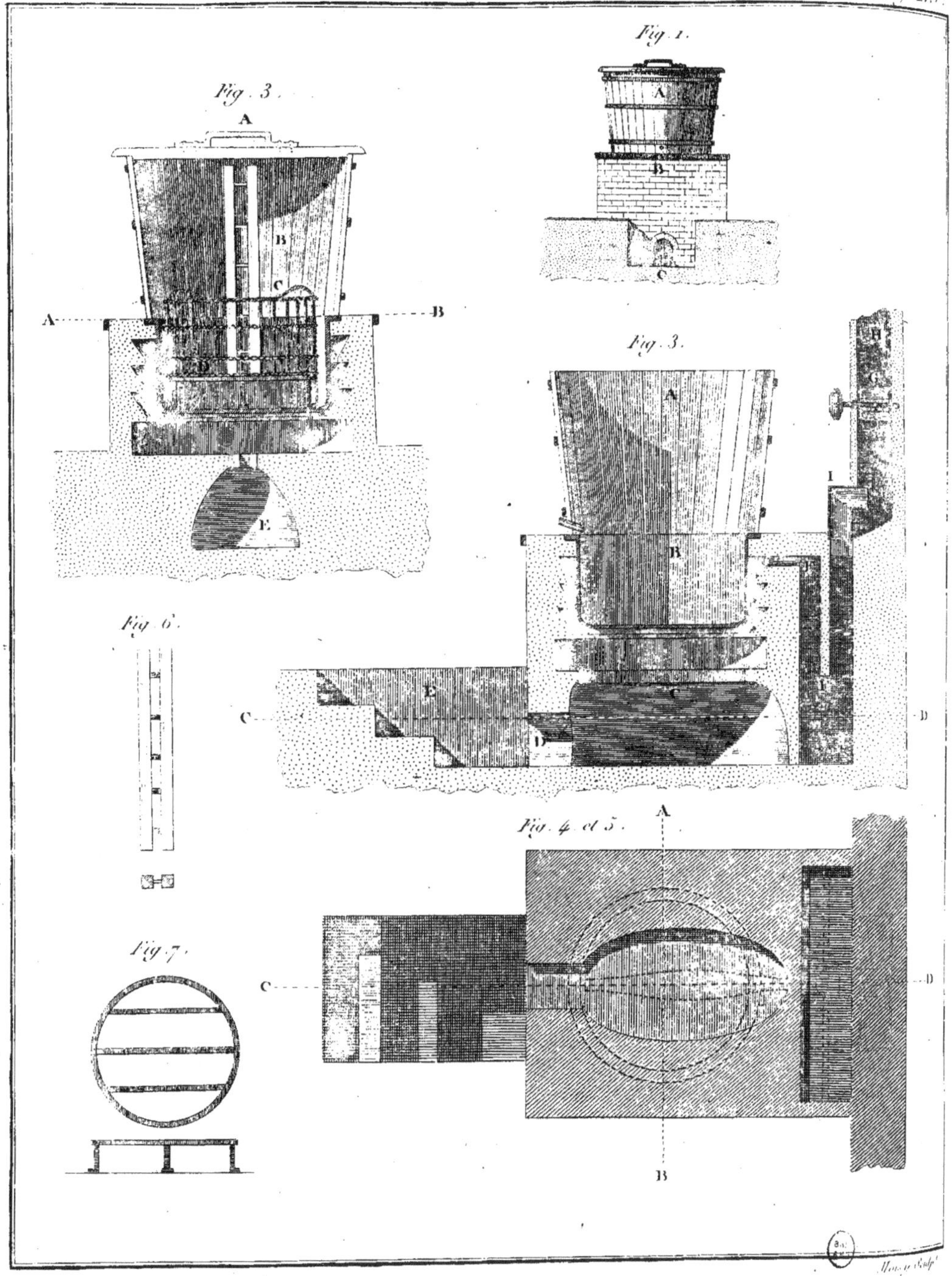
Fig. 1.
A
B
C
Fig. 3.
A
B
C
D
E
A B
Fig. 3.
A
B
C
D
E
F
G
H
I
C D
Fig. 6.
Fig. 4 et 5.
A
B
C D
Fig. 7.

Moisy Sculp.

sant de linge, sans compter l'addition de poids qui résulte de l'eau et de la lessive.

Il y a deux autres appareils.

Le second est d'un tiers moins grand.

Le troisième diminue également d'un tiers, en sorte que toutes les dimensions décroissent dans des proportions à peu près relatives.

Figure 2. — *De la chaudière.* La chaudière de fonte a une gorge qui se place dans la mi-épaisseur de l'ouverture du fourneau. Cette gorge est destinée à recevoir le cuvier à vapeur. La chaudière du grand appareil a trente pouces de diamètre sur quinze de profondeur, non compris la gorge.

Comme la chaudière n'a à contenir que quinze à vingt pintes de liquide, on profite de ce vide pour y placer une cage en bois blanc, à claire-voie, destinée à recevoir le linge de cuisine, et successivement le plus gros linge. Cette claie entre dans la chaudière à six pouces du fond, et ressort de trois pouces hors de la chaudière : elle est supportée par un trépied en fer, qui s'élève à six pouces.

Le linge mis dans la cage, on pose le cuvier à vapeur, dont la circonférence de la base embrasse une partie de la cage.

Figure 3. — *Du cuvier à vapeur.* Le cuvier à vapeur diffère des cuviers ordinaires : il est tronqué par ses deux extrémités. Il est de bois blanc, cerclé de trois cercles de fer. Il a à sa base le même diamètre que la gorge intérieure de la chaudière. Le diamètre supérieur a six pouces de plus ; l'épaisseur du bois est de dix-huit lignes ; son couvercle dépasse d'un pouce l'ouverture.

F, sont des conduits de vapeur ; sept pour le grand appareil, six pour le second, et cinq pour le troisième.

Ces conduits sont deux tringles de bois de deux pouces de large, placées en face l'une de l'autre à un pouce de distance, et assjuetties par cinq ou six petites chevilles dans leur longueur.

Le conduit du milieu doit porter sur la base de la cage. Les autres conduits doivent être couchés latéralement et à plat, par une de leurs faces, sur la paroi intérieure du cuvier, de manière à communiquer tous avec la vapeur.

Le défaut de ces conduits dans la première expérience, l'avoit prolongée de plusieurs heures, et avec eux le cuvage marche très-rapidement.

On conçoit qu'à l'aide de ces conduits la vapeur agit en tout sens, par *ascension* par les *côtés*, et par *descension.* Arrivée au couvercle, elle est refoulée par lui sur la surface du linge plus lente à s'échauffer, et qui, d'ailleurs, a moins besoin de chaleur.

Indépendamment de cette prompte distribution de chaleur, les conduits ont l'avantage d'établir une communication directe de la colonne d'air avec l'intérieur de la chaudière, ce qui s'oppose à une élévation de température plus grande que celle de 80 degrés.

Explication des figures contenues dans la Planche IV.

Figure 1. — A. Cuvier.
B. Fourneau.
C. Porte.

Figure 2. — Coupe sur la ligne A. B. du plan.
A. Couvercle.
B. Intérieur de la cuve.
C. Cage de bois blanc.
D. Trépieds.
E. Foyer.

Figure 3. — Coupe sur la ligne C. D. du plan.
A. Cuvier.
B. Chaudière.
C. Foyer.
D. Porte.
E. Escalier pour descendre au foyer.
F. Conduit par où s'échappe la fumée.
G. Soupape.
H. Cheminée.
I. Tuyau adapté au fourneau et à la cheminée.

Figure 4. — Plan du fourneau, vu par-dessus, avec sa rainure pour recevoir la chaudière

Figure 5. —Plan du fourneau à la hauteur du foyer.

Figure 6. — Deux petites tringles de bois ajustées ensemble par des petites chevilles.

Figure 7. —Trépieds en fer.

(CURAUDAU.)

LIEVRE, (*Lepus timidus*. Lin.) quadrupède du genre de son nom, dans l'ordre des LOIRS. (*Voyez* ce mot.)

Caractères génériques, selon M. Linnæus : Deux dents incisives à chaque mâchoire, les supérieures creusées d'un sillon qui les fait paroître doubles; les inférieures plus petites.

Caractères spécifiques : La queue courte, les oreilles plus longues que la tête, et noires à leur sommet.

Les bois, les montagnes et les plaines découvertes servent également de demeure aux lièvres, si l'on peut cependant regarder comme demeure une carrière d'agitations et de courses provoquées par des peurs sans cesse renaissantes. La foiblesse et la timidité composent le caractère de ces animaux et font le tourment de leur vie, depuis les premiers instans de leur existence jusqu'à ce que les coups ou les pièges de l'homme en tranchent le cours. Un lièvre qui meurt naturellement est un phénomène; une mort violente termine presque toujours une vie agitée par l'excès de la crainte, et par des poursuites qu'un art meurtrier multiplie et combine avec trop d'ardeur, pour que des êtres aussi foibles n'en soient pas bientôt les victimes.

C'est dans ces derniers temps sur-tout que la guerre contre les lièvres s'est allumée avec le plus de fureur. Le droit exclusif de la chasse conservoit cette espèce sur notre territoire; son abolition l'a fait presque entièrement disparoître. En cette occasion, comme en beaucoup d'autres, l'intérêt particulier, qui ne s'occupe que de lui seul et ne recherche que les jouissances du moment, l'a emporté sur l'intérêt public, qui ne doit pas laisser à la discrétion de tous l'existence des animaux sauvages, dont la terre, les airs et les eaux sont peuplés, et dont la quantité entretient l'abondance des subsistances. Le gibier et le poisson se multiplioient sous la sauve-garde d'une portion privilégiée de citoyens; ils ont péri dès que l'on a cru qu'ils étoient la propriété de la généralité des habitans; la masse des subsistances s'est appauvrie, parce que la consommation du gibier épargnoit celle des animaux domestiques. *Voyez* les articles LAPIN et ETANG, dans lesquels j'ai donné plus de développement à ces principes d'économie publique, méconnus par des hommes à grands talens, mais qui n'envisageoient l'intérêt général que sous un aspect, tandis qu'il se compose de diverses parties, opposées en apparence, mais qui tendent toutes à sa plus brillante prospérité; je ne parle pas de la licence, toujours disposée à blâmer ce qui contribue à la contenir, elle n'existe que par le désordre et la confusion.

Indépendamment des ressources que les lièvres fournissent pour nos alimens, leur dépouille, de même que celle des lapins, est employée dans les manufactures. (Consultez encore l'article du LAPIN.) Notre commerce, avant la révolution, tiroit du Levant et de la Sicile, par la voie de Marseille, une forte quantité de peaux de lièvres que nos fabriques consommoient. La Morée seule en fournissoit annuellement près de dix mille, sans compter une quantité à peu près pareille que les Grecs de cette contrée transportoient eux-mêmes à Trieste ou à Venise, ou qu'ils vendoient à d'autres nations européennes. Depuis quelques années, les Anglais avoient tourné leurs regards vers cette branche d'exportation, et le succès de leurs premiers essais les encouragea à continuer ce commerce.

A présent que nos relations commerciales avec le Levant sont interrompues, il ne nous arrive plus de peaux de lièvres. D'un autre côté, le nombre de ces animaux qui existoient en France étant très-considérablement réduit, le prix des objets fabriqués avec leur dépouille a dû nécessairement s'élever dans une progression rapide. La destruction des lièvres, provoquée et suivie avec acharnement, est donc un mal, en même temps que leur multiplication, si elle n'est pas excessive, contribue à l'aisance de la vie, aussi bien qu'à l'activité des manufactures.

C'est en hiver que les peaux de lièvres ont le plus de valeur, parce que leur poil est alors plus fourni, plus long et plus soyeux. C'est aussi la saison où leur chair a le meilleur goût. La bonne qualité de ce gibier dépend beaucoup du terrain qu'il habite et de la nourriture qu'il y trouve. Les lièvres qui ne quittent pas les lieux élevés sont préférables à ceux qui se tiennent dans les plaines fangeuses; au fond des bois, ils valent moins que dans les campagnes; et ils surpassent tous les autres en fumet et en délicatesse, lorsqu'ils broutent le serpolet, le thym et les autres plantes odoriférantes qui tapissent les montagnes des parties méridionales de la France; c'est là où ces animaux ont une saveur que ceux des environs de Paris ne laissent pas même soupçonner; ils perdent absolument toute qualité si on les élève en domesticité, quoiqu'ils y acquièrent une graisse abondante, mais qui est de mauvais goût. Au reste, l'éducation de cette espèce d'animaux ne présente aucun avantage et ne peut être que partielle. Les lièvres privés de leur liberté ne produisent point, même dans des enclos de quelque étendue, en sorte qu'il seroit impossible de former des garennes de lièvres, comme on en forme de lapins.

La nourriture des lièvres se compose uniquement de végétaux, et ils n'ont pas besoin d'industrie pour se la procurer. En hiver, lorsque les herbes, les grains, les feuilles et les fruits leur manquent, ils rongent l'écorce des arbres. Ils multiplient beaucoup moins que les lapins; ils sont en état d'engendrer en tout temps et dès la première année de leur vie; la gestation est de trente ou trente-un jours, et chaque portée est d'un, deux, trois et jusqu'à quatre petits, qui ont pour l'ordinaire une tache blanche au front. Ils restent avec la mère pendant vingt jours, après quoi ils s'en séparent et s'éloignent aussi les uns des autres pour vivre solitairement; mais ils ne s'écartent pas des lieux où ils sont nés. Leur gîte n'est qu'un léger enfoncement dans la terre, exposé au midi en hiver, et au nord en été; ils s'y tiennent tapis durant une grande partie du jour, et ils passent la nuit à se promener, paître, jouer et s'accoupler.

Le lièvre mâle adulte se nomme *bouquin*, la femelle *hase*, le jeune *levraut*; et le levraut qui est près de son entier accroissement, *trois-quarts*. Les chasseurs appellent *lièvres ladres*, ceux qui aiment les lieux aquatiques et marécageux. Le bouquin se distingue de la hase par sa tête plus courte et plus arrondie, ses oreilles plus courtes, plus larges et plus blanchâtres, sa queue plus longue et plus blanche, ses épaules rouges et parsemées de quelques poils plus longs que les autres. Quant à la manière de reconnoître si un lièvre est jeune ou vieux, je la rapporterai telle que l'auteur de la *Chasse au fusil* l'a indiquée: « On tâte, » dit-il, avec l'ongle du pouce la jointure du genou d'une patte de devant; » lorsque les têtes des deux os qui forment l'articulation sont tellement contiguës que l'on ne sent point d'intervalle entre deux, le lièvre est vieux; » lorsqu'au contraire il y a une séparation visible entre les deux os, il est

» jeune, et l'est d'autant plus que les » deux os sont plus séparés. » Un autre moyen de s'assurer de la jeunesse d'un levraut *trois-quarts*, ou qui est parvenu à sa grandeur naturelle, consiste à lui écarter les oreilles l'une de l'autre ; si la peau se relâche, c'est signe que l'animal est tendre et jeune ; mais si au contraire elle tient ferme, on est assuré que ce n'est point un levraut, mais un lièvre dont la chair est ordinairement dure et sèche. L'âge où le levraut fournit un aliment plus délicat et plus succulent, est celui de sept à huit mois.

CHASSE DU LIÈVRE. Cette chasse se fait de quatre manières principales : 1°. *aux chiens courans* dans les bois ; 2°. en plaine *avec les chiens couchans ou d'arrêt ;* 3°. en plaine *avec les levriers* ; 4°. avec les *oiseaux de vol.*

La première de ces chasses, faisant partie de la VÉNERIE, on la trouvera décrite à ce mot.

Ce que j'ai dit à l'article CHASSE suffit pour faire connoître la seconde, ainsi que la troisième.

Enfin la quatrième chasse tient à l'art et à l'appareil de la *fauconnerie*, qui n'est point de nature à entrer dans le plan de cet Ouvrage.

Les autres manières de chasser, ou pour mieux dire de prendre les lièvres, sont dédaignées par les vrais chasseurs, et ne sont guères mises en usage que chez les braconniers et chez les *tueurs* de profession, qui chassent plutôt pour le profit que pour le plaisir. Telles sont :

L'affût, soit à la lisière d'un bois, soit, en été, au pied d'un arbre ou d'un buisson, près d'un champ isolé et ensemencé en orge, en avoine ou en maïs ; soit enfin au clair de la lune, dans un endroit du bois où plusieurs chemins se croisent.

La raie, pendant l'été, lorsque les blés sont en tuyau, depuis le lever du soleil jusqu'à huit ou neuf heures du matin, et le soir, deux heures avant le coucher du soleil : deux chasseurs longent une pièce de blé, chacun par un bout opposé, en marchant doucement à la rencontre l'un de l'autre. S'ils font lever un lièvre, il suivra la raie du champ, par l'habitude qui lui est naturelle de ne point s'écarter des sentiers battus, et il s'approchera assez de l'un des deux chasseurs pour essuyer son feu.

La battue dans les campagnes où les lièvres sont communs, et en temps de neige. Des hommes et des enfans, armés de bâtons et rangés en demi-cercle, parcourent la plaine, battent les buissons, et poussent devant eux les lièvres qui vont tomber sous les coups de plusieurs tireurs placés en embuscade.

Le gîte. Il faut de l'habitude pour découvrir un lièvre au gîte ; un petit nuage de vapeurs qui s'élève au dessus, le fait reconnoître à des yeux exercés. L'on ne doit pas aller droit vers le lieu où l'on a vu ces vapeurs, mais on en approche en tournant et sans s'arrêter jusqu'à ce qu'on soit à portée de tirer le lièvre.

Le collet ou *lacet* que l'on fait avec du laiton simple, s'il est assez gros, et dont on tord plusieurs fils ensemble, s'il est trop foible. (*Voyez* au mot COLLET.) Lorsque celui qui veut se servir de ce piège s'apperçoit, en visitant les haies et les buissons voisins des champs ensemencés, qu'un lièvre y a passé, en y laissant de son poil, il ne manque pas d'y tendre un collet, et il l'attache à une branche du buisson la plus proche de la passée ; il a soin de s'avancer contre le vent et de frotter ses mains et le collet avec du blé vert, du serpolet, du pouliot, ou même avec du crottin de lièvre s'il en trouve à sa portée, afin que le gibier n'ait point le sentiment de l'embûche qu'on lui prépare. Si le trou par lequel le lièvre a passé n'est pas rond, et a plus de hauteur que de largeur, le *colleteur* soutient le collet à la hauteur nécessaire, au moyen de deux petites fourches, grosses comme une plume à écrire; si, au contraire, le passage est plus large que haut, il le rétrécit avec quelques petites branches qu'il fiche en terre de chaque côté. Quelquefois des lièvres défians, reconnoissant un objet étranger placé sur leur chemin, grattent à l'entour et le dérangent pour passer, sans s'y prendre. Pour déjouer cette ruse, on tend, au dessous du collet ordinaire et à plate terre, un autre collet que l'on attache à une branche basse et sur lequel on jette quelques feuilles: le lièvre qui, chaque nuit, suit sa route accoutumée, défait le premier collet et se prend au second par les pattes.

Le *panneau* simple ou double, ou contre-maillé. C'est un filet en carré long qui, lorsqu'il est tendu, paroît comme un pan de muraille, d'où quelques uns le nomment simplement *pan*. On le tend dans une passée connue; de manière qu'il regarde le côté d'où l'animal doit venir. Des piquets taillés en pointe, à un bout que l'on enfonce légèrement en terre, le soutiennent de l'autre un peu incliné; en sorte que le lièvre, effarouché par le bruit que font, dès qu'ils le voient approcher, les chasseurs cachés sur les côtés de la passée et en avant du panneau, se précipite contre le filet, le fait tomber et s'y trouve enveloppé. (S.)

LIGATURE DES TIGES. (*Voyez* FRUITS; moyens artificiels d'accélérer leur maturité.) TOLLARD aîné.)

LIGNE, (*Pêche*,) instrument composé d'une perche ou d'une forte baguette, d'un cordon et d'un hameçon amorcé. C'est du moins ce que l'on entend communément lorsqu'on parle d'une ligne propre à pêcher dans les eaux douces, courantes ou mortes, quoique, à bien dire, la ligne ne soit que la petite corde attachée d'un bout à la baguette, et tenant l'hameçon de l'autre. L'on dit donc assez généralement que l'on pêche à la ligne, quand on se sert de l'instrument dont je viens de désigner les trois parties principales. Quelques uns disent *pêcher à la perche*, à cause du manche de la ligne qui se fait souvent avec une perche longue et pliante; et aussi *pêcher à la canne*, parce que ce manche est tantôt formé de roseaux ajustés les uns au bout des autres, et tantôt disposé de façon à servir de canne pour marcher.

La pêche à la ligne ne convient qu'aux gens oisifs, qui ne craignent ni l'ennui, ni la perte du temps. Les pêcheurs de profession, ceux qui attendent quelque profit de leurs occupations, usent de moyens moins lents et plus assurés. Cependant, comme cet exercice de patience sert d'amusement à quantité de personnes, je vais entrer dans quelques détails à son sujet.

On donne ordinairement dix à douze pieds de long au manche ou à la perche; au reste, cette longueur se proportionne à l'étendue de la nappe d'eau où l'on se propose de pêcher, et à la hauteur de ses bords. La perche vaut mieux si elle est composée de deux pièces, l'intérieure, ou le bâton, qui n'est point flexible et qui est de sapin, de tremble ou de tout autre bois léger, et la supérieure, qui est pliante et légère, pour laquelle le coudrier est le meilleur bois que l'on puisse employer. Si la perche est d'une seule pièce, on la façonne avec le coudrier, le peuplier, le micocoulier, etc. Quand l'on se sert d'une canne, soit de roseau, soit de jonc, soit d'un des bois indiqués ci-dessus, on ajuste à son extrémité un beau jet de coudrier qui doit entrer par le gros bout dans l'intérieur, et jusque vers la moitié de la longueur de la canne. Ces deux pièces suffisent pour pêcher, et il est superflu d'en ajouter d'autres, ainsi que quelques personnes le veulent. Des houssines droites et déliées de houx, de charme, de pommier sauvage, de néflier, d'épine noire, ou de quelque autre bois qui plie sans rompre et se redresse de lui-même, forment, après avoir été dépouillées de leur écorce et séchées avec soin, les pièces du manche, lesquelles entrent dans le bâton creux comme dans un étui; une baguette de baleine remplace souvent celle de bois.

Il vaut beaucoup mieux acheter les lignes toutes préparées, que de passer son temps à les mal faire. L'on en trouve de plusieurs sortes chez les marchands de filets; et le magasin de M. Clavaux, rue Coquillière, à Paris, présente le plus bel assortiment en ce genre.

Le cordon qui pend au bout de la baguette et auquel l'hameçon est attaché, doit être de soie ou de crin, mais d'une de ces matières seules, sans les mêler ensemble. Les crins de cheval se choisissent bien ronds, nets, clairs, et autant qu'il est possible, de même grosseur et grandeur; on les met tremper dans l'eau pendant une demi-heure, ensuite on les retord également, sans trop les serrer, pour former toute la longueur de la ligne. Il est sensible que l'on doit ajouter plusieurs cordonnets les uns au bout des autres; c'est un petit art que l'habitude seule peut enseigner. D'ailleurs, ceux qui font des lignes pour les vendre se servent d'une machine qui abrège beaucoup le travail.

La soie vernissée est plus forte que le crin. Pour donner le vernis aux fils de la soie, on les tord bien également, on les laisse dans cette situation, jusqu'à ce que le vernis soit bien sec.

Il est d'un usage commun de faire le cordon des lignes en diminuant de grosseur depuis le bout de la perche jusqu'à l'hameçon; cependant, dans quelques endroits, l'on veut que ce cordon soit d'égale force depuis un bout jusqu'à l'autre.

Les couleurs dont on teint ordinairement les cordons de la ligne, sont le blanc ou le gris pour pêcher dans les eaux claires, et le vert-d'eau pour pêcher dans les eaux bourbeuses. Afin de se procurer cette dernière couleur, on fait bouillir dans une pinte d'eau d'alun, une poignée de fleurs de souci; on met dans cette liqueur écumée une demi-livre de vert-de-gris en poudre, que l'on fait bouillir quelque temps; enfin, on jette les cordons de ligne dans cette liqueur, et on les y laisse tremper pendant dix ou douze heures; ils prennent un vert-d'eau bleuâtre qui ne se déteint point.

Au bout de la baguette ou verge qui doit soutenir la ligne ou cordonnet, et à laquelle on donne quelquefois le nom de *sion*, est une boucle pour attacher la ligne, que l'on passe ensuite dans un tuyau de plume, appelé *plumeret;* on le couvre pour l'ordinaire de soie cirée; un autre morceau de plume, servant de coin, s'introduit dans le premier pour fixer le plumeret sur la ligne à la distance convenable de son extrémité. Au lieu de plumeret, on se sert quelquefois, sur-tout pour les grosses, lignes, d'un morceau de liège que le cordonnet et un bout de plume traversent. Ce liège se nomme *flotte;* on lui donne tantôt une figure conique, tantôt une forme sphérique, souvent ce n'est qu'un bouchon de bouteille; mais, de quelque forme que soit ce liège, il ne doit avoir que la grosseur nécessaire pour soutenir la ligne sur l'eau, autrement le poisson en seroit effrayé.

On fait encore passer le cordonnet, avant de l'attacher à la perche, dans un petit morceau de plomb laminé que l'on roule autour à environ six pouces au dessus de l'hameçon, pour le faire caler; une balle fendue ou percée peut également servir ; il est seulement nécessaire d'observer que le poids du plomb soit précisément ce qu'il faut pour que la ligne gagne le fond de l'eau, et pour que l'effort le plus léger l'en détache ; par cette raison, le plomb doit être plus lourd dans les eaux courantes que dans les eaux stagnantes.

Pour les pêches dans lesquelles on fait sautiller l'hameçon à la surface de l'eau, il ne faut ni plomb ni flotte. La distance entre le liège, le plomb et l'hameçon, se règle sur la nature des poissons que l'on pêche ; pour quelques espèces, comme la carpe, l'hameçon doit traîner sur le fond ; pour d'autres, il doit être suspendu entre deux eaux. En général on le tient plus près de la surface de l'eau en été que pendant les froids.

La ligne se divise souvent en plusieurs ramifications, que l'on nomme *empiles ;* chacune est garnie d'hameçons. Les pêcheurs ne sont pas d'accord au sujet de la longueur à donner aux lignes : les uns veulent qu'elles soient fort longues ; d'autres ne leur donnent que la longueur de la perche ; d'autres prescrivent de faire la ligne d'environ sept à huit pouces plus courte que la perche, parce que, selon eux, on a plus de force pour enlever le poisson qui a mordu, et que l'on voit mieux si l'hameçon est toujours couvert de son appât.

La pièce principale de l'instrument de pêche qui fait le sujet de cet article, celui dont dépend en plus grande partie le succès de la pêche, est l'*hameçon*, *hain* ou *ain ;* c'est une espèce de crochet de fer, plus ou moins grand, dont l'extrémité qui retient l'appât est fait en dard, et l'autre se termine par un anneau ou par un aplatissement. La courbure, la grandeur et la force des hameçons, varient suivant l'idée du pêcheur, et la grandeur de l'appât et du poisson. L'objet le plus important, dans le choix de ces instrumens, c'est que leur pointe, ainsi que celle du barbillon, soient aiguës, et que l'extrémité du barbillon soit bien détachée de la tige ; il y en a qui ont double croc ; on s'en sert pour la pêche du brochet. Afin que les hameçons soient garantis de la rouille, on les couvre d'étamage.

De tous les hameçons, les plus petits servent à la pêche des ables ou ablettes ; viennent ensuite, dans l'ordre de grandeur, les hameçons pour les goujons, pour les petits gardons ou rosses ; pour ces mêmes poissons de moyenne taille ; pour les plus gros, et pour les autres poissons de même grandeur ; pour les anguilles ; enfin, pour les brochets.

La manière d'empiler l'hameçon, c'est-à-dire, de l'attacher à la ligne, varie selon la forme de la tête de l'instrument ; si elle est terminée par un anneau, comme celle des plus petits hameçons, on passe deux fois dans cet anneau le bout de la ligne ; on le couche sur le corps de l'hameçon et on l'y joint par plusieurs tours de soie cirée ; ensuite on le relève vers l'anneau, on continue les révolutions du fil de soie, et on en arrête le bout avec une aiguille un peu grosse, enfilée de soie ; on l'engage dans les révolutions que l'on a faites, et que l'on serre l'une après l'autre. Si, au contraire, la tête de l'hameçon est plate, on l'applique contre le bout de la ligne, et on l'arrête par une ligature formée de plusieurs tours de soie cirée et assurée par plusieurs nœuds. Quand on veut pêcher des brochets, l'empile qui surmonte de beaucoup la tête de l'hameçon pour se joindre à l'extrémité de la ligne, se fait avec du laiton, pour l'empêcher d'être coupée par les dents fortes et aiguës de ces animaux.

Toutes ces choses disposées, il ne reste plus au pêcheur à la ligne que d'amorcer ses hameçons ; il pique les petits insectes et les vers de terre en travers, les gros vers du fumier en long, en faisant entrer la pointe de l'hameçon du côté de la queue, et la faisant sortir près de la tête; les petits poissons par la bouche jusqu'aux ouïes, ou par le dessous de l'ouïe jusqu'à la bouche, ou par la bouche jusqu'au bas du ventre, et alors on est dispensé de les lier à la ligne; les grenouilles par le cou, en conduisant la tige de l'hameçon entre la peau et la chair, le long de l'épine du dos. Cette dernière amorce ne convient que pour les poissons très-voraces.

Quand on se sert de petits poissons pour appât, il est important de les conserver en vie aussi long-temps qu'il est possible. C'est en effet par leurs mouvemens qu'ils trompent et attirent leurs semblables; aussi les pêcheurs industrieux ont-ils imaginé divers moyens plus ou moins compliqués, mais également barbares, de prolonger les souffrances des petits poissons fixés sur l'instrument de leur supplice, et de retarder le moment de leur mort. Les uns passent un fil de métal, qui doit servir d'aiguille, pour conduire l'hameçon par une petite incision qu'ils font entre la tête et la nageoire dorsale du poisson; ils le conduisent entre la peau et les vertèbres, et le font sortir un peu au dessus de la queue; puis ils retirent ce fil, de sorte que la tige de l'hameçon se trouve sous la peau, où ils l'assujettissent par une ligature de fil ou de soie. Les autres conseillent de mettre, entre les deux crochets d'un hameçon double, un fil de laiton qui porte un petit morceau de plomb ovale, que l'on introduit dans la bouche du poisson destiné à servir d'appât; on coud ensuite la bouche afin que le plomb n'en sorte pas; et la malheureuse victime qui n'a pas reçu de blessures graves, peut s'agiter long-temps avant de succomber à la douleur et à l'impossibilité de prendre de la nourriture. Quelques uns, enfin, se contentent de lui couper une des nageoires des ouïes; alors ne pouvant nager que d'un seul côté, il ne fait que pirouetter, et ce frétillement engage les poissons voraces à approcher et à se jeter sur une proie qui leur devient funeste.

Si l'on peut s'en rapporter aux assertions de quelques pêcheurs, recueillies par quelques écrivains, il existe des moyens d'engager les poissons à mordre plus tôt aux appâts dont les lignes sont amorcées. Je vais livrer les plus vantés de ces procédés à l'expérience des amateurs de la pêche:

1°. Un très-petit morceau d'écarlate trempé dans l'huile de pétrole et placé près de l'appât.

2°. Les achées ou toute autre amorce conservées dans une boîte frottée de miel.

3°. L'huile de héron, que l'on compose comme il suit: hachez et pilez menu de la chair de héron, mettez-la dans une bouteille que vous enterrez dans du fumier chaud; il faut que cette bouteille soit à large col et bouchée exactement. Au bout de quinze ou vingt jours, la chair se décompose en se putréfiant, et forme une espèce d'huile que vous conservez dans une bouteille bien fermée. Quand vous voulez vous servir de cette huile, mêlez-en une petite quantité avec de la mie du plus beau pain, de la graine ou du tourteau de chènevis écrasés, du miel et un peu de musc; formez du tout des boulettes grosses comme des fèves. On prétend que tous les poissons, et particulièrement les carpes, sont très-friands de cette composition.

4°. La moelle tirée des os du héron.

5°. Une pâte formée avec une livre de pain ou tourteau de chènevis, deux onces de momie, autant de saindoux, d'huile de héron et de miel, une livre de mie de pain blanc rassis, et quatre grains de musc. Si, lorsque tous ces ingrédiens seront mêlés et pétris ensemble, vous trouvez que la masse qui en résulte n'a pas assez de consistance, ajoutez-y du pain de chènevis; servez-vous de boulettes de cette pâte pour mettre au bout de la ligne, tout autour de l'hameçon.

6°. Des boulettes semblables faites avec de la chair de lapin ou de chat, pilée dans un mortier, et mêlée avec de la farine, du sucre ou du miel, et un peu de laine blanche hachée.

7°. Le sang de mouton coagulé et coupé par morceaux.

8°. Des grains du plus beau blé, bouillis dans du lait et cuits à petit feu, avec du miel et un peu de safran délayé dans du lait.

9°. Des œufs de poissons, un peu durcis sur une tuile chaude, ou conservés dans un pot sur une couche de laine et saupoudrés de sel.

Indépendamment de ces appâts dont les lignes sont amorcées ou garnies, il en est d'autres que l'on peut regarder comme des préparatifs disposés pour assurer le succès de la pêche; on les appelle *appâts de fond*, parce qu'ils descendent au fond de l'eau, quand on les jette à l'avance dans les endroits où l'on se propose de pêcher à la ligne. On choisit pour cela les substances que les poissons recherchent avec le plus d'avidité. Telles sont les différentes espèces de grains, mises dans un panier, de grosses fèves cuites à demi, la mie de pain mâchée, et mêlée avec du miel et une petite dose d'*assa-fœtida*, les vers hachés, la courge, particulièrement pour attirer les carpes, le fumier de vache, le son mêlé à du sang, les entrailles des animaux, etc. etc.

Les lieux les plus convenables pour la pêche à la ligne, dans les rivières ou les étangs, sont ceux qui sont d'une profondeur assez considérable, dont le fond est uni et libre de tout embarras, et dont les bords sont en pente douce. Quand on y a jeté la ligne, il faut rester immobile et en silence; le bruit le plus léger, de même que les mouvemens du pêcheur, épouvantent le poisson et le font fuir. L'œil ne doit pas quitter le liège dont les secousses indiquent que le poisson a mordu à l'hameçon. Dès que l'on s'en apperçoit, on ne doit pas se presser de relever la ligne, afin de donner au poisson le temps d'avaler l'appât. Quand on voit qu'il entraîne le liège, l'on observe de quel côté il paroît aller, et l'on tire la ligne en arrière pour ne pas faire sortir l'hameçon de la bouche. Si ce sont de gros poissons qui ont mordu, ils se tourmentent, et loin de se presser de chercher à les tirer de l'eau, il faut leur lâcher la ligne peu à peu, les laisser aller de côté et d'autre jusqu'à ce que, fatigués, ils ne présentent plus de résistance; alors on les amène doucement sur le bord, ce qui demande de la part du pêcheur beaucoup de précautions et d'adresse.

On appelle *ligne dormante* ou *ligne de fond à tendre*, une petite corde sur laquelle on attache, de distance en distance, plusieurs empiles garnies de leurs hameçons. On arrête un bout de cette corde à un pieu planté au bord de l'eau, et l'autre à une pierre que l'on jette dans l'eau aussi loin qu'il est possible; ou bien on fixe la ligne à deux piquets enfoncés au milieu de l'eau, mais toujours de manière qu'elle soit en travers du courant. On la place ordinairement le soir, et on la retire le matin. *Voyez* au mot ANGUILLE. (S.)

LIGNETTE, (*Chasse aux Oiseaux*,) espèce de lacet décrit à l'article GRIVE. (S.)

LIMIER. *Voyez* l'article VÉNERIE. (S.)

LOCHE, (*Cobitis barbatula* Lin.) poisson que M. Linnæus a rangé dans le genre des *cobites*, faisant partie de l'ordre des *abdominaux*, dont les caractères sont indiqués à l'article de l'ABLE.

Caractères génériques. Le corps oblong, la tête avancée, des barbillons, les yeux saillans et placés au sommet de la tête.

Caractères spécifiques. Six barbillons, la tête lisse et aplatie.

Le nom de *loche* a été appliqué à plusieurs espèces de petits poissons; mais c'est celui-ci qui est la vraie loche, la *loche franche*, que l'on appelle en quelques endroits, *petit barbot, franche barbotte*, *mouteille* ou *moutoile*. Quand il est pris dans son entier accroissement, sa longueur totale n'excède pas trois ou quatre pouces; sa forme est agréable et propre à fendre les eaux avec rapidité. Il a la mâchoire supérieure plus avancée que l'inférieure, et l'une et l'autre sont dégarnies de dents. La ligne latérale est droite, la nageoire du dos très-courte, et celle de la queue fourchue et molle; le corps, revêtu de petites écailles, est marbré de blanc et de gris noirâtre; les nageoires sont grises, et l'on remarque des taches brunes à celles du dos et de la queue. Sur la femelle, les teintes sont moins décidées et les taches moins grandes.

On trouve le plus souvent cette espèce dans les ruisseaux et les petites rivières qui coulent sur un fond de pierres ou de cailloux. Sa nourriture se compose de vers et d'insectes aquatiques. La femelle produit une quantité extraordinaire d'œufs; le temps du frai est le mois de février ou de mars. La chair délicate de la loche surpasse en bon goût celle de presque tous les poissons; elle est, de plus, fort légère et de très-facile digestion. Il y a des eaux qui donnent à ce poisson une qualité supérieure; telles sont celles de la rivière de Touvre, en Angoumois. Qui ne connoît aussi les excellentes loches et les jolies confitures de Bar-le-Duc?

C'est en automne et au printemps que la loche est sur-tout recherchée; les maîtres dans l'art de la bonne chère prétendent que ce poisson devient un mets exquis si on le fait périr dans du vin ou dans du lait. Au reste, il perd la vie dès qu'il est sorti de l'eau, et même quand il reste pendant quelque temps dans une eau tranquille. Pour le conserver dans les vases qui servent à le transporter, il faut avoir soin de les agiter continuellement, et de choisir un temps frais, comme, par exemple, le mois de novembre. C'est ainsi que Frédéric Ier., roi de Suède, fit venir d'Allemagne des loches qu'il parvint à naturaliser dans son pays. On peut encore les garder long-temps en vie dans une huche trouée, que l'on met au milieu du courant d'une rivière, afin qu'elle reçoive toujours de l'eau nouvelle.

Le célèbre historien des poissons, M. Bloch, de Berlin, décrit la manière de construire des fosses où les loches se multiplient. L'on choisit, dans un ruisseau, un endroit qui ait un fond de cailloux, ou qui reçoive l'eau d'une source; on y creuse une fosse de deux à trois pieds de profondeur, de sept à huit de longueur, et d'environ trois ou quatre de largeur; on la revêt de claies ou de planches percées, établies néanmoins de façon qu'il y ait un demi-pied d'intervalle entr'elles et les parois de la fosse. Cet intervalle se remplit de fumier de brebis bien pressé. On conduit alors l'eau dans la fosse par une ouverture garnie d'une plaque de plomb ou de fer-blanc, percée de plusieurs trous, afin de fermer l'entrée aux corps étrangers et aux animaux destructeurs. On ménage une autre ouverture, également garnie d'une plaque trouée pour la sortie de l'eau superflue. Il doit y avoir au fond, trois ou quatre pouces de cailloux et quelques grosses pierres pour faciliter le frai. Les loches que l'on met dans ces fosses trouvent une nourriture abondante dans les sucs du fumier et dans les vers qui s'y eugendrent. Cependant on leur donne aussi du pain de chènevis ou de la graine de pavot. Comme elles se propagent quelquefois dans ces demeures artificielles à un si haut degré, qu'elles ne pourroient plus y prendre leur développement ordinaire, on est obligé de construire trois fosses, une pour le frai, une seconde pour l'alvin, et une troisième pour les loches destinées à la cuisine.

PÊCHE DE LA LOCHE. Les HAMEÇONS, la NASSE, l'ECHIQUIER, la LOUVE, (*Voyez* ces mots) et tous les filets légers sont propres à cette pêche. (S.)

LOIR et LÉROT. (*Myoxus glis* et *myoxus nitela* Lin.) quadrupèdes rangés, par M. Linnæus, dans l'ordre et le genre des *loirs*. (*Voyez* les caractères génériques au commencement de l'article du LIÈVRE.)

Le premier de ces quadrupèdes est presque aussi gros que l'écureuil; son poil est cendré sur le corps, et blanchâtre en dessous; ses oreilles sont petites et ses moustaches longues; de grands poils couvrent sa queue. La tête plus petite, le museau plus pointu, la queue presque rase et terminée par un pinceau de longs poils, la couleur d'un gris fauve, plus foncé en dessus qu'en dessous; enfin, une bande noire qui traverse les yeux, sont les traits par lesquels on distingue le lérot.

Ces deux animaux se ressemblent autant par les habitudes que par les formes; ils entrent en chaleur au printemps, et produisent en été cinq ou six petits dont l'accroissement est fort prompt. Tous deux s'engourdissent pendant la froidure de l'hiver; leur réveil est également funeste aux plantations, par la quantité de fruits qu'ils dévorent; mais ils semblent s'être partagé un véritable empire de dévastation; le loir, en se chargeant de nuire aux forêts qu'il habite de préférence, et le lérot, moins solitaire et plus hardi, en ravageant les vergers et les espaliers; l'un infeste le domaine de la nature, l'autre se déclare l'ennemi de l'art, et porte ses dégâts au sein des plantations que l'industrie de l'homme a formées avec le plus de peine et de dépenses, et qu'elle entretient par des soins non interrompus.

C'est aussi contre le lérot que se sont dirigées principalement les embûches et les armes des cultivateurs. S'ils veulent conserver les plus beaux fruits de leurs jardins, ils doivent déclarer à cet animal destructeur une guerre sans relâche, particulièrement à l'époque où les fruits mûrissent, car il est le premier à en goûter. Le vif incarnat et le suc délicieux de la pêche, cette reine des desserts, l'attirent de préférence, et il la ronge avant qu'elle soit en état d'orner et de parfumer nos tables. Des fruits, il passe aux légumes, et il entasse les pois et les haricots dans les creux de murailles ou d'arbres qui lui servent de demeure.

Si la chair du lérot pouvoit se manger comme celle du loir, la gourmandise, qui est aussi une puissance dévastatrice, imagineroit mille moyens pour tenir dans sa dépendance une espèce qui cesseroit d'être nuisible, dès qu'elle auroit été privée de sa liberté. C'est ainsi que les loirs étoient rares et peu dangereux pour l'agriculture, chez les Romains qui en faisoient un mets de luxe. Les lois portées par les censeurs et le consul Scaurus, avoient mis un frein à cette sorte de faste qui paroît fort extraordinaire en France; s'il pouvoit y devenir à la mode, nos forêts seroient débarrassées, en très-grande partie, d'acharnés dévastateurs; et, comme cette fantaisie produiroit un effet salutaire, il n'est pas inutile de rappeler la manière que l'on employoit à Rome, pour nourrir et engraisser les loirs.

On les mettoit dans des espèces de garennes entourées de murailles, dont le côté intérieur étoit poli avec soin, ou parfaitement enduit, afin que les loirs, très-habiles grimpeurs, n'y trouvassent point de prise. Le sol de la garenne, plutôt sec qu'humide, étoit planté de chênes et d'arbrisseaux à fruits. On y rassembloit des loirs, et, selon Pline, l'expérience avoit fait connoître qu'on n'y pouvoit réunir que ceux de la même forêt, et que, si on en mettoit ensemble qui fussent nés dans des cantons séparés par un fleuve ou une montagne, ils se battoient et se détruisoient. Dans les temps où les arbres ne rapportoient point de fruits, on en répandoit de plusieurs espèces dans la garenne, particulièrement des glands et des châtaignes, pour que les loirs trouvassent constamment une nourriture abondante; on leur pratiquoit aussi des trous dans lesquels ils pussent déposer et élever leurs petits. Pour les engraisser, on les enfermoit dans des vases de terre, qui servoient à Rome de tonneaux, et que l'on couvroit, afin que les loirs ne vissent pas le jour et s'engraissassent dans les ténèbres, en mangeant les glands, les noix et les châtaignes dont leurs prisons obscures étoient abondamment pourvues.

Le goût des Romains pour les loirs s'est conservé en Italie; mais on a perdu la coutume d'en peupler les garennes; l'on se contente de préparer, au milieu des forêts, des trous tapissés de mousse, et recouverts de paille, dans lesquels les loirs sauvages se réfugient pour passer l'hiver, et s'engourdissent; c'est la saison où ils sont plus gras et plus délicats.

En attendant que ce mets, jusqu'à présent inusité parmi nous, y prenne faveur, et y devienne une occasion de diminuer le nombre des loirs, l'intérêt des cultivateurs doit les engager à faire la guerre à ces animaux, aussi bien qu'aux lérots, dont l'espèce n'a présenté en aucun lieu et ne présentera jamais les mêmes motifs de destruction, puisque leur chair, de quelque manière qu'on l'apprête, n'est bonne à rien, et répand même une odeur désagréable.

Parmi les moyens d'attaque, le piège ou l'arme connue sous le nom d'Arbalète, (*Voyez* ce mot) qui se tend le long des murs garnis d'espaliers ou contre la tige des grands arbres en plein vent, est un des plus sûrs. On le multiplie suivant la quantité de loirs et de lérots dont on éprouve les ravages.

D'autres pièges, tels que le quatre de chiffre, peuvent être aussi employés avec avantage.

On cherche encore et l'on surprend les loirs et les lérots dans les trous de murailles et les creux des arbres, à l'époque de leur engourdissement.

Enfin, l'on peut avoir recours à un moyen fort simple, publié en 1786, et dont le succès, dit son auteur, est assuré. Ce procédé consiste à former, avec des feuilles récentes de fougère, froissées dans les mains et séparées de leur nervure, de petits paquets un peu moins gros que le poing. Il faut les assujettir derrière les fruits des espaliers, de sorte qu'ils y touchent, sans néanmoins y jeter trop d'ombrage; les branches de l'arbre suffisent souvent pour les y fixer. Ce petit appareil écarte les lérots des espaliers, et conserve les fruits. (S.)

LOTE ou LOTTE, (*Gadus lota* Lin.) poisson du genre des *gades*, dans l'ordre des *jugulaires*, c'est-à-dire, des poissons dont les nageoires inférieures sont placées avant celles de la poitrine.

Caractères génériques. La tête lisse; la membrane des ouïes garnie de sept rayons arrondis; le corps oblong et couvert d'écailles peu adhérentes; toutes les nageoires revêtues d'une membrane; les nageoires pectorales terminées en pointe.

Caractères spécifiques. Un barbillon au menton; les mâchoires égales; deux nageoires sur le dos.

On

On donne, en quelques parties de la France, le nom de *barbotte* à ce poisson; quant à celui de *moutelle* ou de *mouteille*, que des auteurs lui attribuent, c'est une confusion trop ordinaire de dénominations: la moutelle de divers cantons, et notamment des rives de la Saône, est la loche.

Une grosse tête, une grande bouche, de petites dents pointues, de petits yeux bleuâtres, avec un iris jaune, des écailles très-minces, molles et très-petites, une humeur visqueuse très-abondante qui les enduit, enfin des marbrures noires et jaunes, sont autant de traits à ajouter à ceux que les naturalistes ont choisis pour caractériser l'espèce de la lote.

Elle passe sa vie dans les eaux claires des rivières et des lacs; elle s'y tient entre les pierres du fond ou dans les trous des rivages; les petits poissons, les insectes et les vers forment sa nourriture, et son frai a lieu en décembre et janvier. La multiplication de la lote est considérable, et son développement rapide, quand elle ne manque pas d'alimens; on la voit alors acquérir une longueur de deux ou trois pieds et un poids de dix à douze livres. On peut la conserver pendant quelque temps en vie hors de l'eau, pourvu qu'on la mette dans un endroit frais, et qu'on lui donne des petits poissons ou du cœur de bœuf coupé par petits morceaux.

Ce poisson a la chair blanche, délicate et de bon goût; elle est aussi facile à cuire. Le foie, qui est très-volumineux, est un morceau dont les gourmets font grand cas; mais les œufs se digèrent difficilement, et incommodent souvent ceux qui les mangent.

Pêche de la lote. On prend ce poisson à la main, comme l'anguille, en le cherchant dans les trous des bords ou au fond des eaux.

Divers filets, ainsi que les lignes, soit de fond, soit flottantes, servent également à cette pêche (S.)

LOTIER CULTIVÉ ou POIS-CAFÉ, (*Lotus tetragonolobus*,) famille des légumineuses.

Fleurs, grandes, rouges, solitaires, pédonculées; très-jolies feuilles, ternées, avec deux stipules, nombreuses.

Fruit, gousse oblongue, cylindrique, ou presque anguleuse, contenant plusieurs semences rondes, de couleur blanche et du volume d'un grain de vesce.

Port, tige d'un pied à dix-huit pouces, couchée.

Durée, annuelle.

Lieu, la Sicile.

Culture. On sème cette plante au mois d'avril, en pleine terre dans tous les sols, par rayons ou par touffes comme les pois.

Usages. On mange ses semences en petits pois verts. On donne le feuillage aux animaux; mais le principal usage de cette plante est de remplacer le café par ses semences mûres et torréfiées, lesquelles mises en poudre et infusées comme le café, le remplacent à dose double. J'ai fait semer un assez grand carré de ce *pois-café* pour en obtenir les semences nécessaires à l'approvisionnement de notre maison de commerce; et, sans qu'on ait eu la pensée d'en faire faire un mets ou d'en faire du café, je me suis convaincu par moi-même, en ouvrant la gousse et en mangeant les semences crues dans l'état où elles sont recommandées pour être mangées en pois verts, qu'elles étoient fort sucrées et tendres. Les gousses sont longues, nombreuses et contiennent beaucoup de semences; la culture de cette plante est très-facile et toujours productive; elle est peu difficile sur le choix de la terre, et en même temps qu'elle promet des pois-cafés, elle plaît par la beauté de ses fleurs qui l'avoient fait placer depuis long-temps au nombre des fleurs d'ornement. On la cultive en Allemagne comme légume ; et ce n'est que depuis peu d'années qu'on la considère, en France, comme plante économique. (TOLLARD, aîné.)

LOUVE. *Voyez* VERVEUX. (S.)

LUPULINE, (*Medicago lupulina* L.) *trèfle à fleur jaune*, *luzerne houblonnée*, *minette dorée ;* tels sont les différens noms donnés à cette plante, rangée parmi celles qui ont trois feuilles à chaque nœud de leurs tiges ; on l'appelle encore *trèfle noir*, à cause de la couleur obscure de ses légumes en maturité.

Feuilles. Elles sont petites, ovales, d'un vert pâle, nombreuses, réunies en touffes ou boutons ronds, qui ressemblen beaucoup au houblon.

Fruits. Cosses ou enveloppes de la semence de couleur noirâtre, ayant à peu près la même figure que les touffes des fleurs.

Racine. Pivotante, comme celle des trèfles, blanchâtre, mince et fibreuse.

Port. Tiges plus multipliées, plus rameuses, plus touffues, mais moins élancées que celles du grand trèfle rouge.

Lieu. Croît spontanément parmi les blés, malgré tous les labours possibles, dans les terres légères, crayeuses, et sur les coteaux.

Culture. Les terres où l'on veut semer la lupuline doivent être parfaitement nettoyées et labourées ; c'est au printemps ou en automne que les semailles ont lieu : on peut s'épargner le soin de séparer la graine de ses enveloppes, et alors il faut en répandre un boisseau par acre, au lieu qu'il n'en faut guères que douze livres environ pour la même quantité de terrain lorsqu'on se sert de la semence pure ; mais il convient de choisir un jour calme, autrement le vent la disperseroit irrégulièrement sur le terrain, de herser ensuite légèrement et de passer le rouleau, d'éviter sur-tout que la semence soit trop enterrée.

La plante donne un produit, dans l'année qui suit celle de son ensemencement, se défend contre la sécheresse, même dans les prés hauts, et est sur-tout recommandable comme pâturage propre aux moutons.

Le ci-devant duc de Charost communiqua, en 1785, à l'ancienne Société d'Agriculture de Paris, un Mémoire de M. *Bernet-Degrez*, cultivateur de l'Ardresis, département du Pas-de-Calais, qui avoit pour objet les avantages considérables qu'on pouvoit obtenir des prairies formées avec la lupuline. Cette plante a d'abord été cultivée dans des terres sèches et arides, qui donnent très-souvent, en automne et en hiver, des espérances qui s'évanouissent presque toujours au temps de la récolte ; ce défaut de prés naturels, l'insuffisance des prairies artificielles, ont déterminé ce cultivateur à rechercher de nouvelles ressources pour augmenter la nourriture de ses moutons. Il trouva auprès de Gravelines des prairies artificielles, formées avec la lupuline ; il essaya d'abord d'en semer sur un arpent de ses terres les plus médiocres, et recueillit beaucoup de graines qu'il s'empressa de distribuer à ses voisins, et à d'autres propriétaires qui, à son exemple, l'ont cultivée avec profit.

Pendant dix années, M. *Bernet-Degrez* augmenta chaque année l'étendue de cette prairie, qu'il a portée au dixième de son exploitation ; et malgré l'extrême sécheresse de 1785, il a trouvé la possibilité de nourrir une grande quantité de bétail, et d'entretenir un troupeau considérable de moutons. Ce succès soutenu lui a fait donner la préférence à la lupuline, sur toutes les autres plantes propres à former des prairies artificielles ; il prétend qu'un laboureur exploitant deux charrues, peut, avec vingt arpens de lupuline en herbages, et six en prairies, nourrir en été dix vaches, et ses chevaux de labour, avoir un troupeau de cent bêtes à laine, et récolter douze à quinze cents bottes de foin pour la subsistance de ces bestiaux pendant l'hiver.

Mais cette abondance de nourriture n'est pas le seul mérite que M. *Bernet-Degrez* ait reconnu à la lupuline ; il a observé que le produit des graminées qui lui succédoient immédiatement devenoit plus considérable qu'auparavant, et qu'il récoltoit aujourd'hui deux tiers de plus, tant en paille qu'en grains, et d'une qualité supérieure.

La lupuline a trouvé aussi des partisans parmi les agriculteurs les plus distingués. M. *Dumont Courset*, à qui nous devons le *Botaniste Cultivateur*, a cherché également à fixer l'opinion sur les inconvéniens et les avantages de cette plante. Selon cet écrivain, elle doit être réservée aux terrains secs et aux coteaux crayeux qu'elle peut améliorer en même temps qu'elle leur fait rapporter un produit qu'on n'auroit jamais obtenu sans elle, et qui doit être spécialement destiné à faire des pâturages pour les moutons, parce que sa tige rampante ne la rend pas très-propre à être fauchée et à en faire par conséquent une prairie artificielle : aussi a-t-on proposé de la mêler avec un quart de luzerne afin qu'elle se ramât pour se soutenir droite ; mais ce procédé n'est pas du nombre de ceux que la grande culture adopte; il est plus simple de semer la lupuline seule, et de la destiner à une bonne pâture.

Indépendamment de l'avantage qu'a cette plante de prospérer sur un sol de médiocre qualité, et de pouvoir se semer seule ou mélangée avec le blé de mars, elle brave aisément les vicissitudes des saisons, et a déjà assez acquis de croissance, au retour du printemps, pour offrir, à cette époque critique pour les animaux, un fourrage vert et salutaire.

Usages économiques. Aucun fait ne constate que l'usage de la lupuline soit suivi de quelques inconvéniens comme celui du grand trèfle, qui donne aux animaux des tranchées lorsqu'ils en mangent par surabondance, et que l'herbe est mouillée par la pluie ou la rosée ; mais, comme cette plante réussit dans un fonds moins gras, qu'elle se plaît sur un terrain sec et élevé, il y a tout lieu de croire qu'elle ne renferme pas autant de matière nutritive sous le même volume.

Quels que soient donc les avantages bien constatés de la lupuline, les cultivateurs qui ont des terrains où le grand trèfle peut réussir ne doivent point balancer de le préférer, attendu que son rapport est beaucoup plus considérable et que la plante dure plus long-temps ; c'est aussi ce qu'a fait M. Delporte, célèbre agriculteur, qui a également reconnu que, dans le ci-devant Boulonnois, où il entretient un beau troupeau de bêtes à laine, la lupuline convenoit aux sols secs et légers, et donnoit du fourrage de bonne heure; cette dernière considération ne doit jamais échapper au fermier qui a beaucoup de bestiaux à nourrir.

(PARMENTIER.)

MALADIES DES ANIMAUX DOMESTIQUES. On a traité, dans ce Dictionnaire, de toutes les maladies des animaux, suivant l'ordre alphabétique de leurs noms scientifiques; mais souvent ces noms vulgaires ne s'accordent pas avec les termes de l'art, et ils varient encore de province à province. Nous avons donc cru rendre un service important aux cultivateurs, et diminuer sensiblement la longueur de leurs recherches, en leur faisant envisager, d'un seul coup d'œil, la série des maladies qui peuvent affecter les parties externes des animaux, de manière qu'il suffira de connoître la partie affectée pour déterminer facilement le nom de la maladie et son traitement curatif. Ainsi, ce tableau servira de clef pour tous les articles concernant les maladies externes des chevaux, des bœufs et moutons, ânes et mulets, etc., qui sont décrites dans cet Ouvrage; et comme nous avons toujours eu en vue, non seulement les maladies des animaux, mais encore plus les moyens d'entretenir leur santé, et qu'une bonne conformation rend leurs services plus utiles et plus prolongés, nous avons placé dans deux colonnes de ce tableau (*) les caractères et les signes qui constituent les beautés de détails de chacune de ces parties, et les vices de conformation qui, en les affectant, rendent moins durables les services des animaux domestiques et diminuent leur valeur. (Ch. et Fr.)

MALADIE DES CHIENS. *Voyez* Morve des Chiens. (Ch. et Fr.)

MANET, (*Pêche*,) grand filet en nappe simple, dont les mailles ont une largeur proportionnée à la grosseur des poissons que l'on se propose de prendre. On le traîne de la même manière que la senne, de laquelle il diffère très-peu. *Voyez* Senne. (S.)

MARAICHER, (*Jardinage.*) Les continuateurs de cet Ouvrage ont pensé qu'il seroit utile d'entrer dans quelques détails sur le genre de culture propre aux *marais* (lieux où l'on cultive les légumes pour l'approvisionnement des marchés des grandes villes.) Si je me suis chargé de la rédaction d'une matière qui n'a pas encore été traitée, j'ai voulu payer de l'expression entière de mes sentimens pour la prospérité de toutes les parties de l'agriculture, quels que soient les détails qu'elles comportent, et non prétendre tout dire sur un art (celui du maraîcher) encore inconnu, qui n'a d'autre précepte que la tradition orale et l'imitation routinière des fils des jardiniers, dont les habitudes se succèdent de père en fils.

Outre que j'ai vu les marais et observé, autant qu'il m'a été possible, en conférant avec les maraîchers, les méthodes de cultures maraîchères, en Italie, en Allemagne et en France, j'ai particulièrement examiné la culture des maraîchers de Paris, qui sont, sans contredit, les plus habiles dans cet art. Si ces hommes robustes et opiniâtres au travail sont étrangers à l'art d'écrire, on ne peut leur refuser un genre de connoissances qui leur est propre, et dont les détails sont très-difficiles à saisir et plus difficiles encore à décrire; ce seroit donc mal juger ces cultivateurs praticiens, que de leur refuser la connoissance d'une partie dont

ils sont possesseurs. Ils connoissent les plantes légumières à la levée et à l'inspection des feuilles séminales, comme certains pépiniéristes praticiens connoissent et signalent un bon ou mauvais fruit à l'inspection de la couleur de l'épiderme, du nombre et de la disposition des boutons, dans un temps où les arbres fruitiers manquent de feuilles; de même que les personnes exercées (les grainetiers) à voir sous plusieurs formes et nuances différentes, selon les qualités des terres, les lieux ou les saisons qui les ont produites, connoissent souvent les nombreuses sous-variétés de diverses espèces de plantes, à l'inspection de leurs semences. Ces connoissances qui composent, comme on dit, le *tact* propre à chaque état qui dérive de la botanique, me paroissent supplémentaires de cette science, et non secondaires, comme il semble que le plus grand nombre des botanistes le pensent, en n'indiquant pas dans leurs articles ou dans leurs leçons les nombreuses sous-variétés, races et nuances de légumes et de fruits utiles, à cause de l'inconstance des caractères propres à les décrire : sans doute ces caractères sont fugitifs, mais leur étude présente tant d'utilité, que ce motif suffit pour s'y livrer, et je ne doute pas que si ces sujets étoient sérieusement médités, ils ne soient féconds en résultats les plus prospères à l'agriculture.

L'art du maraîcher consiste à obtenir le plus grand produit possible d'un espace de terre, en cultivant ensemble plusieurs sortes de légumes qui puissent réussir dans le même sol, et de nature à se protéger l'une par l'autre, ou au moins à ne pas se nuire; il consiste à ne jamais laisser la terre en repos, et à obtenir quatre à cinq récoltes dans la même année, et plusieurs sortes de légumes ensemble : par exemple, de l'*épinard*, du *cerfeuil* ou du *cresson*, dans un carré de *choux;* des *radis* dans une planche de *romaines;* et ces légumes ajoutés, semés de manière à n'être bons à couper ou à arracher qu'au moment précis qu'ils pourroient nuire aux choux ou aux salades, etc. etc. Mais, avant d'entrer dans ces détails pratiques, nous devons parler du jardin potager, qui n'est autre chose qu'un marais, puisqu'il est d'autant mieux soigné et plus productif, qu'il en approche davantage, et que le jardinier qui le cultive a plus de connoissances maraîchères : il nous paroît aussi utile d'entrer dans quelques considérations sur les plantes légumières, les racines nourrissantes, les salades et autres légumes, avant de décrire leur mode de semis, leur culture et la manière de les disposer sur la même superficie de terrain dans les marais.

Il semble que les plantes potagères étant dans les mains, et je dirois presque exclusivement sous la surveillance du jardinier de la maison, soient condamnées au mépris. Si le propriétaire habite sa terre et qu'il s'occupe de la faire fructifier, il prend soin des bois, des champs et des prés; et si, fixé à la campagne, il abandonne cette administration à un autre, il charme alors ses loisirs par la disposition et l'arrangement des bosquets, ou en cultivant de brillantes et riches collections de fleurs; mais le spectacle de nombreux légumes assortis dans le jardin potager, l'occupe peu. Je ne sais d'où vient ce mépris de l'agriculture légumière; il seroit cependant facile de démontrer qu'il est possible de rendre plus profitable le jardin potager.

On voit, dans plusieurs contrées de la France, des plantations légumières, dirigées par de très-riches propriétaires, souvent revêtus d'un grand caractère public, qui s'honorent d'une telle occupation, et qui ne dédaignent point le genre de bénéfice qu'elle présente. Si on attache de l'intérêt à la possession d'une pêche plus succulente que l'autre, pourquoi ne pas partager ce sentiment entr'elle et un chou, dont la tête blanche et serrée pèse souvent quarante livres et quelquefois davantage? Si le suc froid et sucré de la pêche, combattu par l'immersion de ce beau fruit dans un vin généreux, flatte agréablement le goût, on mangeoit, il y a un moment, avec plaisir, des choux préparés sous diverses formes; enfin si ce légume, célèbre dans toute l'antiquité, répugne à la table de quelques personnes, si quelquefois il est exclus de la table du maître, il nourrit de robustes ouvriers, occupés des travaux de la ferme; ou, vendu au marché voisin, il paie doublement l'intérêt de la terre qu'il occupoit; et puisque le propriétaire fait vendre du blé et du foin, pourquoi ne feroit-il pas vendre des légumes dont la consommation journalière fait un objet de première nécessité?

Mais les choux ne sont pas les seuls qui réclament l'attention spéciale du propriétaire; une foule de beaux légumes d'autres espèces se présentent pour enrichir les jardins: je ne veux pas parler des races légumières abâtardies, disséminées par-tout, et connues de la plupart des ouvriers de jardinage, mais de celles qu'une culture longue et assidue, et une surveillance active ont maintenues ou plutôt élevées à une perfection jardinière dans laquelle elles ne peuvent se conserver que par les mêmes soins: telles sont les plus grosses racines de carottes et de betteraves, le cardon à côtes pleines, le gros artichaut, le chou-fleur, les grosses asperges, les laitues pommées et les romaines, les véritables radis de forme ronde de diverses couleurs, les navets de diverses sortes et appropriés aux divers sols, la chicorée fine, et tant d'autres légumes de race perfectionnée, et supérieurs aux races vulgaires. Il est honteux pour l'agriculture de voir, dans presque toutes les parties de la France, de misérables légumes encore presque dans l'état sauvage, comme si les peuples modernes, accoutumés et asservis à tous les genres de luxe, pouvoient vivre à la manière des robustes Gaulois. Entrez dans la plupart des jardins, et cherchez un chou de vingt-cinq à trente livres, une betterave de dix à douze livres, un très-beau pied de chou-fleur, de cardon ou des choux précoces, pommés et bons à manger au 15 avril; des laitues et des romaines qui bravent les plus grandes chaleurs, et dont il soit nécessaire de couper ou d'écarter les feuilles pour que la tige puisse en sortir et s'élever en semence: vous chercherez en vain ces précieux légumes; ils existent, sans doute, mais ce n'est que dans certains cantons ou dans les jardins de quelques cultivateurs, particulièrement dans les jardins des maraîchers, qui prennent à tâche de les y renouveler pour les conserver toujours.

Cependant les frais de culture sont les mêmes pour obtenir de bonnes ou de mauvaises productions: et pourquoi faut-il qu'on en voie si peu de bonnes?..... Il y a deux causes qui y concourent, qui sont: 1°. la qualité des graines qu'on sème; 2°. les soins nécessaires pour la conservation des races légumières perfectionnées.

Je vais donner quelques développemens à ces deux propositions.

S'il est utile d'employer les espèces et variétés de plantes les plus robustes et les semences provenues d'arbres ou de plantes dans la force de l'âge et de la santé, pour former des forêts et des prairies, où les plus vigoureuses constitutions végétales sont les plus désirables, puisqu'elles doivent lutter contre les intempéries et soutenir le cours variable des saisons, il est, par une raison contraire, indispensable d'employer des semences légumières provenues de légumes les mieux nourris, les plus succulens, les plus alimentaires, et depuis long-temps, et dans leurs successives générations, réduits à un état de *domesticité jardinière*, si je puis parler ainsi. D'après cela, toute graine de plantes potagères qui s'éloigne de ces attributions, doit être rejetée: méfiez-vous de toute semence de laitues et des diverses variétés de choux et de choux-fleurs, de raves et de petits radis, etc. etc. qui ne seroient pas provenues de plantes franches dans leur espèce, et qui n'auroient point été replantées à des distances convenables.

Ces considérations sont utiles, et je dois les énoncer ici, parce que l'expérience me sert de guide en ce point, et qu'elles me paroissent attachées à la prospérité de l'agriculture: il m'est démontré, par les plantations des porte-graines de notre magasin de commerce de graines, d'arbres et plantes, (*frères Tollard, à Paris, grainetiers-pépiniéristes*) que les variétés ne se conservent que lorsqu'on recueille leurs semences sur des légumes choisis, replantés et éloignés les uns des autres: par exemple, la laitue pommée blanche doit être plantée loin de la laitue pommée rouge, car si elles sont voisines, les poussières des feuilles se communiquant, il en naîtra une race métisse intermédiaire, et si l'une de ces espèces se trouve à côté d'une autre moins bonne, la semence donnera une race dégénérée, et ainsi des choux et des diverses sortes d'autres légumes. On sentira mieux la nécessité de ces précautions, en réfléchissant que la plupart des plantes potagères sont dues aux travaux des jardiniers, à la qualité des terres, au hasard et à d'autres combinaisons de mariages végétaux, ou enfin à l'action diminuée ou augmentée de l'eau, de l'air et de la lumière: ce sont des conquêtes sur le règne végétal, qu'il faut maintenir par beaucoup de surveillance, pour qu'elles ne retournent pas à l'état de nature d'où l'homme les amène à l'état de plantes potagères; mais, arrivées à cet état de perfection, ces plantes potagères, semées, reproduisent des plantes semblables, et cette reproduction durera autant que la qualité du sol ne s'y opposera pas, et que le cultivateur sera attentif à la conservation des races. C'est ainsi qu'une culture longue et assidue d'une plante, et l'action plus ou moins prononcée de la lumière, en changent la constitution primordiale. La laitue, qui ne présente dans l'état de nature que quelques feuilles velues et d'une saveur désagréable, a acquis une succulence utile, une saveur agréable, et s'est modifiée en quarante variétés et sous-variétés, dont les formes se reproduisent constamment par leurs semences. La consistance dure et fibreuse du navet, de la carotte, du panais, du salsifis, du chervi, de la betterave, a été remplacée par des fibres molles et distendues, dont les mailles sont remplies de sucs sucrés; les squammes des cinarées (cardons et artichauts) sont devenues comestibles et éminemment nutritives. Les fruits des cucurbitacées ont perdu leur saveur amère, et se sont transformés en masses énormes d'une pulpe sucrée; le chou a formé sa racine en chou-navet, sa tige en chou-rave, et ses feuilles en choux-pommés, frisés et non frisés, et en choux verts. Enfin, le poison a disparu et fait place à la fécule nourrissante, dans une foule de végétaux : la nature a voulu que ces formes variées, cette distension outrée du tissu réticulaire des diverses parties végétales, se reproduisissent par semences dans les plantes légumières, juste récompense des travaux attachés à l'agriculture.

C'est une loi commune à tous les corps vivans qu'ils se succèdent semblables à la première génération, et qu'ils ne se dépravent que par les générations successives. L'arbre sauvage qui donne un fruit acerbe, n'arrivera à le donner doux et succulent qu'après avoir été long-temps mutilé, greffé et cultivé; et ainsi des plantes légumières transportées dans les jardins, qui ne se conserveront telles qu'autant qu'elles seront cultivées dans un sol abondamment saturé de sels qui stimulent la fibre végétale, et de carbone qui la distend, la remplit et la fait croître en tous sens; et, par une conséquence de la même loi, si le végétal cultivé cesse de l'être, il périt avant le terme fixé par la nature, victime des soins qui ont amolli sa constitution : mais avant de cesser de vivre, il emploie le reste de ses forces à produire un nombre d'autant plus grand de semences, qu'il est plus malade.

Ce n'est donc que par une marche lente et successive que la nature a permis à l'homme de modifier les formes organiques végétales, pour satisfaire sa propre organisation et faire cesser ses besoins les plus pressans, comme pour lui montrer par-tout son insuffisance, lui marquer les bornes de son pouvoir et l'inviter à la méditation, au travail et au courage de la patience, le plus grand de tous.

Mais si les modifications que la main de l'homme fait subir aux plantes, s'apperçoivent lentement dans leurs résultats utiles, ils s'accompagnent toujours d'un plaisir soutenu et des bienfaits de la santé, parce que les travaux attachés à la culture des jardins, exercent d'une manière égale toutes les parties du corps et en facilitent les fonctions, et parce que le stimulus des émanations végétales exerce sur les sens une action douce, égale, constante, qui s'accompagne d'un spectacle ravissant et animé, sans offrir le tableau des misères physiques et morales qui tourmentent la foule tumultueuse destinée à parcourir une vie inquiète dans le sein des grandes cités.

J'ai pensé que dans un temps où le bon goût et des mœurs douces fixent à la campagne des hommes de tous les états et de tant d'opinions et de professions diverses, il me seroit permis d'invoquer leur attention sur l'agriculture et particulièrement sur le jardin potager, comme faisant partie essentielle du domaine rural. Et pourquoi, lorsque la philosophie a appelé tous les regards sur les objets d'utilité publique, et les a vengés des mépris auxquels ils étoient si injustement condamnés, pourquoi l'humble potager rougiroit-il d'étaler son utile parure? Pourquoi n'oseroit-il aussi paroître sur la scène économique, quand il peut s'appuyer de l'autorité des plus grands noms, Pline, Varron, Columelle, Vanières, Rapin, etc.? Virgile même, ce poëte du sentiment, dit :

Si mon vaisseau, long-temps égaré loin du bord,
Ne se hâtoit enfin de regagner le port,
Peut-être je peindrois les lieux chéris de Flore;
Le narcisse en mes vers s'empresseroit d'éclore;
Les roses m'ouvriroient leurs calices brillans;
Le tortueux concombre arrondiroit ses flancs;
Du persil toujours vert, des pâles chicorées,
Ma muse abreuveroit les tiges altérées (1).

On voit, dit M. de Lille, de qui nous avons emprunté ces vers, que cette composition de jardin est très-simple et toute naturelle; et on aime à citer de Lille quand on parle de la nature, qu'il a si bien chantée.

Succession des productions du jardin maraîcher. Les maraîchers font, (comme ils disent) trois saisons de légumes : nous allons offrir un exemple de ce mode de culture.

Je suppose le marais muni de puits, de couches, de canaux ou rigoles, de châssis, de cloches et de fumier de diverses sortes.

Première saison. Du 9 au 15 octobre, (le jour ou peu après la Saint-Denis), semez la romaine verte d'hiver, sous châssis ou sous cloches; soignez ce semis jusqu'au 11 novembre, (Saint-Martin) alors repiquez le jeune plant encore sous

(1) *Atque quidem, extremo in jam sub fine laborum*, etc. Virgile. Georg. Lib. IV.

châssis

châssis, et soignez ce repiquage en ôtant toutes les feuilles qui pourrissent; et, en janvier ou février, selon la température, plantez ces romaines au midi, au dos d'un mur ou d'un brise-vent, à un pied de distance, et les rangs à six pouces; cela fait, semez le même jour des radis et du poireau. Le 20 mars, les radis seront bons à arracher, la romaine au 1er. mai et le poireau en juin; bien entendu que ce terrain aura été préparé par un ou deux labours, et fumé avec de bon terreau: ainsi cette première saison donne des *radis*, de la *romaine* ou de la *laitue*, et du *poireau*.

Deuxième saison. Labourez le même terrain qui vient de produire à la fois des radis et des raves de diverses couleurs, des romaines ou des laitues, et du poireau, de la ciboule ou de l'ognon, et, au lieu de le fumer avec du terreau consommé, couvrez-le d'un bon pailli ou de débris de vieilles couches, et plantez alternativement un rang de chicorée, ou de scarole et de cornichons: la chicorée est bonne à cueillir en juillet, et les cornichons en août ou à la mi-septembre.

Troisième saison. Labourez et fumez avec du terreau consommé le même terrain qui a produit les légumes ci-dessus mentionnés: semez des radis et des mâches, et plantez de la chicorée: les radis seront bons en vingt jours, les mâches en quarante, et la chicorée se cueillera tout l'automne et l'hiver. Ainsi, il est évident que la même planche de terrain a produit huit ou dix espèces combinées ensemble, dans le cours de l'année.

Et ainsi se combinent tous les autres légumes, pour obtenir un profit double, triple, quadruple, sur la même superficie de terrain, eu égard à leurs rapports mutuels et à leurs besoins d'eau, d'engrais ou d'abris: par exemple, on sème des radis et du cerfeuil, et on plante des choux sur la même planche; on plante un carré de cardons, et on sème des navets sur la même superficie; de l'épinard ou de la laitue à raser; on ne plante jamais un carré de salades sans y mêler des radis ou des raves, et si on laisse des légumes choisis pour porter des graines, on les place à de longues distances, pour qu'ils n'interrompent pas la culture des autres légumes.

Je n'ai pas besoin de dire que ce mode de cultiver si profitable, suppose beaucoup de bons engrais, des ouvriers robustes, une surveillance active et des arrosemens abondans et multipliés. Le maraîcher de Paris et sa femme, presque toujours bras et jambes nues, les pieds dans une chaussure grossière, sont sobres, dorment peu et travaillent beaucoup: à minuit ou à une heure, la femme et les garçons maraîchers portent au marché les légumes disposés la veille sur des paniers ou dans des hottes; et si le temps est à l'orage, on a grand soin d'humecter les légumes, et particulièrement les salades, qui pourroient être frappées par l'influence active de l'électricité, se déformer et s'allonger, et perdre ainsi de leur qualité et de leur prix: ce soin est sur-tout utile si les salades sont cueillies vingt-quatre heures avant de les exposer au marché: le mari va rarement au marché, il donne ses soins aux châssis, aux cloches, aux couches, conservateurs des plantes qui seront mises plus tard en pleine terre. Cette surveillance est indispensable; une gelée, un coup de vent de nord peuvent détruire toutes les ressources de l'année. De retour de la halle, on se met au travail: ici le maître et le valet mangent ensemble, et une grosse soupe sert de déjeûner; plus loin, même régime pour le dîner, après lequel on dort une heure ou deux, pour retourner immédiatement au travail; quelquefois, le soir, on mange la viande qui a servi à faire le bouillon, ou quelques légumes cuits; car il est à remarquer que les jardiniers ont l'heureuse habitude de ne pas manger de végétaux crus. C'est un spectacle imposant de voir ces hommes, dont les bras velus sont rougis par le soleil, courbés des journées entières sous de lourds arrosoirs, et leurs femmes, constamment courbées vers la terre, ou même très-souvent les genoux sur la terre humide, cueillir sans interruption, et par tous les temps et toutes les températures, des légumes qui seront offerts le lendemain à la multitude des oisifs de toutes les classes qui habitent les villes, et qui affectent, au milieu des frivolités de tous les genres qui occupent leur vie, un dédain inutile, à la vérité, pour l'agriculture. Mais si le robuste maraîcher et sa laborieuse épouse sont courbés sous le poids du travail; si, jeunes encore, leur taille est déformée plus tôt que dans les autres arts, c'est un malheur attaché à cette profession, sans doute; mais il ne lui est pas exclusif. Quel homme, quel que soit son état, peut se soustraire à en porter le fardeau! Je vois encore, entre toutes les conditions de la vie, celle de cultivateur la plus convenable à l'exercice de toutes les fonctions du corps et des facultés de l'esprit, et nécessairement la plus heureuse.

Outre que le jardinier-maraîcher gagne sa vie honnêtement, nourrit bien et élève sa famille, laborieuse et pleine de santé, dans l'indépendance et dans les principes de fierté que donne la possession d'un état utile, dont on peut vivre sans s'engager au service public ou particulier, il coule une vie presque toujours exempte d'infirmités, et arrive à une très-longue vieillesse, en comptant plusieurs générations parmi ses descendans; car les femmes des jardiniers et des laboureurs, plus rapprochées par état de l'ordre de la nature, conservent toute la fécondité propre à leur sexe, et accomplissent tous les temps et tous les devoirs de l'amour et de la maternité, sans craindre pour le sort de leurs enfans, puisqu'elles les destinent, comme leurs père et mère, à une vie laborieuse et à la pratique de la vertu. (Tollard, aîné.)

MARCASSIN, jeune sanglier qui n'a pas encore de défenses. *Voyez* au mot Sanglier. (S.)

MARRON D'INDE. J'ai communiqué quelques observations concernant l'utilité qu'on pouvoit retirer de ce fruit, à l'époque où le septième volume du *Cours complet* a paru; mais depuis sa publication, les tentatives et les expériences s'étant multipliées pour appliquer le marron d'Inde aux arts et à l'économie, je crois devoir présenter ici, par forme de supplément à ce qui a déjà été inséré, article Marronnier d'Inde, le résultat de ce travail, afin qu'à l'avenir on ne reproduise plus comme une nouveauté ce qui a été dit et proposé infructueusement tant de fois, pendant à peu près un demi-siècle.

Le marronnier d'Inde a eu, comme les autres végétaux importés en Europe, ses partisans et ses détracteurs; ce qui doit sur-tout parler en sa faveur, c'est la promptitude avec laquelle il croît dans les fonds les plus arides, la propriété de résister aux froids de nos hivers, et donner, dans le cercle de quinze ans, au terrain qui en est planté, l'aspect d'une forêt touffue.

Tous les produits de cet arbre sont, comme on sait, caractérisés par une forte amertume, ce qui avoit donné lieu de présumer qu'aucun insecte n'osoit lui faire la guerre; cependant on remarque que les hannetons ne respectent pas non plus ses feuilles, et que plusieurs autres insectes lui font aussi la guerre. *Dorthes* nous a fait connoître les trois espèces de chenilles nuisibles à cet arbre, ainsi que les moyens qu'il étoit possible d'employer pour les détruire: il s'agit d'attaquer leurs chrysalides. Les lieux où on les trouve le plus abondamment, sont les joints des banquettes et les murs qui entourent les promenades plantées de marronniers d'Inde : il faut, en hiver, les retirer, écraser les larves, et enduire les joints avec du bon mortier.

C'est spécialement sur le fruit du marronnier d'Inde que l'attention s'est arrêtée ; les fleurs de cet arbre ayant un tissu extrêmement serré, elles résistent davantage aux trois fléaux des fleurs, la gelée, le vent et la pluie. Il fructifie donc assez constamment comme certains poiriers, qui ont, ainsi que le marronnier d'Inde, l'avantage de ne fleurir qu'après les gelées : de là, l'origine de la récolte constamment sûre et abondante, et la source des efforts qui ont dirigé beaucoup d'auteurs vers les moyens de donner à ce fruit une application utile.

On avoit bien remarqué, depuis longtemps, que les bêtes fauves, telles que le cerf, le chevreuil, la biche, venoient manger les marrons d'Inde sous les arbres; aussi, dans quelques cantons où il régnoit une disette de fourrage, a-t-on essayé d'accoutumer les chevaux et les moutons à s'en nourrir pendant l'hiver. Ce fruit, coupé et cuit, a donc été donné à des bœufs, dont l'engrais a réussi au point qu'on les a vendus ensuite plus cher que ceux qui avoient été nourris à la manière ordinaire ; leur suif étoit solide et abondant, et le lait des vaches qui en avoient fait usage, étoit gras et sans amertume. Cependant il faut convenir que si, jusqu'à présent, nous ne savons pas positivement si les animaux qui continueroient de manger de ce fruit, ne finiroient pas à la longue par s'en dégoûter, nous sommes bien persuadés que, mêlé en certaine proportion avec les fourrages ordinaires, il deviendroit, à l'instar des amers, un puissant tonique, capable de préserver les bestiaux des maladies qui résultent du relâchement et de l'inertie des solides, ainsi que l'a si bien observé M. *Puymaurin*, qui en a nourri ses moutons pendant un mois, sans que les mères-brebis cessassent de donner un lait de bonne qualité. M. Boos, envoyé à l'Ile-de-France par Joseph II, en 1784, pour y faire une collection de végétaux, a assuré à M. de Cossigny que son père avoit, au moyen des marrons d'Inde, garanti ses bestiaux d'une épizootie qui faisoit beaucoup de ravage dans la principauté de Bade; et *Cretté de Palluel* a prévenu, par l'usage de la chicorée sauvage, la maladie rouge dont les moutons sont si souvent attaqués au renouvellement de la saison. N'oublions pas de le dire ici en passant, c'est dans les moyens prophylactiques que la médecine vétérinaire doit puiser ses secours; une fois le troupeau affecté, il est rare de pouvoir le sauver sans de grands sacrifices.

L'enveloppe ou péricarpe du marron d'Inde a été indiquée comme pouvant servir à la teinture en noir, et même dans les tanneries; elle contient, à la vérité, une certaine quantité de tannin ; mais ce principe, si abondamment répandu dans les végétaux, est uni à tant de matières extractives, qu'il ne fournit qu'un noir sale: si on mêle sa décoction avec une dissolution de sulfate de fer; il est tellement empâté par cette matière, qu'il ne peut précipiter la dissolution de colle forte ou gélatine. En cela, il diffère beaucoup de l'écorce de chêne, et, sous ce rapport, il ne sauroit lui être substitué avec avantage : or, si pour se procurer le tannin des deux enveloppes du marron d'Inde, il est nécessaire d'avoir recours à l'alcool qui précipite très bien la colle forte, on conçoit qu'un pareil moyen est trop dispendieux, et par conséquent impraticable.

Mais une préparation très-vantée dans le temps où elle fut proposée, c'est surtout celle des *bougies de marrons d'Inde*, dont je crois avoir apprécié le mérite, par un rapport fait au Gouvernement, et dans lequel j'ai prouvé qu'elles n'étoient autre chose que du suif de mouton bien dépuré, et rendu solide par l'action de la substance amère et astrictive de ce fruit, qui, loin d'en augmenter la masse, opéroit sur elle un déchet de plus de moitié. La matière huileuse et résineuse seule pouvoit y entrer, car la substance amylacée n'est pas de nature à se corporifier jamais avec les matières grasses: aussi, le prix auquel ces prétendues bougies de marrons d'Inde revenoient a fait bientôt évanouir toutes les espérances de fortune qu'on croyoit déjà réalisées.

Le marron d'Inde a été encore l'objet d'autres spéculations. On a pensé que, soumis à la fermentation, et ensuite à la distillation, il donneroit de l'alcool que l'on pourroit employer ensuite dans la composition des vernis; mais s'il existe dans ce fruit une matière sucrée, elle n'y est pas très-abondante, puisqu'au lieu d'obtenir dans ces deux cas de l'alcool, Antoine, pharmacien distingué de l'hôpital militaire du Val-de-Grace, n'a eu, dans l'examen qu'il en a fait, qu'un acide acéteux, qui paroît exister dans ce fruit avant sa fermentation, et dont sa seule infusion dans l'eau suffit pour en démontrer la présence, dès qu'on se sert des réactifs nécessaires pour s'en assurer.

Pain de marrons d'Inde, sans mélange de farine de grains. Après avoir dépouillé les marrons d'Inde récens, de leur écorce et de leurs membranes intérieures, je les ai divisés au moyen d'une râpe de fer-blanc, et j'en ai formé une pâte d'une consistance molle, que j'ai renfermée dans un sac de toile; et, soumise à la presse, il en est sorti un suc visqueux, épais, d'un blanc jaunâtre et d'une amertume insupportable; le marc restant étoit blanc et très-sec, je l'ai délayé dans une quantité d'eau, en le frottant entre les mains; la liqueur laiteuse passée à travers un tamis de crin très-serré, a été reçue dans un vase où il y avoit de l'eau. J'ai obtenu enfin, par le repos, par les lotions et par la décantation, une fécule douce au toucher, et qui, desséchée à une chaleur modérée, étoit blanche, sans odeur, sans saveur, ayant tous les caractères d'un véritable amidon, tandis que la partie fibreuse restée sur le tamis, conservoit opiniâtrement de l'amertume. Cette amertume est tellement intense dans le fruit dont il s'agit, que douze à quinze grains de sa poudre suffisent pour la communiquer à une livre de farine de froment.

Pour panifier cet amidon, j'en ai pris quatre onces, et pareille quantité de pommes de terre cuites, et réduites par un rouleau à l'état de pulpe: j'en ai formé une pâte, avec suffisante quantité d'eau chaude, dans laquelle se trouvoit délayée la dose ordinaire de levain de froment; la pâte exposée dans un lieu tempéré, mise ensuite pendant une heure au four, m'a donné un pain blanc, bien levé et de bonne odeur. Différentes personnes, à qui je l'ai fait goûter, l'ont trouvé bon, et n'y ont remarqué d'autre défaut que d'être un peu fade, défaut que quelques grains de sel ont bientôt corrigé.

Je ne cite ici que cette proportion, comme étant celle qui m'a le mieux réussi: on devine bien que, pour l'atteindre, j'ai dû en essayer beaucoup d'autres, dont le plus grand nombre a été infructueux. Les différentes fécules retirées des plantes vénéneuses, dans lesquelles l'aliment est, comme on dit, à côté du poison, traitées successivement de cette manière, m'ont donné des pains également bons, et dans lesquels il n'a pas été possible de distinguer le végétal d'où elles provenoient: si elles avoient quelques nuances dans leur saveur ou dans leur couleur, elles étoient dues plutôt au plus ou moins de lavage que ces fécules avoient éprouvé, qu'à des différences essentielles dans leurs parties constituantes.

Ce pain de *marrons d'Inde*, obtenu sans le concours d'aucune farine, à une époque critique où se trouvoient la plupart des états de l'Europe, pour les subsistances, a fait assez de sensation pour inspirer un certain intérêt. S. A. R. le prince Ferdinand de Prusse m'adressa, peu de temps après la publication que je fis de mon procédé, la recette d'un gâteau de marrons d'Inde, exécuté à Berlin sous ses yeux, et qu'on avoit trouvé fort délicat. Cette recette consiste à mêler l'amidon de ce fruit avec des œufs, du beurre, de l'écorce de citron, et de la levure de bière pour ferment.

Je ne rappellerai pas ici ce que j'ai écrit pour apprécier à sa juste valeur la ressource alimentaire que je proposois alors, et que j'étois bien éloigné de faire entrer en concurrence avec nos grains; mais, après avoir démontré qu'on pourroit, à la rigueur et sans aucun inconvénient, manger la fécule de marrons d'Inde sans le concours d'aucun mélange, en la délayant simplement dans de l'eau, dans du bouillon ou dans du lait, pour en faire une gelée, une bouillie, j'ajoutois que, s'il étoit absolument impossible, à cause de son caractère gras, d'en faire de la poudre à poudrer, on pourroit du moins la consacrer à la préparation de l'empois et de la colle végétale, comme celle contenue dans les pommes de terre.

Tel étoit le tableau de nos connoissances sur le parti qu'il étoit possible de tirer des marrons d'Inde, lorsque M. *Baumé* a repris l'examen d'un objet que je n'avois traité que d'une manière générale, et comme faisant partie d'un travail sur un grand nombre de végétaux nourrissans qui, dans un temps de disette, peuvent remplacer les alimens ordinaires. L'analyse que ce savant chimiste a faite de ce fruit est la matière d'un mémoire particulier qu'il a publié. Nous nous bornerons à en donner ici un léger extrait.

Pain de marrons d'Inde, avec mélange de farine. Le travail de Baumé n'a eu pour but que de connoître la nature des parties constituantes du marron d'Inde, et son motif, assurément bien louable, étoit de retirer de ce fruit une plus grande quantité d'aliment qu'on n'avoit pu encore en obtenir, en conservant ensemble la fécule et le parenchyme, débarrassés de toute amertume : voici comme il a procédé.

Fondé sur ce que le foyer de l'amertume du marron d'Inde résidoit primitivement dans la matière extractive, pour l'en séparer, et ne rien perdre de la substance susceptible de nourrir, M. Baumé s'est servi de trois moyens; le premier consiste à prendre le fruit récent, à l'écorcer, le râper, le broyer et le réduire en pâte sur une pierre, comme pour faire le chocolat, avec cette différence, que le broiement se fait à froid; le résultat est mis à infuser dans un bocal, avec de l'esprit de vin : le résidu décanté, séché au soleil, dans une étuve ou au four, étant tamisé, est en état de faire du pain.

Par le second moyen, c'est l'eau en grande quantité qu'on emploie, au lieu de l'esprit de vin; on réduit les marrons d'Inde en pâte; on décante le précipité obtenu par le repos; on répète l'opération jusqu'à trois fois, ce qui dure environ trois jours, en observant les mêmes précautions que la première fois.

Enfin, dans le troisième, les marrons d'Inde sont desséchés, réduits en poudre, et soumis dans cet état, aux mêmes lavages que dans l'opération précédente; ils donnent également une matière dépouillée d'amertume.

Une livre de marrons d'Inde récens, traités avec de l'eau, rend :

Matières inutiles .	écorce . . .	2 onc.	4 gros.	» grains.
	extraits. . .	3	1	6
	humidité. .	5	5	12
		10	10	»
Matières utiles . .	amidon. . .	2 onc.	5 gros.	» grains.
	parenchyme	2	»	»
		4.	5	»

La farine de marrons d'Inde, en supposant qu'elle soit dépouillée de la totalité de son amertume par ces opérations, ce qui n'est pas facile, attendu que le parenchyme la conserve opiniâtrement, entre pour un tiers dans la composition du pain, suivant le procédé de Baumé, et les deux autres tiers consistent en levain et en farine de froment. Ce procédé n'offre donc rien de particulier; on ne sauroit le comparer à celui qui s'exécute sans mélange de farine de froment, et qui suppose toujours une circonstance où l'on se trouveroit dénué de tous moyens de subsistance.

Nous ne nous permettrons aucune réflexion sur l'embarras et les dépenses qu'occasionneroit l'exécution du premier moyen; M. Baumé est trop éclairé pour ne l'avoir pas senti lui-même: aussi n'a-t-il employé l'alcool que comme un agent capable de lui faire mieux connoître la véritable nature des substances qui constituent les marrons d'Inde. D'ailleurs, il conviendra avec nous que quand bien même les opérations d'écorcer, de râper, de broyer, de délayer à grande eau, de décanter, d'exprimer, de sécher et de tamiser, n'exigeroient pas autant de soins, elles deviendroient impraticables une partie de l'année, attendu que, dans la saison chaude, une matière farineuse, étendue dans beaucoup d'eau, et y séjournant trois jours au moins, doit viser à l'aigreur, et même à la putrescence, sur-tout lorsque, comme ce fruit, elle renferme le ferment le plus actif, je veux dire une matière végéto-animale, analogue à celle du froment.

De pareils procédés, pour dépouiller de son amertume la substance farineuse du marron d'Inde, sont faciles entre des mains habiles, et dans les laboratoires, où l'on ne calcule pas toujours assez les embarras et les frais de leur exécution; mais quand il s'agit de les livrer à l'économie domestique, tous les avantages qu'on s'en promettoit disparoissent. Ainsi, après avoir payé aux efforts de Baumé le juste tribut de gratitude qu'il mérite, pour s'être occupé d'un travail qui ne pouvoit avoir d'autre objet que l'utilité publique, j'ajouterai que, si on ne vient point à bout de trouver l'emploi de ce fruit, sans être contraint de le monder de son écorce, de le mettre à macérer dans l'eau pour le réduire encore à la moitié de son poids, il est bien à craindre que l'on ne dédaigne d'y avoir recours, et que ce nouveau moyen d'accroître nos ressources soit illusoire; car, il faut en convenir, les moyens indiqués sont trop minutieux, consomment trop de temps, et donnent trop peu de produit, pour qu'il soit permis à ceux qui auroient la plus grande envie d'en tirer parti de se livrer à un pareil travail, à moins cependant que des circonstances désastreuses ne forçassent de tourner les regards vers ce supplément de nourriture: alors il faut bien tout mettre à profit, quels que soient les obstacles, pour remplacer les alimens ordinaires.

Cependant, si les temps d'abondance ne semblent pas les plus favorables pour déterminer l'emploi de quelques précautions contre les suites funestes de la famine, ils ont au moins sur les temps de disette l'avantage de faciliter à ceux qui s'en occupent le loisir et la tranquillité d'esprit nécessaires pour les créer. L'homme, aux prises avec le besoin, n'est capable d'aucune recherche heureuse. Si, lorsque les subsistances étoient en proportion des besoins, on n'eût pas cherché à familiariser le pauvre avec l'usage des pommes de terre, quel succès auroit obtenu la bienfaisance qui, dans ces jours désastreux, n'avoit que cette ressource à lui offrir? N'attendons jamais à sentir le prix de ce qui manque, quand il est impossible de se le procurer.

Réflexions sur l'utilité des marrons d'Inde. La proposition de *Francheville*, d'ôter aux marrons d'Inde leur amertume ordinaire, au moyen de la greffe, n'a pas laissé que d'être accueillie; mais je crois avoir démontré l'impossibilité d'une pareille métamorphose, dans ma Correspondance agricole avec Cabanis, qui, retiré à la campagne, remplissoit tous ses momens par l'étude si intéressante de la végétation. Cet estimable cultivateur, dont les recherches, les expériences et le succès sur la greffe, l'avoient mis à portée de connoître jusqu'où s'étend le pouvoir de cette opération merveilleuse, s'exprimoit ainsi dans une réponse qu'il fit à une de mes lettres sur le châtaignier:

« D'après cette lecture, vous verrez » que M. de Francheville a fait un beau » rêve, sur l'association ou mariage des » arbres d'espèces différentes, ou sur la » transmutation de la même espèce. Ce » rêve, prétendu scientifique, que vous » honorez, Monsieur, du nom de décou- » verte, ne m'en impose point, malgré » le ton d'assurance avec lequel on l'an- » nonce. Le marronnier d'Inde, greffé » sur lui-même dix fois l'une après » l'autre, ne donnera que des marrons » d'Inde, et le marron de Lyon, greffé » sur le marronnier d'Inde, ou n'y re- » prendra point, ou sera de courte durée.

» Les greffes bisarres et fantasques » dont Virgile a égayé et orné ses Géorgi- » ques, ne se sont jamais réalisées. L'ima- » gination va loin, mais la réussite n'est » pas toujours à sa bienséance. L'opéra- » tion de la greffe ne fait des miracles » que dans l'ordre de la nature; celle-ci » a des bornes inviolables, si je puis » m'exprimer ainsi; les tentatives éco- » nomiques et agronomiques sont tou- » jours louables; mais il ne l'est pas » moins de s'en désister sur de bons » motifs, et sur les preuves qu'on ap- » pelle négatives. Je nomme toutes les » greffes où la discordance des sèves et » le défaut d'analogie empêchent le suc- » cès ou le restreignent à une très-courte » durée, des unions ou mariages par » mésalliances ou désalliances. »

Il faut l'avouer, la découverte de l'existence de l'amidon dans les marrons d'Inde, en supposant qu'il réunisse toutes les conditions propres à remplacer celui du froment ou d'orge dans tous les emplois qu'on en fait, cette découverte ne seroit rien en comparaison de celle de Francheville, puisque, si elle pouvoit se réaliser, la totalité de ce fruit serviroit à la nourriture, sans autre préparation que la cuisson.

Quand on réfléchit à cette opération si importante de la nature, à cet art ingénieux qui nous a valu tant d'espèces de fruits inconnus, avant que le jardinage devînt l'occupation et l'amusement des botanistes et des physiciens, on a droit d'être étonné, formalisé même, que, si ce n'est pas le hasard qui a déterminé l'opération de la greffe, la reconnoissance n'ait pas transmis à la postérité le nom du mortel fortuné qui en a fait la première tentative, et le temps, le lieu où elle a été mise en pratique. On sait à peu près l'époque où le pêcher a été apporté de Perse; l'abricotier, d'Amérique; le cerisier, de Cérasonte; le coignassier, de la Grèce; l'amandier, de Perse, et le figuier, d'Asie; mais nous ignorons le nom du premier greffeur, de ce père de la nouvelle alliance dans le règne végétal: on auroit dû lui ériger une statue, avec cette inscription: A CELUI QUI A SAISI L'UN DES PLUS BEAUX SECRETS DE LA NATURE.

En terminant ces réflexions, j'observerai que, quoique le bois du marronnier d'Inde soit fort tendre, spongieux, peu propre au chauffage, et s'altérant aisément, quand il est exposé à l'humidité, ce qui l'a relégué jusqu'à présent chez les layetiers, les sculpteurs et les tourneurs, des expériences modernes ont prouvé cependant qu'il étoit possible d'en faire des voliges, des chevrons, et, qu'étant susceptible de prendre un beau poli, l'ébénisterie pourroit également s'en servir; et M. Puymaurin remarque qu'il est excellent pour faire cette pièce de bois traversant par-dessus la tête des bœufs, et avec laquelle ils sont attelés, pour tirer ou pour labourer, et qu'on connoît sous le nom de *joug*.

A l'égard de son fruit, tant de fois examiné et toujours délaissé, il n'y a pas de doute que si, pour le rendre propre à quelques usages communs, il falloit préalablemenr en opérer la décomposition, les résultats qu'on en obtiendroit ne pourroient jamais compenser les frais des opérations employées. Sans doute le marronnier d'Inde produit assez constamment une récolte abondante; mais cette abondance ne deviendra-t-elle pas illusoire, dès qu'on aura donné à ce fruit une application véritablement utile, et n'acquerra-t-il pas insensiblement une valeur, en raison de sa consommation et de la quantité qui existera? Or, il paroît que la mauvaise qualité de son bois, la malpropreté de ses feuilles, qui ne peuvent pas braver une sécheresse prolongée pendant un mois sans tomber, enfin l'importunité et l'inutilité de son fruit, ont fait beaucoup négliger la culture du marronnier d'Inde, depuis sur-tout que l'on a tiré tant de nouvelles espèces d'arbres des contrées d'où il est originaire; il ne figure plus dans les nouvelles plantations dont on s'occupe maintenant.

Néanmoins, malgré le discrédit où semble être tombé le marronnier d'Inde, quoique son fruit puisse entrer dans le régime des animaux, sans demander d'autres soins que de le découper, pour en favoriser la mastication, nous proposerons deux moyens bien simples pour en étendre l'utilité: le premier se réduit à le sécher, à le moudre, et à donner à la farine qui en résulteroit, la forme et les propriétés d'une colle capable de suppléer celle préparée avec les bons grains. Elle adhère fortement aux corps auxquels on la fixe, et loin de se ramollir à l'air, elle y acquiert plus de consistance, sur-tout si on a eu la précaution de ne pas tenir cette colle trop claire dans sa préparation.

On a objecté, à la vérité, que la colle de marrons d'Inde, sous le prétexte qu'ils renferment une matière animale, deviendroit en peu de temps la pâture des vers; mais sans examiner si ce reproche est fondé sur quelques observations, puisque la farine de froment n'en seroit pas même à l'abri, par rapport à la matière glutineuse qu'elle renferme, je répondrai que cette colle possède en même temps une substance amère capable de la garantir d'un pareil inconvénient. Ne sait-on pas qu'il y a des relieurs et des fabricans de cartons qui font entrer, dans la préparation des colles qu'ils emploient, le suc épaissi d'aloès, à dessein précisément d'en éloigner les vers? Or, cette substance extractive, résineuse, amère, analogue à l'aloès, que le feu semble développer encore davantage, opérera un effet analogue d'une manière plus intense.

Ce n'est pas seulement dans les marrons d'Inde qu'il est possible de rencontrer l'amidon qui fait la base de la colle végétale; une foule de plantes incultes en contiennent plus ou moins abondamment, et procureroient, si on pouvoit les employer, une épargne sur la nourriture fondamentale: ce sont les racines d'aristoloche, de belladone, de bistorte, de bryone, de pied de veau, de concombre sauvage, de filipendule, de colchique de fumeterre bulbeuse, de glayeul, de l'ellebore, de l'impératoire, de la jusquiame, de la mandragore, de l'herbe aux hémorroïdes, de la patience, du persil, de la pivoine, de la renoncule bulbeuse, de la scrophulaire, de la saxifrage des prés, etc. etc.

Il résulteroit de toutes ces matières préparées à l'instar de la farine de pommes de de terre, sous forme de bouillie, ou bien séchées entières, mises en poudre, puis cuites, une colle d'autant plus avantageuse, que le principe âcre, amer ou caustique, qui constitue ces semences ou racines, étant combiné par le feu avec l'amidon, le résultat seroit infiniment moins susceptible de fermenter, de se ramollir à l'humidité, et d'être attaqué par les insectes.

Un autre moyen de tirer parti du marron d'Inde, ce seroit d'en recueillir le salin qu'il fournit abondamment, comme en général tous les végétaux âcres et amers. Ne vaudroit-il pas mieux, au lieu de laisser ce fruit se pourrir sous les arbres, pendant l'hiver, prendre la peine de le ramasser et de le porter sous un hangar; mettre d'abord à profit la faculté qu'il a de brûler facilement et de produire beaucoup de chaleur, à raison de la matière résineuse qui en est une des parties constituantes; faire servir ensuite les cendres, en les mélangeant avec d'autres, au lessivage du linge, et même dans les savonneries?

D'après ce simple apperçu, nous ne doutons pas qu'un jour quelques fabricans enflammés de l'amour de l'esprit public, et placés dans des cantons où les marronniers d'Inde seroient assez multipliés pour devenir une ressource, n'introduisent dans leurs ateliers les procédés indiqués pour donner enfin au fruit de cet arbre une destination véritablement utile à la société. (Parm.)

MASSACRE, (*Vénerie.*) C'est, à proprement parler, la tête du cerf: ce que les veneurs nomment la *tête* de cet animal est son bois, divisé en merrain et en andouillers; ainsi, en langage de vénerie, la tête (le bois) du cerf est portée par le massacre (la tête.) S.

MATURITÉ. *Voy.* Fruits; *Moyens d'accélérer leur maturité.* (Tollard.)

MAUVIETTE. *Voyez* Alouette. (S.)

MENUISE, (*Pêche,*) amas de toutes sortes de poissons trop petits pour être vendus; il diffère de l'alevin, en ce que celui-ci se compose de petits poissons choisis pour multiplier les espèces. Les pêcheurs rejettent ordinairement la menuise, ou ils s'en servent comme d'amorce à leurs hameçons. (S.)

MÉRINOS. On donne ce nom à une race de moutons indigène en Espagne, qui, depuis un siècle, a été introduite en diverses parties du globe.

L'éducation de ces animaux est devenue, depuis quelques années en France, et même dans les autres parties de l'Europe, un objet d'un si grand intérêt, que nous croyons nécessaire d'entrer dans quelques détails sur cette branche importante de l'économie rurale.

Nous traiterons non seulement ce qui regarde l'éducation des mérinos, mais encore la partie historique de leur introduction dans divers Etats, afin de prouver aux cultivateurs les avantages qu'ils peuvent retirer de cette race précieuse. Nous exposerons enfin la méthode de trier et de laver les laines, telle qu'elle est en usage en Espagne. Voici le plan de notre travail.

PLAN DU TRAVAIL.

§. Ier. *Origine de la race des mérinos.*
§. II. *Des laines les plus estimées.*
§. III. *Des lieux où se trouvent les mérinos; de leurs voyages.*
§. IV. *Variétés dans la race des mérinos.*
§. V. *Prééminence des mérinos sur les autres races de moutons.*
§. VI. *Préjugés qui nuisent à leur éducation.*
§. VII. *Avantages qu'elle procure aux fabriques et au commerce.*
§. VIII. *Epoques où les mérinos ont été introduits en divers pays; succès qu'on a obtenus dans leur éducation.*

§. I. *Origine de la race des mérinos.* La dénomination de *mérinos* vient, selon un auteur espagnol, de *marinos*, à cause que cette race a été tirée d'outremer. Cette opinion, qui n'est fondée sur aucuns documens historiques, ne nous paroît pas vraisemblable. On prétend que ces animaux ont été transportés des côtes d'Afrique en Espagne; cependant nous nous sommes assurés, par des renseignemens exacts, et par l'inspection de différens échantillons de laines que nous avons reçus d'Afrique, que toutes les races qui existent sur les côtes, au nord de ce continent, ont des laines bien inférieures à celles des mérinos.

On doit croire que cette race existe depuis long-temps en Espagne; peut-être y a-t-elle été apportée de Syrie par les anciens Carthaginois, ou par les Arabes, à une époque moins reculée.

Les laines de Syrie, vantées par les anciens, sont encore estimées de nos jours. Il est probable que les Arabes, maîtres de cette contrée, auront transporté ces moutons en Espagne, ainsi qu'ils le firent pour les chevaux d'Arabie. Ces genres d'améliorations ne doivent point surprendre, lorqu'on considère l'état florissant de l'agriculture en Espagne, sous la domination des Mores. Les belles races dont parlent Strabon, et d'autres anciens, auront dégénéré sous le régime des Barbares qui envahirent et ravagèrent l'Espagne dans le sixième siècle.

Il est cependant à remarquer que *Abu-el-Awam*, auteur agronome qui a écrit au douzième siècle, ne parle point des mérinos; il étoit More et habitoit Séville. Les formes qu'il recommande dans le choix des moutons, et les qualités de laine auxquelles il attache le plus de prix, indiquent qu'il ne connoissoit pas la race des mérinos, ou que du moins elle étoit peu recherchée de son temps. Il se peut au surplus qu'elle n'ait commencé à se propager que depuis le douzième siècle.

§. II *Des laines les plus estimées.* Quelle que soit l'origine de la race précieuse des mérinos, nous devons la regarder comme celle qui donne les plus belles laines, si l'on en excepte quelques races de moutons que l'on trouve dans l'intérieur de l'Asie, en Perse, au Thibet et au Cachemire. Il existe pareillement des laines qui, par le triage, donnent des brins extrêmement fins, et qui sont propres à la fabrication des étoffes les plus déliées et les plus fines; telles sont celles de Schetland en Ecosse, avec lesquelles on fait des bas qui ont le brillant et la souplesse de la soie. M. Jacobi fabrique, à Aix-la-Chapelle, avec le triage de nos laines communes, des draps qui imitent parfaitement ceux de Vigogne.

Il est à remarquer que presque tous les animaux produisent deux espèces de laines ou de poils, les uns plus gros, plus roides, plus longs que les autres;

et ceux-ci courts, souples, fins et cotonneux. Les premiers paroissent extérieurement, les seconds sont cachés et ne peuvent être apperçus que lorsqu'on ouvre la fourrure de l'animal. Il est des races d'animaux chez lesquelles ce poil délié et fin pousse seulement durant les froids de l'hiver, et tombe dans le cours de la belle saison. Il semble même que le froid est la cause de cette croissance, puisque certaines espèces qui, dans les pays chauds ou tempérés, portent dans chaque saison de l'année un poil homogène, se couvrent, durant l'hiver, lorsqu'ils vivent dans les régions glacées, d'une autre espèce de poil plus fin et plus doux. Nous avons observé, en Norwège, que les cochons se couvroient en hiver d'une espèce de laine frisée qui diffère essentiellement des soies longues et roides dont est revêtue communément la peau de ces animaux (1).

§. III. *Des lieux où se trouvent les mérinos; de leurs voyages.* La race des mérinos est répandue dans plusieurs provinces de l'Espagne; on la trouve dans la Galice, les Asturies, le royaume de Léon, les deux Castilles, la Manche, l'Aragon, le royaume de Valence, de Murcie, l'Andalousie, l'Estramadure, et même dans la Catalogne. La presque totalité de ces moutons est continuellement en voyage, c'est-à-dire qu'elle habite pendant l'hiver les plaines et les parties méridionales de l'Espagne, où le degré de chaleur est suffisant pour donner, dans cette saison, une végétation non interrompue, de sorte que la campagne se trouve couverte de verdure. Les mêmes moutons passent sur les montagnes et dans les provinces du Nord, avant que les pâturages du Midi n'aient été entièrement desséchés par l'ardeur du soleil. Cette transition d'un lieu à un autre leur procure des pâturages frais et abondans, ce qui contribue à les maintenir en bonne santé, et favorise la reproduction des belles laines. Ces deux avantages sont pareillement l'effet de l'exercice habituel qu'ils prennent, et du grand air auquel ils sont exposés; ils passent jour et nuit dans les champs, et ils supportent, sans aucun abri, les chaleurs du soleil et les autres intempéries de l'air. Il est vrai que ce genre d'existence leur occasionne souvent des maladies. Si les froids de l'hiver sont rigoureux, si la neige est abondante, alors les pâturages manquent, la mortalité se déclare, et produit de grands ravages parmi les troupeaux.

Le nombre des mérinos sédentaires est peu considérable; on en trouve quelques troupeaux dans le royaume de Léon, aux environs de Ségovie, de Buitrago, de Burgos. Ils sont disséminés sur divers points de l'Estramadure : on croit généralement, en Espagne, que les troupeaux sédentaires produisent des laines inférieures à celles des *transhumans* ou voyageurs. Cette opinion est le résultat de l'ignorance et des préjugés. Elle est maintenue par l'intérêt des fabricans, et par celui des propriétaires de grands troupeaux voyageurs. Nous avons vu aux environs de Ségovie et même de Madrid, dans la Sierra-Morena, et dans plusieurs lieux de l'Estramadure, des troupeaux sédentaires qui produisoient des laines aussi fines que celles de la majeure partie des moutons voyageurs. Mais ce préjugé commence à se dissiper; l'intérêt a dessillé les yeux à quelques propriétaires qui envoient les laines de leurs troupeaux sédentaires à Ségovie, où elles sont lavées et vendues aux mêmes prix que les laines connues dans le commerce sous le nom de Ségoviennes.

(1) Il y a, dans le royaume de Grenade, une espèce de porcs qui est privée de soies, et dont la peau ressemble à celle du chien turc.

§. IV. *Variétés dans la race des mérinos.* On remarque dans la race des mérinos plusieurs variétés qui diffèrent entr'elles par des signes ou des propriétés caractéristiques. Les troupeaux sont ordinairement composés d'individus qui se distinguent par une qualité particulière ; tels sont ceux des troupeaux de l'*Escurial*, de *Guadeloupe*, de *Paular*, du duc de l'*Infantado*, du comte de *Montarco*, et de celui de *Negrette*. La race de l'*Escurial* est regardée, sous le rapport de la finesse des laines, comme la plus parfaite de toutes celles qui constituent les nombreux troupeaux voyageurs d'Espagne. Les animaux du troupeau de *Guadeloupe* sont remarquables par les belles proportions de leur corps, et par l'abondance et la finesse de leurs laines. La variété de *Paular* est également douée de ces deux dernières qualités ; et elle diffère des races précédentes par un chanfrein fortement busqué, et par un fanon long et ridé ; les brebis ont le corps un peu allongé. Les agneaux de cette race, et ceux de la race de l'*Infantado*, naissent ordinairement avec un poil grossier qui se change en laine très-fine. Le troupeau de *Negrette* est composé des individus les plus corpulens et les plus forts en taille de toute l'Espagne.

La variété, à peau plissée, que l'on trouve dans plusieurs troupeaux de mérinos, est vraisemblablement la seule de ce genre qui existe dans l'espèce du mouton; elle a ordinairement un fanon pendant et allongé, dont les plis s'étendent au dessus du cou. Les plis couvrent dans quelques individus, non seulement le cou, mais ils s'étendent encore sur les épaules, sur les cuisses, et même sur les côtés et au dessous du ventre. Ils sont dirigés du haut en bas dans un sens vertical, et leur ampleur est plus considérable dans les parties inférieures. Cette multiplicité de plis donne un air particulier à ces animaux. Nous en avons vu un assez grand nombre dans les troupeaux sédentaires de l'Estramadure; on les préfère aux autres, par la raison qu'à taille égale ils donnent beaucoup plus de laine. Si l'on développe la toison de deux moutons de taille et de grosseur égale, on trouvera que celle qui provient d'un mouton à peau plissée occupera une plus grande surface, et donnera une quantité de laine plus considérable.

Nous conseillons aux cultivateurs de donner la préférence à cette variété, lorsqu'ils pourront se la procurer ; elle est presque inconnue en France. Il est fâcheux qu'on n'en ait pas fait entrer un certain nombre dans les dernières extractions de mérinos qui ont eu lieu pour la France.

Un caractère qui distingue les mérinos, c'est d'avoir la peau unie et légèrement teinte en rouge; les filamens de leur laine, contournés en spirale, sont très-rapprochés les uns des autres, et imprégnés d'une grande abondance de suint. C'est par cette raison que la laine des mérinos se charge facilement de poussière et d'autres ordures, et qu'elle conserve habituellement un coup d'œil grisâtre et une saleté qui disparoissent au lavage. Elle acquiert, après cette opération, un grand degré de blancheur. La toison des mérinos est tassée de manière qu'il s'y forme des interstices, lorsque l'animal fléchit le corps. Leur taille, qui varie beaucoup, est communément de six décimètres; ils ont le corps ramassé, les jambes courtes, la tête grosse, les cornes longues et en spirale, le museau peu allongé et le chanfrein arqué. Leur laine, d'une longueur médiocre, est frisée, très-fine, douce, élastique, couvre presque toute la tête, et descend jusque sur le sabot.

§. V. *Prééminence des mérinos sur les autres races de moutons.* La prééminence des mérinos sur les autres races est bien décidée, lorsqu'on considère ces animaux sous les rapports de la beauté et de la quantité de leurs laines. Le mérinos, à taille égale, produit le triple de laine, et même dans des proportions bien plus considérables, comparativement aux autres races.

L'extraction des mérinos est un bienfait du siècle dernier, qui aura une grande influence sur la prospérité du siècle où nous entrons. Elle procurera aux hommes des vêtemens plus sains et plus commodes ; elle fera naître une plus grande quantité de travail pour la classe indigente ; elle augmentera le nombre des fabriques, donnera plus d'extension au commerce, et occasionnera l'avancement de l'agriculture.

C'est au temps et aux expériences multipliées à nous démontrer tous les avantages que peut procurer à l'agriculture et aux fabriques l'éducation des mérinos. Il suffit, pour le présent, de faire connoître aux cultivateurs qu'il est de leur intérêt de remplacer leurs mauvaises races de moutons par celle des mérinos.

Nous citerons pour exemple le troupeau de Rambouillet, puisque les faits qui le concernent sont publics et bien constatés. On sait que le prix moyen de ces animaux a été, depuis plusieurs années, porté, dans les ventes publiques qui ont lieu dans cet établissement, à 200, 300 et 400 francs par individu, et que plusieurs animaux ont été vendus jusqu'à 500 ou 600 francs, et même au delà.

Les laines de cet établissement ont obtenu, dans le commerce, un prix égal à celui des laines superfines d'Espagne.

La réputation bien méritée dont jouit Rambouillet doit nécessairement donner aux produits de son troupeau une plus haute valeur qu'à ceux des particuliers ; aussi les bénéfices de ceux-ci sont-ils inférieurs ; on doit néanmoins les regarder comme très-considérables, puisqu'il n'existe dans ce moment, en France, aucune branche d'économie rurale aussi lucrative, et qui donne aux capitaux un intérêt plus élevé. Les propriétaires des départemens où l'éducation des mérinos commence à s'étendre, vendent communément les agneaux de deux ans, de 100 à 150 francs ; et le prix de leurs laines égale à peu près celui des laines ordinaires d'Espagne. Que l'on compare, d'après ces données, la différence entre les bénéfices d'un troupeau de mérinos et ceux d'un troupeau ordinaire, et l'on se convaincra facilement des grands avantages qu'offrent les premiers.

§. VI. *Préjugés qui nuisent à l'éducation des mérinos.* Il est vrai que les cultivateurs, qui élèvent des mérinos dans les départemens où les anciens préjugés contre cette race existent encore, se voient forcés de céder leurs animaux et leurs laines à des prix bien inférieurs ; mais les bénéfices auxquels on est réduit, dans ce cas, sont néanmoins assez considérables pour attirer l'attention de tout cultivateur qui sait spéculer. D'ailleurs, cet inconvénient sera moindre de jour en jour : l'exemple, l'intérêt et l'instruction ne tarderont pas à le détruire en totalité.

On pourra objecter, en outre, que ces bénéfices cesseront lorsque le nombre des mérinos se sera accru dans de certaines proportions; ils diminueront, sans doute; mais cette diminution n'empêchera pas que la race des mérinos ne soit préférable aux autres, par la raison que la laine fine aura toujours, dans le commerce, un prix très-supérieur aux laines communes ; et que les mérinos donnent au moins deux ou trois fois plus de laine que nos moutons indigènes.

Les personnes qui ont une aversion irréfléchie pour tout genre de nouveauté ont fait naître depuis long-temps une foule de difficultés, capables d'affoiblir l'intérêt que tout patriote éclairé doit prendre à la propagation d'une race aussi précieuse que celle des mérinos. Cette opposition a existé, et existe encore dans tous les lieux où l'on a tenté d'introduire ces animaux ; mais les faits qui détruisent, sans réplique, les assertions et les faux raisonnemens avancés sur cette matière, ne permettent plus de doute à cet égard. Il seroit trop long de réfuter en détail toutes les objections. Nous avons rempli cette tâche dans les deux ouvrages que nous avons publiés sur les mérinos (1). Nous nous contenterons d'ajouter quelques observations à ce que nous venons de dire plus haut.

On a prétendu que la chair des mérinos étoit moins bonne que celle des autres races de moutons.

Le contraire est cependant bien prouvé, non seulement en Espagne, mais encore en France, en Suède, en Angleterre, etc. Si le mouton qu'on mange en Espagne est en général maigre, coriace et d'un mauvais goût, cela provient de ce qu'on livre les animaux à la boucherie, lorsqu'ils commencent à dépérir de vieillesse, et même sans leur avoir fait subir la castration.

Nous avons cependant mangé, en Espagne, du mérinos dont la chair étoit très-délicate, sur-tout en Estramadure, où elle est assez généralement préférée à celle des races à grosse laine. On a reconnu ses bonnes qualités en France et ailleurs, soit par des expériences faites à dessein, soit par une consommation habituelle. La facilité que les mérinos ont à prendre l'engrais a été constatée de la même manière; et leur utilité, considérée sous ce rapport, ne le cède à aucune autre race.

§. VII. *Avantage qu'elle procure aux fabriques.* Après avoir prouvé qu'il est de l'intérêt du cultivateur de se livrer à l'éducation des mérinos, nous croyons devoir exposer les avantages qui en résulteront pour nos manufactures et notre commerce.

Il n'est aucun genre de fabrication qui convienne mieux à la France, que celui des lainages, soit que l'on considère la nature de notre sol, soit que l'on ait égard aux genres de travaux et de préparations qu'exige la fabrication des laines.

En effet, nul pays de l'Europe n'est plus propre à l'éducation des moutons, que la France. La température de notre climat leur est très-favorable; notre sol ni trop humide, ni trop sec, se couvre de verdure, une grande partie de l'année, et paroît être adapté à la nature et aux besoins de ces animaux. Il ne se trouve peut-être pas un seul district en France, où il ne soit facile de les élever, en leur donnant les soins qu'ils exigent. Non seulement leur éducation s'allie parfaitement à un bon système d'agriculture, mais elle donne en outre les moyens de réparer les pertes du sol, d'accroître les autres produits; et, par suite, elle favorise la population, l'industrie et le commerce.

La France est un pays essentiellement agricole; et c'est à tort qu'on s'efforce, d'après l'exemple de quelques puissances voisines, de lui faire jouer, en Europe, un rôle uniquement commercial. Son commerce doit être fondé sur l'agriculture, et non sur des systèmes hypothétiques, et toujours ruineux. Une expérience de plus d'un siècle auroit dû nous

(1) Ils ont pour titre : *Traité sur les Bêtes à laine d'Espagne ; leur éducation, leur tonte, le lavage et le commerce des laines ; les causes qui donnent la finesse aux laines.* Fig. — Par C. P. Lasteyrie. Paris, an VII. 1 vol. in-8°.

Histoire de l'Introduction des Moutons à laine fine d'Espagne, dans les divers Etats de l'Europe et au Cap de Bonne-Espérance ; état actuel de ces animaux, leur nombre, les différentes manières dont on les élève ; les avantages qu'en retirent l'agriculture, les fabriques et le commerce. Fig. — Par C. P. Lasteyrie. Paris, 1802, 1 vol. in-8°.

guérir de la manie de vouloir *coloniser*. La France doit s'attacher à augmenter la quantité des productions si variées que lui offre son sol; elle doit fabriquer elle-même ses produits bruts; et c'est alors que son commerce prendra un accroissement prodigieux, sans être le jouet des vicissitudes désastreuses auxquelles il n'a cessé d'être exposé jusqu'à ce moment.

Nulle matière brute exportée de l'étranger, ou produite sur notre sol, n'est susceptible de donner, dans quelque circonstance que ce soit, une fabrication plus étendue et plus lucrative que celle des laines produites par les mérinos, et par conséquent plus propre à augmenter et à enrichir notre commerce.

Quelle est en effet la matière qui peut recevoir des préparations aussi variées, et des usages aussi divers? Les vêtemens qui servent aux riches et aux indigens sont fabriqués en très-grande partie avec la laine du mouton; cette même matière est employée dans nos ameublemens, ainsi que dans une quantité prodigieuse d'arts et de fabriques. Des applications et des usages aussi variés supposent l'emploi d'une quantité prodigieuse de bras, et par conséquent une source intarissable de population, de prospérité et de richesses. On dit qu'un tiers de la population de l'Angleterre est occupé dans les fabriques de lainage; ce fait même, en supposant qu'il soit exagéré, peut nous faire concevoir jusqu'à quel point il seroit facile d'accroître l'industrie nationale, en la dirigeant vers l'éducation des mérinos, et vers la fabrication des lainages.

Les avantages dont jouit la France dans ce genre de fabrication, relativement à l'Angleterre et aux autres nations, sont immenses: une plus grande étendue de territoire, un sol plus favorable à l'éducation des moutons, la facilité de trouver, dans quelques années, sur son propre sol, la quantité de laines fines nécessaires à la fabrication des beaux draps, enfin des fabricans plus habiles, et une population plus considérable des deux tiers.

La fabrication des laines en Angleterre, crée annuellement un capital de quatre cent quatre-vingts millions de francs. L'éducation des moutons, et la mise en œuvre de leurs laines, peut facilement créer un capital double en France, si l'on donne à ce genre d'industrie les soins et les encouragemens nécessaires. Une considération non moins importante, c'est qu'il n'est pas sujet aux caprices de la mode et du goût; et si la guerre peut lui porter quelques atteintes, elle ne sauroit le renverser. Si l'on calcule les sommes énormes que le gouvernement et les particuliers ont enfouies depuis un siècle dans nos colonies, et les bénéfices qui en sont résultés pour le public ou pour les particuliers, on se convaincra qu'avec beaucoup moins d'éclat, et infiniment moins de dépenses, la France eût trouvé, dans le genre d'industrie dont nous parlons, une source de richesse plus abondante, et qui eût été intarissable pour les générations présentes et à venir.

La France qui, chaque année, importoit d'Espagne, avant la révolution, pour la valeur de vingt à vingt-cinq millions tournois de laines fines, sera bientôt dispensée de payer ce tribut au commerce étranger, si l'on continue de se livrer à l'éducation des mérinos, ainsi que tout porte à le croire; et nous ne verrons plus les Anglais importer en France les draps de leurs fabriques. Cette nation, qui cherche à envahir le commerce du monde, avoit trouvé, plusieurs années avant la révolution, le moyen d'en faire passer annuellement, sur nos marchés, pour la valeur d'un million de francs.

§. VIII. *Epoques où les mérinos ont*

été introduits en divers pays; succès qu'on a obtenus dans leur éducation. Les raisons d'intérêt public et particulier, que nous avons exposées, suffisent pour faire sentir au lecteur combien il importe de se livrer à l'éducation des mérinos. Mais, comme beaucoup de personnes tiennent encore aux anciens préjugés, sur-tout dans les départemens, où l'instruction est plus difficile, nous croyons utile d'exposer sous les yeux du lecteur une courte analyse de ce que nous avons dit dans notre *Histoire de l'introduction des moutons à laine fine d'Espagne*, relativement aux époques où ces animaux ont été introduits en divers pays, et aux résultats heureux qu'on a obtenus dans leur éducation.

A l'époque où une cour corrompue ne s'occupoit, en France, qu'à fomenter les arts de luxe, qui ruinent les nations, et sont les précurseurs de leur décadence, la Suède, moins brillante, mais plus sage que la France, s'efforçoit à améliorer son agriculture, et introduisoit, en 1715, les moutons d'Espagne, pour relever ses propres races. On fit venir, en 1723, un troupeau de mérinos; et l'on parvint à naturaliser et à propager sous un climat austère, une race qui sembloit ne pouvoir se maintenir hors des pays chauds. Le gouvernement suédois encouragea cette introduction; il donna des primes et institua une école de bergers. L'éducation des mérinos s'est accrue en Suède, depuis cette époque, et elle a pris toute l'extension que les besoins du pays ont exigée, ou que les circonstances physiques et politiques ont pu permettre. Nous avons vu plusieurs troupeaux de mérinos en Suède, et nous nous sommes convaincus que leurs laines possédoient toutes les qualités exigées pour la fabrication des beaux draps. Il s'y trouve cependant quelques troupeaux dégénérés; mais cette dégénération tient à des causes qui ne sont pas particulières à la Suède, et dont nous parlerons plus bas.

Les Norwégiens tirèrent d'Espagne, vers 1750, quelques béliers qui ont servi à améliorer les races indigènes. Les Danois s'occupèrent plus tard de ce genre d'industrie. Ils commencèrent par faire venir de Suède quelques mérinos; le succès qu'eut l'éducation de ces animaux, engagea le gouvernement danois à tirer, en 1797, trois cents mérinos d'Espagne, qui étoient en très-bon état lorsque nous les avons vus, et qui n'ont cessé de prospérer depuis cette époque.

La Haute-Saxe est, après la Suède, le pays où l'introduction des mérinos a eu lieu le plus anciennement; et c'est en Saxe où cette naturalisation a obtenu les succès les plus marqués, et produit les résultats les plus avantageux. La première époque a été en 1765, et la seconde en 1778. Le gouvernement, aux frais duquel elle fut faite, tira chaque fois trois cents mérinos; il forma divers établissemens où l'on devoit soigner l'éducation de cette nouvelle race. Le nombre des moutons de race pure s'élevoit, dans ces établissemens, à l'époque où nous voyagions en Allemagne, à trois mille quatre cents individus; c'est de là qu'ils se sont répandus dans le reste de la Saxe. On trouve, dans ce pays, peu de cultivateurs qui ne possèdent un troupeau de mérinos, ou qui n'aient amélioré les races indigènes par des croisemens.

Ces animaux produisent non seulement la quantité de laines nécessaires à la fabrication des draps fins du pays, mais ils fournissent en outre un superflu égal à la consommation intérieure.

Frédéric II, qui ne s'est pas uniquement rendu célèbre par ses talens militaires, mais qui avoit aussi le bon esprit de protéger l'agriculture, fit venir d'Espagne, en 1786, trois cents mérinos: les animaux ayant été mal soignés, ont

ont insensiblement dégénéré de leur primitive beauté. Il s'est trouvé néanmoins, dans les Etats prussiens, plusieurs cultivateurs qui se sont livrés avec beaucoup de succès à l'éducation des mérinos; de sorte que cette race s'y est assez multipliée pour fournir, avec le temps, aux besoins des manufactures du pays. Le roi de Prusse a fait extraire d'Espagne, en 1802, un troupeau de mérinos; ce qui va donner une nouvelle extension à l'industrie rurale et manufacturière du pays.

L'impératrice Marie-Thérèse fit l'acquisition, en 1775, de trois cents moutons espagnols qui furent placés dans un établissement public. Mais différentes causes politiques s'opposèrent aux succès de cette première tentative. L'on a fait de nouvelles extractions dans ces derniers temps; l'une, il y a vingt-quatre ans, et l'autre, en 1802. Les mérinos commencent à se propager dans quelques parties de la domination autrichienne.

On s'est occupé, depuis un certain nombre d'années, de l'amélioration des races, dans plusieurs Etats de l'Allemagne, en y introduisant celle des mérinos. Ces Etats sont les margraviats d'Anspach et de Bayreuth, le duché de Wurtemberg, l'électorat de Hanovre, le duché de Brunswick, le Palatinat, la Souabe, Bade, etc.

On avoit introduit en Hollande des mérinos, avant 1789; mais les beaux individus qui existent aujourd'hui dans ce pays descendent des animaux qui vinrent d'Espagne à cette dernière époque. Nous avons vu, en Hollande, quelques troupeaux dont la laine est douée de toutes les qualités de celle d'Espagne. Ils se maintiennent en bonne santé dans un pays humide, froid, marécageux, et dont le sol et le climat contrastent si fortement avec celui d'Espagne.

S'il est nécessaire de citer de nouveaux faits, afin de prouver que la race des mérinos s'accommode de tous les sols et de tous les climats, je parlerai de sa naturalisation qui a eu lieu au Cap de Bonne-Espérance. On y a envoyé en 1782 un certain nombre de moutons de l'Estramadure, qui se sont bien acclimatés, et dont les toisons ont plutôt gagné que perdu en finesse. On a déjà fait un convoi de ces laines à Amsterdam, où elles obtiendront indubitablement le même prix que celles d'Espagne.

Quoique les laines de Padoue, et quelques unes de celles du royaume de Naples, soient recherchées pour la fabrication des draps fins, on a cependant pensé, en Italie, que l'introduction des mérinos offriroit de grands avantages. C'est d'après ces vues que le roi de Sardaigne introduisit dans le Piémont, peu de temps avant la révolution française, un beau troupeau de mérinos. Ces animaux, en se propageant, ont conservé toutes les qualités qui les rendent recommandables.

L'Angleterre qui a beaucoup perfectionné, dans ces derniers temps, les diverses parties de la culture, avoit négligé, jusqu'à ce moment, l'amélioration des races à laine superfine, soit qu'il lui fût plus facile d'alimenter ses manufactures avec les laines d'Espagne, soit que les circonstances n'eussent point dirigé l'attention des cultivateurs vers ce genre d'amélioration. Mais l'exemple de la France a attiré l'attention de l'Angleterre; cette nation a commencé à reconnoître que le sol et le climat de la Grande-Bretagne ne s'opposoient pas à la naturalisation des mérinos, et que l'éducation de cette race pouvoit avoir une influence avantageuse sur la prospérité de ses fabriques, et dans la balance de son commerce. Les Anglais, qui savent calculer, ont compris qu'il étoit d'une grande importance de retenir chez eux les vingt-cinq millions de francs qu'ils emploient, chaque année, à l'achat des laines nécessaires à la fabrication de leurs draps. Il n'y a que treize ans environ qu'on a introduit des mérinos en Angleterre ; mais les efforts des sociétés et des particuliers prouvent que l'esprit public se porte vers ce nouveau genre d'industrie ; les succès qu'on a obtenus font croire que les mérinos s'y multiplieront ainsi qu'ils l'ont fait ailleurs. Le roi d'Angleterre a un beau troupeau de race pure d'Espagne, qui lui appartient en propre ; il seroit à désirer que les chefs des autres nations imitassent cet exemple. Ce seroit le moyen de donner un grand encouragement à l'une des branches les plus importantes de l'économie rurale. Il nous reste à parler de l'introduction des mérinos en France.

§. IX. *Historique de l'introduction des mérinos en France, et des établissemens de Rambouillet, de Perpignan, d'Alfort et de Pompadour.* On avoit pressenti depuis bien long-temps les avantages que devoit procurer à notre agriculture et à notre commerce l'amélioration des bêtes à laine. Colbert est le premier qui se soit occupé de cette branche importante de l'économie nationale. Ce ministre avoit formé le dessein d'améliorer les races françaises, en tirant d'Espagne ou d'Angleterre des races plus parfaites que celles qu'on élevoit dans le royaume à cette époque. Si les vues de Colbert étoient utiles et réfléchies, elles étoient *neuves* ; et, par conséquent, elles trouvèrent des contradicteurs qui s'opposèrent à leur exécution.

Le projet de l'amélioration des races a été repris à différentes époques, ainsi qu'on le voit par les écrivains du temps.

On fit, vers le milieu du siècle dernier, dans le parc de Chambord, des essais qui eurent des résultats heureux, ou qui, du moins, excitèrent l'attention du public, et préparèrent les moyens qui nous ont conduits au point d'amélioration où nous sommes enfin arrivés.

On s'occupa, depuis lors, de l'amélioration des laines, avec un nouveau zèle et un plus vif intérêt. Il parut enfin un observateur habile et judicieux, Daubenton, qui s'est livré avec autant de succès que de persévérance à l'éducation des races à laine fine. Ce fut par son conseil que M. de Trudaine fit venir des béliers et des brebis d'Angleterre, de Maroc, du Thibet et d'Espagne.

Les améliorations que Daubenton obtint par le croisement de ces différentes races avec les races communes, engagèrent M. de Trudaine à tirer d'Espagne, en 1776, un troupeau de mérinos. Ce troupeau, le premier de race espagnole venu en France, étoit composé de deux cents bêtes, qui furent réparties entre plusieurs particuliers de différentes provinces. Les individus provenus de ce troupeau ont presque tous dégénéré par la raison qu'on ne leur a pas donné les soins nécessaires.

Quelques propriétaires ont, depuis cette époque, tiré des moutons d'Espagne. Mais en 1786, M. d'Angivilliers, gouverneur de Rambouillet, fit venir 367 mérinos qui furent placés dans le parc de cette ancienne maison royale, où leurs descendans existent dans ce moment. C'est de ce troupeau, choisi avec beaucoup de soin, qu'est provenue la majeure partie des mérinos, ou des métis qui se trouvent aujourd'hui en France.

Le troupeau de l'établissement de Rambouillet est composé de cinq cent trente individus. Les cultivateurs qui désirent de former des troupeaux de race choisie ne peuvent mieux se pourvoir qu'à la vente publique qui a lieu, chaque année, dans cet établissement.

On a formé à Rambouillet une école de bergers, où l'on instruit des jeunes gens dans l'art de soigner les troupeaux.

Une partie des élèves y est envoyée aux frais des départemens, l'autre y est entretenue aux frais des particuliers qui doivent payer une pension de trente-six francs par mois.

C'est ici le lieu de parler de trois établissemens nationaux qui existent en France, outre celui de Rambouillet. Le premier est situé à Perpignan ; il est composé d'environ sept cents bêtes, dont la majeure partie provient de l'extraction qui fut faite par Gilbert en l'an 6. Le gouvernement a senti la nécessité de placer à portée des cultivateurs la précieuse race des mérinos, afin que sa propagation pût s'effectuer plus promptement. C'est pour la même raison qu'on a formé un troupeau de mérinos à Pompadour, département de la Corrèze.

Le troisième établissement est celui d'Alfort, à deux lieues de Paris, où l'on élève trois cents et quelques moutons de différentes races, au nombre de huit ou neuf; savoir : la race valaisanne, béarnaise, beauceronne, boulonnaise, anglaise, solognotte, roussillonne, et espagnole. Ce troupeau a été formé dans la vue de suivre l'effet du croisement des races, et d'obtenir les variétés de laines si nécessaires pour nos draps et nos étoffes.

On a institué à Alfort une école de bergers, où l'on élève les sujets envoyés par les départemens et par les propriétaires de troupeaux. Les propriétaires paient une pension alimentaire de vingt-deux francs par mois, plus, les frais de l'entretien.

Il se fait annuellement, dans les établissemens dont nous venons de parler, des ventes publiques auxquelles on se rend, même des départemens les plus éloignés ; et cet empressement indique que le goût pour cette branche importante d'économie rurale fait chaque jour de nouveaux progrès, et que le moment n'est pas éloigné où la France produira la quantité de laines nécessaire à la fabrication des draps fins.

On peut en effet évaluer à plus d'un million le nombre d'animaux de race pure, ou améliorée au dernier degré de finesse, qui existent dans ce moment sur divers points de la république.

L'importation de mérinos la plus considérable, et la seule qui se soit faite en France, depuis l'époque où l'on a formé le troupeau de Rambouillet, est celle qui a eu lieu en vertu du traité de Bâle. Le directoire s'étoit réservé la faculté de tirer d'Espagne cinq mille brebis, et cinq cents béliers. La majeure partie de ces animaux est entrée en France; le reste y arrivera l'année prochaine. Ainsi la France a acquis un fonds de richesse qu'aucune circonstance ne sauroit lui ravir, et qui accroîtra de plus en plus notre industrie agricole, manufacturière et commerciale.

C'est en vain que le gouvernement espagnol regrette d'avoir laissé sortir quelques mérinos. Si les puissances étrangères avoient été mieux éclairées sur leurs intérêts, il y a long-temps qu'elles auroient ravi à l'Espagne, malgré ses prohibitions, la race précieuse qui va enrichir l'agriculture et les fabriques de l'Europe. Deux millions de moutons de races pures ou améliorées qui prospèrent hors de l'Espagne, doivent réveiller l'attention de son gouvernement. Heureux si cet événement peut le décider enfin à changer le système vicieux qui ruine de jour en jour son agriculture ! . . . .

§. X. *Du choix et de l'amélioration des races.* Les propriétaires qui veulent former des troupeaux de race pure, ou ceux qui se contentent d'améliorer les races indigènes par les croisemens, doivent se procurer des animaux, soit dans les établissemens publics, soit dans les bergeries des particuliers. Si le premier de ces moyens est le plus dispendieux, il sera aussi le plus sûr ; car l'on court souvent le risque d'être trompé en achetant chez des particuliers, qui vendent des métis pour des animaux de race pure, et des animaux de la première et seconde génération pour ceux de la quatrième. Une supercherie de ce genre nuit d'autant plus à l'amélioration d'un troupeau, qu'on ne peut s'appercevoir de la fraude que lorsqu'il est trop tard pour la réparer, ou qu'on ne peut le faire qu'après avoir perdu beaucoup d'argent et de temps. Quelques personnes même se persuadent, lorsqu'elles ont éprouvé cet accident, que les races espagnoles dégénèrent sur notre sol, et que c'est inutilement que l'on s'efforce de poursuivre ce genre d'amélioration. C'est pour cette raison qu'il sera prudent de ne se pourvoir chez les particuliers, que lorsqu'on connoîtra le troupeau où l'on veut acquérir, et la personne avec laquelle on traite.

Les soins doivent être les mêmes, soit que l'on veuille créer un troupeau de race pure, soit que l'on se borne à la possession d'un troupeau de métis. La dépense, il est vrai, sera bien plus considérable dans le premier cas, et l'on arrivera plus lentement à la formation complète d'un troupeau. Les propriétaires qui ont des fonds considérables à leur disposition agiront sagement, s'ils ne composent leur troupeau que de race pure. Ils seront amplement dédommagés de la mise première de fonds, par les bénéfices qu'ils retireront de la vente des laines, et de celle des animaux.

Il est, dans tous les cas, indispensable de bien choisir les individus qui doivent former la souche d'un troupeau. Il vaut mieux prendre ce qu'on trouve de plus beau, lors même qu'il est nécessaire de faire quelques sacrifices pour cette acquisition.

Nous avons indiqué les qualités que doit avoir un mérinos ; nous exposerons plus bas les signes auxquels on reconnoît la beauté et la bonté des laines. Ces indications pourront guider dans le choix des animaux.

Un cultivateur doit considérer, avant d'acheter des moutons, quelle est la nature du sol et des pâturages qu'il leur destine. S'il exploite un terrain aride, où les productions sont foibles et peu succulentes, il donnera la préférence aux petites races qui, dans ce cas, lui coûteront moins à nourrir, et lui seront plus profitables que les races corpulentes et de taille élevée. Il évitera d'acheter des animaux qui aient été nourris habituellement sur de gras pâturages, ou avec des fourrages et des alimens substantiels, tels que le froment, l'avoine, etc.; ils s'affoibliroient promptement, et diminueroient en taille et en grosseur, si on ne les tenoit pas toujours au même régime ; l'on préférera au contraire les fortes races, toutes les fois que la nature du sol que l'on exploite permettra de leur donner une nourriture forte et succulente.

Nous ne parlerons pas ici des autres précautions à prendre dans le choix des moutons ; on trouvera ce qu'il est nécessaire de connoître à cet égard dans le sixième volume de cet Ouvrage, à l'article MOUTON. Nous ne devons traiter ici que ce qui regarde particulièrement les mérinos, ou les objets qui auroient été omis dans le corps de l'Ouvrage.

Une attention qu'on doit avoir lorsqu'on cherche à améliorer les races, ou à les maintenir au plus haut degré de perfection, c'est de choisir, pour la propagation, les individus qui possèdent au plus haut degré les qualités qu'on désire. Cette méthode, que l'on a suivie depuis long-temps pour le perfectionnement des races de chevaux, et par le moyen de laquelle les Anglais ont obtenu de nouvelles races de bœufs, de vaches et de moutons, doit être soigneusement observée par les personnes qui cherchent à donner un haut degré de perfection à leur troupeau de bêtes à laine. Une race s'améliore d'autant plus promptement, que ses laines primitives sont douées d'un plus haut degré de finesse. On maintient les métis au point d'amélioration où on les a portés, en les alliant entr'eux, sans avoir besoin de recourir aux béliers espagnols, dès qu'on est parvenu à la quatrième génération.

Si l'on accouple un bélier espagnol avec une brebis à laine longue, la laine du métis sera plus longue que celle du père; elle sera au contraire plus longue que celle de la mère, si l'accouplement a lieu avec une brebis à laine courte: la longueur diminue dans le premier cas; et elle augmente dans le second, à mesure que les individus s'éloignent de la première génération, de sorte que la différence est ordinairement peu considérable à la quatrième génération.

Un métis produira une laine d'autant plus abondante, que la mère dont il proviendra aura une toison plus tassée.

L'abondance des laines dépend surtout de la grosseur des animaux, de la quantité et de la qualité des alimens qu'on leur donne. On ne doit pas s'attendre à voir de riches récoltes en laine, lorsque les animaux n'ont pas été nourris copieusement.

Une mauvaise nourriture, ou une nourriture insuffisante, nuit à la santé de l'animal, et par conséquent à la bonté des laines.

Les races acquièrent de la grosseur et de la taille, lorsqu'elles sont habituellement nourries avec des alimens succulens; c'est ce qui a eu lieu à Rambouillet, et dans d'autres endroits.

Les métis provenus de l'alliance d'un bélier espagnol avec une brebis d'une race quelconque gagnent ou perdent en taille et en grosseur, selon que la femelle est d'une race plus ou moins grande. Ainsi les propriétaires qui recherchent les grandes races de métis, doivent donner aux béliers espagnols des brebis plus fortes que ceux-ci; tandis que les personnes qui tiennent aux petites races, à raison de la nature de leurs pâturages, doivent choisir des brebis d'une taille inférieure à celle des béliers. L'influence du mâle étant plus grande dans la génération que celle de la femelle, il est important de choisir des béliers de haute ou de petite taille, ou doués de telles ou telles qualités, selon l'espèce de troupeau qu'on se propose de former.

Les métis sont, ainsi que toutes les races d'animaux, susceptibles d'acquérir de nouvelles qualités, soit relativement à la toison, soit relativement à la chair, aux formes, etc. On ne pourra atteindre la perfection qu'en choisissant, à chaque génération nouvelle, ainsi que nous l'avons dit, les individus qui possèdent à un plus haut degré les qualités recherchées, et en les employant exclusivement à la procréation.

On a remarqué que l'air est favorable à la bonne qualité des laines, et que les moutons qui ne séjournent pas longtemps dans les étables durant l'hiver, donnent des laines plus propres à la fabrication, que ceux qui sont enfermés pendant toute la mauvaise saison. Les moutons que l'on élève par fantaisie dans les écuries, à Madrid, perdent insensiblement la finesse de leurs laines, ce qui tient principalement au défaut d'air, et peut-être aussi au genre d'alimens avec lesquels on les entretient.

On rendroit un grand service à l'économie rurale, en faisant des expériences pour constater si cette race donne, à hauteur égale, une égale ou une plus grande quantité de chair; si elle donne plus ou moins de graisse; si elle prend la graisse avec plus ou moins de nourriture, et dans un temps plus ou moins long; si l'abondance de suint qu'elle produit doit lui faire donner la préférence sous le rapport du parcage, etc.

Nous exhortons les propriétaires de troupeaux mérinos à suivre les expériences que nous indiquons, ou celles qui tendent à constater les avantages que peut offrir l'éducation de cette race. Ce n'est pas en suivant les vieilles routines qu'on parviendra à connoître quels sont les animaux que l'on doit préférer dans l'exploitation d'un bien rural. On sait qu'il existe dans les diverses espèces d'animaux des variétés formées par la nature, ou par l'art, qui sont douées de qualités que l'homme peut approprier plus ou moins à ses besoins : ce n'est que par l'expérience, et par la comparaison, que nous pouvons connoître avec exactitude ces avantages; ce n'est qu'après avoir obtenu des résultats exacts, que nous pourrons adopter ce qui nous convient le mieux. C'est à ce genre d'observations que les Anglais doivent le perfectionnement de leur agriculture. On sait, par exemple, en Angleterre, que de toutes les races de moutons que l'on élève dans ce pays, celle de *Leicester*, connue sous le nom de *New Leicester breed*, produit à la fois, sur un espace de terrain donné, la plus grande quantité de chair et de laine.

Les cultivateurs français n'ont pas jusqu'ici combiné ces deux genres d'amélioration. Comme il importe cependant beaucoup de tirer des animaux tout le parti possible, on ne doit négliger aucun des avantages qu'ils peuvent nous offrir. Ainsi l'on s'attachera de préférence aux races qui présentent des formes plus avantageuses, à celles qui parviennent à leur croissance dans le plus court espace de temps, à celles qui se maintiennent ou qui prennent l'engrais avec une moindre quantité d'alimens, etc. L'observation et le temps feront découvrir, dans la race des mérinos, des variétés qui réuniront au plus haut degré de perfection les qualités les plus recommandables.

Comme il est fort à désirer que l'attention des cultivateurs se porte vers l'amélioration des races, nous donnerons une idée des tentatives que les Anglais ont faites en ce genre, et des succès qu'ils ont obtenus. Leurs expériences ont été dirigées non seulement sur différentes espèces d'animaux, mais aussi sur la majeure partie des races qui se trouvent dans les divers comtés de l'Angleterre. Nous nous bornerons à parler ici de la race de bêtes à laine du comté de Leicester.

La race primitive ou indigène de ce comté donne une laine à peigner fort longue. Elle se distingue par sa grosseur et sa haute taille. On a amélioré cette race en la croisant avec des béliers qui avoient les os plus petits et la laine plus fine. On a obtenu une nouvelle race qui a la tête petite, les yeux remplis et proéminens, le cou long, le poitrail ouvert, le dos large, et formant une ligne droite avec le cou, les os très-petits, le corps épais, mais allongé, les fesses larges, les jarrets tournés en dehors. Cette formation artificielle présente quelque chose de monstrueux. On ne peut s'en former une idée juste qu'en voyant l'animal, ou sa représentation; c'est pour cette raison que nous donnons, à la Planche IV, une gravure faite d'après celle qui a été insérée dans la description de l'agriculture du comté de Staford.

Cette race a été de nouveau améliorée par un surcroisement avec l'ancienne race du pays. On lui a donné ainsi le degré de perfection auquel il falloit arriver, pour en obtenir le plus grand nombre d'avantages possibles. Elle est aujourd'hui répandue en divers endroits de l'Angleterre.

La croissance totale des individus est effectuée, lorsqu'ils sont parvenus à l'âge de deux ans. Ils donnent alors sept à dix livres de laine, et pèsent quatre-vingts à cent livres. C'est aussi à cet âge qu'on les envoie à la boucherie. Cette précocité offre de grands avantages pour le fermier, puisqu'il peut renouveler tous les deux ans son troupeau, et que ses bénéfices se réitèrent plus fréquemment. Un autre avantage, c'est que les brebis mettent bas avec beaucoup de facilité; effet qui doit être attribué à la forme de la tête, du cou, et des épaules, dont les dimensions sont moins fortes chez les individus de cette race, que parmi les races d'une stature et d'une grosseur égale.

§. X. *Logement des bêtes à laine.* La manière de loger les bestiaux forme un objet important de l'économie rurale. Cependant, la négligence des propriétaires, et l'insouciance des fermiers, sont portées, sous ce rapport, à un excès dont il est difficile de se rendre raison. C'est une partie qui auroit besoin d'une réforme totale.

On a fait sentir, dans cet Ouvrage, la nécessité de tenir les bêtes à laine exposées au grand air. Cette méthode ne contribue pas moins à la finesse de leur laine, qu'à la conservation de leur santé. On peut sans doute tenir un troupeau constamment exposé au grand air; l'expérience que nous avons acquise dans un grand nombre de bergeries, nous a prouvé cependant que la méthode la plus avantageuse, et la moins sujette à toute espèce d'inconvéniens, est de loger les moutons dans des bergeries bien aérées, vis-à-vis desquelles on forme des enceintes où les moutons peuvent aller selon qu'ils y sont portés par leur instinct. On voit en effet, dans les bâtimens ainsi disposés, que les animaux se tiennent tantôt dans les étables, tantôt en plein air. Si la chaleur, l'odeur ou l'air suffoqué des étables les incommodent, ils se portent dans la cour par le seul instinct qui leur apprend à éviter ce qui leur nuit. Si l'humidité, si le soleil, ou le grand froid leur occasionnent des sensations pénibles, aussitôt ils se retirent sous le couvert qui leur est préparé.

La cour destinée aux moutons doit avoir une pente tournée vers l'orient ou vers le midi; on évitera ainsi l'humidité du sol toujours préjudiciable aux bêtes à laine. On pratiquera une rigole dans laquelle se rendront l'urine et l'eau des pluies. Ce mélange propre à donner de l'activité aux substances qui doivent servir d'engrais, sera reçu dans une fosse à fumier. En Espagne, où les moutons restent toujours en plein air, on a soin, dans le temps des pluies, de les rassembler, durant la nuit, sur un terrain un peu élevé et en pente; lorsque les localités le permettent, on les abrite contre le vent, en les plaçant auprès d'un bois, d'un buisson, ou d'une muraille.

Pour aérer une bergerie, il ne suffit pas, ainsi qu'on le pratique ordinairement, même dans les constructions les moins défectueuses, d'ouvrir quelques fenêtres sur toutes les faces du bâtiment. L'air ne peut bien circuler, et entraîner avec lui les miasmes qui s'élèvent de la litière, ou du corps des animaux, que lorsqu'on ouvre plusieurs fenêtres sur chacune des faces de la bergerie, et qu'elles sont assez larges, et assez rapprochées, pour que la masse de l'air soit continuellement renouvelée dans toutes ses parties. Ce renouvellement ne pourroit même avoir lieu, si l'on ne pratiquoit de petites ouvertures au pied des murs, et au niveau du sol. Lorsque le vent est trop impétueux ou trop froid, que l'air est imprégné d'une trop grande humidité, il sera nécessaire de fermer les ouvertures inférieures, ou même les fenêtres placées vers la partie d'où vient le vent. On prendra cette précaution, sur-tout pour les animaux nouvellement tondus, ou pour les brebis qui viennent d'agneler. On emploira les mêmes précautions, afin d'empêcher que les rayons du soleil ne pénètrent dans l'intérieur de la bergerie, lorsque la chaleur du jour est trop active. Il sera nécessaire, hors des circonstances dont nous venons de parler, de laisser les fenêtres ouvertes, non seulement afin de faciliter la circulation de l'air, mais encore afin de donner accès à la lumière. La lumière n'est pas moins utile aux animaux qu'aux plantes. On observe que l'instinct des moutons les conduit vers les portes et les fenêtres des bergeries, où ils trouvent plus d'air et de lumière; toujours les plus forts s'emparent de ce poste, et ils en chassent les plus foibles.

Il existe enfin dans nos bergeries un usage aussi commun que pernicieux aux animaux. Dans la crainte que le froid ou les vicissitudes de l'atmosphère ne nuisent à la santé des moutons, on ne pratique aucune ouverture aux bergeries, ou l'on ferme habituellement celles qui s'y trouvent. De là, l'origine d'une foule de maladies qui ravagent nos troupeaux. Les moutons suffoqués, dans leurs étables, par l'effet d'une chaleur excessive, et par les miasmes qui s'exhalent de leur corps et de leurs excrémens, passent subitement dans un air frais et élastique, qui les saisit, arrête une transpiration forcée, et occasionne un désordre total dans l'économie animale.

On choisira, pour la construction des bergeries, un terrain sec et un peu élevé, afin que les eaux des pluies aient de l'écoulement, et que les moutons puissent rentrer les pieds secs dans leur bergerie.

§. XII. *De l'accouplement.* Si l'on veut conserver ses races fortes et vigoureuses, il ne faut, dans aucun cas, employer les individus des deux sexes à la reproduction, avant qu'ils aient atteint l'âge de dix-huit mois. On peut même sans inconvénient différer leur réunion jusqu'à l'époque où ils seront parvenus à la troisième année de leur âge.

On donnera vingt-cinq brebis à un bélier; on peut même porter le nombre des brebis jusqu'à cinquante, pourvu qu'on ait soin de nourrir le bélier, avant et durant la monte, avec des alimens sains et substantiels.

La méthode la plus avantageuse de combiner l'accouplement des bêtes à laine, consiste à tenir le bélier dans un petit enclos ou dans une basse-cour, et de lui présenter une à une, ou deux à deux, les brebis qu'on veut faire couvrir. On retire les brebis aussitôt qu'elles ont été couvertes, sans permettre que le bélier réitère l'acte une seconde fois avec la même brebis. Cette attention doit sur-tout avoir lieu, lorsqu'on emploie de jeunes béliers. Si l'on met un ou plusieurs béliers parmi un certain nombre de brebis, ils se fatiguent inutilement, et ils se mettent hors d'état de couvrir un aussi grand nombre de femelles. En prenant la précaution et les soins que nous venons d'indiquer, on pourra, au besoin, donner cent brebis à un seul bélier.

§. XIII. *De l'allaitement et du sevrage.* On ne laissera qu'un seul agneau à une brebis qui aura mis bas deux jumeaux. L'un des deux sera nourri par une chèvre: cette attention est nécessaire pour maintenir la beauté des races, et pour les faire prospérer. On a observé que le lait de la chèvre est salutaire aux agneaux malades; on agira prudemment d'avoir un certain nombre de chèvres qu'on donnera aux agneaux languissans, ainsi que cela se pratique dans quelque troupeaux, en Allemagne.

Il arrive quelquefois, dans les troupeaux, qu'un certain nombre de brebis perdent leurs agneaux, et que celles qui les ont conservés sont foibles et malades. On ôte alors les agneaux à ces dernières pour les donner à nourrir aux autres. Lorsqu'une mère refuse de prendre le nourrisson qu'on lui présente, on attache l'un et l'autre à un piquet, ou contre une muraille, aussi long-temps que la mère fait

fait des difficultés pour se laisser téter. Le berger doit le tenir au commencement, afin d'empêcher qu'elle ne repousse l'agneau les premières fois qu'il veut téter. Cette méthode est en usage parmi les bergers espagnols.

Lorsqu'on sèvre les agneaux, on doit leur donner une nourriture substantielle, et leur réserver les meilleurs pâturages. Il importe beaucoup de les bien nourrir dans leur jeunesse, si l'on veut fortifier leur constitution, et les mettre à l'abri des maladies qui dévastent trop communément nos bergeries. C'est par le défaut de nourriture dans les premières années, que souvent les races s'affoiblissent et dégénèrent. Les bergers espagnols ont soin de placer les agneaux sur les meilleurs pâturages; ils réservent sur-tout les herbages les plus succulens pour les agneaux tardifs, afin que ces animaux délicats puissent croître et se fortifier avant la mauvaise saison.

§. XIV. *De l'amputation des cornes, et de la castration.* On doit couper aux agneaux la queue et les cornes. Ces deux opérations se font dans la belle saison, lorsque les animaux ont trois ou quatre mois. Il suffit de laisser à la queue une longueur de quatre à cinq pouces. Les Espagnols coupent les cornes à sept ou huit doigts de leur origine, en se servant d'un instrument tranchant, ou d'une scie; cette dernière méthode est préférable. On coupe les cornes de nouveau, lorsqu'elles repoussent, et qu'elles se dirigent vers la tête de l'animal de manière à le blesser.

Plusieurs cultivateurs français préfèrent de laisser croître les cornes. On a exposé, dans le cours de cet Ouvrage, les raisons qui doivent engager à les amputer. C'est un vain ornement qui n'a aucune utilité pour l'animal, et qui souvent peut lui être funeste. C'est pour cette raison que, toutes choses égales d'ailleurs, on doit préférer les races sans cornes.

Il arrive quelquefois qu'il naît dans les troupeaux des agneaux à laine noire ou tachetée, quoique le père et la mère portent une toison entièrement blanche. Cet accident, qui peut être l'effet d'un jeu de la nature, provient souvent de ce qu'il y a eu dans les générations antérieures un mélange de quelque individu à toison noire. On doit châtrer ces animaux, puisque leur laine a moins de valeur dans le commerce, et que les draps noirs qui en sont fabriqués perdent leur couleur, et deviennent d'une teinte roussâtre, désagréable à la vue.

§. XV. *Des pâturages et des alimens propres aux moutons.* Nous avons peu de chose à dire ici sur ce qui concerne le régime, la nourriture, les pâturages, qu'on doit donner aux bêtes à laine. Ces objets ont été traités en détail à l'article MOUTON.

Il sera nécessaire d'avoir des pâturages ou des prairies artificielles situées sur des terrains secs et élevés, afin d'y conduire les bêtes à laine aux époques de l'année où l'air et le sol se trouvent chargés d'une grande humidité. On divise par portions, avec des claies ou avec des barrières, les prairies artificielles qu'on destine aux troupeaux. On les fait passer successivement d'une portion à l'autre, ayant soin de ne les laisser que peu de temps dans les divisions où les plantes sont parvenues à une certaine élévation; on les conduit de là à une autre division dont l'herbe est courte; les animaux trouvent, par cette disposition, la quantité d'alimens qui leur est nécessaire; et l'on ne craint point qu'ils soient incommodés, ainsi qu'il arriveroit, si on les faisoit paître dans des herbages trop forts et trop succulens, sur-tout lorsqu'ils n'en ont pas contracté l'habitude. Si l'on a un nombre de chiens proportionné à celui des moutons, on pourra se dispenser de former des divisions; un berger surveillant, avec le secours de quelques chiens bien dressés, parviendra facilement à empêcher que les moutons ne franchissent les limites qu'on veut leur assigner.

C'est ici le lieu de prévenir les propriétaires de troupeaux qu'ils doivent consacrer une certaine quantité d'arpens en prairies artificielles, s'ils veulent maintenir leurs bêtes à laine saines et vigoureuses, et en retirer tous les avantages qu'ils peuvent s'en promettre.

On conduira, durant l'hiver, les troupeaux sur des champs de froment ou de seigle, aussi long-temps qu'il gèle, et que la terre n'est pas couverte de neige: on se contente alors de leur donner, une seule fois par jour, de la paille, pour les amuser dans l'étable, ou pour leur servir de litière. Cet usage, que nous avons vu pratiquer dans plusieurs parties de l'Allemagne, apporte une grande économie dans les provisions de l'hiver.

Quoique les plantes qui croissent dans les bois ne soient pas très-bonnes pour les bêtes à laine, on peut cependant, sans inconvénient, leur permettre de temps à autre ces espèces de pâturages, lorsque les arbres sont assez grands pour que la dent du mouton ne puisse leur nuire. Les jeunes agneaux n'attaquent pas les boutons; c'est pour cette raison qu'on pourra les introduire, pendant l'hiver, dans les taillis d'un ou deux ans. Il suffit de les en retirer lorsque les bourgeons commencent à grossir: non seulement ces bois fournissent un pâturage abondant, mais ils mettent les agneaux à l'abri des vents froids de l'hiver.

On nourrit généralement les moutons avec de la paille, pendant la mauvaise saison; cette méthode doit être proscrite. Il est nécessaire de leur donner des racines ou des légumes frais, si l'on veut les maintenir en bonne santé, et en retirer de grands profits.

Les moutons demandent à être entretenus constamment avec des alimens frais, et sur-tout en hiver, époque à laquelle ils ne trouvent plus de verdure dans les champs, et où ils ont besoin d'être bien nourris pour supporter les rigueurs de la saison. On leur donne du regain, lorsqu'on se trouve dans l'impossibilité de les affourrager avec des racines ou des plantes analogues.

Il seroit très-avantageux de leur donner la paille coupée et mélangée avec du foin, ou avec d'autres alimens plus substantiels. Nous recommandons cette méthode que nous avons vu pratiquer avec profit. L'usage de faire manger aux bestiaux la paille hachée est généralement usité dans le nord, et même dans le midi de l'Europe, et mérite d'être imité par les cultivateurs français: il est économique, et ne nuit point aux bestiaux, ainsi qu'on l'a avancé.

Nous conseillons aussi de ne point donner, ou de donner très-peu de grain aux moutons. Cet aliment, quoique nourrissant et salutaire, est beaucoup trop dispendieux, et peut être avantageusement remplacé par les fourrages verts, et surtout par les pommes de terre et par les betteraves, ainsi que l'expérience l'a prouvé. Les Anglais qui entretiennent parfaitement leurs troupeaux de moutons, ne leur donnent jamais de grains.

C'est d'ailleurs une erreur de croire que les moutons ont besoin, pour donner de belles laines, d'être largement nourris. Les Ostiaques rompent une jambe aux renards qui leur fournissent les fourrures si appréciées dans les contrées du Nord. Ils emploient ce moyen cruel, afin que l'animal souffrant prenne moins de nourriture; ce qui donne à sa fourrure un plus grand degré de finesse.

On a souvent observé que des moutons foibles ou malades donnent une laine plus fine, quoique d'une qualité moins bonne, que celle qu'ils portent en état de santé.

Mais il est un milieu dans tout. Un

cultivateur doit donner une nourriture suffisante à ses animaux, afin de les maintenir en bonne santé, afin d'en retirer des toisons abondantes, et de prévenir la dégradation des races. L'économie prescrit d'une autre part de ne point prodiguer la nourriture, sur-tout lorsque cette prodigalité n'est pas compensée par les bénéfices.

On peut, il est vrai, augmenter par ce moyen la taille et la grosseur des races. Mais ce perfectionnement artificiel tourne souvent au détriment du cultivateur, sur-tout lorsque la nature du sol qu'il exploite, et la qualité de ses fourrages ne sont pas favorables à ce genre de métamorphose. Les Anglais, qui se sont beaucoup occupés du perfectionnement des races, étoient parvenus à créer des individus monstrueux en taille et en grosseur; mais ils ont reconnu que ces nouvelles races coûtoient, en général, plus qu'elles ne rendoient.

On peut suppléer aux fourrages verts, en donnant aux bêtes à laine des gâteaux de graines oléagineuses, du son, ou de la farine de différentes graines, telles que pois, haricots, seigle, orge, maïs, etc.; on délaie ces substances dans des tonneaux ou dans des baquets remplis d'eau. On ne sauroit trop recommander ce genre de breuvage qui contribue à maintenir les animaux en bonne santé dans une saison où il est difficile de se procurer des alimens frais: il sera sur-tout utile aux béliers, dans le temps de la monte, aux brebis qui ont mis bas, et aux agneaux qu'on vient de sevrer. On donne ces gâteaux ou ces farines dans la proportion de six ou sept livres pour cent moutons. Le résidu qui reste au fond des auges après que les animaux ont bu, fournit une bonne nourriture. Ces substances se donnent en plus grande quantité, lorsqu'il s'agit d'engraisser les moutons.

§. XVI. *De l'engrais des moutons.* L'engrais des bêtes à laine peut être porté à un degré extraordinaire, ainsi que cela a lieu en Angleterre, où l'on obtient souvent jusqu'à quatre ou cinq doigts de graisse sur le corps de ces animaux. Mais on ne doit pas les amener à ce degré d'embonpoint, lorsqu'on les destine aux usages ordinaires de la boucherie. Le mouton est alors un aliment fastidieux et malsain. Il seroit impossible de manger dans un repas une livre, et même une demi-livre d'une chair aussi grasse; les forces du meilleur estomac ne seroient pas assez puissantes pour digérer une aussi grande quantité de matière grasse. Cependant la viande de mouton engraissé à ce point est d'une grande ressource sur la table des gens peu fortunés. Elle peut remplacer le lard, et elle a l'avantage d'être d'un prix bien inférieur, c'est-à-dire dans une proportion de cinq à huit. Une très-petite quantité suffit pour donner une bonne soupe, et pour assaisonner une grande quantité de légumes, ou de substances farineuses; l'on trouve ainsi un moyen facile de fournir à la classe indigente de la société une nourriture saine et succulente.

On a éprouvé en Angleterre que le mouton gras, étant salé et conservé quelque temps dans la saumure, acquiert une saveur semblable à celle du lard. L'habileté de quelques personnes est si grande dans cette préparation, qu'on ne sauroit trouver aucune différence entre ces deux espèces de graisse. Le moyen alimentaire dont nous parlons nous paroît assez important pour mériter d'être adopté par les fermiers. Ils pourront ainsi donner à leurs ouvriers une nourriture saine, succulente, et économique.

§. XVII. *De l'inoculation du claveau.* Nous ne devons pas passer sous silence une opération pratiquée par les cultivateurs allemands, et dont les heureux effets ont été bien constatés : c'est l'inoculation de la maladie désignée sous le nom de *claveau*. Cette inoculation produit sur les moutons le même effet que l'inoculation de la petite vérole chez les hommes. Les animaux inoculés contractent la maladie, mais les symptômes en sont légers, et la guérison est prompte et assurée. Les expériences qui ont lieu chaque jour prouvent que les troupeaux inoculés sont à l'abri de toute contagion. On a accouplé des béliers atteints de la pourriture avec des brebis inoculées. Les brebis, ainsi que les agneaux qui ont été le résultat de ces accouplemens, n'ont offert aucun symptôme de pourriture.

On inocule le mouton, en faisant une incision à la face intérieure de la cuisse, dans la partie qui est dénuée de laine, à quatre doigts de l'anus. L'incision doit pénétrer la peau ; mais il faut prendre garde qu'elle n'attaque les muscles, ou qu'elle n'occasionne une effusion de sang. On presse avec les doigts un bouton d'un animal infecté de la maladie ; et après avoir enlevé, par le moyen d'une lancette, le virus qui en sort, on le porte dans la plaie de l'individu qu'on veut inoculer.

On s'occupe dans ce moment, à Alfort, d'inoculer la vaccine aux moutons. On a fait quelques expériences qui semblent promettre des succès heureux. (*Voyez* VACCINATION.)

§. XVIII. *Manière de numéroter les animaux d'un troupeau.* Comme la formation d'un troupeau ne doit pas être abandonnée au hasard, mais qu'elle doit être dirigée par les notions de l'expérience, et d'après des observations et des calculs, il est nécessaire que le cultivateur reconnoisse chaque individu de son troupeau, et qu'il puisse remonter à la souche primitive, en suivant graduellement chaque génération.

Cette connoissance est utile, soit qu'on veuille former un troupeau de race pure, soit que l'on veuille améliorer des races communes, soit enfin que l'on combine par des croisemens variés différentes races les unes avec les autres.

On doit chercher, dans le premier cas, non seulement à soutenir sa race, mais encore à l'améliorer de plus en plus, tant sous le rapport de la finesse et de la longueur des laines, que sous d'autres rapports, tels que ceux de la taille, de la chair, de l'engrais, etc. Il faut donc savoir quels sont les individus qui sont doués des qualités désirées, ou ceux qui donnent les plus beaux produits, etc. Il sera facile, par ce moyen, de diriger et de combiner les accouplemens, de manière à obtenir des races plus parfaites que celles par lesquelles on aura d'abord commencé.

Le numérotage ne sera pas moins utile, lorsqu'on voudra combiner deux ou plusieurs races les unes avec les autres. Il fixera les choix, en indiquant quels sont, dans chaque race, les animaux dont les croisemens sont le plus avantageux ; quels sont les nouveaux produits qui offrent les plus belles espérances, quels sont ceux qui doivent être rejetés ; il servira à faire connoître la source des vices qui se reproduisent à chaque génération, ou à certains intervalles, dans une suite des générations ; il mettra à l'abri de toute méprise, il facilitera les moyens de parvenir à des résultats positifs et toujours utiles aux progrès de l'art.

Peu importe quel moyen on emploie pour numéroter les animaux d'un troupeau, il suffit qu'il soit facile dans l'exécution, et qu'il puisse mettre le propriétaire à l'abri de toute erreur. Je vais donner ici le système de numérotage que j'ai conçu ; chacun pourra le changer, ou le modifier à son gré.

On a coutume de marquer les chevaux, et quelques autres espèces d'animaux, avec un fer rouge appliqué sur la cuisse. La toison dont le mouton est revêtu, ne permet pas d'employer ce moyen, si ce n'est lorsqu'on applique le fer sur le chanfrein, sur les joues, ou sur les cornes du mouton, et dans le cas seulement où l'on voudroit donner une marque commune à un certain nombre d'animaux. Mais il faut, en outre, désigner chaque animal par une marque distinctive. Quelques personnes emploient des plaques de métal, sur lesquelles sont gravés les numéros; on perce ces plaques, et on les attache avec une ficelle au cou de l'animal, ou, à ses oreilles, avec un fil d'archal; ce moyen, un peu coûteux, ne peut être exécuté dans certaines circonstances. Il arrive d'ailleurs que les numéros se détachent quelquefois, ce qui est sujet à inconvénient. Lorsqu'on veut avoir un compte exact de l'état de son troupeau et du résultat de ses expériences, le moyen le plus facile, et celui qui atteint le but, est celui de faire des entailles aux oreilles des moutons.

Si l'on élève sur la même ferme un troupeau de race pure, et un troupeau de métis, il sera nécessaire, pour éviter les méprises, de donner à tous les individus du premier troupeau, une marque différente de celle qu'on emploîra pour reconnoître les animaux du second.

On se servira, dans ce cas, d'un fer qu'on appliquera, après l'avoir fait rougir, sur la face des animaux. Ce fer, qui portera l'empreinte d'une lettre ou d'un numéro, doit avoir environ cinq ou dix millimètres (trois à cinq lignes) de diamètre.

On marquera ensuite chaque individu du troupeau, d'un numéro formé par des entailles faites sur les oreilles. Il suffira d'employer deux chiffres romains, savoir, I et V, pour former une série de numéros, jusqu'à cent quatre-vingt-dix-neuf. On recommencera une nouvelle série, lorsqu'on sera parvenu à ce nombre, en marquant les animaux de la seconde, troisième, quatrième série, etc., avec un fer rouge, portant une empreinte différente de celle qu'on aura déjà employée, ou en plaçant ce fer sur des parties différentes de la face. On parviendra ainsi à numéroter les troupeaux les plus nombreux.

On forme les marques en taillant les deux chiffres romains sur le bord supérieur ou inférieur des oreilles; l'oreille gauche portera les dizaines, et l'oreille droite les unités. Il vaut mieux tailler le bord inférieur de l'oreille, par la raison que le bord supérieur garantit mieux cet organe de la pluie et des autres intempéries de l'air. Le numéro I (Voyez la *planche IV*), désignera autant d'unités qu'il sera marqué de fois, jusqu'au nombre de quatre inclusivement. On enlèvera une petite portion du bord de l'oreille, dans cette forme V, pour marquer le N°. 5. On indiquera le numéro suivant, jusqu'à neuf inclusivement, de cette manière:

N°. 6, indiqué par.........	VI.
N°. 7, ...	VII.
N°. 8, ...	IV.
N°. 9, ...	IIV.

Les marques qui expriment sur l'oreille droite les unités, exprimeront sur l'oreille gauche un nombre correspondant de dizaines.

On pourroit se servir d'un autre système de numérotage, par lequel il seroit facile de connoître, au premier aspect du numéro, la généalogie des individus. Si l'on a un troupeau dont on veuille tirer race, on numérotera les animaux, ainsi que nous venons de le dire, et l'on mettra à chaque nouvel agneau le numéro de sa mère sur une oreille, et celui de son père sur l'autre; le bord supérieur serviroit, dans ce cas, à marquer les unités, et le bord inferieur les dizaines. Il seroit facile de remonter à la série des générations de fils en père, en examinant aux dents l'âge de chaque individu. Cette méthode a ses avantages, sur-tout dans le cas où l'on ne tiendroit pas un registre de son troupeau.

Il est à propos d'avoir un registre sur lequel on inscrit les numéros de chaque individu : c'est là où l'on notera les observations qu'il importe de retrouver au besoin, non seulement celles qui sont relatives à l'accouplement et au croisement des races, mais encore celles qu'on fera pendant le cours des expériences auxquelles on voudra soumettre les animaux. Un cultivateur soigneux, et celui qui cherche à perfectionner son art, notera les vices ou les qualités des animaux, leur état de santé et de maladie, la nature de leurs laines, les bénéfices qu'il en retire, etc. On reconnoîtra alors facilement les individus dont il est à propos de se défaire chaque année, ceux qu'il est bon de propager; l'on obtiendra enfin le but qu'on doit se proposer, celui de perfectionner les races et d'en retirer le plus grand bénéfice possible.

§. XIX. *De la tonte.* La tonte doit se faire dans le mois de mai, lorsque les froids ou les pluies ne s'y opposent pas. Le printemps et l'été sont les saisons où la laine croît avec le plus de force; et, si on la laisse alors sur le corps de l'animal, elle profite moins que si elle eût été coupée.

Un autre inconvénient qui résulte du délai de la tonte, c'est que la laine tombe lorsque les animaux ont souffert, ou qu'ils n'ont pas été bien nourris durant la mauvaise saison. Cette chute a lieu sur-tout dans les pays chauds. On a observé en Espagne, que, lorsque quelques circonstances forçoient à retarder d'un mois la tonte des troupeaux, la laine se détachoit de quelques parties du corps de l'animal.

Il en est des laines comme des plantes; la pousse des unes et des autres est plus vigoureuse lorsqu'elles ont été coupées. On gagneroit même sur la quantité, si l'on faisoit deux tontes annuelles, ainsi que cela se pratique en Espagne dans la province de Galice, et dans quelques parties de l'Italie et du nord de l'Europe. On tond les moutons jusqu'à trois fois par an dans la Norwège. On a adopté cet usage, par la raison qu'on a reconnu que le produit étoit alors bien plus considérable que lorsqu'on ne fait qu'une tonte. Mais cette pratique ne peut avoir lieu que pour les races à laine longue, et lorsqu'il s'agit de fabriquer certaines étoffes.

On a essayé à Rambouillet de laisser la toison à quelques mérinos pendant deux années consécutives. Cette pratique présente trop d'inconvéniens pour être appliquée avec avantage sur des troupeaux entiers, ainsi que nous l'avons exposé dans notre *Histoire de l'introduction des moutons à laine fine d'Espagne.* Le même essai a été tenté en Estramadure, et il a été abandonné par la raison qu'une portion de laine se perdoit dans les pâturages. Il peut arriver aussi que, dans cet état, les animaux fassent une plus grande consommation de fourrage, que leur engrais soit plus difficile et plus dispendieux; on doit enfin calculer l'intérêt de l'argent qui rentreroit dès la première année, si l'on ne différoit pas la tonte.

Il faut tondre les agneaux dès la première année de leur naissance. On obtient, en faisant deux coupes aux deux premières années, une laine de qualité meilleure et plus homogène, que lorsqu'on diffère la tonte. La laine de deux ans est inégale, et elle casse facilement.

On a l'habitude, dans presque toute l'Espagne, de faire suer les moutons avant que de les soumettre à la tonte. On les enferme pour cela dans des cours, ou dans des bâtimens où ils se trouvent pressés les uns contre les autres sans pouvoir se remuer. On prétend que la sueur attendrit la laine, et la rend plus facile à être coupée ; mais cette méthode doit être proscrite, puisqu'elle occasionne des mortalités parmi les troupeaux, lorsque le temps est froid ou pluvieux, ou qu'elle est l'origine de plusieurs maladies plus ou moins graves. On doit abriter les animaux avant la tonte, afin de pouvoir enlever leurs toisons sans qu'elles soient mouillées ; elles s'échaufferoient et se détérioreroient, si on les entassoit, et si on les conservoit dans cet état.

§. XX. *Manière dont se fait le triage des laines en Espagne.* On est dans l'usage, en Espagne, de faire le triage des laines avant de procéder à leur lavage. Cette opération, inusitée en France, est cependant d'une grande importance, soit qu'on la considère sous des rapports commerciaux, soit qu'on l'envisage relativement aux fabriques. On sait que les différentes parties du corps d'un mouton ne donnent pas des laines d'une nature semblable ; les unes sont plus longues que les autres, plus ou moins fines, plus ou moins élastiques, etc. ; elles diffèrent par conséquent dans leurs qualités, et ne sauroient être employées indistinctement aux mêmes usages ; il est donc nécessaire de les séparer avant qu'elles soient soumises au lavage. Le triage devient, après cette opération, impossible à exécuter ; ou bien il ne peut se faire qu'avec beaucoup d'imperfection. Il importe donc au fabricant que les laines soient triées lorsqu'il les reçoit ; et par conséquent le cultivateur s'en défait avec plus d'avantage, lorsqu'il peut les vendre dans cet état.

Le triage s'exécute, dans quelques cantons de l'Espagne, aux endroits où se fait la tonte : mais le plus communément il est différé jusqu'au moment du lavage, et il a lieu dans les lavoirs mêmes. On pèse les toisons à mesure qu'on les reçoit ; on les place ensuite dans de grands magasins, d'où on les retire à mesure qu'on veut les laver. On les transporte premièrement dans un long bâtiment ou hangar, sous lequel se fait le triage. Les ouvriers, placés en file le long de la partie du hangar qui est à jour, prennent les toisons entassées derrière eux ; ils les posent sur une table à treillage dont nous donnerons plus bas la description ; ils les développent et les étendent sur la table. Ils enlèvent alors d'une main les différentes qualités selon qu'elles se présentent au premier coup d'œil, ou selon que l'habitude les y porte, et ils jettent chacune de ces qualités dans une place différente. Les crottins sont jetés sous la table, la troisième qualité sur l'emplacement qui se trouve derrière l'ouvrier ; la seconde, dans un espace formé en pierre, et situé vis-à-vis la table ; la quatrième enfin est jetée au delà de cet espace et hors du hangar. Un ouvrier fait ordinairement, par jour, le triage de mille livres de laine.

Comme l'opération du triage est difficile, et qu'il est très important qu'une bonne qualité ne soit pas confondue avec une mauvaise, on demande de la part des ouvriers une grande habitude et beaucoup d'habileté : c'est du soin avec lequel elle est faite que dépendent la réputation d'une pile, et les bénéfices de sa vente : aussi exige-t-on de ces ouvriers cinq ans d'apprentissage. Un commis dirige et surveille la division des laines. Pour faciliter l'intelligence de ce que nous venons de dire sur le partage des laines, nous avons donné, Planche IV, la représentation d'un mouton, sur le corps duquel on trouvera indiquées, par des lignes ponctuées, les parties de l'animal qui donnent les différentes qualités de laine : les espaces numérotés 1 indiquent la première qualité; le numéro 2, la seconde; le numéro 3, la troisième ; et le numéro 4, les crottins.

Le tact et l'habitude nécessaire pour faire un triage parfait ne s'acquièrent que par une longue expérience. Il ne faut donc pas s'attendre que, dès les premiers essais, on puisse exécuter cette opération avec exactitude : le plus sûr seroit de faire venir d'Espagne un ouvrier intelligent. Un particulier que nous avons connu à Valence, ayant fait construire un lavoir dans cette ville, ne put trouver dans le pays aucun ouvrier en état de trier les laines; il a été contraint de faire venir de Séville, des ouvriers habitués à ce genre de travail. Nous conseillons aux personnes qui auront le projet de construire un lavoir, de prendre le même parti : ce sera le moyen le plus sûr d'atteindre au but qu'on se propose.

On peut, sans doute, exécuter le lavage sans faire un triage des laines ; mais ce triage, en assimilant nos laines fines à celles d'Espagne, doit en faciliter la vente, soit en France, à l'époque présente, soit chez l'étranger, lorsqu'une quantité surabondante en permettra l'exportation. Il seroit donc bien important que le gouvernement fît construire un lavoir, et qu'il fît venir d'Espagne un ouvrier exercé dans l'art du triage. Ce seroit une école qui serviroit à propager insensiblement cet art dans les départemens.

§. XXI. *Avantages qu'on peut retirer en France du lavage des laines, fait selon la méthode espagnole.* C'est une coutume générale parmi nous de laver les bêtes à laine avant de les soumettre à la tonte. Cette méthode, qu'on nomme *laver à dos*, est bonne pour les races ordinaires, et dans les pays où l'on a l'usage de ne vendre la laine qu'après qu'elle a subi cette sorte de lavage; mais il est de l'intérêt des propriétaires de troupeaux mérinos de faire laver leurs laines à la manière espagnole. On sait que les marchands et les fabricans déprécient les laines superfines du crû de France, et que les cultivateurs sont forcés de les abandonner à un prix au dessous de celui qu'elles valent intrinsèquement. Si ces mêmes laines étoient lavées en Espagne, et qu'elles fussent émises dans le commerce à la manière ordinaire, il est hors de tout doute que le prix auquel on pourroit les porter, et celui auquel on les vendroit, ne fussent beaucoup plus élevés. Si les commerçans profitent d'un préjugé, ou de certaines circonstances pour rabaisser le mérite et la valeur d'une denrée, il est de l'intérêt de celui qui produit cette denrée, de la soutenir à sa juste valeur. Le moyen le plus efficace que puissent employer les cultivateurs, afin de se soustraire aux astuces du commerce, c'est de ne mettre en vente leurs laines qu'après les avoir lavées à la manière espagnole. Lorsqu'elles paroîtront ainsi sur les marchés, l'acquéreur sera forcé de les apprécier d'après leur qualité réelle, et le vendeur cessera d'être dupe ; et, si les laines du crû de la France sont aussi bonnes et aussi fines que celles d'Espagne, elles seront payées le même prix que celles-ci.

L'introduction en France de la méthode espagnole ne seroit pas moins utile aux intérêts de l'agriculture et des fabriques, qu'à celui de chaque individu qui se livre à l'éducation des mérinos. Ce seroit un bon moyen de propager avec rapidité sur toute la surface de la France cette race précieuse, et par cela même de donner un grand essor au genre de fabrication qui a le plus d'étendue, et qui doit occuper le premier rang parmi nous.

D'ailleurs, cette méthode est simple et facile, et à portée des gens de la campagne qui seront en état de la pratiquer, lorsqu'on lorsqu'on leur aura donné l'instruction nécessaire. Elle est même économique, puisqu'elle exige beaucoup moins de temps et de bras que le lavage à dos. Il y a des lavoirs en Espagne, dans lesquels on lave dix mille livres de laine par jour; et il suffit d'employer trente à trente-quatre ouvriers pour l'exécution de ce travail. Que l'on compare le temps et le nombre de personnes nécessaires pour laver à dos une pareille quantité de laine, et l'on n'hésitera pas à donner la préférence au lavage espagnol.

Ce sont ces motifs qui nous avoient portés, dans notre premier voyage en Espagne, à examiner avec soin les opérations du lavage, d'autant qu'elles étoient inconnues en France, et que personne n'en avoit donné la description. C'est ce que nous avons fait dans notre *Traité des bêtes à laine*, cité plus haut. Comme nous avons observé de nouveau ces opérations dans un second voyage, et que leur importance exige qu'elles soient exposées dans un Cours complet d'Agriculture, nous allons remplir ici cette tâche.

Nous croyons devoir observer, avant d'entrer en matière, que la construction d'un lavoir étant une chose inconnue en France, elle demande des soins et des dépenses auxquels les particuliers d'une fortune médiocre ne se livreront pas facilement. D'ailleurs, les laines fines ne sont pas encore assez communes, et les avantages du lavage espagnol ne sont pas assez appréciés, pour qu'un particulier qui voudroit construire un lavoir pût espérer de trouver un dédommagement sur la quantité de laines qu'on lui donneroit à laver. Ce n'est qu'avec le temps qu'une entreprise de cette nature peut être lucrative; il n'y a donc que des propriétaires riches, ou qu'un gouvernement promoteur de l'industrie, qui puissent l'entreprendre. Malheureusement les propriétaires aisés dédaignent parmi nous de se livrer aux travaux de l'agriculture.

Nous devons donc former des vœux pour que le gouvernement prenne en considération un objet si important pour l'agriculture, l'industrie et le commerce.

La localité la plus favorable pour la construction d'un lavoir seroit aux environs de Paris. C'est dans les départemens voisins de cette capitale que se trouve la majeure partie des troupeaux de mérinos, élevés sur le sol de la république. Paris est d'ailleurs, en ce moment, la ville de France où il se fait le plus grand commerce de laines fines. Les acquéreurs habitent cette capitale, et les vendeurs y sont attirés par mille circonstances.

Mais, quel que soit le lieu que l'on choisisse, il est nécessaire d'y établir en même temps un marché où les cultivateurs, qui ont des parties de laine trop peu considérables pour mériter les frais et la surveillance qu'exige un lavage, trouvent un débouché auprès des marchands qui se présenteront sur les lieux; de manière que les laines pourront être vendues soit avant, soit après le lavage (1).

§. XXII. *Description des lavoirs espagnols.* Lorsqu'on se propose de faire construire un lavoir, on doit choisir un emplacement avec des eaux abondantes et de bonne qualité. Les eaux limpides, et celles qui dissolvent bien le savon, sont les meilleures pour le lavage des laines. On préférera donc celles des rivières, des ruisseaux, ou des fontaines.

(1) Un des commerçans les plus distingués de Paris, auquel j'ai communiqué mon idée sur l'établissement d'une foire de laines aux environs de la Capitale, l'avoit déjà conçue; et il se propose même de l'exécuter en l'an 13. Il choisira probablement, pour la tenue de cette foire, le village de Passy, situé à l'une des portes de Paris.

On peut même se servir des eaux de puits, ainsi que cela se pratique dans tous les lavoirs aux environs de Séville; mais alors le lavage ne peut être aussi parfait.

L'étendue de l'emplacement doit être proportionnée à la quantité de laine qu'on se propose de laver annuellement; car il est nécessaire que les magasins soient assez vastes pour contenir les laines envoyées au lavage, et que les séchoirs aient une dimension suffisante pour recevoir la laine à mesure qu'elle sort du lavoir, de manière à ce que le travail des ouvriers ne souffre aucune interruption.

Le lieu où s'exécute le triage doit être très-éclairé, afin que les ouvriers puissent facilement distinguer les différentes qualités de laines dont la toison est composée; il doit être situé vis-à-vis les cuves, afin que le transport soit plus expéditif et plus commode. Le fond de ce local peut servir de magasin pour l'entassement des toisons. On construira une pièce destinée à emmagasiner les laines après les emballages. Elle servira en même temps de local pour emballer les laines.

Le lavoir proprement dit est la partie qui demande à être construite avec plus de soin et d'exactitude, afin que le travail puisse être exécuté d'une manière commode et expéditive. Nous allons donner le dessin d'un lavoir que nous avons pris sur les lieux. Il diffère, en quelques points peu importans, de celui que nous avons donné dans notre *Traité des bêtes à laine d'Espagne*. Cette construction varie effectivement dans les différentes parties de l'Espagne, mais le principe est par-tout le même; il est appliqué selon les localités, l'emplacement, ou l'habitude. Il est, par exemple, nécessaire d'y apporter quelques changemens, lorsque, au lieu de se servir d'une eau courante, on emploie celle d'un puits. Nous indiquerons, dans le dessin, les deux genres de construction, afin que chacun puisse employer celle qui sera la mieux adaptée à ses besoins.

Les différentes parties qui entrent dans la construction d'un lavoir sont le puits à roue indiqué par la lettre A. (*Voyez Planche IV*). Le puits sert à fournir l'eau nécessaire au lavage des laines. Ce n'est qu'au défaut de sources ou d'eau courante qu'on établit ces sortes de puits. Ils se nomment en Espagne *norias*, et sont pareils à ceux que l'on construit dans nos provinces méridionales, pour l'irrigation des jardins. Cette machine hydraulique est très-simple, peu coûteuse, et fournit une grande quantité d'eau. Comme il faut un courant d'eau assez considérable dans un établissement où le lavage s'exécute en grand, on emploie d'ordinaire à l'extraction de l'eau quatre ou cinq mules qui se succèdent sans interruption l'une à l'autre. La roue à chapelet élève l'eau et la déverse dans un réservoir B. Ce réservoir porte trois mètres et demi (onze pieds de large) sur cinq de long; il est profond de quatre mètres et demi; (quatorze pieds) l'eau qu'il contient entre dans le canal où se fait le lavage des laines, par un conduit indiqué dans la partie L. On voit en *b* un petit réservoir établi au dessus du grand réservoir; il est destiné à fournir l'eau nécessaire au remplissage de la chaudière C, et des cuves EE. Comme le niveau de l'eau contenue dans le grand réservoir se trouve, dans le cours du lavage, au dessous des bords de la chaudière, ou de ceux des cuves, on a établi le réservoir supérieur *b*, afin de pouvoir conduire l'eau dans ces deux parties du lavoir, chaque fois qu'il est nécessaire.

Ce réservoir, qui reçoit l'eau de la noria par le moyen d'un chéneau en bois *c*, peut être construit en planches; et il suffit de lui donner un mètre sur

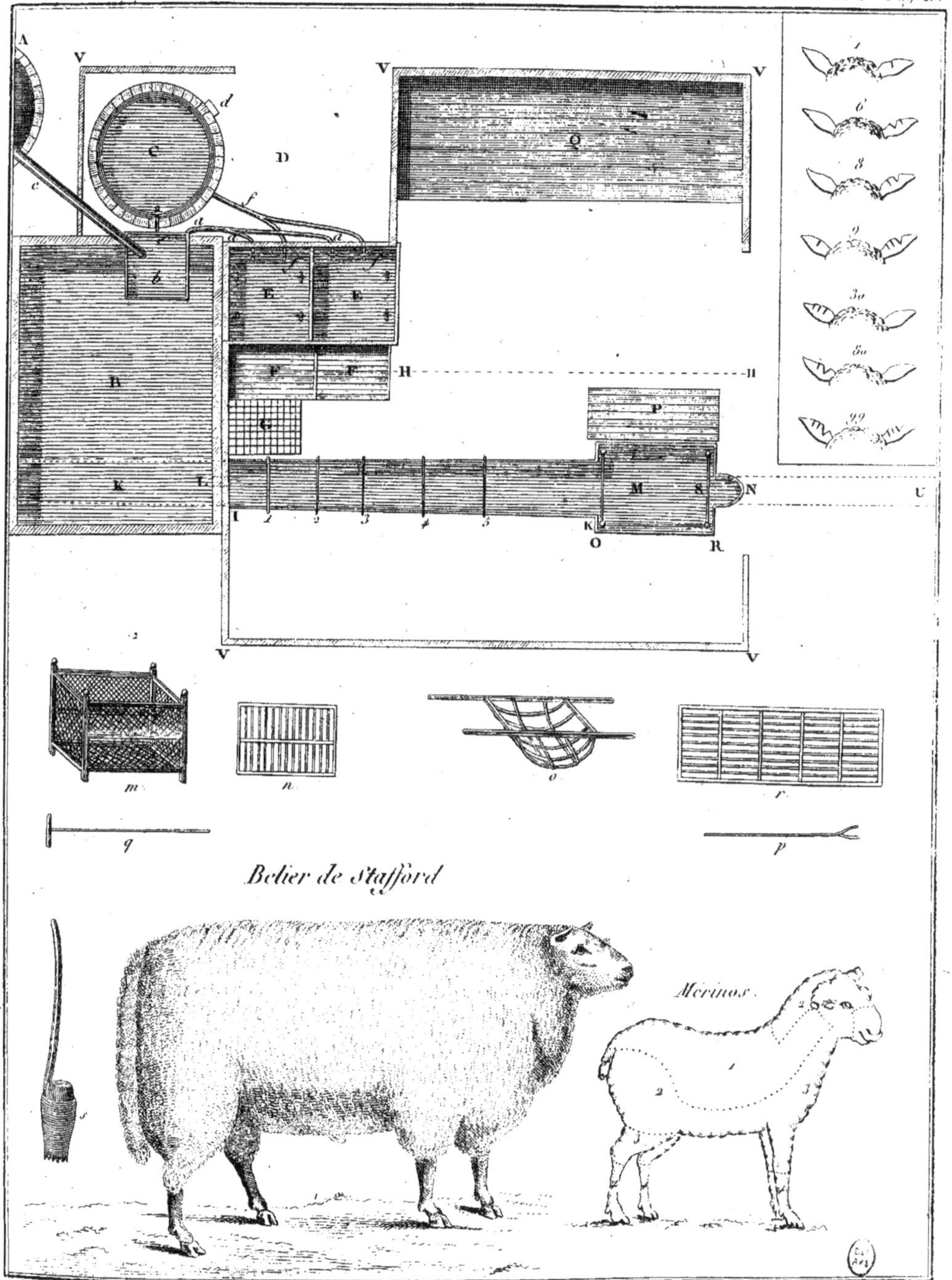

C. P. Lasteyrie Inv.t Moisy sculp.t

chacun de ses côtés, et un demi-mètre de profondeur; car, étant sans cesse alimenté par la roue à chapelet, il fournira au delà du besoin.

L'eau est conduite dans les cuves par le moyen du tuyau *a, a, a*, et elle est portée dans la chaudière C, par le moyen d'un autre tuyau placé en *e*. On allume le feu extérieurement dans la partie *d*. L'eau chaude est distribuée par un robinet, et va aboutir dans les cuves E E aux points *f f*. La cuve qui est de forme conique a deux mètres (six pieds) de profondeur, et deux mètres à son plus grand diamètre. Cette forme est mauvaise. Nous conseillons aux personnes qui auront besoin d'un fourneau, pour le lavage des laines, de le faire construire d'après les dimensions et les formes qui ont été adoptées pour ceux qui servent à la confection des soupes économiques.

Dans les lavoirs où l'on a à sa disposition un courant d'eau, que nous indiquons sur la planche par les lignes ponctuées K, on forme dans la partie L une écluse avec une vanne, par le moyen de laquelle on fait entrer à volonté l'eau dans le canal. On construit un double tuyau qui part de la digue; il sert à porter l'eau dans la chaudière et dans les cuves. Dans ce dernier arrangement, la chaudière, au lieu d'être posée en C, se met en *b* sur la même ligne que les cuves.

D, local dans lequel on apporte les laines, à mesure qu'on en a besoin pour le lavage.

Les cuves E E sont construites en maçonnerie, et revêtues de ciment. Elles ont chacune neuf décimètres (deux pieds neuf pouces) de profondeur, et quatorze décimètres (quatre pieds) de large sur deux mètres (six pieds) de long. Le nombre des cuves et leurs proportions varient dans la plupart des lavoirs. On doit se régler d'après les localités, ou sur la quantité de laine qu'on se propose de mettre au lavage.

Quelques personnes les construisent dans la terre, de manière que les bords se trouvent au niveau du sol; tantôt leur moitié inférieure est seule située au dessous du sol. La première construction a l'avantage de conserver plus long-temps le calorique. Les cuves doivent avoir chacune une ouverture à leur base, afin que l'eau puisse passer de l'une à l'autre, par les raisons que nous indiquerons plus bas. On pratique, sur les côtés des murs intérieurs, plusieurs trous qui servent de marches, lorsqu'il est nécessaire de descendre dans les cuves. Les six étoiles que l'on a placées sur les cuves désignent six cordes attachées au plancher supérieur; elles servent à soutenir les ouvriers lorsqu'ils montent sur les cuves, qu'ils descendent dans l'intérieur; lorsqu'ils passent de l'une à l'autre, ou enfin lorsqu'ils piétinent la laine qu'on a jetée des chaudières sur le plancher F F.

Le plancher F F sert à recevoir la laine à mesure qu'on la retire des cuves. Il est placé de niveau avec les bords de celles-ci, et se prolonge dans toute leur longueur; il a huit décimètres (deux pieds sept pouces) de large; il est composé de pièces de bois parallèles les unes aux autres, et distantes de treize à quatorze millimètres (six lignes). Elles portent trois centimètres et demi (seize lignes) d'équarrissage.

G représente un massif recouvert en briques, long de treize décimètres (trois pieds quatre pouces) et large de neuf décimètres et demi (trois pieds). L'ouvrier qui jette les laines dans le canal se pose debout sur ce massif qui est élevé de deux ou trois décimètres au dessus du sol. H H indique un conduit dans lequel coulent les eaux qui s'échappent au travers du plancher FF. Le conduit est recouvert en planches ou en dalles, ou bien il est fermé par une rigole qui se trouve placée dans la partie la plus basse du lavoir, et qui sert d'écoulement aux eaux qui proviennent des planchers F, P, *q*.

Le canal commence en I et se termine en N. Sa longueur est de dix mètres (trente pieds). Il a à son origine six décimètres huit centimètres (deux pieds un pouce) de large. Sa largeur, qui augmente progressivement, est de sept décimètres (deux pieds trois pouces) au point indiqué par le n°. 5, et de huit à celui où se trouve placée la lettre K. La première de ces parties du canal a quatre mètres et demi (environ quatorze pieds) de long. La seconde en a trois (neuf pieds). L'extrémité du canal de O en R a deux mètres (six pieds) de long. Sa largeur, égale dans tous les points, est de treize décimètres (quatre pieds). Le canal est terminé par une espèce de puisard N, de forme oblongue, ayant huit décimètres (deux pieds et demi) dans son plus grand diamètre. On a pratiqué à sa partie inférieure un conduit recouvert qui sert à l'écoulement des eaux, et que nous indiquons par une ligne ponctuée N U. Lorsqu'on a un courant un peu considérable, ou que la disposition du terrain le permet, on laisse échapper les eaux à découvert. On doit construire à l'extrémité du canal une vanne S, pour retenir les eaux à la hauteur exigée pour le lavage des laines. M est la partie du canal où l'on place la cage *m*, dont nous parlerons plus bas.

La profondeur du canal varie dans ces différens points ; elle a huit décimètres (deux pieds neuf pouces) dans la partie I, et neuf dans celle qui est désignée par la lettre K, ainsi que dans l'endroit M destiné à recevoir la cage. Le canal est construit en pierres de taille, et ses bords sont au niveau du sol. Il y a des canaux dont le côté droit est moins élevé de deux décimètres que le côté gauche. Pour remédier à cette inégalité, on place le long du côté droit des solives épaisses de deux décimètres ; les traverses désignées par les numéros 1, 2, 3, 4, 5, se placent d'un bord à l'autre, et servent d'appui aux ouvriers lorsqu'ils sont dans l'action du travail. Le canal est construit en pierres de taille liées avec du ciment. Le fond doit être planchéié, afin de ménager les pieds des laveurs.

Le plancher P, sur lequel on jette les laines au sortir de la cage, a vingt-trois décimètres (sept pieds) de long, et huit (deux pieds et demi) de large ; il est élevé d'un décimètre et demi (5 pouces et demi) au dessus du sol. Sa construction est la même que celle du plancher F.

Le plan sur lequel on fait égoutter les laines, est construit, dans quelques lavoirs, en dalles de pierre. Comme alors on ne pratique pas d'ouverture en dessous, il est nécessaire de lui donner une certaine inclinaison, afin de faciliter l'écoulement des eaux. Les planchers percés à jour, tels que celui que nous allons décrire, doivent avoir une légère pente.

Le grand plancher désigné par la lettre Q sert à entasser les laines, à mesure qu'on les retire du canal. Il est construit avec des pièces de bois plus fortes que celles dont sont formés les deux autres planchers. La distance qui doit se trouver entre chaque pièce est de treize à quatorze millimètres ; la longueur totale, de six mètres ; (dix-neuf pieds) la largeur, de deux mètres (six pieds).

Les différentes parties d'un lavoir doivent être toutes réunies dans une même pièce, afin de faciliter le travail. Cette pièce est ouverte, de haut en bas, dans plusieurs de ses points, ainsi qu'on le voit par le plan du lavoir. Les murailles sont indiquées par les lettres V V, etc. On donne au pavé situé entre le canal et les cuves un certain degré d'inclinaison, de manière à former dans la partie mitoyenne une rigole qui sert d'écoulement aux eaux.

On emploie au lavage des laines différens instrumens, dont le principal est la cage *m*, que les Espagnols nomment *galera ;* elle est longue de dix-neuf décimètres, (cinq pieds et demi) et large de douze décimètres, (quatre pieds) de manière qu'elle peut entrer avec facilité dans l'extrémité du canal M ; elle est formée par quatre montans réunis sur chaque côté par trois traverses, excepté dans sa partie antérieure, qui doit être ouverte pour recevoir les laines entraînées par le courant de l'eau. Elle a un plancher *n* fait avec des pièces de bois placées à la distance de trois centimètres et demi, (seize lignes) et assez fortes pour soutenir le poids des ouvriers.

Il est nécessaire que la cage soit bien ajustée contre les parois des deux angles formés par l'élargissement du canal dans la partie O, afin que les flocons de laine ne puissent s'échapper, et qu'ils soient entraînés dans la cage. Celle ci est recouverte à sa base, et sur ses trois côtés, par un filet dont les mailles ont sur chaque côté trente-sept millimètres (seize lignes). On a communément une seconde cage de rechange, afin de pouvoir substituer l'une à l'autre, sans être forcé de suspendre le lavage. Lorsqu'une cage a servi quelque temps, il s'y amasse des ordures et de la vase qui salissent la laine ; le filet doit être pareillement changé.

On se sert, pour enfoncer les laines dans les cuves, pour les remuer ou pour les retirer, de gros bâtons, de fourches P, etc., longues d'un mètre et demi environ ; la pression qu'on doit leur donner pour les enfoncer dans la cuve s'effectuera plus facilement, si l'on emploie un instrument *q*, qui est formé par un manche, au bout duquel on fixe un billot cylindrique dont le diamètre est d'un décimètre, et la longueur de trois décimètres et demi.

La laine se transporte du lavoir au séchoir sur des civières *o*, formées de deux pièces de bois qui servent de brancard, et de deux traverses longues de sept décimètres (deux pieds trois pouces). La distance d'une traverse à l'autre est de quatorze décimètres (cinq pieds et demi). La partie sur laquelle pose la laine est formée par des baguettes placées de distance en distance, et courbées de manière à former un enfoncement : on y fixe une toile, afin que la laine ne puisse s'échapper à travers les baguettes.

Les séchoirs sont des espaces de terrain sur lesquels on étend la laine pour la faire sécher au sortir du lavoir. A Ségovie, on l'expose sur des prairies ou pâturages dont l'herbe forme un gazon très-court, tandis qu'à Séville on construit dans de grandes cours des aires pavées en briques. Dans des climats brûlans, comme celui de l'Espagne, le gazon doit être préféré. Les rayons du soleil, répercutés par un pavé de briques, déssèchent trop promptement la laine ; ils la crispent, et peuvent nuire à ses qualités. Les pavés de briques doivent être préférés en France, où la chaleur n'est pas trop considérable, et où la dessiccation ne sauroit être trop prompte. Il sera plus sûr, et même c'est une précaution indispensable dans la majeure partie de nos départemens, de faire sécher les laines sous des hangars bien aérés. Il est très-rare, en Espagne, de voir tomber de la pluie en été : c'est pour cette raison que le dessèchement des laines s'opère en plein air. Le temps est trop variable en France, pour qu'on puisse s'exposer aux inconvéniens qui auroient lieu, si les laines restoient à l'humidité pendant plusieurs jours, et même pendant plusieurs semaines.

Nous allons donner ici la description de la table sur laquelle on doit étendre les toisons pour en faire le triage. Elle est construite sur les mêmes dimensions que celle qui est employée au nettoiement des laines après leur lavage, et que les Espagnols nomment *sarco*. (*Voyez* cette table *r*, qui a trente-cinq décimètres (onze pieds) de long, sur douze décimètres et demi (quatre pieds) de large, et est portée par deux tréteaux élevés du sol de huit décimètres (deux pieds et demi). Elle est composée d'un châssis en bois, et de quatre traverses qui soutiennent des pièces de bois carrées, portant deux centimètres (neuf lignes) sur chacun de leurs côtés, et distantes les unes des autres de dix à douze millimètres (cinq à six lignes). Les traverses ont deux centimètres sur leurs faces supérieures et inférieures, et sept centimètres sur les deux autres côtés.

§. XXIII. *Procédé du lavage*. Nous avons dit que le triage des laines s'exécutoit dans un local auprès du lavoir. Chaque sorte est entassée séparément, afin qu'il n'y ait pas de confusion, et que l'une ne soit pas mélangée avec l'autre. Comme l'opération du triage s'exécute dans le même temps que celle du lavage, on prend indistinctement les différentes qualités de laine, selon qu'elles se trouvent en quantité suffisante, et l'on a soin de ne laver l'une qu'après l'autre, afin de ne les point confondre.

Les ouvriers portent une certaine provision de laine dans le lieu désigné par D, (*Voyez Planche IV*) contre lequel sont placées les deux cuves, de sorte que les laveurs trouvent sous la main la quantité de laine dont ils ont besoin pour remplir les cuves E E, à mesure qu'ils les vident. On commence par mettre dans les cuves la quantité d'eau nécessaire; on ouvre à cet effet les robinets qui donnent l'eau chaude et celle qui vient du réservoir ou du ruisseau. L'eau doit être d'autant plus chaude, que la laine est moins fine. Cette règle générale demande à être modifiée selon les différentes qualités propres à chaque laine, de sorte que telle espèce, à finesse égale, demande une eau plus chaude que telle autre. C'est l'expérience et l'habitude du lavage seules qui apprennent quel est le juste degré de chaleur qui convient à chaque laine. Nous avons observé qu'en général la chaleur de l'eau, après que la laine y avoit été plongée, se trouvoit à un degré que la main pouvoit supporter sans en être incommodée. La température étoit beaucoup plus élevée dans d'autres circonstances: nous étions quelquefois forcés de retirer la main aussitôt après l'y avoir plongée.

Comme il est nécessaire que l'eau soit chargée d'une certaine quantité de suint pour que le lavage soit bien fait, on commence à remplir une cuve avec la laine de seconde qualité; et l'eau se trouvant suffisamment chargée après ce premier lavage, on peut s'en servir pour laver des laines de première qualité. On fait passer une partie de cette eau d'une cuve dans l'autre, en ouvrant le trou de communication, et l'on achève de remplir avec l'eau des robinets. Ainsi l'on commence chaque jour par les laines de seconde qualité.

Lorsque la laine a été jetée dans les cuves, on la comprime légèrement, et on la fait entrer dans l'eau par le moyen de l'instrument *q*, dont nous avons donné la description.

Elle doit être plongée au niveau de l'eau, et ne point s'élever au dessus des bords de la cuve. On laisse communément la laine dans cet état pendant un quart d'heure; nous avons vu des lavoirs où elle restoit une demi-heure et même une heure. On se règle, en général, sur le temps nécessaire au vidage des cuves; de sorte que la laine reste d'autant plus de temps dans une cuve, que le nombre de celle-ci est plus considérable. On est dans l'usage, dans quelques lavoirs, d'agiter la laine, une et même deux fois, avec un bâton élargi à son extrémité : ailleurs, on ne la remue pas du tout. Si l'eau n'est pas trop chaude, dans le moment où la laine doit être retirée, les ouvriers montent sur les cuves, en posant les pieds d'un rebord à l'autre, et ils enlèvent avec les mains la quantité de laine qui se trouve à leur portée; puis ils descendent dans l'intérieur pour ôter ce qui reste. Ils placent à cet effet les pieds dans les trous pratiqués aux parois intérieures des cuves. Lorsque l'eau se trouve à une température que les mains ne peuvent soutenir, les ouvriers emploient des fourches pour retirer la laine. Ils la jettent sur le plancher F F, et ils en forment des tas qu'ils foulent pour en faire sortir l'eau, en appuyant le pied sur la masse de l'instrument *q*. Ils tiennent de la main gauche le manche de cet instrument, et, de la main droite, l'une des cordes attachées à la charpente du bâtiment. Ils foulent avec les pieds, lorsque la laine n'est pas trop chaude; ils retirent ensuite, avec l'extrémité de l'instrument, la couche supérieure de la laine vers le massif G. Après avoir foulé une seconde fois la couche inférieure, ils la déposent sur le massif avec celle qu'ils avoient d'abord retirée. Il importe de bien fouler la laine avant de la jeter dans le canal; son lavage s'effectue d'autant mieux, qu'elle contient moins d'eau grasse en entrant dans l'eau froide.

Lorsqu'une cuve a été vidée, on la remplit immédiatement d'eau, et puis de laine, et l'on continue ainsi le lavage à l'eau chaude, sans y apporter d'autre intervalle que celui où les ouvriers prennent leurs repas. L'eau, en se chargeant de suint et d'ordures à chaque opération, devient impropre au lavage : c'est pour cette raison que l'on est dans l'habitude de vider deux fois par jour chaque cuve, et de la bien nettoyer. Comme les ordures qui se déposent au fond des cuves contiennent toujours des filamens de laine, il est nécessaire, afin de ne rien perdre, de mettre à l'un des points par lesquels l'eau prend son cours, un panier sans fond, garni d'un filet (1). On ouvre ensuite le trou de communication, et l'on y fait entrer une certaine quantité de suint qui se mélange avec la nouvelle eau, et la rend propre au lavage.

Un ouvrier, placé sur le massif G, prend la laine entre ses deux mains, et la laisse tomber sur l'eau qui sort à gros bouillons de l'ouverture pratiquée en L. On met une planche devant l'ouverture par laquelle l'eau s'échappe, afin de la forcer à prendre son cours de bas en haut, et de lui donner une plus grande étendue dans sa surface. La laine que l'ouvrier jette lentement et par petits flocons, tombant sur une plus grande surface, se divise mieux; ses filamens sont imprégnés d'une plus grande quantité d'eau, et le lavage s'effectue d'une manière plus parfaite.

Celle qui est entraînée par le courant d'eau n'arriveroit pas dans la cage avec un degré de lavage suffisant, si elle n'étoit arrêtée et divisée dans sa marche. C'est pour produire cet effet, que l'on place cinq ouvriers vis-à-vis les traverses numérotées 1, 2, 3, 4, 5. Ces ouvriers entrent dans le canal, ils se tournent vers la partie d'où vient l'eau; ils s'appuient soit d'une main, soit de tout le corps, sur les traverses; et, dans cette posture, ils agitent sans interruption la jambe droite ou la jambe gauche. Lorsque le premier ouvrier balance la jambe droite, le second balance la gauche, et ainsi alternativement, de manière que la laine soit tenue dans une agitation continuelle.

(1) Nous observerons que les eaux qui sortent des cuves donnent un excellent engrais, et qu'on trouvera de grands avantages à les faire servir à l'irrigation des potagers, des prairies et des champs.

Lorsque les ouvriers sont fatigués, celui qui est à la tête donne le signal du changement de pied, en frappant avec la traverse un coup sur les bords du canal.

La laine suit le cours de l'eau, et va se rendre dans la cage M, où elle est retenue par le filet dont cet instrument est recouvert. Deux ouvriers placés dans l'intérieur, aux deux extrémités, et ayant l'eau jusqu'au genou, retirent avec leurs mains la laine à mesure qu'elle arrive, et ils la jettent sur le plancher P: un troisième ouvrier presse cette laine sous ses genoux ou entre ses mains, et l'apporte à un quatrième qui l'arrange en meules coniques sur le plancher Q, où on la laisse égoutter pendant quelques heures, ou même durant toute la nuit, si c'est le soir qu'elle a été entassée. Il faut avoir soin d'étendre un linge grossier du rebord de la cage au dessus du plancher P, afin d'éviter la perte des flocons de laine qui, sans cette précaution, tomberoient entre la cage et le canal, et seroient entraînés par les eaux.

Il y a des lavoirs où l'on n'étend la laine sur le séchoir qu'une fois par jour, c'est-à-dire qu'on la laisse une partie du jour et toute la nuit sur le plancher, et qu'elle n'est portée au séchoir que le lendemain. On la transporte sur des civières O, dont nous avons donné la construction. On la jette en tas, et puis on la répand par flocons sur le séchoir, où on la laisse un ou deux jours, selon l'état de l'atmosphère, en la retournant une ou plusieurs fois.

Lorsque la laine est au degré de siccité convenable, on la ramasse et on la dépose dans un magasin où se fait l'emballage. On entasse séparément chaque sorte, et on recouvre les tas avec des toiles, afin de ne point les confondre.

Comme les laines contiennent, même après un bon lavage, des brins d'herbe, ou d'autres matières de cette nature, il est nécessaire de les éplucher avant que de procéder à l'emballage. On pose sur une table *r*, percée à jour, que les Espagnols nomment *sarco*, et dont j'ai donné la description, une certaine quantité de laine qu'on bat avec une gaule. Le mouvement communiqué à la laine, fait tomber sous la table la plus grande partie des corps étrangers qu'elle contient : le reste est enlevé à la main.

Lorsque ce travail est achevé, on emballe les laines, et l'on appose sur chaque balle la marque du propriétaire, celle de la qualité de laine qu'elle contient, et les numéros qui indiquent son poids.

Pour procéder à l'emballage des laines, on lie un sac de grosse toile, par les quatre coins de son ouverture, avec des cordes qu'on fixe au plancher supérieur de la pièce où l'on travaille. Après avoir rempli ce sac à moitié, on pose sur la laine une pierre qui pèse environ cent livres, et un homme placé sur cette pierre foule, avec ses pieds et avec l'instrument indiqué par la lettre S, la laine, à proportion qu'elle est jetée dans le sac par un autre ouvrier. Il soulève de temps à autre cette pierre pour placer au dessous la laine qu'on a mise dans le sac. L'instrument dont il se sert pour ce foulage est formé par un manche long de neuf décimètres, et une espèce de massue longue de quatre décimètres trois centimètres. Elle a douze centimètres de large à l'origine du manche, et six à son extrémité. Elle a environ cinq centimètres dans sa plus grande épaisseur; elle est armée d'une lame de forte tôle, qui a trois décimètres de long, et qui se termine par cinq dents.

Vingt-cinq livres de laine en suint donnent communément, après avoir été lavée, de onze à douze livres. Il y en a qui ne donnent que dix livres, et d'autres que neuf livres et demie.

On calcule, en général, que vingt livres de laine triée et lavée, rendent, en qualités différentes, dans la proportion de quinze

quinze livres, laine superfine; quatre livres, laine fine; une livre laine de troisième qualité.

Comme il importe aux personnes qui voudroient établir en France un lavoir de connoître le nombre d'ouvriers qui doivent être employés dans un établissement en grand, nous terminerons cet article par un tableau qui indiquera le nombre d'ouvriers nécessaires dans chaque opération.

Tableau des ouvriers nécessaires dans un lavoir, où l'on trie, on lave, on fait sécher et l'on emballe cent quintaux de laine par jour.

Chef pour surveiller les trieurs de laine . .	1
Trieurs de laine	6
Ramasseur des déchets, crottins, etc. . .	1
Porteur de laine aux cuves	1
Cuveurs qui lessivent la laine	2
Porteurs de laine aux laveurs	2
Ouvrier qui jette la laine dans le canal . .	1
Ouvriers qui portent la laine sur les tables où elle doit s'égoutter	2
Laveurs placés dans le canal	6
Un homme pour soigner le puits à chapelet.	1
Idem pour soigner le fourneau	1
Ouvriers occupés à porter la laine au séchoir, à la remuer et à la transporter au magasin lorsqu'elle est sèche (le nombre varie) .	6
Eplucheur de laine.	1
Emballeur	1
Ouvrier qui donne la laine à l'emballeur . .	1
Ouvrier qui coud les sacs	1
Marqueur de balles	1
NOMBRE total des ouvriers	35

LASTEYRIE.

MERLES, (*Chasse.*) Les merles, à l'habit près, offrent de grandes conformités avec la grive. Les mêmes goûts, les mêmes inclinations rapprochent ces deux oiseaux sous l'empire des mêmes habitudes ; d'où il suit que la chasse du merle qui, en automne sur-tout, a presqu'autant de délicatesse que la grive, se fait par les mêmes procédés et avec les mêmes pièges que ceux que j'ai décrits pour ce dernier oiseau. Il donne, comme la grive, dans les tendues des abreuvoirs et dans tous les collets sur-tout appâtés de raisins, cerises et autres fruits, selon les saisons. Le chènevis, le blé, les vers, attirent, ainsi que beaucoup d'autres oiseaux, dans les fossettes et les trébuchets. Le rafle ou l'araignée s'emploient aussi contre lui avec succès, pendant les jours de brouillard. Les merles alors volent bas, et s'abritent dans les haies et buissons. On va les y relancer en les rabattant du côté qu'est tendu le filet. Leur courage les fait donner des premiers dans les pipées. Un oiseleur qui sait bien les contrefaire y en attire beaucoup, et avec eux une foule d'autres oisillons que leurs cris belliqueux rassemblent. Lorsqu'on en a de vivans, on les fait crier pour servir d'appelant. C'est encore en contrefaisant leur cri, soit avec la voix, soit avec un appeau, qu'on les attire ou dans des filets ou sous le fusil. (S.)

MERRAIN, (*Vénerie.*) L'on donne ce nom à la tige ou perche du cerf, du chevreuil et du daim, de laquelle sortent les andouillers. (S.)

MÉTÉOROLOGIE. M. *Rozier*, dans l'article MÉTÉOROLOGIE de son *Cours complet d'Agriculture*, a donné, d'après un Mémoire que j'avois rédigé pour la Société royale de Médecine, un plan d'observations météorologiques applicable à la médecine et à la physique, avec une méthode pour rédiger ces sortes d'observations. Ce plan, tel qu'il étoit conçu, ne pouvoit pas convenir aux agriculteurs : en effet, on ne peut pas exiger d'eux l'observation exacte et journalière des instrumens, tels que le baromètre, le thermomètre, l'hygromètre, etc. Leur attention doit se fixer principalement sur l'influence des météores à l'égard des différentes espèces de terres, de végétaux qu'ils cultivent; de cette influence dépendent en grande partie les bonnes ou mauvaises récoltes; car, a dit un ancien, *annus fructificat non terra.* Une suite d'observations bien faites dans cet esprit pourra, dans la suite, aider à prévoir la récolte à laquelle on doit s'attendre, lorsqu'on saura par expérience que telle température est ordinairement suivie d'une bonne ou d'une mauvaise récolte, et que l'influence des températures varie selon la nature des terres que l'on cultive.

J'ai donc rédigé un plan d'observations particulièrement applicable à l'agriculture, et que tout cultivateur pourra suivre aisément, ayant l'attention de consigner dans un registre les observations analogues à ce plan, en suivant la méthode que je vais tracer, pour suppléer aux observations des instrumens auxquels un cultivateur ne peut pas s'astreindre; je donnerai ensuite un calendrier météorologique qui indiquera pour chaque jour le degré moyen de chaleur qui doit avoir lieu dans le climat de Paris, et d'une bonne partie de la France. C'est le résultat d'observations faites à Montmorency pendant vingt ans. J'aurois pu joindre à ce calendrier les élévations moyennes du baromètre, les vents dominans, et l'état du ciel pour chaque jour. Mais on sait que les hauteurs du baromètre varient, selon que les lieux où l'on observe sont plus ou moins élevés; il en est de même des vents, dont la direction est souvent déterminée par le local: ainsi le voisinage d'une montagne, d'un bois, change la direction du vent, le réfléchit.

Faisons d'abord sentir l'utilité des observations météorologiques appliquées à l'agriculture. On ne peut, en effet, disconvenir que, si les bonnes ou les mauvaises récoltes dépendent de la nature des terres auxquelles on a confié la semence, et des préparations qu'elles ont reçues, elles ne dépendent aussi de la température de l'air, de l'influence des météores, des circonstances plus ou moins favorables où ils ont eu lieu. Il est donc intéressant de connoître, autant qu'il est possible, cette influence, bonne ou mauvaise, qu'ils peuvent avoir sur les productions de la terre, en comparant les progrès plus ou moins lents de la végétation avec les variétés observées en même temps dans la température de l'air. Cette comparaison n'est pas un simple objet de curiosité: elle apprendra au cultivateur ce qu'il a à craindre d'une température qui semble d'abord ne faire aucun mal apparent à ses grains, mais dont les suites peuvent cependant leur être très-préjudiciables; elle l'instruira des précautions qu'il doit prendre pour les prévenir, s'il est possible; elle fera connoître au naturaliste l'origine des maladies auxquelles les grains sont exposés; et la cause une fois connue, il sera plus facile d'y apporter remède.

L'utilité de ces sortes d'observations a été sentie par le savant et estimable *Duhamel du Monceau.* Il avoue, dans la préface de ses *Elémens d'agriculture*, que les résultats de ses observations lui ont été fort utiles, pour la composition des divers ouvrages qu'il a publiés sur les différentes branches de l'art agricole. Pour familiariser les cultivateurs de son canton avec les instrumens météorologiques, il avoit établi dans la cour de sa ferme, à Denainvillers, un baromètre qu'ils alloient consulter et auquel ils avoient pris confiance. Le savant agronome leur avoit fait comprendre que la condensation et la raréfaction de l'air influoient singulièrement sur les progrès de la végétation, ainsi que son état de sécheresse et d'humidité; de là, leur disoit-il, la nécessité d'observer le thermomètre dont la marche de la liqueur ascendante ou descendante indique les variations que l'air éprouve dans sa condensation et sa raréfaction. L'observation de l'hygromètre devoit leur faire connoître l'état de sécheresse et d'humidité de l'atmosphère, et l'inspection du cours des nuages ou d'une bonne girouette leur apprenoit à s'assurer de la direction du vent, pronostic le plus certain, et préférable à celui du baromètre, pour prévoir les changemens prochains de température.

M. *Duhamel* savoit très-bien que l'observation assidue de ces différens instrumens ne pouvoit pas s'accorder avec les travaux des cultivateurs ; aussi prit-il cette tâche sur lui, et il l'a remplie pendant plus de quarante ans. Il fit plus, et pour prêcher d'exemple, il tint pendant le même temps un registre exact de l'état des végétaux, relativement à la température, et il en publioit tous les ans les résultats, soit dans les Mémoires de l'Académie des Sciences, soit dans un ouvrage relatif à la culture des terres, et qui étoit le journal exact de ses travaux, de ses expériences en agriculture, de ses observations et de ses réflexions.

Le plan d'observations botanico-météorologiques que je vais donner est calqué sur celui que M. *Duhamel* suivoit lui-même. On trouvera les résultats généraux de toutes les observations de ce genre dans mon *Traité de Météorologie*, publié en 1774, et dans un Mémoire que j'envoyai, en 1775, à la Société royale des Sciences de Montpellier, qui partagea, avec celui de M. *Toaldo*, le prix proposé par cette Société, et dont le sujet étoit l'application de la météorologie à l'agriculture. On peut consulter aussi la *Météorologie des cultivateurs*, volume in-12, publié en 1798, par M. *Dumont-Courset*. *L'Année rurale*, ou le *Calendrier des cultivateurs*, année 1788 ; *l'Almanach météorologique* de M. *Senebier*, de Genève ; *Assemblées publiques de la Société royale des Sciences de Montpellier*, année 1772, page 55, où l'on trouvera un *plan d'observations appliquées à l'agriculture*, par M. *Mourgue*, etc.

PLAN D'OBSERVATIONS BOTANICO-MÉTÉOROLOGIQUES.

I. *Terres.* On indiquera les effets de la gelée, des pluies, de la sécheresse sur les terres, selon leurs différentes natures, c'est-à-dire selon qu'elles sont plus ou moins mélangées de terre franche, d'argile ou de glaise, de sable, de marne, de craie, de tourbe, etc. On notera aussi les températures qui ont concouru avec les différens labours qu'on a donnés à ces terres.

II. *Froment et seigle.* Quelles ont été les circonstances de la température froide ou chaude, sèche, humide ou pluvieuse, les vents dominans, à l'époque des semailles et pendant l'hiver.

Quelle a été la température générale de chaque mois du printemps, celle qui a concouru avec les époques du développement des tuyaux et des épis ; époques que l'on notera, ainsi que celles des brouillards, et les effets qu'ils ont produits sur les grains.

Quels ont été et la température générale et les vents dominans de chaque mois de l'été, celle qui a concouru avec la floraison des grains et avec leur récolte. On en marquera les époques ; on parlera de leur produit et de leurs qualités.

III. *Orge, avoine, et autres grains connus sous le nom de* MARS. Quelle a été la température correspondante à l'époque de leurs semailles, à celle de la levée de ces grains, du développement des épis, de la fleur et de la récolte. Chaque espèce de grains cultivés formera une section particulière de cet article.

On tiendra note des différentes maladies des grains qui se manifesteront, et des températures qui y auront concouru et auxquelles on croira devoir les attribuer.

IV. *Fourrages et plantes légumineuses.* On notera les températures qui ont été plus ou moins favorables aux prairies tant naturelles qu'artificielles, en distinguant les différentes espèces de ces dernières, soit relativement aux progrès de leur végétation, soit à leur récolte. On fera les mêmes observations sur les plantes légumineuses, telles que pois, haricots, fèves de marais, lentilles, etc. On fera la note de l'époque de leur fleuraison, de leur récolte, de la quantité et de la qualité de leurs produits.

V. *Pommes de terre, topinambours, etc.* Quelle a été la température correspondante à l'époque de leur plantation, de leur fleuraison et de leur récolte, dont on notera la quantité et la qualité.

VI. *Plantes propres à la filature et à la teinture, etc.* On fera les mêmes observations sur l'influence de la température à l'égard du chanvre, du lin, du safran, de la garance, de la gaude, du chardon des bonnetiers ou à foulon, du houblon, etc.

VII. *Arbres fruitiers.* On indiquera les époques de la feuillaison, de la fleuraison et de la maturité des fruits de chacune des différentes espèces d'arbres fruitiers que l'on cultive; les effets que les gelées de l'hiver et celles du printemps, plus dangereuses, ainsi que les vicissitudes de la température de l'été, ont produits sur chacun d'eux; la multiplication plus ou moins grande des insectes qui les attaquent; l'époque de la chute de leurs feuilles, les causes favorables ou non à la conservation des fruits, dont on fera connoître la qualité et la quantité plus ou moins abondante de chaque espèce.

VIII. *Vignes.* On parlera de l'effet de la température de l'hiver sur le bois de la vigne; de celle qui a concouru avec la taille; des époques des pleurs de la vigne, du développement de ses bourgeons, et de la température qui a accompagné cette circonstance critique de sa végétation; de l'époque de sa fleuraison et de la température correspondante; de celles qui ont régné pendant les différentes façons qu'on a données à la vigne. On observera les effets que produit la température sur les différentes espèces de vignes, et relativement à leur exposition, sur-tout dans les mois de thermidor et fructidor, (août et septembre) époque de la maturité des raisins. On notera, à l'époque des vendanges, la température qui a concouru avec la récolte, la durée plus ou moins longue de la fermentation du moût dans les cuves, la quantité, la qualité du vin récolté.

Dans les pays où l'on cultive les pommiers pour convertir les pommes en cidre, on fera de pareilles observations sur les époques de la végétation, comparées avec les températures régnantes, et sur les produits en cidre.

La culture du houblon, de l'olivier, du noyer, donnera lieu aussi à des observations du même genre.

IX. *Bestiaux.* Si quelque maladie dépendante de la température se manifestoit sur les bestiaux, on noteroit le caractère de la maladie propre à chaque espèce d'animal; le rapport de cette maladie avec la température correspondante, ses symptômes, le traitement suivi, et les succès qu'on en a obtenus.

X. *Oiseaux de passage et insectes.* On tiendra compte des époques du départ, du retour, ou de l'apparition, ou du premier chant des oiseaux connus sous le nom d'*oiseaux de passage*, quoique plusieurs d'entre eux ne quittent pas notre climat, tels que l'alouette, le loriot, la grive, le coucou, le rossignol, l'hirondelle, la caille, les canards et les oies sauvages, etc.

On fera mention de la multiplication plus ou moins grande des insectes malfaisans, comme les chenilles, les pucerons, les limaçons, les hannetons, les cantharides, les fourmis, etc., et des dégâts qu'ils auroient faits.

XI. *Abeilles*. Ces insectes laborieux et précieux doivent occuper une place distinguée dans le registre du cultivateur; il parlera de l'effet de la température de l'hiver sur les ruches; de celle du printemps sur la récolte de la cire et du miel, de celle de l'été plus ou moins favorable à la multiplication des essaims; de celle de l'automne, temps où les abeilles font leurs provisions d'hiver; des maladies que les abeilles éprouveront, et de leur cause présumée; de la quantité de la récolte de miel et de cire, de leurs qualités rélatives à la nature des plantes qui sont à leur disposition.

XII. *Hauteur des eaux*. Il sera bon de noter, dans les différentes saisons, la hauteur des eaux, soit de rivière, soit de source, et de puits, en disant seulement qu'elles ont été ou hautes, ou basses, ou à leur niveau moyen.

XIII. *Observations diverses*. Les cultivateurs n'oublieront pas de noter aussi,

1°. Les époques des gelées, leur durée, les effets qu'elles auront produits sur les végétaux et les animaux;

2°. Les époques des grêles, les effets dont elles seront suivies, leur fréquence plus ou moins grande dans le pays qu'ils habitent; les orages et les tempêtes considérables, les grandes pluies d'orage, etc.;

3°. Les époques des inondations des rivières qui sont dans leur voisinage, les ravages qu'elles occasionneront, la durée et les retours plus ou moins multipliés de ces inondations, les temps de l'année où elles ont lieu plus souvent.

Ils auront un registre divisé en autant de sections qu'il y en a dans le plan que je leur propose; ils écriront journellement les notes relatives aux différentes indications contenues dans ce plan, auxquelles ils ajouteront les autres remarques qu'ils croiront devoir faire à la fin de chaque année; ils feront le relevé de leur registre, et le feront passer à la Société d'Agriculture de leur département.

Je crois avoir parcouru les points d'agriculture les plus intéressans, qui doivent fixer l'attention des cultivateurs. Les Sociétés d'Agriculture établies dans chaque département réuniroient toutes les observations qui leur seroient adressées chaque année par les cultivateurs, et, de cette réunion, résulteroit nécessairement une masse de lumières qui nous éclaireroient plus sur le véritable objet de la méteorologie, que toutes les théories qu'on a publiées jusqu'à présent sur cette branche de la physique.

La Société de Médecine qui vient de s'établir dans le sein de l'Ecole de Médecine, à Paris, se propose de rétablir la correspondance météorologique que la Société royale de Médecine avoit organisée, et de publier un plan d'observations relatives à l'application de la météorologie à la médecine, semblable à celui que l'ancienne société m'avoit demandé, et que ses correspondans ont rempli avec beaucoup de zèle jusqu'à l'époque de la révolution.

Voici maintenant le calendrier météorologique que j'ai promis. Les cultivateurs qui seront à portée d'observer ce thermomètre pourront juger, d'après le calendrier, de combien la température actuelle s'éloignera ou s'approchera du terme moyen que j'indique pour chaque jour : il résulte de trois observations faites au matin, à midi et au soir.

CALENDRIER MÉTÉOROLOGIQUE,

INDIQUANT LA TEMPÉRATURE MOYENNE DE L'ATMOSPHÈRE DANS UNE GRANDE ÉTENDUE DE LA FRANCE.

JOURS du MOIS.	JANVIER.	FÉVRIER.	MARS.	AVRIL.	MAI.	JUIN.	JUILLET.	AOUT.	SEPTEMBRE.	OCTOBRE.	NOVEMBRE.	DÉCEMBRE.
	d	d	d	d	d	d	d	d	d	d	d	d
1	1,9	4,1	4,8	7,4	10,0	11,6	15,2	17,4	17,2	12,1	7,0	4,0
2	1,6	3,5	6,1	8,0	10,1	13,3	16,4	17,9	16,9	12,3	6,9	3,4
3	0,3	3,6	5,7	8,3	10,3	14,3	15,9	16,8	14,8	11,8	7,8	3,1
4	* — 0,5	2,6	5,0	8,3	10,8	14,8	17,2	17,9	17,4	11,8	8,9	2,6
5	— 0,8	3,0	4,7	8,0	11,8	16,0	17,9	18,9	16,0	11,0	8,5	2,9
6	— 0,8	2,8	4,8	8,4	13,0	15,8	18,0	19,4	16,0	10,6	7,6	3,1
7	— 0,5	2,7	4,7	7,1	14,1	15,7	17,3	18,5	15,6	11,3	7,1	3,3
8	0,1	2,5	4,0	6,5	13,7	15,7	17,2	17,8	14,5	11,4	7,4	4,2
9	0,3	2,0	4,1	7,4	13,3	16,6	17,3	18,8	13,6	11,3	7,7	4,0
10	— 0,1	2,9	4,6	7,9	13,3	16,0	16,8	17,9	13,6	10,6	7,4	3,4
11	1,2	3,2	4,1	7,7	12,2	15,7	15,7	18,0	14,1	9,5	6,9	3,8
12	1,0	3,8	5,0	8,8	11,6	15,1	16,1	16,6	14,9	9,0	7,2	4,4
13	1,7	3,9	5,6	9,0	12,4	15,0	16,5	16,9	14,5	9,0	7,2	4,2
14	2,0	4,7	5,5	9,1	12,7	14,9	17,4	17,0	14,0	9,1	6,2	3,6
15	1,5	4,5	5,5	8,9	13,2	15,7	17,5	15,7	13,6	8,5	5,9	4,4
16	2,2	4,7	4,9	8,4	13,9	15,7	18,1	15,7	13,3	9,1	5,4	5,4
17	0,5	5,0	6,1	6,8	13,1	15,2	18,4	15,0	14,4	8,4	4,8	4,4
18	— 0,1	4,7	5,5	6,8	13,0	14,8	17,8	16,7	14,9	8,8	4,1	4,1
19	0,3	4,2	4,6	6,7	12,2	14,9	16,7	17,3	15,0	8,9	3,4	4,1
20	0,5	4,3	6,0	7,0	14,0	16,2	17,2	15,8	15,3	9,5	4,0	3,8
21	1,1	5,1	4,4	8,6	14,5	15,9	17,8	16,3	14,4	8,6	3,7	4,0
22	1,2	4,4	4,4	9,8	14,7	16,3	17,0	16,6	13,7	9,2	2,2	2,9
23	2,6	5,4	4,2	9,0	15,3	16,3	17,9	17,0	13,1	8,3	3,8	2,9
24	3,4	4,8	4,2	9,3	15,3	17,5	18,1	17,0	12,5	8,2	3,1	1,9
25	4,2	4,8	5,5	9,5	15,2	17,8	18,9	16,7	13,0	8,7	3,5	2,5
26	3,2	4,8	5,6	9,6	14,8	18,6	17,5	17,2	12,3	8,4	4,6	1,4
27	3,1	5,9	4,0	9,8	14,5	18,0	17,0	17,0	12,6	8,3	5,2	2,6
28	4,4	5,8	5,0	9,7	12,4	16,2	18,1	17,2	11,9	8,0	4,6	0,6
29	3,8	5,4	6,1	11,5	12,5	15,4	17,6	17,7	12,0	8,1	3,9	1,3
30	3,2		6,0	11,1	12,2	15,3	17,1	17,5	11,7	8,4	4,2	1,4
31	3,9		6,8		12,5		17,4	17,1		8,4		1,6

* La barre — indique les degrés au dessous du terme de la congélation.

COTTE.

MEULE, (*Vénerie*,) espèce de couronne dure et raboteuse, qui est au bas de chaque perche, dans les animaux à tête. (S.)

MEULES A FOIN, (*Economie rurale.*) Rozier a tracé divers procédés pour construire les meules dans lesquelles doit être conservé le foin, depuis la récolte jusqu'à l'instant où on le donne aux animaux domestiques; on n'y trouve cependant aucune méthode qui mette ces fourrages également à l'abri de l'humidité des pluies extérieures, et des ravages que pourroit causer intérieurement dans les meules la fermentation des plantes qui auroient gardé une partie de leur eau de végétation, ou auroient été mal séchées. On remplit ce double but, en entassant le foin avec soin dans des meules où l'on puisse introduire à volonté un courant d'air. Voici la meilleure construction connue.

On choisit, pour placer les meules à courant d'air, un terrain sec, uni et voisin du lieu où le foin doit être consommé; on y trace un cercle supposé de trente pieds de diamètre, on le divise en quatre parties égales par deux lignes qui se croisent dans le centre de la meule à angle droit. A six pouces de chaque côté de ces lignes, on établit, à un pied d'élévation, des pièces de bois ou des pierres, pour former un espace vide qui sert de conduit à l'air: ce conduit a ainsi un pied de vide sur tous les sens; on le recouvre avec des fagots ou de petites bûches, pour empêcher le foin de le remplir. On laisse encore au centre ou point de réunion des quatre conduits latéraux, une ouverture d'un pied; on remplit de niveau les quatre espaces qui restent vides entre les conduits, de manière que le tout présente un plan solide sur lequel repose le foin, à l'abri de toute l'humidité du sol.

Sur l'ouverture d'un pied, placée au centre du massif, on pose un cylindre d'osier à claire-voie du même diamètre; son usage est de conduire jusqu'au haut de la meule la cheminée qui fait circuler l'air depuis la base jusqu'au sommet de la meule. Ce cylindre ou panier a six pieds de haut, il est garni de deux anses à sa partie supérieure, afin de pouvoir le relever à mesure que la meule monte. Dans son centre est une croix où se trouve un fil à plomb qui sert à connoître si la meule est perpendiculaire; une corde attachée au centre donne le moyen de vérifier si la meule est d'une parfaite rondeur.

Jusqu'à environ deux toises de hauteur, on augmente insensiblement la largeur de la meule d'environ six pieds de diamètre, ce qui donne à cette partie une forme conique renversée. A partir de ce point, on la diminue graduellement pendant quatre toises, de manière qu'elle finisse en pointe à une élévation totale de six toises du sol.

La solidité de cette meule dépend beaucoup de l'égalité de la pression que l'on fait éprouver au foin en l'entassant. Il doit être répandu avec soin, et les voitures qui l'apportent doivent le conduire successivement sur tous les points de la circonférence de la meule, où chaque ouvrier reçoit une brassée de foin et la répand en petite quantité, et également, en faisant le tour de la meule; il est suivi par d'autres dont le poids et le trépignement tassent suffisamment la meule; tandis qu'un ouvrier placé au dehors surveille le travail et peigne la meule. Quinze jours après, lorsqu'on juge que la meule a ressué, et qu'il n'y a plus dans son intérieur ni chaleur ni fermentation, on couvre la cheminée avec un chapiteau de paille. Le foin conserve de cette manière tout son parfum et sa qualité nutritive.

(M.)

MEUNIER, poisson que l'on appelle plus communément VILAIN. *Voyez* ce mot. (S.)

MEUTE, assemblage de chiens courans. *Voyez* VÉNERIE. (S.)

MOQUETTES. *Voyez* au mot CHEVREUIL. (S.)

MOQUETTE, (*Chasse aux oiseaux.*) La moquette est un oiseau vivant, fixé par une patte à une verge ou baguette, percée d'un trou et attachée, au moyen d'une goupille, à un pieu ou piquet enfoncé en terre. Cet instrument se nomme *verge de meute* et *paumille*. Une ficelle qui part du bout de cette verge, et s'étend jusqu'à la hutte où est caché le chasseur, force la moquette à s'agiter de temps en temps. La vue d'un oiseau vivant, que les autres croient arrêté là pour manger, est très-propre à en attirer beaucoup d'autres. La moquette peut se confondre avec les APPE-

LANS. (*Voyez* ce mot.) Cependant il paroît que, par appelans proprement dits, on doive plutôt entendre tous les oiseaux captifs dont la voix sert à appeler ceux de leurs espèces, comme dans les chasses aux becfigues, aux cailles, aux canards, aux perdrix, aux ortolans, etc., et que les moquettes soient les oiseaux ou réels ou même factices, dont la vue seule et les mouvemens produisent le même effet. *Voyez*, aux différentes chasses d'oiseaux, celles où l'emploi des moquettes ou des appelans est convenable ou nécessaire. (S.)

MORVE, (*Maladie des chevaux*, *ânes*, *mulets*.) Nous allons exposer quelques faits sur la contagion de la morve; nous placerons, à la suite, des observations sur ses causes, ses espèces et son traitement.

PREMIER FAIT. Un poulain élevé au lait de vache, qui a eu une gourme bénigne à six mois, qui a été nourri au sec, mangeant foin, paille de froment et avoine, qui, jusqu'à ce jour, a été constamment avec des chevaux morveux au dernier degré, et qui est aujourd'hui âgé de deux ans, n'a jamais montré le moindre symptôme de morve.

DEUXIÈME FAIT. Une très-bonne jument bretonne, propre au cabriolet, appartenant à MM. Carrier et Malet, cultivateurs à la Varenne-Saint-Maur, avoit tant de qualités, que plus d'une fois ils en ont abusé : cette bête étoit capable de faire quinze et vingt lieues tous les jours, et, presque tous les jours, trois et quatre lieues dans cinquante et soixante minutes.

Cette excellente bête a eu plusieurs maladies graves, telles que des engorgemens aux extrémités postérieures; des arrêts de transpiration qui ont déterminé des angines internes et externes, des catarrhes, et enfin la morve avec tous ses degrés.

L'attachement que ces messieurs avoient pour une aussi bonne bête ne leur a pas permis de la faire sacrifier; ils ont voulu la voir périr de sa maladie, et lui ont fait donner tous les soins possibles. Elle étoit seulement séquestrée sous un hangar, où on lui donnoit à boire et à manger tant qu'elle en vouloit; mais, s'ennuyant seule, elle se détachoit souvent et alloit dans la grande écurie manger avec ses camarades; ces messieurs grondoient leurs valets de leur négligence, et ont eu long-temps peur que cette malheureuse bête n'empoisonnât tous leurs autres chevaux. Mais il n'en est rien arrivé, quoique ce manège ait duré plus de trois mois, après lequel temps elle est morte de cette cruelle maladie qui avoit rongé et perforé la cloison cartilagineuse des naseaux dans plusieurs points. Elle n'avoit d'autres lésions intérieures, que des engorgemens considérables de tout le système lymphatique.

TROISIÈME FAIT. On a incisé la membrane pituitaire d'un cheval sain, et introduit de la matière de morve dans la plaie, sans que la morve ait paru dans le cheval inoculé. Le même cheval a été mis pendant deux mois entre deux chevaux morveux; ils fournissoient abondamment de la matière qu'on lui inoculoit de toutes les manières, sans que la morve se soit jamais développée; on lui en mettoit tous les jours sur la membrane pituitaire avec le bout de l'index, et on l'inoculoit en égratignant la membrane avec l'ongle, au point d'avoir fait venir un ulcère à cette partie, mais qui n'étoit accompagné ni de flux, ni d'engorgement des glandes lymphatiques. Après deux mois d'expériences réitérées, le cheval a été mis chez un cultivateur, pour qu'il fût soumis aux travaux agricoles; M. Chaumontel l'a suivi dans ses exercices; le chancre produit par l'incision et l'irritation faites à la membrane pituitaire s'est guéri; et, depuis ce temps, il a habité, vécu et travaillé avec d'autres chevaux, qui n'ont éprouvé aucune affection.

Quatrième fait. Un marchand de chevaux de Paris a amené à l'Ecole vétérinaire d'Alfort, comme le constatent les registres de Clinique de ladite Ecole, plusieurs chevaux glandés, chancrés, et jetant un flux visqueux par les naseaux: ils sortoient de son écurie, qui étoit très-chaude, peu aérée, comme la plupart de celles des marchands de chevaux de Paris. Ayant été déposés dans les écuries consacrées aux chevaux morveux, ces animaux y ont été parfaitement guéris par le moyen des vésicatoires, des béchiques incisifs, des fumigations faites avec des plantes aromatiques et le vinaigre, secondés par une bonne nourriture, ainsi que par un exercice modéré et soutenu. Ces chevaux ne se sont plus ressentis de cette affection. Si la morve étoit contagieuse, ils n'auroient pas guéri; au contraire, cette maladie se seroit aggravée dans des écuries infectées.

Cinquième fait. M. Chaumontel a été appelé à P...., au mois de frimaire an 11, chez M. D......., pour visiter une écurie de quatorze chevaux infectée de morve. Un premier cheval jugé incurable avoit été séquestré; le mal ayant fait trop de progrès, ce cheval a été sacrifié. Les treize autres restant dans l'écurie étoient glandés, quelques uns chancrés; ils jetoient un flux blanc et visqueux, les uns par une narine, les autres par les deux à la fois. Ceux qui ne jetoient que par une narine n'étoient glandés que d'un côté. Dans tous, les membranes pituitaire et conjonctive étoient infiltrées et d'une couleur jaunâtre; cet état étoit accompagné de la tristesse, de la foiblesse et du brillant du poil. Tous les chevaux avoient été attaqués successivement, et celui qui avoit été séquestré étoit accusé, par le propriétaire, d'avoir donné la morve à tous les autres. Etant persuadé que la cause de la maladie régnante ne venoit pas de ce premier cheval, M. Chaumontel a d'abord examiné le fourrage; il étoit de fort bonne qualité, l'eau étoit aussi très-bonne: mais il a su que ces chevaux sortoient à deux heures du matin, dans les mois de frimaire et nivose, attelés à une charrette pour voiturer des denrées à Paris; qu'ils sortoient d'une écurie très-chaude qui n'avoit d'air extérieur que celui entrant par deux portes; le sol de cette écurie étoit au dessous du sol extérieur, et les portes étoient au nord.

N'ayant trouvé d'autres causes que l'insalubrité de l'écurie, qui étoit humide, froide et chaude alternativement, qui pourrissoit tous les harnois, qui occasionnoit de fréquens catarrhes aux valets d'écurie couchés dedans, il a conclu que la transpiration, qui étoit abondante dans ce local, se trouvoit interceptée lors de la sortie des chevaux, pendant un temps très-froid, et durant le long intervalle nécessaire au chargement des voitures et aux préparatifs du départ.

Il a fait exécuter à l'écurie, et sous ses yeux, de larges ouvertures du côté du midi; on a fait deux portes coupées dont on tenoit toujours le haut ouvert; le sol a été exhaussé, et l'écurie assainie complètement par des courans d'air.

Il a rasé le poil de la ganache, et appliqué l'onguent vésicatoire sur les glandes engorgées; on a fait macérer des baies de genièvre dans le vinaigre, et l'on en a fait des fumigations. On a exécuté le pansement de la main deux fois par jour; les chevaux ont été mis à la charrue, à la herse, et à la nourriture ordinaire ; tous les symptômes ont diminué, et les animaux ont été guéris en quinze jours, sans qu'on les ait changés d'écurie.

Si la morve étoit contagieuse, comme on l'a dit; si elle se communiquoit par les ustensiles d'écurie et par les harnois, comme on l'a cru, on ne pourroit plus voyager avec des chevaux à soi, et sans courir les risques de les rendre morveux. Pourroit-on citer une auberge où n'aient pas logé des chevaux morveux? Quand plusieurs chevaux sont attaqués ensemble ou successivement, c'est qu'ils ont participé à des causes communes. Quand un cheval sain, mis à côté d'un cheval morveux, devient affecté de la morve, c'est qu'il l'auroit eue sans cette cohabitation.

Or, les dispositions qui la produisent spontanément sont, la foiblesse, l'épuisement, un genre de relâchement de tout le système, venant d'alimens privés de sucs, de logemens insalubres, etc. Quand ces dispositions existent, les circonstances dans lesquelles la maladie se déclare sont le passage du chaud au froid, un travail forcé, etc.

Les mauvais alimens causent de mauvaises digestions, et débilitent l'estomac; de la foiblesse de ce viscère résulte une infinité de maux, tels que des tranchées, des affections vermineuses, des engorgemens lymphatiques, le farcin, la gale, etc.

Les écuries insalubres causent les plus grands désordres dans l'économie animale. Les plus dangereuses sont celles qui sont humides, où l'urine séjourne, dans lesquelles l'air extérieur ne circule pas; qui sont mal exposées, trop froides ou trop chaudes; qui sont sous terre, ou adossées contre des terres élevées, imprégnées d'eaux fétides et décomposées.

L'eau des puits creusés dans des terres remuées, qui vient des égouts et des latrines, est dans le cas de produire les mêmes effets, et d'occasionner d'autres maladies aussi graves que la morve.

Enfin le froid, le chaud, les arrêts de transpiration, qui causent aussi d'autres maladies, occasionnent souvent celle qui nous occupe; ces causes, qui paroissent être indirectes et accessoires, n'en sont pas moins des causes essentielles, qui prouvent que tout ce qui tend à affoiblir les organes respiratoires et le système lymphatique, prédispose à la morve.

Nous le voyons dans l'usage des chevaux du Nord, élevés jusqu'à l'âge de trois ou quatre ans, avec des foins de bas prés, de mauvaise qualité, pendant l'hiver, et abandonnés, l'été, dans des pâtures riches et abondantes. Cette alternative de misère et d'abondance donne lieu à un tempérament très-foible; il en résulte qu'ils ne sont pas capables de soutenir les mêmes fatigues que les chevaux du Midi, élevés différemment, et nourris au grain et avec des fourrages plus savoureux. Ce qui prouve cette assertion, c'est que la morve n'est guères connue dans le Midi, et qu'on n'y fait pas d'attention à un écoulement par les naseaux, fût-il même accompagné de chancres, et de l'engorgement des glandes lymphatiques de dessous la ganache, accidens qui disparoissent avec de l'exercice et une nourriture fortifiante.

Le vert donné aux chevaux qui ont passé par les autres causes débilitantes, augmente la disposition à cette maladie, et la développe au point de faire périr les chevaux qui en sont atteints. Plus les animaux sont long-temps soumis aux causes déterminantes, plus la maladie s'aggrave et précipite ses effets vers la perte de l'animal.

La morve simple, qui n'affecte que la membrane nasale, ne tue point, mais elle laisse par les naseaux des écoulemens de matière lymphatique plus ou moins épaisse et plus ou moins abondante, selon les saisons, selon les alimens qu'on donne aux animaux, et enfin selon l'exercice qu'on leur fait faire; le fait est que la morve simple n'empêche pas qu'on ne retire d'un cheval un bon service, et que c'est un meurtre, une barbarie de le faire sacrifier.

On ne doit donc condamner que les chevaux en qui on reconnoîtra le flux visqueux par un ou deux naseaux, du côté de la tuméfaction des glandes lymphatiques; le trouble des humeurs du globe, le gonflement de la paupière inférieure, le boursoufflement des os du nez ou des maxillaires, les chancres à la membrane pituitaire, la cloison cartilagineuse perforée, la difficulté de respirer, le marasme, des engorgemens aux jambes, au fourreau; et ces symptômes doivent être réunis la plupart. Il est des sujets forts et robustes, qui résistent longtemps aux causes déterminantes de la morve, et chez qui les effets marquent toute leur vie, sans les empêcher de rendre de bons services, et sans altérer d'ailleurs leur santé.

Cette morve simple n'est même souvent que symptomatique. M. Dupuis, cultivateur à Mitry, près Clayes, département de Seine et Marne, a amené à l'Ecole un très-beau cheval de charrette de la valeur de 25 à 30 louis, qui avoit eu les os du nez fracturés sous la muserole du licol. Cet animal cornoit à faire peine; on ne voyoit pas d'où venoit ce cornage. M. Chaumontel a abattu ce cheval; couché, il étoit prêt à suffoquer; il lui a fait la trachéotomie pour faciliter son examen; il lui a appliqué plusieurs couronnes de trépan sur les sinus frontaux et sur les sinus maxillaires. N'ayant rien trouvé, il a fait un nouvel examen quelques jours après; il a trépané les os du nez sur la partie enfoncée par la muserole: là, il a trouvé une végétation adhérente à la face interne des os du nez, formée par l'expansion de l'os, et par beaucoup de vaisseaux, qui constituoient des chairs fongueuses, ressemblant à un polype. Ce corps extrait, l'animal n'a plus corné, mais il est devenu glandé, chancré: il a beaucoup jeté; plusieurs engorgemens farcineux se sont manifestés. Dans cet état, M. Dupuis l'a abandonné, étant jugé par lui, et par beaucoup d'autres, morveux au dernier degré, et par conséquent incurable. M. Chaumontel a constamment pansé les plaies avec de l'eau acidulée tiède; il a injecté de la teinture d'aloès intérieurement: l'animal n'a plus corné, le flux a disparu, les engorgemens se sont dissipés et parfaitement guéris. Au bout de six semaines, il a écrit à M. Dupuis de venir chercher le cheval qu'il avoit abandonné.

Un cheval fort et bien constitué, qui n'a point été soumis aux causes débilitantes, montre quelques symptômes de morve, ils cèdent et disparoissent avec la maladie dont ils dépendent.

La manière d'élever les jeunes chevaux dans tous les pays de pâtures humides, comme nous l'avons déjà dit, est si vicieuse, que nous devons lui attribuer la majeure partie des maladies chroniques qui affectent généralement les chevaux de ces pays; c'est pourquoi ils réussissent mal dans les corps de cavalerie, et aux différens usages auxquels on les soumet à Paris. Ce fait est encore une preuve en faveur du principe que nous admettons.

Résumé. La morve pourroit bien n'être pas contagieuse, et son invasion sur plusieurs individus voisins ne semble due qu'à des causes auxquelles ils participent en commun.

Ces causes sont toutes celles qui affoiblissent le sujet à la longue, et dont l'effet paroît dès qu'il arrive un arrêt de transpiration.

Enfin la morve simple, celle qui est

bornée à la membrane pituitaire, n'empêche pas le cheval de rendre long-temps de bons services, lorsqu'il est fortement constitué, et qu'il a résisté à une grande partie de l'influence des causes générales.

(CHABERT, CHAUMONTEL, et FROMAGE.)

MORVE DES CHIENS, ou MALADIE DES CHIENS. M. Paulet, dans ses *Recherches historiques et physiques sur les maladies épizootiques*, lui donne le nom de *fièvre maligne*, et il se plaint de ne la trouver bien décrite nulle part.

M. Pilger, auteur allemand, pense que cette maladie est une fièvre accompagnée d'une fausse inflammation des organes de la respiration, et que son siège principal est le système lymphatique. Il dit aussi qu'elle est contagieuse; ce qui est loin d'être prouvé.

Elle se déclare dans toutes les saisons, mais sur-tout dans les années sèches, et dans le printemps et en été.

Les jeunes chiens y sont plus exposés.

Elle effectue quelquefois son invasion après une course, une fatigue extraordinaire.

Nous n'avons point d'exemples qu'elle soit enzootique; mais, dans les années où cette maladie est épizootique, elle fait périr, dans quelques endroits, les deux tiers des animaux. Beaucoup de chiens de berger en meurent.

Est-il vrai qu'elle soit nouvelle, et que ses ravages ne soient connus que depuis quarante ou cinquante ans?

M. Desmars, médecin, qui l'a observée dans le Boulonnais en 1763 (1), suppose que le froid et la sécheresse qui régnèrent pendant l'hiver et le printemps de 1763, et même dans l'automne de 1762, avoient empêché les corps de se purger des matières excrémentielles; qu'elles étoient devenues concrètes par la sécheresse, et que la coction en étoit ainsi très-difficile. Il prescrit les évacuans.

M. Brasdor la vit à Paris et dans les environs, vers 1764, et trouva des vers dans les narines des chiens qui en furent affectés (2). Il observe que les matières stercorales sont putrides, et il prescrit le lait, le miel et le beurre frais. Il conseille les injections et les fumigations par le nez, les vomitifs et les purgatifs, et défend la saignée.

M. Audoin de Chaignebrun, employé par ordre du gouvernement pour le traitement des épidémies, l'a vue en 1763 dans la généralité de Paris (3).

MM. Desgraviers, la faisant consister dans une humeur pervertie qui a son siège dans le cerveau, emploient les irritans pour en procurer l'évacuation (4).

Cette maladie fit de grands ravages en 1769 et 1770, où elle régna épizootiquement sur tous les chiens de meute du roi, des seigneurs de la cour et des provinces de France; les villes principales, telles que Lyon, Paris, etc., n'en furent pas exemptes.

M. Duhamel l'a observée sur les chiens et les chats du Gâtinois, en 1763, 1764 et 1765 (5). Il fit employer les lavemens, l'émétique, la manne, les fumigations, les vermifuges.

(1) *Lettre sur la mortalité des Chiens*. Paris, d'Houry, 1767.

(2) *Mémoires sur la Maladie épidémique des Chiens*, dans les *Mémoires de Mathématiques et de Physique*; présentés à l'Académie royale des Sciences par divers Savans, page 216; et dans la Préface du même volume, page IX.

(3) *Relation de différentes Maladies, sur plusieurs espèces d'Animaux*, dans les *Mémoires littéraires et critiques, pour servir à l'Histoire de la Médecine*; par Goulin, in-4°. page 139. Paris, année 1775.

(4) *Art du Valet de Limier*, in-8°. Paris, 1784.

(5) *Observations Botanico-Météorologiques*, dans les *Mémoires de l'Académie royale des Sciences*. Années 1764, page 552; 1765, pages 578, 596 et 603; 1766, pages 571 et 573.

M. le Verrier de la Conterie attribue la maladie à une humeur qui fermente dans le sang et qui le corrompt. Il purge avec une pinte de bouillon de tête de mouton, et ordonne comme préservatif la saignée dans le printemps et l'été, au commencement de la lune (1).

M. Paulet conseille les trochisques de minium à l'encolure ou aux fesses, pour empêcher les dépôts sur les articulations.

M. Berniard (2) prescrit l'éther dans le lait pour s'opposer au spasme.

M. Arquinet, vétérinaire, l'a observée à Pezenas au mois de juillet 1787.

M. Barrier, vétérinaire à Chartres, qui a publié un Mémoire sur la maladie des chiens, a observé que dans l'arrondissement qu'il habite, beaucoup de chiens et de chats ont péri de cette même maladie pendant les hivers de 1782, 1783 et 1784 (3). Il la regarde comme humorale: le sac biliaire paroît, dit-il, contenir la cause de tous les désordres; il est d'une ampleur extrême; la bile y est souvent concrète; cette surabondance de bile et ses qualités sont les causes efficientes de la maladie.

Il conseille la saignée, les vomitifs, les purgatifs, les antispasmodiques et le séton.

Il prescrit la saignée seulement quand il y a coma, rougeur des yeux, difficulté de respirer sans spasme.

Il donne pour vomitif trente grains d'ipécacuanha en deux doses.

Il purge avec un gros de jalap dans un verre d'eau tiède, ou avec une once de sel d'Epsom.

Il réitère ces moyens, et quelquefois il les alterne.

Il emploie comme antispasmodique, l'éther, et l'opium extrait à l'eau de trois jusqu'à douze grains.

Il a expérimenté que le séton est nuisible lorsqu'il y a des convulsions, parce qu'il excite le vomissement, des dévoiemens, le tétanos, etc. Dans les cas contraires, il place à la partie supérieure du cou un séton ou une ortie, dont il excite l'action par l'onguent vésicatoire.

Nous l'avons vue très-répandue aux environs de Paris, dans les années 1799 et 1800: nous la traitons fréquemment à l'Ecole d'Alfort.

Nous ajouterons enfin que le vulgaire, dans cette maladie, applique des emplâtres de poix sur la tête; coupe les oreilles et la queue, donne des prises de tabac ou d'ellébore en poudre, verse par les naseaux du vinaigre dans lequel on a mis du poivre; fait avaler du tabac dans de l'huile d'olive, etc.

Il en est encore qui mettent un petit bâton de soufre dans l'eau qui sert de boisson aux chiens, pour les préserver de la maladie; mais le soufre employé de la sorte, ne se dissolvant pas, est sans effet.

Symptômes de la maladie des Chiens.

Premier degré. La tristesse et la pesanteur de la tête, une espèce de stupeur, se manifestent tout à coup, le plus souvent sans nul autre prélude; l'animal s'ébroue fréquemment, et est enchifrené, les yeux deviennent ternes, troubles, verdâtres; la prunelle se dilate, le râle se déclare, ainsi qu'un flux par les naseaux qui sort par filets, dont la matière est ou blanchâtre ou verdâtre, et d'abord assez fluide; mais elle s'épaissit bien vite, elle se colle et s'agglutine à l'orifice des

(1) *Vénerie Normande*, in-8°. Rouen, 1778.

(2) *Lettre du* 28 *mars* 1784, insérée dans le *Journal de Physique* de la même année, tome 45, page 258, et tome 46, page 118; dans la *Bibliothèque Physico-Economique*, année 1784, page 305.

(3) *Instructions Vétérinaires*. Paris, Huzard. Année 1794, page 122.

naseaux ; peu de temps après, et quelquefois dans le même moment, les paupières se tuméfient, et il en découle une humeur pareille à celle qui sort du nez ; elle agglutine les paupières l'une à l'autre.

La toux survient, ou elle précède le flux ; elle est sèche, quinteuse et très-fatigante ; l'animal a des nausées fréquentes, et vomit quelquefois des glaires écumeuses.

Les urines sont très-jaunes, et d'une odeur infecte.

Le dégoût pour toute sorte d'alimens se manifeste plus tôt ou plus tard.

Le pouls est d'autant plus accéléré, que la maladie a fait plus de progrès ; et il est toujours très-irrégulier.

On trouve dans quelques jeunes chiens une hydatide sous le frein de la langue. Mais un signe commun à tous les animaux malades, est la fonte subite de la graisse ou la rapidité avec laquelle ils maigrissent.

Deuxième degré. Tous les signes précédens augmentent d'intensité; les yeux se boursoufflent, ainsi que le nez; la matière acquiert de l'épaisseur; elle bouche le nez, clôt les paupières, ce qui est une suite de l'engorgement de la membrane pituitaire et de la conjonctive ; la cornée lucide est verdâtre, la prunelle se dilate et le cristallin se présente sous une couleur verte. Il en est à qui il survient à chaque œil un ulcère à la cornée sur le point visuel ; l'humeur qui flue par les naseaux devient si épaisse, qu'elle bouche entièrement les fosses nasales, en sorte que l'animal ne peut plus respirer que par la gueule, ce qui le fatigue beaucoup.

Il est des animaux qui témoignent beaucoup de douleur lorsqu'on leur presse les reins. Cette partie s'affoiblit, devient bientôt chancelante ; il en est chez lesquels la peau, les oreilles et les extrémités sont très-froides ; d'autres éprouvent des convulsions qui sont précédées d'un genre d'inquiétude et d'aboiement ; ceux-ci avalent la paille, ont un air furieux et témoignent le besoin de mordre : ils tombent dans le coma, dans lequel ils périssent, à moins qu'on ne les assomme.

Troisième degré. Le poil est terne et piqué, la peau se flétrit et se dessèche ; les convulsions surviennent, les muscles des mâchoires commencent la scène par des mouvemens irréguliers qui sont bientôt tels que la mâchoire inférieure frappe à coups redoublés contre la mâchoire opposée ; et il se passe une espèce d'aboiement tremblé ; les contractions de ces muscles, qui augmentent peu à peu, sont accompagnées, lorsqu'elles sont parvenues au plus haut degré, d'un flux de salive très-copieux ; à mesure que ce flux diminue, les heurts de la mâchoire dont il s'agit se modèrent, et enfin ils se calment entièrement ; le flux de salive cesse totalement après ces mouvemens tumultueux des mâchoires ; l'animal reste dans l'abattement, ou dans l'assoupissement, ou tombe et meurt, ce qui est néanmoins assez rare ; il est plus ordinaire de voir renouveler les convulsions des muscles des mâchoires, et par conséquent le flux de salive. Un certain nombre de sujets se livrent à courir circulairement dans l'enceinte où ils sont enfermés ; leurs mouvemens sont décomposés, ils chancellent, ils lèvent les pattes de devant comme des animaux qui ont perdu la vue, et les heurts qu'ils se donnent font juger effectivement qu'ils n'y voient pas.

Dans les intervalles des accès, le trouble se dissipe et fait place à un calme apparent ; l'air expiré, les excrémens, tout le corps en un mot exhale une odeur puante.

Les animaux qui ont éprouvé ces convulsions ont bientôt les membres et surtout les extrémités postérieures, ainsi que la croupe, très-embarrassés.

Plus ces accès se renouvellent souvent, plus la mort est prompte ; il y en a qui restent frappés du coma douze et même vingt-quatre heures ; ce sont ceux chez lesquels la respiration est moins gênée.

La presque totalité des chiens qui sont atteints de ces convulsions éprouvent un mouvement de frisson après l'accès, et souvent ce frisson n'est pas plutôt terminé, qu'ils éprouvent une nouvelle attaque.

Quatrième temps de la maladie. La majeure partie des animaux périssent dans ces convulsions, ou après les avoir éprouvées. Mais ceux qui réchappent éprouvent un autre mode d'affection convulsive ; les muscles se relâchent et se contractent alternativement et d'une manière indépendante de la volonté.

Dans les uns, la tête reste branlante ; dans les autres, ce sont les extrémités qui se contractent perpétuellement, soit que l'animal marche, ou qu'il soit en repos, qu'il soit couché, ou qu'il sommeille. Dans un certain nombre de sujets, toutes les parties sont perpétuellement en action ; mais il est plus général de voir une ou plusieurs parties affectées de ce mouvement ; ce genre de soubresaut, au surplus, ne doit pas être confondu avec le tremblement qu'on appelle *frisson*.

Ce soubresaut consiste dans une action légère de flexion et d'extension des muscles de la tête, ou des extrémités qui en sont affectées. Lorsque les quatre jambes éprouvent à la fois ces mouvemens, l'animal malade offre tous les signes de la maladie que l'on appelle, dans l'homme, *la danse de Saint-Wit.* On en voit qui vivent plusieurs années dans cet état ; il arrive encore que la croupe, l'une des extrémités postérieures, ou toutes les deux tombent dans la paralysie.

Enfin, abstraction faite de la paralysie partielle, ou de la danse de Saint-Wit, l'animal jouit de la santé.

On observe que si c'est un des membres postérieurs qui soit affecté de convulsions partielles, l'extrémité perd tous les jours de son volume, et qu'au bout de quelque mois elle tombe dans l'atrophie.

Quoi qu'il en soit, la maladie parvenue à l'une ou l'autre de ces terminaisons, change entièrement de face ; les convulsions épileptiques ne se montrent plus, l'appétit revient, l'animal soutient sa tête, il n'est plus triste, le flux des yeux et des narines est dissipé.

On a vu l'accès se terminer, dans quelques sujets, par des éruptions de pustules sous le ventre et l'encolure ; éruptions dont le caractère est à peu près le même que celui des pustules varioliques, en ce qui concerne leur volume et leur aréole inflammatoire, mais qui ne soulagent point l'animal : ce ne sont que des épiphénomènes qui n'arrêtent point la marche de la maladie. Il en est de même des abcès qui se manifestent quelquefois sur une partie quelconque du corps, mais plus particulièrement à l'une des cuisses. On a encore observé qu'à la suite d'une constipation opiniâtre, la maladie avoit quelquefois pour terminaison des dyssenteries qui n'étoient pas moins fâcheuses.

La gale, quand elle survient aussi à la fin de la maladie, ne peut guères être plus salutaire. Le petit nombre d'animaux qui ne périssent pas de la maladie perdent la finesse de la vue et de l'odorat ; il en est qui sont aveugles, et la plupart restent comme hébêtés. On en voit, après la guérison, à qui les traits altérés, l'enfoncement des yeux, la difficulté des mouvemens, les dents tombées ou cariées, donnent un air de vieillesse, quoiqu'ils ne soient âgés que de dix-huit mois ou deux ans.

Lorsque la maladie ne prend pas

ce mode de terminaison lente, les accès deviennent plus rapprochés et l'animal périt dans des convulsions affreuses et dans une espèce d'affaissement qui les suit.

Alors le corps est ordinairement pâle, décoloré, et pour peu que la maladie se soit prolongée, la grande maigreur fait que le cadavre paroît en quelque sorte un squelette.

On a observé, dans les circonstances où cette maladie étoit épizootique, que le nombre d'animaux qui ont succombé sans éprouver de convulsions épileptiques, étoit à peu près égal à celui des animaux qui ont péri après avoir éprouvé ces convulsions.

Dans ceux qui ne les ont pas, la mort est plus prompte. Ils sont tout à coup affectés de tristesse profonde, de dégoût absolu; les yeux se troublent, la cornée lucide est verdâtre, les paupières sont noires et comme gangrenées ; ils ne respirent que par la gueule, qu'ils tiennent béante; les lèvres rentrent avec la colonne d'air, la toux est très-pénible, l'animal éprouve une abolition des sens, et la mort suit cet état; elle a lieu au bout de sept ou huit heures.

On a vu, sur vingt malades, un seul périr dans l'épilepsie.

Les accès les plus violens de l'épilepsie sont annoncés par des hurlemens, des plaintes, de l'agitation, des courses rapides, dans lesquelles on voit que l'animal a perdu la vue et l'ouïe; alors la cornée lucide est verdâtre, affaissée et vidée, en sorte que l'humeur aqueuse ne se renouvelle plus.

On a observé de plus que ceux qui périssoient dans cet état, ont tous les poumons plus ou moins affectés d'induration, de tuméfaction et même de suppuration.

Quelquefois l'éternuement précède le flux.

La toux est bien rarement accompagnée d'expectoration; et la maladie est d'autant plus grave, que l'amaigrissement est plus rapide.

Lorsque les convulsions sont suivies du coma ou de l'assoupissement, les urines, pendant que l'animal est assoupi, coulent goutte à goutte, involontairement, et sans efforts.

Lorsque la difficulté de respirer et le battement des flancs succèdent à la convulsion, l'animal périt au bout de quelques heures.

Tous les animaux qui ne peuvent respirer que par la gueule ne résistent pas long-temps.

Les nausées et l'appétit dépravé sont souvent accompagnés d'envies de mordre qui sont dues à la présence de vers et aux douleurs des entrailles ; mais il ne faut pas prendre ces épiphénomènes pour un symptôme de rage.

La dyssenterie n'est suivie de la mort qu'autant que les forces de l'animal sont d'ailleurs épuisées.

Ceux qui éprouvent des tumeurs sont beaucoup moins malades ; enfin, on pense que les chiens qui ont eu la maladie une fois, ne sont pas sujets à en être attaqués de nouveau.

La maladie dure de quinze à quarante jours, et si elle traîne, elle se prolonge jusqu'à cinq à six mois, et même ses effets subsistent quelquefois plusieurs années.

Lorsque la maladie a une marche rapide, les accès épileptiques sont plus rapprochés ou plus longs; on en a vu durer trente-deux heures, à la fin desquelles les animaux sont morts.

Altérations observées dans les cadavres. Il est peu de maladies qui présentent des lésions aussi variées. Nous allons rapporter les principales, dans l'ordre de leur importance.

Tête. Les meninges sont tuméfiées, surtout vers la partie inférieure du cerveau, jusqu'autour du trou de l'occipital ; ces désordres

désordres se prolongent sur les nerfs optiques, sur les parois des sinus falciformes et latéraux, dans la moelle allongée, et même dans la moelle épinière.

On trouve des épanchemens de sérosités entre la dure-mère et la pie-mère.

Le cerveau est gorgé, mollasse; les ventricules sont abreuvés d'eau, le plexus choroïde est tuméfié; il y a peu de consistance dans les différentes couches médullaires qui servent de base aux nerfs qui émanent du cerveau et du cervelet.

La glande pituitaire est macérée et entourée de beaucoup d'eau.

La moelle allongée et la moelle épinière participent aussi plus ou moins de cet état.

Les nerfs olfactifs sont épaissis, mollasses, jaunâtres, et l'os ethmoïde, par où ils pénètrent, a beaucoup moins de consistance que dans l'état sain; les couches optiques, ainsi que les nerfs qui en émanent, sont affectés dans leur couleur et dans leur densité.

Tous ces désordres s'observent particulièrement aux nerfs de la cinquième paire, vers la protubérance annulaire qui leur donne naissance; cette altération existe également dans les deux gros cordons qui se portent à l'une et à l'autre mâchoire: ils sont mollasses et jaunâtres.

Il existe des points d'ulcération avec de la matière séreuse, une espèce de matière purulente, gluante, dans les cellules ethmoïdales, dans les cornets, dans les sinus frontaux et maxillaires, dans l'orbite, même dans l'intérieur de l'oreille.

Ces phénomènes sont plus marqués dans les sujets en qui les convulsions ont été plus dominantes.

Ventre. Toute la masse intestinale est livide; l'épiploon est infiltré et de couleur jaune foncée.

L'estomac est vide d'alimens et racorni, crispé, ridé, ou bien il est distendu; il contient des humeurs glaireuses, jaunâtres ou verdâtres, et souvent des ascarides, des strongles. Ces matières s'observent aussi dans les intestins grêles qui sont cordés ou météorisés; il y a très-peu de matières dans les gros intestins: les excrémens, formés en crottins, sont glaireux, bruns; le foie est gorgé et parsemé de beaucoup de taches jaunes; la vésicule du fiel est souvent très-volumineuse, les glandes lymphatiques sont gorgées, les vaisseaux lymphatiques très-apparens. On a remarqué, dans le canal thorachique, des matières formées en espèces de croûtes qui en tapissoient l'intérieur.

La vessie est souvent vide, et quelquefois distendue par une grande quantité d'urine.

Poitrine. Il y a de la sérosité jaunâtre épanchée dans la poitrine; il y a des indurations, des points d'infiltration, de suppuration glaireuse dans les poumons ainsi que dans la trachée-artère; on y trouve aussi des vers. Le médiastin est épaissi, et le cœur est très flasque; le péricarde est rempli d'eau mucilagineuse; enfin, au lieu d'infiltration jaune, les membranes séreuses et muqueuses présentent quelquefois de légers engorgemens sanguins.

Causes. Est-il vrai que cette maladie soit due à la voracité naturelle aux chiens, à leur lasciveté, à l'usage fréquent qu'ils font de la charogne, etc.?

Ne devroit-on pas plutôt l'attribuer au régime contre nature auquel on soumet ces animaux? Ils sont essentiellement carnassiers, et cependant on ne les nourrit le plus communément qu'avec de la soupe, dans laquelle entre le gâteau composé du tissu rance d'où l'on a exprimé la graisse. Le pain grossier, seule nourriture végétale à laquelle ils sont condamnés dans bien des endroits, et principalement dans les chenils des seigneurs et des princes, surcharge leur estomac, le débilite, parce qu'il ne fournit pas les vrais sucs nourriciers propres à l'animal. Les gonflemens, les cardialgies, déterminent l'afflux du sang à la tête, à l'époque sur-tout où il y est déjà attiré, quand la dentition est dans toute sa force.

L'orgasme, ou la fièvre locale, causés par l'écartement des alvéoles, par la chute des dents de lait, par la protrusion de celles d'adulte, suscitent jusque dans le cerveau un trouble singulier auquel le tempérament très-irritable du chien, sa grande susceptibilité nerveuse, donnent les caractères que nous avons développés.

Le chien aime la viande moins encore que les os; il les ronge avec plaisir, les casse, et en avale de grosses portions, qui sont digérées, dissoutes dans l'estomac. Ce viscère a une force considérable dans cet animal: il a beaucoup plus que dans les herbivores, et même plus que dans le cochon, la faculté de se rapprocher sur lui-même; cette force contractile est telle, qu'il ne reste presque point de vide dans son intérieur. Le chien peut ne manger qu'une fois en vingt-quatre heures; aussi ce repas doit-il être composé, en grande partie, de viande et sur-tout d'os.

On peut encore remarquer que le chien ne mâche pas la viande; elle ne reçoit qu'un coup de dent, et elle n'est point imprégnée de sucs salivaires. La mastication des os étant longue, il s'élabore de la salive en quantité suffisante pour favoriser une digestion complète; et les sucs que fournit cet aliment sont plus nourrissans et sur-tout plus analogues à l'organisation du chien.

Les chiens qui vivent sans contrainte, ou ceux qui ont assez de liberté pour ramasser des os qui suppléent à la nourriture végétale, nous ont paru exempts de la maladie.

Caractères de cette maladie. On voit par ce qui précède, qu'elle présente plusieurs aspects, et qu'on peut y distinguer sommairement:

1°. Une *fluxion* sur le cerveau, sur ses membranes, sur le principe des nerfs, sur les nerfs eux-mêmes, sur la membrane pituitaire, sur le globe de l'œil et sur l'organe de l'ouïe.

2°. Une espèce d'*ozène* aigu qui paroît dépendre d'une affection générale.

3°. Des *convulsions permanentes* qui constituent la *danse de St-Wit*, ou *St-Gui*.

4°. Des convulsions passagères dans les mâchoires et dans tout le corps, avec tous les signes qui caractérisent une *épilepsie* dont les accès sont très-fréquens.

5°. Une paralysie de l'un des membres postérieurs, ou des reins, de la croupe et de ces deux membres.

Moyens préservatifs. Il faudroit faire élever moins de chiens par la même mère. Dans l'état sauvage, la fécondité du chien est moindre, parce que la nature n'est point modifiée par toutes les influences de la domesticité; trop de chiens à allaiter épuisent la chienne nourrice; et il en résulte aussi une disette pour chaque nourrisson; et de là une cause prédisposante que nous indiquons, avec le moyen de la faire disparoître. Il y a trop de chiens dès que la mère souffre et commence à s'épuiser; et il faut se hâter de prévenir les atteintes que la privation peut porter à l'organisation des jeunes animaux.

La nourriture de la mère doit être composée de chair et d'os donnés à satiété.

On pourroit donner du lait de vache aux jeunes chiens qu'on voudroit élever artificiellement; et, quand leur développement seroit un peu avancé, on leur présenteroit de la viande hachée et des os pilés, pour exercer leur mastication, et ajouter à leur subsistance.

On ne doit les sevrer que lorsqu'ils peuvent manger suffisamment pour se nourrir et pour profiter. Il faut aussi que cet accroissement se fasse uniformément, sans secousses, sans interruption; autrement il en résulte une mauvaise organisation et un mauvais tempérament.

On pourra donner, pendant quelque temps, du lait de vache aux chiens sevrés: mais, dès qu'ils pourront manger des alimens solides, il convient de leur présenter des os, avec de la viande autour, pour les exercer à ronger.

Les jeunes chiens, ainsi que les chiens adultes, doivent manger du pain bis dur ou rassis, afin qu'ils le mâchent mieux; et il doit entrer dans leur nourriture de la viande et des os comme nous l'avons dit précédemment. On donnera de la viande de basse boucherie aux chiens les jours où ils chassent.

Les os ne leur seront donnés que le soir, afin que la mastication et la digestion s'exécutent tranquillement et sans précipitation. La raison pour laquelle on ne donne pas habituellement de la viande aux chiens, c'est que cet aliment diminue, dit-on, la finesse de leur odorat; mais en ne la leur distribuant qu'avec mesure, il y a lieu de croire qu'elle n'aura pas cet inconvénient.

La boisson sera de l'eau pure et claire qu'on renouvellera matin et soir.

Un chenil, pour être bien tenu, devroit être composé de loges où les chiens se mettroient à l'ombre et l'abri de la pluie, et d'un espace enclos seulement de barreaux de bois ou de fer, pour permettre une libre circulation à l'air.

Le sol des loges seroit élevé et fait de planches. Les parois seroient de même en bois, pour épargner aux animaux l'humidité à laquelle les murs sont plus sujets.

Le chenil seroit nettoyé tous les jours.

Par ces attentions, il n'y a pas de doute que les chiens ne dussent jouir d'une santé et d'une longévité bien supérieures à celles dont ils ont joui jusqu'à présent. La dépense plus considérable, pour l'achat de la viande ou pour le soin de rassembler des os, seroit bien compensée par le plaisir d'avoir des animaux bien entretenus, toujours dispos, et fournissant à un long service.

Traitement curatif. Il importe beaucoup, pour arrêter les progrès de cette maladie, d'en saisir le premier temps. Les indications qu'il présente sont celles de résoudre la fluxion catarrhale qui affecte la membrane pituitaire et les méninges, ainsi que le larynx, le pharynx et les parties voisines.

On emploîra, contre ce mode d'engorgement et contre les autres dérangemens qui l'accompagnent, les mucilagineux rendus suffisamment toniques, et les antispasmodiques en injections, en breuvages et en lavemens.

Les injections seront faites avec une forte décoction de son et de graine de lin; on ajoutera sur un verre de cette décoction une once de baume de Fioraventi, dans lequel on aura fait dissoudre un gros de camphre.

Ce mélange sera lancé avec une seringue, et le plus haut possible, dans les naseaux de l'animal; on renouvellera souvent ces injections, mais on aura l'attention de ne pas fatiguer l'animal; il vaut mieux n'injecter qu'une fois dans chaque narine, et y revenir plus souvent.

Si l'on soupçonne des vers dans le haut du nez, on ajoutera à cette injection une cuillerée à café d'huile empyreumatique distillée sur l'essence de térébenthine: il est inutile de recommander qu'avant de charger la seringue de ce remède, il importe d'agiter et de mêler auparavant les substances qui le composent.

Le nez et la gueule de l'animal seront tenus dans la plus grande propreté.

Ces mêmes injections seront faites

aussi dans la gueule ; on les fera pénétrer le plus profondément qu'il sera possible.

On fera prendre matin et soir un breuvage composé de la décoction de graine de lin, sur un verre ou quatre onces de laquelle on ajoutera eau de mélisse simple, et eau de fleur d'orange de chaque une once, et sel de nitre un demi-gros ; une partie de ce breuvage sera administrée le matin, et l'autre le soir ; chaque dose sera divisée en deux prises, et l'on mettra dans la première un demi-gros d'huile empyreumatique grasse, bien pure, qui aura été délayée avant le mélange dans autant d'éther sulfurique.

Cette dose est prescrite pour les grands chiens ; elle sera diminuée pour les moyens et pour les petits, le tout proportionnellement à leur vigueur et à leur délicatesse.

Les mêmes substances, composées ainsi qu'il vient d'être prescrit, seront données en lavemens, l'un le matin, et l'autre le soir.

On lavera souvent avec une éponge légèrement humectée d'eau chaude les yeux et les naseaux de l'animal. Les yeux étant nettoyés et séchés, prenez baume de Fioraventi une once, éther sulfurique deux gros, renfermez dans un flacon bien bouché ; humectez de ce collyre les paupières, ainsi que les tempes, le front, le dessus de la tête. Ce moyen doit être employé trois à quatre fois par jour.

Il faut encore brosser l'épine de l'animal, et la frotter ensuite avec l'eau spiritueuse de lavande, matin et soir ; une attention essentielle est de frictionner long-temps, et d'employer peu de cette liqueur.

Si l'on apperçoit une tumeur sous le frein de la langue, il faut l'ouvrir sur-le-champ avec la lancette ; le fluide qui s'en échappe est celui d'un vers de la nature des ténias hydatigènes; puis on fait usage des gargarismes prescrits. Par l'effet de ces moyens, la plus grande partie des malades ne tardent pas à donner des signes de rétablissement : la température du corps se régularise, la peau devient souple, les urines coulent librement et avec les efforts que l'animal a coutume de faire pour opérer cette évacuation ; le flux, la toux se calment, les yeux se rétablissent, et le besoin de manger se manifeste avec plus ou moins d'activité.

Mais il importe d'être très-réservé sur la quantité et la qualité des alimens ; on doit lui donner de la viande, mais peu à la fois, et sur-tout de celle qui adhère fortement aux gros os, pour qu'il ne puisse en déchirer et en avaler que peu à peu.

Deuxième temps de la maladie. Les secours, ici, sont d'autant plus pressans, que le mal a fait plus de progrès ; il faut se hâter d'ajouter aux breuvages et aux lavemens prescrits, un demi-gros d'huile empyreumatique distillée. Il faut de plus appliquer fortement les vésicatoires de chaque côté de la poitrine, et les faire suppurer le plus long-temps et le plus fortement qu'il sera possible ; mais on doit être prévenu qu'ils prennent lentement et difficilement ; que ce n'est guères que du quatrième au sixième jour de leur application qu'ils excitent une espèce de suppuration ; c'est pour cela qu'on ne sauroit même les appliquer trop tôt ; enfin, lorsqu'ils ne prennent pas, c'est un signe qui doit faire perdre l'espérance.

Il faut réitérer souvent les frictions sur les reins, et les lavemens prescrits, pour défendre ces parties de la paralysie qui les menace.

Les convulsions et l'atrophie d'un membre réclament les frictions sur cette partie; et si leur effet n'est pas suffisant, il faut, par un moyen quelconque, faire tenir de temps en temps le membre sain élevé, afin que l'appui se faisant sur le membre malade, il se nourrisse mieux et reprenne son action par degrés.

Le *troisième temps* de la maladie est toujours très-dangereux; la majeure partie des animaux qui l'éprouvent en périssent; cependant on peut encore en réchapper quelques uns.

On ne sauroit recourir à des moyens trop actifs à cause des convulsions des mâchoires : faites des raies de cautérisation sur les tempes et sur l'une et l'autre mâchoire, en suivant, le plus qu'il est possible, les cordons nerveux de la cinquième paire de nerfs qui se distribuent dans ces parties; de plus, on en dirige une sur chaque os du nez. Cette opération faite, on lotionne les parties cautérisées avec le baume de Fioraventi mêlé à l'éther sulfurique.

Ce traitement du troisième temps peut même être appliqué au deuxième temps de la maladie, lorsque la violence du mal est considérable.

Quant au *quatrième période*, il est question ici de ranimer des parties presque paralysées : on mettra en usage des frictions d'huile empyreumatique distillée, exécutées sur l'épine, la croupe et les extrémités : ces frictions doivent être réitérées tous les matins; le soir, elles seront faites avec l'essence de lavande. Si l'animal témoignoit de la douleur lors de l'application des substances et pendant la friction, ce changement seroit favorable.

Si les choses en viennent à ce point, on se contente des frictions avec l'onguent nervin; mais, pour peu que la force des muscles cesse d'augmenter, on doit revenir aux frictions d'huile empyreumatique distillée et d'essence de lavande.

Ce traitement exige de plus des breuvages et des lavemens d'infusion de plantes aromatiques, dans lesquels on ajoute l'huile empyreumatique distillée, à la plus forte dose que l'animal puisse supporter.

Si la dyssenterie survient, cette évacuation épuisant promptement les forces, elle doit être réprimée le plus tôt possible. On y parvient assez promptement, en donnant tant en breuvages qu'en lavemens l'huile empyreumatique et le musc, étendus l'un et l'autre dans la décoction de graine de lin.

Soins et régime dans la maladie. L'abstinence doit être observée avec la plus grande rigueur; des alimens, quelque sains qu'ils puissent être, ne peuvent que nuire lorsque l'estomac ne peut les digérer.

En ce qui concerne les animaux dont le goût est dépravé, et qui mangent de la paille ou autres substances étrangères qui sont à leur portée, ils doivent être muselés avec un petit panier fait de fil de fer.

Les animaux malades seront séparés des animaux sains, et des autres animaux attaqués de la maladie, pour leur épargner à tous l'inconvénient de respirer un air altéré par les émanations fétides que fournissent leurs corps et leurs excrémens.

On fera dans le logement de chaque chien malade, des fumigations d'acide muriatique oxigéné, suivant le procédé de M. Guyton-Morveau. (*Voyez* DÉSINFECTION.) Ce logement doit aussi être suffisamment aéré, de manière qu'il soit frais en été, et cependant chaud en hiver.

Leur boisson sera une décoction de chiendent miellée, ou du petit lait, ou du bouillon léger. On les promènera, par beau temps, une fois le jour. (CH. et FR.)

MOUTARDE, (*Sinapis nigra* Lin.) Sa tige est haute de trois pieds, légèrement velue et très-rameuse; ses feuilles sont un peu charnues, et ressemblent à celles de la rave; mais elles sont moins grandes : les inférieures sont chargées de quelques poils écartés, et toutes les autres sont ordinairement glabres; les fleurs sont petites, de couleur jaune, et disposées en grappes terminales : les pétales sont soutenus par des onglets droits et menus; ils ont quatre glandes situées sur le réceptacle, à la base des étamines, et semblables à celles qu'on observe dans les fleurs du chou ; les siliques ont une corne conique et assez longue, les semences sont globuleuses et de couleur brune..

On cultive, dans les jardins ou dans les champs, deux espèces de moutarde, dont les semences sont employées à la composition d'une pâte liquide à laquelle on donne le nom de *moutarde*, et qui fournit sur nos tables un assaisonnement sain et agréable ; l'une, qui porte des semences noirâtres, est la plus généralement cultivée ; l'autre a des semences d'un jaune clair, qui sont plus grosses et plus douces que celles de la précédente.

Cette plante demande un terrain meuble et de bonne qualité.

Après avoir préparé la terre, on répand les semences à la volée, et on les recouvre avec un râteau. Cet ensemencement doit être fait vers la fin de mars. Lorsque la plante a poussé ses quatre feuilles, on lui donne un sarclage, on détruit les herbes parasites, ainsi que les pieds de moutarde qui sont trop près les uns des autres. On recommence le même travail un mois ou six semaines après. On doit laisser un intervalle de huit pouces entre chaque plante. Si on les laissoit croître plus rapprochées les unes des autres, les tiges donneroient moins de rameaux, et l'on ne récolteroit qu'une petite quantité de graines. Il est rare qu'on soit obligé de donner un troisième labour; on ne le fera que dans le cas où les herbes parasites se seroient de nouveau emparées du sol.

Lorsque les semences sont sur le point de mûrir, les tiges jaunissent et perdent leurs feuilles. On les coupe alors au pied, on en forme des paquets, qu'on dépose sur une aire où ils achèvent de prendre le dernier degré de siccité. On les bat sur une toile, et l'on vanne la semence qu'on conserve sur des planchers ou dans des vases de bois, jusqu'au moment où l'on veut l'employer à l'usage auquel on la destine.

Cette semence est usitée dans la médecine, (*Voyez* le mot MOUTARDE, dans le VIe. volume du Cours complet d'Agriculture) ; mais elle est le plus communément employée à la confection de la moutarde. Cet assaisonnement se prépare de différentes manières. On doit commencer par vanner la graine, et la bien laver, afin qu'il n'y reste ni ordures ni poussière ; on la laisse tremper dans l'eau pendant douze heures, plus ou moins, afin de la faire gonfler, et d'en rendre le broyage plus facile. La moutarde la plus commune est faite avec la graine qu'on pile dans un mortier, ou qu'on broie sous une meule. Lorsqu'elle a été suffisamment broyée, on l'arrose peu à peu avec du vinaigre, et l'on continue de la broyer jusqu'à ce qu'elle forme une pâte fine et homogène, et d'une consistance fluide. On la passera à travers un tamis de crin, pour la rendre plus agréable à l'œil et au palais. On conserve cette composition dans des vases de verre, de grès ou de faïence, qu'on scelle avec un bouchon de liège ou avec une vessie.

Quelques personnes ajoutent de la farine dans la composition de la moutarde; cette addition en augmente la quantité, mais elle nuit à la qualité. On y mélange aussi du sucre, ou du miel, des clous de gérofle, et d'autres épiceries de ce genre. Chacun doit se guider en ce point selon ses goûts ou ses habitudes. Les Provençaux estiment avec raison la moutarde dans laquelle on a fait entrer des anchois.

On fait d'excellente moutarde, en employant le moût de raisin au lieu de vinaigre ; lorsqu'on prépare cet ingrédient, on combine un principe sucré avec une substance piquante, ce qui produit une saveur agréable au palais. C'est ainsi qu'on prépare la moutarde dans nos départemens méridionaux. Celle de Turenne, département de la Corrèze, est très-renommée.

La moutarde de Dijon est celle dont on fait le plus de cas à Paris ; elle est assez douce. On prétend qu'on enlève aux graines l'acrimonie qui leur est propre, en les tenant pendant quelque temps dans le moût.

On communique à la moutarde une saveur d'autant plus sucrée, que la quantité de moût qu'on fait entrer dans sa composition est plus considérable. Pour produire cet effet d'une manière sensible, on fait bouillir le moût, et on le réduit à la moitié ou au tiers avant de l'employer.

On a imaginé de composer une moutarde en poudre, afin de faciliter son transport et de prolonger sa conservation. On fait sécher la graine, on la réduit en poudre, et après l'avoir bien tamisée, on la ferme hermétiquement dans de petits flacons. C'est dans cet état que les Anglais l'envoient aux Grandes-Indes et autres pays éloignés. Avant de s'en servir pour l'assaisonnement des mets, on la délaie dans du jus de citron ou du vinaigre, ou, ce qui n'est pas aussi bon, dans du vin. On doit prendre garde de laisser éventer cette poudre lorsqu'on a ouvert le flacon dans lequel elle est contenue. Les principes piquans et savoureux de la moutarde sont très-volatils et s'échappent promptement au contact de l'air.

Les liquides que l'on mélange avec les graines broyées empêchent l'évaporation et retiennent jusqu'à un certain degré les principes volatils ; c'est pour cette raison que la moutarde en pâte a plus de force que celle en poudre, et que cette première est d'autant plus active, que les graines dont on s'est servi dans sa confection étoient plus récentes.

L'huile qu'on obtient de la graine de moutarde peut être employée aux usages de la table ; elle est exempte de la saveur piquante qui réside dans la pellicule dont la semence est enveloppée.

Aussi long-temps que la plante est jeune et tendre, elle donne une bonne salade, et peut être mangée en guise d'épinards, ou apprêtée comme les choux. Lorsqu'on la destine à ces usages, on la sème de bonne heure dans un lieu abrité, et on la coupe avant que les tiges ne durcissent. Comme elle est peu sensible au froid, elle offre une ressource pour nos tables dans une saison où les herbages sont rares. On peut appliquer aux mêmes usages les feuilles inférieures des plants que l'on réserve pour graine. Il suffit de les cueillir lorsqu'elles sont encore tendres. (LASTEYRIE).

MUCILAGINEUX, (*Médecine vétér.*) substances qui fournissent du mucilage. Ce sont les feuilles de mauve, la racine de guimauve, les feuilles de violette, d'épinards, la graine de lin, etc. On en fait des décoctions et on les emploie en cataplasmes, (*Voy.* EMOLLIENS;) et en bains, (*Voyez* BAIN.)

On fait usage aussi de ces substances intérieurement en breuvages, en lavemens, dans l'intention principalement de délayer les matières du canal intestinal, et sur-tout du feuillet, dans les ruminans, de tenir le ventre libre, de purger ou de disposer à la purgation. Alors on doit les administrer en grand lavage, c'est-à-dire à la dose de dix litres dans le cheval, et de vingt litres dans le bœuf : on ne leur en donne cependant qu'une ou deux pintes chaque fois.

Dans tous les cas de fortes inflammations intérieures que l'on veut calmer sans déterminer d'évacuation sensible, on les emploie étant beaucoup plus étendus d'eau. L'action de ces substances doit être secondée par l'usage des moyens qui conviennent d'ailleurs dans la maladie. (CH. et FR.)

MULET, (*Vénerie,*) cerf qui a mis bas, et dont le massacre est sans bois. (S.)

MULOT et CAMPAGNOL, (*Mus sylvaticus* et *Mus arvalis* Lin.) petits quadrupèdes du genre des RATS, dans l'ordre des LOIRS. (*Voy.* ces deux mots.)

Caractères spécifiques. Le mulot a la queue large et écailleuse, le corps d'un gris jaunâtre en dessus, avec des marbrures blanches sur les côtés, et le ventre blanc. La queue du campagnol est longue d'environ un pouce ; ses oreilles sont saillantes hors du poil qui les entoure ; le pouce de ses pieds de devant est peu apparent ; son poil est brun.

Plusieurs noms vulgaires sont donnés, en diverses contrées, à ces deux espèces de rats. Le mulot prend, suivant les cantons, les dénominations de *souris de terre*, *rat-sauterelle*, *rate à la grande queue*, *grand rat des champs*, *rat domestique moyen*. Mais le surnom de *sylvaticus* (des bois), que M. Linnæus a imposé à cet animal, ne convient point à ses habitudes ; car, quoique vivant souvent dans les forêts, il n'est malheureusement que trop commun dans les champs cultivés. Les dénominations de *mulot à courte queue*, de *petit rat des champs*, de *rat de terre*, etc., servent en différens lieux à distinguer les campagnols.

Si, dans un ouvrage consacré principalement aux habitans des campagnes, il est nécessaire de recueillir tout ce qui peut contribuer à rendre leur culture prospère, et à entretenir l'aisance dans leurs ménages, il n'est pas moins important de signaler les ennemis qui leur enlèvent les fruits de leurs travaux, et ne leur laissent souvent que le chagrin et des privations pénibles, à la place des espérances les mieux fondées. Dans les rangs des ennemis nombreux de l'agriculture, le mulot et le campagnol paroissent en première ligne. Une agilité surprenante, une activité qui multiplie et qui propage le mal d'une manière effrayante, une fécondité qui, en certaines années, devient vraiment prodigieuse, leur tiennent lieu de la grosseur, et les rendent plus redoutables aux cultivateurs, et par une suite nécessaire, à la société entière, que si la nature leur eût départi une taille considérable avec des qualités moins nuisibles. Brigands dangereux, ils pillent et ravagent tout ce que la terre produit de bon et d'utile ; ils se répandent également dans les champs couverts de moissons, dans les prés, les jardins et les bois. Ils devancent le moissonneur en coupant les tiges du blé pour en ronger les grains, et disputent au glaneur les épis tombés et laissés après la récolte. Ils n'épargnent pas davantage le blé nouvellement levé, les racines des plantes dont se composent les prairies, les fruits des vergers ; et, lorsque la saison des frimas vient leur ravir ces moyens nombreux de dévastation, ils se jettent dans les bois dont ils arrêtent le repeuplement par la quantité de glands et de faînes qu'ils dévorent ; enfin, à l'apparence du danger, ils se réfugient prestement dans des repaires qu'ils se pratiquent sous terre, et où il est très-difficile de les atteindre, parce que ces asiles sont spacieux et divisés en plusieurs galeries.

C'est au fond d'une de ces excavations poussée plus avant dans la terre, que chaque femelle dépose ses petits, sur une couche douillette formée d'herbes coupées ; elle met bas au moins deux fois par an, et chaque portée est de cinq, six, sept, et jusqu'à douze petits. Des circonstances qu'il seroit hors de propos d'approfondir ici, favorisent, augmentent même une multiplication déjà si forte. Il est des années où les campagnes sont tout à coup infestées et couvertes d'une multitude incroyable de mulots et de campagnols qui, dans leurs courses, promènent avec eux les ravages et la désolation ;

désolation; ayant bientôt épuisé les subsistances d'un canton, ils ne sont pas long-temps à passer dans un autre, et ils parcourent ainsi une grande étendue de pays. Les obstacles ne les arrêtent pas dans leur marche, et on les a vus traverser de larges rivières qui se trouvoient sur leur chemin.

L'Europe entière est exposée aux dégâts occasionnés par ces animaux, et les âpres régions du nord de l'Asie n'en sont pas à l'abri. Ces années dernières, une énorme quantité de mulots et de campagnols s'est montrée sur plusieurs points de la France; dans l'Ouest, par exemple, ils occupèrent en quelques mois un espace de quarante lieues carrées, et les détails des maux qu'ils y firent paroîtroient incroyables, s'ils n'avoient pour témoins et pour victimes les habitans de tout un pays. Il y a quatre ans, les environs de Strasbourg furent en proie aux dévastations de ces animaux; on estime que trente mille arpens de terre furent ravagés par ces deux espèces malfaisantes, et on cite un cultivateur qui n'a recueilli que dix-sept épis d'un arpent de blé.

Dans les temps de disette, les mulots et les campagnols s'entre-dévorent; mais, quand l'abondance leur permet de subsister en cohortes dévastatrices, l'on ne doit plus espérer que, semblables aux brigands qui se disputent le butin, ils se déchirent et se tuent les uns les autres. L'on conseille souvent l'emploi de poisons très-actifs pour s'opposer à l'excessive et très-nuisible multiplication de ces animaux; mais ces sortes de moyens, d'une utile destruction, ne doivent être mis en usage que par les mains de la prudence et avec de grandes précautions, capables de diminuer le danger qu'ils présentent pour les hommes et les animaux nourris dans les fermes. La dissolution d'arsenic, dont on imprègne les grains que l'on destine pour appât, est du nombre de ces préparations dangereuses, que l'on feroit peut-être mieux de proscrire que de conseiller. Le moyen suivant, que vient de me communiquer un cultivateur estimable (1), a peut-être moins d'inconvéniens:

Prenez un bâton de bois blanc de quatre pouces de long et d'un pouce et demi de diamètre; faites-le percer à trois pouces et demi de profondeur avec une tarière de treize lignes. Ce bâton formera une espèce d'étui que vous remplirez d'une farine mêlée d'arsenic, et vous le placerez dans les champs endommagés, après les semailles des blés; les mulots et les campagnols sortiront, la nuit, pour venir manger la farine, et le second jour vous les trouverez morts sur la terre ou dans leurs trous. Vous remplirez de nouveau le bâton, et vous le changerez de place. Une douzaine de ces bâtons peuvent détruire une grande quantité de ces animaux.

D'autres substances moins pernicieuses que l'arsenic peuvent être employées avec succès pour faire périr les mulots et les campagnols; telles sont le tithymale et le garou. On pile l'une ou l'autre de ces plantes, pour en extraire le suc dans lequel on fait tremper, pendant quelques jours, des grains de blé; on les pose sur des morceaux de tuile dans les champs; ils sont bientôt mangés par les mulots et les campagnols, et ces animaux périssent empoisonnés. L'on assure que les feuilles d'aulne répandues sur le sol et enterrées à la charrue, les font fuir. M. Beuvin, cultivateur dans le département de la Somme, a indiqué un procédé qui lui a réussi: « La retraite des mulots et des campagnols, » dit-il, est aisée à connoître par un » amas de terre pulvérisée qui envi-

(1) M. Guilleminault, de Magny-le-Hongre, département de Seine et Marne.

» ronne l'orifice de leurs trous. Je faisois donc une pâte composée de six grosses carottes, un pied de céleri, le dedans d'un cent de noix, une livre et demie de pain et un quarteron de noix vomiques pulvérisées, le tout pilé dans un mortier jusqu'à consistance de pâte, dont je formois de petites boules de la grosseur d'une noisette : j'en jetois cinq ou six dans chaque trou de mulot et sur le bord, puis j'enterrois à fleur de terre, à différentes distances, dans le champ qui en étoit infesté, des pots de terre ou des terrines vernissées, remplies d'eau jusqu'à trois pouces environ de leur bord. La noix vomique empoisonne les mulots, les souris et les rats, en leur causant une violente altération ; pour l'appaiser, ils se précipitent dans les pots, d'où ils ne peuvent remonter ; et, dès le lendemain de la distribution de la pâte, dont ils sont très-friands, j'ai toujours trouvé les pots remplis de mulots noyés. Il ne m'est jamais arrivé d'être obligé de répéter ce procédé plus de deux fois dans le même champ, pour les détruire pour plusieurs années, quelque quantité qu'il y en ait eue. Cette pâte réussit également pour la destruction des souris et des rats, et n'a pas l'inconvénient de l'arsenic, qu'on emploie fort imprudemment dans les fermes, dans les magasins et dans les raffineries. »

Dans le nombre des procédés auxquels on a attribué la propriété de détruire les mulots et les campagnols, il en est un fort singulier, qui a été publié assez récemment. Il ne s'agit que d'attraper une douzaine de ces animaux, de les renfermer dans quelque vaisseau de bois ou de terre d'où ils ne puissent sortir, et de les y laisser ainsi tous ensemble sans aucune nourriture. On verra, au bout de quelques jours, qu'ils se mangeront les uns les autres, et on aura soin d'observer chaque jour, par un trou qu'on aura ménagé dans le vase, ce qui s'y passe. Lorsque le plus vigoureux sera resté seul de sa bande, on le lâchera ; accoutumé au sang et au carnage, il ne cherchera pour toute nourriture que ses semblables ; il s'introduira au milieu d'eux sans qu'ils en aient la moindre défiance, et les détruira ainsi jusqu'au dernier.

L'on se sert aussi de pièges pour prendre les mulots et les campagnols ; il ne faut qu'une noix grillée pour appât, sous une pierre plate soutenue par une bûchette ; ils viennent pour manger la noix qu'ils aiment beaucoup ; comme elle est attachée à la bûchette, dès qu'ils y touchent, la pierre leur tombe sur le corps et les étouffe ou les écrase. Il faut placer ces pièges de dix pas en dix pas dans toute l'étendue de la terre semée. On détruit également ces animaux en creusant, avec un fer tranchant, de petites fosses, dont les côtés soient coupés net en talus, afin que les mulots et les campagnols qui tombent dans ces trous ne puissent plus en sortir. Si l'on fait suivre la charrue par des enfans qui les tuent, à mesure que le soc, ouvrant leurs retraites, les force à courir sur la terre, on peut espérer d'en faire périr un grand nombre.

Tous ces expédiens, qu'il ne faut cependant pas négliger, ne doivent être regardés que comme des moyens secondaires. Il en est de plus puissans et de plus vastes ; ils consistent à ne pas contrarier la nature, et à laisser agir cette mère prévoyante qui par-tout a placé le remède à côté du mal. Indépendamment des grandes pluies et des inondations, dont l'effet salutaire est de noyer dans leurs trous les mulots et les campagnols, une tribu presqu'entière d'oiseaux a été placée par la nature pour s'opposer à la propagation trop rapide de ces animaux, et de quelques autres non moins destructeurs. La plus grande partie des oiseaux de proie, tant diurnes que nocturnes, fait sa pâture habituelle de tous ces êtres malfaisans. Dans l'ancienne Egypte, les lois civiles, d'accord avec les lois religieuses, avoient imprimé un sceau sacré sur des espèces que leurs appétits rendoient non seulement utiles, mais même nécessaires. Chez nous, on les tue, on les éloigne; leur tort est de dévorer quelques foibles pièces de gibier ou quelques volailles; en ceci, comme en mille autres circonstances, l'intérêt le plus léger l'emporte sur l'intérêt le plus pressant; et l'on ne s'apperçoit pas que les oiseaux de proie, auxquels on reproche des meurtres de peu de conséquence, les expient de reste par la guerre assidue qu'ils font aux ennemis de nos récoltes, dont ils sont, pour ainsi dire, les protecteurs nés, les protecteurs actifs autant que généreux; car ils périroient plutôt que d'en détacher un brin d'herbe. (S.)

MULTIPLICATION ET AMÉLIORATION DES CHEVAUX. Nos pays, qui fournissoient ordinairement le plus de chevaux, en sont aujourd'hui singulièrement dégarnis. Quelques personnes imputent à la guerre de la révolution notre dénuement actuel, et l'on ne peut contester qu'on n'en ait fait réellement une plus grande consommation : les circonstances pressantes ont fait employer tous les moyens pendant plusieurs années, sans que la sagesse eût bien calculé tous les détails. Mais le pilote entraîné quelque temps par la tempête, une fois échappé de l'orage, consulte sa boussole et reprend sa route. Une nouvelle guerre, quelque mortalité peuvent nous en enlever encore : il est de même constant qu'on a dérogé à l'habitude de soigner autant les formes des poulains. Notre mal vient toujours de ce que nous n'avons point de système de réparation en activité.

Ainsi, quand la cause d'une plus grande destruction des chevaux a cessé, peut-être la seule calamité ruineuse qui nous resteroit à craindre, seroit que l'administration publique s'en tînt à une espèce d'indifférence qui empêcheroit d'en faire naître.

Au contraire, avec un bon plan, on aura des chevaux pour tous les usages ; et quand il surviendra quelque malheur, ou qu'il se trouvera quelque nécessité d'en faire une consommation extraordinaire, des mesures bien calculées, un bon système, répareront nos pertes, entretiendront en cela notre puissance, et nous permettront d'être toujours redoutables.

L'amélioration et la multiplication des chevaux sont *désirables*, relativement à la puissance de l'Etat, relativement au commerce et à l'agriculture ; elles sont *possibles* avec du choix, de l'ordre et de la patience; elles sont *certaines* et doivent être *perpétuelles*, si, outre ce que pourra faire l'administration publique, on charge la légion d'honneur de donner des exemples pour atteindre ce but: tels sont les motifs et le plan de notre travail. Nous présentons aussi un projet économique pour encourager les haras, et nous en calculons les dépenses et l'efficacité. Nous avons tâché que la précision et l'ordre nous fissent pardonner de ne pas rapporter plus de détails.

CHAPITRE PREMIER.

Importance de l'amélioration et de la multiplication des chevaux.

§. Ier. *Elles sont désirables relativement à la puissance de l'Etat.* Le relevé des registres des douanes porte le nombre des chevaux étrangers entrés en France, pour l'an 4, à 5,265, estimés.................. 1,574,000fr.

La loi du 24 nivose an 5 n'ayant imposé les chevaux étrangers qu'au droit de quinze centimes par cent francs de valeur, les douanes n'ont consigné depuis que la valeur déclarée et non le nombre; ainsi, il est entré des chevaux,

en l'an	5,	pour une valeur de	659,800 f.
......	6,	*idem*	1,018,700
......	7,	*idem*	835,500
......	8,	*idem*	730,800
......	9,	*idem*	1,253,000
......	10,	*idem*	1,366,000

Le produit du droit d'entrée aux douanes, pour les sept années, est de ..... 7,437,800 f.

La valeur d'une année moyenne est de ...... 1,062,500 f.

Mais cet apperçu est bien loin d'être exact, s'il est vrai que dans le siècle dernier, « l'importation des chevaux s'élevoit, année commune, à trente millions de livres, dont dix à douze étoient payés à l'Angleterre (1). »

Quoi qu'il en soit, les chevaux estimés sur le pied de l'an 4, c'est-à-dire à la valeur la plus basse qu'a pu énoncer le déclarant, valeur qui est d'environ trois cents francs, on peut évaluer l'importation à 24,792 chevaux.

La France n'a jamais eu précisément de haras de chevaux de trait. Avant la révolution, on achetoit un très-grand nombre de poulains de cette espèce dans les marchés voisins des frontières, d'où ils étoient importés dans l'intérieur.

L'éducation étoit au profit des Français; mais le prix des poulains encourageoit, chez l'étranger, l'entretien des poulinières, les soins des pâturages, et faisoit fleurir cette branche de commerce chez nos voisins. Il faudroit établir des haras de chevaux de trait dans les pays où l'on fait cette sorte d'élèves.

Le projet est facile à exécuter, aujourd'hui que plusieurs pays d'où l'on tiroit beaucoup de chevaux de trait, sont devenus français : telle est la West-Flandre, qui comprend les départemens des Deux-Nèthes, de l'Escaut, de la Lys, etc.

Les remontes de beaucoup de nos troupes à cheval se font, suivant une longue habitude, en pays étranger.

Les chevaux allemands ont alimenté notre cavalerie dans presque toutes les guerres que nous avons eues à soutenir, et l'on s'est toujours plaint que notre balance de commerce éprouvoit alors un déficit de quatre-vingts ou cent millions.

Ces chevaux coûtent ordinairement un peu moins que les chevaux français; ils paroissent brillans, et ils séduisent; mais la plupart sont sans énergie ; arrivés en France, ils y éprouvent des accidens multipliés ; ils sont ruinés ou périssent beaucoup plus vite que les chevaux français. On en a vu un grand nombre, même d'un choix recherché, être réformés au bout de quatre ans d'usage, tandis que les chevaux français duroient, dans les mêmes circonstances, dix à douze ans, et même davantage. Dans la guerre, ils ne peuvent résister aux marches soutenues, pour peu que les chemins soient mauvais, et que le fourrage vienne à manquer, ce qui n'est pas rare.

Le bas prix des chevaux étrangers est un piège ; nos pertes et notre dépendance sont le résultat de nos déterminations indiscrètes ; c'est pour nous une ruine, plutôt qu'une économie.

Les sommes qui sortent de l'Empire, pour cette destination, auroient servi, dans les mains de beaucoup de nos Français, à acquitter leur part des charges de l'Etat.

Il suit de là que les achats de chevaux en pays étrangers sont funestes

(1) *Instruction sur les Haras.* Par M. Huzard, *page* 13.

aux haras, autant qu'onéreux pour le tré or public.

La multiplication, chez nous, diminuera chaque jour le nombre des chevaux étrangers qui nous auroient été nécessaires; et bientôt nous parviendrions à suffire à nos besoins par nos propres ressources.

Il faut venir au point d'acheter, par degrés, pour les remontes, les chevaux en France; on les paiera d'autant plus cher qu'il y en aura moins d'abord; mais ce sera une raison pour qu'ils deviennent plus nombreux, et le prix modéré sera le résultat des encouragemens et de la perfection de notre industrie.

Cependant si nous permettions simplement l'importation chez nous, nos rivaux ne manqueroient pas, sans doute, de continuer à nous vendre leurs animaux, dussent-ils perdre, pendant quelque temps, sur le prix de l'achat ou de l'éducation; leur commerce général finiroit encore par gagner, si ce sacrifice momentané avoit pour résultat de diminuer le zèle chez nous, pendant que cette opération l'exciteroit chez eux. Il faut prendre des moyens pour que l'étranger ne conserve pas ainsi son empire : ce qui feroit que nos citoyens resteroient chargés de leurs productions, la demande ne s'en faisant pas ou étant trop basse; ce qui décourageroit le commerce des animaux, et la partie de l'agriculture qui leur est relative.

Il faudroit, pour s'opposer à ces inconvéniens, établir une autre base pour les droits des douanes; au lieu de les percevoir, d'après la déclaration des valeurs, déclaration toujours peu sincère, on pourroit faire un terme moyen des valeurs de tous les chevaux étrangers, les plus beaux, et faire payer les droits par chaque cheval, en raison de ce terme moyen.

Les montures mêmes et les chevaux de voitures qui entrent en France, seroient soumis à ce même droit, qui augmenteroit en proportion de l'élévation du prix des chevaux français : le taux en seroit toujours tellement calculé, qu'en supposant des qualités égales, le cheval français se trouvât le moins cher. Le gouvernement pourroit se faire rendre un compte fréquent du prix des chevaux français et de celui des chevaux étrangers, de manière à maintenir toujours la balance en équilibre.

Quand le goût et le commerce auroient produit tous leurs bons effets chez nous, ils ne manqueroient pas d'étendre leur influence chez l'étranger; alors il pourroit nous être donné de nous livrer à notre tour à un commerce d'exportation, et nous verrions enfin pencher la balance à notre avantage.

Mais, qu'on ne s'y méprenne pas, quand nos approvisionnemens en étalons et jumens, pour les haras publics ou particuliers, seront faits, l'exportation ne pourra que nous être favorable; elle fera donner à nos chevaux de la considération, du prix chez l'étranger, et ne manquera pas d'exciter le zèle chez nous, et d'y apporter la richesse. Mais, dira-t-on, l'étranger, avec des souches, multipliera nos races chez lui, et les chevaux nés en France cesseront de lui être nécessaires. Au contraire, il est constant que le nouveau climat modifiera, altérera les formes; et si nos vœux étoient remplis, on n'exporteroit le plus souvent que des chevaux bien dressés au manège, de sorte que nous aurions moins à craindre que l'étranger n'en produisît de pareils.

§. II. *L'amélioration et la multiplication des chevaux sont désirables, relativement à l'agriculture ainsi qu'au commerce.* Le cheval est aujourd'hui le principal aide de l'homme dans les travaux de l'agriculture; les bœufs n'y sont plus employés que dans les pays où l'on en élève, ou dans ceux qui en sont voisins. Le cheval seconde beaucoup mieux l'homme; l'intelligence, la vivacité de cet animal, s'accommodent très-bien aux vues de son conducteur. Il est plus courageux que le bœuf; il fait la moitié plus d'ouvrage, et il consomme beaucoup moins. Il est vrai que quand il est devenu impropre au travail, on n'a pas la ressource de l'engraisser et de se nourrir de sa chair; mais il dure le double des années qu'on y emploie le bœuf. La chair du cheval ne se mange pas; mais les produits de ses travaux nourrissent des bœufs et des moutons, pour des valeurs qui l'emportent beaucoup sur ce qu'il pourroit fournir de viande. Le bœuf ne vit le plus généralement que dans les pays où la terre produit sans effort, tandis qu'il est réservé au cheval de faire fructifier un sol ingrat qui, sans lui, fût demeuré stérile.

Si dans quelques pays l'on avoit un plus grand nombre de chevaux, au lieu de faire travailler les bœufs, on les sacrifieroit à la boucherie dès qu'ils sont développés complètement, et on ne les nourriroit pas, comme on le fait aujourd'hui, quatre ou six ans sans que leur valeur augmentât en proportion des dépenses qu'ils occasionnent et du temps qu'ils font perdre: on se procureroit ainsi deux bœufs pour un, avec la quantité d'alimens que les adultes consomment sans profiter. On pourroit cependant associer au cheval les bœufs jusqu'à quatre à cinq ans pour les travaux.

Le cuir des animaux sacrifiés à la fin de leur jeunesse, est plus élastique, plus propre au tannage et à la plupart des usages économiques; la chair en est plus tendre, plus succulente. En remplaçant de plus en plus les bœufs par des chevaux pour travailler, on tend à doubler presque les produits en viande.

Dans la plupart des pays de labour, la terre ne rapporte que deux années sur trois; le cultivateur manque à lui faire rendre un tiers de ses productions; des jachères ruineuses tiennent la place de récoltes nécessaires. Cependant divers points de la France ont une pratique contraire, mieux raisonnée, et toujours productive.

L'art consiste à faire succéder dans le même champ, les plantes qui engraissent le sol à celles qui épuisent ses sucs. Pour avoir les succès de nos compatriotes plus adroits, il suffit donc d'imiter leur méthode.

Les instrumens aratoires sont les mêmes depuis des siècles; une forme de charrue exécute ici avec un homme et deux chevaux, ce à quoi la routine emploie, en d'autres lieux, deux hommes et six et même huit bêtes de trait (1).

Est-il vrai, comme le dit le vulgaire, que chaque espèce d'instrument, chaque usage, soient appropriés, au suprême degré, à la localité dans laquelle ils existent? L'esprit humain n'a point, sans doute, produit ainsi en détail le plus haut degré de perfection que l'on puisse atteindre; plusieurs arts, où l'évidence est encore plus sensible qu'en agriculture, font chaque jour de nouveaux pas.

La méthode et les instrumens doivent en agriculture marcher à la perfection comme dans tous les arts; si la terre se repose tant, en tant d'endroits, c'est, n'en doutons pas, parce que les chevaux n'y sont pas meilleurs et en plus grand nombre.

Multiplier les chevaux pour les travaux des champs, c'est un moyen d'avoir un plus grand nombre d'autres animaux, et par conséquent plus d'engrais, et de se procurer plus de matières premières pour les arts et les manufactures, ainsi qu'une plus grande abondance de subsistances.

Le cheval étant aussi un des prin-

(1) Voyez le Rapport sur le perfectionnement des charrues, fait à la Société impériale d'Agriculture. Paris, Bossange, et chez M. Huzard. An 11.

cipaux instrumens du commerce, la circulation des marchandises deviendroit plus active. Mais les chevaux oisifs, les chevaux de luxe consomment sans produire : ce sont ceux-là qu'on accuse encore plus d'être nuisibles. Cependant, pour sentir la fausseté de ce raisonnement, il faut faire attention qu'un Etat n'est pas florissant seulement parce qu'il a beaucoup d'hommes capables d'être soldats, mais encore parce qu'il a un grand nombre de personnes industrieuses de toutes les classes qui produisent plus qu'elles ne consomment, fournissent aux besoins de ceux qui protègent et exercent tous les emplois. Les capitalistes qui ne secourent l'État ni de leur personne ni par leur industrie, les capitalistes animent par l'appât de leur argent, tous les hommes laborieux à fournir les objets qui peuvent être nécessaires ou agréables dans l'agriculture, l'industrie, le commerce et les arts

Si la force de l'Etat consiste dans le nombre des hommes, elle consiste autant dans les combinaisons et dans la fécondité de leur emploi. Les diverses espèces de chevaux contribuent de même à la richesse et à la puissance de l'Etat.

D'ailleurs, la destruction des chevaux de luxe a été dernièrement le commencement de l'époque où l'on a vu augmenter notre pénurie de chevaux.

Un cheval qui a des qualités distinguées vaut assurément un plus grand prix, et cependant il ne mange pas plus qu'une bête commune; à la rigueur il n'exigeroit pas de soins plus considérables; mais il provoque l'affection du propriétaire et les attentions qui en sont la conséquence.

Les plus beaux chevaux ne sont pas plus délicats que les chevaux communs; ils ont sur eux l'avantage d'être plus intelligens, plus dociles, plus attachés au cavalier; il y a plus de facilité à les soigner que des chevaux foibles, lâches, méchans et difformes; il faut donc faire tous ses efforts pour empêcher qu'on ne fasse rapporter de productions à cette espèce dégénérée; il faut donc améliorer nos races. Et peut-on craindre de multiplier les chevaux quand nous en achetons de l'étranger !.. C'est l'argent qui sort de chez nous qui nuit à la population, et l'introduction des chevaux exotiques, qui rend les fourrages moins nécessaires chez nous, qui décourage de nourrir des poulinières et d'élever des poulains, qui diminue l'emploi des hommes dans notre pays pour le multiplier chez nos rivaux.

De tout ce que nous avons exposé, il nous semble qu'on peut tirer maintenant la conséquence bien déduite, qu'en encourageant tout ce qui tient au cheval, on encourage l'agriculture, le commerce intérieur qui a pour objet les chevaux; qu'on augmente la force de l'Etat, et qu'un bon système de haras entretiendra cette branche essentielle de la puissance nationale.

Mais ce ne sera point à des écrits qu'on devra ces succès, c'est à des faits mêmes, c'est à des exemples frappans.

L'obstination de la routine cédera généralement à une meilleure expérience, et les animaux plus perfectionnés, plus multipliés, contribueront à rendre plus abondantes les productions de la terre; l'homme sera mieux nourri et il pourra rendre encore ces animaux plus nombreux.

C'est ainsi que ces richesses serviront à s'augmenter l'une l'autre.

CHAPITRE II.

L'amélioration et la multiplication des chevaux sont possibles en France.

§. Ier. *Le territoire français peut-il*

fournir des chevaux excellens pour la beauté comme pour les autres qualités? Le fonds des qualités d'un cheval, sont la force, l'énergie, la vitesse, la docilité, le courage, la durée.

Les formes les plus parfaites ne sont que celles qui servent à procurer ces avantages; le reste est de caprice et ne peut être d'une utilité bien solide. Or, nous pensons qu'il existe aujourd'hui même, en France, un certain nombre de chevaux où l'on trouve assez de qualités pour qu'ils puissent servir à la multiplication et à l'amélioration de nos races.

Notre sol fournit des chevaux excellens pour les cinq espèces d'armes de la cavalerie et pour tous les services; ils n'ont point perdu les bonnes qualités dont les anciens ont fait l'éloge; elles ont été même augmentées par l'art que nos hommes de cheval ont mis à en tirer parti.

C'est sans preuve que les partisans d'une philosophie inquiète, mécontente, ont avancé que l'altération des formes, la diminution de l'énergie et des autres qualités, sont inévitables dans la succession des générations propres à chaque climat.

Les qualités de nos chevaux sont très - susceptibles d'être mises en évidence; et si l'on n'en est pas singulièrement frappé, c'est que les preuves en sont trop fréquentes.

Le vainqueur de Marengo, à qui la modestie a fait garder le silence sur ses périls et sur son courage, pourroit, ainsi que tous nos généraux et nos cavaliers qui ont vu le cheval français au champ d'honneur, nous révéler des traits nombreux de son dévouement et de son intrépidité. Nos écuyers donneront leur témoignage à l'adresse et à l'intelligence du cheval de nos races, quand la mauvaise éducation ne lui pas ôté ses bonnes qualités; il est bien constant même que les écuyers étrangers lui donnent la préférence pour leurs exercices.

Enfin, la foule innombrable de laboureurs, de marchands, que le travail du cheval enrichit, peut convaincre les plus incrédules de l'estime que méritent nos chevaux. Et cependant, combien de Français, enthousiastes de ce qu'ils voient chez nos ennemis, croient faire un effort de raison en proposant d'imiter, comme des choses avantageuses, les vices mêmes inhérens au climat, aux productions, et aux localités étrangères!

Nos voisins, plus justes appréciateurs, en cela, que nous-mêmes, seroient bien satisfaits qu'on leur permît d'amener de France des animaux de plusieurs de nos races. Les qualités de nos chevaux nous semblent donc mériter qu'on ne dédaigne pas d'en procréer de leur espèce. Nous pensons même qu'on ne doit pas croiser nos races entre elles, mais les conserver, les épurer séparément, sans cependant exclure quelques expériences peu nombreuses.

Les variétés qu'offre le climat de la France, et les productions déjà très-bonnes qu'il fournit, garantissent de celles qu'on peut obtenir pour tous les services.

Mais la nature qui multiplie quelquefois d'elle-même, ne peut produire seule une amélioration rapide. Pour réussir, il faut saisir la méthode convenable, rassembler les individus qui ont déjà des perfections, et chercher, en les combinant, les meilleurs résultats.

Dans l'exécution, il faut débuter par une exactitude rigoureuse, répudier les êtres frêles, disproportionnés, sans vigueur, sans caractère; dédaigner le médiocre qui amuseroit nos pas, et chercher les vraies perfections:

perfections : elles sont éparses, tâchons de les réunir pour produire le beau, le bon, le parfait, dont nous possédons déjà plusieurs germes.

Il faut rappeler à leur état de pureté celles de nos races que les étrangers recherchent ; il faut les améliorer toutes, unir dans chaque race les individus des deux sexes qui approchent le plus de la pureté ; leurs productions, en se multipliant, se rapprocheront de plus en plus du véritable type. Après avoir perfectionné nos races, en réglant bien les alliances, en combinant, dans l'association des sexes, les qualités et figures qui donnent de bons résultats, on multipliera les individus en proportion de nos besoins, et on les perfectionnera en leur donnant un régime et des soins qui favorisent leur développement et qui ajoutent à leurs qualités, loin de les altérer.

§. II. *Le sol français peut-il nourrir un plus grand nombre d'élèves?* On n'élève des poulains en nombre que dans les pays de pâtures, et il faut convenir que les lieux dont le fonds est assez excellent pour produire presque sans culture, ne permettent guères d'espérer qu'on les fasse produire davantage; mais dans beaucoup d'autres endroits, de pâtures en partie, on néglige les prairies artificielles ; il faudroit les y multiplier.

Un autre inconvénient, c'est qu'on nourrit des poulains et des pouliches jusqu'à quatre ans dans les lieux où l'herbe abonde ; tandis que ces animaux seroient élevés d'une manière beaucoup plus avantageuse pour la formation de leur tempérament, pour leur vigueur, leur énergie, dans des pâturages moins humides, dans les pays de culture, où ils mangeroient des pailles, des grains et des foins, et où ils seroient employés à de légers travaux qui ne seroient que favorables à leur constitution. Les pays de pâtures, débarrassés ainsi de ces bouches nuisibles, resteroient libres pour les poulinières et les poulains jusqu'à l'âge d'un an ou deux ; méthode qui permettroit d'y entretenir plus de poulinières et plus de poulains.

Les améliorations dans l'agriculture, qui ont été précédemment démontré devoir résulter de la multiplication du cheval, deviendroient à leur tour des causes qui donneroient la facilité de perfectionner et de multiplier les chevaux ; mais il faut cependant que ceux-là seuls qui ont l'occasion d'améliorer et de multiplier, fassent des entreprises de ce genre. Ce soin doit être sur-tout abandonné à ceux qui ont suffisamment de pâturages. Les consommateurs qui, sans avoir la commodité de la nourriture, voudroient élever des chevaux, ne pourroient le faire ni aussi bien, ni avec la même économie. C'est ce qui a fait regarder à quelques personnes ces entreprises comme ruineuses.

CHAPITRE III.

Moyens généraux. Ces moyens consistent à relever le goût pour les chevaux de selle, et à encourager les manèges.

§. Ier. *Il faut relever le goût pour les chevaux de selle.* Le goût pour les voitures a beaucoup diminué celui qu'on avoit pour les chevaux de selle.

C'est aux Français qu'est due l'invention des carrosses ; il n'en existoit que deux sous François Ier. Les conseillers de la cour et les présidens alloient au palais sur des mules, même encore au commencement du dix-septième siècle. En 1758, il n'y avoit, dit-on, à Paris que trois cents chaises et carrosses ; en 1788 on y en comptoit quatorze mille. Aujourd'hui dans toutes nos grandes villes, les courses, les visites se font en carrosse, et généralement on ne voyage qu'en voiture. Le nombre ne s'en est ainsi accru que parce qu'en même temps on a ouvert des routes nouvelles et qu'on les a toutes rendues commodes ; le commerce y a gagné de la célérité, de l'agrément ; les mœurs ont pris une tendance à l'uniformité, la France est devenue de plus en plus civilisée. Mais la voiture marche simplement par la force des chevaux et par l'attention du cocher. Il n'y a, dans les personnes traînées, que de la masse et du volume ; point de graces particulières, point de talent difficile à montrer pour occuper le siège d'un carrosse ; l'homme traîné voit moins les chevaux, il ne compâtit pas à leur peine, il ne sent point leurs difficultés, il ne les apprécie pas autant, et il ne leur accorde qu'une très-légère affection.

Le cavalier, au contraire, prend plaisir à diriger sa monture, il sent à chaque pas qu'elle obéit à ses volontés sans intermédiaire ; il met son corps en harmonie avec le sien, et tous deux semblent être d'intelligence. L'écuyer aime les beaux chevaux, et le prix qu'il y met encourage l'industrie et l'agriculture. Ce goût se communique, et le besoin plus étendu de beaux chevaux en fait naître en abondance, si ce n'est avec de brillantes qualités, au moins avec une perfection suffisante qui les rend excellens pour les affaires, pour la guerre, en un mot, pour toutes les espèces de services

§. II. *Utilité d'encourager les manèges.* Beaucoup de nos jeunes Français, dans les grandes villes, ont des montures, et un trop petit nombre en tire parti avec avantage ; quelques uns même, pour déguiser leur maladresse, ont adopté le soubresaut, trop facile et trop peu naturel des Anglais.

Il faut établir des manèges et encourager ceux qui existent. L'intelligence de nos jeunes gens, leur âge susceptible de souplesse, font espérer qu'ils profiteront de ces établissemens pour acquérir, à cheval, un maintien sûr et gracieux.

Du moins la génération qui s'élève pourra-t-elle s'y former plus tôt, et ces exercices disposeront nos jeunes citoyens à devenir officiers, et à commander avec plus de distinction dans nos corps de troupes à cheval.

« Ne parlons point, dit M. Bourgelat (1), de ces exercices, de ces défis, de ces ballets jadis en vigueur dans nos manèges. Rappelons-nous la splendeur de ces fêtes où le monarque, supérieur par un air majestueux et imposant, et par son adresse, se livroit aux plaisirs de son âge, sans leur immoler le plus léger de ses devoirs, et se montroit lui-même dans un carrousel à la tête d'un quadrille. Représentons-nous-le, d'une part, remportant quatre fois le prix des jeux, et les abandonnant aux autres chevaliers qui se les disputoient de nouveau ; et de l'autre, le vainqueur recevant des mains de la reine la récompense de sa victoire. Croira-t-on que de tels spectacles, dans lesquels Louis XIV déployoit toute sa grandeur et sa magnificence, n'étoient pas capables d'élever l'esprit de la nation ? et que les fêtes, les courses de tête et les courses de bagues, images toujours nobles et instructives de la guerre, n'étoient pas plus propres à faire juger de la vigueur, de la force, de la souplesse des chevaux et du mérite du cavalier, que des courses à toutes brides, destituées de tout ensemble et exécutées sous de simples piqueurs, dont l'infidélité peut encore être nuisible à ceux mêmes qui les gagent et qui les emploient ? »

§. III. *Influence des courses de che-*

(1) *Physique des Haras.*

vaux et de chars. « C'est, dit encore M. Bourgelat (1), en établissant des jeux publics, dont les courses de chevaux étoient une des parties principales, que plusieurs anciens peuples de l'antiquité parvinrent à une grande habileté dans l'art de manier le cheval. La victoire y étoit disputée non seulement par des écuyers, mais encore par les personnes les plus recommandables, même par des princes et par des rois.

» Chez les Romains, les courses de chars, les courses de chevaux étoient les spectacles ordinaires du cirque et des jeux funèbres. Ces exercices avoient pour but de donner de l'activité à la jeunesse, de fortifier le corps, de l'assouplir, et de faire prendre l'habitude des grandes fatigues. L'appareil seul de ces jeux excitoit l'émulation et inspiroit le respect. On consignoit dans les registres publics les noms des combattans et ceux de leurs chevaux. De l'or, de l'argent, des habits, des chevaux furent souvent la récompense de la victoire; et le juge attachoit en même temps, au son bruyant des trompettes, une palme sur la tête des coursiers. Leurs signalemens par noms, pays, poils, étoient gravés sur des tables de marbre, et leurs exploits étoient chantés par les poëtes.

» N'est-ce pas pour perfectionner et pour étendre les différentes branches de commerce que les courses de chevaux ont été instituées chez les Anglais? Les prix donnés par le roi sont de cent guinées; ceux qui sont accordés par les villes, ou conséquemment à des souscriptions particulières, sont de cinquante, et ne peuvent être moindres, par acte du parlement. Un même cheval a gagné dans une année, en différens lieux, treize prix, montant à la somme de cinq mille huit cent quarante guinées: quel appât et quel encouragement! Le cheval vainqueur est annoncé comme étalon dans les papiers publics, et le prix des sauts est toujours en raison des qualités connues de l'animal et de sa progéniture. Les sauts de l'*Eclipse*, fameux cheval qui avoit gagné par-tout où il avoit couru, furent d'abord portés à vingt-cinq guinées par chaque jument; mais ensuite plusieurs de ses poulains coururent, et gagnèrent; alors le prix de ses sauts monta à cinquante-deux guinées. Il en a été de même de *Snap*, de *Chrysolite*, de *Mask*: les sauts de *Mask* et *Chillaby* furent à cent guinées. Ils servirent chacun trente-deux jumens, et valurent à chacun de leurs maîtres trois mille deux cents guinées.

» Un esprit d'ordre et de suite peut perfectionner nos races, au moyen d'une attention à consigner la généalogie et la filiation dans des registres, et à s'opposer constamment à toutes souillures qui pourroient résulter des mésalliances et de mélanges. Ainsi nous parviendrons à obtenir des productions d'un ordre supérieur, et à multiplier l'espèce en proportion de tous nos besoins.

» Les courses offrent d'ailleurs un moyen de juger, par l'épreuve, de la vigueur et des qualités des chevaux, et de choisir, sans se tromper, ceux qui méritent d'être préférés pour le service des cavales. »

CHAPITRE IV.

L'industrie des particuliers, par elle-même, est incapable d'améliorer les chevaux.

Nous avons démontré que l'amélioration ne peut se faire que par de bons choix, et par des alliances bien combinées. Or, ces choix, ces combinaisons exigent la connoissance de la structure intime des parties, l'estimation du degré d'importance dont chacune est

(1) *Physique des Haras*, de M. Bourgelat.

dans la perfection de l'organisation. Cet objet embrasse les qualités physiques et morales des animaux, la connoissance des moyens qui ont sur eux des influences favorables ou contraires, et l'estimation du degré de puissance de ces moyens divers; ce qui est relatif aux climats, aux alimens, aux tempéramens, aux âges, à la dentition difficile, aux sexes, aux travaux, aux qualités qui se transmettent aux descendans, soit en bien, soit en mal, et aux moyens de les modifier.

Il est vrai qu'à travers les pratiques bisarres, parmi la foule des animaux sans qualités qu'on ne produit pas au grand jour, on voit sortir par intervalles quelques animaux excellens, qui font beaucoup de bruit; mais il n'est pas moins certain que si l'on agit sans méthode, la plupart des animaux se trouvent manqués, et que pour en obtenir promptement beaucoup de bons et beaux, on ne pourra jamais réunir trop de connoissances positives, et que l'efficacité des mesures dépendra toujours de la sagesse du plan, et de la perfection de la science qui aura dirigé les soins.

L'impuissance de l'industrie particulière, abandonnée à elle-même, n'est bien sentie que par les personnes instruites qui ont parcouru ou habité les pays d'élèves, et qui ont vu l'ignorance admirer et renouveler ses fautes. Il faut avoir vu de près le vulgaire des nourrisseurs, pour savoir combien il est loin de saisir les véritables points d'utilité, soit par la préférence qu'il donne à des frivolités sur des choses importantes, soit par les bonnes choses qu'il omet, ou par les choses déraisonnables qu'il pratique; que les chevaux, chez les consommateurs, sont victimes de beaucoup de défectuosités qui ne sont dues qu'à l'ignorance des nourrisseurs, ou qu'à l'insuffisance de l'industrie particulière. Il faut que les lumières dirigent le goût : il faut aussi dans le cheval, pour ainsi dire, une *vérité de formes*, une proportion, un rapport des parties, tant pour les fonctions de l'animal en lui-même, que relativement à son usage pour nos différens besoins : dans cet objet, comme dans les autres, la perfection du goût vient de la perfection des lumières. (*Voyez* BONTÉ, BEAUTÉ.)

CHAPITRE V.

Nombre d'étalons et de jumens nécessaire en France.

Le nombre de chevaux qu'il est nécessaire de faire naître en France, doit être en proportion de l'emploi et de la consommation qu'on en fait. Nous allons tâcher d'obtenir un apperçu de ce nombre, par les calculs suivans :

1°. *Emploi.* Nous comptons qu'on emploie pour l'agriculture, dans vingt-cinq mille communes agricoles, terme moyen, trente chevaux

par commune, ci......	750,000 ch.
Pour le roulage......	100,000
Pour les diligences de terre et les coches d'eau.	150,000
Pour la poste........	70,000
Pour le luxe........	100,000
Dans les troupes.....	80,000
Pour les fiacres, etc., et les manufactures des principales villes.......	250,000
TOTAL..........	1,500,000

Peut-être ce nombre approche-t-il de deux millions.

2°. *Défaut de conception et mortalité.* Les saillies qui ne sont pas fécondantes, tous les chevaux qui meurent naturellement, ou qu'on sacrifie parce qu'ils deviennent incapables de servir, peuvent s'élever, par an, à un dixième, terme moyen, entre les divers emplois, en y comprenant les poulains qui périssent, soit dans le ventre de la mère, soit avant d'être propres au service. Ce dixième est donc de cent cinquante-un mille.

3°. Il faut donc avoir cent cinquante-un mille *jumens poulinières*.

4°. *Nombre d'étalons*. Un étalon peut saillir de vingt-cinq à trente jumens par an, ce qui rendroit nécessaires cinq à six mille étalons.

Il y en avoit trois mille trois cents en 1789, suivant le dernier recensement, dans lequel ne sont point compris les étalons des haras particuliers, et ceux de plusieurs provinces qui n'étoient point dépendantes de l'administration des haras.

CHAPITRE VI.

Moyens particuliers.

§. Ier. *Exemples et récompenses.* Le gouvernement ne doit point chercher à faire naître lui-même tous les chevaux nécessaires en France. Ce projet demanderoit des mesures trop compliquées et trop dispendieuses. La tâche qu'il doit exécuter est celle de faire assez pour porter les particuliers à faire le reste.

Il encouragera par des distributions d'étalons et de jumens, par des primes et par des prix.

Pour satisfaire aux vues d'encouragement proposées, et pour servir d'exemple, le gouvernement devroit être propriétaire de douze à quinze cents étalons. En 1789, il en avoit onze cent soixante-seize, et la France est agrandie depuis cette époque; une partie de ces animaux seroit soignée dans des haras appartenans à l'Etat; l'autre partie seroit déposée chez des particuliers, aux conditions dont il va être parlé.

En 1789, il y avoit dans les haras de l'Etat trois cent soixante-cinq étalons; on pourroit porter ce nombre à cinq cents.

On désigneroit, dans les pays d'élèves, deux ou trois mille communes qui seroient obligées d'acheter et d'entretenir, à leurs frais, un étalon approuvé par l'inspecteur des haras.

Les étalons, au moment d'être distribués, seroient signalés, puis estimés à une valeur moyenne. Le procès-verbal de cette opération seroit remis au particulier, en même temps que l'étalon qui lui seroit abandonné en propriété, à condition de donner à l'administration des haras une bête de remplacement, à choisir parmi les trois premières productions mâles qui naîtroient de l'étalon d'une jument déterminée appartenante au particulier à qui l'on donne cet étalon.

Ces productions ne seroient reçues en remplacement qu'à l'âge de quatre ans; alors le particulier seroit totalement acquitté.

Mais si la bête répartie venoit à périr par la faute du particulier, sans laisser de productions en remplacement, il seroit tenu de la payer au prix de l'estimation.

L'administration des haras se procureroit, aux frais de l'Etat, six à sept cents étalons, qu'elle distribueroit aux propriétaires des jumens les plus distinguées; l'approvisionnement du reste des étalons, pour atteindre le nombre de cinq à six mille, seroit abandonné à l'industrie des particuliers, que l'on exciteroit par divers encouragemens.

Le premier acte de l'administration seroit d'acheter d'abord les six à sept cents étalons à distribuer, et d'en faire la répartition le plus tôt possible. Ces étalons seroient pris de l'âge de trois, quatre et cinq ans.

Les sujets destinés à remplacer ceux-ci seroient achetés avec plus de précaution. L'administration des haras les feroit choisir étant poulains, et acheter à l'âge de six mois, d'un an, ou de dix-huit mois, à condition de ne s'en livrer qu'à quatre ans, et de prescrire la manière dont ils devroient être soignés jusque là.

Les bêtes reçues en remplacement seroient réparties avec les mêmes formalités et aux mêmes conditions.

Par ce moyen, l'administration des haras n'auroit point de frais à faire autres que ceux d'achat; les frais de nourriture et de soins seroient faits par les particuliers qui recevroient en compensation le prix des saillies, et qui auroient enfin la propriété de la bête, en livrant une de ses productions.

Ce moyen d'amélioration et de multiplication se perpétueroit ainsi sans efforts.

Nous verrons ailleurs quelle en seroit l'influence au bout de quelques années.

Ces chevaux étant répandus dans beaucoup d'endroits, n'auroient point l'inconvénient d'amaigrir le terrain, comme il arrive sur un fonds où l'on ne nourrit pas des bœufs et des moutons qui compensent le tort que font les chevaux.

L'administration auroit soin de placer les étalons et les jumens chez des particuliers dont les fonds fussent abondans et non marécageux; de même qu'elle veilleroit à ce que les poulains achetés et ceux admis en remplacement fussent mis sur des terrains secs et assez fertiles, le tout suivant l'âge et le tempérament des animaux, l'excès ou le défaut de sucs pouvant faire manquer le développement des productions.

§. II. *Du personnel de l'administration.* A diverses époques, n'a-t-on pas vu des hommes qui avoient à cœur l'amélioration et la multiplication des chevaux, créer des établissemens, faire des entreprises considérables? Mais dans cette partie les progrès sont lents, les produits sont éloignés; et dans l'intervalle la patience manque à l'homme; des avis inconsidérés ébranlent ses résolutions; de faux calculs, qu'il n'a pas le temps de corriger, et le plus souvent l'ignorance et la négligence lui font abandonner son entreprise; ou bien c'est une mort inattendue qui l'enlève à ses projets; son zèle descend avec lui dans la tombe; ses enfans, héritiers de son établissement, ne partagent point ses goûts. Les plans du défunt sont décriés, l'édifice élevé à grands frais se trouve bientôt ruiné de fond en comble, les débris en sont disséminés, et deviennent, pour la multitude, une occasion de publier que l'entreprise étoit folle.

Le zèle d'un ministre d'état a des effets plus étendus dans le moment; il multiplie les moyens qu'il juge capables de remplir ses vues. Mais, outre que le ministre est mortel aussi, il arrive quelquefois que, passager dans son emploi, quoiqu'il ait ouvert une mine féconde, ses successeurs en retirent bientôt les ouvriers; ou bien un système fait place à un autre. Il n'y a point de plan, quelque bien fait qu'il soit d'abord, qui puisse être suivi constamment. Le passé fournit la preuve de ces vérités.

Pour remédier à ces inconvéniens, pour obtenir les plus grands avantages, il faudroit qu'une institution d'un esprit permanent fût associée à la tâche de diriger les haras.

Pour que cette institution fît le bien, il faudroit qu'elle agît librement, qu'elle gérât ses moyens comme un particulier citoyen d'un pays libre.

Ses succès, amenés par le calcul et la patience, serviroient d'exemple; et comme cette institution seroit toute dévouée au bien public, ses bienfaits seroient sa récompense, son principal objet étant de faire le plus possible de sacrifices utiles.

L'institution ne pourroit atteindre ce but, si, par son caractère, elle n'attiroit l'attention de tous les particuliers qui ont quelque influence dans l'objet, si elle n'étoit répandue sur tous les points de la France, si elle n'étoit environnée de toute la confiance du gouvernement. Il faut enfin que dans ce corps on trouve des hommes qui aient pour cette tâche une vocation naturelle, c'est-à-dire, le goût du cheval et une certaine habitude d'administrer.

Or, l'énoncé de ces conditions a suffisamment montré qu'elles se trouvent dans la légion d'honneur. Il importe donc encore au bien public que la légion d'honneur entretienne des haras à son compte. Il y auroit aussi sous l'influence du ministère, une administration des haras, composée, par exemple, d'un *commissaire des haras*, de trois ou quatre *inspecteurs*, et de deux ou trois cents *visiteurs*.

La légion d'honneur auroit simplement son *commissaire des haras* et ses trois ou quatre *inspecteurs*.

Le ministère et la légion d'honneur formeroient un nombre d'établissemens de haras suffisant pour entretenir de part et d'autre deux cents étalons et deux cent cinquante jumens environ; ce qui feroit les cinq cents étalons qui, joints aux sept cents ou mille répartis, formeroient les douze ou quinze cents dont nous avons parlé.

Il y auroit un *conseil des haras* composé des deux *commissaires* et des six ou huit *inspecteurs*. Ce seroit sur la proposition de ce conseil que le ministère et le grand conseil de la légion d'honneur arrêteroient les lieux où les établissemens devroient être formés, et la quantité d'étalons et de jumens qu'on entretiendroit dans chacun, suivant les localités. Les règlemens d'exécution et de détails seroient arrêtés par le ministère et par le grand conseil, chacun pour la partie qui le concerne.

§. III. *Croisemens : Expériences.*

Les croisemens et les expériences ne seroient exécutés que dans les établissemens appartenans à l'administration. Les productions qui en résulteroient ne seroient consacrées à la génération, dans les haras des particuliers, qu'après que les avantages en auroient été bien constatés.

Le premier but de l'administration seroit de conserver la race de chaque pays, et de l'améliorer par des alliances entre les plus beaux animaux de cette même race.

Cependant les chevaux arabes sont les premiers chevaux du monde pour la finesse, l'énergie, l'intelligence, la docilité. Tout le monde est d'accord que c'est la race par excellence pour améliorer les chevaux de selle. C'est par des animaux de cette race, importés au temps des Croisades, que nos chevaux limousins, normands, navarrains, etc., ont reçu un degré de perfection dont on retrouve encore les traces. Ce sont les chevaux arabes qui ont amélioré les races en Angleterre: ce sont des chevaux arabes, sur-tout, qu'il faut avoir pour placer dans nos établissemens.

D'ici à ce qu'on puisse s'en procurer directement d'Arabie, soit par nos commissaires des relations commerciales, soit par des personnes envoyées exprès, il seroit avantageux au bien public que tous les chevaux arabes amenés d'Egypte fussent employés à l'amélioration de nos races, et placés dans les établissemens des haras, soit du ministère, soit de la légion d'honneur. Il suffiroit sans doute que Sa Majesté Impériale manifestât le désir de les y voir consacrés, pour que tous ceux qui les possèdent les livrassent à ce service d'une utilité générale. Cet acte de patriotisme seroit mentionné dans les mémoires des haras; on paieroit le prix des animaux cédés, ou bien on donneroit dans quelques années, aux propriétaires, des productions de leurs animaux.

Les particuliers feroient sans doute volontiers le sacrifice de leur jouissance actuelle, étant sûrs de voir ces animaux devenir la souche de la multiplication de cette race si excellente.

§. IV. *Primes.* Il seroit accordé une prime de mille francs à la présentation d'une bête arabe, mâle ou femelle, importée en France, avec son acte de généalogie; elle seroit marquée, et acte en seroit dressé et délivré au propriétaire.

Il seroit payé pour un premier métis d'arabe né en France, une prime de.................. 300 fr.
Pour un second.......... 600
Pour un troisième......... 900
Pour un quatrième et suivans. 1200

§. V. *Prix. Défis.* Il y auroit chaque année, dans une ville voisine de chaque haras ou de manèges, six prix:

Un pour les plus belles formes d'un cheval de selle: il seroit de........................ 600 fr.
Un pour la vitesse au galop.. 600
Un pour le trot le plus vite et le plus long-temps continué .. 600
Un pour la force au trait ... 600
Un pour les airs les plus gracieux du manège, exécutés par un cheval bien conservé..... 1000
Un pour l'âne le plus parfait ou la plus belle ânesse....... 300

On ne pourroit présenter au concours que des jumens ou des chevaux entiers, nés en France, et jamais moins âgés que de quatre ans.

Les vainqueurs seroient marqués d'une marque particulière, et l'extrait de l'acte du prix seroit inscrit au livret du propriétaire.

§. VI. *Mesures de police relatives aux races et aux importations.* L'administration ministérielle des haras auroit, dans ses attributions, l'encouragement de tous les haras particuliers, et la surveillance des mesures de police qu'il est nécessaire d'établir.

Les fonctions de visiteurs pourroient être confiées avec bien de l'avantage aux vétérinaires, parce qu'un grand nombre sont capables de les bien remplir, et qu'en exerçant leur art en même temps, ils pourroient se contenter de modiques honoraires.

Saillies. Tout propriétaire de jument poulinière en feroit constater la saillie par un *acte* signé par le propriétaire ou l'administrateur de l'étalon, et par deux témoins. Les signalemens et la généalogie de l'étalon et de la cavale y seroient inscrits par un visiteur. L'acte de saillie seroit le premier sur la feuille que nous nommons *livret*, et qui passeroit aux mains des divers propriétaires des chevaux.

Naissances. Dans les dix jours de la naissance d'une pouliche ou d'un poulain, le propriétaire porteroit au maire l'acte de saillie, et se feroit accompagner par deux témoins qui certifieroient que le jeune animal est bien né de la mère signalée en l'acte de saillie. Le maire inscriroit cette déclaration et la date de la naissance sur le registre, et les trois déclarans le signeroient; le maire donneroit acte de la naissance de l'animal à la suite de l'acte de saillie, et le signeroit, ainsi que les deux témoins. Les deux témoins dresseroient, sur une feuille à part, le signalement du poulain; ce signalement seroit signé aussi par le maire.

Age adulte. Tous les ans, à une époque fixée pour chaque arrondissement, un visiteur des haras appliqueroit au fer rouge la marque de son arrondissement à tous les chevaux ou jumens de l'âge de six mois; il tiendroit registre de cette opération, et en délivreroit extrait à la suite de l'*acte primitif*, en y inscrivant le signalement

signalement de chaque animal, et en faisant mention qu'il se rapporte au signalement du poulain, dressé lors de la naissance.

Il feroit mention sur son registre des actes qui, dans le livret, auroient précédé le sien.

Chaque visiteur dresseroit un état particulier de cette opération chaque année, et le transmettroit à l'inspecteur.

Ventes. Les ventes des chevaux, jumens, pouliches ou poulains seroient déclarées par le vendeur au maire ou à un officier de police du lieu où elles se feroient. Celui-ci en prendroit acte sur un registre à ce destiné, et l'inscriroit de même sur le livret du cheval vendu.

L'acquéreur rempliroit les mêmes formalités en revendant les animaux.

Recensement. Tous les ans, les maires feroient le recensement de tous les chevaux de leurs communes, et mentionneroient les lieux où ils sont nés, suivant les livrets.

Morts. Quand il mourroit un cheval, jument ou poulain, le propriétaire, avec deux témoins, seroit tenu d'en faire la déclaration au maire ou à l'officier de police qui l'inscriroit au registre de la commune, et détruiroit le livret du propriétaire.

§. 7. IMPORTATION ET EXPORTATION.

Importation. Tout cheval ou jument étrangers, à leur entrée en France, seroient marqués au fer rouge d'une marque particulière, par un officier des douanes ou par un visiteur requis par lui; il en prendroit acte sur un registre, et en délivreroit au conducteur un extrait, qui seroit l'acte primitif pour le cheval importé.

Exportation. Lorsqu'un cheval français, ou un cheval étranger introduit en France, sortiroient du territoire, l'acte de sortie seroit inscrit au livret et au registre, aussi par un officier des douanes.

Marque. Tous les chevaux et jumens actuellement en France, seroient marqués d'une marque particulière.

Et ceux qui se trouveroient en France sans marque après cette opération, seroient confisqués, à la diligence des maires, officiers de police, visiteurs et des percepteurs des douanes, comme importés en fraude.

Les marques seroient déterminées par des règlemens ultérieurs, et les bêtes issues des haras auroient des marques particulières. Elles seroient réappliquées par les visiteurs toutes les fois qu'elles seroient effacées. Les particuliers seroient tenus, à cet effet, de les présenter à la visite annuelle : acte seroit dressé et donné de cette réapplication.

Registres. Les maires ou officiers de police, et les percepteurs des douanes, auroient un registre particulier pour y inscrire les livrets des chevaux.

Ils n'y en inscriroient qu'un extrait; mais il contiendroit toujours le signalement, à moins que le déclarant ne jugeât à propos de requérir l'inscription toute entière, dans la crainte de perdre son livret, et afin d'en obtenir un duplicata.

En cas de demande de duplicata, il n'y seroit jamais mentionné que le texte de l'inscription au registre : et, pour obtenir un duplicata, il faudroit en signer la demande au registre, et être appuyé de deux répondans dignes de confiance, qui y signeroient pareillement.

Chaque officier tenant un registre pourroit donner aussi les duplicata.

Livret. Le livret seroit une feuille double de papier fort et timbré.

Si cette feuille devenoit insuffisante, il en seroit ajouté une seconde dont il seroit fait mention au bas de la première, sans rappeler le signalement en tête de la seconde. Quand elle seroit usée elle pourroit être transcrite, sur papier timbré, par les maires et les officiers de police, et elle resteroit jointe au registre. Le propriétaire actuel du cheval seroit toujours porteur du livret.

Lesmairesou les officiers de police et les officiers des douanes, feroient tous les ans un relevé de leurs opérations inscrites au registre des chevaux, et le feroient parvenir à leurs administrations supérieures, qui le transmettroient au ministère.

Les états sommaires des recensemens annuels seroient de même adressés aux administrations supérieures.

Les saillies, naissances, ventes, morts, dans les haras, tant ministériels que légionnaires, seroient constatées par les administrateurs sans la participation des maires ou des officiers de la police.

Contravention. Les déclarations omises dans l'intérieur pour saillies, naissances, ventes et morts, seroient punies par vingt francs d'amende, et par le double à chaque récidive. Ces amendes seroient inscrites sur le livret.

Les contraventions pour les importations seroient punies par la confiscation.

Ces dispositions ont pour but de faire valoir nos races, de faire bien connoître nos ressources, d'établir la bonne foi exclue jusqu'ici du commerce des chevaux, et de nous garantir de l'influence du commeroe étranger en ce qu'il a de nuisible à nos intérêts.

Dépense pour l'achat des étalons, et recette en compensation. Les douze cents étalons, à trois mille francs pièce, coûteroient trois millions six cent mille francs.

On pourroit faire cette dépense par portions en six ans ; de manière à y consacrer par an six cent mille francs ; c'est-à-dire trois cent mille francs par le ministère, et les trois cents autres mille francs par la légion d'honneur.

On n'auroit ensuite à faire pour les étalons dans les haras, de dépense autre que celle de leur entretien, parce que leur renouvellement pourroit très-bien s'opérer au moyen des étalons fournis en remplacement de ceux qui auroient été distribués.

Cet entretien, évalué à huit cents francs par an par chaque animal, nécessiteroit de la part du ministère une dépense annuelle de deux cent mille francs, et une dépense pareille de la part de la légion d'honneur.

En 1780, l'administration générale des haras, dit M. Huzard, faisant moins de chevaux qu'elle n'en avoit jamais fait, dépensoit quatorze cent douze mille liv. par an, sans compter la dépense des autres administrations particulière (1).

Pour éviter de faire subitement des dépenses considérables, on peut arrêter d'abord un plan, puis en exécuter quelques portions chaque année, de sorte que dans peu de temps l'ensemble résulteroit du rapport des différentes parties.

Mais voici un moyen de tirer de la chose même la plus grande partie des fonds nécessaires à l'établissement proposé, ainsi qu'à son entretien. Les mesures de police qui exigeroient que les propriétaires de chevaux eussent un livret timbré pour chaque cheval, auroient pour but de bien faire connoître, d'accroître et de conserver nos richesses: elles ne sont point une invention fiscale. Cependant le premier établissement des livrets produiroit, à deux francs par cheval, une recette de trois millions ; et les livrets à délivrer chaque année, en raison d'un dixième de ce premier nombre, fourniroient trois cent mille francs. Cette recette, obtenue à la fois, permettroit d'organiser aussi tous les haras en même temps, ce qui seroit bien préférable.

Il est assez juste que les propriétaires de chevaux fassent les frais de mesures qui tendent à perfectionner une espèce

(1) *Instruction sur l'amélioration des Chevaux en France.* Par M. Huzard, page 23.

d'animaux qui sert à leur fortune et à leur jouissance. L'augmentation des recettes, pour les importations des chevaux de races étrangères, fourniroit sans doute au delà de ce qui manque pour compléter les frais qu'exigeroient l'établissement et l'entretien des haras ; parce que, le plus souvent, la taxe seroit probablement de 25, 50, ou 100 francs par tête, et quelquefois audelà, Or, s'il entre en France 4000 chevaux par an, on pourroit compter encore, terme moyen, une recette annuelle de trois cent mille francs.

CHAPITRE VII.

Evaluation de la multiplication des bêtes de choix, résultant des moyens proposés.

Un vingtième des jumens saillies ne retient pas, ou leurs poulains éprouvent des accidens qui les font périr. Mais ce *deficit* est compris dans le calcul donné précédemment, de manière que nous devons compter ici toutes les saillies comme heureuses.

Nous avons supposé que l'on entretiendroit dans les haras ministériels et légionnaires		500 étalons
Et qu'on en répartiroit chez des propriétaires, à charge de remplacement		700
Ce qui fait en tout.		1200 étalons
Si l'on mettoit tout ce projet en activité, il naîtroit, la deuxième année, des saillies faites la première année, 1200 productions, au nombre desquelles il y auroit six cents femelles et six cents mâles. Tenons compte seulement des mâles. Ils sont, cette année, au nombre de six cents, ci . . .	600	
La troisième année	600	2,400
La quatrième année	600	
La cinquième année	600	
On feroit saillir cette année les 600 jumens nées la seconde année, et qui auroient alors trois ans.		
La sixième année, il naîtroit des premières jumens	600	900
Plus, des jumens nées la seconde année	300	
		3,300

Total précédent		3,300
La septième année, des premières jumens	600	
Plus, des jumens nées la seconde année	300	1200
Plus, des jumens nées la troisième année	300	
La huitième année, les premières jumens, trop vieilles, n'engendreroient plus; mais les jumens nées la seconde année donneroient	300	
Celles nées la troisième.	300	900
Celles nées la quatrième.	300	
La neuvième année, les jumens nées la seconde donneroient	300	
Celles nées la troisième	300	1200
Celles nées la quatrième	300	
Celles nées la cinquième	300	
La dixième année, les jumens nées la seconde donneroient.	300	
Celles nées la troisième.	300	
Celles nées la quatrième.	300	1500
Celles nées la cinquième.	300	
Celles nées la sixième.	300	
		8,100

On voit que dans dix ans il seroit né des jumens choisies, saillies chez les particuliers par des étalons de choix, huit mille cent mâles. En supposant qu'à cause des lenteurs ordinaires dans les premiers établissemens, et que beaucoup de mâles n'étant pas propres à devenir étalons, on dût réduire ce nombre à la moitié, qui seroit de quatre mille cinquante, nous avons vu que ce nombre seroit à peu près capable de suffire à la saillie de toutes les jumens qu'il est nécessaire d'entretenir, afin de faire naître chez nous tout le nombre de chevaux que nos besoins exigent.

A l'époque de la cinquième année les particuliers auroient déjà rendu sept cents étalons en remplacement de ceux qu'on leur auroit distribués ; à l'époque de la dixième année, ils rendroient encore un pareil nombre d'étalons ; de sorte que l'amélioration et la multiplication feroient le double de progrès, parce que les étalons abandonnés en propriété, et qu'on auroit achetés jeunes n'auroient pas dix ans, et qu'ils seroient encore capables de service.

Conclusion. Multiplier et perfectionner nos chevaux, voilà les deux points qui doivent occuper l'attention. L'administration des haras nationaux et la légion d'honneur, auroient sur-tout le soin du perfectionnement. Cependant quelques propriétaires deviendroient en cela leurs rivaux, mais le plus grand nombre se borneroit à la multiplication.

Le système proposé est un plan d'encouragement par des exemples; il n'y auroit nulle prohibition, nulle gêne; on y respecte le goût, le zèle des particuliers; on y provoque même leur concurrence avec l'administration publique et avec la légion d'honneur: il ne pourroit y avoir ni vexations, ni plaintes.

Dans vingt ans, les avantages de ce système seroient en train de se consolider, tant sous le rapport des haras que sous celui de l'agriculture.

L'ordre, la méthode, la sagacité, le zèle, doivent être les sources de la prospérité des établissemens projetés. C'est par des faits répétés, multipliés, plutôt que par des livres, qu'il faut porter l'instruction dans la classe de nos cultivateurs. Ils lisent peu, tandis que les exemples donnés par l'administration des haras et par la légion d'honneur ne manqueroient pas de les frapper.

On voit que les chevaux, en raison de leurs qualités et de leur nombre, donnent lieu à des considérations importantes par rapport à l'agriculture, au commerce et à la puissance de l'Etat.

Depuis quelques années, plusieurs personnes de mérite (1) ont présenté leurs vues sur les moyens de multiplier et d'améliorer les chevaux en France.

Il y a déjà quelque temps, le général Mathieu Dumas, conseiller d'état, nous a demandé nos idées sur cet intéressant objet: nous les lui avons soumises et nous les avons améliorées d'après ses conseils. Le général Lacuée, conseiller d'état, le général Kellermann, sénateur, maréchal d'Empire; le général Duprat, le sénateur Lacépède, grand-chancelier de la légion d'honneur, nous ont aussi encouragés dans notre travail. Nous l'avons resserré dans un cadre plus étroit, pour le publier aujourd'hui, pour l'offrir à la pensée du gouvernement et à sa sollicitude.

Le moment est venu, sans doute, où il portera ses regards sur cette partie.

Le projet qu'il adoptera pourroit être mis en activité par portion chaque année. Ces opérations se faisant ainsi successivement, il n'y auroit ni embarras, ni dépenses considérables à faire subitement. D'un autre côté cependant, les livrets timbrés et l'augmentation des recettes aux douanes, fourniroient à peu près suffisamment pour le début et pour l'entretien de chaque année. L'ensemble se trouveroit résulter des parties coordonnées peu à peu. Enfin, nous avons pensé qu'il est digne du grand homme, l'honneur de la nation par ses armes et par la sagesse de son gouvernement, d'embrasser aussi dans ses bienfaits les haras et l'agriculture. C'est encore un monument à ajouter à sa gloire.

(CHABERT, CHAUMONTEL et FROMAGE.)

(1) Voyez les Ouvrages du général Collot, Paris, Pougens, an 10; de M. Huzard, membre de l'Institut, an 10; de M. Maleden, ancien officier de cavalerie, Paris, Bossange, an 12; de M. Lafresnaye sur les haras du Pin, Paris, Batilliot le jeune, an 11; du feu baron de Bohan, colonel de dragons, publié par M. Delalande, Paris, Courcier, an 13.

NAPPE, (*Vénerie.*) L'on ne dit pas *la peau*, mais *la nappe* des bêtes fauves. La nappe du cerf forcé et mort s'étend par terre, pour donner la curée aux chiens. (S.)

NAPPE, (*Chasse aux oiseaux.*) L'on donne le nom de *nappe* à la partie la plus déliée d'un filet. Dans un tramail, la nappe est la toile du milieu. (*Voyez* au mot Filet.)

La *nappe à alouettes* est un filet particulier décrit à l'article Alouette. (S.)

NASSE, (*Pêche.*) La nasse, l'un des engins que les pêcheurs emploient le plus fréquemment, est une sorte de panier fait avec du jonc, de l'osier ou quelque autre bois flexible, et quelquefois avec des morceaux de filets soutenus par des cerceaux. Ces paniers ont un ou plusieurs goulets composés de brins d'osier souples et élastiques, dont les bouts ne sont point retenus par les traverses, de sorte qu'ils ne présentent point d'obstacles à l'entrée du poisson dans la nasse ; mais aussitôt qu'il s'y est introduit en les écartant avec une grande facilité, leurs pointes qui se rapprochent les unes des autres, lui ferment toute issue. Au bout opposé au goulet, ou sur le milieu même de la nasse, est une petite porte par laquelle on retire le poisson prisonnier.

On donne aux nasses une forme et une grandeur différentes, suivant les espèces de pêches. La figure que ces piéges prennent le plus communément est celle d'un ovale allongé dont un bout se termine plus en pointe que l'autre. L'ordonnance de 1669 veut que les baguettes ou verges dont les nasses sont formées, aient au moins un pouce de distance entr'elles, afin de ne pas détruire les poissons avant qu'ils aient pris quelque accroissement.

La nasse jetée dans l'eau, est retenue par une corde attachée sur le bord, et qui sert à la retirer quand on soupçonne qu'il y a du poisson de pris. Pour l'y attirer, on a soin de la garnir de quelque appât à l'intérieur.

On se sert aussi quelquefois, pour prendre les oiseaux qui se réfugient en hiver dans les granges, d'une espèce de filet qui a la forme d'une nasse de pêche, et qui en porte le nom. (S.)

NAVIGATION INTÉRIEURE ET EXTÉRIEURE, dans ses rapports avec l'Agriculture. On ne s'attend point à trouver dans un livre d'agriculture un traité de commerce maritime, un tableau de l'exportation des produits territoriaux.

Mais il n'est pas inutile de rappeler à quelques agriculteurs que les intérêts du commerce et de l'agriculture sont inséparables; que, sans la navigation intérieure qui transporte au loin les produits du sol, il faudroit borner la culture à la consommation locale, et que, ne pouvant obtenir que quelques objets d'échange, la sphère des jouissances du propriétaire seroit très-bornée.

Pour mieux apprécier cette idée importante, supposons qu'il n'existe en France aucun fleuve, aucune rivière navigable; que le sol français soit loin des côtes de l'Océan et de la Méditerranée: il est évident qu'alors tous les transports se borneroient à quelques lieues de distance; qu'on ne cultiveroit que ce qu'il seroit possible de vendre ou de consommer.

Changeons d'hypothèse, et restituons au sol français sa position méditerranée, ses fleuves et rivières, tels qu'ils sont aujourd'hui ; les transports se multiplient, les produits du sol circulent par le commerce, l'agriculteur cultive pour lui, pour ses voisins, pour obtenir des objets d'échange et multiplier ses jouissances.

L'Etat y trouve son compte, parce qu'il obtient par la voie des échanges et des exportations les objets d'importation dont il a besoin, et notamment les denrées coloniales. Etendons le système ; admettons que la navigation intérieure soit tout ce qu'elle peut devenir, que les grandes communications par eau soient établies, tous les fleuves et rivières unis par des canaux navigables, que les produits du sol circulent par eau de l'une à l'autre mer, et de là par tout le monde, que de richesses alors pour nos campagnes, combien les produits du sol acquerroient de valeur !

Ce n'est pas tout encore; la navigation intérieure nous donneroit la faculté d'exploiter ces mines de houille dont notre sol abonde plus que tout autre, mais dont les trois cinquièmes restent sans exploitation faute de débouché, et dont les autres ne vont qu'à de très-petites distances.

(Voyez l'apperçu des mines de houille exploitées et non exploitées en France, par M. Lefebvre, membre du Conseil des Mines. *Paris*, chez Bossange, an 11.)

Supposons que ces houilles circulent dans tous nos ateliers, nos forges, nos boutiques de forgerons; y fassent baisser la main-d'œuvre, le prix du combustible pour la fabrication des eaux-de-vie, le prix des fers, de tous les instrumens aratoires, quelle immense prime accordée à l'agriculture et à ses produits, que de richesses pour le cultivateur !

Il faut donc qu'il se donne bien garde de déranger ce grand système par d'imprudentes *dilapidations* des eaux, en les détournant de leur cours, en faisant disparoître ces grandes masses d'eau si nécessaires aux points de partage pour fournir aux canaux artificiels.

Il ne faut donc pas plus tout dessécher, qu'il ne faut tout défricher; et le propriétaire doit sentir lui-même l'indispensable nécessité, le pressant intérêt qu'il a de n'entreprendre aucun dessèchement en grand, sans avoir consulté le gouvernement et obtenu son consentement ; et l'Etat doit-il être convaincu à son tour qu'il lui importe d'adopter enfin un système général d'aménagement et d'administration des eaux en France; car tout se tient dans l'ordre social comme dans l'ordre physique, et celui qui n'embrasse qu'une partie d'administration peut être un homme habile dans cette partie, mais n'est pas homme d'état, et ne mérite pas le nom d'administrateur. (DE CHASSIRON.)

NEUF. (CHEVAL) On se sert de cette expression dans l'intention de désigner un cheval qui n'ait jamais travaillé ; ce qui donne à entendre qu'il est d'une plus grande valeur étant exempt des altérations qu'occasionne l'usure et que produisent la maladresse, l'igno. et la cupidité.

Mais trouve-t-on, dans le commerce, beaucoup de ces animaux véritablement neufs ? La plupart de ceux qu'on présente comme tels, sont effectivement *neufs* pour le service auquel on va les soumettre ; mais vendus à quatre ou cinq ans pour le roulage, pour la poste, pour les armées, pour le service des villes, etc., ils ont presque tous été soumis à des travaux divers, soit dans les pays où ils sont nés, soit plus généralement chez des cultivateurs voisins ou éloignés qui les achètent jeunes et qui les élèvent. Quand ces travaux sont proportionnés au développement et à la force des individus, et qu'ils consistent dans un exercice qui excite, qui assouplit, plutôt que dans un travail qui fatigue, qui épuise, ils sont favorables; ce n'est que quand ils excèdent les moyens, qu'ils occasionnent des altérations fâcheuses.

Les chevaux qu'on tire des haras sauvages, s'étant débattus dans les filets mis en usage pour les prendre, résistant encore plus que les autres à l'éducation qui doit les rendre propres au service, ne peuvent pas davantage passer pour neufs dans le sens rigoureux de l'expression.

Avant d'être vendus comme neufs, on les fait passer par quelques circonstances qu'il n'est pas inutile d'exposer.

Quant aux chevaux que fournit l'éducation ordinaire, on les a d'abord fait travailler, ainsi qu'on vient de le dire, ensuite ils sont engraissés, c'est-à-dire soufflés, suivant le langage des *nourrisseurs;* puis on les exerce à *faire belle montre*, c'est-à-dire qu'on les place en montant sur un terrain qui les hausse du devant, afin que l'encolure soit mieux *rouée*, qu'ils soient assis sur leurs reins, sur leurs jarrets, ce qui donne au cheval un air plus gracieux; mais, pour leur faire prendre à volonté cette position pénible, il faut qu'ils reçoivent bien des coups de fouet, bien des saccades du bridon à longue branche, appelé *briade.*

Cette position, amenée pour éblouir les yeux du demi-connoisseur, a coûté à l'animal des efforts répétés des reins et sur-tout des jarrets, efforts suivis d'une certaine roideur de l'épine, et de refoulemens osseux appelés *courbe*, *éparvin jardon*, etc.

Ceux qu'on achète pour être mis au service du carrosse sont soumis encore à une autre éducation, qui n'est pas moins pénible : c'est de les dresser à traîner le charriot. On y place d'abord un cheval qui a l'habitude de ce service; on attèle en avant le *cheval neuf* que l'on conduit à deux longes. S'il se défend, on lui met un torche-nez; on le détermine à coups de fouet : il se porte tumultueusement en avant, quelquefois il fait les pointes et se renverse; enfin les efforts réitérés qu'il fait encore ajoutent un degré de plus aux altérations précédentes; quelques uns ne peuvent plus reculer qu'avec peine, et l'usure est avancée dans ce prétendu cheval neuf.

C'est la force, la contrainte, qui font de même l'éducation du cheval de selle; du galop le plus précipité, on le fait passer à l'arrêt le plus subit; il s'accule sur ses reins et sur ses jarrets; (*Voyez* l'article Acculer) et après quatre ou cinq jours de ces leçons barbares, traînant son derrière, il ne montre que trop combien ces ébranlemens lui ont été nuisibles.

Il résulte de ces considérations que les chevaux qui ont été le moins usés, que l'on a formés graduellement à l'obéissance et au service auquel on les soumet dans la suite, sont les meilleurs, quoiqu'ils ne soient pas *neufs*. La douceur et la patience sont les moyens de les façonner, de les conserver et de les consolider. Etant ainsi dressés, étant ainsi conservés, ils ont, à cinq ans, toute la force qui les rend d'un très-long service. Ne souffrant d'aucune partie, ils exécutent tous les mouvemens qu'on sait leur demander comme il convient. On voit des chevaux de la sorte qui sont avancés en âge, et qui ont beaucoup travaillé, en qui on remarque les *jambes saines*, *nettes*, c'est-à-dire sans marques d'usure, parce qu'on les a gouvernés avec méthode; tandis que d'autres encore jeunes, sont ruinés sur leurs jambes, étant *bouletés*, *arqués*, *rampins*, *droits sur leurs jambes*, ayant des courbes, des éparvins, des formes, des vésigons, des molettes, etc. (*Voyez* Accroissement, Age, Accoutumer, Avilir, Graisse, Fluxion périodique.)

(Ch. et Fr.)

OEUFS. Les œufs sont le revenu principal d'une basse-cour bien garnie en volaille. Ils présentent, comme aliment, comme assaisonnement, et comme médicament, une ressource infiniment précieuse dans toutes les circonstances de la vie. Apprêtés sous une multitude de formes, et sous toutes les formes également utiles et salutaires, ils figurent sur la table de l'homme riche comme sur celle du pauvre, du citadin comme de l'habitant des champs, de l'homme robuste comme de l'homme foible, en un mot le voyageur trouve dans les œufs une nourriture substantielle qui supplée à toutes les privations auxquelles il peut être exposé dans ses courses, et le malade lui-même, sans consulter son médecin, se permet l'usage d'un œuf frais. Ce seroit donc faire un tort réel à la société que de lui enlever les œufs en les soumettant tous indistinctement à l'incubation.

Destinés par la nature à la reproduction de l'espèce, les œufs ne remplissent pas toujours ce but important; les animaux en détruisent considérablement, parce qu'ils y trouvent une nourriture dont ils sont extrêmement friands; l'homme qui partage ce goût, mais souvent devancé par eux dans la recherche des nids, a imaginé de rassembler autour de lui les oiseaux les plus féconds en œufs, et en œufs de qualité supérieure; et tel est le succès de sa spéculation, qu'en leur procurant un gîte commode, un abri contre leurs ennemis, une subsistance appropriée, suffisante et assurée dans tous les temps, des soins et un traitement méthodique, il est parvenu non seulement à favoriser, mais encore à augmenter la propagation de ces oiseaux, à améliorer et à varier les races, et à en perfectionner les résultats. Il faut convenir cependant que, si la domesticité est parvenue à perfectionner la chair des oiseaux de basse-cour, elle n'a pas eu une influence aussi marquée sur la qualité des œufs; elle en a seulement augmenté le nombre et peut-être le volume par les croisemens. L'état sauvage donne tant de qualité aux œufs, qu'on assure que, dans le pays d'Alençon, où la perdrix rouge est très-commune, il y avoit autrefois des pourvoyeurs qui cherchoient à en enlever les œufs pour les faire passer en Hollande, où ils étoient estimés pour la table, au point qu'on les payoit jusqu'à quarante sous pièce.

Les œufs des oiseaux soumis à la condition de la domesticité sont généralement bons à manger; mais, à l'exception de quelques endroits très-circonscrits, où leur usage, comme alimens, est adopté, on ne les considère plus comme objet de commerce:

1°. Parce que les femelles qui les fournissent sont trop peu multipliées;

2°. Parce que les œufs qu'elles pondent sont en trop petit nombre, et que tous, à l'exception de ceux de la seconde ponte, sont employés au maintien et au renouvellement de l'espèce;

3°. Parce que, quand bien même les canards, les oies et les dindons compléteroient leur ponte, et produiroient plus d'œufs qu'ils n'en donnent ordinairement, toutes les localités ne sauroient convenir à leur éducation.

Il n'y a donc que la poule qui, parmi les oiseaux de basse-cour, puisse vivre et se multiplier au milieu de nos habitations; elle s'accommode avec tant de facilité de tous les climats, de tous les terrains, et de tous les aspects, que, quoique facilement effarouchée par le plus petit animal étranger, elle s'apprivoise, s'accoutume volontiers avec tous les gens de la ferme; elle ose venir manger avec tous les bestiaux jusque dans les râteliers et dans les auges; elle se placeroit même à la table du maître, s'il vouloit l'y souffrir; mais, fidèle à la maison qui l'a élevée et nourrie, non contente de l'enrichir tous les jours de ses œufs, elle ne s'en écarte jamais; de sorte qu'en appercevant une poule, le voyageur est assuré qu'il n'est pas loin d'une habitation. La poule se trouve dans tous les pays: c'est une véritable cosmopolite.

Avant de nous occuper de développer les avantages que les œufs procurent aux hommes réunis en société, sans qu'il soit nécessaire d'augmenter le nombre des poules, arrêtons-nous un moment sur ce qui constitue en général ce produit des animaux ovipares.

Qualités physiques de l'œuf. Dans un siècle où une obscurité profonde voiloit tous les secrets de la nature, Aristote a appliqué ses méditations et ses recherches à la nature des œufs; il a observé qu'ils différoient entr'eux à l'extérieur et dans l'intérieur, que les œufs des oiseaux de rivière ont plus de jaune que ceux des oiseaux qui habitent les lieux secs; le jaune de l'œuf des premiers est en proportion plus considérable que le blanc, tandis que dans les œufs de poisson il n'y a pas deux couleurs distinctes; tout y est confondu, il n'y a qu'une seule nuance.

Le volume des œufs diffère comme leur couleur et leur forme, à raison des genres et espèces d'oiseaux, de leurs variétés et de l'époque où on les recueille. On sait que la première ponte ne fournit jamais des œufs aussi gros que la ponte qui lui succède, et qu'ils diminuent de volume à mesure que la ponte arrive vers sa fin; il faut que les femelles, et sur-tout les poules, aient atteint deux années, pour produire des œufs dans le volume qui appartient réellement à leur espèce.

Les mêmes circonstances qui font varier le volume et la couleur des œufs influent également sur leur pesanteur; le poids moyen d'un œuf de poule commune est ordinairement depuis une once six gros jusqu'à deux onces deux gros. En examinant un œuf de ce dernier poids, on trouve dix-huit gros pour la coquille, cinq pour le jaune et onze pour le blanc. Hoffmann s'est donc trompé quand il a prétendu que le blanc pesoit trois fois autant que le jaune.

La mésange est, à ce qu'on assure, l'oiseau qui fait le plus d'œufs, toutefois après l'autruche, à laquelle on doit encore les plus gros que nous connoissions; car ils pèsent jusqu'à trois livres environ; un seul peut équivaloir au moins à deux douzaines d'œufs de poules communes, et suffire au repas d'un homme.

M. Levaillant, dans ses *Voyages en Afrique*, dit que, malgré son grand appétit et le goût exquis que lui parut avoir ce nouveau mets, il n'a pu en manger que la moitié d'un; ces œufs peuvent contenir chacun environ une pinte de liqueur. Belon assure, d'après l'expérience, non seulement que les œufs d'autruche, mais encore ceux des grandes et petites tortues, sont aussi bons que les œufs de poule : on sait que la coque est si dure que les Africains en font des ustensiles et sur-tout des vases pour boire.

Ce n'est pas seulement par la couleur extérieure de la coque, par son volume et par la forme de l'œuf, qu'on peut décider quelle est l'espèce de femelle qui l'a pondu; la densité du jaune et du blanc, leurs nuances plus ou moins intenses, et leurs proportions respectives, doivent admettre nécessairement des différences qui deviennent sensibles lorsqu'il s'agit de soumettre comparativement à la cuisson tous les œufs dont nous allons parler. Je les ai exposés à la température de l'eau bouillante pendant trois minutes; l'un étoit cuit à la coque, lorsque l'autre se trouvoit, comme on dit, en *glaire*, c'est-à-dire que l'albumen conservoit sa transparence et étoit parfaitement isolé du jaune; ils ont été également plus ou moins long-temps à durcir, avec des circonstances particulières qu'il seroit trop long de rapporter ici.

Jamais les œufs ne sont entièrement ronds; un bout est toujours plus large et plus obtus que l'autre; à l'extérieur, leur couleur n'est pas constamment la même; les uns sont blancs, pâles, gris, rougeâtres, verdâtres; les autres polis et maculés de différens points; mais intérieurement ils n'ont que deux couleurs, jaune et blanc.

Des œufs des oiseaux de basse-cour. S'il paroît difficile de déterminer d'une manière positive les propriétés des œufs sous le point de vue alimentaire, nous croyons pouvoir assurer d'avance que les œufs d'*oie*, de *dinde*, de *cane*, de *pintade* et de *poule* commune, sont généralement bons à manger; qu'avec le secours d'organes exercés on ne sauroit les méconnoitre, quoiqu'ils varient entr'eux pour le goût et la consistance. En voici une courte description : commençons par les plus volumineux.

OEufs d'oie. Ils sont les plus volumineux de tous ceux des oiseaux que nous avons captivés. L'oie ne laisse pas que d'en fournir, quand sa ponte n'est interrompue ni par l'incubation, ni par la conduite des oisons.

Les œufs d'oie sont constamment blancs, d'une forme peu allongée, et ont la coque fort dure. La femelle, dans les cantons méridionaux, peut faire jusqu'à trois pontes par année, ce qui produit un bénéfice considérable; car, dans les environs de Toulouse, on les vend jusqu'à cinq sous pièce à des particuliers qui les font couver par des femelles d'emprunt. Mais, tout en convenant de la fécondité de l'oie, il faut cependant l'avouer, ses œufs sont inférieurs en qualité à ceux de poule, et servent peu à la cuisine. On a remarqué, il est vrai, qu'ils pouvoient être avantageusement employés à la pâtisserie, si on ne préféroit les soumettre à la couvaison.

OEufs de dinde. Après les œufs d'oie viennent ceux de dinde; leur coque est ordinairement peu unie, parsemée de petits points rougeâtres mêlés de jaune; ils rendent les mets préparés avec les œufs de poule, dans lesquels ils entrent, plus fins et plus délicats.

La nature ne connoît qu'une seule race de dindons. L'industrie de l'homme n'a créé que des bigarrures dans les couleurs, en croisant les blancs avec les noirs; mais l'œuf ne change ni de forme, ni de volume, ni de qualité.

Œufs de cane. La coque paroît plus lisse et plus mince, plus arrondie aux deux extrémités, que celle des œufs dont il a été question jusqu'à présent; elle est colorée d'une teinte verdâtre ou d'un blanc terne; le jaune est gros et assez foncé : cuit à la mouillette, le blanc ne devient pas laiteux, il acquiert une consistance de colle transparente, un œil opale, et un goût un peu sauvageon.

La très-grande facilité d'avoir, dans certains cantons marécageux, des œufs de cane sauvage, a fait penser à l'avantage qu'il y auroit de renouveler, tous les quinze ans, la race primitive. Les premiers individus de la première génération sont, à la vérité, un peu plus petits que nos canards domestiques; mais, à la seconde, et sur-tout à la troisième, ils deviennent au moins aussi gros, ils ont la délicatesse des canards sauvages et la graisse de nos barboteux. On connoît certains endroits en France, où leurs habitans sont à portée de faire, en été, d'amples provisions d'œufs de canes sauvages. Ils sont une ressource utile pour les Irlandais qui les amassent par milliers et les consomment sous toutes les formes, à l'instar des œufs de poule.

Comme la cane est en général une excellente pondeuse, qu'elle peut faire de suite cinquante à soixante œufs; que cet oiseau voyage sans cesse, et se multiplie volontiers dans presque toutes les parties du monde par les croisemens, on conçoit que ses œufs doivent varier en couleur et en volume, sans néanmoins changer de qualité.

Œufs de pintade. Ils font exception à la loi générale qui établit que le volume des œufs dépend assez ordinairement de celui des femelles. Les pintades, plus grosses que les poules communes, pondent néanmoins de petits œufs, mais en assez grand nombre.

Obtus par les deux bouts, les œufs de pintade ont assez constamment la coque épaisse et dure; leur surface est lisse et présente trois couleurs, gris, rose et verdâtre, avec des points blancs sur ceux de la pintade sauvage, au lieu que les œufs de pintades domestiques sont couleur de chair plus ou moins foncée.

On remarque que le jaune, toutes choses égales, est plus considérable que le blanc; l'un et l'autre se trouvent recouverts dans l'intérieur d'une pellicule membraneuse plus tenace.

Œufs de poule. Ce sont les plus communs et les plus universellement usités, parce que la femelle prospère dans tous les cantons, qu'elle vit de tout, s'accommode de tous les climats et de tous les aspects, qu'elle pond sans interruption pendant quatre à cinq mois, et que ses œufs sont sans contredit, au jugement de ceux qui ont eu l'occasion de les examiner et de les comparer entr'eux, les plus délicats à manger.

Le volume des œufs de poule varie considérablement; il y en a depuis la grosseur des œufs de dinde jusqu'à celle de l'œuf de pigeon, selon l'espèce de poule et l'âge; mais tous sont d'une bonne qualité, et les seuls qui, lorsqu'ils sont frais et cuits à la coque, présentent le fluide laiteux qui s'épaissit bientôt par le temps, et se perd dans la masse de l'albumen, ou du moins n'en est plus séparé par une cuisson de deux à trois minutes.

On ne connoît guères que les œufs de poule dans le commerce; les autres sont consommés pour la reproduction de l'espèce, ou pour des usages particuliers que nous indiquerons, lorsqu'il s'agira de considérer ce produit des ovipares comme aliment.

Ce qui influe sur le volume des œufs. En adoptant l'opinion que les alimens pouvoient contribuer au volume des œufs, on a cherché à augmenter et à varier la nourriture des pondeuses; mais les tentatives à cet égard ont eu un résultat absolument contraire à ce qu'on espéroit. En doublant la ration des poules, elles passent quelquefois à la graisse, pondent peu, et donnent souvent des œufs *hardés* ou sans coquille, parce que le phosphate calcaire qui la compose ne se sécrète point dans l'*oviductus*. Il y a des poules qui font des œufs sans jaune, et le vulgaire s'imagine que ce sont des œufs de *coq*; mais c'est une vieille erreur que de supposer des œufs dans des coqs ou pondus par des coqs, tantôt sans jaune, et tantôt sans blanc, d'où l'on faisoit venir le basilic. Il n'est plus permis aujourd'hui d'écrire pour détruire de pareilles absurdités, l'expérience et la raison en ont fait justice.

Quelques auteurs ont prétendu que, si les œufs de la ci-devant Picardie étoient sensiblement moins gros que ceux de la ci-devant Normandie, cette différence provenoit de ce que les grains recueillis dans la première de ces deux provinces contenoient spécifiquement moins de matière nutritive. Mais ne sait-on pas qu'en Egypte, où les terres sont extrêmement fertiles, et où le blé est aussi substantiel qu'en Normandie, les œufs sont infiniment plus petits que ceux que nous tirons de la Picardie, par la raison que les poules y sont d'une espèce très-petite?

J'ai en expérience, à Vaugirard, cent poules, parmi lesquelles se trouvent réunies les différentes espèces qu'on entretient dans les fermes; toutes sont au même ordinaire, et je remarque que le volume des œufs est constamment en raison des espèces qui les produisent.

Après avoir séparé de ma peuplade volatile douze des poules dont les œufs étoient les moins gros, j'ai augmenté progressivement leur nourriture, et ces œufs n'ont pas acquis plus de volume que ceux des mêmes espèces et du même âge, qui vivent en commun dans ma basse-cour.

L'espèce de poule entre donc pour beaucoup dans la grosseur des œufs; les alimens ici ne sont que secondaires; ils peuvent bien, dans une proportion convenable, soutenir, accélérer même la ponte, mais jamais augmenter sensiblement le volume des œufs, parce que ce caractère est de l'essence de l'oiseau qui les fournit.

Il y a des races de poules qui donnent d'aussi gros œufs que les dindes, mais la ponte n'en est pas aussi considérable; d'autres n'offrent pas moins d'intérêt, quoiqu'elles fassent des œufs d'une dimension moindre, parce que la quantité dédommage du volume: telle est, par exemple, celle qu'on appelle la *poule commune*, à cause de la préférence qu'on lui donne dans la plupart des pays. Les variétés, qui ont un plumage frisé et les pattes emplumées, doivent, malgré les éloges qu'on leur a prodigués, être proscrites d'une basse-cour utile; les premières, parce qu'ayant la peau à découvert, elles sont plus facilement affectées du froid, et moins empressées à pondre; les secondes, à cause de l'humidité qu'elles apportent au poulailler avec leurs pattes, ce qui les rend inhabiles à la ponte et sujettes à la vermine.

Le pays de Caux possède deux variétés de poules, l'une huppée, d'un plumage varié, donnant de gros œufs, mais en petit nombre; l'autre noire, portant une petite crête, et pondant beaucoup et de beaux œufs; ce sont deux fortes variétés également bonnes pour élever des poulets dont on fait souvent des poulardes et des chapons. Madame *Chaumontel* a observé, relativement aux huppes et aux crêtes, que plus la nature a fait de frais pour décorer les poules d'une superbe coiffure, moins elles pondent, *et vice versâ*.

A la vérité, la poule huppée de Caux et la grande flandrine, sont celles que la main des curieux a le plus travaillées; mais il faut convenir que si une basse-cour n'étoit peuplée que de ces poules, assurément très-agréables à la vue, leur entretien deviendroit trop dispendieux; d'abord elles donnent des œufs en moindre quantité, coûtent davantage de nourriture, ne pondent pas aussi long-temps, ont la vie plus courte, et ne prospèrent pas partout comme les poules de la race commune. La poule flandrine est plus délicate à manger, parce que, pondant encore moins que la poule commune et la poule huppée, elle prend plus de graisse. La poule de Caen est préférable pour fournir des poulets, des chapons et des poulardes. Ce sont donc ces trois espèces de poules qui rapportent le plus de profit, qu'il faut s'attacher à élever dans les cantons bien situés, pour en favoriser la perfection et le commerce.

Les parties des départemens de la Seine-Inférieure et du Calvados, connues sous les noms de *pays d'Auge* et de *pays de Caux*, présentent deux branches assez considérables de commerce d'œufs et de poulets; les œufs y sont vendus ordinairement deux sous la pièce pour la couvaison, parce qu'on donne une grande extension à l'éducation des poulets qui, sous le nom de *poulets de grains*, *poulets gras*, *coqs vierges*, *poules vierges*, *gelines* ou *gelinottes*, *chapons gras*, sont enlevés pour Paris à l'âge de cinq, six et sept mois, et fournissent à la capitale les plus excellentes volailles.

En suivant la ponte des poules communes comparativement à celle des poules désignées ci-dessus, j'ai remarqué que, quoique leurs œufs fussent moins volumineux, elles en donnoient constamment au moins la moitié plus: c'est donc cette espèce qu'il faut multiplier le plus, parce que le produit en est plus considérable. Laissons aux amateurs le soin d'élever toutes ces poules étrangères qui figurent aujourd'hui dans les basses-cours de luxe, et qui semblent destinées seulement à récréer la vue; on s'est beaucoup trop occupé des formes, et il n'est pas résulté, des croisemens entrepris jusqu'à présent, de métis plus féconds en œufs, que les poules communes. J'observerai que Madame *Chaumontel* qui, dans sa basse-cour à Créteil, près de Charenton, où elle n'avoit que de la petite volaille, a introduit des poules et des coqs du pays d'Auge et du pays de Caux, afin d'avoir par le croisement des coqs de forte espèce, avec de petites poules du pays, et des métis propres à donner beaucoup et de plus gros œufs, a, il est vrai, obtenu un résultat fort avantageux de cet essai, quant à l'augmentation de volume des poules; mais c'est le produit en œufs, je ne saurois assez le répéter, que mes expériences, mes recherches et mes efforts ont uniquement eus en vue.

Je voudrois retrouver la poule d'*Adria* qui, selon Aristote, pondoit régulièrement tous les jours, et quelquefois deux œufs par jour. C'est sur cette poule féconde que j'appellerois tous les soins, en supposant cependant que les œufs se rapprochassent par leur volume de ceux de la poule commune; car il paroît que la ponte est d'autant plus considérable que les œufs sont moins gros, *et vice versâ*. La poule de soie, si jolie et si mignonne à cause de sa forme et de la finesse de ses plumes, si attentive à pondre, si assidue à couver, qui a pour ses poussins tant de tendresse et de sollicitude, seroit à coup sûr ma poule favorite et celle que je proposerois de substituer à toutes les autres, à cause de ses qualités; mais malheureusement deux de ses œufs n'en valent pas un de la poule ordinaire, et c'est à regret que je la relègue dans la basse-cour des curieux, où elle peut cependant servir d'exemple aux mères coquettes et dépensières. Ce n'est pas la première fois que l'orgueilleuse raison auroit reçu des leçons de l'instinct.

La poule commune, hors le temps de la mue, pond sans s'arrêter jusqu'à l'apparition des froids. On doit proscrire celles de cette race qui seroient bavardes, ainsi que les coqs muets; on doit les renouveler de manière qu'on en ait de jeunes et de vieilles: il faut, selon le proverbe, *jeunes poules pour pondre, et vieilles pour couver*. Cette race ne possède pas seulement la faculté de faire beaucoup d'œufs, elle est encore la plus vigoureuse et la moins difficile sur le choix de la nourriture. Quand la cour, la grange, les écuries, les fumiers, ne fournissent pas à sa subsistance, elle trouve le long des haies et des chemins, des insectes et des grains pour y suppléer. Nous ignorons à qui on doit cette conquête; l'époque de cette acquisition se perd dans la nuit des premiers âges du monde : on peut l'envisager comme un vrai bienfait pour l'humanité. Toutes les fois que nous parlerons des œufs, ce sera de ceux des poules communes, des noires sur-tout; elles sont, par-dessus les autres, louées des médecins pour la qualité des œufs, et des ménagères pour leur abondance en œufs.

En résumant tout ce qui a été dit, il paroît démontré que toutes ces recettes, décrites dans les ouvrages d'économie rurale et domestique, tendantes à augmenter le volume des œufs, sont inutiles et la plupart dangereuses, puisqu'elles peuvent souvent tarir la source de cette production en disposant les poules à la graisse; il n'y a qu'un moyen pour atteindre le but qu'on se propose relativement aux œufs, c'est de garnir la basse-cour des espèces de poules qui doivent en donner de volumineux; mais le nombre qu'on en obtiendra fera bientôt revenir aux poules communes, qui méritent d'occuper le premier rang parmi les pondeuses.

Comment reconnoître que des œufs sont frais? Peut-on distinguer ceux qui doivent donner des mâles et des femelles?

Pour juger qu'un œuf est frais, les ménagères sont, comme on sait, dans l'habitude de les présenter à la lueur d'une chandelle; s'il est plein et transparent, elles croient avoir la preuve qu'il vient d'être pondu; à mesure que l'œuf s'éloigne de cette époque, l'enveloppe calcaire, criblée de trous, laisse transpirer une certaine humidité qui occasionne dans l'intérieur un vide dont la largeur peut donner la mesure de la perte qu'il a essuyée. Comme ce vide est déjà apparent dans un œuf de trois à quatre jours, et qu'il s'élargit graduellement par l'évaporation, l'habitude de le voir a mis sur la voie les marchands d'œufs, et ils jugent à la largeur de ce vide l'état récent ou vieux : on conçoit aisément que ce moyen est un peu fautif, puisque l'évaporation qui a lieu nécessairement ici, doit être en raison de la porosité de la coque, de la saison et du lieu dans lequel l'œuf est mis en réserve.

Il n'est pas facile de juger, à la faveur du même moyen, qu'un œuf est fécondé ou non. Pendant long-temps on a pris pour le germe cette cavité qu'on nomme *couronne*, et que laisse entrevoir l'albumen lorsqu'on fait durcir l'œuf; mais comment ce germe pourroit-il être apperçu à l'une des extrémités de l'œuf, puisqu'il se trouve placé sur le globe du jaune à sa partie supérieure, quelle que soit la situation de l'œuf au centre duquel il est suspendu? Cette position du germe doit servir à prouver que l'opération dont se charge indiscrètement la fille de basse-cour, de retourner les œufs en incubation, pour mettre le germe dans le cas d'éprouver plus de chaleur, est absolument inutile; la poule couveuse les déplace, à la vérité, pour les ramener au centre, mais à elle seule appartient ce soin.

Un œuf décidément clair, et un œuf fécondé, pondus tous deux à la même date, présentés à la lueur d'une bougie ou plongés dans l'eau froide, n'offrent aucune différence; ce qui est conforme aux observations de *Bonnet*, qui prétend que le germe est formé avant la fécondation, et que les œufs croissent et se développent dans les poules vierges. Il n'y a donc absolument que la chaleur de l'incubation qui puisse faire connoître si le germe est fécondé ou non, parce que, dans ce dernier cas, l'œuf reste clair, tandis que, dans l'autre, il est déjà louche quelques heures après la couvaison. *Malpighi* a même vu, dans une liqueur cristalline, un cercle blanchâtre auquel aboutissoient de petits canaux; mais, quarante heures après, il a vu clairement les battemens, et au bout de six jours les plumes formées sur la peau dont le poulet est recouvert. On ne s'est pas seulement persuadé qu'on pouvoit, en plaçant l'œuf entre une lumière et l'œil, appercevoir la fécondation du germe, on a même cru qu'il étoit possible de distinguer le sexe de l'oiseau à la position où étoit placé ce germe : si, à l'un des bouts de l'œuf, on remarque un vide sous la coque, il contient, dit-on, un mâle; si, ce vide est de côté, c'est une femelle. On ne sauroit douter que, dans cette circonstance, on ait encore pris le vide occasionné par l'évaporation insensible de l'humidité pour le germe, car l'expérience n'a pas confirmé cette prétendue observation.

Tantôt le besoin de renouveler la volaille d'une basse-cour exige des femelles; tantôt l'intérêt d'un débit avantageux de chapons fait souhaiter des mâles. Cette double circonstance a fait sentir combien il seroit utile de pouvoir décider, à la simple inspection de l'œuf, le sexe de l'oiseau qu'il renferme. On a cru, dans la plus haute antiquité, que la forme allongée et pointue aux deux bouts annonçoit la présence d'une femelle, et celle arrondie aux deux extrémités, des mâles : c'est même une vieille tradition d'Aristote; mais Pline dit littéralement le contraire. Cependant le sentiment de ces deux naturalistes a eu par la suite des partisans, et nous voyons dans des ouvrages très-modernes ce moyen proposé comme infaillible.

Ayant remarqué qu'une poule faisoit des œufs pointus par un bout, je la mis à part pour comparer entr'eux tous les œufs qu'elle pondroit; ils se ressembloient à peu près, et lorsqu'il y en eut douze, je les donnai à couver à une autre poule, et j'obtins de cette couvée des mâles et des femelles dans les proportions ordinaires. On sait que les gallinacées sont polygames, c'est-à-dire qu'elles produisent plus de femelles que de mâles.

J'ai répété la même expérience sur les œufs arrondis aux deux extrémités, et les coqs ne se sont pas trouvés en plus grand nombre que dans la première couvée.

Je conclus de ces deux expériences que si une fille de basse-cour pouvoit conserver dans sa mémoire la forme du premier œuf, et la poule qui l'a pondu, elle pourroit reconnoître l'auteur de chaque ponte.

Cette forme, à laquelle on a attaché tant d'influence, appartient au moule et à la constitution de la femelle; l'œuf éprouve dans l'oviductus des formes variées, et, comme on l'a déjà observé, la différence de ces deux extrémités n'a d'autre origine que la compression différente à laquelle il est soumis, suivant les points de la surface exposée successivement aux contractions de l'intestin qui s'est débarrassé.

Moyen de multiplier les œufs sans augmenter le nombre des poules. Lorsque les hommes eurent apprivoisé les oiseaux qu'ils destinoient à peupler leurs basses-cours, ils firent tous leurs efforts pour forcer les poules à pondre une grande partie de l'année. Ils furent alors en état d'apprécier les ressources qu'elles pouvoient leur procurer seulement en œufs; ils durent désirer de rendre aux poules la faculté de pondre, faculté qui se trouvoit suspendue chez elles pendant le temps de la couvaison, l'éducation des petits, et la rigueur de l'hiver.

Parmi les moyens mis en œuvre pour augmenter la production des œufs, sans augmenter le nombre des poules, ni consommer plus de nourriture, plusieurs ont eu quelques succès. Le premier de ces moyens a été de confier le soin de l'incubation à des dindes; leur singulière aptitude à remplir cette fonction, et l'ampleur de leur corsage, les mettent en état d'embrasser une beaucoup plus grande quantité d'œufs que les poules ordinaires, et de conduire le double de poussins. Ce moyen pratiqué dans la plupart de nos fermes a déjà réussi complètement. Il répond en même temps à cette objection : savoir, que les femelles ne vouloient couver que leurs propres œufs, et qu'il n'y avoit que ceux-là qui donnoient beaucoup d'élèves. Ainsi les cultivateurs qui veulent avoir une grande quantité d'œufs et de poulets, ne connoissent pas de procédé plus simple et plus économique.

Le second moyen consiste à avoir un certain nombre de chapons qu'on détermine à couver, à supporter la compagnie de quelques poulets, et insensiblement à en conduire jusqu'à quarante ou cinquante.

Le troisième moyen, c'est celui de faire éclore les œufs sans le concours de leurs mères, de développer l'embryon qu'elles renferment en imitant le procédé que le hasard a indiqué, et qui se réduit à choisir un local dans lequel les œufs reçoivent la même température que la femelle qui les a pondus, et pendant un temps égal à celui dont ils auroient eu besoin pour éclore sous ses ailes : cette méthode a donné lieu à un art qui est en usage à la Chine, et sur-tout en Egypte.

Ces différens moyens sont praticables partout ; mais il vaut mieux profiter tout simplement de la disposition naturelle qu'ont les femelles des oiseaux domestiques à faire plus d'œufs qu'elles ne peuvent en couver. Plusieurs faits attestent même que des chasseurs sont parvenus à faire pondre aux oiseaux sauvages, aux perdrix, par exemple, un nombre infiniment plus considérable d'œufs qu'elles n'en produisent ordinairement pour leurs couvées.

On sait que les poules communes, après avoir donné dix-huit à vingt œufs, s'en tiennent là, et annoncent la plupart le besoin qu'elles ont de couver, par un cri différent de celui par lequel elles manifestent l'envie de pondre. L'expérience a prouvé que, pour les déterminer à pondre, il faut leur montrer un œuf figuratif, et, lorsqu'elles sont en train de pondre, leur ôter les œufs à mesure qu'elles viennent de les déposer : trompées alors par cette supercherie, elles continuent de pondre ; en voyant leurs nids vides, il leur semble pondre pour la première fois.

La poule n'est pas la seule femelle de la basse-cour qui puisse fournir à une ponte soutenue et prolongée; il est possible d'obtenir cette admirable fécondité des canes, des dindes et des oies; mais on court les risques de les énerver, et il n'est pas rare de les voir s'épuiser, vieillir et mourir avant le temps. C'est ainsi que, par des procédés particuliers, on vient à bout de faire produire aux arbres plus de fruits qu'ils n'en donnent ordinairement; mais plus on leur en fait porter, plus leur perte est certaine et prématurée.

L'alouette qui pond à terre, ainsi que les autres oiseaux pulvérateurs, font quatre, cinq ou six œufs par couvée, plus ou moins, de même que ceux qui nichent dans les haies, dans les buissons ou sur les arbres. Si, quand on apperçoit leurs nids, avant qu'ils aient commencé leur incubation, on leur ôte leurs œufs et qu'il n'en reste plus qu'un, alors la mère pondra successivement d'autres œufs, jusqu'à ce qu'elle ait son nombre déterminé. Elle ne pondra pas, à la vérité, autant que les gallinacés, mais elle doublera, triplera même le nombre ordinaire. Epuisée par cette surabondance, elle finit par n'en couver qu'un, si on ne lui en a pas laissé davantage. Il seroit bon d'examiner si, après avoir fait pondre quinze à dix-huit œufs à l'alouette, par exemple, on les lui remettoit tous pour couver, comment elle s'y prendroit pour suffire à l'éducation de cette nombreuse et extraordinaire famille.

Il y a parmi les oiseaux des espèces qui, dans l'ordre de la nature, ne pondent que cinq à six œufs pour leur couvée ordinaire, mais qui en font un nombre beaucoup plus considérable quand elles y sont excitées par un moyen quelconque. *Anderson* rapporte que l'oie à duvet ou d'Islande, connue sous le nom d'*eider anas mollissima*, est d'une fécondité telle, quand elle est provoquée, que les habitans du pays plantent un piquet dans le milieu du nid, et que la femelle pond jusqu'à ce que ses œufs excèdent la hauteur du piquet, afin de pouvoir s'accroupir et les couver; mais cette ponte surabondante et forcée, en supposant qu'elle ait lieu, fait bien souvent périr l'oiseau.

La faculté que les femelles des oiseaux domestiques ont de faire plus d'œufs qu'elles n'ont le moyen d'en couver, est commune aux oiseaux sauvages. L'autruche, pour nous borner à ne citer qu'un exemple, offre le même phénomène ; sa couvée, suivant quelques voyageurs, est communément de dix œufs. Les sauvages qui, quand ils en découvrent, n'ont garde de les enlever tous, parce qu'ils les regardent comme une friandise, n'en prennent qu'un ou deux à la fois, bien convaincus que, quand l'oiseau a complété son nombre, il en pondra de nouveau : tous les jours ils renouvellent leur escamotage; enfin, si dans cette maraude ils emploient l'adresse et les précautions convenables, ils peuvent faire pondre à l'autruche jusqu'à soixante œufs et même davantage. Ne pourroit-on pas profiter de ce moyen d'augmenter la ponte en retirant les œufs à mesure qu'ils sont déposés, si ce n'est pour profiter de la subsistance que les œufs procurent, du moins pour avoir un plus grand nombre d'oiseaux qu'il seroit utile de propager ? Cependant il conviendroit de s'arrêter, lorsqu'il s'agiroit de faire couver, parce que, fatiguées par une ponte longue et soutenue, les femelles n'auroient plus assez de forces pour y pourvoir : d'ailleurs, on arriveroit insensiblement à une époque de la saison où l'éducation des petits deviendroit nécessairement difficile et languissante.

Il s'en faut bien que les poules demandent toutes à couver après leur première ponte, beaucoup n'en montrent pas la moindre envie; des recherches suivies, pour tâcher d'en pénétrer la cause et soulever le voile qui couvre l'essence de cette fonction créatrice, n'ont encore rien appris de positif à cet égard, et ce sera long-temps peut-être un mystère pour l'homme; mais l'inconvénient dont il s'agit n'en seroit pas un pour celui qui ne voudroit recueillir que des œufs, comme nous l'avons déjà fait remarquer; son propre intérêt sera de tempérer cette disposition, et, au moyen des précautions que nous venons d'indiquer, les poules recommenceroient à faire à peu près autant d'œufs que dans la première ponte, en supposant toutefois que la saison ne soit pas trop avancée. Ainsi débarrassées des poussins, libres et rendues à elles-mêmes, elles emploiroient les cinquante jours au moins que ces deux fonctions prennent sur leur ponte à faire vingt-cinq et trente œufs, sans exiger plus de soins et de nourriture.

La parcimonie et la prodigalité à l'égard des volailles doivent être également évitées; les poules mal nourries ne pondent guères plus que celles qui le sont trop. La première année, il est vrai, leur nourriture ne sauroit être trop abondante, parce qu'elle sert à former leur tempérament, et on remarque que, quand elle n'a pas été trop ménagée pendant l'hiver, la ponte qui précède est prolongée et donne beaucoup d'œufs; mais il faut aussi la régler pour maintenir cette faculté de faire des œufs: on doit être sur-tout attentif à les bien nourrir pendant le mois qui précède la ponte du printemps, afin que le chapelet ovaire, au moment où il se forme, soit bien garni, et que la ponte puisse, sans efforts, commencer de bonne heure. Il est encore nécessaire que le matin, au sortir du poulailler, les pattes des poules ne soient pas dans l'humidité froide; qu'elles aient dans le jour un peu de fumier chaud; qu'elles puissent gratter, se vautrer et s'exercer sur le sol un peu ameubli dans un fonds dur et sec : car, oisives, elles s'appesantissent aisément et cessent de pondre. Que l'endroit où elles se retirent soit plutôt trop petit que trop grand et à l'aspect de l'orient; que dans le jour, quand il fait beau, cet endroit reste ouvert pour en exhaler l'air de la nuit, et qu'il soit fermé la nuit pour y conserver la chaleur et en interdire l'accès aux renards, aux putois, etc.; que les nids où elles pondent soient abondamment garnis de foin, plus favorable que la paille, parce qu'il est plus souple, plus délié, plus doux, plus chaud et moins sujet à engendrer la vermine. J'ai remarqué que plus les poules se trouvent serrées à côté les unes des autres, dans un espace circonscrit, plus elles s'échauffent, s'électrisent et font d'œufs, *et vice versâ*.

On connoît le goût décidé qu'ont les poules et la plupart des oiseaux pour les œufs crus ou cuits; ce goût est non seulement dispendieux, mais il est suivi encore de graves inconvéniens; il faut donc tâcher de le réprimer, et empêcher que les œufs ne deviennent la proie de leurs propres mères. Pour cet effet, on doit éviter de leur jeter les coquilles entières, qu'elles mangent aussi avec avidité, dans la crainte de les accoutumer à manger les œufs, et ne permettre sur-tout l'usage de cette matière calcaire que pour tempérer leur propension à la graisse: alors il convient qu'elle soit déformée, c'est-à-dire concassée, et mêlée au manger des poules. Je préfère les coquilles d'œufs à la brique pilée ou à la craie, conseillées dans les livres pour opérer un semblable effet.

Si, comme il est démontré, on peut, sans aucun inconvénient, animer les poules à la ponte, les moyens de tempérer les désirs qu'elles manifestent pour couver sont également dans nos mains. Il s'agit de ne les employer qu'à propos, de ne laisser dans le nid aucun signe figuratif de l'œuf, de les en chasser quand elles s'obstinent à le garder sans pondre, de les plonger dans un bain d'eau froide, de diminuer de leur nourriture et d'y faire entrer de l'avoine plutôt que du chènevis qui anime à la ponte, ou plutôt que du sarrasin qui favorise décidément la graisse; en subrogeant l'avoine, non seulement ce grain diminue la disposition à l'obésité, mais augmente encore la production des œufs. Quelquefois la poule éprouve de grandes difficultés à faire son œuf : on en facilite la sortie, en introduisant quelques grains de sel dans l'anus.

Une autre pratique adoptée dans quelques cantons de la ci-devant Flandre, plus efficace encore et dont le succès n'est pas équivoque, pour faire perdre tout à coup à la poule l'ardeur qu'elle montre pour couver, ou conduire ses poussins, ou pour l'amener tout naturellement au besoin de pondre, c'est de tenir la femelle sous un cuvier pendant deux jours, sans boire ni manger. Ainsi privée d'air, de lumière et de nourriture, elle éprouve dans cette prison une sorte de malaise, une révolution qui change sa manière d'être. Quand on lui rend la liberté, elle est chancelante et comme asphixiée; à peine se tient-elle sur ses pattes, elle a oublié toutes ses affections, bientôt elle court à l'eau, mange ensuite, et ne semble plus occupée qu'à se remettre à pondre.

Tous ces faits, et tant d'autres que je pourrois accumuler ici, servent à prouver que, dans les basses-cours les mieux montées, on admet un trop grand nombre de coqs; que les particuliers bornés à quelques poules, pour jouir seulement du bénéfice des œufs, peuvent se dispenser d'entretenir un mâle; que le fermier qui n'est pas dans l'usage d'élever des poulets, et qui n'a absolument de poules que le nombre qu'il lui en faut pour faire consommer les grains qui, sans cet emploi, seroient perdus dans la cour et dans le fumier, doit interdire l'entrée de la ferme aux coqs, puisqu'ils ne font souvent que tourmenter et épuiser les poules, sans rapporter de profit à la maison, et qu'il vaut infiniment mieux acheter au marché, tous les ans, pendant l'hiver, des poules, pour maintenir la volaille dans le même état de population et de fécondité. Mais, dira-t-on, le cultivateur ne voudra jamais s'astreindre à tirer de sa poche la plus modique somme d'argent, pour acheter des poules, lorsque, sans frais, il a sous la main la facilité d'en élever : cependant, si l'expérience lui démontre qu'en se dispensant de nourrir chez lui des coqs, il aura un tiers de plus d'œufs, et d'œufs moins sujets à se gâter; si, d'après le bénéfice certain qu'il en retirera, il balance encore de mettre en pratique ce que je propose, il aura toujours la possibilité d'échanger avec un de ses voisins, qui admettroit des coqs dans sa basse-cour, une trentaine de ses œufs clairs contre le même nombre, mais fécondés, et de les donner à couver à une dinde ou à deux de ses poules ordinaires, choisies parmi celles qui manifesteroient le plus d'ardeur à remplir cette fonction de la nature.

J'ai souvent reproché aux cultivateurs français leur indifférence sur les avantages qu'il y auroit toujours de soumettre au calcul les résultats de leurs travaux. Indépendamment de la quantité d'œufs qui se perdent, à cause du défaut de soins et de l'insuffisance des moyens de conservation, jamais on n'a tenu note du nombre d'œufs sacrifiés pendant l'incubation, et de celui des couvées qui manquent en partie ou en totalité. Il arrive souvent que la plupart des œufs ne sont pas fécondés, malgré la vigueur des coqs; que les poules farouches, légères, impatientes ou maladroites, abandonnent le nid avant que tout ne soit éclos, cassent ou mangent les œufs, ou étouffent les poussins à leur naissance. Quelle perte n'éprouvent pas encore ceux qui laissent à la poule la conduite de deux à trois poulets, restant d'une couvée avortée, lorsqu'il seroit si facile de réunir ces portions de couvées sous une seule et même mère, et de rendre ainsi aux autres poules la faculté de reprendre leur ponte, et de procurer par ce moyen l'équivalent de ce qu'elles coûtent en nourriture!

Toutes ces pertes n'en seroient point pour le cultivateur qui se livreroit exclusivement au commerce des œufs; cependant il pourroit courir les risques d'en éprouver d'autres, s'il n'étoit au fait du stratagême employé pour les prévenir. Nous en faisons mention dans l'article suivant.

Des œufs clairs. Nul doute que le concours du coq ne soit nécessaire pour la fécondation des œufs; mais il n'a aucune influence directe sur leur formation. Les œufs non fécondés étoient, du temps d'Aristote, désignés sous les noms d'*œufs de vent*, *œufs de zéphyr*: ils sont connus aujourd'hui, parmi nous, sous le nom d'*œufs clairs*.

Beaucoup d'observations, et quelques pratiques rurales, prouvent suffisamment qu'il n'est pas nécessaire que les femelles des oiseaux de basse-cour éprouvent l'approche du mâle à chaque œuf qu'elles mettent bas. *Harvey* prétend, entr'autres, qu'un coq féconde, en une seule fois, les œufs qu'une poule pondra pendant toute une année; mais ce que l'expérience a prouvé incontestablement, c'est que toute une ponte semble n'avoir besoin de l'approche du mâle qu'une seule fois. Or, comme il est démontré que le coq est en état de donner des preuves de sa puissance cinquante fois par jour, on doit nécessairement revenir de cette opinion assez généralement adoptée, qu'il faut pour douze poules un coq, et renoncer à ce proverbe : *qui n'a qu'un seul coq, n'en a point;* elle n'est absolument fondée sur aucune observation exacte. Or, la véritable économie consiste à n'entretenir aucun animal, qu'il ne compense sa nourriture par les services qu'il rend.

Désirant m'assurer par moi-même quel seroit le résultat qu'auroient des couvées composées uniquement d'œufs pondus deux mois après

après l'absence du mâle, dans ma basse-cour expérimentale, où il n'y avoit eu auparavant que deux coqs pour le service de cent poules, j'ai remarqué qu'un tiers de chaque couvée est venu à bien, lorsque les autres œufs n'étoient que des œufs clairs. Ce résultat n'a pas dû me surprendre; et on se tromperoit si on vouloit l'apporter en preuve de l'insuffisance d'un seul coq pour féconder cinquante poules : car il est possible que, dans un moins grand nombre de poules, il se trouve des femelles naturellement stériles, ou qui n'ont jamais été cochées dans la saison des amours, ou qu'en recevant pour la première fois les caresses du coq, le chapelet ou la grappe ovaire ne soit trop avancée pour profiter du principe de la fécondation.

Ce qu'il y a de bien constaté, c'est que la poule n'a nullement besoin de l'approche du coq pour produire des œufs. On a vu une poule en cage pendant deux ans, pondre régulièrement tous les deux jours, depuis le mois de ventose jusqu'à la fin de fructidor, sans jamais manifester le moindre désir de couver, et sans que les œufs possédassent moins de qualité que ceux des poules en liberté, ayant eu communication avec les coqs. Les œufs naissent naturellement sur cette grappe qu'on nomme l'*ovaire*, et peuvent y grossir, mûrir, et s'y perfectionner sans être fécondés.

Le principe introduit par l'acte du mâle contribue peut-être à les organiser pour le but que la nature se propose; mais il n'a aucune influence sensible sur le goût et la propriété alimentaire des œufs, et on ne devine pas pourquoi ceux pondus, sans être fécondés, ont été accusés d'être moins savoureux et moins sains que les autres.

Pour répondre à cette inculpation vague, je me bornerai à dire que pendant deux hivers on n'a mangé chez moi que des œufs clairs, et personne n'a été incommodé de leur usage. Combien d'œufs circulent dans le commerce, qui ne sont pas fécondés! Il y a des années où la plupart des poules n'en pondent pas d'autres, et les marins qui n'embarquent des poules que pour avoir des œufs frais, ne leur procurent pas de coqs. Transportons-nous d'ailleurs chez les bonnes femmes qui, de temps immémorial, sont dans l'habitude d'entretenir quelques poules sans mâles, et nous verrons qu'elles n'en consomment pas moins les œufs avec plaisir et sécurité. C'est donc à tort que des particuliers qui veulent avoir quelques poules, pour ne pas laisser perdre les miettes de la table et les débris de la cuisine, croient qu'elles ne pondroient pas, s'ils ne leur procuroient la société d'un coq. Ils nourrissent un mâle en pure perte, et le grain qu'ils épargneroient les mettroit à portée non seulement d'avoir une femelle de plus, mais encore des œufs plus susceptibles de se conserver.

Les vicissitudes des saisons ont beaucoup de part au succès de la ponte. Le froid la retarde et la diminue, le chaud opère un effet contraire : aussi est-elle plus hâtive ou plus longue au midi qu'au nord. On doit donc se ménager, dans l'endroit où on élève un grand nombre de poules, tous les moyens reconnus pour produire au besoin cet effet, comme le voisinage d'un four, d'une étuve, etc. On sait que les bonnes ménagères du pays d'Auge font jucher leurs poules sur le massif d'un four, et les font couver dessous dans des niches pratiquées exprès; ce moyen facilite la multiplication des poulets, de manière qu'on en a de gras pour le mois d'avril.

On a remarqué que des alimens administrés chauds et cuits accélèrent et augmentent la ponte. *Rozier* a vu une pauvre femme de campagne, propriétaire d'une seule poule, qui, le soir, au moment où cette poule alloit se jucher, lui chauffoit fortement les environs de l'anus, et chaque jour elle donnoit son œuf. Je ne rapporte ce fait que comme une preuve de plus, pour démontrer que la chaleur est utile à la ponte ainsi qu'à la couvaison, et qu'il faut toujours y recourir dans ces deux cas.

Quoiqu'on ne puisse révoquer en doute que la nature ait eu pour but la reproduction des espèces dans la ponte, il y a cependant de grandes différences dans la disposition des oiseaux à remplir cette fonction importante; elle se répète une fois par mois chez les pigeons, tandis qu'elle n'a lieu parmi les poules que deux fois par an; la première, après l'hiver, est la plus considérable; la seconde, qui a lieu à la fin de l'été, ne vient pas toujours à bien. Il n'est pas question ici des moyens auxquels l'homme, fatigué de passer son hiver sans manger d'œufs frais, a recours pour se procurer cette jouissance; nous n'avons ici en vue que la production des œufs en général, sans le concours de moyens extraordinaires et dispendieux.

Nous avons déjà cité un fait qui prouve qu'une poule peut accomplir sa ponte en cage, comme en liberté; cependant la servitude semble avoir, à cet égard, une grande influence. Beaucoup d'oiseaux enfermés ne pondent ni ne couvent : on remarque même que dans le nombre de ceux qui sont déjà naturalisés, il y en a qui, avec les mêmes soins, font moins d'œufs que dans les endroits d'où ils sont originaires. La dinde qui, dans nos contrées septentrionales, fournit, en deux fois, quinze à vingt œufs, en donne peut-être davantage en Amérique. Ainsi le paon qui, dans nos climats, ne fait qu'une seule ponte composée de cinq à six œufs, en fait deux dans son pays natal, et ces pontes, selon le témoignage de voyageurs dignes de foi, se composent chacune de vingt à trente œufs.

Au reste, le nombre des œufs que fait une poule par chaque ponte, est soumis à une foule de circonstances; il est plus ou moins considérable à raison de la saison, des espèces, de l'âge, du pays, de l'acclimatation, de la qualité et quantité de nourriture, des soins, de la propreté, et de la chaleur qui règne dans le poulailler, etc. Le moindre évènement dans la basse-cour, la plus légère variation dans le temps, la moindre contrariété que les femelles éprouvent pendant leur ponte suffisent pour l'interrompre un jour ou deux : il faut prendre garde sur-tout de les effrayer et de les tourmenter.

L'amour de la liberté, cet instinct qui ramène les poules à leur état primitif lorsqu'elles se disposent à remplir les fonctions importantes que la nature leur a confiées, les détermine quelquefois à aller pondre et couver à l'écart; souvent, quand le temps est propice et qu'elles ont pu venir à bout de se dérober à la rapine des animaux, elles reviennent comme en triomphe à la basse-cour, à la tête d'une troupe de poussins, toujours plus vigoureux que ceux qui doivent leur existence aux soins combinés d'une couveuse choisie et d'une fille de basse-cour intelligente. Or, cette couvée seroit entièrement perdue pour le cultivateur qui n'auroit pas de coqs, s'il ignoroit le moyen de découvrir le lieu où une poule auroit pondu à son insu; pour surprendre son secret, on tâte d'abord pour savoir si elle a l'œuf, et, dans ce cas, on lui introduit un peu d'ail dans l'anus; comme elle est pressée alors de s'en débarrasser, sa marche vers le nid est précipitée; on la suit et on découvre le nid qu'elle a choisi pour dérober ses œufs aux recherches de la fille de basse-cour.

Un inconvénient pour le fermier qui n'auroit réellement en vue, dans les soins qu'il donne à l'entretien des poules, que le produit exclusif des œufs c'est que souvent la fille de basse-cour, au lieu de lever exactement les œufs deux fois par jour, en laisse exprès quelqu'un de la veille, pour exciter par sa vue la femelle à pondre, ce qui est absolument inutile quand une fois la ponte est commencée; les poules, comme on sait, ont une propension marquée à se succéder dans le pondoir : elles se disputent à l'envi le nid; l'une attend que l'autre ait fait son œuf pour la remplacer, et rien ne pourroit les réjouir davantage que d'en voir beaucoup.

Or, en supposant que douze poules se soient succédées dans le même pondoir, et que chacune, pour déposer l'œuf, ait employé à son opération une demi-heure environ, n'est-il pas vrai que le premier œuf pondu aura éprouvé une incubation de six heures environ, temps suffisant pour éveiller la vitalité du germe et déterminer un développement assez frappant pour être sensible à la lumière d'une chandelle et à l'organe du goût ? Cet inconvénient ne seroit nullement à redouter pour les œufs clairs.

Qu'on cesse maintenant d'être étonné si les œufs frais de la même date, pondus par les mêmes espèces de poules, et dans une même basse-cour, présentent tant de différences entr'eux; si, dans l'incubation, tous les poussins n'ont pas le même succès et la même vigueur; enfin, si, dans l'application du même procédé de conservation, il s'en trouve dans la masse qui s'altèrent plus promptement et plus fortement; l'attention de ramasser deux fois le jour, à midi et à cinq heures, les œufs fécondés, et de ne pas les laisser séjourner trop long-temps au pondoir, peut donc exercer une certaine influence sur leur qualité.

Mais, si le cultivateur qui s'adonneroit au commerce des œufs doit se dispenser d'entretenir des coqs dans sa basse-cour, nous ajouterons que celui qui dirigeroit son industrie vers des éducations de volaille pourroit également s'en passer seulement à la seconde ponte, car alors peu importe que les œufs soient fécondés ou non, puisqu'il n'est plus question de les faire couver; or, les œufs quoique clairs, n'en ayant pas moins de qualité considérés comme aliment, ils se garderoient pour l'hiver avec beaucoup plus de facilité, ce qui augmenteroit nos ressources en ce genre. Il y a toujours trop d'œufs au printemps et en été, mais jamais assez l'hiver. C'est néanmoins dans cette saison qu'ils sont plus nécessaires que dans aucune autre, et se vendent fort cher, vu la nécessité dans laquelle on est d'en jeter des provisions énormes qui se sont gâtées, à cause du principe d'altération qu'ils portent avec eux, ou faute de soins dans les moyens de conservation. Passons maintenant à cet examen.

Conservation des œufs. Il n'est pas d'essais que l'homme n'ait tentés pour s'approprier tous les produits de la nature dans nos climats, comme dans ceux qui sont situés aux deux extrémités du globe; par-tout les œufs sont devenus pour lui un aliment de première nécessité, et il a cherché les moyens de les conserver, comme les autres denrées de la même importance, jusqu'au moment où les poules, affoiblies par la maladie périodique de la mue, ou engourdies par le froid, cessent de pondre.

On s'est d'abord occupé, 1°. de les garantir de l'humidité; elle leur est si fatale qu'une seule goutte d'eau qui aura séjourné pendant quelque temps sur un œuf frais, peut corrompre la partie qu'elle a touchée à travers la coque; 2°. de la gelée qui, en fêlant la coque et désorganisant l'intérieur, le dispose à se putréfier au moment du dégel; 3°. enfin, de l'accès de l'air qui détermine une évaporation plus ou moins prompte et considérable, à raison, comme nous l'avons déjà fait remarquer, de la porosité de la coque, de la température du lieu où les œufs sont mis en réserve et de la saison où ils ont été pondus.

Pour remplir ces vues, les uns arrangent les œufs dans un baril avec un lit de sel, et ainsi alternativement, jusqu'à ce que le vaisseau soit plein. Ce moyen, utile dans les cantons méridionaux et secs, pourroit faire craindre quelques inconvéniens dans ceux qui sont naturellement humides, parce que le sel attire l'humidité et se résout en liqueur; mais le froid que produit en même temps cet intermède empêche l'évaporation des œufs, et contribue à les maintenir en bon état.

Il y a des endroits tellement humides, qu'on a une peine infinie à y conserver les œufs au delà d'un mois, et alors l'intermède du sel ne sauroit être adopté. Les cendres et le son de blé ont été employés à la place; mais l'un a l'inconvénient de se charger et de retenir l'humidité de l'atmosphère, et l'autre de s'échauffer, de fermenter et se couvrir de mites; il faut donc préférer de les stratifier dans du sable bien séché, dans du blé ou de l'orge, de la petite paille, ou de la sciure de bois. Le baril, la caisse ou le panier servant à les contenir, étant couvert d'une toile bien assujettie, est placé dans des endroits secs, frais, à l'abri des émanations de gaz putride, de l'accès de la lumière et de l'humidité. On les retourne tous les deux jours sens dessus dessous, de manière que la partie inférieure devienne la supérieure.

On a encore remarqué que les œufs récemment pondus, étant conservés dans l'eau fraîche, n'éprouvoient aucune évaporation: ils ont, il est vrai, autant de lait que les œufs frais, quand on les fait cuire à la coque, mais leur saveur est un peu altérée au bout de quelques jours.

Un autre moyen plus efficace encore pour prolonger l'état frais des œufs, moyen pratiqué depuis plusieurs siècles dans nos campagnes et en Écosse, qu'on trouve décrit presque par-tout, c'est de les plonger, le jour où ils sont pondus, au moyen d'une écumoire dans l'eau bouillante, comme pour les manger à la coque, et les y laisser environ deux minutes. En les retirant de l'eau, on les marque, soit à l'encre, soit au charbon, afin de pouvoir, à l'aide de numéros, les employer selon leur rang d'âge; puis on les met en réserve dans un lieu frais, où il est possible de les garder pendant plusieurs mois. En employant ce procédé, la chaleur opère la cuisson d'une très-petite couche du blanc le plus voisin de la surface interne de la coquille. Dans cet état les œufs souffrent infiniment moins de déperdition. Quand on veut s'en servir pour les manger à la mouillette, on les fait réchauffer dans l'eau bouillante, à peu près autant de temps qu'ils y ont déjà été, c'est-à-dire environ deux minutes; ils ressemblent à peu près, pour le goût, à des œufs frais de deux jours; la partie appelée improprement le *lait* y est abondante; on a remarqué qu'au bout de quatre à cinq mois la membrane qui tapisse l'œuf devient plus épaisse. Ce moyen ne seroit peut-être pas à dédaigner; cependant, l'opération préliminaire qu'il exige, le rend tout au plus praticable dans les ménages. Il est donc nécessaire d'en trouver un autre pour le commerce.

On sait que la paille est un des plus mauvais conducteurs du calorique; que les grains et tous les corps sujets à s'altérer se conservent plus facilement dans un grenier couvert de chaume, que dans un magasin dont la toiture est en tuile ou en ardoise. On se garde bien de recouvrir les glacières d'une autre matière; tous ces motifs m'ont déterminé à donner à des paillassons la forme de paniers, dans lesquels j'ai isolé les œufs par couches alternatives avec des bâles de grains, et j'ai suspendu le panier dans un lieu sec et obscur; c'est à la faveur de ce moyen que je suis parvenu à prolonger le terme de la fécondation des œufs, et à leur conserver, pendant l'été, sinon le caractère d'œufs frais, du moins une qualité propre à les soumettre à tous les procédés de la cuisine.

Quand on dit qu'un œuf sent la paille, parce que celle-ci a servi à sa conservation, on est dans l'erreur, puisque cet intermède, lorsqu'il n'est pas mouillé, ne peut rien lui communiquer, et que, quand un œuf commence à s'altérer et à se désorganiser, il a le même *mauvais goût*, (qu'on désigne ainsi) quel que soit le moyen employé pour l'en garantir; d'ailleurs, je l'ai déjà dit, la paille est le plus mauvais conducteur du calorique : bien sèche, elle ne peut commnniquer aucune mauvaise odeur, non seulement aux œufs, mais encore aux fruits, lorsqu'on les dépose dessus. Il n'est pas douteux que dans les paniers dans lesquels on transporte les œufs, si un seul vient à se gâter ou à se casser, répandu dans la masse, il viendroit bientôt à bout de donner mauvais goût à tous les autres; et une fois que l'œuf a ce goût de paille, il est difficile de le lui enlever; ce qui prouve qu'il tient à une partie de l'œuf qui est altérée.

A l'égard des moyens de conserver les œufs, plusieurs écrivains ont dit assez vaguement qu'ils avoient cru remarquer que ceux qui étoient fécondés ne se gardoient pas aussi longtemps que les œufs clairs, et il seroit possible que le succès de plusieurs procédés indiqués dans cette vue, fût dû à leur non fécondation plutôt qu'à la bonté de la méthode. En voici un exemple frappant.

Dans ses leçons de physique expérimentale, l'abbé *Nollet* proposoit le moyen que nous allons décrire : « Au commencement de l'automne, » disoit-il, prenez une certaine quantité d'œufs » frais non fécondés, c'est-à-dire, pondus » par des poules qui auront été séparées du coq » depuis un mois; attachez sur leur pointe, » avec un peu de cire d'Espagne, les deux » extrémités d'un bout de fil; ce fil formera » ainsi un anneau par lequel vous le suspen» dez à un clou; ayez dans un vase, ou dans » un grand gobelet, certaine quantité de ver» nis; le meilleur de tous, parce qu'il est » le moins coûteux et le plus facile, est celui » qui peut se faire avec de la cire d'Espagne » commune réduite en poudre, et infusée » dans de l'esprit de vin; vous présenterez » successivement votre vase sous chacun des » œufs; vous les y plongerez, et c'en sera » assez pour les conserver. Si vous voulez en» suite les faire cuire, ou même les faire cou» ver, supposé qu'ils fussent féconds, vous » n'aurez qu'à les frotter avec un pinceau » trempé dans l'esprit de vin pur, le vernis » disparoîtra, et la coque restera nette, sans » avoir ni ses pores empâtés, ni ce coup » d'œil huileux et dégoûtant que lui donnent » les méthodes des graisses. »

Tous ces moyens, plus ou moins efficaces, sont encore insuffisans pour mettre le cultivateur à portée de former des magasins d'œufs, de les vendre un certain prix dans la saison où ils sont rares, et lorsqu'on en a le plus besoin pour remplacer les alimens qui manquent ordinairement. Il porte promptement au marché ce qui excède la consommation de sa maison, et ne se détermine à faire des provisions que d'œufs pondus depuis thermidor jusqu'en vendémiaire, parce que l'expérience lui a prouvé qu'en général les œufs qui proviennent de la seconde ponte sont précisément ceux qu'on conserve plus facilement. A cette époque de l'année, les poules sont nourries de grains et mangent moins d'herbes; c'est peut-être là une des causes qui rendent leur conservation plus facile; mais j'ai tout lieu de présumer que la principale appartient à l'affoiblissement de la vigueur du coq, et au temps moins chaud qui règne alors, puisqu'il est reconnu que les poussins d'automne n'ont jamais la même vigueur que ceux qui sont éclos au printemps, malgré tous les soins qu'on prend de leur première éducation.

Dans le cas où l'on auroit à former des magasins d'œufs dans des places fortes, dans des villes extrêmement populeuses, enfin, lorsqu'il s'agiroit d'en approvisionner des vaisseaux pour un voyage de long cours, quels seroient les moyens qu'on pourroit employer pour les préserver d'altération pendant un temps assez considérable? *Réaumur* prétend en avoir trouvé un, aussi simple que facile à exécuter. Pour avoir, dit-il, dans les saisons, des œufs constamment frais, des œufs parmi lesquels il n'y en ait jamais un seul de gâté, il suffit d'intercepter la transpiration qui se fait dans chaque œuf, d'empêcher la communication de l'air avec les matières qui y sont contenues, et par là, la fermentation qui peut les altérer. Il n'est question, pour cela, que d'enduire la coquille d'un vernis imperméable à l'eau, ou, plus simplement encore, d'huile ou de graisse, ou de beurre, avec la précaution de passer et de repasser les doigts sur la surface, enfin d'être bien assuré qu'il n'y a aucune partie de cette coquille qui n'en soit imprégnée. Les œufs ainsi préparés, ajoute *Réaumur*, ne souffrent point d'évaporation, tout y demeure en repos; ils ont beau vieillir, ils restent toujours frais.

Comment un moyen qui, d'après cet auteur,

auroit empêché la perte de cette énorme quantité d'œufs qu'on laisse gâter, en voulant les conserver, moyen qui auroit fait diminuer le prix de cette denrée, qui auroit donné en abondance des œufs frais dans la saison où on n'en trouve que de vieux, qui auroit procuré dans les voyages de long cours l'avantage inappréciable de manger des œufs excellens, comment un moyen qui intéresse tous les hommes a-t-il pu être négligé? C'est vraisemblablement qu'il faut en rabattre des magnifiques promesses de *Réaumur*. Car il n'est pas démontré, en effet, que ces différens vernis, qui remédient très-bien à l'évaporation de l'humidité des liqueurs contenues dans l'œuf, soient le préservatif assuré du germe dont l'existence est, sans contredit, un obstacle à la longue conservation des œufs.

Commerce et transport des œufs. Quoique les diverses classes d'œufs présentent des différences par rapport à la grosseur, il ne paroît point que dans les marchés leur prix soit en raison de cette différence; les acheteurs choisissent les plus gros, et ne les paient guères au delà de trois centimes de plus par douzaine. Certes, cette différence dans le prix n'est pas dans la proportion du volume; car il y a des œufs dont la douzaine pèse trois fois de plus que le même nombre de plus petits: ce sont les regrattiers qui en font le triage; ils mettent les plus gros à part, pour les vendre davantage, ainsi que cela se pratique dans les grandes villes; ils font, à cet égard, ce que font les écosseuses de pois, ou les propriétaires des câpriers, dans les cantons méridionaux.

Dans le commerce des œufs, à Paris, on en distingue de trois qualités: les œufs de Normandie, ce sont les plus gros; les œufs de Picardie, ce sont les plus petits; et ceux de Flandre, qui tiennent le milieu pour le volume. On conçoit qu'une denrée dont la fragilité exige des soins et des frais d'emballage ne sauroit guères provenir d'une plus grande étendue de rayon. Mais le volume, comme l'on sait, appartenant aux espèces de poules, la qualité des œufs est absolument la même.

Dans la ci-devant Picardie, ce sont particulièrement les ouvrières en dentelles qui se chargent de conserver les œufs pondus en automne, pour les vendre dans la saison où les poules n'en donent plus; elles les achètent à mesure qu'ils sont pondus, chez les fermiers, pendant les mois d'octobre et de novembre; elles les rangent sur des tablettes placées contre les murs de leurs chambres, où ils sont à l'abri du froid; elles les retournent très-souvent pour empêcher que le bois qui pourroit renfermer de l'humidité ne la leur communique. Tous les huit jours elles les présentent à la lumière d'une chandelle; ceux qui se sont un peu vidés par l'évaporation insensible, sont aussitôt vendus aux hommes qui font cette espèce de courtage, c'est-à-dire aux coquetiers qui achètent dans les petits marchés des bourgs et en parcourant les campagnes où ils font souvent des échanges à bon compte; en sorte que, par ce moyen, ils en ramassent à bon compte de grandes quantités qu'ils portent ensuite, soit aux marchés des villes voisines, soit directement à Paris.

Quoique les œufs coûtent des frais d'emballage et de transport, qu'il s'en casse beaucoup avant, pendant et après la route, ils reviennent ordinairement à meilleur marché à Paris, que dans les départemens qui n'en sont pas trop éloignés, et d'où même on les tire, excepté néanmoins les œufs frais du jour, qui y sont mieux payés en raison des besoins.

Les cultivateurs qui portent chaque semaine leurs œufs aux marchés des villes qui les avoisinent, procèdent de la même manière; il leur arrive souvent que, malgré leurs soins, ces œufs s'altèrent et se gâtent; mais cette altération ne vient pas seulement de la perte de leur humidité, qui fait rompre l'équilibre de leurs principes, ou parce qu'ils reçoivent en échange de cette humidité des miasmes putrides; il existe une autre cause de corruption qui n'a pas échappé aux marchands d'œufs; une longue expérience leur a appris que les œufs transportés à la distance de trois à quatre lieues se conservent moins bien que ceux qui n'ont subi aucun déplacement quelconque. Quelle en est la raison? C'est que dans les transports par terre, les œufs souffrent du cahot des voitures, et que dans ceux par mer, ils sont maltraités par les roulis des bâtimens; que ces mouvemens plus ou moins brusques désorganisent les parties intérieures de l'œuf; qu'ils rompent les ramifications des vaisseaux par lesquels le germe étoit attaché à la membrane du jaune; que ce germe privé des organes qui entretenoient la vie, meurt, se corrompt, et corrompt tout ce qui l'entoure. Quand un œuf fécondé a été secoué, si on le casse peu de temps après, on remarque que le globe, qui est le jaune, ne nage plus en entier dans l'albumen, qui est le blanc, et que, par conséquent, il devient infiniment plus susceptible de s'altérer.

On conçoit facilement que s'il n'y avoit que des œufs clairs dans le commerce, il n'y auroit aucune secousse à craindre; le germe pourroit bien se détacher des ligamens qui l'attachent au jaune; mais n'étant pas fécondé, il n'auroit pas, comme tout ce qui est animalisé, une propension às'altérer; les moyens d'ailleurs proposés et employés pour les conserver en bon état auroient infiniment plus de succès.

Ainsi, il faudroit, par addition au procédé de *Réaumur*, ne transporter les œufs par terre et par mer, qu'avec la précaution de les suspendre de manière à ce que tous les mouvemens qui pourroient leur nuire fussent brisés; encore n'est-on pas complètement rassuré contre tout danger, lorsqu'on considère que le germe, sans éprouver d'accident, peut mourir, et qu'il est mort dans l'œuf gardé au delà du temps où il peut encore être couvé; peut-être qu'il ne faut qu'un coup de tonnerre pour faire périr le germe même dans les œufs frais. Il passe pour constant que ce météore produit un effet sur les embryons des œufs en incubation : ne seroit-il pas possible qu'il en produisît un pareil sur ceux des œufs mis en magasin? On sait que dans les corps organisés, la corruption commence toujours par les germes. D'après ces considérations, le moyen le plus efficace pour le commerce et le transport des œufs seroit de n'avoir que des œufs clairs, c'est-à-dire des œufs pondus par des poules qui n'auroient eu aucun commerce avec des coqs; et il est prouvé que ces œufs qu'on nomme *clairs*, résistent sans se corrompre à une température de trente-deux degrés, continuée pendant trente à quarante jours, que seulement ils perdent de leur humidité, par une évaporation qui diminue leur liqueur et l'épaissit.

Pour les conserver mangeables, sans cuisson préalable, depuis le printemps jusqu'à la fin de l'hiver, il faudroit d'abord que les femelles eussent été privées, depuis au moins un mois, de l'approche du coq; et si on les avoit destinés à être gardés encore plus long-temps, qu'ils eussent été vernissés ou graissés.

Les œufs pondus à bord des vaisseaux sont d'une garde plus facile, parce que les poules qu'on embarque n'ont pas de communication avec les coqs. *Moreau*, aide-timonier d'un des vaisseaux qui ont fait le tour du monde dans l'expédition du capitaine *Baudin*, assure avoir vu des œufs ainsi pondus se conserver en bon état pendant trente-deux mois; et *Hamelen Densarts*, capitaine de frégate du même voyage, a certifié qu'il en avoit conservé pendant trois ans dans le meilleur état. Combien ne seroit-il pas utile, pour interrompre la monotonie de la nourriture sèche, salée et trop uniforme du navire, de pouvoir faire entrer les œufs au nombre des approvisionnemens de la marine? Il est étonnant que la Société royale de Médecine, consultée par le gouvernement sur les moyens de perfectionner la nourriture des navigateurs, semble avoir oublié de parler des œufs. Je vais, autant qu'il m'est possible, suppléer à son oubli.

Des œufs en mer. Les œufs durs, lorsqu'ils ont été cuits nouvellement pondus, ont l'avantage de se conserver et de pouvoir être portés commodément en voyage. On a pensé, dans les Indes-Occidentales, à les rendre d'une garde encore plus certaine, en les salant; mais une pratique adoptée autrefois, c'étoit de délayer les jaunes d'œufs dans le vinaigre, d'en remplir des tonneaux pour en former un des approvisionnemens des armées.

Il faut remarquer que si, jusqu'à présent, on n'a point encore admis les œufs au nombre des vivres de mer, ce n'est pas seulement parce que cette denrée est fragile et d'une embarcation difficile, mais parce qu'elle se gâte plus promptement en mer que sur terre, à cause du mouvement et de l'atmosphère humide et chaude dans laquelle ils sont exposés, malgré toutes les précautions employées pour prévenir leur altération. C'est sans doute à ces circonstances qu'est dû le supplément des œufs par des poules vivantes, qu'on nourrit dans des cages.

Mais l'entretien des cages à poules, dans les vaisseaux, est sujet à beaucoup d'inconvéniens: 1°. le mal de mer les incommode, et les fait maigrir; 2°. elles sont beaucoup tourmentées par les rats; 3°. les eaux, lorsqu'elles commencent à se corrompre, leur sont nuisibles, en sorte qu'il faut jeter des quantités de volailles mortes par toutes les circonstances énoncées.

Il n'est pas douteux que si, au moyen de l'immersion instantanée des œufs dans l'eau bouillante, on vient à bout de les conserver dans l'état frais, et qu'on puisse, au bout de quelques mois, les manger à la coque, ce succès ne soit dû à ce que, dans cette opération, on auroit produit sur l'œuf cet effet que le vulgaire nomme *tuer le germe*, lequel n'est autre chose que cette tendance des parties organiques en mouvement de fermentation, qui en accélère le dépérissement.

Dès que la volaille arrive dans le port, elle est mise sur les vaisseaux; et elle vient quelquefois de bien loin. L'incommodité qu'elle éprouve, jointe à la fatigue du voyage qu'elle vient de faire, en fait périr le plus grand nombre, de manière que, sur cent individus de cette espèce, à peine peut-on en utiliser vingt-cinq, ainsi que plusieurs navigateurs l'ont certifié.

Le séjour continuel des volailles en mer, dans le lieu qui leur est destiné, leur occasionne un mal aux pattes qui leur enlève les ergots; mais cette maladie n'arrive guères qu'à celles engraissées : leur pesanteur et le peu d'exercice qu'elles ont, y contribuent peut-être aussi. Toutes éprouvent, dans les premiers jours du départ, une sorte d'abattement; plusieurs même ne veulent pas manger; d'autres rejettent ce qu'elles ont pris. Cette indisposition momentanée n'est due qu'à leur présence à la mer : elles s'y habituent insensiblement.

Une observation assez particulière, c'est que si on oublie de baisser la toile placée sur le devant de chaque cage, une partie des oiseaux qu'elle contient perd la vue, sur-tout en approchant des tropiques. On attribue cette maladie au serein et à la lune. Ils engraissent alors très-promptement. Les poules principalement qui ne peuvent plus agir comme les autres, sont attaquées par celles en santé, qui leur plument d'abord le croupion, puis le ventre, qu'elles percent et déchirent pour en enlever la graisse et les intestins : elles tuent ainsi leurs camarades, pour en sucer aussi le sang, quand elles manquent de vivres; mais avec quelques soins, on peut prévenir cet inconvénient.

Ne pourroit-on pas, en embarquant des œufs clairs au lieu de ceux qui sont fécondés, faire un choix d'autres volailles que des poules? Les canards, par exemple, qui tiennent mieux la mer que les oies, il suffit de leur donner souvent de l'eau douce; les oies en consomment beaucoup; et quand ces différentes volailles seroient beaucoup affectées du mal de mer, on leur feroit boire de la drage, c'est-à-dire un mélange d'un peu de rhum avec de l'eau. Toutes ces circonstances ont frappé M. *Baunach*, pharmacien distingué des hôpitaux militaires. Témoin des inconvéniens de la multiplicité des cages à poules en mer, il a proposé, à l'Académie de Marine de Brest, de restreindre la provision de volailles à bord des vaisseaux. Lorsque le fournisseur auroit livré le nombre de poules auquel il est tenu, on pourroit, à terre, donner à ces poules la nourriture la plus propre à les engraisser; et quand elles seroient grasses, on les marineroit par les procédés suivans, et reconnus les meilleurs. En suivant cet avis, on rempliroit un des buts qu'on se propose dans l'embarquement des volailles, d'en pouvoir manger souvent; et on rempliroit un autre but, celui d'avoir de bons œufs, en emportant une provision d'œufs clairs.

« Après avoir flambé, épluché et vidé les » poules, poulets, coqs, etc., on les coupe » par membres, on leur casse un peu les os, » on les blanchit, c'est-à-dire, on les fait » bouillir dans l'eau, et on ne les laisse que le » temps marqué, pour qu'ils ne perdent pas » leur goût; dès qu'ils sont cuits et bien égouttés, on dispose au dessus du foyer, pour les » y tenir suspendus, des barres sous lesquelles » on allume un feu clair, fait avec du bois de » genièvre, qu'il faut continuer jusqu'à l'évaporation de la plus grande partie de l'humidité des pièces de volaille; ensuite on jette » sur la braise des baies de genièvre, du » thym, du serpolet et des graines de coriandre; lorsque les pièces de volaille commencent à se noircir, on arrête la fumigation : » il faut faire attention que la fumée ne soit » pas trop épaisse, mais toujours accompagnée » de la flamme. Dans cette opération, la vapeur imprime à la chair une nouvelle qualité, c'est-à-dire, elle lui communique le » parfum et le goût aromatique des épices » dont elle a été fumigée. D'un autre côté, on » disposera l'eau ou le bouillon dans lequel on » a fait blanchir ces corps, avant de les exposer à la fumée, pour les faire entrer dans la » composition. On enlève à ce liquide la graisse » pelliculaire qui nage à la surface, et on lui » donne, au moyen d'une chaleur modérée, » la consistance d'une gelée très-épaisse. Enfin, on mêle exactement la gelée et l'oseille » confite, dont on met au fond d'un baril un » lit de l'épaisseur de deux travers de doigt; » on y place une couche de la volaille qui a » reçu l'apprêt que je viens d'indiquer; il faut » continuer ainsi, en mettant lit sur lit l'oseille confite et la volaille, jusqu'à ce que le » baril soit presque plein; et pour le remplir » tout à fait, on y coule une couche de beurre » salé, foiblement liquéfié, de l'épaisseur d'un » travers de doigt; après avoir bien fermé le » vase, on le place dans un endroit convenable. Je me suis assuré, par l'expérience, » que les viandes marinées ainsi se conservent dix mois et plus, et peuvent être employées sans inconvénient à faire du bouillon » pour les malades. Il faut observer que l'oseille confite dont je viens de parler, m'a » été fournie du port, où il existe une manufacture dans laquelle on confit la *sauer-kraut* » et l'oseille, nécessaires pour l'approvisionnement des vaisseaux. Cette dernière plante, » après avoir reçu son apprêt, et versée dans

» des barils qui ont un pied et demi de haut, » et dont le diamètre n'excède pas huit pouces, » on en fait usage dans les voyages de long » cours. Il est inutile que je détaille ici les » moyens qu'on emploie pour confire l'o- » seille; car, si ma mémoire ne me trompe, » vous avez vu cette manufacture, lors de notre » séjour à Brest, en 1782. »

Le procédé que je viens d'énoncer, concernant la fumigation de la volaille, a beaucoup de rapport avec celui que les charcutiers, en Franconie, suivent pour préparer les cervelas, les langues fourrées, etc. Pour cet effet, ils blanchissent les viandes; et, après les avoir fait égoutter, ils les suspendent au dessus du foyer, pour leur donner, disent-ils, l'apprêt de la fumée blanche et de la fumée noire. Par la fumée blanche, ils entendent vraisemblablement la flamme des matières aromatiques qu'ils y font agir en premier lieu, à laquelle ils font succéder la fumée: la première leur donne une consistance solide, en expulsant l'humidité, en y introduisant le calorique; la seconde les raffermit, et leur assure la propriété de se conserver, puisque l'acide et l'huile qui s'en séparent font sur elles l'effet du vernis. Les viandes ainsi apprêtées se conservent très-long-temps; et les Hollandais en approvisionnent leurs navires.

Pour accommoder les oies, canards, etc., dans les mêmes vues, on ne les fait rôtir à la broche que jusqu'aux trois quarts; on a soin de mettre à part la graisse qu'ils rendent en cuisant; on les coupe en quatre, on les arrange bien, en les comprimant, dans un pot de grès, et en mettant entre chaque lit des branches de thym, quelques feuilles de laurier et du sel; ensuite on fait fondre la graisse qu'a fournie la volaille en rôtissant, avec beaucoup de saindoux; il faut qu'il y en ait assez pour que les membres en soient bien couverts. Il est vrai que le saindoux est aussi sujet à la rancidité: il y a cependant un moyen de l'en garantir. Pour cela, on le fait bouillir dans une bassine étamée; on y jette un peu de sulfate d'alumine, calciné et réduit en poudre impalpable; cette matière se précipite sur-le-champ, et entraîne avec elle les substances qui le disposent à la corruption, ensuite on le tire au clair; dans cet état il peut se conserver plusieurs années sans devenir rance. De cette manière, on peut aussi mariner les poules, poulets, coqs, etc.: dans ce cas, après les avoir coupés par membres, on les couvre de sel très-pur pendant deux jours, ensuite on les expose à la fumigation, comme j'ai dit ci-dessus; on les arrange dans un pot de grès, après avoir enlevé les parties fuligineuses en les essuyant; on y coule le saindoux fondu en suffisante quantité pour les couvrir parfaitement, sans oublier les plantes aromatiques nommées précédemment. J'ai travaillé chez un pharmacien, en Allemagne, qui employoit le saindoux purifié par l'alun calciné, non seulement pour préparer la pommade, mais aussi pour mariner les oies, et ensuite pour l'usage de la cuisine, ce qui prouve que ce corps salin n'est pas malfaisant: on m'a assuré que les parfumeurs, à Paris, s'en servent aussi dans le premier cas; mais ils en font un secret.

En embarquant les volailles apprêtées comme je viens de le dire, il en résulteroit un avantage infini par rapport aux inconvéniens que j'ai déjà exposés; si l'on y joint l'attention de n'emporter que des œufs clairs, on remplira le double but qu'on se propose, savoir, une provision de volailles, et des œufs bons à manger.

Des œufs considérés comme aliment. On sait combien les anciens faisoient cas des œufs. Ils ont cru devoir les placer au premier rang parmi les alimens. *Pline*, au vingt-unième livre de l'Histoire naturelle, chapitre III, s'exprime ainsi en faveur des œufs: *Nullus est alius cibus qui in ægritudine alat, neque oneret, simulque vim potûs et cibi habeat. Aristote*, et, après ce philosophe, tous ceux qui ont écrit sur les animaux ovipares, accordent à ce produit des qualités merveilleuses; mais renfermons-nous dans le détail des propriétés qui caractérisent évidemment les œufs, et que jamais aucun auteur n'a songé à leur contester.

La multiplication des œufs a toujours intéressé les véritables économes. Quelle ressource ils offrent à la ville et à la campagne, dans tous les ménages! Comme aliment, ils ajoutent, dans les pays à grains, à la masse de la subsistance publique, plus que ne le fait la chair de toutes les espèces d'oiseaux domestiques réunies. Les œufs sont aux ovipares ce que le lait est aux mammifères, c'est-à-dire, la nourriture principale des nouveaux nés; et lorsqu'on les fait entrer dans la pâtée des poussins, soit crus, soit cuits, mêlés avec des herbes appropriées, de la mie de pain, ou du grain écrasé, le succès de leur éducation est plus assuré. Les œufs, par leur composition, sont uns, homogènes dans la nature, comme le lait, c'est-à-dire, formés des mêmes principes, quelle qu'en soit la source. L'albumen représente le premier état de la matière caseuse, c'est-à-dire une substance analogue à la lymphe qui contient

contient, ainsi que nous l'avons fait voir les premiers, mon collègue Deyeux et moi, du soufre, de l'albumine, de la gélatine et de la soude caustique.

Ce goût décidé qu'ont les poules et la plupart des oiseaux, pour les œufs crus ou cuits, est tellement impérieux, que souvent il y a des femelles qui mangent les leurs à mesure qu'elles les pondent, et auxquelles il n'est guères possible de confier ceux d'une autre poule pour l'incubation. Comme on ne sauroit réprimer ce goût déréglé, il faut nécessairement se défaire des femelles qui ont un pareil défaut. Toutes, heureusement, ne l'ont pas : il semble même, d'après les relations des voyageurs les plus dignes de foi, que l'instinct des oiseaux sauvages les porte à se ménager, dans la saison de la ponte, pour leur progéniture, la ressource des œufs. M. Levaillant a eu plus d'une fois occasion d'observer, en Afrique, que l'autruche plaçoit toujours, à portée de son nid, un certain nombre d'œufs proportionné à ceux qu'elle destine à la couvaison.

C'est cette prévoyance admirable, de la part de l'autruche, pour la première nourriture de ses petits, qui a fait croire que la mère se dispensoit du soin de couver ses œufs, et qu'elle les abandonnoit à la température du sable sur lequel elle les déposoit, pour faire éclore les autruchons. Mais le voyageur déjà cité dit avoir rencontré beaucoup de nids d'autruche, depuis le Cap de Bonne-Espérance jusqu'au vingt-deuxième degré, et que nulle part il n'en a vu un seul qui ne fût couvé par une femelle de concert avec le mâle; mais poursuivons l'examen de l'œuf comme nourriture.

Il n'y a pas de doute que, quoique formé des mêmes principes, l'œuf ne possède quelques qualités intérieures qui puissent servir à en manifester l'origine; mais ce sont des nuances trop légères pour pouvoir déterminer leurs différences comme aliment; et nous savons que, dans un grand nombre de cas, l'odeur et le goût particulier de la chair des oiseaux ne se communiquent nullement à leurs œufs. Plusieurs auteurs de matière médicale observent qu'il existe certaines poules de mer, dont les œufs ne diffèrent en aucune manière de ceux de nos oiseaux de basse-cour, quoique leur chair ait une odeur et un goût extrêmement forts. Enfin, les œufs de la *tortue caret* ne participent point de la malfaisance de sa chair : ils passent même pour être plus délicats que ceux des autres espèces de tortues marines, qu'on mange également. Selon *Belon*, les œufs de tortue de mer sont préférés.

Tous les œufs, soit sauvages, soit domestiques, sont donc excellens à manger; mais tous ne nourrissent pas au même degré : dans le nombre, il s'en trouve de meilleurs les uns que les autres. On a cru pendant long-temps que les œufs des palmipèdes étoient lourds et difficiles à digérer; mais cette assertion paroît dénuée de fondement, et nous ne citerons qu'un fait pour le prouver.

Dans la Picardie, les femmes de campagne sont fort empressées de rechercher les œufs de cane, avec lesquels elles font leurs gâteaux. Comme il s'établit parmi elles une sorte d'émulation pour faire briller, dans les grandes solemnités, leurs talens en fait de pâtisserie, il n'est pas rare, aux approches d'une fête religieuse, de les voir courir à trois ou quatre lieues à la ronde, pour se procurer de ces œufs, qu'elles emploient de préférence, parce qu'ils donnent un meilleur goût, une plus belle couleur, et n'exigent pas autant de beurre. A la vérité, si au lieu de levure elles ne se servoient que de levain de pâte ordinaire, leurs gâteaux seroient plus délicats, et ne sécheroient pas si promptement; nous ajouterions que quelques jaunes d'œufs de cane brouillés avec des œufs de poule ordinaire, rendroient les omelettes plus délicates, s'il n'étoit pas plus économique de les réserver pour la couvaison, et de les consommer ensuite sous la forme de canards.

On peut dire en général que les indigestions d'œufs sont inconnues, et qu'il existe peu d'alimens qui conviennent mieux à tous les âges, à toutes les constitutions; et quand on les accuse d'incommoder, c'est plutôt à la manière de les apprêter, qu'à la nature même de leur composition, qu'il faut s'en prendre. Alors, quel est le genre de nourriture qu'on ne puisse inculper?

Indépendamment de la faculté alimentaire des œufs, on leur a attribué encore quelques propriétés particulières. Il a existé une sorte de prédilection pour la forme : Horace prétendoit que les œufs longs étoient infiniment meilleurs que les ronds; mais en général il n'est pas facile d'établir le degré de bonté et de nutrition de deux matières du même genre, provenant de source différente, et examinées dans les mêmes circonstances, sur-tout lorsqu'on en fait usage, pendant un certain temps, sous la même forme, et que, pour les consommer, on est obligé de les associer à d'autres comestibles et à des assaisonnemens.

Mais les œufs de poule sont sans contredit, au jugement de ceux qui ont eu occasion de les examiner avec soin et de les comparer, à ceux de tous les oiseaux de basse-cour, les meilleurs et les plus délicats à manger : aussi sont-ils d'un usage journalier, et apporte-t-on beaucoup de soins pour en recueillir le plus qu'il est possible, soit pour la consommation du ménage, ou pour en faire le commerce.

C'est sur-tout comme œuf frais cuit à la coque, que l'œuf de poule a une supériorité marquée sur les autres œufs des oiseaux de la basse-cour : il est le seul qui fournisse ce liquide blanc qu'on a cru être du lait, et qui disparoît vingt-quatre heures après. On a pensé que dans cet état il possédoit une vertu tellement restaurante qu'il étoit prescrit aux convalescens et aux vieillards; que le retour à la santé dépendoit de l'usage qu'on faisoit des œufs frais pendant la convalescence; qu'il prolongeoit la vieillesse, et que c'est par ce moyen que le pape Paul a eu de longs jours, en mangeant, à la coque, deux œufs frais tous les matins. L'illustre Daubenton, mangeoit, dans les vingt dernières années de sa vie, tous les jours deux œufs frais.

Les anciens désignoient sous différens noms les œufs, suivant leur degré de cuisson : ils étoient dans l'opinion que, cuits à la braise ou dans l'eau bouillante, leurs effets devoient varier. L'habitude dans laquelle ils étoient de faire constamment de l'usage des œufs frais la base du régime des convalescens, a donné lieu à une brochure assez plaisante, mais remplie d'érudition, publiée en 1585, par *Prudent le Choiselat*, procureur du roi à Sesannes : il y démontre que, moyennant un capital de 400 livres, un homme économe, actif et intelligent, peut se faire un revenu de 4,500 liv. Le secret de l'auteur consistoit à avoir de bonnes poules pondeuses, à maintenir longtemps la ponte, et à en vendre journellement les œufs aux amateurs alors fort nombreux, au point que l'auteur, qui s'étoit ménagé des prôneurs pour le débit de sa denrée, les récompensoit en nature, c'est-à-dire avec la même monnoie.

C'est de l'ouvrage dont nous parlons, que vient une espèce de maxime proverbiale énoncée dans le *Théâtre d'Agriculture* d'Olivier de Serres, qu'*un œuf d'un jour vaut de l'or, un œuf de deux jours de l'argent, et un œuf de trois jours, du plomb.* Mais malgré les assertions des anciens médecins, qui attribuent des propriétés à tout ce qui existe, un œuf, pour être vieux, n'est pas malsain, à moins cependant qu'il ne soit altéré; et alors on ne doit en faire usage sous aucune forme : mais si ce sont des œufs clairs, et qu'ils aient été bien conservés, il sera possible, au bout d'une année, de les manger, sinon à la coque, du moins de toutes les autres manières employées pour les apprêter.

Les œufs peuvent perdre de leur qualité par la nature des alimens dont les poules font usage à un certain degré ; et quoique nous ayons prouvé que la nourriture n'a aucune influence sur leur volume ; elle peut cependant déterminer une nuance de saveur, de couleur et de consistance, que les organes exercés saisissent facilement.

Lorsque, par exemple, les poules avalent beaucoup de hannetons et d'autres insectes, dans la saison où ils sont abondans, et sur-tout les larves des vers à soie, qui deviennent pour elles une friandise, les œufs mangés à la coque n'ont pas autant de délicatesse. L'orge fonce la couleur du jaune, et augmente le liquide qu'on appelle le lait; les herbes, et spécialement la laitue, augmentent leur fluidité; enfin, l'usage des bourgeons de sapin leur communique une odeur de résine, et la graine de gentiane une saveur très-amère.

On peut, dans tous les temps, se garantir des inconvéniens que nous venons d'énoncer, et conserver aux œufs de poule les avantages que personne ne leur conteste, en prévenant qu'elles ne fassent aucun excès en ce genre. Une nourriture trop abondante nuit à la ponte, et peut préjudicier aussi à la qualité des œufs. Tous ces grains, comme le sarrasin, le chènevis, l'avoine et l'orge, auxquels on attribue des effets diamétralement opposés, ne les doivent peut-être qu'à la quantité qu'on en administre.

C'est sans doute à un mélange de grains de toute espèce, et à quelques insectes que les poules à demi-sauvages ramassent toute la journée dans la cour de la ferme, une partie de l'année, que l'on doit la bonne qualité des œufs qui nous sont apportés de la campagne, et qu'on fait cuire à la coque. On pourroit leur procurer cette espèce de glanage, en disséminant quelquefois du grain dans le fumier, ou dans un terrain meuble, qu'on recouvriroit avec la herse, afin qu'elles puissent gratter et se vautrer sans blesser leurs ongles. Il ne faut pas qu'elles mangent trop à la fois, parce qu'étant oisives dans la journée, elles cessent de pondre.

Si les œufs d'oie et de cane conviennent

singulièrement bien, ainsi que nous l'avons déjà dit, à la pâtisserie, il paroît que ceux de pintade, de dinde et de poule, méritent la préférence en omelette ou en œufs brouillés, sur-tout quand on a soin de les mêler en certaines proportions, et de les délayer préalablement de manière à en former un tout homogène.

Les omelettes sont du goût de tout le monde, mais il y a réellement des estomacs qui ne sauroient les digérer, peut-être à cause de la manière de les préparer : si on battoit à part les blancs et les jaunes, le mélange alors seroit plus exact, plus intime, absorberoit davantage d'air, et le résultat deviendroit nécessairement plus savoureux et plus léger.

Cependant, si ce mode présentoit quelque embarras dans la cuisine, pour empêcher de l'adopter, la ménagère, après avoir cassé ses œufs, pourroit s'en réserver un sur la douzaine, séparer le blanc, le fouetter avec un peu d'eau, et le mêler dans l'état mousseux avec les œufs battus : l'omelette, par ce moyen, est fort délicate.

Si les œufs brouillés sont plus délicats et plus digestibles que les omelettes, c'est parce qu'ils présentent plus de surface à la salive et aux sucs gastriques, qu'ils cuisent à une chaleur douce, et qu'ils sont agités sans discontinuer jusqu'à leur parfaite cuisson.

Mon intention n'est pas de décrire l'art culinaire, mais bien de traiter à fond une matière qui, dans toutes nos ressources, n'a pas de substitut, et sur laquelle il s'exerce à chaque instant pour augmenter, varier, perfectionner ses résultats dans tous les genres de services dont cet art important couvre la table.

Indépendamment de la cuisine, les œufs servent encore à d'autres usages. La clarification et le collage des vins en consomment énormément. Combien il seroit avantageux de n'y employer que des œufs clairs, c'est-à-dire des œufs qui, étant privés de germe fécondé, seroient beaucoup moins susceptibles de se gâter! Nous rappellerons cet objet au mot VIN.

Réflexions générales sur les œufs. C'est sans doute à l'ignorance dans laquelle on est sur une grande partie des moyens dont nous venons de présenter le développement; c'est à l'oubli de soins pour des objets qui paroissent n'en exiger que très-peu, qu'il faut rapporter l'opinion défavorable que les propriétaires cultivateurs semblent avoir adoptée à l'égard des oiseaux de basse-cour. S'ils eussent pu ou voulu apprécier à sa juste valeur la ressource des œufs, ils se seroient bien gardés d'écrire qu'il ne falloit pas compter, dans une métairie, sur le bénéfice du poulailler.

Dans les grandes fermes, en effet, les détails de cette partie de la basse-cour sont abandonnés au premier venu : on ne s'y donne pas même la peine de compter le nombre des coqs et des poules qui existent, de s'assurer de la proportion dans laquelle ils doivent se trouver respectivement, et si les uns et les autres réunissent les conditions propres à remplir le but pour lequel on les entretient.

Le poulailler désavantageusement situé, incommode, malpropre, n'attache pas les poules à leur demeure : elles vont pondre dans les coins et recoins de la ferme, souvent même au dehors dans les terres cultivées, où elles font en même temps beaucoup de dégâts. Enfin, leurs produits ne sont soumis à aucune combinaison, ni à la moindre surveillance. Faut-il s'étonner si, dans cet état d'abandon, la volaille ne présente souvent qu'une source de dépense, et à peine des résultats médiocres?

J'ai eu la curiosité de parcourir plusieurs de ces fermes avec l'intention d'y examiner particulièrement cet objet qui étoit le seul négligé; après m'être assuré que le nombre des poules s'élevoit à cent cinquante environ, et qu'il y avoit un coq au moins pour le service de six poules, lorsque trois sur la totalité pouvoient suffire pour assurer la fécondation de cette peuplade volatile, je questionnai la fille qui en avoit le gouvernement, pour savoir à combien s'élevoit la quantité d'œufs qu'elle recueilloit par jour; c'étoit au mois de mai, époque où la ponte est dans la plus grande activité; elle me répondit que la quantité alloit de trente à quarante, ce qui me fit présumer que le maître perdoit au moins journellement, par apperçu, soixante à soixante-dix œufs. Cette fille ne put en disconvenir; mais elle m'ajouta que le logement des poules étant peu commode et mal placé, les poules se rendoient par toutes les ouvertures de la cour aux champs, et qu'alors il lui étoit impossible de se charger *d'aller ramasser leurs œufs.*

Je donnai au propriétaire le conseil de rendre le poulailler plus attrayant pour les poules, d'exiger qu'on leur jetât dans le lieu qui en seroit le plus voisin, leur manger, et, en attendant, de faire suppléer la fille de basse-cour par des enfans auxquels il seroit accordé deux sous par quarteron d'œufs qu'ils ramasseroient hors de la cour. Ce conseil, mis à profit, a eu un succès complet.

Il est rare que ce moyen ne réussisse pas. J'en citerai encore un exemple : dans une année où les mulots ravageoient tous les jardins potagers, j'ai vu une mère de famille intéresser ses enfans à les détruire par le moyen des quatre de chiffre ; elle leur donnoit deux liards par douzaine de mulots qu'on lui apportoit ; cette modique récompense lui procura la satisfaction de maintenir son jardin dans le meilleur état, tandis que ses voisins n'avoient rien conservé dans le leur.

Quoique les œufs ne soient qu'un accessoire à la masse des productions d'une grande ferme sagement administrée, je ne saurois assez inviter ceux qui se trouveroient dans le cas précité, de mieux soigner qu'ils ne le font le poulailler, s'ils veulent attacher les volailles à leur demeure et les déterminer à venir y pondre, d'intéresser par une récompense quelconque à la recherche et à la collecte des œufs hors du poulailler ; car, ce qui s'en perd journellement, suffiroit, au delà, pour la table du maître et des gens de la ferme.

Cette précaution de lever les œufs pondus çà et là dans la cour et dans les champs auroit peut-être un autre avantage, celui de faire perdre à certaines poules vagabondes leur disposition à pondre à l'aventure, si les poules trouvoient leur compte à faire leurs œufs hors du poulailler ; mais pendant la nuit, les animaux de proie qui découvrent la touffe ou le buisson dépositaire des œufs, les mangent, ce qui détermine les femelles qui voient leurs nids vides à continuer de pondre, et les expose à s'épuiser, par la raison qu'ils n'en trouvent jamais suffisamment pour couver.

Ce seroit donc rendre un service essentiel aux habitans des villes et des campagnes, d'éveiller l'attention sur le produit en œufs qu'on peut obtenir en soignant mieux les poules, et d'indiquer les procédés à suivre pour doubler leur produit si nécessaire au ménage, et dont on n'est jamais embarrassé, puisque le superflu de la consommation serviroit à défrayer d'une foule d'articles minutieux qu'il faut acheter au comptant, et qui, souvent répétés, forment à la fin de l'année une somme assez considérable pour mériter d'entrer en ligne de compte dans les dépenses ; mais je reviens à l'objet de ce Mémoire, en rappelant une observation générale.

Les coqs, dans les basses-cours, ne servent donc absolument qu'à féconder les œufs, c'est-à-dire, à les rendre propres à l'incubation : leur absence est donc un moyen non seulement de doubler, pour ainsi dire, la ponte, mais encore de rendre la conservation des œufs plus facile et moins embarrassante, ainsi que nous l'avons fait voir précédemment.

La ponte, la couvaison méthodique, soignées et traitées à part, peuvent donc offrir aux cultivateurs deux branches différentes d'industrie. Celui qui spéculeroit sur la première, chercheroit à ne monter la basse-cour que des espèces de poules qui fourniroient une plus grande quantité d'œufs, et sans le concours des coqs ; il en régleroit constamment le nombre sur l'étendue et la nature de son exploitation ; il ne leur administreroit les alimens que dans la forme la plus propre à accélérer la ponte, à la maintenir, et à la prolonger sans interruption jusqu'aux froids.

L'autre, qui spéculeroit sur l'éducation des poulets, agiroit dans un sens contraire, puisque son propre intérêt seroit de ne recueillir que des œufs les plus gros, fournis par des poules qui vivroient avec des coqs très-vigoureux. Tous deux acquerroient plus de connoissances théoriques et pratiques sur l'objet auquel chacun se livreroit exclusivement ; et cette partie de l'économie rurale et domestique, éclairée et perfectionnée, deviendroit plus profitable aux cultivateurs, et plus avantageuse aux consommateurs de tous les ordres.

(Parm.)

OIES. (Engrais des) Il en est de l'oie comme de tous les animaux qu'on fait passer à la graisse ; il faut saisir l'instant où elle est parvenue à l'obésité complète, vu qu'elle maigriroit bientôt, et finiroit par périr si on ne la tuoit.

On a calculé qu'il falloit environ quarante à cinquante livres de maïs, dans les cantons où l'on a abondamment de ce grain ; ailleurs il est remplacé par l'orge. Il faut environ trois semaines pour amener cet oiseau au *maximum* d'embonpoint qu'il peut atteindre.

C'est sur-tout dans le Haut-Languedoc que l'oie est d'une belle venue et aussi grande que le cygne ; sa marque distinctive est d'avoir sous le ventre une masse de graisse qui touche à terre au moment où cet oiseau marche. A la vérité, cette graisse n'est bien sensible qu'au mois d'octobre ; elle augmente à mesure que l'oie prend de l'embonpoint ;

mais, quand on s'éloigne de Toulouse, en remontant vers Pau et Bayonne, cette masse diminue, et l'espèce s'affoiblit.

Comme la grande espèce d'oie est d'un meilleur rapport, elle est la seule qu'on élève; mais il seroit possible de trouver, dans les espèces sauvages, des jars qui pourroient s'accoupler avec nos oies domestiques, d'où résulteroient des métis dont la chair seroit peut-être plus délicate.

Il paroît qu'en Espagne, où les rivières et les lacs sont par-tout couverts de canards et d'oies sauvages, ces croisemens ont été tentés avec un grand succès.

Tous les ouvrages d'économie rurale prétendent qu'il faut un jars pour six femelles; mais, dans le Bas-Languedoc, le simple métayer ne conserve pas de mâle, à cause de la nourriture qu'il coûte et de sa méchanceté; au printemps, et moyennant une légère rétribution, il conduit la femelle au mâle qu'on a gardé dans les métairies un peu considérables, pour servir d'étalon; et il est démontré qu'il peut, sans se fatiguer, féconder un bien plus grand nombre d'oies. M. Saint-Genis s'est assuré que les oies s'apparient comme les pigeons et les perdreaux; il a même remarqué que quand le nombre des mâles excédoit celui des femelles de deux et même de trois, en y comprenant le père commun, il n'est arrivé aucune rixe entre les mâles; les accouplemens se sont faits sans bruit, et vraisemblablement par les choix respectifs. Il est resté, outre le père, deux mâles qui n'étoient pas pourvus. Les couples restoient continuellement ensemble, sauf quelques écarts momentanés, pendant lesquels les autres mâles, même les deux célibataires, ne se permettoient pas d'approcher la femelle avec laquelle ils n'étoient pas accouplés. Les deux jars alloient toujours ensemble, ce qui fait présumer que l'un d'entr'eux pouvoit être une femelle, quoiqu'ils fussent l'un et l'autre blancs. Mais Saint-Genis s'est encore assuré qu'ils étoient mâles, et il a constaté par là qu'en général les mâles sont blancs, tandis que leurs femelles ont toujours quelques plumes grises. Cette distinction, que l'on croit certaine, n'a été faite par aucun naturaliste; c'est en vain qu'on chercheroit dans leurs ouvrages les signes caractéristiques des oies mâles et des oies femelles.

Pour engraisser les oies, on saisit deux époques différentes de leur vie, ou lorsqu'elles ont acquis le volume ordinaire. Dans le premier cas, c'est l'affaire de quinze jours ou trois semaines au plus; dans le second, il faut un mois, plus ou moins. Tout le travail consiste à les plumer sous le ventre, à leur donner une nourriture abondante et une boisson suffisante; à les enfermer dans un endroit obscur, frais, tranquille, peu spacieux; à faire en sorte, sur-tout, qu'elles ne puissent pas entendre les cris de celles laissées en liberté pour la propagation de l'espèce, et à ne les en sortir que pour les tuer.

C'est au mois de novembre, et quand le froid s'est déjà fait sentir, qu'il faut songer à engraisser les oies; si on attendoit plus tard, on les nourriroit en pure perte; elles entreroient en rut, s'occuperoient de la ponte, et l'opération alors n'auroit pas le même succès. Pour y parvenir, on met en pratique plusieurs méthodes: nous allons les décrire toutes. Cet oiseau est d'une ressource trop avantageuse dans nos départemens de l'Ouest et du Midi, pour omettre sur ce point le moindre détail.

M. *Puymaurin* m'a assuré que dans la seule ville de Toulouse, depuis le mois de juillet jusqu'en octobre, il s'en consommoit cent vingt mille, qui se débitent la plupart par quartiers. Les oies que l'on vend ainsi, sont jeunes sans être engraissées ; elles coûtent cinquante sous et trois livres. Elles fournissent quatre quartiers, sans compter les abatis ; de manière que la soupe et le dîner de l'artisan ne lui coûtent au plus que douze sous.

Première méthode. Lorsqu'on n'a que quelques oies à engraisser, on les met dans une barrique à laquelle on a pratiqué des trous, par où elles passent la tête pour prendre leur nourriture ; mais comme cet oiseau est vorace, et que chez lui la faim est plus forte que l'amour de la liberté, il s'engraisse facilement, pourvu qu'on lui fournisse abondamment de quoi avaler. C'est ordinairement une pâtée composée de farine d'orge, de blé de Turquie ou de sarrasin, avec du lait et des pommes de terre cuites.

Le procédé usité par les Polonais pour engraisser promptement les oies, est à peu près le même ; il consiste à faire entrer l'oison dans un pot de terre défoncé, d'une capacité telle qu'il ne permette pas à l'animal de s'y remuer d'aucun côté ; on lui donne à discrétion la pâtée dont il vient d'être question. Le pot est disposé dans la cage de manière à ce que ses excrémens n'y restent point. A peine les oies ont-elles séjourné quinze jours dans une pareille prison, qu'elles acquièrent tant de volume, qu'on est forcé de briser les pots pour les en tirer.

Seconde méthode. Aussitôt que les oies ne trouvent plus à glaner dans les chaumes, et qu'elles ont ramassé les grains restés sur l'aire, elles sont renfermées, douze par douze, dans des loges étroites et assez basses pour qu'elles ne puissent se tenir debout, ni faire beaucoup de mouvement. On les entretient proprement, en renouvelant souvent leur litière. On enlève à chacune quelques plumes sous les ailes et autour du croupion ; on met dans une auge tout le blé de Turquie, préalablement cuit, qu'elles peuvent consommer, et, dans une écuelle, de l'eau en abondance. Dans les premiers jours, elles mangent beaucoup et à tous momens ; mais leur appétit diminue au bout de trois semaines environ, et dès qu'on s'apperçoit qu'elles commencent à le perdre tout à fait, alors on les soufle ou on les gorge d'abord deux fois par jour, et ensuite trois fois. Pour cet effet, on introduit dans le jabot de l'animal du grain à l'aide d'un instrument ; c'est un entonnoir de fer-blanc dont le tuyau, long de cinq pouces et demi et de dix lignes de diamètre dans toute sa longueur, a le bout coupé en bec de flûte et arrondi, formant un petit rebord soudé et uni pour prévenir toute écorchure nuisible à l'animal ; à ce tuyau s'adapte un petit bâton pour en faire couler la graine. La ménagère, accroupie sur ses genoux, après avoir mis l'instrument dans le cou de l'oie, qu'elle tient d'une main, de l'autre elle prend du grain qui est à sa portée, le laisse tomber doucement, et le baguette à fur et mesure, afin qu'il n'en reste point dans l'entonnoir ; par intervalles, elle met sous le bec de l'animal une écuelle d'eau fraîche. En Alsace, on recommande d'ajouter au fond de l'écuelle une poignée de gravier fin et un peu de charbon pulvérisé, dans la persuasion que cette boisson contribue à engraisser plus vite l'oie, à faciliter le passage du maïs, et à faire grossir davantage le foie. D'autres indiquent des lavures de vaisselles ; et lorsqu'elle s'apperçoit que son jabot est à peu près rempli, elle la quitte pour en reprendre une autre.

Cette opération, quoique praticable par toute personne, est cependant assez délicate pour n'être confiée qu'à des mains adroites. Il faut tenir de l'eau dans la loge ; car une nourriture forcée et surabondante les altère beaucoup et les suffoqueroit sans cette précaution. Dix oies occupent ainsi une femme pendant une heure, soir et matin. On peut les gorger trois fois le jour, si elles digèrent facilement; mais il seroit dangereux d'y revenir tant que leur digestion n'est pas achevée. En moins d'un mois, les oies prennent une graisse prodigieuse et acquièrent le double de leur poids, c'est-à-dire, de dix-huit à vingt livres chacune.

Troisième méthode. L'objet de celle-ci est pour faire grossir le foie. Personne n'ignore les recherches de la sensualité pour faire refluer sur cette partie de l'animal toutes les forces vitales, en lui donnant une sorte de cachexie hépatique. En Alsace, le particulier achète une oie maigre qu'il renferme dans une petite loge de sapin assez étroite pour qu'elle ne puisse s'y retourner; cette loge est garnie, dans le bas-fond, de petits bâtons distanciés pour le passage de la fiente, et, en avant, d'une ouverture pour sortir la tête; au bas, une petite auge est toujours remplie d'eau dans laquelle trempent quelques morceaux de charbon de bois.

Un boisseau de maïs suffit pour sa nourriture pendant un mois, à la fin duquel l'oiseau se trouve suffisamment engraissé; on en fait tremper dans l'eau, dès la veille, un trentième qu'on lui insinue dans le gosier, le matin, puis le soir. Le reste du temps, ils boivent et barbotent.

Vers le vingt-deuxième jour, on mêle au maïs quelques cuillerées d'huile de pavot; à la fin du mois, l'on est averti par la présence d'une pelote de graisse sous chaque aile, ou plutôt par la difficulté de respirer, qu'il est temps de tuer l'oie; si l'on différoit, elle périroit de graisse. On trouve alors son foie pesant depuis une livre jusqu'à deux, et l'animal se trouve excellent à manger, fournissant, pendant la cuisson, depuis trois jusqu'à cinq livres de graisse, qui sert pour assaisonner les légumes le reste de l'année.

Sur six oies, il n'y en a ordinairement que quatre (et ce sont les plus jeunes) qui remplissent l'attente de l'engraisseur; il les tient ordinairement à la cave ou dans un lieu peu éclairé. Les Romains, friands de ces foies, avoient déjà observé que l'obscurité étoit favorable à ce genre d'éducation, sans doute parce qu'elle éloigne des oies toute distraction, et détermine toutes les facultés vers les organes digestifs.

Le défaut de mouvement et la gêne qui survient dans la respiration peuvent y être ajoutés; le premier en diminuant les pertes, et tous deux en ralentissant la circulation dans le système de la veine-porte, dont le sang doit s'hydrogéner à mesure que son carbone s'unit à l'oxigène qu'absorbe ce liquide; ce qui favorise la formation du suc huileux, qui, après avoir rempli le tissu cellulaire de l'habitude, s'insinue dans les conduits hépatiques, s'y engorge pour pénétrer ensuite le tissu même du foie, et constituer cette substance grasse et abondante qui, fondant dans la bouche des gourmets, flatte délicieusement leur palais. Le foie ne contracte donc qu'un engorgement consécutif, puisque la gêne dans la respiration ne se manifeste qu'à la fin, en empêchant le développement du diaphragme.

On parle souvent de la maigreur des oies soumises à ce régime: elle n'a pu avoir lieu que sur celles à qui l'on clouoit les pattes après leur avoir crevé les yeux, par suite des souffrances qu'une méthode aussi barbare devoit exciter. Sur cent engraisseurs, à peine s'en trouve-t-il maintenant deux qui la suivent, encore ils ne leur crèvent les yeux que deux ou trois jours avant de les tuer. Ainsi les oies d'Alsace, exemptes de ces cruelles opérations, prennent un embonpoint prodigieux que l'on pourroit appeler à la fin *hydropisie graisseuse*, suite d'une atonie générale dans le système absorbant, occasionnée par le défaut de mouvement avec une nourriture succulente et forcée, dans une atmosphère trop désoxigénée.

Mais, n'oublions pas de le dire, le canton où l'engrais des oies se pratique avec le plus de succès, c'est le Lauraguais, dans lequel le maïs est généralement cultivé. M. Villèle, placé entre Toulouse et Carcassonne, a fait, en différens temps, des expériences très-intéressantes, dont le résultat, qu'il m'a adressé, sert à prouver que les plus belles oies ne pèsent guères au delà de dix à douze livres, lorsqu'on se borne à les laisser manger à discrétion, sans ensuite les gorger; que si cette opération s'exécute trop promptement, et qu'on cherche à épargner quelques livres de graisse, on n'obtient que des oies demi-grasses de douze à treize livres, tandis que celles méthodiquement et parfaitement engraissées pèsent jusqu'à vingt livres. Or, cet excédant consistant en graisse, et cette graisse valant seize sous la livre, chaque oie entièrement grasse vaut au moins six livres de plus que celles à demi-grasses, et ces six livres valent trois fois plus de quarante sous; d'où il suit que quand on cherche à économiser quelques livres de grains dans l'engrais des oies, le profit qu'on en retire ne peut jamais compenser celui qu'on a épargné.

Salaison des oies. En économie domestique, les procédés les plus simples sont précisément ceux qui doivent mériter la préférence, et qu'il faut s'empresser de répandre; car, pour peu qu'ils paroissent exiger quelques soins et des opérations compliquées, on les rejette même avant de les avoir essayés; c'est à cette cause qu'est due souvent la lenteur avec laquelle les meilleures pratiques sont adoptées dans les campagnes.

On connoît deux méthodes pour conserver les oies en pot. La première consiste à les employer crues; dans la seconde, il s'agit de les cuire: toutes deux ont leurs partisans. La première est la plus délicate, mais la plus coûteuse, parce qu'il devient nécessaire alors de se servir d'une graisse étrangère pour condiment.

Pour les préparer cuites, ce qui est d'usage le plus général, on fait rissoler les quartiers des oies dans un chaudron de cuivre où la graisse fond; quand les os paroissent et qu'une paille entre dans la chair, l'oie est assez cuite; on arrange les quartiers dans des pots de terre vernissés, au fond desquels on met trois ou quatre brins de sarment pour empêcher les quartiers de toucher au fond, et que la graisse les entoure de tous côtés. Il faut avoir soin de couper les os dont la chair s'est retirée; c'est la première partie de la salaison qui rancit, et qui gâte le reste. On y verse de la graisse d'oie, de sorte qu'en se figeant elle couvre bien toute la chair, et la garantisse du contact de l'air; quinze jours après, on verse par-dessus de la graisse de cochon jusqu'à l'ouverture du pot, pour bien remplir les fentes qui se sont faites à la graisse d'oie; et on couvre le vaisseau d'un papier trempé dans l'eau-de-vie et d'un gros papier huilé; mais malgré ces précautions, les quartiers les plus élevés contractent au bout de cinq à six mois une odeur légère de rance.

Par une autre méthode, l'oie est salée crue: après avoir coupé la viande en demi-quartier ou l'équivalent, on presse en tous sens un morceau contre le sel égrugé comme du gros sable, et bien sec, et on le place dans le pot avec le sel qu'il a pu prendre; on continue ainsi, morceau par morceau, ayant le soin, en les plaçant, de les presser fortement les uns contre les autres, et contre

contre les parois du pot, pour ne laisser de vide que le moins possible. On remplit ainsi le pot jusqu'à quatre travers de doigt de l'entrée, avant d'y mettre de la graisse : on observe qu'elle ne soit pas bouillante ; on l'y verse peu à peu avec une grosse cuiller de bois : on en remplit le pot. Ordinairement les premiers morceaux sont aussi frais que ceux de l'intérieur. Nous devons ces détails d'économie domestique à M. Puymaurin, dont tous les délassemens ont un objet d'utilité générale.

Des usages économiques des oies. Avant la découverte du nouveau monde, les oies étoient extrêmement communes en France et dans les autres parties de l'Europe ; et il n'y avoit guères de repas un peu splendide où cet animal ne parût avec intérêt sur nos tables. C'étoit le régal que l'avocat Patelin offroit à M. Guillaume. En Angleterre, on mange une oie rôtie le jour de Noël, en mémoire de ce que la reine Elisabeth en avoit une sur sa table au moment où elle reçut la nouvelle de la destruction de la fameuse Armada de Philippe II, roi d'Espagne, qui devoit envahir l'Angleterre et détrôner cette reine. Il y avoit autrefois à Paris un marché particulier affecté au commerce des oies. Ceux qui les vendoient se nommoient *oyers ;* mais l'acquisition du dindon a pris la place de l'oie, à cause de son volume à peu près égal, et de sa chair beaucoup plus fine et plus délicate. A la vérité, les poussins d'Inde, moins faciles à élever que les oisons, ne sont pas, comme nous l'avons déjà dit, à l'abri de tous les évènemens qui menacent leur existence, jusqu'à ce qu'ils aient poussé le rouge : l'oie est donc, de ce côté, supérieure au dindon, et même pour les différens produits ; aussi, dans les provinces où la culture du maïs est en considération, et où il y a des pâturages, l'oie est ce qu'elle étoit il y a un siècle ; et il faut convenir que sa chair, ses plumes, son duvet, sa graisse, sa fiente, ne sont pas à dédaigner en aucun endroit où les circonstances favorisent sa propagation.

Mais on n'achète pas toujours les oies dans la vue de les engraisser. De gros propriétaires de la Beauce sont dans l'usage d'acheter des oies au moment de la moisson, et de les faire conduire sur les pièces de blé, après que les gerbes sont enlevées. Là, elles ramassent tout le grain, qui seroit perdu sans cette espèce de glanage ; et c'est à peu près l'affaire d'un mois, jusqu'aux labours d'automne. Quoiqu'on ne les vende ensuite guères plus cher qu'on ne les a achetées, elles laissent cependant pour profit à la ferme leurs plumes et leurs duvets, et sur les champs où elles ont pâturé, l'engrais de leurs excrétions et celui qu'elles laissent dans les étables où elles passent la nuit, et qui, quoi qu'on en dise, n'est pas, moyennant quelques soins, nuisible aux champs et aux prairies.

La fécondité de l'oie est connue ; elle fait beaucoup et de gros œufs ; ils sont moins bons que ceux de poule, et servent peu, par conséquent, à la cuisine ; mais on a remarqué qu'ils pouvoient être employés avec avantage dans la pâtisserie, si on ne les destinoit de préférence à la couvaison.

L'oie rôtie est un manger délicieux ; on la sert en Languedoc sur les meilleures tables ; la classe la moins aisée, qui en fait la plus grande consommation, divise cet oiseau en quatre quartiers ; elle fait la soupe avec un de ces quartiers, comme avec du bœuf, et rissole ensuite l'oie à la casserole avec des pois, des fèves, des pommes de terre ou autres légumes, ce qui fournit un plat très-copieux et très-nourrissant ; mais il faut qu'elle ne soit ni trop jeune, ni trop vieille ; dans le premier cas, la chair est trop muqueuse; dans le second, elle est trop coriace, trop sèche, pour être mangée. Ainsi il vaut mieux la mettre au pot; et, servie sur la table avec des légumes, elle devient d'un grand profit.

On a attribué beaucoup de propriétés à la graisse d'oie employée à l'extérieur. Dépouillée, par la liquéfaction au feu, de ses matières albumineuses et de son humidité surabondante, elle acquiert une sorte de consistance, la faculté de se garder pendant un certain temps, et de servir à accommoder les viandes, et même à confire les cuisses d'oie. Chez les Romains, elle passoit pour quelque chose d'exquis. Les peaux et les membranes qui restent sur la passoire sont également mises dans des pots, pour en faire, pendant l'été, les soupes des gens de la ferme.

Au reste, la chair et la graisse d'oie servent aux mêmes usages que celle de porc, dans la majeure partie de la France; le journalier en fait la soupe toute l'année, et le riche en assaisonne les mets délicats qui couvrent sa table. Les cœurs d'oies cuits sur le gril, sont un excellent manger. Les pattes cuites à demi, et frites ensuite, de même que les langues, méritent de trouver place dans l'*Almanach des gourmands*.

Les oies gorgées donnent des foies très-volumineux qui pèsent quelquefois jusqu'à une livre et demie; ils sont d'un blanc pâle, et très-délicats; cependant ils ne valent pas, pour le goût, les foies de canards. En les gardant un certain temps, ils contractent une teinte rougeâtre, ce qui les fait rejeter des cuisiniers; mais, si les foies d'oies sont une bonne spéculation pour ceux qui les engraissent, le bénéfice des pâtissiers est encore plus considérable. Il en existe tout au plus trois à quatre, à Strasbourg, qui jouissent à cet égard d'une grande réputation; ils envoient de ces pâtés jusqu'à Pétersbourg, et font entrer dans leurs comptoirs plus de cinquante mille écus par an: ces foies, remplis d'une graisse fine et délicate, conservent le parfum des aromates dont on assaisonne les pâtés, parmi lesquels la truffe du Périgord joue le premier rôle.

On a vu une de nos reines dépenser quinze cents livres pour engraisser trois oies dont elle vouloit rendre les foies plus délicats.

Les oies fournissent une fiente qu'on peut compter parmi les moyens d'engrais les plus puissans. On a prétendu, il est vrai, qu'elle étoit corrosive, et brûloit l'herbe sur laquelle l'oiseau la déposoit; il est bien possible qu'une trop grande quantité de cet engrais, appliqué immédiatement sur les prairies, soit capable de leur nuire, comme cela arrive pour les engrais des autres volailles, qu'on emploie également sans proportion ni modification.

Ce n'est donc pas de l'engrais même contre lequel on est en droit de se plaindre, mais plutôt du mauvais usage qu'on en fait; il seroit donc nécessaire, pour en tirer un meilleur parti, de le faire préalablement sécher et réduire à l'état de poudrette, ou bien de le mélanger avec d'autres engrais qui brideroient son action trop vive.

Indépendamment des deux maladies qui affectent communément l'oie, et pour lesquelles *Rozier* a indiqué les remèdes, le froid et le brouillard sont très-contraires à cet oiseau. On doit avoir soin, quand il est encore jeune, de ne le laisser sortir que par le beau temps, lorsqu'il peut aller chercher sa nourriture sans guide. Quand une pareille cause l'affecte; on lui administre une boisson tonique; mais la farine d'orge est excellente.

Un autre fléau non moins redoutable

pour les oisons, ce sont les petits insectes qui se mettent dans leurs oreilles et leurs naseaux, qui les fatiguent et les épuisent; alors ils marchent les ailes pendantes et secouant la tête. Le secours proposé par tous les agronomes, c'est de présenter aux oisons, au retour des champs, de l'orge au fond d'un vase rempli d'eau, pour la manger; ils sont obligés de plonger la tête dans l'eau, ce qui force les insectes à fuir et d'abandonner leur proie.

Il faut avoir soin, en outre, d'arracher toute la ciguë qui peut croître dans les alentours de l'habitation et dans les endroits où les oies vont pâturer; l'oison en est très-avide: à peine en a-t-il avalé un brin, qu'il étend les ailes, tombe en convulsions, et meurt; la jusquiame est également un poison pour lui, et ces plantes ne sont pas assez multipliées pour qu'il soit si difficile d'en délivrer le canton pour le salut de toute la volaille. (Parm.)

OIES SAUVAGES, (*Chasse.*) La subtilité des sens des oies sauvages, la méfiance qui les fait se précautionner contre leurs ennemis, en posant une sentinelle uniquement occupée à veiller pour la troupe, lorsqu'elle dort ou qu'elle pâture, rend l'approche de ce gibier extrêmement difficile, et sa chasse peu fructueuse. Il est néanmoins de l'intérêt des propriétaires de l'écarter de ses champs, où l'oie exerce des ravages notables, surtout dans les jeunes blés, qu'elle va pâturant et même qu'elle arrache lorsque la terre est humide. Aussi, dans les cantons marqués par leur passage, est-on obligé quelquefois de faire garder les champs. Ce passage commence dans les premiers jours de novembre; les oies arrivent alors du nord et s'avancent, selon la rigueur du froid, vers des pays de plus en plus méridionaux. Elles aiment à s'abattre dans de vastes plaines, d'où elles découvrent aisément autour d'elles, et évitent ce qui éveille leur défiance. Par la même raison, elles cherchent les grandes eaux; et les plaines ou marécages les plus vastes leur conviennent mieux que les petits. Différens en cela des canards, ces oiseaux pâturent le jour dans les champs, et vont passer la nuit à l'eau. Leur rassemblement est toujours marqué par des cris assez vifs. Vers le milieu du jour, il est aussi ordinaire que les oies quittent les champs pour aller à l'eau, boire et se laver. Ce passage diurne dure de midi à trois heures. Après l'hiver, elles repartent en bandes pour les climats du Nord.

C'est sur la connoissance de tous ces détails que les chasseurs combinent leurs ruses pour approcher ce gibier, dont la chair, quoique dure, est cependant estimée, et contre lequel d'ailleurs ses ravages arment les habitans des campagnes. On l'attend aux heures indiquées ci-dessus, au bord des eaux qu'on sait qu'il fréquente. Un chasseur caché dans une hutte bien faite, peut, en se mettant à l'affût, en abattre un petit nombre. Lorsque la pièce d'eau dont on est voisin, et que les oies fréquentent, est très-étendue, elles ne manquent pas de s'éloigner des bords. Pour les atteindre, on conduit une barque en pleine eau, et on la laisse quelques jours sans s'y transporter, pour accoutumer les oies à cette vue. On s'y rend ensuite pour les heures de l'affût, et on peut encore en tirer quelques unes. Mais en général les coups de fusil les dispersent, et ce n'est pas de suite qu'on peut espérer de les attendre au même endroit. Lors des très-grandes gelées, et que la terre est couverte de neige, la privation des eaux et de nourriture rend les oies bien moins sauvages. On les approche alors et on les tue plus facilement; mais aussi elles sont bien moins en chair, ainsi que tout autre gibier.

La Hutte ambulante et la Vache artificielle (*Voyez* ces mots) sont les meilleurs moyens connus dont on puisse se servir pour approcher les oies. Mais il faut, sur-tout pour l'usage de la première machine, une patience à toute épreuve, et avancer si lentement que les branchages mêmes de la hutte n'en soient pas agités. Au défaut d'une *vache artificielle* complète, des paysans se servent seulement d'un bonnet de carton façonné en tête de vache; du bout de leurs manches, ils laissent pendre deux morceaux d'étoffe qui figurent à peu près des jambes de devant; et, vêtus eux-mêmes d'une couleur brune, marchant courbés, et imitant l'allure de la vache qui paît, ils parviennent, en tournoyant, et par une marche oblique, à approcher les oies à la portée du fusil. Il est à propos, pour tirer ces oiseaux, d'avoir, s'il est possible, des canardières ou de longs fusils. A leur défaut, on peut forcer la charge de poudre, et, dans tous les cas, on se sert de plomb double, de celui qui est employé pour le lièvre, tant parce qu'on tire presque toujours de loin, que parce que la plume serrée de l'oie lui vaut une espèce de cuirasse.

Les oies domestiques attirent fréquemment les oies sauvages. On peut s'aider de cette connoissance, dans plusieurs occasions: par exemple, on peut, par un temps de gelée, tendre une grande nappe, selon les mêmes procédés que quand on veut prendre des alouettes à la ridée. Il faut indispensablement préparer son filet à l'entrée de la nuit, afin qu'il reçoive la neige, s'il en tombe, et n'en pas approcher le matin pour ne pas ôter les traces de l'influence de l'air, telles que le givre, etc., dont l'absence suffiroit pour tenir l'oie en méfiance. On attache aussi sur les lieux, des oies domestiques pour servir d'*appellans*. Le lendemain matin, le chasseur, caché dans une fosse éloignée du piège, de quarante à cinquante pas, et où aboutit la corde de tirage qui abat le filet, attend l'arrivée des oies; et, si son filet est bien mobile, il peut espérer de faire un bon coup. Lorsqu'il a neigé, on recommande au chasseur de se couvrir d'un drap blanc. Je croirois volontiers que ce ne seroit pas non plus sans succès qu'on répandroit dans un champ ensemencé, fréquenté des oies sauvages, différens collets à ressort proportionnés à leurs forces; mais peut-être aussi la préparation et le placement de ces pièges, qu'il faudroit tenir très-multipliés, entraîneroit trop de perte de temps et même de dégâts, pour qu'il en résultât un grand avantage.

Les oies sauvages s'abattent dans plusieurs cantons du nord de la France; mais les lieux cités pour être les plus fréquentés par ces animaux sont Granges-sur-Seine, les plaines de la Beauce, de la Brie et de la Champagne. (S.)

OREILLE DE CHARRUE. L'oreille d'une charrue ne doit pas être seulement la continuation de l'aile du soc, en commençant à son arrière-bord, mais il faut encore qu'elle soit sur le même plan. Sa première fonction est de recevoir horizontalement du soc la motte de terre, de l'élever à la hauteur convenable pour être renversée, d'opposer dans sa marche la *moindre résistance possible*, et par conséquent de n'exiger que le *minimum* de la puissance motrice. Si c'étoit là que se bornassent ses fonctions, le coin offriroit sans doute la forme la plus convenable (1) pour la pratique; mais il s'agit aussi de renverser la motte de terre: l'un des bords de l'oreille doit donc être sans aucune élévation, pour éviter une dépense inutile de force; l'au-

(1) Je sens que s'il ne s'agissoit que d'élever la motte de terre à une hauteur donnée, sur une longueur déterminée de l'oreille, sans la renverser, la forme qui donneroit la plus petite résistance ne seroit pas rigoureusement celle d'un coin à deux faces planes; mais la face supérieure devroit être curviligne, suivant les lois du solide de moindre résistance décrit par les mathématiciens. Mais, dans ce cas, la différence entre l'effet du coin à face courbe, et l'effet du coin à face plane est si petite, et l'exécution du premier seroit si difficile pour les ouvriers, que le coin à face plane doit être préféré, dans la pratique, comme premier élément de notre construction. (*Note de* M. JEFFERSON, *président des États-Unis d'Amérique.*)

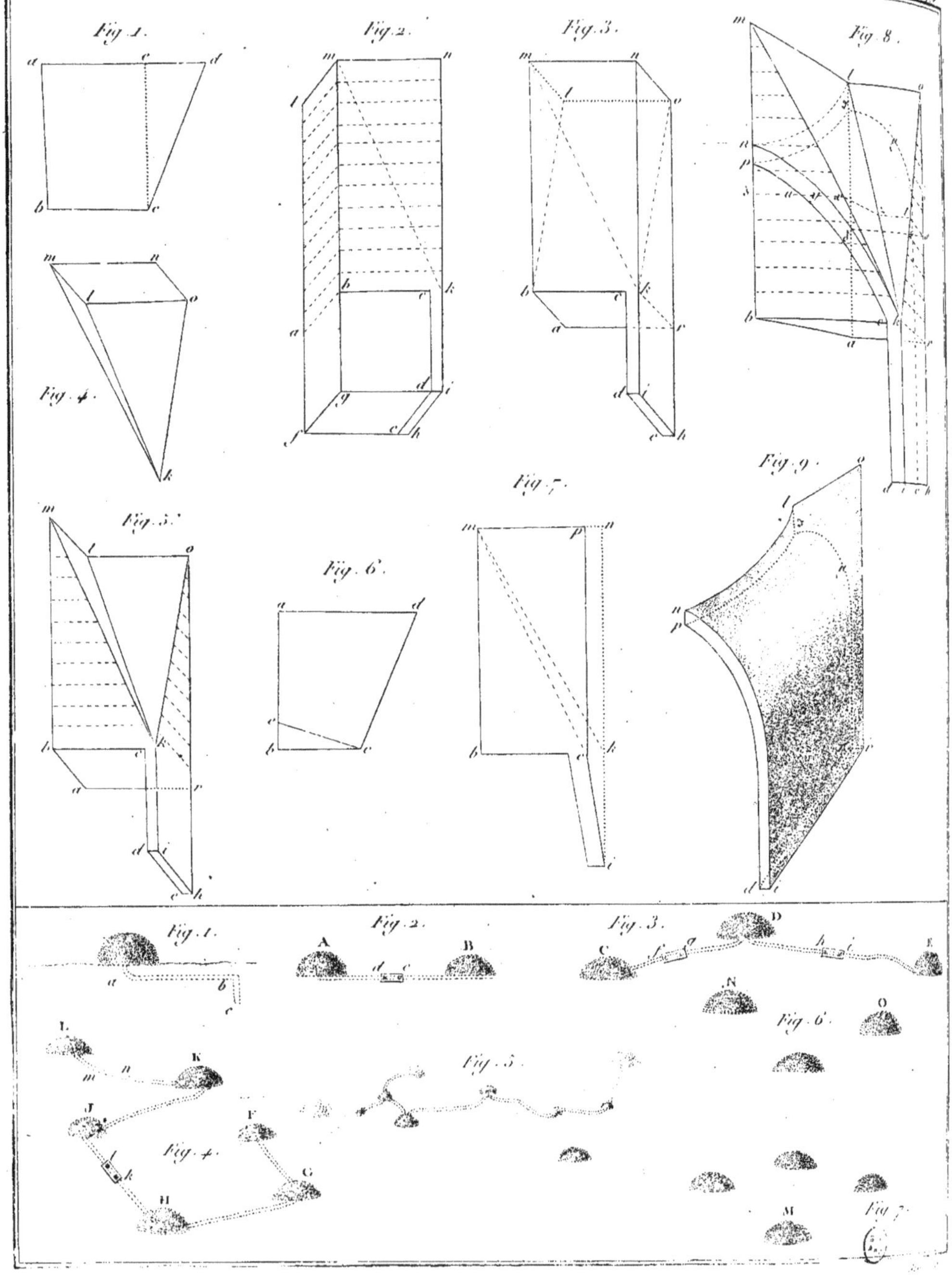
Fig. 1.
Fig. 2.
Fig. 3.
Fig. 4.
Fig. 5.
Fig. 6.
Fig. 7.
Fig. 8.
Fig. 9.
Fig. 1.
Fig. 2.
Fig. 3.
Fig. 4.
Fig. 5.
Fig. 6.
Fig. 7.

tre bord doit, au contraire, aller en montant jusqu'à ce qu'il dépasse la perpendiculaire, afin que la motte de terre se renverse par son propre poids; et, pour obtenir cet effet avec le moins de résistance possible, il faut que l'inclinaison de l'oreille augmente graduellement du moment qu'elle a reçu la motte de terre.

Dans cette seconde fonction, l'oreille opère donc comme un coin situé en travers ou montant, dont la pointe recule horizontalement sur la terre, tandis que l'autre bout continue de s'élever jusqu'à ce qu'il dépasse la perpendiculaire; ou, pour l'envisager sous un autre point de vue, plaçons à terre un coin dont la largeur égale celle du soc de la charrue, et dont la longueur soit égale à celle du soc depuis l'aile jusqu'à l'arrière-bout, et la hauteur du talon égale à l'épaisseur du soc. Menez une diagonale sur la surface supérieure, depuis l'angle gauche de la pointe, jusqu'à l'angle à droite de la partie supérieure du talon; adoucissez la face, en biaisant, depuis la diagonale jusqu'au bord droit qui touche la terre: cette moitié se trouve évidemment de la forme la plus convenable pour remplir les deux fonctions requises; savoir, pour enlever et renverser la motte graduellement, et avec le moins de force possible. Si l'on adoucit de même la gauche de la diagonale, c'est-à-dire, si l'on suppose une ligne droite dont la longueur soit au moins égale à la longueur du coin, appliquée sur la face déjà adoucie, et se mouvant en arrière sur cette face parallèlement à elle-même, et aux deux bouts du coin, en même temps que son bout inférieur se tiendra toujours le long de la ligne inférieure de la face droite, il en résultera une surface courbe dont le caractère essentiel sera d'être une combinaison du principe du coin, considéré suivant deux directions qui se croisent, et donnera ce que nous demandons, une oreille de charrue offrant le moins de résistance possible.

Cette oreille présente, de plus, le précieux avantage de pouvoir être exécutée par l'ouvrier le moins intelligent, au moyen d'un procédé si exact, que sa forme ne variera jamais de l'épaisseur d'un cheveu. Un des grands défauts de cette partie essentielle des charrues, est le peu de précision qui s'y trouve, parce que l'ouvrier n'ayant d'autre guide que l'œil, à peine en trouve-t-on deux qui soient semblables.

A la vérité, il est plus facile d'exécuter avec précision l'oreille de charrue dont il s'agit, quand on a vu une fois pratiquer la méthode qui en fournit le moyen, que de décrire cette méthode à l'aide du langage, ou de la représenter par des figures. Je vais cependant essayer d'en donner la description.

Soient données la largeur et la profondeur du sillon proposé, ainsi que la longueur de l'arbre de la charrue, depuis sa jonction avec l'aile jusqu'à son arrière-bout; car ces données déterminent les dimensions du bloc dans lequel on doit tailler l'oreille de la charrue. Supposons la largeur du sillon de neuf pouces, la profondeur de six, et la longueur de l'arbre de deux pieds: alors le bloc (*fig.* 1, *Pl. V*) doit avoir neuf pouces de largeur à sa base *b c*, et treize pouces et demi à son sommet *a d*; car s'il n'avoit en haut que la largeur *a e*, égale à celle de la base, la motte de terre élevée perpendiculairement retomberoit dans le sillon par sa propre élasticité. L'expérience que j'ai acquise sur mes terres, m'a démontré que, dans une hauteur de douze pouces, l'élévation de l'oreille doit dépasser la perpendiculaire de quatre pouces et demi, (ce qui donne un angle d'environ vingt degrés et demi) pour que le poids de la motte l'emporte dans tous les cas sur son élasticité. Le bloc doit avoir douze pouces de haut, parce que si l'oreille n'avoit pas en hauteur deux fois la profondeur du sillon, lorsque vous labourez des terres friables ou sablonneuses, elles dépasseroient l'oreille en s'élevant comme par vagues. Il doit avoir trois pieds de long, dont un servira à former la queue qui fixe l'oreille au manche de la charrue.

La première opération consiste à former cette queue en sciant le bloc (*fig.* 2) en travers de *a* ou *b* sur son côté gauche, et à douze pouces du bout *f g*; on continue l'entaille perpendiculairement le long de *b c*, jusqu'à un pouce et demi de son côté droit; alors prenant *d i* et *e h* égales chacune à un pouce et demi, on fait un trait de scie le long de la ligne *d e*, parallèle au côté droit. Le morceau *a b c d e f g* tombe de lui-même, et laisse la queue *c d e h i k* d'un pouce et demi d'épaisseur. C'est de la partie antérieure *a b c k l m n* du bloc que doit se former l'oreille.

Au moyen d'une équerre, tracez sur toutes les faces du bloc des lignes distantes entre elles d'un pouce, il y en aura nécessairement vingt-trois: alors tirez les diagonales *k m* (*fig.* 3) sur la face supérieure, et *k o* sur celle qui est située à droite; faites entrer la scie au point *m*, en la dirigeant vers *k*, et en la descendant le long de la ligne *m l*, jusqu'à ce qu'elle marque une ligne droite entre *k* et *l* (*fig.* 5); ensuite faites entrer la scie au point *o*, et, conservant la direction *o k*, descendez-la le long de la ligne *o l* jusqu'à la rencontre de la diagonale centrale *k l*, qui avoit été formée par la première coupe : la pyramide *k m n o l* (*fig.* 4) tombera d'elle-même, et laissera le bloc dans la forme (*fig.* 5.)

Observons que si dans la dernière opération, au lieu d'arrêter la scie à la diagonale centrale *k l*, on avoit continué d'entailler le bloc, en restant sur le même plan, le coin *l m n o k b* (*fig.* 3) auroit été enlevé, et il seroit resté un autre coin *l o k b a r*, lequel, comme je l'observois ci-dessus, en parlant du principe relatif à la construction de l'oreille, offriroit la forme la plus parfaite, s'il ne s'agissoit que d'élever la motte de terre : mais comme elle doit aussi être retournée, la moitié gauche du coin supérieur a été conservée, afin d'y continuer du même côté le biais à exécuter sur la moitié droite du coin inférieur.

Procédons aux moyens de produire ce biais, objet pour lequel on a eu la précaution de tracer des lignes à l'entour du bloc, avant d'enlever la pyramide (*fig.* 4.) Il faut avoir l'attention de ne point confondre ces lignes, maintenant qu'elles sont séparées par le vide qu'a laissé la suppression de cette pyramide (*fig.* 5.) Faites entrer la scie sur les deux points de la première ligne, situés aux endroits où celle-ci se trouve interrompue, et qui sont ses deux points d'intersection avec les diagonales extérieures *o k*, *m k*, en continuant le trait sur cette première ligne jusqu'à ce qu'il atteigne d'une part la diagonale centrale *k l*, et de l'autre l'arête inférieure droite *o h* du bloc (*fig.* 5) : le bout postérieur de la scie sortira par quelque point situé sur la trace supérieure, en ligne droite avec les points correspondans de l'arête et de la diagonale centrale. Continuez de même sur tous les points formés par les intersections des diagonales extérieures et des lignes tracées autour du bloc, en prenant toujours la diagonale centrale et l'arête *o h* pour terme, et les traces pour directrices : il arrivera que, quand vous aurez fait plusieurs de ces traits de scie, le bout de cet instrument qui étoit sorti jusque là par la face supérieure du bloc, sortira par la face située à gauche de celle-ci; et tous ces différens traits de scie auront marqué autant de lignes droites, qui, en partant de l'arête inférieure *o h* du bloc, iront couper la diagonale centrale. Maintenant, à l'aide d'un outil convenable, enlevez les parties sciées, observant seulement de laisser visibles les traits de scie; et cette face de l'oreille sera terminée.

Il nous reste à exécuter le dessous de l'oreille. Renversez le bloc, et faites entrer la scie par les points où la ligne *a l* (*fig.* 9) rencontre les traces, et continuez votre trait le long de ces traces, jusqu'à ce que les deux bouts de la scie approchent d'un pouce (ou de toute autre épaisseur convenable) de la face opposée de l'oreille. Quand les traits seront finis, enlevez, comme précédemment, les morceaux sciés, et l'oreille sera terminée.

On la fixe à la charrue, en emboîtant le devant *o l* (*fig.* 5 *et* 10) dans l'arrière-bord du soc, qui doit être fait double comme l'étui d'un peigne, afin de recevoir et de garantir ce devant de l'oreille. On fait passer alors une vis au travers de l'oreille et du manche du soc à l'endroit de leur contact, puis deux autres vis en travers de la queue de l'oreille et du manche droit de la charrue. La partie de la queue qui dépassera le manche sera coupée diagonalement, et l'ouvrage sera fini.

En décrivant cette opération, nous avons suivi la marche la plus simple, pour la rendre plus facile à concevoir; mais la pratique m'a fait appercevoir qu'il y auroit quelques modifications avantageuses à y faire. Ainsi, au lieu de commencer par former le bloc comme le représente *a b c d* (*fig.* 7), où *a b* est de douze pouces, et l'angle en *b* est droit, on retranche vers le bas, et sur toute la longueur *b c* du bloc, un coin *b c e*, la ligne *b e* étant égale à l'épaisseur de la barre du soc (que l'on suppose d'un pouce et demi); car la face de l'aile s'inclinant depuis la barre jusqu'au sol, si l'on venoit à poser le bloc sur le soc sans tenir compte de cette inclinaison, le côté *a b* perdroit sa perpendicularité, et le côté *a d* cesseroit d'être horizontal. De plus, au lieu de laisser au haut du bloc treize pouces et demi de largeur, depuis *m* jusqu'à *n* (*fig.* 8), j'enlève du côté droit une espèce de coin *n k i c p n* d'un pouce et demi d'épaissenr, parce que l'expérience m'a prouvé que la queue, devenue par ce moyen plus oblique comme *c i*, au lieu de *k i*, s'adapte plus avantageusement au côté du manche. La diagonale de la face supérieure se trouve conséquemment reculée de *k* en *c*, et nous avons *m c* au lieu de *m k*, comme ci-dessus. Ces modifications seront faciles à saisir pour quiconque conçoit le principe général.

Dans les différentes expériences auxquelles les oreilles ont été soumises pour déterminer la quantité dont le côté droit supérieur du bloc dépasse la perpendiculaire, et pour fixer le rapport entre la hauteur et la profondeur du sillon, elles n'étoient exécutées qu'en bois : maintenant que mes expériences m'ont convaincu que, pour un sillon de neuf pouces de largeur sur six de profondeur, les dimensions que j'ai données sont les meilleures. je proposerois d'exécuter à l'avenir ces oreilles en fer de fonte.

Je sens que cette description peut paroître trop longue et trop minutieuse pour un sujet jusqu'ici regardé comme peu digne de fournir à la science une matière d'application ; mais si la charrue est réellement l'instrument le plus utile aux hommes, son perfectionnement ne pourra jamais être traité de vaine spéculation. Quoi qu'il en soit, la combinaison d'une théorie satisfaisante pour les savans, avec une pratique à la portée du laboureur le moins lettré, doit recevoir un accueil favorable de la part des deux classes d'hommes qui rendent le plus de services à la société.

(Jefferson, *Président des Etats-Unis d'Amérique*.)

Nota. Il est beau de voir le premier magistrat d'un peuple libre employer les courts instans que lui laisse l'administration d'un vaste empire au perfectionnement de la charrue. Ses vues philantropiques pour faire jouir l'agriculture du nouveau et de l'ancien continent de ses utiles travaux, ne sont pas moins intéressantes. C'est pour remplir ses intentions libérales que son Mémoire est imprimé ici, et que le modèle de son oreille de charrue est déposé dans la galerie des ustensiles d'agriculture, pour servir au cours de culture qui se donne chaque année dans le Muséum. (Thouin.)

ORGE. Quoique la substitution de ce grain au riz soit connue et adoptée depuis long-temps, elle a dernièrement été proposée au gouvernement pour les établissemens publics : cette proposition nous a paru présenter un degré d'utilité assez évident, pour mériter une attention particulière; mais, avant d'indiquer la préparation que demande l'orge mondé, pour l'assimiler au riz crevé, nous avons pensé qu'il falloit placer ces deux grains dans les mêmes circonstances, c'est-à-dire, les soumettre l'un et l'autre à une même opération, pour juger ensuite lequel des deux absorbe une plus grande quantité de fluide pendant la cuisson, et le degré de consistance et de pesanteur qu'ils conservent respectivement dans l'état chaud et après le refroidissement.

J'observe que je n'ai rien oublié pour apprécier à sa juste valeur la préparation qui consiste à perler l'orge, préparation qui, jusqu'à présent, n'est exécutée que chez l'étranger, et qu'il paroît possible de pratiquer en France, avec d'autant plus de succès, que le grain dont il s'agit est cultivé sur le sol de tous les départemens de l'empire, et forme souvent l'unique ressource alimentaire de plusieurs de leurs habitans.

Résultat *des expériences comparatives sur la cuisson de l'orge et du riz, pris dans différens états.*

	liv.	onc.	heur.	min.
Orge mondé.				
Quantité	»	8	»	»
Eau employée dans la cuisson	4	8	»	»
Temps qu'elle a duré	»	»	1	30
Sa pesanteur dans cet état	5	6	»	»
Orge concassé.				
Quantité	»	8	»	»
Eau employée dans la cuisson	3	8	»	»
Temps qu'elle a duré	»	»	»	45
Sa pesanteur dans cet état	3	7	»	»
Orge en farine.				
Quantité	»	8	»	»
Eau employée dans la cuisson	3	8	»	»
Temps qu'elle a duré	»	»	»	30
Sa pesanteur dans cet état	3	7	»	»
Riz entier.				
Quantité	»	8	»	»
Eau employée dans la cuisson	3	8	»	»
Temps qu'elle a duré	»	»	»	45
Sa pesanteur dans cet état	2	12	»	»
Riz concassé.				
Quantité	»	8	»	»
Eau employée dans la cuisson	3	8	»	»
Temps qu'elle a duré	»	»	»	36
Sa pesanteur dans cet état	2	15	»	»
Riz en farine.				
Quantité	»	8	»	»
Eau employée dans la cuisson	3	8	»	»
Temps qu'elle a duré	»	»	»	30
Sa pesanteur dans cet état	3	4	»	»

Ces expériences, répétées plusieurs fois, ont toujours présenté les mêmes résultats ; elles confirment l'observation des brasseurs, qui nous apprennent que, de tous les grains qu'ils traitent, il n'y en a point qui consomme plus d'eau au trempoir, qui se renfle davantage, et ait une saveur plus sucrée que l'orge ; mais la cuisson qui s'opère sur les grains entiers, et celle qu'ils subissent lorsqu'ils sont plus ou moins divisés, n'offrent pas de différences assez sensibles pour s'y arrêter. Je crois avoir seulement observé que les premiers ont une saveur plus marquée, et donnent plus de corps à l'aliment.

Mais, si le riz paroît réunir à l'avantage de crever facilement, celui de former, dans toutes ses parties, un aliment également consistant, l'orge au contraire se laisse plus difficilement pénétrer par l'eau, et absorbe davantage. L'eau, en formant un mucilage avec la portion de farine qui s'échappe de l'intérieur du grain, perd d'autant plus de son énergie, qu'elle en est plus saturée ; l'orge ainsi gonflée, s'écrase entre les doigts à l'aide d'une légère pression, et garde assez de consistance pour nécessiter une mastication longue, vu que chaque grain se trouve plus enveloppé d'une bouillie épaisse, plus muqueuse que celle du riz. Peut-être cette différence est-elle à l'avantage de l'orge, qui est forcée, par ce moyen, de s'imprégner des sucs salivaires, et d'acquérir dans la bouche une modification qui la dispose favorablement au travail de la digestion. Quelque facile que soit l'opération d'amener le riz à l'état de riz crevé, la plupart des cuisiniers, d'un certain ordre, s'y prennent mal pour l'exécuter ; ils emploient trop de chaleur, une surabondance d'eau, et se servent d'un vase sans couvercle ; d'où il suit que le fluide, réduit en vapeur, s'échappe sans avoir opéré la plénitude de ses effets ; tandis que quand il est fermé, et que la chaleur est médiocre, cette vapeur, refoulée sur le grain, en pénètre insensiblement toutes les parties, et leur fait occuper plus de place, en quoi consiste ce qu'on appelle improprement *riz crevé*. Mais le grain, dans cet état de ramollissement et de gonflement, n'est pas encore cuit ; il faut que l'eau, qui le pénètre de toutes parts, s'y combine au moyen d'une chaleur douce et soutenue. Cette combinaison devient importante pour produire l'effet alimentaire. C'est ainsi que les substances farineuses, évidemment fades, acquièrent de la saveur sans addition d'aucun assaisonnement étranger. Nous avons déjà vu que le riz se gonfle plus facilement que l'orge, et qu'il exige moins de temps pour crever : mais une remarque essentielle, c'est que malgré son état sec et corné, il n'absorbe pas autant d'eau pendant la cuisson. Ces différences, à la vérité, sont trop légères pour ne pas suivre, dans la préparation de l'un et l'autre grain, le même procédé : il consiste à prendre l'orge mondé, qu'on a eu soin d'éplucher, comme le riz, pour en ôter les petites pailles ou la portion d'écorce que le moulin auroit pu laisser ; on le lave à l'eau chaude, puis on le met dans un vase couvert, avec un peu de véhicule quelconque, soit du lait ou du bouillon ; on expose le vase à une douce chaleur, on renouvelle le véhicule. Quand l'orge est crevée, on y en ajoute pour la cuire plus ou moins long-temps : on la mange ainsi ; et quand on veut la passer à travers un linge ou un tamis, dans cet état liquide, c'est le clair d'orge, comparable à la crême de riz.

Quoiqu'il n'existe pas encore une suite d'expériences assez concluantes pour établir le degré de nutrition du riz, comparé à celui de l'orge mondé, il n'est pas douteux que ces deux grains se comportant à peu près de la même manière, relativement à la quantité d'eau qu'ils absorbent, et à la consistance qu'ils acquièrent avant

avant et après leur cuisson, la différence, à cet égard, ne doive être que peu de chose. D'ailleurs, lorsqu'il s'agit de déterminer positivement si un aliment remplit et nourrit davantage que l'autre, il faut un concours de circonstances, sans lesquelles on ne peut présenter que des données approximatives; et tous ceux qui se sont hasardés à assurer que cette question étoit facile, ne l'ont pu résoudre.

Cependant, s'il falloit désigner, dans le nombre des faits publiés en faveur de l'intensité de nourriture que fournit l'orge mondé, apprêté comme le riz, je citerois, entr'autres, les expériences de Desmarets, qui s'est convaincu, plus d'une fois, que trois livres suffisoient à la subsistance de trois personnes par jour, sans aucune autre espèce d'aliment, et que la même quantité, réduite en farine, sous forme de bouillie ou de pain, est bien éloignée d'opérer autant d'effet, sur-tout dans les circonstances où le riz est prescrit comme aliment médicamenteux.

Dans tous les cas où le riz est distribué aux troupes, l'orge mondé pourroit également le remplacer, puisque ces deux grains forment à part un aliment qui ne diffère en aucune manière l'un de l'autre. Il seroit possible d'en approvisionner les places fortes où l'on auroit à craindre un siège ou un blocus, et de ne pas recourir à une denrée exotique, souvent fort chère, et qui contracte facilement, dans un lieu peu aéré et humide, l'odeur et le goût de poussière.

Un usage plus fréquent de l'orge mondé diminuera, dans les villes, la consommation du pain, et deviendra, pour les habitans des campagnes, une amélioration sensible dans la qualité de leur aliment principal.

Ce grain ne doit pas moins se conserver, dépouillé en partie de son écorce, comme nous l'avons recommandé, étant exposé à l'air, pour lui faire perdre l'humidité étrangère à sa constitution. Cette partie organique, le germe, qui semble se revivifier au retour du printemps, n'est plus à appréhender dans ses effets; elle est absolument détruite au moulin. La farine, à la vérité, moins enveloppée dans l'orge mondé, offre plus d'attraits aux insectes; mais alors il faut renfermer ce grain dans des sacs, les placer éloignés des murs, et dans l'endroit le plus frais du bâtiment.

Mais, dira-t-on, dès que l'orge mondé sera devenu d'une consommation générale, le prix auquel on se propose de le donner ne manquera pas d'augmenter, et alors il se rapprochera de celui du riz: l'expérience prouve absolument tout le contraire. Une denrée quelconque n'est jamais à bon compte dans un pays, qu'autant que l'usage en a fait un besoin journalier, parce qu'alors tous les genres d'industrie se portent sur cet objet, et que la concurrence fait le reste.

Le prix ordinaire de l'orge suit communément le cours des autres grains: quand le blé est à vingt-quatre francs le setier, la même mesure d'orge vaut à peu près la moitié. Voici ce que coûtoient, il y a quelques années, chez les détailleurs de Paris, l'orge et le riz:

		liv.	sous.
Prix de l'orge	mondé, la livre .	»	5
	perlé, *idem*. . .	»	16
	en farine, *idem* .	1	5
Prix du riz. .	entier, *idem* . . .	1	»
	en farine, *idem* .	1	4

Or, en supposant que, pour amener ce dernier grain à l'état d'orge mondé, les frais de main-d'œuvre et le déchet soient plus considérables que ceux de la mouture, à raison de la soustraction d'une portion de farine et du temps plus long pour l'opérer, il n'est guères possible d'imaginer que les 25 francs, auxquels le prix du quintal est porté, ne diminuent encore par la suite, lorsque la culture de l'orge aura reçu de l'extension, et que les moyens pour l'ouvrager, s'il est permis de s'exprimer ainsi, seront perfectionnés et multipliés.

Cependant, en applaudissant aux avantages de l'orge mondé, nous sommes bien éloignés d'en proposer l'emploi à l'entière exclusion du riz; mais nous observons que, quand il s'agit de grands établissemens, où il se fait une consommation considérable de cet aliment, on ne sauroit trop mettre à profit les ressources de l'économie, puisque souvent c'est en épargnant les dépenses répétées, minutieuses en apparence, qu'on parvient à satisfaire à tous les besoins, et à soulager tous les maux. Eh! pourroit-on être indifférent au moyen de tarir une source par laquelle s'échappe notre numéraire, pour aller enrichir les étrangers!

Supposons, en terminant, que l'expérience de nos voisins et l'analyse n'admettent aucune différence entre le riz et l'orge mondé, soit pour l'agrément de la nourriture et son intensité, soit pour ses effets diététiques, soit enfin pour son prix, on ne peut se dissimuler qu'il y auroit toujours des avantages sensibles à préférer l'emploi d'un grain, qui croît parmi nous, et qu'il est si facile de se procurer par-tout, sans que sa culture puisse jamais entraîner les inconvéniens qui sont les suites inévitables de celle du riz.

Ce sont ces vérités qui ont frappé le Conseil de santé des armées, et, dans un rapport qu'il a fait au gouvernement sur l'orge mondé, apprêté sous forme de riz crevé, il a déterminé le ministre de la guerre à en autoriser l'usage graduellement, et concurremment avec ce dernier grain, dans les hôpitaux militaires de Paris et de St-Denis.

Les mêmes mesures de prudence ont dirigé l'Ecole de Médecine de Paris, consultée par le ministre de l'intérieur sur l'usage de l'orge mondé pour les hospices de cette ville; mais, convaincue que, quand il s'agit de prononcer sur la qualité nutritive de telle ou telle substance, destinée à remplacer des alimens avec lesquels les organes sont familiarisés, on ne sauroit être trop circonspect, elle a proposé d'administrer l'orge mondé à différentes personnes, et principalement à celles que l'Ecole reçoit dans son hospice. C'est alors qu'on pourra juger, d'après les effets, de tous les avantages de sa substitution au riz.

En attendant, les éloges donnés, de toute antiquité, à l'orge, ne permettent plus de douter de sa salubrité, sous quelque forme qu'on en fasse usage, soit en santé, soit en maladie. *Chamousset*, ce philantrope dont le nom rappelle toutes les vertus patriotiques, et particulièrement celles qui tiennent directement au bonheur des hommes, *Chamousset* n'a rien oublié pour agrandir le cercle des ressources qu'on peut trouver dans l'orge mondé, grué et perlé. Au reste, la proposition de substituer l'orge mondé au riz n'est point une innovation; depuis long-temps, dans plusieurs de nos départemens qui confinent à l'Helvétie, cet usage est connu et adopté: on le mange crevé et cuit, avec différens véhicules; souvent on le prépare avec de la viande; et c'est sur-tout de cette manière qu'il sert dans plusieurs fermes, où les ouvriers s'en trouvent fort bien. (Parm.)

ORTOLAN, (*Emberiza ortolanus* Lin.) oiseau du genre du *bruant*, dans l'ordre des *passereaux*. (*Voyez* le commencement de l'article Etourneau.)

Caractères génériques: Le bec gros et conique, ayant la pièce inférieure à bords rentrans et plus large que la supérieure, au dedans de laquelle est un tubercule osseux.

Cet oiseau, un peu moins gros que le moineau franc, n'a rien de brillant dans sa parure; les teintes douces et variées de son plumage plaisent à l'œil sans l'éblouir. Sur le corps, c'est un mélange de marron et de noirâtre; le dessous est de couleur rousse parsemée de quelques mouchetures; il y a du jaune à la gorge, autour des yeux et sous les ailes; du cendré olivâtre sur la tête et le cou; du brun et du roux sur les ailes, dont les grandes plumes, ainsi que celles de la queue, sont noirâtres. Le cendré domine sur la robe de la femelle, et ses yeux ne sont point entourés de jaune.

Belon observe judicieusement que l'ortolan, qu'il appelle *verdier de haie*, *est quasi comme bâtard*, *par ses couleurs*, *entre un verdier et un pinson*. (*Nat. des Oiseaux.*) Cette comparaison, fort juste et facile à saisir, servira, ainsi que la description succincte que je viens de donner de l'ortolan, à distinguer cet oiseau de quelques autres espèces avec lesquelles on le confond assez communément.

L'ortolan, si renommé pour la délicatesse de sa chair, qu'il en est devenu un terme de comparaison et un synonyme de la délicatesse des mets, arrive, comme oiseau de passage, à peu près avec les hirondelles et les cailles; il précède même de quelques jours ces dernières; il repart vers la fin de septembre et dans octobre, pour chercher des climats plus chauds, qui sont la patrie natale de cette espèce.

A leur arrivée, les ortolans sont maigres, et ne valent pas le coup de fusil; il convient mieux alors de les prendre vivans pour les engraisser, ce qui n'est nullement difficile. En août et septembre, ils sont devenus naturellement très-délicats, et si chargés de graisse, sur-tout quand ils ont tombé dans des champs d'avoine, qu'ils en deviennent pesans au point de ne pouvoir plus fuir et de se laisser tuer à coups de baguettes. Les jeunes s'éloignent dès le mois d'août; les vieux restent quelquefois jusqu'aux premiers froids. L'abondance de la nourriture détermine leur passage ainsi que leur séjour. L'avoine, comme je viens de le dire, ainsi que l'orge, leur conviennent infiniment. Ils fréquentent aussi les vignes; mais on croit que c'est pour manger les insectes qui se rassemblent sur les pampres, et qu'ils n'attaquent point le raisin. Nos provinces méridionales font leur profit de ce joli gibier; ce n'est que rarement qu'ils remontent vers le nord, au delà du milieu de la France.

Les ortolans pris vivans, et nourris pour être engraissés, deviennent un objet de commerce non à dédaigner dans un Etat où règne le luxe. Ces oiseaux s'engraissent, comme je l'ai dit, facilement et promptement. Pour cela, il suffit de les tenir enfermés, quinze jours environ, dans une chambre entièrement close au jour extérieur, et éclairée par une lampe qu'on y entretient, pour ne donner aux oiseaux que la clarté nécessaire à les guider pour satisfaire leurs besoins. Les murs de cette chambre sont peints en gris; aux quatre coins sont autant de perches traversées de bâtons pour leur servir de perchoirs; le long des murs on en place aussi quelques unes plus petites, garnies de même de traverses étagées, c'est-à-dire, dont les supérieures sont plus courtes que les inférieures. Cette chambre s'appelle une *mue*. Il faut la mettre à l'abri des rats, souris et autres animaux ou insectes quelconques; on y tient les prisonniers proprement pour leur boire et pour leur manger, que d'ailleurs on leur prodigue. La base de leur nourriture est l'avoine, le millet et le pain. On doit leur refuser le chènevis qui communique à tous les oiseaux qui le mangent une saveur huileuse. Il en est qui rendent cette *mue* plus rigoureuse, en enfermant les oiseaux dans des cages basses et obscures, le long desquelles règnent des augets éclairés, où ils peuvent prendre leur nourriture. Lorsqu'on les laisse libres, il ne faut pas prendre, dans la *mue* ceux qu'on veut tuer ; cela effaroucheroit les autres et pourroit même les faire périr de mélancolie ; mais on ouvre une communication qui donne, de la *mue*, dans une chambre éclairée. Les oiseaux se portent du côté du jour, passent la porte, et, lorsqu'il en est entré le nombre qu'on désire, on laisse retomber la trape qui sert de communication. Il est encore à propos de n'en pas mettre en mue une trop grande quantité à la fois; au bout de très-peu de jours, qu'ils seroient parvenus à l'état d'embonpoint qui leur convient, ils mourroient de trop de graisse, ce qui cependant n'empêche pas de les manger de suite. Un ortolan engraissé pèse jusqu'à quatre onces; maigre, il en pèse à peine une. L'excellence de ce manger consiste à conserver cette graisse savoureuse ; et, pour cela, il faut les faire cuire au bain-marie, ou au bain de sable ou de cendre, et même dans des coques d'œufs, comme autrefois, à Rome, on cuisoit les becfigues dans des œufs de paon.

L'ortolan, tué et plumé, s'emballe dans des mallettes remplies de millet, et s'envoie très-loin par la poste. A Rome, on les couvre de farine, et on les range dans des boîtes pour les faire voyager.

Chasse aux ortolans. Les Provençaux les chassent au fusil, comme les becfigues, au moyen de l'*arbret*. (*Voyez* Becfigue.) Ils nourrissent des ortolans toute l'année, pour servir d'*appelans*; au defaut de ceux-ci, les bruants, avec lesquels les ortolans ont de l'analogie, les verdiers, les becfigues, les linottes, les pinsons, peuvent servir d'*appelans;* avec le même moyen, on les attire autour de *gluaux*, ou sous des filets, ou des trébuchets. Dans ce dernier cas, on élève au bout d'un grand bâton ou perche, une petite cage où est enfermé un ortolan ; au pied de la perche, on tend une quantité de trébuchets; on sème du grain sous les pièges, et on y ramasse bon nombre de prisonniers. On tend aussi, avec beaucoup de succès, pour les ortolans, les nappes décrites dans l'article Alouette ; mais le filet doit être plus léger et la maille plus petite. Autour des nappes, on élève, sur des piquets ou petites fourches hautes d'un pied à un pied et demi, des cages renfermant des *appelans*, et recouvertes de quelques feuillages. Entre les nappes, on répand un peu de grain, et on attache des Moquettes (*Voyez* ce mot) à une petite verge longue d'un pied et demi, et que l'on agite, du fond de la loge où est le *nappiste*, au moyen d'une ficelle. D'autres attachent la *moquette* au moyen d'un petit harnois de ruban qui lui embrasse le corps, ainsi qu'on enchaîne les chardonnerets *à la galere*, et l'arrêtent à un piquet autour duquel elle a la liberté d'aller, venir et voltiger. On enfonce en terre, à la portée de cet oiseau, de petits vases de fer-blanc, en forme d'entonnoir, mais fermés par le bout, et on y met à boire et à manger. Pour porter au champ tout cet attirail, les chasseurs, bien approvisionnés, ont un grand panier d'environ trois pieds de haut, fermé, et qui se porte sur le dos comme une hotte; autour du panier, en dehors, sont attachées des pochettes de toile, pour recevoir et serrer les ustensiles qui n'entrent pas dans la hotte. Il faut tendre avant le soleil levé, choisir une place nette, éloignée des arbres et buissons ; cependant le voisinage des vignes est, en général, un endroit favorable, ainsi que les champs couverts d'avoine. (S.)

OUTARDE, (Grande) *Otis tarda* Lin. oiseau du genre de son nom, dans l'ordre des *gallinacées*, dont les caractères sont décrits à l'article de la Caille.

Caractères génériques : Le dessus du bec en voûte, et les narines en ovale ; les pieds propres à la course, et terminés par trois doigts ; le bas des jambes dégarni de plumes.

Des barbes de plumes tombent sous le menton de l'outarde ; ses pieds sont revêtus d'écailles, et ses ailes, peu proportionnées au poids de son corps, peuvent néanmoins l'élever et le soutenir quelque temps en l'air. Deux places nues et violettes paroissent de chaque côté du cou. Le dessus du corps est varié de noir et de roux, disposés en ondes et par taches ; le dessous est d'un blanc légèrement teinté de fauve. Les ailes sont noires et blanches ; le plan supérieur de la queue est roussâtre ; l'inférieur est blanchâtre. Les moustaches ou barbes tombantes manquent à la femelle, dont la gorge et les côtés sont bruns.

Bien que les outardes soient des oiseaux de passage, il en reste cependant assez en France, pour que des ornithologistes les y croient naturelles ; mais il paroît constant qu'en général elles se retirent l'été dans des pays plus septentrionaux. Leur arrivée en France se fait remarquer en octobre, et leur départ est sensible au printemps. Les plaines de la Champagne Pouilleuse paroissent leur séjour favori. On en trouve aussi en Picardie, en Lorraine, dans le Poitou, autour d'Arles, et dans les plaines voisines du Rhône, le long de son cours. L'abondance de la chair que fournit l'outarde, (elle pèse de vingt à vingt-cinq livres ordinairement) et sa délicatesse rendroit son acquisition très-précieuse pour l'économie rurale ; mais, quoique prise jeune, elle se familiarise avec la domesticité, elle y perd sa fécondité. Il ne paroît pas que l'on ait éprouvé si, à force de soins, on ne pourroit pas la lui rendre. Lorsque l'on trouve des outardeaux dans le nid, que leurs père et mère creusent en terre au milieu des pièces de blé, et sur-tout de seigle, on les élève, en leur donnant de la mie de pain de seigle détrempée avec des jaunes d'œufs dans de l'eau et du vin ; plus grands, on les nourrit de pain de seigle, coupé en petites tranches, et mêlé de foie de bœuf. Cet oiseau, dans sa force et son état naturel, se nourrit d'herbes, de graines, d'insectes, et de petits animaux, tels que les mulots, crapauds, grenouilles, etc. ; et, dans la disette, il mange jusqu'à l'écorce des arbres. Les grandes plumes de ses ailes se vendent comme celles de l'oie et du cygne ; ce seroit un produit de plus qui résulteroit de sa domesticité.

Chasse de l'outarde. Comme elle cherche, pour se cantonner, les plaines les plus rases, les sites les plus nus, elle est très-difficile à approcher. On la chasse avec l'oiseau de proie, ou bien on la force dans des toiles avec des chiens et des chevaux ; mais ces chasses sont *jeux de prince*. La ruse, qui est le partage ordinaire de la foiblesse, est aussi le moyen auquel ont recours les paysans et le commun des chasseurs dans les cantons fréquentés des outardes. La *hutte ambulante* et la *vache artificielle*, sont pour les outardes, comme pour les oies, des pièges où vient échouer toute leur surveillance. On les approche encore à l'aide d'une charrette garnie de bottes de paille, et traînée par un cheval. A l'abri de cette paille, deux hommes parviennent à s'approcher des outardes, et, tandis que l'un conduit la charrette avec force détours, l'autre, armé d'une canardière chargée de gros plomb, et même de chevrotines, selon les distances, en abat quelques unes sous ses coups. On les attend aussi avec succès à l'affût, en se creusant une hutte en terre pendant leur absence du champ qu'elles se sont cantonné. On recouvre le trou de ramée, ou d'un drap blanc, s'il a tombé de la neige ; et, blotti dans ce trou, un chasseur attend que le gibier veuille bien passer à sa portée.

Malgré que les outardes courent avec une extrême rapidité, on peut les forcer, si on les surprend, avec un levrier par un temps de fort brouillard qui mouille leurs ailes, et les empêche de s'en servir. Dans les grands froids, les outardes se rassemblent en bandes plus nombreuses, et se réunissent quarante ou cinquante, et plus; il est alors plus aisé de suivre leurs allures et de les attaquer. Si le froid est rude, il s'attache souvent du verglas, de la neige ou des glaçons aux ailes de ces oiseaux qui, ne pouvant plus prendre leur essor, se laissent prendre à la main ou à l'aide des chiens; c'est de cette manière que l'on prend, en Crimée, beaucoup d'outardes, que l'on transporte vivantes dans les marchés. (S.)

OUTARDE (Petite) ou CANE PETIERE, (*Osti tetrax* Lin.) Elle est moins grosse et moins commune que la grande espèce: elle a le dessus de la tête et le bas du cou noir, un double demi-collier blanc, des zigzags noirs, fauves, blancs et roussâtres sur le corps, du blanc en dessous; les ailes blanches et noires; la queue fauve dans son milieu, et blanche de chaque côté, avec des bandes noirâtres. Le double collier manque à la femelle; les taches du dessus de son corps sont plus grandes que celles du mâle, et le blanc de sa poitrine est lavé de roux.

La ponte de la petite outarde se compose de trois ou quatre œufs d'un vert luisant, au lieu que les femelles de la grande espèce ne font que deux œufs d'un brun olivâtre pâle, marqués de petites taches plus foncées.

Non moins rusée que la grande outarde, la petite donne encore plus de peine au chasseur, que l'excellence de sa chair, plus estimée que celle de la précédente, arme contr'elle. Cet oiseau se plaît dans les prés, les sainfoins, les luzernes, les orges et les avoines; il ne s'arrête point dans les blés et seigles; il est très-commun dans la Beauce et le Berri. Au contraire de la grande outarde, il arrive en France en avril, et repart en automne, ce qui indique qu'il aime les pays chauds. En effet, on voit dans l'histoire naturelle des oiseaux de la Sardaigne, que la cane petière y est sédentaire. On la chasse avec les mêmes ruses que la grande outarde. *Voyez* l'article ci-dessus. (S.)

PAIN. Il m'a paru que, pour compléter l'article PAIN, que j'ai rédigé et inséré dans le septième volume de cet Ouvrage, quelques réflexions sur le *pain de munition*, sur le *pain biscuit* et sur le *pain d'épice*, ne seroient pas un hors-d'œuvre à ce Supplément, d'autant mieux que la réunion de ces objets pourra être considérée comme un véritable traité de boulangerie.

Pain de munition. Il est sans contredit l'aliment le plus substantiel, le plus analogue à la constitution physique de l'homme de guerre, celui qui, sous tous les rapports de l'état habituel, réunit le plus de conditions pour son genre de vie. Mais, pour obtenir cette qualité de pain, il convient de ne le composer que de toutes les farines qui résultent des grains, après en avoir extrait une grande partie du son.

A l'époque où la loi ordonna que le pain des troupes seroit composé de trois quarts froment et un quart seigle, sans extraction de son, elle avoit fixé en même temps la ration à une livre et demie par jour. Cette quantité suffiroit, sans doute, pour les besoins d'un soldat; mais la plupart sont des jeunes gens qui, pour fournir à leur accroissement, résister aux fatigues de la guerre et aux exercices qu'ils font en temps de paix, ne doivent trouver dans leur aliment fondamental aucun principe qui puisse en affoiblir les effets. Vraisemblablement l'imperfection des moutures a d'abord déterminé le gouvernement à admettre le son en substance dans le pain des troupes; et ce sont ensuite des vues d'économie qui ont maintenu cet usage; mais des recherches postérieures attestent que le son, non seulement ne nourrit pas par lui-même, mais qu'il devient encore un obstacle à la nutrition du pain; il excite en outre l'appétit et passe en entier tel qu'on l'a pris; en sorte qu'il est prouvé qu'une livre de pain où il n'y a point de son, sustente davantage qu'une livre de pain où il y a du son.

Cette observation, confirmée par un très-grand nombre d'expériences faites par des entrepreneurs qui avoient beaucoup d'ouvriers à nourrir, les a déterminés à préférer de leur distribuer un pain moins bis et en plus petite quantité. Ce changement a singulièrement réussi au gré des uns et des autres.

Mais après avoir médité sur les moyens les plus efficaces d'améliorer le pain des troupes, je pense qu'il doit se rapprocher, autant que possible, de celui que consomment les habitans des pays où elles sont en garnison; que, dans les endroits où l'on cultive indistinctement le froment et le seigle, on peut, sans inconvénient, continuer de s'en tenir à ce mélange dans les proportions adoptées par la loi; que, même dans ceux où le seigle et l'orge sont plus communs, l'on pourroit faire, avec ces deux grains, un pain bon et salubre; mais, dans tous ces cas, il convient d'en extraire la presque totalité du son, car l'écorce diffère essentiellement de la substance farineuse La purée de haricots se digère toujours très-bien; le haricot entier se digère quelquefois fort mal.

Il est démontré au chimiste que le son, réduit à son véritable état d'écorce, ne fournit aucun des principes nutritifs de la farine.

Il est démontré au médecin que le son passant facilement à la putrescence, peut, dans certaines circonstances, préjudicier à la santé.

Il est démontré à la ménagère qu'il nuit à la conservation des farines, à la fabrication du pain, et le dénature dans ses propriétés alimentaires.

Enfin, il est démontré à l'administrateur impartial et éclairé, que l'admission du son dans le pain peut ouvrir la porte aux abus, servir de prétexte à l'incurie, et favoriser toutes les fraudes, toutes les spéculations.

Ces quatre autorités sont le contrepoids de mille autorités contraires; tous les argumens opposés sont les argumens de l'ignorance, de l'intérêt et des préjugés. Jamais ils ne prévaudront contre l'expérience et la raison; elles prouvent:

1°. Que le son, comme écorce, n'a pas été destiné dans l'ordre de la nature à faire partie de nos alimens, et qu'il n'est nourrissant qu'en proportion de la farine qu'il retient toujours;

2°. Que son séjour dans les farines préjudicie toujours à leur quantité, à leur emploi, à leur garde;

3°. Qu'en supposant le son aussi divisé qu'est la farine, le pétrissage, la fermentation, la cuisson et les agens de la digestion ne changent ni sa nature, ni ses propriétés;

4°. Que le son, en trop grande quantité, fait du poids et non du pain; qu'il empêche cet aliment de prendre du volume, de ressuer au four, et le fait passer trop vite; qu'il ne faut en conserver que ce qui doit servir de lest sans inconvéniens;

5°. Que pour donner au pain de munition tous les avantages qu'il doit réunir, il suffit d'en extraire dix-huit livres de son par quintal de grain;

6°. Enfin, que sans augmenter le poids de la ration du pain des troupes, cette ration, composée de toutes les farines avec le cinquième des issues seulement, satisfera parfaitement les besoins du soldat.

Ce sont ces considérations, présentées dans un rapport par la classe des Sciences physiques et mathématiques de l'Institut national, qui ont déterminé le gouvernement à ordonner l'extraction de quinze livres de son par quintal de farine pour le pain des troupes; et cette réforme salutaire a tari la source des plaintes qui grossissoient tous les jours, et donnoient lieu de craindre que la qualité du pain ne devînt le prétexte de quelque insurrection.

Il est cependant un moyen facile de séparer du son tout ce qu'il peut procurer au pain de nourrissant; ce moyen consiste à mettre, le soir, la veille de la cuisson, le son à tremper dans l'eau qui, pendant la nuit, pénètre dans l'écorce et détache insensiblement la matière farineuse. Le lendemain matin l'on agite le son, que l'on comprime entre les mains pour achever la séparation de ce qu'il peut contenir d'alimentaire, et ne laisser que le squelette de l'écorce. On passe l'eau ainsi chargée à travers une toile claire ou un tamis de crin, et alors elle sera en état de servir au pétrissage de la pâte.

Cette méthode d'extraire, par le simple lavage à l'eau, la farine qui adhère au son, ne sauroit être comparée à celle qui consiste à le faire bouillir pour en employer ensuite la décoction au pétrissage; méthode que l'on a présentée souvent comme pouvant apporter un grand accroissement à nos subsistances. Le pain qui résulte de la première méthode a meilleur goût, est plus blanc et mieux levé; d'ailleurs, le son qui a macéré dans l'eau froide peut servir de nouveau, étant mélangé avec du son gras, pour les bestiaux qu'il faut remplir autant que nourrir.

Quelque utile que soit l'extrait du son ainsi

ainsi associé avec le pain, on ne le propose que dans les circonstances de cherté, où il est bon de ne pas perdre une livre de farine; car autrement, si les particuliers n'avoient point de basses-cours pour y faire consommer leur son, ils trouveroient plus de bénéfice à le vendre, que de s'en servir en substance dans le pain, dont le moindre effet est d'augmenter la masse et de diminuer le volume.

Pain biscuit. C'est une espèce de galette à demi-fermentée, d'un usage immémorial pour les voyages de long cours et pour les expéditions militaires. Originairement, la pâte de biscuit subissoit une double cuisson, d'où lui est venu son nom; mais à présent cette pâte n'est mise au four qu'une seule fois, quel que soit le pays qu'on doive parcourir et la durée du voyage. C'est donc mal à propos que l'on continue d'avancer, dans des ouvrages très-modernes, que l'aliment dont il s'agit est cuit deux fois. Ne pourroit-on pas prévenir toute erreur à ce sujet, en convenant d'appeler le biscuit, *pain de mer*, (*panis nauticus*, *panis maritimus*) comme on nomme le pain de munition, pain des troupes de terre (*panis militaris*)?

Que d'argent on épargneroit à l'Etat, que d'hommes on lui conserveroit, si le biscuit étoit par-tout aussi parfaitement et aussi économiquement préparé qu'il pourroit l'être! Sa composition tient aux principes généraux de la fabrication du pain. Les vices qui règnent dans les boulangeries de la plupart de nos départemens sont les mêmes que ceux des endroits où l'on fabrique le biscuit: mouture défectueuse, qui laisse du son dans la farine et de la farine dans le son, fours trop hauts et mal bouchés, qui consomment beaucoup de bois et cuisent mal. Aucune base n'existe pour l'uniformité de la préparation; le procédé à cet égard varie dans chaque port, et le résultat pèche tantôt par la nature des farines, et tantôt par la quantité et l'état des levains employés, et enfin par les mauvaises pratiques du *ressuage*.

Nous ne pouvons non plus nous dispenser de l'avouer en gémissant, que le biscuit fabriqué d'après les meilleurs principes porte quelquefois le germe d'une détérioration prochaine, qui se développe même avant de lever l'ancre; c'est le son que le bluteau a laissé dans la farine qui occasionne des vides dans l'intérieur du biscuit, et lui donne une disposition à moisir; c'est souvent la malpropreté qui règne dans les endroits du navire où on le met en dépôt, ou qui sont déjà remplis d'insectes ou de leurs œufs, que les circonstances locales font bientôt éclore. Faut-il s'étonner si, au retour d'une simple croisière, ou au milieu d'une traversée, le biscuit n'est plus bon qu'à jeter? Mais, sans vouloir examiner ici toutes les pratiques usitées pour faire le biscuit, il nous a paru utile d'en faire connoître ce qu'il y a de plus essentiel, puisqu'il s'agit de la nourriture fondamentale d'une classe des défenseurs de la patrie.

On prend, par exemple, dix livres de levain un peu plus avancé que pour le pain ordinaire; on les délaie dans l'eau, toujours tiède, avec un quintal de farine que l'on pétrit; lorsque la pâte est au point de ne pouvoir plus être travaillée avec les mains, on la foule avec les pieds jusqu'à ce qu'elle soit parfaitement tenace et unie. Le pétrissage fini, on travaille encore la pâte par parties; d'abord on en forme des rouleaux qui, coupés en petits morceaux, repassent par la main des ouvriers; ce qu'ils appellent *frotter*. Quand le poids des galettes est déterminé, ils leur donnent la forme ronde aplatie avec une bille, après quoi ils les distribuent sur des tables ou sur des planches qu'on expose au frais, afin d'éviter qu'il ne s'y établisse aucun mouvement de fermentation trop marqué.

On a soin que le four soit moins chauffé pour la cuisson du biscuit que pour celle du pain. Mais, aussitôt que la première galette est faite, on commence à enfourner celle qui a été formée la première, en la perçant de plusieurs trous, au moyen d'une pointe de fer, pour favoriser son aplatissement et donner issue à l'évaporation.

Le séjour du biscuit au four est d'une heure environ; on juge que la cuisson est complète quand il se casse net, que l'intérieur est parfaitement desséché, et qu'il présente un état brillant, qu'on nomme *vitré*.

A mesure que l'on tire les galettes du four, on les arrange avec beaucoup de précautions dans les caisses, de peur qu'elles ne se brisent. On en renferme ordinairement un demi-quintal, ou même un quintal. La caisse une fois remplie, on la porte dans la pièce au dessus de la boulangerie, où le biscuit achève de perdre toute son humidité surabondante, et éprouve ce que l'on nomme le *ressuage*.

Dans la vue de perfectionner le biscuit, on a proposé de faire sécher du pain bien levé, de le réduire en poudre, et de pétrir cette poudre avec une petite quantité d'eau, pour en former des galettes de la consistance ordinaire, et les repasser ensuite au four; mais cette proposition ridicule ne peut offrir que le résultat le plus défectueux et le plus cher en même temps. Existe-t-il pour des marins, après le pain, un aliment plus sain que le biscuit composé de bonne farine, pétri, fermenté, et cuit conformément aux bons principes?

Pain d'épice. Espèce de pâtisserie résultant d'un mélange de seigle, de miel et quelquefois de mélasse, que l'on a mélangés et pétris exactement, auquel on a ajouté des aromates, donné la consistance d'une pâte assez ferme, et qu'on a cuit, divisé en pains de diverses formes, dans un four semblable à celui du boulanger, mais élevé à une température moins considérable.

L'invention du pain d'épice a une date fort ancienne; il est même vraisemblable qu'elle a suivi presque immédiatement celle du pain; qu'encouragés par le succès de l'opération qui avoit procuré cet aliment, les hommes ont essayé de combiner la farine des différens grains avec toutes les substances qui pouvoient en rendre la saveur plus agréable, avec le beurre, les œufs, le lait, le miel, etc.; que ces expériences ont donné naissance à toutes les pâtisseries qui étoient en usage dans l'Asie et en Egypte de temps immémorial; à ces pains faits avec le miel; à ces mélissades dont on se régaloit dans la Grèce à la fin des repas; à toutes ces friandises dont nos pères, aux temps des Croisades, ont particulièrement rapporté les recettes qui leur ont servi à former les arts du pâtissier et du confiseur.

Ces deux arts, plus susceptibles de se perfectionner que celui du pain-d'épicier, ont tellement multiplié, dans ces derniers temps, les objets dont ils chargent nos tables, qu'il ne s'y trouve presque plus de place pour les différens pains d'épices; en sorte que, si on excepte celui d'une seule ville de France, ils sont presque tous réduits à rien, ou à ne figurer que dans les foires et les fêtes de village, pour amuser les enfans.

Le pain d'épice, qu'on remarque avec plaisir au milieu des bonbonneries les plus délicieuses du dessert le plus délicat de nos meilleures tables, est celui qui se fabrique à Reims. Ce qui lui a acquis et lui fait conserver sa réputation, c'est le choix qu'on fait dans cette ville des matières premières qui entrent dans sa composition; c'est la bonté des procédés qu'on emploie pour le faire, comme on peut s'en convaincre dans l'excellent mémoire qu'a fourni au rédacteur de l'*Art du pain-d'épicier*, décrit dans l'Encyclopédie méthodique, M. *Boudet*, pharmacien en chef des armées d'Orient. Il seroit à souhaiter que tous les arts fussent décrits avec la même clarté et la même concision.

Le seigle qui sert au pain d'épice de Reims est récolté dans les terres les plus maigres; il ne fournit qu'une petite quantité de farine; mais elle est sèche et mieux disposée qu'une autre à recevoir la dose convenable de miel. On emploie à la fabrication des différens pains d'épices trois sortes de miel; le premier ne le cède guères au miel de Narbonne; il a plusieurs fois été employé comparativement avec ce miel qui tient le premier rang parmi ceux de la France. Le second a une saveur à peu près semblable au premier; mais il en diffère par une couleur qui tire un peu sur le jaune. Le troisième exhale nécessairement la cire; mais on choisit celui dans lequel cette odeur est moins remarquable.

On a soin qu'aucun de ces miels ne soient allongés d'eau; ce liquide ayant la propriété d'entrer en expansion, feroit soulever, crever la croûte des pains d'épices qui, par là, resteroient déformés.

Certes, ce n'est pas dans un Ouvrage de ce genre qu'il faut s'attendre à trouver le détail de quelques procédés des arts, même les plus utiles à nos besoins réels; mais je pense que par-tout on ne doit pas laisser échapper l'occasion d'attaquer les préjugés qui les environnent de toutes parts. En considérant que les fabricans de pain d'épice nomment *lévain* leur premier procédé, qui consiste à faire un mélange de farine et de miel, à placer ce mélange sous le four, et à ne le cuire que quelques jours après, on pourroit croire que le pain d'épice subit réellement un mouvement de fermentation, sur-tout lorsqu'après sa cuisson il présente, dans sa cassure, des yeux assez ressemblans à ceux qui, dans le pain de froment et de seigle, sont l'indice d'une bonne fermentation, et qu'il offre une matière analogue au pain levé; mais il n'en est absolument rien; et voici de quelle manière M. Boudet conçoit que les choses se passent:

1°. La pâte du pain d'épicier est improprement appelée *levain;* elle ne contient point de ferment; on n'y introduit ni aucune portion d'une ancienne pâte, ni aucune substance qui, éprouvant le mouvement de fermentation, puisse le communiquer à la masse; ce n'est qu'un simple mélange de miel et de seigle; il faudroit donc, pour qu'il y eût fermentation, qu'elle s'y établît spontanément.

2°. Le miel et la farine sont des substances fermentescibles; mais elles ne peuvent pas fermenter, comme il convient, sans le secours de l'eau, agent essentiel de la fermentation des corps muqueux. Or, on n'en met point dans le mélange; donc la pâte ne peut fermenter d'elle-même.

3°. Elle peut fermenter, nous dira-t-on, si ce n'est à l'aide de l'eau, du moins à l'aide de la fluidité que doit procurer au miel la chaleur qu'on fait éprouver à la pâte en l'exposant sous le four. Ne voit-on pas le miel, pendant l'été, se ramollir, se liquéfier et fermenter?

Mais la chaleur du dessous du four, en supposant qu'elle puisse donner au miel pur cette fluidité qui détermineroit cette fermentation spontanée, quelle fluidité donne-t-elle à ce composé presque solide, à cette pâte de pain d'épice? Car ce n'est plus du miel pur; elle ne peut, cette chaleur, que donner au miel la facilité de s'enfoncer, de se fixer davantage dans chaque molécule de farine.

Quant à l'exemple qu'on peut alléguer du miel aigri par la chaleur de l'été, je crois que l'humidité que le miel attire à sa surface, et que la chaleur y élève du centre, contribue plus à cette altération, que l'état presque fluide auquel la chaleur le réduit.

Je crois que le miel mis à l'étuve, étant dans un air plus également sec, plus disposé à se charger de l'humidité qu'il exhale qu'à en donner, ne fermenteroit pas plus que le sirop qu'on y met pour cristalliser.

Si le pain-d'épicier avoit besoin de faire éprouver la fermentation à sa pâte, il seroit absolument obligé d'attendre, comme les boulangers, qu'elle eût obtenu son apprêt avant de la mettre au four.

Si le pain-d'épicier peut, aussitôt qu'il a fait son levain, le battre, le diviser en pains, l'enfourner sans intervalle, son pain d'épice sera aussi bon, pourvu toutefois qu'il ait travaillé sa pâte plus qu'à l'ordinaire, pour compenser l'avantage que lui auroit procuré le séjour sous le four.

Si la pâte éprouvoit sous le four un mouvement de fermentation depuis l'instant où on l'enferme jusqu'à l'instant où on l'emploie, il s'ensuivroit qu'en la laissant quinze jours exposée à cette chaleur, et par conséquent à la progression du mouvement fermentatif, la pâte seroit nécessairement changée, exhaleroit une odeur, offriroit une consistance, donneroit, après sa cuisson, une saveur différente; ce qui n'arrive pas: une pâte qui a resté quinze jours sous le four, donne des pains d'épices aussi agréables que les autres.

En voilà assez, ajoute-t-il, pour prouver que les pains d'épices n'éprouvent point de fermentation; le secret de l'art du pain-d'épicier est de ne point l'employer, de mettre leur pâte, en la composant, avec du miel nouveau et pur, et une farine sèche, dans l'heureuse impuissance de fermenter, dans l'impossibilité d'être altérée, dénaturée par la fermentation.

Privé du gaz de la fermentation, qui auroit si bien expliqué la formation des yeux dans le pain d'épice, on peut en attribuer la cause à l'air introduit pendant le pétrissage et le battement, et enfin à la propriété connue qu'a le miel de se boursouffler au feu. (Parm.)

PANIER DE BONDE, (*Pêche*,) grande *nasse* que les meuniers ajustent aux décharges de leur moulin lorsqu'ils lèvent la bonde, ou à des ouvertures qu'ils font à dessein à leurs chaussées. Le panier de bonde n'a pas de goulet comme les autres nasses; mais une fois que le poisson y est entré, la force du courant l'empêche d'en sortir. Cette pêche détruit beaucoup de poissons; elle est défendue en Allemagne, et elle devroit l'être en France. (S.)

PAUMILLE, (*Chasse aux oiseaux*,) verge de fer qui sert à attacher la Moquette. *Voyez* ce mot et celui d'Appelant. (S.)

PANNEAU, (*Chasse aux oiseaux*.) *Voyez* Tramail. (S.)

PANTAINE. *Voyez* Bécasse. (S.)

PÉPINIERE, (*Jardinage pratique*.) On appelle de ce nom un espace de terrain consacré au semis de graines d'arbres, de quelque espèce qu'elles soient, et à l'éducation, si on peut employer ce terme, des plants qu'elles ont produits, pendant les premières années de leur croissance.

Dès que l'homme ennuyé de la vie errante se fut fixé, il dut planter, dans le voisinage de sa demeure, les arbres dont le fruit lui servoit de nourriture, et ensuite semer leurs graines, pour remplacer ceux qu'il perdoit. Il y a donc tout lieu de croire que les pépinières sont aussi anciennes que la civilisation: aussi les trouve-t-on indiquées, par les historiens, à des époques très-reculées; mais il ne paroît pas que l'antiquité leur ait donné toute l'importance qu'elles méritent, car les écrits agronomiques des Grecs et des Romains n'annoncent point que, même de leur temps, l'art du pépiniériste fût une science, ni son résultat un objet de commerce de quelque étendue.

Ce n'est que dans l'avant-dernier siècle seulement qu'on a commencé à former ce qu'on doit appeler véritablement une pépinière, car nos pères n'ont eu aucune idée des pépinières forestières, ni de celles d'arbres étrangers pour l'agrément, et ils ne savoient pas même d'après quels élémens il falloit diriger celles des arbres fruitiers. Ces dernières, de leur temps, s'entretenoient par des sauvageons arrachés dans les forêts, et greffés avec les espèces qu'on possédoit déjà, sans s'inquiéter s'il y en avoit ou non de meilleures, et sans, pour ainsi dire, leur donner de culture.

Alors, quand on vouloit planter ou repeupler un bois, on semoit les graines sur place, souvent sans aucune préparation; ou on arrachoit du jeune plant dans un lieu, pour le placer dans un autre.

Les avantages des grandes pépinières marchandes, telles qu'on en voit actuellement autour de Paris et autres grandes villes de France, d'Angleterre, et d'Allemagne, sont si nombreux et si faciles à saisir, qu'il n'est plus permis de les révoquer en doute. Le fécond principe de la division du travail, si bien développé dans ces derniers temps, leur est applicable dans toute son étendue; c'est-à-dire qu'un homme qui se dévoue exclusivement à la culture des arbres, qui réfléchit pendant toute l'année sur la théorie et la pratique de l'art qui les a pour objet, doit faire plus économiquement, et mieux que celui qui s'en occupe seulement pendant de courts instans pris sur d'autres occupations; aussi est-ce aux pépiniéristes qu'on doit l'abondance et le bon marché des bonnes espèces d'arbres à fruits, jadis si difficiles à se procurer, des arbres étrangers, autrefois si rares, et les arbres forestiers, que la plupart des non-propriétaires ne pouvoient se procurer que par des délits contraires aux lois de la police rurale.

Nous possédons, en ce moment, tous les élémens propres à assurer la réussite des établissemens de ce genre, et le gouvernement, dont l'influence est si puissante, les encourage de toutes les manières, et principalement par l'exemple, comme le prouve la pépinière d'arbres fruitiers du Luxembourg, celles d'arbres étrangers et forestiers de Versailles; car il sait qu'ils sont un des plus puissans moyens de prospérité nationale; aussi le goût des plantations s'étend-il avec une rapidité telle, qu'il y a lieu de croire que bientôt elles ne seront plus étrangères à aucune partie de la France, et qu'elles contrebalanceront les inquiétans effets de la destruction des bois de haute-futaie, dont on se plaint par-tout et avec raison.

Le lieu à choisir, pour établir une pépinière, est une plaine, ou le bas d'un coteau abrité du vent du nord et du nord-est, par une chaîne de montagnes, ou par un massif de grands arbres. Le terrain doit être profond, ni trop sec, ni trop humide, d'une fertilité moyenne, et même au dessous de la moyenne.

Il peut paroître paradoxal à beaucoup de personnes de choisir un terrain de cette nature, plutôt qu'un meilleur; mais il est très-certain qu'il doit être préféré.

En effet, les bons terrains étant beaucoup moins fréquens que les autres, il est très-probable que les arbres qui y auront été élevés seront placés à demeure dans un sol inférieur en qualité; or, il est d'observation que, dans ce cas, ils languissent pendant long-temps, puis dépérissent, et finissent souvent par mourir; tandis que ceux enlevés d'un terrain médiocre, pour être plantés dans un meilleur, reprennent facilement, croissent avec rapidité, et deviennent beaucoup plus beaux.

Ce fait est fondé sur ce que, lorsqu'une plante se trouve, pendant les premières années de son existence, dans la situation la plus favorable à sa croissance, ses vaisseaux prennent une amplitude proportionnée à l'abondance de la sève qu'elle reçoit; mais, si cette situation change en mal, ces mêmes vaisseaux, ne recevant plus la même quantité de sève, ne peuvent plus s'en remplir, ni porter, par conséquent, toute la nourriture nécessaire aux extrémités des rameaux.

Quelque évidens que soient, sous les deux rapports de la théorie et de la pratique, les inconvéniens de placer une pépinière dans des terres trop fertiles, la plupart des spéculateurs, dans cette partie, les recherchent, parce que la grande majorité des acquéreurs se laissent séduire par la belle apparence des arbres qui y ont crû, et ne savent point qu'elle est pour eux l'indice caché d'une non-réussite presque certaine. Je ne puis donc trop répéter qu'il faut se défier des pousses vigoureuses, des larges feuilles des jeunes arbres achetés dans une pépinière, et qu'on doit toujours comparer la nature du terrain dont ils sortent avec celle de celui où l'on veut les mettre.

Mais, pour en revenir à mon objet, tout terrain destiné à une pépinière doit être, au préalable, défoncé au moins de deux pieds, débarrassé des pierres qu'il contient, et rendu aussi uni que possible. Cette opération est d'autant plus importante, et mérite une surveillance d'autant plus active, qu'elle doit influer pendant plusieurs années sur les produits; en conséquence, on veillera à ce que les ouvriers retournent toutes les parties du sol, brisent toutes les mottes avec soin, et enterrent profondément l'herbe de la surface pour l'empêcher de repousser. On fera enlever toutes les racines de chiendent, de liseron des champs, et autres plantes vivaces, dont la destruction n'est pas facile. En général, le défoncement à la pioche, ou mieux la tournée auvergnate, est toujours meilleure que celui à la bêche, et doit, par conséquent, être préféré; mais, comme ce dernier est d'usage en certains pays, on se trouve souvent obligé de l'employer.

Le principe d'après lequel l'un et l'autre doivent être faits est que plus la terre est meuble, c'est-à-dire divisée, plus les racines des jeunes plants s'y insinuent facilement, et vont chercher au loin la nourriture qui leur est nécessaire. Ainsi celui où la terre aura été par-tout changée de place, et également brisée, sera bon, de quelque manière qu'il ait été fait.

Il est des personnes qui pensent qu'on doit donner jusqu'à quatre pieds au défoncement; mais il est évident que c'est une dépense inutile, puisque rarement les racines d'un sujet, dans une pépinière, devront arriver aussi bas, ainsi que je le ferai voir par la suite, et qu'il seroit même généralement nuisible qu'elles y arrivassent.

Une des précautions à prendre, lorsqu'on procède à une opération de cette nature, c'est que la terre végétale ne soit pas enterrée trop profondément sous une terre inférieure en qualité; car les semis et les plants d'un à deux ans ne pouvant en profiter, elle seroit par conséquent perdue pour eux. Dans le cas où la terre végétale n'auroit pas deux pieds de hauteur, il faudroit ou faire un défoncement moindre, ou mêler également la bonne et la mauvaise terre, ou apporter à la surface une terre de meilleure qualité.

Les défoncemens doivent précéder de plusieurs mois les plantations, pour que les terres du fond, répandues en surface, aient le temps de s'émietter aux pluies, aux gelées, aux neiges, et de s'imprégner des gaz bienfaisans atmosphériques.

Beaucoup de propriétaires, et presque tous les pépiniéristes de profession, mettent du fumier au fond de la fosse de leur défoncement; mais, comme on l'a vu plus haut, ce n'est que dans les très-mauvais terrains qu'on doit se permettre cette pratique, encore n'est-ce que lorsqu'il n'est pas possible de se procurer de bonnes terres, des curures d'étang, des nettoyures de grands chemins, des gazons pris dans les bois ou dans les marais, etc., etc., tous articles qui produisent un meilleur effet, et sur-tout un effet plus durable que le fumier proprement dit, et qui n'ont aucun de ses inconvéniens.

Un excellent moyen à employer, lorsqu'on se trouve forcé d'établir une pépinière dans un sol qui renferme peu de terre végétale, c'est d'y apporter des terres d'une contexture contraire à celle qui y domine. Ainsi, avec une terre argileuse, on mélangera du sable ou une marne très-calcaire, et avec une terre sablonneuse ou calcaire, on unira de l'argile ou une marne très-argileuse. C'est l'analyse qui rigoureusement doit, dans ce cas, décider des proportions; mais le seul coup d'œil suffit ordinairement pour les fixer. On peut croire avoir réussi, lorsqu'après ce mélange, la terre est bien meuble, absorbe l'eau avec facilité, et cependant ne la laisse pas perdre aisément, sans lui laisser le temps de se putréfier, ce qui pourrit les racines et fait périr les jeunes plants, sur-tout ceux à fruits, à noyaux, dans les arbres fruitiers, et les arbres de la famille des légumineuses, parmi les autres.

Ce moyen d'amélioration n'est pas praticable par-tout, et il est ordinairement très-coûteux; mais il agit sur les terres pour un grand nombre d'années, quelques uns disent même pour trente ans, espace de temps qu'on fixe ordinairement à une pépinière bien conduite, pour épuiser le terrain où elle est placée. Je dis bien conduite, car, si on place deux fois de suite des arbres de même nature, dans le même local, il le fatiguera bien plus que si on fait succéder des ormes à des chênes, des pruniers à des pommiers, des catalpa à des tulipiers, etc., etc., et par conséquent on avancera de beaucoup ce terme.

La pépinière défoncée et bien close en murs, haies ou fossés, sera partagée en carrés plus ou moins grands, selon son étendue, par des allées d'environ six à douze pieds de large et un peu creusées dans le sol, s'il est humide, exhaussées au contraire s'il est sec, afin de retenir les eaux pluviales, où elles tombent dans les carrés, et, dans l'autre cas, de leur servir d'égout; et quelques uns de ces carrés, c'est-à-dire ceux destinés aux semis, seront subdivisés en planches de six pieds de large, séparées par des sentiers d'un pied.

Ici, chaque espèce de pépinière commence déjà à exiger des opérations préliminaires différentes. Ainsi, dans celles destinées aux arbres forestiers et aux arbres fruitiers, où l'on ne craint ni le froid, ni le chaud, on n'a plus qu'à semer ou planter; mais, dans celles des arbres étrangers et des arbres verts où l'on a à redouter tantôt les gelées et tantôt la trop grande force des rayons du soleil, il faut, au préalable, faire des abris pour garantir les jeunes plants, et même souvent les vieux, des inconvéniens qui seroient la suite de l'action de ces deux causes.

Pour ne point mettre de la confusion dans mon travail, je traiterai séparément des quatre natures de pépinières, quoique réellement on ne puisse pas établir, même en théorie, une ligne de démarcation entr'elles, et qu'il soit très-rare qu'on cherche à les isoler dans la pratique. Je parlerai donc successivement des soins et des travaux qu'exigent les pépinières des arbres forestiers, des arbres fruitiers, des arbres d'agrément et des arbres verts. J'éviterai d'entrer dans des détails d'application, pour ne pas être exposé à répéter ce qu'on peut trouver aux articles particuliers de chaque espèce, répandus dans le corps de cet Ouvrage, et les procédés communs à toutes les pépinières ne seront décrits qu'une seule fois, mais mentionnés avec indication du lieu du renvoi, dans toutes les circonstances où cela sera nécessaire.

Pépinière d'arbres forestiers. De toutes les espèces de pépinières, celle des arbres forestiers est la plus facile à former. Elle n'exige que peu d'instruction et de soins dans celui qui la dirige; cependant sa réussite dépend de beaucoup de circonstances que l'homme le plus attentif ne saisit pas toujours. Aussi voit-on peut-être plus de mécomptes dans les spéculations qui les ont pour objet, que dans celles qui sont fondées sur des procédés plus savans ou plus délicats.

C'est principalement par des semis qu'on établit les pépinières forestières. Les chênes, les frênes, les charmes, les érables, les bouleaux, les hêtres, les châtaigniers, les cormiers, les coudriers, etc., ne se multiplient guères que par ce moyen; cependant il est quelques espèces, telles que les tilleuls, les platanes, les buis, etc., qu'il est plus court de se procurer par marcottes, et d'autres que leur facilité de reprendre de bouture engage toujours de multiplier par ce moyen, tels que les peupliers, les saules, les aulnes, etc.

Comme c'est sur la bonne qualité des graines que se fondent les espérances de succès, lorsqu'on entreprend de former une pépinière de cette sorte, il faut, en conséquence, choisir les plus belles, les plus mûres, et ne pas craindre des frais pour se les procurer telles; et, comme la plupart mûrissent à des époques différentes, il faut être attentif pour ne les pas manquer; car souvent il est difficile de les trouver à acheter, et il est toujours nuisible de le faire, soit sous le rapport de l'économie, soit sous celui, à mes yeux plus important, de la qualité.

Il est des graines d'arbres qui demandent à être semées immédiatement après leur maturité; il en est d'autres qui peuvent attendre le printemps suivant, et quelques unes qui conservent plusieurs années leur faculté germinative. Cela tient à la nature de leur périsperme qui est, ou imprégné d'une huile susceptible de rancidité, dont l'acide réagissant sur le germe détruit son principe vital, comme dans la noix, la faîne, etc., ou formé d'une substance cornée qui, une fois desséchée, n'est plus susceptible de s'imbiber de l'eau nécessaire au développement du germe, comme dans le gland, la châtaigne, etc. Toutes les graines parviennent plus tôt ou plus tard, selon leurs espèces, et suivant la situation où elles se trouvent, à un de ces deux états. Je dis suivant la situation où elles se trouvent, parce que la chaleur accélère beaucoup la rancidité des graines huileuses, et, l'exposition à l'air, le dessèchement de celles qui ne le sont pas. Ainsi on peut les conserver plus long-temps, lorsqu'on prend les précautions convenables. Les graines qui sont renfermées dans une pulpe sont celles qui se conservent généralement le moins; celles qui le sont dans une capsule perdent plus lentement leur faculté germinative, lorsqu'on les laisse dans cette capsule.

En général, il est bon, quand on le peut, de semer les graines au moment même de leur récolte; la nature agit ainsi, et l'on ne se trompe jamais lorsqu'on la suit; cependant, comme la plupart de ces graines sont recherchées par les animaux sauvages, il est quelquefois préférable de les tenir accumulées dans des fosses ou sous un tas de terre ou de sable pendant tout l'hiver, pour ne les semer qu'à l'époque de leur germination. Il est même quelques pépiniéristes qui attendent que cette germination soit déjà commencée, pour y procéder; mais ils ont, la plupart, pour but de pouvoir pincer la radicule, afin que leurs arbres n'aient point de pivot. Cette méthode, utile dans quelques circonstances, doit être généralement réprouvée pour les arbres forestiers, principalement ceux d'alignement, et en général tous ceux desquels on attend une longue durée, une résistance contre les vents impétueux, et la plus belle venue.

Ce qui vient d'être dit indique le meilleur moyen à employer pour envoyer des graines d'arbres des pays lointains. C'est de les stratifier avec de la terre ou de la mousse à peine humide, de les mettre dans des caisses de bois Ces graines peuvent ainsi traverser les mers, éprouver une grande variété de température, et conserver leur faculté germinative pendant plusieurs années, tandis que, si elles eussent été simplement mises dans des sacs, elles l'eussent perdue au bout de quelques semaines.

Humbold a proposé de faire tremper les graines qui ont perdu leur faculté germinative par vétusté, dans une eau chargée d'acide muriatique oxigéné, pour les ramener à leur état primitif. Il explique ce fait par l'irritabilité qui est rappelée en elles par l'action de cet acide.

On peut conclure des observations précédentes, qu'il est possible de garder les graines des arbres indigènes qui n'en fournissent pas toutes les années, tels que le chêne, le hêtre, etc., en les enfouissant profondément, à cinq ou six pieds, par exemple, en grande masse, dans un terrain sec. On fait encore peu usage de ce moyen, parce qu'on n'y est pas invité par le besoin; mais, si les pépinières forestières prennent, comme on doit l'espérer, toute l'extension dont elles sont susceptibles, il deviendra indispensable d'y avoir recours.

Il est trois manières de semer usitées dans les pépinières, savoir, à la volée, en rayon, et au plantoir. Les deux premières se pratiquent principalement pour les graines fines, telles que celles d'orme, de bouleau, etc.; l'autre ne peut s'employer que pour les graines d'une certaine grosseur, telles que les glands, les noix, etc. Il n'y a pas de doute que cette dernière ne soit la meilleure, en ce que les plants qui en résultent, étant également espacés, jouissent tous du bénéfice de l'air, et ne se nuisent pas réciproquement par leurs racines; mais très-souvent les avantages qui en résultent sont si peu sensibles, qu'ils ne valent pas l'emploi du temps qu'on leur a sacrifié. Il faut donc se borner à n'en faire usage que dans les semis des très-grosses semences ou d'espèces rares. Quant au choix entre les deux premières, il est assez difficile de le déterminer. Les pépiniéristes varient beaucoup d'opinion à cet égard: elles ont chacune des avantages et des inconvéniens. On peut leur appliquer la même observation que ci-dessus, c'est-à-dire que la différence qu'elles présentent dans leurs produits est trop peu marquée, pour mériter une préférence à l'une plutôt qu'à l'autre. La première est celle de la nature, aussi est-ce celle que j'aime le mieux employer, quoique la difficulté, qui consiste à répandre également la semence sur toute la surface du terrain, ne soit pas toujours facile à vaincre. Ce n'est que par une grande pratique qu'on peut espérer d'y parvenir. Il faut, de plus, avoir sur-tout attention de ne pas semer trop épais, parce qu'une portion du plant étoufferoit l'autre, et que ce qui resteroit viendroit moins beau.

La semence répandue sur le terrain doit être recouverte plus ou moins de terre, selon son espèce, par le moyen du râteau. Il seroit bon, en général, qu'elle le fût en terre plus meuble et plus substantielle que celle du sol; c'est-à-dire avec une terre passée à la claie et préparée avec des détritus de végétaux, comme on le fait dans les pépinières d'arbres étrangers; mais la dépense que cela occasionneroit s'y oppose presque toujours.

L'air est indispensable à la germination des plantes, ainsi que beaucoup de physiciens l'ont prouvé par des expériences directes. En conséquence, toute graine enfouie trop profondément ne se développe point et pourrit au bout d'un laps de temps plus ou moins considérable, suivant sa nature et celle du terrain où elle se trouve. Il faut donc qu'un pépiniériste ne couvre les graines qu'il sème, que de la quantité de terre strictement nécessaire au besoin qu'elles ont d'humidité. Chaque espèce de graines demande un degré d'enfouissement différent. En général, elles doivent être d'autant plus près de la surface qu'elles sont plus fines; cependant quelques grosses espèces, le gland, par exemple, ne réussissent pas, si elles ont plus d'un pouce de terre au dessus d'elles. Celles qui demandent à être enterrées plus profondément sont les osseuses, comme les noix, les amandes, les aubépines, les nèfles, les sorbes, les cornouilles, les olives, etc., dont le germe a besoin d'un haut degré d'humidité, pour pouvoir écarter les battans de la boîte dans laquelle il est renfermé. Il faut même à la plupart de ces dernières, sur-tout lorsqu'elles n'ont pas été semées immédiatement après leur récolte, deux et quelquefois trois ans de séjour dans la terre, pour qu'elles puissent se développer. Ce sont celles-là principalement qu'il est utile de mettre au *germoir*, c'est-à-dire d'enfouir, en masse, dans un terrain sec ou dans une cave, puisqu'on est presque certain qu'elles ne lèveront pas la première

année

année, et que, par conséquent, outre le risque de les voir manger par les mulots et autres animaux, on perd le revenu du terrain où on les a semées. Il est cependant quelques graines moins dures, telles que celles du tilleul, du tulipier, etc., qui ne lèvent, la plupart du temps, que la seconde année. D'ailleurs, les anomalies, dans ce cas, sont assez fréquentes, c'est-à-dire que telle graine qui, ordinairement, lève l'année où elle est semée, ne germe quelquefois que la seconde année; tandis qu'au contraire celle qu'on s'attendoit à ne voir lever que la seconde année, pousse dès la première. Il est donc assez difficile de donner des indications précises sur cet objet, et on est obligé de recommander, en conséquence, à tout pépiniériste qui aura semé une graine précieuse dont il ne connoît pas la manière d'être, sur-tout si elle est vieille, de ne pas remuer la terre où il l'aura placée, avant la quatrième année, puisque, jusqu'à cette époque, il peut encore espérer de la voir lever.

On connoît quelques graines, telles que celle de l'orme, qui mûrissent d'assez bonne heure pour donner du plant dès la même année, lorsqu'on les sème au moment de leur chute de l'arbre; mais malheureusement pour les pépiniéristes, à qui elles font gagner une année, il n'y a que celles-là, parmi les arbres indigènes, qui jouissent de cette propriété.

Les graines semées sont abandonnées à elles-mêmes, quoiqu'il fût bon de les arroser quelquefois pendant les sécheresses; mais cette opération, qu'on pratique beaucoup dans les pépinières d'arbres d'agrément, ne peut pas être ordinairement employée dans celles des arbres forestiers, à raison de la dépense.

Plusieurs quadrupèdes de la classe des rongeurs, et plusieurs oiseaux, recherchent les graines semées dans les pépinières, et causent souvent de grands dégâts, même lorsque le plant commence à poindre. Il faut donc les détruire ou les chasser.

Le plant levé auroit quelquefois besoin d'être garanti des dernières gelées du printemps; mais, comme cela devient fort difficile et sur-tout fort coûteux dans une grande pépinière, on est exposé à supporter des pertes considérables par cette cause. Lorsqu'on a passé l'époque des gelées, on n'a plus à redouter que les grandes sécheresses, qui produisent souvent le même effet, et dont, pour la même raison, on ne peut empêcher les suites, quoique l'eau soit à portée.

En général, le plant ne demande, la première année, que deux ou trois sarclages et d'être éclairci lorsqu'il est trop épais.

Le plant de cet âge s'appelle *pourrette*, et est l'objet d'un assez grand commerce; c'est-à-dire que des pépiniéristes, établis dans des lieux où le terrain est à bon marché, se bornent à semer des graines et à en vendre le plant, la première ou la seconde année, à d'autres pépiniéristes voisins des grandes villes, qui le repiquent et en font des arbres marchands, par la suite des procédés dont il va être question.

Quelques pépiniéristes pensent qu'il est avantageux de repiquer le plant dès l'hiver suivant; mais le plus grand nombre d'entr'eux soutiennent qu'il ne doit l'être que la seconde année, pour les espèces les plus hâtives, et la troisième, pour celles qui le sont moins. Il est certain que des plants repiqués dans leur première jeunesse profitent mieux que ceux qui sont restés sur place, lorsque d'ailleurs ils peuvent être garantis de la trop grande ardeur du soleil, et d'une sécheresse trop prolongée; mais comme, à raison de la dépense, on ne peut pas, ainsi que je l'ai observé plus haut, leur donner tous les soins qu'ils exigeroient, et que ce repiquage ne dispenseroit pas d'une nouvelle transplantation, un ou deux ans plus tard, ce qui augmenteroit encore cette dépense, je crois qu'on doit se ranger du dernier avis.

Il est une manière encore plus rustique, si je puis employer ce mot, de conduire les pépinières forestières, c'est celle où on laisse le plant dans le lieu du semis jusqu'à sa plantation définitive. On la préfère, à raison de sa grande économie, lorsqu'il s'agit de planter des forêts d'une vaste étendue; alors les plants sont tenus très-clairs, et s'enlèvent généralement à deux ou trois ans. Je dis généralement, parce que quelques pépiniéristes les laissent plus longtemps en place, soit volontairement, soit par défaut de débit; mais il est reconnu que, dans ce cas, leur reprise est moins assurée. Ainsi tout propriétaire qui établira une pépinière de ce genre, pour son usage personnel, n'attendra pas au delà de la troisième année pour en utiliser le plant, quelque peu avancé qu'il paroisse, parce qu'il doit être assuré qu'il profitera mieux dans le local qui lui est destiné, que dans celui où il a été semé, pourvu que les préparations données au terrain aient été faites convenablement. Cette manière a l'avantage de conserver presque tous les plants avec leurs pivots, ce qui est très-important, ainsi qu'on le verra plus bas.

Mais ici je sors de la pépinière, et il faut y revenir pour indiquer la suite des opérations que doit subir le plant, avant de devenir ce qu'on appelle, en termes de jardinage, un *arbre fait*, un *arbre marchand*.

Lorsqu'on veut arracher du plant dans l'intention de le transplanter, on doit procéder avec méthode, pour n'endommager que le moins possible les racines; en conséquence, entamer la planche où il se trouve, par un de ses bouts, et, au moyen d'une fosse assez profonde pour atteindre l'extrémité des racines, miner le terrain pour l'enlever sans les offenser.

Malheureusement on n'en agit pas toujours ainsi; on arrache à la bêche ou à la fourche, souvent même à la main seule; aussi manque-t-il beaucoup de pieds à la reprise; aussi les pieds qui reprennent deviennent-ils souvent foibles et rabougris, de forts et de droits qu'ils étoient. En général, il faut toujours rigoureusement conserver le plus de racines possible, même le pivot.

Même le pivot! répéteront avec affectation les pépiniéristes attachés à la vieille routine: mais ne voyez-vous pas, diront-ils, que ce pivot, grandissant, s'enfoncera tellement en terre, que lorsque vous serez dans le cas de vendre l'arbre, il vous faudra faire un trou de 3 à 4 pieds, et encore, peut-être, pour ne pas arriver à sa pointe! D'ailleurs, ajouteront-ils, ce pivot est inutile, puisque, coupé, il sera remplacé par trois ou quatre mères-racines qui fourniront beaucoup plus de chevelu, et par conséquent plus de moyens de subsistance que lui.

D'accord, leur répondrai-je; mais la nature a donné ce pivot à la plupart des grands arbres, pour qu'ils puissent tirer leur nourriture de la profondeur de la terre, et en même temps s'affermir contre les efforts des vents. Devez-vous, pour vous éviter une légère peine de plus, les priver de ces deux précieux avantages? Voyez ce parc, planté à si grands frais, il y a cinquante ans, et qui vient d'être coupé pour la première fois l'hiver dernier, pourquoi a-t-il perdu la plus grande partie de ses baliveaux de réserve par les ouragans de l'équinoxe? c'est que tous les plants de chêne qui y ont été employés ont eu le pivot coupé. Pourquoi la moitié de cette avenue de platanes est-elle si belle, lorsque l'autre est si chétive? c'est que la première a été formée avec de jeunes plants provenus de graines, et auxquels on avoit rigoureusement conservé le pivot, tandis que la seconde l'a été avec le produit de marcottes qui ne pouvoient pas en avoir.

Ce que je viens de dire conduit naturellement à parler d'une opération indispensable aux yeux de la plupart des pépiniéristes, quelque opposée qu'elle soit au but que tous se proposent: c'est celle qu'on appelle vulgairement l'*habillement du plant*, et qui consiste, outre la suppression du pivot, à raccourcir toutes les autres racines, et à réduire la tige à quelques pouces de hauteur.

Il faut discuter séparément les deux parties de cette opération, pour en prendre une idée juste, et éviter les erreurs qu'ont commises et ceux qui veulent l'appliquer à tous les cas, et ceux qui la repoussent généralement comme contraire à la nature.

Le simple bon sens suffit pour se convaincre qu'il est nuisible de couper non seulement le pivot, mais encore toutes les racines latérales et les fibrilles destinées à porter la sève dans le tronc, puisque, par là, les moyens de force végétative diminuent, et qu'il faut du temps pour que la portion de racine conservée se soit assez accrue pour réparer ses pertes. Ainsi, dans tous les cas, ce n'est qu'avec ménagement qu'on doit porter le fer sur les racines d'un arbre destiné à être planté, quel que soit son âge. Ainsi, il faut se borner à couper l'extrémité de celles qui ont été rompues par suite de l'arrachage, ou de celles qui s'emportent beaucoup au delà des autres. Ceux qui font autrement, et c'est par malheur le plus grand nombre, sont donc dans le cas d'être blâmés.

Lorsqu'on plante un arbre sans soin, contre saison, ou par un temps trop sec, sans lui couper la tête, l'extrémité de ses branches se dessèche avant que les racines aient pu prendre assez de force pour leur porter une sève réparatrice; et si cette mort partielle n'occasionne pas la mort générale, elle retarde au moins la végétation; mais, quand on prend toutes les précautions convenables dans la plantation de cet arbre, qu'on l'arrose et le garantit du hâle, il n'est jamais nécessaire de lui faire subir cette mutilation, comme on le verra à l'article des pépinières d'arbres d'agrément. Ce n'est, par conséquent, que dans les cas où l'on veut ménager la dépense, qu'on est forcé d'étêter le plant; mais ce cas existe presque toujours dans les pépinières forestières: aussi coupe-t-on généralement la tête aux plants, et les inconvéniens qui en résultent paroissent souvent moindres que ceux qui seroient la suite du système contraire; mais je crois cependant qu'on doit éviter, le plus possible, cette mutilation.

La distance à laquelle les plants doivent être placés dans une pépinière, varie selon la nature du sol, le temps probable qu'ils y resteront et l'espèce d'arbre. Ainsi ils seront plus écartés dans un terrain maigre, que dans un terrain fertile ; moins, s'ils sont destinés à y rester trois ans, que s'ils doivent n'en sortir qu'à six ; les peupliers d'Italie le seront moins que les ormes, à raison de la disposition pyramidale de leurs branches, etc. En général, il faut garder un juste milieu ; lorsque les plants sont trop écartés, leur cime ne conserve pas à leur pied cette fraîcheur qui leur est si avantageuse, ils filent moins régulièrement, et il en résulte une perte évidente de terrain ; lorsqu'ils sont trop serrés, ils s'étiolent, se nuisent réciproquement par leurs racines, par conséquent profitent moins, et ne recevant jamais sur leur écorce les rayons du soleil, ils ne s'endurcissent pas contre leur action, et risquent ensuite de périr, brûlés par eux, lorsqu'on les plante isolément. On ne fixera donc pas rigoureusement ici la distance la plus convenable ; mais on dira qu'elle ne doit pas être moindre d'un pied, ni plus forte que deux pieds en terrain de moyenne qualité : l'excès en plus est toujours moins à craindre que l'autre.

Il est plusieurs manières de mettre le plant en terre, ou en faisant une rigole de quatre pouces de large sur six ou huit de profondeur, ou en creusant, à la pioche ou à la bêche, une suite de trous de même largeur et profondeur, ou simplement en faisant usage du plantoir.

Ces trois manières s'emploient selon les circonstances.

La première est principalement en usage, lorsqu'on a des plants trop foibles qu'on veut faire fortifier avant de les mettre en ligne dans la pépinière, parce que, afin d'éviter un emploi inutile de terrain, on les place très-près les uns des autres ; on en fait aussi usage, lorsqu'on plante des marcottes de tilleuls, de platanes, etc., de la reprise desquelles on n'est pas assuré. Dans ces cas, on ne laisse le plant que pendant une ou au plus deux années dans ce local, après quoi on le place autre part, en espaçant convenablement les pieds ; cette manière s'appelle *planter en jauge*, parce qu'elle est analogue à l'opération qu'on appelle *mettre en jauge*, opération dont on parlera plus bas.

La seconde est la plus généralement employée, et certainement la plus avantageuse. Elle demande quelque habitude pour ouvrir le trou, empêcher les terres de retomber, placer le plant droit et à la profondeur convenable, étendre régulièrement ses racines, et les recouvrir de terre, le tout bien et vite. Il faudroit plusieurs pages pour détailler seulement tout ce qui a rapport à cette opération, une des plus importantes de l'art du pépiniériste, puisque c'est d'elle que dépend principalement la réussite de son entreprise ; et encore, ce que j'en dirois ne suffiroit pas pour guider la pratique. C'est en voyant faire, et encore mieux en faisant soi-même, qu'on acquiert le tour de main si difficile à décrire ; je me contenterai donc de dire que le plant ne doit être ni trop, ni trop peu enterré ; que ses racines doivent être étendues le plus possible, sans être mises dans une position forcée ; que la terre doit être légèrement tassée avec le pied ou le dos de la pioche, et non pas trépignée, comme on le fait trop souvent.

La troisième doit être réservée seulement pour les boutures, attendu que le plantoir durcit la terre en la tassant, et la rend par conséquent moins propre à donner passage aux racines du jeune plant ; d'ailleurs, elle ne fournit que rarement un trou assez grand pour donner à ces mêmes racines tout le développement convenable. Je puis presque toujours juger, lorsqu'on arrache un arbre dans une pépinière, s'il a été planté de cette manière, ses racines étant plus irrégulières et plus rapprochées, que lorsqu'on l'a planté par une des deux autres. Il n'est pas nécessaire que je m'étende sur la nécessité de faire toutes les plantations au cordeau, attendu que tout le monde sait que cela est aussi avantageux à l'accroissement du plant qu'à l'agrément du coup d'œil.

On n'arrose jamais le plant dans les pépinières forestières ; aussi ne doit-on pas l'y mettre en terre dans un temps trop sec ; aussi sa réussite dépend-elle souvent du plus ou moins de pluie qui survient dans le premier mois après la transplantation.

Il est une attention importante à faire, lorsqu'on enlève du plant pour le placer dans un autre endroit de la pépinière, ou pour le vendre, c'est d'empêcher que sa racine ne soit desséchée par une trop longue exposition à l'air ; et quelquefois, dans certains états de l'atmosphère, moins d'une heure suffit pour frapper de mort, par cette cause qu'on appelle *le hâle*, celui qui paroissoit le plus vigoureux. En conséquence, il faut n'arracher son plant qu'à mesure qu'on le plante, et, lorsqu'on a été forcé d'en arracher une grande quantité à la fois, on doit le tenir constamment *en jauge*, c'est-à-dire recouvert d'un peu de terre. Il est bien des plantations qui périssent, parce qu'on n'a pas observé cette règle, que les ouvriers négligent souvent sans autre but que de s'éviter quelque travail. On sent, en effet, que les fibrilles du jeune plant sont si minces et si tendres, qu'un instant suffit pour que le soleil ou un air sec leur enlève toute leur eau de végétation, c'est-à-dire leur principe de vie, leur sang; et il est d'observation qu'elles ne peuvent plus le reprendre, lorsqu'une fois elles l'ont perdue en majeure partie. Les arbres résineux sont particulièrement dans ce cas, comme on le verra plus bas.

Il n'est pas aussi indifférent, qu'on le croit communément, de placer le plant dans une pépinière, sur une direction plutôt que sur une autre; mais c'est presque toujours la localité qui doit en décider. Il faut seulement faire en sorte que les rangées soient enfilées par le vent dominant, et que les arbres dont la croissance est la plus rapide, tels que les peupliers, les ormes, etc., soient placés au nord des autres, afin qu'ils ne leur nuisent point par leur ombrage.

Quelques personnes mettent beaucoup d'importance à conserver au plant, dans la pépinière, la même position relativement aux quatre points cardinaux, qu'il avoit dans l'endroit où il a été semé; mais, quoique la théorie indique que tout changement à cet égard doit avoir quelque influence sur lui, cette influence est si peu considérable, qu'on ne s'en apperçoit pas dans la pratique, et que, par conséquent, les difficultés de l'exécution doivent décider à n'y faire aucune attention.

Les travaux à faire dans une plantation telle que celle dont il vient d'être question, pendant le cours de la première année, se bornent à des labours à la pioche ou à la bêche, aussi répétés qu'il convient, pour conserver la terre toujours meuble, et empêcher la croissance des mauvaises herbes: Il est assez difficile de donner des règles générales à cet égard, attendu que le nombre et l'époque de ces opérations dépendent de la nature des terrains et des circonstances atmosphériques. Un sol argileux, par exemple, a plus besoin de labours qu'un sol sablonneux, et, dans un tel terrain, ils sont plus utiles et plus faciles à exécuter dans une année ordinaire, que dans une très-sèche ou très-pluvieuse. Comme les labours à la bêche sont meilleurs, il faut en donner au moins un par an, pendant l'hiver; les autres peuvent être faits à la binette plate, à raison de l'économie.

Il n'est pas besoin que je m'étende sur la nécessité de faire ces travaux avec un tel soin, qu'aucun plant ne soit blessé, ni déchaussé par les instrumens qu'on emploie, et sur les désavantages qu'on trouve à les entreprendre lorsque la terre est mouillée récemment.

C'est pendant la seconde année de la transplantation que les travaux d'une pépinière forestière sont les plus considérables, et doivent être suivis avec plus de soin. En effet, pendant le cours de l'année précédente, qu'ils aient eu ou n'aient pas eu la tête coupée, les plants ont poussé un grand nombre de branches latérales qui les font buissonner; il s'agit de les supprimer, lorsqu'on en veut faire des arbres d'alignement; c'est ce qu'on appelle *mettre sur un brin;* et c'est souvent du choix de celui qu'on réserve pour faire la tige, que dépendra un jour la beauté de l'arbre. Cette opération ne doit pas être faite par une main novice ou inepte; on doit la réfléchir sur chaque sujet, et la varier selon les circonstances qu'ils présentent. Ici, il faut encore se refuser à donner des exemples, par l'impossibilité d'entrer dans le détail de tous les cas qui peuvent se présenter; quelques jours de pratique apprendront plus, à cet égard, que des pages de raisonnement. Il suffira de dire qu'il est bon de couper chaque branche, non immédiatement contre la tige principale, comme on le fait trop souvent, mais à un pouce de distance, afin qu'il se fasse une moindre extravasion de sève; de choisir un temps sec et couvert, plutôt qu'aucun autre, afin que, d'une part, la perte de la sève soit encore moindre, et que, de l'autre, l'écorce, jusqu'alors ombragée par les feuilles, n'éprouve pas trop brusquement l'action desséchante du soleil; de mettre des tuteurs à ceux des pieds qui auroient une courbure de nature à ne pouvoir disparoître par le seul effet de la force végétative.

L'opération de l'élagage des plants se fait ordinairement l'été, entre les deux sèves; mais quelques personnes la font pendant l'hiver, sans doute abusivement, puisqu'ils perdent par là le bénéfice qu'une plus grande quantité de feuilles donne à la pousse du printemps.

Les labours doivent être, pendant cette année, aussi fréquens que pendant la première; cependant quelques pépiniéristes en diminuent le nombre par économie, et prétendent que leur plant n'en souffre pas sensiblement; ce qui est assez difficile à croire.

Quelquefois le plant n'a pas poussé assez vigoureusement la première année, soit à raison de la mauvaise nature du terrain, de l'époque trop reculée de la plantation, de la sécheresse qui l'a suivie, etc., pour qu'on puisse le mettre sur un brin la seconde. Il faut donc attendre la troisième, et alors il est presque toujours plus avantageux de le recéper; c'est-à-dire de le couper rez terre, plutôt que de le laisser tel qu'il est, parce que ses racines, qui se sont fortifiées, pousseront alors des jets bien plus droits, bien plus vigoureux, et qui seront par conséquent plus utilement employés à former des tiges, que ceux qui ont été supprimés. Ce recépage doit être fait avec précaution, pour ne pas ébranler ou éclater les racines, et de manière que la plaie soit toujours orientée au nord pour diminuer les inconvéniens de son dessèchement trop rapide.

C'est le coup d'œil qui décide des cas où le recépage d'un plant est utile, et il est impossible de donner des règles fixes à cet égard. Quelques espèces d'arbres forestiers, l'orme, par exemple, s'y prêtent plus facilement que d'autres; le chêne est celui qui craint le plus d'être tourmenté par la serpette. On trouve, à l'article de chaque arbre, l'exposé de la culture qui lui est la plus propre.

Les années suivantes, jusqu'à ce que les arbres sortent de la pépinière, les travaux consistent en deux, et même un seul labour par saison, et à l'émondage des branches qui auroient porté sur la tige, de celles qui pousseroient trop irrégulièrement sur les côtés de la tête, etc. Les petits soins de ce genre se montrent plus sur le terrain, qu'ils ne se décrivent; en général, il ne faut plus tourmenter les arbres lorsqu'ils sont en pleine croissance; car on peut assurer que les inconvéniens qui résultent du trop peu de travail sont bien moindres que ceux qui sont la suite d'une méthode contraire.

Quelques pépiniéristes, peu instruits des lois de la physique végétale, pensent faciliter la croissance de leurs arbres et assurer leur direction verticale, en enlevant, chaque année, tous les boutons latéraux qui se développent. Il seroit superflu, aujourd'hui qu'on sait que les plantes vivent autant par leurs feuilles que par leurs racines, de se donner la peine de prouver l'absurdité de leur conduite; et d'ailleurs il suffit de voir leurs arbres et de les comparer avec ceux qui ont été dirigés dans les principes énoncés plus haut, pour en être convaincu.

Toutes les fois qu'on veut priver le bas d'une tige des bourgeons qui l'empêchent de se former, il faut les arrêter; c'est-à-dire casser leur extrémité, ou mieux la tordre avant la sève d'automne, et ne les couper rez l'écorce que l'hiver suivant; souvent même il est inutile de les couper, attendu qu'ils se dessèchent naturellement par suite de l'opération précédente. En principe général, il ne faut jamais couper trop de rameaux à la fois à un jeune arbre dont on veut former la tête, parce que l'extravasion de suc, et la diminution de feuilles qui en est la suite, nuisent toujours à sa croissance.

Mais à quel âge les arbres doivent-ils quitter la pépinière? On peut répondre que c'est entre quatre et six ans; mais cela est soumis à des irrégularités d'une telle fréquence et d'une telle importance, qu'on ne peut réellement rien établir à cet égard. En effet, dans un bon terrain, les arbres croissent plus rapidement; une ou deux années favorables de suite produisent le même effet dans un mauvais terrain. Telle année, la demande est considérable, telle autre, il ne se présente pas d'acquéreurs; d'ailleurs, chaque espèce d'arbre a une progression de croissance différente des autres, et ceux qui l'ont plus lente peuvent et même doivent y rester plus long-temps. L'époque où un arbre n'est plus transplantable, à raison de sa grosseur, est la seule qu'on doive définitivement fixer, et elle est fort éloignée, pour la plupart, dans les terrains médiocres, tels que ceux où je suppose que se trouve la pépinière. En général, tout se réunit pour engager le pépiniériste à vendre ses arbres le plus tôt possible, après qu'ils sont formés, c'est-à-dire la quatrième ou cinquième année; mais l'acquéreur a quelquefois intérêt d'attendre un ou deux ans de plus, sur-tout lorsqu'il veut planter une avenue, et plus souvent encore son ignorance le porte à croire qu'il y a, pour sa plus prompte jouissance, un avantage de les prendre les plus vieux possible.

Les précautions exigibles pour arracher les arbres faits de la pépinière, sont les mêmes que celles indiquées pour le plant, même elles doivent être encore plus sévères, attendu que le mal se répare alors plus difficilement. Il faut conserver le plus possible de racines, et prendre garde de casser, soit des branches de l'arbre qu'on arrache, soit celles de ses voisins. Les grands leviers dont on se sert, dans quelques pépinières, sont très-avantageux, en ce qu'ils arrachent les racines les plus inférieures, au lieu de les couper comme la pioche, et qu'ils enlèvent souvent la motte; aussi ne puis-je trop en recommander l'emploi qui, d'ailleurs, économise beaucoup de temps.

Il est quelques espèces d'arbres, ainsi que je l'ai déjà dit plus haut, dont les branches couchées en terre prennent très-facilement racine, et d'autres dont les mêmes branches coupées et mises en terre en prennent également; ce qui leur fait gagner deux ou trois ans sur ceux crûs par un semis de graines. Un avantage de cette nature doit engager et engage en effet les pépiniéristes à employer la méthode des *marcottes* et des *boutures* (c'est ainsi qu'on appelle les branches couchées et coupées pour la reproduction) plutôt que celles des semis, toutes les fois qu'ils le peuvent, quoique cette dernière soit certainement la meilleure sous tous les rapports.

Comme on fait généralement peu de marcottes dans les pépinières forestières, le tilleul et le platane étant presque les seuls arbres qu'on y élève par ce moyen, encore n'est-ce que pour suppléer au manque fréquent de la germination de leurs graines, je remettrai à en parler à l'article des pépinières d'arbres d'agrément, où l'on pratique fréquemment ce mode de reproduction. Je me bornerai donc ici à parler des boutures.

C'est principalement pour multiplier les espèces de la nombreuse famille des peupliers et des saules, que l'on emploie les moyens des boutures; mais les espèces de plusieurs autres genres s'y prêtent également.

La base de l'opération consiste à couper des branches après l'hiver, avant le développement des bourgeons, et à les enfoncer plus ou moins en terre; mais elle est soumise à plusieurs modifications, à raison de la nature des espèces. Ainsi il est quelques unes de ces espèces, comme le saule blanc, qui réussissent, lors même qu'on emploie des pousses de trois ou quatre ans, qu'on appelle *plançons;* d'autres, comme le peuplier blanc, qui ne reprennent sûrement qu'autant qu'on fait usage de la pousse la plus nouvelle coupée avec une portion du bois de l'année antécédente. On appelle ces dernières *crocettes*, et ce sont celles qu'il est, en général, le plus sûr d'employer, parce que le vieux bois fait l'office de bourrelet et augmente, par conséquent, les chances de la reproduction, comme on le verra plus bas.

On est assez généralement dans l'usage de couper la tête aux boutures en les mettant en terre, mais l'expérience prouve que cette méthode est nuisible; et en effet, si les arbres vivent autant par leurs feuilles que par leurs racines, et si ces dernières sont produites dans une bouture par la sève descendante, c'est folie que de diminuer le nombre des feuilles, en ne laissant que deux ou trois des boutons qui doivent en donner. Il n'y a qu'un cas où ce soit bon, c'est lorsqu'on plante une très-grosse bouture, un plançon de saule, par exemple, parce qu'il y a assez de sève dans la tige pour produire des racines, et qu'il ne peut pousser assez de racines la première année, pour suffire à la nourriture des branches. Au reste, ce que j'ai dit relativement aux cas où on doit se permettre de couper la tête des plants, s'applique complètement ici.

Les boutures se mettent en terre soit dans un trou fait à l'aide d'un plantoir, soit dans une fosse faite avec la bêche ou la pioche, soit dans une tranchée fort prolongée. Ces trois moyens réussissent également, lorsqu'ils sont convenablement mis en usage; mais le dernier est préférable sous beaucoup de rapports, comme je le prouverai dans un instant.

Lorsque j'ai dit qu'un trou fait avec un plantoir étoit aussi bon que celui fait à la pioche, j'ai entendu qu'il étoit fait dans un terrain parfaitement meuble; car les plantations de saules, sur les berges des fossés, qu'on fait généralement avec un plantoir de bois ou de fer enfoncé à coups de maillet, ne valent absolument rien, à raison de la compression ou du tassement produit dans la terre, tassement qui empêche ou au moins retarde le développement des racines, comme je l'ai déjà dit.

La plantation faite à la pioche peut, lorsqu'on le veut, se rapprocher de celle faite dans une tranchée; mais alors elle est aussi longue, et par conséquent aussi coûteuse.

Les avantages de cette dernière proviennent principalement, 1°. de ce qu'au lieu d'y placer la bouture perpendiculairement, comme dans celle au plantoir, on peut la coucher, lui faire faire un coude ou même un angle; 2°. à ce que la terre dont on la recouvre est complètement meuble, et par conséquent fort propre à donner entrée aux foibles racines qui se développent d'abord sur la branche, ainsi que le prouve l'expérience.

Toute racine peut devenir branche, et toute branche racine, lorsqu'elle est mise dans une situation convenable. Toute racine s'augmente annuellement par le développement de nouveaux suçoirs, comme toute branche par celui de ses bourgeons; la sève qui se trouve dans une branche peut agir indépendamment de celle des racines, lorsqu'elle éprouve seule les influences de la chaleur et de l'humidité; toutes les fois que cette sève est interceptée, soit dans son ascension, soit dans sa discension, il se forme un bourrelet à l'endroit de la ligature, et il se développe plus ou moins de bourgeons surnuméraires dans le reste de son étendue.

Ainsi, lorsqu'on coupe une racine et qu'on met à l'air son gros bout, la sève qui continue à monter développe une branche à ce bout, et il en provient un arbre.

Ainsi, lorsqu'on met une branche en terre, la sève continue à descendre, forme un bourrelet à son extrémité, et développe des suçoirs qui deviennent des racines.

Mais il faut, pour que ces effets aient lieu, que l'action de la sève soit tellement rapide, que, dans le premier cas, la branche pousse avant que la racine ait pu être frappée de pourriture; et, dans le second, avant que la tige ait pu être desséchée par l'air. Voilà pourquoi les productions par racines, comme je le dirai plus bas, réussissent mieux dans un terrain sec, et pourquoi les boutures, au contraire, reprennent mieux dans un terrain humide; et pourquoi enfin il faut cependant de la chaleur dans les deux cas; car, sans chaleur, il n'y a point de végétation rapide.

Lorsqu'on couche, ou mieux encore, que l'on courbe une bouture dans la terre, on gêne la circulation de la sève, et on produit un effet analogue à celui de plusieurs bourrelets. On acquiert encore l'avantage de conserver une plus grande quantité de sève, et de lui faire ressentir plus facilement les influences de la chaleur solaire; aussi, de toutes les espèces de boutures, celles-ci sont, je le répète, les plus assurées à la reprise.

Dans la théorie, toutes les plantes doivent reprendre de boutures; mais, dans la pratique, il n'y a que celles dont l'organisation est molle et aqueuse qui réussissent en pleine terre. Celles dont le bois est dur et la végétation lente ne peuvent se reproduire par ce moyen, qu'autant qu'on accélère ou force leur végétation, au moyen d'une chaleur artificielle considérable; c'est-à-dire en les mettant sous châssis ou dans une serre, et en leur fournissant toute l'humidité nécessaire. Il est d'ailleurs quelques moyens d'assurer la reprise des boutures de bois durs; ainsi on dit qu'en brûlant l'extrémité d'une branche de chêne de deux ans, on peut espérer de la voir pousser des racines; ainsi on dit qu'en trempant le bout des branches encore plus rebelles à la reproduction par boutures, dans l'acide muriatique oxigéné, on parvient à les y rendre propres. Ces moyens ont besoin d'être de nouveau pratiqués, pour acquérir plus d'authenticité; car la nature est si variable dans les phénomènes qu'elle présente, qu'on est chaque jour exposé à interpréter faussement les faits les plus simples, lorsqu'on se lasse trop facilement de l'interroger.

Il est quelques espèces d'arbres dont les boutures doivent être faites en automne; le plus grand nombre demande à l'être en hiver, et plusieurs au printemps, lorsque les bourgeons commencent à se développer; mais la connoissance de ces détails appartient aux pépiniéristes des arbres et arbustes d'agrément. Celles qui nous occupent en ce moment se font en hiver, comme je l'ai déjà dit; on les étête le plus généralement, c'est-à-dire qu'on ne leur laisse que deux ou trois yeux hors de terre, par le principe abusif rapporté plus haut. Le terrain qui leur convient est généralement un terrain gras et humide; on les espace comme les plants d'un semis de deux ans, c'est-à-dire à douze ou quinze pouces, et on les met sur un brin; on les recèpe, on les laboure positivement de même : il est donc inutile que je répète ce que j'ai dit ci-devant à cet égard.

Pépinière des arbres fruitiers. La plus grande importance que l'on met, en général, et que véritablement on doit mettre aux pépinières d'arbres fruitiers, auroient dû m'engager à commencer par elles; mais les travaux qu'elles exigent étant plus compliqués que ceux des pépinières forestières, j'ai cru plus naturel de faire précéder l'exposé de ceux de ces dernières.

Comme je l'ai déjà dit, nos pères n'employoient, pour renouveler le peu d'arbres à fruits qu'ils cultivoient, que de jeunes plants crûs naturellement dans les forêts, et presque toujours directement mis en place, dans leurs jardins ou vergers, pour y être greffés. Encore aujourd'hui, dans quelques endroits reculés de la France, on se procure, par le même moyen, des sujets pour des plantations particulières; mais tous les grands pépiniéristes y ont renoncé depuis long-temps, non seulement par l'impossibilité de trouver la quantité de plant nécessaire à leur exploitation, mais encore à cause de la mauvaise qualité de ce plant qui, le plus souvent, n'est pas produit par graines, mais par rejetons de vieux pieds toujours mal enracinés et d'âge différent. Cependant, comme ce plant provient du type originel de chaque espèce, et qu'il est en conséquence plus fort et plus robuste que tout autre, on ne doit pas négliger de se le procurer par le semis des graines des arbres sauvages; c'est le produit de ces semis que l'on devroit exclusivement appeler *sauvageons* dans les pépinières. Il étoit bon de donner d'abord cette explication, pour ne pas induire en erreur le lecteur.

On a reconnu que les produits des graines d'arbres déjà améliorés par la culture fournissoient des sujets plus foibles, et plus soumis aux variations de l'atmosphère; mais que les fruits des espèces que l'on greffoit sur eux étoient plus beaux et plus savoureux, que ceux de celles greffées sur les sauvageons véritables. On a donc dû semer aussi de ces graines, et c'est leur produit qu'on appelle *franc* dans les pépinières.

De plus, il est d'expérience que les greffes faites sur quelques espèces du même genre, ou sur quelques variétés de la même espèce, donnoient des fruits encore plus beaux et meilleurs, ou plus hâtifs ou plus tardifs; et ces circonstances ont dû décider à employer fréquemment ces espèces et ces variétés.

Ainsi on ne doit pas semer indifféremment toutes espèces de graines dans une pépinière d'arbres fruitiers; il faut auparavant fixer la la nature et le nombre des arbres à multiplier; car, dans chaque espèce, l'art consiste à déterminer la production d'une variété plutôt que celle d'une autre.

On ne distingue, en général, que cinq sortes d'arbres dans les pépinières, mais qui se tiennent par des milliers de nuances dont la série est insensible, et dont on ne peut indiquer ni le commencement, ni la fin. Ce sont les *arbres de tige* ou *plein-vent*, les *demi-tiges*, les *quenouilles*, les *nains*, et dans chacune de ces variétés, les *hâtifs* et les *tardifs*.

Les espèces botaniques d'arbres fruitiers, qu'on cultive ordinairement dans les pépinières des environs de Paris, se réduisent à dix, savoir: au *pommier*, au *poirier*, au *coignassier*, au *cerisier*, au *prunier*, à l'*amandier*, à l'*abricotier*, au *pêcher*, au *noyer* et au *châtaignier*, auxquels on peut joindre le *noisetier*, le *néflier*, le *cormier*, la *vigne*, le *figuier*, le *mûrier*, le *framboisier* et le *groseillier*; mais, lorsqu'on entre dans le détail de leurs variétés, qui sont les espèces des jardiniers, on en trouve plus de six cents.

La culture du noyer, du châtaignier, du cormier, du néflier, du noisetier, lorsqu'on ne les greffe pas, est absolument la même que celle des arbres forestiers, (et on les greffe rarement dans le climat de Paris.) Celle de la vigne est suffisamment traitée à son article; celle du framboisier et du groseillier n'a rien de remarquable, et s'assimile à celles des arbres d'agrément de la seconde classe; enfin, celle du mûrier et du figuier rentre complètement dans celle des arbres d'agrément de la cinquième classe.

Il ne reste donc à s'occuper ici que de la culture des huit premières espèces, qui sont véritablement celles qu'on entend ordinairement par arbres fruitiers.

Ces espèces se divisent en arbres à pepins, qui sont le pommier, le poirier et le coignassier; et en arbres à noyaux, qui sont le prunier, le cerisier, l'abricotier, l'amandier et le pêcher; et, comme ces deux séries demandent une culture particulière, et généralement commune aux espèces qui les composent, je traiterai de chacune séparément.

Les arbres à pepins, destinés à servir de sujets pour la greffe des espèces les plus perfectionnées, proviennent ou de graines, ou de marcottes, ou de boutures.

Les graines, comme je l'ai observé au commencement de cet article, doivent être prises, les unes sur les arbres crûs dans les forêts, ou provenant directement de ces derniers, les autres sur des arbres déjà améliorés par la greffe et une longue culture. Dans les deux cas, il faut la choisir la plus nourrie et la plus mûre possible; la conserver dans le fruit même aussi long-temps que faire se peut, et ensuite dans une terre fraîche. On la sème immédiatement après le dégel, soit en rayons, soit à la volée; mais, dans l'un et l'autre cas, toujours très-claire, et on ne la couvre que d'un doigt au plus de terre bien fine.

La plupart des pépiniéristes des environs de Paris, il faut le dire, ne prennent pas assez de précautions pour se procurer de la graine qui remplisse, autant qu'il seroit à désirer, les indications mentionnées plus haut. L'économie de temps et d'argent les détermine plus que l'intérêt de leurs acheteurs, et même le leur bien entendu; en général, ils sèment les graines des pommes qui ont servi à faire du cidre, ou des poires qui ont été employées à faire du poiré, graines qu'ils se procurent facilement, à bon marché, et quoique provenant d'arbres améliorés par la culture, et pas aussi améliorés que d'autres, et qui leur servent à greffer indifféremment toutes les espèces. Il en résulte qu'on ne trouve plus chez eux de véritables tiges ou plein-vent, c'est-à-dire des greffes faites sur de véritables sauvageons dont la durée se compte par siècles, et que leurs basses tiges ne fournissent pas de fruits aussi beaux et aussi savoureux que si elles provenoient de greffes faites sur des sujets produits par les graines des plus excellentes espèces. Beaucoup de ces pépiniéristes tirent, il est vrai, leurs sujets, à moitié formés, d'Orléans, Caen, etc.; mais, quoique les pépiniéristes qui le leur vendent aient plus de facilité pour se procurer de la véritable graine de sauvageons, on dit qu'on ne doit pas plus compter sur le plant qu'ils fournissent aujourd'hui sous ce nom, que sur celui qu'on prend à Vitri.

Ce que je viens de dire doit convaincre de la nécessité de ne point confondre, dans le semis, les différentes espèces de graines, ou mieux, les graines des différentes variétés de fruits, puisque

puisque chaque variété, greffée avec la même espèce, doit donner un arbre d'autant plus rustique, que cette variété s'approchera plus du sauvageon, et fournira du fruit d'autant plus beau et savoureux, qu'il s'en éloignera davantage.

Il est bon de remarquer ici que quelques arbres très-vieux, ceux qui ne présentent plus aucun vestige de canal médullaire, ne produisent plus de graines, quoiqu'ils se chargent abondamment de fruits. Cette circonstance, qui est un inconvénient dans le cas dont il est ici question, devient un avantage dans quelque autre : par exemple, on recherche beaucoup, et avec raison, les nèfles sans noyaux, les raisins, les épines-vinettes, sans pepins, etc. ; les pépiniéristes, en conséquence, font tous leurs efforts pour les fixer dans cet état par la greffe. Quelquefois ils réussissent à avoir des fruits sans semence, dès la première année du rapport ; d'autres fois il faut attendre plusieurs années ; mais, dans ce cas, le nombre de ces années est beaucoup moindre, que si l'arbre parvenoit à cet état par le seul effort de la nature.

Le plant, levé, n'a besoin, la première année, que d'être sarclé avec beaucoup de soin, et arrosé quelquefois dans les grandes sécheresses. Il est des pépiniéristes qui arrosent fréquemment leur semis pour l'avancer, disent-ils ; c'est ce qu'ils appellent *pousser à l'eau*. Le semis ainsi traité est en effet plus beau et plus vigoureux, en apparence, que celui qui n'a reçu que les eaux du ciel ; mais on le fait tomber par-là dans les inconvéniens de celui qui a été semé dans une terre trop grasse. Dès qu'on cesse de l'abreuver, et il faut bien en venir là, sa belle apparence disparoît, il languit et finit par mourir ; il faut donc se bien garder d'en agir ainsi, lorsqu'on veut travailler utilement pour soi ou pour les autres.

Quelques pépiniéristes laissent leur plant en place pendant deux ans ; mais cette méthode ne peut être tolérée que lorsqu'on manque de place pour le repiquer, ou lorsqu'on sème pour vendre le plant à d'autres pépiniéristes qui le veulent fort et à bon marché.

L'opération du repiquage se fait dans l'hiver ; quelques pépiniéristes le commencent plus tôt, d'autres plus tard. On se dispute depuis long-temps pour décider si les plantations hâtives sont plus avantageuses que les tardives ; mais il semble que c'est faute de s'entendre, et d'avoir fixé des époques, ou motivé des circonstances ; car, telle plantation faite cette année tel jour, ne réussira pas aussi bien, l'année suivante, le même jour, si la saison est plus avancée ou plus retardée ; si l'atmosphère est plus sèche ou plus humide ; le temps plus chaud ou plus froid ; si elle a lieu dans un terrain différent dans les mêmes cas, ou dans des cas différens dans un même terrain. Les combinaisons des influences directes ou indirectes qui agissent continuellement sur les végétaux, et qui se modifient les unes par les autres, ne permettent pas, en général, d'établir les opérations de l'agriculture sur des bases rigoureusement mathématiques ; on doit se contenter dans ce cas, comme dans ceux qui ont rapport à la santé de l'homme, de probabilités plus ou moins approximatives.

Or donc, je dirai que, depuis le jour où la chute des feuilles a indiqué, non la cessation de la sève, comme on le croit communément, mais son ralentissement, jusqu'à celui où le grossissement des boutons annonce qu'elle reprend une nouvelle activité, on peut planter les arbres fruitiers, toutes les fois que le temps est doux et humide, et qu'on doit s'y refuser, quand il est froid et sec.

Ce qui milite le plus en faveur des plantations hâtives, c'est que la terre a le temps de se tasser autour des racines, et que les jours pluvieux de l'hiver favorisent ce tassement ; tandis qu'au printemps, la végétation se développe souvent avec vigueur, par suite d'un temps humide et chaud, avant que les vides laissés dans la terre par l'opération de la plantation même aient pu se remplir ; ce qui évidemment nuit au succès de la reprise : mais, dans ce cas, on peut suppléer, par des arrosemens, aux pluies naturelles.

L'arrachage du plant se fait avec les mêmes précautions que celui des arbres forestiers, c'est-à-dire, soit avec des fourches, soit avec la bêche, soit avec la pioche, et au moyen de tranchées approfondies autant que le pivot. Ici, se rencontre encore ce maudit pivot, sur la conservation ou la suppression duquel les cultivateurs ne sont point d'accord : en général, il est coupé sans miséricorde par tous les pépiniéristes ; mais je voudrois cependant qu'ils réservassent au moins celui du plant de sauvageon qui, étant destiné à former des arbres de plein-vent, doit jouir de tous ses moyens pour résister aux orages ; tandis que le franc, devant fournir des demi-tiges ou des espaliers, n'a pas besoin d'être si fortement attaché à la terre, et peut, par conséquent, être privé de son pivot avec moins d'inconvéniens. Je ne répéterai pas ce que j'ai déjà dit, à cet égard, à l'article des arbres forestiers ;

il suffit d'avoir vécu quelques années dans les pays à cidre, où des cantons entiers perdent tous leurs arbres par l'effet d'un ouragan de quelques heures, pour pouvoir citer des faits en faveur de mon opinion, qui est également celle de tous les hommes éclairés qui pratiquent l'agriculture.

Il est assez rare qu'on coupe la tête au jeune plant des arbres fruitiers en les repiquant; on réserve ordinairement cette opération pour la seconde année, encore est-ce dans l'intention de l'exercer seulement sur les sujets qui ont poussé irrégulièrement, ou dont la végétation est foible; et, en cela, on agit conformément aux principes de la plus saine physique.

Dans les pépinières d'arbres fruitiers, comme dans celles des arbres forestiers, on effectue le repiquage de trois manières; et, comme dans ces dernières, on doit préférer, à celui au plantoir, celui fait à la pioche, dans des trous particuliers, ou dans de longues tranchées; et ce, avec d'autant plus de raison, que le plant, ne devant pas rester aussi long-temps en place, peut être un peu plus rapproché, c'est-à-dire à dix-huit ou vingt pouces.

Pendant le cours de la première année du repiquage, on ne donne que deux binages ou serfouissages, et des sarclages au besoin; mais, la suivante, outre ces façons, on met sur un brin les pieds qui ont poussé plusieurs tiges, et on rabat ceux qui en ont poussé de trop irrégulières, ainsi que ceux qui annoncent, par une végétation languissante, qu'il n'y a pas de proportion entre la tige et les racines. Ces opérations se font comme pour les arbres forestiers, et avec les mêmes précautions.

Au commencement du printemps de la quatrième année, on ôte tous les talons des pieds qui ont été recépés, et on met des tuteurs à ceux qui prennent une mauvaise direction; ensuite on donne un léger labour, ou à la bêche, ou à la pioche.

Les tuteurs, comme tout le monde le sait, sont destinés à protéger les jeunes arbres, à qui on a mal à propos coupé le pivot, contre l'action des vents, ou à assurer une greffe nouvelle qui pourroit être décollée par la même cause, ou enfin à redresser une tige tortue, ou qui prend une mauvaise direction. On en fait usage dans toutes les espèces de pépinières; mais, comme ils coûtent ordinairement beaucoup, on les ménage le plus possible dans celles d'arbres fruitiers. Les conditions qu'on désire trouver en eux, c'est qu'ils soient droits, et d'un bois qui pourrisse difficilement. Ceux de châtaignier, ou de chêne refendu, sont préférables à tous les autres. Quand le robinier, faux acacia, sera assez multiplié chez nous, ce sera la meilleure essence de bois qu'on pourra employer à cet usage: ils dureront six fois plus que ceux de chêne. Lorsqu'on les place, il faut que ce soit de manière à ne blesser ni les racines, ni la tige du plant qu'ils sont destinés à soutenir. C'est à l'expérience à en trouver les moyens: entrer dans des détails, à cet égard, seroit mésuser de la patience du lecteur.

Dans le courant de chaque été, on tord tous les bourgeons qui se trouvent sur les tiges, et on arrête la croissance en hauteur, des tiges mêmes, en coupant à six ou sept pieds de terre de celles de ces dernières qui ne l'ont pas été la seconde année.

A la cinquième année, les arbres sont faits, et on peut les greffer en fente; mais quelques pépiniéristes attendent la sixième année pour cette opération. Les raisons qu'on donne pour ou contre sont également bonnes, quand on considère quelques circonstances de localités ou de convenances, indépendantes des autres; et, en définitif, il devient réellement indifférent, dans la plupart des cas, de la faire plus tôt ou plus tard. Il faut donc en abandonner la détermination à celui qui y a le plus d'intérêt. Il suffit qu'on fasse ses greffes en temps convenable, qu'on les choisisse de bonne nature, et qu'on préfère les espèces les plus parfaites aux inférieures, pour n'être pas dans le cas de mériter des reproches. Cependant, quand on attend trop long-temps pour entreprendre cette opération, on court risque de la manquer souvent; mais il est rare que les pépiniéristes la fassent plus tard que la sixième année: ce sont les particuliers qui ont planté des sauvageons, ou des francs en place sur leurs terres, qui se donnent souvent ce tort.

Lorsqu'une greffe en fente a manqué, on n'a d'autre ressource que de la faire plus bas l'année suivante, ou d'en faire plusieurs, en écusson, sur deux ou trois des forts bourgeons qui ont poussé près de son sommet. Cette manière, qui commence à prévaloir dans les pépinières bien dirigées, a, entr'autres avantages, celui de ne pas affoiblir la valeur réelle de l'arbre; car il est reconnu que, plus la greffe est basse, quelle que soit d'ailleurs la vigueur du sujet, et moins l'arbre en plein vent acquerra de beauté et de durée.

Lorsqu'on a coupé plusieurs fois ras de terre un arbre dont la greffe n'a pas réussi, on dit qu'il est *reboté*: dans ce cas, il ne devient jamais beau, vit moins long-temps, et est par conséquent dans le cas d'être rejeté par les acquéreurs. Les pépiniéristes honnêtes n'en mettent pas en vente de cette espèce : mais malheureusement ils ne le sont pas tous.

J'ai décrit les procédés de la culture du plant des arbres fruitiers destinés à former des hautes tiges ; cependant, il est presque toujours, au contraire, de l'intérêt du pépiniériste de le greffer en écusson, et sur-tout en écusson à œil dormant, la seconde ou la troisième année de la plantation, au plus tard. Quelquefois, les sujets sont assez forts, dès la première, pour supporter cette opération ; mais leur bois ne peut avoir acquis la consistance nécessaire à une parfaite réussite ; et, quand on veut avoir de bons arbres, on doit savoir attendre que ce bois soit complètement formé.

Le principal avantage qu'on retire de cette méthode, c'est que, la greffe manquant, on ne perd qu'une année, et que le sujet a conservé toute sa valeur, la plaie se refermant promptement ; tandis que, lorsque la greffe en fente n'a pas réussi, il faut attendre deux et souvent trois années, comme je l'ai dit plus haut.

On trouvera, au mot GREFFE, le détail des différentes espèces de greffes, et des soins qu'elles demandent ; ainsi, on y renvoie le lecteur. Il suffira de dire ici que les tiges des greffes à œil dormant doivent être coupées après l'hiver, non, comme on le pratique souvent, à plus d'un pied au dessus de l'œil, mais le plus près de cet œil qu'il sera possible, sans nuire au développement ultérieur de son bourgeon. Le mieux est certainement de commencer la section au dessous de la greffe, et du côté de l'arbre qui lui est opposé, de la terminer à deux ou trois lignes au dessus d'elle, et de recouvrir sur-le-champ la plaie avec de l'onguent de Saint-Fiacre, ou tout autre qui empêche l'extravasion de la sève, et favorise la guérison de la blessure, en la privant d'air. Une greffe ainsi conduite se redresse bien plus promptement que celle à qui on a laissé un talon, qu'on est obligé d'enlever l'année suivante, au préjudice de la nouvelle pousse, que cela fatigue.

Non seulement, comme je l'ai dit, il faut se procurer des sujets pour la greffe des arbres de plein vent, mais encore il est nécessaire de se pourvoir de ceux qui fournissent des arbres nains de toutes les espèces : ces derniers sont entièrement le produit de l'art ; aussi ne durent-ils pas autant que ceux greffés sur franc, et encore moins que ceux greffés sur sauvageons.

Un pépiniériste, on ignore à quelle époque, mais elle n'est pas très-reculée, a remarqué qu'une variété du pommier franc, qu'on a appelée *doucin*, plus foible que les autres, étoit, à raison de cette foiblesse même, plus propre à servir de sujet pour greffer les bonnes espèces de pommiers qu'on destinoit à former des demi-tiges, tels qu'espaliers, pyramides, etc. ; et cette variété est devenue un arbre de la première importance pour lui et ses successeurs dans son art.

Un autre cultivateur a trouvé, dans une plantation de ce doucin, un pied encore plus foible qu'on a nommé *paradis* ; et il l'a multiplié pour former, avec ses rejetons, après les avoir greffés, les meilleures espèces d'arbres nains, tels que quenouilles, espaliers à basses tiges, et autres.

Ainsi l'homme, en dégradant la nature, a su l'améliorer pour son avantage ; car il n'est personne qui ne sache que les pommes en espalier, ou en quenouilles, sont généralement plus belles, et meilleures que celles en plein vent : mais aussi les arbres qui les produisent vieillissent-ils bien plus tôt que les autres ; et une greffe sur paradis, par exemple, approche-t-elle de la décrépitude, quand la même sur sauvageon commence à entrer en plein rapport. Mais ce n'est pas d'idées philosophiques dont je dois occuper le lecteur, et je reviens en conséquence à mon objet.

Comme il est important de conserver l'état d'altération effective dans lequel se trouve le doucin, et encore plus le paradis, on a dû éviter de les multiplier par semences ; ce qui auroit exposé à les ramener à leur état primitif ; en conséquence, on les a toujours perpétués par le moyen des boutures, des marcottes, et des rejetons. On doit donc avoir, dans toutes les pépinières bien montées, un nombre de pieds proportionné à leur étendue, de ces deux variétés, destinés à les fournir des sujets dont elles ont besoin pour les natures d'arbres énoncées plus haut, et pour celles qui leur sont analogues.

On redoute, en général, de faire des boutures de ces deux espèces, parce qu'elles manquent souvent, et l'on préfère, en conséquence, les marcottes et les rejetons.

On peut avoir très-sûrement les premières, ou en couvrant de terre la base des jeunes pousses qui ont crû autour d'un vieux pied, coupé ras de terre, ou en les couchant dans des fosses disposées à cet effet, ainsi qu'on le dira à l'article des PÉPINIERES D'ARBRES D'AGRÉMENT, où l'on pratique plus fréquemment cette opération, que dans celles dont je m'occupe en ce moment.

Il est facile de se procurer les secondes en arrachant le tronc d'un vieux pied, et en laissant ses racines dans la terre, ou en le coupant ras de terre, et en empêchant les pousses de son tronc de se développer, ou simplement en blessant ses racines sans toucher au tronc.

Les mêmes pieds qui fournissent les marcottes produisent ordinairement, en même temps, des rejetons, et souvent en telle abondance, que, quelque familiarisé qu'on soit avec ce fait, on en est étonné chaque année.

Les marcottes, comme les rejetons, se lèvent dès l'hiver de la première année, et se plantent comme le plant du même âge. On leur donne les mêmes façons; et, l'été de la seconde, le plant qu'elles ont produit est propre à être greffé en écusson, sorte de greffe qu'on pratique le plus volontiers sur cette espèce d'arbres, toujours à un ou deux pouces de terre. (*Voyez* aux mots GREFFE et POMMIER.) Quelques pépiniéristes les greffent même la première année, d'autres les greffent sur place, et ne les lèvent alors que la seconde année, au moment même de la vente. Ces deux méthodes peuvent être fructueuses pour eux, en ce qu'elles leur procurent plus promptement de l'argent; mais elles ne fournissent jamais des arbres aussi sûrs à la reprise, et d'une aussi grande durée que ceux qui ont eu une année entière de pépinière, pendant laquelle ils se sont fait de bonnes racines.

En général, on enlève les arbres greffés sur doucin ou paradis, avant l'époque où il devient nécessaire de disposer leur tige, relativement à une destination quelconque; ainsi il suffit au pépiniériste d'arrêter cette tige la troisième année, à quatre ou cinq pieds, en pinçant le bourgeon supérieur; mais, quand leur séjour se prolonge dans les pépinières, il est souvent indispensable de les traiter comme s'ils étoient dans le jardin; ainsi, s'il veut en faire des quenouilles, il laissera croître tous les bourgeons latéraux, et les taillera l'année suivante. S'il veut en faire des espaliers, des buissons, etc., il rabattra la tige à deux ou trois yeux, et taillera les pousses l'année suivante, selon son intention ultérieure. Mais ces diverses opérations sortent des travaux de la pépinière, pour rentrer dans ceux du jardin; en conséquence, on renvoie le lecteur aux mots TAILLE, JARDIN et POMMIER. Au reste, s'il est des pépiniéristes qui se livrent à ce genre de spéculation, sans y être forcés par le défaut de vente, c'est toujours dans des intentions blâmables; car un arbre ainsi formé dans la pépinière, et qui y reste deux ou trois ans de plus, peut bien se vendre cher à l'acheteur ignorant, qui pense en avoir des fruits dès la première année de la plantation; mais si, par hasard, il reprend, il ne fera jamais un bel arbre et ne vivra pas long-temps.

Il est à observer que les greffes sur doucin et paradis sont exposées à former un bourrelet monstrueux, qui est une maladie, une véritable exostose. On doit en conséquence rejeter tous les sujets qui portent ce caractère, comme ne devant durer que fort peu de temps.

Une partie des observations que je viens de faire sur les pommiers, s'appliquent aux poiriers. On sème les graines du poirier sauvage, pour avoir des sujets robustes, destinés à être greffés en arbres de plein vent. On sème les graines des meilleures espèces de poires cultivées, pour avoir des sujets plus foibles, mais plus propres à fournir de gros et d'excellens fruits en espaliers, en quenouilles, etc. Dans ces deux cas, les semis et le plant se conduisent, dans la pépinière, absolument comme ceux du pommier.

On n'a pas trouvé, parmi les variétés de poiriers cultivés, d'individus qui remplacent le doucin et le paradis; mais on a remarqué très-anciennement que les bonnes espèces de poiriers greffés sur le coignassier, qui est une espèce botanique du même genre, moins élevée, (*Voyez* le mot COIGNASSIER) donnoient du fruit bien plus promptement que lorsqu'on les greffoit sur franc; de sorte que, quoique les arbres sur coignassier durent moins, on les a presque par-tout préférés, et que les pépiniéristes, en vendant quatre fois plus de cette sorte que des autres, ont été obligés de diriger leur culture en conséquence.

Ainsi, il faut donc avoir une grande quantité de jeunes coignassiers dans une pépinière, pour servir de sujets; on se les procure ou par semis de graines, ou par rejets, ou par marcottes, ou par boutures, ou plus souvent par tous ces moyens à la fois. Ce que j'ai dit du doucin et du paradis s'applique complètement ici, excepté que le coignassier, reprenant très-facilement de boutures, on en fait beaucoup plus que des marcottes; il est même plusieurs pépinières dont tous les sujets en proviennent.

Cependant, il faut l'avouer, si l'intérêt des pépiniéristes, sous plusieurs rapports, est de greffer toutes ces espèces de poires sur coignassier, ce n'est pas toujours celui de l'acquéreur. Il est plusieurs de ces espèces, principalement parmi celles d'hiver, qui réussissent beaucoup mieux sur franc: cette circonstance, jointe au peu de durée des arbres greffés sur coignassier, doit engager tout propriétaire éclairé, qui dirige une pépinière pour son usage, à restreindre ces derniers à un moindre nombre.

Il en est de même des arbres en plein vent qu'on a l'intention de placer au milieu des champs, sur les berges des fossés, etc., et qu'on greffe ordinairement sur franc. Ils durent bien plus long-temps, et fournissent une plus grande abondance de fruits, lorsqu'ils ont été greffés sur des sauvageons auxquels on a conservé leur pivot.

La culture du coignassier, comme arbre à fruit, ne diffère pas de celle du poirier : on le laisse ordinairement croître en plein vent ; on le greffe avec la variété qu'on appelle de *Portugal*, dont le fruit est beaucoup plus gros, plus doux et plus odorant.

On multiplie, en général, dans les pépinières, tous les arbres à noyaux par le semis de leurs noyaux. Il en est quelques uns qu'on peut se procurer de rejetons ou de marcottes, principalement le cerisier et le prunier ; mais les sujets qu'on obtient ainsi sont inférieurs aux premiers.

Les graines des fruits à noyaux sont toutes du nombre de celles qui contiennent une huile susceptible de rancir, et par conséquent elles perdent promptement leur faculté germinative, si on n'empêche pas cette rancidité de se développer. Les pépiniéristes doivent donc, aussitôt que les fruits qui les renferment sont indiqués être à leur dernier degré de maturité par leur chute de l'arbre, ou les semer, ou employer les moyens propres à les conserver frais jusqu'au printemps suivant. Ces moyens sont, ou de les mettre dans une cave humide, ou de les stratifier avec de la terre ou du sable dans des pots ou dans des caisses qu'on laisse exposés à l'air, ou de les enfouir dans des fosses creusées dans un terrain sec.

Souvent on fait tremper ces graines dans l'eau, et même on les fait germer avant de les mettre en terre, afin d'assurer leur réussite, en diminuant l'espace de temps où elles auroient à craindre les atteintes des gelées et des rats. Quelques pépiniéristes emploient cette méthode, moins pour les motifs ci-dessus, que dans l'intention de pincer l'extrémité de la radicule, et d'empêcher par là la formation d'un pivot, tant ils ont de haine pour les indications de la nature. J'ai déjà développé mon opinion sur ce sujet, mais je répète ici que si on peut ôter sans inconvénient le pivot à un pêcher qui doit former un espalier, on ne l'ôtera jamais impunément à un cerisier destiné à être planté au milieu d'une plaine, battu par les vents d'un bout de l'année à l'autre

Les noyaux étant presque tous d'une grosseur notable, peuvent être semés facilement à la main, et espacés de manière à ce qu'il ne soit pas besoin de relever le plant qu'ils produiront, avant l'époque où il doit être mis en place, c'est-à-dire à deux pieds ; mais ce moyen, quelque avantageux qu'il soit, est rarement employé dans les pépinières, à raison de la perte de terrain qu'il occasionne.

Il arrive très-souvent que ces noyaux, surtout lorsqu'ils n'ont pas été conservés avec les précautions indiquées plus haut, qu'ils ont eu le temps de se dessécher par leur exposition à l'air, ne lèvent que la seconde année, alors il faut savoir les attendre ; car, à moins de les relever pour les placer sur couche, il n'y a pas de moyen d'accélérer leur germination. Cette circonstance seule doit déterminer tous les pépiniéristes à ne mettre leurs noyaux en terre que lorsqu'ils sont germés, puisque c'est le seul cas où ils puissent être assurés de jouir de leur produit dans l'année même.

La connoissance particulière la plus importante à acquérir pour un pépiniériste qui veut se livrer à la culture des arbres à fruits à noyaux, c'est celle des espèces sur lesquelles il est plus avantageux de greffer les autres, car les cinq genres actuellement reconnus par les botanistes comme par les jardiniers n'en font réellement qu'un dans la nature, et peuvent se suppléer, pour cette opération, presque dans tous les cas.

En général, comme le prunier est le plus facile à se procurer par rejetons ou par semis, comme l'amandier est le plus tôt propre à recevoir la greffe, ce sont ces deux arbres que l'on préfère d'employer dans les pépinières pour greffer, non seulement leurs variétés, mais encore celles de l'abricotier et du pêcher. Il est très-rare, en conséquence, qu'on y sème des noyaux de ces deux derniers arbres. On trouvera aux mots Prunier, Amandier, Abricotier et Pêcher, les indications nécessaires pour se guider dans le choix des sujets.

Le cerisier est, parmi les arbres à fruits à noyaux, celui dont la culture est la plus rustique, parce qu'on ne l'emploie guères qu'en plein vent, étant rebelle à la taille. (*Voyez* le mot Cerisier.) On se procure les sujets sur lesquels on le greffe en semant les noyaux des cerisiers cultivés, et encore mieux ceux du cerisier sauvage, appelé merisier, et du Sainte-Lucie. On les obtient quelquefois aussi des drageons qui viennent naturellement autour des vieux pieds, ou quand on force leurs racines à produire en les blessant. Ces plants sont conduits, dans la pépinière, comme ceux des arbres à pepins de haute tige, excepté que, comme ils poussent plus vite, on leur fait gagner un an, c'est-à-dire qu'on les met sur un brin, on les recèpe dès la seconde année, qu'on leur forme une tête la troisième, et qu'on les greffe en fente à cinq ou six pieds de haut la quatrième. Lorsque cette greffe en fente a manqué, on les écussonne, l'année suivante, sur le jeune bois qui a poussé près du sommet. On pratique rarement la greffe en écusson sur le plant de deux ans, parce qu'elle nuit à la beauté de la tige, et retarde son accroissement en grosseur.

La greffe des cerisiers sur le Sainte-Lucie doit être préférée seulement lorsque les arbres sont destinés à être plantés dans un terrain de mauvaise nature.

Le semis des pruniers ne diffère pas de celui des cerisiers ; cependant il demande quelques précautions de plus, parce que les fruits avec les noyaux desquels on le fait sont déjà plus loin de la nature primitive de l'espèce. Ainsi on a remarqué que les sujets provenant des damas d'Italie, du royal de Tours, de la Sainte-Catherine, etc., étoient plus vigoureux et plus propres à la greffe que les autres. On doit donc préférer les noyaux de ces espèces, et les prendre dans les fruits les plus beaux et les plus mûrs. Cependant beaucoup de pépiniéristes font justement le contraire ; ils choisissent les fruits du Saint-Julien et de la cerisette, arbres presque sauvages, et qui ne peuvent par conséquent qu'altérer la bonté et la beauté des espèces qu'ils greffent dessus le plant qu'ils en ont obtenu.

On multiplie beaucoup les pruniers par drageons, parce qu'il est facile de s'en procurer autour de tous les arbres qui ont été plantés sans pivot, qu'on gagne une année, et qu'on se dispense par ce moyen de l'embarras du semis ; mais un bon pépiniériste doit être modéré dans leur emploi, car ils ne donnent jamais des arbres aussi beaux que ceux greffés sur des sujets venus de graines, et ils s'épuisent promptement en poussant, chaque année, une immense quantité de rejetons. On peut aussi les reproduire de bouture, mais on le fait rarement.

Les pruniers se greffent comme les cerisiers ; cependant, comme ils se prêtent très-bien à la taille, on les place très-fréquemment en espalier, en contre-espalier, en quenouilles, et, pour cela, on greffe tous ceux qui ont cette destination, à œil dormant, fait à quelques pouces de terre.

Les pruniers provenant de rejetons peuvent être regardés comme faits à trois ans ; et à quatre, ceux provenant de graines ; quelques espèces, telles que le damas et le perdrigon, se multiplient sans le secours de la greffe, quoique cependant elles gagnent à être soumises à cette opération.

Les amandiers, les abricotiers et les pêchers exigent absolument la même culture dans la pépinière, excepté que, comme il est plus facile de semer leurs noyaux à la main, on les place toujours par rangées à la distance de six pouces au moins, et que, comme leur coque est plus dure, on les enfonce de trois pouces en terre, ayant soin de mettre la pointe en bas. On ne doit semer leurs noyaux, autant que possible, qu'après les avoir au préalable fait germer dans la maison, ainsi que je l'ai déjà indiqué, parce que, de toutes les graines d'arbres fruitiers, ce sont les plus du goût des animaux du genre des rats, et que leur germe est facilement affecté des petites gelées du printemps. On choisit, en général, l'amande à coque tendre, comme exigeant moins de temps pour germer ; mais toutes peuvent être employées avec un égal avantage, et même beaucoup de pépiniéristes recherchent de préférence les amandes amères, comme fournissant des sujets plus beaux et plus robustes. L'amandier et le prunier suffisant aux besoins de sujets pour la greffe des abricotiers et des pêchers, il est rare, comme on l'a vu plus haut, qu'on sème aujourd'hui beaucoup de noyaux de ces deux derniers arbres dans les pépinières, mais certainement à tort, car ils donneroient nécessairement des nuances de fruits qui nous manquent, depuis qu'on les en a presque bannis. En général, le besoin de simplifier la besogne et d'amener l'économie a fait rejeter des pépinières, dont il est question en ce moment, plusieurs espèces d'arbres, et en a éloigné des opérations manuelles qui étoient utiles sous beaucoup de rapports. Il seroit en conséquence à désirer que les pépiniéristes se livrassent un peu moins à la culture routinière qu'ils ont apprise de leurs maîtres, et qu'ils revinssent à celle qui peut accélérer la perfection de leur art, afin de lui donner toute la considération dont il est susceptible. Il est bien rare qu'il sorte une nouvelle espèce des pépinières, tandis que les jardins du plus petit amateur en fournissent souvent.

Pourquoi ? parce que l'amateur observe ce qui se passe, calcule ses opérations, met de la suite dans ses expériences, etc. (*Voyez* au mot Espèce.)

Les amandiers, levés, sont sarclés et binés une ou deux fois, et la plupart greffés en écusson, à six pouces de terre, dans le courant de la première année. Pendant celui de la seconde, ils reçoivent les mêmes façons, et l'hiver suivant ils sont en état d'être enlevés pour être placés à demeure. C'est cette rapidité de la croissance de l'amandier qui le rend si intéressant pour les pépiniéristes, non seulement d'arbres fruitiers, mais encore d'arbres d'agrément, qui y greffent toutes les espèces de fruits à noyaux que fournissent la Perse, la Sibérie, etc.

La greffe en fente réussit rarement sur l'amandier, à raison de la grande quantité de gomme qui transude de son écorce, lorsqu'elle est coupée transversalement. En conséquence, lorsqu'un sujet est devenu trop fort pour être greffé en écusson, on lui coupe la tête pour déterminer la sortie de jeunes branches sur lesquelles on pratique cette dernière.

J'ai déjà dit qu'on greffoit le plus communément l'abricotier sur l'amandier ou sur le prunier : ainsi il n'a point de culture particulière dans les pépinières. Si on vouloit avoir des sujets francs, le semis de ses noyaux et la conduite du plant qu'ils auroient produit ne différeroient en rien de ce qui a été indiqué précédemment pour l'amandier.

Les mêmes observations s'appliquent au pêcher ; seulement je dois ajouter que quelques espèces de ce genre se reproduisent par le simple semis, mais que cependant il vaut mieux les greffer.

Les trois derniers arbres dont je viens de parler aiment une terre légère ou peu substantielle, et de la chaleur : en conséquence, leurs graines doivent être semées dans la partie de la pépinière la plus en rapport avec cette nature de terrain, et la mieux exposée aux rayons du soleil.

Pépinières d'arbres d'agrément. Autant les travaux qui se font annuellement dans une pépinière d'arbres forestiers, et même dans une pépinière d'arbres fruitiers, sont simples et faciles, autant ils sont nombreux et compliqués dans celle qui fait l'objet de cet article. En effet, chaque espèce d'arbres ou d'arbustes demande une culture différente, qu'il est souvent fort difficile de connoître, puisqu'elle s'exerce sur de nouveaux sujets, et qu'on n'a la plupart du temps à leur égard que des renseignemens fort vagues, ou même point du tout. Aussi faut-il dans celui qui entreprend de les diriger, non seulement des connoissances générales en culture, mais encore un esprit observateur qui puisse juger, par ce qui a été fait, de ce qu'il convient de faire, et qui sache changer de méthode avant que le non-succès d'une tentative ne soit arrivé à son dernier terme, c'est-à-dire à la perte du sujet sur lequel elle s'exerce.

Il est indispensable, comme je l'ai déjà dit, qu'une pépinière d'arbres étrangers ait de nombreux abris, principalement au nord et au midi, soit fixes, soit mobiles.

En général, il est bon que cette pépinière soit exactement orientée, qu'elle soit entourée de murs d'une certaine hauteur, et qu'il passe dans son intérieur un courant d'eau, accompagné de bassins exposés au soleil.

L'eau de puits, outre la plus grande dépense de son extraction, a le grave inconvénient d'être, pendant l'été, à une température inférieure à celle de l'atmosphère, et de contenir, presque toujours, ou de la sélénite ou du carbonate calcaire, qui nuisent beaucoup au jeune plant, et même le font quelquefois périr en encroûtant ses racines.

Il est des graines d'arbres qui demandent à être semées à une exposition chaude, d'autres qui ne lèvent qu'à celle du nord Celle du levant convient à beaucoup, et la pire est celle du couchant. Il faut donc qu'un pépiniériste dispose son terrain de manière à ne perdre aucun de ses abris. En conséquence, le pied de ses murs formera une planche d'une largeur proportionnée à sa hauteur, laquelle sera divisée en petits carrés pour recevoir les semences. Outre cela, si sa culture est fort étendue, il sera encore obligé de faire des abris au milieu des carrés de son jardin, pour suppléer à ceux qui lui manquent contre les murs.

Ces derniers sont de deux sortes, ou fixes, c'est-à-dire faits avec des murs ou des arbres qui se garnissent de branches jusqu'à la racine, ou mobiles, c'est-à-dire construits avec des planches, des claies, des paillassons et même des toiles.

Il est difficile de dire quels sont les meilleurs de ces abris, attendu qu'ils ont tous leurs avantages et leurs inconvéniens, relativement à telle ou telle espèce d'arbres. Il est presque toujours bon d'en avoir de toutes les espèces, lorsqu'on le peut, ainsi qu'on le verra par la suite.

Outre ces abris simples, il en est d'autres qui sont également employés dans une pépinière d'arbres d'agrément ; ce sont des cloches de verre de diverses espèces, des baches à châssis, et des serres tempérées ou chaudes; mais ces derniers entrent dans une série de travaux qui n'est que secondaire pour la plupart des cultivateurs. Il en a été question au mot SERRE.

Les articles de culture qui entrent dans une pépinière de la nature de celle qui nous occupe sont très-nombreux, et augmentent chaque jour. On en compte en ce moment plus de deux mille, et on ne comprend pas dans ce nombre ceux qui sont encore très-rares, c'est-à-dire qui ne se trouvent que dans quelques jardins. Comme il est impossible d'entrer dans le détail de la manière dont chacun doit être traité, je renvoie, pour les détails, aux différens articles répandus dans ce Dictionnaire, et je me contente d'indiquer ici des généralités.

Les arbres et arbustes d'agrément qui se cultivent dans les pépinières peuvent être rangés sous sept classes; savoir :

1°. Ceux du pays, qui sont destinés les uns à entrer dans les bosquets, les autres à servir de sujets pour la greffe des espèces étrangères, comme le frêne, le sycomore, le peuplier, l'aubépine, le rosier, etc.;

2°. Ceux des pays étrangers, mais qui sont depuis long-temps acclimatés, et dont la culture ne diffère pas de celle des précédens, comme le marronnier d'Inde, le robinier ou acacia blanc, le lilas, le syringa, etc., qui servent également directement à l'embellissement des jardins, et indirectement comme de sujets pour greffer des espèces plus précieuses encore;

3°. Ceux de la Sibérie et autres contrées orientales, telles que les baguenaudiers, les caraguas, les spirées, les tragacantha, etc.;

4°. Ceux de l'Amérique septentrionale ou du nord de l'Europe, ou des plus hautes montagnes de tous pays, qui demandent impérieusement une terre de bruyère et une ombre constante, comme les kalmies, les rosages, les andromèdes, les clethra, les airelles, etc.;

5°. Ceux des parties méridionales de l'Europe, et quelques autres de diverses parties du monde, qui gèlent l'hiver, mais qui peuvent être cependant cultivés en pleine terre, tels que le chêne vert, l'olivier, l'oranger, le myrte, le filaria, l'arbousier, les cistes, etc.;

6°. Ceux du Cap de Bonne-Espérance, de la Nouvelle-Hollande, du nord de la Chine et du Japon, dont la nature exige une terre de bruyère, et de la chaleur; dans cette classe se trouvent les bruyères, les protées, les banksies, les métrosideros, les mélaleuca, etc.;

7°. Ceux d'entre les Tropiques, qui doivent être tenus pendant la plus grande partie de l'année dans une serre chaude, tels que les goyaviers, les cafés, etc. Je ne parlerai pas ici de ces derniers, dont la culture a été mentionnée à l'article SERRE. (*Voyez* ce mot.)

Les arbres et arbustes des deux premières classes demandent la même culture, ou une culture peu différente de celle qu'ils auroient obtenue dans la pépinière forestière. Ainsi on sème leurs graines à la volée ou en rayons sur des planches préparées par des labours; on repique le plant qu'elles ont produit la seconde, ou la troisième année; on les met sur un brin, ou on les recèpe lorsque cela devient nécessaire; je dis lorsque cela devient nécessaire, parce qu'il est quelques espèces qu'on conserve plus volontiers en buisson, comme le lilas, le syringa, etc., et d'autres qui souffrent difficilement cette opération, comme les noyers, les marronniers, etc.

Une partie des arbres de ces deux divisions, comme je l'ai déjà observé, sert immédiatement à l'ornement des jardins, et l'autre n'y est employée qu'après avoir reçu une greffe qui le transforme en espèce plus rare. Ainsi on met, sur le sycomore, l'érable jaspé de Pensylvanie, et les variétés de ceux du pays; on place sur le frêne ordinaire tous les frênes étrangers; sur le marronnier d'Inde, les trois espèces de pavia, etc.

C'est dans ces divisions que se trouvent la plupart des chênes, arbres qui ne reçoivent pas facilement les greffes en fente et en écusson, et qui doivent être greffés à l'anglaise. (*Voyez* le mot GREFFE.)

Il n'est pas du tout indifférent de placer une greffe sur tel arbre, plutôt que sur tel autre du même genre ou de genre analogue, l'expérience ayant appris que certaines espèces sont plus propres à les recevoir que d'autres. Ainsi, pour ne pas sortir des exemples ci-dessus, je dirai que celles qu'on met sur le sycomore réussissent beaucoup plus souvent que celles qui sont faites sur le platanoïde ou sur l'érable commun : le développement détaillé de ce qu'on doit savoir à cet égard obligeroit d'écrire un volume. Je me trouve donc encore obligé de renvoyer aux articles particuliers de chaque arbre pour cet objet.

Mais je ne puis m'empêcher de citer encore le fait suivant.

Le sorbier hybride est un arbre de seconde grandeur, qui naturellement porte de fort grosses branches, et étend au loin ses rameaux. Quand on le greffe sur l'épine blanche, arbuste de nature deux ou trois fois plus foible, il pousse une grande quantité de petites branches qui forment pyramide ou boule; ce qui lui donne un un aspect très-propre à le faire rechercher dans les jardins, ainsi qu'on peut s'en convaincre dans le bosquet des tulipiers, à Versailles. Ce phénomène est dû à ce que les racines de l'épine ne sont pas assez grosses ni assez nombreuses pour fournir à l'arbre qu'a produit la greffe toute la sève nécessaire à sa croissance, et qu'il est obligé de s'en dédommager en poussant une bien plus grande quantité de feuilles qui rétablissent l'équilibre. Cela est si vrai que ces racines peuvent à peine soutenir le tronc et la tête de leur nourrisson, qui sont presque tous inclinés du côté opposé au vent dominant. Ce n'est qu'avec des soins continuels qu'on peut les conserver sur pied.

Lorsqu'une branche destinée à faire une greffe en fente accélère plus sa végétation que le sujet sur lequel on veut la placer, on la coupe et on la conserve dans un lieu frais. Quelques pépiniéristes coupent même toutes les greffes de cette espèce plusieurs jours avant de les employer, parce qu'ils prétendent que, par là, leur réussite est plus assurée.

Quand une branche sur laquelle on désire prendre des yeux pour faire des greffes en écusson n'est pas assez avancée, on arrête sa croissance en longueur, en coupant son extrémité. Alors son bois prend bien plus rapidement la densité qui lui est propre. On emploie aussi le même moyen pour conserver des tiges encore trop en sève, pour lesquelles on craindroit les premières gelées de l'hiver.

Parmi les arbustes également ci-dessus mentionnés, il en est deux, le lilas et le syringa, qu'il est plus avantageux de multiplier par rejetons ou par marcottes, mais que cependant on obtient facilement de graines. Il en est d'autres, comme le chicot, (*Guilandica dioica* Lin.) le laurier sassafras, le redoul, etc., qui ne donnent presque jamais de graines dans le climat de Paris, et qu'on ne peut que difficilement reproduire par rejetons ou marcottes. Ces derniers se multiplient par *racines*, c'est-à-dire qu'on enlève quelques racines aux vieux pieds, et qu'après les avoir coupées en tronçons plus ou moins longs, on les met en terre pour donner de nouveaux pieds. Quelquefois ces racines poussent des tiges dès la première année; mais le plus souvent ce n'est qu'à la seconde, à moins qu'on ne les avance en les plaçant, dans des terrines, sous un châssis. Dans tous les cas, il faut que ces racines n'aient ni trop d'humidité, ni trop de sécheresse, car dans les deux cas elles périroient immanquablement.

Il est quelques espèces qui, quoique fournissant des graines ou se multipliant par marcottes ou boutures, sont plus avantageusement reproduites par cette voie, dans les pépinières : parmi elles on peut compter le langit, (*Aylanthus* Desf.); le mûrier à papier, (*Broussonnetia* L'Héritier); le redoul, (*Coriaria* Lin.) Ce dernier arbuste réussit mieux quand on emploie, au lieu de ses fibrilles, le collet de la racine dont on sépare le bourgeon en les éclatant avec une pioche. On appelle cette sorte de multiplication par *éclats*. On doit ranger dans la même classe de multiplication celle qui se fait en fendant une tige et ses racines en deux, trois, quatre ou un plus grand nombre de morceaux que l'on plante séparément; mais ce mode, qui est fréquemment employé sur les plantes vivaces, ne l'est guères sur les arbres et arbustes.

C'est peut-être ici le lieu de parler des variétés, puisque ce sont les arbres et arbustes des classes dont je m'occupe en ce moment qui en fournissent le plus.

Il se développe quelquefois, dans les végétaux abandonnés à la nature, plus souvent encore dans ceux qui sont cultivés, des causes qui les font changer d'aspect, devenir plus ou moins différens de ceux qui leur ont donné naissance. Ainsi, lorsqu'une graine est semée dans un terrain extrêmement amélioré par les engrais, elle produit quelquefois un arbre dont les fleurs sont doubles, ou dont les feuilles acquièrent une grandeur démesurée. Ce sont des variétés par excès de nourriture. Ainsi, lorsqu'une graine est semée dans un très-mauvais sol, elle produit quelquefois un arbre dont ou la tige, ou les feuilles, ou les fleurs sont plus petites. Ce sont trois variétés par défaut de nourriture. Ainsi, lorsqu'un arbre souffre dans sa tige, dans ses feuilles et dans sa fleur, la première se contourne, les secondes se décolorent, passent en tout ou en partie au blanc ou au jaune; les troisièmes prennent une couleur différente ou une forme bisarre; ce sont cinq variétés par maladies. Les amateurs de culture ont mis, de tout temps, et mettent aujourd'hui plus que jamais, une grande importance à ces variétés; le pépiniériste a dû en conséquence les rechercher, et ce, d'autant plus qu'elles ne lui coûtent guères plus à multiplier, et que, cependant, il les vend beaucoup plus cher que les espèces dont elles émanent.

Il arrive quelquefois que les graines d'une variété les reproduisent; mais, en général, elles donnent le type de l'espèce. C'est donc par les greffes, les boutures, ou les marcottes qu'on les multiplie. On a remarqué que les greffes, sur-tout, fixoient les variétés, c'est-à-dire que si on enlève un œil sur un pied d'orme panaché naturellement, il fournira certainement une pousse panachée, tandis que le pied sur lequel il a été pris cessera de l'être l'année suivante. C'est en saisissant ainsi, pour ainsi dire à la volée, des variétés, qu'on a doublé, triplé, quadruplé et même quintuplé quelques espèces, qu'on en a obtenu d'un aspect très-bisarre. Par exemple, l'érable platanoïde a fourni une variété dont la feuille a l'apparence à moitié desséchée; le frêne a donné celle dont le bois est jaune et celle qu'on appelle parasol, dont les branches se recourbent constamment vers la terre; l'orme nous en fait voir une dont les feuilles sont presque complètement blanches. Le houx seul en présente sept à huit, telles que celui à larges feuilles, à petites feuilles, à feuilles lancéolées, à feuilles hérissonnées, à feuilles panachées de jaune, à feuilles panachées de blanc, à feuilles tachetées de blanc dans leur milieu, etc. Un pépiniériste doit donc, lorsque le hasard lui procure une variété nouvelle, la fixer par la greffe. La science botanique n'y gagnera rien, il est vrai, mais les jouissances de l'homme en seront augmentées; car, qui est-ce qui peut nier que la rose double ne soit plus agréable que la rose simple?

Les arbres et arbustes de la troisième et de la quatrième classe sont ceux qui exercent le plus les pépiniéristes dont je décris en ce moment les travaux. Tous supportent nos hivers en pleine terre; mais tous ont besoin de soins pendant leur enfance. C'est principalement pour eux qu'il est nécessaire de former des abris, de composer ou de choisir des terres particulières, etc.

La nature a voulu que la plupart des plantes fussent organisées pour croître sur tel sol plutôt que sur tel autre, et ce n'est presque jamais impunément qu'on contrarie cette destination; cependant quelques uns se prêtent plus facilement à un changement à cet égard. Ainsi, le saule est évidemment un arbre aquatique, et cependant il pousse passablement bien dans un terrain sec; mais jamais on ne pourra élever la bruyère sur un sol argileux. La connoissance des faits de ce genre, applicable à toutes les espèces d'arbres et d'arbustes qu'on cultive pour l'agrément, forme la partie la plus importante et la plus difficile de la science du pépiniériste; mais il est peu d'entr'eux qui puissent s'astreindre à suivre rigoureusement à cet égard l'indication de la nature. Tous en général se contentent d'en approcher assez pour que la plus grande masse possible d'espèces puisse entrer dans leur culture, et telles de ces espèces qui ne se prêtent pas, à cet égard, au vœu de leur paresse ou de leur ignorance, sont traitées de *rebelles* et abandonnées comme *ingrates*.

On range sous deux dénominations générales les terres que l'on emploie pour cultiver les articles dont il est ici question; savoir, *terre franche* et *terre de bruyère;* mais elles se subdivisent ensuite sans fin, relativement aux proportions de leur composition.

La terre franche est celle qui contient de l'argile, du sable ou du calce, ou l'un et l'autre, et de l'humus, ancien détritus des végétaux. Elle est regardée comme excellente, lorsque ces matériaux y entrent par tiers ou par quart. Cette terre est très-substantielle et conserve long-temps l'eau des pluies. Lorsqu'elle est trop argileuse, on y ajoute du sable; lorsqu'elle est trop sablonneuse, on y met de l'argile, et lorsqu'elle est trop maigre, on l'engraisse avec du fumier, du terreau de couche, du gazon, des curures d'étang, etc.

La terre de bruyère est une terre qui ne contient que du sable et de l'humus. Elle est estimée la meilleure lorsqu'elle contient un tiers ou même seulement un quart de ce dernier. Cette terre est par conséquent peu substantielle et laisse passer très-facilement les eaux de pluie. Lorsqu'elle est trop maigre, on y ajoute du terreau de feuilles ou du terreau de couche: tout autre mélange l'altéreroit. On ne la trouve que dans certains cantons où elle est annoncée par l'arbuste qui lui a donné son nom. Pour la remplacer dans les pays qui en sont privés, il faut la composer artificiellement, soit avec du grès pilé, soit avec d'autres pierres quartzeuses, également pilées et passées dans un tamis de fil de fer assez fin pour que les plus gros grains ne surpassent pas une demi-ligne de diamètre. Le résultat se mélange dans les proportions indiquées avec du terreau de couche.

La terre de bruyère étant toujours friable, est très-propre à recevoir les plantes délicates ou dont les racines ne seroient pas assez fortes pour s'introduire dans la terre franche. Elle est sur-tout éminemment bonne pour la germination des semences dont la radicule n'a besoin de trouver que très-peu de substance nutritive dans la terre, attendu que les cotylédons lui fournissent la majeure partie de celle qui lui est nécessaire. De plus, elle absorbe, à raison de sa couleur noire, les rayons du soleil, et conserve la chaleur, qu'ils lui communiquent aussi bien que le meilleur terreau de couche. Aussi toutes les plantes, même les plus grosses et les plus rustiques, y germent-elles mieux que dans toute autre; mais comme elle laisse très-facilement perdre et par l'évaporation et par l'infiltration, l'eau nécessaire à la végétation, il faut l'arroser continuellement.

Les graines des arbres et arbustes, dont il est ici question, doivent toutes être semées dans de la terre de bruyère, et à l'exposition du nord, soit en pleine terre, soit dans des terrines ou dans des pots. La germination de quelques unes demande, de plus, à être provoquée par la chaleur d'une couche à châssis; d'autres à être placées dans un local dont l'air se renouvelle très-lentement. Elles doivent toutes être arrosées fréquemment et légèrement, c'est-à-dire qu'il faut les entretenir dans une humidité constante, mais modérée. Il est bon souvent de les couvrir d'une couche de mousse qui leur conserve cette humidité, et il le seroit même toujours, si on n'avoit pas à craindre la pourriture des jeunes plants, que cette mousse favorise, et les ravages des insectes que son abri appelle.

La manière d'arroser n'est pas aussi indifférente que beaucoup de jardiniers le pensent. C'est de cette opération que dépend souvent la réussite ou la perte d'un semis tout entier. On doit d'abord éviter, comme je l'ai déjà indiqué, des eaux chargées de sélénite ou de carbonate calcaire, et n'employer celles de puits ou de fontaines, quelque bonnes qu'elles soient, que lorsqu'elles sont parvenues, par leur exposition à l'air, à la même température que lui. Si on néglige cette précaution, la mouillure retarde au lieu d'avancer la végétation. On doit encore imiter la pluie le plus exactement possible, en faisant tomber lentement et également l'eau de la pomme de l'arrosoir. Un arrosement trop rapide produit l'effet d'un orage, il ne mouille pas profondément la terre et en entraîne la surface. La quantité d'eau qu'il faut répandre, et l'instant de la journée où il est le plus utile d'arroser, varient suivant les saisons. Elle doit être plus forte en été qu'à toute autre époque; après une longue sécheresse, que dans un temps humide. Elle sera encore plus abondante au printemps qu'en automne, parce que les semences sont à la surface de la terre où l'eau s'évapore facilement, et qu'elles ont besoin d'une grande humidité pour se ramollir et germer. En hiver, l'arrosement doit être extrêmement rare, parce que l'évaporation est presque nulle. Il se fera le matin, au printemps, pour que les graines profitent mieux de la chaleur du soleil du midi. Le soir, en été, pour que le jeune plant ne soit pas brûlé par l'activité des rayons de ce même soleil se brisant et formant l'effet d'une loupe dans les gouttes d'eau, et qu'il profite du défaut d'évaporation pendant la nuit.

Les plants levés doivent être laissés en place la première et même souvent la seconde année, pour qu'ils acquièrent de la force. Pendant ce temps, on continue à les arroser moins souvent, et on les sarcle quand ils en ont besoin. Lorsqu'ils sont jugés en état de supporter la transplantation, on les arrache, pour les repiquer dans une terre de bruyère neuve, à une distance de quelques pouces les uns des autres, trois ou quatre, par exemple, et avec les précautions requises; c'est-à-dire en conservant toutes les racines et toutes les branches. Dans ce nouveau local, qui est également ombragé, elles n'ont besoin que d'arrosemens dans les grandes sécheresses, et de trois ou quatre légers binages ou serfouissages par an. A cette époque, le plant fait quelquefois l'objet d'un commerce particulier, comme celui des arbres forestiers et fruitiers du même âge.

C'est à la troisième ou à la quatrième année qu'on arrache de nouveau ces plants pour les vendre ou pour les placer à demeure, les uns dans une terre et une exposition quelconque, mais qui ne soient pas trop en opposition avec celles qu'ils quittent; les autres toujours dans une terre de bruyere et à l'exposition du nord, mais à une distance les uns des autres proportionnée à la grandeur qu'ils sont susceptibles d'atteindre. Là, on jouit de tous leurs avantages, et on n'est tenu qu'aux labours ordinaires à tout jardin.

Le lieu destiné à recevoir une plantation de ce genre est appelé une *plate-bande de terre de bruyère*. Le pépiniériste est obligé d'en avoir, ainsi que l'amateur, parce que beaucoup des espèces qui s'y placent se multiplient plus rapidement de marcottes et de rejetons que de graines, et qu'il est de son intérêt de produire le plus dans le moins de temps possible. Il est donc nécessaire de parler de son établissement.

Sur la longueur d'un mur d'environ huit à dix pieds de haut, à son exposition septentrionale, on fait faire une tranchée de même largeur et d'une profondeur de six, huit, dix ou douze pouces, selon la nature des espèces de plantes qu'on est dans l'intention d'y placer, et selon le plus ou moins d'abondance de la terre de bruyère qu'on a à sa disposition. Le fond de cette tranchée est ensuite couvert de quatre pouces de sable pur, et rempli de terre de bruyère, passée à la claie, jusqu'à trois à quatre pouces au dessus du sol.

Lorsqu'on n'a pas suffisamment de terre de bruyère, on peut la suppléer dans le fond par des feuilles sèches, stratifiées avec de la terre ordinaire, dans une proportion calculée de manière à ce que le résultat se rapproche de la terre de bruyère par sa légèreté; ensuite on couvre la surface de deux, trois ou quatre pouces de véritable terre de bruyère ou de terre factice, fabriquée comme je l'ai dit précédemment.

Le sable que j'ai conseillé de mettre au fond de la fosse est destiné à empêcher les vers blancs et les lombrics qui, pendant l'hiver, s'enfoncent à plus de six pieds, de monter au printemps dans la terre de bruyère, car ces animaux n'entrent pas volontiers dans le sable, où ils ne trouvent point de moyen de subsistance. On éloigne par cela même les courtillères qui vivent principalement de lombrics, et qui ne se trouvent abondamment que dans les lieux où ils sont communs.

Une plate-bande ainsi construite peut servir un grand nombre d'années sans être renouvelée entièrement; mais il faut la recharger tous les trois ou quatre ans, pour renouveler ses principes de fertilité, et réparer les pertes qu'elle fait par l'effet des pluies, des vents, etc.

Les endroits destinés aux semis n'ont besoin que d'avoir une épaisseur d'un, deux à quatre pouces de terre de bruyère, et, par économie, on les y borne ordinairement; mais lorsqu'on emploie, pour le même objet, une plate-bande, on doit s'attendre à des productions bien plus vigoureuses.

La distance où il convient de mettre les arbustes dans la terre de bruyère, dépend de leur espèce et de l'objet qu'on se propose; mais, comme ils aiment généralement à avoir le pied ombragé, on ne doit les éloigner qu'autant qu'il est nécessaire pour pouvoir arracher les rejetons de l'un d'eux, sans nuire à ceux des autres, ou pour avoir la facilité de coucher leurs rameaux dans tous les sens et dans toute la longueur nécessaire, lorsqu'on a l'intention de les marcotter.

Celles des graines d'arbustes de terre de bruyère, qui, comme les rosages, les andromèdes, les airelles, etc., demandent peu d'air et une fraîcheur constante pour pouvoir prospérer, se sèment ordinairement dans une terre de bruyère, placée à l'angle rentrant de deux murs très-élevés, ou dans une très-petite enceinte. Lorsqu'on ne jouit pas de localités de ce genre, on en fait avec des planches, des claies, des paillassons etc.; ou mieux, on couvre le terrain d'une bache de bois, dont on tient le châssis presque constamment fermé ou très-peu ouvert.

C'est ici le moment de dire que l'expérience a prouvé que les graines germoient beaucoup plus vite et mieux dans un air surchargé de carbone, et que les plants qu'elles produisoient ne pouvoient vivre qu'où il se trouve une certaine proportion d'oxigène. Il faut donc, toutes les fois qu'on sème des graines dans un lieu fermé, veiller attentivement sur leur germination, afin de leur donner de l'air au moment même où elles développent leurs feuilles séminales. C'est faute de faire attention à cette circonstance, que tant de pépiniéristes éprouvent la perte de semences précieuses ou de boutures importantes; car ces dernières reprennent aussi plus facilement racine dans un air étouffé, et périssent ou *fondent*, comme disent les jardiniers, lorsqu'on ne renouvelle pas cet air au moment où elles commencent à pousser des feuilles.

On sème sur couches celles des graines des arbres et arbustes dont il est question en ce moment, qui viennent des pays plus chauds que celui où on les cultive, ainsi que celles dont on veut accélérer la germination et la pousse. Ces graines sont toujours mises dans des terrines ou des pots qu'on enterre dans la couche jusqu'au rebord, et qu'on laisse à l'air libre ou qu'on couvre, soit avec des cloches, soit avec des châssis.

Les couches qu'on emploie, dans ce cas, sont de deux sortes, c'est-à-dire des *couches ordinaires* de fumier de cheval neuf, ou des *couches sourdes* construites avec le fumier d'une vieille couche de l'espèce précédente, ou des feuilles sèches, ou de la paille et plus ou moins de fumier neuf, selon qu'on désire qu'elles soient plus ou moins chaudes. Elles doivent avoir au moins trois pieds de hauteur. On les place quelquefois au nord d'un mur, plus souvent au midi, et, dans ce dernier cas, on se procure le moyen de les abriter des rayons du soleil par des paillassons, des claies ou des toiles, qu'on enleve aux approches du coucher du soleil, et lorsque le ciel est couvert de nuages.

Les terrines sont presque toujours préférables aux pots, en ce qu'elles occasionnent une moindre perte de terrain sur la couche, et que la chaleur les pénètre plus aisément et plus également; il faut les choisir bien cuites et exemptes de nœuds calcaires; car lorsqu'elles n'ont pas ces qualités, la chaleur et l'humidité auxquelles elles sont exposées, les détruisent rapidement. On sait qu'on appelle terrines, des pots plus larges que hauts, et percés à leur fond d'un grand nombre de très-petits trous qu'on recouvre de tessons, c'est-à-dire, de morceaux de pots cassés.

Il y a plusieurs espèces de cloches. Les unes sont faites d'un seul morceau de verre ; les autres de plusieurs, assemblés au moyen du plomb. Ces dernières varient beaucoup dans leur forme et leurs dimensions ; et, quoique beaucoup plus chères que les premières, elles leur sont préférables, en ce qu'il est rare que tous leurs carreaux se cassent à la fois, et qu'il est facile de ménager à leur sommet une ouverture fermable à volonté pour renouveler l'air qu'elles contiennent ; mais elles ont l'inconvénient d'être toujours d'un verre à vitre peu coloré, qui repousse bien plus les rayons du soleil que le verre brun des premières.

On peut faire les caisses du châssis en pierre, en brique ou en bois. Ces dernières sont préférables, comme exigeant des avances moins considérables et perdant moins la chaleur dont le bois est un des plus mauvais conducteurs. Elles doivent être construites en planches de chêne peintes en dehors et charbonnées en dedans, fortifiées de tenons de fer en leurs angles. Les panneaux qu'elles supportent doivent être également de cœur de chêne, garnis de bandes de fer en équerre et de vitres, dont le verre ne surabonde pas en potasse et ne contienne pas de plomb ; car, dans ces deux cas, ils ne tarderoient pas à être altérés par les émanations du fumier.

Les semis sur couche des arbres et arbustes de la division qui nous occupe demandent des soins plus multipliés que ceux faits en pleine terre. D'abord, il faut examiner la couche qui pourroit être trop chaude et brûler les graines au lieu de les faire lever. On prévient ce grave inconvénient en n'y plaçant les terrines qu'après qu'elle a jeté son premier feu, époque qui varie en nombre de jours, selon la nature de la couche et l'état de l'atmosphère, et on apprécie son degré de chaleur au moyen d'un thermomètre ou d'un simple bâton enfoncé jusqu'à son centre, et au bout duquel on applique la main au moment même qu'on le retire. Ensuite il faut veiller à ce qu'il soit donné de l'air aux châssis ou aux cloches, aussi souvent qu'ils en ont besoin, pour renouveler celui qu'ils contiennent, et dissiper l'humidité qui s'y est accumulée, humidité dont l'excès produit la moisissure et la pourriture des feuilles ; il faut aussi donner de l'ombre à ceux ou à celles qui sont au soleil, toutes les fois que cela devient nécessaire. Une seule négligence peut faire souvent perdre, en un instant, un semis tout entier. Il est assez difficile d'indiquer, en détail, les circonstances où il faut ouvrir ou fermer les châssis, leur donner le soleil ou l'ombre : le coup d'œil en décide toujours mieux que le raisonnement. Cependant on peut conseiller d'ouvrir le châssis, 1°. lorsqu'il a été long-temps sans prendre l'air, et, dans ce cas, de ne l'ouvrir que par gradation, ainsi que dans celui où l'air extérieur seroit plus froid de beaucoup de degrés que l'intérieur ; 2°. quand le soleil commence à monter sur l'horizon, pendant le printemps et l'automne, et du soir au matin pendant l'été.

Les châssis acquièrent d'autant plus de chaleur par l'effet des rayons du soleil, que les verres des panneaux en sont frappés plus perpendiculairement, et que ces verres sont plus colorés. Ils conservent beaucoup mieux cette chaleur, lorsque les panneaux sont doubles, triples, etc., ainsi que l'a prouvé Ducarla, dans les *Mémoires du Musée de Paris*.

Les sarclages et les arrosages se pratiquent sur les couches, comme en pleine terre ; seulement ces derniers doivent être ménagés. Il faut éviter les deux extrêmes, mais sur-tout la trop grande humidité ; car on a vu fréquemment des semis sous châssis, qui avoient une superbe apparence, être anéantis par suite d'un arrosement fait à contre-temps. Là, encore plus qu'ailleurs, il faut sur-tout ne mouiller que le soir, crainte des effets des coups de soleil.

Au printemps ou au commencement de l'automne de la seconde année, on sépare les plants pour les repiquer soit dans des pots, soit en pleine terre. Cette opération doit être faite, autant que possible, par un temps humide, afin que le hâle ne fasse pas faner les feuilles et même dessécher les tiges avant que les racines, qui souffrent toujours un peu, quelques précautions qu'on prenne, et qui par conséquent n'absorbent plus la même quantité de nourriture, aient repris toute leur action vitale. Les plants qui sont dans des pots doivent être mis à l'ombre, même, s'il se peut, sous un abri, et arrosés. Ceux destinés à la pleine terre, qu'on se rappelle exiger impérieusement l'ombre, seront espacés convenablement ; c'est-à-dire écartés proportionnellement à leurs forces actuelles et au temps qu'ils devront rester en place, et également arrosés. Les repiquages ne se font généralement que pour deux ans, et, en conséquence, on les espace d'autant moins, qu'il est avantageux qu'ils couvrent complètement le sol de leurs feuilles pour y entretenir la fraîcheur, et que le terrain où ils sont plantés est précieux, puisque c'est une plate-bande de terre de bruyère. Cependant il ne faut pas trop les presser, car jamais des plantes de même nature, qui se gênent, ne prospèrent.

Il est bon d'observer, à l'occasion des arrosemens des pots, que, comme la terre de bruyère qu'on emploie pour le repiquage doit être fort sèche, afin de pouvoir la tasser plus facilement avec la main autour des racines du jeune plant, elle prend difficilement l'eau des premiers arrosages. On doit donc en faire de petits et de fréquens le premier jour, pour donner à l'eau le temps d'entrer dans la terre, et ne s'arrêter que lorsqu'on s'est assuré, par l'examen, que la mouillure pénètre jusqu'au fond. On sent combien une erreur de fait, dans ce cas, pourroit être nuisible, puisque le plant dont les racines resteroient dans une terre sèche périroit aussi immanquablement que celui qui auroit été oublié à l'air.

Les repiquages dans des pots se font ordinairement sur une table où il y a un gros tas de terre de bruyère, afin de les rendre plus faciles et moins fatigans pour ceux qui y travaillent. Je dis pour ceux qui y travaillent, parce que, pour accélérer la besogne, et, par conséquent, multiplier les chances de conservation, il est bon d'y employer au moins trois personnes simultanément; savoir, une qui sépare le plant, une qui le place dans le nouveau pot, une qui apporte sur la table, à mesure du besoin, des pots préparés.

On appelle *pots préparés* des pots au fond desquels on a placé, sur le trou disposé pour l'écoulement des eaux superflues, un tesson de pot et une poignée de gros sable, et qu'on a à moitié remplis de terre. Le tesson a pour objet de retarder l'écoulement des eaux, et le sable, de les conserver dans ses interstices. Un pot trop percé et un qui ne l'est pas assez ont également de graves inconvéniens pour les plants qu'on y met. On en sent trop facilement les motifs, pour qu'il soit nécessaire de les développer ici.

L'opération du repiquage dans des pots ou en pleine terre n'est point difficile; mais elle demande beaucoup d'attention de la part de celui qui la dirige; car les plants sur lesquels elle s'exerce sont souvent d'une délicatesse extrême. Il faut sur-tout ne point casser les racines en enlevant le plant. En conséquence, après avoir mouillé la terre, on doit tâcher d'ôter la masse entière de la terrine en la renversant et soutenant la terre d'une main, tandis que de l'autre on donne quelques légers coups des bords de la terrine sur ceux de la table. Lorsque cela réussit, on opère *l'isolation* de chaque pied, en partageant la masse avec les mains ou avec la lame d'un couteau, aussi souvent qu'il est nécessaire. Lorsqu'on ne parvient pas à ôter la masse de terre de la terrine par la percussion, on enlève avec une lame de couteau, ou un morceau de bois taillé en spatule, le plant du bord où il y en a le moins, et on y pratique une tranchée qui facilite l'enlèvement de tout le reste.

Toute plante resserrée dans un pot, consommant rapidement la portion nutritive de la petite quantité de terre de bruyère qui lui est accordée, il faut lui en donner, autant que possible, de la nouvelle tous les ans, si on veut qu'elle profite. Cette opération, qui se fait assez ordinairement au commencement de l'automne, mais qu'on peut exécuter presqu'en tout temps, s'appelle *rempotage*, et se pratique ainsi: on ôte la plante du pot avec les précautions indiquées plus haut, puis, avec un couteau, on enlève toute la terre dont on peut la priver sans couper ses grosses racines, et on replace la motte dans un pot un peu plus grand, qu'on remplit de nouvelle terre de bruyère. On arrose ensuite et on laisse le pot à l'ombre pendant quelques jours, pour empêcher les effets du hâle. C'est presque toujours la moitié, plus rarement le tiers, et encore plus rarement le quart de la terre, qu'on enlève ainsi; c'est au pépiniériste à en décider, d'après l'inspection des racines et le plus ou moins de vigueur de la plante. Il est de certains cas où on ne doit pas craindre de couper du chevelu, et, dans d'autres, où il faut le ménager. Ce sont principalement les bruyères, les phylica, protées, et autres de cette famille, ainsi que les arbres verts, qui sont dans ce dernier cas. Il est difficile de donner des règles générales à cet égard. Je dois dire seulement que toutes les racines qui se sont contournées, et celles qui sortent du pot, par le trou inférieur, doivent être retranchées sans ménagement.

Peu d'espèces d'arbres et d'arbustes de cette division, sont susceptibles de reprendre de bouture; mais la majeure partie se multiplie très-facilement de *rejetons* et de *marcottes*. J'ai parlé, à l'article précédent, des multiplications par racines, attendu que ce sont les arbres et arbustes dont il y a été traité, qui y sont le plus propres. J'ai parlé de la voie des boutures, à l'article des Pépinières forestières, ainsi je n'ai plus qu'à entrer ici dans quelques détails sur les rejetons et les marcottes.

On appelle *rejetons* de jeunes tiges qui sortent naturellement des racines d'un arbre ou arbuste, et qu'on peut enlever sans nuire à la tige principale. Les pépiniéristes influent rarement sur leurs productions; mais ils le peuvent cependant, en blessant les racines, pour y développer, par l'interception de la sève, la formation d'un bourrelet d'où sortira un bourgeon. On se borne ordinairement à arracher ces rejetons tous les hivers, pour les planter séparément, et en faire de nouveaux pieds dont la culture se confond avec celle des plantes analogues.

Il n'en est pas de même des *marcottes;* elles sont presque toujours dues à l'art, et elles forment un article important dans le travail d'un pépiniériste qui cultive des arbres ou arbustes d'agrément. Leur théorie consiste à déterminer une branche, en la mettant en terre, à pousser des racines et à servir ainsi de type à un nouvel individu de son espèce.

On compte trois différentes manières de marcotter, qui ont toutes leurs avantages et leurs inconvéniens, et qui sont applicables chacune à quelques espèces d'arbres plutôt qu'à d'autres.

1°. *En bute.* Elle consiste à couper un arbre rez terre, et lorsque la cépée est formée, c'est-à-dire au bout d'un an, couvrir la base des jeunes pousses qui la forment avec une terre assez dure, pour qu'elle conserve la forme pyramidale et l'humidité nécessaire.

On emploie rarement ce mode de marcottage dans les pépinières bien montées, parce qu'on n'est jamais certain qu'il produise son effet, à raison de la direction qu'on laisse aux jeunes pousses, et de ce que les espèces auxquelles on peut l'appliquer se soumettent également au suivant.

2°. *En recouchage.* Elle consiste à coucher en terre et à y assujettir par le moyen d'un crochet ou d'un corps lourd, soit les jeunes pousses d'un arbre recépé, soit les branches inférieures d'un arbuste, soit même toutes celles de celui qui est planté dans un pot et qu'on a inclinées suffisamment pour cela. Ce genre de marcottage est le plus généralement usité et le plus avantageux sous tous les rapports. On le fait ordinairement pendant l'hiver; mais on peut le pratiquer, sans inconvénient, pour la plupart des arbres et arbustes, pendant presque toute l'année. Il demande des modifications dans certains cas. Ainsi il est quelquefois utile de contourner légèrement sur elle-même la branche qu'on y soumet, ou de la casser à moitié; d'autres fois, de faire une ligature avec un fil de laiton ou une incision à l'écorce pour déterminer la formation d'un bourrelet, et, par suite la plus prompte sortie des suçoirs qui doivent fournir des racines.

Les marcottes de cette sorte doivent être assez enfoncées en terre, pour qu'elles se trouvent constamment entourées d'humidité; mais la crainte de casser les branches avec lesquelles on les fait ne permet pas toujours de les voir arriver au point désirable. Dans ce cas, on opère en plusieurs temps. Par exemple, on met sur une branche une pierre du poids de deux livres, qui la tient parallèle au sol; huit jours après, on fait une excavation à la terre et on la charge d'un poids de quatre livres, et enfin on parvient à la fixer au fond de cette excavation. Il faut, par la raison ci-dessus énoncée, arroser les marcottes pendant les grandes chaleurs de l'été, et tenir toujours la terre meuble autour d'elles. Les branches de quelques espèces d'arbres et d'arbustes prennent ainsi racine en deux ou trois mois; mais à la plupart il faut un an, et à quelques unes deux ou même trois ans, et beaucoup ne se prêtent pas à ce genre de multiplication, par des causes de différentes natures qu'il seroit trop long de détailler ici.

Lorsqu'on s'est assuré, par l'inspection, qu'une marcotte a jeté assez de racines pour pouvoir vivre par ses propres moyens, on la sépare de sa mère et on la plante autre part. Beaucoup de pépiniéristes mettent de l'intervalle entre l'époque de la séparation qu'on appelle le *sevrage*, et celle de l'arrachage, et, en général, ils sont dans le cas d'être imités, car ils suivent rigoureusement les principes de la saine physique; mais, comme l'économie de temps doit aussi entrer en considération, on ne peut regarder ce retard comme très-nécessaire, que lorsque les marcottes sont précieuses, ou qu'on s'est assuré qu'elles ne sont pas pourvues d'assez de racines.

3°. *En pots en l'air.* Il est des arbres dont les branches sont trop élevées pour être ramenées en terre, ou des arbustes trop précieux pour qu'on ose se permettre d'en altérer la forme par le marcottage ordinaire, et, pour les multiplier, on est obligé de pratiquer cette manière de marcotter qui se subdivise en deux, à raison de la position de la marcotte.

La première manière consiste à attacher un pot à une des grosses branches d'un arbre ou à un pieu planté près de lui, et à plier un des rameaux du même arbre dans la terre de ce pot, où on l'assujettit avec un crochet ou avec un poids.

La seconde manière s'exécute en faisant passer la branche ou le rameau dans un trou ou une échancrure faite au pot à cet effet, ou en l'entourant d'un cornet de plomb ou d'une caisse de bois.

Dans ces deux cas, il est toujours avantageux de faire une ligature à la partie de la branche qui entre dans la terre du pot ou de ce qui le remplace, ou de lui enlever un anneau d'écorce, afin de déterminer la formation d'un bourrelet; cependant on peut s'en éviter la peine, lorsqu'on a employé une branche qui soit de deux sèves, et que la ligne de partage de ces deux sèves est mise dans la terre.

Le point le plus difficile est d'entretenir dans ces pots, ainsi en l'air, le degré d'humidité nécessaire à la formation des racines, et il suffit, dans certains temps, que les arrosemens aient été oubliés une fois pour perdre le fruit de plusieurs mois et même de plusieurs années de soins. On y supplée par un moyen ingénieux, qui consiste à attacher un vase de verre ou de terre plein d'eau, sur une branche placée au dessus du pot de la marcotte, et de faire communiquer l'eau de ce vase, avec la terre de ce pot, par une petite corde de laine peu tordue; l'eau, en vertu de sa propriété attractive, suinte à travers les fils de cette corde, et entretient une humidité constante autour de la marcotte, humidité qu'on peut concentrer encore en couvrant le pot d'une quantité de mousse suffisante pour en retarder l'évaporation.

Il est quelques espèces d'arbres et d'arbustes qui demandent qu'on laisse former leur bourrelet à l'air, avant de les mettre dans la terre; d'autres qui, au contraire, exigent d'être enterrées à l'instant même où l'on a cerné leur écorce. L'expérience seule peut guider dans l'application de ces anomalies.

Ce que j'ai dit des soins à donner aux autres marcottes, avant et après leur sevrage, s'applique à celles-ci; ainsi je n'entrerai dans aucun détail à leur sujet.

On ne doit pas faire trop de marcottes à la fois à un arbre précieux, parce qu'elles le fatiguent beaucoup, et quelquefois le font mourir. Il n'est pas rare de voir des pépiniéristes avides perdre, par ce moyen, les sujets sur lesquels ils fondoient les plus brillantes spéculations.

Les arbres ou arbustes de la cinquième division, que j'ai dit appartenir aux parties méridionales de l'Europe ou de l'Asie, de l'Afrique et de l'Amérique, dont la température est la même, et être susceptibles de craindre la gelée dans le climat de Paris, demandent une culture un peu différente et des soins particuliers, aux approches de l'hiver et au commencement du printemps.

Leurs graines doivent être presque toutes semées dans des terrines sur couche, et, lorsqu'on veut les semer en pleine terre, il faut que ce soit contre un mur exposé au midi. Il faut de plus pouvoir couvrir, pendant l'hiver, leur jeune plant avec de la paille, de la fougère, des feuilles sèches, afin de les garantir de la gelée. Une terre sèche et substantielle leur convient généralement; ainsi on leur ménagera les arrosemens et on les fumera. Du reste, on les sarcle et on les transplante, lorsqu'ils ont acquis deux ou trois ans, comme les autres, en ayant attention de les mettre, soit en les repiquant, soit en les plaçant à demeure, dans une bonne exposition, et de les couvrir aux approches de chaque hiver. Leur culture en pot est toujours préférable pour les pépiniéristes, et, alors, ils rentrent dans la culture de la classe suivante.

Ce mode de culture en pot est d'autant plus dans le cas d'être préféré, que plusieurs arbres ou arbustes de cette classe ne reprennent que fort difficilement à la transplantation, même à un âge peu avancé, particulièrement ceux qui conservent leurs feuilles pendant l'hiver, tels que les philaria, les alaternes, les chênes verts, etc.

Généralement, on se contente de couvrir ou d'entourer de paille ou de fumier non consommé les pieds des arbres et arbustes de cette division qu'on laisse en pleine terre; mais il est beaucoup préférable de leur faire une espèce de petite serre, soit avec des planches, soit avec des bâtons, entourée de ces matières, et au sommet de laquelle on laisse un trou qui ne se bouche que dans les plus grands froids. Ainsi disposés, ces arbres ou arbustes conservent leurs feuilles et poussent même quelquefois; mais on doit ne les mettre à l'air, au printemps, qu'avec précaution, c'est-à-dire ne les découvrir que lentement et par un temps doux, pour empêcher les funestes effets d'un air trop froid ou trop sec sur leurs bourgeons attendris par l'étiolement.

La plupart des arbres et arbustes dont il est ici question ne donnent point de graines dans le climat de Paris, et se multiplient difficilement de marcotte et encore plus de bouture; mais on greffe quelques uns sur des espèces du même genre plus faciles à élever; par exemple, l'arbousier à panicules, (*arbutus andrachne* L.) sur l'arbousier commun, (*arbutus unedo* L.) On est presque toujours obligé de se fournir de graines dans le pays natal: aussi sont-ils rares dans les pépinières, dont leur mauvaise tournure

tournure habituelle les repousse d'ailleurs. Il n'y a presque que l'oranger qui soit, parmi eux, généralement recherché. (*Voyez*, au mot ORANGER, la culture particulière que demande cet arbre ; culture qui s'applique en partie à tous ceux de sa division.)

Le peu d'avantages que retire un pépiniériste des arbres et arbustes de la division précédente se compense par les bénéfices que lui procurent ceux de la sixième, qui en ce moment renferment les espèces les plus à la mode et les plus chères, quoique peut-être les plus faciles à multiplier.

On emploie à cette culture de la terre de bruyère, comme il a été mentionné plus haut. Les graines se sèment dans des terrines, qu'on enfonce dans le fumier d'une couche à châssis, et où reste le plant pendant une année entière. Le repiquage se fait ou dans d'autres terrines ou dans des pots, qu'on tient de même sous châssis, ou dans une serre modérément chaude, pendant toute l'année. Au printemps suivant, on les déplante encore pour les placer à demeure dans des pots d'une plus grande capacité.

Ces plantes, soit dans leur jeunesse, soit dans un âge plus avancé, craignent en général des arrosemens trop fréquens. Elles exigent même qu'on veille à ce qu'elles ne restent pas longtemps dans un air humide et stagnant qui, s'il ne leur est pas toujours mortel, manque rarement d'occasionner la chute de leurs feuilles. Le plus difficile de leur culture est de les tenir toujours dans une température égale, le froid et le chaud leur étant également contraires. Un coup de soleil, comme la plus petite gelée, suffisent pour les faire périr en un instant; aussi l'exposition du midi ne leur convient-elle qu'autant qu'on peut les garantir des rayons du soleil, à l'époque de sa plus grande force, par le moyen de toiles, de paillassons ou de claies, etc., et cependant elles ne peuvent supporter l'exposition du nord que pendant les mois les plus chauds de l'année.

Lorsqu'on veut les laisser en pleine terre, pendant l'hiver, il faut de toute nécessité les renfermer dans une cage entourée de paille ou de fougère, et ouverte par son sommet; car elles pourriroient certainement, si ces matières les touchoient et leur communiquoient l'humidité dont elles se chargent toujours par l'effet des pluies.

La plus grande partie des espèces de cette division se multiplient de marcottes et même de boutures, qui se font de la manière indiquée plus haut, et qui n'exigent que les soins qu'on donne à leurs mères. En général, elles reprennent en peu de mois, et souvent donnent des fleurs dans la même année, comme on peut facilement l'observer sur l'hortensia, actuellement si commune et si recherchée.

PÉPINIÈRE D'ARBRES VERTS OU RÉSINEUX. Par arbres verts, je n'entends ici que les espèces des genres pin, sapin, cyprès, thuya, genévrier et if, formant la famille des conifères de Jussieu, les autres arbres qui conservent leurs feuilles, pendant l'hiver, rentrant dans les diverses classes de ceux d'agrément. On les cultive généralement en concurrence avec les autres arbres et arbustes de pleine terre, et ils pourroient être compris parmi ceux qui composent la quatrième division des arbres et arbustes précédens; mais, comme ils demandent à être traités un peu différemment, j'ai préféré en parler séparément.

Les graines des arbres verts se récoltent, les unes à la fin de l'été, comme les sapinettes ; les autres en automne, comme celles du pin Weymouth; d'autres pendant l'hiver, comme celles du sapin, et, enfin d'autres au printemps, comme celles du pin sylvestre. Elles sont du nombre de celles qui peuvent se garder plusieurs années sans perdre leurs facultés végétatives. On les retire d'entre les écailles des cônes où elles sont renfermées, soit en exposant ces derniers au soleil sur des toiles ou des planches, soit en les brisant ou coupant avec un instrument de fer. Elles se sèment généralement au printemps, dès qu'il n'y a plus de gelées à craindre ; les espèces dont les pousses craignent la gelée, comme celles du pin pignon, dans des pots, sur couche, ou châssis; les autres, et c'est la grande majorité, en pleine terre, à l'exposition du nord, dans une terre fraîche, meuble ou dans laquelle il entre une portion de terre de bruyère. On les répand aussi également que possible, pas trop épais ni trop clair; on ne les recouvre que de quelques lignes de cette même terre, et on a soin de les arroser toutes les fois que la sécheresse de l'air l'exige.

Il est rare que les graines d'arbres verts ne lèvent pas la première année, excepté celles du genévrier et de l'if, qui ne lèvent quelquefois qu'au bout de trois ans ; et on peut croire que, lorsque cela arrive, c'est parce qu'elles n'ont pas eu assez d'humidité; aussi quelques pépiniéristes les mettent-ils dans l'eau pendant un jour ou deux, avant de les confier à la terre, et ne manquent-ils pas de les arroser tous les jours ou tous les deux jours, jusqu'à l'apparition des folioles radicales.

Les plants levés n'ont besoin que d'être sarclés et arrosés dans les grandes sécheresses de l'été et après l'hiver; lorsque leur végétation commence à se développer, on les enlève pour les repiquer dans une même exposition et dans une même nature de terrain, mais dans une autre place, à la distance de quatre ou six pouces, selon leur force.

Quelques pépiniéristes lèvent leur plant presqu'aussitôt qu'il est sorti de terre, et prétendent que sa réussite en est plus assurée; mais il semble que cette pratique doit être réservée pour des cas rares, par exemple, lorsque des courtilières menacent son existence; car à quoi bon avoir semé dans un local où on ne veut pas conserver le produit plus de huit à dix jours?

Le plant repiqué est biné deux à trois fois chaque année, et même arrosé, si la prolongation de la sécheresse pendant l'été l'exige, et, au bout de deux ans, il est encore changé de place; mais alors il a acquis assez de force pour pouvoir être planté au soleil et dans toute espèce de terre. On l'espace, dans ce cas, de deux à trois pieds.

La transplantation des arbres verts réussit rarement, quand elle est faite à une autre époque que celle où la sève commence à entrer en mouvement, c'est-à-dire au printemps ou à la fin de l'été, à moins qu'on ne les enlève avec la motte de terre qui les entoure. Plus que celle d'aucune autre espece d'arbres, elle a besoin d'être faite avec les précautions requises Une seule maîtresse racine cassée, ou le chevelu mis en terre dans une position forcée, suffit pour empêcher la reprise du pied le plus vigoureux. Ces racines craignent également le hâle, et quelques heures d'exposition à un air sec les frappe immanquablement de mort. Aussi, lorsqu'on veut transporter du plant pris dans une pépinière, faut-il avoir soin de se pourvoir de pots ou de paniers dans lesquels on puisse les mettre avec leur motte, ou, lorsque cette motte s'est brisée, plonger à plusieurs reprises leurs racines dans une boue faite avec une partie de terre franche, deux de bouse de vache et une d'eau.

Non seulement on ne doit couper aucunes racines aux arbres verts, mais encore aucunes branches; car, à quelque époque de leur vie que ce soit, la serpette ne les touche pas sans inconvéniens. Ils veulent rester libres de se développer selon le vœu de la nature; et certes, quand on compare leurs belles tiges, leurs nobles têtes, à celles des autres arbres que l'homme a soumis à ses caprices, on ne peut qu'applaudir à leur résistance.

Les arbres verts restent dans le local où ils ont été plantés en dernier, jusqu'à l'époque où ils sortent de la pépinière, époque qui ne peut pas s'étendre au delà de quatre ans, sans faire craindre qu'ils ne reprennent pas. L'âge le plus favorable est quatre, cinq et six ans, lorsqu'on veut jouir d'abord; mais, quand on ne plante pas pour le moment, il est en général plus sûr de mettre ces arbres en place, en sortant du premier ou du second repiquage, c'est-à-dire à deux ou trois ans.

Cette difficulté de la reprise des arbres verts détermine beaucoup de pépiniéristes à les repiquer dans des pots, au moyen de quoi on peut les transporter et les planter avec succès, à toutes les époques de l'année; mais, comme ils craignent beaucoup la sécheresse, ainsi qu'il a déjà été dit, on risque de les perdre par un oubli de les arroser. Pour obvier à ce dernier inconvénient, on a proposé de les repiquer dans de petits pots que l'on enterreroit de manière que leur bord fût à trois ou quatre pouces de la surface du sol; leurs racines, après avoir tourné autour du pot, en sortiroient et s'enfonceroient dans la terre, de manière que lorqu'on les arracheroit, il y auroit toujours une portion de ces racines dans la terre, et il suffiroit de fêler le pot, à la transplantation, pour le faire ensuite éclater par le seul effet de l'accroissement de la portion de racines qui est restée dans son intérieur. Des faits qui me sont personnels militent en faveur de cette méthode.

La voie des semis est presque la seule par laquelle on multiplie les arbres verts; cependant il en est quelques uns, tels que le pin du Canada, appelé *meloch-spruce* par les Anglais; le cyprès de la Louisiane, les thuyas, l'if, etc., qui reprennent assez bien de bouture, lorsqu'on les fait en temps convenable et dans une terre propice, c'est-à-dire lorsqu'ils entrent en végétation, et dans une terre ombragée et médiocrement humide. D'autres, tels que le genévrier de Phénicie, le pin de Weymouth, le cèdre du Liban, le baumier, etc. peuvent, au milieu du cours de leur sève, être greffés sur des espèces plus communes de leur genre. Cette greffe se fait en écusson lorsque les bourgeons sont en pleine activité de végétation, et exige qu'on empêche l'influence de la résine sur l'œil, par l'enlèvement d'un segment de l'écorce au dessus de l'œil. (*Voyez* au mot GREFFE.)

OBSERVATIONS GÉNÉRALES. Les arbres, dans les pépinières, sont sujets aux mêmes maladies que lorsqu'ils en sont dehors; mais ces maladies sont plus dangereuses, parce qu'elles s'exercent sur des sujets qui ne jouissent pas encore de toute leur force de résistance. On en trouvera l'énumération au mot MALADIE DES ARBRES.

Mais il en est une qui y est rendue très-commune par les pépiniéristes eux-mêmes ; et dont je voudrois dire un mot ici. Ce sont les plaies produites par un instrument tranchant, pour accélérer la guérison desquelles on a indiqué une grande quantité de recettes, toutes plus compliquées les unes que les autres. Le vrai est que les plaies des arbres, comme celles des animaux, n'ont besoin, pour se cicatriser promptement, que d'être privées du contact de l'air. En conséquence, un emplâtre de bouse de vache, mêlée d'un tiers d'argile, c'est-à-dire ce qu'on appelle vulgairement l'*onguent de St-Fiacre,* est réellement ce qui convient le mieux dans tous les cas où l'on doit craindre la dépense ; et un composé d'un tiers d'argile desséchée et tamisée, d'un tiers de suif et d'un tiers de cire, est ce qu'on doit préférer, lorsqu'on n'est pas gêné par ce motif. Ce dernier doit être appliqué chaud, mais pas cependant brûlant, et tous deux font d'autant plus d'effet qu'il s'est passé moins de temps entre l'époque où la plaie a été produite et celle où l'on en fait usage.

J'ai observé que lorsqu'on enlevoit, avant la sève d'automne, au moyen d'un instrument bien tranchant, la surface du bord du bourrelet qui se forme toujours autour de la plaie d'un arbre bien portant, on accéléroit beaucoup le moment de la fermeture de cette plaie : la sève n'ayant plus à vaincre la résistance de l'écorce, déborde pour ainsi dire. Ce cas est le même que celui où l'on fend l'écorce d'un arbre longitudinalement, pour le faire croître plus promptement en grosseur.

Les insectes qui attaquent les arbres dans les pépinières sont les mêmes que ceux qui leur nuisent dans les bois ou dans les jardins, et les moyens de les en garantir sont absolument semblables ; mais il en est quelques uns dont les ravages se font bien cruellement sentir dans les pépinières, et dont, en conséquence, je dois parler spécialement.

Le premier est la courtilière (*acheta grillotalpa* Fab.) qui, pendant le printemps et l'été, laboure en tous sens les semis, coupe tous les plants qui se trouvent sur son passage, et cause des dégâts immenses, sur-tout dans les pépinières d'agrément.

Cet insecte est carnivore : ainsi ce n'est point pour manger les racines du jeune plant, comme on le croit communément, qu'il le détruit, c'est pour courir après les vers de terre, les larves de hannetons, et autres insectes dont il se nourrit. Ce fait, je l'ai vérifié.

On trouve les courtilières principalement dans les pépinières dont le sol est meuble et un peu humide ; elles ne se voient presque jamais dans les terres argileuses, ou trop pierreuses, ou trop sablonneuses. La terre de bruyère en est exempte sur la montagne ; mais, dès qu'elle est apportée dans le jardin et régulièrement arrosée, elle s'y multiplie rapidement, au grand désespoir du cultivateur.

Ordinairement on enterre dans les pépinières des pots vernissés, à moitié pleins d'eau, de distance en distance, afin que les courtilières, qui voyagent pendant la nuit, puissent y tomber et s'y noyer. (Ces mêmes pots servent également à prendre les mulots qui dévastent aussi les semis.) Mais, comme ce moyen ne suffit pas, il faut le faire concourir avec d'autres, tels que de verser dans leurs trous, dès le commencement du printemps, de l'eau chargée d'huile qui, bouchant leurs stigmates, les font périr d'asphixie ; de suivre leurs galeries pendant la ponte, en prairial et messidor, jusqu'à ce qu'on trouve leur nid qu'on enlève ; d'accumuler du fumier, ou mieux du crottin de cheval dans des fosses, au commencement de l'hiver, afin que sa chaleur les y attire et qu'on puisse les tuer.

De tous ces moyens, le second est sans doute le meilleur, en ce qu'on détruit en un instant une génération entière ; mais il est le plus difficile à mettre à exécution. Un pépiniériste attentif pourra cependant, en donnant à ses ouvriers une petite gratification par chaque nid qu'ils auront découvert et enlevé, pendant le temps qu'il leur accorde pour le déjeuner, espérer de diminuer le nombre de ces animaux, pour n'être plus obligé à la même dépense l'année suivante. C'est ainsi que l'estimable cultivateur Feburier est parvenu à les détruire dans les belles plantations de renoncules, de tulipes, de jacinthes, etc., qu'il fait annuellement à Versailles, et qu'on va y admirer dans la saison.

Après la courtilière, c'est ce que les jardiniers appellent le ver blanc, c'est-à-dire la larve du hanneton, (*melolonta vulgaris* Fab.) qu'on a le plus à redouter dans les pépinières. Cet ennemi s'attache de préférence au jeune plant, pendant les deux ou trois premières années de sa transplantation, et en fait périr des quantités considérables. Celui-ci vit bien certainement aux dépens des racines qu'il attaque. Il se trouve principalement dans les terres meubles ou légères. Il craint la trop grande humidité. On peut prévenir ses ravages, en l'empêchant de naître; c'est-à-dire en tuant tous les hannetons femelles qui arrivent dans la pépinière, chaque matin, avant qu'elles aient deposé leurs œufs. Lorsqu'ils sont nés, on n'a d'autre moyen de les détruire qu'en faisant de fréquens labours d'été, pendant lesquels on est bien attentif à ramasser ceux que la bêche met au jour. On parvient encore à se débarrasser de quelques uns en semant de la laitue, dont ils aiment la racine de préférence, et en allant les chercher autour, lorsqu'on voit par le fanage de ses feuilles qu'elle est attaquée par eux. Un pépiniériste soigneux fera la même recherche au pied de tous les plants qu'il jugera, au même signe, être attaqués par le ver blanc. Ces moyens sont chacun peu destructifs, mais leur réunion ne laisse pas que de produire de l'effet au bout de l'année. Le ver gris, dont se plaignent aussi quelquefois les pépiniéristes, est la larve ou chenille de plusieurs espèces de noctuelles, chenilles qui se cachent dans la terre pendant le jour, et qui alors rongent le collet de la racine des jeunes plants. On le détruit comme le précédent.

Les escargots et les limaces font quelquefois beaucoup de tort aux semis, en mangeant les cotylédons des jeunes pousses. On s'en débarrasse facilement, en plaçant autour de ces semis des planches ou des paillassons, élevés d'un pouce au dessus du sol, et sous lesquels ces animaux se retirent, chaque matin, pour éviter l'action des rayons du soleil sur leur corps. Ainsi, toutes les fois qu'un pépiniériste se plaint d'eux, c'est qu'il a négligé d'employer cet excellent et facile moyen.

Quant aux mulots et autres animaux du genre des rats, ce n'est qu'avec des pièges de diverses sortes ou des appâts empoisonnés qu'on peut leur faire la guerre avec succès; mais ils ne nuisent aux pépinières, ainsi que les oiseaux, qu'au moment même des semis, et on peut toujours empêcher qu'ils ne prolongent leurs dégâts, en les inquiétant par une surveillance de tous les instans.

L'établissement des grandes pépinières marchandes et de leurs subdivisions a donné un grand essor au commerce des arbres et arbustes. Aujourd'hui on spécule sur leur formation, comme sur leur produit, c'est-à-dire que des capitalistes ou des jardiniers actifs et industrieux établissent des pépinières dont ils vendent les arbres, par grosses parties, à des marchands qui les placent, avec bénéfice, chez les propriétaires de fonds de terre. Malheureusement le peu de délicatesse de quelques pépiniéristes, et leur avidité pour le gain, jettent sur ces établissemens, en général, un discrédit qui leur nuit beaucoup. On se plaint trop souvent d'avoir été trompé, pour croire que ce soit toujours l'effet d'un malentendu ou d'une erreur, comme le prétendent ordinairement ceux à qui on en fait le reproche. Il est, dit-on, de ces hommes déhontés, le rebut de la société, qui réunissent dans une même livraison tous les genres de friponneries, c'est-à-dire qu'ils fournissent des arbres crûs dans un terrain trop gras ou trop arrosé, greffés sur des sujets différens de ceux annoncés, portant des fruits autres que ceux demandés, d'une forme vicieuse, d'une nature foible, dont les racines ont été exposées exprès au hâle pour empêcher leur reprise, n'étant pas au nombre indiqué sur la facture, etc., etc. Il est extrêmement difficile d'établir des règles pour reconnoître ces friponneries; mais le coup d'œil d'un homme exercé se méprend rarement. On y est moins sujet, il est facile de le croire, quand on va soi-même choisir ses arbres dans la pépinière, quand on les fait arracher, compter et emporter en sa présence. C'est donc en ne s'en rapportant qu'à lui-même qu'un amateur peut espérer d'en éviter la plus grande partie.

L'emballage des arbres qu'on destine à être envoyés au loin demande à être soigné, pour empêcher le hâle de dessécher leurs racines, et les accidens de la route de casser leurs branches. Aussi, après les avoir arrachés avec les précautions requises et indiquées plus haut, on entoure leurs racines avec de la mousse, du foin ou de la paille un peu humide, et leurs branches, que l'on violente le moins possible, avec de la paille sèche; le tout lié avec de la ficelle en trois ou quatre endroits. On peut encore, lorsqu'ils doivent aller loin, tremper les racines, de toutes les espèces, dans la boue indiquée à l'article des arbres résineux. On ne fait que pendant l'hiver, hors le temps des gelées s'entend, les expéditions de ce genre, qui ont pour objet des arbres fruitiers, des arbres forestiers et des arbres d'agrément qui peuvent leur être assimilés. Mais ceux de ces derniers qui se cultivent en pots peuvent être envoyés en tout temps, sur-tout lorsqu'après les avoir emballés comme ci-dessus, on les met dans une caisse disposée de manière à ce que les pots soient entassés sans aucun jeu aux deux extrémités, et que les tiges soient libres ou peu comprimées au milieu, qui sera en outre percé de quelques trous pour l'entrée de l'air.

Dans l'un et l'autre cas, chaque arbre portera ou son nom écrit sur du parchemin, ou un numéro frappé sur du plomb, et correspondant avec un catalogue.

Tel est le sommaire de la manutention actuelle des pépinières qui sont conduites par des jardiniers éclairés, par exemple, de celle qu'on suit dans les établissemens confiés à ma surveillance. Il auroit, sans doute, été désirable pour la plupart des lecteurs, que je fusse entré dans une plus grande quantité d'applications des principes qui y sont développés; mais les bornes de cet Ouvrage ne me l'ont pas permis. Il en est de même de la théorie des procédés que j'ai été obligé, par la même raison, de passer sous silence ou de n'indiquer que d'une manière très-légère. Un traité des pépinières rempliroit seul, même sans verbiage, plusieurs volumes comme celui-ci, si on vouloit y faire entrer tous les élémens sur lesquels il doit reposer. C'est de l'estimable professeur Thouin que l'Europe doit attendre le bienfait de cet ouvrage, tel que je conçois qu'il doit être exécuté, et elle en jouira aussitôt que sa modestie lui permettra de livrer à l'impression le résultat des leçons qu'il fait, depuis plusieurs années, au Muséum d'Histoire naturelle de Paris, sur la science agricole. Tous les amis de l'agriculture doivent se réunir pour émettre le vœu, qu'il tarde le moins possible à faire jouir le public du fruit de ses travaux. (L.-A.-G. Bosc, *Inspecteur des pépinières impériales de Versailles.*)

PERCHE, (*Perca fluviatilis* Lin.) poisson du genre auquel Linnæus a donné le même nom, et qui fait partie de l'ordre des poissons *pectoraux*, dont les nageoires du ventre sont dessous celles de la poitrine.

Caractères génériques : Les mâchoires inégales et armées de dents aiguës et recourbées; les opercules des ouïes couverts d'écailles et formés de trois pièces, dont la supérieure est dentelée; sept rayons à la nageoire des ouïes; la ligne latérale se dirigeant parallèlement à la courbure du dos; les écailles dures et rudes; les nageoires épineuses; enfin la queue plus courte que le corps.

Caractères spécifiques : Seize rayons à la nageoire du dos.

Ajoutez à ces caractères, de grands yeux à iris bleu, de doubles narines, qui ont devant elles quatre autres trous très-petits; l'ouverture de la bouche, aussi bien que celle des ouïes, assez ample; la langue courte et unie; de petites dents au palais et à l'œsophage, les écailles brillantes d'une couleur d'or, mêlées de jaune et de vert, et traversées par des bandes larges et noirâtres, inégales en longueur, et pour l'ordinaire au nombre de six; le ventre blanc; les nageoires du dos séparées et violettes; la première ayant ses rayons osseux et une tache noire, les autres nageoires rouges; et vous aurez la description complète de la perche.

C'est, sans contredit, l'un des plus beaux poissons de nos pays, sur-tout lorsqu'il vit au milieu d'une onde pure; mais l'éclat de ses couleurs se ternit dans les eaux stagnantes et limoneuses, au point de se convertir en un gris un peu jaunâtre. Un changement aussi sensible offre un moyen assuré de distinguer les perches des rivières qui coulent sur le sable, de celles des étangs bourbeux, c'est-à-dire, les plus délicates de celles qui le sont moins. En effet, la vivacité des couleurs indique la santé et la vigueur dans les animaux, et avec elles la fermeté, la saveur et la salubrité de leur chair.

Une perche d'eau vive est un mets exquis, que l'hygiène permet aux convalescens et aux valétudinaires. Le chantre de la Moselle, Ausône, a nommé ce poisson les *délices des festins ;* et il ne trouvoit que le rouget qui pût soutenir la comparaison.

Si des eaux profondes servent de demeure à la perche, son frai a lieu en mai; il commence dès le mois d'avril, et même dès le mois de mars, si le fond est plus élevé. Ce n'est qu'à trois ans que le mâle et la femelle sont en état, l'un de féconder les œufs, l'autre de les déposer: on a trouvé dans l'ovaire d'une femelle, qui pesoit une demi-livre, deux cent quatre-vingt-un mille œufs. Les perches divisent l'eau avec beaucoup de rapidité, et nagent le plus souvent près de sa surface ; extrêmement voraces, elles se jettent sur toutes les proies qui se présentent ; elles ne s'épargnent même pas entr'elles.

On peut les transporter vivantes assez loin, dans de l'herbe, et en peupler les étangs ; mais elles ont bientôt dévoré les petits poissons qui s'y trouvent : il vaut mieux, lorsqu'on le peut, mettre les perches seules dans un étang particulier, avec des poissons de peu de valeur dont elles font leur nourriture. Elles y contractent, de même que dans les lacs, une maladie singulière : quand la surface de l'eau ne présente plus qu'une couche de glace, leur corps enfle, et il sort tantôt de leur bouche, tantôt de l'extrémité de leur canal intestinal, une petite vessie qui a été prise mal à propos pour leur vessie d'air que la maladie auroit poussée au dehors. Le remède, comme le préservatif de cette maladie, est de faire à la glace des ouvertures qui laissent un passage aux miasmes pernicieux, et leur permettent de se dissiper dans l'atmosphère. Un autre mal dont on ignore la cause, parce qu'il se manifeste en plusieurs circonstances différentes, agit sur l'épine du dos des perches, la fait fléchir et courber, de manière à rendre ces poissons comme bossus.

Pêche de la perche. La gloutonnerie de ce poisson l'expose à devenir fréquemment la proie de la gloutonnerie plus forte encore, mais industrieuse de l'homme, son plus cruel ennemi. Les lignes, soit volantes, soit dormantes, sont des instrumens très-favorables pour prendre les perches qui, entraînées par leur voracité, s'élancent avec précipitation vers les amorces attachées aux hameçons. Un petit poisson, un ver de terre, une patte d'écrevisse, du foie de quelque quadrupède, particulièrement celui de chèvre, sont les appâts que les pêcheurs emploient avec le plus de confiance. Mais ils doivent se souvenir que la perche se tient habituellement fort au dessus du fond, et que pendant les chaleurs elle s'élève à la surface des eaux.

Une autre habitude des perches rend leur pêche abondante au temps du frai ; les femelles vont alors se frotter contre les roseaux ou d'autres corps aigus, afin de se débarrasser des œufs dont le poids les incommode ; des nasses et des louves, dans les gorges desquelles on arrange des branches de pin ou de bruyère, attirent et retiennent ces femelles, qui les recherchent pour s'en aider dans leur ponte.

On prend encore les perches avec des filets. Le *tramail* plombé et flotté que l'on place en travers du courant, est sur-tout en usage dans les rivières. Les pêcheurs ont remarqué qu'aussitôt que la perche a donné dans un filet, elle se renverse sur le dos, comme si elle étoit morte ; mais elle reprend bientôt sa position naturelle et sa vigueur. Il est probable que cette sorte d'étourdissement est produite par la rapidité avec laquelle le poisson se heurte contre le filet.

Quand les étangs où les perches abondent sont gelés, il est facile de saisir avec la main ces poissons qui viennent en troupes se présenter au bord des trous que l'on ouvre dans la glace. (S.)

PERCHE, (*Pêche.*) *Voyez* l'article Ligne. (S.)

PERDRIX, genre d'oiseaux de l'ordre des *gallinacées*. (*Voyez* au mot Caille.)

Caractères génériques : Le bec court, fort et convexe; les narines à demi-recouvertes par un opercule; les yeux presque toujours entourés de papilles excroissances mamelonnées; la queue courte; quatre doigts, trois en avant et un en arrière, tous séparés jusqu'à leur naissance.

Deux espèces de ce genre sont principalement répandues dans notre Europe, la *perdrix grise* et la *perdrix rouge*. La première (*perdix cinerea* Lath. — *Tetrao perdix* Lin.) a le devant et les côtés de la tête, ainsi que la gorge, d'un roux clair; des traits jaunâtres sur le fond brun, teinté de roux du dessus de la tête, d'autres cendrés, noirs et roux sur le corps, dont le dessous est bleuâtre, à l'exception du bas-ventre, qui est d'un blanc mêlé de jaune; les ailes brunes, avec des bandes transversales de blanc roussâtre; le bec et les pieds d'un cendré bleuâtre; une peau nue couverte de papilles couleur de sang entoure les yeux, et une tache de couleur marron, en forme de croissant, couvre la poitrine des mâles et des vieilles femelles, que l'on distingue néanmoins en ce qu'elles portent ce croissant moins grand que celui des mâles: ceux-ci ont d'ailleurs aux pieds un ergot obtus, qui manque aux femelles.

C'est à cette dernière marque que l'on distingue également le mâle de la seconde espèce, la *perdrix rouge* (*perdix rufa* Lath. — *Tetrao rufus* Lin.) Il n'y a rien de rouge sur cet oiseau, hors le bec, les yeux et les pattes; du reste, sa gorge est blanche et entourée d'une espèce de collier noir; une bande blanche ceint la tête; les plumes du cou portent des taches noires; un gris brun assez foncé orne le dessus du corps, et une jolie nuance cendrée recouvre la poitrine.

Les perdrix grises, bien plus sociables que les rouges, se trouvent dans toute la France, et y offrent quelques variétés en général accidentelles.

Les premières aiment les pays à blé, les plaines, et ne se réfugient dans les bois ou les vignes que quand elles sont rebattues et forcées, ou qu'elles fuient l'oiseau de proie. Ces oiseaux s'apparient à la fin de l'hiver, plus tôt ou plus tard, selon les températures. Les coqs se disputent les femelles avec acharnement, et leur trop grand nombre dans un pays est même nuisible à la ponte, soit qu'ils cassent les œufs, soit qu'ils ne laissent pas le temps à la femelle de nicher et de couver. Les nids sont posés sans trop de soin au bord des blés et des prairies, ce qui contribue aussi à diminuer l'espèce, tant parce qu'ils sont aisément découverts des chiens, des bêtes, des oiseaux de rapine et des bergers, que parce que les pluies détruisent souvent les œufs, ou les petits. Quand une poule perdrix est privée de ses œufs, il est ordinaire qu'elle s'occupe d'une seconde ponte, qu'on appelle, en terme de chasse, *recoquage*. Les petits qui en proviennent atteignent leur accroissement plus tard que ceux des premières couvées.

On élève avec succès les perdrix grises en domesticité, en donnant les œufs à des poules bonnes couveuses. Les petits qui en naissent sont nourris, s'il est possible, comme dans l'état de nature, avec des œufs de fourmi, et, à leur défaut, avec de la mie de pain, des œufs cuits durs et hachés, et du millet. Si on vouloit retenir les perdreaux en domesticité, il ne faudroit pas chercher des œufs dans le voisinage de l'endroit où on voudroit les conserver; car on assure que, bien que couvés par une poule, ces perdreaux reconnoîtroient bientôt l'accent de leur véritable mère, et s'envoleroient. Pour prévenir d'ailleurs cet inconvénient, on leur arrache deux des plus fortes plumes des ailes, et on coupe l'extrémité des autres. On les fait aussi se mêler petit à petit, et sous la garde de leur mère couveuse, avec les poules de la basse-cour. En leur donnant pour demeure un enclos ou verger distribué avec soin, garni de broussailles et de bosquets, et leur distribuant la nourriture à des heures réglées, ces oiseaux deviennent tellement domestiques, qu'on peut les laisser voler aux champs, et ils reviennent, sans faute, à leur habitation retrouver leur nourriture aux heures accoutumées, et même ils s'y livrent à l'amour comme s'ils étoient en liberté.

On peut engraisser les perdrix, et donner à leur chair des goûts particuliers par un bon choix de nourriture, en les enfermant dans un petit endroit clos, éclairé par une seule ouverture garnie d'un grand filet. Un mois de séjour dans cette *mue* suffit pour leur donner l'embonpoint convenable.

La chair de la perdrix est plus estimée quand elle a acquis un certain degré de mortification. On la garde longtemps, si, après qu'elle est tuée, on lui enlève les intestins, et qu'on la serre dans une cave non humide ou dans un tas de blé, après que toute la chaleur vitale s'est dissipée.

Il est des signes essentiels à connoître pour distinguer les perdreaux des perdrix, et les mâles des femelles. Les perdreaux commencent à voler à la fin de juin; de là le proverbe: *A la Saint-Jean, perdreau volant;* mais en bonne règle, ils ne sont bons à tirer qu'à la mi-août, lorsque leur seconde queue pousse: c'est ce qu'on appelle *le revenu;* le perdreau chez qui *le revenu* se montre, est dit *bréché;* et, après cette pousse de plumes accomplie, *revenu de queue.* De cette époque à la mi-septembre, il prend ses plumes du corps, mouchetées de gris, et le perdreau est *maillé.* Viennent ensuite les plumes rousses de la tête, et le rouge des tempes et d'entre l'œil et l'oreille; cela s'appelle *pousser le rouge.* Enfin, lorsque la trace en fer à cheval, formée de plumes rousses et noirâtres, et très-sensible, sur-tout dans les mâles, se fait aussi remarquer sur l'estomac des adultes, leur croissance est complète. Ils atteignent ce point vers le commencement d'octobre, et cette dernière époque est encore annoncée par le proverbe: *A la Saint-Remi, tous perdreaux sont perdrix.* Dès lors, pour distinguer les jeunes perdrix des vieilles, il faut regarder les pieds, qui sont jaunâtres dans les premières, et bruns-gris dans les dernières, après avoir passé par les dégradations du jaune au blanchâtre, et au gris. La perdrix jeune a aussi, jusqu'au temps de sa première mue seulement, c'est-à-dire pendant sa première année, la première plume du fouet de l'aile terminée en pointe comme une lancette. Après cette mue, cette plume est terminée en rond comme les autres. Les différences des mâles avec les femelles consistent en ce que ceux-ci sont un peu plus gros; que leur chant est plus fort, que le fer à cheval sur la poitrine, dont j'ai parlé tout à l'heure, se dessine fortement; qu'enfin ils ont, ainsi que je l'ai déjà remarqué, un ergot obtus derrière le pied, que les femelles n'ont pas.

Chasse aux perdrix. La recherche que l'on fait de ce gibier, la facilité de s'armer contre lui de son instinct et de ses habitudes pour le trouver et le saisir, ont multiplié à l'infini les moyens de destruction. Le braconnage n'a point de proie plus assurée; et comme toutes les ruses qu'il emploie sont connues, il n'y a point d'inconvénient à publier ses secrets; au contraire, les grands propriétaires de terres qui tiennent à la conservation de leur gibier, ont intérêt à les étudier, pour être plus à même de les surveiller.

On chasse les perdrix, de jour et de nuit, avec le fusil, le chien d'arrêt, le tramail, la tonnelle, la tirasse ou traîneau; ces chasses sont ostensibles et loyales. La nuit, on emploie des méthodes silencieuses, et qui conviennent au braconnage, et une foule de pièges cachés, et pour ainsi dire dormans: on tend sur leur passage les collets, les lacets, les trébuchets; on les enveloppe de filets, en les

les frappant de stupeur, à l'aide du feu pendant la nuit, ou du leurre pendant le jour.

La chasse au fusil a un grand attrait pour les chasseurs de profession, et ils attachent quelque gloire et quelque mérite à son succès. Il est de principe, en fait de chasse, de ne tirer aux perdreaux que quand ils sont *maillés*; cette époque commence pour eux à la mi-août. En général, pour chasser au fusil, il faut être accompagné d'un bon chien d'arrêt. Les heures convenables sont, dans l'automne, depuis dix heures jusqu'à midi, et depuis deux jusqu'à quatre. Dans tout autre moment, il n'est ni facile, ni commode, de courir après les perdrix, qui sont dispersées pour chercher leur nourriture. Un chien bien dressé enveloppe et rassemble les perdrix, en les circonvenant, et décrivant autour de la bande une spirale qui, se resserrant toujours, réunit et cerne le gibier en un seul tas. C'est alors que le chasseur avance à une distance convenable et tire les perdrix, soit arrêtées à l'endroit qu'indique le chien de ses yeux et de son museau, soit lorsqu'elles prennent leur vol. Il entre dans les bonnes qualités du chien, de ne pas poursuivre les perdrix envolées, pour ne pas les forcer à trop s'écarter. (*Voyez* l'article CHASSE.)

A défaut de chien, on peut attirer les perdrix avec l'appeau, ou les attendre dans la hutte ambulante, lorsqu'elles quittent les vignes et les bois où elles ne couchent jamais, pour gagner quelque pelouse ou friche qu'on sait être leur cantonnement. Si on habite un pays peu abondant en perdrix, il faut chercher à s'assurer des lieux où elles *remisent*, avant de s'exposer à les quêter à l'aventure. Pour cela, on se rend un soir à la chute du jour dans les plaines; et, appuyé contre un arbre, une haie ou un buisson, on écoute avec attention de quel côté vient le chant que ces oiseaux, en se rassemblant, ne manquent jamais de faire entendre. Ce chant est toujours suivi d'un vol, comme si quelque instinct les avertissoit de quitter le lieu où elles viennent de se faire remarquer. Cette habitude, ou, si l'on veut, cette précaution, est constante et uniforme, et on peut être certain que sans quelque accident, les perdrix passeront la nuit là où elles se seront posées. Si le chasseur est bien servi par ses oreilles et par ses yeux, il est donc sûr de retrouver son gibier. Il remarque avec soin les lieux, et le lendemain, avant le jour, il s'y rend avec un chien attaché, s'il n'est pas très-sage. A la première lueur de l'aube, il entendra ses perdrix recommencer leur chant, après lequel elles feront un vol plus ou moins long; quelquefois elles répètent encore ce manège du chant et du vol, ce qui conduit jusqu'au moment du lever du soleil; dès lors le chasseur peut mettre son chien et quête, et il ne tardera pas d'avoir occasion d'exercer son adresse.

La neige est funeste aux perdrix de bien des manières; elle les rend surtout bien faciles à tirer par le tranchant de leur couleur, qui se détache sur le voile blanc dont la plaine est couverte; aussi les nuits de neige et de lune sont-elles l'espoir du braconnier. Il se revêt d'une chemise blanche par-dessus ses habits, se coiffe d'un bonnet blanc; et, parcourant les champs, approche les perdrix, blotties et immobiles, d'aussi près qu'il le veut. Un seul coup de fusil est très-meurtrier dans cette circonstance, et abat presque toute une compagnie.

Comme il naît et vit plus de perdreaux mâles que de femelles, et que la multiplication des mâles nuit à celle de l'espèce par leur acharnement à poursuivre les couveuses au temps de la pariade, c'est un soin conservateur que celui de détruire dans ce temps les mâles trop nombreux et trop amoureux. On doit donc alors tirer de préférence sur les coqs, et, pour cela, il faut savoir qu'au commencement de la pariade, lorsqu'on fait lever des perdrix, c'est toujours ce coq qui part le dernier; mais, sur la fin d'avril, c'est tout le contraire, la dernière à partir est alors la poule. Si on apperçoit un couple à terre, on reconnoîtra encore le coq à sa tête, qu'il porte haute et relevée; mais le meilleur moyen pour diminuer le nombre des mâles, est de se servir contr'eux de la *chanterelle*.

J'ai déjà dit que l'on entendoit par ce mot une femelle en cage, dont le chant appelle les mâles de son espèce. Si l'on a une poule de perdrix privée ou même une vieille mère démontée d'un coup de fusil, on la porte aux champs ou dans tout autre endroit propice, et sa voix attire bientôt sous les coups les mâles non appariés. C'est dans ce cas qu'on se sert aussi avec beaucoup de succès du hallier ou tramail. J'ai décrit ce filet, et la manière de le tendre, à l'article Caille, que le lecteur peut consulter.

Je n'ai qu'à ajouter ici, que pour les perdrix, le tramail doit être plus haut de trois ou quatre pouces, et les mailles aussi plus grandes d'autant de lignes, et de fil un peu plus fort. On place la chanterelle dans une cage faite d'un chapeau rond cloué par ses bords sur une planche, dans laquelle est pratiquée une porte. Il est bon aussi que cette même planche soit montée sur un piquet vertical qu'on enfonce en terre.

Il y a plusieurs autres espèces de cages. Une des plus simples, est de monter aux deux bouts d'une planche longue deux autres ais demi-circulaires, comme seroient les deux moitiés du fond d'un baril ou moyen tonneau. Sur l'un de ces côtés, on pratique une porte pour introduire la perdrix, et sur l'autre deux ouvertures par où elle puisse passer sa tête pour boire et manger. On cloue sur ces planches une toile cirée verte, dans laquelle un ou deux trous ronds permettent à l'oiseau de passer sa tête; le tout ainsi construit a la forme d'une petite malle. Il est d'autres cages en filet, montées sur des châssis de bois qui soutiennent des arçons demi-circulaires en fil de fer. Ces filets s'ouvrent par un bout, et se ferment comme une bourse; le tout s'attache tendu, au dessus du sol, entre deux forts piquets. On est obligé quelquefois, lorsqu'on a une chanterelle sauvage, de la porter coucher sur la plaine, parce qu'en ne l'y portant que le matin, l'agitation qu'elle se donne la fatigue et l'empêche de chanter quand on la pose à terre. Dans ce cas, comme il y a à craindre pour elle les bêtes et leurs attaques, on recouvre la cage dont on se sert, d'une seconde cage de fil de fer ou de laiton. Lorsqu'on a tendu ses halliers, et que la chanterelle fait bien son devoir, il est immanquable de voir les mâles accourir les uns après les autres, et même plusieurs à la fois, pour se disputer la femelle. Il ne faut pas sortir de la retraite d'où l'on observe ce qui se passe, pour le premier qui se trouve pris, car d'autres ne tardent pas à le suivre: les pièces de blé vert ou les chaumes, sont les théâtres de cette chasse. Le voisinage d'une haie, d'un buisson ou bouquet de bois, est très-favorable pour fournir au chasseur le moyen de se cacher. Avant de tendre ses halliers, il est aussi prudent d'écouter si le mâle chante dans la plaine, ou de l'y exciter par quelques coups d'Appeau (*Voyez* ce mot) pour placer sa chanterelle le plus près possible du coq, afin que celui-ci l'entende plus vite. Cette chasse est, en général, très-fructueuse. On la commence, selon les températures, dès la fin de janvier; elle se prolonge jusque dans l'été: les heures sont celles du matin et du soir. Lorsqu'on occupe une habitation qui donne sur les champs, une perdrix privée, placée aux fenêtres ou dans le jardin, attire souvent les mâles autour d'elle.

Cependant, il en est de vieux et rusés qui ne se fient point à ces chanteuses en cage; c'est pour ceux-là sur-tout, et aussi pour les autres, que le possesseur d'une chanterelle, extrêmement douce et privée, peut employer un moyen qui surmonte toutes les méfiances. Ce moyen consiste à enchaîner par le corps sa chanterelle avec un petit harnois de rubans cousus, qui passent sous les ailes et en devant de la poitrine, et viennent s'attacher sur le dos; là, ils se réunissent à un petit anneau de fer ou de cuivre, dans lequel on passe une petite corde. Au bout de cette ficelle est un second anneau, engagé dans une seconde corde un peu longue, tendue entre deux piquets. On conçoit que la perdrix va, vient, et se promène le long de cette corde, et paroît en liberté; il n'est point de mâle qui alors ne l'approche, et ne vienne même la cocher si on le laisse faire. Vers les deux extrémités de la corde tendue, et sur laquelle glisse l'anneau qui sert de guide à la marche de la perdrix, on pratique, à une distance convenable, quelques obstacles, tels que deux gros nœuds qui empêchent l'anneau de glisser jusque contre les piquets, autour desquels la perdrix ne manqueroit pas de s'embarrasser en tournant. Si l'on n'a point de chanterelle, on peut encore tendre les halliers avec fruit, lorsque plusieurs personnes se réunissent pour rabattre le gibier et le pousser vers les filets, en le cernant de loin, et marchant sur lui avec précaution. Un bon chien est utile, dans cette circonstance, pour découvrir et rabattre les perdrix.

La tonnelle est une autre espèce de filet, employé spécialement pour ce gibier, et qui consiste principalement en une longue poche ouverte, dans laquelle on le force à se jeter. Cette poche ou sac a quinze pieds de long ou de queue; sa gueule ou ouverture a environ dix-huit pouces de diamètre; le fil qu'on y emploie est retors en trois brins, grosseur de fil de Bretagne, teint en vert ou en brun; la largeur des mailles est de dix-huit à vingt-quatre lignes. Il y a environ trente mailles à la levure: la levure faite, on maille comme pour faire un filet rond et fermé. (*Voyez* l'article Filets.) On rapetisse d'environ six rangs en six rangs; à la pointe du sac, le filet ne doit plus avoir que cinq à six pouces de diamètre. Pour le tenir ouvert circulairement, on passe à sa gueule, et de distance en distance, de petites baguettes de bois souple et pliant, que l'on courbe en cercle et assujettit, en les nouant à leurs extrémités, et sur les mailles du filet, dans lesquelles on les fait glisser. A cette même ouverture, on attache deux piquets, qui, enfoncés dans terre, tiennent l'entrée du sac tendue, droite ou verticalement. Cette tonnelle se pose dans les pièces de grains, entre deux sillons: pour tenir sa queue allongée, on y attache un troisième piquet, qui la fait tendre. Aux deux côtés de l'ouverture, on attache deux halliers simples, d'un pied au moins de haut, qui, se prolongeant obliquement comme deux cornes, à travers les sillons, présentent une sorte de haie au gibier qui suit ces mêmes sillons, et qui, forcé de biaiser le long de ces filets pour continuer sa marche, arrive enfin à l'embouchure de la tonnelle, où on le force à se jeter. Plus ces halliers sont longs, mieux ils servent, arrêtant ainsi sur un plus grand espace tout ce qui vient à eux: la forme de leurs mailles est indifférente. A défaut de *toiles*, on les prolonge avec de simples ficelles, garnies de branchages, ou même de bouquets de plumes, et tendues sur des piquets. Pour se servir de cet équipage, on se rend, le matin, aux champs, après avoir pris la précaution, la veille au soir, de chercher, comme pour la chasse au fusil, à s'assurer de la *remise* des perdrix. *La vache artificielle* est du plus grand secours pour cette chasse. Avec ce déguisement, on tournoie jusqu'à ce qu'on apperçoive les perdrix; et, tâchant d'observer de quel côté elles sont disposées à partir, on dirige vers ce point l'entrée de la tonnelle. Le filet étant monté, on revient, en n'épargnant pas le temps et les détours, se couvrir de la vache artificielle, et l'on approche petit à petit, feignant de brouter, et quelquefois de se rouler, jusqu'à ce que les perdrix se soient mises en marche. Le signe de leur inquiétude est lorsqu'elles dressent la tête. A ce signe, il faut s'arrêter, s'éloigner même, tourner le dos ou se coucher: enfin, lorsqu'elles sont au bord de la tonnelle, les plus jeunes s'y précipitent, et entraînent les autres; on court alors fermer l'entrée, et on se saisit de sa proie. A défaut de *vache artificielle*, plusieurs hommes de compagnie peuvent rabattre les perdrix avec force précautions, marchant lentement, faisant de loin un peu de bruit, en parlant ou en frappant des cailloux, de manière à n'exciter les perdrix qu'à marcher, et non à fuir.

Les traîneaux et tirasses, décrites aux articles ALOUETTE et CAILLE, s'emploient avec le même succès contre les perdrix pendant la nuit; et, par tout ce que je viens de dire, on doit être au courant de toutes les précautions usitées pour les découvrir et les approcher. Pendant la nuit on se sert, avec beaucoup de succès, du feu, dont la lumière les frappe, les étonne ou les éblouit, au point qu'elles se laissent approcher, blotties et immobiles, et couvrir d'un filet, ou tirer à coups de fusil. En Italie et en Sardaigne, on les quête avec un flambeau fait d'une branche de pin bien résineuse; en France, on place un lampion dans le fond d'un boisseau ou d'un seau, qu'on porte la gueule en avant; d'autres ont perfectionné cette machine, en faisant faire une espèce de réverbère de fer-blanc, dont l'éclat et le poli répercute la lumière. Dans cette même chasse, les Italiens couvrent les perdrix d'un filet, soutenu au bout d'une perche par un cerceau: on a donné l'équivalent de cette machine dans le traîneau portatif pour les bécassines. La routine a aussi conservé, pour les perdrix, la méthode de monter le traîneau que porte un seul homme, sur deux perches légères de saule ou d'autre bois, plus rapprochées par un bout que par l'autre, et qui embrassent par le bout où elles se rapprochent, les hanches du porteur, qui s'engage entre ces deux extrémités, empoigne les bâtons aussi loin qu'il peut étendre les bras, et appuyant la corde qui roidit le bas du filet contre son ventre, chemine, portant cet appareil devant lui, pour le laisser tomber sur le gibier lorsque l'occasion s'en présente. Si, en se servant de quelque espèce de traîneau que ce soit, on faisoit partir les perdrix sans avoir pu les couvrir, il faudroit suivre, aussi exactement que possible, la direction de leur vol forcé; les laisser ensuite une heure ou deux pour les laisser se rendormir, et se diriger de nouveau vers leur *remise*.

Les collets *piqués* ou *traînans*, les *rejets* même, servent encore à semer les dangers sur les pas des perdrix. J'ai déjà décrit aux articles ALOUETTE, BÉCASSE, GRIVE, et au mot COLLET, l'usage, le placement et le mécanisme de ces pièges. Pour éviter les redites, j'ajouterai ici qu'on les dispose absolument de la même manière pour les perdrix, en observant de se conformer à la marche qu'indiquent leurs habitudes. Ainsi on jette sur leur chemin de petites haies factices, dont on garnit les passées de collets; on en distribue le long des raies des champs. Dans tous les cas, il est bon de semer les routes qui conduisent à ces pièges, de quelques poignées de blé, d'avoine ou d'orge, etc. Les collets sont sur-tout meurtriers en hiver, par un temps de neige; si alors on nettoie de neige un certain espace d'un champ, que l'on y jette du grain et qu'on le couvre ou de collets traînans, ou bien que l'on dresse à travers les sillons des collets piqués, défendus par des garnitures, les perdrix, pressées par le défaut de vivres, et cheminant le long des raies pour ramasser le grain, s'arrêteront infailliblement par le cou ou par les pattes. Ces collets s'emploient aussi avec succès vers la fin de janvier, lorsque les coqs commencent à courir après les femelles. Ils se livrent sur-tout à ces jeux, lorsqu'une petite gelée du matin a affermi la terre et facilite leurs courses le long des sillons. Alors on les traverse d'une haie de branchages, laissant au fond une passée garnie d'un collet piqué, mais dont le haut doit s'incliner un peu sur le chemin, parce que, s'il étoit vertical, la perdrix courant la tête haute, le pousseroit avec son estomac, au lieu que, s'inclinant, il présente un petit obstacle qu'elle veut franchir en baissant la tête, ce qui la fait s'engager elle-même et se serrer le cou.

Le trébuchet appâté est aussi, en hiver, et même en d'autres temps, un piège d'un effet sûr. Lorsque dans un endroit fréquenté par les perdrix on peut avoir quelque haie, ou buisson, ou souche, comme au voisinage des vignes, bosquets et bruyères, on commence par semer çà et là du grain, principalement du blé, de l'orge et de l'avoine, et on fait des traînées qui, de divers points, conduisent à l'endroit convenable, où on laisse cinq ou six poignées de ces mêmes grains. Lorsque les perdrix y sont venues un jour, elles y reviennent encore le lendemain; et, familiarisées par le succès, elles se précipitent sous le TRÉBUCHET, (*Voyez* ce mot) que l'on y tend au bout de deux ou trois jours, et sous lequel toute une compagnie se trouve prisonnière. Avec cet instrument, on a la facilité de choisir les mâles et de les manger; on peut, et si l'on est curieux de chasse, nourrir les femelles pour les lâcher au temps de la pariade, et multiplier la race en débarrassant ces femelles des poursuites des mâles, si nuisibles, comme je l'ai dit plus haut, à la ponte et à la couvaison. Plusieurs auteurs indiquent, pour parvenir au même but, un filet dont le jeu ne me paroît ni aussi sûr, ni aussi commode que celui du trébuchet. On commence, dans cette méthode, par planter quatre piquets en carré, au milieu desquels on place le grain. Si les perdrix y viennent, on joint à ces piquets quelques branchages. Quand ce nouvel appareil ne les rebute pas, on ajoute des cordes ou des morceaux de filet, qu'enfin on tend tout de bon. Pour cela, on plante solidement en terre quatre nouveaux piquets, si les premiers ne sont pas assez forts, éloignés les uns des autres de quatre pieds environ. On établit sur la tête de ces piquets, au moyen de cordes qui vont de l'un à l'autre, un filet tendu horizontalement. Les bords de ce filet doivent traîner jusqu'à terre, mais on les relève et retrousse sur les quatre côtés. Au bas de chaque piquet, rez terre, est attachée une bouclette ou anneau; par ces anneaux on passe une cordelette qui remonte, au sortir de chaque anneau, dans la lisière du filet qu'elle borde tout autour en passant à travers les dernières mailles. Après avoir ainsi embrassé le filet, les deux bouts de cette corde se réunissent à une troisième fort longue, qui aboutit à une cachette éloignée d'une trentaine de pas, plus ou moins, dans laquelle se tient le chasseur. Lorsque celui-ci voit les perdrix rassemblées pour manger le grain laissé entre les quatre piquets, il tire sa corde et serre les lisières du filet contre terre, au moyen du cordon qui glisse dans les boucles, et fait descendre vers ces boucles les bords de ce filet : par là, les perdrix se trouvent renfermées comme dans une cage renversée. Le plus grand inconvénient de cette pratique est qu'il faut quêter son gibier et l'enfermer soi-même, au lieu que dans le trébuchet la présence du chasseur est inutile, et qu'il n'a besoin d'approcher qu'à l'heure qu'il sait que les perdrix s'occupent de chercher leur nourriture.

Les Grecs font aux perdrix une chasse fort singulière ; ils vont quêter dans les plaines, armés d'un fusil et d'une espèce de bannière ou étendard, composé de plusieurs morceaux de draps de toutes sortes de couleurs, et sur-tout de couleurs tranchantes, comme seroit un habit d'arlequin. Lorsqu'on a découvert une compagnie de perdrix, on déroule à leurs yeux cette bannière, et l'homme qui la porte et qui s'en couvre, les approche doucement. Cet objet produit sans doute sur ces oiseaux une stupeur pareille à l'impression qu'ils reçoivent de la vue de l'oiseau de proie ; car ils se blottissent et se laissent tuer tous les uns après les autres sans songer à fuir. Il faut probablement expliquer de la même manière l'effet de la chasse dite *au leurre*, dans laquelle un homme couvert de feuillages, et portant sur une espèce de petite claie de baguettes entrelacées un morceau de drap rouge, approche les perdrix, les chasse doucement devant lui, jusque sous des traîneaux ou dans des halliers ou filets quelconques, tendus à quelque distance.

Les perdrix rouges, communément plus estimées que les grises, et dans quelques cantons bien inférieures, d'après le goût que contracte leur chair selon la qualité des nourritures, se chassent, en beaucoup de circonstances, par les mêmes méthodes que les grises. Cependant la connoissance de leurs habitudes, différentes de celles des premières, doit servir à guider le chasseur et à lui faire modifier ses procédés. Les perdrix rouges, plus communes au midi qu'au nord de la France, préfèrent aux plaines, le séjour des coteaux, des lieux élevés, secs et pierreux ; elles fréquentent les jeunes taillis, les bruyères, les landes couvertes de genêts et de broussailles. C'est dans ces lieux et dans les sentiers qu'ils présentent qu'on doit leur tendre tous les collets, avec les précautions d'ailleurs recommandées pour les grises. Les rouges volent plus pesamment que celles-ci, mais courent mieux. Elles se rassemblent moins, partent plus difficilement : pour une qui se lève, il ne faut pas abandonner la place ; en la battant, on peut espérer d'en trouver encore d'autres éparses et plus paresseuses à partir. Cette habitude en rend plus agréable et plus sûre la chasse faite avec un bon chien d'arrêt ; mais cependant elles fatiguent quelquefois davantage le chasseur, quand elles se font quêter de coteaux en coteaux. On prend très-bien les perdrix rouges la nuit à l'aide du feu et sous les traîneaux. Lorsqu'on parcourt les champs sans lumière, il est indispensable, d'après la *ténacité* de ces oiseaux, de laisser traîner par terre l'extrémité postérieure de son filet, et même de l'armer de quelques branchages, dont le bruit ou l'attouchement les force à se lever. L'appeau des perdrix rouges (décrit à l'article Appeau) est un instrument singulièrement imitatif de la voix de la femelle ; on s'en sert avec le plus grand succès pour attirer les mâles, soit au filet, soit au fusil. Lorsque les femelles couvent, ceux-ci ont cela de différent de l'autre espèce, qu'ils les laissent tranquilles ; et, à cette époque, lorsqu'on les voit accourir, ce qu'ils font en bandes très-nombreuses, on peut tirer dessus sans crainte pour les femelles; s'il s'en trouvoit quelqu'une, ce seroit une vieille et qui ne pondroit plus.

Le filet dans lequel on attire les coqs de perdrix rouges, s'appelle *bourse* ou *pochette*. C'est une petite *nappe* carrée, longue, faite d'un fil en trois, grosseur de fil de Bretagne, teinte en vert ou en brun (le vert est d'un usage plus général.) Pour fabriquer cette nappe, dont la maille est en losange, on se sert d'un moule de douze lignes de diamètre; on fait trente mailles à la levure, et on donne au filet quatre pieds de long. On le ramasse alors à chaque bout, selon la largeur; on renoue chaque extrémité que l'on termine par une boucle du diamètre du petit doigt, et on la fortifie en faisant faire plusieurs révolutions à une ficelle autour des branches de cette boucle. On pourroit, pour plus de simplicité, attacher en cet endroit un anneau moyen, de ceux qui servent à suspendre les rideaux. On conçoit que le filet ainsi plissé et noué à ses deux bouts, présente la forme d'une espèce de sacoche longue et ouverte de bout en bout. Pour achever de monter ce filet, on passe deux cordonnets de quatre pieds chacun, de bout en bout, dans les mailles de chaque lisière, observant d'en fixer un, par exemple, au bout à droite, et de faire sortir son extrémité après en avoir enfilé les mailles de la première lisière, par l'anneau du bout opposé, et au contraire d'attacher l'autre cordonnet à ce même dernier bout, et, enfilant de même les mailles de l'autre lisière, de le faire sortir par l'anneau placé à gauche, à l'autre extrémité. Par là, si l'on tire ces deux cordonnets par le bout qui sort de chaque anneau, on fronce et ferme sur eux le filet, et on produit le même effet que celui qui résulte du serrement des cordons d'une *bourse*, d'où ce filet a pris ce nom. Son usage est aussi simple que sûr. Les mâles rouges qui sont, comme je l'ai dit, de bons piétons, se jettent dans les sentiers plutôt que dans les champs, pour poursuivre leurs femelles. D'après cela, on se rend à l'heure des deux crépuscules, et quelquefois aussi à midi, selon que l'on entend chanter le mâle, sur le terrain propre à cette espèce de chasse. On se munit d'une petite baguette souple, qu'on puisse piquer en arçon ou demi-cercle, par le travers d'un sentier. Cette baguette doit avoir assez de longueur pour que la porte qu'elle forme ait un pied environ d'élévation verticale au sommet de la courbure. On noue au pied du bâton, et rez terre, les deux extrémités du cordonnet qui sortent des deux boucles décrites ci-dessus. On étend une lisière du filet à plate terre, dans l'entre-deux de l'arçon, et on pose légèrement l'autre lisière sur sa courbure: par là, le filet se trouve étendu comme une haie par le travers du chemin. Il faut que les bords de ce chemin soient hérissés de quelques buissons ou souches propres à cacher le chasseur. Il se tapit derrière, et, avançant sa tête dans le sentier, il donne quelques petits coups d'*appeau*. Dès que le mâle l'entend, il accourt avec la plus vive ardeur. Si l'on se trouvoit entre lui et le filet, il faudroit passer doucement et subtilement de l'autre côté, afin que le filet fût toujours entre la perdrix et l'*appeau*. Arrivé près du chasseur, le coq chante et cherche la femelle; on lui répond d'un seul coup, et ce seul cri suffit d'ordinaire pour le faire continuer son chemin. Arrivé au filet, il s'arrête quelquefois, mais bientôt il s'y précipite, et, courant, il en emporte le milieu, tandis que les extrémités se serrent derrière lui au moyen des cordons. On peut continuer cette chasse dans le même lieu. La saison dure depuis le mois d'avril jusque fort avant dans l'été.

La perdrix rouge est infiniment plus

difficile à apprivoiser que la grise. Les perdreaux que l'on fait éclore sous la poule, demandent des soins infinis et languissent presque toujours. Il faut tenir celles que l'on prend adultes, dans des volières garnies de toile pour les empêcher de se tuer. Elles ne se plaisent pas dans tous les sites, et on les transporteroit vainement dans un autre canton, où elles ne trouveroient pas des objets analogues à leurs goûts. On distingue les jeunes de l'année à la pointe qui termine, comme dans les grises, la première penne de l'aile : les vieilles ont de plus les pieds semés d'écailles blanchâtres. On trouve dans cette espèce des familles de grosseurs différentes ; celles qui habitent les lieux élevés et les bois, sont les plus grosses de toutes. Il y en a une très-grosse race dans les montagnes du Dauphiné, qui est connue sous le nom de *rochaffière*. C'est de ce même pays que nous viennent les *bartavelles*, que des ressemblances de formes et d'habitudes ont fait considérer par les gens peu instruits, pour des espèces de grosses perdrix rouges. Mais aujourd'hui les ornithologistes ont établi la ligne de division qui les sépare. Ces oiseaux sont très-difficiles à chasser, à cause des sites âpres et impraticables où ils se plaisent. Le froid les fait descendre plus près des habitations : c'est alors qu'on peut en tuer quelques unes au fusil dans les petits bois, les bruyères et les broussailles. Mais en général, celles qui parent nos tables, sont venues périr dans les pièges que leur tendent les paysans des contrées où elles sont communes. (S.)

PHARMACIE. C'est une science qui apprend à connoître, choisir, préparer, composer et conserver les médicamens.

Elle tient de l'histoire naturelle la connoissance de leurs caractères extérieurs ;

De la physique, des observations sur leurs propriétés et les phénomènes qu'ils présentent ;

De la chimie, les instrumens et les procédés par lesquels elle s'assure de leurs parties constituantes.

Toutes les substances qui, prises intérieurement ou appliquées extérieurement, produisent un effet salutaire, sont comptées au nombre des médicamens.

Ils sont simples ou composés :

Les premiers s'emploient seuls comme la nature les donne, ou préparés de manière à n'être altérés que le moins possible.

Les seconds sont des mélanges ou des combinaisons plus ou moins durables.

On les divise en médicamens officinaux, et en médicamens magistraux.

Les médicamens officinaux sont ainsi nommés, parce que confectionnés dans la saison favorable, d'après les formules écrites dans les dispensaires connus ou adoptés, ils peuvent être gardés pendant un certain temps.

Les autres sont ceux qui se préparent journellement et souvent au chevet du lit des malades, et qui doivent être employés sur-le-champ.

On les divise en médicamens internes et en médicamens externes ; mais cette division n'est pas exacte, puisque souvent un remède interne est employé extérieurement, *et vice versâ*.

Récolte, dessiccation et conservation des plantes.

Récolte. Le printemps invite à faire la récolte des plantes indigènes ; la liste de celles à employer dans les hospices ne doit pas être étendue : à peine en faut-il une centaine ; encore, il en est quelques unes dont il ne faut faire qu'une foible provision, tandis que d'autres doivent être recueillies avec surabondance ; il s'agit donc de calculer l'emploi de chacune d'elles, et de faire en sorte que ce calcul soit toujours la mesure de la collection. On se bornera à à quelques conseils sur la manière d'y procéder.

Parmi les plantes médicinales les plus usitées, les unes se plaisent dans les bois, les autres dans les marais; celles-ci dans les plaines, celles-là sur les montagnes; il en est qui aiment la chaleur des sables de l'Afrique, d'autres le froid des roches de l'Islande et de la Laponie; il en est encore qui croissent au fond et à la surface des eaux.

C'est dans ces lieux qui sont propres à chacune d'elles, qu'il faut, autant que possible, les faire ramasser, plutôt que dans les jardins où on les fait venir par artifice et où elles ne peuvent acquérir au même degré ni les principes qui les constituent, ni les propriétés qui doivent les caractériser.

Voici les règles générales établies pour la récolte, la dessiccation, et la conservation des plantes :

1°. *Les fleurs.* On doit les cueillir quand elles sont sur le point de s'épanouir, excepté les roses rouges qu'on demande en boutons.

2°. *Les fruits.* Ils doivent être pris dans leur parfaite maturité, à moins que leur principale vertu n'existe dans l'acerbe de leur suc, comme le fruit d'acacia.

3°. *Les semences.* On est dans l'usage de les récolter, lorsqu'elles sont parfaitement mûres, et peu de temps avant le moment où elles vont se répandre.

4°. *Les feuilles.* Il convient de les récolter lorsqu'elles sont bien développées, et qu'elles ont encore cette couleur verte, qui annonce qu'elles ne sont pas arrivées au terme complet de leur végétation

5°. *Les racines.* Il faut les tirer de terre à l'automne, sauf quelques exceptions déterminées par la durée des plantes qui les fournissent, et par les lieux dans lesquels ces plantes germent, croissent et meurent.

6°. *Les substances ligneuses.* On préfère celles qui sont saines et proviennent de sujets ni trop jeunes, ni trop vieux.

7°. *Les écorces.* Il faut avoir soin de les enlever aux branches ou aux troncs, et choisir celles qui ne proviennent pas de sujets trop avancés en âge.

Dessiccation. Lorsqu'on veut conserver les plantes ou leurs parties, il est nécessaire d'en enlever l'eau de végétation, et de les dessécher.

On y réussit en les exposant, en raison de leur nature, à l'action de l'air atmosphérique, à la chaleur du soleil, à celle de l'étuve, ou à celle du four.

1°. Les plantes qui contiennent beaucoup d'humidité courroient les risques de subir une fermentation qui altéreroit leurs qualités, si on les soumettoit à une dessiccation lente. On la rend plus prompte en les plaçant sous des châssis de toiles au soleil, et quelquefois ensuite sur le dessus d'un four ayant quarante ou cinquante degrés.

2°. On se hâte moins pour les plantes peu abondantes en sucs aqueux, et surtout pour celles qui sont aromatiques; on les sèche à l'ombre.

3°. On a soin d'envelopper de papier celles dont on veut dessécher les sommités, à cause de l'odeur et de la couleur, qui sont très-fugaces : telles sont les menthes, la petite centaurée, le millepertuis, etc.

4°. On traite les fleurs séparées de leurs tiges comme les feuilles; dessiccation prompte pour celles qui sont aqueuses, telles que les fleurs de mauve, de lis, de pavot rouge; dessiccation lente pour celles qui ont moins d'eau, comme la camomille.

5°. On emploie la dessiccation accélérée pour les écorces, les bois et les racines qui ne sont point aromatiques.

Quant aux racines, toutes sont lavées, nettoyées, et quelques unes ratissées, avant d'être soumises à l'opération qui doit les priver de leur humidité surabondante.

Les petites sont enfilées ; celles qui ont un cœur ligneux, on le leur enlève en les fendant longitudinalement ; celles qui sont charnues, sont coupées par tranches minces ; et celles qui sont bulbeuses, effeuillées, divisées par lanières ou tranversalement.

6°. On étend dans un grenier bien aéré les semences émulsives, pourvues de leurs enveloppes, fussent-elles ligneuses, mais sans leurs parties charnues. On opère de même pour les semences farineuses, bien mûres et séparées de leurs bales.

On dessèche à l'étuve les semences mucilagineuses de coin ; par exemple, au soleil les autres graines inodores ; et à l'ombre celles qui sont aromatiques ou douées d'un principe âcre et volatil.

7°. On obtient l'exsiccation de la plupart des fruits, en les exposant successivement et à plusieurs reprises à la chaleur ménagée d'un four et à celle du soleil ; aux uns, on conserve leur peau, (les prunes) on en dépouille les autres, (les pommes, les poires.)

8°. Il est des racines, comme celles des orchis, pour faire le salep, par exemple, qu'on enfile et qu'on plonge dans l'eau bouillante avant de les faire sécher.

Ce procédé, introduit dans l'économie domestique, pour la dessiccation des haricots verts, des fèves de marais, etc., nous procure l'avantage de manger, au milieu de l'hiver, ces légumes presque dans le même état de couleur et de saveur qu'ils avoient au moment où on les a séparés des plantes auxquelles ils appartenoient.

Conservation. La conservation des médicamens simples et composés est une opération que l'on doit ranger au nombre de celles qui sont les plus importantes de la pharmacie.

Quand on a employé toutes les précautions indiquées pour la dessiccation des racines, des feuilles, des fleurs et des semences, il convient de les secouer sur une toile, pour en séparer le sable, la terre et les œufs d'insectes qui pourroient s'y trouver mêlés ; il faut avoir soin de ne pas enfermer les plantes séchées à l'étuve, qu'elles ne soient parfaitement refroidies. Dans les officines de pharmacie, on a pour habitude de serrer les plantes dans des vases de verre ou dans des boîtes de bois peintes en dehors, et garnies intérieurement de papier collé avec de l'amidon, dans la préparation duquel on ajoute un peu de sulfate acide d'alumine et de potasse.

On avoit conseillé autrefois de chauffer légèrement les roses rouges, le coquelicot, dans une bassine pour détruire par la cuisson les œufs d'insectes qui les attaquent et les détruisent ; mais c'est avec modération qu'on doit mettre ce moyen en usage pour ne pas altérer la couleur des fleurs ; l'air et le crible sont préférables.

Il faut placer ces vases à l'abri du contact des rayons lumineux, dans un endroit sec et froid ; mais ces moyens étant impraticables dans certains établissemens et chez les herboristes, à cause des localités et de la multiplicité des vases que cette pratique entraîneroit, il faut les mettre dans des sacs, les isoler ou les attacher au plancher.

Il faut visiter de temps en temps certaines parties des plantes, et sur-tout les fleurs, qu'il est bon de passer quelquefois au crible ; les racines, feuilles, fleurs et graines, demandent à être renouvelées tous les deux ans ; dans le nombre, plusieurs l'exigent chaque année.

On n'obtient la conservation des minéraux qu'en les garantissant de l'action de l'humidité et du contact de l'air, à cause de la prompte oxigénation de la plupart d'entr'eux ; il faut, pour les oxides, qu'ils soient dans des vases qui ne laissent pas passer les rayons lumineux.

A l'égard des substances animales,

usitées en médecine, il ne faut conserver dans les pharmacies que celles qui sont saines et entières dans des boîtes d'étain ou de bois revêtues intérieurement d'une feuille de métal laminé; mais souvent elles sont détériorées, et le plus ordinairement falsifiées; la plupart sont apportées sèches. Les cantharides sont presque les seules que le pharmacien devroit préparer lui-même, quand il est à portée de s'en procurer. (Parm.)

PHORMIUM, genre de plante qui eût fait partie de la classe neuvième, première section, ou des fleurs en lis de Tournefort, et de l'hexandrie-monogynie, ou de la sixième classe, section première de Linnæus, s'il eût été connu de ces deux auteurs. Il entre dans la famille des asphodèles, et se range à côté du genre de la jacinthe, dans l'ordre naturel. Relativement à ses usages économiques, il doit faire partie de la série des plantes textiles ou filamenteuses.

Ce genre a été institué par Forster, dans son Ouvrage sur les plantes de la mer du Sud. Il en a décrit et figuré les caractères essentiels, avec beaucoup de méthode et d'exactitude. La plante sur laquelle a été établi ce nouveau genre, a été trouvée à la Nouvelle-Zélande, par sir Joseph Bank's, auquel les sciences naturelles ont tant d'obligation: il la découvrit dans le voyage qu'il fit, avec le capitaine Cook, autour du monde, et en publia une excellente figure qui est insérée dans le premier volume du deuxième voyage de Cook.

Le phormium, qu'on appelle improprement *lin de la Nouvelle-Zélande*, puisqu'il n'a d'autre rapport avec cette plante que de fournir des fibres propres à la filature, comme beaucoup d'autres, telles que le chanvre, le pite, l'abutilon, l'ortie, le mûrier, etc., est connu des botanistes sous le nom de *phormium tenax*. Nous traduirons ce nom en français par celui de *phormium textile*, pour ne pas introduire de confusion dans les idées des cultivateurs.

Le *phormium textile* est une plante vivace qui conserve ses feuilles toute l'année, et ne les perd que successivement; celles de la circonférence, parvenues à toute leur étendue, s'oblitèrent et se dessèchent, tandis qu'il en pousse de nouvelles du centre de la plante.

Racines. Elles sont épaisses, tubéreuses, charnues, de couleur blanche dans leur intérieur, et couvertes d'un épiderme brun; d'une forme irrégulière et noueuse, garnies de racines secondaires jaunâtres qui se divisent en chevelu brun, délié, très-rameux, et se terminent par de petites houppes ou suçoirs glanduliformes.

Œilletons. Ils font, dans ces plantes, l'office de bouture ou de gemma dans les arbres. Leur forme est arrondie dans leur circonférence, pointue par le haut; ils sont appliqués sur les plus grosses racines dont ils ne semblent d'abord que des nodosités, et prennent ensuite la forme d'une bulbe arrondie et pointue. Ils croissent près de l'œilleton principal, souvent ils s'implantent dessus et poussent entre les feuilles du bas des mères plantes.

Feuilles. Elles sortent successivement du centre des œilletons, au nombre de huit ou dix, qui, partant toujours du même point, écartent du centre celles qui ont crû les premières. Elles sont longues d'environ cinq pieds, terminées en pointes aiguës, sur près de quatre pouces de large, d'un vert gai et luisant en dessus, blanchâtres en dessous et bordées d'un liseré très-étroit, coloré en rouge. Ces feuilles sont distiques et s'engaînent les unes dans les autres par leur base; elles sont divisées en deux parties égales dans toute leur longueur, par une carêne ou côte d'autant plus saillante qu'elle est plus voisine du pied de la plante. Leur consistance est sèche, coriace et filandreuse : il est impossible de les casser dans leur largeur avec les deux mains ; mais elles se divisent aisément dans toute leur longueur en autant de lanières qu'on le désire. En vieillissant, ces feuilles se colorent d'un jaune rougeâtre qui devient d'un jaune de paille luisant lorsqu'elles sont desséchées. La presque totalité de leur substance est composée de fibres longitudinales, d'un blanc argenté comme de la soie, divisible à l'infini et d'une force très-considérable.

Fleur. Lorsque les plantes ont acquis une certaine force, il sort du centre des feuilles une tige qui les dépasse en élévation de plus d'un tiers. Elle se divise vers son extrémité en plusieurs rameaux qui se chargent d'une grande quantité de fleurs très-rapprochées les unes des autres, et qui forment un thyrse pyramidal d'un beau jaune. Les fleurs sont composées de six pétales, dont trois extérieurs et trois intérieurs. Les premiers sont plus courts que les seconds, et ceux-ci sont surmontés, du tiers de leur longueur, par les filets des étamines qui portent des anthères vacillantes.

Fruit. Il est composé d'une capsule sèche à trois loges, qui, lors de sa maturité, s'ouvre par son extrémité supérieure. Il renferme un grand nombre de semences noires, plates, très-minces, membraneuses sur leurs bords, apposées les unes sur les autres dans les loges qui les renferment. Elles y sont disposées de la même manière que celles des jacinthes, des tulipes et de la couronne impériale, avec lesquelles elles ont de la ressemblance.

Lieu. Le phormium textile croît dans l'hémisphère austral, entre le trente-quatrième et le quarante-septième degré de latitude. Il se trouve abondamment à la Nouvelle-Zélande, et dans l'île de Norfolk, où il a été observé dernièrement par le commodore Philip. On commence à le cultiver au port Jackson, dans la Nouvelle-Hollande. Les voyageurs ne sont pas d'accord sur la nature du terrain dans lequel cette plante croît ; les uns disent qu'elle préfère les terrains marécageux ; d'autres, qu'on la trouve au bord de la mer et dans son voisinage, sur les sables arides et dans des lagunes arrosées momentanément par des eaux saumâtres. Ce qu'il y a de certain, c'est que neuf pieds de ce phormium, plantés dans un baril, au port Jackson, dans la terre du lieu où on les a trouvés, n'étoit qu'un sable blanc, très-fin, qui paroissoit infertile ; que ces plantes apportées au Muséum par le navire *le Naturaliste*, second des deux vaisseaux de l'expédition de découverte, commandée par le capitaine Baudin, sont arrivées en bon état, qu'elles ont continué de végéter dans cette même terre pendant plus de dix-huit mois, et que dans ce moment, elles sont en pleine végétation. Ainsi, on peut croire que cette plante n'est point délicate sur le choix du terrain, et qu'elle croît dans les sols arides comme dans les lieux marécageux ; faculté extrêmement intéressante pour l'emploi de ces deux natures de terrains, trop abondans et presqu'inutiles en France.

Propriétés. Comme c'est de M. Labillardière, membre de l'Institut, que nous emprunterons ce que nous avons à dire sur les propriétés du *phormium textile*, ou lin de la Nouvelle-Zélande, nous extrairons de son Mémoire tout ce qui a rapport à cet objet et aux expériences qu'il a faites sur la force des filamens de cette plante, comparativement avec ceux du chanvre, de l'aloès-pite, du lin et de la soie.

« Le lin de la Nouvelle-Zélande, dit M. Labillardière, (dans son Mémoire lu à la classe des sciences physiques et mathématiques de l'Institut, en nivose an 11) que j'ai soumis à l'épreuve pour en connoître la force, me fut donné en échange de quincaillerie, par les habitans de cette grande terre, avec lesquels nous communiquâmes vers sa pointe septentrionale dans le voyage à la recherche de la Pérouse, le 22 ventose, première année de la république. La plante qui le fournit est d'une bien grande utilité à ces sauvages; aussi, lorsqu'ils approchèrent de nous, les objets qu'ils montrèrent furent de grosses poignées de ces feuilles préparées de diverses manières. Encore assez éloignés de nous, ils les agitoient avec une espèce d'enthousiasme, paroissant vouloir en faire ainsi connoître tout le prix; et bientôt nous vîmes que nous avions très-bien entendu cette sorte de langage, car ils y mirent une assez grande valeur dès qu'ils furent le long du bord de notre vaisseau. »

Nous ne suivrons pas M. Labillardière dans la description de l'appareil qu'il a employé pour ses expériences comparatives, pour constater la force et l'élasticité des fibres du phormium, non plus que dans le nombre des expériences qu'il a faites et dans la manière dont il les a exécutées, nous nous contenterons de rapporter leur résultat.

Il suit des expériences qu'il a faites, «1°. que la force des fibres de l'aloès-pite étant égale à sept, celle du lin ordinaire est représentée par 11 $\frac{3}{4}$; celle du chanvre, par 16 $\frac{1}{3}$; celle du *phormium textile*, par 23 $\frac{5}{11}$; et celle de la soie par 34. Mais la quantité dont ces fibres se distendent avant de rompre, est dans une autre proportion; car, étant égale à 2 $\frac{1}{2}$ pour les filamens de l'aloès-pite, elle n'est que de $\frac{1}{2}$ pour le lin ordinaire, de 1 pour le chanvre, de 1 $\frac{1}{2}$ pour le *phormium textile*, et de 5 pour la soie.

» Il est aisé, continue notre auteur, de pressentir tous les avantages qui peuvent résulter de la culture de ce végétal précieux, sur-tout pour notre marine, en donnant les moyens d'alléger singulièrement la charge des vaisseaux; car, pour un vaisseau de 74, on évalue à soixante-huit mille livres la pesanteur des cordages qui entrent seulement dans sa garniture au dessus de la flottaison. L'emploi du lin de la Nouvelle-Zélande (*phormium textile*) procurant la facilité de diminuer ce poids de plus de la moitié de cette quantité, et aussi de celle des autres cordages qui sont au dessous de la flottaison, on pourra s'approvisionner d'autant plus d'autres objets de première nécessité. D'ailleurs, on sent que moins les cordages qui se trouvent au dessus de la flottaison pour garniture, auront de diamètre, moins la dérive sera grande; et ainsi ces nouveaux cordages contribueront à accélérer la marche des vaisseaux, qui ne peut qu'augmenter encore par l'allégement qu'ils éprouveront, si on ne les charge pas d'un poids plus grand que celui dont on les charge ordinairement. Ces cordages étant plus minces et plus légers que ceux faits avec le chanvre, il faudra moins de bras pour la manoeuvre; de sorte que par leur usage on pourra, avec le même nombre d'hommes, armer beaucoup plus de vaisseaux qu'en se servant de cordages de chanvre.

» On croira facilement que des fibres aussi fortes et aussi liantes seront très-propres à la fabrication de divers tissus, et pourront remplacer avec un très-grand avantage, dans nos manufactures, le chanvre et même le lin. Sans doute elles conserveront dans l'apprêt la supériorité qu'elles ont par leur force sur le chanvre: leur grande blancheur et leur coup d'oeil satiné, font espérer que les toiles qu'on en fera surpasseront encore, par leur éclat, celles du lin.

» Tous les vêtemens que nous achetâmes des sauvages de la Nouvelle-Zélande, étoient faits avec les fibres de leur lin; c'étoit encore avec des cordes de cette plante qu'ils avoient attaché divers ornemens, au nombre desquels ces cannibales avoient mis de petites parties d'ossemens humains qu'ils tenoient sur leur poitrine comme une espèce de trophée dont ils ne se dessaisirent qu'avec difficulté, témoignant qu'ils y attachoient beaucoup de prix.

» Leurs lignes pour pêcher avoient été cordées à deux brins ; mais leurs filets étoient faits avec les feuilles de la plante divisées par lanières, sans autre préparation. Sans doute, comme ces filets sont d'une prodigieuse étendue pour pêcher au large à une bonne distance de la côte, ces sauvages négligent de faire des cordes pour cet usage, parce qu'ils y emploîroient bien du temps, et que d'ailleurs ils trouvent ainsi l'emploi de leur lin assez sûr; car ils vivent en grande partie du produit de leur pêche. »

D'après tous ces faits, le phormium textile paroît fournir les meilleures fibres végétales connues pour faire des cordes et des tissus. Cette vérité fut annoncée, pour la première fois, par le célèbre capitaine Cook et son illustre compagnon de voyage sir Joseph Bank's. Labillardière vient de la démontrer par une suite d'expériences aussi ingénieuses qu'elles sont exactes et concluantes. (*Voyez son Mémoire, imprimé dans les Annales du Muséum, second volume, page* 474.)

Culture. Nous n'avons point encore d'expériences en grand, faites en Europe, qui puissent nous diriger dans la culture de cette plante en rase campagne. Mais nous possédons quelques données qui peuvent nous mettre sur la voie pour y parvenir avec quelques degrés de certitude. Nous allons les extraire d'un Mémoire que nous avons publié dans les *Annales du Muséum national d'Histoire naturelle*, volume II, page 228, et nous y ajouterons quelques faits qui n'existoient pas alors.

D'abord, la Nouvelle-Zélande étant située entre le trente-quatre et le trente-septième degré, vers le pole antarctique, offre à peu près la même latitude que plusieurs parties de la France. Elle doit être même beaucoup plus froide, parce que le pole dont elle est voisine présente une région glacée, plus étendue que celle du pole arctique, puisqu'on est allé vers celui-ci jusqu'au soixante-dixième degré, tandis que les voyageurs ont été arrêtés par des montagnes de glace dès le soixantième du pole sud. Il résulte de cette position que les îles de la Nouvelle-Zélande doivent être plus froides que la France pendant leur hiver, et plus chaudes pendant leur été; que de plus, la température de ce climat doit être variable, parce que toutes les fois que les vents viennent du pole, ils doivent porter, même au milieu de l'été, le froid dont ils se sont chargés en passant sur les montagnes de glace qu'ils ont parcourues ; et que lorsqu'ils soufflent de l'équateur, il en doit résulter une chaleur semblable à celle qu'éprouve la côte de Barbarie située à la même latitude à peu près. En raison de cette variation du climat, les végétaux qui l'habitent doivent être doués d'une grande étendue de facultés, soit pour résister au froid, soit pour supporter la chaleur. Une expérience fortuite, dont les détails ne peuvent être regardés ici comme un hors-d'œuvre, pourra nous en donner, sinon une preuve, au moins une forte présomption.

Le pied de *phormium textile*, envoyé au Muséum, par M. Aiton, en nivose de l'an 8, se trouvant dépourvu de racines fibreuses, et ayant beaucoup souffert dans la traversée d'Angleterre ici, par une température froide et très-humide, fut placé dans une serre chaude, sur une couche de tan neuf. Un fourneau établi au dessous de la couche, ayant été chauffé tous les jours pendant ce mois, fit monter graduellement la chaleur de cette couche, dans l'une de ses parties, jusqu'à quarante-sept degrés au dessus de zéro du thermomètre de

Réaumur, c'est à-dire, à une chaleur de trois à quatre degrés plus forte que celle des sables d'Afrique, et plus qu'il n'en faut pour faire durcir des œufs. Malgré cette vive chaleur, le *phormium* qui se trouvoit dans cette partie de la couche, ainsi que des *pandanus odoratus*, *calamus rotang*, *dracœna pendula*, *ensifolia*, et *tradescantia discolor* ne furent point fatigués : au contraire, toutes ces plantes poussèrent avec vigueur, et plusieurs d'entr'elles fleurirent et fructifièrent. Il est vrai qu'on proportionna les arrosemens à la déperdition d'humidité qu'éprouvoient ces végétaux, et qu'on leur donna de l'eau en abondance. Il est bon d'observer aussi que l'époque à laquelle on donna une si forte chaleur à ces plantes répond à celle de leur été dans leur climat naturel, sur-tout pour le *phormium*, dont le pays se trouve peu éloigné de nos antipodes. Depuis ce temps, cette plante a été laissée pendant l'hiver dans la même serre, et l'été, en plein air, à une exposition chaude. Elle a continué de végéter, de pousser des cayeux de sa souche et de donner des espérances pour sa naturalisation. Mais revenons à l'exposition des motifs qui nous font croire que le *phormium textile* peut s'acclimater chez nous.

Indépendamment de la similitude des deux climats de la Nouvelle-Zélande et de quelques unes des parties de la France, dont les différences sont à l'avantage de cette dernière, il existe deux autres motifs d'espérance : le premier, que le *phormium* étant une plante vivace dont les œilletons, qui répondent au *gemma* dans les arbres, croissant sous terre à plusieurs pouces de profondeur, se trouvent par ce moyen abrités des gelées et hors de leur atteinte, si l'on établit la culture de cette plante dans la partie la plus méridionale de la France. Le second motif vient de ce que le *phormium* étant de nature sèche, doit donner peu de prise aux froids, même assez considérables, puisque leur action se porte particulièrement sur les corps aqueux, dont elle détruit l'organisation. Tout porte donc à croire qu'on pourra naturaliser ce végétal utile sur le territoire de la république.

Quoique nous ayons semé de différentes manières, dans diverses saisons et sans succès, une assez grande quantité de graines de cette plante, qui nous avoient été envoyées par sir Joseph Bank's, à son retour de la mer du Sud, nous croyons cependant que ce doit être la voie de naturalisation la plus sûre, la plus abondante, et celle qu'on doit employer de préférence. D'ailleurs, quelques tentatives faites depuis peu d'années en Angleterre prouvent que des semences de cette plante y sont arrivées sans avoir perdu leurs propriétés germinatives, puisqu'on est parvenu à en faire lever plusieurs. Mais comme cette graine est très-mince et se dessèche en peu de temps, il est convenable de la laisser renfermée dans les capsules qui la contiennent, jusqu'à l'instant de la semer ; de prendre ensuite la précaution de préserver des grandes chaleurs, autant qu'il sera possible, les caisses qui la renfermeront, lorsque le bâtiment passera sous les zônes chaudes, et sur-tout dans le voisinage de l'équateur, parce que la chaleur brûlante de ces parages détruit les germes d'une grande quantité d'espèces de semences. On pourroit aussi en transporter des pieds qui, étant cultivés pendant la traversée, ne manqueroient pas de fournir des individus propres à faire des essais sur la culture de cette plante. Dans les renseignemens fournis par les professeurs du Muséum, au capitaine Baudin, ils l'avoient fortement engagé, si ses instructions le conduisoient à la Nouvelle-Zélande, à faire ramasser une grande quantité de graines et de racines de ces plantes, en les prenant de préférence dans la partie de l'île Tavay-Poenamoo, la plus voisine du Cap Sud, qui est la plus près du pole, et par conséquent la plus froide. Le C. Riedlé, premier jardinier de l'expédition, étoit chargé spécialement d'emballer ces graines de différentes manières, pour varier les chances, et d'en mettre surtout dans les terres des caisses de plantes vivantes qu'il devoit rapporter en Europe. Au moyen de ces précautions, il est à présumer qu'on parviendra à introduire une très-grande quantité d'individus de cette plante en France; mais cela ne suffit pas, il faut encore choisir la localité qui offre le plus de chances à la réussite, et employer les moyens de culture les plus propres à sa naturalisation.

Le climat qui paroît devoir être le plus favorable aux premières plantations du phormium, est celui des départemens méridionaux, vers les bords de la Méditerranée, dans le voisinage de Nice ou d'Hyères, parce qu'il offre un grand nombre de rapports avec celui de la Nouvelle-Zélande, tant pour la latitude que pour la nature du sol et la quantité d'eau saumâtre qui s'y rencontre. D'ailleurs, ce pays est traversé par de hautes montagnes qui, en abritant les rivages des vents du nord, les défendent des fortes gelées, et en font un climat doux en hiver, sec et chaud pendant l'été.

Quant à la culture première, elle consiste à planter les pieds de *phormium* dans des planches formées de diverses espèces de terres, à différentes expositions, et à leur donner des arrosemens proportionnés à leur vigueur, à leurs besoins et au degré de chaleur de la saison. Les graines, qui arriveront stratifiées ou mélangées dans de la terre, devront être semées, peu de temps après leur débarquement, sur des banquettes de terre meuble et substantielle, susceptibles d'être ombragées des rayons d'un soleil trop brûlant, et d'être arrosées par irrigation. Il sera plus sûr de ne semer les graines qui auront été transportées sèches dans des caisses, que par parties, de quinze en quinze jours, et depuis la fin de l'été jusqu'au milieu du printemps. Quelques portions pourront être semées dans des caisses à semis, afin de donner la facilité d'orienter les jeunes plants, suivant le besoin, dans les différentes saisons de l'année et pendant la jeunesse des plantes. Mais il est essentiel que tous ces semis, de quelque manière qu'ils aient été faits, ne soient recouverts que d'une couche de terre sablonneuse très-fine, et de l'épaisseur d'une ligne ou d'une ligne et demie tout au plus. Il sera très-utile aussi de les garantir des ardeurs du soleil, non seulement depuis l'instant où les graines auront été confiées à la terre, mais encore pendant la jeunesse des plantules, et jusqu'à ce qu'elles aient acquis assez de force pour supporter le plein air et se défendre de l'intempérie des saisons. Si pendant l'hiver il survenoit des gelées de quelques degrés, il seroit prudent de couvrir les jeunes semis avec de la paille longue, de la litière, ou, mieux encore, avec des fanes de fougère. Dès que le jeune plant aura acquis sa seconde ou troisième année, et qu'il aura deux ou trois feuilles, on pourra le repiquer dans des planches, sur trois rangs et à dix-huit pouces les uns des autres; ce qui donnera la facilité de les labourer, et de leur donner les binages nécessaires chaque année, pour ameublir la terre autour de leurs racines et en écarter les mauvaises herbes.

Lorsqu'une fois ces plantes auront poussé des drageons de leurs souches, et qu'elles auront produit des graines, c'est alors qu'on pourra tenter, en pleine campagne, des expériences de naturalisation en grand, dans des terrains de différente nature, et dans le voisinage de la mer. Celles-ci venant à réussir, fourniront

fourniront, avec le temps, les moyens de répandre cette plante précieuse, de proche en proche, sur tous les rivages de la mer, dont elle paroît devoir fixer les sables, et préserver les cultures intérieures de leur invasion ; elle offrira une nouvelle matière première à l'industrie des artisans, et procurera aux arts et au commerce une nouvelle source de richesses.

Le voyage du capitaine Baudin, sur lequel nous comptions pour accélérer ces expériences, n'a pas rempli, sous ce rapport, les espérances que nous avions conçues. Ses instructions ne l'ont point conduit à la Nouvelle-Zélande, et il a exploré les côtes de la Nouvelle-Hollande, d'où il a rapporté des richesses infinies en histoire naturelle. Tout ce qu'on a pu faire a été de recueillir neuf individus de cette plante, qui ont été pris au port Jackson, où ils avoient été apportés de l'île Norfolk. Suivant M. John-White, chirurgien en chef de la colonie anglaise du port Jackson, le *phormium* croît en abondance à l'île Norfolk, et peut devenir une spéculation commerciale pour une puissance maritime qui posséderoit ce pays. Sans doute les Anglais ne la laisseront pas échapper, puisqu'elle peut contribuer à maintenir la supériorité de leur marine, et fournir un nouvel aliment à leur commerce.

Quoique les neuf individus de *phormium* fussent tirés d'une latitude beaucoup plus élevée que celle du Cap Sud de la Nouvelle-Zélande, ils ont supporté le voyage avec facilité sur le navire *le Naturaliste*, commandé par le capitaine Hamelin, et sont arrivés à Paris sur la fin de l'an XI, en bon état. Depuis cette époque, l'administration du Muséum en a fait passer des pieds dans les départemens de la Seine-Inférieure, de l'Hérault, de la Drôme, du Var, et dans l'île de Corse, à l'effet de varier les chances de leur réussite. D'après les renseignemens que nous nous sommes procurés depuis peu de temps, ces plantes prospèrent à merveille dans tous les climats chauds où elles ont été envoyées ; plusieurs poussent des œilletons de leurs racines, et promettent beaucoup de succès. Enfin, nous ajouterons que M. Cels, qui possède cette plante depuis plusieurs années, en a mis un pied en pleine terre l'an dernier, dans son jardin de Montrouge, près Paris, et qu'il y a très-bien passé l'hiver, couvert d'un simple châssis et de litière; ce qui donne l'espérance que cette plante pourra un jour prospérer dans le nord comme dans le midi de la France.

En terminant cet article, nous rappellerons aux cultivateurs que le chanvre est originaire de Perse et de l'Inde, pays beaucoup plus chauds et plus fertiles que la Nouvelle-Zélande; qu'il est annuel, et doit être semé tous les ans, tandis que le *phormium* est vivace, et paroît rustique; que la première de ces plantes exige une terre excellente et peu commune, des labours multipliés et des engrais abondans, tandis que la seconde se contente de terrains abandonnés, malheureusement trop multipliés en France, et qu'elle n'a besoin, une fois plantée, ni de culture, ni de fumiers ; que la récolte du chanvre, sa macération et l'extraction de ses fibres exigent du temps, des machines, des dépenses et de l'intelligence dans les ouvriers, tandis qu'une serpette pour couper les feuilles parvenues à leur grandeur, une auge pour les amollir, et un battoir pour en séparer les fibres, suffisent à la récolte et à la préparation du lin de la Nouvelle-Zélande.

Tant d'avantages réunis, sans faire abandonner la culture du chanvre et du lin, sont bien propres à stimuler l'ambition des propriétaires de terres voisines de la Méditerranée, et à les déterminer à faire quelques sacrifices pécuniaires pour se procurer cette plante précieuse. Une souscription rempliroit ce but, et seroit préférable à d'autres moyens, tentés presque toujours en vain. D'ailleurs, il est si satisfaisant d'être soi-même l'artisan de sa fortune, qu'il ne faut pas laisser ce soin à d'autres. Cette souscription fourniroit aux dépenses de fret d'un bâtiment, qui partiroit chargé d'une cargaison d'un débit assuré dans l'Inde, et qui se chargeroit, en retour, de graines et de plantes de *phormium textile*. Cette dépense, et celle d'un jardinier intelligent pour la récolte des graines et la culture des plantes pendant la traversée, ne seroient pas considérables, relativement aux avantages qui en résulteroient, et les souscripteurs et les voyageurs qui introduiroient en grand cette plante en France auroient bien mérité de son agriculture et de la patrie. Quelle plus noble récompense pourroit déterminer cette entreprise! (Thouin.)

PIE, (*Corvus pica* Lin.) oiseau du genre du Corbeau (*Voyez* ce mot) et de l'ordre des *pies* qui ont le bec en couteau et convexe en dessus.

Caractères spécifiques : La queue en forme de coin, le plumage varié de blanc et de noir.

La pie offre la plupart des habitudes et les traits les plus caractéristiques du naturel du corbeau. Voleuse, rusée, avide et dévoratrice, si d'un côté elle détruit un grand nombre d'insectes nuisibles à l'agriculture, d'un autre, son goût *omnivore* rend son voisinage redoutable aux vignes, aux vergers, aux champs semés de pois, fèves et autres grenailles. Les chasseurs la redoutent aussi et la poursuivent, parce qu'elle mange les œufs du gibier et même ses petits. On prétend que pour l'éloigner d'un champ, il suffit d'y planter quelques bâtons et d'y attacher des pies mortes.

Cet oiseau, que nous appelons *voleur*, et qui, dans l'ordre de la nature, n'est que prudent et précautionneux, cache avec soin en terre les provisions qu'il amasse. Il est plus admirable encore dans la construction de son nid, et dans les soins qu'il prend de sa famille. Ce nid est un véritable fort, auquel travaillent le mâle et la femelle dès les premiers jours de février. Lorsque ces oiseaux choisissent pour ce travail un arbre isolé ou les avenues, ils placent leur édifice dans les branches les plus élevées; mais, en plein bois, ils nichent plus bas et même sur de simples buissons. Ce nid placé au centre d'un embranchement, est d'abord rendu presque invisible par les jeunes pousses et le feuillage; de plus, il est fortifié en dehors d'une palissade de petites branches liées ensemble avec de la terre mouillée; il est recouvert d'une haie épineuse; une seule ouverture pratiquée, encore sur le point le mieux défendu, permet à la pie d'entrer comme en rampant dans ce fort, dont l'extérieur a deux pieds de diamètre, mais qui en dedans ne forme qu'une chambre d'environ six pouces, matelassée de racines de chiendent et autres plantes molles et flexibles.

Les pies commencent deux ou trois nids; si on trouble le travail du premier, elles vont vite en achever un second. Trop poursuivies, elles s'emparent aussi d'anciens nids de corneilles. Elles ne font qu'une couvée si on ne les dérange pas: dans le cas contraire, elles en entreprennent jusqu'à trois; mais la dernière est moins nombreuse que la seconde, et celle-ci moins que la première. La ponte ordinaire est de sept à huit œufs, d'un vert bleu, semés de taches brunes, sur-tout vers le gros bout. Le mâle et la femelle couvent alternativement, et soignent long-temps leurs petits, qui ne parviennent que lentement à se passer des secours paternels. Une fois adultes, les pies s'accouplent et ne se quittent point. On ne les voit en bandes qu'en famille, ou par accident et momentanément. Celles que l'on prend au nid s'élèvent facilement, parlent bien, sur-tout si on leur coupe le filet. Leur mot favori est *margot;* il est devenu leur second nom. On les nourrit avec du pain, du fromage mou, dit *à la pie*. Leur chair est un médiocre manger, et bien inférieure à celle des jeunes freux; cependant, mise au pot, elle donne au bouillon un fort bon goût.

LA CHASSE AUX PIES n'est autre que la tendue de divers pièges. Les *collets à ressort de fil de fer*, pour CANARDS, (*Voyez* cet article) ou la *pince d'Elvaski*, en arrêtent beaucoup. Les *rejets*, *sauterelles* ou *raquettes*, tels qu'on les tend pour les geais, amorcés de pois ou de fruits, sont aussi très-convenables pour prendre les pies, selon quelques auteurs; mais celui de l'*Aviceptologie* assure que la méfiance dont elles sont douées les en écarte, et que jamais elles n'ont posé sur un piège, quelque bien appâté qu'il fût.

Les *collets traînans* attachés à des piquets dans un champ semé de pois ou de fèves, trempés dans l'eau, sont employés avec un succès plus généralement reconnu. Les pies donnent aussi plus volontiers dans des gluaux. Leur cri est un de ceux qu'un pipeur doit savoir contrefaire pour attirer et encourager les autres oiseaux. Cependant leur arrivée dans une pipée est peu désirée du chasseur, parce que leur mobilité, et la vivacité de leurs mouvemens, détend une partie des gluaux avant qu'elles se trouvent prises. Elles accourent d'ordinaire avec les geais, quand elles entendent crier les pinsons.

On peut aussi les empoisonner avec des yeux d'écrevisses, réduits en poudre et mêlés avec de la graisse. Cette même préparation est encore un poison pour les corbeaux. (S.)

PIGEONS. Il n'est pas d'espèce d'oiseaux aussi généralement répandue, ni aussi multipliée que le pigeon; il n'en existe pas non plus qui présente plus de variétés, soit dans l'arrangement et l'état lisse de leur plumage, soit dans les produits qu'on en retire. Plusieurs sont estimés à cause de leur volume; d'autres se font admirer par la rapidité de leur vol, par l'élégance de leurs formes et par la vivacité de leurs couleurs; il y en a enfin qui, par leur manège et les soins qu'ils prennent de leurs petits, inspirent le plus tendre intérêt. Toutes ces nuances ont leurs agrémens particuliers et plaisent tellement que des curieux ont fait, et font encore de l'éducation de ces animaux leur plus sérieuse occupation, leurs plus douces jouissances. Ils savent que tel jour, telle paire pond, telle autre couve et éclôt. Mais ne devant les considérer que sous les rapports d'utilité, nous nous bornerons à présenter ici quelques faits relatifs aux deux espèces les plus communes, savoir : les pigeons fuyards ou de colombiers, et les pigeons mondains ou de volière. Les vues que nous allons présenter ne seront qu'un supplément ou une confirmation des procédés que Rozier a donnés à l'article PIGEON.

Le pigeon fuyard est un oiseau à demi-domestique, un esclave libre qui, pouvant nous quitter, est retenu par les avantages que nous lui offrons; il vole en troupe avec les oiseaux de son espèce, et ne fait point société avec les autres oiseaux; il erre à son gré dans la campagne, y cherche la nourriture qui lui convient, et, trouvant un gîte dans le bâtiment qui lui est préparé, il s'y établit avec sa femelle, pour y élever ensemble les petits qui résultent de leur union. (*Voyez* COLOMBIER.)

Naturellement timides, les pigeons prennent l'épouvante au moindre bruit; celui qu'occasionne le feuillage des grands arbres qui avoisinent les colombiers, suffit pour troubler leur tranquillité. Il faut donc, autant qu'il est possible, placer le colombier éloigné des passages trop fréquentés ou des grandes plantations, ne pas y entrer brusquement, sans avoir auparavant frappé deux ou trois coups à la porte, afin que les pigeons qui se trouveroient à l'entrée ou dans la partie inférieure ne prennent point d'effroi. C'est de toutes ces attentions, minutieuses en apparence, et principalement de la très-grande propreté qu'on entretient dans le colombier, que dépend souvent son succès. L'observation suivante servira à prouver la vérité de cette assertion.

Lorsque des propriétaires se déterminèrent à venir habiter leur domaine, qui avoit été entre les mains d'un fermier pendant un bail de neuf années, ils trouvèrent le colombier, qu'ils avoient laissé amplement garni, abandonné, sale et occupé par tous les ennemis des fugitifs : leur premier soin fut de faire blanchir le colombier en dehors et en dedans, de rétablir les dégradations de l'intérieur, de le nettoyer parfaitement et de le pourvoir d'eau en abondance, et de sel. Avec ces seules précautions, le colombier se repeupla comme par enchantement, au point que, quand ils quittèrent de nouveau leur domaine, il s'y trouvoit plus de cent cinquante paires de pigeons, auxquels on ne donnoit pourtant presqu'aucune nourriture. Trois années avoient suffi pour opérer ce changement, et attirer même les déserteurs des colombiers à une lieue à la ronde.

La nourriturre la plus ordinaire des pigeons est la vesce, l'orge, et le sarrasin, les lentilles, les pois, les féveroles, le maïs hâtif, les criblures et quelquefois du chènevis pour les échauffer et les faire pondre; mais c'est sur-tout la vesce qui paroît leur convenir davantage.

Lorsqu'ils ne peuvent aller aux champs chercher leur pitance, la vesce est pour eux une nourriture de prédilection. Il faut seulement prendre garde qu'elle ne soit trop nouvelle, et dans ce cas, il faudroit la donner avec beaucoup de réserve, principalement aux jeunes pigeons. On a aussi remarqué qu'une certaine quantité leur causoit de funestes dévoiemens, et qu'il est nécessaire de varier, autant qu'on le peut, toutes les graines qui leur conviennent, les mélanger même; car l'usage continu d'une seule pourroit rendre le produit presque nul, sur-tout l'orge et le froment, et préjudicier à la propagation et à la vigueur de ces oiseaux; mais les pigeons fuyards vivent de toutes les espèces de semences légumineuses, cultivées ou non, et en général de presque tous les grains et des insectes que leur offrent les champs.

M. de Cossigny a remarqué, pendant plusieurs années, que les pigeons de l'intérieur de l'Ile-de-France mangeoient avec avidité des escargots très-petits, qui s'étoient multipliés si abondamment, qu'ils étoient épars sur le terrain, et que pendant tout le temps qu'ils s'en nourrissoient, ils étoient plus gras qu'à l'ordinaire, plus délicats, plus succulens, et multiplioient davantage; ils avaloient entiers ces escargots qui étoient à peu près de la grosseur d'un grain de maïs.

Le lieu qu'il faut choisir de préférence pour jeter du grain aux pigeons, doit être près du colombier, uni et tenu proprement : on les y fait venir en les sifflant; c'est le matin ou le soir qu'on leur donne à manger, et jamais à midi, parce qu'à cette heure ils sommeillent. Il ne faut pas non plus que ce soit toujours à la même heure, attendu que cette exactitude attireroit plus sûrement les pigeons parasites du voisinage, qui viendroient partager la ration.

Le temps de la ponte arrivé, le mâle choisit le boulin qui lui convient le mieux, ensuite il s'occupe avec sa femelle à rassembler quelques menues branches ou des brins de paille, pour en composer un nid plus ou moins travaillé, suivant les espèces. Le mâle a coutume de le garder le premier et d'inviter la femelle à s'y rendre; il emploie pour appel un son plein, plus bas que le roucoulement ordinaire. A l'approche de sa compagne, il témoigne sa sensibilité par des battemens d'ailes, auxquels elle répond de la même manière, et le couple pressé sur le nid, semble jouir d'avance du plaisir de soigner les petits qui doivent naître.

La femelle garde le nid dans la journée, et y couche une ou deux nuits avant de pondre; le premier œuf étant pondu, elle le tient chaud, sans néanmoins le couver assidûment; elle ne commence à couver constamment qu'après la ponte du second œuf, de manière que pendant dix-sept ou dix-huit jours, la femelle reste dessus depuis trois heures après-midi jusqu'au lendemain vers les onze heures, que le mâle prend sa place et couve les œufs avec la même assiduité; il semble réunir le sentiment de la paternité à l'amour conjugal.

Quels que soient la qualité de la nourriture des pigeons et les soins qu'on leur donne, il arrive souvent que les œufs sont clairs, c'est-à-dire qu'ils ne sont pas fécondés; quand on s'en apperçoit, il faut les ôter de dessous la couveuse, leur substituer, si l'on vent, ceux d'une autre paire dont on veut multiplier l'espèce, sans quoi le temps qu'ils emploîroient à couver ces mauvais œufs seroit entièrement perdu, tandis que ceux dont on a enlevé les œufs pondent au bout de huit à dix jours.

Aussitôt que les pigeonneaux sont ressuyés, le père et la mère en prennent un égal soin, et ils les nourrissent tous deux d'alimens à demi-digérés comme de la bouillie; le grain qu'ils leur dégorgent a subi, dans le jabot, un ramollissement, une macération, une digestion plus ou moins avancée; c'est une sorte de pulpe, une véritable bouillie; mais peu à peu ils leur donnent une nourriture plus solide; c'est du grain qu'ils ont avalé plus promptement, qu'ils leur soufflent après l'avoir ramolli selon le degré de l'âge des pigeonneaux.

Dès que les pigeonneaux sont en état de voler, les père et mère les chassent du nid, et les obligent de pourvoir eux-mêmes à leur nourriture. Ils sont fort long-temps à apprendre à chercher, à ramasser eux-mêmes le grain, et suivent encore bien du temps le père et la mère après qu'ils sont en état de voler; lors même qu'ils ont acquis tout leur développement, ils en reçoivent encore la nourriture; il faut, pour leur en faire perdre l'habitude, que leurs parens soient occupés d'une nouvelle couvée.

Le pigeon ne paroît pas aussi dévastateur des champs, que beaucoup d'écrivains se le sont imaginé, et il a été bien calomnié. Ceux qui ont eu l'occasion ou la patience d'étudier leurs mœurs, ont été bien étonnés de leurs habitudes, en lisant les cahiers de la plupart des villes qui demandoient la suppression des colombiers. Heureusement que l'Assemblée Constituante, plus sage que leurs demandes, a décrété que le droit exclusif des fuyes et colombiers est aboli, et que les pigeons seroient renfermés aux époques fixées par les commissaires. Durant ce temps, ils seront regardés comme gibier, et chacun aura le droit de les tuer sur son terrain. Comme cette loi, qui a été rendue depuis la publication du volume du *Cours complet* où il s'agit du *colombier*, ne peut pas remplir tous les intérêts qu'on a voulu concilier, j'ai cru devoir présenter les considérations qu'on va lire, et me borner à renvoyer au mot VOLIÈRE tout ce qui est relatif aux pigeons *mondains* et aux variétés de cette race, qui ne diffèrent en rien des autres, quant à la nourriture, mais bien à l'égard des nuances de leurs couleurs, de leur volume, et sur-tout de leur fécondité; car ils pondent presque tous les mois quand ils ne manquent pas de subsistance, tandis que les pigeons fuyards ne font que trois pontes par année.

Des pigeons considérés relativement à l'économie politique. Dans le nombre des auteurs qui ont écrit en faveur des colombiers, nous citerons avec reconnoissance M. *Beffroy*, ex-législateur, et M. *Vitry*, qui ont lu des mémoires fort intéressans sur cet objet à une des séances de la Société d'Agriculture du département de la Seine, dont ils sont membres. Ils nous ont permis d'en extraire ce qu'on va lire; ce sont ces collègues estimables qui vont parler.

« On a plaidé souvent, dit M. Beffroy, dans les contrées agricoles, la cause des pigeons fuyards, accusés pour être les plus grands ennemis des cultivateurs; on a démontré l'injustice de la proscription portée contre ces animaux, et la fausseté des motifs sur lesquels avoit été fondé l'arrêt de leur bannissement; on a observé avec vérité, et en leur faveur, qu'ils n'étoient point pulvérateurs; que ne grattant jamais la terre, ils ne pouvoient découvrir le grain. Extrêmement timide, le pigeon ne peut donc que suivre de loin le semeur, ou le moissonneur, et en escamoter quelques grains à la dérobée, avant que la herse les ait recouverts; ou marcher à la suite des glaneurs, pour profiter des grains que la bâle desséchée et la secousse de la faucille auront détachés de l'épi. Cette espèce de picorée est, certes, très-innocente, et ne méritoit pas toute la sévérité dont on a usé envers une race précieuse d'oiseaux.

» A quelque époque de l'année que l'on ouvre un pigeon, soit au temps de la moisson, soit même à celui des semailles, on trouve toujours dans son estomac au moins huit fois autant de nourriture formée de la graine de plantes parasites, qu'on en trouve en graminées à l'usage de l'homme; encore ce qu'on y rencontre, de cette espèce, est-il presque toujours de mauvais grain. On y trouve aussi une quantité assez forte de petits graviers ou de débris de pierres gypseuses, qui servoient sans doute de noyaux à des molécules de sel dont le pigeon est très-friand.

» On peut donc considérer cet oiseau comme le meilleur sarcleur et le plus utile que le laboureur puisse employer; car ce ne sont pas les herbes qu'il enlève, comme la main de l'homme qui en laisse les racines; c'est du principe de ces mauvaises herbes qu'il purge les terres, en ramassant les graines qui reviennent à leur surface pendant les différens labours, ou celles qui se sèment d'elles-mêmes dans les intervalles d'un labour à l'autre; il sait en débarrasser la terre, mieux qu'on ne feroit avec un crible.

» Les services qu'il rend, à cet égard, sont tels, que dans le canton de Dizy, département de l'Aisne, portion de la Thiérarche où l'on a toujours récolté le blé le plus beau, le plus net et le meilleur, on s'est promptement apperçu de la perte des pigeons; les terres s'y couvroient d'herbes qui étouffoient les récoltes; la paille y étoit mince et rare, le grain peu nourri; il étoit difficile de le purifier assez pour qu'il pût présenter à l'œil cette netteté qui le faisoit rechercher de très-loin pour blé de semence. Les premiers cultivateurs l'avoient remarqué aussi: en prenant à cens les terres de la main des sei gneurs, une des conventions étoit que le seigneur du territoire donné en champart bâtiroit un colombier. Cette convention fut remplie, parce qu'il falloit assurer les récoltes des censitaires, et, dans beaucoup d'endroits, les colombiers furent élevés à grands frais. On a encore remarqué que les pays les plus abondans en blé, tels que la Beauce, étoient ceux où les colombiers étoient en plus grand nombre.

» C'est encore à tort qu'on a accusé le pigeon de ravager les plantes alimentaires employées à la nourriture de l'homme. Sans doute, quand le laboureur paresseux tarde à recouvrir sa semence, le pigeon en profite, et en enlève une partie; mais, en cela, il rend deux services, il mange le superflu de la semence, qui nuiroit à l'abondance des produits, car par-tout on sème trop; il force le laboureur à une diligence toujours salutaire dans la saison des semences, où les variations continuelles ne permettent jamais de remettre au lendemain ce qu'on peut faire le même jour. Le pigeon, d'ailleurs, ne touche point aux grains qui ont été chaulés.

» Le pigeon, il est vrai, exerce quelquefois ses petites rapines dans les jardins et dans les chanvres; le peu de terre dont on recouvre les pois et les chènevis, favorise le goût qu'il a pour ces graines; mais il suffit, en attendant que la semence soit levée, ce qui est très-prompt, de faire garder le jardin, ou le champ, par un enfant, dont la présence est d'ailleurs indispensable pour se garantir des rapines beaucoup plus fortes des corbeaux, des geais et des moineaux.

» Le pigeon ne va point non plus, comme les moineaux, se percher sur les épis pour les éplucher et en arracher le grain; seulement, lorsque des blés sont versés par les vents ou les orages, il s'aide de ses ailes pour en abattre la paille, et ramasse le grain qui en tombe; mais cette circonstance, dont il profite, n'est que locale et accidentelle.

» En supprimant le privilège féodal des colombiers, on décréta que chaque particulier pouvoit avoir des pigeons, mais à la charge de les tenir enfermés pendant le temps qui seroit déterminé, chaque année, par la commune du lieu, et on accorda, en outre, à tout individu la faculté de les tuer sur sa propriété.

» De ces deux conditions, la dernière secondoit activement le germe de destruction que renfermoit la première; aucune des considérations de raison et d'utilité publique, qui devoient faire préférer toute autre mesure à celle-ci, ne fut balancée; tant il est vrai que les orages politiques sont doublement funestes, en ce qu'ils nécessitent beaucoup de lois, et qu'ils ne permettent pas de les bien faire!

» Le pigeon a un besoin indispensable d'un exercice fréquent et fort. Destiné par la nature à se nourrir d'alimens compactes, lourds et d'une digestion difficile, elle n'a pas seulement voulu que la force de ses ailes servît à le défendre contre ses nombreux ennemis, elle a voulu encore que leur mouvement contribuât à l'action de l'estomac sur les alimens.

» La chaleur dont le pigeon est pourvu attire sur lui une multitude d'insectes pernicieux qui le rongent, lorsqu'il est privé du grand air et de l'usage des bains: aussi l'expérience a prouvé que son amour pour la propreté n'est pas seulement de sa part un penchant à la volupté, mais réellement un besoin pour la conservation de sa santé.

» Il entre encore dans ses habitudes, dans ses goûts, de varier sa nourriture, de la composer en partie de petits cailloux, dont les uns se fondent dans leur estomac, parce que ce sont des combinaisons salines qui aident à la digestion, et les autres qu'il rend comme il les prend, semblent devoir faire, par leur pression sur les matières moins dures, l'effet que produiroient les dents, et remplacer la mastication.

» Il est vrai que le propriétaire d'un colombier peut, à force de soins, suppléer, en quelque sorte, pendant la réclusion des pigeons, aux moyens que la nature leur a donnés d'entretenir leur santé; mais, malgré les soins les plus assidus, la nombreuse communauté, resserrée dans l'étroit espace d'un colombier, où l'air ne s'introduit que par de petites ouvertures, très-rares en proportion de son étendue, y entretient une chaleur surabondante; les émanations et les évacuations animales s'y multiplient chaque jour davantage, l'air s'y corrompt promptement, et ne fait de la fuye qu'un cloaque impur, dont le méphitisme porte bientôt l'inflammation dans les intestins de ses malheureux habitans; ils sont encore rongés par la vermine; leur caractère, naturellement doux, s'aigrit, ils se déplaisent, et ne cessent de se chamailler et de se battre.

» Quand le temps prescrit pour la clôture est passé, ceux qui ont survécu sont si foibles qu'une grande partie devient la victime des oiseaux de proie; le reste fatigué des dégoûts de la prison, la quitte, déserte la colonie et va se reléguer dans le haut des clochers, dans les charpentes et les murs élevés et crevassés des vieux bâtimens, où il est exposé à la rapacité de ses ennemis. »

Voici les observations de M. Vitry.

« Je vais démontrer par un calcul très-simple et bien clair, la perte que nous avons faite par la destruction ou la dépopulation des colombiers, et combien notre intérêt, celui de multiplier les subsistances, milite encore puissamment en faveur des pigeons de colombier, dont il n'existe plus un seul individu dans quelques départemens.

» Au moment de l'arrêt porté contre les pigeons fuyards, il y avoit quarante-deux mille communes en France; il y avoit donc quarante-deux mille colombiers. Je sais que dans les villes il n'en existoit pas, et qu'on en voyoit peu dans les communes rurales des environs de Paris; mais je sais aussi qu'on en trouvoit deux, trois et quelquefois plus dans un très-grand nombre de villages, et je pense être bien loin de toute exagération en comptant un colombier par commune.

» Il y avoit des colombiers où l'on comptoit trois cents paires de pigeons; mais pour aller au devant de toute objection, je ne compterai que cent paires par colombier, et seulement deux pontes par an, laissant la troisième pour repeupler et remplacer les vides occasionnés par les évènemens.

Or, cent paires par colombier donneront un total de quatre millions deux cent mille paires, et, chaque paire donnant seulement quatre pigeons par an, il en résulte seize millions huit cent mille pigeonneaux.

» Chaque pigeonneau, pris au nid à dix-huit ou vingt jours, plumé et vidé, pèse quatre onces. Les quarante-deux mille colombiers fournissoient donc soixante millions huit cent mille onces d'une nourriture saine, et, en général, à un prix assez bas. On a vu le jeune pigeon ne se vendre couramment que quatre sous dans plusieurs départemens.

» Enfin, en divisant soixante-quatre millions huit cent mille onces par seize, pour connoître le nombre de livres de viande dont l'arrêt contre les pigeons nous a privés, on trouvera qu'à l'époque de leur proscription, les colombiers entroient pour quatre millions deux cent mille livres d'une chair salubre, sans aucun avantage pour l'agriculture, et même encore au détriment des agriculteurs.

» Il résulte un autre dommage de la suppression

suppression des colombiers, la perte de leur fiente, un des plus puissans engrais pour les terres qu'on destine à porter du chanvre, et qu'on a vu vendre, dans quelques départemens, au même prix que le blé. (PARM.)

PIGEONS SAUVAGES, (*Chasse.*) On distingue les pigeons sauvages, en ramiers et en bisets.

Les ramiers, bien que sauvages, aiment cependant tellement le séjour des grands arbres, qu'on en a vu fréquenter, au sein de Paris même, ceux des jardins des Tuileries et du Luxembourg. Ils font leur nourriture favorite des glands, des faînes, des merises, des fraises même, dont ils sont friands. Ils causent aussi de grands ravages parmi les blés versés. Ces données servent à guider le chasseur pour les approcher. Quoique ces espèces soient sédentaires en France, cependant, comme elles aiment la chaleur, il en émigre des bandes assez nombreuses vers le commencement de l'automne, ce qui donne lieu à une grande destruction de ces oiseaux dans les gorges des Pyrénées, où ils s'engagent pour gagner l'Espagne. Au printemps, ils reviennent, s'apparient, et se nichent au sommet des arbres, les ramiers entre les branches, et les bisets dans des trous. Le roucoulement du ramier, plus fort que celui du pigeon, conduit le chasseur sous l'arbre où il est branché, pourvu que celui-ci n'avance qu'à mesure que l'autre chante, et s'arrête dès que l'oiseau cesse. L'heure favorable de cette chasse est le matin, jusqu'à huit ou neuf heures, et le soir depuis cinq; les ramereaux se laissent plus aisément approcher; le printemps et l'été sont les saisons de cette chasse; il faut aussi choisir un jour serein. Le ramier se tait en hiver, et même pendant la pluie. Ce gibier est excellent, et fait regretter qu'on ne puisse le façonner assez bien à la domesticité pour qu'il veuille s'y reproduire. On assure pourtant que les anciens y étoient parvenus. On suppose que peut-être on y réussiroit aussi, si l'on se donnoit la peine d'élever de jeunes ramiers dans une enceinte très-vaste, bien que fermée de filets, enceinte qu'on rétréciroit de génération en génération. Quoi qu'il en soit, voici les principales chasses au moyen desquelles on se les procure.

On englue un chêne, au haut duquel on place un ramier chaperonné. Quand il passe des ramiers, on fait lever cette espèce d'*appelant*, qui attire les autres sur l'arbre, où ils se prennent aux gluaux; d'autres tendent, comme pour les alouettes, des rets saillans, sur-tout pendant l'hiver, lorsqu'il a neigé; et, nettoyant la place des filets, ils y sèment des glands, des faînes, etc., et y attachent, s'ils le peuvent, des ramiers, pour servir d'*appelans*. Les bisets sont des premiers à donner dans ce piège. L'auteur de l'*Aviceptologie* conseille d'employer la *vache artificielle* pour les approcher, sur-tout lorsqu'ils se jettent sur les blés versés. Dans la saison des amours, il y a un grand avantage à les attendre sous les arbres, lorsqu'on sait imiter le cri de la femelle; mais il faut que les tons soient bien justes, et cela est regardé comme difficile. Les merisiers, les hêtres et les chênes, sont en tout temps de bons postes d'affût pour un tireur adroit. C'est sur-tout en automne qu'on leur fait une chasse fructueuse dans les taillis semés de beaucoup de chênes de réserve. Pour cela, il faut qu'un grand nombre de chasseurs se réunissent, les uns pour se poster sous les chênes, les autres pour battre les bords du bois. Les pigeons que ces derniers font lever, vont se remettre sur les grands arbres, où les chasseurs postés les tirent. Ceux qui échappent à leurs coups volent vers la plaine, d'où ils se rabattent vers une autre partie du bois.

Mais les personnes qui longent les lisières observent cette nouvelle *remise*, et vont encore les en déloger. Ces différens mouvemens, exécutés avec précision, sont suivis d'un grand succès. Cette chasse cependant est moins fructueuse pour les bisets que pour les ramiers, parce que les premiers ont le vol beaucoup plus élevé et plus étendu que ceux-ci. Il est une autre chasse du même genre à peu près, mais réservée pour l'hiver, et appelée *le tintamarre* ou *le charivari*. Elle est décrite et attestée par Belon, le père de l'Ornithologie française; on la trouve aussi dans le poëme de Claude Gauchet, intitulé : *Les Plaisirs des Champs*. Ces autorités me portent à croire que l'auteur de l'*Aviceptologie* a eu tort de la révoquer en doute. Voici en quoi consiste cette méthode:

On s'assure, en envoyant du monde au bois, de la partie où se retire le gibier; cela s'appelle *coucher les ramiers*. Cette précaution prise, une bande nombreuse se rassemble le soir, à environ neuf heures, et s'achemine vers la forêt, portant des bassins ou ustensiles de cuivre, dont le choc est propre à produire beaucoup de bruit; d'autres chasseurs, au nombre de sept ou huit, s'arment de fusils; on se munit aussi d'une lanterne. La troupe, arrivée à la forêt, commence le *tintamarre*, afin que les pigeons, entendant ce bruit venir de loin, s'y habituent, et ne s'en épouvantent pas assez pour s'enfuir à mesure qu'il approchera. Parvenus ainsi sous les arbres indiqués pour leur retraite, on allume du feu, afin de les découvrir parmi les branches, et on les tire, le charivari continuant toujours, sans que le bruit du fusil fasse d'autre effet que de les faire changer de branche. Belon attribue le succès de cette chasse à la stupeur que le charivari inspire à ces pauvres oiseaux, qui *s'épouvantent si fort*, dit-il, *qu'ils ont peur et n'osent partir; par quoi les arbalétriers qui sont au dessous les tirent, etc.*

La chasse qui se fait dans les gorges des Pyrénées, lors du passage des ramiers à l'automne, et de leur retour au printemps, exige un grand appareil. Comme c'est une pratique locale, et fondée sur les circonstances particulières à ces contrées du passage des oiseaux et de la disposition des localités, je me contenterai d'indiquer ici les principales dispositions nécessaires pour y réussir. On commence par préparer au fond des gorges des arbres élevés, entre lesquels on puisse tendre d'immenses filets, au moyen d'anneaux ou de poulies, comme les *pantières* aux bécasses. Des huttes ou cabanes cachent les hommes, qui lâchent à propos les filets; d'autres cabanes, élevées sur de grandes perches ou sur des arbres très-hauts, recèlent d'autres chasseurs, qui, armés de certaines palettes de bois blanchi, faites à peu près comme un battoir de blanchisseuse, lancent en l'air ces instrumens, qui semblent aux pigeons des oiseaux de proie, et les font donner dans les filets; d'autres emploient des flèches garnies de plumes d'oiseaux de proie, et les lancent avec un arc ou arbalète, parmi les bandes de ramiers, pour éviter de jucher au haut d'un arbre. (S.)

PINSONNÉE, (*Chasse aux oiseaux*.) Les oiseleurs appellent *pinsonnées* quelques méthodes plus ou moins variées de découvrir et tuer, à l'aide de la lumière, les oiseaux endormis dans les haies, bois et buissons, pendant les froides et obscures nuits d'hiver.

La plus simple de ces méthodes, mais qui suppose beaucoup d'adresse, est de s'armer d'une espèce de battoir, dont le manche est long de trois ou quatre pieds, et dont le gros bout est en forme de palette large de quatre doigts environ. Avec cet outil sous le bras, du feu des chandelles, on se rend au bois, et, tenant la chandelle allumée entre les deux doigts du milieu de sa main gauche, recouvrant la lumière de la paume de sa main droite, on forme une sorte de réverbère dont on dirige la lumière en haut sous les branches d'arbres. Lorsqu'on y apperçoit à sa portée un oiseau endormi, on saisit prestement sa batte ou battoir, et on l'assomme d'un coup vivement lancé. Outre que cette méthode demande de l'adresse, elle a l'inconvénient de meurtrir singulièrement les oiseaux. L'auteur des *Ruses innocentes* conseille de susbtituer à cette assommante palette, un bâton percé à son bout d'un trou d'un pouce environ de profondeur: on enfonce dans ce trou un brin de gluau dont, dans ce cas, on a pris avec soi une certaine quantité. Lorsqu'à l'aide de sa lumière on découvre un oiseau endormi, on lui approche doucement le gluau sous le ventre, et l'oiseau se sentant toucher, se réveille, étend les ailes pour partir, et ne manque guères, dit l'auteur cité, de s'engluer.

On se sert, avec plus de succès encore, de l'arbret portatif dont j'ai déjà parlé à l'article ARBRET : c'est une branche, ordinairement d'ormeau, dont les petits bouts effeuillés et conservés de manière à bien former au bout de la branche une sorte d'éventail, sont enduits d'une quantité suffisante de glu au moment de la chasse. Avec cet arbret, quelques personnes se rendent, la nuit, autour des haies et bouquets de bois. L'un des chasseurs est armé d'une torche de paille, ou mieux de filasse poissée: on allume cette torche sur les lieux; un homme bat les buissons et broussailles; les oiseaux, par un premier mouvement, fuient vers la lumière près de laquelle se tient l'oiseleur qui, d'un tour de main, en enveloppe plusieurs dans la partie rameuse et engluée de son arbret.

Ces chasses deviennent bien plus destructives si l'on y porte les filets contre-maillés, que j'ai décrits sous le nom d'*araigne* et *rafle*, à l'article GRIVE. Ces filets, gouvernés avec les précautions que j'ai indiquées en cet endroit, ramassent d'un seul coup plusieurs douzaines d'oisillons de toutes sortes; et il n'est pas nécessaire de s'arrêter pour les premiers qui s'y prennent; ils sont tellement embarrassés dans *la toile*, qu'on a le temps de battre plusieurs buissons avant qu'aucun des captifs puissent venir à bout de se dégager. Les nuits calmes, sombres et froides sont les meilleures pour ces chasses. S'il souffle un peu de vent, ce n'est pas une raison pour abandonner la partie, il suffit seulement de se diriger, en se souvenant que les oiseaux dorment, comme je l'ai déjà dit plusieurs fois, la tête dans le vent. (S.)

PINTADE. Cette poule, originaire des contrées brûlantes, a été très-bien décrite à son article, pour la forme et le caractère. A la vérité, *Rozier* n'en ayant jamais élevé, s'est trouvé forcé de copier ce qui a été dit: mais comment parler sainement des objets qu'on n'a pas vus par soi-même, et qu'on est réduit à s'en rapporter à ceux qui souvent n'en savoient pas davantage? Ces réflexions me déterminent à présenter quelques observations particulières sur les mœurs et les habitudes de cet oiseau.

La pintade, ainsi nommée à cause de l'agréable disposition de son plumage, est d'origine africaine; on l'élevoit autrefois en Italie avec des soins recherchés; elle faisoit, chez les Grecs et les Romains, les délices des tables : mais il semble que l'espèce s'en est perdue en Europe, car on ne la voit plus reparoître qu'au seizième siècle; ce n'est même que depuis fort peu de temps que la pintade a été admise dans nos basses-cours ordinaires, peut-être à cause de son cri aigu et perçant, qui l'a fait appeler, par *Browne*, *gallus clamosus*. Elle est en effet tellement pétulante et querelleuse, que malgré sa fécondité et la délicatesse de sa chair, la plupart des économes qui ont tenté d'adoucir son humeur irascible, et de la rendre sociable avec les individus de sa grande famille, les gallinacées, paroissent renoncer aux espérances qu'ils avoient conçues d'abord, attendu la difficulté de l'entreprise.

Cependant, sans vouloir disculper tout à fait la pintade des justes reproches qu'elle mérite, j'observerai, relativement au cri dont on se plaint, qu'il paroît provoqué toujours par des causes, qui véritablement réclament, en faveur de cet oiseau, une sorte d'indulgence : la pintade crie, mais c'est au moment où il survient quelques variations dans l'atmosphère ; elle crie, lorsqu'elle demande à couver, ou qu'elle conduit ses petits, pour appeler le mâle, quand, par un évènement quelconque, elle s'en trouve séparée, et qu'elle a besoin de secours pour se défendre contre leurs ennemis communs. Si une d'entr'elles est poursuivie et blessée, toutes les pintades d'alentour prennent part à l'accident, et se font entendre sur le même ton ; aussi ne leur arrive-t-il pas la moindre chose, que le maître n'en soit averti sur-le-champ.

La pesanteur de son corps, et la trop petite envergure de ses ailes, ne permettent pas à la pintade de prendre facilement son vol de dessus les arbres, où elle aime néanmoins à se percher ; mais en domesticité, elle se tient sur le faîte des édifices, se rend maîtresse de la basse-cour; et, quoique plus petite que les dindons, elle leur en impose, de manière que, comme le dit le Père *Margat*, elle a plutôt fait dix tours, et donné vingt coups de bec, que ces gros oiseaux n'ont pensé à se mettre en défense ; enfin, excepté le paon, toutes les volailles sont forcées de lui céder.

Des pintades de Saint-Domingue. Transportées dans nos colonies par les Génois, en 1508, les pintades sont parfaitement acclimatées dans les possessions espagnoles, où elles errent en liberté au sein des bois et des savanes. Curieux de connoître l'influence qu'avoit pu produire, sur leurs mœurs et leur caractère, cette partie du nouveau monde, je chargeai un jeune naturaliste, M. Damart, que j'avois fait employer par le gouvernement aux îles du Vent, de prendre sur les lieux tous les éclaircissemens dont j'avois besoin, pour fixer l'opinion à cet égard. Il vient de débarquer, après avoir échappé à la fièvre jaune et à la fureur des nègres : voici le résultat des observations qu'il m'a communiquées.

La pintade est parfaitement naturalisée à St-Domingue ; elle y vit sous deux états, domestique et sauvage ; cette dernière condition paroît être celle qui convient le mieux à son tempérament : mais il existe une différence entre l'un et l'autre, c'est que les sauvages se reconnoissent à la tête, qui est presque noire; et le créole, qui achète au marché une de ces pintades tuées, s'y trompe rarement.

C'est sous le nom de *pintades marronnes* que les pintades sauvages sont désignées ; elles multiplient considérablement dans les bois de la partie espagnole de St-Domingue, où on les rencontre par troupes; elles courent extrêmement vite, et ne volent pas volontiers, à moins que ce ne soit pour se jucher. Le chasseur créole, dans le dessein de les atteindre et de les tuer facilement, s'occupe d'abord de les faire percher ; il y parvient, au moyen de chiens dressés à cet effet: aussitôt qu'elles se sentent poursuivies, elles prennent d'abord la fuite, et ne tardent pas ensuite à prendre leur essor pour se percher : le chien les suit et il demeure au pied de l'arbre à attendre son maître. Les pintades, inquiètes, restent sur l'arbre jusqu'à ce que le chasseur, arrivant, a la facilité d'en tuer souvent plusieurs d'un seul coup.

C'est ordinairement le soir qu'on chasse

les pintades sauvages, parce qu'à cette époque de la journée, elles se décèlent pour se réunir et jucher comme font les perdrix. Mais si les habitans de la partie espagnole négligent l'éducation de ces oiseaux, c'est parce qu'ils sont extrêmement communs dans les bois, et que leur chair, et sur-tout celle des pintadeaux, est un gibier délicieux, infiniment préférable à celle des pintadeaux domestiques: car, dans la partie française, où il n'y a presque point de pintades marronnes, les habitans s'adonnent davantage à en élever dans les basses-cours; elles exigent peu de soins; on les abandonne pour ainsi dire à elles-mêmes; elles courent les champs, et reviennent assez souvent se percher près de l'habitation; elles vont pondre et couver dans les halliers, élèvent leurs petits; mais la plupart sont perdus pour la maison qui les nourrit : la mère étourdie, s'enfuyant au moindre bruit, les délaisse bientôt; ils s'égarent, meurent ou sont la victime des animaux de proie.

Pour remédier à cet inconvénient, les ménagères attentives, qui s'occupent de l'éducation des pintades, cherchent à découvrir leurs nids, pour enlever les œufs, et les donner à couver à des poules ordinaires. Cette recherche exige du temps et des soins: on pourroit la rendre plus facile et plus heureuse, par le secours de chiens de chasse, de même qu'on le fait pour les chiens destinés à la chasse de la pintade sauvage; ils auroient d'autant plus de succès, qu'ils feroient lever la couveuse, qui se déceleroit par son cri. Elle a toujours un caractère sauvage, quoique dans la domesticité, et se plaît plus souvent à l'écart, dans les savanes, que parmi les oiseaux de la basse-cour; car, elle trouve sa subsistance dans les graines, dans les insectes; peut-être la nature de cette nourriture la sollicite-t-elle à s'éloigner des habitations pour choisir et trouver ces ressources.

Les pintades vont souvent par troupes, mais toujours précédées par un chef, qui est mâle : c'est le surveillant; il s'agite et crie dès qu'il apperçoit un oiseau de proie planant sur elles : toutes alors poussent des cris perçans, se séparent, et se mettent à courir, pour se tapir sous quelque hallier, ou sous les hangars de la basse-cour, si elles en font partie: la peuplade volatile répète la même chose; la terreur devient générale; les oies crient; les poules volent pour accélérer leur retraite; la mère cache ses poussins, que l'instinct porte déjà à se soustraire à la serre meurtrière: en un mot, les ménagères négresses, averties par ce tintamarre effroyable, se mettent aussi à faire *chorus* pour éloigner la buse, qui souvent est détournée par le vacarme qu'elle occasionne, mais dont elle n'est pas toujours épouvantée, puisqu'au milieu de cette espèce de concert, elle enlève souvent des poulets. M. Damart ajoute avoir été témoin d'un combat d'un de ces fameux coqs espagnols qui, après quelques assauts, força une buse à la retraite.

Lorsque la pintade crie le soir, ce cri paroît exprimer l'embarras où le met cet essor, pénible vraisemblablement, qu'elle doit faire pour se percher, à cause de la constitution de l'envergure; mais, lorsque dans le cours de la journée cet oiseau crie, il annonce, d'une manière certaine, de la pluie ou quelque mauvais temps : c'est ce que les ménagères attentives observent très-bien.

D'après ces détails, que M. Damart m'a fournis, il paroît démontré que la pintade, à St-Domingue, n'a rien perdu de ses goûts naturels dans la domesticité. Appartenant à l'ordre des oiseaux pulvérateurs, qui cherchent, dans la poussière où ils se vautrent, un remède contre l'incommodité des insectes, elle gratte aussi la terre, comme nos poules ordinaires; et ce n'est qu'à la saison des amours qu'elles se séparent, pour aller deux à deux. Il n'est pas facile, au premier coup d'œil, de distinguer le mâle d'avec la femelle : cependant, chez le premier, la peau des paupières est bleue ; elle est rouge chez la femelle.

De la ponte, et de la couvaison des pintades. Le coq pintade peut fournir à six poules, et même à un plus grand nombre; mais, à cette époque, la barbe est plus rouge ; il crie davantage, et est fort jaloux : les circonstances de son accouplement sont à peu près les mêmes que pour les perdrix ordinaires, excepté que le mâle est très-attaché à sa femelle, qu'il ne la quitte jamais lorsqu'elle pond, et qu'il reste constamment sur le panier jusqu'à ce que l'opération soit terminée.

La pintade dépose ses œufs par-tout où elle se trouve, excepté dans le poulailler : on a beaucoup de peine à la fixer ; on en vient cependant à bout ; mais la femelle et le mâle, qui passent la nuit au milieu des poules, ne sont jamais séparés l'un de l'autre : la femelle aime à pondre à l'aventure, dans les bois, mais de préférence dans les prairies artificielles, et dans les pièces de blé ; sa fécondité est extrême; sa ponte commence dès les premiers jours de mai et continue jusqu'au mois d'août, pourvu qu'elle ne soit pas gênée ni interrompue pendant le cours de la ponte. Notre collègue *Sageret* a vu chez lui, à Billancourt, près Sèvres, la pintade faire un grand nombre d'œufs, ne mettre que quelques jours d'intervalle d'une ponte à l'autre : celle de l'automne est à la vérité moins considérable qu'au printemps.

Dès qu'on s'apperçoit que la pintade a choisi pour son nid une luzernière, il faut faire en sorte de lever les œufs, surtout au moment où l'herbe de la prairie est bonne à couper; car la fauchaison ne manqueroit pas de déranger la couvée, qui alors seroit perdue. Si c'est au contraire une pièce de blé que l'oiseau a préférée, on ne court aucun risque de lui laisser poursuivre sa ponte, parce que l'époque de l'exclusion du pintadeau de la coquille coïncide avec celle de la moisson.

Les sentimens sont partagés, pour savoir si la pintade a réellement soin ou non de sa couvée : le problème est encore à résoudre. Nous avons vu qu'à St-Domingue on ne lui permet pas de couver elle-même ses œufs, par la raison qu'elle ne s'y attache point et qu'elle abandonne souvent ses petits : dans ce cas, il faut donc la faire suppléer par des poules, ou mieux, par des poules d'Inde. Alors, la pintade, devenue libre, perd bientôt le désir de couver pour prendre celui de pondre.

Plusieurs faits cependant sembleroient prouver que des pintades, qui avoient amoncelé leurs œufs dans une luzernière, les ont couvés avec succès; et M. Sageret que nous aimons toujours à citer, parce qu'il est exact et bon observateur, remarque que mal à propos on a reproché à la pintade de n'avoir qu'un foible attachement pour son nid; que si elle a réellement ce défaut, il est commun aux autres oiseaux un peu sauvages, quand on les dérange et qu'on les effarouche. Peut-être ne se soucie-t-elle pas de pondre à la maison, dans la vue de soustraire ses œufs à l'indiscrétion des curieux et des malveillans, que son cri et ses coups de bec ne parviennent pas à repousser, quoiqu'elle se laisse difficilement approcher.

Mais il en est autrement dans la basse cour : peut-être ne permet-on pas à la pintade de couver ses œufs, moins à cause de l'indifférence qu'elle montre pour son nid, où elle a été dérangée, que parce qu'elle ne se dispose à les couver que vers la fin d'août, et qu'alors il seroit trop tard dans nos climats pour le succès de l'éducation des petits. Il faut donc, ainsi que nous l'avons déjà dit, recourir de bonne heure aux poules d'Inde, qui s'acquittent parfaitement de cet emploi. Si, au contraire, c'est la pintade elle-même qui couve, il faut la soustraire au regard du mâle; car, s'il la voyoit, il casseroit les œufs. La durée de l'incubation est de vingt-huit à vingt-neuf jours, selon les climats, l'attention et l'ampleur de la couveuse.

D'après le caractère volage des pintades, et les observations de notre collègue Sageret, il semble qu'il vaudroit mieux les abandonner à elles-mêmes, toutefois en les surveillant, que de les contraindre à pondre près du poulailler, ou de confier leurs œufs à une autre femelle. Plus libres et plus tranquilles dans les champs, elles amènent à la ferme leurs petits, quand ils sont assez forts pour les suivre, et, quoiqu'un peu farouches, ils s'accoutument avec les autres volailles; mais lorsque le temps n'est pas favorable, et qu'ils ne joignent pas assez tôt le gîte, il est nécessaire que la fille de basse-cour protège et accélère leur retour. M. Sageret observe encore que quand une fois on a découvert le nid où elles couvent, il faut jeter du grain auprès; que le mâle revient toujours coucher la nuit au poulailler, et rejoint pendant le jour la couveuse; mais que quand les petits sont éclos, et qu'il fait beau, le père et la mère les promènent ensemble: d'où il conclut, de ces observations, qu'il faut d'abord se borner à élever les pintades dans les cours écartées pour en tirer parti; et que probablement la domesticité et les caresses de la gouvernante parviendront insensiblement à corriger leurs défauts; mais que, placées dans des parcs, les pintades prospéreroient comme le faisan, et seroient, ainsi que l'observe M. *Sonnini*, un gibier de plus.

Éducation des pintadeaux. On ne peut se dissimuler que les pintadeaux ne soient difficiles à élever, sur-tout quand la saison est humide et froide; cependant, au moment d'éclore, ils percent aisément la coquille, quoique fort dure, et sont disposés à manger et à marcher d'eux-mêmes, comme les poussins.

On n'est pas tout à fait d'accord sur la nourriture qui leur convient le mieux: les uns prétendent qu'elle doit consister dans une pâte avec du persil haché, de la mie de pain et des œufs durs; les autres recommandent du chènevis et du millet écrasés, et mêlés avec de la mie de pain et des œufs. Je crois avoir remarqué que pour rendre toutes ces substances plus efficaces à la première éducation des pintadeaux, il convenoit de leur associer des œufs de fourmi, et que, quand il étoit impossible de se procurer une pareille ressource, il falloit la remplacer par la verminière, et en continuer l'usage pendant vingt à vingt-cinq jours au moins.

L'avidité avec laquelle les oisons et les canetons se jettent sur la viande, l'instinct des poussins ordinaires, des poussins d'Inde et de tous les oiseaux qui grattent la terre pour avoir des vers, qui mangent des sauterelles et autres insectes semblables, sont des indices suffisans pour nous apprendre que la première nourriture des oiseaux devroit toujours être composée d'un mélange de matières végétales et animales, et auroit une grande influence sur le succès de leur éducation; cela m'autorise à croire qu'on ne fait pas assez d'usage de la verminière adoptée et proposée pour la nourriture exclusive des poules. Rien, à mon gré, n'est plus économique, ni plus salubre, ni plus propre à la constitution physique de la volaille, quand on a soin d'en proportionner la quantité à l'âge, à la saison, et aux ressources locales. Ce goût pour les vers se fortifie à mesure qu'elle se développe, et on connoît l'agilité avec laquelle elle les découvre et les saisit pour s'en nourrir. J'ai vu, pendant mon séjour en Angleterre, chez lord Egremont, distribuer tous les jours des œufs de fourmi aux poussins d'Inde, et cette nourriture leur réussir à merveille.

Je lis dans l'*Histoire naturelle des Oiseaux*, par Buffon, *édition de Sonnini*, une note de M. Virey, sur la pintade. Ce jeune homme, qui a déjà tant fait pour sa gloire et pour les sciences, prétend qu'à mesure que les oiseaux vivent de matières animales, leurs intestins sont plus courts; que ceci indique, dans la pintade, un grand appétit pour se nourrir d'insectes et de vermisseaux : cet oiseau est pour cela même plus méridional que le reste de sa famille naturelle ; car c'est dans le midi que naissent une foule d'insectes. Je le répète, il n'est pas douteux qu'en donnant aux pintadeaux domestiques, comme aux faisandeaux, des œufs de fourmis de pré, et ensuite, à mesure qu'ils avancent en âge, de fourmis de bois, qui sont plus gros et plus solides, leur réussite seroit plus assurée : mais, à défaut d'une pareille ressource, il faut y suppleer par de la viande crue ou cuite hachée, mêlée avec de la mie de pain et du grain moulu, et de temps en temps par la verminière. Ce moyen, appliqué indifféremment à tous les oiseaux de la basse-cour, dans le premier âge, rendroit leur éducation plus facile et moins équivoque.

Nourriture des pintades. Un mois après leur naissance, les pintades semblent être acclimatées ; le chènevis pur, l'avoine, le sarrasin, le blé, le son, les pommes de terre cuites, toutes sortes d'herbes, principalement les poirées, les laitues et les choux peuvent entrer dans la composition de leur nourriture : enfin, elles s'accommodent très-bien du régime ordinaire des poules.

L'appétit de la pintade suffit pour l'engraisser tout naturellement, sans qu'il soit nécessaire de recourir à la castration et aux autres moyens barbares que la sensualité a fait imaginer ; il n'est question que de lui donner des alimens substantiels, d'une certaine consistance et à discrétion ; de l'empêcher de courir, de la placer dans un lieu éloigné du bruit. Quand elle est jeune, sa chair est plus succulente que celle des autres volailles du même âge, et ressemble assez à celle du faisan ; mais, en vieillissant, la pintade devient plus dure, plus coriace que la poule ordinaire ; enfin, les gourmets exercés prétendent que son goût n'est comparable à celui d'aucun autre oiseau.

Il paroît que les pintades, comme les autres oiseaux domestiques, sont exposées à plusieurs maladies ; mais la pépie à laquelle sont sujets les individus de sa grande famille, ne les affecte pas autant : on remarque, à la vérité, que de très-bonne heure elles sont exposées à des accès de goutte ; et pour peu qu'on les contrarie, elles se sentent tellement en colère, qu'elles tombent d'épilepsie. Le froid leur fait mal aux pattes et à la tête, aussi doit-on les accoutumer à venir pendant l'hiver au poulailler.

Leurs plumes sont de trois couleurs, blanches, grises et noires ; elles étoient autrefois très-recherchées des fourreurs, qui en faisoient des manchons fort élégans pour les femmes ; mais celles-ci ont renoncé à cette parure d'hiver, et préféré nos gros manchons de toutes sortes de fourrures : l'usage en est abandonné aujourd'hui par l'un et l'autre sexe.

Nous en avons dit assez jusqu'à présent, pour faire craindre qu'il soit difficile de captiver la pintade ; cependant, les succès qu'on a déjà eus en ce genre ne doivent pas décourager ; peut-être, moyennant les soins de l'éducation, plus soutenus, parviendra-t-on à affoiblir la propension qu'elle a de faire la guerre aux autres volailles, vu que d'ailleurs on est déjà parvenu dans quelques endroits à la familiariser, au point d'accourir de très-loin à la voix qui l'appelle, et de venir aux heures du repas manger sur la table. Mais l'outarde dans nos basses-cours présenteroit un bien plus grand intérêt ; cet oiseau, dont l'origine, le caractère et l'existence ont donné lieu à tant de discussions,

discussions, sembleroit, d'après ce qu'en dit *Olivier de Serres*, avoir été autrefois commun parmi nos oiseaux domestiques. On a déjà la preuve que l'outarde, prise jeune, s'habitue fort bien à vivre en société avec les autres volailles. Quelques tentatives infructueuses, entreprises à dessein de l'apprivoiser, n'ont pas été suivies assez long-temps pour nous faire perdre l'espérance d'un meilleur succès. Nous ne doutons pas qu'un jour ce grand oiseau, si précieux par la bonté de sa chair, ne perde un peu de son caractère sauvage. M. Chaptal, pendant son ministère, a bien voulu écrire aux préfets des départemens de la Vienne, de la Marne et des Ardennes, pour me procurer des outardes, soit à la faveur de filets, ou en s'emparant de leurs œufs, qui, couvés par une poule ordinaire, donneroient peut-être des petits plus propres à la naturalisation; car, on s'est trompé, en croyant qu'elles ne pondoient pas en France: il n'est pas même encore bien prouvé que l'outarde soit un oiseau de passage; car, Mauduyt, entr'autres, prétend qu'elle habite la Champagne, la Lorraine et le Poitou toute l'année, ou du moins qu'il y en reste toute l'année. Ce naturaliste en a vu prendre de fort jeunes dans les plaines de la Champagne, leur véritable patrie en France; et il ajoute que, toutes les fois que l'hiver est rigoureux, et la terre couverte de neige pendant quelques jours, on apporte au marché de Paris des outardes qui toutes viennent de ce département.

Dans son second voyage dans l'intérieur de l'Afrique, M. Levaillant dit avoir vu, dans les basses-cours des Hollandais, plus de vingt espèces de canards et d'oies sauvages, qui nous sont inconnues; ils y multiplient comme les autres oiseaux domestiques de nos climats: l'oie de la Chine, l'oie d'Egypte, l'oie de Barbarie, les différens canards du Cap de Bonne-Espérance, la sarcelle de la Caroline, les hoccos d'Amérique, prospèrent non seulement sur les marais glacés de la Hollande, mais on en obtient des métis, en croisant leurs races.

Pourquoi la gélinotte, cette gallinacée dont la chair est si bonne et si nourrissante, ne pourroit-elle pas également figurer dans nos basses-cours? d'autant mieux, que, comme la pintade, elle ne paroît pas attachée à un climat particulier, et qu'elle peut vivre en Lybie et sur les côtes de la mer Baltique.

Ne bornons jamais nos recherches en ce genre: l'exemple du dindon, apporté de si loin, et qui s'est multiplié parmi nous, comme dans sa terre natale, ne devroit-il pas être pour les voyageurs un motif puissant de faire à leur pays de pareils présens? (Parm.)

PIPÉE, (*Chasse aux oiseaux.*) L'antipathie naturelle qui constitue tous les habitans de l'air en état de guerre contre l'espèce des oiseaux de nuit a dû donner l'idée d'attirer les premiers à différens pièges, en leur présentant leur ennemi, ou en leur faisant entendre ses cris. De là est venue la chasse connue aujourd'hui sous le nom de *pipée*. Elle a l'avantage d'atteindre cette foule d'oisillons sur lesquels, malgré leur petitesse, notre insatiable domination a voulu s'étendre, et que le vague de leurs appétits, la mobilité de leurs habitudes, mettoient à l'abri d'une chasse régulière et suivie. L'histoire de la *pipée*, mieux que la fable du *cheval* et du *cerf*, donne à l'homme qui n'en profite pas une nouvelle preuve que la haine et la vengeance sont quelquefois de mauvais conseillers, et qu'il n'est pas toujours prudent de chercher à faire à son ennemi tout le mal qu'on lui désire.

Piper, c'est contrefaire principalement les cris de la chouette et ensuite ceux de différens oiseaux, tels que les geais, les merles, les pinsons, qui sont les plus hardis à attaquer la chouette, et dont la voix et l'exemple rassemblent tous les autres pour prendre part à ces sortes de querelles. Bien piper est un talent qu'un livre ne peut enseigner, et qui s'acquiert par l'exercice et par l'étude de la nature. Il ne reste à la théorie qu'à décrire les instrumens et les préparatifs requis pour assurer le succès d'une pipée.

J'ai déjà indiqué, dans l'article APPEAU, tous les moyens artificiels dont on peut s'aider pour rendre plus imitatifs les cris qu'on doit chercher à produire à cette chasse: il suffit ici de renvoyer le lecteur à cet article, pour arriver de suite à la description du lieu qu'il devra disposer pour exécuter une *pipée*.

Il faut choisir dans un taillis de cinq à six ans une place abritée, non passagère, sans écho, et où il se trouve un arbre passablement touffu, médiocrement haut, et qui soit éloigné de tous les autres d'environ une soixantaine de pas. Si à toutes ces conditions on peut réunir le voisinage d'un abreuvoir, de vignes ou de vergers, ces circonstances devront être regardées comme très-propres à aider la réunion des oiseaux sur le point ainsi favorisé. La préparation de cet arbre et d'une loge qui lui soit voisine, devient alors la première opération dont il convient de s'occuper.

La loge, qui n'est autre chose qu'une cabane de feuillages où les chasseurs peuvent se tenir cachés, se construisoit autrefois au pied de l'arbre de *pipée*. L'auteur de l'*Aviceptologie* conseille, pour des raisons que j'approuve, de la construire plutôt au centre de la place qu'on veut occuper, parce qu'ainsi située, on voit mieux ce qui se passe sur l'arbre et tout autour de soi; parce que les oiseaux englués ne risquent point de tomber de l'arbre sur la cabane où ils arrachent souvent leur gluau, qu'ils laissent parmi les broussailles; parce qu'enfin la vue de ce buisson au pied de l'arbre où on cherche à les attirer, doit leur présenter un aspect extraordinaire et suffisant pour exciter la méfiance de plusieurs, et qu'en- fin ainsi placée, la cabane empêche de monter aussi facilement à l'arbre. Ayan déterminé la place de la loge, on élague autour, pour faire un chemin libre et cir culaire, qu'on appelle *avenue*. Cette pre mière avenue peut avoir six pieds enviro de large On en pratique une seconde ég lement circulaire autour de la première et un peu plus loin; celle-ci n'a que troi pieds de large, et une troisième enfin q en a quatre ou cinq, et qui embrasse l deux autres. On coupe ces trois avenu concentriques, de cinq ou six rout droites qui vont du pied de la loge ju qu'un peu au delà de la troisième e ceinte; la longueur de chacune de c traverses, correspondantes à l'épaisse des allées concentriques et des haies taillis laissées entr'elles, peut être d'u trentaine de pas. Le long des routes droi et en dedans de la première enceinte plus voisine de la loge, on se ménag s'il est possible, des brins de taillis grandeurs différentes; on les distrib à peu près de six pas en six pas. Les p hauts ne doivent guères passer six pie les plus petits en auront au plus quat Ces brins de taillis, qu'on appelle *perc* et *plians*, s'inclinent sur les chemins dessus mentionnés, et y présentent, distance en distance, aux oiseaux, espèces de juchoirs que l'on a soin garnir de gluaux. Si les routes pratiqu n'offroient point naturellement de gaules, on auroit la peine d'en aller c per plus loin et de les enfoncer conve blement pour rendre le même serv Afin que ces plians s'inclinent sur le c min, on est presque toujours obligé leur donner par-derrière un coup serpette au moyen duquel on les fléchir à la hauteur convenable. faut, de plus, essentiellement obser que, dans la disposition et direction ses routes, l'arbre de pipée se tro dans une allée, au croisement d'une circulaire et d'une droite, et bien en vue de la cabane, dont il peut être éloigné d'une quinzaine de pieds environ. En construisant la loge, on se proposera de n'y point affecter de forme extérieure qui puisse paroître trop singulière aux oiseaux. On enfermera l'enceinte, autant que possible, d'arbustes et broussailles végétant sur le terrain même, pour lui conserver une verdure plus naturelle. On la clora, autant que besoin sera, avec les débris des branchages élagués, pour faire les routes et les plians. On y ménagera des lucarnes ou jours sur les avenues, et deux ouvertures ou portes opposées, dont l'une sera vis-à-vis de l'arbre : ces portes ne sont autre chose qu'une espèce de claie faite de branches entrelacées. L'intérieur de la loge doit être uni et propre pour qu'on puisse s'y asseoir et s'y tenir commodément avec l'attirail dont on doit être muni. La loge disposée, c'est la préparation et l'ébranchement de l'arbre qui attirent l'attention du pipeur.

On abat toutes les pousses jusqu'à la naissance des grosses branches; et, parmi celles qui font bien faire à l'arbre la pomme ou le parasol, on en choisit une douzaine des plus unies qu'on élague depuis leur naissance du tronc jusqu'à leur sommet, où on laisse un bouquet de feuillages. L'espace dégagé entre le tronc et ce bouquet peut être de trois à quatre pieds. On peut dépouiller entièrement deux ou trois branches vers le bas, pour les tendre tout du long. On laisse toute la cime de l'arbre bien touffue, en y disposant néanmoins deux ou trois autres branches qu'on élague pour recevoir les oiseaux plus méfians ou qui se posent naturellement au plus haut des arbres, tels que les corbeaux, pies, chouettes, etc. Il faut avoir soin que les branches élaguées ne s'étagent point exactement les unes au dessus des autres, mais que les supérieures correspondent aux intervalles des inférieures, pour qu'un oiseau qui se prend aux premières ne détende point les secondes en tombant dessus. Pour monter dans l'arbre, les uns en abattent un jeune, bien branchu, et dont toutes les branches, coupées à quelque distance du tronc, présentent dans leurs fourchons une espèce d'échelle naturelle. Les tronçons des grosses branches et un peu basses qu'on est quelquefois obligé d'élaguer rendent le même service, en laissant à ces tronçons environ six pouces de longueur. D'autres se servent d'échelles de corde ou simplement d'une corde à nœuds, que l'on jette au moyen d'une pierre attachée à un bout, par-dessus une des grosses branches de l'arbre de pipée. Ces échelles servent tant pour préparer les branches que pour y tendre et détendre les gluaux. C'est à l'effet de recevoir les gluaux qu'on commence par nettoyer une douzaine de branches comme je viens de le dire tout à l'heure : lorsqu'elles sont élaguées de tous leurs petits rameaux, on les entaille dans toute leur longueur en frappant en dessus des coups obliques d'une serpette bien tranchante. On fait ces entailles de deux pouces en deux pouces, couchées de droite à gauche; en retirant sa serpette, on en relève un peu la lame, en tournant le poignet, pour forcer l'entaille faite à se tenir entre-bâillée; on pratique des entailles pareilles sur les perches ou plians dont les avenues sont garnies; un bon couteau suffit pour frapper sur ces perches quand elles sont un peu légères. Toutes ces ouvertures servent à engager, par leur extrémité taillée en coin, les baguettes couvertes de glu que l'on apporte à cette chasse, et décrites à l'article Gluaux. Tous ces gluaux, bien disposés, doivent présenter sur les branches et sur les perches qu'ils garnissent, une espèce de haie ou de dentelure que je ne puis mieux comparer qu'à la disposition des arêtes considérées sur un côté de l'épine dorsale de la plupart des poissons.

La disposition convenable des lieux n'est pas la seule chose nécessaire au succès d'une pipée; il faut encore savoir choisir les saisons et les heures, et se bien servir des instrumens des pipeurs. La saison de cette chasse est courte: elle ne dure guères que six semaines, de la fin des moissons à celle des vendanges, encore, pendant ce temps, ne peut-on revenir avant huit ou dix jours piper au même endroit. Plus souvent, l'instinct ou la mémoire avertiroit les oiseaux du piège, et ils se garderoient d'approcher. On peut cependant commencer les pipées dès la maturité des merises: mais ces premières chasses, dites *pipées précoces*, ne fournissent pas encore de gibier gras; les dernières pontes sont alors à peine faites, et il s'y détruit beaucoup de pères et de mères, et par conséquent, avec eux, leur postérité. C'est dans les pipées dites *de saison* que tous les oisillons gorgés de grains et de fruits mûrs ont acquis toute la délicatesse dont chaque espèce est susceptible. On peut piper encore, s'il vient quelques jours doux, vers la fin de l'automne; ces pipées, dites *tardives*, sont même recommandées en novembre pour le passage des grosses grives ou draines, qui d'ailleurs ne viennent pas seules, et attirent avec elles quelques geais ou merles, etc., dont la capture assure au pipeur une bonne récompense de ses soins.

Les heures consacrées à la pipée sont le matin et le soir: cette dernière heure est toujours préférable; c'est le moment où les oiseaux repus abandonnent les champs et se portent naturellement vers les bois. Libres jusqu'au lendemain du soin de leur nourriture, ils s'occupent avec bien moins de distraction des objets qui peuvent, en cet instant, éveiller un autre instinct et exciter leur curiosité. Dans les pipées du matin, les gluaux doivent être tendus avant le lever du soleil, et détendus à huit heures; plus tard, la chaleur sécheroit la glu, outre que les oiseaux sont appelés ailleurs par le besoin de chercher leur nourriture. Dans celles du soir, on peut s'arranger à avoir tout tendu environ une heure avant le coucher du soleil. Dans la pipée du soir, il ne faut pas commencer trop tôt à appeler les oiseaux, parce qu'ils viennent naturellement au bois pour se coucher, et que s'ils entendent long-temps, et de loin, l'appeau, ils se familiarisent avec ce son. Le matin, au contraire, il faut piper dès l'aurore, avant qu'ils ne se dispersent pour aller aux champs.

Tous les préparatifs extérieurs achevés, c'est alors que les chasseurs se retirent dans la loge. Ils éviteront d'avoir sur eux des couleurs éclatantes, qui sont plus facilement apperçues des oiseaux, et observeront le plus grand silence. Le pipeur commence à *frouer* avec la feuille de lierre, (*Voyez* Appeau) qu'on peut imiter avec une feuille de fer-blanc. Lorsque les oiseaux répondent, il basarde quelques légers coups d'appeau, imitant la chouette; il augmente ses tons à mesure qu'il en sent le succès. C'est alors que, si l'on a quelque oiseau vivant, on le fait crier pour exciter le courroux de ceux de son espèce, et les amener à son secours. Au défaut d'oiseaux, un pipeur habile sait contrefaire les cris de plusieurs, tels que merles, geais, etc. Quand ils sont bien rassemblés autour de la cabane, les tons de chouette doivent devenir plus rares, plus foibles, et plus lugubres. Si le pipeur entend un *pic* dans son voisinage, (et cet oiseau se fait toujours remarquer aux coups dont il frappe les arbres) l'on frappera en même temps que lui avec un manche de couteau pour le forcer d'approcher. Un oiseleur bien armé a parmi ses outils un petit instrument destiné à cet usage, et que l'on appelle *masse à pic*.

Il n'est pas indifférent de contrefaire le premier oiseau venu, ni ses tons ordinaires; il faut, de plus, savoir que les plus foibles appellent les plus forts, et que les cris de plainte ou de colère ne ressemblent point aux gazouillemens habituels. Il faut donc, pour se perfectionner, qu'un bon pipeur, comme je l'ai déjà dit, étudie ses modèles dans la nature. La feuille de lierre dont j'ai parlé ci-dessus est un très-bon instrument, parce qu'en *frouant*, c'est-à-dire en soufflant dans la cavité que l'on y forme, on produit un son très-imitatif du cri de tout petit oiseau qui a rencontré le hibou ou la chouette, et appelle les autres à son secours. En frouant sur une lame mince comme celle d'un petit couteau, dont on applique le tranchant entre les deux lèvres, on contrefait le moineau. Enfin, on a de petits sifflets faits d'un tuyau de grosse plume, bouché de cire, qui imitent les cris de plusieurs espèces: (*Voyez* Appeau.) Les rouge-gorges, les roitelets, et les mésanges sont les premiers à paroître au simple frouement. Dès qu'ils approchent, on commence à donner des coups d'*appeau*. L'*Aviceptologie* recommande de piper d'abord doucement, augmenter avec mesure, et finir par les tons lugubres et tremblotans. On laisse entre les premiers coups d'appeau une demi-minute d'intervalle; ensuite on *pipe* et on *froue* alternativement. Les rouge-gorges sont bientôt suivis des pinsons qui amènent les merles, les grives, les geais, les pies, progressivement. Dès qu'on a des grives et des merles, il ne faut plus faire crier le geai, mais bien les autres oiseaux qu'il est bien plus agréable d'attirer à ses gluaux. Il est très-peu d'espèces qui ne donnent dans les pipées. Ceux qu'on n'y prend que par accident sont les ramiers, les tourterelles, les étourneaux, les linottes, les chardonnerets et ceux en général qui ne viennent pas à l'appeau et ne perchent pas. Tous les autres, à commencer par les oiseaux de proie diurnes et nocturnes, les corbeaux, les geais, les pies, sur-tout ces deux derniers, s'y portent avec ardeur. Les roitelets, les rouge-gorges, les mésanges, les pinsons, les merles, les grives, les draines, y accourent en foule, ainsi que les piverts, les fauvettes, les verdiers, les bruans, les moineaux, les rossignols, les gros-becs, etc., etc.

Lorsqu'un oiseau englué tombe de l'arbre ou des plians, l'une des personnes cachées dans la loge et qui doivent avoir l'œil au guet, s'empressera d'aller le ramasser, en se traînant le plus bas et avec le moins de bruit possible. Il faut cependant être preste; car plusieurs, notamment le merle, courent très-vite, emportant le gluau après leurs plumes. Plusieurs autres de ces captifs pincent très-serré; on leur casse alors une mandibule du bec; on leur retrousse aussi les ailes en les croisant sur le dos. Par là, on les a à sa disposition pour les faire crier à propos.

L'habitude générale est de préparer un arbre, ainsi que je l'ai décrit, outre les plians ou perches, pour tendre ses gluaux. Cependant on réussit très-bien à des pipées où, à défaut d'arbres convenables, des chasseurs se contentent d'entourer leur loge de ces plians dont j'ai dit qu'il falloit garnir les routes, tant droites que circulaires, pratiquées autour de la cabane. Ce ne seroit donc point l'absence d'un arbre qui devroit faire renoncer à cette chasse dans un taillis où tout d'ailleurs indiqueroit qu'on pourroit la tenter avec l'espérance fondée du succès. Seulement, dans ce cas, il faudroit multiplier les avenues, afin de multiplier ses plians. De plus, il seroit à peu près inutile de s'attendre à y prendre de gros oiseaux qui ne perchent que sur de fortes branches; mais au moins tous les petits, et ce sont les plus recherchés comme gibier, y viendroient avec le même empressement. (S.)

PLANTES PROPRES A LA NOURRITURE DES BESTIAUX. Cet article étant destiné à faire connoître aux cultivateurs les plantes qui doivent être propagées et multipliées dans les prairies, soit naturelles, soit artificielles, ainsi que dans les pâturages, nous ne nous bornerons pas seulement à désigner celles qui sont les plus saines, les plus nutritives, qui sont recherchées avec le plus d'empressement par les animaux domestiques, mais nous indiquerons aussi celles qui leur sont nuisibles ou indifférentes, et celles enfin qu'ils dédaignent, ou dont ils ne se nourrissent que dans de certaines circonstances.

La science agricole, ainsi que toutes les connoissances à la portée de l'esprit humain, ne se perfectionnent que graduellement, et à raison de ce que la civilisation augmente parmi les peuples. Le sauvage se contente des fruits qui naissent spontanément; les hordes à demi-barbares errent dans les déserts avec leurs troupeaux, et se nourrissent de leurs produits; les peuples parvenus à un certain degré d'industrie se livrent à la culture des plantes que la nature produit sur le sol qu'ils habitent; ils inventent des instrumens propres à alléger et à expédier leurs travaux; ils domptent les animaux pour les faire servir à leurs besoins. Mais tous ces moyens, ainsi que les différentes méthodes d'agriculture, ne peuvent arriver à un haut degré de perfection que chez les peuples qui cultivent les sciences exactes, et qui leur ont fait faire de certains progrès.

Le cultivateur qui ignore les premiers principes de botanique, de chimie, de minéralogie, etc., pourra faire produire à son champ une récolte plus ou moins abondante, en suivant les méthodes routinières qu'il a reçues de ses ancêtres; mais il sera incapable de perfectionner son art; et il ne retirera jamais de sa culture les bénéfices qu'il a droit d'en attendre, s'il ne porte dans son exploitation un plus haut degré de connoissance, de réflexion et d'esprit de calcul.

Il est donc d'un intérêt majeur d'appeler l'attention sur un objet qui forme la base de toute bonne agriculture. Il faut convaincre les agriculteurs que les prairies sont indispensables pour l'éducation et la nourriture des bestiaux, puisque, sans bestiaux, on ne peut se procurer une quantité suffisante d'engrais, et que, sans engrais, les terres s'épuisent, et ne produisent que de foibles et chétives récoltes. Les principes qui ont été appréciés par les bons agriculteurs de tous les pays et de tous les âges semblent être totalement inconnus à la majeure partie des hommes qui se livrent par état à la culture des terres. On les voit en effet se donner beaucoup de soins, et exécuter de pénibles travaux pour bonifier des champs en labour, tandis qu'ils abandonnent presque à la nature le succès des plantes fourragères. Ils ne réfléchissent pas qu'avec beaucoup moins de dépenses et de fatigues ils obtiendroient de plus grands bénéfices, s'ils daignoient s'occuper d'une partie de l'économie rurale qui sert de fondement à toutes les autres. Nous ne craignons pas d'avancer qu'il est indispensable, dans une exploitation rurale, de commencer par l'amélioration des terres propres aux prairies et aux pâturages, avant de s'appliquer sérieusement à celle des terres labourables.

La nature a réparti ses bienfaits sur tous les points du globe, mais avec plus ou moins d'abondance dans un lieu que dans l'autre. Les végétaux destinés à la nourriture de l'homme, et à celle des bestiaux, couvrent en effet la surface de la terre. Les uns paroissent destinés exclusivement à certains climats ou à certaines localités; les autres sont répandus sur des espaces moins déterminés; on en trouve qui, étant appropriés au besoins de l'homme, ou d'un animal en particulier, sont inutiles ou même nuisibles aux autres espèces. La nature semble avoir mélangé sur la même superficie de terrain ces différens végétaux, afin que les différentes espèces d'êtres vivans pussent trouver leur existence dans un même lieu, sans qu'il fût permis au plus fort ou au plus adroit de s'emparer exclusivement d'un aliment destiné à chacun en particulier.

Les animaux sauvages, qui ont la propriété de se transporter d'un lieu dans un autre, choisissent non seulement le climat qui leur convient, mais encore les pâturages et les plantes qui sont les plus conformes à leurs goûts. Lorsqu'ils ont consommé dans un lieu les plantes dont ils se nourrissent, ils passent immédiatement dans un autre, pour chercher de nouveaux alimens; et ils trouvent aussi dans leurs propres facultés le moyen de pourvoir à leur subsistance.

La nature, qui avoit principalement en vue la propagation des espèces, a obtenu son but en établissant un ordre de choses qui repose sur des lois immuables. Mais l'homme, doué d'une intelligence supérieure, a dû chercher dans les ressources de son esprit les moyens de se mettre à l'abri des maux qu'entraîne l'intempérie des saisons ou un accroissement de population qui semble dépasser le premier but de la nature. Entraîné par la nécessité d'une défense naturelle, ainsi que par l'appât des jouissances, il a dû se former en société. De là provient la culture des terres, qui seule peut fournir aux besoins d'une population qui tend sans cesse à s'accroître. Dans cet état, il a associé les animaux à ses travaux; il en a augmenté le nombre. C'est alors que des pâturages, tels que les offre la nature, sont devenus insuffisans, et qu'il a fallu améliorer ceux qui existoient spontanément, ou en créer de nouveaux et de plus productifs, afin de pourvoir à des besoins qui alloient toujours croissant.

L'homme fit alors le choix des lieux humides, favorables aux graminées, et aux autres plantes les plus propres à la nourriture des bestiaux, et il les destina uniquement à l'entretien de ses troupeaux. C'est ici l'époque où remonte l'origine des prairies naturelles. Une observation plus réfléchie, aidée d'une longue pratique, porta les agriculteurs à tenter la culture des plantes indigènes; seconde époque qui donna naissance aux prairies artificielles. Ces différentes améliorations dans l'économie rurale ne furent pas moins le résultat du hasard que celui de la réflexion. Que de temps, que de siècles n'a-t-il pas fallu, en effet, pour parvenir à ce degré de connoissances! degré qui est celui auquel nous nous trouvons aujourd'hui.

Les hommes auroient, sans doute, marché plus rapidement, et notre agriculture seroit plus productive, si l'art ou la science agricole eût été enseignée et cultivée, ainsi que l'ont été, dans tous les siècles, des arts inventés pour exterminer ou corrompre les hommes, des sciences futiles, vaines ou mensongères. Ce qui ne peut être fait à des époques où régnoient la servitude, l'ignorance et la superstition, attend un siècle où doit dominer une philosophie saine et éclairée.

Les progrès qu'ont faites, dans ces derniers temps, les sciences exactes, et leurs applications heureuses à l'agriculture, nous donnent lieu d'espérer que bientôt le plus utile des arts sortira de la routine et du chaos où il a été plongé jusqu'à ce moment. C'est sur-tout la botanique qui lui prêtera de puissans secours; c'est elle qui nous fournit les matériaux du travail que nous présentons au public.

Parmi les plantes nombreuses qui décorent nos campagnes, il s'en trouve, ainsi que nous l'avons observé, qui sont plus ou moins recherchées par les animaux, d'autres qui leur sont plus ou moins nuisibles. Parmi ces premières, il en est dont la culture est plus ou moins facile, plus ou moins avantageuse. La science du cultivateur consiste à savoir discerner ces différentes plantes, à connoître le sol, le climat, l'exposition, la culture qui leur est propre, et à savoir les approprier à ses besoins.

Celui qui voudra améliorer ses prairies et ses pâturages, ou en former de nouveaux, apprendra d'abord à bien connoître la nature du terrain.

Un cultivateur, avant de confier à la terre les semences de froment, de seigle, de maïs, de lentille, etc., examine quelle qualité de sol leur convient; et c'est d'après cet examen qu'il se décide à la culture d'une plante de préférence à une autre. Pour quelle raison n'apporteroit-il pas le même examen, lorsqu'il s'agit d'améliorer ses prairies et ses pâturages? Les plantes qui les composent n'affectionnent-elles pas également une nature de terrain ou une exposition particulière? Les unes aiment une terre argileuse et substantielle, les autres se plaisent dans un sol léger; celles-ci croissent dans un sol marécageux ou humide, ou sablonneux, ou calcaire, etc., etc.; enfin leurs domiciles sont aussi variés que la diversité des substances ou des formes qui constituent la superficie de notre globe. Il est donc évident que l'amélioration des prairies et des pacages ne peut avoir lieu si l'on néglige de choisir le sol et l'exposition qui conviennent aux plantes.

Un cultivateur examinera quelles sont celles qui croissent spontanément dans ses prairies, et quelles sont, parmi ce nombre, celles qui végètent avec le plus de force, et dont la récolte semble promettre de plus grands bénéfices; celles qui sont recherchées des bestiaux, ou celles qui peuvent leur être nuisibles.

Il ne faut pas oublier que ce choix doit être aussi dirigé d'après la nature des animaux qu'on se propose d'élever. Il est des plantes qui sont recherchées par une espèce, tandis qu'elles sont rejetées, ou même qu'elles sont nuisibles à telle autre. Ainsi les chèvres mangent avec plaisir les tithymales qui sont un poison pour certains animaux. Les moutons prospèrent et s'engraissent sur un pâturage formé par la *festuca ovina*, tandis que les bœufs et les chevaux y dépérissent, par la raison que cette plante leur convient peu, et qu'elle leur fournit un aliment ni assez substantiel, ni assez abondant. Non seulement chaque espèce d'animaux a une prédilection marquée pour certaines plantes, mais elle affectionne aussi plus particulièrement telle ou telle partie de ces plantes: les cochons recherchent les racines, les moutons choisissent les feuilles, les chèvres dépècent les fleurs et l'extrémité des branches.

On doit aussi considérer dans le choix des plantes leurs propriétés intrinsèques et relatives à la nutrition, d'après l'objet qu'on a en vue. Ainsi, il est des circonstances où un cultivateur éclairé refusera à ses animaux certaines plantes, quoiqu'elles leur soient agréables, et qu'elles leur fournissent une nourriture substantielle: celles qui donnent de la force aux animaux n'ont pas toujours la propriété d'augmenter chez eux la chair ou la graisse, *et vice versâ*. On a reconnu que les fourrages procuroient un engrais plus prompt, de meilleure qualité, et plus économique les uns que les autres. Il en est, tels que le trèfle incarnat, la carotte, etc., qui augmentent le lait ou le beurre des vaches, et qui le rendent d'une saveur plus agréable; d'autres lui communiquent un goût qui déplaît aux organes délicats, telles sont les différentes espèces d'aulx; les unes présentent de plus grands avantages à être pâturées dans

dans les champs, celles-ci à être mangées en fourrage vert, d'autres enfin à être consommées en fourrage sec.

On a aussi remarqué que les bestiaux refusent dans une saison les mêmes plantes qu'ils recherchent à une autre époque de l'année, soit que l'âge apporte une modification dans la saveur et l'odeur des végétaux, soit que l'accroissement rende leurs fibres dures et insipides. Les graminées se trouvent dans ce cas; elles sont recherchées avec empressement par les bestiaux, lorsquelles sont jeunes et tendres; mais ils les refusent, ou ils ne les mangent que faute d'autre nourriture, lorsqu'elles ont atteint leur dernier degré de végétation, et qu'elles sont entièrement sèches. Ils rejettent souvent celles qu'ils ont mangées dans une autre circonstance. Cette variation dans leur goût tient au degré d'appétit dont ils se sentent pressés, ou aux alimens plus ou moins savoureux dont ils ont été précédemment nourris.

Il se trouve dans les pâturages des plantes âcres et délétères qui occasionnent souvent des mortalités parmi les troupeaux: telles sont plusieurs espèces de renoncules.

Mais si ces plantes sont peu nombreuses, et qu'elles parviennent en petite quantité dans l'estomac des animaux, leur mélange avec une masse considérable d'alimens détruit les mauvais effets qu'elles produiroient si elles étoient prises isolément. Il arrive même dans plusieurs cas qu'elles agissent comme tonique, de la même manière que la moutarde ou le poivre, mélangés à nos alimens, opèrent sur notre estomac.

Quelques plantes donnent des incommodités graves aux bestiaux qui les mangent avant qu'elles aient été desséchées. La *clematis flammula* est dans ce cas; elle devient cependant un aliment sain lorsqu'elle a perdu son eau de végétation. C'est dans cet état qu'elle est employée à la nourriture des bestiaux, par les habitans du département de l'*Hérault*.

Quoique les animaux soient guidés assez sûrement par leur instinct dans le choix des plantes qui leur conviennent, ou dans le rejet de celles qui peuvent leur nuire, il arrive cependant en plusieurs circonstances que le goût ou l'odorat qui les conduit, se trouve en défaut, ou que la faim les force à surmonter la répugnance qu'ils éprouvent. Ainsi les bœufs, qui rejettent ordinairement la ciguë, la mangent lorsqu'elle est couverte par les eaux, malgré qu'elle leur soit nuisible. Les animaux pressés par la faim saisissent et avalent les plantes qui leur répugnent le plus; ils agissent sur ce point comme les hommes qui mangent, faute de meilleure nourriture, les vieux cuirs et les insectes les plus dégoûtans. Les jeunes animaux sont plus délicats que les vieux sur le choix de leur nourriture: l'habitude des pâturages apprend aux uns et aux autres à discerner les plantes qui leur conviennent. On a souvent vu des troupeaux venus de loin, être attaqués de maladies graves pour avoir mangé sans discernement des plantes vénéneuses qui n'existoient pas dans les pâturages où ils avoient été élevés.

Les différentes observations que nous venons de faire doivent guider les cultivateurs dans la composition des prairies. Ils ne se borneront pas au choix des plantes indigènes, principalement lorsqu'ils se proposeront d'établir des prairies artificielles. L'agriculture, sans doute, a fait des conquêtes précieuses dans ce genre; mais ce fonds de richesses est susceptible d'un grand accroissement.

Un propriétaire qui voudra améliorer ses prairies ou ses pâturages, doit les labourer et les ensemencer de nouveau, si les plantes inutiles ou peu productives s'y trouvent répandues en trop grand nombre, comparativement à celles qui offrent de plus grands avantages. Après avoir déterminé les plantes bonnes à propager, il en fera récolter les graines sur son terrain, soit dans les pâturages, soit dans les anciennes prairies. On occupe à ce travail des femmes ou des enfans, après leur avoir indiqué l'espèce de plante dont on veut ramasser les semences. Un laboureur, un jardinier choisissent les grains ou les semences destinées à la reproduction ; pour quelle raison un agriculteur n'apporteroit-il pas les mêmes soins à la culture de ses prairies? On répandra les graines soit séparément, soit en réunissant plusieurs espèces dans la même pièce de terre. Il est en général plus avantageux de composer les prairies d'une seule espèce; car la maturité arrivant alors à la même époque, on ne se voit pas contraint de faucher l'herbe lorsqu'une partie des plantes n'est pas encore parvenue à sa maturité, et qu'une autre portion commence à se faner, ainsi que cela a lieu communément. Pour former une prairie composée de plusieurs espèces de plantes, on choisira celles qui fleurissent à la même époque.

Il n'est pas avantageux de semer les graines telles qu'on les ramasse dans les greniers à foin; car alors on propage les bonnes plantes avec les mauvaises. On ne doit employer ces semences que lorsqu'on n'a pas le moyen de s'en procurer de mieux choisies. Un cultivateur soigneux portera ses vues plus loin; il cherchera à introduire dans la formation de ses prairies les plantes exotiques dont la culture lui paroîtra plus lucrative. Mais dans ce cas, il doit commencer par faire des essais en petit ; une plante qui réussit bien dans un terrain et sous un climat déterminés, est souvent peu avantageuse dans un lieu où les mêmes circonstances semblent se réunir. Il est bon d'observer que les plantes les plus productives comme fourrage, et les plus propres à la nourriture des bestiaux, se trouvent généralement dans la famille des graminées, et dans celle des légumineuses.

Le défrichement et le renouvellement d'une prairie étant des opérations dispendieuses, on doit se borner à les amender, en employant des moyens plus simples, lorsque la chose est praticable. Après avoir fait usage des différens procédés qui ont été décrits dans le cours de cet Ouvrage, tels que les tranchées pour l'écoulement des eaux, et le dessèchement des terres trop humides, le fumage, l'irrigation, etc., on fera extirper les plantes nuisibles aux bestiaux, celles qu'ils ont l'habitude de laisser intactes, et celles enfin qui donnent une fane moins abondante. Ces plantes vivent aux dépens des autres; elles les empêchent de taller, de s'élever, de pousser des tiges latérales ; elles détruisent, par leur ombrage, tout ce qui croît autour d'elles ; et souvent leur multiplication réduit un terrain à la moitié de sa valeur réelle. Non seulement le foin qu'elles produisent est beaucoup moins abondant, mais il perd encore la moitié de son prix à raison de la mauvaise qualité des plantes qui le composent. Les animaux, en rejetant celles qui leur répugnent, laissent perdre avec elles une portion de fourrage qu'ils auroient mangée.

Il est moins important d'arracher les plantes annuelles ou bisannuelles que les plantes vivaces. Les premières, qui ne peuvent se reproduire que par leurs graines, se propagent difficilement dans les prairies, par la raison qu'elles sont coupées, pour la majeure partie, avant la maturité de leurs semences, et qu'elles périssent sans se reproduire.

Il faut sur-tout avoir soin d'arracher les plantes inutiles dès les premières années de la formation d'une prairie; on coupe ainsi le mal dès son principe, et l'on évite du travail pour la suite.

Il est plus économique d'employer, pour l'extirpation des plantes, des femmes ou des jeunes gens. On leur indique celles qui doivent être arrachées, et on leur fait parcourir en file et successivement toutes les parties d'une prairie. Ce travail doit être exécuté au commencement du printemps, ou après la première fauchaison, lorsque l'herbe a deux décimètres environ. Si on l'entreprenoit avant cette époque, les ouvriers ne pourroient découvrir les plantes que l'on veut extirper; et si l'on différoit plus tard, l'herbe parvenue à une certaine élévation seroit foulée aux pieds de manière à ne plus se relever. Les ouvriers doivent être munis d'un fer pareil à celui qu'on emploie pour l'arrachage des chardons. Cette opération sera répétée plusieurs fois, sur-tout dans les prairies où dominent les plantes parasites.

Un travail de ce genre est sans doute minutieux, et il occasionne une certaine dépense. Mais en agriculture, ainsi que dans tous les arts, il n'est point de bénéfices là où l'on ne dépense rien. On ne doit jamais perdre de vue que les fourrages d'une ferme en font la richesse, et que l'amélioration d'une prairie est toujours profitable au cultivateur.

Nous ajouterons qu'on doit sur-tout éviter de laisser paître les bestiaux dans les saisons où la pluie et l'humidité ont rendu le sol mou et flexible; les pieds des animaux forment des trous dans lesquels l'eau se conserve et gèle pendant l'hiver, ce qui détruit une quantité considérable de racines. Ces creux occupent d'ailleurs une grande surface de terrain qui est perdu pour la végétation, puisque les plantes ne sauroient y croître. La prairie devient inégale et marécageuse, les plantes nuisibles ou inutiles se multiplient, les produits se détériorent.

Les cultivateurs qui ne tiennent pas leurs bestiaux à l'étable dans tout le courant de l'année, pourront les envoyer dans les prairies lorsque le sol sera suffisamment sec et solide; mais s'il reste, malgré cela, des traces de leurs pieds sur le sol, il faudra envoyer dans la prairie des ouvriers qui feront disparoître ces traces avec des battoirs, ainsi que nous l'avons vu pratiquer dans quelques endroits.

Le sol d'une prairie doit être parfaitement uni, afin que la faux puisse couper les herbes très-près des racines. Quelques agriculteurs, en Angleterre, font passer des rouleaux pesans sur les prairies. Cette méthode est sur-tout avantageuse pour les terres légères et sablonneuses, car elle conserve et entretient l'humidité.

Dans le département de la Haute-Vienne, où la culture des prairies est portée à un grand degré de perfection, les cultivateurs ont soin non seulement de tenir bien unie la superficie des prés, mais encore d'enlever tout corps étranger qui pourroit nuire à la crue des plantes, ou détériorer les fourrages. A la fin de l'hiver, lorsque les premières pousses des plantes commencent à paroître, ils balaient avec un soin tout particulier les feuilles des arbres que le vent a portées sur les prairies.

Dans les lieux où cette culture est bien raisonnée, on est dans l'usage de les fumer à différentes époques. Un pré, il est vrai, peut se passer d'engrais plus facilement qu'un champ qu'on laboure ou qu'on ensemence chaque année. Dans celui-ci la terre, qui est sans cesse remuée, perd plus facilement l'humidité, et les autres principes qui servent à la végétation. Les plantes dont on la couvre l'épuisent sans lui rien donner en retour; tandis que le sol des prairies est enrichi chaque année par le détritus des racines, des feuilles et des insectes qu'il a produits. Mais toutes les terres rapportent des récoltes d'autant plus abondantes qu'elles reçoivent une quantité de fumier plus proportionnée à leurs besoins. Les meilleurs sols, et les prairies mêmes, sont soumises à cette loi, et on ne peut s'en écarter sans éprouver une diminution dans les produits. Si l'on refuse presque par-tout l'engrais aux prairies, c'est qu'on y est contraint par la nécessité, et qu'on ne sait pas se procurer tout le fumier qui est nécessaire dans une bonne exploitation.

L'urine des bestiaux est le meilleur engrais qu'on puisse donner ; il est plus actif et plus prompt que celui qu'on obtient avec leurs excrémens. Il est en usage en Suisse, et dans plusieurs autres pays où l'on a reconnu depuis long-temps les bons effets dont il est susceptible.

Le plâtre produit aussi des effets marquans, et il est moins dispendieux que les autres engrais, lorsqu'on est situé à la proximité des lieux où se trouve cette substance minérale.

Nous ne devons pas omettre ici un moyen facile d'améliorer les prairies, dont on fait usage en Lombardie : les cultivateurs ramassent dans les lieux voisins, des terres provenues de détritus de végétaux, ou même des terres franches, et des marnes, qu'ils répandent ensuite sur la superficie du sol. Cette superposition de terre, ou le mélange qui en résulte, donne une grande activité à la végétation, et augmente beaucoup la récolte des fourrages. Les racines qui tracent superficiellement, ainsi que leur collet, se trouvant recouverts d'une petite quantité de terre, reçoivent un amendement qui équivaut en quelque sorte à un butage. D'ailleurs, on sait que les mélanges de terres produisent toujours de bons effets, et que ces effets sont plus durables que ceux des fumiers. L'herbe est plus verte, et elle pousse avec plus de force dans les parties d'une prairie où l'eau des pluies a entraîné la terre des hauteurs voisines. Aussi les cultivateurs du département de la Vienne forment des rigoles pour recevoir les eaux qui souvent charrient, sur les prés, un sable quartzeux, auquel n'est mélangée aucune substance végétale. Ce sable n'est à redouter que lorsqu'il est accompagné de pierres ou de cailloux, ou qu'il s'accumule par couches trop épaisses.

Ce n'est pas ici le lieu de déterminer la proportion qui doit se trouver entre les prairies ou les pâturages d'une exploitation rurale, et les champs labourés et ensemencés chaque année. Cette question ne peut être décidée qu'en connoissant le climat, le sol, les localités, les produits, les besoins, les débouchés, l'état, la situation, etc., etc., d'un bien de campagne. Les circonstances mêmes doivent souvent apporter des modifications d'une année à l'autre. Dans une année, par exemple, où le prix du blé est très-élevé, le cultivateur doit diminuer la quantité des prairies pour augmenter celle des champs en labour, et *vice versâ*.

L'on voit, par ce court exposé, que cette matière, pour être traitée à fond, demande des détails qui nous mèneroient trop loin. Nous nous contenterons de faire observer qu'en général, dans toute la France, les prairies se trouvent dans une proportion beaucoup trop foible avec les terres en labour; et que les premières doivent être augmentées en raison de ce que les terres sont d'une qualité plus inférieure : car il est évident que l'amélioration de ces terres ne peut avoir lieu qu'avec beaucoup d'engrais, et par conséquent avec beaucoup de bestiaux, et qu'on ne peut nourrir les animaux sans prairies naturelles ou artificielles. En un mot, les engrais étant la base de toute reproduction, il ne peut y avoir de bonne culture là où les engrais ne sont pas abondans.

S'il est utile pour notre agriculture que le nombre des prairies soit augmenté, il ne l'est pas moins que celles qui existent reçoivent les améliorations dont elles sont susceptibles. C'est pour faciliter aux cultivateurs ces améliorations, que nous donnons ici un tableau renfermant la majeure partie des plantes qui croissent en France. Nous avons joint aux noms français les noms botaniques, afin d'éviter l'incertitude qui pourroit provenir des différentes dénominations sous lesquelles on désigne différentes plantes dans le langage vulgaire. Ce tableau a été tiré des *Amœnitates academicæ* de Linnæus. Nous y avons fait un petit nombre d'additions et de changemens, et nous l'avons augmenté de plusieurs notes que nous avons cru nécessaires pour guider les cultivateurs dans le choix ou l'extirpation des plantes utiles ou nuisibles aux bestiaux. Ce tableau est certainement loin d'être complet; mais nous croyons qu'il pourra être d'un grand secours aux personnes qui s'occupent de l'amélioration des prairies. Il seroit à désirer que des botanistes cultivateurs voulussent réitérer, et multiplier des essais qui doivent avoir une grande influence sur les progrès de l'agriculture.

Nous allons donner l'explication de plusieurs mots nouveaux, dont nous nous sommes servis, pour indiquer la nature de chaque plante, ou plutôt le sol, l'exposition, les lieux où elle croît. La nouveauté du sujet nous a contraints d'inventer des expressions propres à peindre, sans périphrases, les idées que nous voulions exprimer. Nous nous sommes écartés le moins possible de l'analogie; et nous avons fait dériver ces mots de ceux usités dans notre langue, ou, à leur défaut, de ceux pris du latin.

Il étoit important, afin de rendre notre travail plus utile, d'indiquer au cultivateur l'espèce de terrain dans lequel chaque plante se plaît, et croît spontanément. Cette connoissance préliminaire est nécessaire pour le succès d'une culture quelconque. Ainsi, au lieu de dire que *telle plante se plaît dans un sol argileux, qu'elle croît sur les bords de la mer, qu'elle se trouve dans les terrains tourbeux, qu'elle végète sur les rochers*, etc., etc., nous n'avons employé qu'une seule expression pour chacune de ces idées, et nous avons dit : telle plante est *argilée*, *maritime*, *tourbeuse*, *rupestre*, etc., etc. Ce style nous a paru tout aussi clair et beaucoup plus concis que celui dont on fait usage communément. Nous avons cru que c'étoit le seul que l'on pût employer dans un tableau où chaque idée doit plutôt être représentée par un trait que par une phrase.

Explication des termes employés dans le Tableau suivant.

PLANTES MARITIMES. *Celles qui croissent immédiatement sur les bords de la mer, ou à quelques distances de ses rivages.*
SALINES. *Celles qui viennent près des marais salins, ou des terres imprégnées de sel.*
LACUSTRES. *Celles qui habitent sur les bords des lacs, des étangs, et autres eaux limpides et d'une certaine étendue.*
RIVERAINES. *Celles qui végètent le long des fleuves.*
RIVULAIRES. *Id. le long des ruisseaux.*
FONTANIÈRES. *Id. sur le bord des fontaines.*
MARÉCAGEUSES. *Celles qui se trouvent dans les terrains marécageux, ou imprégnés d'une humidité surabondante.*
TOURBEUSES. *Id. dans les sols tourbeux et aqueux.*
INONDÉES. *Id. dans les terrains sujets aux inondations.*
MADIDES. *Id. dans les terres habituellement humides.*
FORESTIÈRES. *Celles qui se plaisent dans les forêts et les bois.*
OMBROSES. *Id. à l'ombre des arbres, des haies, des buissons, des rochers, des montagnes ou des coteaux.*
ARVALES. *Id. dans les champs et les terres en culture.*
HORTOLANES. *Id. dans les terrains cultivés et bien fumés, ou riches en détritus d'animaux et de végétaux, tels que sont d'ordinaire les jardins.*
PRAIRÉALES. *Celles qui naissent dans les prairies naturelles.*
PACAGÈRES. *Id. dans les pacages, les landes, et les terrains vagues et sans culture.*
CALCARIÉES. *Celles qui naissent sur les terrains calcaires, ou composés en grande partie de matières calcaires.*
CRÉTACÉES. *Id. sur des terrains dont le fonds est plus ou moins crayeux.*
ARGILÉES. *Id. sur un sol tenace où l'argile domine.*
SILICÉES. *Id. sur un terrain formé en grande partie par les substances siliceuses ou de la nature du quartz.*
ARÉNALES. *Celles qui végètent dans un sable pur, ou mélangé avec une très-petite quantité d'autres substances.*
SABLONNEUSES. *Id. dans les terrains friables, qui sont composés de sable en grande partie.*
GRAVELEUSES. *Id. dans les terrains graveleux et caillouteux.*
PIERREUSES. *Id. dans les sols pierreux.*
ARIDES. *Id. sur des terrains secs.*
DÉCLIVES. *Id. sur le penchant des coteaux ou des terrains inclinés.*
MONTAGNEUSES. *Id. sur les montagnes.*
RUPESTRES. *Id. sur les rochers couverts d'une petite quantité de terre.*

On doit lire, pour l'intelligence du Tableau suivant, la première note qui s'y trouve annexée.

Tableau *des plantes utiles ou nuisibles aux bestiaux* (1), *rangées d'après le système de Linnée.*

	Bœuf.	Chèvre.	Mouton.	Cheval.	Cochon.	Durée.	NATURE DES PLANTES.
MONANDRIE.							
Salicorne, *Salicornia herbacea* (2)	2	1	1	0	1	*a*	maritime.
Pesse, *Hippuris vulgaris*	0	2	0	0	.	*v*	palustre.
Callitric, *Callitriche verna*	1	.	.	.	?	.	rivuline.
——— *autumnalis*	1	.	.	.	?	.	marécageuse.
DIANDRIE.							
Troëne, *Ligustrum vulgare*	2	1	2	0	0	*v*	pierreuse.
Olivier, *Olea europea*	1	1	1	.	.	*v*	déclive.
Circée, *Circæ lutetiana*	?	1	2	.	.	*v*	forestière.
——— *alpina*	?	.	2	.	.	*v*	forestière.
Véronique, *Veronica longifolia*	2	1	1	1	.	*v*	madide.
——— *spicata*	1	0	2	?	.	*v*	sablonneuse.
——— *officinalis*	1	1	2	2	1	*v*	aride.
——— *anagallis*	1	1	2	1	0	*a*	inondée.
——— *beccabunga*	1	1	0	2	1	*v*	fontanière.
——— *serpyllifolia*	1	1	2	1	1	*v*	prairéale.
——— *scutellaria*	1	1	2	2	.	*v*	madide.
——— *chamædrys*	1	1	2	2	0	*v*	duméteuse, madide.
——— *arvensis*	1	1	2	1	1	*a*	arvale.
——— *agrestis*	1	1	2	1	?	*v*	pacagère.
——— *hederifolia*	1	1	1	1	.	*a*	arvale.
——— *verna*	1	2	1	1	.	*a*	sablonneuse.
Grassette, *Pinguicula vulgaris*	0	0	0	0	0	*v*	marécageuse.
Utriculaire, *Utricularia vulgaris* (3)	0	0	0	0	0	*v*	marécageuse.
Verveine, *Verbena officinalis*	0	0	2	0	.		pacagère.
Lycope, *Lycopus europæus*	0	1	1	0	.	*v*	sablonneuse, marécageuse.
Sauge, *Salvia pratensis*	0	1	2	0	.	*v*	prairéale, pacagère.
Flouve, *Anthoxanthum odoratum* (4)	2	2	2	2	?	*v*	prairéale, pacagère.
TRIANDRIE.							
Valériane, *Valeriana officinalis* (5)	2	2	2	?	0	*v*	pacagère.
——— *dioica*	1	2	2	1	.	*v*	duméteuse.
——— *locusta*	1	1	1	1	.	*a*	arvale, pacagère.
Brione, *Bryonia dioica*	1	.	.	.	.		
Glayeul, *Gladiolus communis*	1	.	.	.	.	*v*	montagneuse.

(1) Ce Tableau est composé de six colonnes. Chacune des cinq premières colonnes porte en tête le nom d'un animal domestique, dans l'ordre suivant : *Bœuf*, *Chèvre*, *Mouton*, *Cheval*, *Cochon*. Les signes placés au dessous de ces noms, indiquent l'utilité plus ou moins grande de ces plantes relativement à chaque animal, ou bien leur inutilité ; ou enfin le danger qu'elles peuvent avoir pour la santé des troupeaux. Ainsi, le numéro 1 indique les plantes que les bestiaux mangent communément ; 2, celles qu'ils recherchent, et auxquelles ils donnent la préférence ; ?, celles qu'ils ne prennent que dans quelques circonstances ; 0, celles qui leur sont nuisibles ou qu'ils refusent de manger. La sixième colonne désigne la durée des plantes. La lettre *a* signifie qu'une plante est annuelle ; *b*, qu'elle est bisannuelle, ou que sa durée est de deux ans ; *v*, qu'elle est vivace, ou qu'elle dure un nombre d'années indéterminé.

(2) Les bœufs et les moutons pâturent avec plaisir, non seulement cette plante, mais encore toutes celles qui contiennent des parties salines : elles contribuent à les maintenir en bonne santé, sur-tout dans les lieux où les pacages sont marécageux. Il sera avantageux de les mélanger avec le fourrage qu'on destine à ces animaux.

(3) On croit généralement qu'elle donne le claveau aux bêtes à laine.

(4) Cette graminée pousse de bien bonne heure au printemps ; elle a une odeur agréable, qu'elle communique au foin ; elle est peu productive, et ne plaît aux bestiaux que lorsqu'elle est jeune et tendre.

(5) Elle purge les bœufs et les chevaux qui la mangent au printemps ; ils la dépècent avec plaisir.

TRIANDRIE.

	Bœuf.	Chèvre.	Mouton.	Cheval.	Cochon.	Durée.	NATURE DES PLANTES.
Iris, *Iris pseudo acorus*	?	1	?	0	0	*v*	marécageuse.
Choin, *Schœnus albus*	?	1	0	?	.	*v*	marécageuse.
Scirpe, *Scirpus palustris*	2	1	0	2	2	*v*	marécageuse.
—— *cespitosus*	1	1	0	2	2	*v*	marécageuse.
—— *lacustris*	?	1	0	?	1	*v*	riveraine.
—— *maritimus*	1	1	0	1	2	*v*	marécageuse.
—— *sylvaticus*	2	1	1	1	0	*v*	riveraine, madide.
Souchet, *Cyperus esculentus*	1	.	1	1	1	*v*	sablonneuse, madide.
Eriophore, *Eriophorum polystachium*	?	1	1	?	0	*v*	tourbeuse.
—— *vaginatum* (1)	?	1	1	?	0	*v*	madide.
—— *angustifolium* (2)	1	1	1	1	0	*v*	madide.
Nard, *Nardus stricta*	?	1	1	1	0	*v*	madide.
Alpiste, *Phalaris arundinacea* (3)	2	2	2	2	0	*v*	riveraine.
—— *phloides*	1	1	1	1	0	.	pacagère, aride.
Panis, *Panicum glaucum*	2	.	.	.	.	*a*	arvale.
—— *Grus galli*	1	1	1	1	0	*a*	arvale, madide.
—— *miliaceum* (4)	2	.	2	.	.	*a*	madide.
Fléau, *Phleum pratense* (5)	1	1	1	2	0	*v*	prairéale.
—— *nodosum* (6)	.	.	.	.	2	*v*	pacagère.
Vulpin, *Alopecurus pratensis* (7)	2	1	2	2	1	*v*	madide.
—— *geniculatus*	1	1	1	1	0	*v*	marécageuse.
Millet, *Milium effusum* (8)	2	2	2	2	2	*v*	ombrose.
—— *confertum*	1	.	1	1	.	.	ombrose.
Agrostis, *Agrostis spica venti*	2	1	0	2	1	*a*	sablonneuse.
—— *arundinacea*	1	0	1	1	.	*v*	montagneuse, forestière.
—— *rubra*	2	0	2	2	1	.	marécageuse.
—— *canina*	2	1	2	2	.	*v*	prairéale.
—— *stolonifera*	2	1	1	1	1	*v*	prairéale.
—— *capillaris*	1	1	1	1	.	.	sablonneuse, madide.
—— *alba*	1	.	.	1	.	*v*	madide.
Canche, *Aira aquatica* (9)	2	1	2	2	.	*a*	marécageuse.
—— *cespitosa* (10)	1	1	1	?	1	*v*	forestière, madide.
—— *flexuosa*	2	2	2	2	1	*v*	pierreuse, forestière.
—— *montana*	1	.	1	2	1	*v*	pacagère, sablonneuse.

(1) Les bœufs aiment cette espèce d'ériophore, et la précédente, lorsqu'elles commencent à pousser au printemps; ils les dédaignent lorsqu'elles ont acquis de la dureté. L'aigrette que ces graminées portent au sommet de leur chaume peut occasionner des égragopiles dans l'estomac des bœufs. On doit chercher à les extirper, lorsqu'elles se trouvent dans les prairies ou dans les pâturages.

(2) Cette euphorbe est d'une grande ressource dans l'île de Sky, en Ecosse, où elle offre un aliment aux bestiaux dès le commencement du printemps, avant que les autres graminées aient poussé leurs feuilles.

(3) Cette plante doit être récoltée avant qu'elle ait produit ses semences : si l'on différoit après cette époque, ses tiges et ses feuilles auroient acquis une trop grande dureté pour être propres à la nourriture des bestiaux. Elle s'élève fort haut, et elle est très-productive. Elle est cultivée en Suède, dans la Scanie, où on lui fait subir deux coupes annuelles.

(4) Les feuilles donnent un excellent fourrage pour les bêtes à cornes.

(5) Le timothy, que les Anglais nomment *timothy-grass*, ne mérite pas tous les éloges qu'on lui a donnés. Plusieurs agronomes en font peu de cas.

(6) Les racines de cette espèce sont recherchées avec beaucoup d'empressement par les cochons.

(7) Le *vulpin*, ou *alopecurus pratensis*, est, de toutes les graminées, la plus agréable aux bestiaux. Elle produit une herbe fine, savoureuse, saine, qui conserve long-temps son odeur, et la communique au fourrage. Elle mérite l'attention des cultivateurs qui s'occupent des progrès de l'art agricole; elle convient aux prairies basses.

(8) Il a une odeur qui plaît aux bestiaux.

(9) Elle croît communément dans l'eau : elle a une saveur douce qui plaît beaucoup aux bestiaux.

(10) Les feuilles de cette graminée sont rudes et dures lorsqu'elles ont pris un certain accroissement; alors les bestiaux la dédaignent : elle forme des touffes qui produisent des inégalités dans les pâturages. Ces raisons doivent engager à l'extirper. On enlève les touffes, on les brûle, et on répand la cendre sur le sol.

TRIANDRIE.

	Bœuf.	Chèvre.	Mouton.	Cheval.	Cochon.	Durée.	NATURE DES PLANTES.
Aira alpina............	.	1	.	2	.	*v*	montagneuse.
—— *canescens*........	1	1	1	.	.	*v*	arénale, madide.
—— *caryophillea*	1	1	.	.	.	*a*	pacagère, sablonneuse.
Melique, *Melica nutans*..........	2	1	1	2	.	*v*	forestière.
——— *ciliata*	1	1	1	1	1	*v*	champêtre.
——— *cærulea*	.	1	1	1	.	*v*	marécageuse.
Paturin, *Poa aquatica* (1)........	2	1	2	2	1	*v*	riveraine.
—— *alpina*.............	1	1	1	2	.	*v*	montagneuse.
—— *trivialis*...........	2	1	1	2	1	*v*	prairéale, madide.
—— *angustifolia*	1	1	1	1	1	*v*	prairéale, champêtre.
—— *pratensis*...........	2	1	1	2	1	*v*	prairéale, madide.
—— *annua*.............	1	2	2	2	2	*a*	prairéale, graveleuse.
—— *compressa*..........	1	1	1	1	1	*v*	aride.
—— *nemoralis*	1	1	.	1	.	*a*	forestière, ombrose.
Amourette, *Briza media*..........	2	2	2	2	.	*v*	pacagère, champêtre.
Dactyle, *Dactylis glomerata* (2)...	?	1	1	1	.	*v*	champêtre, pacagère.
Cretelle, *Cynosurus cristatus* (3)...	?	0	2	1	0	*v*	pacagère.
——— *cæruleus*.....	1	1	1	1	.	*v*	montagneuse, calcariée.
Fétuque, *Festuca ovina* (4).......	1	1	2	1	.	*v*	pacagère, sablonneuse.
——— *vivipara*........	1	1	1	1	.	*v*	sablonneuse.
——— *rubra*..........	1	1	1	1	.	*v*	arescente, pacagère.
——— *decumbens* (5)...	1	1	1	1	1	*v*	pacagère, déclive.
——— *duriuscula* (6)...	1	1	1	1	.	*v*	prairéale, pacagère.
——— *elatior* (7)......	2	1	1	2	1	*v*	marécageuse.
——— *fluitans* (8).....	?	1	1	2	.	*v*	palustre.
Brome, *Bromus secalinus* (9)......	1	1	1	1	1	*a*	champêtre.
——— *mollis*	1	.	1	1	.	.	pacagère.
——— *arvensis*.........	2	1	1	1	.	*a*	pacagère,
——— *tectorum*.........	2	1	1	1	.	*b*	aride.

(1) Cette plante peut être cultivée avec beaucoup d'avantage sur les bords des rivières, des ruisseaux, et dans les terrains marécageux. On doit la donner aux bestiaux en vert, et lorsqu'elle est jeune. Elle se durcit en vieillissant, et en se desséchant; elle se propage par les racines. On en forme des prairies dans l'île d'Ely, en Angleterre.

(2) Elle produit une grande quantité de feuilles qui deviennent dures, principalement sur les sols négligés: les bestiaux refusent de les manger lorsqu'elles sont dans cet état. Malgré ces inconvéniens, cette plante présente des avantages, et mérite d'être cultivée: elle croît promptement, et elle donne une récolte plus abondante dans les terrains arides, que ne le font les autres graminées. Les animaux la mangent avec plaisir lorsqu'elle est jeune, et qu'on la leur donne en vert. Elle pourroit être coupée trois fois par an dans un bon terrain.

(3) Les feuilles de cette graminée sont très-courtes; mais elles poussent en abondance, et très-serrées les unes contre les autres. Les moutons la recherchent avec empressement; elle les engraisse, et donne une saveur agréable à leur chair. Il seroit avantageux de répandre ses semences dans les pacages destinés aux bêtes à laine: elle n'est pas assez productive pour en former des prairies.

(4) Les moutons préfèrent cette graminée à toutes les autres, et elle les engraisse très-promptement. Quoiqu'elle fournisse peu, elle est très-succulente. Les Tartares, errans avec leurs troupeaux dans les déserts, choisissent de préférence les lieux où elle est la plus abondante. Si on en forme des prairies dans une terre substantielle, elle sera d'un foible rapport, et bientôt les autres graminées prendront sa place: c'est pour cette raison qu'il faut la semer dans les sols secs et arides qui se refusent à toute autre culture.

(5) Les bestiaux ne mangent ordinairement que les panicules de cette plante.

(6) Cette espèce mérite l'attention des cultivateurs: elle pousse de bonne heure, elle est productive, et elle plaît aux bestiaux.

(7) Les animaux mangent de préférence la panicule. La plante fournit une bonne pâture; mais elle exige un sol fertile.

(8) Cette plante offre une ressource précieuse pour les prés marécageux; elle produit beaucoup, et donne une bonne nourriture, sur-tout pour les chevaux.

(9) Les bestiaux en font peu de cas, ainsi que de toutes les autres espèces du même genre, sur-tout lorsqu'elles ne sont plus jeunes.

TRIANDRIE.	Bœuf.	Chèvre.	Mouton.	Cheval.	Cochon.	Durée.	NATURE DES PLANTES.
Brome, *Bromus*, *giganteus* (1)......	2	1	1	2	1	*v*	ombrose, madide.
——— *pinnatus*.........	1	1	1	1	.	*v*	ombrose.
Avoine, *Avena elatior* (2)........	2	1	1	2	2	*v*	prairéale, champêtre.
——— *sativa* (3)........	2	1	2	2	2	*a*	champêtre.
——— *nuda* (4).........	2	1	2	2	1	*a*	champêtre.
——— *fatua* (5).........	2	1	1	2	1	*a*	champêtre.
——— *flavescens*........	1	1	1	1	1	*v*	prairéale, calcariée.
——— *pratense*..........	2	1	1	1	1	*v*	calcariée, météorée.
Roseau, *Arundo phragmites* (6)...	1	1	0	1	1	*v*	palustre, riveraine.
——— *calamagrostis* (7).	?	?	0	?	.	*v*	marécageuse.
Ivroie, *Lolium temulentum* (8)....	?	0	0	0	.	*a*	hortolane.
——— *perenne* (9).......	1	1	2	2	.	*a*	pacagère, aride.
Elyme, *Elymus arenarius*........	1	1	0	2	1	*v*	arénale, maritime.
——— *sibiricus*.........	2	.	.	1	.	*v*	
Orge, *Hordeum vulgare* (10).....	2	2	2	2	1	*a*	champêtre.
——— *murinum* (11).....	1	1	1	1	.	*a*	arescente, pacagère.
Froment, *Triticum æstivum* (12)...	2	2	2	2	1	*a*	champêtre.
——— *repens* (13)....	2	1	2	2	1	*v*	champêtre, pacagère.
Seigle, *Secale cereale* (14)........	2	2	2	2	1	*a*	champêtre, sablonneuse.
TÉTRANDRIE.							
Scabieuse, *Scabiosa arvensis*......	?	1	1	?	.	*v*	pacagère, champêtre.
——— *columbaria*...	?	1	1	1	.	*v*	pacagère, aride.

(1) C'est celle, de toutes les espèces de brome, qui mérite le plus d'être cultivée.

(2) Les feuilles de sa tige sont tendres, et ont une saveur douce et agréable aux bestiaux. Ce qui la rend en outre recommandable, c'est qu'elle pousse de bonne heure au printemps, qu'elle se propage facilement, et qu'elle produit beaucoup. Elle est difficile à détruire dans les champs cultivés.

(3) L'avoine cultivée est donnée en vert aux bestiaux, soit toute seule, soit mélangée avec des vesces, des pois, etc.

(4) L'avoine nue est aussi bonne pour les bestiaux que celle que l'on cultive communément.

(5) Cette espèce se propage facilement; et elle nuit beaucoup aux champs ensemencés: c'est pour cette raison qu'on doit l'extirper, au lieu de chercher à la propager.

(6) On coupe cette espèce de roseau pour la donner en vert aux vaches: on prétend qu'elle augmente beaucoup la quantité du lait, et que le fromage et le beurre qui en proviennent sont d'une excellente qualité. Elle nuit aux vaches qui en mangent avant l'époque où elles doivent mettre bas.

(7) Les animaux ne le mangent que lorsqu'ils sont pressés par la faim, et il leur donne la diarrhée et la dyssenterie.

(8) Ses semences sont vénéneuses pour les chevaux, les vaches, les cochons, les chiens, et même pour les oiseaux de basse-cour.

(9) Ce fourrage a trop de dureté lorsqu'il n'a pas été coupé de bonne heure; il occasionne même, dans ce cas, des flatuosités aux animaux: c'est pour obvier en partie à cet inconvénient, que quelques agriculteurs le mélangent avec du trèfle, ou d'autres fourrages de bonne qualité. Le *lolium perenne* est une excellente plante pour former des pâturages; il donne une nourriture très-substantielle aux moutons. Il croît parmi les cailloux qui couvrent les plaines de la Crau, dans le département des Bouches-du-Rhône, et alimente presqu'exclusivement les nombreux troupeaux qui hivernent dans cette contrée.

(10) L'orge cultivée, étant coupée en vert, donne un excellent fourrage pour les bestiaux; il les nourrit, et les rafraîchit. Son grain pourroit être substitué avec avantage à celui de l'avoine, ainsi que cela se pratique en Espagne, et dans d'autres pays méridionaux.

(11) Les barbes de ses épis sont formées par des filamens crochus, qui s'arrêtent sous la langue et dans le gosier des bestiaux, et qui détériorent la qualité des fourrages.

(12) Le froment peut aussi servir de fourrage vert. On a l'usage, dans plusieurs endroits, de conduire les bêtes à laine sur les champs ensemencés de froment, lorsqu'il gèle, ou que le terrain est assez sec et assez ferme pour que le piétinement des moutons ne fasse aucun trou, et que ces animaux ne puissent déraciner le blé: cette méthode est bonne à suivre.

(13) Les cochons et les chevaux mangent ses racines. On les vend à Madrid et à Naples pour servir d'aliment à ces derniers animaux. On les lave bien avant de les leur présenter.

(14) Le seigle donne un fourrage vert qui ne le cède en rien aux deux precédens.

TÉTRANDRIE.

	Bœuf.	Chèvre.	Mouton.	Cheval.	Cochon.	Durée.	NATURE DES PLANTES.
Scabieuse, *Scabiosa succisa*	2	1	1	1	.	*v*	pacagère, champêtre.
Shérardia, *Sherardia arvensis*	0	2	2	2	.	*v*	champêtre.
Aspérule, *Asperula odorata* (1)	2	1	1	1	1	*v*	forestière, ombrose.
——— *tinctoria*	1	1	1	1	0	*v*	forestière, ombrose.
Caille-lait, *Galium verum*	1	1	1	0	0	*v*	champêtre, aride.
——— *boreale*	?	1	1	0	1	*v*	pierreuse.
——— *mollugo*	1	1	1	1	1	*v*	ombrose, pacagère.
——— *palustre*	1	0	1	1	1	*v*	prairéale, madide.
——— *uliginosum*	1	1	1	1	.	*v*	pacagère, prairéale.
——— *aparine*	1	1	1	1	0	*a*	ombrose.
Garance, *Rubia tinctoria* (2)	.	1	1	1	1	*v*	champêtre.
Plantain, *Plantago major*	0	1	1	0	1	*v*	prairéale.
——— *media*	0	1	1	0	1	*v*	pacagère, aride.
——— *lanceolata* (3)	0	1	1	1	.	*v*	pacagère.
——— *maritima*	2	1	1	2	.	*v*	maritime.
Pimprenelle, *Sanguisorba officinalis* (4)	2	1	1	1	.	*v*	prairéale, calcariée.
Cornouiller, *Cornus sanguinea*	0	1	1	2	.	*v*	forestière.
Pied-de-lion, *Alchemilla vulgaris*	2	1	1	?	?	*v*	pacagère, aride.
——— *alpina*	1	1	0	0	0	*v*	montagneuse.
Cuscute, *Cuscuta europea*	1	?	1	1	.	*a*	champêtre, prairéale.
Epi-d'eau, *Potamogeton natans*	1	1	0	0	1	*v*	palustre, riveraine.
Sagine, *Sagina procumbens*	.	1	1	.	.	*a*	pacagère, sablonneuse.

PENTANDRIA.

	Bœuf.	Chèvre.	Mouton.	Cheval.	Cochon.	Durée.	NATURE DES PLANTES.
Gremil, *Lithospermum officinale*	0	1	.	0	.	*v*	pacagère, forestière.
——— *arvense*	?	1	1	0	?	*a*	champêtre, pacagère.
Buglose, *Anchusa italica*	1	1	1	1	?	*v*	champêtre, sablonneuse.
Langue de chien, *Cynoglossum officinale*	0	?	0	0	0	*v*	pacagère, ombrose.
Pulmonaire, *Pulmonaria officinalis*	?	1	1	0	0	*v*	champêtre.
Grande Consoude, *Symphytum officinale*	1	0	1	0	0	*v*	riveraine, palustre.
Bourrache, *Borrago officinalis*	.	.	.	1	.	*a*	madide, sablonneuse.
Rapette, *Asperugo procumbens*	1	1	1	1	1	*a*	ombrose.
Lycopside, *Lycopsis arvensis*	1	1	2	1	1	*a*	champêtre.
Vipérine, *Echium vulgare*	?	0	?	0	.	*b*	sablonneuse, champêtre.
Primevère, *Primula veris*	?	1	1	0	0	*v*	sylvestre, pacagère.
——— *farinosa*	0	1	0	1	.	*v*	montueuse.
Pain de pourceau, *Cyclamen europeum* (5)	0	0	0	0	2	*v*	ombrose.
Trèfle d'eau, *Menyanthes trifoliata*	0	2	?	0	0	*v*	palustre.

(1) L'aspérule odorante donne au foin une odeur et une saveur agréables aux bestiaux.

(2) On donne aux bestiaux les tiges de la garance dans quelques uns de nos départemens.

(3) *Haller* dit que les bonnes qualités du laitage des Alpes sont dues au plantain lancéolé et au pied-de-lion, *alchemilla vulgaris*. On en forme, en Angleterre, dans le comté de Stafford, des prairies artificielles destinées au pacage des bestiaux : ces prairies ne sont profitables, qu'autant qu'on a semé, avec le plantain, d'autres herbes fourragères, telles que le trèfle, des graminées, etc. Lorsqu'il croît isolé, et sans être mélangé avec d'autres plantes, ainsi que cela arrive sur les lisières des chemins, ou dans quelques pacages, les bestiaux le dédaignent; mais ils le mangent lorsqu'il se trouve confondu avec d'autres plantes.

(4) Cette plante pousse de bonne heure au printemps ; elle donne de la fane dans presque tout le courant de l'année. Le lait et le beurre des vaches qui s'en nourrissent sont d'une excellente qualité : mais son produit, comme prairie artificielle, est peu abondant. On doit la cultiver comme pacage, sur-tout dans les terrains maigres, et la mélanger avec d'autres plantes.

(5) Cette plante produit des racines rondes et aplaties très-recherchées par les cochons : c'est ce qui lui a fait donner le nom qu'elle porte.

PENTANDRIA.

	Bœuf.	Chèvre.	Mouton.	Cheval.	Cochon.	Durée.	NATURE DES PLANTES.
Plumeau, *Hottonia palustris*......	1	1	.	?	0	*v*	palustre.
Nummulaire, *Lysimachia vulgaris*...	1	1	0	0	0	*v*	riveraine, palustre.
——— *thyrsifolia*..	?	1	?	?	0	*v*	palustre.
——— *nummularia*.	1	1	1	1	.	*v*	prairéale, madide.
Mouron, *Anagallis arvensis*.......	1	1	0	.	.	*a*	champêtre.
Liseron, *Convolvulus arvensis*.....	2	1	1	2	0	*v*	champêtre.
——— *sepium*......	0	1	1	2	1	*v*	ombrose, madide.
Polémoine, *Polemonium cæruleum*.	2	1	2	2	.	*v*	champêtre.
Campanule, *Campanula rotundifolia*.	1	1	1	1	0	*v*	pacagère, aride.
——— *persicifolia* (1)	?	1	2	1	1	*v*	ombrose.
——— *latifolia*....	1	1	1	1	1	*v*	ombrose.
——— *rapunculoïdes*	1	1	1	1	1	*v*	champêtre, ombrose.
——— *trachelium*..	1	0	1	0	1	*v*	ombrose.
Samole, *Samolus Valerandi*.......	1	1	1	0	.	*v*	saline.
Chevrefeuille, *Lonicera periclymenum*.	1	1	?	0	.	*v*	
——— *xylosteum*	0	1	1	0	.	*v*	aride.
Molène, *Verbascum thapsus*......	0	0	?	0	.	*b*	graveleuse, calcariée.
——— *lychnitis*....	0	.	?	0	.	*b*	sablonneuse, calcariée.
——— *nigrum*......	0	0	0	1	1	*v*	sablonneuse, champêtre.
Pomme épineuse, *Datura stramonium* (2).....	0	0	0	0	0	*v*	pacagère.
Jusquiame, *Hyosciamus niger* (3).	0	0	0	0	.	*b*	hortolane.
Douce-amère, *Solanum dulcamara*.	0	1	1	0	0	*v*	madide.
Morelle, *Solanum nigrum*.........	0	0	0	0	0	*a*	hortolane.
Nerprun, *Rhamnus catharticus*....	0	1	1	1	.	*v*	forestière.
——— *frangula*.....	0	2	1	1	.	*v*	forestière.
Fusain, *Evonymus europæus*......	2	2	1	0	.	*v*	forestière.
Groseillier, *Ribes rubrum*.........	1	1	1	?	.	*v*	forestière, duméteuse.
—— *alpinum*.........	1	1	1	1	1	*v*	forestière.
—— *nigrum*..........	1	1	1	?	1	*v*	madide, forestière.
—— *uva crispa*......	1	1	?	1	1	*v*	forestière, duméteuse.
Lierre, *Hedera helix*............	0	0	1	1	.	*v*	forestière.
Glaux, *Glaux maritima*..........	1	1	.	1	.	*v*	maritime.
Dompte-venin, *Asclepias vincetoxicum* (4)...	0	2	0	?	0	*v*	forestière.
Herniole, *Herniaria glabra*.......	1	0	2	1	0	*v*	graveleuse, pacagère.
Patte d'oie, *Chenopodium bonus Henricus*..	0	?	?	0	0	*v*	aride.
——— *urbicum*.....	0	1	1	0	.	*a*	hortolane.
——— *rubrum*......	1	1	1	0	?	*a*	hortolane.
——— *murale*......	1	.	1	.	.	*a*	hortolane.
——— *album*.......	1	1	1	?	2	*a*	hortolane, champêtre.
——— *viride*.......	1	1	1	0	0	*a*	hortolane, champêtre.
——— *hybridum*....	1	0	1	0	0	*a*	hortolane, champêtre.
——— *glaucum*.....	.	.	.	.	.	*a*	champêtre.
——— *vulvaria*.....	1	1	1	1	0	*a*	duméteuse.
——— *polyspermum*.	1	0	1	0	.	*a*	hortolane.

(1) Elle donne beaucoup de lait aux brebis. Les porcs ne recherchent la plante que lorsqu'elle est jeune.

(2) Cette plante, qui est un poison pour les animaux, ainsi que pour l'homme, doit être détruite par-tout où elle se trouve.

(3) La jusquiame est aussi dangereuse que la plante précédente. Quelques personnes disent que les cochons mangent ses racines sans en être incommodés. Ses semences donnent la mort aux oies.

(4) Les chevaux ne la mangent que lorsqu'elle a été frappée de la gelée.

PENTANDRIA.	Bœuf.	Chèvre	Mouton.	Cheval.	Cochon.	Durée.	NATURE DES PLANTES.
Patte d'oie, *Chenopodium maritimum*	.	.	1	.	1	*a*	maritime.
Soude, *Salsola kali*	1	.	.	.	.	*a*	maritime, sableuse.
Orme, *Ulmus campestris*	2	1	2	1	1	*v*	sylvestre.
Gentiane, *Gentiana lutea*	.	.	1	.	.	*v*	montagneuse.
——— *amarella*	0	1	1	0	.	*a*	pacagère, calcariée.
——— *centaurium*	0	1	1	0	.	*a*	pacagère, ombrose.
Sanicle, *Sanicula europœa*	?	?	1	0	.	*v*	forestière.
Tordyle, *Tordilium anthriscus*	1	1	1	2	.	*a*	duméteuse.
Carotte, *Daucus carota* (1)	2	2	2	2	2	*b*	champêtre, pacagère.
Ciguë, *Conium maculatim* (2)	2	1	1	1	.	*b*	hortolane.
Selin, *Selinum palustre*	2	1	1	1	.	*v*	palustre.
——— *carvifolia*	2	1	1	1	.	*v*	pacagère.
Athamante, *Athamanta libanotis*	0	.	1	1	1	*v*	déclive.
——— *oreoselinum*	?	.	1	1	.	*v*	montagneuse, pacagère.
Laser, *Laserpitium latifolium*	1	1	1	1	1	*v*	montagneuse.
Berce, *Heracleum sphondylium*	1	1	1	0	1	*b*	prairéale, duméteuse.
Angélique, *Angelica archangelica*	0	1	.	0	.	*b*	hortolane.
——— *silvestris*	1	1	1	?	1	*v*	rivulaire.
Berle, *Sium latifolium* (3)	0	0	1	2	1	*v*	palustre.
Œnanthe, *Œnanthe fistulosa*	0	.	0	0	.	*v*	palustre.
——— *crocata*	0	.	0	?	.	*v*	palustre.
Phellandrie, *Phellandrium aquaticum*	?	1	1	1	?	*b*	palustre, inondée.
——— *mutellina*	2	.	.	.	.	*v*	montagneuse.
Cicutaire, *Cicuta virosa*	0	1	?	?	0	*v*	palustre.
Ethuse, *Æthusa cynepium*	1	1	1	1	1	*a*	champêtre.
Aiguille, *Scandix cerefolium*	2	1	1	0	.	*a*	duméteuse, hortolane.
——— *anthriscus*	1	1	1	1	.	*a*	
Cerfeuil, *Chærophyllum silvestre* (4)	?	?	?	?	0	*v*	duméteuse, hortolane.
Panais, *Pastinaca sativa* (5)	1	1	1	1	2	*b*	champêtre, sablonneuse.
Carvi, *Carum carvi*	?	1	1	?	.	*b*	prairéale.
Boucage, *Pimpinella saxifraga*	2	1	1	2	1	*v*	pacagère, aride.
——— *magna*	1	.	1	1	.	*v*	pacagère.
Ache, ou Céleri, *Apium graveolens*	?	1	1	?	.	*b*	palustre.
Podagraire, *Ægopodium podagraria*	2	1	1	2	2	*v*	pacagère.
Viorne, *Viburnum opulus*	1	1	1	2	2	*v*	forestière, humide.
Sureau, *Sambucus nigra*	0	0	2	0	.	*v*	forestière.
——— *ebulus*	0	0	0	0	0	*a*	champêtre.
Morgeline, *Alsine media*	2	1	1	1	2	*a*	champêtre.
Statice, *Statice armeria*	0	1	?	1	0	*v*	rupestre.
——— *limonium*	.	1	1	.	.	*v*	maritime.
Parnassie, *Parnassia palustris*	0	1	?	1	0	*v*	palustre.
Lin, *Linum catharticum*	1	1	1	1	.	*a*	pacagère, aride.
——— *radiola*	.	1	1	.	.	*a*	pacagère, sablonneuse.

(1) La fane des carottes est un excellent fourrage pour les bestiaux, principalement pour les vaches; elle leur donne beaucoup de lait; et le beurre qui en provient est d'une excellente qualité. On peut couper cette fane plusieurs fois l'année, sans endommager la racine, lorsque l'année est pluvieuse, ou que le sol est humide.

(2) Cette plante, que l'on croit être la ciguë des anciens, est mortelle pour les chevaux et les cochons; elle l'est aussi pour les chiens et pour plusieurs autres animaux. Curtis dit qu'on la mange dans quelques parties de l'Angleterre.

(3) On a observé, en Suède, que cette plante donnoit souvent des maladies graves aux bêtes à cornes.

(4) La racine du cerfeuil sauvage est mortelle pour les vaches.

(5) Sa racine peut être donnée avec avantage aux bestiaux, sur-tout aux cochons, qu'elle engraisse promptement; elle jouit, en cela, des propriétés de toutes les plantes qui contiennent une grande quantité de parties sucrées. Elle donne beaucoup de lait aux vaches.

PENTANDRIA.	Bœuf.	Chèvre	Mouton.	Cheval.	Cochon.	Durée.	NATURE DES PLANTES.
Rossoli, *Drosera rotundifolia*....	0	0	0	0	0	*v*	palustre.
—— *longifolia*.......	0	0	0	0	0	*v*	montagneuse, madide.
Ratoncule, *Myosurus minimus*.....	1	1	.	1	.	*a*	pacagère, graveleuse.
HEXANDRIE.							
Ail, *Allium ursinum* (1)..........	1	1	0	0	0	*v*	pacagère, ombrose.
—— *scorodoprasum*.......	?	0	0	0	.	*v*	pacagère.
—— *oleraceum*...........	1	1	2	0	.	*v*	champêtre.
—— *schœnoprasum*........	1	?	0	0	0	*v*	prairéale.
Fritillaire, *Fritillaria meleagris*....	1	.	.	1	.	*v*	
Ornithogale, *Ornithogalum luteum*.	0	1	2	2	1	*v*	prairéale, madide.
——— *minimum*.	0	1	2	1	0	*v*	prairéale.
Anthéric, *Anthericum ossifragum*.	1	1	0	0	.	*v*	palustre, montagneuse.
——— *ramosum*..	.	?	1	.	.	*v*	calcariée.
Asperge, *Asparagus officinalis*....	1	1	1	0	0	*v*	duméteuse.
Muguet, *Convallaria maialis*.....	0	1	1	2	0	*v*	sylvestre.
——— *polygonatum*.	0	1	1	2	2	*v*	forestière.
——— *multiflora*....	1	1	1	2	2	*v*	forestière.
——— *bifolia*.......	0	1	0	2	.	*v*	forestière.
Acorus, *Acorus calamus*..........	0	0	0	0	0	*v*	palustre.
Jonc, *Juncus conglomeratus*.......	?	1	0	?	.	*v*	madide.
—— *effusus*.............	?	1	0	1	.	*v*	madide.
—— *filiformis*...........	.	1	1	.	.	*v*	marécageuse.
—— *squarrosus*..........	1	.	0	1	.	*v*	madide, sablonneuse.
—— *articulatus*..........	1	1	1	1	.	*v*	madide, graveleuse.
—— *bulbosus*............	1	1	1	1	.	*v*	madide.
—— *bufonius*............	1	1	1	1	.	*v*	madide, inondée.
—— *pilosus*.............	0	1	0	2	.	*v*	forestière.
—— *campestris*..........	0	1	1	1	.	*v*	tourbeuse.
Epine-vinette, *Berberis vulgaris*....	1	1	1	0	0	*v*	forestière, duméteuse.
Patience, *Rumex crispus*..........	1	0	1	1	1	*v*	pacagère, champêtre.
—— *aquaticus*........	0	0	1	2	0	*v*	palustre.
—— *acutus*...........	1	.	.	1	0	*v*	palustre.
Oseille, *acetosa* (2)...............,	2	1	2	1	1	*v*	pacagère.
Oseille, *acetosella*................	0	1	2	1	1	*v*	pacagère.
Trocart, *Triglochin palustre* (3)...	2	1	2	1	1	*a*	saline.
——— *maritimum*...	2	1	2	2	1	*v*	saline, aride.
Plantain d'eau, *Alisma plantago*...	0	1	0	0	0	*v*	palustre.
HEPTANDRIE.							
Marronnier d'Inde, *Æsculus hippocastanum* (4).	2	.	2	1	2	*v*	madide.

(1) Les tiges ou les feuilles des différentes espèces d'aulx communiquent plus ou moins leur saveur au laitage des vaches.

(2) Elle est assez commune dans nos prairies; et, quoiqu'elle produise peu, il est cependant bon de la laisser dans les prairies et les pâturages, par la raison que sa propriété acidule contribue à la santé des bestiaux.

(3) Cette espèce de trocart, et la suivante, sont des plantes salines qui méritent l'attention de tout cultivateur propriétaire des terrains salés, ou *salobres*, ainsi qu'on les appelle dans les départemens méridionaux de la république. L'une et l'autre donnent un pâturage sain; et elles croissent parfaitement dans des terrains où les graminées et d'autres plantes que l'on cultive communément ne sauroient prospérer. La seconde espèce sur-tout doit être choisie de préférence; elle donne de plus grands produits; elle réussit dans les terrains les plus stériles, sur-tout si ces terrains sont imprégnés d'une certaine humidité. Si l'on fait paître aux animaux le trocart maritime quelque temps avant de les livrer au boucher, leur chair acquiert un plus haut degré de saveur.

(4) Les vaches et les moutons refusent de manger le fruit du marronnier d'Inde lorsqu'ils n'en ont pas encore goûté; mais ils le recherchent avec empressement, une fois qu'ils y sont habitués. Ce fruit est sain, et les préserve de plusieurs maladies. Les Tartares le réduisent en farine, et le donnent en cet état à leurs chevaux.

OCTANDRIE.

	Bœuf.	Chèvre.	Mouton.	Cheval.	Cochon.	Durée.	NATURE DES PLANTES.
Epilobé, *Epilobium angustifolium*..	2	2	1	0	0	*v*	ombrose, madide.
——— *hirsutum*	1	1	1	1	0	*v*	palustre, riveraine.
——— *montanum*.....	1	1	1	?	1	*v*	graveleuse, madide.
——— *palustre*.......	1	1	1	1	0	*v*	palustre.
Airelle, *Vaccinium uliginosum*...	0	1	1	1	1	*v*	forestière, montagneuse.
——— *mirtillus*.....	0	1	?	1	1	*v*	forestière, montagneuse.
——— *vitis idea*.....	0	1	0	0	1	*v*	montagneuse.
——— *oxycoccos*...	0	1	0	0	1	*v*	montagneuse, marécageuse.
Bruyère, *Erica vulgaris*..........	1	?	?	1	0	*v*	pacagère, sablonneuse.
Bois gentil, *Daphne mezerem*.......	0	1	1	0	.	*v*	sylvestre.
Renouée, *Polygonum aviculare* (1).	1	1	1	1	2	*a*	graveleuse, champêtre.
——— *bistorta*	2	1	1	0	1	*v*	madide.
——— *viviparum*....	2	1	?	1	2	*v*	montagneuse.
——— *amphibium*(2)	0	1	1	2	1	*v*	palustre.
——— *persicaria* (3)	0	1	2	1	?	*a*	champêtre, madide.
——— *fagoprrum*(4)	2	1	1	2	0	*a*	sablonneuse.
——— *convolvulus*..	2	1	2	1	0	*a*	champêtre.
——— *hydropiper*..	0	0	0	0	0	*a*	rivuline, palustre.
Parisette, *Paris quadrifolia*.......	0	1	1	0	0	*v*	forestière.
Moscatelle, *Adoxa moschatellina*..	1	1	1	1	.	*v*	forestière.
Elatine, *Elatine hydropiper*.......	0	2	0	0	0	*v*	palustre.

ENNÉANDRIE.

	Bœuf.	Chèvre.	Mouton.	Cheval.	Cochon.	Durée.	NATURE DES PLANTES.
Jonc fleuri, *Butomus umbellatus*...	0	0	0	0	.	*v*	palustre.

DÉCANDRIE.

	Bœuf.	Chèvre.	Mouton.	Cheval.	Cochon.	Durée.	NATURE DES PLANTES.
Lédum, *Ledum palustre*..........	0	?	?	?	?	*v*	marécageuse, forestière.
Andromède, *Andromeda polifolia*(5)	0	1	?	0	.	*v*	forestière, tourbeuse.
Pyrole, *Pyrola rotundifolia*.......	1	1	0	0	0	*v*	ombrose.
——— *minor*............	1	1	0	0	.	*v*	ombrose, madide.
——— *secunda*..........	1	1	0	0	.	*v*	montagneuse.
——— *uniflora*..........	1	1	0	0	.	*v*	montagneuse, ombrose.
Saxifrage, *Saxifragra granulata*....	0	1	0	0	0	*v*	aride.
Gnavelle, *Scleranthus annuus*	0	1	0	2	.	*a*	champêtre.
Gypsophila, *Gypsophila fastigiata*.	2	0	1	1	.	*v*	sablonneuse, aride.
——— *muralis*...	2	.	1	1	.	*a*	aride.
Œillet, *Dianthus armeria*	1	1	1	1	.	*a*	aride.
——— *deltoides*.......	1	1	1	1	0	*v*	sablonneuse, pacagère.
——— *arenarius*.......	1	.	1	1	.	*v*	montagneuse, sablonneuse.
Carnillet, *Cucubalus behen*.......	2	1	1	1	1	*v*	champêtre, pacagère.
Silène, *Silene nutans*.............	0	1	1	2	.	*v*	pacagère, montagneuse.
Stellaire, *Stellaria graminea*......	2	1	1	1	1	*v*	pacagère.
Sabline, *Arenaria peploïdes*......	.	.	1	1	.	*v*	maritime.
——— *trinervia*.......	.	.	1	1	.	*a*	forestière.
——— *serpyllifolia*.....	.	.	1	.	.	*a*	aresœnte.
——— *rubra*...........	1	0	1	1	.	*a*	sablonneuse, champêtre.

(1) Les habitans de la campagne ramassent, dans quelques endroits, cette espèce de renouée pour alimenter les porcs, qui en sont très-friands. On croit qu'elle est nuisible aux moutons. Il est difficile de la détruire, lorsqu'elle s'est emparée d'un champ en culture.

(2) Elle donne un aliment malsain pour les bestiaux.

(3) Cette espèce, qui est très-nourrissante, et qui plaît aux moutons, produit en outre une graine qu'on peut faire servir à l'engrais des animaux.

(4) Le sarrasin, ou blé noir, se donne en vert aux chevaux et aux vaches; il les engraisse, et il rend le lait de ces dernières d'une bonne qualité. Sa semence est bonne pour engraisser les cochons.

(5) On croit que les andromèdes sont nuisibles aux bêtes à laine.

DÉCANDRIE.	Bœuf.	Chèvre.	Mouton.	Cheval.	Cochon.	Durée.	NATURE DES PLANTES.
Orpin, *Sedum telephium*.........	1	1	1	1	1	*v*	ombrose.
——— *album*............	1	1	0	0	.	*v*	rupestre.
——— *acre*..............	0	1	0	0	0	*v*	arescente, rupestre.
——— *sexangulare*.......	0	1	.	0	.	*v*	pacagère, aride.
Alleluia, *Oxalis acetosella*.......	?	1	1	1	1	*v*	pacagère.
Agrostemme, *Agrostemma githago*.	1	1	1	1	.	*a*	champêtre.
Lychnis, *Lychnis flos-cuculi*.....	?	?	?	?	?	*v*	prairéale, madide.
——— *viscaria*...........	0	1	2	1	.	*v*	champêtre.
——— *dioica*.............	1	1	1	1	.	*v*	ombrose.
Ceraiste, *Cerastium viscosum*......	0	1	1	2	.	*a*	sablonneuse, pacagère.
——— *semidecandrum*.	1	1	1	1	1	*a*	pacagère.
——— *arvense*........	1	.	1	1	.	*v*	aride, pacagère.
——— *alpinum*.......	1	.	1	.	.	*v*	montagneuse.
Spargoute, *Spergula arvensis* (1)...	2	1	2	1	1	*a*	sablonneuse, madide.
——— *nodosa*......	1	.	1	1	.	*v*	palustre, riveraine.
DODÉCANDRIE.							
Cabaret, *Asarum europæum* (2)....	0	0	0	0	1	*v*	ombrose.
Salicaire, *Lithrum salicaria*.......	1	1	2	1	0	*a*	palustre, riveraine.
Aigremoine, *Agrimonia eupatoria*.	?	1	2	?	0	*v*	duméteuse.
Euphorbe, *Euphorbia helioscopia* (3)	0	?	?	2	0	*a*	champêtre.
——— *peplus*.......	0	?	?	2	0	*a*	hortolane.
——— *palustris*.....	0	1	?	0	0	*v*	palustre.
Joubarbe, *Sempervivum tectorum*..	0	1	1	1	0	*v*	aride.
ICOSANDRIE.							
Prunier, *Prunus avium* (4)........	0	1	1	0	1	*v*	duméteuse.
——— *domestica*........	0	1	1	0	1	*v*	météorée.
——— *spinosa*..........	?	1	1	1	1	*v*	duméteuse.
——— *padus*...........	?	1	1	0	0	*v*	forestière.
Alizier, *Cratægus aria*...........	1	1	1	1	1	*v*	montagneuse, calcariée.
——— *oxyacantha*.....	1	1	1	1	1	*v*	forestière, duméteuse.
Sorbier, *Sorbus aucuparia*.........	1	1	1	1	1	*v*	montagneuse, madide.
Poirier, *Pyrus communis*.........	1	1	1	1	1	*v*	forestière, champêtre.
—— *malus*.............	1	1	1	1	1	*v*	forestière, champêtre.
Néflier, *Mespylus cotoneaster*.....	1	1	1	1	1	*v*	montagneuse.
Spirée, *Spiræa filipendula*.......	1	1	1	0	1	*v*	calcariée.
——— *ulmaria*..........	.	.	1	0	1	*v*	madide.
Rose, *Rosa canina*..............	1	1	1	0	1	*v*	duméteuse.
—— *spinosissima*.........	1	1	1	0	1	*v*	duméteuse.
—— *eglanteria*...........	1	1	1	0	1	*v*	duméteuse.
Ronce, *Rubus fruticosus*..........	1	1	1	0	1	*v*	duméteuse.
—— *cæsius*.............	1	1	1	0	1	*v*	duméteuse.

(1) Cette plante, qui donne un fourrage excellent pour les bestiaux, est cultivée dans la Flandre, la Silésie, la Lusace, la Poméranie, etc.; elle augmente le lait aux vaches, et produit du beurre savoureux et ferme. Les Anglais la donnent aux moutons qu'ils veulent engraisser. La volaille mange ses semences. Quelques auteurs suédois prétendent que la culture de la *gypsophilla fastigiata* seroit plus avantageuse à cultiver que la spargoute.

(2) On dit que sa racine, infusée dans l'eau, donne une liqueur qui engraisse les porcs.

(3) Les euphorbes contiennent un suc virulent; ils donnent un mauvais goût au lait et à la chair des animaux.

(4) Les cochons recherchent avec avidité le fruit des différentes espèces de pruniers, de cerisiers, de pommiers, de poiriers. On doit avoir soin de leur donner tous les mauvais fruits qui tombent des arbres, ou ceux qu'on ne peut consommer.

ICOSANDRIE.

	Bœuf.	Chèvre.	Mouton.	Cheval.	Cochon.	Durée.	NATURE DES PLANTES.
Ronce, *Rubus idæus*	1	1	1	0	1	*v*	ombrose.
—— *saxatilis*	1	1	1	0	1	*v*	rupestre.
Fraisier, *Fragaria vesca*	?	1	1	0	0	*v*	forestière.
Potentille, *Potentilla fruticosa*	1	1	1	1	0	*v*	pacagère.
——— *anserina*	0	1	0	0	2	*v*	inondée.
——— *rupestris*	1	1	1	1	.	*v*	montagneuse.
——— *argentea*	0	1	0	0	1	*v*	aride.
——— *reptans*	1	1	1	1	1	*v*	argilée.
Tormentille, *Tormentilla erecta*	1	1	1	0	2	*v*	aride, ombrose.
Benoite, *Geum urbanum*	2	1	?	1	1	*v*	ombrose.
—— *rivale*	?	1	1	?	?	*v*	madide.
Dryas, *Dryas octopetala*	0	0	0	0	0	*v*	montagneuse.
Comaret, *Comarum palustre*	?	1	0	0	?	*v*	palustre.

POLYANDRIE.

	Bœuf.	Chèvre.	Mouton.	Cheval.	Cochon.	Durée.	NATURE DES PLANTES.
Christophoriane, *Actœa spicata*	0	1	1	0	1	*v*	ombrose.
Chélidoine, *Chelidonium majus*	0	0	0	0	0	*v*	ombrose.
Pavot, *Papaver argemone*	0	1	?	0	0	*a*	champêtre.
——— *dubium*	1	1	?	0	.	*a*	champêtre.
——— *rhœas*	1	1	?	0	.	*a*	champêtre.
Nénuphar, *Nymphœa lutea*	0	?	0	0	1	*v*	palustre.
——— *alba*	0	?	0	0	1	*v*	palustre.
Tilleul, *Tilia europea* (1)	2	1	1	1	1	*v*	forestière.
Ciste, *Cistus helianthemum*	1	1	1	1	0	*v*	montagneuse, calcariée.
Pimprenelle, *Poterium sanguisorba* (2)	2	1	2	1	1	*v*	calcariée, aride.
Pied-d'alouette, *Delphinium consolida*	1	1	1	1	0	*a*	champêtre.
Aconit, *Aconitum napellus* (3)	0	0	0	?	0	*v*	pacagère.
——— *lycoctonum*	0	1	0	1	0	*v*	montagneuse.
Ancolie, *Aquilegia vulgaris*	0	1	?	0	0	*v*	montagneuse.
Stratiotes, *Stratiotes aloïdes*	0	0	0	0	1	*v*	palustre.
Anémone, *Anemone hepatica* (4)	0	?	1	0	0	*v*	forestière.
——— *pulsatilla*	0	1	1	0	0	*v*	forestière, montagneuse.
——— *pratensis*	0	1	0	0	0	*v*	pacagère.
——— *vernalis*	0	1	0	0	0	*v*	montagneuse.
——— *sylvestris*	0	1	0	0	0	*v*	forestière.
——— *nemorosa* (5)	?	1	1	0	0	*v*	forestière.
——— *ranunculoïdes*	0	?	0	0	.	*v*	montagneuse.

(1) Les feuilles du tilleul ne doivent pas être données en trop grande abondance aux vaches; elles communiquent un mauvais goût au laitage, et le beurre prend une trop grande consistance. On a l'habitude, en plusieurs lieux, de faire sécher ces feuilles pour affourrager les bestiaux durant l'hiver. Les personnes qui font tailler des berceaux et des allées de tilleul, doivent destiner à cet usage les jeunes pousses qui proviennent de cette coupe : elles conviennent sur-tout aux moutons.

(2) La pimprenelle fournit une excellente nourriture pour les bestiaux, principalement pour les vaches, et pour les bêtes à laine; elle forme de bons pacages dans les terrains arides et calcaires : quoiqu'on puisse la couper jusqu'à trois fois par an, lorsque la saison a été favorable, on a cependant observé qu'elle produit beaucoup moins que le trèfle, la luzerne, ou le sainfoin. Elle doit être cultivée principalement dans les terrains qu'on destine au pacage des bestiaux.

(3) Ces deux espèces d'aconit sont très-nuisibles; lorsqu'elles se trouvent dans les pâturages, elles occasionnent aux animaux plusieurs maladies, dont souvent on ignore la cause. On doit chercher à les extirper, afin de prévenir ces accidens.

(4) Plusieurs espèces d'anémones sont âcres et corrosives. Les bestiaux ne les mangent d'ordinaire que lorsqu'ils sont pressés par la faim : elles leur donnent des inflammations d'intestins, et d'autres accidens non moins graves.

(5) Elle est âcre, et elle occasionne des hémorragies aux bêtes à laine qui n'ont pas coutume de la manger.

POLYANDRIE.	Bœuf.	Chèvre.	Mouton.	Cheval.	Cochon.	Durée.	NATURE DES PLANTES.
Anémone, *Clematis flammula* (1)..	.	.	.	.	.		
Pigamon, *Thalictrum aquilegifolium*	1	1	1	1	.	*v*	montagneuse.
——— *flavum*.......	1	1	1	1	?	*v*	madide.
——— *minus*	1	1	1	1	1	*v*	pacagère.
Renoncule, *Ranunculus flammula* (2).	o	o	o	?	o	*v*	marécageuse.
——— *lingua*......	o	o	o	o	o	*v*	pacagère, marécageuse.
——— *reptans*.....	o	1	.	1	.	*v*	lacustre.
——— *sicaria*.....	o	1	1	o	1	*v*	prairéale.
——— *auricomus*..	1	1	1	o	1	*v*	madide, ombrose.
——— *sceleratus*..	o	1	o	o	.	*a*	marécageuse.
——— *bulbosus*....	o	1	o	o	o	*v*	prairéale.
——— *repens*.....	o	1	?	1	.	*v*	pacagère.
——— *acris*	o	1	1	o	o	*v*	pacagère.
——— *aquatilis*....	o	o	o	o	o	*v*	riveraine.
Trolle, *Trollius europens*.........	o	1	1	o	.	*v*	montagneuse.
Souci, *Caltha palustris*...........	o	1	1	o	1	*v*	marécageuse.
DIDYNAMIE.							
Bugle, *Ajuga pyramidalis*........	1	1	1	o	.	*b*	pacagère.
Germandrée, *Teucrium scordium* (3).	o	1	1	o	o	*v*	marécageuse.
Cataire, *Nepeta cataria*...........	o	o	1	o	o	*v*	calcariée, pacagère.
Menthe, *Mentha arvensis* (4)......	o	1	o	1	.	*v*	arvale.
——— *aquatica*.........	1	1	1	1	o	*v*	riveraine.
Lierre terrestre, *Glecoma hederacea*.	o	o	1	1	o	*v*	ombrose.
Bétoine, *Betonica officinalis*.......	o	o	1	o	.	*v*	forestière.
Lamier, *Lamium album*..........	1	1	1	1	o	*v*	arvale, duméteuse.
——— *purpureum*.......	1	1	1	1	?	*v*	arvale, pacagère.
——— *amplexicaule*.....	1	1	1	1	1	*a*	sablonneuse, arvale.
Galéope, *Galeopsis ladanum*......	1	1	1	o	.	*a*	arvale.
——— *tetrahit*.......	?	1	1	1	1	*a*	duméteuse.
Epiaire, *Stachys sylvatica*.......	?	1	1	o	1	*a*	forestière.
——— *palustris*.......	o	o	1	o	?	*v*	marécageuse.
Ballote, *Ballota nigra* (5).........	o	o	o	o	o	*v*	pacagère.
Marrube, *Marrubium vulgare*.....	o	o	o	o	o	*v*	duméteuse.
Léonure, *Leonurus cardiaca*.....	o	1	1	1	o	*v*	duméteuse.
Clinopode, *Clinopodium vulgare*...	1	1	1	o	.	*v*	duméteuse, pacagère.
Origan, *Origanum vulgare*........	o	1	1	1	.	*v*	duméteuse.
Thym, *Thymus serpyllum*........	o	1	1	o	.	*v*	pacagère.
——— *acinos*..........	o	o	?	1	.	*a*	sablonneuse.
Toque, *Scutellaria galericulata*....	1	1	1	o	o	*v*	marécageuse.
Brunelle, *Brunella vulgaris*.......	2	1	1	o	.	*v*	pacagère.

(1) Dans le département de l'Hérault, les habitans d'Aiguemortes nourrissent en grande partie leurs bestiaux avec la clématite *flammula*, qu'ils font sécher après l'avoir divisée en paquets d'une livre: méthode qui ôte a cette plante sa qualité vénéneuse, et la rend salubre et agréable pour les animaux.

(2) Cette espèce de renoncule, ainsi que la suivante, sont douées d'une grande âcreté. Les bestiaux ne la mangent que lorsqu'ils sont pressés par la faim; elle leur occasionne différentes maladies, et même souvent la mort: elle est moins dangereuse lorsqu'elle a passé à l'état de siccité. Il est cependant à remarquer que ces plantes ne nuisent pas aux bestiaux lorsqu'elles ne sont pas en trop grande abondance dans les pâturages; elles agissent alors comme stimulant, et produisent sur l'estomac des animaux un effet analogue à celui que nous éprouvons lorsque nous assaisonnons nos alimens avec le poivre, la moutarde, etc.

(3) La faim seule porte les vaches à manger cette plante: elle fait contracter au lait une saveur d'ail qui le rend désagréable.

(4) Si les vaches en mangent en trop grande abondance, ce qui arrive très-souvent à la fin de l'automne, lorsque les pâturages sont dépouillés d'herbages, leur lait se coagule très-difficilement; effet qui inquiète les filles de la basse-cour, parce qu'elles en ignorent la cause.

(5) Les Suédois emploient cette plante comme un remède universel dans les maladies des bestiaux.

DIDYNAMIE.

	Bœuf.	Chèvre.	Mouton.	Cheval.	Cochon.	Durée.	NATURE DES PLANTES.
Bartsia, *Bartsia alpina*..........	o	1	1	.	.	*v*	montagneuse.
Crête-de-coq, *Rhinanthus Crista-Galli* (1)........	2	1	1	?	.	*a*	prairéale, madide.
Euphraise, *Euphrasia officinalis*..	1	1	1	1	o	*v*	pacagère.
——— *odontites*...	1	1	1	1	o	*a*	pacagère, arvale.
Mélampyre, *Melampyrum cristatum*.	2	1	1	1	o	*a*	pacagère.
——— *arvense*....	2	1	1	1	o	*a*	arvale.
——— *nemorosum*.	2	1	1	1	.	*a*	forestière.
——— *pratense* (2).	2	1	1	1	2	*a*	prairéale.
——— *silvaticum*..	1	1	1	1	.	.	forestière.
Clandestine, *Lathræa squamaria*...	o	1	1	?	1	*v*	ombrose.
Pédiculaire, *Pedicularis palustris* (3).	o	1	o	o	?	*v*	marécageuse.
——— *silvatica*....	o	1	o	o	o	*a*	forestière, marécageuse.
Muflier, *Antirrhinum linaria*......	o	?	o	o	o	*a*	duméteuse, sablonneuse.
——— *minus*.......	1	o	1	o	?	*a*	graveleuse.
——— *orontium*....	?	?	o	o	.	*a*	sablonneuse, arvale.
Scrophulaire, *Scrophularia nodosa*.	o	1	o	o	o	*v*	ombrose, madide.
Linnée, *Linnæa borealis*........	o	1	1	o	o	*v*	ombrose.

TÉTRADYNAMIE.

	Bœuf.	Chèvre.	Mouton.	Cheval.	Cochon.	Durée.	NATURE DES PLANTES.
Cameline, *Myagrum sativum*.....	2	1	1	1	1	*a*	arvale.
——— *paniculatum*..	1	1	1	1	.	*a*	arvale.
Drave, *Draba verna*............	?	1	2	1	o	*a*	sablonneuse.
——— *incana*...........	?	1	1	1	.	*b*	montagneuse, madide.
Passe-rage, *Lepidium sativum*....	1	1	1	1	o	*a*	madide.
——— *ruderale*.....	1	1	1	o	o	*b*	madide, maritime.
Tabouret, *Thlapsi arvense* (4)....	1	1	o	o	1	*a*	arvale, pacagère.
——— *campestre*.......	1	1	o	o	1	*b*	argilée.
——— *bursa pastoris*....	1	1	2	1	1	*a*	arvale, pacagère.
Cochléaria, *Cochlearia officinalis*..	1	o	o	o	o	*v*	marécageuse.
——— *armoracia*..	o	o	1	o	?	*v*	marécageuse.
Alysse, *Alyssum incanum*.......		1	1	o	.	*v*	aride.
Lunaire, *Lunaria annua*.........	1	1	1	o	.	*b*	arvale,
Dentaire, *Dentaria bulbifera*......	o	.	o	o	o	*v*	forestière.
Cardamine, *Cardamine impatiens*..	o	o	o	o	o	*a*	forestière.
——— *pratensis*...	?	1	1	o	o	*a*	madide, prairéale.
——— *amara*.....	o	1	.	o	o	*v*	rivulaire, prairéale.
Cresson, *Sisymbrium nasturtium*...	1	1	1	.	.	*b*	fontanière, rivulaire.
——— *amphibium*...	1	1	?	1	.	*v*	riveraine.
——— *sophia*.......	?	?	1	?	o	*a*	aride.
——— *irio*.........	1	1	1	o	o	*a*	aride.
Velar, *Erysimum officinale*......	o	1	1	o	o	*a*	aride.
——— *barbarea*.......	1	?	1	o	o	*a*	madide.

(1) Les bestiaux mangent la crête-de-coq lorsqu'elle est verte ; ils la rejettent lorsqu'elle est sèche. Elle est inutile dans cet état, parce que ses feuilles tombent, et que la tige est trop dure pour être broyée sous leurs dents.

(2) Il est peu de plantes que les vaches recherchent avec plus d'avidité, et qui leur donnent une plus grande quantité de lait. Le beurre qui en provient est gras et savoureux. Le *melampyrum silvaticum* jouit des mêmes qualités.

(3) Cette plante, et la suivante, sont très-préjudiciables aux bestiaux : elles donnent la gale aux moutons, et occasionnent la chute de leur laine.

(4) Le thlapsi des champs communique un goût désagréable à la chair des moutons, si on les tue aussitôt après qu'ils en ont mangé. Il donne une mauvaise saveur au lait, au beurre et au fromage.

TÉTRADYNAMIE.	Bœuf.	Chèvre.	Mouton.	Cheval.	Cochon.	Durée.	NATURE DES PLANTES.
Velar, *Erysimum alliaria* (1).....	1	1	0	0	0	*v*	ombrose.
——— *cheiranthoïdes*..	1	1	1	1	1	*a*	arvale, montagneuse.
Arabette, *Arab thaliana*.........	1	.	1	0	0	*a*	aride.
Tourrette, *Turritis glabra*........	1	1	1	0	1	*a*	pacagère, aride.
——— *hirsuta*.........	0	1	1	0	0	*v*	aride
Choux, *Brassica oleracea* (2).....	2	1	2	?	2	*b*	argilée, hortolane.
Navet, *Brassica napus* (3)........	2	1	2	0	2	*b*	sablonneuse.
Rave, *Brassica rapa* (3)........	2	1	2	0	2	*b*	sablonneuse.
Moutarde, *Sinapis arvensis*.......	1	1	1	?	1	*a*	arvale.
——— *nigra*.........	1	1	1	0	.	*a*	arvale, riveraine.
Radis sauvage, *Raphanus raphanistrum*......	1	1	.	0	.	*a*	arvale.
Pastel, *Isatis tinctoria*.............	1	0	2	0	1	*b*	arvale.
Crambe, *Crambe maritima* (4)....	2	1	1	2	2	*v*	maritime.
MONADELPHIE.							
Bec-de-grue, *Geranium sanguineum*.	0	1	1	1	0	*v*	ombrose, aride.
——— *silvaticum*....	1	1	1	0	1	*v*	duméteuse.
——— *pratense*.....	1	1	1	1	1	*v*	madide.
——— *robertianum*..	0	1	1	?	0	*b*	aride, ombrose.
——— *lucidum*.....	1	.	1	.	.	*a*	aride, ombrose.
——— *rotundifolium*	0	1	1	?	0	*a*	arvale.
——— *columbinum*..	0	1	1	.	0	*a*	arvale.
——— *molle*........	0	1	1	.	.	*a*	duméteuse.
——— *cicutarium*...	1	0	0	1	.	*a*	duméteuse.
Mauve, *Malva rotundifolia*.......	?	1	1	0	1	*a*	pacagère.
——— *silvestris*..........	1	.	1	.	.	*a*	pacagère.
——— *alcea*............	2	1	1	1	.	*v*	duméteuse.
——— *moscata*..........	1	1	0	1	.	*v*	prairéale.
DIADELPHIE.							
Fumeterre, *Fumaria officinalis*....	1	?	1	0	0	*v*	arvale.
——— *bulbosa*.......	1	1	1	0	.	*v*	forestière.
Laitier, *Polygala vulgaris*.......	2	1	1	2	0	*v*	pacagère.
Genêt, *Spartium scoparium*.......	1	1	1	1	.	*v*	pacagère, aride.
Genêt des teinturiers, *Genista tinctoria* (5)...	1	1	2	2	1	*v*	pacagère, sablonneuse.

(1) Le lait des bestiaux qui ont mangé cette plante contracte une saveur d'ail.

(2) On cultive une grande variété de choux, soit dans les jardins, soit dans les champs : ils fournissent tous une bonne nourriture pour les bestiaux, sur-tout en hiver, où il est difficile de se procurer des fourrages verts. On emploie à la nourriture des animaux les feuilles de choux qui ne sont pas bonnes pour les tables. On doit cultiver de préférence, pour les bestiaux, les espèces qui ont les feuilles les plus larges, et celles qui en produisent le plus abondamment. Le chou cavalier, sous ces rapports, mérite l'attention des cultivateurs. Quoiqu'il soit connu dans divers cantons de la France, sa culture n'est pas assez répandue. Il parvient jusqu'à six pieds dans le ci-devant Poitou. Lorsqu'il a produit ses feuilles à la fin de l'automne, on le transplante, en rapprochant les pieds à sept à huit pouces. Il jette au printemps de nouvelles pousses, qu'on donne aux bestiaux avant qu'elles ne fleurissent. Les tiges, fendues en quatre, servent de nourriture aux bœufs ou aux vaches. Le colza, qui est une espèce de chou, donne une graine dont on extrait de l'huile : le résidu est excellent pour la nourriture et l'engrais des bestiaux.

(3) Nous avons plusieurs variétés de navets et de raves, qui sont très-propres à la nourriture des animaux ; on doit cultiver de préférence la rabiole du Limousin, ou turneps des Anglais. Sa racine est très-bonne pour engraisser les bœufs et les bêtes à laine : les feuilles leur fournissent un bon aliment. On ne peut trop recommander aux habitans des campagnes la culture des racines et autres fourrages verts : ces alimens sont sains pour les bestiaux ; ils les entretiennent en bon état, dans une saison où les champs sont dépouillés de leur verdure. Il est bon d'observer que la privation de toute nourriture fraîche est la cause de plusieurs maladies qui ravagent chaque année nos troupeaux.

(4) On recommande la culture de cette plante. Les habitans des rivages de la mer récoltent ces feuilles à quatre ou cinq reprises chaque année ; ils les donnent aux vaches, auxquelles elles conviennent beaucoup.

(5) Ce genêt a une odeur de sureau lorsqu'il est vert : on prétend qu'il communique au lait et au beurre l'amertume qui lui est propre.

DIADELPHIE.	Bœuf.	Chèvre.	Mouton.	Cheval.	Cochon.	Durée.	NATURE DES PLANTES
Genêt, *Genista pilosa*	1	1	1	1	0	*v*	pacagère, déclive.
Ajonc, *Ulex europeus* (1)	1	1	1	1	0	*v*	pacagère, sablonneuse.
Arrête-bœuf, *Ononis spinosa*	1	1	2	0	0	*v*	pacagère.
Anthyllide, *Anthyllis vulneraria*	?	?	2	2	.	*v*	pacagère, calcariée.
Pois, *Pisum arvense* (2)	1	1	2	1	1	*a*	arvale.
—— *maritimum*	2	1	1	2	1	*v*	maritime.
Orobe, *Orobus vernus*	1	1	1	2	1	*v*	forestière, pacagère.
——— *tuberosus*	1	1	1	1	2	*v*.	forestière, pacagère.
——— *niger*	1	1	1	1	1	*v*	forestière.
Gesse, *Lathyrus silvestris*	1	1	1	1	.	*v*	forestière, pacagère.
——— *latifolius*	2	1	1	1	.	*v*	forestière.
——— *heterophyllus*	1	1	1	2	.	*v*	duméteuse.
——— *pratensis* (3)	2	1	1	2	1	*v*	prairéale.
——— *palustris*	1	1	1	1	1	*v*	madide.
——— *tuberosus*	1	1	1	1	2	*v*	arvale.
Vesce, *Vicia dumetorum*	1	1	1	2	1	*v*	duméteuse.
—— *silvatica*	1	1	1	1	1	*v*	forestière.
—— *sepium* (4)	2	1	1	2	1	*v*	forestière, pacagère.
—— *cracca* (5)	2	1	1	1	1		
—— *sativa* (6)	2	1	1	2	1	*a*	pacagère, arvale.
—— *pisiformis*	2	1	1	1	1	*v*	montagneuse.
Ers, *Ervum tetraspermum*	1	1	1	2	1	*a*	arvale.
——— *hirsutum* (7)	1	1	1	2	1	*a*	arvale.
——— *lens*	1	1	2	0	1	*a*	arvale, sablonneuse.
——— *ervilla*	2	1	1	1	1	*a*	arvale.
Cytise, *Cytisus hirsutus* (8)	1	1	2	.	.	*v*	
Acacia, *Robinia pseudo-acacia*	1	.	1	1	.	*v*	forestière.
——— *caragana*	1	1	1	2	1	*v*	forestière.
Coronille, *Coronilla varia*	1	.	.	.	.	*a*	arvale, duméteuse.

(1) Les jeunes pousses de l'ajonc plaisent aux bestiaux. Lorsqu'elles ont atteint leur croissance, elles sont presque ligneuses, et elles portent des piquans qui éloignent les animaux. Ils mangent cependant avec plaisir cette plante dans toutes les saisons, lorsqu'on a soin, ainsi que cela se pratique dans plusieurs lieux, de la concasser sous des pilons, ou sous des meules. Elle convient sur-tout aux chevaux.

(2) On cultive dans nos campagnes plusieurs espèces ou variétés de pois pour affourrager les bestiaux, soit en vert, soit en sec. La nature est libérale envers l'homme; c'est à lui à choisir, parmi les végétaux, ceux dont il peut retirer les plus grands avantages, en considérant ses besoins, la nature du sol et du climat qu'il habite.

(3) On a recommandé cette plante en Angleterre pour servir de fourrage aux bestiaux; mais ils la refusent souvent, lorsqu'ils peuvent en choisir d'autres. Young la met au dessus de toutes celles qui croissent dans les prairies, soit en Angleterre, soit en France. On trouvera, dans ce tableau, une foule de plantes qui doivent lui être préférées.

(4) Cette espèce de vesce est propre pour les bestiaux; elle croît de très-bonne heure au printemps; elle végète jusqu'à la fin de l'automne, et conserve souvent sa verdure pendant tout le cours de l'hiver: mais il est difficile de récolter ses semences; car la gousse, en s'ouvrant, les laisse échapper: elles sont, d'ailleurs, très-sujettes à être dévorées par une espèce d'insecte.

(5) Cette espèce, qui donne un excellent pâturage, mérite bien d'être cultivée; on doit la mélanger avec d'autres fourrages.

(6) Cette espèce, qui est la plus généralement cultivée, est saine et savoureuse pour les bestiaux; elle donne beaucoup de lait aux vaches. Elle doit être cueillie pour ces animaux, ainsi que pour les moutons, au moment qu'elle est en fleurs. On ne doit la récolter qu'après la floraison, lorsqu'on la destine aux chevaux. Elle a aussi l'avantage de fournir un fourrage printanier. Il y en a deux variétés: l'une noire, qui se sème en automne; et l'autre blanche, que l'on ne confie à la terre qu'au printemps. Le froid leur est préjudiciable.

(7) Cette plante est recherchée par les bestiaux; elle demande un sol gras et humide, dans lequel elle produit abondamment.

(8) Il donne un excellent pâturage pour les moutons. Ses profondes racines se plaisent dans les sols humides.

DIADELPHIE.

	Bœuf.	Chèvre.	Mouton.	Cheval.	Cochon.	Durée.	NATURE DES PLANTES.
Sainfoin, *Hedysarum onobrychis* (1)	2	1	2	2	.	*v*	arvale.
Astragale, *Astragalus glycyphyllos* (2)...	2	2	1	2	1	*v*	pacagère, ombrose.
Lavanèse, *Galega officinalis* (3)....	1	1	1	1	.	*v*	pacagère.
Trèfle, *Trifolium melilotus officinalis* (4)......	1	1	2	2	1	*v*	prairéale, arvale.
——— *hybridum*.......	2	1	1	2	.	*v*	prairéale.
——— *repens* (5)......	2	1	1	2	1	*v*	prairéale.
——— *pratense* (6).....	2	1	1	2	2	*v*	prairéale, pacagère.
——— *montanum*......	1	1	2	1	1	*v*	montagneuse.
——— *arvense*.........	0	1	1	0	.	*a*	arvale.
——— *fragiferum*......	1	1	1	1	.	*v*	pacagère.
——— *agrarium*.......	1	1	1	2	.	*a*	arvale.
——— *spadiceum*......	1	.	.	2	.		
——— *procumbens*.....	1	1	1	2	.	*v*	arvale, pacagère.
——— *angustifolium* (7).	1	1	1	2	.	*v*	argilacée, ombrose.
Lotier, *Lotus corniculatus* (8)......	1	1	1	2	2	*v*	prairéale, pacagère.
—— *hirsutus*............	1	1	1	1	.	*v*	aride.
Fenu-grec, *Trigonella fœnum græcum* (9)............	2	.	.	1	.	*a*	arvale.
Luzerne, *Medicago sativa* (10)....	2	1	2	2	2	*v*	prairéale, argilée.
——— *falcata*.......	2	1	1	1	.	*v*	sablonneuse.
——— *lupulina*......	1	1	1	1	.	*a*	arvale, prairéale.
——— *arborea*......	1	2	.	.	.	*v*	maritime.

(1) Cette plante précieuse est assez connue; il est donc superflu d'exposer ici tous les avantages qu'elle présente dans la culture des prairies artificielles. Nous ferons seulement observer qu'il se trouve sur nos montagnes une espèce de sainfoin, connu par les botanistes sous le nom de *Hedysarum alpinum*, qui donne un excellent fourrage, dont on peut tirer parti dans les pays montueux.

(2) Elle a un goût sucré, analogue à celui de la réglisse, qui plaît beaucoup aux bestiaux. Elle produit une tige élevée, et bien fournie.

(3) La lavanèse ne nous paroît pas jouir de tous les avantages qu'on lui a attribués, comme plante fourragère. Elle a un goût nauséabonde qui répugne aux bestiaux. Elle demande un terrain fertile, qui peut être occupé avec plus d'avantages par d'autres plantes.

(4) Le mélilot est sain; et il est doué d'une saveur qui plaît aux bestiaux, et qui augmente par la dessiccation de la plante. Il est très-propre à aromatiser les foins, et à les rendre plus agréables aux animaux: il donne un bon fourrage pour les moutons.

(5) Cette espèce de trèfle indique un fonds de bonne qualité.

(6) Le trèfle commun est un excellent fourrage pour toute espèce de bestiaux: il est cependant plus propre à engraisser les vaches qu'à leur donner du lait. Il est utile pour la nourriture des porcs. On sait que le trèfle étant mangé par les vaches lorsqu'il est couvert de rosée, les fait enfler, et leur occasionne la mort, si l'on n'y apporte un prompt remède: il est même dangereux de les affourrager avec une trop grande quantité de trèfle lorsqu'elles n'y sont pas habituées. Il faudra, au commencement, mêler dans la portion qu'on leur donne une certaine quantité de paille, ou d'autres fourrages secs.

(7) Quelques cultivateurs anglais recommandent la culture de cette espèce de trèfle, en le mélangeant avec le trèfle ordinaire et avec le paturin.

(8) Ce lotier croît très-bien non seulement dans les prés humides, mais encore dans les terres arides; à l'ombre, et en plein air. On le cultive, dans le comté d'Hertford, en Angleterre, pour le faire pacager par les moutons. Cette culture mérite d'être suivie par les propriétaires de troupeaux.

(9) Le fenu-grec est cultivé dans quelques parties de l'Espagne et de l'Italie; il réussit bien aux environs de Paris, ainsi que nous l'avons éprouvé. Il donne un fourrage que les bœufs aiment beaucoup, et qui leur est salutaire.

(10) La luzerne doit être mise au premier rang des plantes propres aux prairies artificielles: sa culture est cependant inconnue dans plusieurs cantons de la France. L'espèce que les botanistes désignent sous le nom de *falcata*, mérite aussi l'attention des cultivateurs; car elle prospère dans les sols sablonneux, arides, et stériles, sur lesquels il est difficile de faire croître d'autres plantes.

	Bœuf.	Chèvre.	Mouton.	Cheval.	Cochon.	Durée	NATURE DES PLANTES.
POLYADELPHIE.							
Mille-pertuis, *Hypericum quadrangulare*......	2	1	1	0	0	*v*	sablonneuse, madide.
——— *perforatum.*	2	1	1	0	0	*v*	forestière.
——— *hirsutum* ...	1	0	1	0	0	*v*	forestière.
——— *montanum.*	2	0	.	0	.	*v*	montagneuse.
SYNGÉNÉSIE.							
Salsifis, *Tragopogon pratense*.....	2	?	1	1	2	*b*	prairéale.
Scorzonère, *Scorzonera humilis*....	2	1	1	1	2	*v*	prairéale.
Laiteron, *Sonchus arvensis*........	1	1	1	2	1	*v*	arvale, argilée.
——— *oleraceus*........	2	1	1	2	2	*a*	arvale.
———. *alpinus*..........	1	1	2	2	1	*a*	montagneuse.
Prenanthes, *Prenanthes muralis*.....	1	1	2	1	1	*v*	forestière.
Pissenlit, *Leontodon taraxacum*....	1	1	?.	0	1	*v*	pacagère.
——— *autumnale*...	0	1	?	2	1	*v*	pacagère.
——— *hispidum*.....	?	1	0	1	.	*v*	pacagère.
Epervière, *Hieracium pilosella*....	0	1	?	2	.	*v*	pacagère, aride.
——— *auricula*.....	0	1	1	1	.	*v*	pacagère, aride.
——— *præmorsum.*	1	1	1	1	.	*v*	pacagère.
——— *murorum*.....	1	1	.	2	.	*v*	aride, sylvestre.
——— *umbellatum.*	1	1	1	1	.	*v*	prairéale.
Crépide, *Crepis tectorum*.........	1	1	1	1	1	*a*	aride.
Porcelle, *Hypochæris maculata*.....	0	2	0	2	1	*v*	pacagère.
Lampsane, *Lapsana communis*.....	?	0	1	1	1	*a*	arvale, pacagère.
Chicorée, *Cichorium intybus*	2	1	1	1	1	*v*	arvale.
Bardane, *Arctium lappa*...........	1	1	0	0	1	*b*	hortolane.
Sarrète, *Serratula tinctoria*........	0	1	1	1	0	*v*	forestière, pacagère.
——— *arvensis*........	0	1	2	1	1	*v*	arvale.
Chardon, *Carduus lanceolatus*	?	?	0	2	1	*b*	pacagère.
——— *nutans*........	?	1	0	2	.	*b*	arvale, pacagère.
——— *crispus*........	1	1	1	1	.	*a*	arvale.
——— *palustris*.......	1	1	1	2	1	*v*	prairéale, madide.
——— *heterophyllus*..	2	1	1	1	0	*v*	prairéale.
——— *acaulis*.......	0	1	1	0	.	*v*	calcariée, aride.
Quenouille, *Cnicus oleraceus*	0	1	0	2	1	*v*	prairéale, madide.
Onoporde, *Onopordum acanthium.*	0	0	0	0	0	*b*	duméteuse.
Carline, *Carlina vulgaris*..........	0	1	1	.	.	*b*	pacagère, aride.
Bident, *Bidens tripartita*..........	1	0	1	0	0	*a*	lacustre.
——— *cernua*............	1	0	1	0	.	*a*	madide.
Eupatoire, *Eupatorium cannabinum.*	0	1	0	0	0	*v*	riveraine.
Tanaisie, *Tanacetum vulgare*......	2	0	2	2	0	*v*	palustre.
Armoise, *Artemisia vulgaris*	1	?	1	1	0	*v*	pacagère, duméteuse.
——— *campestris*.....	1	?	0	.	.	*v*	pacagère.
——— *rupestris*.......	1	1	1	1	.	.	rupestre.
——— *maritima*......	0	0	1	1	.	*v*	maritime.
——— *absinthium* (1).	1	?	1	1	.	*v*	hortolane.
Gnaphale, *Gnaphalium dioïcum* (2).	0	0	1	0	1	*v*	aride, sablonneuse.
Vergerette, *Erigeron acre*.......	0	0	0	0	0	*v*	duméteuse.

(1) Les moutons et les autres animaux ont la chair imprégnée d'une saveur amère et désagreable, lorsqu'on les tue peu de temps après qu'ils ont pâturé cette plante.

(2) Les bestiaux rejettent les différentes espèces de gnaphales ; les moutons sont les seuls qui es mangent sans repugnance.

SYNGÉNÉSIE.	Bœuf.	Chèvre.	Mouton.	Cheval.	Cochon.	Durée.	NATURE DES PLANTES.
Tussilage, *Tussilago farfara*	?	1	1	0	0	*v*	madide, argilacée.
——— *petasites*	1	1	1	1	1	*v*	madide, riveraine.
Séneçon, *Senecio vulgaris*	1	1	0	0	1	*a*	arvale, hortolane.
——— *viscosus*	0	0	0	0	0	*a*	sablonneuse.
——— *jacobæa*	1	1	.	.	.	*v*	prairéale.
Aster, *Aster tripolium*	0	1	?	1	0	*v*	maritime.
Verge d'or, *Solidago virga aurea*	1	1	1	1	.	*v*	forestière.
Inule, *Inula helenium*	0	1	0	2	0	*v*	madide.
——— *dyssenterica*	?	0	0	1	.	*v*	madide.
——— *salicaria*	1	1	1	1	.	*v*	déclive.
Arnique, *Arnica montana*	0	2	1	0	.	*v*	montagneuse.
Paquerette, *Bellis perennis*	0	0	0	0	.	*v*	pacagère.
Marguerite, *Chrysanthemum leucanthemum*	?	2	1	2	0	*v*	pacagère.
——— *segetum*	0	1	1	1	.	*v*	arvale.
Matricaire, *Matricaria chamomilla*	1	1	1	2	0	*a*	pacagère, arvale.
——— *inodora*	1	1	1	1	0	*a*	arvale.
——— *suaveolens*	1	1	1	2	0	*a*	pacagère.
Camomille, *Anthemis cotula*	0	?	0	0	0	*a*	arvale.
——— *arvensis*	1	1	1	1	.	*b*	arvale.
——— *tinctoria*	0	1	1	2	0	*v*	argilée.
Mille-feuille, *Achillea millefolium* (1)	2	?	1	2	1	*v*	pacagère.
——— *ptarmica*	1	1	1	1	1	*v*	ombrose, madide.
Centaurée, *Centaurea scabiosa*	0	1	1	2	1	*v*	arvale.
——— *jacea*	1	1	1	1	1	*v*	prairéale.
——— *cyanus*	1	1	1	0	1	*a*	arvale.
Souci, *Calendula arvensis* (2)	1	?	1	?	1	*a*	arvale.
Herbe à coton, *Filago germanica*	0	0	1	.	.	*a*	aride.
——— *montana*	0	0	1	0	.	*a*	sablonneuse.
Jasione, *Jasione montana*	?	1	1	0	.	*a*	sablonneuse.
Violette, *Viola odorata*	1	?	.	.	?	*v*	forestière.
——— *canina*	1	1	1	0	1	*v*	pacagère.
——— *palustris*	1	1	0	0	.	*v*	madide.
——— *hirta*	1	1	1	1	0	*v*	
——— *mirabilis*	1	1	1	0	.	*v*	forestière.
——— *tricolor*	1	1	0	0	?	*a*	arvale.
GYNANDRIE.							
Orchis, *Orchis bifolia*	1	1	.	0	.	*v*	pacagère.
——— *morio*	1	1	.	0	.	*v*	forestière.
——— *maculata*	?	1	1	0	0	*v*	prairéale.
——— *conopsea*	1	1	1	0	.	*v*	prairéale.
——— *latifolia*	1	.	.	0	.	*v*	prairéale.
Satyrion, *Satyrium viride*	0	1	1	0	.	*v*	pacagère.
——— *nigrum*	0	0	0	0	0	*v*	montagneuse.
Ophris, *Ophrys ovata*	1	1	0	0	.	*v*	prairéale.
——— *cordata*	1	.	0	0	.	.	forestière.
——— *monorchis*	1	1	1	0	.	.	prairéale.
Helléborine, *Serapias latifolia*	?	.	.	0	.	*v*	forestière.
Sabot de Vénus, *Cypripedium calceolus*	0	1	.	0	.	*v*	
Zostéra, *Zostera marina*	0	0	0	0	2	*v*	maritime.

(1) Elle croît sur les terrains maigres et arides : sa culture peut, sous ce rapport, offrir quelques avantages.

(2) Le souci donne une saveur agréable au lait des bestiaux. Sa fleur est employée à colorer en jaune le beurre du pays de Brai, en Normandie.

MONŒCIA.	Bœuf.	Chèvre.	Mouton.	Cheval.	Cochon.	Durée.	NATURE DES PLANTES.
Masse d'eau, *Typha latifolia et angustifolia*	?	.	.	1	1	*v*	marécageuse.
Ruban d'eau, *Sparganium erectum.*	?	o	o	2	1	*v*	lacustre.
——— *nutans*..	?	o	o	2	1	*v*	marécageuse.
Laiche, *Carex dioica* (1)	1	.	1	o	.	*v*	madide.
——— *pulicaris*..........	1	1	?	o	.	*v*	marécageuse.
——— *arenaria*..........	1	.	?	1	.	*v*	sablonneuse.
——— *uliginosa*	1	1	.	1	.	.	
——— *leporina*..........	1	.	1	o	.	*v*	prairéale.
——— *vulpina*	1	1	?	1	o	*v*	marécageuse.
——— *muricata*..........	1	1	.	1	.	*v*	forestière, madide.
——— *canescens*.........	1	.	1	o	.	*v*	
——— *digitata*	1	.	1	.	.	*v*	forestière.
——— *montana*	1	.	1	o	.	*v*	montagneuse.
——— *globularis*	.	1	1	o	.	.	
——— *filiformis*.........	2	.	1	1	.	.	forestière.
——— *capillaris*.........	2	.	1	o	.	.	madide.
——— *limosa*	1	.	1	.	.	.	marécageuse.
——— *pallescens*	1	.	1	.	.	*v*	marécageuse.
——— *panicea*	2	1	1	o	.	*v*	madide.
——— *pseudo-cyperus*....	2	1	1	1	.	*v*	madide.
——— *cœspitosa*.........	2	1	1	1	.	*v*	tourbeuse.
——— *vesicaria*.........	1	1	1	1	.	.	forestière, madide.
——— *acuta*............	?	?	o	1	?	*v*	aride.
Bouleau, *Betula alba*.............	1	2	1	1	1	*v*	forestière.
——— *alnus*............	1	1	2	1	1	*v*	riveraine.
Ortie, *Urtica dioica* (2)...........	2	o	1	o	o	*v*	hortolane.
—— *urens*..............	?	o	?	o	o	*v*	hortolane.
Lampourde, *Xanthium strumarium.*	o	1	o	1	1	*a*	
Volantd'eau, *Myriophyllum spicatum*	o	o	o	o	o	*v*	marécageuse.
Sagittaire, *Sagittaria sagittifolia*....	?	1	o	2	1	.	lacustre.
Chêne, *Quercus robur*............	1	1	1	1	2	*v*	forestière.
Hêtre, *Fagus silvatica*............	1	1	1	1	2	*v*	forestière.
Charme, *Carpinus betulus*.........	?	1	1	1	.	*v*	forestière.
Coudrier, *Corylus avellana*	1	1	o	1	1	*v*	forestière.
Pin, *Pinus sylvestris*	o	1	?	o	.	*v*	forestière.
Sapin, *Pinus abies*..............	1	1	o	.	.	*v*	forestière.
DIOÉCIE.							
Saule, *Salix fragilis*.............	o	1	o	o	o	*v*	
—— *caprea*..............	2	2	2	2	.	*v*	aride.
—— *viminalis*	1	1	1	1	.	*v*	madide.
—— *cinerea*.............	1	1	o	1	.	*v*	marécageuse.
—— *alba*	1	1	1	1	.	*v*	
Camarine, *Empetrum nigrum*......	o	1	o	o	1	*v*	marécageuse.
Gui, *Viscum album* (3)...........	.	.	2	.	.	.	parasite.
Argoussier, *Hyppophaë rhamnoïdes.*	?	1	1	1	1	*v*	aride.
Myrica, *Myrica gale*.............	o	1	o	1	.	*v*	madide.

(1) Les différentes espèces de laiches donnent une nourriture aride, et peu substantielle. Elles plaisent assez aux vaches; mais les chevaux ne les mangent que lorsqu'ils sont pressés par la faim. L'aliment qu'elles offrent aux moutons n'est pas approprié à la nature de ces animaux.

(2) Les vaches ne mangent les orties que lorsqu'on les a laissé faner.

(3) Le gui est une nourriture saine pour les moutons; on l'arrache des arbres, pendant la mauvaise saison, pour affourager les bestiaux.

DIOÉCIE.	Bœuf.	Chèvre.	Mouton.	Cheval.	Cochon.	Durée.	NATURE DES PLANTES
Houblon, *Humulus lupulus*	1	1	1	1	1	*v*	dumeteuse.
Peuplier, *Populus tremula* (1)	?	1	2	2	0	*v*	madide.
—— *nigra*	1	1	1	1	.	*v*	madide.
—— *alba*	?	1	2	1	.	*v*	madide.
Mercuriale, *Mercurialis annua*	0	1	0	0	.	*a*	ombrose.
Genèvrier, *Juniperus communis*	?	1	1	1	1	*v*	aride.
POLYGAMIE.							
Houlque, *Holcus lanatus* (2)	2	2	2	2		*v*	aride.
—— *odoratus*	2	1	1	1	.	*v*	madide.
Arroche, *Atriplex portulacoïdes*	1	1	1	1	.	*v*	maritime.
—— *laciniata*	1	1	.	1	.	*a*	
—— *patula*	1	1	1	1	.	*a*	pacagère.
Erable, *Acer platanoïdes*	1	2	1	1	1	*v*	montagneuse.
Frêne, *Fraxinus excelsior* (3)	2	1	1	0	0	*v*	forestière.
CRYPTOGAMIE.							
Prêle, *Equisetum sylvaticum*	0	1	.	2	.	*v*	madide.
—— *arvense*	0	1	0	0	0	*v*	arvale.
—— *palustre*	0	1	0	0	0	*v*	marécageuse.
—— *fluviatile*	1	1	1	?	1	*v*	riveraine.
—— *hyemale* (4)	0	1	0	1	?	*v*	forestière, madide.
Fougère, *Pteris aquilina*	0	1	0	0	0	.	forestière.
Asplénium, *Asplenium trichomanes*	0	0	0	0	1	.	rupestre.
Polypode, *Polypodium vulgare*	?	1	0	0	1	.	rupestre.
—— *filix mas*	0	1	0	0	0	.	forestière.
—— *filix femina*	0	0	0	0	0	.	madide.
—— *fragile*	1	1	1	1	1	.	déclive.

Le lecteur a dû s'appercevoir que le tableau que nous venons de lui mettre sous les yeux ne contient pas, à beaucoup près, toutes les plantes qui croissent en France. Nous avons été obligés d'omettre les végétaux qui n'ont pas été soumis à des expériences, et sur la nature desquels il est par conséquent difficile de prononcer. Si le temps et les circonstances nous permettent de multiplier les faits qui peuvent rendre notre travail plus complet, nous publierons de nouveau ce tableau avec les augmentations que notre propre expérience, ou celle des botanistes et des agriculteurs éclairés nous mettront à même de donner.

LASTEYRIE.

(1) Le feuillage de cet arbre, et du suivant, est très-propre pour affourrager les bestiaux, principalement les moutons. Lorsqu'on émonde le tronc, on fait sécher, et l'on conserve pour l'hiver les branches que l'on a retranchées de l'arbre : c'est une bonne ressource pour la mauvaise saison, qui ne doit pas être négligée dans les lieux où le peuplier est commun.

(2) La houlque est une plante précieuse pour les propriétaires de troupeaux de moutons : c'est, de toute les graminées, celle qui convient le mieux pour former des pacages dans les terrains secs et arides, où il est souvent impossible de faire croitre et de propager d'autres plantes. Si on la sème dans un terrain humide, elle s'élèvera à une plus grande hauteur, et elle donnera par conséquent de meilleures récoltes.

(3) On affourrage, dans plusieurs endroits, les bestiaux avec les branches du frêne, soit dans l'automne, soit pendant l'hiver. Les vaches mangent jusqu'à l'écorce de cet arbre ; mais il a l'inconvénient de communiquer un goût désagréable au lait.

(4) Les espèces de prêle sont en général nuisibles aux bestiaux. La *fluviatile* est celle qui leur convient le mieux. Les vaches la recherchent avec empressement, et elle augmente leur lait. On ramasse, dans quelques lieux, ses racines pour affourrager les cochons durant l'hiver.

PLATRE, GYPSE, SÉLÉNITE, ou SULFATE DE CHAUX. On donne ces différens noms à une substance fossile, qui est une combinaison de terre calcaire avec l'acide sulfurique. Elle a la propriété de se dissoudre dans une grande quantité d'eau; c'est par cette raison que les eaux qui filtrent à travers les terrains gypseux sont malsaines, et peu propres aux usages économiques.

On trouve le plâtre sous différentes formes, et nuancé de différentes couleurs. Il est ordinairement disposé par couches, et présente l'aspect d'une substance pierreuse, parsemée de petits cristaux brillans, et dont les parties peuvent être facilement divisées avec un instrument de fer. Sa couleur la plus commune est d'un blanc tirant sur le gris; les nuances rouges, bleues, jaunes, et dont il est souvent coloré, sont dues à l'oxide de fer.

Si on l'expose à l'action du feu, il perd son eau de cristallisation; il décrépite lorsqu'on le chauffe brusquement, et devient d'un blanc mat, et d'une friabilité considérable. C'est dans cet état qu'il est propre aux constructions et aux ouvrages d'ornement.

Les expériences qui ont été faites dans ces derniers temps, et les résultats avantageux qu'on a obtenus, démontrent que cette substance doit être regardée comme un des agens les plus actifs de la végétation. Ses propriétés étoient peu connues à l'époque où Rozier a entrepris son Cours d'Agriculture. On verra, en consultant l'article Gypse, qu'il a donné peu de notions sur cette matière. Il est donc important d'entrer dans quelques détails sur les avantages qu'on peut en retirer, et sur la manière d'en faire usage.

Nous considérons ici le plâtre sous deux rapports, comme une substance propre à la construction des édifices, et comme un moyen de fertiliser les terres et d'augmenter les produits de la culture. Nous donnerons la description d'un moulin à broyer le plâtre, tel que nous l'avons vu employé dans la Catalogne et dans le royaume de Valence.

On a senti depuis long-temps tous les inconvéniens de la méthode de pulvériser le plâtre employé à Paris et aux environs de cette capitale. Lorsque le plâtre est cuit, on en répand sur le sol une petite quantité, que des ouvriers frappent avec de gros bâtons, jusqu'à ce qu'ils l'aient réduit en poudre. Il en résulte une grande perte de temps, une augmentation de main-d'œuvre, et, par conséquent, une cherté plus grande dans la matière. On conçoit, en effet, quelle lenteur apporte dans l'exécution un moyen aussi imparfait, et qui doit son origine à ceux de nos ancêtres qui, les premiers, imaginèrent d'employer le plâtre dans la construction de leurs chaumières. On fait aussi usage à Paris d'une autre méthode non moins barbare que la précédente, et qui devroit être proscrite en bonne police. Les ouvriers répandent dans les rues le plâtre, afin de le faire broyer par les roues des voitures, ou par les pieds des chevaux. Les Parisiens, qui sont accoutumés à marcher habituellement dans l'ordure et la crotte, ne font pas attention à ce genre de malpropreté; mais il ne seroit pas toléré dans les villes de l'Angleterre et de la Hollande, où l'on a quelque respect pour le public.

Tous ces inconvéniens sont peu considérables, si on les compare avec ceux qui résultent de cette méthode pour la santé des ouvriers. La poussière qui s'élève par l'effet du battage, entre continuellement dans les poumons, et leur occasionne des maladies qui altèrent leur constitution, et abrègent le cours de leur vie. D'ailleurs, l'attitude courbée dans laquelle ils doivent être, pour exécuter ce travail, est pénible et contraire à la santé.

Les étrangers, qui ont conçu une haute idée du perfectionnement des arts dans la capitale de la France, ne peuvent revenir de leur étonnement, lorsqu'ils examinent la manière grossière et imparfaite avec laquelle nous pulvérisons le plâtre. Ils ne conçoivent pas comment on n'a pas substitué à cette méthode, qui présente tant d'inconvéniens, des moyens mieux combinés et moins dispendieux; mais malheureusement les arts utiles sont négligés et méprisés parmi nous, tandis que les arts de luxe, et ceux qui flattent la vanité et les passions, sont encouragés par le gouvernement et par les particuliers.

Le moulin à plâtre, dont nous donnons la description, est extrêmement simple; et l'impression de la gravure qui le représente suffit pour faire comprendre son mécanisme. (*Voy. Pl. X*, *fig.* 1.) Il est en usage en Espagne, où on le fait ordinairement mouvoir par le moyen d'une bête de trait. Il ressemble beaucoup aux moulins à huile ou à cidre; ceux-ci pourroient lui être substitués en cas de besoin.

Pour le construire, on élève sur le sol un massif en maçonnerie D (*fig.* 1) recouvert d'une seule pierre, ou de plusieurs pierres de taille ajustées les unes contre les autres. La hauteur du massif doit être de trois à trois décimètres et demi, et son diamètre de quinze décimètres. On pratique autour du massif, et à la distance de cinq décimètres, une muraille F, élevée de trois décimètres, et épaisse de deux décimètres. La lettre E représente l'espace circulaire compris entre le massif et la muraille: il sert à recevoir le plâtre à mesure qu'il est pulvérisé. Sa largeur est de cinq décimètres. On pratique au centre du massif un trou dans lequel on fixe une culasse en fer, sur laquelle roule la partie inférieure du montant A, qui va aboutir, par son autre extrémité, à une solive du plancher supérieur. Ce montant tourne sur lui-même, à mesure que la meule B roule circulairement sur le massif. La meule, qui est pareille à celles qu'on emploie dans les moulins à blé, a cinq décimètres et demi de diamètre, et quarante-quatre centimètres d'épaisseur. Elle est posée verticalement, et elle est mise en mouvement par le levier C, qui traverse son centre, et qui est fixé, par l'une de ses extrémités, dans le montant A. Le cheval qui fait mouvoir la meule est attelé à l'autre extrémité du levier, et il tourne circulairement autour de la muraille, qui embrasse le massif. La *fig.* 2 représente le plan du moulin; D, massif; F, muraille; E, espace destiné à recevoir le plâtre.

Les dimensions que nous venons d'indiquer peuvent varier selon la quantité plus ou moins considérable de plâtre que l'on se propose de broyer. On peut donner un peu moins d'élévation à la muraille circulaire, qui n'est construite que pour empêcher que le plâtre ne se répande, et qu'il ne soit foulé aux pieds des ouvriers.

Lorsqu'on veut pulvériser le plâtre, on l'étend sur le massif, à l'épaisseur de quelques pouces; l'on fait marcher le cheval, qui donne le mouvement à la meule; et, à mesure que celle-ci tourne, un ouvrier remue le plâtre avec une pelle, et le fait passer sous la meule. Lorsqu'il juge que le plâtre a été suffisamment broyé, il le fait tomber entre le massif et la muraille; on remet ensuite du nouveau plâtre, et l'on continue ainsi successivement. Pendant ce travail, un second ouvrier est occupé à enlever le plâtre et à le tamiser. On a, à cet effet, un crible qu'on suspend par le moyen de deux cordes attachées au plancher. L'ouvrier le remplit de plâtre, et l'agite jusqu'à ce que les parties les plus fines aient passé. Ce crible est placé dans une petite chambre, ou local entouré de cloisons, afin que le plâtre, réduit en poussière, ne se répande pas de toute part. L'ouvrier reste en dehors de cette enceinte, et il travaille au dessus d'une cloison qui, dans cette partie, n'est élevée qu'à hauteur d'appui : le plâtre qui n'a pas passé à travers le tamis se rapporte sous la meule, afin d'être broyé de nouveau.

Les fours pour la combustion du plâtre se construisent sur les mêmes principes que les fours à chaux. On peut aussi faire brûler le plâtre, sans être obligé de construire un four à ce dessein. C'est le parti que l'on doit prendre dans toutes les circonstances où la consommation de cette substance est momentanée, ou peu considérable.

On forme, à cet effet, sur le sol, et en plein air, un monceau composé de couches alternatives de pierres, de plâtre et de bois. On a soin de construire, avec les plus grosses pierres, une petite voûte qui divise en croix la base du monceau, et qui sert à l'introduction de l'air, et à sa libre circulation dans toute les parties de la masse. On place les plus grosses pierres au centre, et les petites à la circonférence, ou à la partie supérieure. Le bois qu'on met vers le sommet doit être coupé menu, et être disposé en couches moins épaisses que dans les autres parties. On forme des monceaux ronds ou carrés, auxquels on donne une dimension proportionnée à la quantité de pierre qu'on se propose de brûler : ils doivent avoir un plus grand diamètre à la base qu'au sommet. Lorsqu'on a mis le feu, et que le plâtre est bien brûlé, on le laisse refroidir, et on le retire ensuite, pour le mettre à couvert dans un lieu qui ne soit pas humide; ou bien on couvre le monceau avec de la paille, afin qu'il soit abrité contre la pluie. Lorsqu'on transporte le plâtre, on doit choisir un jour serein, car il perdroit de ses qualités, s'il venoit à être mouillé.

La cuisson du plâtre doit être dirigée avec soin. Si on la pousse trop loin, il se brûle; ses parties ne sont plus susceptibles de s'unir avec l'eau, et l'amalgame qui en résulte acquiert peu d'adhérence et de solidité. Les mêmes inconvéniens résultent d'une cuisson insuffisante.

Il est bon de broyer le plâtre aussitôt qu'il est cuit, et de l'employer, sans retard, aux usages auxquels on le destine : il n'a pas alors le temps de s'imprégner de l'humidité de l'air, et de perdre ses qualités.

La quantité d'eau que l'on doit mettre dans le plâtre n'est pas arbitraire. On peut fixer, pour règle générale, deux parties de plâtre sur une d'eau; mais ces doses varient selon les qualités du plâtre, ou selon les ouvrages auxquels on le destine. Le plâtre qui doit être moulé exige une plus grande quantité d'eau; car il est nécessaire qu'il ait, dans ce cas, une certaine liquidité, afin de pénétrer dans les creux, et les parties les plus déliées du moule. Lorsqu'on le gâche, il faut assez d'eau pour que toutes ses parties soient bien imbibées; s'il étoit trop délayé, la dessiccation seroit moins prompte, ses parties auroient moins d'adhésion, et il seroit plus facilement attaqué par l'humidité, ou les gaz répandus dans l'atmosphère. On ne doit, en un mot, l'humecter qu'autant qu'il est nécessaire, pour qu'il soit facilement gâché, et pour qu'il n'ait pas le temps de se durcir avant d'être employé et façonné.

Nous allons considérer le plâtre comme une substance minérale, propre à l'engrais des terres.

On a écrit que Mayer, ministre de Kupferzell, étoit le premier qui eût employé le plâtre comme un moyen favorable à la végétation. C'est une erreur qui a été répétée par plusieurs écrivains agronomes. L'usage du plâtre, en agriculture, étoit connu dans plusieurs endroits, avant l'époque où Mayer a écrit sur ce sujet; mais on lui est redevable d'un grand nombre d'expériences, qui ont confirmé ce fait, et qui ont excité l'attention des cultivateurs. C'est rendre un grand service à l'agriculture, d'accréditer, par son exemple, les bonnes méthodes, et de les propager par ses écrits.

L'usage du plâtre s'est répandu, dans un grand nombre d'endroits, depuis 1765, époque à laquelle Mayer a publié ses expériences. On l'emploie aujourd'hui sur divers points de l'Allemagne, de la Suisse, de l'Italie, de l'Angleterre, de l'Amérique septentrionale, et de la France. L'Alsace, la Brie, les environs de Grenoble, de Lyon, d'Apt, ceux de Paris, etc., sont les parties de la France où l'on en fait le plus d'usage. Il n'est cependant qu'un très-petit nombre de cultivateurs aux environs de Paris, qui cherchent à améliorer leurs récoltes par le moyen du plâtre. Cette négligence est d'autant plus incroyable, qu'il n'existe pas un lieu où l'on trouve sur une aussi petite surface, une quantité de plâtre aussi considérable que dans le département de la Seine. Les Anglais et les Américains tirent le plâtre de Paris pour l'engrais de leurs terres, tandis que les cultivateurs dont les propriétés touchent les murs de cette capitale n'en font presque aucun usage.

Les chimistes trouvent, par l'analyse, des qualités distinctes dans différentes espèces de plâtres. Les agriculteurs, au contraire, ont remarqué très-peu de différence entre les propriétés d'une espèce, comparativement avec celles d'une autre, entre les pierres à plâtre qui se trouvent dans tel ou tel pays. Ainsi, on a observé en Amérique, que le plâtre de Paris produit des effets analogues à ceux du plâtre d'Amérique. Nous conseillerons cependant de choisir de préférence celui qui est blanc ou gris. Lorsqu'il est fortement coloré en rouge ou en noir, c'est une preuve qu'il est combiné avec une certaine quantité d'oxide de fer; et, dans cet état, il peut être moins favorable à la végétation. La couleur rouge du plâtre peut cependant tenir à d'autres causes : dans ce cas, il faudroit préférer le plâtre coloré au plâtre blanc; car la réverbération que les rayons du soleil éprouvent en tombant sur les corps blancs, occasionne un degré de chaleur qui nuit, dans beaucoup de circonstances, à l'économie végétale.

Les Américains emploient un moyen très-simple pour éprouver le plâtre; ils en réduisent en poudre une petite quantité qu'ils mettent dans un vaisseau ouvert; ils lui font subir ainsi l'action du feu. Si le plâtre répand une forte odeur de soufre, c'est une preuve qu'il est de bonne qualité; si, au contraire, l'odeur qui en émane est foible et peu sensible, on présume qu'il n'a pas une grande activité.

De toutes les substances minérales employées comme engrais, le plâtre est une de celles qui s'adaptent le mieux à toute espèce de climat et de terrain; elle produit cependant des effets plus marqués dans les uns que dans les autres, ainsi que nous l'exposerons plus bas.

Elle a en outre le précieux avantage d'agir plus puissamment que ces mêmes substances; et même, dans plusieurs circonstances, elle donne à la végétation plus d'activité que ne font les fumiers d'animaux; du moins, c'est une observation qui a été faite par quelques agriculteurs.

Les bons effets du plâtre ne sont pas encore constatés d'une manière assez exacte, pour qu'on puisse donner des règles positives sur son emploi; c'est un des points de l'agriculture sur lesquels les opinions varient le plus. Plusieurs cultivateurs ont obtenu, par le secours de cette substance, des récoltes très-abondantes de trèfle, de foin, de légumes, etc.; tandis que d'autres disent n'en avoir éprouvé aucun effet sensible. Le défaut de succès dépend de quelques circonstances qui ne nous sont pas encore bien connues ; il est donc nécessaire de réitérer souvent le gypsage sur un champ, et de le varier de différentes manières, avant d'établir une théorie fondée sur des principes certains et d'une application générale.

Il est vraisemblable que les parties constituantes du plâtre entrent comme élémens dans la nutrition des végétaux ; mais les effets qu'il produit sont dus, en grande partie, à la propriété qu'il possède, avec les autres substances salines, d'attirer l'humidité de l'air, et de se combiner avec les gaz.

Quelques cultivateurs ont prétendu que le plâtre cuit agissoit avec plus d'activité que lorsqu'il étoit employé dans l'état de crudité. Cependant il est prouvé, par un assez grand nombre d'expériences, que son action est à peu près la même dans l'un et l'autre cas. Nous croyons qu'il est plus avantageux de le faire cuire, lorsqu'on se trouve dans un endroit où le prix du bois n'est pas trop élevé. Il est plus facile alors de le réduire en poudre; et, lorsqu'il est répandu sur la surface des plantes ou sur celle du sol, il attire plus facilement l'humidité et les gaz répandus dans l'atmosphère. On ne doit cependant pas lui donner le même degré de cuisson qu'à celui qu'on destine à la construction des bâtimens ; car, lorsqu'il est répandu dans cet état, il saisit promptement l'humidité de la terre et celle des plantes ; et si cette humidité se trouve considérable, il se durcit, et forme une substance qui, ne jouissant plus des mêmes qualités, est hors d'état d'agir aussi efficacement.

Le degré de finesse qu'on donne au plâtre en le pulvérisant doit dépendre de l'emploi auquel on le destine, ou des effets qu'on veut en obtenir. Lorsqu'on se propose de le répandre sur les plantes, il faut lui donner le même degré de finesse qu'au plâtre destiné pour la maçonnerie. On conçoit qu'il ne peut se fixer sur les feuilles et sur les tiges des plantes, que lorsqu'il a été réduit en une poussière déliée. Si on veut, au contraire, le répandre sur la surface du terrain, on se contentera de diviser ses parties à la grosseur d'un grain de blé, d'un pois, ou d'un haricot. Les effets seront plus lents, mais aussi plus durables, si on le concasse grossièrement ; car alors sa dissolution ne pourra s'effectuer que dans un espace de temps plus considérable.

Si l'on enfouit le plâtre à la charrue après l'avoir répandu sur la surface du sol, son effet est nul, ou du moins presque insensible. Ce fait, s'il étoit bien constaté, prouveroit que son action n'est pas analogue à celle de la majeure partie des engrais qui opèrent, soit en produisant une fermentation dans la terre, soit en divisant, ou en réunissant les molécules du sol, soit en fournissant aux plantes des principes nutritifs, etc. Il semble que le plâtre agit en attirant à lui les élémens de la végétation répandus dans l'atmosphère. Il importe donc qu'il soit retenu sur la surface de la terre, et que son état de ténuité soit le plus grand possible. Mais, pour remplir ces deux conditions, il faut avoir égard à la nature du sol ; ainsi, lorsqu'il s'agit de gypser une terre tenace et argileuse, on emploîra du plâtre très-fin; car on ne craindra point qu'il soit entraîné dans la terre par sa propre pesanteur, ou par l'effet des pluies. Si le sol est, au contraire, sablonneux ou très-meuble, ou nouvellement labouré, on répandra du plâtre moins pulvérisé, afin qu'il ne puisse pénétrer la superficie du sol, et qu'il demeure exposé aux influences de l'air.

Un inconvénient qui paroît devoir résulter, dans le cas où l'on auroit disséminé sur une terre des fragmens de plâtre d'une grosseur trop considérable, c'est que cette substance étant bien cuite, se prendra et se durcira par l'effet de l'humidité, de manière à changer de nature; elle ne jouira plus, dans ce nouvel état, des qualités qui lui étoient propres, et son influence sur la végétation sera nulle ou de peu d'effet.

Il est bon qu'elle soit très-atténuée, soit qu'on veuille la mélanger avec les urines des bestiaux, soit qu'on la fasse entrer dans la composition des fumiers. Ces sortes de mélanges sont d'autant plus parfaits, que leurs parties présentent, dans leur union, un plus grand nombre de points de contact. L'action du plâtre semble être, dans plusieurs circonstances, la même que celle des cendres; l'une et l'autre de ces deux substances ont la propriété de détruire la mousse, et plusieurs autres plantes parasites. C'est pour cette raison qu'il est très-avantageux de les répandre sur les prairies qui commencent à dépérir.

Le plâtre convient à toutes les espèces de terrains, ainsi que je l'ai déjà fait observer; mais il est sur-tout avantageux d'en faire usage sur les sols sablonneux, pierreux, légers et secs, ainsi que sur les terres épuisées ou de mauvaise qualité. Les personnes qui exploitent ces sortes de terres sont ordinairement dépourvues d'engrais: elles doivent donc employer le plâtre, lorsqu'il se trouve dans leur voisinage. C'est un bon moyen de former des prairies dans des lieux où il est si difficile d'avoir des fourrages.

L'emploi du plâtre est souvent plus avantageux sur les terrains sablonneux et pierreux avec excès, que n'est celui des engrais. Il empêche que les sols glaiseux ne se dessèchent trop, et n'acquièrent un trop grand degré de dureté. C'est pourquoi il réussit dans les terres fortes et substantielles. Quelques cultivateurs en ont même obtenu de bons effets dans les lieux bas et humides; mais il est nécessaire que l'humidité ne soit point excessive; car alors, étant retenue trop fortement, elle pourriroit les racines, et elle nuiroit à la végétation des plantes. Il convient peu aux terres uniquement calcaires, et encore moins à celles qui sont composées d'une partie considérable de matières gypseuses; il a aussi la propriété de communiquer de la chaleur aux terrains froids.

L'emploi du plâtre n'exclut pas celui des engrais animaux; il paroît même qu'il y a un avantage à faire précéder le fumier au gypsage, indépendamment de l'effet qui est produit isolément par les fumiers. En se combinant à ces substances, il augmente leur activité, et les rend plus propres à la nutrition des plantes. S'il étoit employé sans engrais, bientôt le sol se trouveroit appauvri, ainsi qu'il arrive aux terres arrosées, lorsqu'on cesse d'y répandre du fumier. C'est pour cette raison que plusieurs agriculteurs le font entrer dans la composition des fumiers, ou qu'ils le mélangent avec les urines des bestiaux. On a remarqué que ces deux méthodes étoient également avantageuses, soit qu'on l'employât dans l'état de crudité, ou qu'on lui eût fait subir une cuisson préliminaire.

On a aussi observé que son emploi ne devoit pas être réitéré trop fréquemment sur la même terre. Lorsqu'on aura gypsé un champ pendant deux années consécutives, ou quatre au plus, il sera plus avantageux de mettre un intervalle de quelques années avant de répandre de nouveau ce même engrais. On n'a pas encore un assez grand nombre d'expériences pour déterminer avec exactitude la durée de ses effets.

Les bons effets du plâtre se sont fait sentir principalement sur les prairies naturelles et artificielles. Les récoltes que l'on obtient par l'emploi de cette substance minérale sur les champs de trèfle paroissent tenir du prodige. Elle agit aussi avec beaucoup d'activité sur les prairies composées de graminées, sur les luzernes et les sainfoins, sur les plantes tendres, juteuses, et sur celles qui poussent vigoureusement après une première coupe. Le plâtre convient aussi aux plantes légumineuses, comme pois, lentilles, etc.; mais il doit être répandu avec modération sur ces dernières; car une trop grande quantité les fait pousser et fleurir trop promptement. Il paroît qu'il n'est pas aussi constamment favorable aux plantes céréales. Cependant plusieurs cultivateurs s'accordent à dire que le plâtre leur a réussi sur les champs ensemencés en blé, tels que le froment, le seigle, l'orge, l'avoine, le blé noir, ainsi que sur le maïs, le lin, le chanvre, le colza, les pois, les raves, les choux, les pommes de terre, les arbres fruitiers, etc.

Il paroît que le plâtre agit sur les plantes, en raison de ce que leurs racines s'éloignent moins de la superficie du sol. Cet effet s'explique facilement : en supposant, ainsi qu'il paroît très-vraisemblable, que le plâtre s'empare des élémens propres à la végétation, disséminés dans l'atmosphère, et qu'il les transmet au sol sur lequel on l'a répandu, les racines s'en saisissent alors avec d'autant plus de facilité et de promptitude, qu'elles sont situées à une moindre distance du plâtre. C'est par la même raison qu'on obtient des effets bien plus sensibles, lorsqu'on le répand sur les feuilles ou sur les tiges des plantes, que lorsqu'on le dissémine sur la superficie du sol.

Les anciens, qui ne connoissoient pas l'usage du plâtre, avoient cependant fait des observations, d'après lesquelles ils avoient été conduits à saupoudrer avec de la poussière les arbres et les fruits, afin d'aider à la végétation, et d'en accélérer les progrès. Les personnes qui désireront de plus amples renseignemens sur cet objet, pourront consulter à ce sujet Théophraste, Hist. Plant., liv. 2, ch. 8. Pline, liv. 17, chap. 9 et 22. Géoponic, liv. 3, ch. 10 et 11. Columelle, liv. 4, ch. 28, et liv. 11, ch. 2. *Idem*, de Arbor, ch. 12. Eben-el-Awan, auteur arabe, dont nous avons parlé à l'article Engrais, fait aussi mention de cette pratique, dans plusieurs passages de son *Traité d'Agriculture.*

Les observations des anciens nous portent à croire que la terre ordinaire, réduite en poussière, seroit susceptible de produire à peu près les mêmes effets que le plâtre. Quoi qu'il en soit, il paroît que cette substance agit plus fortement sur des plantes très-rapprochées les unes des autres, que sur celles qui sont plantées à une certaine distance; sur la superficie du sol, que dans l'intérieur; par un temps humide, que lorsque l'atmosphère est sèche et brûlante, et qu'il est enfin plus avantageux de la répandre en petite quantité sur les terrains argileux.

On ne doit pas employer le plâtre, lorsque la terre ou les plantes sont imbues d'une trop grande quantité d'eau; car il s'empare alors d'une humidité surabondante, et il n'a plus la faculté d'absorber aussi facilement les gaz de l'atmosphère. C'est pour cette raison qu'on évite d'arroser les prairies sur lesquelles on a récemment disséminé du plâtre, et qu'on ne le répand sur les prairies humides, qu'après avoir récolté la première coupe.

Le temps le plus favorable au gypsage, c'est lorsque l'atmosphère et la terre ne sont ni trop humides, ni trop sèches; lorsque les plantes ont commencé à pousser, ou qu'elles sont élevées de quelques pouces au dessus du sol. On peut faire cette opération dans toutes les saisons, lorsque les autres circonstances sont d'ailleurs favorables. Il faut cependant en excepter l'hiver, lorsque toute végétation est interrompue. Si l'on sème du du trèfle, ou les plantes propres aux prairies artificielles, parmi l'avoine ou les autres céréales, on pourra gypser le champ aussitôt après la récolte. Cet engrais favorisera la végétation, donnera de l'extension aux racines, et procurera des coupes plus abondantes pour les années suivantes. Quelques cultivateurs trouvent de l'avantage à gypser les prairies artificielles après la première coupe, dans le cas même où elles auroient reçu cet engrais avant l'hiver, ou même au commencement du printemps : on doit alors répandre chaque fois une moindre quantité de plâtre.

Si le climat et le sol sur lequel on veut faire usage de cet engrais sont secs, chauds et arides, on exécutera l'opération de bonne heure au printemps, avant que la terre ou l'air aient perdu l'humidité abondante dont ils sont impregnés au commencement de cette saison.

On doit choisir, autant qu'il est possible, l'instant où le ciel est couvert de nuages, celui qui succède à une pluie douce et légère ; on retardera, au contraire, l'opération, si l'on présume qu'une pluie violente doive avoir lieu. Les averses ou les pluies continues délaient le plâtre qui s'est fixé sur les tiges et sur les feuilles des plantes; elles l'entraînent à la superficie, ou même dans l'intérieur du sol, et l'on perd alors une partie des effets qu'on auroit obtenus. Si le soleil vient à frapper les plantes couvertes de gypse, il les dessèche et les brûle par la chaleur immédiate de ses rayons, ou par celle qui résulte de leur réverbération.

On choisira, pour répandre le plâtre, un temps calme et tranquille. Si le vent étoit trop fort, il disperseroit inégalement, sur la surface du champ, cette substance réduite en poudre légère : elle tomberoit aux pieds des plantes, sans s'attacher aux feuilles ni aux tiges, et elle ne produiroit pas l'effet dont elle est susceptible, lorsqu'elle est répartie également sur toute la superficie des plantes.

Il est difficile de déterminer, d'une manière précise, la quantité de plâtre qui doit être répandue sur une superficie de terrain donnée. On a vu, par ce qui a été dit dans le cours de cet article, que la quantité devoit varier d'après la nature du sol, le genre de culture, la saison dans laquelle on l'emploie, les effets plus ou moins durables qu'on veut obtenir, la crudité, la cuisson et la pulvérisation plus ou moins grande de cette substance, etc. On peut donner pour règle générale, qu'il suffit de répandre, par arpent, vingt sacs, tels qu'on a coutume de les vendre aux environs de Paris ; chaque sac étant du poids de cinquante livres, on mettra donc, par arpent, mille livres de plâtre cuit.

Nous ne devons pas oublier, dans un article où il a été traité du plâtre comme engrais, de mentionner une substance qui est très-abondante dans les lieux où le plâtre est employé aux constructions, et dont les effets sur la végétation sont extrêmement sensibles.

Nous voulons parler des plâtras ou débris des murailles qui ont été construites ou revêtues en plâtre.

Ces matières sont ordinairement jetées le long des routes ou sur des places vagues, et forment des encombremens d'ordures au lieu d'être employées à leur vraie destination, celle de féconder les champs. Un cultivateur soigneux, qui sait que les engrais sont le nerf de l'agriculture, ramassera les plâtras dont il pourra disposer ; il les fera concasser avec des massues, et les répandra sur ses champs. Leur effet est toujours assuré, quelle que soit la qualité de la terre sur laquelle on les emploie ; ils conviennent aux plantes céréales, aux légumes et aux prairies naturelles et artificielles. Si on les répand sur les prairies, il faut avoir soin de les réduire en molécules plus fines que lorsqu'on les destine aux terres labourées. Cet engrais est très-propre aux jardins, et à la culture des arbres et des vignes. Lorsqu'on veut s'en servir pour les arbres, on déchausse le pied du sujet, et l'on jette, autour du tronc et sur les racines, quelques pellées de plâtras, qu'on recouvre de terre. Lorsqu'on les répandra sur les champs, on en diminuera la quantité, en raison de ce qu'ils auront été pulvérisés en molécules plus ténues; si la dose étoit trop forte, la végétation des plantes seroit troublée dans sa marche, au lieu d'être aidée par cet engrais. Si on l'emploie en gros fragmens, ses effets seront plus durables, et, dans ce cas, on en mettra une quantité à peu près égale à celle du fumier ordinaire.

On pourra aussi les faire entrer dans la composition des fumiers; mais alors il faut les broyer très-fins et les faire passer à la claie.

Ces matières doivent être employées aussitôt qu'elles sont retirées des constructions, ou bien, dans le cas où les circonstances ne le permettroient point, il faudra les entasser dans un lieu couvert, afin de les mettre à l'abri. Si elles étoient baignées par les pluies avant d'être transportées dans les champs, l'eau leur enlèveroit les sels dont elles sont imprégnées, et elles perdroient une grande partie de leur activité.

La saison la plus favorable pour les répandre, est la fin de l'automne et le commencement de l'hiver. Les pluies de l'hiver dissolvent les parties salines qu'elles contiennent, les disséminent dans le sol, et les disposent à agir sur les plantes à l'époque de la végétation. D'ailleurs, les labours d'automne et de printemps les divisent et les mélangent d'une manière plus intime avec le sol. (Lasteyrie.)

PLOMBAGES. (*Agricult. prat.*) Il ne suffit pas d'enterrer les graines après les avoir semées, il faut encore qu'elles soient un peu comprimées en terre, afin qu'elles ne se trouvent pas dans de petites cavités, où elles ne se touchent que par quelques unes de leurs parties. On se sert, pour cet effet, de différens moyens, en raison de la nature des graines semées et de celle des terres dans lesquelles les semis ont été faits.

Dans les terres fortes, argileuses et humides qui se battent et ne se plombent que trop par l'effet des pluies, on se contente de passer le dos de la herse sur le semis après qu'il a été hersé en différens sens. Il est même plusieurs agriculteurs instruits qui se dispensent de cette pratique pour leurs semis d'automne dans les terres fortes et sous un climat humide. Les pluies abondantes qui surviennent dans cette saison sont plus que suffisantes pour plomber la terre et l'affermir autour des graines.

Aux rouleaux. Le rouleau de bois est l'ustensile le plus généralement employé dans les campagnes pour plomber la terre qui recouvre les semis de plantes céréales et autres qui se cultivent en grand dans les champs.

On l'emploie plus particulièrement dans les terres meubles, onctueuses et fraîches. Il plombe cette nature de terre sans trop la durcir, et l'empêcher d'être traversée par les feuilles séminales des graines que le champ renferme.

Pour les semis printaniers dans les terres sablonneuses et légères, sous un climat sec et chaud, le rouleau en pierre doit être préféré: il affermit davantage la terre, et la rend plus susceptible de conserver l'humidité nécessaire aux plantes qu'elle doit nourrir; malheureusement cet ustensile est trop peu en usage dans la plus grande partie de la république.

On se sert encore du rouleau de pierre

pour les semis de graines de gazons dans les jardins d'agrément.

Enfin, le rouleau en fonte est en usage dans les jardins paysagistes, pour affermir le sol dans lequel on a fait des semis de gazons superfins, etc. La pesanteur de celui-ci étant le quadruple de celui en pierre, qui pèse trois fois plus que celui en bois, nivelle le sol, l'affermit et rend le gazon d'une finesse extrême.

Aux pieds. Dans les jardins légumiers, après avoir hersé à la fourche ou au râteau les semis nouvellement faits, au lieu de se servir des rouleaux, on les plombe en les piétinant.

Le cultivateur, les deux pieds rapprochés l'un de l'autre, et ne les faisant agir que l'un après l'autre dans la longueur de leur étendue, les mains derrière le dos, parcourt la planche dans sa longueur en allant et venant, et ne laissant pas un espace sans l'affermir de tout le poids de son corps. Il foule la terre en proportion que l'exige la réussite de la graine qu'il a semée; il en est, telles que celle de la raiponse (*campanula rapunculus* L.) qui viennent d'autant mieux, que la terre qui les recouvre a été foulée davantage. D'autres, au contraire, qui n'exigent qu'un foible degré de pression, telles que les arroches, les épinards, l'ognon des cuisines, etc. Il passe légèrement sur les planches qui renferment les semences de celles-ci.

Dans les jardins fleuristes, on emploie le même procédé pour les semis de fleurs, en les proportionnant à la nature des terrains et à celle des graines.

A la main. Le plombage à la main ne se pratique guères que dans les jardins des cultivateurs de plantes étrangères, et dans ceux de botanique. Il est plus spécialement affecté aux semis qui se font dans les rigoles ou rayons en pleine terre, dans des proportions très-circonscrites et plus souvent encore pour les semis dans des caisses, terrines ou pots.

Après avoir recouvert la graine de l'épaisseur de terre et de l'espèce qui convient à sa nature, le jardinier l'étend également sur toute la surface de la rigole ou du vase qui la renferme; ensuite il la plombe avec le dos de la main, qu'il appesantit suivant l'exigence des besoins. (Thouin.)

PLUMES. Ce n'est pas seulement pour leur chair, leur graisse et leurs œufs, c'est encore pour leurs plumes qu'on fait la chasse aux oiseaux et qu'ils sont élevés dans les basses-cours; mais ces plumes, que la nature leur a données pour les vêtir et en former aussi le principal instrument du vol, ont différentes destinations plus ou moins utiles à la société.

Les unes, remarquables par leur mollesse et leur jeu, par la beauté des filets qui composent leurs barbes, servent à ombrager le casque des guerriers, à orner la chevelure des femmes, à former ces tresses, ces panaches élégans dont les plus riches ameublemens sont surmontés.

Les autres, recherchées à cause de la longueur et de la solidité de leurs tuyaux, et de la facilité de les tailler à son gré pour écrire, deviennent les interprètes de nos pensées; elles remplacent avantageusement, chez les Européens, le roseau que les Arabes emploient, et le style avec lequel les anciens gravoient sur leurs tablettes.

Il y a enfin des plumes propres à remplir ces coussins sur lesquels, fatigués des travaux du jour, nous nous reposons pendant la nuit; c'est parmi ces dernières plumes que la mollesse elle-même en a choisi une espèce d'une finesse, d'une légèreté, d'une élasticité particulière, pour en former le lit sur lequel elle savoure les douceurs du sommeil.

Panaches et autres ornemens de luxe. Les plus beaux, les plus estimés de tous les panaches sont ceux faits avec les plumes de l'autruche.

La rareté et la cherté des plumes d'autruche, que le commerce nous apporte du Levant, auroient fait penser sans doute à naturaliser en Europe ce géant des oiseaux, si on avoit pu croire qu'il fût susceptible de se plaire ailleurs que dans les sables brûlans de l'Arabie. Mais il est une autre espèce d'autruche, celle du Magellan, qui, habitant les pays froids de l'Amérique méridionale, pourroit prospérer dans nos climats; il faudroit essayer de l'y amener et de l'y multiplier, pour profiter de ses œufs, de sa chair et de ses plumes.

En attendant les succès qu'on peut espérer de cette spéculation, il en est une autre qui réussiroit plus promptement et plus sûrement, ce seroit de multiplier les dindons à robes blanches, et de faire servir aux panaches les plumes qui se trouvent aux parties latérales des cuisses de ces oiseaux: ce supplément aux plumes d'autruche deviendroit utile au commerce. Nous invitons les cultivateurs qui s'adonnent à l'éducation de cet oiseau, à ne point dédaigner le profit qu'une pareille branche d'industrie pourroit procurer.

Outre les grandes plumes d'autruche qu'on voit flotter avec tant de grace sur la chevelure des femmes, il en est qui, tirées d'autres oiseaux, servent aussi à orner leurs têtes; telles sont les plumes des oiseaux de paradis; telles sont surtout ces longues et belles plumes noires qui partent du sommet de la tête des hérons, et y forment une aigrette qui se balance sur leur cou.

Le luxe s'est aussi paré des plumes du paon; l'or et les pierreries que la nature a prodigués sur la queue de ce superbe oiseau ont été son domaine; celles des oiseaux dorés, des colibris, et d'autres de la grande famille des grimpeurs, lui ont présenté la fraîcheur et le velouté des fleurs, le poli des plus brillans métaux, l'éclat des pierres les plus précieuses, et les reflets variés et éblouissans des rayons du soleil. Il a employé en garnitures de robes ces belles plumes jaunes et brillantes de la gorge du toucan. Il n'a pas même dédaigné pour un semblable usage les plumes azurées des geais, et dont celui de la Fable ne se contentoit pas.

On faisoit, il y a quelque temps, pour se procurer ces plumes, une guerre si active à ces oiseaux, que les cultivateurs croyoient pouvoir se flatter d'en être bientôt débarrassés. Malheureusement la mode des plumes de geai s'est passée, et cet oiseau a continué à être, comme auparavant, un dévastateur des champs.

Non content des objets d'agrément auxquels le luxe employoit les plumes sur lesquelles brillent les plus vives couleurs, on a pensé à les rendre de quelque utilité. C'est avec les peaux garnies des plumes des mêmes oiseaux, auxquelles on a ajouté celles du cygne, du canard, du plongeur, de la pintade, du faisan, etc., qu'on a fait des manchons et des palatines.

Quelle variété dans les couleurs naturelles ou artificielles de ces parures d'hiver! quelle mollesse! quelle douceur! quelle blancheur dans le duvet de cygne, avec lequel les femmes préservent du froid leur cou et leur gorge, et dont sont faites les houppes à poudrer!

Les peaux qu'on destine à cet usage, dit M. *Vieillot*, dans le *Nouveau Dictionnaire d'Histoire naturelle*, ne doivent point être celles d'oiseaux morts de maladie ou tués dans le temps de leur mue; les plumes se détacheroient ou n'auroient point encore acquis leur perfection. L'on ne doit donc employer que celles des oiseaux tués dans un état parfait et dépouillés peu de temps après leur mort, sur-tout dans les chaleurs; sans quoi il résulteroit de la corruption les mêmes effets que de la maladie.

Dès que la peau est nettoyée de toutes les chairs, on l'étend sur une petite table, le plumage en dessous, et les plumes bien couchées les unes sur les autres. Pour mieux l'étendre, on la fixe avec des épingles ou du fil, qu'on pique de chaque côté; on enlève ensuite les graisses et les chairs qui pourroient encore y être attachées, et on coud avec de la soie les ruptures qui ont pu se faire; on enduit ensuite la peau de colle préparée avec une poignée de farine, une pincée de sel commun fin et autant de bon vin blanc qu'il en faut pour la détremper et la réduire comme la colle à châssis de papier.

La peau étant ainsi enduite, on la met sécher à l'ombre, au vent du nord; et, quand elle est sèche, on la nettoie en la raclant, ce qui se fait facilement, la colle s'en détachant par écailles. Si, après cette opération, elle conserve encore quelque humidité, on l'empâte de nouveau, et on la fait sécher une seconde fois.

Lorsqu'elle est bien sèche, on l'attache avec du fil sur du papier ou sur un ruban; et, pour la conserver, on la renferme dans une boîte dont le fond est garni d'absinthe ou de bois de rose. Si on veut donner aux peaux une odeur agréable, il faut, avant que de les relever de dessous la tablette, et après les avoir ratissées, leur mettre, avec une éponge, une couche ou deux de quelque composition odorante. Pour les peaux provenant des grands oiseaux, on remplace le vin par du vinaigre, dans lequel on fait dissoudre du sel et de l'alun; on leur donne plusieurs couches de ce mélange: de l'épaisseur de la peau dépend le plus ou le moins.

Plumes à écrire. Les pennes, car c'est ainsi qu'on nomme les plumes des ailes et de la queue des oiseaux, pour les distinguer des plumes proprement dites qui recouvrent leur corps; les pennes, dis-je, sont les plus longues et les plus fortes de toutes les plumes; celles des cygnes, des oies et des corbeaux sont employées, de préférence à toutes les autres, aux usages économiques, et cela, suivant les qualités reconnues au tuyau de chacune d'elles.

Ainsi, les pennes de cygne sont les plus estimées pour écrire et pour former les pinceaux; ainsi, les plumes d'oie, plus abondantes et presque aussi bonnes que celles de cygne, sont plus généralement employées pour l'écriture; ainsi, celles de corbeau servent plus particulièrement aux facteurs pour emplumer les sautereaux des clavecins, et aux dessinateurs pour le dessin dit à la plume.

Manière de hollander les plumes. L'oiseau qui fournit une plus grande quantité de plumes à écrire est l'oie; une seule peut en donner dix de différentes qualités; mais il reste toujours à leur surface une matière grasse, dont il faut les débarrasser pour les rendre pures, transparentes, luisantes et propres; en un mot, à acquérir les qualités qui leur conviennent. Ce sont principalement les Hollandais qui se chargent de cette préparation: de là, l'expression *hollander* les plumes, pour désigner l'opération qu'ils leur font subir. J'ai profité de la circonstance de la guerre, lorsque plusieurs pharmaciens, instruits dans les sciences et dans les arts, étoient employés en Batavie, pour les inviter à prendre quelques renseignemens sur ce procédé encore inconnu. Il paroît que cette préparation a lieu par la voie sèche et par la voie humide: voici du moins ce qu'ils m'ont communiqué. Je désire qu'en les répétant, on obtienne des résultats satisfaisans.

Le premier procédé consiste à plonger la penne arrachée de l'aile des oiseaux, dans l'eau presque bouillante, à l'y laisser ramollir suffisamment, à la comprimer en la tournant sur son axe, avec le dos de la lame d'un couteau. Cette espèce de frottement, ainsi que les immersions dans l'eau, se renouvellent jusqu'à ce que le cylindre de la plume soit transparent, et que la membrane, ainsi que l'espèce d'enduit gras qui la recouvrent, soient entièrement enlevés; on la plonge une dernière fois pour la rendre parfaitement cylindrique, ce qui s'exécute avec l'index et le pouce; on la fait ensuite sécher à une douce température.

Dans le second procédé, il s'agit d'enlever la matière graisseuse qui recouvre la plume et d'en augmenter la force; on commence par la dépouiller de ses barbes, puis on la plonge dans de la cendre chaude, qui ne contienne aucun charbon ardent, ou bien on l'expose pendant quelques instans au dessus d'un brasier, jusqu'à ce qu'elle ait un peu changé de couleur, ou qu'elle soit devenue molle, ayant bien soin de ne la pas trop échauffer, ce qui lui feroit perdre toute son élasticité, et la rendroit pour ainsi dire friable. Lorsqu'elle est convenablement échauffée, on l'applique sur son genou, on passe une ou deux fois dessus une lame de couteau, en appuyant du côté du tranchant, et de suite on la frotte vivement avec un morceau de laine, pour enlever les portions membraneuses ou filamenteuses qui la recouvrent. On doit rejeter les plumes de coq et d'autruche, parce qu'elles sont trop épaisses et dépourvues de la flexibilité nécessaire. On peut employer les plumes de cygne pour écrire en gros caractères, et celles de corbeau pour faire des notes très-fines sur des livres. Celles de coq d'Inde ne sont presque jamais employées.

Plumes et duvets pour les coussins. On peut garnir les oreillers, les traversins, les matelas des lits, et les coussins des meubles, avec les petites plumes qui recouvrent les gallinacées et les pigeons. Il est même des cantons où elles sont déjà employées à cet usage; mais le plus généralement on choisit de préférence le duvet des palmipèdes. On emploiroit encore aussi volontiers celui des oiseaux de proie, s'ils étoient assez nombreux pour promettre une récolte de leur fourrure épaisse et douillette.

Il y a deux espèces de duvet; l'un, qu'on laisse perdre, consiste en barbes légères, molles, effilées, sans liaison, hérissées, qui revêt beaucoup de jeunes oiseaux à leur naissance, et tombe à mesure qu'ils se développent; l'autre, plus adhérent, qu'on recueille avec beaucoup de soin, est cette plume courte à tuyau grêle, à barbes longues, égales, désunies, dont la nature a composé le vêtement chaud des oiseaux de haut vol et de ceux qui sont aquatiques, pour les garantir du froid qu'ils éprouveroient sans son secours, les uns dans les hautes régions de l'atmosphère, les autres par le contact de l'eau. Ce duvet, chez ces derniers, est d'ailleurs recouvert à l'extérieur d'un plumage serré et huilé, qui le préserve entièrement de l'humidité et par-là lui permet de conserver à ces oiseaux leur chaleur naturelle.

Le duvet des oiseaux de proie étant, comme nous l'avons dit, très-rare, on ne s'occupe guères que des moyens de se procurer celui des palmipèdes, classe d'oiseaux très-nombreuse, dont trois espèces principales ont été soumises à la condition de domesticité, savoir: le cygne, l'oie et le canard.

Mais, avant de parler de la récolte de ces trois duvets, qui sont pour ainsi dire sous notre main, nous allons dire un mot d'un duvet qui leur est beaucoup supérieur, par sa douceur, sa légèreté et son élasticité; c'est l'*édredon*, et par corruption, *aigledon*, fourni par un canard qui habite l'Islande, et qu'on appelle *eider*, *anas mollissima* de Linnæus, ou *oie à duvet*. Voici ce qu'en dit M. *Sonnini*, le digne ami de Buffon et l'un des plus célèbres coopérateurs du *Nouveau Dictionnaire d'Histoire naturelle*.

Les eiders s'arrachent, de l'estomac et du ventre, le duvet pour en tapisser leurs nids, échauffer leurs œufs et leurs petits; il est recherché avec beaucoup de soins dans tous les pays où ces oiseaux sont communs; c'est le plus doux, le plus léger, le plus chaud et le plus élastique de tous les duvets. La Norwège et l'Islande fournissent cette matière précieuse, qui s'y vend jusqu'à une pistole la livre, lorsqu'elle est bien épluchée et pure.

Les nids des eiders sont, dans le nord de l'Europe, pour les habitans des côtes, une sorte de propriété dont le fonds, quoique libre, n'en est pas moins constant et assuré.

Chacun jouit en paix des nids placés sur son terrain, et fait tout ce qu'il peut pour y attirer les couples d'eiders; une forte amende est la peine de quiconque tue un de ces oiseaux. Un seul homme, sur-tout si son habitation est placée sur un des rochers les plus éloignés de la terre, peut amasser, en un an, depuis cinquante jusqu'à cent livres de duvet. Les Danois achètent tout ce qui s'en recueille. Mais c'est une règle générale, que le duvet pris sur l'eider mort, est d'une qualité inférieure à celui qu'il s'arrache lui-même. Nous avons déjà fait cette observation, et nous ajoutons qu'elle est générale pour tous les oiseaux.

Il y a en effet une différence énorme entre les plumes arrachées à l'animal vivant, et celles dont on le dépouille, quand il est mort à la suite d'une maladie; ces dernières n'ont que fort peu d'élasticité; leurs franges se pelotonnent à la moindre humidité; elles ont encore un autre inconvénient; c'est que, quoique passées au four, les mites les attaquent bien plus promptement et les réduisent en poussière en très-peu de temps.

Mais ce ne sont pas seulement les plumes des oiseaux domestiques qui présentent cette différence; les laines et les crins y sont également assujettis; la laine tondue sur un animal mort de maladie n'est pas, à beaucoup près, aussi estimée que celle ramassée sur un mouton bien portant; l'état même de maladie en déprécie considérablement la qualité. Toutes les toiles faites d'un crin coupé sur un animal mort de maladie n'ont aucune force; aussi les marchands ont-ils grand soin de dire que leur crin est le produit d'un animal vivant; peut-être une pratique exercée leur enseigne-t-elle à le distinguer autrement que par l'usage : il n'y a pas même jusqu'à l'ivoire, ou morfil, qu'on ramasse au hasard dans les contrées qu'habitent les éléphans, qui ne diffère de celui qui résulte d'un éléphant qu'on vient de tuer; celui-ci, très-reconnoissable par le moindre tourneur, est d'un prix bien supérieur, d'un plus beau blanc, bien moins cassant, plus fin et susceptible de prendre un plus beau poli.

Duvets ou plumes de cygnes. Parmi les cygnes sauvages, il y en a dont le plumage est entièrement blanc comme celui des cygnes domestiques; d'autres, et c'est le plus grand nombre, sont plutôt gris que blancs; et ce gris plus foncé paroît presque brun sur la tête et le dos.

On plume les cygnes domestiques, comme les oies, deux fois l'année; ils fournissent un duvet recherché par la mollesse, qui en remplit les coussins et les lits. On sait que la même substance, extrêmement fine et plus douce que la soie, forme aussi les houppes à poudrer; on en fait encore de beaux manchons et des fourrures aussi délicates que chaudes. Les plumes des ailes sont préférables à celles de l'oie, pour écrire et pour les tuyaux de pinceaux.

Duvet ou plumes de canards. Quoiqu'on ne néglige pas, dans quelques cantons, les plumes et le duvet des gallinacées et des pigeons, les palmipèdes en fournissent la plus grande quantité qui se consomme en Europe.

La plume des canards est assez élastique et se vend un certain prix dans la ci-devant Normandie, où il y a de grandes éducations de cet oiseau. On en fait des oreillers, des matelas.

Duvet ou plumes d'oie. L'oie commune, et sur-tout la grande espèce, soumise de temps immémorial à la domesticité, fournit la plus grande quantité des plumes et duvets employés en Europe. Long-temps on a été dans l'opinion que c'étoit préjudicier directement à la santé de ces oiseaux que de les plumer; cependant l'opération ayant lieu avant la mue, cette maladie périodique, commune aux autres oiseaux, n'est suivie d'aucuns inconvéniens, quand elle s'exécute à propos, avec adresse, et de manière à n'enlever à chaque aile que quatre à cinq plumes et le duvet.

Dès que les oisons ont atteint l'âge de deux mois, on les conduit à plusieurs reprises dans une eau claire; on les expose ensuite sur un lit de paille nette, afin qu'ils s'y sèchent; on les plume promptement pour la première fois, et une seconde fois au commencement de l'automne, mais avec modération, à cause des approches du froid qui pourroit les incommoder.

Une autre précaution qu'on doit toujours avoir, c'est que, quand les oies viennent d'être plumées, il faut empêcher qu'elles n'aillent à l'eau, et se borner à les faire boire pendant un ou deux jours, jusqu'à ce que la peau soit raffermie; on les plume enfin une troisième fois quand, après les avoir engraissées, on les tue: ainsi cet oiseau, qui a vécu neuf mois environ, peut fournir pendant sa vie trois récoltes de plumes.

Le bénéfice qu'on peut retirer des plumes d'oie n'est à dédaigner nulle part; elles forment un article important du commerce de la province de Lincolnshire en Angleterre, et s'y vendent à raison d'une livre seize sous par an, soit en duvet, soit en plumes à écrire.

Ce seroit donc renoncer bien gratuitement au profit assuré et considérable qu'il est possible de retirer d'une éducation nombreuse d'oies, si on négligeoit l'avantage d'avoir une, deux ou trois fois par an, une récolte de plumes propres à écrire, et de duvet pour garnir les coussins et les lits. On a estimé que ce produit varioit selon l'âge, et qu'une oie mère donnoit communément sa livre de plume. La jeune en fournit assez constamment une demi-livre.

Les oies destinées à peupler la basse-cour, et qui sont ce qu'on nomme *les vieilles oies*, peuvent, il est vrai, sans inconvénient, être plumées trois fois l'année, de sept semaines en sept semaines; mais il faut attendre que les oisons aient treize à quatorze semaines pour subir cette opération, sur-tout ceux qui sont destinés à être mangés de bonne heure, parce qu'ils maigriroient et perdroient leur qualité.

La nourriture contribue infiniment à la valeur du duvet et à la force des plumes; les soins particuliers qu'on prend des oies n'y ont pas moins d'influence. On a remarqué que, dans les endroits où ces oiseaux trouvent beaucoup d'eau, ils ne sont pas aussi sujets à la vermine, et fournissent une plume qui possède plus de qualités.

Il y a une sorte de maturité pour le duvet, qu'il est facile de saisir; c'est lorsqu'il commence à tomber de lui-même; si on l'enlève trop tôt, il n'est pas de garde, et les vers s'y mettent.

Les oies maigres en fournissent davantage que celles qui sont grasses, et il est plus estimé; les fermiers ne devroient jamais permettre qu'on arrachât les plumes des oies, quelque temps après qu'elles sont mortes, pour les vendre: elles sentent ordinairement le reland et se pelotonnent. On ne doit mettre dans le commerce que les plumes arrachées sur les

les oies vivantes ou qui viennent d'être tuées; dans ce dernier cas, il faut se hâter de les en dépouiller, et faire en sorte de terminer l'opération avant que l'oiseau soit entièrement refroidi : la plume en est infiniment meilleure; on est encore dans l'usage de leur tourner les pattes derrière le dos, de manière à tenir les ailes, sans quoi elles se casseroient, et les oies ne seroient plus de vente.

Dessiccation des plumes. Quelles que soient les espèces d'oiseaux qui fournissent le plus abondamment des plumes, celles dont on fait le plus de cas doivent être recueillies sur l'animal vivant; et il est facile de les reconnoître, en ce que leurs tuyaux, étant pressés sous les doigts, donnent un suc sanguinolent; celles qui ont été arrachées après la mort sont sèches, légères et sujettes à être attaquées par les vers et les mites; mais les plumes et le duvet de la meilleure qualité, recueillis avant la mue et dans la saison qu'il convient, demandent, comme nous l'avons déjà observé, des précautions pour les conserver en bon état; les plumes emportent toujours avec elles une matière grasse et lymphatique qui, en s'altérant, leur communique une odeur extrêmement désagréable. Il faut donc leur faire subir une dessiccation préalable, les exposer au four après que le pain en est retiré; il convient même de porter cette dessiccation plus loin, quand il est question des plumes des oiseaux aquatiques, à cause de leur nature très-huileuse.

Quand cette dessiccation préalable a été opérée, on transporte les plumes dans un lieu sec et aéré; on les remue tous les jours: par ce moyen, on dessèche la moelle que contiennent intérieurement les tuyaux; les parties graisseuses et membraneuses de leur surface se dissipent en poussière; alors la plume peut se conserver pendant des siècles; mais si on néglige ces précautions, si la plume n'est pas réduite à un état de pure parenchyme, si elle renferme des sucs à moitié desséchés, alors elle deviendra la proie des insectes; dans ce cas, il faut la blanchir dans une eau de savon, et la laver ensuite à plusieurs eaux; opération secondaire qui détermine la qualité élastique de la plume et occasionne des déchets.

Ce que nous disons de la plume est applicable à la laine; si elle a été mal épurée, le suint et les matières grasses dont elle s'imprègne attirent les insectes; il faut alors la laver pour prévenir la destruction de la totalité, et la dépouiller de cette graisse naturelle qui se corrompt.

Dans l'incertitude où l'on est du choix des matières premières employées dans les couchers d'une maison de campagne, il faut les mettre sur une claie supportée par des tréteaux au milieu d'une grande pièce bien aérée, les remuer, les battre de temps à autre avec des houssines, les exposer souvent au grand air, au froid par les beaux jours d'hiver, et au soleil dans le commencement du printemps, pour en écarter cette espèce d'insectes de la classe des phalènes, qui ne propagent qu'à l'ombre et dans le repos; le grand jour et l'agitation sont des moyens infiniment préférables aux plantes aromatiques proposées dans la vue d'opérer cet effet.

Le procédé d'épuration consiste à mettre dans trois pintes d'eau bouillante une livre et demie d'alun, et autant de crême de tartre qu'on délaie dans vingt-trois autres pintes d'eau froide; à y laisser tremper pendant quelques jours les laines, après quoi on les lave et on les sèche; elles ne sont plus exposées aux insectes.

La pureté des plumes et des laines dont on se sert pour faire des matelas et des coussins, doit sans doute être regardée comme un premier objet de salubrité. Les émanations animales peuvent, dans une foule de circonstances, préjudicier à la santé ; mais le danger est bien plus grand encore, lorsque la laine se trouve imprégnée de la sueur et des parties excrémentielles des personnes qui ont éprouvé des maladies putrides et contagieuses. On ne sauroit donc trop souvent battre, carder, nettoyer, laver la laine et blanchir la toile des matelas; c'est un soin que ne doit jamais oublier de renouveler, chaque année, une maîtresse de maison attentive; nous le lui recommandons avec instance, pour la conservation de sa famille et l'intérêt du ménage dont le gouvernement lui est dévolu. (Parm.)

PLUVIERS, (*Charadrii* Lin.) Les pluviers sont passagers en France; ils y arrivent avec les pluies d'automne, d'où l'on pense que leur nom est venu : ils nous quittent au retour du printemps, pour gagner des contrées plus septentrionales. Ces oiseaux volent toujours en bandes, et forment une espèce de société. Lorsqu'ils volent, ils sont rangés en lignes droites, qui forment dans l'air des bandes ou zônes très-étendues, mais de peu de profondeur. Ils font leur principale nourriture de vers et d'insectes; c'est pourquoi ils fréquentent les terres limoneuses, où ils trouvent plus aisément à satisfaire leurs besoins. Ils frappent la terre avec leurs pieds pour en faire sortir les vers, et, comme les bécasses, ils vont à l'eau le matin pour laver leur bec et leurs pattes, après avoir *véroté*. Les fortes gelées les chassent vers le Midi : ils gagnent aussi dans ce temps les bords de la mer, et le dégel les ramène dans les plaines et les pays élevés. Les pluviers restent peu de temps dans le même canton; ils changent de quartier presque toutes les vingt-quatre heures, parce qu'ils ont bientôt épuisé un endroit de l'espèce d'aliment qui leur convient le plus. Quand ils mangent, ils ont toujours quelque sentinelle qui veille sur la troupe : de même un seul pluvier rassemble, le matin, toute une bande, qui s'est dispersée pour dormir. C'est ce cri de rappel que les chasseurs imitent avec un appeau, pour faire donner dans des pièges une troupe de pluviers, à l'instant de son rassemblement.

Le pluvier est de la taille d'une tourterelle; lorsqu'il est gras sur-tout, on fait grand cas de ce gibier, bien que sa chair ait un fumet qui n'est pas du goût de tout le monde. Il est bien préférable aux vanneaux, dont il aime la compagnie; aussi se sert-on de ce dernier oiseau pour *appelant*, lorsqu'on chasse aux pluviers. Les époques du passage de ces oiseaux sont très-favorables à cette chasse : elle réussit aussi lors des dégels, et par une petite pluie douce. C'est dans cette circonstance sur-tout qu'on leur tend avec avantage les filets ou nappes.

Ces nappes sont les mêmes rets saillans dont le mécanisme et le jeu ont déjà été décrits aux articles Alouette et Canard. On les tend, pour les pluviers, sur une seule ligne, comme lorsqu'on veut prendre les alouettes à la ridée. Dans ce cas, on met deux nappes bout à bout, ainsi que cela a été dit en traitant de cette chasse. Les nappes dont on se sert pour pluviers sont de la force de celles qui sont destinées aux canards. Elles doivent avoir neuf à dix pieds de hauteur sur soixante au moins de longueur ; et comme cette dimension n'est pas commode à prendre sur un seul morceau de filet, j'ai indiqué tout à l'heure qu'il falloit en avoir deux, qu'on plaçoit bout à bout. On voit, dans les *Ruses innocentes*, une description détaillée d'une foule de préparatifs pour tendre ces filets; mais ce seroit se donner un embarras gratuit, que de vouloir les exécuter à la lettre. Les procédés que j'ai indiqués aux articles cités, suffisent pour tendre toutes sortes de rets saillans : j'ajouterai seulement ici que les lieux propres à cette chasse sont les prairies, le voisinage de l'eau, ou des champs de blés verts. Il faut de plus observer de ne pas tendre par les vents de nord, ni de nord-est ; et, lorsque tout autre vent règne, il faut disposer ses filets de manière qu'ils versent dans le sens du vent, et non contre sa direction. Ceci une fois entendu, il faudra encore se précautionner de vanneaux vivans pour servir d'appelans, et de pluviers empaillés, ou de figures de pluviers, que l'on appelle des *entes*. On place les *appelans* et les *moquettes* vers le bas de la *forme*, c'est-à-dire de l'espace que doit couvrir le filet, et un peu en avant. Le bas de la forme est le bout le plus voisin de celui qui fait jouer le filet. On éloigne un peu les *appelans* des *entes ;* les vanneaux vivans s'attachent par les pattes à une verge de bois qui joue sur un pivot, et que l'on agite au moyen d'une ficelle, qui correspond à la loge du nappiste. On a de plus un *huau;* c'est une verge de bois longue de cinq pieds, armée à une extrémité de deux ailes de buse ou de milan, et de deux grelots d'oiseau de proie. On place cette verge à quatre toises environ derrière la forme ; son extrémité inférieure est attachée, par une corde, entre deux petits piquets plantés en terre : du milieu de la verge partent deux petites cordes, longues de trois pieds au plus, terminées aussi par deux petits piquets, lesquels, enfoncés en terre de côté et d'autre de la verge de *huau*, à une distance telle, que les cordes auxquelles ils tiennent ayant encore du jeu, empêchent néanmoins la verge de se renverser tout à fait vers la loge, lorsque le nappiste tire la longue corde attachée près des ailes du *huau*, et qui va de là jusqu'à sa loge. C'est cette corde qui sert, comme on le voit, à agiter le *huau*, en l'élevant presque verticalement, autant que le permet l'étendue des petites cordes attachées de chaque côté. Le moment de faire jouer cette machine est lorsque les oiseaux arrivent un peu écartés vers la forme, et volant trop haut. Lorsque les premiers de la bande n'en sont plus qu'à une toise, on élève le *huau ;* il paroît aux arrivans un oiseau de proie, et ils se précipitent tous vers la terre. Lorsque ce mouvement est fait à propos, on enveloppe toute une bande sous les filets.

Le moment de tendre est le matin avant le jour, pour être prêt à l'heure du rassemblement des pluviers. Le nappiste, caché dans sa loge, qui est une enceinte de branchages piqués en terre, garnie de paille, et placée à quinze ou seize toises de la *forme*, écoute et regarde, et met toute son attention à découvrir les mouvemens des oiseaux. Lorsqu'il entend quelque chose, il fait jouer soit l'appeau des vanneaux, soit celui des pluviers. Ce dernier est fait du gros os de la cuisse d'une chèvre ou d'un mouton, coupé à la longueur de trois pouces. On l'emplit de cire par un bout à cinq ou six lignes de profondeur, où l'on pratique une ouverture en travers ; on en fait une autre dans la cire qui correspond à celle-ci. Au milieu de l'os, on pratique un trou rond, où l'on puisse ficher à l'aise une petite plume à écrire ; et sur le côté, par rapport à ce trou, on en perce un dernier à peu près double en diamètre, et que l'on ferme et ouvre avec le doigt pour modifier à propos le son du sifflet. Lorsque les oiseaux approchent, il faut en diminuer les sons : plus ils sont voisins de la forme, moins aussi il faut agiter les moquettes, de peur de faire appercevoir le piège. Si les pluviers passoient trop haut par-dessus le filet, il faudroit ne pas risquer de l'abattre inutilement, mais attendre que les vanneaux les aient appelés. Enfin, s'ils s'abattoient trop loin de la forme et qu'on ne pût les faire lever en poussant la voix avec force, il faudroit que le second chasseur, car il est bon d'être deux à cette chasse, sortît doucement de la loge, et, contournant de loin les oiseaux, s'approchât courbé, et comme une vache qui paît, pour les pousser doucement vers le filet, où il les forceroit à propos de se précipiter, en leur jetant son chapeau. On brise la tête des pluviers pris; on nettoie la place des plumes qui peuvent y être restées, et l'on retend.

Au lieu de filets tendus en rets saillans, d'autres chasseurs se servent de nappes tendues en pantaine ou rideau, au bord d'un champ où l'on a eu soin de s'assurer, la veille, que couchoient les pluviers. Alors, au moment de leur rassemblement, un grand nombre de chasseurs entourent le champ et se couchent à plate terre; lorsque les cris d'appel se font entendre, ils laissent les oiseaux se réunir, puis se levant tous à la fois, et les poussant à grands cris et en jetant des bâtons vers le filet, ils y font une bonne capture. Si l'on n'est pas assez de monde pour exécuter cette chasse de cette manière, on se sert de l'appeau à pluvier, et l'on imite le cri d'appel de derrière le filet, vers lequel ce cri les attire.

Si on veut les tirer au fusil, on se sert d'*appeaux*, d'*entes* et d'*appelans*, comme dans les chasses précédentes. On dispose ses machines dans un pré ou lieu jugé convenable; on fait jouer l'appeau et l'on attire les pluviers. Les chasseurs ont soin de se munir de *huttes ambulantes*, ou du moins de se couvrir de feuillages. Lorsqu'ils voient les pluviers abattus, deux des chasseurs les mieux placés les contournent et les approchent, et lorsqu'ils ont fait feu sur la bande, les autres les secondent en tirant sur ceux qui s'échappent et qui passent à leur portée. Il est une autre manière de les chasser, qui convient aux pays de vastes plaines. Il faut, pour cela, se réunir en très-grand nombre et cerner les pluviers de loin. Cette première fois, il est presque certain qu'on ne les approchera pas; mais on remarque l'endroit où ils s'abattent, qu'on cerne encore, et ainsi de suite, jusqu'à ce qu'on les ait lassés. Cette espèce de battue dure quelquefois deux heures; mais, au bout de ce temps, et souvent dans un plus court délai, on parvient à les joindre à bonne portée.

On les approche aussi avec la VACHE ARTIFICIELE. (*Voyez* ce mot.) Enfin, on les prend la nuit au traîneau, ou même on les tire à coups de fusil, en se servant de feu. (*Voyez* PERDRIX.) La vue de la lumière force les pluviers à se rassembler et à se blottir; mais il faut observer un grand silence. De quelque manière qu'on les chasse, les époques de leur arrivée et de leur départ sont toujours les plus favorables.

Les guignards sont une sorte de petits pluviers de la grosseur d'un merle; ils ont la tête bigarrée de noir, de gris et de blanc, le dos d'un gris brun lustré de vert, la poitrine d'un gris ondé, le ventre noirâtre, blanc vers la queue, le bec et les pieds noirs. Ils sont très-communs sur plusieurs points de la France, notamment vers Chartres, aux environs d'Amiens, de Falaise, etc. En avril et mai, ils paroissent voyager vers le nord, et en revenir au midi après les chaleurs. Ils fréquentent les guérets, les pelouses et les friches, se retirent dans les marais, volent par bandes de quinze, vingt et trente, plus ou moins, et se laissent assez approcher. Lorsqu'on en tue un, on le laisse sur la place, et les autres volent long-temps autour de lui, sur-tout si on contrefait leur cri avec un petit sifflet de terre cuite; cette habitude donne la facilité de les tuer. Le guignard est un très-bon gibier. Il mange, comme le pluvier, les scarabées, les vers de terre, les limaçons, etc.; mais il paroît plutôt un habitant du nord que du midi, à partir même de la France. (S.)

POMMELIERE, (*Médecine vétérinaire,*) nom vulgaire donné à une espèce de phthisie pulmonaire, à laquelle les vaches laitières sont sujettes. Elle est assez fréquente et assez destructive. On lui observe des caractères particuliers qu'on trouve rarement dans les autres animaux et même dans l'homme; ce qui dépend des causes qui la produisent, et principalement de la grande quantité de lait que la domesticité force ces vaches de fournir.

M. Huzard a publié un Mémoire sur cette maladie (1).

M. Mayeur, vétérinaire à Nanci, département de la Meurthe, a aussi inséré dans les *Instructions vétérinaires*, année 1795, page 269, un mémoire sur cette maladie; il rapporte qu'elle se manifestoit d'abord par le jet du veau; que chaque veau ayant été ouvert, on trouva un ulcère à la bifurcation des lobes du poumon, et qu'un pareil ulcère existoit dans les mères.

Il ajoute qu'un guérisseur sauva vingt-huit vaches qui avoient la maladie, et que les marcaires suisses, qui lui soutirèrent son secret, assurèrent qu'il consistoit dans du sang-dragon en poudre infusé dans du vinaigre de vin, qu'il avoit fait avaler par les naseaux; la quantité varioit suivant la force de chaque animal malade.

Symptômes. Le premier symptôme qui se déclare est le hérissement du poil; ce changement s'observe un ou deux mois après que la bête nouvellement achetée est soumise au régime dont nous allons parler.

Une légère toux sèche se manifeste d'abord de loin en loin, et devient par suite plus fréquente; mais elle est toujours foible et bien rarement suivie d'expectoration ou de flux par les naseaux.

A mesure que la maladie fait des progrès, la respiration devient courte, l'inspiration est pénible et se ralentit, tandis que l'expiration s'accélère.

Au bout de deux ou trois ans, l'embonpoint de la bête diminue sensiblement; ses mouvemens sont foibles et lents; elle se lève avec difficulté: étant debout, elle ne s'allonge plus. Si l'on appuie avec la main sur la surface générale du corps, elle ne marque aucune sensibilité, si ce n'est à l'endroit des vertèbres lombaires, où la pression excite une douleur et des mouvemens très-marqués.

Tous ces signes augmentent d'année en année, et avec d'autant plus d'intensité que la bête est plus jeune; ainsi, des génisses périssent à l'âge de trois ans; les vaches âgées de cinq à six ans résistent jusqu'à celui de neuf, dix, onze et même de douze ans.

Les veaux femelles, provenant de vaches attaquées de la pommelière, périssent ordinairement à l'époque où elles mettent bas leur premier veau, ou au plus tard au second.

Quel que soit l'état de maigreur, ou plutôt de marasme dans lequel tombent ces animaux, ils conservent toujours, et jusqu'à la fin, leur appétit; mais ils ruminent et se meuvent avec beaucoup de lenteur.

Leurs urines coulent facilement, ainsi que les matières fécales; l'excrétion de la peau est la seule qui soit, non pas simplement interceptée, mais entièrement abolie. Ces vaches deviennent en chaleur plus souvent que les autres; plusieurs conçoivent; mais, quoique pleines, elles recherchent le taureau: et cependant tout cela ne les empêche pas de fournir beaucoup

(1) Voyez le Mémoire sur la *Péripneumonie chronique des Vaches laitières de Paris*; par M. Huzard.

de lait, et c'est précisément cette abondance qui trompe les cultivateurs sur l'état de leurs animaux. Toutes leurs plaintes sont relatives à l'avortement, auquel ces vaches sont extrêmement exposées, et à la difficulté qu'ils éprouvent pour faire prospérer les veaux femelles qu'ils voudroient élever pour remplacer les bêtes qui périssent.

La fin de l'animal s'annonce par la difficulté de marcher, par la pâleur extrême des naseaux, des lèvres et de l'intérieur de la bouche; par le resserrement de la peau sur les os; quelquefois par la crépitation du tégument le long de l'épine; par le dessèchement des ars, par des rides aux mamelles; enfin, si on ne se hâte de sacrifier l'animal, son reste de vitalité l'abandonne en peu d'heures, et il succombe d'une manière assez paisible.

La mort le saisit souvent un instant après qu'il a mangé, car l'appétit subsiste autant que la vie: il est cependant vrai de dire que la bête ne peut prendre que les alimens qui sont dans l'auge et tout à fait à sa portée, ne pouvant ni lever ni baisser la tête pour les atteindre. Telles sont les successions par lesquelles cette maladie passe, avant d'amener la destruction de l'animal.

Les vaches atteintes de cette maladie ne peuvent s'engraisser; ce qui a trompé quelquefois les acheteurs qui croyoient avoir fait une bonne spéculation, parce qu'ils avoient ces vaches à bon marché.

Ouverture. La poitrine renferme toutes les altérations essentielles de la maladie.

Le poumon est garni de tubercules, c'est-à-dire de concrétions plâtreuses, grosses comme des noisettes, comme des œufs de pigeon, ou comme des pommes; et c'est sans doute ce qui a fait donner à la maladie le nom sous lequel nous la décrivons. Ces corps résistent au tranchant du scalpel, et sont quelquefois si tassés et si près les uns des autres, que le poumon en est entièrement enveloppé et farci, les glandes bronchiques sont tuméfiées, dures, squirrheuses; le médiastin, les plèvres sont épaissis, ont des adhérences de toutes parts, des carnifications très-dures, et pour ainsi dire cartilagineuses; les poumons participent à cet état et présentent un amas de concrétions, d'où il résulte un tissu changé de nature, et une masse blafarde, dont le poids s'est trouvé d'une cinquantaine de livres, étant détachée du thorax; ce qui fait à peu près le quadruple ou le quintuple de son poids ordinaire. Le péricarde, le cœur, quoique sains, se trouvent renfermés sous une espèce de voûte résultante de ce mode d'induration et ainsi le cœur éprouve une diminution dans l'étendue de ses mouvemens.

Il en est de même de l'artère pulmonaire et de l'aorte; l'épaisseur du médiastin gêne aussi quelquefois l'œsophage, suivant la longueur de son trajet dans la poitrine, et s'oppose au passage des alimens.

La plèvre pulmonaire est infiltrée d'ai[r]; toutes les parties sont dépourvues d[e] graisse, ou le peu qui en existe est ja[u]nâtre; les muscles, frais, sont blafards, la chair cuite n'a pas cette couleur brun[e] qui s'observe dans le bon *bœuf*; elle est co[-]riace et n'a point de saveur; cependant el[le] n'est pas nuisible à la santé des homme[s]; elle est seulement moins nourrissante.

Enfin, un caractère particulier à cet[te] maladie, c'est de rendre friables les côt[es] et même les os des omoplates, au poi[nt] qu'ils ont de la disposition à tomber e[n] poussière.

Telles sont les véritables lésions que [la] pommelière entraîne à sa suite. Tous [les] viscères du bas-ventre sont sains, et [si] l'on observe quelquefois des lésions da[ns] la matrice ou dans les ovaires, elles so[nt] consécutives et dépendent des fureu[rs] utérines ou des avortemens que les a[ni]maux ont éprouvés, et que l'artiste in[s]truit ne confond pas avec les phénomèn[es] propres à la pommelière.

Cependant, l'intensité de ces alté[-]

tions est relative au degré de la maladie.

Les vaches qu'on tueroit dans les premiers périodes n'en présenteroient pas d'aussi avancés. Au surplus, lorsque cette maladie se trouve compliquée par quelque épizootie régnante, elle est extrêmement meurtrière.

Les vaches les plus exposées à cette maladie sont celles que l'on entasse dans des étables basses, dans lesquelles le fumier séjourne pendant cinq à six mois; pendant que le fumier se façonne de la sorte, il fournit une masse énorme de vapeurs nuisibles.

D'ailleurs, plus l'étable est privée de lumière et hermétiquement fermée, plus les animaux souffrent de la chaleur du lieu et du défaut d'air. En général, ces étables n'ont guères que six pieds, à compter du sol au plancher, et pour peu que la couche de fumier s'épaississe, on doit sentir combien on diminue la masse d'air respirable. Aussi les vaches qui habitent ces lieux ont-elles constamment la respiration courte, et la poitrine toujours dans un état de contrainte et d'oppression.

Les vaches qui sont placées plus près des portes ou des fenêtres se défendent plus long-temps contre la pommelière; celles qui sont dans le fond de l'étable, dans les coins sur-tout, où l'air ne se renouvelle que très-imparfaitement, sont celles qui y résistent le moins.

Ces deux causes, la chaleur animale et le défaut d'air, relâchent la texture pulmonaire, et diminuent les forces vitales; ainsi la transpiration est suspendue et la sécrétion du lait se trouve augmentée. L'abondance de ce fluide, plus considérable lorsque les animaux sont tenus plus chaudement, plus à l'abri d'un nouvel air et de la lumière, a engagé les nourrisseurs et les cultivateurs à entretenir soigneusement leurs animaux dans cette température. Ils ont remarqué que toutes les fois qu'ils curoient les étables et qu'ils renouveloient l'air de ces réduits, il y avoit une diminution considérable dans la traite qui suivoit cette opération, et qu'elle ne redevenoit abondante que lorsque l'étable avoit repris sa température chaude : cette augmentation de la quantité de lait est réellement aux dépens de sa qualité. Si l'on compare le lait de vaches ainsi entretenues, avec le lait de celles qui vivent en plein air, et qui paissent en liberté, on verra qu'il n'a point l'odeur aussi agréable; qu'il a moins de consistance; qu'une mesure donnée de lait des premières fournit beaucoup moins de beurre que la même mesure du lait des secondes; le peu de beurre et de fromage qu'il fournit est de mauvaise qualité. Le lait se livrant dans des mesures de capacité, sans qu'on pense à s'assurer de sa qualité, il est naturel que les nourrisseurs prennent ce parti, qui est tout à leur avantage, et dont les consommateurs ne pensent pas à se plaindre (1).

Les nourrisseurs savent bien aussi que cette méthode est destructive des animaux; mais, que leur importe, pourvu que, dans les profits que donne chaque bête, il se trouve une part qui serve à en acheter une autre pour la remplacer!

D'un autre côté, la méthode de culture qui ne fournit aux animaux que des fourrages de prairies artificielles, que de la paille, peu de foin, point de pâturages, l'intempérie des saisons qui amène la disette d'alimens, toutes ces causes sont souvent bien funestes.

On voit des cultivateurs chez qui toutes les vaches avortent, ou même qui éprouvent une ruine complète par la mortalité de leurs animaux; (*Voyez* Avor-

(1) Le galactomètre ou pèse liqueur appliqué au lait, est le moyen de s'assurer de la qualité de ce liquide.

TEMENT) et ces désastres ont souvent eu pour causes primitives celles qui amènent la pommelière.

Ces pertes ont souvent mis des cultivateurs de la Brie, de la Beauce, dans la nécessité de solliciter les secours du gouvernement; les accidens se répétant, les plaintes se renouvellent de même. On feroit beaucoup mieux de prévenir tous ces désordres, que la cupidité inventa et que l'ignorance entretient.

La pommelière est très-fréquente aux environs de Paris; les résidus de la bière et de l'amidon qu'on fait manger aux vaches chez quelques nourrisseurs, en aggravent encore les causes.

Les bouchers qui achètent cette basse viande, sont appelés *marcandiers*.

Les vaches que les malheureux mènent à la corde pour pâturer le long des chemins, fournissent de bon lait, et sont exemptes de cette maladie. C'est un des motifs qui portèrent Louis XVI, en 1784, au bienfait que nous allons rapporter. Au lieu de donner des secours pécuniaires, comme il étoit d'usage, aux indigens des environs de Paris, il fit acheter un nombre considérable de vaches, que M. Berthier, intendant de police, distribua aux familles pauvres de sa généralité.

On avoit en vue de multiplier les bêtes à cornes, que différentes circonstances avoient rendues trop peu communes. Les particuliers à qui l'on en donna furent obligés de les soigner en bons pères de famille, sans pouvoir les vendre; ils devoient les faire couvrir par un taureau dans les temps convenables, et remettre en remplacement deux génisses de leurs élèves.

Les bons effets de cette mesure ont été sensibles pendant quelques années; mais il n'en reste pas de traces aujourd'hui.

Il ne paroît pas que cette maladie soit contagieuse.

Les causes agissent d'une manière très-lente; quand le nourrisseur juge ses bêtes malades, elles sont près de succomber, et il est loin de soupçonner qu'elles soient affectées dans un temps où elles fournissent beaucoup de lait.

Il périt toujours quelques vaches, à divers intervalles, dans le courant de l'année; mais on les remplace, et l'on oublie cette perte. Il y a même des particuliers à qui l'experience fait prévoir l'époque des mortalités; ils comptent ordinairement sur la mort d'un huitième ou même d'un sixième par an, eu égard à l'âge, à la force de leurs bêtes, et au régime qu'ils leur font suivre. En général, on prévient l'accident en livrant au boucher les bêtes affectées, lorsqu'il leur reste encore une certaine apparence de santé; mais il survient quelquefois des saisons fâcheuses qui accélèrent les mortalités et qui dérangent les calculs.

Toutes les fois qu'il y a ainsi des causes qui déconcertent les nourrisseurs, on voit les marcandiers augmenter la terreur qu'inspirent ces événemens, pour obtenir à vil prix cette basse viande que, pour leur compte, ils savent bien vendre aussi cher que de coutume.

Cette maladie paroît commune à tous les pays où l'on sollicite dans les vaches une sécrétion extrême de lait. On la voit en Suisse, dans les départemens de la Meurthe, du Jura, du Doubs, des Vosges, etc. Le séjour que les vaches vont faire dans les montagnes pendant la belle saison, ne suffit pas sans doute pour détruire le mauvais effet de la chaleur des étables et de la sécrétion forcée du lait auquel elles sont soumises pendant l'hiver.

La pommelière est mise au rang des cas rédhibitoires à Paris, suivant l'arrêt de règlement du 14 juin 1721.

Traitement. En considérant les causes et les altérations qui existent dans cette maladie, on sent bien que l'art n'a aucun pouvoir pour la guérir. Nos conseils seroient plus efficaces pour l'empêcher de naître;

naître ; mais se trouvera-t-il beaucoup de personnes qui prennent la peine de les suivre? Quant aux étables, au lieu d'entasser les animaux dans des réduits clos et obscurs, il faudroit leur donner de l'air et de la lumière, et tenir ces logemens dans la plus grande propreté.

Il faudroit que les vaches laitières fussent nourries dehors, dans des enclos en liberté, en un mot dans des pâturages; là, elles s'exercent à leur aise, la transpiration s'exécute naturellement; le lait est mieux travaillé; il a les meilleures qualités. Il seroit nécessaire en outre de *renouveler le lait* des vaches, c'est-à-dire de leur faire faire un veau tous les ans. Ainsi ces bêtes seroient exemptes des fureurs utérines, et ne seroient pas atteintes non plus de l'espèce de phthisie pulmonaire qui nous occupe.

Ainsi la vitalité de ces animaux seroit bien supérieure à celle dont ils jouissent dans les étables des nourrisseurs qui les tiennent le mieux. Il est de fait qu'elles donneroient moins de lait, mais il seroit beaucoup plus riche en crême et beaucoup plus profitable à l'homme.

Cependant, nous n'osons rien reprocher au lait que la capitale consomme ; c'est aux médecins instruits et amis de l'humanité, à faire des recherches à cet égard; nous nous estimerons très-heureux si nos observations peuvent leur être de quelque utilité; mais nous pensons que le lait des vaches affectées de la maladie est loin d'avoir, sur-tout pour la nourriture des enfans, les qualités qu'on désireroit qu'il eût ; nous ne pouvons mieux faire à cet égard que d'invoquer les lumières des personnes qui s'occupent de l'hygiène publique, et nous pensons qu'il est digne de la police de chercher à diminuer ces causes, qui ne sont que trop nuisibles, et même de tâcher de les faire cesser entièrement, tant pour l'avantage de l'espèce humaine, que pour la conservation des animaux utiles que cette maladie fait périr en grand nombre. (Ch. et Fr.)

PORTIÈRES, nom que l'on donne aux brebis desquelles on tire la race. (S.)

POULE D'EAU, (*Fulica chloropus* Lin., et *gallinula chloropus* Lath.) M. Latham, dont la méthode ornithologique n'est qu'une modification de celle de Linnæus, a fait des poules d'eau un genre particulier, sous le nom de *gallinule*, dans l'ordre des *échassiers*. (*Grallæ.*)

Caractères des échassiers : Le bec presque cylindrique, de grands pieds, et les jambes nues en partie; le corps comprimé, à peau très-mince; la queue courte.

Caractères génériques des gallinules : Le bec droit, épais à sa base, se terminant en pointe aiguë, et s'avançant sur le front à la base de sa pièce supérieure; le front dénué de plumes et recouvert d'une membrane épaisse; les ailes courtes, et concaves en dessous; trois doigts devant et un en arrière, tous divisés à leur origine.

Caractères spécifiques : Le front de couleur fauve, avec une membrane rouge à la tête, le corps noirâtre et le croupion blanc; les doigts allongés, et garnis, dans toute leur longueur, d'un rebord membraneux.

Cet oiseau n'a de commun avec la poule que son nom, et quelque légère conformité dans le bec. Du reste, c'est un habitant des eaux : on le trouve sur le bord des étangs et des rivières, quelquefois aussi dans les marais. Quoique ses pieds ne soient point munis de cette membrane que la nature a donnée comme une rame naturelle aux oiseaux aquatiques, la poule d'eau ne laisse pas de nager, lorsqu'elle veut traverser d'une rive à une autre; mais ses mouvemens indiquent ses efforts ; elle frappe sans cesse l'eau avec sa queue, et elle se repose souvent sur les touffes de plantes qui croissent dans les eaux. Son vol n'a guères plus d'aisance; ses ailes courtes et bombées ne lui permettent pas de s'élever beaucoup, ni de se soutenir longtemps en l'air : pendant la durée du vol, elle tient ses jambes pendantes.

Cachée durant la journée sous les plantes qui bordent les rivières et les étangs, ou qui s'élèvent au dessus des marécages, la poule d'eau ne quitte guères sa retraite qu'aux approches de la nuit. Elle cache son nid et ses petits avec le plus grand soin; elle fait deux couvées par an, composées chacune de sept à huit œufs oblongs, et tachés de brun rougeâtre, sur un fond blanc teinté de jaune.

Quoique la poule d'eau ne soit pas un excellent gibier, sa chair n'est pas néanmoins sans qualité savoureuse; d'ailleurs, elle présente l'avantage de fournir un mets de carême, sous les dehors et même un peu de la réalité du gras.

CHASSE DE LA POULE D'EAU. On peut surprendre cet oiseau vers le soir, lorsqu'il quitte son asile pour se promener sur les eaux et leurs bords. On parvient aussi quelquefois à le faire lever pendant le jour, et à le tirer avec le fusil.

La *pince d'Elvaski* est employée avec succès pour prendre les poules d'eau. (*Voyez* la description de ce piège à l'article CANARD.) Mais une chasse plus considérable qu'on leur fait avec plus de fruit, est celle où l'on se sert du *tramail* ou *hallier*, de même que pour les RALES. *Voyez* ce mot, aussi bien que ceux de TRAMAIL et de HALLIER. (S.)

PRATIQUE, (*Terme d'oiseleur.*) Appeau à languettes pour piper. *Voyez* au mot APPEAU. (S.)

PRÉSURE. La liqueur contenue dans l'estomac, et l'estomac lui-même de la plupart des animaux ruminans ou non ruminans ont, comme l'on sait, la propriété de faire cailler le lait, soit que ces animaux se nourrissent exclusivement de végétaux, soit qu'ils ne vivent que de substances animales : cette matière est connue sous le nom générique de *présure;* sa préparation est indiquée à l'article FROMAGE, qui n'est pas un des moins intéressans du *Cours complet.*

Chaque département, chaque canton, et pour ainsi dire chaque commune a sa méthode particulière de préparer et d'employer la présure : les uns ne s'en servent que dans l'état sec, et après l'avoir délayée dans un peu de lait; les autres y ajoutent des liqueurs vineuses, des acides; quelques uns font digérer, dans la présure étendue d'une certaine quantité d'eau, des membranes d'estomac et des vessies d'animaux de toutes classes, et ne l'emploient que dans l'état liquide, souvent même il suffit d'en frotter la coquille, ou la petite écrêmette de bois, et de plonger ensuite cet instrument dans le lait pour déterminer la coagulation; enfin il y en a qui trempent dans une eau bouillante la mulette ou poche qui contient la présure, et, quatre ou cinq minutes après, cette eau est suffisamment chargée pour opérer l'état désiré : cette préparation est ce qu'on nomme vulgairement *infusion de présure.*

Quelle que soit la composition de la présure, et la forme sous laquelle on emploie ce ferment du lait, il est bien important d'en ménager la dose, sur-tout en été; sans cette précaution, la pâte du fromage ne réunit pas les conditions essentielles; si on en met par excès, elle se présente en grumeaux désunis, sans consistance, et ne retient pas assez la crême qui se sépare de la sérosité; en moindre quantité, au contraire, le séreux est plus adhérent au caillé, et n'est pas suffisamment dépouillé de matière caseuse : un présure à odeur forte produit encore un mauvais effet.

Pour fixer, à la vérité d'une manière positive, la quantité de présure à employer, il faudroit que la température fût constamment la même, et que le lait eût une égale aptitude à se cailler. Or, cette uniformité ne sauroit exister ici; les variations perpétuelles de l'atmosphère et de la qualité du lait, apporteront toujours de puissans obstacles à cette précision : tout ce qu'on peut avancer de plus conforme à l'expérience, c'est qu'il faut d'autant plus de présure que le lait est plus gras et plus épais; car celui auquel on a enlevé la crême, pour en faire du beurre, est plus facile à coaguler, et c'est la température qu'on lui donne qui en fait singulièrement varier les effets. Au reste, c'est l'expérience particulière de la fermière, intelligente sur ce point, qui seule est capable de la guider et de l'instruire.

On a cru que la vertu coagulante de la présure dépendoit de l'acide qui se trouve dans l'estomac des jeunes animaux; mais des expériences modernes prouvent évidemment que cette vertu appartient également à une foule de substances fort éloignées de tout soupçon d'acidité. Mais toutes ne sont pas propres à opérer convenablement cet effet; car il ne suffit pas de séparer la matière caseuse de sa sérosité, il faut encore lui conserver cette souplesse, cette continuité lamelleuse, ce moelleux, qui constituent la qualité de la plupart des fromages, de ceux surtout qu'on réduit en petites masses, qu'il faut vendre et consommer dans l'année.

Des agens propres à suppléer la présure. Il existe une multitude de corps dans les trois règnes de la nature, propres à coaguler le lait et à mettre sur-le-champ en évidence une substance blanche, connue sous le nom de *matière caseuse* ou *fromageuse :* nous avons cru qu'il étoit utile de faire connoître les particularités qu'offrent la plupart.

Les acides minéraux concentrés exercent leur action sur le lait avec une telle violence, que la matière caseuse de la portion touchée est racornie, colorée, affoiblie par l'eau; le coagulum est d'abord très-mou, mais il acquiert insensiblement plus de consistance; le vinaigre, ainsi que les autres acides végétaux, les sels à excès d'acide, et les sels neutres, ont aussi leur manière de coaguler le lait.

Le corps muqueux insipide et le corps muqueux sucré coagulent constamment le lait, lorsqu'ils sont dans un grand état de pureté : pour en avoir la preuve, il suffit de faire bouillir du lait, soit avec de la gomme arabique en poudre, soit avec de l'amidon bien lavé, soit enfin avec du sucre; après quelques minutes d'ébullition, on voit le caillé se former et prendre une consistance assez serrée, sur-tout si on a soin de forcer la dose de sucre, d'amidon et de gomme.

La coagulation du lait par l'alcool, et par les végétaux évidemment acides, est bien connue; mais il faut en ajouter une certaine quantité, sans quoi le coagulum n'a jamais une forte consistance : la grande oseille semble produire l'effet le plus marqué.

Parmi les plantes non acides soumises à l'expérience, plusieurs, de la famille des *rubiacées*, ont été mises à bouillir dans le lait, mais il n'a jamais été possible d'en trouver une qui opérât la coagulation; nous n'en exceptons pas même le caille-lait, vert ou sec, ancien et nouveau, à diverses époques de sa végétation, en infusion, en décoction ou en substance, auquel tous les auteurs cependant ont attribué la propriété qui lui a donné son nom : elle a été essayée, comme les auteurs le recommandent, sans avoir pu jamais obtenir un effet perceptible.

On sait que le lait qui commence à devenir ancien a une grande disposition à se cailler ; il suffit pour cela de lui faire éprouver un léger degré de chaleur : dans l'été, il acquiert souvent la propriété de se cailler spontanément, en moins de six heures, lorsqu'on le met sur le feu. On conçoit d'après cela que, si on opéroit sur du lait de cette espèce, il ne faudroit plus attribuer sa coagulation à l'influence du caille-lait qu'on y auroit mêlé.

Une chose bien étonnante, c'est que, depuis Dioscoride jusqu'à nous, il ne se soit pas trouvé un seul auteur qui ait même osé élever quelques doutes sur la propriété du caille-lait ; aussi est-on en droit d'en conclure que tous les auteurs se sont copiés servilement, et que c'est ainsi qu'ils ont transmis une erreur qu'une seule expérience auroit pu si facilement détruire. Que d'exemples, en physique et en chimie, ne pourroit-on pas citer de pareilles fautes qui tiennent à la même cause!

Mais ce que ne produit pas le caille-lait, les fleurs d'artichauts et de chardons le font d'une manière très-marquée : il suffit de mêler une infusion assez forte de ces fleurs, ou même de les mettre en substance avec du lait, pour déterminer la coagulation.

Une circonstance singulière, c'est que, si on fait infuser ces fleurs à l'eau bouillante, au lieu de les laisser macérer à l'eau froide, elles perdent entièrement la propriété coagulante, et la possèdent au plus grand degré, si le lait employé est très-chaud. Cette observation suffit pour faire voir qu'une simple infusion peut changer la vertu d'une plante.

Les jeunes animaux de la classe des ruminans ne sont pas les seuls qui puissent fournir une substance douée de la vertu coagulante : la liqueur contenue dans l'estomac, l'estomac lui-même d'une foule d'êtres qui vivent de chair, de poissons, d'insectes, de grains et d'herbes, possèdent également cette vertu à un degré assez intense, pour qu'on puisse quelquefois en tirer parti.

On a prétendu que la propriété coagulante de la présure, et d'une foule d'autres matières qui peuvent la suppléer, dépendoit d'un acide à nu qu'elles contenoient : mais il est facile de prouver la fausseté de cette assertion ; car un mélange de présure et de potasse, dans lequel cette dernière étoit en excès, ajouté à du lait, a produit un coagulum absolument semblable à celui résultant des mêmes quantités et espèces de lait, auquel on avoit ajouté une portion égale de présure pure.

D'ailleurs, le sucre, l'amidon et la gomme, ne font pas, dans ce cas, les fonctions d'acide, puisqu'il est démontré qu'ils n'en contiennent pas de développé, et que celui qu'on parvient à obtenir avec eux est toujours le produit d'une nouvelle combinaison qu'on leur a fait éprouver. Or, assurément, les gommes et le sucre ne contiennent pas d'acide à nu : on est donc forcé de convenir que le principe coagulant n'appartient pas exclusivement aux acides.

Quels que soient, au reste, les intermèdes employés à la coagulation du lait, on voit que leur action s'exerce d'une manière plus ou moins marquée sur la substance caseuse ; les uns agissent fortement sur elle, et s'expriment, pour ainsi dire, en un instant ; d'autres, au contraire, lui conservent une sorte de mollesse, qu'elle ne perd qu'après beaucoup de temps : dans l'un et l'autre cas, la saveur du sérum, ainsi que celle de la matière caseuse, présentent des différences bien sensibles. Cette seule observation sert à prouver qu'il ne faut pas employer indifféremment tous les agens, lorsqu'on veut coaguler du lait dont on a l'intention d'examiner les produits, car on ne pourroit acquérir les connoissances qu'on désire se procurer.

Il existe donc une multitude de substances propres à opérer la coagulation du lait : mais la véritable cause de ce phénomène, pour l'explication de laquelle on a tant hasardé de conjectures, est encore à découvrir. (PARM.)

PTELEA A TROIS FEUILLES. (*Ptelea trifoliata.*) *Orme à trois feuilles*, arbrisseau de la famille des térébenthinacées.

Fleurs, d'un blanc tirant sur le vert, nombreuses, disposées en larges bouquets axillaires.

Fruit, capsule comprimée, membraneuse, avec un large bord, un peu renflée à son centre, à deux loges et à deux semences oblongues, qui imitent celles de l'orme.

Feuilles, portées sur de longs pétioles, à trois folioles ovales assez grandes, lancéolées, glabres, d'un vert pâle en dessous.

Port, arbrisseau de douze pieds de hauteur, branches étalées : les feuilles étant d'un très-beau vert et nombreuses, lui donnent un très-beau coup d'œil, et le placent au rang des arbrisseaux de bosquets.

Lieu. La Caroline.

Usages économiques. On emploie les fruits avec succès pour la fabrication de la bière, en place de houblon, à cause de leur saveur amère. Des expériences faites en Alsace, et consignées dans les Mémoires de la Société d'Agriculture du Bas-Rhin, démontrent que cette bière est très-saine.

Culture. Le ptelea se multiplie par ses semences qu'on sème dès qu'elles sont mûres, c'est-à-dire en automne. Le plant se transplante à la deuxième année dans tous les sols, et, après trois à quatre années de plantation, on commence à obtenir des fruits, que cet arbre fournit en grande quantité.

Lorsqu'on ne peut semer en automne, on sème au printemps; alors il faut semer à l'ombre, arroser souvent avant et après la levée des graines. (TOLLARD aîné.)

PUTOIS, (*Mustela putorius* Lin.) quadrupède fort ressemblant à la FOUINE. (*Voyez* ce mot.) On ne le distingue de la fouine que par sa queue plus courte, son nez plus pointu, son poil plus épais et plus noir, et par la teinte blanche répandue sur son front et son museau. Ces dissemblances, peu sensibles à l'extérieur, sont accompagnées d'une propriété très-remarquable ; c'est l'odeur fétide que le putois exhale, au lieu que celle de la fouine n'est point désagréable.

Plus glouton et plus agile que la fouine, le putois est un dangereux commensal dans les habitations champêtres où il se retire en hiver, et qu'il vient visiter en brigand pendant l'été. Les basses-cours se dépeuplent bientôt, s'il peut s'y glisser, et il étend ses ravages jusque dans les ruches, qu'il attaque pour manger le miel dont il est fort avide. Dans les champs, il fait une guerre continuelle aux lapins, dont il est naturellement l'ennemi mortel, comme le furet ; il dévore aussi le gibier et les petits oiseaux ; sa voracité, qui le porte sans cesse au carnage, fait quelquefois de cet animal redouté un animal utile, lorsqu'il se jette sur les taupes, les rats et les mulots, dont il diminue le nombre ; mais les dégâts qu'il occasionne l'emportent de beaucoup sur le bien qu'il fait; aussi est-il généralement haï, repoussé, proscrit.

On dresse des pièges, tels que le quatre de chiffre, le traquenard, l'arbalète, etc.; on y place une volaille, un œuf, un morceau d'agneau, dont les cris ou l'odeur allèchent les putois, et les entraînent vers des instrumens où une mort certaine est préparée sous les dehors d'une pâture de choix.

« Il y a des gens; (disent plusieurs auteurs, et particulièrement celui de la *Chasse au fusil*, et je cite leurs expressions, parce que je n'ai jamais rencontré de ces gens-là) « il y a des gens qui font » métier de chasser les fouines et les pu-

» toits, et qui courent les campagnes, de » ferme en ferme, pour les détruire. Ils » ont de petits bassets dressés pour cette » chasse, et instruits à monter par des » échelles, à l'aide desquelles ils pour- » suivent ces animaux sous les toits des » granges et greniers, et vont les relan- » cer sous les sablières, dans les trous » des murailles, et dans les tas de paille » et de foin où ils se réfugient; ce qui les » oblige de se découvrir de temps en » temps, et donne les moyens de les ti- » rer, en prenant la précaution de se » servir, pour bourrer le fusil, de tam- » pons de bourre qui ne s'enflamment » point ». (S.)

PYROTHECNIE. *Voy.* L'APPENDICE.

QUATRE DE CHIFFRE. Le quatre de chiffre n'est pas seul un piège, mais il sert de détente à tant de pièges différens, que, bien que sa forme et l'agencement de ses parties soient très-connus, je crois encore devoir les consigner ici, pour ceux des lecteurs qui sont plus étrangers à ces sortes d'inventions, si familières en général aux gens de campagne. Un quatre de chiffre se tend au moyen de trois pièces, dans le placement desquelles résulte la figure qui a donné son nom à cette sorte de mécanisme. Une de ces pièces s'appelle *le pivot*, (*fig.* 1) *Pl. VI;* la seconde, *support*, (*fig.* 2) et la troisième, *traverse* ou *marchette*, (*fig.* 3.) Le pivot est toujours planté en terre, droit et verticalement; sa tête se termine en biseau ou en coin; vers le milieu de ce pivot, et de côté, est une coche entaillée de haut en bas.

Le *support* est un bâton taillé aussi en coin par le bas et encoché vers le haut, de manière que le biseau de la coche descende dans le même sens que le coin qui termine ce support. Cette coche doit être reçue sur l'extrémité supérieure et cunéiforme du pivot; enfin, la *traverse* ou *marchette*, d'une longueur proportionnée au piège sous lequel elle est ordinairement cachée, est un troisième bâton entaillé à l'un de ses bouts d'une coche, dont le biseau est pris sur la longueur de la marchette. Cette coche étant tournée en haut, on en fait une seconde dans le même bâton, mais sur le côté, par rapport à la position de la première, et dont la direction soit dans un sens opposé. Le tout étant ainsi préparé, et le pivot enfoncé en terre, on place la coche du milieu de la marchette dans celle du milieu du pivot de sorte que ces deux pièces se trouvent en croix; puis l'on engage la coche du support sur le coin du haut du pivot et ensuite le coin qui termine ce même support dans la coche pratiquée à l'extrémité de la marchette. (*Voyez* cette disposition, exécutée *fig.* 4.) On doit sentir qu'alors tout poids, planche ou châssis qui appuie sur l'extrémité élevée en l'air du support, tend à la faire baisser; mais elle ne peut exécuter ce mouvement, étant retenue par son extrémité cunéiforme, engagée dans la coche de la marchette, laquelle elle-même est serrée par la pression qui s'exerce en ce point contre la coche du milieu du pivot; par là, le piège qui repose sur l'extrémité du bâton, dit pour cela *support*, est nécessairement soutenu en l'air, tant que dure cet équibre. Mais si un oiseau vient à sauter sur la traverse ou marchette, cette impulsion suffit, pour l'ordinaire, pour dégager les coins des coches qui les retiennent, et tout s'échappe; le piège soutenu retombe sur le gibier. Il y a des marchettes dont l'extrémité est attachée avec une corde aux pièges mêmes qu'elles tendent, comme dans les trébuchets appelés *tombereaux*, qu'on tend pour les perdrix, et celles-là sont toutes droites, comme la traverse; (*fig.* 3) d'autres restent en l'air et isolées du piège, et on donne à celles-ci la forme des *fig.* 5 *et* 6. Les petits bâtons qui traversent la première, les rameaux naturels de la branche dont l'autre est formée, et qui présente aux oiseaux une disposition qui leur est plus familière, sont comme autant de juchoirs qui donnent envie aux oiseaux, attirés autour de la marchette par du grain, de se percher et poser dessus. *Voyez* TRÉBUCHET.

(S.)

RACINES. Leurs différentes formes, leur organisation et les fonctions qu'elles ont à remplir dans l'économie végétale, sont développées avec clarté dans le *Cours complet d'Agriculture;* mais, indépendamment des usages des racines comme parties essentielles à la nutrition des plantes, et pour les fixer au sol qui les a vu naître, elles servent encore à la subsistance des hommes et des animaux: c'est sous ce dernier point de vue que nous devons les considérer.

Les racines potagères, dont nous connoissons aujourd'hui un assez grand nombre de variétés, n'étoient cultivées autrefois que dans les jardins; à peine s'en trouvoit-il quelques carrés dans les plus vastes enclos; mais, dès qu'on en eut apprécié les avantages pour la nourriture des bestiaux, on destina à leur culture des terrains d'une plus grande étendue, on les sema donc en plein champ; et il est prouvé maintenant qu'elles y viennent aussi parfaitement, lorqu'on leur donne les mêmes façons, un fonds qui leur est propre, et qu'on espace suffisamment les pieds entr'eux. J'ajouterai, sans craindre d'être démenti, que, toutes circonstances égales d'ailleurs, plusieurs sont d'un goût supérieur, à cause du fumier qu'on y emploie en moindre quantité; car on sait que la partie des plantes dont l'odeur et la saveur se ressentent davantage de la nature du sol et des engrais, ce sont les racines qui, provenant des jardins, ont à la vérité plus d'embonpoint que celles des champs, mais en revanche moins de qualité.

On a cherché à révoquer en doute la bonté des racines, relativement à la qualité alimentaire; mais, si elles sont moins nutritives que les semences, il est impossible de leur refuser d'être plus substantielles que les fruits; la plupart renferment les principes qui constituent les autres parties des végétaux; et, si elles ont passé, dans l'esprit de quelques physiologistes, pour fournir la nourriture la plus grossière, ce n'est point que l'aliment s'y trouve plus atténué et moins élaboré que dans les graines farineuses, puisque l'amidon et le sucre, les matières odorantes et colorantes qu'on en extrait, jouissent des mêmes propriétés; le parenchyme fibreux y domine seulement; c'est ce parenchyme qui rend l'aliment plus ou moins grossier, à raison de la quantité qu'il en contient; car la matière muqueuse plus disséminée, plus fluide dans les racines que dans les semences, est très-disposée, par la combinaison que la simple cuisson opère, à se rassembler, à se concréter, à passer ensuite dans le cours de la circulation, à se mêler avec nos liqueurs, et à prendre bientôt le caractère animal dont elle paroît éloignée dans l'état naturel.

J'observerai à cet égard que, quoiqu'au moyen de la culture, les racines aient acquis, pour notre usage, un volume extraordinaire, on ne peut cependant cesser de les considérer comme le réservoir de la nourriture destinée à la reproduction de la graine, et devant contenir, sinon les sucs les plus élaborés, au moins les matériaux propres à les constituer. Il paroît qu'en effet les racines étant une fois formées dans les plantes bisannuelles, celles-ci ne tiennent plus leur nourriture de la terre, elles la prennent dans la substance même de la racine qui, devenue *porte-graines*, se creuse, s'affaisse et s'anéantit.

Il n'est donc pas douteux que les racines ne soient pourvues de sucs aussi affinés que les autres parties des végétaux. Toutes, à la vérité, n'ont pas en réserve une matière nutritive; les unes, d'abord molles et charnues, deviennent dures et ligneuses en très-peu de temps; les autres n'offrent, à l'origine de leur formation, que des filets chevelus, que des amas de fibres et non des sucs mucilagineux. Mais nous avons également des semences aussi dures dans leur substance intérieure que dans leur écorce, et que nous tourmenterions inutilement pour en extraire un aliment: il faut absolument y renoncer.

Les racines ont joui, de temps immémorial, de la plus grande célébrité, depuis sur-tout que la culture et l'industrie sont parvenues à les perfectionner et à multiplier leurs variétés; il existe encore des peuplades qui font consister une partie de leurs ressources alimentaires dans cette partie des végétaux. *Démocrite*, qui a écrit, il y a environ deux mille ans; *Columelle*, *Varron* et *Caton*, tous ces patriarches de l'agriculture leur attribuoient des propriétés merveilleuses; ils pensoient qu'un jardin potager étoit ce qui rapportoit le plus dans une ferme, et que le produit suffisoit, au delà, pour les besoins du colon. On ne sauroit même douter que l'usage de ces racines ne fût étendu jusqu'aux bestiaux, puisque, dans la distribution de la métairie, ils indiquent les mangeoires pour la nourriture des bœufs pendant l'hiver.

Il seroit superflu d'insister ici sur la nécessité de faire choix, pour les plantes à racines charnues, du sol qui leur convient respectivement, si on veut avoir des récoltes abondantes, et de qualité supérieure; que, dans des terres trop fortes, elles s'épuisent en feuillages, et grossissent d'autant moins en racines; que, quand elles ont poussé leurs premières feuilles, il faut les éclaircir, parce que les pieds trop écartés donnent des racines grosses, il est vrai, mais spongieuses et creuses; que, trop rapprochées, au contraire, elles ne produisent que des racines minces et fibreuses. Tous ces détails sont développés dans cet Ouvrage, aux mots Rave, Choux, Carotte, Betterave, Panais, Pommes de terre, Topinambour.

Une vérité que nous ne saurions assez reproduire, c'est que les racines charnues, soit farineuses, soit muqueuses, doivent être, après les grains, placées au nombre des substances végétales les plus chargées de parties nourricières; qu'elles qu'elles renferment tous les principes qui constituent le corps alimentaire; que la plupart portent leur assaisonnement avec elles, et n'ont besoin que de la simple cuisson dans l'eau ou sous les cendres, pour devenir un comestible salutaire; qu'enfin, réunies plusieurs ensemble, elles forment des potages que le suc de nos viandes peut à peine imiter. Considérons-les maintenant sous le double rapport de la nourriture qu'elles peuvent procurer et aux hommes et aux animaux.

Des racines potagères pour la nourriture de l'homme. Ouvrons les meilleurs traités d'économie rurale et domestique, nous verrons les racines potagères servir, une grande partie de l'année, de fondement à la subsistance de plusieurs cantons. Parcourons ensuite la Flandre, la Lorraine et l'Alsace, et nous serons convaincus que ce nombre considérable de domestiques, cette quantité d'animaux de toute espèce que renferme chaque métairie, dans ces anciennes provinces, ont pour base de leur nourriture l'usage des racines potagères. Elles favorisent la multiplication des bestiaux, le nettoiement des mauvaises herbes, et l'abondance des engrais. Dans ces cantons, les hommes sont vigoureux, bien nourris, bien vêtus; ils ne doivent rien à leurs propriétaires et aux percepteurs.

Mais, si une longue expérience a prouvé qu'il n'y a pas de terrains, de climats et d'aspects où l'on ne puisse faire prospérer les racines potagères, qui pourroit donc nous empêcher d'en recueillir les avantages? Les unes aiment les fonds bas et humides, les autres se plaisent dans les terres qui vont en pente, et sont d'une qualité légère; mais, en général, c'est dans les terrains chargés de sable et de gravier, qu'elles réussissent le mieux, et, quelle que soit leur aridité, elles peuvent y être appropriées, sans nuire à la culture des grains, toujours plus abondans, quand ils leur succèdent. La plaine Saint-Denis, comparable autrefois à la plaine des Sablons, n'offre-t-elle pas aujourd'hui le tableau le plus intéressant du plus riche potager?

Ces avantages sont si bien connus des Irlandais, que, pour améliorer leurs terres et y faire ensuite de riches moissons, beaucoup de fermiers sont dans l'usage de louer, pour une somme modique, leurs terres légères contre deux récoltes de grains, à des cultivateurs qui les couvrent de plantes potagères, dont le succès est assez constant, parce que ces plantes, à l'exception des pommes de terre, sont toujours arrachées avant la fleuraison, c'est-à-dire avant le moment où le végétal, occupé de former les principes de la génération future, exige le plus du sol. D'ailleurs, les racines, par leur forme, laissent intacte toute la substance de la terre qui avoisine la surface, et le blé est plus beau sur un champ qui vient de produire des turneps et des carottes, que sur celui qui aura rapporté d'autres grains.

On a une si haute idée de l'effet salutaire et nutritif des racines potagères, qu'on a proposé, dans ces derniers temps, de les réduire sous forme sèche et pulvérulente, pour en jouir dans les contrées lointaines, ou lorsque la saison ne permet plus de s'en procurer de fraîches. *Renaud*, entr'autres, avoit présenté des échantillons de ce nouveau genre d'approvisionnemens au maréchal de *Castries*. Consulté sur les avantages que la marine pourroit en retirer, je crus devoir saisir l'occasion d'un voyage de long cours, pour en apprécier la valeur; en conséquence je déterminai le ministre à donner des ordres pour qu'il fût embarqué, à bord des bâtimens que commandoit l'infortuné *la Pérouse*, une certaine provision de poudre de racines, et je rédigeai une instruction pour s'en servir.

Cependant, tout en applaudissant à

ces vues utiles pour la santé et la conservation des équipages, j'observerai qu'à l'exception des carottes, des panais et du raifort, qui contiennent du sucre et de l'amidon, les autres racines potagères ne me paroissent pas mériter la même considération, vu qu'elles perdent à l'étuve une grande partie de leur saveur, pour en contracter une très-mauvaise, à moins qu'on n'ait eu l'attention de les faire bouillir dans l'eau, préalablement à la dessiccation, de les diviser ensuite par tranches; mais, malgré ces précautions, ce n'est pas encore chose aisée de les pulvériser, parce que, dans cet état, les racines prennent assez ordinairement, soit un caractère corné, soit un état flexible et mollasse; dans l'un et l'autre cas, l'action du pilon devient très-difficile.

Toutes les fois qu'un homme a de bonnes vues, il arrive souvent que, quand elles ne reposent point sur des connoissances positives, il les gâte par d'autres prétentions.

Renaud a également proposé de donner la même forme à des plantes très-aqueuses, dont l'arome et le montant sont très-fugaces, comme le cresson, le cochléaria, le cerfeuil, etc. Le résultat, d'après l'examen que j'en ai fait, ne sauroit offrir rien d'utile, sous aucun rapport; ce sont de ces niaiseries qu'il faut reléguer dans la classe nombreuse des recettes plus ou moins ridicules et impraticables. Tenons-nous-en donc principalement aux carottes et aux panais qui, coupés par tranches circulaires minces, et exposés à une chaleur de quarante degrés, perdent leur eau de végétation et se dessèchent au point de se pulvériser; mais il faut avoir l'attention de conserver la poudre qui en résulte, dans une caisse bien fermée et dans un lieu extrêmement sec, parce qu'elle attire facilement l'humidité de l'air et fermente. Une cuillerée à café de la poudre dont il s'agit peut donner toute la saveur et l'odeur des racines fraîches aux racines potagères et aux ragoûts, lorsqu'on ne peut plus avoir ces dernières de bonne qualité, ainsi que je m'en suis assuré par une suite d'expériences nombreuses.

On fait encore, avec les racines, des purées excellentes : c'est particulièrement au printemps qu'il convient de les réduire sous cette forme, parce qu'alors la germination les travaille intérieurement : quelque soin qu'on prenne de leur conservation, elles deviennent dures, fibreuses et très-âcres : or, ces défauts disparoissent lorsqu'on les convertit en purée; nous proposerons les pommes de terre pour exemple. On fait cuire ces racines à grande eau; on les épluche; on les écrase au moyen d'une passoire, on se sert de bouillon pour véhicule; et on la met sur le feu pour évaporer e[t] lui faire prendre la consistance requise; alors on ajoute un peu de sel et de la moutarde. Cette purée peut être servie avec des saucisses, du mouton, du lard du petit salé, un fricandeau. Elle es[t] d'un grand usage dans la Flandre, e[t] par-tout où la pomme de terre est considérée pour ce qu'elle vaut réellement mais revenons à la culture en grand de racines.

Cette culture diffère de celle des gra[minées] minées par l'époque de leur semis, pa[r] les façons qu'elles exigent, par le[ur] court séjour en terre, par le temps in[-] diqué pour en faire la récolte.

Pendant qu'elles parcourent les pé[-] riodes de leur premier accroissement elles ont l'avantage de couvrir la surfa[ce] du sol par leur feuillage, de s'oppos[er] à l'évaporation de l'humidité de la su[r-] face, de la retenir dans l'intérieur, [et] de soutirer de l'atmosphère tous les flu[i-] des gazeux nécessaires à la végétation [:] avantages incalculables que ne peuve[nt] avoir ni les stériles jachères, ni les plan[-] tes céréales, dont les feuilles et les tige[s] durcies, flétries et desséchées, sont ho[rs] d'état de remplir les fonctions d'organes aspirateurs, à une époque où la terre, exposée à toute l'ardeur du soleil, éprouve, s'il est permis de parler ainsi, une sorte de torréfaction.

Cette considération devroit, ce me semble, être de quelque poids, et servir à justifier l'opinion dans laquelle on est assez généralement, que la culture des racines potagères est un moyen efficace de reposer la terre; qu'elles lui rendent beaucoup plus de principes qu'elles n'en ont reçus; que l'épaisseur et l'étendue de leur feuillage contribuent à la maintenir en un meilleur état, en couvrant et ombrageant tout le terrain; elles empêchent la croissance des plantes parasites, attirent tous les matériaux de la sève, et enrichissent plutôt le sol qu'elles ne l'appauvrissent. Il nous paroît donc, par une suite de ce raisonnement, qu'il faut être très-circonspect, lorsqu'il s'agit de retrancher leur feuillage, non seulement pour le volume et la qualité des racines, mais encore pour l'avantage du fonds lui-même, et le succès des récoltes futures, enfin pour la santé des habitans.

Il existe, dans un des faubourgs de St-Omer, des tissus de racines mêlés de terre grasse, détachés les uns des autres, mobiles et errans, qui ne s'enfoncent jamais. Quoique les hommes s'y promènent et que les bestiaux y paissent, il s'y est formé, depuis quelques années, des attérissemens qu'on a défrichés, et qu'on loue jusqu'à cent francs l'arpent. Les habitans de ce faubourg, distingués des autres citoyens de la ville par leurs mœurs, par leur langage et par leurs vêtemens, sont au nombre de trois mille environ, et semblent composer une espèce de république particulière, dans laquelle on retrouve les traces de la simplicité et de la bonne foi du premier âge. Ils ont converti ces terres marécageuses en jardins potagers, qui représentent autant de petites îles d'où l'on ne sauroit sortir qu'à l'aide d'une chaloupe. Cultivant exclusivement des plantes potagères, ils en transportent sur des barques aux marchés de Saint-Omer, de Dunkerque, d'Aire et même jusqu'à Lille. Il en résulte, pour le pays, la salubrité de l'air et un commerce considérable. Par-tout où la culture peut s'établir, les lieux aquatiques deviennent sains, et où les bras trouvent un salaire avantageux, ils s'y muliplient. Combien de terrains vagues et marécageux, qui répandent au loin l'infection et la mort, rappelleroient la santé et la vie par la végétation vigoureuse de ces plantes! Si elles ne sont pour les riches citadins qu'un accessoire à leur nourriture, un mets de plus sur leurs tables, de quelle utilité ne seroient-elles pas dans les campagnes, où souvent il n'y a qu'un peu de lard ou de beurre pour faire la soupe? Elles deviendroient la bonne chère de leurs habitans.

Les racines potagères, dira-t-on, sont généralement cultivées en France; il n'y a pas de jardin où l'on n'en apperçoive quelques carrés; les hommes en vivent certains jours de l'année, et font manger les rebuts à leurs bestiaux. Mais ce n'est pas ainsi qu'il faut les considérer; et, tant que leur culture en grand, qui fait une des branches de la richesse rurale de l'Allemagne et de l'Angleterre, se trouvera reléguée dans deux ou trois de nos provinces, les racines ne pourront jamais former la base de la subsistance journalière du ménage et de la basse-cour. N'est-il pas ridicule que les cantons ruraux les plus éloignés des cités n'en récoltent pas de quoi fournir à leur propre consommation, et que, forcés souvent d'aller s'en approvisionner à la ville, ils rapportent au village, en échange des grains qu'ils ont vendus au marché, une denrée toujours trop chère et trop rare, pour profiter de tous ces avantages, lorsqu'il leur seroit si facile de consacrer toujours, dans les environs de l'habitation, quelques arpens à cette culture, dont le produit ne sauroit être apporté de loin, sans des embarras et des frais qui nécessairement en rehaussent le prix et en circonscrivent l'emploi?

Cette indifférence pour une ressource peu coûteuse, et en même temps pour la possibilité de retirer d'une petite étendue de terrain une quantité énorme de nourriture, influe nécessairement sur nos marchés. Dans les campagnes où les racines potagères sont pour ainsi dire ignorées, les habitans consomment beaucoup de grains, négligent de faire des élèves, et ont par conséquent peu de bestiaux, ce qui diminue les seuls moyens qu'ils aient d'avoir de l'argent, et de satisfaire à tous leurs besoins; tandis que quelques arpens consacrés, chaque année, aux racines potagères, les mettroient en état de subvenir au paiement de leurs charges, aux avances que demandent les améliorations, et de procurer à tout ce qui les environne une nourriture saine et abondante.

Racines potagères pour la nourriture des bestiaux. La multiplication des subsistances pour le bétail a été, de tous les temps, regardée comme un des meilleurs principes d'agriculture; c'étoit la maxime des anciens: Une plante nouvelle applicable à la nourriture des hommes et des animaux, pendant la morte saison, est une double conquête.

C'est sur-tout dans le voisinage des grandes villes que la culture en grand des racines potagères deviendroit intéressante pour l'engrais des animaux destinés à la boucherie, pour les vaches laitières, qui donneroient pendant l'hiver plus de produits qu'avec le fourrage sec dont on les nourrit ordinairement; d'ailleurs, on pourroit en trouver un débit avantageux, aujourd'hui que les racines forment la base de plusieurs ragoûts, qu'elles paroissent avec intérêt sur la table, et servent d'accessoire aux compositions des soupes économiques qui, heureusement, prennent une grande considération dans la classe indigente. Si les racines potagères succédoient constamment aux grains, dans l'année de jachères, elles deviendroient, comme tant de faits l'attestent, étant mêlées en certaines proportions au fourrage ordinaire, un moyen de prolonger, par l'abondance de leurs sucs, les effets du vert, toute l'année, et de conserver les animaux dans cet état de vigueur et d'embonpoint, si nécessaire pour le renouvellement des espèces; l'hiver seroit infiniment moins long pour les bestiaux qui, fatigués du régime sec, soupirent après le retour du printemps. Le cultivateur, de son côté, seroit assuré, dans tous les temps, de partager avec les compagnons de ses travaux l'aliment qui leur est destiné, de mettre chaque année le sol en valeur, sans le détériorer, de recueillir enfin de belles moissons après l'une ou l'autre de ces racines potagères.

Les habitans des campagnes, instruits par la leçon du malheur, qu'il ne falloit pas compter trop exclusivement sur la récolte des foins et des avoines, ont recours aux prairies artificielles, dont les produits sont assez généralement plus certains. Mais combien de fois cette ressource ne leur échappe-t-elle pas encore! Désespérés de voir leur bétail privé d'une nourriture suffisante, pendant l'été, et exposés, par conséquent, à s'en défaire aux approches de l'automne, ils seroient consolés par la douce espérance de le mieux nourrir l'hiver, et ils trouveroient du bénéfice dans la vente des productions qui en résulteroient.

Les effets de la disette des fourrages qu'on a éprouvée par l'extrême sécheresse de 1785, qui n'épargna aucun de nos départemens, ont été moins funestes à ceux de leurs habitans qui ont coutume de cultiver en grand les racines potagères. La grêle désastreuse du 13 juillet 1788, qui a changé le tableau de la plus riche moisson en un spectacle de la plus affreuse calamité, n'auroit pas enlevé toutes les ressources aux cantons qui l'ont essuyée, s'ils eussent couvert quelques arpens de ces plantes. Nous n'avons sauvé, m'ont écrit, à cette époque critique, plusieurs petits cultivateurs désolés, que le produit des pommes de terre que vous nous aviez données à planter.

Les propriétaires éclairés qui font consister aujourd'hui une partie de leur revenu dans les troupeaux, ont essayé depuis peu de leur donner des racines pendant l'hiver ; les avantages qu'ils en ont déjà obtenus ne leur permettent plus d'abandonner cet usage. Combien de cultivateurs gagneroient à l'adoption d'une pareille pratique, s'ils vouloient faire taire leurs préjugés et imiter ceux qui leur prêchent d'exemple ! L'économie qui résulteroit de l'usage des racines administrées à l'étable ou à la bergerie, pendant à peu près la moitié de l'année, où l'on est presqu'entièrement privé de pâturages, est incalculable.

Il seroit superflu de faire remarquer ici que la substitution des racines aux grains ne doit rien changer au régime des animaux, et qu'il ne faut pas moins continuer de leur donner le fourrage dont on peut disposer ; mais il convient d'ajouter qu'un arpent de racines représente cinq arpens en grains, d'où il est naturel de conclure que le champ seroit en état de nourrir trois fois plus de bestiaux. Les cultivateurs allemands prétendent que son produit est décuple d'une même étendue de prairies artificielles.

Tout le monde sait qu'il n'y a pas d'année où, pendant l'hiver, il n'arrive quelques révolutions subites sur le prix de la viande, occasionnées par une foule de circonstances qui s'opposent à l'arrivée des bestiaux venant des pays éloignés ; et il n'est pas rare de voir, dans nos marchés, la viande augmenter, d'une semaine à l'autre, de quatre à cinq sous la livre. Dans ce cas malheureux, les bouchers achètent tout ce qu'ils rencontrent, mères et petits, bêtes grasses et maigres ; la disette fait mettre tout sous le couteau. Ce seroit alors que les cultivateurs qui avoisinent la capitale auroient un grand bénéfice, s'ils tiroient de loin, dans la saison opportune, des moutons maigres, qu'ils engraisseroient en les nourrissant à la bergerie, pendant deux mois environ, avec des racines. Cette spéculation avoit lieu autrefois, mais c'étoit avec du grain pur et du fourrage de choix; or, cette manière d'engraisser, trop coûteuse, les a déterminés à renoncer à une branche d'industrie qu'il seroit avantageux de favoriser et d'encourager, en suppléant à ces grandes dépenses par des productions de moindre valeur. Il faut voir le *Mémoire des Expériences* de *Cretté-Palluel*, sur les effets comparatifs des racines employées à l'engrais des moutons à l'étable, inséré dans le trimestre d'été 1788, de l'ancienne Société d'Agriculture de Paris. Des commissaires se sont rendus à Dugny, pour constater le résultat de cet essai intéressant, et leur rapport a été que la chair des animaux, nourris et engraissés ainsi, étoit très-succulente et de fort bon goût.

Le produit des plantes potagères ne consiste pas seulement dans leurs racines ; elles fournissent encore, pendant le cours de leur végétation, des feuilles qui sont mangées avec avidité par les bestiaux. Il est de ces plantes dont on retire plusieurs coupes, telles sont les betteraves champêtres. L'opération, il est vrai, d'effeuiller, à diverses époques de leur développement, certaines plantes, demande à être exécutée avec ménagement ; mais cette soustraction des feuilles est-elle un bon calcul, et ne doit-on pas craindre de nuire aux racines, ce qui est l'objet principal ? La pomme de terre, la carotte, le turneps, qui ne fournissent qu'une seule coupe, sont dans ce cas ; et c'est encore un problème de savoir si l'on gagne plus par l'effeuillement, qu'on ne perd par la diminution du volume des racines. Toutes ces connoissances pratiques s'acquerront insensiblement, dès que les racines potagères pourront être admises au nombre des grandes cultures, et qu'on sera persuadé qu'elles améliorent la terre, loin de l'appauvrir, et que même elles peuvent servir d'engrais au sol dans lequel elles ont pris leur accroissement : considérées sous ce rapport, elles sont d'une très-grande utilité. Lorsqu'on est au dépourvu de fumier, il suffiroit de donner un coup de charrue, pour découvrir la tête des racines, et les exposer à la gelée ou à la pluie : ainsi endommagées, elles se gonflent, se décomposent et forment un très-bon engrais, sur-tout pour les chanvres, les lins, etc., si le sol est propre au succès de ces deux plantes.

Quoique le but de cet article ne soit pas de faire connoître toutes les variétés des racines potagères, et que chaque espèce, à l'exception du topinambour, en offre plusieurs, il n'est pas douteux qu'à mesure que ces plantes acquerront parmi nous le degré de considération qu'elles méritent, leur nombre ne se multiplie, et qu'on ne puisse en avoir pour toutes les qualités de sol. C'est ainsi que, parmi les navets, on en a trouvé une variété, telle que le navet de Suède, par exemple, dont les bestiaux sont extrêmement friands, et qui n'est nullement difficile sur le choix du terrain ; ce navet a encore le précieux avantage de résister aux plus fortes gelées, et de se conserver en terre d'une récolte à l'autre. On ne sauroit donc trop propager sa culture, et la Société d'Encouragement pour l'industrie nationale, qui justifie de plus en plus son titre, vient de donner une nouvelle preuve de son zèle éclairé, en proposant un prix pour la multiplication de cette utile racine. La culture des carottes, qui n'est pas moins recommandable, a été également l'objet de son attention.

Moyennant cette multiplicité et cette abondance de racines, il sera possible d'en distribuer alternativement, et sous des formes différentes, aux bestiaux. *Cretté-Palluel* a remarqué que des moutons qui mangeoient depuis long-temps de la pomme de terre, et qui paroissoient en être dégoûtés, dévoroient la betterave ; il en étoit de même de ceux qu'on nourrissoit de turneps ou de betteraves ; la diversité d'alimens aiguillonne et soutient l'appétit. Les gros navets commencent l'engrais des bœufs, dans le Limousin, et peut-être le conduiroient-ils plus loin, si on ne se bornoit pas à la culture de cette racine, et qu'on en eût d'autres à lui substituer. On doit observer seulement qu'ils ont moins besoin de boire que quand ils sont au sec. Avant de livrer au boucher les animaux nourris et engraissés avec les racines, il faut les soumettre à l'usage du foin ou de quelque farineux, pour rendre leur graisse et leur chair plus fermes et plus succulentes.

Il ne suffit pas de se procurer beaucoup de racines potagères ; il faut savoir les conserver pendant l'hiver. On ne peut se dissimuler que, quand on a la récolte de plusieurs arpens à mettre en réserve, il seroit difficile de se servir des pratiques indiquées aux mots POMMES DE TERRE et RAVE, parce qu'il faudroit les multiplier à l'infini, et que d'ailleurs les cultivateurs manquent d'emplacement pour garder de grandes provisions. Voici une pratique à essayer, que mon collègue *Yvart* m'a communiquée.

Elle consisteroit à faire, avec de la paille de peu de prix, très-commune dans presque toutes les fermes, une meule creuse, arrangée de cette manière : on feroit d'abord, avec des broussailles et de la paille, un large sous-trait, très-épais et très-serré, afin de garantir les racines

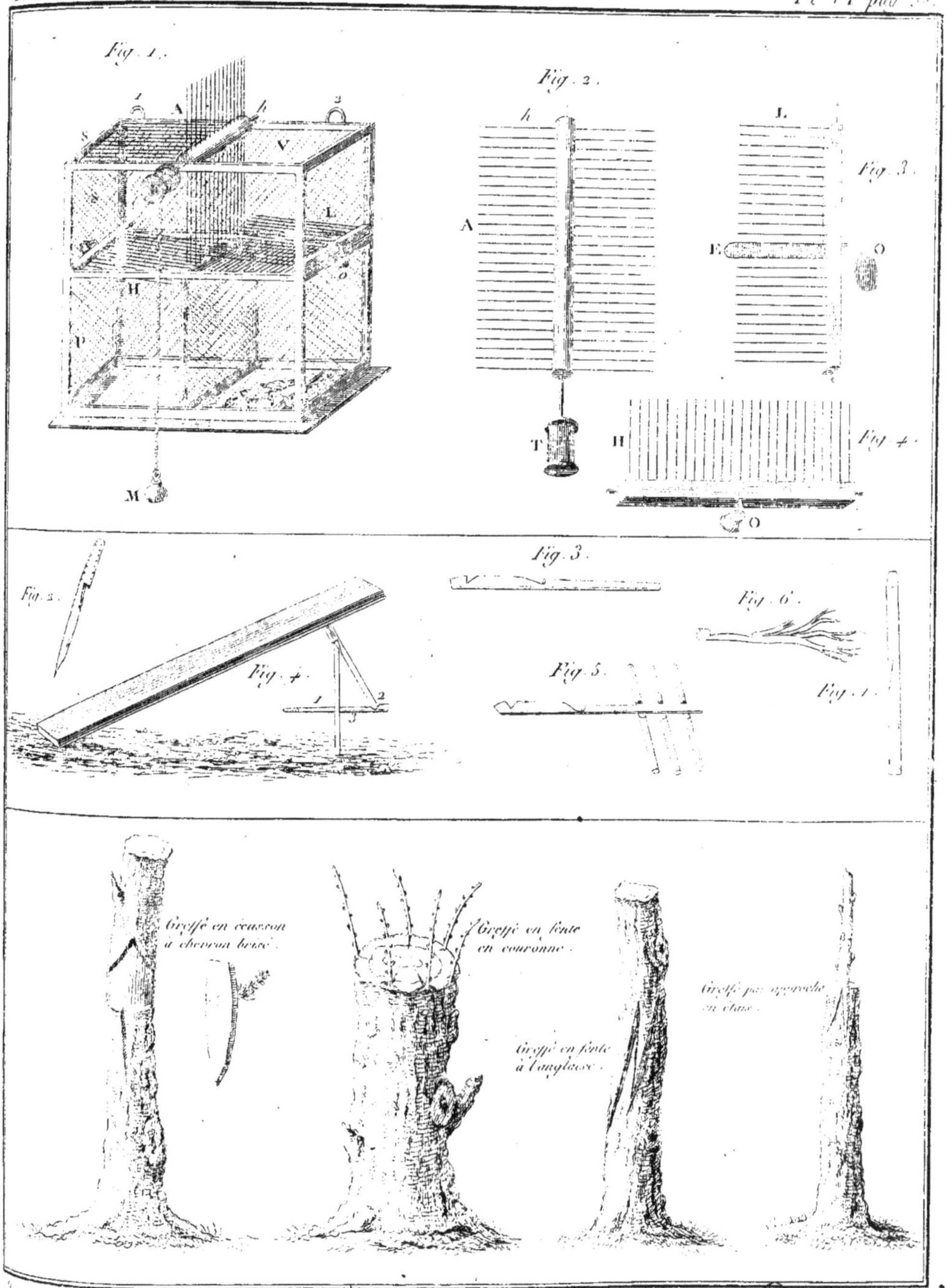
Fig. 1.
1
2
A
h
S
V
L
H
P
M
Fig. 2.
h
A
T
L
Fig. 3.
E
O
H
Fig. 4.
O
Fig. 3.
Fig. 2.
Fig. 6.
Fig. 4.
1
2
Fig. 5.
Fig. 1.
Greffe en écusson à chevron brisé.
Greffe en fente en couronne.
Greffe en fente à l'angloise.
Greffe par approche en étaie.

Moisy sculp.

de l'humidité et des rats ; on élèveroit ensuite tout autour de ce sous-trait un mur de paille, de trois pieds de haut environ, sur quatre de large au moins; on y placeroit facilement et commodément les racines, au moyen d'une ouverture pratiquée d'un côté, ou même en les jetant par-dessus le mur ; lorsque la cavité seroit comblée, on couvriroit le tas d'une couche de paille, et on continueroit d'élever le mur de la même manière, et à multiplier, suivant le besoin, le nombre des couches, qui pourroient aussi renfermer les différentes espèces qu'on auroit cultivées. On recouvriroit le tout d'une quantité de paille suffisante, pour prévenir l'accès du froid, du chaud et de la pluie. Toutes les fois qu'on auroit besoin de racines, il seroit facile d'en entamer une couche, sans nuire en aucune manière aux autres.

On pourroit commencer à jouir des racines dès la fin de septembre, sur-tout si le fourrage étoit rare, parce que, dans leur nombre, il y en a de tardives et de hâtives, consommer d'abord celles qui sont sensibles au froid, telles que la pomme de terre, et finir par le navet de Suède et le topinambour, qui bravent la gelée. Il est possible que les animaux, qui ne sont pas encore familiarisés avec les racines, montrent, la première fois, de la répugnance et refusent de les manger ; mais on les habitue insensiblement à cette nourriture, en ne les leur administrant, dans le commencement, que bouillies dans de l'eau et mélangées avec un peu de son, de foin, etc. Le grand point, pour les animaux qu'on engraisse, c'est de leur donner peu à la fois, pour les exciter à manger plus qu'ils ne feroient si on leur en donnoit des quantités considérables.

Les racines s'administrent ordinairement quatre fois le jour aux bestiaux, le matin, à midi, à cinq heures et à neuf heures du soir; cette dernière ration doit être plus forte. Lorsqu'on approche du terme de vendre les bestiaux nourris et engraissés avec des racines, il faudroit, avant de les livrer aux bouchers, les soumettre, une quinzaine, à l'usage du foin ou de quelque autre farineux, par intervalles, afin de rendre leur graisse plus ferme et leur chair plus succulente, et sur-tout quand les racines appartiennent à la famille des choux et des raves, qui ont un montant propre à communiquer un mauvais goût à la viande. On verra, à l'article POMMES DE TERRE, la manière de faire manger les racines sur place, sans avoir besoin d'en faire la récolte, et, par conséquent, de transporter le produit à la ferme.

Mais ce n'est pas assez d'avoir fait sentir tous les avantages qu'il y auroit de fournir, pendant l'hiver, une nourriture fraîche et salutaire aux animaux, il faut encore chercher à lever les principaux obstacles qui peuvent s'y opposer. Ce seroit rendre un important service à l'agriculture française, que de trouver une méthode facile, et en même temps économique, pour cultiver en grand les racines potagères; car nous ne pouvons nous dissimuler que cette culture deviendra longue et coûteuse, dans les cantons où le sarclage et la récolte se font à la main ; l'embarras augmentera même encore, si l'on n'a pas la précaution de les semer par rangées, pour permettre à la houe à cheval, à la petite charrue, de passer par les intervalles, pour biner et récolter : d'ailleurs, il faut aussi que le cultivateur jouisse d'une sorte d'aisance qui lui permette d'acheter assez de bestiaux, pour leur faire consommer ces racines.

Tout en convenant des avantages de la culture en grand des racines potagères, M. *Sageret* l'a plusieurs fois tentée vainement dans les environs de Paris ; ce qui l'a sur-tout effrayé, c'est le prix exorbitant de la main-d'œuvre. Dans le nombre des racines qu'il a essayées, nous citerons la carotte et le navet: la première est lente à lever, et long-temps après sa naissance, elle se trouve encore foible et étouffée par une multitude d'herbes parasites; la seconde a un autre inconvénient, celui d'être la proie des insectes, au premier développement des feuilles; il faut, à cette époque, l'éclaircir, autrement elle ne fourniroit que des racines plus fibreuses que charnues; mais, dans l'état actuel de notre agriculture, la méthode employée pour les carottes ne paieroit pas les frais, quand bien même leur abondance forceroit de les consacrer aux bestiaux. D'un autre côté, lorsque la sécheresse les fait manquer, ce qui n'arrive que trop souvent, attendu que le sol qui leur convient doit être plus sablonneux qu'argileux, et que le produit est alors si mince, que le prix, à quelque taux qu'on le suppose, compense à peine les frais énormes qu'elles ont coûtés.

Pénétré des avantages immenses attachés à la culture en grand des racines potagères, et à l'emploi de leurs produits pour l'homme et pour les animaux, dans une multitude d'époques, de terrains et de climats différens, *Rozier* n'a rien oublié de tout ce qui intéresse la carotte, et il forme des vœux pour que sa culture en grand s'introduise en France. Ce vœu est peut-être sur le point de se réaliser. La Société d'Encouragement pour l'industrie nationale a proposé au concours, un prix de 600 fr., pour l'an 13, à celui qui, dans cette année, aura cultivé des carottes, non pas dans un potager, mais en campagne ouverte, à l'instar des Flamands et des Allemands, sur un terrain de deux hectares, ou six arpens. J'ai cru qu'il seroit utile d'insérer ici le programme de cette compagnie.

« La culture en grand des carottes, pour la nourriture des animaux, a été recommandée avec raison par un grand nombre d'agronomes. Cette racine est non seulement très-agréable aux chevaux, aux bêtes à cornes, aux moutons et aux porcs, mais encore elle leur fournit, pendant l'hiver, une nourriture fraîche et abondante; cependant, malgré les essais heureux qui ont été tentés à cet égard en France, malgré les exemples constans de quelques nations voisines, la culture de la carotte, dans une grande partie de la France, est encore bornée à nos jardins potagers, et le prix élevé de cette racine, dans nos marchés, prouve qu'elle n'est pas assez multipliée, même pour la nourriture des hommes. La Société ne croit pas devoir répéter ici des détails de culture et de produit, qui se trouvent dans tous les livres d'agriculture et de jardinage; mais elle veut appeler, sur la pratique, l'attention des agriculteurs, et leur montrer l'importance qu'elle attache à cette culture précieuse. En conséquence, elle se propose de décerner, en l'an 13, un prix de la valeur de 600 fr., à un agriculteur qui, dans un département où la culture en grand de la carotte n'est pas pratiquée, aura cultivé avec succès cette plante sur la plus grande étendue de terrain, cette étendue ne pouvant être moindre de deux hectares (environ six arpens de Paris.)

» Dans le cas où plusieurs concurrens auroient ensemencé et cultivé avec les mêmes précautions une égale étendue de terrain, la Société accorderoit le prix à celui qui auroit semé ses carottes avec les grains de mars. Cette pratique, qui a lieu dans plusieurs pays, a des avantages, et la Société saisit cette occasion de mettre les cultivateurs à même de les mieux apprécier.

» Dans cette hypothèse, on doit employer quatre kilogrammes de graines par hectare de terre (environ trois livres par arpent.) Semées de cette manière, les carottes

carottes exigent moins de binage et de sarclage, et peu de temps après la récolte des grains de mars, les champs sont couverts de fanes des carottes, qui ont poussé à l'abri des plantes qui entretiennent une fraîcheur favorable à leur végétation.

» On se borne à indiquer que la fourche de fer à trois dents est l'instrument le plus commode pour arracher les carottes. Une charrue à petit soc peut être employée à cet usage dans les grandes exploitations, et cette méthode est beaucoup plus expéditive. »

Aussitôt que ce programme a été connu, le président du Sénat conservateur, M. François de Neufchâteau, pour déterminer les fermiers des terres du Sénat ou de la Légion d'honneur à concourir au prix, s'est empressé de publier les résultats des expériences entreprises sur la carotte et le panais. Ces dernières racines peuvent en effet prospérer dans une terre différente du sol favorable aux carottes; elles sont aussi moins sensibles à la gelée, il est possible de les laisser impunément en terre. Ces deux espèces de racines peuvent s'unir et croître dans le même terrain.

Nous engageons le lecteur à lire l'ouvrage de M. François de Neufchâteau.

Supposons maintenant toutes les difficultés vaincues, il en reste encore une assez majeure pour se flatter que la méthode de cultiver en grand les racines potagères, puisse être généralement adoptée en France; et en effet, tant que les héritages ne seront point environnés de haies, que nous n'aurons aucune sorte de clôture et qu'un fermier ne pourra pas dire : «Ce champ est à moi, je puis seul y conduire mon troupeau»; ce sera en vain qu'on cherchera à éclairer les habitans des campagnes sur les avantages incontestables de la culture dont il s'agit.

Nous ne cesserons de le répéter, c'est à la faveur des racines potagères que, dans quelques endroits, on est parvenu à diminuer les jachères, à commencer les défrichemens, et à augmenter par conséquent le produit territorial. Il n'y a donc personne qui ne soit réellement intéressé à l'extension de cette culture, puisque la même étendue de sol nourrira un plus grand nombre d'hommes et de bestiaux; d'où résultera nécessairement une diminution sensible dans le prix de la viande de boucherie, sans renchérir celui du pain; cette subsistance augmentera la constitution physique de nos villageois; les animaux, mieux nourris, perfectionneront leurs races et seront de plus facile défaite; ce qui entretiendra dans le pays un commerce d'échange qui répandra par-tout l'aisance, par conséquent la santé et le bonheur.

Machine propre à diviser les racines destinées à la nourriture des animaux. Il est nécessaire que les racines, pour produire tout leur effet, soient déchirées par la dent des bestiaux, et que pendant la mastication, elles s'imprègnent de salive qui, comme on sait, favorise l'acte de la digestion. On a donc profité des recherches que les Allemands ont faites, pour découper les racines promptement et à peu de frais.

De tous les instrumens imaginés pour remplir ces vues, aucun n'a d'abord eu plus de succès que celui que Cretté Palluel avoit fait construire d'après les dessins de Gobert, serrurier. Il présenta ce *moulin-couteau* à la Société royale d'Agriculture de Paris, qui l'accueillit et le fit graver dans l'un des trimestres de cette compagnie. Depuis ce temps, Gilbert, à la fin de son savant *Traité des Prairies artificielles*, et M. Bourgeois, économe de l'établissement impérial de Rambouillet, en ont fait construire un autre.

On ne peut refuser à cette machine de

réunir à la simplicité, la commodité, puisqu'un enfant peut la faire mouvoir, et hacher, en tranches assez minces et menues, douze boisseaux de racines en cinq minutes. Cette promptitude du service est très-avantageuse dans les exploitations d'une certaine étendue; cependant, elle ne peut convenir, vu son prix, qu'à un fort métayer ou à un grand propriétaire. En voici la description :

Explication de la Planche VII. La *fig.* 1ere représente le bâtis de cette machine, vu tout à découvert.

AAAA, sont les quatre montans de bois, emmanchés à tenon et mortoise par le bas, dans deux patins ou semelles NN.

BBBB, Traverses emmanchées dans les quatre montans.

CCCC, Quatre autres morceaux de bois ajustés en forme de X, qui retiennent le roulement du châssis, et servent encore à soutenir le cylindre, à travers lequel passe l'arbre tournant.

D, Trémie où l'on verse les racines que l'on veut hacher.

E, Porte qui sert à fermer le devant de la machine, et qui se trouve ouverte dans cette position.

Il y a une porte pareille à la face opposée; les deux côtés de ce hachoir doivent être aussi fermés par des planches minces et clouées à demeure ou rainées dans le bâtis, les deux portes étant suffisantes pour faciliter les réparations et voir le mécanisme de la machine.

F, Cylindre creux, garni de lames tranchantes.

GGGG, Traverses de bois parallèles, servant à recevoir les coulisseaux décrits dans la *fig.* 2.

HHHH, Quatre coulisseaux attachés sur les traverses G, lesquels servent à recevoir les planches décrites *fig.* 2.

I, Boîte de cuivre nommée *plumant*, dans laquelle passe l'arbre tournant.

L, Manivelle avec laquelle on fait mouvoir le cylindre.

M, Plancher de planches où tombent les racines hachées.

NN, Semelles de bois ou patins, dans lesquels sont emmanchés les quatre montans.

O, Traverses qui supportent la trémie; leur utilité est détaillée *fig.* 2.

Fig. 2, représentant le moulin vu de côté.

A, Cylindre creux, garni de lames de fer coupantes.

B, Arbre tournant, emmanché carrément dans les deux tourtes.

C, Bascule ouverte, par où sortent les racines hachées.

DD, Planches de la trémie vues de champ.

E, Pièce de bois placée sur les deux XX du bâtis de cette machine.

L'effet essentiel de ces deux pièces de bois (car il y en a une pareille de chaque côté) est de soutenir la trémie et de la fixer, sur-tout lorsqu'elle est pleine de racines, et que la machine est en mouvement.

F. Cet endroit est le plus profond de la trémie; tout le travail des couteaux se fait là en passant : à chaque tour que fait le cylindre, les racines tombant à cet angle, et se foulant l'une l'autre par leur propre poids, s'y trouvent coupées.

G, Planches placées sur des coulisseaux, attachées à quatre traverses.

Ces planches servent à recevoir les tranches des racines, au fur et à mesure qu'elles tombent du cylindre; elles s'amoncèlent dans le bas sur le plancher, ou dans une boîte qu'on pratique, à cet effet, en forme de tiroir.

Fig. 3, H, Partie de cintre du cylindre dans une proportion plus grande que l'échelle.

III, La forme de chaque lame de fer.

LLL, Sont les vides par où passent les morceaux des racines, à mesure qu'elles sont coupées, et par où elles entrent dans le cylindre.

Fig. 4, M, Petite palette de bois servant à faire tomber les racines qui restent quelquefois dans la trémie, sur la planche la plus inclinée.

Fig. 5, AA. Cette figure montre le dedans de la trémie, au milieu de laquelle on voit une portion du cylindre.

B, Plate-bande de fer attachée sur la planche de la trémie.

L'écartement ou le rapprochement de cette plate-bande de fer avec les lames des couteaux du cylindre, est ce qui donne le plus ou le moins d'épaisseur aux tranches des racines.

Fig. 6. Cette figure représente le cylindre démonté, et vu dans toutes ses proportions.

C, Pièces de bois nommées *tourtes*, auxquelles sont attachés les couteaux par chaque bout avec écrous; ces deux pièces doivent être de bon bois, de l'épaisseur de deux pouces.

D, Arbre tournant fixé dans les deux tourtes.

E, Lames de fer trempé, ayant un tranchant aiguisé comme celui des planes, fixées des deux bouts sur les tourtes à une distance suffisante seulement au passage des racines coupées en rouelles de trois lignes environ d'épaisseur.

F, Bascule ouverte au moyen des pivots tournans.

G, Porte du cylindre, ayant deux lames rivées sur deux petites traverses de fer, et deux pivots ronds à chaque bout, ce qui facilite son mouvement, de manière qu'elle s'ouvre et se ferme à chaque tour que fait le cylindre : la fréquence de ces mouvemens nécessite qu'elle soit de fer.

Fig. 7. Moulin vu de face, dans l'enfoncement de son bâtis.
A, Cylindre.
BB, Trémie.
C, Porte de face ouverte.
D, Manivelle pour tourner le cylindre.

Cette machine vient d'être perfectionnée et exécutée au Conservatoire des arts et métiers, à l'ancienne abbaye St-Martin.

Elle consiste essentiellement dans quatre lames d'acier, tranchantes par un de leurs bords, placées à la circonférence d'un cylindre, dont un des bouts est creux, et que l'on fixe par l'autre à l'extrémité d'un arbre en fer, comme un mandrin sur le nez de l'arbre d'un tour.

Le tranchant de chaque lame, ou couteau d'acier dont le cylindre est armé, est tourné du même côté. Les surfaces du cylindre qui séparent les lames rentrent graduellement vers le centre, à partir du dos de chaque couteau, de manière que près du tranchant elles laissent un espace, entr'elles et la lame, d'environ douze millimètres ; cet espace, qu'on pourroit en quelque sorte comparer à la lumière d'un rabot, pénètre dans le creux du cylindre, d'où il résulte qu'en faisant tourner le cylindre dans le sens qui convient, les carottes, ou autres racines que contient une trémie placée au dessus, sont coupées par tranches qui entrent dans le creux du cylindre, d'où elles sortent ensuite et tombent dans la mangeoire qui se trouve devant la machine. Nous observerons seulement qu'il est nécessaire de placer, sur le bâtis, une boîte à couvercle, dans laquelle on renferme les lames à tranchant, lorsqu'on ne fait pas usage de la machine, afin de les préserver de la rouille et prévenir tout accident.

(Parm.)

RAFLE, RAVE ou FEU D'HERBE. La rafle ou feu d'herbe est une maladie éruptive à laquelle les bêtes bovines sont sujettes.

Elle consiste dans une éruption de pustules qui s'abcèdent, qui s'ouvrent et qui se dessèchent, sans être accompagnées de prurit.

La maladie est annoncée par un embarras pléthorique que l'on reconnoît à l'engorgement des veines superficielles, à la pesanteur de la tête, à la rougeur de la conjonctive, à l'augmentation de la température de la bouche, à celle de l'air expiré; à la chaleur des cornes et de la peau dans toute son étendue, à l'accélération et à la dureté du pouls, au mouvement accéléré des flancs, à la difficulté de respirer, au dégoût, à la tristesse, au défaut des mouvemens des membres, à la suppression du lait, à la cessation de la rumination, à la perte de l'appétit, à l'engorgement dur et douloureux des mamelles et des trayons, aux mugissemens et à l'anxiété.

L'éruption s'effectue le quatrième ou le cinquième jour; elle occupe ordinairement la face interne des membres postérieurs, à compter du pied jusqu'au haut de l'extrémité, et elle s'étend sur les mamelles, sous le ventre; quelquefois elle existe aux quatre membres seulement, et enfin les lèvres en sont quelquefois affectées.

Ces pustules, comme tous les exanthèmes de ce genre, commencent par des points d'abord peu sensibles, dont le lieu est marqué par de petites duretés que l'on sent sous le doigt; elles grossissent peu à peu; l'épiderme se fend et laisse épancher la matière purulente et quelquefois séreuse qu'elles contiennent; cette matière se dessèche et forme des croûtes qui tombent en poussière, et la maladie est ainsi terminée. Ce qu'il y a de constant ici, est la diminution graduelle des symptômes à mesure que l'éruption commence, en sorte qu'étant entièrement achevée, l'animal reprend son premier type de santé, sauf néanmoins l'engorgement des extrémités qui se dissipe aussi peu de temps après.

C'est aux environs de Paris que cette maladie est appelée *rafle;* elle a été observée, en l'an 12, à la Chapelle-St-Denis, à la Villette, aux Prés-St-Gervais, à Ivry, etc., par les vétérinaires Langlois (1), Bruneau, du Loiret; Auberry, de la Seine-Inférieure (2); et Damoiseau, d'Eure et Loir, pendant le temps de leurs études, où ils furent envoyés par l'Ecole, suivant l'ordre du conseiller d'état préfet de police, pour visiter tous les animaux des cantons ruraux du département de la Seine; le sieur Blavette, vétérinaire de l'Orne (3), l'a vue aussi, et traitée, en l'an 10, aux environs de Dourdan.

On voit des étables de six, douze, quinze vaches, où toutes les bêtes en sont affectées.

Cette maladie est plus fréquente à la fin de l'été. Il semble que son nom de *rafle* lui viendroit de ce qu'on l'auroit vue être la suite de la rafle des grappes de raisin qu'on donne à manger aux vaches. Cependant la vérité est que ce sont surtout les feuilles de vignes qu'on leur présente.

On fait encore manger aux vaches, alors, de la luzerne verte, des sarclures de jardins et de vignes; tous ces alimens, très-savoureux, échauffans, âcres même, paroissent être la cause de cette maladie qui, cependant, n'est point dangereuse.

Les *nourrisseurs* se contentent de frotter avec des corps gras les lieux qui sont le siège des pustules.

Traitement préservatif et curatif. Le traitement de cette maladie doit être très-simple; il faudroit néanmois plutôt la prévenir que de l'attendre, vu que les efforts critiques qu'elle exige nuisent au service des animaux, et que les circonstances particulières qui font naître les maladies épizootiques, pouvant se joindre à ces dispositions, deviendroient plus funestes.

D'après tout ce qui précède, on voit qu'il est extrêmement facile de prévenir cette maladie; il suffit de donner peu à peu, aux animaux, les fourrages dont il a été parlé, et d'être d'abord très-réservé sur la quantité; on doit commencer par le quart de la ration pour vingt-quatre heures, augmenter ensuite d'un sixième, et aller ainsi successivement, en sorte cependant que l'animal ne soit jamais entièrement nourri de ces alimens.

Lorsque la maladie existe, il faut suspendre le régime qui l'a occasionnée, et mettre l'animal à la diète la plus sévère; tout ce qu'il peut manger alors ne peut que lui être nuisible, attendu que la digestion est interrompue; on ne doit lui donner que de l'eau blanche, sur un seau de laquelle on aura ajouté quatre onces de sel commun et une once de sel de nitre;

(1) Ex-répétiteur à l'Ecole d'Alfort, aujourd'hui vétérinaire à Orléans.
(2) Aujourd'hui répétiteur à l'Ecole d'Alfort.
(3) Etabli à Gacé.

on lui donnera cinq à six breuvages et cinq à six lavemens émolliens par jour. (*Voyez* Emolliens.)

On ne le saignera qu'autant que la fièvre sera forte et que la chaleur extérieure sera très-grande; alors on ajoutera à chaque breuvage prescrit un gros de camphre que l'on aura fait dissoudre dans un jaune d'œuf; mais l'emploi de ce moyen est rarement nécessaire.

On lotionnera les mamelles, le dessous du ventre, les cuisses et les extrémités avec l'eau de son chaude, et l'on tiendra l'animal couvert; on l'étrillera et on le brossera trois ou quatre fois par jour; on le promenera, et lorsque la rumination sera rétablie, on lui permettra de manger du son frisé sur lequel on aura saupoudré une ou deux onces de sel commun.

Lorque les pustules seront dans l'exsiccation, on brossera fortement les parties qui en sont affectées; on continuera le même traitement, en augmentant peu à peu la nourriture, et on ne regardera l'animal comme guéri que lorsque la peau sera souple, qu'elle fournira beaucoup de crasse et que le lait sera rétabli dans sa quantité accoutumée. Quant à l'engorgement des extrémités, les lotions d'eau de son, l'action réitérée de la brosse, et la promenade y auront bientôt mis fin. (Ch. et Fr.)

RAFLE, (*Pêche.*) Les pêcheurs donnent, en quelques endroits, le nom de *rafle* à une *louve* ou verveux double dont les deux bouts sont garnis d'une grande coiffe d'où part de chaque côté une *aile* ou longue bande de filet, tendue obliquement de la louve au rivage, et assujettie par des piquets. Si l'on ajuste ces ailes à chaque extrémité de la louve que l'on aura placée au milieu d'une nappe d'eau courante ou stagnante, l'on conçoit que tout le poisson, soit qu'il remonte ou qu'il descende, est obligé de les suivre et d'entrer dans le filet. De là vient la dénomination de *rafle* que porte cet instrument de pêche. (S.)

RAFLE, (*Chasse aux oiseaux,*) filet décrit à l'article Grive. (S.)

RAGOT, (*Vénerie.*) C'est ainsi que l'on appelle un jeune sanglier dans sa troisième année. (S.)

RAISINÉ. Ce nom convient particulièrement à une espèce de marmelade assez agréable, qu'on prepare dans tous les cantons vignobles avec le suc, la pulpe et la peau des raisins non fermentés, les plus mûrs, les plus sucrés et les plus parfumés. On y ajoute souvent différens fruits, des racines potagères et des aromates, mais jamais, du moins au midi de l'Europe, de miel et de sucre; ces deux condimens qui, comme on sait, constituent toutes les autres confitures, sont remplacés dans ces contrées par le muqueux-sucré des raisins eux-mêmes qui, dans les pays chauds et dans les années sèches, sont abondamment pourvus de ce principe.

On présume bien que la préparation du raisiné doit être aussi ancienne que l'art de faire le vin: on la trouve décrite dans nos premières pharmacopées, sous le nom de *rob* ou de *sapa*: c'étoit la confiture de nos bons aïeux; elle est encore du goût de toutes les classes de la société, et leur est tellement précieuse, que, dans les lieux les plus éloignés des vignobles, leurs habitans en font avec les fruits à pepins et à noyaux, en y employant pour véhicule, au lieu du moût de raisin, le suc des pommes et des poires, récemment exprimé, c'est-à-dire le poiré et le cidre doux.

La consistance du raisiné varie depuis l'électuaire jusqu'à celle d'un sirop; dans ce dernier état, il est facile de le délayer dans l'eau pour en faire des boissons édulcorées. Les habitans de l'Archipel paroissent même continuer de préparer cette espèce de raisiné liquide; car M. Boudet, pharmacien en chef de l'armée d'Orient, a trouvé, dans les magasins d'Alexandrie, des bouteilles de terre d'une forme agréable, qui en étoient remplies; il avoit la consistance de la mélasse; on en compose aujourd'hui en Egypte une espèce de sorbet. Sans vouloir rappeler ici tous les avantages qu'on peut obtenir du raisiné, nous nous bornerons aux principaux. On sait d'abord que les élémens dont il est composé sont élaborés, combinés et mélangés de manière à présenter tous les caractères d'une confiture agréable, et à mettre, pendant un certain temps, à l'abri de la fermentation, l'extrait, la gelée et la pulpe des fruits.

Dans les années où les fruits à noyaux manquent, lorsque les ménagères les plus diligentes ne peuvent s'occuper de leur provision en gelées et marmelades, et que la saison a été favorable au raisin, ce dernier présente le moyen de remplacer ces confitures, et ce remplacement produit en même temps une grande économie sur le sucre, qu'on ne fait guères entrer dans le raisiné, à moins que ce ne soit dans les années humides, à l'ouest et au nord de la France, où la vigne réussit, lorsque les raisins sont verts; car nous sommes loin de croire que ce condiment puisse, en aucun cas, préjudicier au raisiné. Quand il étoit à un prix peu élevé, son addition ne formoit pas une augmentation de dépense sensible; mais ce prix étant triplé au moins, et le sucre étant devenu pour la France une matière en quelque sorte exotique, tous les efforts de l'industrie doivent tendre à en épargner l'emploi; le raisiné qui en contiendroit une certaine proportion cesseroit d'ailleurs d'être considéré comme une confiture populaire, il n'y en auroit plus à la portée de toutes les fortunes, les gens aisés pourroient seuls y atteindre.

Je sais qu'il est au pouvoir de l'art de corriger la mauvaise qualité des vins, et de les améliorer considérablement par l'emploi du sucre et du miel, ajoutés avant la fermentation, et qu'à l'aide de ce moyen on peut affoiblir sa trop forte acidité; mais très-heureusement le raisin des années favorables à la vigne n'a nullement besoin de ce secours. Augmenter les fabriques du raisiné, diminuer pour le présent et pour l'avenir la consommation du sucre, c'est concourir à l'intérêt général et particulier.

Choix des fruits pour le raisiné. Si les différentes espèces de raisins ne conviennent pas à la cuve, toutes sont également bonnes pour la confection du raisiné; plusieurs d'entr'elles sont si abondamment pourvues du principe muqueux-sucré, qu'il faut nécessairement leur ajouter des fruits pulpeux, âpres, acerbes, des aromates pour en relever la trop grande douceur; tandis que d'autres exigent, suivant la latitude et la saison, un peu de miel et de mélasse ou de cassonade, pour masquer sa trop grande acidité.

Toutes les années ne sont pas aussi favorables à la qualité et à l'abondance du raisin, que 1803; elle fera époque dans le siècle, pour la quantité et la grosseur des grappes, pour le volume et la maturité des grains: aussi le raisin des départemens septentrionaux, communément moins savoureux, se trouve-t-il presque aussi sucré que la même espèce provenant du ci-devant Dauphiné et de la Bourgogne. Dans les bonnes années, le raisiné, même celui du Nord, peut facilement durer pendant des années entières; toute l'altération qu'il éprouve à mesure qu'il vieillit, c'est de se candir ou de se liquéfier. Dans le premier cas, on le décuit au temps de la vendange, avec de nouveau moût; dans le second, au contraire, on l'expose un peu au feu; c'est ainsi qu'on peut rajeunir sa provision, et la mettre encore en état de passer l'hiver.

On a remarqué que, dans les contrées méridionales où l'on fait ordinairement plus de raisiné qu'ailleurs, les raisins indiqués comme les plus propres à cette préparation sont le muscat blanc, le muscat rouge et le chasselas; ils y parviennent à une maturité si parfaite, et contiennent une si grande quantité de principe sucré, que les vins qui résultent de la décomposition de ce principe dans la cuve fournissent à la distillation jusqu'à un tiers de leur poids d'une eau-de-vie riche en alcool. A Montpellier, c'est le raisin blanc ou noir; dans les départemens plus septentrionaux, c'est le franc-pineau ou le morillon noir qui est la variété la plus estimée pour ce genre de confiture.

Mais pour cueillir le raisin destiné à faire le raisiné, il faut attendre sa parfaite maturité, que la vendange soit finie, et ne le récolter que par un temps sec et un soleil ardent; avoir soin sur-tout de l'égrapper et de le monder exactement, vu que quelques grains gâtés et un brin de rafle suffiroient pour préjudicier à la saveur gracieuse du raisiné.

Lorsqu'on jouit encore après la vendange de quelques rayons de soleil, et qu'il n'y a rien à redouter de la part des oiseaux et des insectes, il seroit utile d'en profiter pour laisser plus long-temps le raisin au cep. Dans le cas contraire, il faut le rentrer à la maison, et l'exposer sur la paille, comme pour en faire le vin de liqueur de ce nom; ce seroit un moyen de diminuer les frais de l'évaporation, de tenir moins long-temps exposé à l'action du calorique le raisiné, qui alors donne un résultat plus abondant, moins coloré et d'une saveur plus agréable. Ce conseil, à la vérité, que je donne aux ménagères qui ne dédaignent point de préparer elles-mêmes le raisiné de leur consommation, ne pourra jamais devenir la règle de ceux qui en font une branche de commerce, qui visent particulièrement à la quantité et au bon marché; mais chaque chef de famille, dans quelque position qu'il se trouve, peut, à l'aide de quelques ceps, obtenir sa confiture annuelle à quelque degré de bonté qu'il voudra.

Le raisiné ne consiste pas toujours dans le suc de raisin plus ou moins rapproché par l'évaporation, on y fait souvent entrer des fruits à pepins, des fruits à noyaux, selon les ressources locales : dans le nombre, les meilleurs sont les poires et les coins, puis les pommes, enfin les prunes; mais il faut que ces fruits soient âpres et austères pour en relever la saveur trop douceâtre. D'après ces observations rapides, le bouvard, le martin sec, la lampe, le messire jean, s'allient très-bien avec les élémens du raisin; et comme ces espèces n'existent pas en quantité suffisante, toujours on emploie séparément la poire de vigne de la Normandie, le catillac et le grossin : ces derniers ont beaucoup plus d'âcreté. La préparation du raisiné fournit l'occasion de tirer parti des fruits tombés avant la maturité, en ayant soin de les cuire en marmelade, et de les conserver jusqu'à la vendange. Les fruits extrêmement sucrés, succulens, d'une pulpe mollasse, parvenus à une parfaite maturité, sont propres à la confection du raisiné; ils perdent pendant la cuisson les avantages qu'ils avoient étant crus, et paroissent plutôt décomposés que perfectionnés. Les poires, les pommes et les prunes ne forment pas toujours la base du raisiné, on y fait entrer le potiron, des côtes de melons qui n'ont pu mûrir, les racines sucrées, telles que la carotte; mais ce n'est pas seulement la qualité des fruits, leur proportion et l'état de maturité où ils se trouvent, qui concourent à la perfection du raisiné. Le procédé dont on se sert pour opérer leur combinaison et leur cuisson, n'a pas moins d'influence sur la qualité et le prix auquel il revient. Il est donc nécessaire que cette préparation, toute simple qu'elle paroisse, soit méthodiquement gouvernée.

Quoique ce soit un usage assez universellement suivi dans tous les cantons vignobles du Midi, de faire à la maison la provision de raisiné pour l'hiver, il s'en faut que toutes les ménagères connoissent le véritable procédé pour le bien faire. Les raisins plus sucrés et moins aqueux n'exigent pas autant d'évaporation, *et vice versâ*; la plupart font trop de feu et poussent trop loin la cuisson; à la longue il s'épaissit; d'autres restent en deçà, alors il se ramollit, il s'en sépare un sirop, et la masse finit par s'aigrir vers la fin de l'hiver, sur-tout lorsque la saison est douce et humide. Il est donc d'une nécessité indispensable d'assujettir cette préparation à des règles dont on ne s'écarte que le moins possible.

Procédés pour la préparation du raisiné. Une règle générale à établir dans la confection du raisiné, est d'y procéder en deux temps, et d'avoir soin, dès que le liquide épanché est réduit aux deux tiers, de le passer tout chaud, et de le distribuer dans des terrines non vernissées, évasées, et de l'y laisser jusqu'au lendemain matin; alors on ramasse, à la faveur d'une écumoire, la pellicule saline qui en recouvre la surface, et n'est autre chose que des cristaux de tartre, dont la séparation est un moyen de diminuer l'acidité trop marquée du raisiné préparé dans les cantons septentrionaux, et peut-être de sa disposition laxative; car il y a tout lieu de présumer que c'est à la présence du tartre et au corps muqueux que contient le suc du raisin, qu'est due la propriété qu'a ce fluide de relâcher; propriété qu'il perd en passant à l'état de vin, attendu que la fermentation a converti l'un en alcool, et a précipité une grande partie de l'autre dans la lie.

Une autre condition pour rendre le raisiné aussi parfait qu'il est possible, c'est que, quand il s'agit de faire entrer dans sa composition des fruits ou des racines, il faut toujours que les uns et les autres soient mondés de leur peau, de leurs pepins et de leur écorce, et ne les ajouter à la liqueur que quand elle a été amenée, par l'évaporation, à la consistance de sirop qui se décuit bientôt et conserve une fluidité nécessaire pour favoriser son action sur les fruits, opérer leur ramollissement, leur cuisson et leur combinaison, de manière à former une marmelade égale et homogène.

Une troisième condition est de remuer, sans discontinuer, le liquide composé, et de faire en sorte que la chaleur soit très-modérée; peut-être seroit-il prudent de n'achever la cuisson du raisiné qu'à la température du bain-marie, comme on a la louable habitude de le faire dans nos laboratoires pour les extraits, et alors il y auroit infiniment moins de risques à courir pour le brûler.

La nature des vaisseaux dont on se sert pour préparer le raisiné, mérite aussi quelques considérations. On s'est plaint dans quelques endroits que son usage avoit occasionné des coliques ; en supposant que ces plaintes fussent fondées, on pareroît toujours à cet inconvénient en n'employant à sa préparation que des vases de cuivre jaune ou de cuivre rouge parfaitement bien étamés, afin d'empêcher l'action de la liqueur qui a toujours un caractère fortement acide sur le métal vénéneux. Voici les méthodes les plus généralement adoptées pour préparer les confitures dont il s'agit.

Premier procédé. On égrène le raisin qu'on met dans un chaudron placé sur un feu modéré ; s'il ne rend pas assez de jus pour empêcher son adhérence au fond du vase, on écrase d'abord un peu les grains entiers ; puis ils se dilatent, crèvent et laissent épancher le liquide qu'ils contiennent ; on augmente insensiblement le feu, ayant soin de remuer continuellement pour favoriser l'évaporation de l'humidité et empêcher que la matière ne puisse éprouver la moindre carbonisation ; ce qui donneroit à la confiture une odeur et une saveur de brûlé très-désagréables ; lorsqu'on s'apperçoit que la pellicule du raisin est ramollie et assez cuite pour pouvoir se détacher facilement et se mêler à la pulpe, on retire du feu la liqueur épaisse, réduite à la moitié ; on la met par portions sur un tamis de crin, assez serré pour retenir les pepins, et on la force de passer à travers ce tissu, en employant un pulpoir, tandis qu'elle est chaude, et, avec la main, lorsqu'elle est refroidie.

La marmelade ainsi pulpée est remise dans une bassine propre, sur un feu doux ; on procède de nouveau à son évaporation, en remuant sans cesse, principalement quand le terme de la cuisson approche, parce qu'alors elle se caramélise et brûle facilement ; il faut un grand usage pour atteindre le degré de cuisson qui lui convient ; il est d'autant plus nécessaire de le saisir, qu'en deçà le raisiné ne peut se conserver, et qu'au delà non seulement il éprouve un grand déchet, mais il est encore moins agréable ; on doit donc apporter toute son attention à le bien cuire. On est assuré qu'il a atteint ce point, lorsque sa couleur, de vineuse qu'elle étoit, est devenue d'un brun médiocremennt foncé, lorsqu'en laissant tomber sur une assiette de faïence une petite masse, elle ne s'affaisse pas trop, et qu'il ne se forme pas autour une espèce d'auréole humide ; par ce procédé, on obtient, de cinquante kilogrammes de raisin, douze à quinze kilogrammes de raisiné fort bon.

Deuxième procédé. On ne prépare pas seulement le raisiné avec le raisin seul, on y fait entrer souvent d'autres fruits ; ceux qu'on y introduit ordinairement sont les pommes dites de rainettes, les poires de rousselet, le martin sec, le messire jean, le franc réal, le bon chrétien d'hiver, les coins, etc., etc., suivant les ressources locales ; mais tous ces fruits doivent être employés avant leur entière maturité, parce que le principe acerbe, combiné avec le mucoso-sucré du raisin, concourt à la bonté du raisiné ; il faut les peler, les monder de leurs pepins et de leurs cœurs, et éviter de se servir des poires qui sont, comme on dit, pierreuses, et qu'on n'aime point à rencontrer sous la dent. Ces fruits divisés par tranches, sont ajoutés à la liqueur sirupeuse, extraite par la première opération du procédé ci-dessus : on met le tout sur un feu doux, et, à l'aide d'une spatule de bois, on opère le mélange le plus uniformément possible ; on en reconnoît la cuisson aux mêmes signes qui ont été indiqués précédemment. Cette manière d'incorporer les fruits au raisiné réussit ; mais peut-être vaudroit-il mieux ne les ajouter que cuits séparémen sous les cendres ou au four, et réduits à l'éta de pulpe ; le mélange seroit plus intime e présenteroit un tout plus homogène.

Troisième procédé. On choisit, on mond les raisins comme dans l'opération précédente on foule légèrement les grains pour leur fai rendre un peu de suc ; on les fait bouillir mo dérément, jusqu'à ce qu'ils soient tous crevé on passe alors leur suc à travers un linge clai on l'évapore ensuite jusqu'à ce qu'il ait ac quis une consistance convenable, ce que l'o reconnoît lorsqu'en mettant un peu de ce raisi chaud sur une assiette, il parvient, en refro dissant, à l'état d'une gelée assez ferme : raisiné, en effet, ressemble plus à une gel de fruits qu'à une marmelade : sans être p agréable au goût que l'autre, il lui est cepe dant préféré, quoique un peu plus cher ; car c quante kilogrammes de raisins n'en procure guères plus de huit à neuf kilogrammes ; il pe comme le raisiné du premier procédé, re voir, dans sa composition, des pommes, poires, etc.

Quatrième procédé. Il consiste à choi le raisin le plus mûr et le mieux conser Dans la ci-devant Champagne, on préfère po cet objet la variété du raisin franc-pines ou le morillon noir; on l'égrappe, on le foule légèrement, et on le place dans une bassine sur un feu doux : à mesure que la liqueur se consomme et s'épaissit, on a soin d'ajouter, de temps en temps, de l'excellent moût fait à part avec de bons raisins très-mûrs. C'est ordinairement deux et même trois parties, sur une de raisin. On passe à travers un tamis clair et on remet sur le feu, pour continuer à réduire la liqueur qu'on a soin d'agiter souvent; la cuisson s'achève doucement, jusqu'à la consistance d'un *rob*, nom adopté en médecine pour exprimer l'extrait des fruits mous et pulpeux, appelés *baies*.

CINQUIÈME PROCÉDÉ. Il existe encore une autre sorte de raisiné, celui qu'on prépare avec des raisins blancs muscats et d'autres raisins de treille les plus délicats; on y procède de la même manière que pour le raisiné ordinaire, en ajoutant du moût des mêmes raisins, et en les faisant cuire avec précaution au bain-marie. Ce raisiné est le meilleur de tous; il est aussi moins coloré et moins brun que celui qu'on fait avec les raisins noirs; mais on le trouve rarement dans le commerce; il se consomme dans les maisons où il a été préparé. Quelques personnes font encore un raisiné aigrelet assez agréable au goût avec des verjus: en les égrappant ou les mettant cuire dans de bon moût, on en obtient une espèce de confiture commune, et à peu de frais.

Observations. Il n'est pas douteux que le résultat des procédés que nous venons de décrire ne doive varier pour la qualité et pour le prix; mais tous les raisinés sont d'une grande ressource pour l'hiver, de quelque manière qu'on s'y prenne pour les obtenir, pourvu cependant qu'on ne s'écarte pas trop des règles générales, prescrites pour le choix et l'appropriation des fruits, pour conduire le feu avec ménagement, pour remuer et agiter continuellement la pulpe, et l'amener insensiblement au point de cuisson convenable. Voici, au reste, le produit d'une expérience que j'ai faite, à dessein de connoître par apperçu le prix auquel reviendroit la livre de raisiné préparé à Paris, dans une année où le raisin a été extrêmement abondant.

DÉPENSE.

Raisins noirs,	300 l.	37 fr.	30 cent.
Poires,	36	6	20
Pommes,	45	6	
Bois,		9	

PRODUIT.

Gelée de raisin ou rob,	12 livres.
Raisiné,	121
Total,	133 livres.

La livre de raisiné, par cette expérience, s'élève à neuf sous. On conçoit facilement que, dans un canton où il n'y auroit pas de droits d'entrée sur le raisin, où le combustible, les frais et la main-d'œuvre seroient à meilleur compte, la confiture dont il s'agit ne reviendroit pas à vingt-cinq centimes, à celui qui formeroit, à cet égard, une spéculation.

Le raisiné le plus parfait, mais aussi le plus coûteux, seroit celui qu'on prépareroit avec un raisin de choix, soigneusement égrappé, mondé, foulé avec les mains et qu'on mettroit dans un sac de toile à la presse; on en exposeroit une portion au feu, et, à mesure que la liqueur entreroit en ébullition, on en verseroit de temps en temps l'autre portion; on pousseroit l'évaporation jusqu'à la réduction des trois quarts, et on ajouteroit les poires et les pommes: peut-être ce raisiné, dépouillé ainsi de la matière extractive de la peau et des pepins, qui se combine avec le mucoso-sucré que les raisins du Midi contiennent par surabondance, a-t-il l'avantage de se conserver plus long-temps que celui du Nord, qui, quoique parvenu au même degré de cuisson, est plus sujet à se détériorer.

L'habitude de préparer du raisiné a rendu familière la connoissance du degré de cuisson auquel il faut le porter, pour le conserver d'une année à l'autre, et même deux années, suivant la contrée et la nature du raisin employé; le raisiné, une fois arrivé à ce point, doit être versé dans des pots de faïence ou de grès secs et propres, et, lorsqu'ils sont entièrement refroidis, on les recouvre après avoir appliqué à leur surface un papier imbibé d'alcool, et on le place en un lieu sec et frais, à l'abri du soleil et de la lumière.

Lorsque, faute de toutes ces précautions, les marmelades de ce genre ont, à la longue, souffert de l'altération, il existe peu de moyens propres à les rétablir dans leur premier état; il ne faut cependant pas renoncer à en tenter quelques uns, puisqu'elles ne sont plus reçues dans le commerce; les plus efficaces sont d'enlever la moisissure ou efflorescence de celles qui en sont couvertes; d'ajouter, si c'est au temps de la vendange, un peu de moût aux raisinés devenus solides et candis; de réunir, au contraire, ceux qui se sont liquéfiés et aigris, en exposant l'un et l'autre sur un feu doux, et les remuant sans discontinuer.

La conservation du raisiné dépend absolument de la manière avec laquelle on le prépare, et des matières qui entrent dans sa composition: cette confiture est de bonne qualité, quand elle est douce, moelleuse, légèrement astringente au goût, ayant la consistance d'un miel grenu; elle est moins agréable lorsqu'elle est trop cuite, que sa surface se recouvre d'une croûte grisâtre qui n'est autre chose que du vrai sucre entremêlé de tartre cristallisé. Les vignerons qui, dans cette préparation, ne prennent pas beaucoup de soins, n'oublient jamais, malgré le choix des ingrédiens, qu'un raisiné médiocre est souvent d'un goût de caramel.

Toutes les préparations de raisiné peuvent se réduire à quatre principales, dont les résultats diffèrent par la couleur, la consistance, la qualité et le prix. Les noms de *rob*, *sapa*, *passum defructum*, sont consacrés à désigner, dans les pharmacopées, le produit plus ou moins concentré du raisin non fermenté, mais parvenu au plus haut point de maturité.

Dans le premier procédé, c'est le résultat de tout ce que contient d'extractif le raisin, c'est-à-dire, le fruit séparé des pepins et de la peau réduite à l'état de parchemin.

Le raisiné du second procédé présente l'extrait de raisin combiné avec la matière parenchymateuse des fruits qu'on fait entrer dans sa composition.

Celui du troisième procédé est le suc exprimé du raisin, c'est-à-dire le moût sans avoir cuvé, rapproché plus ou moins, par l'évaporation de l'humidité, jusqu'à la consistance gélatineuse.

Le quatrième et dernier procédé n'est autre chose que la matière extractive de tous les principes qui constituent le raisin, réunie à celle du moût qu'on ajoute à la première liqueur.

Confitures préparées également sans le secours du sucre. Le raisiné est tellement nécessaire, que, dans les endroits les plus éloignés des vignobles, leurs habitans en font, ou du moins une confiture économique analogue, avec les fruits à pepins, en y employant pour véhicule, au lieu de moût, le suc de pommes ou de poires récemment exprimé, c'est-à-dire le poiré et le cidre doux.

Dans la ci-devant Bretagne, on prépare une marmelade de cerises. Les habitans des environs de Rennes sur-tout viennent la vendre au marché de cette ville, et quoiqu'elle ne soit ni fort sucrée, ni fort agréable, cependant elle trouve des amateurs et du débit.

On cuit ailleurs le moût des pommes ou cidre doux avec différens fruits; ce moût réduit, dans le premier cas, à la dixième partie de son volume, forme un rob ou sirop très-bon: mêlé et uni, dans le second cas, avec des poires ou d'autres fruits, il donne ce qu'on appelle le *raisiné de Normandie.*

Le suc des poires, dont on fait, dans les deux ci-devant provinces qui viennent d'être nommées, le poiré, cette espèce de boisson vineuse, qui, comme on sait, est susceptible de mousser, à l'instar du vin de Champagne, quoique plus doux que le suc de pommes, ne fournit cependant qu'une confiture acerbe qu'on rendroit vraisemblablement meilleure si on la faisoit avec la pulpe rapprochée des poires cuites au four.

Nous avons parlé du raisiné au cidre; dans la ci-devant Picardie, on fait du poiré au cidre: on remplit un chaudron de cidre doux dont on soustrait, par l'évaporation, les trois quarts du volume; arrivé à la consistance de sirop, on y jette des poires pelées, mondées de leur cœur et des pepins, et coupées en quatre; elles y cuisent parfaitement sans se déformer: on poursuit doucement la cuisson jusqu'à ce que le sirop qui, par l'addition des poires crues, s'est prodigieusement décuit, ait repris sa consistance première. Une fois le vase retiré du feu et les poires suffisamment cuites, elles sont distribuées dans des cruches de grès, et le sirop est dans une proportion correspondante aux poires.

Le raisiné improprement dit, fait avec des fruits cuits dans du cidre doux, ne mérite pas moins d'intérêt que celui qui porte ce nom, en ce qu'il emploie beaucoup de bras dans une saison presque morte, et qu'il se fait après les semailles et les vendanges.

Il vient d'être question du raisiné au cidre, maintenant parlons du raisiné au poiré; il est connu à Amiens et dans ses environs. Pour le préparer, on prend de la poire de fusée, poire longue, qu'on ne peut manger qu'après l'avoir fait cuire; on la met dans des pots de terre couverts et au four, après en avoir retiré le pain; ils y séjournent pendant la nuit, on les pétrit pour les diviser en bouillie, on les passe à travers un tamis de crin, et cette pulpe est mise dans un chaudron avec six fois son poids de cidre doux: on procède à l'évaporation, en remuant sans discontinuer, jusqu'à ce qu'une goutte de cette confiture, jetée sur un papier gris, la place n'en sépare pas de suite l'humidité. En cet état, elle est réputée assez cuite pour être conservée en pots. Dans certains endroits, on ajoute un atome de piment en poudre; dans d'autres, c'est un peu de cannelle; mais il faut être économe de ces épices, et faire toujours en sorte que l'aromate ne domine pas dans la confiture.

Mais on peut conserver les fruits dans leur intégrité aggrégative, comme dans la préparation des poires au cidre. En Alsace et en Lorraine, on fait une marmelade fort saine et très-économique avec les prunes connues sous le nom *coaetzch*, en employant le même procédé que pour le raisiné. Les mêmes prunes desséchées font d'excellens pruneaux; fermentées, distillées, et rectifiées, elles fournissent une liqueur alcoolique, connue dans le commerce sous le nom de *coueiyschwasser*. Dans la ci-devant Champagne on se procure la même ressource avec une espèce de prune qui y est abondante et qu'on nomme *nobertes*, d'où le nom de *noberte*, que porte la marmelade. Un particulier de Reims imagina de faire cuire les nobertes au four, et la noberte qui résulta de cette méthode se trouva et d'une plus belle couleur, et d'une saveur plus agréable.

Commerce de raisiné. Le raisiné obtenu dans les différentes méthodes que nous avons décrites est une branche considérable de commerce pour l'Italie, et une ressource précieuse dans un ménage. Il n'est pas douteux qu'on y auroit également recours dans les pays du Nord, si leurs habitans n'avoient pas d'excellent beurre qu'ils étendent sur le pain, à l'instar des confitures; ou bien si le raisiné qu'on prépare dans ces cantons n'exigeoit pas, la plupart du temps, du sucre pour masquer le caractère trop âpre et trop acide qu'ont le plus communément les raisins des contrées septentrionales.

Les principaux magasins de cette denrée, pour les Français, sont établis à Marseille, à Cette, à Montpellier. Les négocians de la première de ces places de commerce ont, dans diverses contrées de l'Italie, des préposés qui recherchent le raisiné et le leur font parvenir; ils sont obligés de se servir de ce moyen, parce qu'il n'existe point d'ateliers pour fabriquer en grand cette confiture, et qu'il faut l'acheter ou chez les particuliers qui la préparent pour leur consommation, et en font un peu plus, pour trouver dans la vente du superflu le remboursement de leurs frais, ou chez les propriétaires, qui n'emploient pour la faire qu'une petite partie de leur récolte; aussi existe-t-il dans le même canton de la différence dans le goût et l'homogénéité des raisinés faits à part par tant de mains; le prix ordinaire de cette marmelade est de huit ou dix sous la livre; on sait qu'il doit varier selon les circonstances.

Indépendamment de l'excellent raisiné qu'on prépare dans les contrées méridionales, et dont on fait un commerce assez considérable, il s'en fabrique encore d'autres dans les contrées placées entre le Midi et le Nord. Ces raisinés n'ont pas, il est vrai, la même réputation; mais, quand ils sont préparés dans de bonnes années, avec un raisin qui a acquis une maturité extraordinaire, ils ne sont pas non plus à dédaigner, et les personnes peu aisées s'en régalent volontiers; tels sont ceux qui proviennent du Rouergue et de la Bourgogne. Dans les départemens de l'Yonne et du Loiret, on prépare la presque totalité du raisiné que l'on consomme à Paris; quand l'année est abondante en fruits, le seul canton de Courtenay en débite pour trois à quatre cent mille francs, au prix de sept à huit sous la livre, suivant l'abondance ou la rareté des fruits. Autrefois il ne valoit que vingt-sept francs le quintal, mais aujourd'hui il ne vaut pas moins de quarante à cinquante francs, et il s'en débite dans la ci-devant Bourgogne, depuis six cents jusqu'à mille quarts de cent cinquante à deux cents livres. On ne peut pas déterminer au juste à combien revient le raisiné, parce qu'il faudroit préalablement connoître le prix du bois; c'est la dépense la plus considérable qu'entraîne la préparation; il faut du combustible pour évaporer l'humidité surabondante des fruits, en déterminer la concentration et faire arriver la confiture à la consistance requise. Dans les pays où le bois est cher, cette dépense doit ajouter aux frais. Dans le Gâtinois, on a calculé que chaque quintal de raisiné en consommoit pour cinq à six francs, quoique le prix du bois n'y soit pas exorbitant. Dans la partie de la Champagne qui confine avec la Bourgogne, lorsque les vignerons, principalement leurs femmes et leurs filles, ont fait le raisiné, elles le portent, après la vendange, dans de grands pots de terre vernissée, aux épiciers des villes des environs: c'est d'après le goût, la consistance, la couleur que se règlent les prix de cette substance; elle est toujours un peu âpre au goût. Le raisiné préparé avec des raisins remplis de matière extracto-résineuse colorante, comme le *bourguignon noir*, le *teinturier*, le *ramonet* et autres variétés grossières, est très-brun, astringent et même acerbe, ce qui lui donne un goût peu agréable; tandis que celui fait avec les raisins peu colorés, mais bien mûrs et bien sucrés, est le meilleur : cependant celui-ci se conserve moins bien que le précédent, parce qu'il paroît que la matière astringente et extractive garantit de la fermentation.

Le prix modique auquel se vend communément le raisiné, n'a pu le soustraire à la falsification : lorsque les fruits ont été rares et chers, les épiciers ont imaginé, pour y suppléer, une autre composition qu'ils font avec de la mélasse délayée dans l'eau, de vieilles poires tapées ou des pruneaux détériorés, et ils la mêlent dans la proportion d'un tiers environ avec le véritable raisiné.

La conservation du raisiné et des autres marmelades analogues dépend de la manière dont on les a préparés, et des matières qui entrent dans leur composition. Le raisiné est de bonne qualité, quand il est doux, moelleux, légèrement astringent au goût et ayant la consistance d'un miel grenu ; il suffit de l'étendre dans l'eau, à l'instar des sirops acides de groseilles et de framboises ; il peut remplacer par conséquent les sirops préparés avec ces fruits, dont on fait usage pendant les vives chaleurs de l'été ; mais il seroit plus simple, plus commode et en même temps plus économique de s'arrêter, dans la préparation du raisiné, au moment où il a atteint la consistance de sirop ; cette ressource de ménage a encore été l'objet de nos expériences.

Le raisiné est la confiture la moins chère pour tous les ordres de citoyens. Il y a peu de ménagères qui, dans les cantons vignobles, n'en préparent leur provision pour l'hiver ; c'est la ressource de la famille pour le déjeuner et le dessert ; les vignerons qui, pour cette préparation, ne prennent pas beaucoup de précautions, n'obtiennent qu'un raisiné d'un goût âcre de caramel ; il devient très-utile dans les hospices civils, où il s'agit de donner aux infirmes et aux vieillards une confiture capable de réveiller leurs organes ; on peut en faire une boisson rafraîchissante très-agréable.

Sirop de raisins. Il arrive souvent qu'au lieu de poursuivre l'évaporation du moût ou vin doux jusqu'à la consistance du raisiné, on s'arrête au moment où le liquide a acquis l'état sirupeux ; et il n'y a pas de doute que cette préparation, à laquelle on n'a peut-être pas donné une attention assez suivie, ne trouvât une application utile dans une foule de circonstances.

L'art de concentrer ainsi le moût au moyen du calorique étoit déjà connu et pratiqué par les Lacédémoniens. Les Espagnols, après avoir exprimé le suc de raisin, y ajoutoient du plâtre nouveau qui, ayant la propriété de décomposer le tartre, diminuoit par conséquent la quantité de celui qui existoit, et son caractère acide dans ce liquide.

C'est d'après cette double propriété qu'on a proposé, dernièrement, de mettre un peu de craie dans le suc de raisin, pour en obtenir un sirop moins aigrelet. Voici quelques expériences que j'ai faites, toujours dans la vue d'économiser le sucre, de tirer parti des productions locales et de les améliorer.

On a pris six livres de suc de raisins noirs, parfaitement mûrs, exprimés avec soin, ayant une couleur rougeâtre trouble, une saveur sucrée, aigrelette et mucilagineuse ; on l'a placé sur un feu modéré et on l'a fait cuire en consistance de sirop après l'avoir clarifié avec l'albumen ; ce sirop étant acidule, déposoit, en se refroidissant, une matière épaisse de couleur rougeâtre semblable à la liqueur.

D'après l'examen particulier de cette substance, on remarque qu'elle fournit une grande quantité de tartrite acidule de potasse, unie à beaucoup de mucoso-sucré ; la liqueur plus limpide qui surnageoit contenoit, outre une portion considérable de matière sucrée, des acides maliques et acéteux, et sans doute, de l'acide tartareux en petite quantité. L'abondance de cette matière mucilagineuse sucrée, contenue dans ce sirop, y auroit bientôt développé un mouvement de fermentation, malgré le degré de cuisson auquel on l'avoit réduit ; mais il est possible de prévenir cette fermentation à la faveur d'une once d'eau-de-vie par livre de sirop. Les six livres de moût employées, ont produit une livre trois onces de sirop très-cuit.

Pour enlever les acides contenus dans le moût, on peut employer divers procédés : le point essentiel est de trouver une base qui, se combinant avec eux, en forme des sels insolubles, qu'on peut séparer ensuite de la liqueur. Il est possible, par la simple décantation, de dépouiller une portion de la crême de tartre ; et, comme l'acide tartareux forme avec la chaux un sel insoluble, on peut l'enlever par ce moyen. Si l'on emploie, dans ce procédé, du carbonate calcaire ou de la craie, la seule portion libre d'acide tartareux se combine avec la chaux ; mais la portion de potasse qui tient la crême de tartre tartrite, l'acidule de potasse, demeure unie à l'acide tartareux, et forme du sel végétal tartrite de potasse. Si l'on se sert, au contraire, de chaux vive, on combine tout l'acide tartareux ; mais la potasse reste dissoute dans la liqueur ; elle peut s'unir aux acides maliques et acéteux, en augmentant la proportion de chaux vive. On neutralise, à la vérité, tous les acides ; mais cette terre, en partie dissoluble dans l'eau, ainsi que dans les malates et les acétates de chaux, il est difficile de les séparer du sirop sans l'altérer.

En se bornant cependant à saturer les acides par la chaux, au moyen du carbonate calcaire, et en séparant exactement le tartrite de chaux, on peut obtenir un sirop dans lequel restent, à la vérité, du tartrite de potasse, des malate et acétate, mais en trop petite quantité, pour être sensibles au goût. Dans cet état, ce sirop est agréable, et peut très-bien suppléer au sirop de sucre, principalement dans les années abondantes en raisin, au midi de la France, où ce fruit est d'autant plus riche en sucre, qu'il l'est moins en tartre, et devenir, sous la main du vigneron industrieux, une branche importante d'économie, parce que la préparation dont il s'agit n'est pas difficile, et que d'après l'apperçu de ce que peut fournir la vigne, il ne lui en coûtera presque que des soins, du temps et le combustible.

C'est sur-tout le raisin blanc qu'il faudroit choisir de préférence pour cette préparation ; il fournit moins de matière colorante et de tartrite acidule de potasse, que le raisin noir, mais aussi il paroît moins facile à conserver ; tandis que la couleur de ce dernier, étant d'une nature un peu acerbe, est plus propre à retarder la fermentation spiritueuse du sirop. En y ajoutant quelques aromates, on le rendroit très-agréable.

Au reste, quelle que soit la nature du raisin, pourvu qu'il ait atteint le point de maturité, la même espèce peut fournir à l'existence de deux sirops distinctifs par leur couleur et leur saveur ; le premier n'est que le moût clarifié et rapproché à l'état de sirop ; le second est ce même moût dans lequel on a jeté un peu de craie pour neutraliser les acides, lequel, clarifié et évaporé au même degré de consistance, donne un résultat comparable au sirop de sucre, ayant un goût un peu mielleux ; l'autre, au contraire, est aigrelet, coloré et transparent. Ces deux sirops, mis en réserve, peuvent avantageusement suppléer le sucre, et remplacer les sirops les plus usités, soit mucilagineux, soit acides, devenir même la limonade des hôpitaux ; on pourroit faire entrer l'un dans les confitures et les gelées acides, l'autre dans les compotes de poires et de pommes ; il suffiroit d'en verser une certaine quantité sur les fruits cuits, dont la fadeur a souvent besoin d'être relevée par un assaisonnement aigrelet-doux.

Sirop de carottes. Dans tous les ouvrages modernes d'économie rurale et domestique, il n'est plus question maintenant que du sirop préparé avec les carottes ; mais rien n'est moins conforme à l'art, plus embarrassant et plus coûteux, que le procédé indiqué pour sa préparation.

Et, en effet, si on examine ce qui se passe dans une racine charnue, soumise à l'ébullition dans l'eau, on remarque que les principes qui la constituent sont isolés, pour ainsi dire, dans l'état naturel, se réunissent et se combinent de plus en plus, acquièrent de la mollesse, de la flexibilité ; d'où résulte ce qu'on nomme la *cuisson*, pendant laquelle une partie de l'extrait a passé dans le véhicule employé ; l'autre demeure adhérente à la substance elle-même, défendue et recouverte par le tissu ; la troisième s'est unie avec la matière fibreuse.

En vain on continueroit de faire bouillir une racine, après qu'elle a subi la cuisson, pour en obtenir la totalité de l'extrait qu'elle contient, l'eau ne se charge plus, même par des décoctions longues et répétées, que d'une petite portion, et elle parvient à l'état de squelette fibreux, sans avoir pu fournir à l'eau, aidée de la chaleur, les principes que ce fluide étoit capable de dissoudre et d'extraire, etc.

Il y a long-temps que j'ai dit et prouvé que, pour avoir à part tous les principes des racines charnues et succulentes, il falloit non pas les cuire, non pas les piler ou les froisser, quand elles sont crues ou cuites, mais les laver à plusieurs eaux, les râper, déchirer les réseaux fibreux dans lesquels se trouvent renfermés certains corps muqueux, comme dans des étuis.

Une autre condition à laquelle on ne fait pas assez attention, lorsqu'il s'agit de faire du sirop avec des racines de cette espèce, c'est que, quand le suc est exprimé, il ne faut procéder à son évaporation qu'après l'avoir laissé reposer dans un endroit frais pendant vingt-quatre heures, puis décanté ; car la plupart d'entr'elles renferment de l'amidon qui, à un certain degré de chaleur, se convertissant en empois ou gelée, donneroit de la consistance au liquide, et ne concourroit nullement à sa conservation. Je vais, à cet égard, faire mention d'une seule expérience.

Après avoir pris trois livres deux onces de carottes privées de leurs feuilles, de leurs queues, et nettoyé la superficie de leur substance, je les ai râpées. Cette première opération faite, je les ai fortement comprimées dans une toile assez claire, pour en retirer le suc naturel. J'ai obtenu un produit liquide, à l'aide d'une chopine d'eau bouillante que j'ai versée sur le marc déjà exprimé, d'une livre deux onces, et par conséquent deux livres de résidu pulpeux, que j'ai remarqué être fortement sucré; je lui ai bien enlevé la totalité de la substance sucrée par son ébullition, à l'aide d'un moyen mécanique, c'est-à-dire par le pilon; j'ai fait évaporer ce sucre, après l'avoir décanté et clarifié à l'aide d'un blanc d'œuf, jusqu'à consistance de sirop; j'ai retrouvé deux onces de ce dernier.

Il est donc à observer, premièrement, que trois livres deux onces de carottes exprimées seulement à l'aide de la force musculaire, produisent deux onces de liquide effectif. Deuxièmement, qu'il seroit impossible d'en obtenir une plus grande quantité par le moyen d'une presse, le résidu ayant encore une saveur très-sucrée.

On conçoit que s'il est aisé de faire un sirop avec les fruits à baies, tels que les raisins, les racines les plus abondantes en sucre ne peuvent pas, à cause de leur contexture parenchymateuse et muqueuse, subir aussi facilement cette préparation, parce que, soit que l'on sépare, par la râpe et la presse, la totalité des principes qu'elles contiennent, soit qu'on les fasse bouillir dans l'eau à diverses reprises pour en extraire tout ce qu'elles contiennent de soluble, la consistance du sirop est autant due à l'abondance de la matière extractive qu'au sucre concentré, et par conséquent il est difficile de garantir pour long-temps un pareil sirop de la fermentation.

Quel que soit le mode de préparation qu'on découvre pour faire du sirop avec des carottes, il ne faut nullement compter sur un pareil supplément, les racines les plus sucrées offriront toujours plus de ressources, employées en substance comme assaisonnement ou nourriture. (Parm.)

RALES. Ces oiseaux ont beaucoup de rapport avec la Poule d'eau. (*Voy.* ce mot.) Cependant la plupart des ornithologistes modernes les séparent, et en font un genre distinct, auquel ils assignent pour caractères : le bec grêle, un peu comprimé, et légèrement courbé; les ouvertures des narines petites; la langue rude à son bout; le corps comprimé, la queue très-courte, quatre doigts sans membrane, trois devant, et un derrière.

De même que les poules d'eau, les râles ont une portion de la jambe dégarnie de plumes, les ailes petites et fort concaves; leur vol est court, et, en volant, ils laissent pendre leurs pieds.

Il y a, dans nos pays, trois espèces principales de râles : le *râle de terre* ou *de genêt*, que l'on appelle encore *roi des cailles*, le *râle d'eau* et la *marouette*. Le premier, (*rallus crex* Lin.) dont le plumage est varié de gris et de noirâtre sur les parties supérieures, et blanc mêlé de roux sur les inférieures, à les ailes couleur de rouille. Sa ponte est de huit à dix œufs, tachetés de rougeâtre, et son nid ne consiste que dans un assemblage informe de mousse et d'herbes, placé dans un enfoncement du gazon. La seconde espèce, (*rallus aquaticus*) dont la dénomination indique l'habitude de fréquenter les bords des eaux, et de préférence les eaux stagnantes, a le manteau d'un roux brun, le dessous du corps d'un beau gris ardoisé, et des raies blanchâtres sur le fond noirâtre du ventre; son nid se trouve dans les touffes de grandes plantes aquatiques, et ses œufs jaunâtres ont des taches brunes. La petitesse de la taille distingue la marouette; (*rallus porzana* Lin.) elle n'est pas plus grosse que l'alouette. Son plumage est, en général, d'un brun roussâtre, parsemé de taches noires et blanches; une teinte blanche se fait remarquer sur le devant et les côtés de la tête, à la gorge, et sous le col. Cet oiseau est, comme le râle d'eau, un habitant des marécages; il y niche dans les roseaux; son nid flotte sur l'eau; il a la forme d'une petite gondole, et il contient sept ou huit œufs d'un brun clair, avec des taches d'un brun plus foncé.

Le râle gras est un excellent gibier. Il a beaucoup de fumet; ce qui fait que plusieurs chiens ne le chassent pas volontiers. Il a aussi l'inconvénient de se corrompre facilement, ce qui empêche d'en faire des envois. On le mange, comme la bécasse, sans le vider. Les espèces les plus estimées et les plus recherchées sont le râle de genêt, et la marouette; on attache peu de prix au râle d'eau.

Les râles de genêt fréquentent les lieux plantés de cet arbuste, d'où leur vient leur nom. Ils aiment aussi les prés non fauchés, les avoines, les orges, les sarrasins. On en voit quelquefois dans les vignes, et au bord des jeunes taillis. Leur nourriture se compose de diverses graines, telles que celles de genêt, de trèfle, etc.; ils sont aussi friands de vers, de limaçons, et d'autres insectes. Ils paroissent à peu près avec la caille, fréquentent souvent les mêmes lieux; d'où on les a appelés *rois des cailles*. Ces oiseaux volent mal; mais, en revanche, ils courent avec une vitesse que rien n'arrête. Les herbes les plus épaisses servent à leurs ruses; ils glissent sous leurs enlacemens, se rasent, ou se perchent, selon qu'ils sont poursuivis, et rusent long-temps avant d'être arrêtés. Tous les chiens ne sont pas propres à cette chasse; les meilleurs sont les *choupilles*, qui vont le nez en terre. Les vieux chiens sont aussi préférables aux jeunes, parce que, s'emportant moins, ils sont moins aisément dupes des détours ou des arrêts brusques que fait le râle pour donner le change. Lorsqu'on chasse au fusil, et que le râle est prêt à partir, il est aisé à tirer, parce qu'il vole pesamment, à moins qu'il ne soit très-maigre. Mais, si on le manque, rien ne sert, qu'au bout d'un vol court on le voie se remettre; car, dès qu'il a touché terre, il se met à courir, et s'éloigne avec rapidité. Quelquefois il tient si obstinément, qu'il se fait prendre à la main, plutôt que de s'enlever. Le râle de terre a sa passée du soir au matin, comme les bécasses. Il va la nuit *véroter* dans les champs, et revient le matin à son cantonnement. Lorsqu'il est trop gras, il ne quitte presque plus ce cantonnement, sur-tout dans les pays abondans en genêts; de là il est aisé d'avoir des râles pour un jour déterminé : en allant battre le pays d'avance, et les remettant dans une pièce de genêts, on est sûr de les y trouver pour le jour de la chasse. On tend les halliers, pour les râles, comme pour les cailles. On imite leur cri, qui est, *crex*, *crex*, en raclant un os dentelé avec la lame d'un couteau. Cette espèce d'appeau sert à les attirer dans le filet. Ils se prennent aussi aux lacets, ou collets piqués, tendus par leurs *passées*. (*Voyez* Collet, Bécasse et Perdrix.)

Le râle d'eau, inférieur en grosseur et en qualité au râle de genêt, et la marouette, plus petite que tous les deux, mais aussi estimée que celui-ci, se chassent de la même manière, ayant les mêmes habitudes, employant les mêmes ruses, excepté seulement qu'ils fréquentent les eaux, les queues d'étang, les prairies basses et humides. On les chasse, avec avantage, au moyen du *hallier* ou *tramail*, dont on forme une grande enceinte à la queue des étangs, aux lisières des prairies, etc. On bat alors les environs; on rassemble les râles avec un bon chien, et on le pousse aux filets, où plusieurs laissent la liberté et la vie.

Les râles d'eau sont sédentaires; mais ceux de terre sont passagers; ils disparoissent à l'époque des premières gelées blanches. Ils passent jusqu'en Afrique, et volent toujours avec un vent favorable. Malgré cette émigration de l'espèce en général, on voit plusieurs individus, pendant l'hiver qu'ils passent, cachés dans des touffes d'herbes et au fond des fossés. Il paroît encore certain qu'ils arrivent plus tard que la caille. Enfin, on a remarqué que les jeunes prennent moins de graisse que les vieux. (S.)

RAMIER. *Voy.* PIGEON SAUVAGE. (S.)

RAQUETTES, (*Chasse aux oiseaux.*) *Voyez* les articles GEAI et ABREUVOIR. (S.)

RÉGALIS, (*Vénerie.*) *Voyez* au mot CHEVREUIL. (S.)

REJET, (*Chasse aux oiseaux,*) sorte de piège dont il est question dans les articles de plusieurs espèces d'oiseaux, et particulièrement à l'article. GEAI. (S.)

REMBUCHEMENT, (*Vénerie.*) L'on nomme ainsi l'endroit par lequel un animal rentre dans une enceinte; si l'on suit la voie de l'animal jusqu'au lieu de rentrée, on le *rembuche.* (S.)

RENTRÉE, (*Chasse.*) C'est l'affût du matin, lorsque le gibier, après avoir pâturé dans les champs pendant la nuit, rentre dans le bois à l'aube du jour. (S.)

REPENELLE, (*Chasse aux oiseaux.*) *Consulter* le mot GEAI. (S.)

REPIQUAGE, (*Jard. prat.*) On donne le nom de repiquage à l'opération de planter le jeune plant venu de semences de végétaux herbacés.

Cette opération a pour objet de favoriser la croissance de jeunes semis, levés touffus, ou qui ont besoin de cette opération pour arriver à un degré de perfection qu'ils n'acquerroient pas naturellement.

Tous les semis de plantes annuelles ne sont pas également propres à être repiqués. Il en est qu'il est plus avantageux de laisser croître et fructifier à la place où ils sont nés, tels que ceux des plantes à racines pivotantes et sans chevelu latéral, comme les carottes, les panais, les pieds d'alouettes, les pavots, etc.; d'autres qu'il faut repiquer très-jeunes, lorsqu'ils ont pris leur troisième ou quatrième feuille, tels que les laitues, les melons, les giroflées, etc.; mais les jeunes semis qui sont de plantes domestiques ou de climats analogues à la nature du nôtre, s'y repiquent de la manière suivante.

Sur un terrain labouré depuis quelques jours, et dont la terre a été plombée par une pluie ou un arrosement copieux, on trace des lignes à l'aide d'un cordeau, et dans toute la largeur de la planche ou du carré qu'on se propose de planter. Ces lignes doivent être plus ou moins rapprochées, en raison du but qu'on se propose dans la plantation et les dimensions des plantes. Si l'on repique des plantes destinées à rester en place jusqu'à la fin de leur végétation, ou jusqu'à l'époque où elles doivent être employées dans les alimens, comme les diverses espèces de laitues, de chicorées, de romaines, etc., il convient d'éloigner les lignes d'environ six à sept pouces les unes des autres.

Si le jeune plant n'est destiné qu'à rester en pépinière jusqu'à l'époque où, devenu assez fort et marquant ses premières feuilles, il doit être levé en motte pour être mis en place, tels que les reines-marguerites, les œillets et roses d'Inde, les œillets de la Chine, etc., trois à quatre pouces de distance entre les lignes suffisent. S'il est question de planter des plants de grandes plantes, comme des choux-pommes, des choux-fleurs, des cardons d'Espagne et autres de cette dimension, il convient de tirer les lignes à deux pieds, et même à trois pieds et demi de distance les unes des autres. Le terrain ainsi disposé et tracé, on lève dans le semis le jeune plant destiné à être planté. Le plus sain et le plus vigoureux est le meilleur, et doit être choisi de préférence. On le lève avec toutes ses racines, et, pour cet effet, on choisit un temps favorable, où la terre ne soit ni trop sèche,

sèche, ni trop humide, et où elle laisse aisément enlever les racines.

Ces racines, la plupart longues, grêles et sans consistance, ne peuvent rester de toute leur longueur; elles se ramasseroient en paquets ou se courberoient sur elles-mêmes, lors du repiquage; il convient donc de les rogner. Pour les plantes rustiques, cette opération est peu dangereuse; elle consiste à prendre le plant à poignée et à rogner sa racine à un, deux, trois et jusqu'à six pouces du collet de la tige, suivant la nature du végétal et l'étendue de ses racines.

Cette opération n'est pas aussi dangereuse qu'on le croit au premier coup d'œil, elle est même utile pour les plantes herbacées annuelles; toutes ces racines coupées en poussent une grande quantité d'autres qui, se répandant à la surface de la terre, augmentent considérablement les bouches nourricières des végétaux, et leur portent un accroissement de sucs qui tourne au profit de leur volume, de la beauté de leurs fleurs ou de la qualité de leur produit.

Mais il convient de choisir le moment le plus favorable à cette opération, et d'administrer au jeune repiquage la culture la plus convenable à sa reprise. Autant qu'il est possible, il faut choisir un temps couvert, chaud et humide pour lever le jeune plant de son semis, n'en arracher que ce qu'on peut en planter dans un tiers de jour, le tenir à l'ombre et à l'abri du contact de l'air, jusqu'au moment de le planter; et, lorsqu'on procède à sa plantation, il ne faut pas discontinuer jusqu'à ce qu'elle soit effectuée.

Cette plantation consiste à faire des trous avec un plantoir sur les lignes tracées précédemment et à des distances déterminées par le volume que doit occuper la plante dans son état parfait. On place à fur et à mesure qu'ils sont faits, dans chacun de ces trous, le jeune plant qu'on enterre aussitôt avec le même plantoir.

Immédiatement après la plantation, on arrose copieusement, et avec l'arrosoir à pomme, toute la surface de la plante nouvellement plantée; cette opération se répète, matin et soir, dans les huit ou dix premiers jours du repiquage; après quoi le jeune plant étant repris, on ne l'arrose que lorsqu'il en a besoin. Si, dans les premiers jours, après le repiquage, il survenoit des coups de soleil, susceptibles de brûler la jeune plantation, il conviendroit alors de la couvrir d'un très-léger lit de paille, ou mieux encore de paillassons à claire-voie, soutenus par des fourchettes.

Le repiquage des plantes herbacées annuelles se fait pendant presque toute l'année, dans les jardins légumiers et fleuristes. Il n'y a que le temps des gelées, celui des pluies trop abondantes et la trop grande sécheresse qui rendent cette opération impraticable.

A la campagne, on ne la pratique qu'au printemps et à l'automne, soit pour la culture des gros légumes, des colzas, des tabacs, des chardons à bonnetiers et autres plantes économiques.

Les repiquages des jeunes plants de plantes annuelles des tropiques et de la zône torride, se font dans des pots que l'on place sur des couches et sous des châssis qu'on a soin d'ombrager des rayons du soleil jusqu'à leur parfaite reprise. La préparation des racines du jeune plant de ces plantes et leur plantation sont les mêmes; toute la différence ne provient que de ce que les uns sont plantés en pleine terre, et les autres dans des pots ou sur des couches.

Les repiquages des jeunes plants de plantes vivaces herbacées ne diffère que très-peu de celui des plantes annuelles. Les racines sont taillées de la même manière, lorsqu'elles ne sont que fibreuses: on les plante également par carrés ou par planches; mais les distances auxquelles il convient de les planter, lorsque ces plants sont destinés à rester dans la place où on les met, doivent être en général plus considérables que celles qu'on donne aux plantes annuelles. Il en est, telles que les diverses espèces de rhubarbes, les sylphinus, les hélianthus et autres grandes plantes, qui doivent être placées à trois à quatre pieds les unes des autres, tandis que les plus petites n'ont besoin d'être distanciées que de six à sept pouces, et les intermédiaires, d'environ un demi-mètre. C'est au cultivateur à connoître le volume de ses plantes dans leur état parfait, et à leur proportionner l'étendue du terrain qui leur est nécessaire.

Il convient aussi de donner à cette division de végétaux un terrain plus profond et plus substantiel qu'à celui des plantes annuelles.

Si dix à douze pouces de profondeur suffisent ordinairement pour des plantes annuelles, il en faut au moins le double pour les végétaux vivaces, tels que les mandragores, quelques espèces de rhubarbes, de berces, de férules et autres, dont les racines s'enfoncent à plus de trois pieds et demi de profondeur, et ont jusqu'à six et même huit pouces de diamètre.

De plus, leurs racines étant en général plus fortes et plus charnues, il est utile qu'elles soient plantées dans une terre plus forte et plus ferme que les plantes annuelles, qui ont pour l'ordinaire un chevelu tendre et délié. (TH.)

REPUCE, (*Chasse aux oiseaux.*) C'est le même piège que le REJET. *Voyez* ce mot. (S.)

RETS, (*Chasse et Pêche,*) synonyme de *filets*. *Voyez* la description des *rets saillans*, à l'article ALOUETTE. (S.)

RHUBARBE. Indépendamment des espèces de rhubarbes cultivées au Muséum d'Histoire naturelle de Paris, on y voit encore le *rheum raponticum*, ou le rapontic, et le *rheum ribes* Linn., nouvellement rapportés d'Asie par MM. *Labillardière*, *Bruguière* et *Olivier*. Quelques uns des individus qui existent dans cet établissement ont déjà passé plusieurs hivers en pleine terre; l'un d'eux a fleuri pour la première fois vers le 15 d'avril.

Beaucoup d'auteurs arabes ont parlé du *rheum ribes*, à cause de ses propriétés médicinales; mais il n'en existe cependant encore aucune bonne description, et les figures qu'on en a publiées sont incorrectes ou incomplètes, si on excepte celles que vient de donner M. *Desfontaines*, professeur de botanique, dans le dixième cahier des *Annales du Muséum d'Histoire naturelle*. Voici une note que lui a communiquée M. *Olivier*, de l'Institut, qui a voyagé dans les continens où cette plante est très-commune.

« Les Persans donnent à cette rhubarbe le nom de *ricbas*; elle croît naturellement dans les terres argileuses assez sèches, couvertes de neige toute l'année; elle fleurit au printemps, et ses graines sont mûres à la fin de l'été. Les habitans font grand cas des jeunes pousses, et sur-tout les pétioles, qu'ils mangent crus, assaisonnés avec du sel et du poivre après en avoir enlevé l'écorce, et qu'ils vendent dans les marchés; leur saveur est piquante et agréable; ils en expriment le suc, qu'ils évaporent et réduisent à l'état de sirops et de conserves, avec du miel et du raisiné, et dont ils font de grands envois dans tous les pays; ils les emploient comme médicamens dans les fièvres putrides et malignes. » Mais, M. *Olivier* ne croit pas qu'ils fassent usage de la racine.

L'on distingue, en Perse, deux sortes de *ribes*, l'une croît spontanément sur les montagnes, l'autre est cultivée dans les jardins. Celle-ci devient beaucoup plus grande; on la couvre de terre pour en faire blanchir les feuilles et les tiges, à l'instar des cardons. On les vend dans les marchés d'Ispahan et autres lieux. Elles se mangent avec les viandes, et c'est un assaisonnement extrêmement agréa-

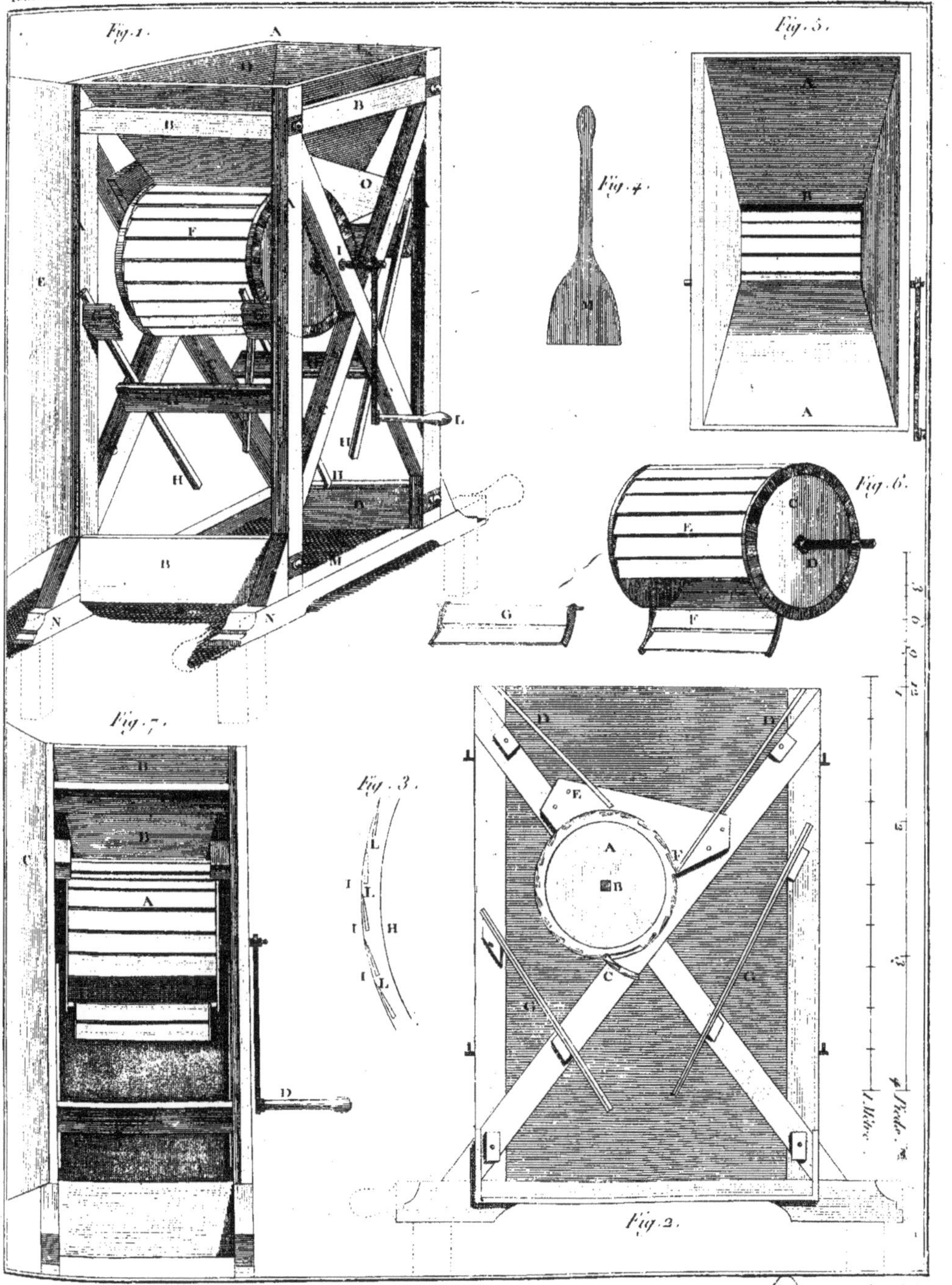
Fig. 1.
Fig. 2.
Fig. 3.
Fig. 4.
Fig. 5.
Fig. 6.
Fig. 7.
1 Mètre
4 Pieds

ble et fort recherché. Mais, de toutes les espèces de rhubarbes connues, il paroît que le *raponticum* et l'*undulatum* sont les plus faciles à cultiver. Le *compactum* est le plus délicat; il supporte difficilement le soleil, et perd plus tôt ses feuilles.

Toutes les espèces de rhubarbes ont été cultivées par M. *Leneveu*, professeur de botanique à l'hôpital militaire d'Instruction de Strasbourg; il a remarqué que la végétation du *raponticum* et de l'*undulatum* s'est annoncée au mois de mars, à la même époque; que huit à dix jours après, a paru le *compactum*, et que le *palmatum* ne lui a donné de pousses que quinze jours après le *compactum*, c'est-à-dire la variété de la rhubarbe de Chine. Ces différens individus avoient été semés la même année, et cultivés dans le même sol. Le *raponticum*, comme l'on sait, est bien inférieur en propriétés; mais c'est une erreur de croire que le *palmatum* ne porte pas de graines dans notre climat; il a donné, en l'an 11, des semences très-fertiles, à Strasbourg et à Landau, qui ont levé dans la même année.

Il paroît que l'on peut avoir des variétés du *palmatum*; car, par les semis que M. *Leneveu* en a faits, les feuilles de quelques individus n'avoient plus la forme palmée. Il pourroit arriver que ce fussent des espèces hybrides; car, d'après l'opinion de plusieurs botanistes, les diverses rhubarbes ne sont pas encore bien caractérisées. Une espèce peut féconder l'autre avec facilité; il faut avoir soin de les tenir éloignées pour ne pas avoir d'espèces hybrides. Sans doute, la rhubarbe du commerce se retire de plusieurs espèces, de l'*undulatum*, du *palmatum*, et peut-être du *tartaricum*. M. *Faujas*, professeur au Muséum d'Histoire naturelle, en cultive plusieurs espèces, qu'il regarde comme étant à peu près de même nature. Il donne la préférence, pour les effets médicinaux, au *compactum*. Ses semences lèvent très-bien; la jeune plante ne craint point les rigueurs de l'hiver dans nos climats.

On n'est pas encore d'accord sur l'espèce de rhubarbe qu'il convient de choisir de préférence, sur la nature du terrain le plus favorable à sa végétation, sur le temps que la plante doit rester en place, pour acquérir le volume et la qualité que ses racines doivent avoir, avant de procéder à leur extraction; enfin, sur les différentes préparations qu'elles exigent pour être conservées et apportées. Toutes ces connoissances ne manqueront pas de s'acquérir, dès que quelques botanistes instruits en feront l'objet de leurs études et d'un travail suivi. Nous savons déjà que, dans nos climats, il faut à la plante environ cinq années pour prendre le maximum de sa croissance; qu'il y a des racines qui pèsent jusqu'à vingt-cinq livres; qu'elles sont plus spongieuses que fibreuses, d'une dessiccation difficile, à cause de l'état tenace et visqueux que donne à l'humidité la matière extractive qui s'y trouve en abondance, et qu'elles perdent, dans l'opération qui les amène à l'état où il faut qu'elles soient pour se conserver et être employées, les quatre cinquièmes de leur poids brut. Voici la description que Forster, dans ses *Voyages au nord de l'Europe*, donne du *rheum compactum*, qu'il a vu sur les lieux, d'où il est apporté aux Russes.

« Les feuilles ont communément deux palmes de longueur; elles sont plus étroites vers le bas, et plus larges au sommet; le bord de la feuille est recouvert d'une matière laiteuse; les tiges qui supportent les feuilles sont vertes, et ont environ une palme et quatre pouces de largeur; les feuilles elles-mêmes sont d'abord vertes; mais elles deviennent ensuite jaunes, et s'étendent beaucoup sur le sol; au milieu croît une tige, tout autour de laquelle il vient des fleurs de la forme d'une giroflée; elles sont d'un blanc de lait, et ont une légère teinte de bleu; l'odeur en est fort désagréable, en sorte que ces fleurs ne plaisent ni à l'odorat, ni à la vue.

» La racine a une ou deux, et même quelquefois trois palmes de long; la couleur de l'écorce est un brun châtain. Ces racines sont grosses comme le bas de la jambe, et quelques unes comme le corps d'un homme. De la racine principale, il part un nombre considérable de très-petites racines qui s'étendent beaucoup dans la terre; on les enlève, lorsqu'on veut couper en plusieurs morceaux la grande racine. Celle-ci est jaune intérieurement, avec beaucoup de veines rouges, et elle est pleine d'un suc jaune, qui laisse sur les doigts et les mains des taches de cette couleur. Si la racine étoit suspendue immédiatement après avoir été arrachée, tout le jus en découleroit, et elle deviendroit légère et sans vertu; c'est pour éviter cet inconvénient que les morceaux sont d'abord placés sur de longues tables, et qu'on les retourne trois à quatre fois par jour, afin que le suc puisse s'incorporer avec le corps de la racine, et, pour ainsi dire, se coaguler dans son parenchyme. Au bout de quatre, cinq ou six jours, on fait des trous à travers chaque morceau qui est suspendu à des cordons, et qu'on expose à l'air, ayant soin en même temps de les mettre à l'abri des rayons du soleil. Les racines sèchent fort bien de cette manière, et acquièrent leur perfection dans l'espace de deux mois. On les enlève de terre dans l'hiver, avant que la plante ait poussé ses feuilles, parce que le suc et toute sa vertu sont alors renfermés dans la racine.

» Les racines qui ont été enlevées pendant l'été, et lorsque les feuilles ont poussé, sont légères, spongieuses, pleines de trous et sans consistance; elles n'ont pas d'ailleurs la couleur jaune de celles qui ont été arrachées pendant l'hiver; elles ne laissent pas d'être rouges, mais elles ne sont pas aussi bonnes que celles qui ont été enlevées de terre avant le printemps.

» Pour faire, en rhubarbe parfaitement sèche, la charge d'un cheval, il faut sept charges de racines fraîches nouvellement récoltées. La rhubarbe fraîche est si amère, que personne n'ose en goûter; si les racines n'ont été nettoyées et coupées en morceaux que cinq ou six jours après qu'elles ont été enlevées de terre, elles deviennent molles et pourrissent bientôt.

L'usage de la rhubarbe, en médecine, plus fréquent autrefois qu'à présent, la possibilité de l'employer comme matière tinctoriale, le haut prix qu'elle a quelquefois dans le commerce, et sur-tout en temps de guerre, toutes ces considérations ont déterminé à essayer en France la culture des plantes qui la fournissent. Elle a eu lieu à Gros-Bois, et dans d'autres endroits, aux environs de Paris; mais c'est sur-tout dans le Morbihan qu'il en existe de grandes plantations, sous la direction de plusieurs cultivateurs estimables, qui en retirent un produit assez considérable pour marquer dans le commerce.

Cette plante, qui est l'*undulatum*, parfaitement naturalisée et acclimatée à peu de distance de Lorient, y supporte les hivers les plus rigoureux, et y prend un accroissement si considérable, que chaque racine pèse communément quinze à trente livres; elles ont de douze à quinze pouces de circonférence, et trente au moins de profondeur, divisées en plusieurs pivots.

Elle se multiplie par œilletons pris au printemps ou à l'automne, placés à quatre pouces de profondeur, et à deux pieds de distance, en quinconce, dans une terre bien préparée; elle pousse ses feuilles au printemps; elle élève sa tige à graine en avril, et fleurit en mai; sa semence mûrit en juin et juillet; on récolte la racine en automne, la quatrième année.

Mais, quoique le mode de bouture soit plus hâtif, le semis doit lui être préféré, parce que les racines pivotent mieux, sont plus volumineuses et d'une pesanteur spécifique plus considérable. Il est bon encore de remarquer qu'il ne faut pas fumer, et que les arrosemens font carier les racines. Quoique cette plante s'accommode d'un sol naturellement humide, de toute terre légère ou forte, mais profonde, elle veut l'exposition au levant, sans être abritée par d'autres végétaux. Elle est très-vivace, et d'une culture aisée.

C'est absolument pour les racines que les rhubarbes sont cultivées. Le commerce nous les apporte de la Chine et de la Moscovie, toutes séchées, en morceaux plus ou moins gros, les uns arrondis, les autres aplatis, ou pleins, ou percés au centre, jaunes à l'extérieur, marbrés de rouge et de blanc à l'intérieur, d'une saveur acerbe, amère, d'une odeur nauséabonde. Le pharmacien distingue bien la rhubarbe de Chine de celle de Moscovie; elle est moins grosse, moins pesante; les veines rouges de son intérieur sont sur un fond plus blanc; les lignes blanches qui les séparent sont plus irrégulières, plus multipliées; sa saveur est plus nauséabonde, plus acerbe, et moins amère; sa poudre est d'un jaune plus pâle; mais il ignore si la différence qui existe entre ces deux sortes de rhubarbes, souvent confondues chez les droguistes, est la preuve que ces racines ont appartenu à deux sortes de *rheum*, ou si elles dépendent des différens climats qui les ont produites, de la culture qu'on leur a donnée, de l'âge qu'elles avoient, lorsqu'elles ont été recueillies. Les botanistes n'ont point encore prononcé sur ce point d'une manière définitive.

Observations sur quelques plantes médicinales. Il existe d'autres végétaux qui, sans offrir à nos besoins une matière nourrissante, filamenteuse, colorante et huileuse, n'en renferment pas moins des propriétés qui les ont fait rechercher pour beaucoup de cas; leurs usages sont même si étendus, qu'il a fallu les cultiver; et ce sont aujourd'hui autant de petites branches de commerce.

La médecine, comme on sait, a mis à contribution toutes les familles des plantes, et il n'y a pas un seul individu du règne végétal, dans lequel l'art de guérir n'ait prétendu trouver des qualités plus ou moins efficaces. Quiconque sait apprécier à leur juste valeur toutes ces ressources, se borne à quelques plantes, dont les bons effets ont été constatés depuis long-temps par des expériences et des observations. Leur culture cependant occupe peu de terrain, même auprès des grandes populations. Plusieurs, à la vérité, que la pharmacie, la parfumerie et l'art du confiseur emploient communément, ont donné de la réputation aux cantons qui les cultivent en grand; aussi l'on dit l'anis et la coriandre de Touraine, l'angélique de Niort, l'iris de Florence, les roses de Provins, la camomille romaine, le safran du Gâtinois, la menthe d'Angleterre, etc.

Mais les végétaux dont il s'agit, devenus des objets de fabrique, ou employés journellement dans l'économie domestique, sont, dans les cantons où leur culture est établie, des ressources pour les hommes qui s'en occupent. Loin qu'elle fasse négliger les plantes qui touchent de plus près à la prospérité publique, elle ne peut qu'y contribuer; car, on ne doit pas se lasser de le répéter, la première richesse de la France étant dans son sol, il faut le couvrir alternativement des différens végétaux nécessaires à nos besoins naturels ou factices, parce que les terres se reposent par d'autres productions, qui réparent leurs pertes et les amendent.

Pour éviter la dépense qu'occasionne l'importation de certaines plantes exotiques, il y a eu de tout temps des médecins qui ont voulu en proscrire l'usage, pour les remplacer par des médicamens indigènes; mais il faut convenir que nos ancêtres, moins amis des substituts que nous, au lieu de consacrer leur temps à les essayer, ont pris une route plus simple, en cultivant eux-mêmes les végétaux étrangers qui pourroient s'accommoder de notre climat, et sans doute, il a mieux valu naturaliser la rhubarbe de Moscovie, que de la remplacer par la patience, le rapontic et d'autres racines analogues, et il n'y a plus de doute que la rhubarbe, cultivée parmi nous, ne donne une racine aussi forte que celle d'Asie, qu'elle n'en remplisse toutes les vertus, ne fructifie, comme toutes nos plantes usuelles, et que bientôt on ne dise la rhubarbe de France.

Toutes les rhubarbes indigènes ont été soumises à l'analyse en différens temps et par les chimistes les plus distingués; toutes ont été trouvées contenir à peu près les mêmes principes que les rhubarbes exotiques. M. *Clarion*, aide-chimiste à l'Ecole de Santé, vient d'examiner de nouveau, avec soin, les propriétés qui sont communes aux unes et aux autres, et les différences qu'elles présentent.

Il résulte de ses expériences que les rhubarbes de France qui ont trois, quatre et même cinq années, traitées par l'eau et par l'alcool, ne donnent point encore de produits exactement semblables à ceux que fournissent, par les mêmes agens, les rhubarbes exotiques; mais que celle qui a été cultivée pendant six ans en offre de tellement abondans, de tellement parfaits, qu'on peut raisonnablement espérer que la thérapeutique ne tardera pas à prouver que la rhubarbe de France a les mêmes propriétés médicales que l'étrangère.

Cette plante peut donc être admise encore au nombre de celles propres au sol de la France; la possibilité de sa culture parmi nous n'est plus maintenant un problème: essayée dans plusieurs cantons, depuis une vingtaine d'années, elle a réussi au point de fournir assez de racines pour marquer dans le commerce de la droguerie; et on s'est assuré, par une suite d'expériences, dans les hôpitaux militaires, qu'elle avoit à peu près les mêmes propriétés en en doublant la dose.

Le *rheum ribes*, si célèbre parmi les Arabes, peut encore être cultivé en France, en pleine terre, dans nos cantons du Nord. Cette plante vient sur les hautes montagnes, couvertes de neige une partie de l'année. Deux des individus qu'on possède au Muséum n'ont été arbrités, pendant l'hiver, que par une couverture de fumier, et ils n'ont pas paru sensibles au froid: on les cultive en pleine terre où ils ont pris beaucoup d'accroissement. Il paroît même que la culture du *ribes* n'exige pas grande précaution; il reste long-temps sans fleurir, parce qu'il faut que la racine, qui est vivace et qui devient très-volumineuse avec les années, puisse se développer assez pour pousser des tiges à fleurs. Cette plante mérite donc d'être encore répandue en France, et si on y parvient, comme on a tout lieu de l'espérer, c'est un nouveau service dont on sera redevable aux soins de M. Thouin, et qu'on pourra mettre au nombre de ceux que le Muséum a rendus à la médecine, aux arts et à l'économie rurale, depuis l'époque de sa fondation.

Nous ne pouvons cependant taire ici qu'une plante qui occupe la terre pendant cinq années environ, et dont chaque pied exige un grand espace, à cause de sa végétation considérable, et de la nécessité de faire prendre à la racine tout le volume qu'elle doit acquérir, ne présentera jamais les mêmes avantages pour la teinture, que des végétaux annuels; et, en supposant que les essais qu'on en a faits aient prouvé que la rhubarbe fournit un bon teint, la matière colorante jaune est trop commune dans la nature, pour que sa racine puisse être considérée comme une ressource en ce genre. D'un autre côté, la rhubarbe si usitée autrefois en médecine, a perdu tellement aujourd'hui de sa vogue, (car les médicamens sont aussi soumis à l'empire de la mode,) que sa consommation en est extrêmement restreinte. Ces observations ne sauroient diminuer les obligations que nous devons à M. *Delunel*, secrétaire de la Société de Pharmacie de Paris, qui n'a rien oublié pour propager sur le sol de la France les différentes rhubarbes, et à M. *Gentou* qui en a planté quinze à vingt mille pieds, et dont le produit annuel est de trois à quatre millions pesant de racines. Assurément, c'est bien mériter de son pays, que d'y accréditer de nouvelles cultures par des conseils et la leçon de l'exemple. (PARM.)

RIZ. Nous ajouterons à ce que dit *Rozier*, sur les usages économiques de ce grain, que l'impossibilité de séparer de sa farine un atome de gluten, analogue à celui du froment, explique le défaut de succès des tentatives essayées jusqu'à présent pour la transformer en pain: c'est donc une chimère, une véritable manie, que de s'obstiner à vouloir la soumettre à cette forme, puisque mêlée en nature, ou cuite en diverses proportions avec la farine la plus propre à la boulangerie, le pain qui en résulte est compacte, fade, indigeste, et susceptible de durcir en peu de temps. Tous ceux qui ont prétendu le contraire prouvent qu'ils ne connoissent nullement la théorie de la panification; qu'ils ignorent que, dans toutes les contrées où l'usage du pain est inconnu et où le riz en tient lieu, on se borne à déterminer le ramollissement et le gonflement de ce grain en l'exposant à la vapeur de l'eau bouillante, et à le manger sous cette forme concurremment avec les autres mets qui composent le repas de tous les jours. Il y a tant de moyens d'employer ce grain plus efficacement, qu'on peut sans regret abandonner l'espérance de le faire réduire à l'état panaire.

Il se consomme, en Europe, beaucoup de riz sous forme de potages et de gâteaux; mais son usage est d'une toute autre importance chez les Orientaux; ils sont amateurs d'un mets fort sain et très-économique, connu sous le nom de *pilaw;* ce mets leur est aussi nécessaire que le macaroni aux Bergamasques, et la polenta aux Napolitains et aux Vénitiens. Ce n'est autre chose que du riz renflé par un bouillon quelconque, préparé ensuite au gras et au maigre, selon le goût et les facultés du consommateur. Tantôt le pilaw tient lieu de soupe, d'autres fois d'entrée, quelquefois on le sert comme entre-mets. Voici la recette la plus généralement usitée à Constantinople.

On prend un poulet, on le coupe en quatre ou cinq parties; on le fait revenir un moment dans une casserole, ensuite on y met du bouillon d'un autre poulet, le double de la quantité du riz qu'on se propose d'y ajouter. Aussitôt qu'il a commencé à bouillir, on y met le riz, qui devra avoir été préalablement lavé trois fois; on le remue, afin qu'il ne s'attache pas au fond; il faut faire en sorte que la casserole soit la plus large possible; aussitôt que le riz a absorbé la totalité du bouillon, on le retire, et on met, dans une autre casserole, du beurre fondu, dont la quantité est plus ou moins considérable, suivant le goût du consommateur. On le fait roussir et on le jette sur le pilaw. Il faut avoir la précaution de remuer le tout, afin que le beurre se distribue uniformément. On le couvre et on le sert après cinq à six minutes sur la table.

Au lieu de poulet, on se sert de la viande de boucherie, comme de mouton découpé par petits morceaux, pour faire le pilaw. Il y entre souvent des pigeons et des cailles.

On emploie également le riz pour nourrir la volaille, avec lequel elle engraisse parfaitement; il fournit à la fermentation et à la distillation une liqueur spiritueuse appelée *arack*.

Quand le riz étoit à bon compte, il servoit de base à des potages qui portoient son nom. On n'a pas encore oublié les avantages qu'ont procurés aux pauvres les distributions de riz économique par les anciens curés des paroisses de Saint-Roch et de Sainte-Marguerite; les noms de ces pasteurs zélés sont inscrits à jamais dans les annales de la bienfaisance. Mais ces riz étoient plutôt une bouillie qu'une soupe; et, sous la première forme, les farineux plus concentrés et moins délayés, présentent une masse que les sucs digestifs ne peuvent que difficilement pénétrer, dissoudre et changer en notre propre substance. Qu'arrive-t-il? Elles séjournent peu dans l'estomac, et sont, pour ainsi dire, précipitées par leur poids dans les entrailles, ce qui fait que l'appétit renaît bientôt avec plus d'énergie qu'auparavant. D'après ces observations, il convient de rendre cette préparation moins épaisse, de la rapprocher davantage de l'état de soupe ou de potage. On voit au mot Orge combien ces soupes, préparées en grand, peuvent seconder la bienfaisance, soulager les indigens, et diminuer en même temps la consommation du pain.

Le riz a souvent servi de base à ces poudres nutritives, à ces bouillons portatifs, proposés comme des secours utiles pour les temps de disette et dans les voyages de long cours.

Mais si, d'après l'observation de plusieurs auteurs de réputation, l'homme a besoin de trouver, dans la nourriture, du volume qui remplisse la grande capacité de son estomac, serve à en distendre les parois, et agisse, par son poids, en manière de lest, de quel œil peut-on envisager ces recettes de poudres alimentaires, achetées des sommes exorbitantes par le gouvernement, et vantées avec excès par leurs auteurs, comme des ressources assurées dans tous les cas? Il en est de ces poudres comme de la plupart des spécifiques que nous voyons renouveler de temps en temps par des gens à secret; ils sont consignés dans nos plus anciens livres, et délaissés, parce que l'expérience éclairée de l'observation les a appréciés à leur juste valeur.

Du riz en farine. Le riz, dépouillé de toute partie corticale, peut être moulu entièrement sans résidu; mais son état sec et dur exige un mouillage préalable. Dans l'état de farine, il a la blancheur et le cri de l'amidon, sans en avoir la finesse et le toucher; délayé dans l'eau, en même proportion que l'amidon du blé, il fait beaucoup moins d'empois.

Sous forme de farine, le riz mis avec l'eau, le lait et le bouillon, porte le nom impropre de *crême de riz.* C'est celui de la Caroline qu'on préfère pour cette préparation; son usage est recommandé pour la maladie et la convalescence.

Pendant la révolution, on a souvent proposé aux différentes administrations de convertir le riz en farine, pour en délivrer une certaine quantité à chaque volontaire, et le mettre en état, par ce moyen, de pourvoir à ses besoins imprévus, pendant l'espace de dix à douze jours. Je me suis toujours opposé à cette proposition, persuadé qu'elle ne pouvoit devenir un moyen d'épargner sur les subsistances et être utile aux soldats. En effet, la facilité qu'a le riz de se conserver et de supporter les plus longs trajets sans avarie, et d'exiger peu d'apprêt, lorsqu'il s'agit de le transformer en comestible, sont des avantages connus, et doivent servir à démontrer que, si le blé et les autres grains qui constituent la subsistance fondamentale de l'Europe, eussent réuni les mêmes qualités, ses habitans n'auroient pas songé à les moudre ni à les panifier.

En effet, pour moudre le riz, il faut une opération préalable, qui y ajoute du poids sans augmenter l'effet nutritif; on doit le mouiller comme les grains des pays méridionaux. Une fois déformé, il est difficile de juger si le grain auparavant a été criblé et purgé de la poussière, des pierrailles que les meules et les bluteaux confondent, sans que les organes les plus exercés parviennent à les déceler. Je dirai plus, c'est que le grain pourroit être altéré avant d'avoir passé sous les meules, et que, dans l'état de farine il est impossible de s'en appercevoir.

Tous les avantages sont donc pour le riz en grain, et les inconvéniens pour la farine. Que gagneroit le militaire à le porter sous cette dernière forme? Ne lui faudroit-il pas toujours le concours de l'eau, du feu et du vase pour le cuire? D'ailleurs, le riz, à moitié crevé, est une sorte de pain qu'on peut manger avec tout; en farine, il n'a que l'aspect d'une bouillie.

Le riz en grain mérite donc la préférence, considéré sous tous les rapports; ce n'est absolument que dans des cas particuliers qu'on doit le réduire en farine, et cela, pour en préparer ce qu'on nomme *crême de riz*, destinée aux malades, pour lesquels on ne sauroit trop chercher à varier le goût et la forme des alimens qui constituent le régime. (PARM.)

ROSSE ou GARDON, (*Cyprinus rutilus* Lin.) poisson du même genre que la CARPE. (*Voyez* ce mot.)

Caractères spécifiques: Douze rayons à la nageoire anale, laquelle est rougeâtre, de même que les autres nageoires.

Les lèvres de la rosse sont colorées en rouge, son dos arrondi est teint en noir verdâtre,

verdâtre, et ses côtés, aussi bien que son ventre, sont argentins ; ses écailles sont larges ; une rangée de dents aplaties et courbées vers leur pointe, garnit ses mâchoires.

C'est un poisson commun dans les lacs et les rivières ; il aime les eaux claires et les fonds sablonneux ; sa nourriture se compose d'herbages, de vers et d'insectes aquatiques ; il ne pèse guères plus d'une livre ou d'une livre et demie ; son frai a ordinairement lieu vers la mi-mai. L'on peut juger de la fécondité de cette espèce par la quantité d'œufs que M. Bloch a trouvée dans l'ovaire d'une femelle, et qui se portoit à 84,570. Ces œufs sont verdâtres, et ils prennent, en cuisant, une couleur rouge.

La chair de la rosse est blanche, même délicate, mais elle est remplie d'arêtes fort incommodes, sur-tout quand ce poisson est petit. Les pêcheurs le regardent comme le plus rusé de tous les poissons de nos contrées ; en effet, il se tient caché dans le fond des eaux, tant qu'il entend du bruit sur la rive ou sur l'eau.

Pêche de la rosse. Les couleurs brillantes de la rosse offriroient beaucoup de facilité à la prendre, si, comme je viens de le dire, un naturel défiant, apanage de la foiblesse, ne la tenoit continuellement en garde contre toute surprise. Aussi l'on fait rarement des prises copieuses de cette espèce, si ce n'est au temps du frai, où les rosses se rassemblent et voyagent en troupes qui se succèdent et se suivent.

Le *coleret*, la *senne*, et d'autres filets servent à pêcher ces poissons ; ils mordent aussi à l'hameçon que l'on amorce avec un ver. (S.)

ROUGE-GORGE, (*Sylvia rubecula*. Lin. et Lath.) petit oiseau du genre, de la famille et de l'ordre des *passereaux*. (*Voyez*, pour les caractères génériques, l'article Becfigue, et pour ceux des passereaux, l'article Etourneau.)

« C'est mal fait, dit Belon, de le nommer *rouge-gorge ;* car ce que nous » lui pensons rouge en la poitrine est » orangé, couleur qui lui prend depuis » les deux côtés du dessous de son bec, » qui est gresle, délié et noir, et par le » dessous des deux contours des yeux, » lui répond par le dessous de la gorge » jusqu'à l'estomac. » Le ventre est blanc, et les plumes qui couvrent les parties supérieures sont d'un gris brun tenant de l'olive.

Le nid du rouge-gorge est toujours au bas des jeunes arbres et près de terre ; de la mousse, des feuilles, du crin, en forment le tissu, et une couche de plumes en garnit le fond à l'intérieur. Sur ce lit chaud et douillet reposent de cinq à sept petits œufs d'un brun clair, et tachés de rougeâtre.

Bien que le rouge-gorge aime la solitude, qu'il voyage seul, et évite même ceux de son espèce, dans le temps des amours, il présente cependant un mélange singulier de familiarité et de sociabilité. Il approche les hommes qui parcourent les forêts, et voltige autour d'eux. L'hiver l'attire jusqu'au sein des habitations où il vient chercher sa nourriture ; mais, au printemps, les bois les plus épais deviennent sa demeure favorite. Il aime beaucoup aussi l'humidité et le voisinage des eaux. La Lorraine, la Bourgogne, les Ardennes, sont les contrées où ces oiseaux sont les plus nombreux et les plus délicats, sans doute parce qu'ils y trouvent, plus qu'ailleurs, ceux des fruits dont l'usage est le plus propre à leur communiquer la saveur qui les fait estimer.

Chasse du rouge-gorge. La chasse des rouge-gorges est un amusement et même un métier fort en vogue pendant l'arrière-saison, dans les parties orientales de la France ; l'on y fait des envois de ce gibier jusqu'à Paris ; mais ce voyage quelque rapide qu'on le suppose, le prive de sa finesse et de sa saveur exquise, et le rend méconnoissable au goût de quiconque en a mangé sur les lieux, peu d'instans après qu'il est sorti des mains de l'oiseleur. Son goût pour la solitude, qu'il ne faut pas prendre pour un caractère sauvage, ne le met point à l'abri d'une foule de pièges. Il est des premiers à donner dans les pipées, les raquettes, rejets et sauterelles amorcés de baies ou de fruits. Les trébuchets et toutes les tendues d'hiver sont les écueils d'une foule de rouge-gorges. (*Voyez* Collet, Filet a ressort et Trébuchet.) On les attire sous le fusil, en pressant le bout du doigt entre les lèvres et le tirant avec vivacité, ce qui produit un petit bruit, *zuip*, *zuip*, qui paroît être le cri du rappel de cet oiseau, et qui met tous ceux qui l'entendent en mouvement.

Ce joli petit animal se plie à la captivité, et y conserve ce chant doux et léger dont il égaie la silencieuse solitude des forêts. On le nourrit comme le rossignol, ou simplement avec du pain émietté, du chènevis écrasé, et d'autres petites graines. (S.)

ROUISSAGE, (*Economie rurale.*) Il n'y a que deux manières de rouir le chanvre, qui soient généralement en usage.

La première consiste à étendre la plante sur le pré ou le gazon, à la retourner, deux ou trois fois par semaine, jusqu'à ce que l'air, la lumière, les rosées ou les pluies aient disposé la filasse à se séparer aisément de la chènevotte. Le résultat est plus ou moins long à obtenir, suivant le temps ou l'état de l'air; et souvent, dans certains pays, ce n'est qu'au bout de quarante jours que l'opération est finie.

La seconde consiste à faire plonger les bottes de chanvre dans les rivières, les ruisseaux, les fossés, les mares, et à les y retenir pendant huit, quinze, vingt et même trente jours, selon le degré de chaleur de l'eau ou de l'atmosphère.

L'un et l'autre de ces procédés opèrent un rouissage souvent incomplet, et toujours inégal. En suivant le premier, le cultivateur s'expose à voir sa récolte dispersée par les vents, ou détériorée par de longues pluies; s'il adopte le second, il court la chance d'en perdre une partie par le débordement des rivières, ou de la voir recouverte de vase. Le premier offre, sur-tout, le grave inconvénient de priver la marine nationale d'une partie du chanvre produit par notre territoire : on sait qu'elle n'emploie pas la filasse provenant de celui qui a été roui sur le pré.

Le rouissage du chanvre, par le procédé de M. Bralle, n'exige qu'un vase cylindrique en cuivre, posé sur un petit fourneau de briques.

Un routoir de ce genre, contenant deux cent quarante litres d'eau, suffit pour rouir à la fois dix-huit kilogrammes de chanvre en paille; et, comme l'opération se fait en deux heures, on peut en rouir aisément cent kilogrammes par jour.

Les moyens employés par M. Bralle, pour le rouissage du chanvre, consistent,

1°. A faire chauffer de l'eau dans un vase, à la température de soixante-douze à soixante-quinze degrés du thermomètre de Réaumur;

2°. A y ajouter une quantité de savon vert, proportionnée au poids du chanvre que l'on veut rouir;

3°. A y plonger de suite le chanvre, de manière que l'eau surnage; à fermer le vase et cesser le feu;

4°. A laisser le chanvre dans cette espèce de routoir pendant l'espace de deux heures avant de le retirer.

Le poids du savon nécessaire pour un rouissage complet doit être à celui du chanvre en baguettes, comme un est à quarante-huit; et le poids du chanvre à celui de l'eau, comme quarante-huit est à six cent cinquante.

On peut effectuer plusieurs rouissages à la suite les uns des autres. Il suffit, avant chaque rouissage, de remplacer la quantité d'eau savonneuse absorbée par le précédent, et d'élever la température du bain au degré ci-dessus. On fait servir, de cette manière, la même eau, pendant quinze jours consécutifs.

Lorsqu'on a retiré les bottes de chanvre du routoir, on les couvre d'un paillasson, pour qu'elles refroidissent peu à peu, sans perdre leur humidité.

Le lendemain, on étend sur un plancher les poignées, en repoussant les liens vers le sommet des tiges; on fait passer dessus, à plusieurs reprises, un rouleau de pierre ou de bois, chargé d'un poids, pour les aplatir, et disposer la filasse à se détacher facilement de la chènevotte; ce qui s'opère au moyen de la broye, le chanvre étant humide ou sec : il se teille parfaitement dans l'un ou l'autre état.

Après avoir lié par le sommet les poignées de filasse du chanvre teillé à l'humide, on les étend sur le gazon, on les retourne; et, après six à sept jours, on les enlève pour les mettre en magasin.

Il faut également exposer sur le gazon les poignées de chanvre roui et aplati que l'on veut broyer et teiller au sec : cette exposition sur le pré est absolument nécessaire pour blanchir la filasse, et faciliter la séparation de la chènevotte.

Au moyen d'un routoir portatif, on a pu opérer le rouissage sur différentes quantités de chanvre, varier à volonté la température de la liqueur savonneuse, et observer l'état du chanvre pendant le cours de chaque opération, dont on a prolongé plus ou moins la durée, afin de s'assurer :

1°. Du degré de température que doit avoir la liqueur savonneuse, avant d'y plonger le chanvre;

2°. Du temps nécessaire pour obtenir un rouissage complet, à une température déterminée;

3°. De la quantité de savon absolument nécessaire pour un poids donné de chanvre en baguettes, pesé avant l'immersion, etc.

Il résulte d'un très-grand nombre d'expériences faites pendant les mois de nivose, pluviose et ventose derniers,

1°. Que l'eau dans laquelle on a fait dissoudre la quantité de savon vert indiquée par M. Bralle, pour un poids déterminé de chanvre, opère le rouissage complètement;

2°. Que le rouissage est d'autant plus prompt, que la température de la liqueur est plus près du degré d'ébullition, au moment de l'immersion du chanvre dans le routoir;

3°. Que si l'on conserve le chanvre dans le routoir plus de deux heures, temps indiqué comme suffisant par M. Bralle pour obtenir un rouissage complet, la filasse se sépare également bien de la chènevotte; mais elle prend une couleur plus foncée, et perd une partie de sa force;

4°. Que, si l'on plonge le chanvre dans la liqueur savonneuse encore froide, pour les faire chauffer ensemble, le rouissage ne s'opère pas aussi complètement, quel que soit le degré de température que l'on fasse prendre à la liqueur, et quelle que soit la durée de l'immersion;

5°. Que les bottes de chanvre plongées et retenues verticalement dans le routoir se rouissent d'une manière plus égale, que si on les couche horizontalement. D'ailleurs, cette position rend la manœuvre plus facile.

Cette méthode paroît devoir être préférée aux anciennes, sous plusieurs rapports.

1°. On peut rouir toute l'année, excepté néanmoins pendant les fortes gelées, à cause de la difficulté de faire sécher le chanvre. Cependant, si l'on veut teiller à l'humide, le froid n'est plus un obstacle; il ne s'agit alors que de prendre les précautions convenables pour que la filasse ne gèle pas pendant qu'elle est humide.

2°. La durée du rouissage, n'étant que de deux heures, présente une économie de temps bien précieuse pour le cultivateur, sur-tout pendant la saison des récoltes.

3°. L'ouvrier n'a rien à craindre pour sa santé: il suffit d'établir un courant d'air, lorsqu'on plonge, et au moment où l'on retire les bottes du routoir; les poignées en baguettes ou en filasse, exposées ensuite sur le pré, ne répandent aucune mauvaise odeur, et n'altèrent pas la pureté de l'air, quelle que soit la quantité de chanvre que l'on fasse sécher à la fois dans le même lieu.

Tout le monde sait que le chanvre roui à l'eau par l'ancien procédé, lorsqu'on en retire les bottes et qu'on les lave, exhale une odeur infecte qui devient insupportable pendant les chaleurs, et à laquelle on attribue des maladies graves. La vallée du département de la Somme, et beaucoup d'autres où l'on fait rouir du chanvre, en fournissent des preuves trop convaincantes. Les eaux ne peuvent plus servir à abreuver les bestiaux, et souvent les poissons y périssent.

Pour accélérer l'opération du rouissage par le nouveau procédé, dans les pays de grande culture, au lieu du routoir portatif qui a servi aux expériences, on peut employer l'appareil suivant, composé d'une chaudière et de quatre tonneaux en bois servant de routoirs.

Après avoir fait chauffer l'eau savonneuse dans la chaudière jusqu'à ébullition, on la fait couler, en ouvrant un robinet, dans deux de ces routoirs remplis de bottes de chanvres, et fermés par un couvercle. Pendant que le rouissage s'opère dans les deux premiers routoirs, on chauffe la liqueur nécessaire pour la faire couler dans les deux autres, également remplis de bottes de chanvre, et fermés par leurs couvercles.

Au moyen de cet appareil très-simple, on peut rouir par jour, et sans interruption, une très-grande quantité de chanvre.

4°. Les frais du rouissage à l'eau, comparés à ceux que nécessite la méthode de M. Bralle, sont à peu près les mêmes, quand le rouissage se fait avec le petit routoir; mais, si l'on fait usage d'une chaudière un peu grande et des routoirs en bois dont on vient de parler, les frais seront diminués de plus de moitié.

En effet, les premiers se composent du transport des chanvres à rouir, et des journées employées pour former des espèces de radeaux des bottes de chanvre, pour les faire plonger, en les chargeant de pierres, de gazon, de mottes de terre, de vase même, pour fixer et retenir les radeaux, au moyen de pieux qu'on enfonce; travail long et d'autant plus pénible, qu'on ne peut opérer l'immersion de dix kilogrammes de chanvre en paille, que par un poids de quinze à vingt kilogrammes, et, qu'après le rouissage, il faut enlever toute cette masse, re[illegible]r les bottes de l'eau et les laver.

Les frais du nouveau procédé consistent principalement dans le prix du dissolvant que l'on emploie, lequel est de huit centimes environ par kilogramme de chanvre en filasse. On y ajouteroit le prix du combustible nécessaire pour chauffer la liqueur, si ce combustible n'étoit fourni par les chènevottes des bottes teillées à l'humide ou en sec.

A égalité de frais, le nouveau procédé mérite encore la préférence sur l'ancien, en ce qu'il rend la main-d'œuvre, d'après ce qui a été dit, plus expéditive et plus facile.

5°. Huit kilogrammes de chanvre en paille roui par le nouveau procédé, produisent communément deux kilogrammes de filasse pure par le teillage à l'humide; tandis que le chanvre roui à l'eau par l'ancien procédé, et broyé, ne donne au plus, sur huit kilogrammes, que quatorze à quinze hectogrammes en filasse.

Le teillage en sec du chanvre roui par l'ancien procédé ne produit pas la même quantité que celui qui se fait à l'humide; la rupture de la chènevotte, en plusieurs endroits, occasionne un plus grand déchet de filasse.

Le chanvre, dans l'ancien procédé, lavé au sortir du routoir, broyé et peigné, on obtient, sur quatre kilogrammes de filasse, un kilogramme de long brin, quinze hectogrammes de second brin, le reste en pattes, étoupes et poussière.

La même quantité de chanvre manipulée suivant le nouveau procédé, donne deux kilogrammes de long brin, un kilogramme de second brin, et environ un kilogramme de pattes et étoupes.

Ainsi, sur huit kilogrammes de chanvre en paille, on obtient, par le nouveau procédé, deux kilogrammes en filasse; et, sur cette filasse, un kilogramme de premier brin, ce qui n'existe dans aucune des manipulations connues.

6°. Les riverains et les habitans des vallées sont presque les seuls qui cultivent le chanvre; ils doivent ce privilège au voisinage des eaux, et à l'humidité du sol. Par le nouveau procédé, la récolte des chanvres pourra s'étendre à tous les lieux, et procurer aux habitans des plaines, dont les terres sont plus végétales que celles des marais, un nouveau genre d'industrie très-avantageux.

C'est une erreur de penser que le chanvre ne puisse pas croître à une assez grande hauteur dans les plaines; il est de fait qu'il s'y élève jusqu'à la hauteur de deux mètres, dans une terre bien ameublie et fumée, lorsque des pluies douces fécondent la germination et tombent pendant sa croissance.

Il est aussi de fait qu'il y a par-tout de l'eau de fontaine ou de citerne en assez grande quantité pour rouir le chanvre par le nouveau procédé; s'il survenoit des sécheresses, qui ne sont d'ailleurs qu'accidentelles, on auroit la faculté de différer le rouissage.

Il sera donc possible de cultiver le chanvre dans les plaines et les bas-fonds, toujours gras et fertiles, quoique souvent dépourvus de fontaines, et d'augmenter non seulement la masse de nos produits, mais nos richesses en ce genre, puisqu'un hectare de bon chanvre rapporte autant que deux hectares de blé.

Le gouvernement, sentant combien cette découverte intéressoit l'agriculture, le commerce et la marine, appela, en l'an II, M. *Bralle* à Paris; des essais nombreux et variés ont été faits, en présence de MM. *Monge*, *Berthollet*, sénateurs, et *Tessier*, membres de l'Institut; M. *Molard*, administrateur du Conservatoire des arts et métiers, a dirigé ces essais, et les a suivis avec soin pendant trois mois: tout ce qui pouvoit éclairer sur les élémens et la combinaison des moyens de M. *Bralle*, tout ce qui pouvoit en déterminer les effets et en garantir l'efficacité a été mis en usage; les résultats ont répondu aux espérances qu'on en avoit conçues, et Sa Majesté l'Empereur a ordonné de répandre la connoissance de cette intéressante découverte par une instruction ministérielle. S'il étoit permis de placer à côté de savantes expériences des essais faits pendant l'automne dernier, à Liancourt, en présence des femmes réunies de plusieurs villages, qui ont suivi avec soin toutes les manipulations de M. *Bralle*, nous en appellerions à leur admiration, en voyant s'exécuter sous leurs yeux, en deux heures, le rouissage d'un chanvre qui n'étoit ordinairement roui sur les prés, ou dans l'eau, qu'en trente ou quarante jours, sans que la filasse eût perdu de sa qualité et de sa blancheur.

Tels sont les effets qu'on doit attendre de la nouvelle méthode de rouir le chanvre, de M. *Bralle ;* elle est plus expéditive que celles employées jusqu'à présent; elle opère complètement le rouissage; on peut s'en servir en toutes saisons; elle n'altère pas la pureté de l'air; elle procure, sur une quantité égale de matières, des produits plus abondans; enfin, elle est bien propre à étendre la culture de la plante à laquelle on l'applique. C'est aux amateurs éclairés de l'agriculture, c'est aux propriétaires instruits, vivant au milieu de leurs domaines qu'ils exploitent sans s'asservir aux règles d'une aveugle routine, à se l'approprier, à s'en assurer les avantages, en répétant, d'après la marche indiquée, les expériences qui en ont constaté le mérite, en faisant même des essais plus en grand que ceux qui ont eu lieu au Conservatoire des arts et métiers. Leur exemple aura des imitateurs; la méthode de M. *Bralle* se propagera; et l'on verra se multiplier les routoirs portatifs, semblables à celui dont M. *Molard* a fait usage: appareil peu dispendieux, qui exige très-peu d'entretien, et au moyen duquel on pourroit rouir, sur la chenevière même, les chanvres récoltés dans l'étendue d'une ou de plusieurs communes. (I. M.)

ROUSSAILLE, (*Pêche*,) la même chose que BLANCHAILLE. *Voyez* ce mot. (S.)

RUTABAGA, NAVET DE SUÈDE ou CHOU-NAVET DE LAPONIE, (*Brassica oleracea napo brassica.* Variet. Linn.)

Cette plante, née sans doute du mélange des poussières fécondantes du navet et du chou, est une hybride qui participe de l'un et de l'autre. Les feuilles de rutabaga sont mangées par l'homme et les animaux, comme celles des choux, et sa racine a tous les avantages de celle des navets; mais la plante entière possède en outre plusieurs propriétés qui la placent au rang des végétaux les plus utiles. Son caractère est de jeter souvent plusieurs tiges d'un seul pied, de produire des feuilles beaucoup plus larges et plus nombreuses que le chou-navet ordinaire, et de végéter sans interruption, pendant l'hiver, à une température très-froide, de manière qu'elle offre dans cette saison une nourriture saine et fraiche aux animaux de toutes espèces.

Le chou-navet de Laponie est cultivé depuis long-temps en Suède; mais Arthur-Young est le premier qui en ait fait mention, et qui en ait parlé dans un temps où on le cultivoit déjà en Angleterre. M. Sonnini de Manoncour ayant reçu des semences d'Arthur-Young, en fit l'essai dans sa terre de Lironcourt, située en Lorraine, sur les confins de la Champagne et de la Franche-Comté; et, après plusieurs années d'un succès très-heureux, il lut, en 1787, un mémoire sur sa culture et ses avantages; mémoire qui fut imprimé alors; et, si plusieurs agronomes ont écrit depuis sur cet objet, sans rapporter à ce savant toute la gloire de l'introduction et de la multiplication de cette plante utile en France, et si, même en annonçant avec ardeur le rutabaga dans plusieurs journaux d'agriculture, on a omis de dire que cette plante n'étoit que le chou-navet de Laponie, déjà célébré par M. Sonnini, dans un écrit qui a eu une deuxième édition, qui intéresse par la pureté et l'élégance du style, autant que par le sujet qu'il traite, on ne doit pas moins à la vérité de dire que ce naturaliste est le premier auteur français qui en ait écrit. Personne n'a traité cette matière avec un intérêt égal à celui que M. Sonnini a su y répandre, et n'a établi, d'une manière plus positive, les différences qui existent entre les choux-navets communs, le chou de Siam et le chou-navet de Laponie, qu'on a confondus souvent dans les livres et même en pratique, quoiqu'ils présentent des différences faciles à sentir.

Quoiqu'il soit étranger à cet article de dénommer les qualités de ces diverses plantes, qui ont été traitées en leur lieu dans le cours de cet Ouvrage, nous pensons qu'il est utile d'en indiquer les traits les plus caractéristiques, pour éviter toute méprise avec le chou-navet de Laponie. Le chou-navet commun, (*brassica napo brassica*) a pour caractère distinctif du chou-rave, d'offrir un renflement pulpeux alimentaire dans l'intérieur même de la terre, dans les racines, tandis que le chou-rave, *brassica oleracea gongilodes*, offre ce renflement hors de terre et dans les tiges, (*brassica caule rapam gerens*) et non dans les racines, comme sa nomenclature française pourroit le faire croire. Il a une variété de couleur violette, et jamais cette nuance ne s'observe dans le chou-navet : ainsi ces deux plantes sont absolument dissemblables par leurs formes. Le chou-navet est mentionné dans Gaspard Bauhin, comme étant fort connu dès lors en Allemagne, et le chou-rave que les ambassadeurs du royaume de Siam apportèrent en France, sous le règne de Louis-le-Grand, étoit connu en Europe long-temps avant l'époque de cette ambassade en France. Actuellement, en comparant le chou-navet de Laponie (*brassica napo brassica. Var.*) avec ces deux plantes, on voit qu'il n'a aucun rapport avec le chou-rave, et que s'il a quelque analogie avec le chou-navet ordinaire, il en diffère par l'abondance plus marquée de son feuillage, le nombre de ses tiges, et la force de sa constitution, qui le rend insensible à l'action de la gelée.

Arthur-Young étoit entré dans de fort longs détails sur le semis et l'éducation de cette plante essentielle. M. Sonnini, reprenant ce sujet, a ouvert la carrière à tous les agriculteurs qui en ont récemment parlé : néanmoins tous ces auteurs diffèrent en quelques points, ce qui provient sans doute des circonstances dans lesquelles ils étoient en écrivant. La règle de conduite d'une plante ne sauroit être la même pour toute la France ; la cause des différences de sentimens, parmi les auteurs qui se sont occupés de cette plante, provient des qualités de terres sur lesquelles on a expérimenté, et des divers pays où l'on a fait des cultures. Les uns veulent que la terre, plusieurs fois labourée, reçoive la semence jetée comme celle du navet-turneps ; d'autres sèment sur couche et replantent ensuite le jeune plant à des distances régulières ; d'autres veulent qu'il soit semé dès le printemps ; enfin, le plus grand nombre le cultivent comme le navet ordinaire.

Si on cultive peu de choux-navets de Laponie, on sèmera les graines au mois de mars ou d'avril, sur un bout de couche ; et, lorsque le plant aura acquis la force suffisante, on le repiquera à deux pieds ou dix-huit pouces, dans un sol préparé par un simple labour à bras d'hommes ou à la charrue ; les plants seront butés deux fois avant l'automne, et purgés des mauvaises herbes qui viendroient s'y établir.

Si on sème en grand, on répandra, en mai, juin, juillet et août, deux livres environ, selon la qualité du sol, de cette graine, par arpent de Paris, en observant de semer par un temps pluvieux ou prochainement disposé à la pluie ; et, si le plant lève trop abondamment, on en fera ôter, pour qu'il reste assez de distance entre chaque pied.

Je n'ai pas besoin de dire que, si on fume le champ, l'opération sera meilleure, ni que le chou-navet, semé en grand, ne sera pas biné et buté comme celui qu'on auroit transplanté. Il est facile de sentir aussi que le produit sera moindre et d'autant plus tardif, qu'on sèmera plus tard, ou dans une plus mauvaise terre.

Les choux-navets de Laponie réussissent dans tous les sols, et sont aussi propres à surmonter les grandes chaleurs, qu'à résister aux froids. Il est digne de remarque, dit M. Sonnini, « que les choux de » Laponie, qui ne sont nullement sensibles » aux gelées les plus fortes, résistent égale- » ment à l'excès de la chaleur, et que, mal- » gré la sécheresse, ils reprennent plus tôt et » mieux que les autres : ce sont, parmi les » végétaux, de ces constitutions robustes et » heureuses que rien n'altère, et qui peuvent » supporter les sensations les plus opposées. »

Les choux semés en mars, et nécessairement mis en place plus tôt que ceux qu'on auroit semés plus tard, commenceront à donner des feuilles bonnes à cueillir en juillet, en ne laissant que celles du centre. On commence à un bout du champ, et, quand on est arrivé à l'autre extrémité, on revient au point du départ, où l'on trouve de nouvelles feuilles, dans la supposition que le champ soit assez spacieux. Après avoir fourni deux ou trois récoltes de feuilles en été et en automne, on continuera de recueillir, moins à la vérité, pendant l'hiver et au temps des gelées : ces feuilles sont données à tous les animaux, entières ou hachées.

Dans le cours de l'hiver, ou aux approches du printemps, on arrache les racines, dont le produit est encore beaucoup plus lucratif que celui des feuilles, et on les donne aux animaux, coupées par tranches ; elles sont plus pesantes, plus fermes et plus consistantes que celles des navets, et par conséquent plus alimentaires.

Si on se propose de recueillir des graines, on laisse les plus fortes racines : alors on peut faire une remarque digne d'attention et particulière à ce chou, c'est qu'au lieu de devenir creuse, comme tant d'autres racines, celle du chou-navet de Laponie prend une nouvelle vigueur, jette de robustes rameaux chargés de fleurs jaunes, et ce n'est qu'au temps de la maturité de la semence qu'elle devient ligneuse et sèche, effet nécessaire des efforts de la végétation qui borne à cette époque le terme de la vie dans cette plante.

Le chou-navet de Laponie offre deux variétés, l'une à racines blanches en dedans, l'autre à racines d'une teinte jaune. Ces légères nuances ont fait penser à quelques cultivateurs que c'étoient deux espèces distinctes; mais on ne doit les considérer que comme sous-variétés. Ce n'est pas d'ailleurs une découverte récente; et nous nous étonnons que les auteurs de cette opinion, énoncée récemment à la Société impériale d'Agriculture de Paris, n'aient fait aucune mention de M. de Bergius, professeur à Stockholm, qui a annoncé, il y a long-temps, que ces deux variétés étoient cultivées depuis deux siècles dans le nord de l'Europe. Des voyageurs français, et notamment M. Lasteyrie, qui ont observé cette plante en Suède, ont confirmé la proposition de M. de Bergius. M. de Gaujac, propriétaire instruit, et cultivant lui-même, n'a pu y voir également que deux variétés d'une même plante, ainsi qu'on en trouve dans tant de végétaux : il y a déjà trop de mots synonymes en agriculture qui induisent le public en erreur; et puisque le rutabaga n'est que le chou-navet de Laponie, il faut lui conserver ce dernier nom, et rejeter l'expression dure et inintelligible de rutabaga ou ruta-baa, qui n'ajoute rien aux qualités depuis long-temps connues des deux sous-variétés de chou-navet de Laponie, par Bergius, Arthur Young et Sonnini.

L'histoire économique du chou-navet de Laponie se rattachant à celle du chou-rave, je saisis ce moment de parler de ce dernier, qui présente de plus grands avantages qu'on ne l'a cru généralement en France jusqu'alors

Chou-rave. *Brassica oleracea gongilodes* Linn. Cet article a été fait au mot Chou; mais l'auteur ne l'ayant pas considéré comme plante fourrageuse, je dois en dire un mot sous ce rapport. Ce chou est cultivé comme fourrage en Prusse. J'en ai vu des champs fort spacieux en France, dans le département du Bas-Rhin, où on en récolte les feuilles, qu'on donne aux animaux l'été et l'automne, et les tiges en hiver. Ces tiges sont excellentes à manger, même pour l'homme, et aucun voyageur ne traverse l'Alsace sans en manger à table d'hôte, où l'on ne manque presque jamais d'en servir. Je dis la tige, parce que c'est, rigoureusement parlant, la partie la plus inférieure de la tige, et non la racine, qu'on mange dans ce chou. Voyez ce que j'ai dit en parlant du chou-navet de Laponie, pour le distinguer du chou-rave et du chou-navet ordinaire.

Le chou-rave doit être semé, selon les températures, sur couche, ou en pleine terre, en mars, ou avril, ou mai, dans un très-bon sol, et être replanté à deux pieds de distance, et il sera traité comme le chou-navet de Laponie replanté; et, si on le sème en plein champ, ce sera à la dose de deux livres par arpent, selon la qualité du sol, et par les mêmes circonstances que celles indiquées pour le chou-navet de Laponie; mais, en général, il veut un meilleur sol et plus d'humidité, parce que c'est un véritable chou, et que l'autre, participant du navet, se plaît, comme ce dernier, dans un sol moins bon.

Le chou-rave, considéré comme fourrage est très-utile, et comme légume, il n'est pas moins recommandable. (Tollard aîné.)

SABLES ou TERRAINS SABLONNEUX. On trouve en divers endroits des cultures qui étonnent l'œil de l'observateur, soit à cause de l'art avec lequel elles sont dirigées, soit à cause de la fécondité du sol. Dans le genre de culture dont nous allons donner la description, le sol et le climat n'ont favorisé en rien les efforts de l'homme; mais au contraire ils semblent leur avoir opposé des difficultés insurmontables. Il a fallu que le cultivateur trouvât dans les ressources de son industrie, dans l'assiduité et l'activité de son travail, les seuls moyens propres à fertiliser un sol qui paroissoit condamné à une stérilité absolue.

La culture qui est en usage en Espagne sur les terrains aux environs de San-Lucar de Barameda, nommés *navazos*, peut être regardée comme un prodige de l'art; et aucune des méthodes employées ailleurs ne peuvent lui être mises en parallèle, si l'on considère les difficultés qu'il a fallu vaincre, et les résultats qu'on a obtenus. Je crois devoir entrer dans quelques détails sur cette méthode, soit à cause de l'intérêt qu'elle offre, soit à cause de l'application qui peut en être faite sur les terrains sablonneux de nos départemens, principalement sur les immenses et stériles landes de Bordeaux, sur les sables situés au bord de la mer et des rivières, et sur les terrains qui conservent l'eau à une certaine profondeur.

Pour bien connoître les principes d'après lesquels cette culture est dirigée, il importe de décrire avec précision la configuration, la nature et les autres qualités du sol sur lequel elle a été établie.

San-Lucar de Barameda est situé sur le penchant d'une colline sablonneuse qui se prolonge le long des bords du Guadalquivir, à quelques lieues vers le nord, et se termine vers le midi aux rivages de la mer, et à ceux du fleuve, à peu de distance de la ville. Cette colline qui s'étend vers la partie de l'est en forme de plateau irrégulier, présente, du côté de l'ouest, une pente plus ou moins rapide, et laisse entre elle et le fleuve une plaine de cinq quarts de lieue de large.

Sa largeur, qui n'a qu'un quart de lieue dans la partie située en face de la ville, s'étend à mesure que l'on remonte vers le nord. C'est dans cette petite plaine, et sur les rives du Guadalquivir, que l'on trouve les champs désignés sous le nom de *navazos*.

Le terrain est irrégulier; il est formé par des monceaux de sables dont les dimensions sont plus ou moins étendues. Les flots agités par les tempêtes soulèvent et entraînent au delà des limites ordinaires du Guadalquivir, ces sables que le fleuve dépose continuellement sur ses bords; le soleil les dessèche; et bientôt, devenus le jouet des vents, ils se répandent dans la plaine, et ils forment ces inégalités du sol dont je viens de parler; plus d'une fois ils ont menacé d'envahir la ville basse, qui même n'existeroit plus aujourd'hui, si l'industrie des cultivateurs ne leur eût opposé des barrières à l'abri desquelles les habitans jouissent de leurs propriétés, et l'agriculteur, du fruit de ses travaux. Quoique ces champs, ou plutôt ces jardins, nommés *navazos*, aient existé de temps immémorial sur les bords du Guadalquivir, il n'y a que soixante-dix ans qu'on en a fait dans la partie sud du terrain situé entre la ville et le fleuve. Chaque jour on en forme de nouveaux; et j'ai vu, avec beaucoup d'intérêt, exécuter un genre de travail si extraordinaire.

Les sables sont extrêmement mouvans; et même ils ne prennent qu'une légère consistance, par une longue culture, et par l'addition des engrais. Une humidité surabondante peut seule les fixer, et les rendre solides sous le pied de l'homme, ou sous celui des animaux. Les bords du fleuve découverts à l'instant du reflux, offrent une route unie et solide, qu'on choisit de préférence, même pour le passage des voitures. L'espace de terrain situé entre le rivage et les navazos, a quelques mètres de large, et sert de chemin lorsque la marée est parvenue à sa plus grande élévation.

Comment eût-on imaginé de faire produire quatre ou cinq récoltes annuelles à un terrain formé par des monticules d'un sable quartzeux, dans la contrée la plus brulante de l'Europe, si le hasard ne fût venu au secours de l'homme, si une longue observation ne lui eût appris à tirer parti des moyens indiqués par la nature, si le travail nécessaire pour produire une métamorphose si surprenante n'eût été stimulé par le plus puissant des motifs, celui de la jouissance?

Lorsqu'on se propose de mettre en culture le terrain dont je viens de donner la description, et qu'au lieu de ces monceaux de sable qui fatiguent la vue, on veut couvrir le sol d'un tapis de verdure, et en retirer d'abondantes récoltes, on commence par déterminer la grandeur et la forme que doit avoir le jardin ou navazo. Ces dispositions sont prises d'après la configuration du terrain, d'après les dimensions plus ou moins grandes que présentent les parties basses de ce terrain, etc.

L'objet principal du cultivateur, dans le travail qu'il va entreprendre, c'est de donner au sol une surface égale, et de le niveler à une hauteur donnée, condition indispensable, et sans laquelle on chercheroit en vain à se procurer des récoltes. C'est en ce point que consiste l'art de cette culture; c'est ici qu'est caché tout le mystère d'une végétation qui étonne l'œil du voyageur.

En effet, la végétation ne s'opère dans ces sables qu'à cause de l'humidité dont le sol est plus ou moins imprégné dans les diverses saisons de l'année. On y trouve constamment, en creusant à une certaine profondeur, les eaux produites en été par le voisinage du Guadalquivir, et en hiver, où leur abondance est beaucoup plus grande, par l'eau des pluies qui découle et filtre des plateaux voisins. Les hautes marées qui se font sentir sur les bords du Guadalquivir produisent aussi une élévation marquée dans les eaux souterraines des navazos.

On conçoit qu'une surabondance d'eau, durant plusieurs mois de l'année, eût apporté dans la culture des obstacles insurmontables, et que le défaut d'humidité, pendant les chaleurs de l'été et de l'automne, eût frappé le sol d'une stérilité absolue.

Il a donc fallu trouver les moyens de faire écouler, pendant l'hiver, les eaux surabondantes, et de mettre à profit, durant les autres saisons, celles que l'on rencontre constamment sous la surface du sol.

L'observation a fait connoître quel étoit le niveau le plus bas des eaux en été, et leur plus grande élévation pendant l'hiver. C'est d'après ces données qu'on a déterminé l'élévation que devoit avoir le sol pour qu'il fût susceptible de fécondité. On a trouvé qu'il étoit nécessaire de tenir sa surface à cinq ou six décimètres (un pied et demi ou deux pieds) au dessus du niveau que conserve l'eau durant la majeure partie de l'année.

On a reconnu qu'à cette élévation le terrain n'étoit pas inondé pendant l'hiver, et qu'il recevoit pendant l'été, par le moyen des eaux souterraines, toute l'humidité dont il a besoin pour se couvrir d'une végétation vigoureuse. Il suffit pour cela que les racines des plantes trouvent une couche de terre assez profonde pour s'étendre sans pénétrer jusqu'à l'eau; car alors elles se pourriroient; et la végétation seroit foible, languissante, ou même ne pourroit avoir lieu. Si l'on donnoit à la superficie du sol un double décimètre (neuf pouces) d'élévation en sus de celui que je viens d'indiquer, on n'auroit aucun produit, excepté en hiver, par la raison que les eaux sont plus élevées qu'en été; si on l'abaissoit au contraire d'un double décimètre, (neuf pouces) on seroit obligé de semer beaucoup plus tard, et l'on obtiendroit des récoltes moins nombreuses et beaucoup moins abondantes. J'ai fait creuser à différens endroits distans les uns des autres d'une demi-lieue, ou de trois quarts de lieue, et j'ai trouvé l'eau par-tout à une égale distance de la superficie des navazos. Cette eau n'a aucune mauvaise saveur; et celle que l'on tire des

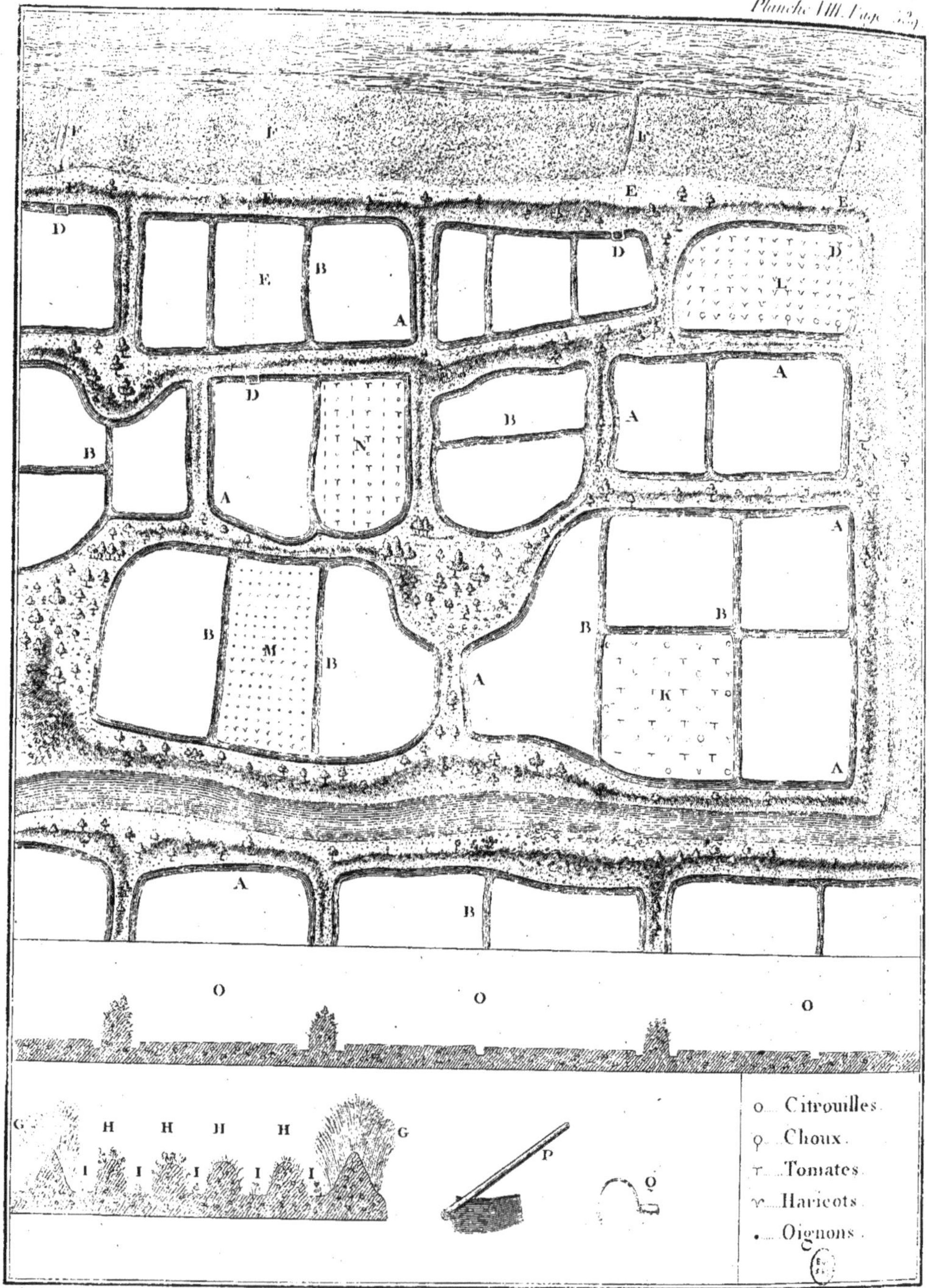
o Citrouilles.
ϙ Choux.
т Tomates.
ᵧ Haricots.
• Oignons.

puits est saine et bonne à boire. Elle hausse et baisse avec le flux et le reflux, principalement devant les hautes marées.

Le cultivateur qui se dirige d'après ces principes, examine, lorsqu'il veut faire un navazo, le terrain sur lequel il doit opérer; s'il est maître du choix, il préfère celui qui se trouve le plus bas, et qui est couvert des monceaux de sable les plus petits ou les moins nombreux, par la raison que le travail à faire est alors moins long et moins pénible. Dans tous les cas, il forme son plan de manière à n'enlever du sol que la moindre quantité possible de sable. J'ai calculé que, généralement, on en transporte, sur une superficie donnée, l'épaisseur de seize décimètres (cinq pieds.)

Comme le terrain situé auprès de la ville surpasse en valeur des terrains plus éloignés, et que le cultivateur trouve dans sa culture le remboursement de ses frais, et la récompense de ses travaux, il entreprend l'exploitation de ce terrain, malgré que les difficultés à surmonter soient plus considérables. Il enlève souvent des monticules hauts de six à sept mètres. Il transporte le sable sur les plateaux les plus élevés; et il forme ainsi autour du champ des espèces de chaussées (*Voyez* la *Pl. VIII*) ou digues inégales en hauteur et en largeur, selon que la quantité de sable à extraire est plus ou moins grande. Elles ont communément de huit à dix mètres (vingt-cinq à trente pieds (de large sur deux et demi à trois (huit à neuf pieds) de hauteur. Elles servent de rempart contre l'invasion des hommes, et sur-tout des animaux. On est forcé, pour éviter un travail inutile, de transporter le sable dans le lieu le plus près de celui où l'on travaille. C'est par cette raison que la forme qu'on donne aux champs est souvent irrégulière. Elle présente ordinairement un carré long dans le sens du Guadalquivir; quelquefois elle est triangulaire; mais on cherche toujours à lui donner la plus grande régularité possible. On conçoit que la grandeur des navazos doit varier, puisqu'elle est subordonnée à la configuration du sol. J'en ai mesuré un qui avoit une contenue moyenne, et qui portoit quarante mètres de large sur cent de long (vingt toises sur cinquante). Un travail aussi pénible, qui toujours est entrepris par des cultivateurs indigens ou peu aisés, ne peut être terminé qu'au bout de quelques années; aussi l'on commence toujours par les parties les plus basses; on a alors une moindre quantité de sable à enlever, et la jouissance est plus prompte. Si l'année pendant laquelle on commence à préparer un navazo est pluvieuse, au lieu de creuser à la profondeur nécessaire, on laisse au terrain une profondeur de deux décimètres (huit pouces) en sus: car, dans ce cas, la végétation pouvant avoir lieu, on diffère ce travail pour l'année suivante, et l'on défriche une plus grande quantité de terrain dès la première année. On est forcé au contraire de creuser à la profondeur donnée, lorsque les pluies ont été peu abondantes.

Après avoir déblayé le champ de toute la quantité surabondante de sable, on lui donne un nivellement exact; et l'on forme sur ses côtés, le long des digues, des fossés AA (*Voyez* la Planche), pour l'écoulement des eaux qui sont si abondantes pendant la saison des pluies. En effet, sans cette précaution, la superficie du sol seroit submergée. Outre ces fossés qui embrassent la circonférence du champ, on en pratique d'autres BB (*Voyez* la Planche) qui viennent aboutir à ceux-ci, et qui divisent le terrain en une quantité plus ou moins grande de carreaux. Ils servent à recevoir les eaux surabondantes du champ, et vont aboutir, par une pente presque insensible, à un ou plusieurs points de la digue la plus voisine du fleuve. Comme les travaux du défrichement sont considérables, on diffère ordinairement à la seconde année la formation des fossés qui doivent diviser le champ; ces fossés et ceux qui bordent les digues sont profonds d'environ cinq décimètres (un pied et demi), de sorte qu'en creusant un demi-décimètre, ou un mètre plus avant, on trouve la superficie de l'eau. Ils ont à leur base trois à quatre décimètres (onze à quinze pouces) de large; et leurs côtés forment un talus de cinquante degrés. Ils servent d'allées lorsqu'on veut se transporter d'une partie d'un navazo à l'autre. On sème sur leurs talus du maïs, des haricots, et des pimens.

On fait au pied de la digue un trou, ou réservoir en maçonnerie DD (*Voyez* la Pl.) d'un mètre carré (trois pieds). Il est destiné à recevoir la terre qui est entraînée par les eaux, et qui pourroit boucher le canal d'écoulement construit sous la digue.

Les dépôts qui s'y forment et qu'on enlève de temps à autre, sont rejetés sur le terrain comme engrais.

Pour placer le canal d'écoulement, on a égard à la pente du terrain, et à la hauteur des sables sous lesquels on doit le faire passer. Sa construction est quelquefois difficile, sur-tout lorsqu'on est obligé de lui faire traverser une masse de sable élevée. On ouvre une tranchée dans laquelle on construit une portion du canal; on recouvre de sable, et l'on continue ainsi successivement. Il est fait avec des briques maçonnées, ou le plus souvent avec des tuyaux de terre cuite, du diamètre de deux décimètres (sept ou huit pouces). Les eaux éconduites par ces canaux passent successivement d'un navazo à l'autre sous les différentes digues, et vont se perdre sur le rivage du Guadalquivir. Ces canaux sont indiqués dans la figure par les lettres EE. (*Voyez* la Pl.) Il est nécessaire de donner une certaine inclinaison aux tuyaux, afin que le courant des eaux ait assez de force pour entraîner le sable qui pourroit s'y arrêter. Si un tuyau vient à se rompre ou à s'obstruer, on forme un ou plusieurs puits, jusqu'à ce qu'on ait rencontré la partie qui exige des réparations. Lorsque la base des fossés se trouve au dessus du niveau du terrain situé entre un navazo et le fleuve, on est obligé de construire en voûte un canal de conduite qui traverse ce terrain, et qui se décharge immédiatement dans le fleuve. Sans cette précaution, le sable boucheroit le conduit, et s'opposeroit à l'écoulement des eaux.

Les eaux, au sortir des navazos, s'écoulent ordinairement sur la plage, et vont se jeter dans le fleuve, ainsi qu'on le voit en FF. (*Voyez* la Planche.)

On a représenté aux lettres OOO, la coupe de la portion de terrain figurée au bas du dessin. On y voit les éminences de sable, les fossés qui sont situés au pied de ces éminences, et les fossés qui divisent le terrain, et servent à l'assainir.

Après avoir donné au terrain cette première disposition, après avoir terminé un travail long et pénible, il est nécessaire que le cultivateur se livre à d'autres soins et à de nouveaux travaux, afin que la nature ne puisse détruire l'ouvrage de l'art. L'expérience lui a appris que la belle verdure, dont les navazos sont couverts durant toute l'année, disparoîtroit promptement, s'il ne travailloit à arrêter des sables que le vent enlève et répand sans cesse dans la campagne, lorsqu'on n'emploie aucun moyen pour les contenir. Il plante à cet effet, sur la partie la plus élevée de la digue qu'il vient de former, des aloès, des cactus, et il y répand des tiges de melons, de citrouilles, de calebasses, et les différentes plantes qui croissent spontanément sur les lieux. Cette espèce de toit, dont la digue est couverte, empêche que le vent n'ait prise sur les sables durant la première année. Les semences des plantes qui ont été répandues germent et produisent des tiges qui, les années suivantes, fixent le sable et consolident le terrain. Lorsque les effets du vent viennent à se faire sentir sur un point de la digue, on y répand de nouveau des herbes qui contiennent le sable; et on arrête ainsi les dégradations. Les cultivateurs plantent, en outre, sur les monceaux de sable qu'ils n'ont pu enlever, de la vigne et des arbres, ainsi que je le dirai plus bas.

On distingue deux espèces de navazos; les uns qui reçoivent des hauteurs voisines une quantité d'eau à laquelle il n'est pas possible de donner de l'écoulement, restent submergés pendant l'hiver; les autres peuvent être facilement débarrassés des eaux surabondantes qui, dans leur plus grande hauteur, ne parviennent qu'à deux décimètres (sept à huit pouces) au dessous de la superficie du sol. Les premiers sont assez rares. La culture des uns et des autres ne diffère qu'en ce que les navazos humides ne sont susceptibles de recevoir la semence des plantes que dans les mois d'avril, de mai, et même au mois de juin. Les navazos ordipaires peuvent être ensemencés pendant tout le cours de l'année, et produire des récoltes d'hiver et d'été.

On donne chaque année un labour à fond aux navazos; c'est-à-dire que l'on remue et que l'on retourne le terrain à la profondeur de cinq à six décimètres, (dix-huit à vingt-deux pouces) qui est celle où l'on trouve l'eau. Pour exécuter ce travail, on commence par l'une des extrémités du champ, en rejetant la terre en arrière avec un large hoyau P, dont je donnerai plus bas la description.

On ne pourroit remuer la terre à cette profondeur, si on se contentoit de donner un seul coup de hoyau. Il est donc nécessaire d'en donner trois dans le même espace, de manière que le sable enlevé du premier coup, soit jeté au fond du fossé ou sillon que l'ouvrier a formé derrière lui. Il achève de le combler par deux autres coups de hoyau : c'est ainsi qu'il remue successivement tout son terrain.

L'ouvrier, en exécutant ce travail, ne cherche pas à égaliser le sol; il laisse à dessein les mottes telles que le hasard les forme. L'expérience lui a appris que ces sables deviennent le jouet des vents, et sont transportés d'un lieu à l'autre, lorsqu'ils ne trouvent aucun obstacle, et lorsque la superficie du sol est unie et sans aspérité. Les mottes diminuent l'effet du vent, et arrêtent le sable dans sa marche. Le champ reste dans cet état jusqu'à ce que les plantes qu'on a semées aient acquis leur développement, et que la superficie du sol soit couverte de manière à être suffisamment abritée. C'est à cette époque que le cultivateur égalise et affermit son terrain, ainsi que je le dirai plus bas.

On ne peut exécuter un labour aussi profond sans combler les fossés qui servent de division aux carreaux. Le cultivateur est donc forcé de le rétablir. Son champ est alors disposé à recevoir les semences ou les plantes qu'il se propose de lui faire produire.

On a remarqué que la première année du défrichement, le sol est susceptible de produire une bonne récolte de *sandies* ou melons d'eau, sans même qu'il soit nécessaire de le fumer. C'est aussi la première culture que l'on établit sur ces nouveaux terrains.

Les plantes que l'on cultive communément dans les navazos sont les melons d'eau, plusieurs variétés de citrouilles, des melons, des tomates, des pimens, des fèves, des haricots, des pois, du maïs, de l'orge, des choux, des choux-fleurs, des brocolis, des ognons, de l'ail, des aubergines, des roseaux, etc. On y a introduit depuis trois ou quatre ans la culture des pommes de terre, qui a parfaitement réussi. Les arbres ou arbustes que l'on plante sur les monticules de sable, sont la vigne, le figuier, le mûrier, le prunier, l'abricotier, le pêcher, le coigniassier, etc.

Les plantes qui forment la culture d'hiver, et que l'on sème à la fin de l'automne, ou dans le cours de l'hiver, sont les fèves, les pois, les laitues, l'escarole, l'orge, les ognons, les tomates, etc. On plante aussi, pendant l'hiver, des choux, des choux-fleurs, des tomates, etc.

Il n'y a enfin aucune plante dont la culture n'ait eu de succès toutes les fois qu'elle a été tentée. *No se eria lo que no se pone.* On ne récolte que ce que l'on a semé, me disoit un cultivateur, voulant signifier que toutes les cultures réussissoient également.

Les navazos qui ne sont pas trop humides peuvent recevoir, au mois de mars, les semences de diverses espèces de plantes.

On donne à la terre une disposition particulière lorsqu'on la destine aux cultures d'hiver. On rehausse le terrain en ados, afin de procurer aux plantes un abri contre les vents froids, contre les sables, et pour les préserver d'une humidité trop abondante. Ainsi, pour planter des laitues, on divise un carreau en plates-bandes larges de sept mètres (vingt-deux pieds). *Voyez* la figure G, H, I, etc., qui représente une coupe de terrain disposée d'après ce système, et tracée sur de plus grandes dimensions que les autres parties du dessin.

On forme, sur la longueur de ces plates-bandes, deux ados pyramidaux GG, destinés à recevoir de l'orge, et dans l'intervalle quatre ados bombés HH, etc., sur lesquels on plante des laitues. Les sillons II, etc.; placés entre les ados, servent à l'écoulement des eaux; et l'orge met les laitues à l'abri du sable et des vents froids.

On donne souvent aux sillons II une certaine largeur, ainsi qu'on l'a fait ici, afin de les rendre propres à recevoir une culture hâtive de citrouilles. Toutes les fois que l'on confie à la terre une plante délicate, qui pourroit être endommagée par les vents ou par les sables, on a soin de l'abriter par des ados, ou par de l'orge semée sur des plates-bandes longues et étroites. Cette orge est ordinairement coupée en vert, pour la nourriture des animaux.

Les fèves, les haricots et les pois se sèment vers le premier de novembre, et dans les mois suivans; les laitues, depuis le premier novembre jusqu'au dernier de février; les citrouilles, à la fin de février; les ognons, de janvier à février; les tomates et les choux, en mars: la récolte de cette dernière plante se fait depuis octobre jusqu'en janvier; les tomates commencent en juin, et durent jusqu'en janvier; presque toutes les plantes n'occupent le sol que durant l'espace de trois ou quatre mois. La végétation est en effet d'une promptitude extraordinaire; j'ai vu du maïs semé depuis quatre jours, dont les premières feuilles commençoient à paroître.

Non seulement la végétation est très-accélérée dans les navazos; mais les fruits et les plantes y parviennent à une grosseur et à une hauteur prodigieuses. On y trouve communément des pastèques de vingt à trente livres: on en a vu qui pesoient jusqu'à soixante-quatre livres, ainsi que des citrouilles de cent dix-sept, et des choux de vingt-six.

J'ai mesuré des feuilles de citrouille, dont la longueur, y compris le pétiole, étoit de douze décimètres (quatre pieds), et des pieds de maïs qui, n'ayant pas atteint leur entière croissance, s'élevoient cependant à la hauteur de trois mètres (neuf pieds); des ognons de quinze centimètres (six pouces) de diamètre, et de huit (trois pouces) d'épaisseur. On y fait deux récoltes annuelles de pommes de terre; et, un particulier qui avoit cherché à en obtenir trois, m'a dit qu'il auroit réussi, si le terrain sur lequel il cultivoit eût été moins humide. La même pièce de terre donne, chaque année, quatre ou cinq récoltes qui se combinent les unes avec les autres, et qui se succèdent alternativement. Un pied de melon produit six, huit et dix melons; il repousse souvent et donne une seconde récolte de trois ou quatre melons moins gros que les premiers. Les citrouilles, après avoir porté quatre ou cinq fruits, produisent aussi une seconde récolte, lorsque les circonstances sont favorables. Une portion de navazos longue de trente-six mètres sur trente de large (dix-huit toises sur quinze) produit environ trente-six mille ognons d'une belle grosseur.

La température du climat de l'Andalousie, la chaleur du soleil, l'humidité du sol et l'abondance des rosées sont les agens qui produisent la végétation dans les navazos de San-Lucar, et lui donnent une force si extraordinaire. Si l'on examine les champs avant le lever du soleil, on y trouve ordinairement les plantes couvertes d'une rosée si abondante, qu'elle pénètre le sable même à une certaine profondeur. Le fumier contribue également à la fécondité du sol, et les produits sont toujours en raison de la quantité d'engrais employée.

Pour obtenir une succession de récolte dans le même terrain, pendant l'intervalle de dix à douze mois, il est nécessaire de former des pépinières où l'on élève les plantes qui doivent être transplantées, lorsqu'elles ont acquis un accroissement suffisant. Le choix du terrain pour former une pépinière est indifférent, puisque sa qualité est la même dans toute l'étendue du champ. Il suffit que la pépinière soit à l'abri des vents, qu'elle ait une exposition favorable, et que les engrais y soient répandus en abondance. Le cultivateur enlève de la pépinière, et place sur le même espace de terrain, par rangées alternatives, deux ou trois différentes espèces de plantes, tantôt à la même époque, tantôt à des époques successives. Dans le premier cas, il combine ses plantations de manière à ce que les plantes confiées au terrain soient douées d'une végétation plus prompte les unes que les autres; celles qui parviennent les premières à l'état de maturité, sont récoltées, et laissent aux autres la place dont elles ont besoin pour prendre leur entier accroissement. Dans le second cas, le cultivateur, après avoir enlevé de son champ une plante intercalée avec d'autres, en substitue une nouvelle, qui trouve assez d'espace pour croître, jusqu'au moment où doit être faite une seconde récolte, et ainsi successivement. C'est par le moyen de cette combinaison que le sol se trouve toujours couvert de plantes qui se succèdent, sans que l'une puisse nuire à l'autre. Cet excellent système ne sauroit trop être recommandé : c'est le même qui est suivi par les maraîchers des environs de Paris.

On a représenté quelques unes des combinaisons qui ont lieu dans les navazos de San-Lucar. K indique un mélange de citrouilles, de choux et de tomates. (Les différentes plantes sont désignées sur la gravure par des signes particuliers.) L représente un carreau de tomates, de choux et de haricots; M des ognons et des haricots; N des tomates, des fèves et des ognons.

Les plantes sont alignées au cordeau, et chaque espèce est ordinairement placée à des distances égales, relativement les unes aux autres, ainsi qu'on peut le voir figuré sur la gravure. Comme le sable est très-mouvant, on se contente de faire un trou à la main, lorsqu'on veut mettre une plante en terre. On forme cependant des fosses pour les cucurbitacées, parce que leurs racines ont besoin d'être entourées d'une certaine quantité de fumier.

Ces fosses sont placées à la distance de vingt-cinq à trente décimètres (huit à neuf pieds.) On leur donne cinq décimètres (dix-huit pouces) de profondeur, c'est-à-dire, que leur fond doit être élevé d'un décimètre (quatre pouces) au dessus du niveau de l'eau; leur largeur est de cinq à six décimètres (dix-huit à vingt-deux pouces.) On y met du fumier, en raison d'une charge d'âne par chaque creux. Une partie de cet engrais est jetée au fond de la fosse, et l'autre est mêlée avec le sable, de manière à ce que la fosse en soit remplie. On sème les graines de citrouilles au centre de la fosse, ou bien on y place la plante à l'époque où les tiges ont six décimètres (vingt-deux pouces) environ.

Lorsque les citrouilles ont poussé la seconde ou troisième feuille, ou que les plants sont bien pris, on donne un labour, qui consiste à remuer légèrement la terre, à l'égaliser, et l'affermir. On se sert, à cet effet, d'un hoyau P, dont le manche forme, avec le fer, un angle de quarante degrés. Le fer a trois décimètres (un pied) sur chacune de ses dimensions. Ce labour, ou plutôt ce binage, se donne à toutes les plantes. On le répète, dans quelques circonstances, jusqu'à deux fois. On fait entrer horizontalement en terre le fer du hoyau, à peu de distance de la superficie du sol; on le retire; on le passe ensuite à plat sur la terre, par un mouvement de droite à gauche; et enfin l'on affermit le sable, en frappant plusieurs coups avec le plat de l'instrument. Cette dernière opération correspond au piétinement pratiqué dans nos jardins. Elle est usitée dans plusieurs endroits de l'Andalousie, sur-tout dans les terrains légers. Elle mérite d'être imitée, principalement dans les climats chauds et les terrains arides. Elle contribue puissamment à conserver l'humidité du sol. J'ai plusieurs fois examiné, comparativement, le sol d'un champ qui avoit été ainsi labouré et battu, avec celui qui n'avoit reçu qu'un labour ordinaire. J'ai trouvé que la terre de l'un conservoit une grande humidité, même à la surface, tandis que l'autre étoit desséchée à la profondeur de trois décimètres, et plus.

Lorsque les tiges des citrouilles ont atteint la longueur de treize à quatorze décimètres, on couvre leurs nœuds de sable, afin de leur faire prendre racine; la plante trouve ainsi une plus grande quantité de sucs alimentaires; et les sables sont moins exposés à être entraînés par les vents. On coupe, ou l'on écourte quelques tiges aux citrouilles, pour les empêcher de s'étendre au delà de la place qui leur est réservée (1). La récolte de

(1) On pourroit employer les extrémités de ces tiges comme substance alimentaire, ainsi que cela se pratique dans quelques parties de nos départemens méridionaux, où on les mange en guise d'asperges. C'est un aliment sain et savoureux. On coupe les tiges à différentes époques pour les faire produire en plus grande abondance.

leurs fruits commence en juin, et dure plusieurs mois: les Espagnols mangent avec plaisir les citrouilles, avant qu'elles ne soient parvenues à leur degré de maturité.

Telle est la culture qu'on donne non seulement aux citrouilles, mais aussi à toutes les espèces de cucurbitacées.

Les cultivateurs ont en général soin d'alterner les récoltes, c'est-à-dire qu'ils ne font pas produire au même terrain la même plante deux fois de suite. Ils remplacent ordinairement les plantes dont les tiges et les racines occupent peu d'espace, telles que les laitues, les ognons, les haricots, par celles dont la fane ou les racines prennent une certaine étendue, comme sont les cucurbitacées, le maïs, etc. Cette méthode est fondée sur une théorie mieux raisonnée que ne l'est celle qu'on a établie sur la faculté de tracer ou de pivoter, qui appartient à certaines plantes.

Ils s'attachent principalement à bien travailler et à bien fumer la terre, pour en obtenir des récoltes abondantes. *Sancto stiescol hace estas cosas.* Saint fumier produit ces merveilles, me répétoit souvent un cultivateur, lorsque je lui exprimois mon étonnement, à la vue de la brillante végétation des navazos.

Les cultivateurs de San-Lucar de Barameda, qui sont très-industrieux et très-actifs, ne laissent perdre aucune des substances propres à donner de l'engrais. Ils ramassent avec soin les ordures des rues, et les débris de végétaux. Ils répandent sur les champs tout le fumier qu'ils peuvent se procurer. Ils préfèrent celui des chevaux, et celui des mules, aux engrais produits par les bêtes à cornes, par la raison que les premiers sont nourris avec des grains, tandis que les bœufs n'en mangent que très-rarement. On sait, en effet, que les bestiaux qui reçoivent des alimens succulens, produisent un engrais plus actif.

Un terrain aussi facile à remuer que celui des navazos, exige un très-petit nombre d'instrumens. Les seuls dont on fait usage sont le hoyau P à fer plein, dont j'ai donné la description, et l'*almografe* Q, apporté en Espagne par les Arabes, et extrêmement bien combiné pour l'usage auquel on le destine, c'est-à-dire pour arracher les herbes parasites, et même les plantes cultivées. Cet instrument en fer décrit une forme demi-circulaire; il a une grosseur égale, et un peu aplatie dans toute sa longueur, excepté à son extrémité, où il forme un fer de lance un peu recourbé. C'est cette extrémité qui sert à arracher les plantes. Il est emmanché comme une faucille. L'ouvrier fait agir l'instrument de la main droite, et se sert au besoin de la main gauche, pour finir de déraciner les plantes, et pour secouer la terre adhérente à leurs racines. De cette manière, le travail peut s'exécuter avec exactitude et avec célérité. On fait usage en outre de cordeaux, et on se sert de paniers pour le transport du fumier, ou celui des sables. La brouette, qui n'est pas connue à San-Lucar, pourroit être substituée avec beaucoup d'avantage, sur-tout lorsqu'il s'agit de former des navazos; il suffiroit de mettre des planches aux endroits par où elle doit passer. Au lieu de se servir de cet instrument, l'ouvrier transporte le sable dans des paniers posés sur sa tête.

J'ai dit que les navazos seroient submergés par les eaux durant l'hiver, si le cultivateur n'avoit pas des moyens pour procurer leur écoulement. Une trop grande quantité d'eau qui, faute d'écoulement, séjourne un certain espace de temps sur le terrain, en rendroit la culture moins facile et moins lucrative. Il est cependant nécessaire de tenir les fosses remplies d'eau à une certaine hauteur durant l'hiver, afin que le sol soit bien imbibé. C'est pour cette raison qu'on doit ouvrir ou fermer les conduits de décharge selon que l'affluence des eaux est plus ou moins grande. On les ferme lorsque l'eau est au dessous de quatre décimètres dans les fossés; et on les ouvre toutes les fois qu'elle surpasse cette élévation. Les navazos situés immédiatement sur les bords du Guadalquivir, demandent une surveillance plus active. Les hautes marées jettent des sables qui souvent obstruent les conduits; et même elles portent leurs eaux salées jusque dans l'intérieur des navazos. Les cultivateurs doivent même, pendant la nuit, déboucher les conduits pour

faciliter

faciliter l'écoulement des eaux pluviales, ou les boucher, afin d'empêcher l'intromission des eaux saumâtres qui détériorent la qualité du sol.

Les industrieux cultivateurs de San-Lucar ne se bornent pas à tirer plusieurs récoltes d'un terrain qu'ils ont su rendre si productif; ils ont trouvé le moyen de mettre à profit les monceaux de sable qui existoient naturellement, ou qu'ils ont formés en déblayant le sol. Ils ont choisi de préférence, pour garnir ces monticules arides, les arbres dont les racines pivotent le plus profondément : tels sont la vigne, le figuier, etc. Les racines de ces deux arbres pénètrent jusqu'à la couche d'eau sans en être endommagées; le vin qu'on récolte est spiritueux et d'une très-bonne qualité, il a une couleur jaune foncé. Les fruits sont en général très-savoureux; les figues de San-Lucar passent pour les meilleures de l'Espagne.

Les produits que les cultivateurs retirent des navazos suffisent non pour leur procurer du superflu, mais pour les mettre à même de vivre eux et leur famille dans une honnête aisance. Ils vendent une douzaine de citrouilles, de dix à douze francs, un cent de melons vingt-cinq francs; les melons d'eau ont un peu plus de valeur.

Une aranzade de terre produit quelquefois pour la valeur de deux cents francs, en melons d'eau. La culture de cette plante, et celle de la citrouille, sont les plus lucratives. La même mesure de terre donne communément un produit brut de quinze cents francs, ce qui fait sept cent cinquante mille francs, en portant à cinq cents aranzades la quantité de terrain employée en navazos dans les environs de San-Lucar de Barameda. Les cultivateurs font des pertes considérables, en temps de guerre, par la difficulté qu'ils trouvent à faire passer leurs denrées à Cadix, cette ville étant leur marché principal. Ils laissent alors pourrir sur place les citrouilles, les melons, etc., lorsqu'ils n'ont point de cochons pour les consommer.

Si les récoltes des navazos, et le montant de la vente qui en provient sont considérables, les frais d'exploitation demandent aussi de grandes avances.

Le particulier qui prend un terrain dans le dessein de le mettre en culture, paie au concessionnaire une redevance annuelle de trois francs par aranzade. On fait entrer dans ce compte le terrain productif, ainsi que celui qui ne l'est pas, comme les digues et quelques monceaux de sable. Cette redevance représente un capital de 100 francs, puisque l'on peut se rédîmer en payant cette somme pour chaque aranzade que l'on tient à cens.

La dîme se paie en fruits, à raison d'un sur douze, ou en argent, à raison d'un sur quinze. Lorsqu'on paie en numéraire, il suffit de faire une déclaration du montant de la vente de ses denrées.

Un navazo de trois aranzades demande quatre-vingt-dix journées d'ouvriers pour le principal labour; dix-sept, pour rétablir les fossés; trente journées, pour le binage; douze journées, pour le plantage des tomates, des choux, etc.; trente-deux, pour la culture des pépinières, ce qui fait en tout cent quatre-vingt-une journées, qui sont payées à raison d'un franc cinquante centimes, les ouvriers travaillant neuf heures par jour en hiver, et huit en été. On ne comprend pas dans ce calcul le travail du jardinier en chef, et celui de deux enfans qui sont principalement occupés à charrier du fumier. La nourriture des deux ânes nécessaire à ce transport, se prend sur les produits du navazo, et se trouve compensée par le produit du fumier, à raison de soixante-quinze centimes la charge.

On enlève communément, sur la surface d'un terrain qu'on veut mettre en état de culture, seize à dix-sept décimètres de sable en profondeur. Ce travail est évalué à trois mille cinq cents francs par aranzade.

Le fonds d'une aranzade de navazos, en culture, qui est évalué cinq mille francs, s'afferme deux cent soixante francs, ce qui fait un peu plus de cinq pour cent.

Le genre de culture dont je viens de donner la description, a certainement été apporté en Espagne par les Arabes, ainsi que me portent à le croire certaines observations que j'ai faites sur les lieux. Cette opinion est en outre fondée sur ce que la même culture se pratique de nos jours dans quelques parties des pays orientaux. « A Jeni-Capi, près de Diarbekir, (dit Sestini, dans son *Voyage de Constantinople à Bassora*, pag. 107) les rives du Tygre sont argileuses. Non loin du bord nous vîmes plusieurs fossés carrés et profonds d'une brasse, à une des extrémités desquels croissent des concombres et des melons. Les fruits en sont d'une grosseur prodigieuse. »

Ce passage prouve de plus, qu'il y a de grands avantages à établir la culture des navazos, même dans les terrains argileux, sur-tout dans les pays secs et chauds. On rapproche ainsi les plantes de l'humidité, qui entretient et favorise une végétation vigoureuse.

Le même auteur ajoute, page 203 : « La culture des terres, aux environs de Bassora, est pénible et dispendieuse. Toute la superficie étant imprégnée de parties salines, il faut l'enlever et creuser jusqu'à la terre productive. On ne peut que par ce moyen avoir du blé, de l'orge et du riz; les moissons en sont ensuite abondantes. »

Cette méthode peut être employée non seulement lorsque le terrain contient une certaine quantité de matières salines qui s'opposent à la végétation des plantes, mais encore toutes les fois que la couche superficielle du terrain est d'une stérilité absolue, et qu'elle recouvre une terre de bonne qualité.

Les cultivateurs industrieux qui sauront, selon les circonstances, faire l'application de ces méthodes, en retireront de grands avantages; mais, des entreprises de cette nature demandent un travail assidu, ou des capitaux suffisans. (Lasteyrie.)

SANGLIER, (*Sus aper* Lin.) Cet animal et le cochon ne forment qu'une seule et même espèce; le cochon est le sanglier que l'industrie de l'homme est parvenue à rendre domestique, et le sanglier est le cochon tel qu'il est sorti des mains de la nature. Il seroit donc superflu de s'étendre au sujet d'une espèce sur laquelle cet Ouvrage a déjà donné d'amples développemens, et je dois me borner à considérer le sanglier sous le rapport de la chasse, et à présenter les notions propres à diriger dans la guerre que l'on fait à un animal d'un naturel grossier et farouche, qui est souvent à craindre pour les hommes et les chiens, et qui fait de grands ravages dans les campagnes voisines des forêts épaisses où il se retire.

Pendant les six premiers mois de sa vie, le sanglier porte le nom de *marcassin ;* la couleur de ses soies est alors un mélange de blanc, de brun et de fauve, sur lequel des raies grises et d'un fauve rougeâtre s'étendent en long depuis la tête jusqu'à la queue; c'est ce que l'on appelle *la livrée*. Après six mois, la livrée s'efface, le poil devient roux et l'animal se nomme *roux* ou *bête rousse*. Quand il passe de sa première à sa seconde année, il devient *bête de compagnie*, parce qu'il vit en bandes. Entre deux et trois ans, c'est un *ragot ;* en état de se défendre, il marche seul; à trois ans faits, les veneurs l'appellent *sanglier à son tiers an*, ou simplement *sanglier*, dénomination qu'il conserve jusqu'à quatre ans, époque à laquelle il devient *quartan*, ou *quartannier*. Un an après, il est *grand sanglier*. Enfin, lorsqu'il a atteint sa sixième année, on le désigne par le nom de *grand vieux sanglier*, ou de *solitaire*. Depuis cet âge jusqu'à la fin de sa vie, dont la durée est d'ordinaire de vingt-cinq à trente ans, le sanglier aime à être seul. A mesure qu'il vieillit, ses soies grisonnent; sa hure, et sur-tout sa ganache blanchissent; il devient *miré*, ce qui veut dire que ses défenses étant recourbées, elles ne font plus d'aussi grandes blessures; mais son cuir acquiert tant d'épaisseur, que la balle peut à peine le percer.

Les défenses proprement dites sortent de la mâchoire inférieure; les deux grosses dents, que le sanglier porte à la mâchoire supérieure, se nomment les *grais*, parce qu'elles usent par le frottement, et semblent aiguiser les défenses.

Pour distinguer si les traces que l'on rencontre dans une forêt sont d'un sanglier ou d'un cochon domestique, il faut remarquer que le sanglier pose la trace de derrière dans celle de devant; qu'il appuie plus de la pince que du talon, et qu'il donne des *gardes* en marchant. (Les gardes du sanglier sont ce qu'on appelle *os* dans les bêtes fauves, c'est-à-dire les *ergots*.) L'allure du cochon présente des circonstances opposées; d'ailleurs, sa sole est remplie de chair en dessous, et il écarte les pinces en marchant, au lieu que le sanglier les pose serrées quand il va d'assurance. En outre, le sanglier fouille la terre plus profondément que le cochon, et toujours devant lui et en face; le cochon, au contraire, laboure de côté et d'autre. Les dégâts que ces deux animaux font dans une pièce de grains, servent encore à les reconnoître: le sanglier abat tout le grain autour de lui; le cochon ne couche que celui sur lequel il passe.

Il ne suffit pas au chasseur de distinguer si les traces appartiennent au sanglier ou au cochon, il doit aussi juger de l'âge et du sexe de l'animal qui a laissé ces mêmes traces. Le sanglier mâle a plus de poids devant que derrière, il met toujours sa trace de derrière en dehors de celle de devant, à cause de ses *suites* ou testicules, qui le forcent à tenir les cuisses un peu plus écartées. La laie a la trace plus longue, les pinces plus aiguës, le talon moins large, les côtés tranchans, les gardes aussi tranchantes et près l'une de l'autre; elle est plus haut jointée, et sa jambe est moins large que celle du sanglier. Une bête mâle de compagnie a les pinces grosses, donne de ses gardes en terre et commence à les tourner à son tiers an; elle devient alors plus bas jointée, ses gardes s'élargissent, s'abaissent, s'écartent davantage; son talon prend aussi plus de largeur et ses pinces deviennent plus grosses et plus arrondies. Les quartanniers et autres vieux sangliers ont les traces grandes et larges, les pinces de celles de devant grosses et rondes, les tranches des côtés de la pince usées, le talon large, les gardes abaissées, grosses et ouvertes; et l'intervalle qui est entre les gardes et le talon s'imprime sur la terre. Il y a des sangliers qui ont une pince plus longue que l'autre, on les nomme *pigaches*. La laie a la hure moins grosse, plus allongée et plus blanche que le sanglier; elle porte toujours la queue basse en marchant, au lieu que le mâle porte la sienne en tire bouchon.

On peut juger aussi de la taille des sangliers par les Boutis, de même que par la grandeur de la Bauge. (*Voyez* ces deux mots.) La grosseur des *laissées* ou fientes sert aussi à donner des indications utiles.

Les forts les plus épais et les plus fourrés sont la sombre et ordinaire demeure des sangliers; cependant ils s'approchent davantage, en été, de la lisière des bois, pour être plus à portée des champs couverts de moissons, des plantations de pommes de terre et de maïs, des prés et des vignes, où ils font leurs *mangeures*: les chaleurs de l'été, les forcent aussi à donner aux mares et aux souillarts. A l'arrière-saison, ils vont près des futaies, où ils trouvent abondance de glands et de faînes; mais l'hiver, ils restent enfoncés dans les bois, et ils y vivent de glands, de châtaignes, et d'autres fruits sauvages, de racines de cresson, qu'ils cherchent le long des ruisseaux, de vers et d'animaux morts. L'on a observé que quand les sangliers mangent beaucoup de faînes, ils deviennent méchans. On dit qu'ils *vermil-*

lent, lorsqu'ils remuent les feuilles pour trouver les fruits sauvages qu'elles couvrent.

C'est ordinairement au mois de décembre que les sangliers entrent en rut, et il dure pendant tout le mois. Les mâles courent sans cesse à la suite des femelles, et se livrent de terribles combats. La laie porte quatre mois et quelques jours, et elle met bas, dans les plus grands forts, de trois, à huit ou neuf marcassins, qu'elle allaite durant trois ou quatre mois.

CHASSE DU SANGLIER. La chasse la plus ordinaire, est celle qui se fait avec des chiens courans, et que l'on trouvera à l'article VÉNERIE.

Lorsqu'en faisant le tour d'une portion de bois, un chasseur s'est assuré qu'un sanglier y est entré, et n'en est pas sorti, il peut espérer de le tuer. Pour y parvenir, il doit provisoirement se munir d'une de ces clochettes que les bergers attachent au col des bestiaux paissans dans les bois; il la met à sa jambe, puis il s'avance doucement et baissé. Les traces le guident sûrement, sur-tout si c'est en temps de neige, et le son de la clochette, auquel les bêtes sauvages sont accoutumées, empêche que le bruit de sa marche à travers le bois, ne soit entendu par celle qu'il cherche à atteindre. Il arrive ainsi jusqu'à la bauge du sanglier, et le tire à son aise.

Si, pendant l'hiver, saison de jeûne pour les sangliers, on répand des pois dans les endroits que ces animaux fréquentent, et si l'on s'apperçoit que cet appât les a attirés, on les y surprendra quelques jours après, en se tenant caché à quelque distance.

L'affût est encore un moyen de tuer les sangliers, soit en été, près des mares et flaques d'eau, où ils vont se rafraîchir, soit en toute saison, près des lieux où l'on a reconnu qu'ils faisoient leurs mangeures; mais cette espèce de chasse n'a de succès qu'à force de précautions; le sanglier étant très-défiant et très-rusé, il est très-difficile de le surprendre et de le faire tomber dans les pièges qu'on lui tend. (S.)

SANGSUE, (*Pêche.*) Les sangsues offrent aux pêcheurs un excellent appât pour attirer et prendre plusieurs espèces de poissons, principalement les barbeaux. Afin d'avoir en tous temps des sangsues prêtes pour cet usage, on en ramasse une quantité que l'on fait sécher; quand on veut s'en servir, on les trempe dans l'eau pour les faire revenir. (S.)

SANSONNET. *Voy.* ETOURNEAU. (S.)

SARCELLE. La chasse des sarcelles est la même que celle des CANARDS. (S.)

SAULE. (*Addition à l'article* SAULE, *de Rozier.*) Dans la disette de bois qui afflige la France, il ne faut négliger aucuns moyens d'augmenter cette denrée de première nécessité.

Rozier n'a considéré le saule que sous le rapport des échalas économiques qu'il procure aux pays de vignobles, et sous ce point de vue, sa culture sembleroit bornée à ces localités. La rapidité de sa végétation, et particulièrement de celle du saule blanc, nous a fait concevoir la probabilité de le faire contribuer à la restauration des forêts, en offrant en peu de temps aux propriétaires peu aisés, aux fermiers et aux petits cultivateurs, un chauffage abondant et économique, qu'ils ne seroient plus obligés de prendre dans les pleins bois.

En effet, lorsqu'on étête le saule, ce qui est absolument nécessaire pour le rendre susceptible du plus grand produit, ses branches acquièrent souvent, en quatre et cinq ans, une longueur de vingt-cinq pieds. Nous avons calculé ses produits, à cet âge, et nous avons trouvé que deux cents têtes de saule bien conduites, peuvent fournir annuellement le chauffage d'un petit ménage, et quatre cents, celui d'une moyenne ferme.

Si ces saules étoient rassemblés, les deux cents têtes couvriroient un demi-arpent de terrain, en les y espaçant convenablement; et malgré cette plantation, il rapporteroit encore de l'herbe; s'ils sont dispersés, à peine font-ils quelque tort aux productions qui les avoisinent.

Nous avons ensuite calculé le produit d'un arpent de *saussaie* bien plantée et bien conduite, et nous l'avons comparé avec celui d'un arpent de taillis, placé dans un bon fonds. Nous avons trouvé qu'à l'âge de quatorze ans, le produit du premier étoit à celui du second, dans le rapport de 8 à 1. Ainsi les saussaies pourroient être, pour les petits propriétaires, ce que les bois sont pour les propriétaires plus riches, une source d'aisance et de revenu.

On peut planter avec succès les saules sur les bords des rivières, des ruisseaux, des étangs et des marais, sur les terres exposées aux inondations, les prés et les pâtures humides.

La France possède un grand nombre de localités où la culture du saule auroit le plus grand succès, dans plusieurs desquelles cet arbre est à peine connu; dans d'autres, on en rencontre bien une certaine quantité, mais il est extrêmement rare d'y voir de grandes saussaies.

Il n'en est cependant pas de ces plantations comme de celles des pleins bois, ou d'arbres isolés, dont on ne peut pas espérer de jouir de son vivant.

Dans les plantations de saules, on travaille pour soi: leur première coupe se fait à quatre ans; la seconde à neuf ans: celle-ci commence à donner un certain produit; la troisième, à quatorze ans: le produit de cette coupe est quelquefois trois fois plus considérable que celui de la seconde; la quatrième à dix-neuf ans: à cet âge les saussaies sont à leur *maximum* de produit; et ainsi de suite, de cinq ans en cinq ans; à trente ans, elles s'éclaircissent, si l'on n'a pas le soin de remplacer les saules à mesure qu'ils dépérissent.

Les saussaies, d'ailleurs, n'exigent pour ainsi dire d'autre entretien que le remplacement des saules qui dépérissent. Comment se fait-il donc que le désir naturel de voir augmenter sa jouissance personnelle, en faisant un léger sacrifice momentané, n'engage pas l'égoïste le plus froid à se livrer à cette spéculation?

Il est vrai qu'en supposant un terrain convenable, toutes les localités n'offrent pas les mêmes avantages dans l'établissement des saussaies. Par-tout où le bois de chauffage est à vil prix, il n'y a point d'avantage à en établir; lorsque la corde de bois vaut douze à quinze francs sur place, il sera profitable d'en établir, mais seulement pour son usage; enfin, lorsque le bois de chauffage sera encore plus cher, on en fera une spéculation d'autant plus avantageuse, que le prix du bois sera plus élevé, et que la saussaie sera plus à portée d'un vignoble étendu ou d'une ville populeuse.

Après avoir établi les avantages que l'on peut retirer de la culture du saule, nous allons indiquer les moyens de la perfectionner.

Il faut que la manière dont on plante ordinairement les saules ne soit pas bonne, puisque sur cent plantards, il en reprend à peine vingt-cinq.

Voici les procédés que nous employons dans cette culture, et au moyen desquels nous n'en perdons pas deux sur cent. Il faut prendre les plantards sur des saules bien venans, et qui n'ont point été tondus depuis quatre jusqu'à six ans au plus; plus âgés, les plantards ne reprendroient pas.

Ils auront neuf pieds de longueur, et quatre, cinq ou six pouces au plus de tour, au petit bout.

Ils seront coupés de chaque bout en bec de flûte, et leur coupe sera nette et sans fente. Les nœuds de la tige seront rasés de près.

Si on met quelque intervalle entre la coupe des plantards et leur plantation, il faut mettre tremper dans l'eau leur bout inférieur, afin de les empêcher de se dessécher; mais il vaut mieux ne les couper qu'à mesure qu'on les plante.

Lorsque les plantards sont ainsi préparés, on prend un pieu plus gros qu'aucun des plantards à planter, que l'on enfonce dans la terre aux endroits marqués pour chaque plantard, et à la profondeur requise par la nature du terrain.

Si ce terrain est sain, on peut y enfoncer les plantards à quinze pouces de profondeur, et à douze pouces seulement, si le terrain est humide.

On fera avec le pieu un trou un peu plus profond que ne le comporte la nature du terrain, afin de pouvoir établir dans le fond de ce trou un petit lit de terre meuble, avant d'y introduire le plantard.

Le trou étant ainsi préparé, on y introduit le plantard, en évitant, quand on l'enfonce, de retrousser l'écorce dans sa partie inférieure; car cet accident l'empêcheroit de reprendre. Il y entrera d'ailleurs facilement, puisque le diamètre du trou est plus grand que celui du plantard.

En enfonçant le plantard, on foulera légèrement le lit de terre du trou avec le plantard même, afin que sa coupe s'applique plus immédiatement sur cette terre.

On remplira ensuite le vide du trou avec de la terre meuble, et on la foulera légèrement, afin qu'il n'y reste aucun vide ni dessous, ni sur les côtés.

Enfin, on le butera de douze à quinze pouces de hauteur, afin d'en éloigner les bestiaux, de le préserver des hâles de la première année de plantation, et de le garantir des coups de vent.

L'effet de ces butes est si certain, que sur quatre-vingts pieds d'arbres, que nous avons plantés et butés au commencement de l'année 1800, qui a été très-sèche, il n'en est mort aucun; tandis que les autres arbres que nous avons plantés dans le même temps, ont péri, parce que nous n'avions pas pu les faire buter.

Après avoir buté les plantards, on les armera comme les autres arbres.

Il vaut mieux planter les saules en automne qu'au printemps, leur reprise est plus sûre dans la première saison. Malheureusement les autres travaux de cette saison n'en laissent pas toujours le temps. On ne doit plus planter de saules après le mois de mars, à moins que le printemps ne soit pluvieux.

La première année de leur plantation, on visitera les saules de deux mois en deux mois, pour les ébourgeonner jusqu'à un pied de leur tête, et on leur continuera ce soin les deux ou trois années suivantes.

Il faudra également retrancher par la suite toutes les pousses de la tige et du pied des saules, parce que les gourmands nuiroient au développement de leur tête.

Il faut tondre les saules au plus près, et en couper les branches à la hachette, en évitant d'en fendre la souche. L'eau s'introduiroit par les fentes, dans le cœur de la tige, et l'arbre seroit bientôt gâté.

L'hiver qui suivra la tonte des saules, il faudra éclaircir leurs pousses de l'année, afin que celles qui seront conservées profitent davantage. On choisira pour les réserves les branches les plus vigoureuses, et leur nombre sera déterminé par la force des saules. Cet éclaircissement occasionnera quelque dépense, mais on en sera ensuite bien indemnisé par les dimensions plus grandes qu'acquerront les branches conservées, et souvent même par la seule valeur des osiers que cet éclaircissement produira.

Nous avons fixé à sept à huit pieds la hauteur qu'on doit laisser aux plantards au dessus de terre. Il est cependant possible de leur procurer une tige de quinze à dix-huit pieds, par les moyens que nous avons indiqués pour former la tige des arbres plantés isolément; mais pour cultiver ainsi des saules, il faut les planter sur un excellent terrain.

Dans cette culture, ils produiront une tonte plus considérable que dans celle que nous donnons ici, et les saules vivront plus long-temps; mais leur jouissance se fait attendre davantage; on ne peut tondre ces saules que tous les six ans; et les perches qu'on en retire ne sont pas aussi grosses que celles des saules arrêtés à sept à huit pieds, et que l'on tond tous les cinq ans.

Dans l'un et l'autre cas, il faut les espacer à dix pieds, lorsqu'on les plante isolément, et à dix pieds sur un sens, et à treize pieds sur l'autre, dans les pleines saussaies. Si on les plantoit plus près les uns des autres, leurs têtes se garniroient de moins de branches, et les saules ne vivroient pas aussi long-temps. (De Perthuis.)

SEMIS, (*Jardinage pratique.*) Les semis sont la voie de multiplication la plus naturelle, l'unique pour les plantes annuelles, celle qui procure une multiplication plus abondante, qui fournit des sujets plus vigoureux, de la plus belle venue et de plus longue durée; elle donne des variétés dont quelques unes ont des qualités perfectionnées et des propriétés plus éminentes que celles des espèces auxquelles elles doivent leur existence; elle procure enfin des races qui s'acclimatent plus aisément au sol et au climat sous lequel elles sont nées, que les pieds en nature transportés de leur pays natal. Sous tous les rapports, cette voie de multiplication doit être préférée pour la propagation des espèces, et pour l'obtention de nouvelles variétés.

Préparation des graines. Les enveloppes interposant un corps étranger entre les semences et la terre dans laquelle les jeunes plants doivent prendre racine, et dont ils doivent tirer une partie de leur substance, il est utile de les en dépouiller; on doit donc séparer les semences des capsules, bâles, calices, gousses, siliques, baies, pommes, brou, cornes dont elles sont enveloppées. Cette opération doit se faire à peu de distance de l'époque des semis, parce que ces diverses enveloppes servent à la conservation des graines.

Pour accélérer la germination des graines dont l'enveloppe des lobes a une certaine consistance, comme les pois, les haricots, les fèves, etc., on doit les faire tremper dans l'eau ordinaire pendant douze, quinze et vingt heures. La peau des semences s'amollit, les germes se renflent, et, semées dans une terre fraîche, leur plumule se développe bientôt au dehors en même temps que leur radicule s'enfonce en terre; cette prompte germination assure la réussite des semis, parce que les graines restent moins long-temps exposées à la voracité des insectes, des oiseaux et des musaraignes.

Lorsque des semences ont leur enveloppe très-dure ou qu'elles ont été récoltées sous des climats chauds, telles que différentes espèces de mimosa, de guilandina, de glycine, et autres à coques dures, on doit les plonger dans l'eau dont la chaleur peut être portée depuis vingt degrés jusqu'à quarante-cinq, sans inconvénient pour la vitalité des germes; mais il est bon que cette chaleur leur soit donnée graduellement; elle dilate le tissu des coques, imbibe et fait grossir les germes et accélère la végétation des semences, qui, semées sans cette préparation, pourroient rester sous terre deux et même cinq ans sans lever.

Si des semences sont viciées de nielle ou carie, telles que celles des plantes céréales, on doit les passer dans une lessive composée de chaux vive et de cendre. On les y baigne à plusieurs reprises pour que toutes leurs parties en soient imprégnées, et que le virus de la maladie soit détruit. Cette opération, faite peu de jours avant les semis, fait renfler les graines, et les dispose à lever plus promptement.

On soumet à l'immersion dans l'acide muriatique oxigéné, celles dont les enveloppes sont très-dures, d'une substance boiseuse et cornée, telles que celles des erythrina, des ilex et de quelques palmiers, etc. On prétend aussi que cette liqueur est propre à développer les germes dans les semences surannées qui paroissent avoir perdu leurs propriétés germinatives.

On fêle les noyaux des graines dont l'enveloppe est épaisse, ligneuse et très-dure, tels que les noyaux de pêches, de quelques espèces d'abricots, de prunes, d'amandiers et autres de cette nature; mais cette pratique n'est pas sans inconvénient. Il faut employer beaucoup de précautions pour ne pas endommager les amandes, et l'on y parvient rarement; de plus, les lobes des semences passant subitement d'une grande sécheresse à une humidité considérable, peuvent en être affectés d'une manière défavorable. Il faut faire usage de ce moyen avec modération, et lorsqu'il est possible de varier les chances, employer des procédés moins équivoques.

La stratification se pratique pour toutes les semences qui perdent leurs propriétés germinatives promptement, comme celles des plantes des familles des rubiacées, des myrtes, des lauriers, et pour beaucoup d'autres graines de plantes dont on veut hâter la germination. On l'emploie aussi pour assurer la conservation des graines qui pourroient s'avarier par un long séjour hors de terre, telles que celles du thé, de quelques ombellifères.

Cette opération consiste à placer, lit par lit, dans du sable ou avec de la terre, et dans des vases, les graines qu'on veut conserver. La terre ou le sable qu'on emploie dans cette circonstance ne doit être ni trop sec ni trop humide; trop sec, il absorberoit l'humidité des graines; trop humide, il les feroit pourrir ou exciteroit leur germination à une époque peu favorable à la végétation du jeune plant. La stratification s'opère peu de temps après la maturité des semences, et les vases qui les renferment doivent être placés à l'abri de la pluie et des fortes gelées. Au premier printemps, les semences sont tirées de leurs vases et mises en terre.

Choix des terres. Les graines qui prospèrent dans les terres fortes sont plus particulièrement celles des grands arbres, dont les racines ligneuses et fortes sont destinées à fournir à une végétation élevée, et à la mettre à l'abri des grands vents et des pluies d'orage. Tels sont, parmi nos arbres indigènes, les chênes, les frênes et les plantes voraces qui aiment l'humidité.

Les végétaux, dont les graines lèvent de préférence dans les terres maigres, sont ceux qui craignent l'humidité et qui se plaisent dans les sols secs, légers et chauds : tels que les amandiers, quelques érables, les rosiers, les marrubes, les borraginées, les ombellifères, les seigles, les orangers, etc.

On sème dans les terres de jardin amendées qui offrent un très-grand nombre de variétés de terrains, mais qu'on ameublit et qu'on amende suivant l'exigence des besoins, les graines de légumes, de salades et de plantes employées à l'ornement des jardins.

Les terres à semis ordinaires conviennent à la plus grande partie des semis des plantes utiles ou curieuses qui se font dans des pots, des terrines ou des caisses.

Le terreau de bruyère convient aux graines des airelles, d'un grand nombre de liliacées à semences menues, de diverses espèces d'arbres résineux de l'Amérique septentrionale, et enfin à celles d'une grande partie des plantes alpines à semences fines.

On sème sur terre et sous de la mousse les graines des arbustes et arbrisseaux qui constituent les familles des bruyères, des kalmia, des mille-pertuis et de quelques plantes qui appartiennent aux familles des orchis et des fougères. Les vases qui renferment ces semis doivent être placés, par leur partie inférieure, dans une terrine qu'on entretient pleine d'eau pour suppléer aux arrosemens à l'arrosoir, qui seroient nuisibles aux graines germantes.

On sème le riz sur terre et sous l'eau ; on le répand sur la terre nouvellement labourée, après quoi on la couvre d'eau de l'épaisseur de trois doigts; quelques ombellifères, telles que les cicuta, les phellandrium, les sium inundatum, plusieurs renoncules, etc., pour semer, exigent cette même culture.

On sème les plantes aquatiques dont les racines sont implantées dans la vase et sous l'eau à la profondeur de plusieurs pieds, tels que les nymphea, les stratiates, les châtaigniers d'eau, etc. On enveloppe les graines que l'on veut semer de cette manière, dans une boule de terre grasse argileuse, et on la descend précisément à la place où l'on veut faire croître la plante.

On fait germer sur du coton imbibé d'eau, et à une température de dix-huit à vingt-quatre degrés de chaleur, un grand nombre de semences fines et dures de plantes des climats chauds, telles que celles des dorstenia, des mûriers, des figuiers, etc.; à mesure que les semences sont germées, on les enlève de dessus le coton, et on les met dans des petits vases remplis d'une terre légère que l'on place sur une couche chaude.

On sème les graines des plantes parasistes, telles que des viscum, des laurentiers, des épidendrons et de plusieurs espèces de fougères, sur des branches, dans les fourches qu'elles forment avec le tronc. On choisit les places où il se trouve des lichens et des mousses. L'exposition qui convient le mieux à la réussite de cette espèce de semis est celle qui se trouve ombragée, qui est humide et chaude.

Temps des semences. *Aussitôt la maturité des graines.* Beaucoup de semences dont le germe est accompagné d'un corps corné comme dans beaucoup d'espèces de rubiacées, et notamment dans celle du café, perdent leurs propriétés germinatives peu de temps après leur maturité; d'autres renferment une huile essentielle qui se corrompt promptement, réagit sur le germe et le détruit, comme dans la famille des lauriers et des myrtes. Il en est d'autres, comme dans les mespilus, la famille des nerpruns, dont les semences sont des osselets très-durs qui se racornissent en séchant. Si l'on attend au printemps à les mettre en terre, ils y restent un an entier avant que de lever. On remédie à tous ces inconvéniens en semant ou stratifiant ces sortes de graines immédiatement après leur maturité.

A l'automne. Plusieurs graines de plantes vivaces, de la famille des ombellifères, des fraxinelles, des rosiers, etc., doivent être semées en automne. Si l'on attend le printemps suivant, il est rare qu'elles lèvent dans l'année, et elles peuvent être mangées en terre ou détruites par les insectes avant leur germination. Etant semées d'automne, elles lèvent au printemps suivant.

En février. Après la cessation des fortes gelées, lorsque la terre devient maniable, et dans la saison des pluies, on sème une grande quantite de graines d'arbres de pleine terre. On y répand aussi les semences de prairies naturelles, quelques céréales et de menues grenailles.

On

On sème aussi les graines de plantes potagères rustiques, dont les jeunes plants ne craignent pas de foibles gelées passagères qui surviennent à cette époque.

On sème aussi, sous des châssis et sur des couches chaudes, des graines de plantes des climats chauds, dont on veut obtenir des fruits précoces, ou hâter la végétation de jeunes arbres, pour leur faire passer l'hiver avec succès.

En avril. C'est dans ce mois que se fait, dans les départemens septentrionaux de la France, la plus grande partie des semis de pleine terre. On sème en pleine terre les graines de toutes les plantes annuelles de climats analogues à la température du nôtre. On sème dans des pots et sur couches les semences des plantes des pays méridionaux. Celles des végétaux des tropiques sont semées sous des châssis, et, enfin, on met en terre sous des baches les graines de plantes de la zône torride, qui sont de nature annuelle.

En mai. On sème dans ce mois, en pleine terre, différentes espèces de légumes et de fleurs dont la végétation n'a besoin que d'environ quatre mois pour s'effectuer et donner leurs produits, soit utiles ou soit agréables: telles sont les diverses variétés de haricots, de capucines et autres plantes qui craignent les plus foibles gelées.

Dans toutes les saisons. Les plantes qui se sèment en pleine terre, presque toute l'année, excepté pendant le temps des gelées, sont quelques espèces de légumes dont on veut se procurer des produits non interrompus dans toutes les saisons, tels que les épinards, les petites raves et des salades. Dans les jardins de botanique, ce sont les semences des plantes qui vieillissent promptement, comme certaines ombellifères, des rubiacées et autres de cette nature: on les traite, pour les conserver, comme on gouverne les plantes qui les ont produites.

Exposition des semences. *En pleine terre, à la volée.* Les graines qui se sèment à la volée, sont celles des céréales, des fourrages, des plantes textiles, oléagineuses, et enfin de la plupart de celles qui se cultivent en grand dans les campagnes. Dans les jardins, on sème ainsi les carrés de gros légumes, les gazons, etc. Un semeur intelligent, portant dans un tablier serré autour de ses reins la graine qu'il veut semer, parcourt à pas mesurés le champ qu'il veut ensemencer; chaque pas qu'il fait, il prend une poignée de graines et la répand le plus également possible dans une étendue déterminée. Lorsque les semences sont trop fines pour remplir sa main, il les mêle avec une quantité de terre sèche, de sable ou de cendre déterminée, et les répand ainsi. Les Chinois se servent, pour répandre également leurs semences de céréales et particulièrement celle du riz, d'un semoir porté sur un brancard de charrue, armé de deux socs et suivis d'un rouleau qui recouvre de terre les semences. Duhamel-Dumonceau a aussi imaginé un semoir; mais, jusqu'à présent, on fait peu d'usage de ces machines, soit parce qu'elles ne sont pas encore assez perfectionnées, ou soit parce que l'ancienne routine de semer y met de l'opposition.

Par planches. Cette manière de semer ne se distingue de la précédente, qu'en ce qu'au lieu de semer une pièce en plein, on la sème en planches plus ou moins larges, qui sont divisées par des sentiers. Le semeur emploie le même moyen.

On emploie avec succès cette sorte de semis pour les cultures rurales dans les départemens méridionaux, dans le Milanais, la Romagne, et autres parties de l'Italie. Chaque planche est bordée d'une ligne d'arbres sur lesquels s'élèvent des vignes. Cette culture convient à un climat très-chaud où la chaleur a besoin d'être tempérée par de légers ombrages; mais elle ne réussiroit pas dans des pays septentrionaux, où la chaleur est à peine suffisante pour faire mûrir les récoltes les mieux exposées à l'action constante du soleil.

Dans les jardins légumiers, presque tous les semis se font en planches, qui rarement passent deux mètres de large sur une longueur à volonté.

Par rayons. Le semis par rayons est très-usité dans les campagnes pour les cultures de menus grains, tels que les pois, les lentilles, les gesses et même de quelques céréales qu'on établit sur les ados des fossés de vignes et autres cultures.

On le pratique communément dans les jardins pour la culture des légumes dont on borde les carrés et les planches.

Dans les pépinières, il est fort en usage pour les semis de graines d'arbres.

Il consiste à tracer sur un terrain nouvellement labouré, un sillon plus ou moins large et plus ou moins profond, suivant la nature des graines qu'on se propose d'y semer, à y répandre les graines le plus également qu'il est possible, et à les recouvrir de terre fine, de l'épaisseur qui convient à leur nature. On affermit ensuite la terre du fond du sillon avec le dos d'un râteau, et on la recouvre de terreau de feuilles, ou autres engrais, suivant l'exigence des cas.

Ce procédé offre un avantage, celui de tenir les semis plus frais, et ensuite de chausser les jeunes plants, à mesure qu'ils grandissent, et qu'ils en ont besoin. La terre des ados des sillons, étant en pente assez rapide, s'émiette aisément, étant exposée à l'air, et les pluies qui surviennent la détrempent et la font tomber successivement au fond du sillon.

Par potelots ou pochets. Les potelots ou pochets sont de petites fossettes circulaires de six à huit pouces de profondeur, sur environ quinze de diamètre, et formées par lignes régulières, à des distances de dix à quinze pouces, dans un terrain nouvellement labouré.

Ils sont destinés à recevoir les graines qui se sèment de cette manière : telles sont celles des diverses espèces et variétés de haricots, soit à la campagne ou dans les potagers.

Dans les écoles de botanique, on sème de cette manière toutes les graines de plantes qui n'ont pas besoin du secours de la couche pour lever et fournir leur végétation dans notre climat.

Après avoir répandu les semences au fond du pochet le plus également qu'il est possible, on les recouvre de terre plus fine et mieux amendée que celle du sol, et on la bat légèrement avec le dos de la main pour l'affermir sur les graines. Un très-léger lit de court fumier recouvre le fond du pochet, brise les rayons du soleil, empêche la terre d'être trop battue par les pluies, et protège la germination des graines.

Ce semis partage les avantages de celui par rayons, pour le butage des plantes, à mesure qu'elles grandissent, et pour leur procurer une humidité plus constante.

Seule à seule. On sème seule à seule, par lignes, à des distances déterminées, les grosses graines, telles que celles des chênes, des châtaigniers, des noyers, des marronniers d'Inde, des amandiers, pêchers, abricotiers et autres de cette nature qui ont été stratifiées dans le sable à l'automne, et qui sont en état de germination ou sur le point d'y entrer. Lorsqu'on se propose de laisser croître à demeure les arbres qui doivent provenir de ces semis, on plante les graines germées avec leur radicule entière; les arbres en deviennent plus grands, plus beaux, et ils sont moins exposés à être déracinés par les vents. Mais, lorsqu'on destine ces jeunes arbres à être transplantés, il est convenable de couper, avec l'ongle, l'extrémité de la radicule; alors le pivot de la racine, au lieu de descendre perpendiculairement, se divise en plusieurs racines qui s'étendent à rez terre. La reprise des sujets dans leur transplantation est plus assurée.

Ce moyen est pratiqué pour des semis de petits bois de chêne, de hêtre, de châtaignier; dans les campagnes, on l'emploie aussi dans les potagers, pour établir en place, entre les arbres d'un espalier qui commence à donner des signes de dépérissement, des sauvageons robustes qu'on greffe ensuite des espèces qu'on désire.

Dans des vases. *En caisses.* Cette espèce de semis ne s'emploie guères que pour des graines délicates, dont le jeune plant a besoin d'être surveillé et placé à différentes expositions dans diverses saisons, ou rentrés dans une serre pendant l'hiver.

Elle est pratiquée dans les pépinières d'arbres étrangers, pour les semis d'arbres résineux d'une culture exigeante, telle que celle des sapinettes de Canada, des cèdres du Liban, de diverses espèces de genévriers et d'autres arbres et arbustes du nord de l'Amérique.

On établit au fond de la caisse qu'on se propose de semer un lit de menus plâtras d'environ deux pouces d'épaisseur; on couvre ce premier lit d'à peu près deux doigts de terre franche qu'on affermit avec le poing : on remplit le reste de la capacité de la caisse jusqu'à un pouce de son bord supérieur, de terre préparée et convenable aux semis qu'on se propose de faire.

La caisse ainsi semée est placée à l'exposition qui convient à la germination des graines, et, à l'automne, elle est couverte de litière, placée au midi ou rentrée dans l'orangerie, suivant la délicatesse et l'état du jeune plant.

En terrines. Les semis en terrines ont plus particulièrement pour objet, dans les potagers, les semis de légumes de primeurs, telles que différentes variétés de choux-fleurs, de brocolis, de fraisiers des Alpes, etc. On les sème à l'automne ou au premier printemps, et on les place, soit dans une costière bien exposée au midi, dans une serre-froide ou sous des châssis. Dans les jardins fleuristes, on sème en terrines, sur couches, sous châssis ou sous cloches, des graines de giroflées, de quarantaines, d'amaranthes, de balzamines, et autres fleurs d'ornement pour les parterres.

Enfin, dans les pépinières et les jardins d'éducation de plantes et d'arbres étrangers, on sème dans les terrines les graines qu'on possède en trop grande quantité pour être semées dans un pot, mais pas suffisante pour occuper une caisse.

Ce semis ne diffère en rien de celui qui se pratique dans des caisses. C'est la nature de la plante qui doit déterminer celle de la terre qui lui convient, de la situation, de l'exposition et de la culture qu'il est utile de lui donner.

En pots. Les semis en pots conviennent à de petites quantités de graines de plantes de climats étrangers, et d'une température plus chaude que celle du pays dans lequel on les fait. C'est particulièrement chez les cultivateurs de plantes étrangères et dans les jardins de botanique qu'on pratique ce genre de culture. On les exécute une grande partie de l'année, mais plus particulièrement, et en très-grande quantité au printemps. Le moment le plus favorable est celui où les bourgeons du tilleul commencent à s'ouvrir, et à laisser voir les premières feuilles.

Cette opération, l'une des plus importantes pour la tenue et l'augmentation des richesses végétales d'un jardin de botanique, mérite quelques développemens.

Un jardinier soigneux et prévoyant n'attend pas le moment des semis pour faire toutes les dispositions préliminaires qui doivent assurer la réussite de son opération; elles consistent :

1°. A éplucher la partie des graines qu'il veut semer, et les séparer des calices, capsules, siliques, gousses, baies, pommes, cônes, etc., qui les renferment;

2°. A les ranger dans l'ordre méthodique où il veut les semer; l'ordre du jardin auquel sont destinés les semis doit être préféré à tout autre;

3°. A faire le catalogue de ces semences avec des numéros en marge, qui doivent être relatifs à ceux des étiquettes qu'il doit placer sur les pots à fur et à mesure qu'il les sème;

4°. A disposer ses numéros dans une série numérique non interrompue, afin qu'il ne commette pas de quiproquo nuisible à l'exactitude de la nomenclature de ses plantes;

5°. A préparer les diverses terres dont il prévoit avoir besoin pour effectuer ses semis. Il faut qu'il se précautionne de cet objet essentiel long-temps, plusieurs années même auparavant, parce que les terres composées sont d'autant meilleures, qu'elles ont été préparées plus anciennement;

6°. A rassembler le nombre, la qualité et les diverses grandeurs de pots nécessaires aux semis.

7°. A tamiser les diverses compositions de terres qui lui sont nécessaires pour recouvrir les diverses espèces de graines, après qu'il les aura répandues sur la surface de la terre de ses vases;

8°. A construire des couches sourdes, des couches chaudes, préparer des châssis, et raviver la chaleur de ses couches de tan, pour y placer les pots de semis des plantes des climats chauds qui exigent d'être protégées par la chaleur de ces diverses sortes de couches;

9°. Et enfin, à préparer des vases remplis d'eau pour y placer, à différentes profondeurs, les semis qui exigent d'être imbibés ou d'être submergés.

Toutes choses ainsi disposées, et le moment favorable pour semer étant venu, on doit y procéder sans interruption. Le semeur se place dans un lieu renfermé, à l'abri du vent et de la pluie; il a autour de lui les pots qui doivent recevoir ses semis; sur une table placée à hauteur d'appui, se trouvent amoncelées les diverses sortes de terres qu'il doit employer à recouvrir les semences, après les avoir répandues sur la surface de la terre, dont sont remplis les pots; à côté de lui est le tiroir où sont rangés les sachets de graines qu'il doit semer, et en face se trouve le catalogue de ces mêmes graines avec leurs numéros en marge; sur le côté, se trouvent les étiquettes numérotées et rangées par dizaines : une certaine quantité de pots remplis de terre à semis, et de différentes grandeurs, se trouvent à peu de distance de lui.

Il commence son opération par prendre le premier sachet de graines; il en tire la quantité de semences qu'il veut semer, et la répand le plus également possible sur la surface bien unie de la terre du pot qu'il a choisi; ensuite, il y place l'étiquette numérotée, après s'être assuré que ce numéro est en rapport avec celui du catalogue qu'il a sous les yeux; après cela, il recouvre sa graine avec la terre qui lui convient, et de l'épaisseur qui est nécessaire à sa prompte germination; il la bat légèrement ensuite avec le dos de la main, et l'opération est finie.

Mais, pour distinguer les pots qui doivent être placés sur différentes couches, sous des châssis et aux différentes expositions qui conviennent à la réussite des semences qu'ils renferment, il les marque par des signes de convention avec ses ouvriers, afin qu'ils les placent aux diverses positions où ils doivent être cultivés.

Ces vases, nouvellement semés, doivent

être placés bien horizontalement les uns à côté des autres, et arrosés, ou plutôt bassinés avec un arrosoir à pomme, à trous très-fins : on passe rapidement l'arrosoir sur les pots, de manière à produire une pluie très-fine qui imbibe la terre sans la battre ou la faire couler hors du pot, et l'on répète cette opération trois ou quatre fois dans la journée des cinq ou six premiers jours qu'ont été faits les semis.

Lorsqu'on a semé une suffisante quantité de pots pour garnir une couche, un châssis ou une bache, on les y plante sans retardement, et avec les précautions qui seront détaillées ci-après.

Sur couche sourde. La couche sourde s'établit dans une fosse de trois pieds de profondeur sur quatre à cinq de largeur, et sur une longueur déterminée par le besoin : on la construit en toutes sortes de matières fermentescibles, telles que des tontures de buis, d'ifs, du marc de raisin, de pommes et d'olives, de tannée et de diverses sortes de fumiers, ou tout simplement de balayures de chantiers, de bois, ou de rues. Il convient de mélanger les substances de manière à ce que cette couche ne produise qu'une foible chaleur, mais durable.

On la recouvre d'environ sept pouces de terreau de couche qui s'élève au dessus du niveau du terrain ; c'est dans ce lit de terreau qu'on enterre les pots de semis nouvellement faits : on les y place bien horizontalement les uns à côté des autres, et l'on remplit très-exactement, avec du terreau, les intervalles qui se trouvent entr'eux. Dans le climat de Paris et de ses environs, cette espèce de couche convient à la culture des semis de plantes du midi de la France, de l'Italie et de l'Espagne.

Sur couche chaude. La couche chaude se distingue de la précédente, en ce qu'elle est construite avec du fumier lourd et de litière, et qu'elle est établie sur la surface du sol, et non en terre.

On donne le plus ordinairement à cette sorte de couche cinq pieds de large sur trois et demi de haut, sur une longueur à volonté. Ses bords sont formés avec des bourrelets de fumier moelleux, mêlé avec les deux tiers environ de litière triturée. La partie du milieu est formée, lit par lit, des mêmes substances, auxquelles on ajoute du fumier à demi-consommé. Chaque lit qu'on établit, et auquel on donne de huit à dix pouces d'épaisseur, doit être affermi par un piétinement répété à chaque lit que l'on forme. Lorsque la couche est arrivée à sa hauteur, on la règle, c'est-à-dire, qu'après l'avoir marchée à plusieurs reprises dans toute son étendue, on remplit avec du fumier lourd les endroits bas qui s'y trouvent. Si le fumier qu'on a employé dans la fabrication de la couche n'étoit pas assez humide pour entrer prochainement en fermentation, ou qu'on eût besoin d'une plus vive chaleur que celle qu'on peut espérer du fumier, on l'arrose abondamment ; un seau d'eau par pied carré versé à sa surface suffit à peine pour imbiber la masse de la couche ; après qu'elle a été ainsi arrosée, on la laisse reposer douze ou quinze heures ; alors elle entre en fermentation, et fournit une chaleur très-vive, dont le centre du foyer se trouve dans le milieu de toute sa longueur : on marche de nouveau sur la couche qui s'affaisse sensiblement ; on l'égalise de nouveau avec du fumier lourd dans les endroits qui ont besoin d'être rehaussés, et on la tient un peu bombée dans son milieu.

Cette opération faite, on terreaute la couche, c'est-à-dire qu'on la couvre de terreau dans toute sa surface ; on l'y étend sur une épaisseur d'environ six pouces, et on la garnit sur-le-champ de semis dont elle doit protéger et activer la germination.

Quelques personnes attendent quelques jours après la confection de cette sorte de couche, pour y planter leurs pots de semis, dans la crainte que la trop vive chaleur de son premier feu n'échaude les graines, et qu'elles ne lèvent point. Cette crainte est timorée et n'aboutit qu'à faire perdre une chaleur précieuse qui, dirigée sur des semences qui sont à très-peu de distance de la surface, n'en peuvent être maltraitées, et convient au contraire à leur prompte germination. La preuve s'en tire tout naturellement de la grande quantité de plantes et graines adventices qui se trouvent contenues dans le terreau qui recouvre la couche, et qui, malgré qu'elles soient beaucoup plus exposées à la chaleur de la couche que celles semées dans les vases, n'en lèvent pas moins abondamment.

Mais une précaution nécessaire et même indispensable, est d'arroser souvent, et en forme de pluie fine, les pots de semis nouvellement plantés sur la couche ; de les tenir dans une humidité constante, et cela jusqu'à l'époque où les germes soient sortis de terre ; alors, on modère les arrosemens et on ne les administre que lorsque les plantes l'exigent. La chaleur et l'humidité sont les deux principaux moteurs de la germination des graines.

On emploie avec succès, dans notre climat,

la chaleur des couches chaudes, pour faire lever les graines des végétaux qui croissent naturellement sur la côte de Barbarie, dans les îles de l'Archipel, au Levant, en Egypte, au cap de Bonne-Espérance, à la Louisiane, dans la partie méridionale de la Chine et les pays qui se trouvent en deçà des tropiques.

Sous châssis. Les châssis propres à la culture des semis de plantes étrangères sont posés sur des couches semblables à celles que nous venons de décrire ci-dessus ; il existe seulement quelques différences dans leurs dimensions. Les caisses des châssis n'ont ordinairement que quatre pieds de large sur dix-huit de long.

On donne aux couches qui doivent les supporter six pouces de plus sur leur largeur et sur leur longueur. On borde celle-ci en gros bourrelets de paille, et on la termine par un autre bourrrelet isolé d'environ quatre pouces de haut, que l'on place à l'endroit où doit être posée la caisse du châssis. Le derrière de la caisse étant plus haut, par conséquent plus lourd, et devant faire tasser la couche davantage, le bourrelet qu'on place dessous doit être plus élevé de deux pouces que celui qui porte le devant. D'ailleurs, le reste de la couche est construit avec la même nature de fumier, pratiquée, piétinée, arrosée et terreautée de la même manière.

Lorsque la couche est faite et réglée, on place dessus la caisse de châssis, et l'on plante, sur le terreau qui la recouvre, les pots de semis qu'elle doit recevoir. Les panneaux de vitres ne se placent sur la caisse que cinq ou six jours après que la couche a été plantée, pour laisser passer le premier coup de feu de la couche qui, agissant dans une atmosphère circonscrite et abritée du contact de l'air ambiant, pourroit échauder les graines et détruire leur germe.

Après quinze jours de construction, lorsque la chaleur de la couche commence à foiblir, on la ravive au moyen des réchauds qu'on pratique tout autour. Ces réchauds se font avec du fumier moelleux mêlé avec de la litière, et disposés en forme de contre-mur le long des parois extérieures de l'ancienne couche, et dans toute sa circonférence. On en enlève les bords supérieurs au niveau du châssis, et, après l'avoir bien affermi et arrosé, on le couvre de quelques pouces de terreau pour concentrer davantage la chaleur. La chaleur humide du réchaud pénètre promptement l'épaisseur de l'ancienne couche, y rétablit la fermentation, et en développe une nouvelle chaleur. Vient-elle à s'abaisser au dessous du degré convenable ? on renouvelle les réchauds autant de fois qu'il en est besoin, pendant le courant de l'été et de l'automne, que les semis doivent rester sous le châssis.

On sème dans des pots sur une couche chaude, et sous châssis, les graines des plantes annuelles dont on veut accélérer la végétation, à l'effet de jouir plus tôt de leurs produits, soit utiles ou agréables.

Dans quelques parties de la Hollande, on sème sous châssis, dès le mois d'avril, les graines de tabac dont le jeune plant est destiné à être repiqué en plein champ dès que la belle saison arrive.

Dans les jardins potagers, on fait lever sous châssis les graines de laitues, de petites raves, de pois, de haricots, dont on veut des fruits précoces.

Les fleuristes de Paris et de ses environs élèvent sous châssis les plantes de fleurs annuelles destinées à l'ornement des parterres, telles que les passevelours, les tricolors, diverses espèces de giroflées, quarantaines, les basilics, les héliotropes, etc., etc.

Chez les amateurs de plantes étrangères, et dans les jardins de botanique, les châssis sont affectés à l'éducation des graines de plantes qui croissent sous les tropiques et dans leur voisinage.

Sous baches. Les semis qui se font sous des baches se placent sur des couches chaudes construites, soit en fumier de cheval, soit en tan qui sort de la fosse des corroyeurs, ou soit en sciure de bois, suivant qu'on est plus à portée de se procurer ces différentes matières ; mais la tannée est préférable au fumier, parce qu'elle fournit une chaleur plus douce, plus égale, de plus longue durée et moins humide que celle du fumier. Lorsque la tannée est trop sèche, on peut, sans inconvénient, construire la couche, partie en fumier et partie en sciure de bois ou en tan. Dans ce cas, le lit de fumier doit occuper le fond de la fosse, et en remplir environ deux tiers de la profondeur ; le reste du vide, et même six pouces au dessus, peut être comblé par les substances indiquées.

C'est sur des couches ainsi formées que se planteront, dès le commencement du mois de pluviose, les pots de semis des semences de végétaux de la zône torride, qui sont dures, coriaces, et qui ont besoin de rester plusieurs mois en terre pour entrer en germination. Les graines de plantes annuelles du même climat, qui lèvent dans l'espace de quinze à vingt jours, ne doivent pas être semées en même temps que les premières, parce qu'il seroit à craindre dans cette saison humide, et dans laquelle le soleil n'est que peu d'instans sur notre horizon, que le jeune plant levé ne fondît et ne mourût. On retarde les semis de cette division de végétaux jusque vers la moitié de ventose, et on la préserve de l'excès d'humidité par la chaleur du feu.

A l'air libre. L'exposition à l'air libre convient généralement à toutes les plantes rustiques qui croissent dans les climats de même nature que celui sous lequel on les sème. Elle convient encore aux semis des plantes étrangères qui ont été acclimatées par une longue culture à la température du pays dans lequel on en fait les semis. Enfin, il est des plantes annuelles de climats très-chauds, qui, étant semées en plein air aux approches de l'été, dans un climat septentrional, supportent fort bien le plein air, et fournissent leur végétation complète, comme dans leur pays natal.

Au levant. On sème à l'exposition du levant beaucoup de graines d'arbres de l'Amérique septentrionale, qui croissent sous les épaisses forêts, et que les rayons du soleil du midi pourroient incommoder et faire périr, telles que différentes espèces de gentianes, de rubus, de spirsa et autres de cette nature.

On place aussi sur des couches exposées au levant les pots, les terrines et les caisses de semis de graines qui, croissant à l'ombrage des arbres qui les ont produites dans les pays plus chauds que celui dans lequel on les fait, ont besoin d'être préservées du grand soleil. En général, les graines très-fines, comme celles des lobelia, de plusieurs espèces de campanules, de mille-pertuis, etc., qui ne sont recouvertes que de l'épaisseur d'une ligne de terre très-légère, réussissent infiniment mieux à cette exposition qu'à toute autre.

Cette exposition convient plus particulièrement aux semis de graines des plantes des climats chauds, soit qu'ils soient faits en pleine terre ou dans des pots; mais il faut proportionner les arrosemens, les rendre plus fréquens et plus abondans à cette exposition qu'à toute autre.

Au midi. Il est cependant des cas où des semis de plantes de la zône torride, placés sous des châssis ou des baches, ont besoin d'être défendus, dans leur jeunesse, des rayons du soleil du midi; on se sert, pour cet effet, de toiles, de canevas ou de paillassons à claire-voie. C'est sur-tout lorsque les rayons du soleil passent entre des nuages groupés et discontinus, que cette précaution est nécessaire.

Au nord. L'exposition au nord est affectée plus particulièrement aux semis de graines de végétaux des pays plus septentrionaux que celui où on les fait, soit qu'ils soient exécutés en pleine terre ou dans des vases. On en fait usage aussi pour faire lever les graines des plantes des hautes montagnes, et enfin, pour les plantes de la zône torride qui croissent sous les épaisses forêts et dans des lieux très-ombragés; mais ces derniers devant être à une température chaude, analogue à celle de leur pays, ce n'est que dans une serre chaude, ou sous une bache qu'on peut les cultiver à l'abri du soleil, et leur donner l'exposition du nord.

Observations générales. On demandera: à quoi bon labourer et ameublir les terres, puisqu'après les avoir labourées on les foule et on affermit la surface? Il est aisé de répondre à cette question: les labours n'ont pas seulement pour objet de remuer la terre, mais de la retourner à une certaine profondeur; de la mêler, d'accélérer la décomposition du carbone qu'elle contient, afin de le rendre propre à être absorbé par les racines des végétaux, entrer dans leur nutrition, et devenir partie intégrante de leurs substances. Or, le carbone, après une récolte, se trouve fort diminué dans le lit de terre qu'occupoient les racines des végétaux qui l'ont produit, tant parce qu'elles ont absorbé tout celui qui se trouvoit au point de ténuité propre à être saisi par les organes, que parce que les eaux pluviales ont entraîné à une plus grande profondeur, et mis hors la portée des racines, une autre partie de ce même carbone.

Ainsi, la succion des racines d'une part, et d'une autre les eaux, ont contribué à dépourvoir la couche de terre dans laquelle ont vécu les racines, l'année précédente, des sucs nourriciers dont ont besoin les futures récoltes.

Comme la couche de terre extérieure qui a fourni une récolte contient beaucoup de substances propres à fournir du carbone, puisqu'il s'y trouve les détrimens de tous les insectes éphémères qui ont vécu sur le champ, les feuilles desséchées des plantes qu'il a produites, les parties mâles de leurs fleurs qui, après avoir fécondé leurs germes, sont tombées, et enfin une portion des tiges et les racines de ces mêmes plantes; toutes ces substances qui contiennent le carbone dans un état de division très-considérable, joint à celui qui a été entraîné par les eaux dans la couche inférieure, aux racines et aux engrais nouveaux qu'on y ajoute, redonnent à la terre les moyens de fournir à de nouvelles végétations. Mais, pour cela, il faut que ces substances soient disséminées dans la couche végétale accessible aux racines, et il n'y a que les labours qui puissent opérer ce mélange.

Mais pourquoi, ne manquera-t-on pas d'observer, si la couche de terre dans laquelle ont vécu les racines qui ont produit une récolte a absorbé tout le carbone qui s'y rencontroit, d'autres végétaux de familles différentes, et souvent même qui n'en different que par le genre seulement, croîtront-ils très-bien; et fourniront-ils une nouvelle récolte, sans qu'il soit besoin de mettre de nouveaux engrais sur ce champ prétendu épuisé?

On sait d'abord que les racines des végétaux descendent en terre, à différentes profondeurs; qu'il en est qui forment un réseau de chevelu à la surface de la terre, et qui ne s'y enfoncent que de quelques lignes; d'autres qui embrassent une épaisseur de terre de plusieurs pouces; que plusieurs, dans la division des plantes vivaces sur-tout, vont chercher leur nourriture à deux et trois pieds de profondeur; et qu'enfin, il existe des arbres dont les racines pivotantes s'enfoncent à plus d'une toise. Si l'on alterne ses cultures avec des végétaux qui offrent de telles différences dans la disposition de leurs racines, il n'est pas difficile de résoudre l'objection proposée, puisqu'on peut attribuer ce fait à l'aptitude des racines, dont les unes atteignent le carbone que n'ont pu atteindre les autres, et que toutes trouvent leur aliment sur le même sol, mais à des profondeurs différentes.

Mais enfin, pourquoi, demandera-t-on encore, deux plantes de même famille, dont les racines ont à l'extérieur la même configuration, et qui s'étendent à la même profondeur, peuvent-elles se succéder avec avantage sur le même sol et y fournir de bonnes récoltes; tandis que la même espèce de plante ne pourra être semée deux années de suite, dans la même pièce de terre, sans que la deuxième récolte ne soit très-inférieure à celle de la première, semis, culture, engrais, température, toutes choses étant égales d'ailleurs? Ce fait, observé dans la plus haute antiquité, a donné lieu à l'établissement d'un principe général, reconnu des agriculteurs, et d'où est dérivée la pratique d'alterner les cultures sur le même sol. Ce principe n'admet aucune exception, tant pour la culture des champs, que pour celle des jardins, des vergers et même pour la plantation des forêts. Beaucoup de physiciens ont cherché à expliquer ce fait remarquable; mais, jusqu'à présent, ils n'en ont pas donné une solution satisfaisante.

Essayons de hasarder des vues qui pourront jeter quelques lumières sur l'explication de ce fait important.

D'abord, il n'est pas certain que des racines, qui ont à l'extérieur et à l'œil la même configuration, aient la même organisation intérieure, et soient également douées de la faculté de s'emparer des mêmes sucs nourriciers et dans le même degré de ténuité; la différence qu'elles offrent dans le port extérieur de leur végétation et dans la forme de leurs parties prouve au contraire qu'il existe des différences dans leur organisation interne, puisque l'une est une suite nécessaire et indispensable de l'autre.

D'une autre part, on sait que les engrais agissent, dans la terre, de différentes manières; les uns en la divisant; les autres en agglomérant ses diverses particules; quelques uns la conservant humide; d'autres, au contraire, en la desséchant; et tous lui fournissant plus ou moins de carbone, sur-tout ceux tirés du règne végétal.

Ce carbone ne passe pas subitement à l'état de combinaison et de ténuité qui le rend propre à être absorbé par les racines des végétaux; tout semble prouver, au contraire, qu'il lui faut plusieurs années d'élaboration: si donc un champ de blé a épuisé, pendant sa végétation, tout le carbone qui se trouvoit dans l'état convenable à sa nutrition, et le fumier qui doit le remplacer n'ayant pas eu le temps d'être élaboré au point convenable, le nouveau blé qu'on sèmera dans ce même champ, l'année suivante, trouvant moins de parties nutritives, ou qui ne sont point encore élaborées au point convenable à sa nature, croîtra moins vigoureusement et fournira une récolte inférieure à la première.

Mais, si l'on sème sur ce même champ une autre espèce de froment, une graminée d'un genre différent, et, encore mieux, une plante d'une autre famille, celle-là, trouvant le carbone délaissé par le froment, auquel se trouve uni celui enterré par les labours, s'en emparera, en fera son profit et fournira une végétation vigoureuse. Cette explication, qu'on pourroit appuyer sur un grand nombre d'observations, paroît avoir quelque degré de certitude; mais, quoi qu'il en soit, il n'est pas moins vrai que la pratique d'alterner les cultures de toutes espèces ne soit une des plus utiles au perfectionnement de l'agriculture, à l'abondance des produits et à la conservation des propriétés productives des terres. Nous terminerons cet article par quelques indications sur la profondeur à laquelle doivent être enterrées les diverses espèces de graines que l'on sème.

Si l'on observe les moyens qu'emploie la nature pour la reproduction et la multiplication des végétaux par la voie des semences, on verra qu'elle est aussi simple dans ses procédés que ceux-ci sont vastes et assurés : c'est en les imitant autant que le permettent les localités dans lesquelles on se rencontre, et en les suppléant, autant qu'il est possible, qu'on peut espérer de réussir.

Dans l'état de nature, les graines mûrissent sur les végétaux qui les produisent ; quelques unes tombent immédiatement après leur maturité ; d'autres, au contraire, restent sur leur pédoncule, jusqu'à l'époque d'une nouvelle sève qui, trouvant oblitérés les vaisseaux qui conduisent à ces graines mûres, s'en détournent pour se porter vers des boutons ou des rameaux qui exigent son fruit vivifiant ; mais les uns et les autres tombent à terre sur des couches d'humus végétal produites par la décomposition des feuilles, des brindilles et autres parties de végétaux ; d'autres trouvent pour lits, des couches de plantes herbacées, dans lesquelles elles se trouvent enveloppées et couvertes ; il en est qui ne rencontrent dans leur chute que de légères couches de mousse, de lichen et autres plantes cryptogames de petite stature ; bientôt elles sont recouvertes par des particules terreuses qu'y charrient les vents ou qu'y entrainent les pluies, et par les feuilles desséchées des végétaux supérieurs. Les fruits pulpeux tombent entiers, leur chair se décompose, les siliques, les calices et autres espèces d'enveloppes exposées à l'humidité, se détruisent ; il résulte, de la décomposition de toutes ces substances, un humus végétal, dans lequel se rencontre une très-grande quantité de carbone, dans un état de division tel, qu'il est propre à entrer presque sur-le-champ dans l'organisation végétale.

Ainsi donc, les germes des semences, après avoir été développés par l'humidité et la chaleur, se nourrissent d'abord du lait végétal contenu dans les lobes qui les accompagnent ; leurs radicules s'enfoncent ensuite dans une couche presque uniquement composée d'humus végétatif, dans laquelle elles tirent, par leurs suçoirs, un aliment moins élaboré, mais plus substantiel que celui fourni par les lobes des semences, et plus analogue à l'état de la jeune plantule : peu de temps après, le jeune plant devenant plus robuste, enfonce ses racines en terre à une plus grande profondeur ; il y trouve des sucs élaborés, plus nutritifs, plus forts et plus assimilés à l'état de vigueur et de force des végétaux à cette époque de leur âge.

On voit qu'il existe une grande analogie entre les végétaux et les animaux, pour la manière dont ils se nourrissent.

Ceux-ci, en naissant, vivent presque uniquement du lait de leur mère ; il leur faut ensuite une nourriture plus succulente ; et enfin, arrivés à leur état parfait, ils ont besoin d'alimens plus substantiels, plus forts, et qui conviennent mieux à leur tempérament vigoureux et robuste.

D'après ce qui vient d'être dit, il est aisé de sentir 1°. que la couche de terre dans laquelle se font les semis doit être abondante en parties nutritives, et dans un état d'élaboration tel, qu'elles puissent remplacer l'aliment que fournissent aux jeunes semis leurs cotylédons, et servir de nourriture intermédiaire entre ce premier et celui qu'ils doivent tirer des couches de terre inférieures ; 2°. que cette couche de terre doit être très-meuble, pour que les radicules et le tendre chevelu des racines des jeunes plants puissent la pénétrer et y chercher leur nourriture ; 3°. et enfin, que la couche de terre qui doit recouvrir les semences doit avoir peu d'épaisseur, être meuble et légère, pour que les pulpes des semences puissent aisément la traverser lors de leurs développemens.

Si l'on ne recouvroit les semis qui se font à mains d'hommes qu'aussi peu que ceux qui se font naturellement dans les campagnes, on manqueroit son but, on réussiroit rarement à faire lever les graines que l'on sèmeroit. Les semis qui se font naturellement, sont abrités par des herbages ou des arbres, dont la fraîcheur et l'ombrage léger protègent la germination des graines, et les défendent des rayons trop ardens du soleil. Les semis faits à mains d'hommes, se pratiquant dans une terre nue, nouvellement remuée et exposée aux rayons du soleil, n'auroient ni assez d'humidité ni assez d'abri pour lever : on est donc obligé de les couvrir davantage, et il est une règle assez généralement suivie, qui, à quelques exceptions près, peut guider dans la pratique : c'est la grosseur des semences qui doit indiquer, à peu près, l'épaisseur de la couche de terre qui doit les recevoir, pour faciliter et assurer leur germination.

Les semences très-fines, telles que celles des raiponces (*campanula rapunculus*) ou des mille-pertuis, (*hypericum*) des pourpiers, (*portulaca*) et autres de cette nature, doivent être recouvertes d'une ligne de terre, et encore doit-elle être légère. Les graines de la grosseur d'un pois michaud, (*pisum sativum nanum*) ont besoin d'être recouvertes de terre, de l'épaisseur de trois quarts de pouce. Enfin, les graines les plus grosses parmi celles de nos arbres fruitiers, comme les amandes, les noyaux d'abricots, de pêcher et même les noix, peuvent être enfoncées en terre entre deux et trois pouces. En suivant la même progression pour les grosseurs de semences intermédiaires entre les trois que nous venons d'indiquer, on arrivera à des données assez exactes pour recouvrir de l'épaisseur de terre convenable les différentes sortes de graines. Mais il est bon d'avertir que les graines les plus grosses, telles que celles du palmier cocotier des Maldives, qui est le plus gros noyau que nous connoissions, ne doit être enfoncé en terre qu'à la profondeur de quatre à cinq pouces.

S'il est important d'enfoncer les semences à une profondeur convenable pour leur réussite, il ne l'est pas moins, pour la célérité de leur germination, qu'elles ne soient pas trop enfoncées en terre. Les graines les plus fines enterrées à un pouce, ne lèvent point; elles se conservent en terre, jusqu'à ce qu'un concours de circonstances les rapproche de la surface de la terre. (Th.)

SENNE, SAINE, SEINE ou SÉME, (*Pêche.*) La senne est un filet fort en usage chez les pêcheurs : une nappe simple le compose, et il est propre à arrêter toutes sortes de poissons. On l'appelle aussi *traîne*, parce que le plus souvent on le traîne sur le fond des eaux. On lui donne toujours beaucoup plus de longueur que de chute; et, comme il doit se tenir verticalement dans l'eau, on garnit sa tête de flottes en liége ou en bois, et son pied, de lest en plomb ou en cailloux.

La grandeur de la senne varie suivant la largeur et la profondeur de la rivière ou nappe d'eau où l'on pêche. Sur le Rhin, par exemple, les pêcheurs réunissent quelquefois, pour former une senne, six à huit filets de cinquante aunes chacun, dont les mailles sont fort larges. En général, la longueur des sennes va de huit brasses jusqu'à soixante et plus, et leur chute, de quatre pieds jusqu'au delà de six : on préfère de leur donner plus de chute que moins, afin qu'elles *boursent*, c'est-à-dire qu'elles fassent la poche. Les mailles de ces filets ont plus ou moins de largeur, suivant l'espèce de pêche : quelquefois une même senne porte des mailles de grandeurs différentes. Mais, quel que soit l'échantillon de ces mailles, la senne n'en est pas moins un filet destructeur et nuisible à la propagation du poisson, parce qu'en le traînant, les mailles se rétrécissent et arrêtent le frai et la menuise comme le gros poisson.

Aux extrémités de la senne sont des cordes plus ou moins longues, auxquelles on donne le nom de *bras*; elles servent à tendre le filet et à le traîner.

Quelque part que l'on emploie la senne, il faut choisir un fond uni, sur lequel sa ralingue du bas puisse glisser sans embarras. Ce n'est pas que, pour la conservation du poisson, il ne fût plus avantageux que le pied de la senne, moins chargé de lest, ne le portât qu'attaché à des lignes de quelques pouces de longueur, placées de distance en distance; par cette disposition, qui devroit être généralement prescrite, le frai et les petits poissons pourroient s'échapper par-dessous la ralingue basse, et être conservés pour les pêches à venir.

Quand la nappe d'eau sur laquelle on veut pêcher à la senne n'a qu'une médiocre largeur, les pêcheurs se partagent en deux bandes, qui se placent sur chacune des rives; ceux qui ont le filet de leur côté attachent une pierre à l'un des bras, la jettent à ceux qui sont sur le bord opposé, et laissent aller le filet à l'eau, à mesure que les autres le tirent à eux. Lorsque la senne est étendue en entier, les deux bandes de pêcheurs la traînent ; elle décrit alors, dans le sens horizontal, une courbure, dont le creux est tourné vers les pêcheurs qui, après avoir traîné leur filet pendant quelque temps, le relèvent, en rapprochant et réunissant l'une à l'autre les deux ralingues, et en renfermant les poissons dans le contour ou l'enceinte circulaire que l'on forme par cette manœuvre.

Pour l'ordinaire, les pêcheurs cherchent une petite anse, peu profonde, au fond de laquelle ils se réunissent, et, saisissant les deux ralingues de la senne, ils la tirent à terre. S'il ne se trouve pas d'anse à portée du lieu de la pêche, les pêcheurs d'un des bords de la rivière, attachent le bras qu'ils tiennent à un piquet, et ceux de l'autre bord lient l'autre bras à une pierre, et la jettent à leurs camarades ; puis, remontant la rivière et tirant le bras, ils font décrire une courbe au filet, ramènent ce même bras vers celui qui est attaché au piquet, et tirent le filet à terre.

Si la rivière ou toute autre nappe d'eau a beaucoup de largeur, des pêcheurs se mettent dans un petit bateau avec le filet, tandis que d'autres restent sur un des bords et tiennent l'un des bras; ceux du bateau rament pour traverser le courant, et jettent en même temps la senne à l'eau, pli à pli, jusqu'à ce qu'ils soient arrivés à l'autre bord ; après que le filet a été traîné, les pêcheurs qui ont le bateau de leur côté ramènent sur le bord opposé le bras qu'ils ont conservé ; et, réunissant leurs efforts à ceux de leurs compagnons, ils amènent le filet en place.

Les pêcheurs tendent quelquefois un tramail par le travers de la rivière, à l'endroit où ils se proposent de terminer le trait de la senne; le poisson, que ce dernier filet effraie et pousse, va se jeter et se prendre dans le tramail. (S.)

SENNETTE, (*Pêche.*) C'est une très-petite senne, que les pêcheurs traînent dans les rivières et les étangs ; elle est ordinairement garnie d'une perche à chacune de ses extrémités, et ces perches servent à la porter et à la traîner. (S.)

SOPHORA DU JAPON, (*Sophora Japonica* Linn.) grand arbre de pleine terre, de la famille des légumineuses.

Fleurs, en grappes, d'un blanc tirant sur le jaune ; nombreuses.

Feuilles, ailées, à folioles nombreuses et ovales.

Fruit. Légume long, polysperme, articulé ou resserré entre chaque semence.

Port. Tige droite, lisse, d'un beau vert, rameaux pendans, divergens.

Lieu. Le Japon.

Usages économiques. Cet arbre s'élevant à une grande hauteur, et ayant un accroissement très-rapide, est classé parmi les arbres exotiques destinés à restaurer les bois, ou à orner les avenues; ainsi puisque l'agriculture est de nos jours l'occupation chérie de beaucoup de personnes, autrefois étrangères à ce genre de spéculation, et que l'impulsion heureuse des bons esprits vers l'étude et la pratique de cet art s'étend aussi sur les forêts qu'il est évidemment utile d'augmenter en France, par des forêts artificielles, il faut indiquer un arbre utile sous plusieurs rapports, placé par M. Thouin sur le tableau des arbres étrangers, susceptibles de s'acclimater parmi nous, et de se confondre dans nos arbres forestiers indigènes.

Le sophora a un accroissement rapide, s'élève à plus de soixante pieds de hauteur, et est particulièrement recommandable pour former des avenues, par la surface polie et vernissée de son épiderme que les animaux respectent ; par la gaîté de son feuillage, l'élégance de ses rameaux, et la majesté de son port. Cet arbre est depuis long-temps chéri des amateurs de jardins de luxe, qu'il décore d'une manière très-distinguée, et dans lesquels il a été traité avec les soins particuliers qu'on prodigue toujours aux étrangers, jusqu'à ce qu'ils soient habitués au pays auquel ils doivent s'attacher. Ainsi, l'histoire des premiers temps de naturalisation du sophora au milieu de nos jardins fut celle des nombreux essais, des inquiétudes multipliées que donnent, au moment que j'écris, plusieurs végétaux qui viennent d'arriver des contrées lointaines, et dont quelques uns, sans doute, augmenteront un jour nos richesses forestières. Les premiers sophoras furent semés sur couche ou en serre chaude, dans la crainte que leurs semences ne germassent pas; et cette éducation banale de tout ce qui est rare affoiblit la constitution de cet arbre, dont les sommités gelèrent nécessairement dans les gros hivers. Enfin, le défaut de semence fit imaginer un mode secondaire de reproduction, et on le multiplia par couchages, par racines, et les individus nés par ces procédés, ne jouissant pas de la force originaire que donne seul le *caractère séminal*, dans tous les corps vivans, furent difformes, noués, mal faits, comme tout arbre né de marcottes ou de boutures; car tout végétal, pour posséder ses qualités dans toute leur énergie, doit procéder de graines, doit se *dérouler* de la semence dans laquelle il existe en petit. Un grain de sophora contient un sophora entier, comme un chêne est contenu dans un gland. Sans doute, la nature ayant attaché les végétaux à la terre, sans leur accorder la faculté de changer de place à volonté, leur donna par compensation, et exclusivement à l'homme, la faculté de se reproduire et de renaître d'une section de branche de racine; mais si elle les favorisa de cette prérogative entre les corps organisés, (excepté quelques vers mollusques) elle abandonna à la semence seule la faculté de conserver l'espèce dans son intégrité; et, ne pouvant enfreindre aucune de ses lois, elle voulut en outre que la semence fût pure pour reproduire un individu pareil à celui qui la produisit.

Le sophora, après avoir été multiplié par divers moyens, a pu l'être abondamment par les semences qui furent très-abondantes en l'an 11, d'une température chaude. J'indiquai alors la manière de semer, par une instruction insérée dans les journaux d'Agriculture. Les graines seront semées en floréal, en pleine terre au levant, par rayons d'environ huit à dix pouces, couvertes d'une couche légère de terre, et d'un lit léger de mousse ou de paille courte et froissée qu'on aura soin de tenir toujours humide par de légers et fréquens arrosemens; elles germent en vingt ou trente jours. Le plant en sera éclairci et transplanté, s'il lève trop abondamment, ou laissé en place, s'il a été semé clair; la deuxième année on replantera à demeure, et même dès l'automne, c'est-à-dire après cinq mois de semis: le sol qui leur convient le plus, sans doute, est une terre substantielle et sablonneuse; mais, comme il se nourrit en grande partie aux dépens de l'humidité atmosphérique, ainsi que l'acacia robinier, l'érable négundo, et les autres végétaux à feuilles composées et pourvues de nombreuses bouches d'absorption, il prospère dans les terres de médiocre qualité, comme le prouve la pratique des pépiniéristes, qui l'éloignent des meilleures terres végétales, parce que, disent-ils, *il se jette en rameaux et en bois, et ne donne pas assez de petites branches pour les marcottes;* mais c'est cette tendance des végétaux à s'élever rapidement sans s'abandonner en branches latérales inutiles, qui caractérise favorablement le sophora, comme arbre forestier; et ce bois *dur* et *compacte*, et ces rameaux qui répugnent au *marcottage*, sont ce qu'il faut dans les arbres de haute stature, et signalent celui qui nous occupe comme l'un des végétaux les plus faits pour fixer l'attention des gens qui s'intéressent aux progrès de l'économie forestière, et en particulier de ceux qui, possesseurs de terres oisives ou mal employées, peuvent se livrer, en semant ou en plantant des bois, à l'une des plus lucratives spéculations personnelles pour l'avenir, en même temps qu'ils opèrent le bien public.

Les arbres qui donnent déjà des semences de sophora en Europe, étant peu nombreux, et n'en donnant pas chaque année, doivent être conservés par-tout avec le plus grand soin; plusieurs ont failli succomber à la hache de destruction, ainsi que beaucoup d'autres arbres agréables des jardins, auxquels on faisoit le reproche mal fondé de n'être que des objets de luxe, dans un temps où un grand nombre d'hommes, épris du bien public, se méprenoient souvent sur l'application de ce principe.

Notre maison de commerce (TOLLARD, frères, *grènetiers et pépiniéristes*, à Paris) a fourni des semences à l'administration forestière de France, desquelles sont sortis plusieurs milliers de sophoras qu'on voit dans la pépinière forestière de Mousseaux, et qui ont été plantés dans les pépinières forestières des départemens. Nous avons semé une grande quantité de sophoras, et nous en possédons beaucoup. Cet arbre prospère sur tous les points de l'Empire; et les diverses plantations qui ont été faites à toutes les températures de la France en assurent désormais la naturalisation.

J'ai voulu faire ressortir quelques uns des avantages les plus saillans du sophora, et le venger de l'oubli auquel on l'avoit injustement condamné jusqu'alors. (TOLLARD aîné.)

SOUPES ÉCONOMIQUES ou POTAGES. Cet objet tient de si près à l'économie domestique, qu'il nous a paru devoir figurer dans un ouvrage consacré à l'agriculture et à l'intérêt de ceux qui pratiquent le premier des arts. Je me propose donc de renfermer dans un seul article les différentes espèces de potages, imaginées par le luxe de la table ou par l'empire des besoins, pour préparer un aliment plus ou moins liquide, savoureux, nutritif. Ce genre de mets par lequel commence ordinairement le dîner du riche comme celui du pauvre, qui forme la partie la plus essentielle, quelquefois même l'unique du repas de ce dernier, a arrêté, dans ces derniers temps, l'attention du gouvernement pour créer des ressources en faveur de la classe laborieuse. Nous terminerons cet article par quelques observations sur les secours que pourroient répandre autour d'elles les personnes bienfaisantes qui voudroient adopter, pour les indigens qu'elles sont dans l'habitude de soulager, un système de nutrition capable de décupler le patrimoine de la misère.

Toutes les boissons fermentées, le lait des animaux, le lait d'amandes, etc., peuvent servir de véhicule ou d'excipient aux matières muqueuses, gélatineuses et extractives qui constituent les différens potages; mais c'est l'eau sur-tout qu'on emploie le plus communément à cet usage, ce n'est que par le concours du feu qu'on parvient à identifier ce liquide avec la substance alimentaire, et à donner à celle-ci cette mollesse et cette flexibilité si nécessaires pour la transformation en chyle, d'où résulte, disons le mot, une *soupe*.

En effet, quoique nos connoissances relatives à la manière d'agir de l'aliment soient encore fort incomplètes, on ne sauroit douter que l'eau ne joue le plus grand rôle dans la fonction importante de la nutrition, et que, dans le pain, par exemple, elle n'entre quelquefois pour un tiers et n'y devienne elle-même solide et alimentaire. Ainsi, dans son passage à l'état de soupe, la matière nutritive, au moyen d'une cuisson ménagée et lente, n'a subi d'autres changemens que sa combinaison intime avec l'eau, et un plus grand développement dans ses propriétés alimentaires.

Il semble que cette vérité ait frappé depuis long-temps les meilleurs observateurs en économie; ils ont remarqué que la même quantité de farine, sous forme de bouillie, nourrissoit moins long-temps et moins efficacement, par conséquent, que celle qui se trouvoit dans un état moins consistant; que l'eau combinée et modifiée d'une certaine manière, avoit une influence sensible, et sur la qualité, et sur les résultats de la nourriture.

Mais un autre avantage de l'aliment amené à l'état de soupe, c'est de ne réunir toutes ses qualités que quand il se trouve pourvu d'un certain degré de chaleur; or, on sait, d'après une suite d'expériences comparatives faites par des fermiers intelligens, que la subsistance solide ou liquide, qui a éprouvé la cuisson et qui conserve encore un peu de calorique lorsqu'on l'administre aux animaux, est incontestablement plus alimentaire, plus salubre; que le bénéfice résultant de cette pratique dédommage amplement des soins, du temps et des frais qu'elle occasionne nécessairement.

Aussi voyons-nous dans les annales de l'espèce humaine, l'aliment qui renferme le plus d'eau et de calorique, la *soupe*, appartenir à tous les âges, à tous les états, à tous les banquets; elle est, après le lait, le premier aliment de l'enfance; et, dans tous les périodes de la vie, les Français sur-tout ne s'en lassent jamais; le soldat à l'armée, le matelot en mer, le voyageur en route, le laboureur au retour de sa charrue, le moissonneur, le vendangeur, le faucheur, le journalier, qui vont quelquefois travailler loin de leurs foyers, trouvent dans la soupe un aliment qu'aucun autre ne sauroit suppléer; la plupart d'entr'eux croiroient n'être pas nourris si elle leur manquoit.

Je m'abstiendrai de faire ici l'énumération d'une foule de recettes exécutées à différentes

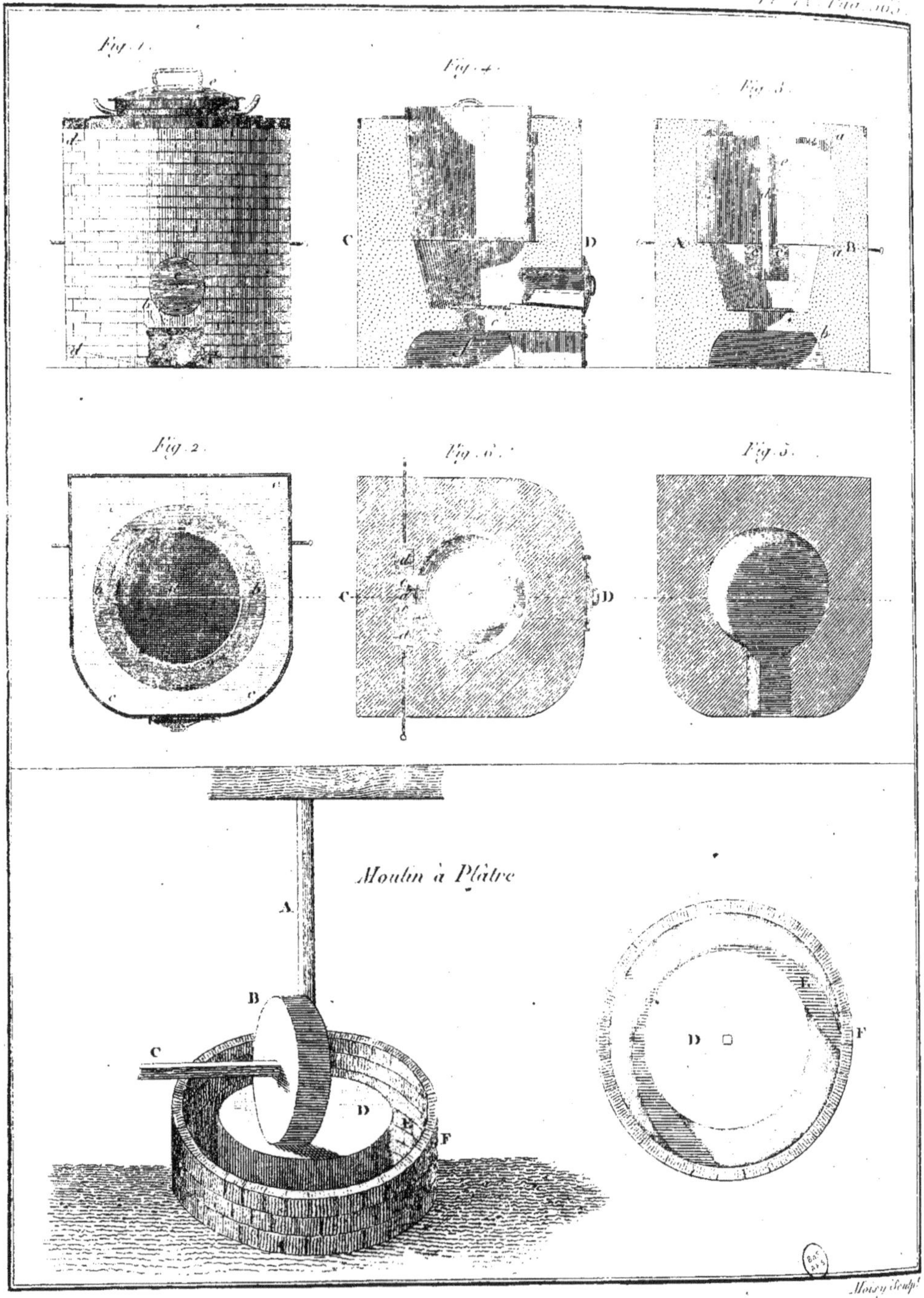
Fig. 1.
Fig. 4.
Fig. 3.
C
D
A
B
Fig. 2.
Fig. 6.
Fig. 5.
Moulin à Plâtre
A
B
C
D
E
F
D
E
F

Moisy Sculp.

époques, dans différens cantons de l'Europe, pour préparer la soupe; la plupart occupent une place distinguée dans nos meilleurs traités d'économie rurale et domestique; mais leur composition réglée sur le goût du pays et les ressources locales, sur les facultés des consommateurs, demande quelques modifications dépendantes de l'état où se trouvent aujourd'hui les sciences et les arts.

Ces soupes sont désignées assez ordinairement sous le nom de la substance qui y domine; on les appelle *soupe à la purée* quand on y fait entrer la matière farineuse des graines légumineuses, et *soupe aux herbes*, quand l'oseille, la poirée, la laitue en font la base, etc.; souvent aussi c'est l'excipient ou le véhicule employé qui sert à les caractériser; ainsi, on dit *soupe au vin*, *soupe à la bière*, *soupe au lait*, etc.; mais nous ne nous arrêterons qu'aux potages les plus généralement usités parmi nous.

Une règle dont on ne devroit jamais se départir lorsqu'il s'agit de faire cuire la viande par la voie sèche ou par la voie humide, c'est de ne pas employer un degré de chaleur trop considérable, sans quoi elle perd de sa couleur, de sa saveur, de ses facultés nutritives et ne conserve plus qu'un caractère d'âcreté, et, par conséquent, la propriété échauffante : un rôti, des côtelettes, un bouilli, un ragoût, accommodés lentement et à petit feu, ne sont nullement comparables aux mêmes mets dont la cuisson a été brusquée. C'est sur-tout pour le bouillon gras, qui sert de véhicule à la soupe, que cette différence est frappante.

Potage au gras. On ne sauroit trop ridiculiser cette manie des cuisiniers d'un certain ordre, qui font leurs potages à grand feu, dans des vases à découvert, et remplacent l'eau à mesure qu'elle s'évapore, ou l'enlèvent pour préparer leurs ragoûts, leurs coulis; jamais ils n'obtiennent, quelle que soit la proportion de la viande mise à la marmite, qu'un bouillon âcre et peu chargé de gélatine.

Ce n'est donc point la quantité de viande qui fait le bon potage, mais bien la manière de le gouverner. On est tout étonné, après avoir mangé la soupe dite *bourgeoise*, de voir sortir du pot et paroître sur la table le chetif morceau de viande qui a concouru à la faire, par la seule raison qu'à peine la liqueur a bouilli, et que la bonne ménagère n'y a employé que le combustible nécessaire, et tout le temps et la patience qui conviennent pour bien faire l'opération du pot au feu, qui se renouvelle tous les jours dans les maisons bourgeoises, et devient par conséquent un objet qui mérite la plus sérieuse considération, soit du côté de l'économie du bois, soit relativement à la qualité du potage; un fourneau fait exprès pour la marmite, dans lequel elle chauffe par son fond et peu à sa partie supérieure, est un des meilleurs moyens à employer pour obtenir un excellent bouillon et très-économique. J'ai vu avec intérêt, chez M. Bourriat, professeur à l'Ecole de Pharmacie, un fourneau construit dans ce genre; il ne faut qu'une petite quantité de charbon pour établir l'ébullition et la maintenir toujours égale; la dépense du combustible ne s'élève pas à plus de deux sous, encore reste-t-il assez de chaleur, lorsque la marmite en est retirée, pour chauffer, dans un vase de cuivre adapté à ce fourneau, l'eau nécessaire pour laver la vaisselle d'un petit ménage. En voici la description :

Description du Fourneau économique de M. Bourriat, *Pl. IX, fig.* 1.

Des Fourneaux en général. Tout fourneau est composé d'un *cendrier*, d'un *foyer*, d'un *laboratoire*, d'une *cheminée*.

Le *cendrier* est la partie inférieure du fourneau; le nom en indique la destination, celle de recevoir la cendre; mais il a une toute autre destination et beaucoup plus importante, c'est celle d'aspirer l'air nécessaire à la combustion : sous ce rapport le *cendrier* est donc aussi *ventilateur*. Cette fonction suppose des proportions à admettre dans la construction du cendrier, pour qu'il puisse remplir cette dernière et si importante fonction; le cendrier a une porte; l'orifice de cette porte est quelquefois armé d'un *régulateur*, moyen très-ingénieux, destiné à admettre plus ou moins d'air, et à régulariser conséquemment combustion et chaleur.

Le *foyer* est la partie du fourneau qui sert à déposer l'aliment du feu, bois, houille, tourbe, charbon. La proportion d'air est relative à la quantité du combustible; ce qui nécessite des dimensions relatives; le foyer a une porte destinée à y porter le combustible. Sa fonction n'est pas d'admettre l'air extérieur; c'est au cendrier seul à l'introduire dans le foyer.

Le *laboratoire* est la portion du fourneau destinée à recevoir l'instrument qu'on expose à l'action du feu, tel que marmite, bassine, chaudière, cucurbite.

Il y a des cas où le foyer et le laboratoire nefont qu'un, quand l'instrument demande à être enveloppé par le combustible, tel qu'un creuset, un *moufle* dans les fourneaux à *essayer* des monnoies.

Il en est ainsi du *fourneau Bourriat*, c'est-à-dire que la flamme environnant dans son fond et dans toute sa circonférence le vaisseau, le foyer et le laboratoire sont communs entr'eux.

La *cheminée* n'a de destination que de conduire en dehors la fumée et la portion d'*air brûlé;* car l'air est combustible. Mais nous traiterons par suite de l'ignition, qui avoit été un mystère pour les siècles qui nous ont précédés, mais dont le secret a été révélé par la physique moderne. La cheminée a aussi ses dimensions; toutes celles du cendrier, du foyer, du laboratoire, sont relatives entr'elles, et en raison de la quantité du combustible.

Maintenant que nous avons établi ces principes sur la construction des fourneaux en général, appliquons-les au *fourneau Bourriat.*

Le cendrier est séparé du foyer par une grille destinée à recevoir l'aliment du feu.

Le fond du vaisseau reçoit la flamme; mais il n'y a d'abord que son fond; la construction intérieure du fourneau isolant ce fond, qui pose circulairement sur la bâtisse, alors la flamme, après avoir séché le fond du vaisseau, prend son issue par une ouverture latérale et verticale pour aller embrasser tout le pourtour, et y établir un contact égal et parfait de flamme et de calorique.

Une languette, qui fait dans toute sa hauteur point d'appui, sépare l'issue à droite, destinée à conduire la flamme, et l'issue à gauche, destinée à conduire la fumée.

Explication de la Planche IX.

Fig. 1. *a.* Porte du cendrier, ayant cinq pouces de haut sur huit de large.

b. Distance du cendrier au foyer, un pouce et demi.

c. Porte circulaire du foyer, scellée dans la construction, du diamètre de six pouces, garnie de son fourreau.

d d. Hauteur totale du fourneau, trente pouces.

c. Saillie du rebord et du couvercle de la chaudière.

Fig. 2. *a.* Le diamètre supérieur de la chaudière, seize pouces.

b b. Panache de la chaudière; c'en est le rebord servant à recouvrir le dessus du fourneau.

c c. Largeur totale du fourneau, de trente pouces.

Nota. On peut faire le fourneau, ou circulaire, ou carré.

Fig. 3. *a.* Hauteur du fourneau, au dessus du foyer.

De *a* à *d.* Hauteur du foyer où se place la grille.

c. Passage de la fumée du laboratoire à la cheminée.

d. Languette dont le côté *c* étant le passage de la fumée, le côté *e* est le passage de la flamme au laboratoire.

Nota. Le passage *e* sert, à volonté, à la fumée et à la flamme, en retirant le registre qui couvre le passage *c.*

Fig. 4. *a.* Diamètre du bas de la chaudière, de quatorze pouces.

b. Intervalle entre la chaudière et la paroi interne du laboratoire, de deux pouces.

c. Point du contact, qui doit être le plus immédiat possible, du fond de la chaudière à la partie supérieure du foyer.

Nota. Cette partie supérieure du foyer doit être formée d'un cercle de fer, dans le cas du déplacement habituel de la chaudière, pour éviter la dégradation de cette partie du fourneau.

Le diamètre de la partie supérieure doit avoir treize pouces, et laisser par ce moyen, six lignes de portée pour le fond de la chaudière.

d. Diamètre du fond du foyer, dix pouces.

e. Diamètre de la grille, huit pouces.

f Base du cendrier, de forme conique.

Fig. 5. *a.* Languette, son épaisseur est de deux pouces; c'est tout simplement une brique de champ.

L'issue indiquée dans la *fig.* 3, sous la lettre *c*, servant de passage à la fumée, a trois pouces d'ouverture dans sa longueur, et deux pouces dans sa largeur.

Ce sont les mêmes proportions pour l'issue opposée *e*, et destinée au passage de la flamme.

d d. Deux registres mobiles, servant à intercepter à volonté les issues de la flamme et de la fumée, à l'effet de chauffer soit le pourtour, soit le fond de la chaudière, dans le cas de diminution du liquide, ou à supprimer totalement le feu.

Nota. Dans le cas où le fourneau seroit destiné à recevoir une chaudière qu'il fallût sceller, ou trop pesante pour pouvoir être déplacée, il importe de ménager aux deux parties latérales deux ouvertures bouchées par des tampons en terre cuite, qui s'enlèvent pour pouvoir dégorger la fumée.

Le tuyau destiné à évacuer la fumée doit

être placé verticalement, au lieu de l'être latéralement.

La viande doit être mise à la marmite en même temps que l'eau, autrement l'écume qui se forme à la surface n'auroit pas lieu; elle resteroit confondue en partie dans le bouillon, qui alors a toujours un œil louche et n'est pas de garde. On ne sauroit donc trop insister sur l'attention qu'on doit avoir d'écumer parfaitement le pot, d'y ajouter le sel aussitôt qu'elle est écumée, de ne mettre les racines que quand le bouillon est à moitié fait, et de ménager le feu de manière à ce que la liqueur ne fasse que frémir, que la gélatine ne soit pas détruite par la chaleur de l'ébullition à mesure que l'eau l'extrait, et de prendre garde sur-tout à l'état où se trouve le pain employé pour mitonner la soupe.

C'est le bœuf, le mouton et le porc dont on prépare le plus ordinairement les potages au gras; leur bouillon sert, comme on sait, de véhicule au vermicelle, au riz et aux ragoûts; mais les amateurs en ce genre devroient recommander spécialement à l'officieuse de n'employer jamais dans ses accommodages qu'une chaleur modérée. Nous revenons souvent sur cet objet, car c'est en quoi consiste le secret de la bonne cuisine, excepté pour le poisson, dont il faut toujours brusquer la cuisson; les viandes exigent une sorte de lenteur et de temps pour parvenir au degré de perfection qu'elles sont susceptibles d'acquérir par la cuisson.

On prépare un potage, assez ordinairement bon, avec un morceau de mouton associé à du petit lard, du sel et un clou de girofle; quand tout est cuit à moitié, on passe le bouillon et on y ajoute ensuite le riz qui crève doucement, quand le vase est fermé, sur un feu modéré; on retire ce riz, qu'on mange en guise de potage; on expose le mouton et le petit lard sur le gril, pour achever leur cuisson, et on les sert avec une sauce piquante.

On augmente infiniment la qualité substantielle des potages, par l'addition d'un morceau de vieilles volailles, telles que coqs, chapons, poules, pigeons et perdrix, en observant de le mettre en même temps que la viande de boucherie, afin que l'un et l'autre fournissent ensemble leur écume et tous les sucs gélatineux que l'eau peut en extraire.

Nous dirons encore que les os des rôtis de bœuf, de veau, de mouton, de volaille, donnent au bouillon une saveur fort agréable, non à cause de la gélatine qu'ils contiennent, car elle est essentiellement fade et presque insipide, mais bien par rapport à la légère torréfaction et à l'absorption des sucs et de l'arome de la viande qui les recouvre; la chaleur qui exerce son action, d'abord sur la partie extérieure, fait refouler la majeure partie des liquides contenus dans la viande vers le centre.

Quand on veut donner de l'agrément au bouillon, par des herbes aromatiques, il faut avoir l'attention de ne les ajouter que hachées menues et au moment où l'on va dresser la soupe: tel est, par exemple, le cerfeuil qui, changeant d'odeur et de goût par une chaleur soutenue, donneroit au contraire au potage un mauvais goût.

Une autre précaution, c'est de ne pas tremper, comme on dit, la soupe avec la mie du pain, sur-tout au sortir du four, à moins qu'elle ne soit grillée modérément, et de préférer la croûte; la première mitonne mal, décompose sensiblement le bouillon, le décolore, affoiblit, modifie son goût, sa force, son caractère; et le second, au contraire, ajoute à sa saveur; aussi le pain réduit à l'état de biscuit bonifie-t-il le potage au lieu de le détériorer.

Une autre attention, c'est de ne jamais servir les viandes bouillies sur la table, sans les avoir, au sortir de la marmite, saupoudrées d'un peu de sel égrugé; peut-être faudroit-il avoir la même précaution pour celles qui sont grillées ou rôties. Cet assaisonnement se dissout, se combine, se distribue alors d'une manière plus uniforme, au moment où toutes leurs parties sont encore dilatées et pour ainsi dire fluides.

Soupe maigre. Indépendamment des potages préparés au lait pourvu de sa crême, ou au lait de beurre, et dont la base est le riz, l'orge mondé, perlé ou grené, le potiron, les choux, on en fait encore aux herbes, aux racines et aux graines légumineuses. Le consommateur qui n'aimeroit point à rencontrer sous la dent ces graines, pourroit les convertir en farine, et préparer la soupe plus promptement et à moins de frais; mais, pour les moudre, il faut préalablement les faire sécher au four, et même les torréfier légèrement, sans quoi l'humidité constituante des graines s'échauffant par la rotation et la pesanteur des meules, la farine passe difficilement à travers les bluteaux, dont elle graisse le tissu, d'où résulte une purée moins délicate que celle préparée avec la semence légumineuse cuite entière, puis écrasée et passée.

On ne peut pas toujours avoir des herbes fraîches pour la soupe maigre; les ménagères s'occupent l'automne d'en faire cuire la provision de l'hiver. Tout le monde connoît la manière dont elles s'y prennent; on se dispensera donc d'en donner ici la recette. La seule remarque à faire, c'est de ne jamais y faire entrer des plantes aromatiques, parce que souvent, par la cuisson, elles changent de nature et donnent un mauvais goût à l'oseille et à la poirée, qui forment ordinairement la base des herbes cuites; de les saler et épicer plus qu'on ne fait ordinairement, parce que, forçant du côté de ces assaisonnemens, on contribue d'une part à la conservation des herbes, et de l'autre on n'a pas besoin d'en ajouter lorsqu'on prépare la soupe. C'est une grande économie de temps, d'argent et de soins, que d'avoir une provision d'herbes cuites dans la saison; indépendamment de l'agrément qu'elles donnent à la soupe maigre, elles relèvent la fadeur des substances nutritives employées, telles que l'orge, les lentilles, les pois, les haricots, les pommes de terre, quand elles sont délayées dans une certaine quantité d'eau.

Soupe aux racines. Elle tient aussi un rang distingué dans cet ordre d'aliment; pour préparer la soupe aux racines, on prend d'une part des carottes, des navets, des panais, des ognons qu'on monde et qu'on divise à la faveur d'une râpe de fer-blanc; on met la pulpe qui en provient dans l'eau sur le feu; après trois ou quatre bouillons, on la passe à travers un tamis de crin ou d'un linge fort clair.

D'autre part, on a les mêmes racines divisées longitudinalement en morceaux minces qu'on fait revenir dans le beurre, et qu'on jette dans la liqueur ci-dessus où on les fait cuire; il est possible d'ajouter à ce bouillon, pour lui donner plus de consistance et le rendre plus substantiel, une cuillerée de farine de fèves, de pois, de lentilles et haricots, ou bien encore d'y faire du riz au maigre; enfin, les racines consacrées aux potages doivent toujours être préalablement râpées; dans cet état, elles fournissent tous leurs principes. Il en faut moins pour obtenir une plus grande quantité de matière alimentaire. Une racine qui séjourne à la marmite tout le temps que dure la préparation du bouillon ne fournit à la décoction de viande qu'un foible extrait, et celui qu'elle contient encore se trouve combiné pendant la cuisson avec la matière fibreuse qui constitue le corps, ou les charpentes, ou les qualités de la graine qu'on sert souvent entière ou divisée dans le potage ou autour du bouilli.

Soupe au riz. On sait combien ce grain crevé d'abord dans l'eau, cuit ensuite dans du bouillon gras ou maigre, accommodé à la graisse ou au beurre, présente de mets différens, mais toujours agréables et savoureux; il s'agira ici de celui proposé pour les indigens, et préparé par conséquent avec les moyens les plus économiques.

Prenez du riz	20 liv.
— des pommes de terre	60
— des pois	10
— des carottes	14
— de potirons ou citrouilles	10
— des navets	15
— du beurre fondu	4
— du sel	4

On lave le riz à deux eaux bouillantes, puis dans une eau froide, après quoi on le met sur un feu modéré, pendant la nuit, pour le faire crever doucement dans un vaisseau bien couvert.

Le lendemain, on fait cuire les pommes de terre, qui doivent avoir été lavées; on ne met au fond de la marmite qu'un peu d'eau et de sel pour les laisser cuire, bien couvertes, dans leur propre humidité; le potiron, les carottes et les navets seront cuits de même; en sortant ces objets de la marmite, on les réduit en bouillie le plus exactement, en y versant de l'eau peu à peu, broyant et passant au travers d'une passoire, comme pour la purée de pois.

On verse alors toute cette purée dans la marmite du riz; on y ajoute le sel et le beurre, et l'on fait cuire à petit feu, pendant deux heures, en remuant toujours; après quoi, on y jette le pain en petits morceaux, et l'on tient encore cela sur le feu une demi-heure; le tout est alors capable d'être servi, avec une cuiller de bois qui contient une demi-bouteille ou chopine de Paris, c'est la ration ordinaire; suivant des expériences soutenues pendant trois mois, une livre de cette substance suffit, à peu de chose près, à la nourriture journalière d'un adulte, et revient à peine à cinq ou six centimes. On en préparera une moindre dose, si l'on veut, en diminuant chaque article dans la même proportion. Si, par exemple, on ne prend que dix livres de riz, on ne prendra non plus que trente livres de pommes de terre, et ainsi des autres matières. Si l'on n'a pas de racines fraîches, on en prendra de sèches, mais en moindre quantité, et on les réduira en poudre. On peut suppléer au beurre avec du lait, et encore mieux avec du lard.

Cette composition de soupe est celle que faisoient distribuer aux pauvres, avant la révolution, sous le nom de riz économique, les curés des paroisses de Saint-Roch et de Sainte-Marguerite. N'en doutons pas, dès que les fonds des

des secours à domicile seront en proportion des besoins, et que leur administration aura reçu le perfectionnement qu'elle attend, ces pasteurs zélés et charitables auront des successeurs. Tout nous promet un avenir plus heureux : peut-être n'est-il pas loin de nous, le temps où les membres des comités de bienfaisance auront la consolation de pouvoir dire, comme le ci-devant curé de Saint-Etienne-du-Mont, à la fin de l'hiver de l'année 1787 : *S'il est un pauvre qui ait souffert, et que je n'aie pas soulagé, qu'il m'accuse, car mes paroissiens ne m'ont pas laissé manquer de moyens pour les secourir.* Mais le riz économique, malgré la vogue qu'il a eue, est plutôt une bouillie épaisse qu'une véritable soupe; et, sous la première forme, les farineux, ainsi que nous l'avons déjà fait remarquer, rapprochés et moins délayés, présentent une masse visqueuse, que les sucs digestifs ne peuvent que difficilement pénétrer, dissoudre et changer en notre propre substance. Qu'arrive-t-il? ils séjournent peu dans l'estomac, et sont pour ainsi dire précipités par leur propre poids dans les entrailles, ce qui fait que l'appétit renaît bientôt, souvent même avec plus d'énergie qu'auparavant; car on sait maintenant que l'espèce de préparation donnée aux différens mets en facilite plus ou moins la digestion, et que beaucoup d'alimens deviennent plus nutritifs dès qu'on saisit le point d'apprêt et la consistance qui leur convient le mieux.

Nous ne formons aucun doute qu'un jour l'orge mondé, proposé pour suppléer le riz, et préparé à l'instar de ce grain, ne devienne un secours habituel pour les indigens, et une ressource pour toutes les classes de la société; chacun y trouvera à peu de frais et sans aucun embarras une nourriture toute prête, d'où résulteroit une économie de temps, de combustible et de main-d'œuvre : ce seroient des potages économiques d'orge, non moins utiles que les soupes aux légumes, par lesquelles nous terminerons cet article.

Soupe aux pommes de terre.

Tête de bœuf	12 liv.
Pommes de terre	9 boiss.
Ognons	1 liv.
Poivre	1 once.
Sel	1 liv. $\frac{1}{2}$
Eau	80 pintes.

Faites bouillir la viande dans l'eau sur un feu doux, réduite à soixante pintes, écumée avec soin; les pommes de terre et les ognons bien pelés sont mis à la marmite avec le sel; le poivre seul est ajouté peu de temps avant de tremper la soupe; il faut une pinte de bouillon par personne.

Soupe au riz et aux pommes de terre. Sur une livre de riz, mettez quatre ou cinq livres de pommes de terre, une livre de pain, environ deux onces de sel, quatre pintes d'eau, mesure de Paris, et trois demi-setiers de lait; faites crever le riz dans deux pintes d'eau; à mesure qu'il s'épaissit, mettez-y, par intervalles, de l'eau chaude, jusqu'à ce qu'il en soit entré la quantité ci-dessus. Remuez-le toujours, afin qu'il ne s'attache pas au fond du vase. Lorsqu'il est cuit, versez-y le lait avec le sel, le pain et les pommes de terre; faites bouillir le tout un instant; ôtez-le de dessus le feu et continuez de le remuer pendant un demi-quart d'heure; il faut environ trois heures pour l'apprêter. Avant de mettre les pommes de terre dans le riz, on les fait cuire dans l'eau, on les pèle et on les écrase comme pour en faire du pain. On coupe le pain en tranches très-minces.

On trouve ainsi dix portions de deux grandes cuillerées chacune par livre de riz préparé selon cette méthode; on pourroit même en faire davantage en ajoutant une plus grande quantité de pommes de terre. Le goût qu'elles communiquent au riz n'est point désagréable, et elles sont par elles-mêmes une fort bonne nourriture, comme l'ont éprouvé quelques familles, qui, faute d'autre aliment, n'ont presque subsisté, pendant les hivers entiers, que de pommes de terre cuites sous la cendre, et qui se sont portées aussi bien que celles qui n'ont point été réduites à cette extrémité.

Soupe aux grosses fèves. Prenez six livres de cosses de pois verts de jardin, dont le parchemin soit enlevé; huit livres de jeunes gousses de fèves avec leurs fruits; trois livres de feuilles d'oseille; trois livres de feuilles de cardes poirées blanches.

On fait cuire le tout dans quatre-vingt-quatre pintes d'eau, mesure de Paris; ensuite on ajoute une livre de graisse de cochon, roussie avec un peu de farine; quatre livres de riz cuit et réduit en bouillie; quatre livres de pois secs et réduits en bouillie; une livre et demie de sel commun; deux gros de poivre.

Après quelques minutes d'ébullition, on jette la liqueur sur vingt livres de pain coupé, d'où résulte une bonne soupe, très-nourrissante, qui fait vivre par jour quarante pauvres, sans que pour la préparer il ait fallu brûler beaucoup de bois, ni faire une grande dépense.

Soupe au blé. Le maréchal de *Vauban*, ce guerrier philantrope, nous a laissé dans ses manuscrits la recette d'une soupe économique, dont il proposoit l'usage pour les soldats, préférant cette nourriture à celle d'un pain mal pétri, plus souvent encore mal cuit et composé quelquefois de farines avariées, parce qu'alors les vivres étoient beaucoup moins bien administrés qu'aujourd'hui.

Cette recette consiste à prendre une livre de froment bien lavé qu'on fait macérer pendant toute une nuit; on la renouvelle ensuite, et on fait bouillir jusqu'au moment où le grain crève; puis on l'écrase avec une cuiller à pot, comme pour une purée; après cela, on prend un quarteron de lard divisé par morceaux, comme de gros lardons; on le fait fondre à part avec un ognon, des poireaux ou des ciboules, ou toute autre espèce d'assaisonnement. On y ajoute du sel, et on cuit le tout avec le lard fondu; on verse ensuite de l'eau dans la marmite, on remue bien, on laisse bouillir de nouveau un certain temps, moyennant quoi la soupe est en état d'être servie et mangée.

D'après le calcul de *Vauban*, deux livres de froment, un quarteron de lard, ainsi traités, sont en état de fournir trois rations, dont chacune revenoit, dans le temps, à neuf deniers. Il ajoute que cette soupe deviendroit plus substantielle en substituant de l'orge mondé au blé.

Cette dose, comme on sent bien, peut être augmentée ou diminuée pourvu qu'on observe la même proportion; il est possible aussi, à la place de lard, d'employer une autre viande ou graisse, quand on a la facilité d'en avoir.

Tout en applaudissant aux vues d'utilité dont *Vauban* étoit animé pour la conservation et le bonheur du soldat, nous ne pouvons nous dispenser de faire remarquer que s'il est facile d'avaler l'enveloppe des semences légumineuses lorsqu'elles sont dans leur état d'intégrité, rien n'est plus désagréable que de la rencontrer sous la dent dès que ces graines sont en purée. Or, l'écorce du blé avec le germe ne formant dans la soupe dont il s'agit aucune combinaison avec l'eau, devenus même par la cuisson une matière cornée, la mastication ne sauroit les broyer que difficilement, ce qui produit dans la bouche et à la gorge un effet désagréable.

On a droit d'être étonné que *Vauban*, qui n'a pas dédaigné de descendre à la considération des premiers besoins du soldat, n'ait pas songé à faire dépouiller et écorcer le blé, puisque, dans son temps, il y avoit déjà à la suite des armées des moulins à bras; la farine blutée, employée à la place de grain, auroit épargné par conséquent beaucoup d'embarras, de temps et de combustible, en même temps qu'il en seroit résulté une soupe plus agréable, plus digestible et plus homogène.

Une autre remarque peu favorable encore à cette soupe, c'est que le froment qui en est la base, est regardé avec raison comme le farineux le moins propre à ce genre de préparation, et le plus convenable à la panification; la farine d'orge devroit, dans ce cas, lui être toujours substituée, d'autant mieux qu'elle a encore l'avantage de coûter environ la moitié moins que celle de froment; d'ailleurs, en supposant qu'on n'eût que celle-là à sa disposition, il faudroit encore s'y prendre différemment pour la mieux combiner avec la graisse et les assaisonnemens. Avant de l'étendre dans l'eau pour en former un bouillon, on pourroit de plus simplifier et abréger la manipulation, ce qui est très-important, surtout aux armées, où le plus léger embarras rend impraticable la meilleure vue pour l'avantage du soldat.

La composition et la préparation des soupes aux légumes, dites *à la Rumford*, peuvent être très-applicables à la soupe du maréchal de *Vauban*, si l'une et l'autre n'avoient des inconvéniens réels à la suite des armées, tandis que celles que nous allons faire connoître peuvent leur devenir d'une grande utilité.

Soupe de farine grillée. Cette soupe n'exigeant pas de longs préparatifs, et étant composée d'ingrédiens peu coûteux, que l'on porte aisément avec soi, elle forme, en Bavière, la nourriture des bûcherons qui sont obligés de s'enfoncer dans les bois. Les pauvres, en Allemagne, et même les paysans qui jouissent d'une certaine aisance, aiment beaucoup cette soupe; en voici la préparation :

Prenez un petit morceau de beurre, mettez-le sur le feu dans un poêlon de fer; ajoutez-y quelques cuillerées de farine de froment ou de seigle; remuez fortement le tout avec une large cuiller de bois, ou avec un large couteau, jusqu'à ce que le beurre soit fondu et que la farine prenne une couleur de brun foncé. Il faut remuer sans cesse pour empêcher la farine de brûler. Une demi-once environ de cette farine, cuite avec trois quarts de pinte d'eau, forme une portion de soupe aussi agréable que salubre, pourvu qu'on l'assaisonne avec du sel, du poivre et du vinaigre, et qu'on y mette des tranches de pain au moment de la servir.

Soupe au lait. Dès que le lait est prêt à bouillir, il faut le verser sur le pain découpé en tranches et mis dans la soupière, puis la recouvrir. En faisant le contraire, c'est-à-dire en jetant le pain dans le lait sur le feu et le laissant bouillir un moment, on court les risques de le coaguler.

Le fluide qui reste après que la crême a été battue, porte le nom de *lait de beurre*, dénomination fort impropre, puisqu'il ne contient pas un atome de beurre, et que quand la crême n'a pas trop d'aigreur, ce fluide n'est autre chose que du véritable lait comparable au lait écrémé; il est aussi bon et aussi nourrissant.

Ce sont de ces vérités dont on ne paroît pas assez convaincu. Les habitans des campagnes n'en paroissent pas assez persuadés, car ils font servir le lait de beurre à la soupe des valets de la ferme, ou à la nourriture des pauvres.

Soupe à l'ognon.

Prenez farine d'orge.	1 liv.
Ognons rouges ou blancs.	2 ½
Beurre ou graisse.	1 ½
Poivre concassé.	2 gr.
Sel fondu.	3 onc.

Quand les ognons sont divisés par petits morceaux égaux entr'eux, on les fait frire dans le beurre jusqu'à ce qu'ils aient acquis une couleur blonde; alors la farine dans laquelle se trouvent mêlés le sel et le poivre est ajoutée par portions; on remue le tout vivement et fortement, et, un quart d'heure après, on retire la matière du feu; elle pèse environ une livre et huit onces, et forme dix-huit rations à une once et demie chacune, d'une matière grasse, pulvérulente et assez maniable pour être renfermée dans du papier.

Pour préparer cette soupe, on prend une once et demie de substance qu'on délaie dans seize onces d'eau, qu'on expose jusqu'au moment de l'ébullition; on y met alors une once de biscuit broyé, ou une once et demie de grain, d'où résulte une soupe consistante et savoureuse.

D'après un simple apperçu, je crois pouvoir assurer que les prix actuels auxquels se vendent les objets qui constituent cette soupe, peuvent élever la ration au plus à six centimes, y compris le combustible et la main-d'œuvre. Ce taux pourra même baisser quand les denrées diminueront.

A l'égard de la conservation de cette soupe sèche, j'ai assez de données pour prononcer qu'elle pourra se garder en bon état pendant au moins un mois, et comme il n'entre point de viande dans sa composition, je suis autorisé à croire que la moisissure et la puanteur ne peuvent l'atteindre, qu'elle servira un mois après sa préparation, et qu'en s'altérant, ce ne sera qu'une véritable oxigénation qu'elle subira. Or, il existe des cantons dont les habitans font leurs délices du beurre fort et du lard rance.

Il a été unanimement reconnu par ceux qui ont assisté, sans prévention, à la confection de cette soupe, et à sa dégustation, qu'elle présentoit à l'œil, au goût et à l'odorat, tous les caractères d'une bonne soupe, et qu'à raison de la facilité de trouver par-tout les ingrédiens qui la composent, de la promptitude de sa préparation et de la commodité de son transport, elle pourroit devenir, dans beaucoup de cas, d'une grande ressouce à l'armée surtout, où l'on manque quelquefois de viande, de temps et de combustible; que, donnée alternativement avec celle de viande, elle étoit susceptible de soutenir l'estomac du soldat comme elle soutient celui des habitans des montagnes qui en font un usage habituel, en Suisse et en Allemagne, quoiqu'ils soient occupés aux travaux les plus pénibles de l'agriculture.

Douze onces de cette poudre, formant en tout huit rations, mises dans un pot, dans une boîte ou dans un boyau, peuvent procurer à un soldat de quoi faire la soupe pendant une semaine sans surcharger son équipage, et lui donner en même temps la certitude qu'en arrivant chez l'ennemi, il trouvera, dans les endroits même les plus dénués de ressources, de l'eau et du combustible pour former, dans l'espace d'un quart d'heure, vingt onces d'une soupe substantielle et savoureuse, et d'un goût qui plaît à la généralité des consommateurs.

Ceux qui ont cherché à jeter de la défaveur sur la soupe à l'ognon, ne semblent pas avoir saisi ses véritables avantages. Il y a tout lieu de croire qu'un examen plus approfondi les auroit bientôt convaincus qu'elle ne peut, par sa composition, donner lieu à aucune crainte sur ses effets; la recette ne demande point de farine de froment, mais celle d'orge, et encore après avoir fait subir à ce grain la torréfaction; l'ognon qui frit dans le beurre n'y laisse que ses squammes séchées sans aucune humidité, et dont l'odeur et la saveur ont été enlevées par la graisse. Cette soupe, en un mot, est analogue et même supérieure à celle que les voyageurs, à leur arrivée dans les auberges, font préparer instantanément avec de l'ognon frit à la poêle, dans un peu de saindoux, de beurre ou de lard, et auquel on ajoute une poignée de farine pour lui donner de la consistance et la propriété alimentaire. Quiconque a suivi les armées, sentira aisément qu'il est impossible d'admettre à leur suite la soupe aux légumes, dite *à la Rumford*, pour les troupes en campagne, vu la rapidité de leurs mouvemens, la multiplicité des détachemens et l'embarras qu'exigeroit, dans les marches, l'attirail de sa préparation; la soupe à l'ognon, par la facilité d'en former d'avance des approvisionnemens pour un mois, est un nouveau bienfait pour le soldat, que l'on doit s'efforcer de lui faire connoître et apprécier les avantages sous les rapports de la santé et de l'économie, dans toutes les circonstances où les évènemens de la guerre peuvent le placer.

Soupe aux légumes. On trouve, dans un écrit imprimé à Saintes, en 1680, et publié par un missionnaire, la composition de deux soupes économiques, l'une destinée pour les pauvres et l'autre pour les personnes riches; l'orge et les semences légumineuses, et sur-tout les haricots, en forment la base, ce qui leur donne une grande analogie avec les soupes à la Rumford, et semble faire croire que ces soupes appartiennent originairement à la nation française.

Loin de nous cependant la pensée d'affoiblir la reconnoissance qu'on doit à ce philosophe bienfaisant, en revendiquant une partie de ce qu'il a fait pour le soulagement des pauvres, et pour arrêter la mendicité à Munich, où ses lumières et sa philantropie laisseront un long souvenir. Ce qu'on ne pourra jamais lui ravir, c'est l'idée d'avoir établi des ateliers de subsistances, des cuisines publiques où les pauvres, comme l'ouvrier, peuvent se procurer, à un prix très-modique, un aliment tout à la fois substantiel et salubre, en mettant à profit les lumières que la physique et la chimie offrent maintenant dans les laboratoires pour une meilleure distribution de la chaleur.

En portant les regards sur les élémens principaux dont ces soupes sont composées, on voit qu'ils appartiennent à des végetaux dont l'usage nous est très-familier, qu'ils conviennent à tous les climats, à tous les terrains et à tous les aspects; que leur culture est facile, et leur récolte plus certaine, plus abondante que celle de la plupart des autres productions.

Examinant ensuite dans la classe des semences farineuses, quelle est celle qui doit avoir la préférence pour la préparation des soupes économiques, nous ne formerons aucun doute que ce ne soit l'orge. Depuis Hippocrate jusqu'à nous, ce grain constitue, sous différentes formes, le régime des malades; il est présenté dans tous les ouvrages diététiques comme un aliment médicamenteux. Les autres bases de cette soupe sont les haricots et les pois, sur-tout les pommes de terre, dont l'utilité est aujourd'hui généralement reconnue.

Le beurre, l'huile, le lard, le saindoux, la graisse de veau et d'oie, le suif de bœuf et de mouton, peuvent être indifféremment employés à la confection des soupes. Mais il n'y a pas de gourmet qui ne sache très-bien que la graisse du pot et de rôti méritent la préférence; cette dernière sur-tout, parce qu'ayant éprouvé une sorte de torréfaction, elle jouit, dans cet état, d'une sapidité infiniment plus marquée, qui relève la fadeur des autres substances. M. *Bourriat*, dont le zèle pour tout ce qui est utile aux pauvres est sans bornes, nous a communiqué d'excellentes observations sur la préparation de la graisse la plus convenable pour ce genre d'aliment; nous allons en insérer ici un extrait.

Préparation de la graisse pour les soupes aux légumes. En considérant les propriétés les plus générales des corps gras, on remarque qu'ils ont, entr'autres, celles d'absorber les principes aromatiques avec lesquels ils se trouvent en contact pendant leur exposition au feu; ils les retiennent même, quoique chauffés à une température assez élevée; on en a la preuve dans la graisse de rôti, dans celle qu'on retire sur le bœuf à la mode et sur les autres viandes cuites ainsi dans leur jus; on retrouve dans les légumes accommodés avec ces graisses la saveur de la viande rôtie qui l'a fournie, et les aromates qui ont été ajoutés au bœuf à la mode.

La graisse du pot au feu ne possède pas à un si haut degré cette propriété; il est facile d'en donner la raison; le pot au feu, pour m'expliquer vulgairement, est une décoction de viande et de légumes dans une certaine quantité d'eau: or, dans cette circonstance, les sucs et l'arome de la viande se trouvent beaucoup plus délayés que dans les circonstances précédentes; cependant la graisse, quoique moins sapide à cause de la privation de l'extrait de la viande, conserve un arome plus délicat qui la fait rechercher par les pâtissiers pour la préparation des pâtés feuilletés, et pour donner à la friture plus de finesse et de sécheresse;

c'est aussi par la torréfaction que les graisses acquièrent plus de sapidité, si l'on compare une graisse extraite de l'eau bouillante, et la même graisse obtenue sans eau et légèrement grillée, la première sera très-blanche, presque sans saveur et sans odeur, la deuxième, odorante et savoureuse.

En poursuivant cette observation pour tâcher de s'en rendre compte, nous en trouvons facilement l'explication, en examinant ce que sont la panne et les autres parties graisseuses des animaux, nous les voyons toutes plus ou moins consistantes; ce sont des sucs huileux logés dans des membranes ou vésicules minces ou épaisses, recouvertes, le plus souvent, de petites ramifications veineuses qui portent des liquides sanguins ou lymphatiques. Si l'on divise par petits morceaux, ces matières graisseuses, et qu'on se détermine à les fondre sans addition d'eau, la chaleur racornit les membranes et les petits vaisseaux qui y restent; la graisse prend alors de la couleur qui augmente à mesure que l'humidité se dégage; on sent aussi une odeur assez agréable qui emporte avec elle cette humidité contenue dans la panne; les muscles et les vaisseaux ont donné à la graisse ainsi préparée, cette odeur et cette sapidité qu'on lui trouve après l'opération, puisqu'il n'y a eu aucune addition que le calorique qui a servi, en racornissant les membranes, à extraire la graisse et les autres sucs. Toutes les parties constituantes de la panne ainsi rapprochées par la dissipation de l'humidité, et en contact avec la graisse, lui communiquent les propriétés qu'elle acquiert par cette préparation.

Pour fortifier de plus en plus l'opinion de M. Bourriat, je ferai remarquer que les graisses qui ont chacune le caractère des individus auxquels elles ont appartenu sont infiniment plus savoureuses, lorsqu'on les fait fondre et torréfier légèrement avec quelques petites portions de chair; c'est alors qu'elles acquièrent une saveur et une odeur beaucoup plus agréables : dans cette circonstance, elles se combinent avec une plus grande quantité de sucs fournis par la chair, et se rapprochent par là de celles des rôtis.

La graisse de cochon, très-blanche, obtenue à l'aide de l'eau bouillante, est peut-être la seule qui n'acquiert pas, par la torréfaction, cette saveur agréable; elle contracte seulement une sorte d'âcreté qui résulte du dégagement ou de la fabrication de l'acide acéteux qui a lieu dans cette circonstance.

Ce sont les différentes données que je viens de présenter qui ont déterminé M. Bourriat à recommander, pour la composition des soupes économiques, une préparation de graisse analogue à celle des viandes rôties, et qu'il n'est guères possible de se procurer qu'en petite quantité.

Après avoir recherché s'il existoit dans le commerce des graisses plus abondantes les unes que les autres, s'il n'y en avoit pas d'un prix inférieur, si enfin quelques unes, en réunissant ces premières qualités, n'avoient point encore celles d'être plus sapides et d'une odeur plus marquée, M. Bourriat a trouvé deux de ces avantages, du moins dans les graisses de bœuf et de mouton : aussi ce sont celles-là qu'il a proposé d'employer; la manière de les préparer consiste à choisir, de préférence, les parties graisseuses qui sont les plus accompagnées de muscles ou de chair musculaire, leur prix diminue même en proportion de ce qu'elles en contiennent; on les divise par petits morceaux, on les fait fondre et un peu torréfier; il faut alors les jeter dans un linge peu serré; la graisse coule et doit être reçue dans un pot de grès. Lorsqu'elle est à moitié refroidie, on y ajoute du poivre, du girofle concassé, un bouquet de thym et de laurier; aussitôt qu'elle est entièrement figée, on couvre le pot qui la contient et on la met dans un endroit tempéré; il ne s'agit plus que d'ajouter cette graisse à la soupe, trois heures avant d'en faire la distribution.

Composition des soupes aux légumes. Chargé par le comité général de bienfaisance d'examiner toutes les propositions faites au gouvernement, dans la vue de procurer une subsistance aux hommes que le défaut de travail et les évènemens de la révolution a réduits à un dénûment absolu, j'ai consigné, dans plusieurs rapports présentés au ministre de l'intérieur, les divers moyens qui pouvoient provoquer et multiplier les établissemens de soupes économiques; deux de ces rapports ont été publiés par ses ordres, l'un en l'an 8, et l'autre en l'an 9. M. *Cadet Devaux*, dont le zèle et la philantropie sont connus, en a donné un extrait dans le journal d'*Economie rurale et domestique*, n°. 22, nivose an 13. Après avoir payé, comme nous l'avons fait, un juste tribut de reconnoissance à M. le Comte de Rumford et à M. Benjamin Delessert, il ajoute que l'idée des soupes économiques a été conçue par un médecin français (Helvétius), et qu'on la trouve dans son *Traité des maladies les plus fréquentes, et des remèdes spécifiques pour les guérir*, avec la méthode de s'en servir pour l'utilité du public et le soulagement des pauvres; pour ne laisser rien à désirer sur cet objet, je vais transcrire ici son procédé :

Manière de faire des bouillons à peu de frais pour cinquante personnes. Prenez quarante pintes d'eau et les mettez dans un chaudron enté sur un fourneau, tel que celui des teinturiers : de cette manière, il ne faudra que le tiers du bois qu'on emploie ordinairement.

Il sera bon qu'il y ait un gros robinet au bas de ce chaudron, pour en tirer le bouillon aisément et promptement; si l'on n'a pas cette commodité, on pourra se servir d'une marmite de fer ordinaire, et la pendre à la crémaillère.

Quand l'eau sera tiède, jetez-y une demi-livre de sel au plus, et y mêlez deux livres de gruau ou d'orge mondé cuit pour épaissir la soupe et lui donner bon goût.

On observera de faire cuire les racines et les herbes potagères ou légumes dont on voudra se servir dans une marmite à part, de la manière suivante; parce que si on les faisoit cuire dans le grand chaudron, il faudroit employer plus de temps et plus de feu, ce qui feroit diminuer le bouillon.

Prenez deux livres de beurre salé, de graisse ou de lard, faites-les fondre dans une marmite qui soit de telle grandeur, que vos herbes la puissent remplir tout à fait.

Jetez dans cette graisse ou dans ce beurre roussi, les herbes épluchées, lavées et coupées menues, et remuez-les souvent, afin que le tout se cuise également.

Si vous prenez des choux, ognons, concombres, citrouilles, navets, poireaux et telles autres racines, herbes ou légumes, il faut les couper par petits morceaux, afin qu'elles puissent être mêlées plus également lorsqu'elles seront mises dans la grande marmite. Pour relever les potages, vous y ajouterez un peu de ciboules, d'aulx ou d'échalottes.

Si vous voulez mettre des pois ou des fèves dans vos potages, prenez-en un demi-boisseau, et faites-les moudre après les avoir fait sécher au four, ils cuiront alors en un quart d'heure; d'ailleurs, si vous les laissez en leur entier, il ne se peut faire que ce demi-boisseau, partagé en cinquante portions, se répande également.

Les pois, le riz, l'avoine et l'orge mondé, moulus ou battus, se cuisent en un quart d'heure, comme de la bouillie; au lieu qu'il faut bien du temps et des façons pour les faire cuire lorsqu'ils sont entiers.

Lorsque les racines, herbes ou légumes seront cuits dans la petite marmite, on les jettera dans l'eau bouillante du grand chaudron, et l'on fera bouillir le tout ensemble pendant un quart d'heure, plus ou moins.

Quand on sera prêt à tremper la soupe, on ajoutera une cuillerée de poivre dans le bouillon, et ensuite on y ajoutera promptement vingt-cinq livres de pain coupé par petits morceaux, gros comme la moitié du pouce, et non par petites tranches. Plus la soupe est chaude quand on la mange, plus elle fortifie et rassasie : c'est pourquoi il sera bon, si cela se peut commodément, de faire bouillir le pain avec le bouillon, l'espace d'un miséréré.

Tableau des soupes économiques. Les tableaux que nous allons présenter serviront à prouver d'une part, qu'on peut varier à volonté la saveur et la consistance des soupes; que de l'autre, les difficultés locales pour se procurer les substances y dénommées, ne sauroient être un motif pour renoncer aux avantages de ce genre d'aliment. En observant attentivement les proportions de chacune, il est facile de les remplacer par d'autres substances d'un prix inférieur, telles que le maïs, le sarrasin, le millet, dans certains cantons, au lieu d'orge, en les augmentant ou les diminuant, suivant la consistance qu'elles donnent à l'eau.

PREMIER TABLEAU

Pour trois cents soupes économiques.

Eau de rivière, ou eau pure......	890 liv.
Pommes de terre..............	60
Orge mondé,................	25
Haricots, pois ou lentilles.......	26
Graisse préparée..............	2
Sel........................	5
Ognons.....................	1
Céleri, les feuilles seulement....	2
Herbes cuites................	2 ½
Thym et laurier sec, de chaque..	3 g.
Persil......................	3 onc.
Poivre......................	1 onc.
Bois brûlé pendant la cuisson, de 40 à 50 liv.	

Dès la veille au soir, on commence à cuire les pommes de terre dans une marmite surmontée d'un fond percé, placée à côté de la grande, qui doit contenir les soupes; une heure au plus suffit pour cette opération : lorsqu'elle est achevée, on met dans la même marmite, des haricots, qui trempent depuis la veille dans un vaisseau de terre avec un peu d'eau froide; à mesure qu'ils absorbent cette eau en cuisant, on en ajoute d'autre, avec la précaution de ne jamais les noyer; moins l'eau surnage, et mieux la cuisson s'opère : sitôt qu'on les juge cuits, il faut en passer une partie par un cylindre creux, percé de beaucoup de trous, pour, à l'aide de cet instrument, en former une purée; le reste se mêle ensuite avec cette purée, sans être écrasé. On conserve le tout dans un vaisseau de terre ou de bois; on profite de la chaleur qu'a le fourneau, après avoir cuit les pommes de terre et les haricots, pour y mettre l'orge humectée avec suffisante quantité d'eau; on ajoute un ou deux petits morceaux de bois, et l'orge crève ainsi toute la nuit, et se laisse facilement pénétrer par l'eau; chaque grain est considérablement renflé, et n'offre plus qu'un riz de la plus grande blancheur. Pendant ces diverses cuissons, qui se font sans peine et qui n'exigent qu'un peu de surveillance, on pèle les pommes de terre; le lendemain, au moment de les ajouter à la soupe, on les passe au cylindre.

C'est le matin, à six heures, qu'il faut commencer à allumer le feu sous la grande marmite, dans laquelle on a mis l'excédant de l'eau nécessaire aux diverses cuissons qui ont lieu. On délaie l'orge, les haricots et les pommes de terre; on coupe les légumes verts en petits morceaux avant de les ajouter. Après une heure d'ébullition, on met la graisse et le sel; les aromates ne doivent y être mêlés qu'une demi-heure avant de distribuer la soupe.

La préparation des haricots, de l'orge et des pommes de terre peut se faire également la veille au matin, pendant que la grande marmite bout. Cette préparation de la veille au soir n'est bonne que pour la première fois, attendu qu'on ne pourroit pas distribuer à midi une soupe, dont diverses substances qui y entrent demandent elles-mêmes une préparation préliminaire qui dure une matinée, comme l'orge, par exemple.

On observera que l'orge doit être retirée de la marmite, le soir, si on la cuit le matin. En préparant ainsi la veille au matin les substances qui doivent servir à la soupe du lendemain, il n'y a réellement que la moitié de la journée d'employée à la confection de trois cents soupes. Cette confection qui, en théorie, paroît très-compliquée, est à la pratique de facile exécution.

DEUXIÈME TABLEAU.

Eau	390 liv.
Riz	20
Ou orge mondé	20 liv.
Haricots, lentilles, fèves ou pois entiers, c'est-à-dire, en substance	16
Farine de pois, lentilles, fèves ou haricots	10
Ognons, carottes, choux, poireaux, oseille ou autres plantes potagères	10
Girofle	2 gros.
Persil	3 poig.
Poivre	½ once.
Sel	3 liv. ½
Graisse	3 liv.
Thym, laurier, sarriette ou autres plantes aromatiques	2 gros.
Bois brûlé, de	35 à 40 livres.

On peut mettre ensemble, le matin à cinq heures, dans la marmite, l'orge et les légumes. Après les avoir bien lavés, on y ajoute d'abord trois seaux d'eau; on augmente ensuite cette quantité en proportion de la cuisson des substances et de leur gonflement; à huit heures, on y met les plantes potagères, lorsque toute l'eau est ajoutée, et à neuf, la farine délayée, comme il est dit dans la suite : une partie des plantes a dû être frite avec la graisse. On agite bien le tout pendant une heure d'ébullition et sans discontinuer; ensuite on remue de temps en temps. Les aromates et le sel se mettent, comme il est prescrit au premier tableau; à midi, la soupe doit être suffisamment cuite et bien faite, si l'ébullition a été soutenue.

TROISIÈME TABLEAU.

Eau	380 liv.
Orge mondé	40
Farine de haricots	12
Idem de lentilles	9
Graisse	2
Sel	5
Poireaux	1
Ognons	½
Carottes	1
Persil, laurier et sarriette, de chaque	1 once.
Poivre	½ once.
Girofle	2 g.
Bois	35 liv.

Ce procédé abrège beaucoup l'opération; il suffit, dans ce cas, d'avoir un fourneau avec des registres. On allume le feu à cinq heures du matin; on fait crever l'orge, en ajoutant successivement de l'eau à mesure qu'elle est absorbée ; ensuite on met les légumes coupés, puis les farines qu'on a eu la précaution de délayer dans un vase séparé, avec l eau de la marmite, avec le sel ou la graisse ; on ajoute les aromates au temps indiqué. Il y a ici économie de bois et de peine. Ce procédé doit être employé dans la saison qui ne permet plus la jouissance des pommes de terre.

QUATRIEME TABLEAU.

Eau.	360 liv.
Farine d'orge	40
Idem de pois	15
Idem de lentilles	10
Graisse.	3
Sel	5
Persil	4
Poireaux	2
Herbes cuites	4
Ognons	1
Ail.	1 once
Thym, laurier, de chaque	$\frac{1}{2}$ once
Poivre.	1 once
Bois.	28 à 30 liv.

Ce procédé du quatrième tableau est le plus prompt et le plus facile à exécuter, et il ne s'agit que de délayer, dans un vase séparé, les farines avec l'eau préalablement échauffée dans la chaudière. Le moyen est constamment le même pour toutes les farines, c'est-à-dire qu'il faut ajouter d'abord peu d'eau dans le vase, et l'augmenter jusqu'à ce que l'on ait une bouillie assez claire pour passer par un tamis de crin peu serré : on la mêle, en cet état, à l'eau restée dans la marmite avec les légumes qui, cette fois, y ont été mis les premiers. La soupe peut être commencée à neuf heures du matin, et finie à une heure après-midi. On ne donne ici ce procédé que pour prouver combien il est possible de varier les soupes, ainsi que les substances qui les constituent ; ce sont quatre méthodes qu'on peut varier à l'infini, selon les habitudes du pays, la saison et les facultés que l'on a de se procurer au meilleur compte, telle ou telle substance, plutôt que telle autre.

CINQUIEME TABLEAU.

Soupe aux herbes et racines.

Carottes, poireaux.	2 liv.
Navets.	6
Céleri, panais.	1
Oseille.	4
Cerfeuil	1
Ciboules	1
Orge mondé	35
Ou riz.	30
Eau.	350 liv.

On fait crever l'orge ou le riz à la manière accoutumée ; on y ajoute les racines, puis les herbes coupées menues, à l'exception du cerfeuil et de la ciboule qu'on hache extrêmement menus et dont on saupoudre le pain avant de verser le bouillon dessus.

L'expérience constante de tous les âges et de toutes les conditions, a démontré qu'il n'est pas de nourriture plus propre à conserver la santé, que celle à laquelle on est accoutumé dès l'enfance. Les soupes aux légumes doivent être regardées comme une continuité de l'usage de la bouillie ou de la panade. Dans l'état de foiblesse et de nullité, si elles formoient essentiellement la base du régime des nouveaux nés, les maladies du premier âge seroient peut-être moins communes et les constitutions plus robustes.

Mais c'est moins sur la composition des soupes économiques qu'il nous paroît nécessaire d'insister, que sur la facilité et la promptitude de leur confection, et relativement aux avantages qu'il y a dans certaines circonstances critiques de faire subsister un grand nombre d'individus réunis dans la même enceinte.

Avantage des soupes aux légumes. Si l'établissement des soupes économiques a eu d'abord pour objet spécial le soulagement de la classe peu fortunée, l'expérience n'a pas tardé à démontrer qu'on en retireroit d'autres avantages aussi précieux ; d'abord l'économie du combustible, du temps et de la main-d'œuvre, un moyen puissant d'accréditer en France l'usage de l'orge sous toutes les formes, de maintenir et d'étendre même la culture des pommes de terre et des semences légumineuses, et de diminuer, par conséquent, la consommation du pain, effrayante pour ce qu'elle coûte à l'agriculture ; enfin, la distribution des cartes de soupes est peut-être le seul moyen de remédier à l'abus qu'on peut faire des secours en argent, les plus funestes de tous, parce qu'au lieu de soulager les besoins réels, ils ne servent souvent qu'à satisfaire les passions, telles que la boisson des liqueurs fortes et les perfides espérances des jeux de hasard, ce qui contribue à entretenir la fainéantise, d'où naît la mendicité, ce fléau des Etats.

Qu'on ne soit donc plus étonné si tant d'efforts se sont réunis pour fournir à mille personnes

personnes à la fois, à raison de sept centimes et demi par ration de vingt-quatre onces, (ce prix peut diminuer ou augmenter un peu, d'après les proportions de l'abondance des légumes et de leur bon marché) une nourriture fondamentale, et opérer parmi les indigens une révolution dans le mode de se nourrir. Des souscriptions ont été ouvertes dans les différentes contrées de l'Europe, et ont eu un succès tel, qu'on a vaincu leur répugnance, au point que maintenant ils manifestent envers ce genre de secours une prédilection que les préjugés et les critiques tenteroient vainement d'affoiblir. Pourquoi l'usage des soupes économiques ne se répandroit-il pas parmi les citoyens estimables qui, vivant du produit de leur travail, trouveroient dans ces soupes plus de ressources qu'ils ne peuvent s'en procurer avec la même somme d'argent?

Des traiteurs populaires qui vendroient, dans les quartiers où il y a de grands rassemblemens d'ouvriers, de quoi tremper leur soupe, pourroient venir aux grandes marmites s'approvisionner, ou en préparer chez eux, et en former insensiblement le fonds de leurs cuisines

Le ministre de la marine pourroit également ordonner, dans chacun de nos ports, des distributions pour les ouvriers, et sur-tout pour les matelots dont les humeurs visent au scorbut, maladie si redoutable pour cette classe d'hommes aussi estimable qu'elle est utile. Le célèbre navigateur *Cook* a dû au régime végétal la conservation de la totalité de son équipage, dans le cours d'un des voyages les plus longs et les plus périlleux qu'on ait encore entrepris.

Que ceux à qui il resteroit encore quelques préventions sur la valeur réelle des soupes aux légumes, au lieu de déplorer, avec un attendrissement affecté, le sort des indigens forcés de s'en nourrir, se transportent dans les cantons les plus reculés des grandes cités, près des hommes des champs, qui ont à vaincre et les chaleurs excessives de la saison, et la fatigue du jour, pour voir et goûter la soupe qu'ils préparent dans leurs chaumières; ce n'est souvent que de l'eau chaude assaisonnée avec un chétif morceau de lard, et dans laquelle nage un pain noir et compacte; il n'y en a pas un d'entr'eux qui ne préférât la soupe aux légumes à un pareil potage; rendons moins indifférens les cultivateurs sur la possibilité d'obtenir, d'une petite quantité de terrain, une grande quantité de subsistances; montrons-leur à tirer un meilleur parti des ressources locales, et écartons de leurs habitations les maux dont le manque d'alimens ou leur mauvaise qualité sont presque toujours la principale source.

Parmi les améliorations de tout genre introduites dans les hospices civils de Paris, par le conseil général d'administration, l'économie du combustible, une meilleure distribution du calorique et la préparation des soupes aux légumes n'ont pas été oubliées; mais c'est particulièrement à l'hospice des femmes (la Salpêtrière) que l'un de ses membres, M. *Richard, d'Aubigny*, a fait l'application la plus heureuse des connoissances physiques et chimiques à toutes les parties du service de cette grande maison. La *Médecine clinique*, par M. Pinel, nous donne le détail de toutes les réformes avantageuses opérées par mon collègue, avec autant de célérité que de prudence et de lumières. Bornons-nous à présenter ici la partie du règlement relative à la cuisine.

Article Ier. La graisse provenant des marmites et des rôtis, est employée préférablement au beurre pour l'assaisonnement des soupes et des légumes.

Art. II. Les potages maigres se préparent avec du premier bouillon fait à raison de cent vingt-cinq pintes d'eau de rivière, et dix livres de différentes plantes potagères pour cent soupes; lorsque le bouillon est réduit d'un quart par une cuisson lente de cinq heures au moins, on y fait entrer deux livres quatre onces de graisse, ou trois livres de beurre, deux livres deux onces de sel, un gros et demi de poivre et des légumes en purée dans la proportion d'un demi-boisseau pour cent soupes.

Art. III. Les légumes secs trempent dans l'eau de rivière, vingt-quatre heures avant leur cuisson, qui est au moins de cinq heures; ils sont assaisonnés avec deux livres quatre onces de graisse, ou trois livres de beurre; deux livres deux onces de sel, un gros et demi de poivre pour deux cents décilitres (cent portions, et ils sont rendus plus sapides par un roux composé avec dix onces de beurre, huit onces de farine et huit onces d'ognons pour deux cents décilitres; ces préparations achevées, les deux cents décilitres sont saupoudrés de huit onces de ciboule et de persil hachés.

Nous terminerons ces observations sur les avantages que les soupes aux légumes doivent procurer à la société entière, par l'exposé abrégé des principaux points sur lesquels nous avons cru devoir particulièrement insister. Il résulte de ce qui précède :

1°. Que les objets dont est composée la soupe aux légumes sont bons, chacun à part, mais que, réunis par leur combinaison avec l'eau, au moyen d'une cuisson lente, ils offrent un tout plus élaboré, plus homogène, plus économique et plus approprié à l'effet alimentaire.

2°. Que cette soupe, dont on peut infiniment varier la saveur et la consistance, est, dans toutes les périodes de la vie, susceptible de fournir à peu de frais, à l'universalité des consommateurs les moins aisés et de tout âge, une ressource alimentaire que nulle autre ne sauroit remplir aussi avantageusement.

3°. Qu'en accréditant son usage dans tous les établissemens publics où il s'agit de nourrir complètement, à bon compte et sainement, beaucoup d'individus soumis au même régime, ce sera un moyen assuré de maintenir, d'étendre même la culture de l'orge, des semences légumineuses et des pommes de terre, d'où résultera nécessairement une augmentation dans la masse des subsistances.

4°. Que la nourriture principale, préparée pour 5 à 600 personnes à la fois, produira une épargne considérable sur les frais du combustible, de la main-d'œuvre, et réduira l'aliment au plus bas prix.

5°. Que la soupe aux légumes, préparée ainsi en grand, en commun, et adoptée dans tous les ateliers, opérera une diminution sur la consommation du pain de froment, et que l'excédant de nos récoltes en blé sera toujours une source de richesse pour la France, par le moyen de l'exportation sagement dirigée.

6°. Qu'enfin les hommes placés à la tête des grandes administrations doivent avoir pour objet spécial de multiplier les premières ressources alimentaires, et de soulager un plus grand nombre d'indigens sans une augmentation de dépense, et se bien pénétrer que la véritable aumône consiste à donner du travail et de la soupe aux légumes, et que les secours à domicile sont les plus puissans moyens de prévenir les funestes effets de la fainéantise et de l'encombrement des hôpitaux. (Parm.)

SPERGULE. Cette plante a déjà été décrite dans le neuvième volume du *Cours*, au mot Sporée; mais une observation assez particulière, c'est qu'elle soit la seule espèce de la famille des morgelines qu'on ait essayé de rendre utile. Le *Gentilhomme cultivateur* parle cependant d'une autre espèce de spergule, qu'il nomme *spergule de mer*, à cause de son abondance dans les terres marécageuses voisines de la mer, et qu'il seroit également avantageux de cultiver: l'auteur observe, avec raison, qu'on devroit profiter de cette plante qui convient à tous les bestiaux d'une ferme, pour en couvrir une grande étendue de terrains vagues et inutiles sur le rivage de la mer. Des hommes dignes de foi assurent même, d'après l'expérience, qu'elle est plus nourrissante que la spergule commune, qu'elle croît aussi promptement et avec la même facilité.

Il paroît, d'après les incertitudes qui règnent dans les ouvrages des agronomes, relativement à la spergule, que l'opinion n'est pas encore fixée sur les véritables qualités de ce fourrage. Il y en a peu auxquels on ait prodigué plus d'éloges. Si on en croit les livres, cette plante offre à tous les animaux domestiques, sans exception, quadrupèdes, volatiles, insectes même, la nourriture la plus abondante, la plus appétissante, la plus salubre; il n'en existe point qui donne autant de vigueur aux chevaux, de lait aux vaches, de graisse aux cochons, de miel aux abeilles, et qui favorise aussi promptement la ponte des oiseaux de basse-cour; mais malgré tous ces avantages, la Hollande et la Flandre sont encore les seuls pays où cette plante soit cultivée en grand; et quoiqu'on prétende que rien n'est plus commun en Allemagne que la spergule, *Gilbert*, dans son *Traité des Prairies Artificielles*, assure qu'elle y est maintenant fort rare; il seroit donc essentiel, pour avoir des idées saines sur l'utilité réelle de cette plante, d'en suivre avec soin la culture dans les cantons où elle est adoptée, et d'observer, sans préventions, les circonstances qui précèdent ou accompagnent sa végétation.

La spergule étant une plante annuelle, et ne dérangeant en aucune manière l'ordre des cultures, on peut la semer sur les jachères et les chaumes, ou après une récolte hâtive, enfin à toutes les époques de l'année rurale, lorsqu'on ne la destine pas à grener, ou qu'on ne peut pas en faner l'herbe, mais en Flandre seulement, et dans les terrains qui ont quelque analogie avec ceux de ces cantons: dans les terres plus sèches ou exposées à une température plus humide, le printemps est la véritable saison de semer cette plante. Il faut huit à dix livres de graines par arpent, et quoiqu'elle ne talle point, on doit en semer peu dans beaucoup de terrain, parce qu'elle est extrêmement menue et qu'il n'y a point de sarclage à donner à la plante.

Dans les terres légères, on ne donne aucun labour pour l'ensemencement de cette plante; il suffit, après la récolte du blé, de répandre sur le chaume six à sept livres de spergule par arpent; on l'enterre au moyen d'un fagot d'épines, ou en passant sur le terrain le dos de la herse. Dans les terres fortes, on passe sur le chaume, avant de jeter la semence, une herse à dents de fer : il est indispensable que le terrain soit humide; semée immédiatement après la pluie, la spergule lève dès le quatrième jour, et, au bout de cinq ou six semaines, elle fournit une pâture abondante. La première fois qu'on y mène les bestiaux, ils paroissent n'y toucher qu'avec une sorte de répugnance; mais cela ne doit point inquiéter les cultivateurs; ces animaux, dès le jour suivant, mangent avec plaisir ce fourrage; ils le préfèrent même bientôt à tous les autres.

Comme fourrage, la spergule est d'une grande ressource pour l'arrière-saison, lorsque les pâturages finissent; elle peut durer jusqu'aux gelées, et quoique d'une odeur et d'une couleur peu agréables, elle plaît cependant aux bestiaux, sur-tout aux vaches qui peuvent la manger sur pied. On les attache au piquet à une longue corde qu'on change tous les jours de place; par ce moyen, elles parcourent toute l'étendue du champ, et l'herbe a le temps de croître avant qu'on recommence le tour; il faut d'ailleurs borner leurs rations, autrement elles mangent à se faire périr.

Cette nourriture est très-salutaire aux vaches, et passe pour augmenter la qualité du lait, au point que les bons métayers préfèrent le beurre qui en provient pour leur provision d'hiver. Ce beurre, dont les Brabançons font un très-grand commerce, est même connu sous le nom de *beurre de spergule*.

Il est vrai que la spergule n'est réellement bonne qu'en vert, aussi ne la fane-t-on point ordinairement, à moins qu'il faille en récolter la graine, et alors on doit la semer au mois d'avril, et elle est mûre en août.

On peut cependant l'administrer aux animaux pendant l'hiver, lorsqu'il y a disette de fourrage et que toute autre nourriture leur est interdite; il est bon de remarquer que la spergule ne s'élève pas au delà de douze à quinze pouces de hauteur.

La plante dont il s'agit sert encore d'engrais pour les terres légères, à cause de sa nature succulente et saline qui la dispose à fermenter et à se décomposer. On la laboure pour cet effet dans le champ avant les gelées, tandis qu'elle est encore verte, et, en cet état, elle peut procurer une partie de l'amendement pour y ensemencer du blé lorsque les terres y sont propres. On prétend que depuis quelque temps, un propriétaire a substitué la luzerne à la spergule, dans les cantons mêmes où cette dernière plante est en considération, et que son exemple a beaucoup d'imitateurs.

Sans adopter ce qui a été dit pour ou contre la spergule, j'observerai que les terrains les plus stériles lui conviennent tellement, que quand on a voulu essayer de la cultiver, même dans les meilleures terres à blé bien préparées, on n'a obtenu aucun succès, ce qui indique qu'il faut pour cette plante un sol frais, sans pourtant être trop humide, et qu'elle ne peut couvrir que les sols ingrats, qui se refusent à des cultures plus avantageuses, sur-tout à la luzerne, à la minette dorée, (*medicago lupulina* L.) plante annuelle, fourrage excellent dont la végétation est presque aussi rapide, mais qui ne prospéreroit pas dans les pays sablonneux où la spergule réussit.

Nous observerons encore que dans les fermes qui ont de mauvais terrains et peu de pâturages, on feroit mal de renoncer entièrement à la spergule, parce que semée en temps convenable, favorisée par les localités et la saison, elle pourroit fournir jusqu'à trois récoltes; enfin, cette plante doit être comptée dans le petit nombre de celles qui ont l'heureux avantage de croître promptement dans les terrains sablonneux, où les fourrages sont assez ordinairement rares et de médiocre qualité. (Parm.)

STRAMOINE EN ARBRE, (*Datura arborea*,) plante de la famille des solanées, que la beauté et l'élégance de ses fleurs font rechercher pour l'ornement des serres, ou pour décorer les appartemens.

Fleurs, blanches, ayant des raies longitudinales d'un jaune pâle, pendantes, en forme d'entonnoir fort évasé et de huit à dix pouces de longueur, très-odorantes. La partie supérieure de cette fleur a cinq angles, cinq plis et cinq pointes. Elle fleurit en automne.

Fruit. Glabre, non épineux.

Feuilles, ovales, lancéolées, pointues, très-entières, vertes, molles et légèrement velues, grandes, douces au toucher.

Port. Tige cylindrique, glabre, presque ligneuse, de douze à quinze pieds de hauteur; rameuse.

Lieu. Le Pérou.

Usages. Elle fournit une fleur remarquable par sa grandeur et par sa beauté, ce qui la rend fort recommandable pour l'ornement des serres, ou pour décorer les appartemens.

Mode de réproduction. Par boutures qu'on fait au printemps et en automne, qui reprennent facilement dans ces deux saisons dans une terre douce, légère, mêlée de terreau entièrement consommé.

Culture. En pot ou en caisse, dans l'orangerie en hiver : en plein air dans la belle saison. Il lui faut peu d'arrosemens. (Tollard, aîné.)

SUBSTITUTION DE SEMENCES. Si on sème un gros et un petit gland, dans des circonstances absolument semblables, le premier produira un arbre beaucoup plus fort et plus vigoureux que l'autre. Si on sème le petit dans une très-bonne terre labourée, et le gros dans une très-mauvaise, le petit au contraire donnera un plus bel arbre que le second.

Cette expérience, choisie entre mille, s'applique également et généralement à toutes les graines; et si elle n'est pas sensible dans les plus petites, c'est que la différence de leur grosseur est trop peu considérable.

On se rend très-facilement raison de ce fait, en considérant que c'est au moment même de leur développement que la radicule et la plantule des graines germantes acquièrent l'amplitude de force vitale qui doit servir de base à leur croissance pendant toute la vie de la plante qu'elles commencent, et que plus ces parties trouvent de nourriture dans le cotylédon ou les cotylédons qui les accompagnent toujours et dans la terre où elles sont placées, et plus elles complètent leurs moyens d'activité vitale.

Ainsi la plus belle graine semée dans un mauvais terrain ou dans un bon terrain mal cultivé, donnera des productions médiocres. Il en sera de même de celle qui aura été transportée dans un sol ou dans un climat contraires à la nature de la plante à laquelle elle appartient, mais cela avec des modifications sans nombre, tenant à diverses causes.

On dit dans ces deux cas que les graines ou les plantes sont dégénérées.

Presque toutes les graines dégénérées peuvent être ramenées à leur première beauté en les semant une ou plusieurs années de suite dans une terre ou un climat plus favorables, où au moins aussi favorables à la végétation des plantes qu'elles fournissent, que celui dont on les avoit primitivement tirées.

Ce petit nombre de faits, dont on ne peut contester la justesse, suffit pour résoudre la question qui divise les cultivateurs relativement à l'utilité ou l'inutilité du changement des semences des céréales et autres plantes cultivées, soit dans tous les sols en général, soit dans chaque espèce de sol en particulier; c'est-à-dire que la grosseur, la beauté seule de la semence doit avoir, et a en effet de l'influence sur la beauté des récoltes, lorsque toutes les autres circonstances sont égales.

Les mauvaises terres et les terres médiocres, étant plus fréquentes que les bonnes, il n'est pas étonnant que l'expérience paroisse généralement être pour ceux qui soutiennent qu'il faut changer de temps en temps les semences des céréales, et sur-tout du blé, la plus précieuse d'entr'elles, pour obtenir de belles récoltes. Mais quand on consulte les cultivateurs sur les motifs de leur pratique à cet égard, on s'apperçoit qu'ils ne les connoissent pas. Par exemple, dans tel lieu on soutient qu'il faut tirer les semences du Midi; dans tel autre, du Nord; ici, de la montagne; là, de la plaine, etc., etc. Le vrai est que par-tout on les tire du pays voisin le plus fertile, qu'on achète les meilleures, et qu'on peut toujours éviter ce changement en choisissant les plus belles de sa récolte.

Quant aux époques auxquelles le renouvellement des semences doit avoir lieu, dans le cas où on a négligé de choisir, les années précédentes, les plus belles de sa récolte, elles varient selon la nature plus ou moins mauvaise du sol, c'est-à-dire qu'on doit les rapprocher d'autant plus que ce sol est plus stérile.

Je ne parle pas des cas où on change de semences, uniquement parce que celles de sa récolte sont trop mélangées d'ivroie, de nielle, et autres mauvaises graines, car c'est toujours la faute du cultivateur lorsque ses champs ou ses grains ne sont pas nettoyés convenablement.

Si des graines des céréales, on passe à celles des plantes employées dans les arts, on trouve, pour changer les semences, les mêmes motifs, et, de plus, d'autres tirés de l'influence du climat, influence qui agit plus sur elles que sur celles des céréales.

Ainsi la garance, qui est une plante des pays chauds, donne en France des racines d'une couleur d'autant plus foible, qu'il y a plus long-temps qu'on l'y cultive, et on augmente ou rétablit l'intensité de cette couleur en faisant venir des graines de Smyrne.

Un autre fait, très-remarquable, en ce qu'il a lieu par une double cause, c'est celui que présente le lin. Tout le monde sait que cette précieuse plante est également originaire des pays chauds où elle reste courte et fournit une filasse assez grossière, mais qu'elle se cultive facilement dans les pays froids, s'y élève beaucoup et donne une filasse fine. Les habitans de la Flandre, qui ont besoin de la filasse la plus fine et la plus longue pour le fil destiné à la fabrication de leurs dentelles et de leurs batistes, ont reconnu, par une expérience de près de deux siècles, que ce n'est qu'en tirant chaque année leur graine du Nord qu'ils pouvoient se la procurer telle. Aussi appellent-ils *lin de fin* celui qui provient directement de la graine venue de Riga, et *lin de gros*, celui de celle qu'ils ont récoltée chez eux, même la première année de l'exportation. On voit ici que c'est une dégénérescence par régénérescence, si on peut employer cette expression, puisque ce lin n'a diminué de valeur que parce qu'il s'est rapproché de son état naturel en croissant dans un climat plus doux que celui d'où venoit sa graine.

Il faut encore citer la rave, plante qui aime les terres fraîches et légères, et qui dégénère promptement dans les sols chauds et argileux. Aussi est-ce, parmi les objets de culture, un de ceux dont les variétés sont les moins durables lorsqu'on les change de localité; il faut donc avoir continuellement recours au type originel pour pouvoir les conserver autre part, témoin les navets de Frencuse, les turneps d'Angleterre, etc., etc.

Je pourrois encore rapporter beaucoup d'autres faits analogues à ceux-ci; mais l'objet de cet article n'est pas de faire un traité des semis. J'ai seulement voulu prouver que la substitution des semences, quelles qu'elles soient, n'est utile que lorsque les plantes auxquelles elles appartiennent ont dégénéré par une cause quelconque, et qu'on peut presque toujours l'éviter, même dans les plus mauvais sols, en choisissant constamment les plus beaux grains de sa propre récolte. (Bosc.)

SUCCESSION DE CULTURES. L'article ALTERNER peut être regardé comme l'un des plus précieux de ce Dictionnaire; cependant il n'offre pas le développement complet des motifs sur lesquels ses résultats peuvent être appuyés. En conséquence il faut croire que son auteur devoit lui donner un complément au mot ASSOLEMENT, qui est le nom propre de la culture alterne; mais ce mot a été oublié. Je me propose de réparer cette importante omission.

On a vu, au mot JACHÈRES, le peu d'avantages et le grand nombre d'inconvéniens qui sont la suite de ce système de culture. Je supposerai ici qu'on est convaincu, comme moi, de l'absurdité d'un usage qui augmente les dépenses d'exploitation de sa terre en diminuant en même temps les produits, et de la nécessité de l'abandonner dans la majeure partie de la France, pour le remplacer par le système des assolemens, si heureusement pratiqué dans quelques uns de nos départemens et en Angleterre, système qui procure, au moins, un revenu tous les ans, en diminuant les dépenses d'exploitation.

Les jachères ne sont point dans la nature. On n'a jamais vu un terrain se dépouiller de toute végétation pour se reposer; mais le principe des assolemens s'y reconnoit à chaque pas; il se montre dans les contrées les plus désertes, comme dans les pays les mieux cultivés. Les arbres les plus élevés comme les plus petites plantes, lui sont soumis ; il ne faut qu'un esprit observateur et du temps pour appercevoir par-tout ses effets.

Lorsqu'on abat pour la première fois les antiques forêts de l'Amérique, elles repoussent toujours en nature de bois totalement différente, ainsi que je l'ai remarqué dans les parties septentrionales, par-tout où j'ai porté mes pas, c'est-à-dire que là où il y avoit des pins, il croît des chênes, et que là où il y avoit des érables il y croît des noyers, etc. Cette transmutation est si marquée, qu'elle est généralement connue par les habitans, et même les autorise à croire que chaque espèce d'arbre se change en un autre par le seul effet de la coupe. Il en est de même en France, quoique d'une manière moins sensible, parce que les plus vieilles forêts sont jeunes en comparaison de celles d'Amérique; mais j'ai vu naguères une futaie séculaire de hêtres se remplacer par un taillis de chênes et de charmes. Quel est le cultivateur qui n'ait pas remarqué que les plantes dominantes des prés naturels, ne sont plus les mêmes au bout de quelques années, et qui ne sache que la luzerne ou le sainfoin qu'il vient de semer, disparoîtront de son champ après une pareille révolution de saisons ? Il est peu d'hommes qui ne puissent citer mille faits semblables, tous tendans à prouver que la nature ne se repose qu'en changeant l'espèce de ses productions.

On dira peut-être que ces végétaux étoient près d'arriver, ou étoient même parvenus à ce terme où tendent tous les êtres vivans! Mais pourquoi ne se sont-ils pas ressemés? Pourquoi remarque-t-on que les forêts où il y a une grande variété d'arbres également dispersés, les prairies abandonnées à elles-mêmes se trouvent plus rarement dans le même cas?

On ne peut donc se refuser de croire que chaque espèce de plante absorbant par ses racines les sucs qui lui sont exclusivement propres, en épuise le terrain dans un temps proportionné et à la nature de ce terrain, et à la sienne propre; que la même plante qui veut y croître ne pouvant plus y trouver suffisamment de moyens de subsistance, même au moment de sa naissance, est étouffée par les autres espèces, auparavant peu nombreuses, mais dont la végétation est devenue plus forte par les raisons ci-dessus.

Le professeur Thouin, qu'on ne peut se lasser de citer, lorsqu'il s'agit d'observations de physique végétale, pense que les racines qui pourrissent dans la terre, communiquent à celles qui appartiennent à la même espèce de plante un principe de mort, tandis qu'elles fournissent un engrais aux autres.

Ce que je dis d'une espèce s'applique, en diminuant l'influence des effets, aux genres et même aux familles établies par les botanistes, lorsqu'ils sont ce qu'on appelle naturels, car il est d'observation que toutes les plantes qui possèdent un certain nombre de caractères communs, ont aussi des facultés et des propriétés analogues, et demandent par conséquent à la terre des sucs peu différens, c'est-à-dire des sucs dans lesquels entrent les mêmes élémens.

Cette considération doit être d'une grande importance aux yeux du cultivateur pour le guider dans sa pratique, parce qu'elle lui apprend qu'il ne faut pas, non seulement faire succéder du blé à du blé dans le même terrain, ou d'autres espèces de céréales, telles que l'avoine et l'orge, mais même du ray-grass, du fromental, et autres plantes fourrageuses qui font partie de la même famille.

C'est pourquoi les Anglais qui conduisent, depuis plus d'un siècle, leur agriculture d'après les principes de l'alternat, ne suivent pas un assolement parfait lorsqu'ils se réduisent à cultiver successivement des turneps, de l'orge, du trèfle et du blé, puisque les mêmes plantes se retrouvent trop souvent dans la même terre.

On n'est pas encore complètement d'accord sur la nature des sucs que les plantes, en général, tirent de la terre, et encore moins, par conséquent, sur celle de celui qui est propre à chaque espèce en particulier; ainsi il ne sera pas question de faire ici des applications, mais seulement de donner quelques préceptes généraux.

Rozier, dans son article Alternat, semble supposer que les sucs dont se nourrissent les plantes, sont identiques, et que les pluies les font continuellement descendre. Par conséquent, il croit que les labours servent principalement à ramener ces sucs à la surface, et qu'il est avantageux de substituer une récolte de plantes à racines pivotantes, à une de plantes à racines traçantes. Mais cette théorie, ni cette pratique, ne peuvent être admises sans modifications. En effet, 1°. il n'est pas certain que les sucs propres à la végétation soient entraînés par les eaux, puisque celles des sources, quelque superficielles qu'elles soient, n'en sont jamais chargées ;

2°. il est de fait que les fibriles de certaines racines traçantes s'enfoncent souvent autant que celles de certaines racines pivotantes.

L'expérience prouve, de plus, que quelques espèces de plantes épuisent plus promptement les terres des sucs qui leur sont propres que d'autres; par exemple, le blé, le colza, les pommes de terre et les pois sont dans ce cas. Les premières ont la racine pivotante, et les secondes l'ont traçante; ainsi, ce n'est pas à cette circonstance qu'est due leur faculté effritante. Ce n'est pas davantage à leurs graines, puisque toutes en ont de nature différente; que je reconnois, avec tous les physiologistes et les agriculteurs, que la maturité des graines, de quelques espèces qu'elles soient, produit éminemment cet effet, et les huileuses plus que les autres. D'un autre côté, nous voyons que les herbes des prés qui ont presque toutes des racines traçantes, et des semences analogues à celles du blé, et la rave ou turneps qui a une racine pivotante et une graine semblable à celle du colza, améliorent également le terrain.

En général, il est encore, en ce moment, très-difficile de poser des bases théoriques rigoureuses sur tous ces objets; mais l'expérience en a fourni de suffisamment approximatives pour pouvoir guider dans la pratique, et ce sont celles-là qui doivent se produire dans un livre de la nature de celui-ci.

J'ai dit plus haut qu'il n'étoit pas certain que l'effet principal des labours fût de ramener à la surface les sucs que les eaux pluviales avoient entraînés plus bas que la ligne où les racines des plantes céréales pénétroient: on peut me demander à quoi ils servent donc? Je répondrai: principalement à diviser la terre et à la rendre par là plus perméable, 1°. à l'air qui doit s'y décomposer pour fournir du carbone; 2°. à l'azote qui se produit par suite de la destruction des substances végétales ou animales qui s'y trouvent naturellement ou y ont été introduites; 3°. à l'eau qui doit s'y accumuler, pour ensuite s'y décomposer également par l'action végétale des plantes qu'on y sèmera; 4°. enfin aux racines encore foibles de ces plantes, lesquelles s'étendent facilement, et par conséquent augmentent d'autant plus le nombre de leurs suçoirs qu'elles trouvent moins d'obstacles pour s'enfoncer ou s'étendre.

On voit, par ce que je viens de dire, que les terres doivent être d'autant plus souvent labourées avant les semailles, qu'elles sont plus compactes, et que lorsqu'on laboure plus fréquemment qu'il ne convient, cela devient nuisible, en empêchant les décompositions précitées, et en favorisant l'évaporation de l'eau. L'expérience est ici d'accord avec la théorie.

On peut conclure, d'après cela, que le système des jachères qui multiplie les labours aux époques où la chaleur est desséchante au plus haut degré, doit être plus nuisible dans les terrains secs et légers, que dans ceux qui sont humides et gras, et que le système des assolemens, au contraire, est extrêmement favorable aux premiers, en ce qu'il ne les laisse jamais dépouillés de verdure au milieu de l'été, et qu'il ne comporte que des labours d'automne; aussi est-ce sur eux qu'il produit les effets les plus marqués et qu'il est plus facile à mettre en œuvre. On en a eu des exemples dans un si grand nombre de contrées, qu'il est superflu d'en indiquer ici au plus grand nombre des lecteurs.

Ce n'est donc pas seulement dans les terres où se cultivent des céréales que l'on doit pratiquer des assolemens; mais encore dans les jardins où, au reste, ils sont assez généralement établis, les vergers, les avenues, les routes et même les bois et les vignes, lorsqu'on se trouve dans le cas d'en profiter. Une pépinière doit y être rigoureusement assujettie, si on veut la voir prospérer: et comme la même espèce d'arbre reste souvent quatre à cinq ans dans la même place, il faut être encore plus rigoureux pour ne point faire succéder des espèces de même famille les unes aux autres; à ne pas mettre, par exemple, des pommiers à la suite des poiriers, mais des arbres à noyaux, etc.

Pour bien combiner un plan d'assolement, dit Pictet, dans son excellent *Traité des Assolemens*, le seul que nous ayons en français (1), il faut avoir égard à un grand nombre de données qui varient selon les terres, le climat, le genre de culture du pays, le prix des denrées, la facilité des débouchés, etc. Le but final de l'agriculture étant le plus grand profit du cultivateur, sans doute que le meilleur assolement est le plus profitable; mais il faut considérer ce profit d'une manière générale, dans une certaine suite d'années, relativement à la valeur croissante d'un domaine, et non par rapport à une ou deux années seulement. La bonne agriculture est prévoyante; ainsi, tout pays où les baux sont à courts termes ne peut pas avoir de bons assolemens; de même que tout pays où les cultiva-

(1) Cet ouvrage, qui a beaucoup servi à la rédaction de cet article, se trouve chez Pougens, à Paris, et chez Paschoud, à Genève.

teurs ne sont pas assez fortunés pour pouvoir faire des avances et supporter des retards de produits, ne peut pas en avoir davantage. L'un et l'autre n'auront pas une brillante agriculture, et c'est ce que l'expérience prouve par-tout.

Il eût été bon, malgré cela, d'indiquer les bases des assolemens en tous les climats de la France; mais nous manquons des données nécessaires, sur-tout de celles propres aux départemens méridionaux où les cultures sont si différentes. Il n'y a pas de doute cependant qu'il ne soit possible de les y introduire. On les pratique, ainsi que je m'en suis assuré personnellement, avec un prodigieux succès dans le nord de l'Italie; mais c'est au moyen des irrigations, et il n'est pas donné à tous les terrains de jouir de cet avantage.

Nous nous bornerons donc ici à suivre l'excellent plan d'assolement de Pictet, pour les climats intermédiaires, tels que celui de Paris, et nous laisserons au lecteur le soin d'en modifier les principes pour les appliquer aux cultures des pays plus froids ou plus chauds.

Cet estimable auteur résume ainsi toute sa théorie :

« C'est un principe bien reconnu en agriculture, que lorsque sur un même terrain on fait succéder plusieurs récoltes de céréales, ce terrain s'épuise plus ou moins promptement, et finit par être entièrement occupé par des plantes nuisibles au blé. Quelles sont donc les productions qui peuvent les remplacer avantageusement, puisque la terre ne refuse pas de les produire? Ce sont celles qui exigent une culture pendant leur végétation, et celles qui, s'emparant exclusivement du sol, s'opposent à la croissance de toutes autres plantes, et permettent aux sucs nourriciers de s'accumuler dans la terre. »

La règle qu'on doit se proposer dans le choix d'un assolement, c'est qu'il nettoie la terre, la maintienne en bon état et lui fasse donner le plus grand revenu possible; c'est une circonstance heureuse, mais non pas essentielle dans un assolement, qu'il procure alternativement une récolte servant à la nourriture de l'homme, et une récolte destinée à celle des bestiaux.

Les assolemens peuvent et doivent se varier de tant de manières, suivant la nature du sol seulement, qu'il seroit impossible d'en établir qui fussent applicables à tous les terrains. Il faut donc s'en tenir aux deux grandes divisions des terres légères et des terres argileuses.

Assolemens des terres légères. Les terres de cette sorte sont ordinairement destinées, dans le système des jachères, presque exclusivement au seigle et à l'orge, et on les laisse quelquefois reposer plusieurs années de suite; mais par celui des assolemens, on trouve moyen d'en tirer de belles récoltes en froment et de les faire produire tous les ans. C'est principalement à l'introduction du trèfle et des raves dans la grande culture qu'on doit cette amélioration remarquable.

Ces deux plantes croissent presque toujours avec la plus grande vigueur dans les sols dont il est ici question, lorsqu'ils sont nouvellement défrichés. Leur fanage ne permet pas aux plantes annuelles de se développer, et étouffe toutes les plantes vivaces que les labours n'avoient point fait périr; mais ce n'est pas seulement sous ces rapports qu'elles améliorent les récoltes suivantes; c'est en empêchant l'évaporation de l'eau des pluies, d'un côté, et en fixant dans la terre celle qui entre comme partie constituante de leurs racines. Cette explication des effets étonnans de ces deux plantes n'a pas encore été proposée, que je sache; mais elle doit être plausible à tous ceux qui savent que l'eau est nécessaire à la végétation, et qu'un des inconvéniens des terres légères est d'être trop sèches.

On voit par là pourquoi la meilleure culture des terrains extrêmement secs et arides, est d'y renfermer, en état même de végétation active, le sarrasin, le lupin, la spergule, et autres plantes à tiges aqueuses, que leur nature permet d'y croître. On voit par là quelle est la cause qui, dans tous les pays où la terre, moins aride, rend possible la culture des raves, a fait adopter cette culture comme un des plus puissans moyens d'amélioration.

On ne sauroit donc trop vanter la rave ou le turneps, ce qui est la même chose; on ne sauroit trop en recommander la culture en France, où elle n'est presque pas connue, et où il y a tant de terrains dont elle peut doubler les productions. C'est un manger sain pour l'homme, sain pour les animaux, et qui n'a d'autre inconvénient que de ne pouvoir se garder long-temps.

Un des grands avantages de l'introduction des raves dans la rotation des assolemens, dit Pictet, est qu'on peut faire paître dessus les moutons, et, par là, abréger le long circuit ordinaire du résidu des productions fourrageuses pour retourner à la terre. En effet, par

par ce moyen, on évite des frais de transport, et on ne perd ni le suint, ni l'urine, ni les excrémens des moutons. Cela, joint aux restes des feuilles et des racines qui pourrissent, donne un second engrais aussi efficace que celui qui avoit été répandu pour assurer la récolte. Mais, quelque précieuse que soit leur culture, il ne faut pas la regarder, avec les agriculteurs anglais, comme indispensable dans une ferme. On peut les remplacer, avec avantage, sur-tout dans les départemens méridionaux, par d'autres racines aqueuses, telles que les betteraves, les carottes, etc. La rave est la plante des pays froids et humides, et il ne faut pas trop contrarier la nature lorsqu'on veut en tirer tout le parti possible. Dans les contrées où les théories modernes n'ont pas pénétré, telles que l'Espagne, on a été conduit par l'expérience à cultiver en grand la rave sur le penchant des hautes montagnes de la Galice et de la Biscaye, et à la repousser dans les plaines de la Vieille-Castille. Vouloir l'introduire dans celles de la Provence et du Languedoc, seroit folie dans ceux qui l'entreprendroient, si auparavant ils ne s'étoient assurés de moyens suffisans d'irrigation.

Les prairies artificielles peuvent entrer avec succès dans les assolemens des terres légères; elles réunissent le double avantage de fournir de grands produits et de donner au sol le moyen d'accumuler, pendant le temps de leur durée, les sucs propres à la nourriture du blé. Les prairies naturelles, ou mieux de graminées choisies, ont aussi leur avantage. Il faut savoir se déterminer selon les circonstances.

Mais le trèfle est la plante par excellence pour les assolemens des terres légères. Il pousse ordinairement avec une extrême vigueur dans celles qui n'en ont jamais porté. Son ombre épaisse tue les graminées vivaces, entr'autres le chiendent, la peste des cultivateurs : mais ses bons effets décroissent d'année en année, si on n'a pas soin d'éloigner ses retours. On s'en est apperçu d'une manière sensible en Angleterre, où on en avoit d'abord usé sans modération.

Dans la province de Norfolck, si réputée par l'excellence de son agriculture, on fait des assolemens de quatre ans dans ces sortes de terres. On sème d'abord des raves sur le fonds qu'on vient de défricher, après l'avoir fortement fumé; ordinairement on en fait consommer la récolte sur pied par les moutons, comme il a été dit plus haut. L'année suivante, on sème du trèfle avec de l'orge. Cette orge, qui croît dans un terrain parfaitement meuble et bien engraissé, est toujours belle; mais ce n'est pas cependant celle qu'on a en vue, c'est le trèfle qui, après que l'orge est coupée, prend possession du terrain et donne un pâturage abondant, ou deux à trois coupes avantageuses, suivant la saison.

Au trèfle succède le froment, sur un seul labour. Ce froment, semé dans une terre complètement exempte de chiendent et autres herbes nuisibles, améliorée par la culture précédente et qui n'a pas porté de blé depuis quatre ans, donne ordinairement huit à neuf pour un de produit moyen, quoiqu'il ne soit pas dans ce qu'on appelle terre à blé, et qu'on ne retirât de cette même terre, avant la pratique des assolemens, que de chétives moissons de seigle.

Lorsque les raves manquent, on leur substitue du sarrasin que l'on enterre quand il est en pleine fleur. Lorsque c'est l'orge, on la remplace par de la vesce qu'on fait pâturer sur place.

L'avoine et le seigle peuvent également procurer une récolte supplémentaire pour faire pâturer en vert; mais elles n'ont pas l'avantage d'étouffer les mauvaises herbes.

Il est à remarquer que sur les quatre années, ce n'est que la première qu'on laboure plus de deux fois le terrain, et qu'on le fume avec des engrais apportés de la ferme.

Un des motifs qui repoussent plusieurs plantes des assolemens du comté de Norfolck, c'est qu'elles ne peuvent pas se consommer sur la ferme même, et que les cultivateurs de ce canton ont établi en principe qu'ils ne devoient tirer d'argent que de la vente de leurs bestiaux ou de leurs blés. Vendre les pommes de terre, les carottes, les fèves, les pois, et en général le produit des récoltes secondaires dont on pourroit engraisser des bestiaux, leur paroît une marche mesquine; mais si leur position les autorise à penser et à agir ainsi, il en est beaucoup d'autres où ce seroit folie de le faire. Il faut qu'une bonne agriculture s'occupe de produire tous les objets utiles, non seulement au fermier et à sa terre, mais à ses concitoyens, soit sous le point de vue de la nourriture, soit sous celui des arts.

On peut observer que l'assolement qui vient d'être rapporté, quelque avantageux qu'il soit pour les fermiers qui le pratiquent, ne remplit pas aussi complètement qu'on peut le désirer toutes les données de la théorie. En effet, il n'est pas d'une assez longue durée et il ne varie pas suffisamment les objets de sa culture.

Aussi je crois que celui proposé par Pictet est préférable pour la plus grande partie de la France. Voici sa rotation :

1°. Productions de jardinage, fumées et sarclées deux fois ; 2°. blé, puis sarrasin et turneps ; 3°. vesces ou raves parquées et consommées sur place ; 4°. blé ; 5°. trèfle ; 6°. blé, puis sarrasin ou raves.

Cet assolement donne huit récoltes en six ans, dont trois de froment. Il maintient la terre parfaitement nette et bien fumée, et cependant sur ces six ans on ne voiture du fumier qu'une fois, on ne donne de forts sarclages qu'une année. Que d'avantages réunis ! Partisans des jachères, pouvez-vous répondre à un pareil argument ?

Le même auteur propose encore, pour les parties les plus méridionales de la France, les assolemens suivans, savoir :

1°. Blé, puis lupins enterrés à la charrue pour engrais ; 2°. blé, puis raves, lin pour fourrage, ou lupinelle, ou trèfle annuel ; 3°. maïs, millet ou sorgho, ou bien : 1°. blé, puis haricots et maïs ; 2°. blé, puis lupins enterrés pour engrais ; 3°. blé, puis raves ou lupinelle, ou lin pour fourrage ; 4°. maïs, millet ou sorgho.

Les assolemens qui donnent cinq récoltes en trois ans, ou sept en quatre, sont pratiqués dans presque toute la vallée du Pô et dans le pays Vénitien, avec quelques modifications locales, comme cela doit être, et j'en ai été enthousiasmé ; je les avois vu aussi employer dans quelques parties de l'Espagne ; car il ne faut pas croire, comme on le répète dans tous les livres, que l'agriculture soit négligée dans ce royaume ; j'ai fait voir le contraire dans mes notes sur ce pays, imprimées dans le *Magasin Encyclopédique de Millin*.

Les lupins, si estimés des anciens, sont un excellent engrais, et il en est de même de toutes les plantes un peu aqueuses qu'on enterre avant leur maturité, comme je l'ai déjà observé. Si les cultivateurs des pays chauds connoissoient tout le parti qu'ils en peuvent tirer, leur agriculture prendroit généralement un caractère qu'elle n'a encore que dans quelques cantons privilégiés.

Aux plantes ci-dessus dénommées, on peut ajouter la spergule ou spargoute et les pois pour les pays froids ; les lentilles, le fenu-grec et l'ers pour les pays chauds, et plusieurs autres plantes moins communément cultivées, telles que le cytise, le plantain, la bistorte, le mélilot, l'ortie, le genêt épineux ou ajonc, le genêt d'Espagne ou spartium, etc., etc.

Dans ce qui vient d'être dit, il n'est pas question de prairies artificielles, et ce sont cependant d'elles qu'un domaine peut tenir les avantages les plus certains et les plus durables ; il paroît que les Anglais pensent que les fourrages de plantes annuelles sont plus productifs, et ils peuvent avoir raison dans leur climat froid et humide ; mais dans le nôtre, ils sont trop exposés à manquer par l'effet des gelées du printemps, des trop grandes pluies et des sécheresses prolongées. En conséquence, nous devons préférer les premières.

Les deux plantes qui entrent le plus fréquemment sous ce rapport, dans notre agriculture, sont la luzerne et le sainfoin ; la première pour les sols un peu frais, et le second pour les plus secs.

Nous avons vu, observe Pictet, que la culture bien entendue du trèfle convertit en terres à froment celles que la nature n'avoit pas destinées à en produire. Les luzernes en préparent aussi de belles récoltes ; mais on peut dire que l'effet des sainfoins est encore plus marqué, probablement parce qu'il a ordinairement lieu sur des terrains naturellement plus stériles. On peut regarder, ajoute-t-il, l'établissement des prairies en luzerne et en sainfoin, comme un prêt dont la terre paie d'abord un gros intérêt en fourrage, et rend ensuite plusieurs fois le capital en grains. Voici l'assolement qu'il propose pour treize ans, et qui paroît fondé sur d'excellentes bases : les huit premières années, luzerne ou sainfoin ; neuvième, blé et raves ; dixième, pommes de terre fumées et sarclées, ou vesce pour fourrages ; onzième, blé ; douzième, trèfle ; treizième, blé.

Outre ces deux plantes, on peut encore employer la pimprenelle dont les avantages sont si marqués, sur-tout en ce qu'elle fournit un pâturage vert pendant tout l'hiver.

Des assolemens des terres argileuses. Les terres argileuses, comme tout le monde le sait, retiennent les eaux des pluies de l'hiver, et ne se labourent qu'avec la plus grande difficulté. Outre que leur culture est nécessairement plus coûteuse, elles ne comportent pas un aussi grand nombre de productions que les sols légers. La rave et le trèfle, si utiles dans ces derniers, n'y réussissent que très-médiocrement.

Les plantes que l'on peut employer avec le

plus d'avantages dans les terrains argileux, pour y faire des assolemens, sont les fèves ou féveroles, les pommes de terre, les choux, le colza, la navette, le pavot, la caméline, la vesce, la chicorée, la pimprenelle, la luzerne, le trèfle, etc., et les prés-gazons, c'est-à-dire les prés formés de graminées vivaces.

De toutes ces plantes, dit Pictet, la fève ou féverole, est celle qui doit être considérée comme la plus importante, puisqu'il a été prouvé, par des expériences positives faites en Angleterre, que lorsqu'elle est labourée à la houe, pendant sa végétation, et sarclée, elle prépare, dans ces sortes de terres, une belle récolte de blé avec presque autant de certitude qu'un beau trèfle dans une terre légère. Elle paie de plus abondamment, par sa propre récolte, les frais qu'elle exige, car son grain peut entrer dans le pain du pauvre, et est excellent pour engraisser les volailles et les bestiaux de toute espèce.

Il y a deux variétés de féveroles, l'une qui se sème en automne, et l'autre qui se sème au printemps. La première doit être préférée, attendu qu'il est souvent difficile d'entrer dans les terres argileuses à la fin de l'hiver pour les labourer.

Les pommes de terre jouissent de grands avantages et obligent à des travaux répétés qui ameublissent beaucoup la terre et la purgent des mauvaises herbes; mais malgré cela, l'expérience a prouvé qu'elles étoient une mauvaise préparation pour les récoltes de blé, lorsqu'on ne les accompagnoit pas d'engrais abondans.

L'utilité de la culture des choux en plein champ n'est plus contestée aujourd'hui en Angleterre et dans le nord de la France; mais il faut que cette culture soit accompagnée d'une quantité de bœufs ou de moutons à engraisser, suffisante pour en consommer le produit dans la ferme, et cette circonstance ne se rencontre pas toujours. Il est douteux qu'elle puisse également être fructueuse pour nos départemens du Midi, à raison des sécheresses fréquentes du printemps, et de la nécessité des arrosemens à la main qu'elle y nécessiteroit.

Le colza se cultive ou pour la graine ou pour le fanage. Dans le premier cas, il épuise prodigieusement la terre; dans le second, il la fatigue moins, et est d'un grand produit. On le sème en automne, soit pour le faire manger sur place par les moutons, au printemps, soit pour le transplanter à la même époque et lui donner une culture à la pioche: dans ce dernier cas on ne le fait consommer qu'au moment où il est disposé à monter en graine.

La vesce et la gesse fournissent une ressource majeure dans les assolemens de l'espèce dont il est ici question, soit qu'on les destine à porter de la graine, soit qu'on en veuille faire du fourrage. Elles améliorent bien les terres, les privent, par leur épais fanage, de toutes mauvaises herbes, et leurs graines, ainsi que leurs fourrages, sont d'un grand usage dans une ferme.

La chicorée est aussi dans le cas d'être recommandée, ainsi que la pimprenelle, et elles ne sont pas malheureusement assez employées.

Quant à la luzerne et au trèfle, ils ne sont pas, comme je l'ai déjà observé, aussi utilement cultivés dans ces sortes de terrains que dans ceux dont il a été question précédemment; mais on peut cependant en tirer parti avec des soins et des attentions particulières.

Les prés-gazons, dit Pictet, méritent beaucoup d'attention de la part de ceux qui visent à supprimer les jachères dans les terrains argileux, attendu qu'ils les améliorent et évitent une fréquence de labours toujours très-coûteux.

Les plantes vivaces qui réussissent le mieux dans les prés-gazons sont les bromes, les fétuques, les vulpins, les paturins, le ray-grass et les trèfles des prés.

Ces graminées se sèment à moitié avec du blé, ou mieux aux deux tiers, parce qu'il est avantageux qu'elles soient épaisses. On les fait pâturer par les moutons dès le premier printemps, pour les faire raser; car c'est un préjugé de croire que ces animaux arrachent les jeunes plants.

Lorsqu'on veut établir une rotation de culture sur une ferme à terrain argileux, il faut d'abord établir des prés pour diminuer d'autant les travaux aratoires et pouvoir augmenter le nombre de ses bestiaux. Le blé et l'avoine sont les deux grains qui réussissent le mieux dans cette sorte de terrain. Le premier peut, sans inconvénient, y revenir plus souvent que dans les assolemens de terres légères. On a même constaté, en Angleterre, que l'alternance des féveroles avec un léger engrais de trois ans en trois ans, avoit suffi pour soutenir, sans diminution, les facultés de produire et la parfaite netteté d'une terre argileuse.

Dans tous les cas, ces sortes de terrains ont besoin d'être desséchés le plus exactement possible, soit par de grands travaux à la bêche, soit par des rigoles à la charrue, parce qu'ils sont exposés à être noyés après les pluies d'hiver, et dans ce cas, il n'y a point ou au moins peu de produits à en attendre.

Cela dit, je puis passer à quelques exemples

d'assolemens qui achèveront de fixer les idées du lecteur.

Assolemens de deux ans. Féveroles fumées et sarclées, blé.

Assolemens de trois ans. Fèves fumées, blé, trèfle, fèves fumées, blé, gesses pour fourrages; pommes de terre fumées, avoine, trèfle rompu à la bèche pendant l'hiver; choux fumés, avoine, trèfle; colza fumé et pâturé, blé, trèfle.

Assolemens de quatre ans. Gesse fumée et coupée en vert, avoine, trèfle, blé; fèves fumées et sarclées deux fois, blé, trèfle, blé; pommes de terre fumées, avoine, trèfle, blé; pommes de terre sur un labour à la bèche et fumées, blé, trèfle, blé; choux fumés, avoine, trèfle, blé; colza fumé et pâturé, blé, trèfle, blé, colza fumé et pâturé; blé, fèves fumées; blé, fèves, choux fumés; fèves, blé.

Assolemens de cinq ans. Gesses pour fourrages, pommes de terre fumées, avoine, trèfle, blé; fèves fumées, blé, trèfle, blé, gesses coupées en vert; pommes de terre fumées, avoine, trèfle, blé, gesses pour fourrages; pommes de terre sur un labour à la bèche et fumées, blé, trèfle, blé, gesse pour fourrages; choux fumés, avoine, trèfle, blé, gesses pour fourrages; colza fumé et pâturé, blé, trèfle, blé, gesses pour fourrages; colza fumé et pâturé, blé, fèves fumées, blé, gesses pour fourrages; fèves, choux fumés, fèves, blé, gesses pour fourrages.

Assolemens pour six ans. Fèves fumées, blé, pommes de terre fumées, avoine, trèfle, blé; pommes de terre fumées et labourées à la bèche; blé, fèves, blé, fèves fumées, blé; choux fumés, avoine, trèfle, blé, fèves fumées, blé; colza fumé et pâturé, blé, fèves, blé, pommes de terre fumées, avoine.

Pictet, de qui j'ai pris ces assolemens, ajoute que les pièces qui ont été mises en prés-gazons peuvent rester telles jusqu'à ce que les convenances du domaine ou une altération sensible dans la quantité d'herbes qu'elles produisent, avertissent que c'est le moment de les rompre. Il importe alors d'adopter un assolement qui prolonge le plus long-temps qu'il est possible l'influence féconde du gazon décomposé. Les expériences d'Arthur-Young sur les assolemens, nous apprennent que les fèves ont, à un degré éminent, la faculté de conserver et de renouveler l'influence fertilisante du gazon pourri, et ces expériences démontrent en même temps que les pommes de terre ne conviennent pas dans un terrain froid qui étoit un pré auparavant; enfin, les faits qui résultent du travail de cet agriculteur, font voir que dans les prés rompus, tant que le gazon n'est pas entièrement consommé, l'avoine donne plus de profit que le blé.

Voici donc l'assolement que Pictet propose pour ces sortes de terres: fèves, avoine, fèves, avoine, fèves, blé.

Le même ajoute encore: il est quelques productions d'une convenance locale ou d'une consommation facile et commode pour le fermier, qui peuvent être avantageusement placées sur les terres argileuses, telles que sont le chanvre, le lin, les carottes, la racine de disette, etc. Le chanvre et le lin peuvent entrer dans les assolemens des glaises fécondes; mais dans les glaises médiocres et stériles, ces productions ne sont point profitables. Les terrains qui leur conviennent par-dessus tout sont les luts gras, les terreaux fertiles, les sols d'alluvion; et, dans ces terrains-là, les raves peuvent succéder avec avantage dans la même année, ce qui n'est pas possible dans les glaises froides. Ainsi ces mêmes raves, qui produisent de si bons effets dans les terres légères, ne doivent que rarement entrer dans les assolemens des terres argileuses.

Un grand reproche que l'on peut faire aux assolemens anglais, d'ailleurs si dignes d'être imités, c'est, je l'ai déjà observé plusieurs fois, qu'ils ne s'étendent pas sur un assez grand nombre d'espèces de grains ou de fourrages. En effet, le trèfle et les fèves qui s'y retrouvent si souvent, finissent par épuiser le terrain, quelque fumé qu'il soit.

Cet inconvénient est déjà senti par les cultivateurs éclairés, et Arthur-Young le mentionne souvent dans ses Annales. Il paroît même que plusieurs de ces cultivateurs agissent en conséquence. L'assolement suivant est pratiqué avec avantage par eux: blé, pommes de terre, avoine, fèves, blé, sainfoin; ou bien, fèves, choux, blé, pommes de terre, avoine, fèves, blé, pimprenelle, deux ans. On a remarqué que presque toujours l'avoine vient mieux après les pommes de terre que toute autre espèce de grain, et que les fèves sont, de toutes les plantes, celles qui maintiennent le mieux la fertilité du sol, quelle que soit la nature de la plante qui lui succède. La pomme de terre paroît une des plantes les plus épuisantes, et elle doit en conséquence être ménagée, à moins que les fumiers ne soient abondans.

Les assolemens dans les terrains de la nature de celui dont il est ici question ont bien moins besoin d'être fumés que dans ceux qu'on appelle *légers*: on en cite qui ne l'ont été qu'une fois en neuf ans, et qui n'en ont pas moins donné chaque année de bonnes récoltes; cependant, plus on le fait et plus ces récoltes sont abondantes. Ici, comme dans beaucoup d'autres cas, ce sont les circonstances qui doivent déterminer et le mode d'assolement, et la quantité de fumiers dont on les accompagnera.

Ceci me conduit à observer (ce que j'aurois dû faire plus haut) que quoique dans toute espèce de terre le fumier sans assolement fasse produire des récoltes avantageuses, les assolemens, joints à l'abondance des fumiers, en procurent encore de meilleurs, c'est-à-dire que de deux pièces égales et également fumées, celle où on aura mis deux ans de suite du blé, donnera la seconde une récolte inférieure à celle où on n'en aura mis qu'une fois.

Mais loin de tendre à augmenter la consommation des fumiers, les assolemens, au contraire, comme on l'a vu dans le cours de cet article, tout en favorisant considérablement leur masse par la multiplication des fourrages, et, par suite, des bestiaux, tendent à la diminuer, puisque par leur seul moyen on peut espérer des récoltes passables. Cependant, fumer, fumer, et encore fumer est le pivot de ce mode d'agriculture comme de tout autre.

Il y a quelques cantons de la France dont le sol est argileux, comme celui dont il est ici question, et qui ont de toute ancienneté eu d'excellens systèmes d'assolemens, dans lesquels les jachères sont complètement inconnues. Les départemens du Nord, du Pas-de-Calais, de la Dyle, de l'Escaut, c'est-à-dire l'ancienne Flandre, les départemens du Haut-et du Bas-Rhin, du Lot et de la Haute-Garonne, sont principalement dans ce cas. On dit partout que ces départemens sont privilégiés, et que si on employoit cette même culture dans des terrains de qualité inférieure, on n'en obtiendroit pas des résultats avantageux, quoique tout le monde sache qu'il est beaucoup d'autres départemens où il se trouve des terres de même nature que celles qui viennent d'être mentionnées; il suffit de nommer ceux de l'Aisne, de la Somme, de l'Oise, de Seine et Oise, de l'Eure, du Calvados, de l'Orne, de la Seine-Inférieure, de Seine et Marne; cependant, dans ces départemens on suit encore le désastreux système des jachères, ou, si on y pratique des assolemens, ce n'est que dans quelques fermes appartenantes à des hommes éclairés, dont les succès n'ont aucune influence sur leurs voisins. Je dis désastreux, car, que de richesses qui pourroient naître annuellement dans ces départemens, et qui sont perdues par ce seul fait!

C'est à l'adoption du système de l'assolement de la Flandre que l'Angleterre doit en grande partie sa prospérité actuelle. En effet, ce système ayant doublé les produits de son agriculture, a dû nécessairement produire une augmentation dans sa richesse, son commerce, sa population et tous les moyens de force qu'elle amène toujours. La possibilité d'élever un plus grand nombre de bestiaux par l'alternat des récoltes de fourrages, avec des récoltes propres à la nourriture des hommes, est seule un avantage immense. Sans bestiaux, point d'agriculture, et sans agriculture, point de bestiaux, puis-je dire d'une manière générale; car doit-on appeler agriculture, des cultures coûteuses que l'on fait à bras d'hommes dans certains cantons, et bestiaux, le petit nombre de vaches étiques et de chevaux foibles qui se disputent quelques brins d'herbes sur des jachères ou le long des chemins, dans la plupart de nos départemens? C'est en imitant les habitans des départemens dénommés plus haut, non servilement, mais d'une manière appropriée à la différence du sol, des abris, des besoins locaux, etc., etc., que le reste de la France peut espérer de s'élever à un haut degré de puissance. L'intérêt de tous les bons Français est donc de faire simultanément les plus grands efforts pour éclairer ceux de leurs concitoyens qui ne reconnoissent pas les avantages immenses qu'il y a à remplacer les jachères par de bons assolemens.

(Bosc.)

SUINT. La transpiration a été de tous temps regardée, par les physiologistes et les médecins, comme un des phénomènes les plus importans de l'économie animale; aussi a-t-elle donné lieu à un grand nombre de recherches qui nous ont fait connoître ses rapports avec les différentes fonctions organiques, et qui nous ont fourni des idées bien précises sur sa composition, dont nous sommes redevables aux travaux de MM. Lavoisier, Fourcroy et Berthollet. On a pu voir alors combien étoient fausses ces distinctions admises entre la sueur et la transpiration, qui toutes deux, semblables dans leur composition, sont encore fournies par les mêmes organes. Ces recherches ont aussi justifié l'analogie reconnue depuis long-temps par les médecins, entre l'humeur, la sueur et l'urine, analogie qui a été pleinement confirmée par les belles expériences de MM. Fourcroy et Vauquelin, sur les substances animales. Ces célèbres chimistes, en démontrant dans l'urine d'un grand nombre d'animaux, l'existence de l'urée, l'ont aussi retrouvée dans la matière de la transpiration, comme ils ont prouvé la présence du phosphate de chaux dans l'une et l'autre de ces deux substances.

Quoique ces diverses découvertes aient été faites seulement sur l'homme et sur quelques animaux, nous croyons qu'elles peuvent s'appliquer immédiatement au mouton, dont les principes constituans de la transpiration n'ont été examinés que depuis bien peu de temps.

Avant que nous connussions la nature intime du suint, on le regardoit comme une humeur huileuse destinée à s'opposer au dessèchement de la laine, et à empêcher l'eau de la pénétrer.

Les Grecs l'avoient nommé *Œsype*, ce qui veut dire pourriture des brebis, parce que d'après l'odeur fétide qu'il acquiert quand il est séparé de la laine, ils étoient persuadés qu'il devoit en produire la décomposition. Aussi, d'après ces idées, ne doit-on pas être étonné qu'ils aient cherché tous les moyens d'en débarrasser la toison de cet animal, et qu'ils aient propagé par-tout la méthode si dangereuse des lavages à dos, méthode qui tend à altérer la santé de l'animal et la qualité de la laine? Mais les Grecs semblent avoir voulu réparer leur tort envers le suint, en lui accordant des propriétés médicales extrêmement nombreuses; car Celse, Hippocrate, Dioscoride recommandoient la laine en suint, imprégnée soit de vin, de vinaigre ou d'huile, dans les ophthalmies, les brûlures, les céphalalgies, les maladies inflammatoires, et ils se servoient des cendres du suint, seules ou incorporées dans quelques linimens, quand ils avoient besoin de forts stimulans, et même de corrosifs. Ce médicament, trop vanté par les anciens, a été bientôt remplacé par des substances plus constantes dans leur nature, plus énergiques dans leurs effets, et qui n'offrent point sur-tout son odeur désagréable, et même repoussante.

Avant que de nous occuper de la nature intime du suint, nous allons examiner les divers moyens employés pour dégraisser la laine, et indiquer ceux qui nous paroissent mériter la préférence. Si la matière animale contenue dans le suint y étoit entièrement combinée avec la potasse, on parviendroit très-facilement à la dissoudre par l'eau froide ou par l'eau chaude; mais comme, outre le savon qui s'y trouve, toutes les laines contiennent encore une assez grande quantité de matière grasse qui résiste aux lavages les mieux soignés, on ne peut espérer de les désuinter complètement par ce moyen. L'eau chaude chargée de suint, dégraisse assez bien les laines pour tous les arts qui ne les emploient pas en blanc, ou pour ceux qui en fabriquent des étoffes qui doivent passer au foulon. Cependant, quoique toutes les laines d'Espagne et une grande partie de celles de France soient lavées par ce procédé, qui est très-simple, comme il est pratiqué le plus souvent par des hommes peu intelligens, ou sous les yeux de propriétaires qui n'ont aucun intérêt à ce qu'il soit bien exécuté, on trouve assez souvent, dans le commerce, des laines qu'il est impossible de dégraisser complètement, et qui, par cela même, ne peuvent plus être employées qu'à un très-petit nombre d'usages. La perte qu'elles éprouvent par le second lavage, varie depuis un huitième jusqu'à un cinquième de leur poids. Il paroît très-important d'enlever dès la première opération toute la matière grasse contenue dans la laine; car elle éprouve ensuite un changement d'état, une oxigénation plus grande, qui la rend insoluble dans toutes les substances qui pouvoient auparavant se combiner avec elle.

Je me suis assuré de ce fait par un grand nombre d'expériences, en examinant les variations qu'éprouvent en teinture les laines provenant d'animaux malades ou parfaitement sains. Des laines filées dans leur suint, et dégraissées comparativement à celles qui l'avoient déjà été avant le filage, les premières sont devenues très-blanches, approchant du blanc mat du coton, tandis que les deuxièmes conservoient toujours un œil terne et jaune, qu'on ne peut jamais leur faire perdre. Ces expériences répétées souvent, et de plusieurs manières différentes, m'ont constamment donné les mêmes résultats. Pour attaquer cette matière colorante, j'ai essayé le gaz sulfureux et l'acide sulfureux; mais par aucun de ces deux agens, je n'ai pu donner à des laines désuintées en deux fois le même degré de blancheur qu'à celles qui dès la première fois l'avoient été complètement. Ces faits s'accordent très-bien avec les idées répandues dans le commerce et dans les ateliers où l'on pense généralement qu'une laine mal dégraissée ne peut plus l'être parfaitement, quels que soient les moyens employés.

Aussi, outre l'avantage d'éviter aux propriétaires une opération qu'ils n'ont presque jamais les moyens de bien exécuter, une double cause doit engager à conserver les laines en suint; la première, pour les mettre à l'abri des insectes et des vers qui ne les attaquent que bien rarement dans cet état; la deuxième, pour laisser à plusieurs arts qui se servent de laines blanches, les moyens de lui donner cette pureté et cet éclat auxquels elle ne peut jamais parvenir quand elle est déjà désuintée.

Je suis même persuadé que malgré tous les préjugés répandus contre cette méthode, et l'arrêt du 4 septembre 1714, tous les fabricans chercheroient tous les moyens de l'encourager, parce qu'ils trouveroient de grands avantages à acheter leurs laines en suint.

On verroit alors bientôt s'élever de grands établissemens destinés aux lavages des laines, et dans lesquels toutes les opérations qui y sont relatives seroient d'autant mieux exécutées, que l'intérêt des fabricans les forceroit à y exercer une plus grande surveillance.

Les substances qui peuvent agir sur le suint, sont l'urine, le savon, les alcalis. L'urine est plutôt employée pour dégraisser les laines filées que pour les désuinter; car l'ammoniaque ne s'y trouve que dans des proportions bien variables, et elle n'a qu'une action très-foible sur le suint; et les sels calcaires qui en font aussi partie, sont très-nuisibles à cette opération; car, par l'effet d'un double échange, le savon animal est décomposé, et la chaux forme alors avec la matière grasse, un composé insoluble dont il est bien difficile de débarrasser les laines.

Des laines bien lavées dans leur suint et macérées ensuite pendant vingt-quatre heures avec un vingtième de leur poids de savon, perdent toute la matière grasse que le lavage n'avoit pu enlever; elles deviennent très-blanches, et ne conservent plus qu'une légère odeur que l'exposition à l'air enlève assez promptement; mais le savon de Flandre est celui que j'ai employé avec le plus d'avantage, il agit très-promptement, et donne aux laines un degré de blancheur que je n'ai pu leur faire acquérir par aucun autre moyen.

Il seroit à désirer que le bas prix des savons pût permettre de les employer dans les lavages en grand, car ils n'offrent ni les inconvéniens de l'urine, ni la trop grande activité des alcalis.

Les alcalis obtenus de la lixiviation des cendres, et ceux qu'on trouve dans le commerce, sont les agens les plus énergiques pour purifier les laines; mais comme leur pureté et leur causticité ne sont jamais constans, on ne doit les employer qu'en très-petite quantité et avec beaucoup de précautions : outre cela, la matière grasse variant encore suivant les diverses qualités de laines, il est bien difficile de déterminer, d'une manière rigoureuse, les proportions des substances destinées à cette opération, attendu qu'il sera toujours très-avantageux d'y faire concourir l'eau du suint; mais une livre ou une livre et demie de bonne potasse doit désuinter parfaitement un quintal de laine.

On a parlé si souvent de l'influence de l'eau dans les opérations de teinture et de blanchîment, que je ne crois pas inutile de dire un mot sur cet objet, d'autant plus que des circonstances particulières m'ont fourni les moyens d'apprécier les deux petites rivières les plus vantées dans ces deux genres, la Bièvre et le Thérain. L'opinion que M. Guillaumot a émise, dans sa *Notice des Gobelins*, sur la première de ces rivières, s'applique aussi parfaitement à la deuxième.

« Je ne peux pas penser, dit ce célèbre administrateur, que l'eau de cette petite rivière bourbeuse et remplie de détrimens de toutes les usines qui obstruent son cours, soit préférable à celle de la Seine pour la teinture. Je sais bien que les sels divers que l'eau des rivières tient en dissolution, peuvent influer sur le résultat des teintures; mais outre qu'on n'emploie celle de la rivière des Gobelins, qu'après l'avoir épurée par son séjour dans une citerne, son lit contient souvent si peu d'eau, qu'on est obligé d'en envoyer chercher à la Seine, et l'on ne s'apperçoit pas que la teinture soit moins belle.»

Voici d'où provient l'erreur dans laquelle on est tombé, relativement à l'effet des eaux: on est convenu, avec juste raison, de regarder comme mauvaises toutes celles qui, contenant des substances étrangères, nuisoient par cela même au succès de quelques opérations; mais on ne s'est pas contenté de reconnoître pour bonnes celles qui ne tenoient en dissolution aucun sel terreux; par opposition aux premières, on leur a accordé une grande influence et on a vanté par-tout leurs propriétés. Le repos sépare bientôt toutes les matières suspendues dans l'eau et celles qui en altèrent la transparence; mais il ne peut la débarrasser de ces sels calcaires qui rendent les eaux dures et crues, et qui, dans le désuintage des laines, décomposent le savon animal et tendent bientôt à les colorer.

En résumant les substances qui agissent sur le suint, nous voyons qu'elles se réduisent aux savons et aux alcalis qui peuvent seuls enlever la matière grasse, et à l'eau qui, pour dissoudre parfaitement le savon animal et les sels contenus dans le suint, doit être bien claire et ne point contenir de sels terreux.

Le suint est une substance grasse, onctueuse, très-odorante, qui remplace, dans le mouton, la sueur et la matière transpirable existant dans tous les autres animaux; outre les propriétés qu'on lui a attribuées, de donner du moelleux à la laine et d'empêcher l'eau de la pénétrer, nous ferons voir qu'il a une action plus directe sur elle, en contribuant à améliorer sa qualité.

Dissous dans l'eau et filtré pour le débarrasser des matières terreuses et animales qui ne sont que suspendues, il est d'une couleur jaune fauve, plus ou moins rougeâtre; la filtration sépare aussi une matière blanche surnageant dans le suint, et qui, dans le désuintage, n'a pu se combiner avec les alcalis; elle paroît être de la même nature que le suif; elle se fond, devient liquide à une température assez basse, et elle s'enflamme très-facilement. La matière animale, dissoute par les alcalis, en est précipitée en jaune rougeâtre par les acides qui conservent eux-mêmes cette couleur, mais en en retenant une si petite quantité, que ce seroit bien à tort qu'on pourroit proposer de s'en servir pour désuinter la laine; car ils décomposent tout le savon animal, et ils laissent en liberté toute la matière qui étoit auparavant combinée avec la potasse.

J'ai reconnu que l'acide muriatique oxigéné et le gaz acide muriatique oxigéné, formoient seuls, dans le suint, un précipité blanc qui se colore ensuite assez promptement à l'air; c'est une espèce de pâte molle un peu visqueuse, d'une couleur jaune sale, et dont l'odeur est celle des substances animales traitées par l'acide muriatique oxigéné; elle se fond très-facilement, et brûle avec une belle flamme blanche. Quatre livres d'eau macérées pendant quelques jours avec une livre de laine mérinos en suint, indiquent au bout de ce temps de six à sept degrés à l'aréomètre. Sa couleur est celle d'un jaune sombre; elle a une saveur amère et alcaline très-prononcée.

En faisant passer à travers ce liquide du gaz acide muriatique oxigéné jusqu'à saturation complète, j'ai retiré du dépôt qui s'y est formé, deux onces sept gros vingt-six grains de la matière animale dont je viens de parler.

Deux gros de ce précipité, tenus pendant quelques

quelques heures à la température de quatre-vingts degrés dans plusieurs litres d'eau, ont donné une petite quantité d'une matière molle d'un brun noirâtre, dont l'odeur assez agréable peut être comparée à celle de l'extrait du réglisse. J'ai été d'autant moins étonné de trouver cette substance odorante dans le suint, que lors de mes premières expériences, dans lesquelles j'y ai démontré la présence de la potasse, j'avois déjà observé que, mêlé avec de l'ammoniaque, il m'avoit donné, après plusieurs mois, une odeur trés-marquée de fleur d'orange. Au reste, ces faits s'accordent très-bien avec les opinions de plusieurs auteurs anciens qui, en parlant des propriétés médicales de l'œsype et de sa fétidité, conviennent cependant qu'après un temps fort long, elle est changée en une odeur agréable comparable à celle de l'ambre gris.

La matière animale abandonne à l'alcool une très-petite quantité d'une substance résineuse d'une couleur jaune assez agréable; elle en est précipitée en flocons blancs assez abondans par l'eau et les acides. J'avois alors espéré pouvoir ainsi attaquer les extrémités jaunes des parties de laines placées sous les cuisses et sous le ventre des moutons; mais elles n'ont pu être détruites ni par l'alcool, ni par la chaux vive, ni par les alcalis caustiques. Il paroît que le suint, accumulé dans cette partie, forme avec la laine une combinaison très-intime qu'on ne peut attaquer sans détruire le tissu. Ainsi la couleur jaune obtenue par l'action de l'acide muriatique oxigéné sur la laine et la soie, est une combinaison nouvelle formée à leur surface, et dont on ne peut les priver sans changer quelque chose à leur nature intime.

M. Vauquelin nous a donné, en fructidor an 11, une analyse complète du suint, dont voici, suivant ce célèbre chimiste, les principes constituans:

1°. Un savon à base de potasse qui en fait la plus grande partie.

2°. Une petite quantité de carbonate de potasse.

3°. Une quantité notable d'acétate de potasse.

4°. De la chaux dont il ne connoît pas l'état de combinaison.

5°. Un atome de muriate de potasse.

6°. Enfin une matière animale à laquelle il attribue l'odeur du suint.

Toutes ces substances, dit M. Vauquelin, sont essentielles à la nature du suint; car il les a retrouvées constamment dans un assez grand nombre de laines de France et d'Espagne.

Dans le Mémoire que j'ai eu l'honneur de lire à l'Institut, en nivose dernier, sur l'effet en teinture des divers états des laines, j'ai fait voir que l'état de santé ou de maladie du mouton exerçoit une grande influence sur le suint et sur le degré d'affinité de la laine pour la matière colorante. Les quantités de suint et de potasse fournies par des mérinos bien portans, ont été constamment plus grandes que celles provenant d'animaux morts de la pourriture et attaqués de maladies de langueur.

L'affinité pour la matière colorante des laines de bêtes mortes et malades, a été aussi plus foible que celles des bêtes saines, quoiqu'elles provinssent toutes du même troupeau; et dans la comparaison que j'ai pu faire en teinture de cette même laine mérinos de bête saine, avec nos plus belles laines peignées de France et de Hollande, elle a été constamment plus colorée.

Ces expériences, en démontrant que le suint et la potasse, qui en est un des principes constituans, augmentent ou diminuent dans les mérinos, suivant leur état de santé ou de maladie, nous font juger encore du rapport immédiat de cette substance à ces divers états, comme de son influence sur la beauté de leurs produits; car ce seroit bien à tort qu'on le regarderoit comme leur étant nuisible, quand nous savons que l'augmentation de cette sécrétion n'a pu altérer la santé des animaux qui ont fait le sujet des belles observations de MM. Gilbert, Tessier et Huzard, sur l'allongement des laines, et quand tous les agriculteurs les plus célèbres s'accordent à proscrire tous les moyens qui tendent à les en priver, comme les longues pluies et les lavages à dos. Outre cela, le mérinos, qui est la plus distinguée parmi toutes les espèces de ce genre, par la finesse et la beauté de sa riche toison, n'est-il pas celui qui donne la plus grande quantité de suint? Et ne voyons-nous pas cette substance diminuant avec la qualité des laines, devenir nulle dans ceux de cette même espèce, qui sont couverts de poil, comme la brebis de Guinée, et le bélier du Sénégal? Nous devons être d'autant moins étonnés de voir le suint varier dans ces animaux, suivant leur état de santé ou de maladie, qu'une sécrétion aussi compliquée exigeant de la nature les plus grands efforts, doit toujours être en rapport constant avec l'augmentation ou la diminution des forces vitales. Eh! comment seroit-il possible de douter que le suint ait une action immédiate sur le perfectionnement de la laine, quand nous voyons ces deux substances marcher pour ainsi dire de concert du mouflon sauvage de la Grèce au plus beau et au plus vigoureux mérinos?

C'étoit, sans doute, pour les aider à réparer cette substance précieuse, que les Romains et les Grecs les couvroient, immédiatement après la tonte, d'un mélange de substances toniques et huileuses, qui, au rapport de Columelle, les préservoit de beaucoup de maladies, et contribuoit à rendre leurs laines plus douces et plus longues.

Je vais terminer cet article en faisant connoître un fait assez curieux sur la coloration des laines non dépouillées de leur suint. Voulant m'assurer si, comme on le croit généralement, la difficulté de teindre des laines encore grasses seroit la même pour toutes les couleurs, j'ai passé en même temps à la cuve des laines en suint et des laines semblables aux premières, mais qui avoient été dégraissées avant le filage.

Ces deux parties ayant été traitées en même temps par le savon et les alcalis, les premières ont conservé une belle couleur bleue très-brillante, tandis que les deuxièmes ont été entièrement décolorées. Ainsi, cette substance, dont les effets ont été regardés jusqu'à présent comme nuisibles, pourra, dans quelques cas, remplacer la colle et toutes les préparations animales, et fournir à l'art de la teinture des applications très-heureuses. (J. L. Roard.)

SUMAC DE VIRGINIE, (*Rhus Typhinum* L.)

Fleurs, pourpres, cotonneuses, en panicules très-serrées, composées de plusieurs épis de fleurs sessiles, terminales.

Feuilles, à six ou sept paires des folioles, poilues, garnies de dents aiguës, blanchâtres et cotonneuses en dessous.

Port. Douze à quinze pieds de hauteur; rameaux irréguliers, écorce velue.

Lieu. La Virginie, la Caroline.

Usages économiques. On plante le sumac sur le bord des fossés et dans les sables mobiles des bords de la mer, qu'il fixe par ses longues racines.

Culture. Le sumac se multiplie par graines et repousse abondamment par racines. Les graines se sèment au printemps en pépinière: on peut le repiquer la deuxième année à demeure. (Tollard aîné.)

SURANDOUILLER, (*Vénerie.*) *Consultez* l'article Cors. (S.)

TAMIS, (*Pêche.*) C'est en effet un tamis que l'on ajuste au bout d'une perche, et dont on se sert quelquefois en guise de trouble. (S.)

TANCHE, (*Cyprinus tinca* Lin.) poisson du genre des CARPES. (*Consultez* cet article.)

Caractères spécifiques : Vingt-cinq rayons à la nageoire anale ; celle de la queue entière ; le corps enduit à l'extérieur d'une mucosité visqueuse ; deux barbillons.

Ce poisson, également commun dans les rivières, les lacs et les étangs, n'atteint guères au delà de dix pouces de longueur. Sa tête est petite, à proportion du corps, qui est court et large. Sa bouche a peu d'ouverture, et chacune des mâchoires est armée de quatre dents larges et courtes. De petites écailles adhèrent fortement à la peau ; elles sont noires sur le dos, d'une teinte moins foncée sur les côtés, avec un mélange de vert jaunâtre, et blanchâtres sous le ventre. Les nageoires sont généralement d'un violet noirâtre; mais toutes ces nuances sont sujettes à varier, suivant l'âge, le sexe du poisson, et les qualités de l'eau dans laquelle il vit. Plus les eaux sont fangeuses, plus la tanche est noire; elle prend un jaune doré plus brillant, à mesure que les eaux coulent plus rapidement sur un fond de sable ou de cailloux. Le mâle est plus coloré que la femelle ; il est aussi plus petit, mais ses nageoires ont plus d'étendue.

Après la carpe, c'est la tanche qui intéresse le plus l'économie. On cherche à la multiplier dans les étangs, où elle se propage facilement. Il n'est point d'eaux stagnantes, de mares, de fossés, d'abreuvoirs même, où elle ne réussisse très-bien. Elle se plaît, de préférence, dans les eaux tranquilles et limoneuses, et elle passe l'hiver enfoncée dans la vase : de là vient que sa chair a presque toujours un goût de fange, si l'on n'a pas eu soin de faire dégorger ce poisson dans une eau claire quelques jours avant de l'apprêter. Il fournit alors un assez bon mets.

La tanche est beaucoup plus vorace que la carpe; et, dans un étang où ces deux espèces sont mêlées, la première nuit à l'autre par la grande consommation qu'elle fait des substances qui servent à leur commune nourriture. Il passe pour constant qu'il faut plus de terrain pour nourrir cent tanches que pour entretenir cinq cents carpes. Il vaut mieux tenir les tanches à part ; et cela est d'autant plus aisé, qu'elles réussissent dans des amas d'eau où d'autres espèces ne pourroient subsister, ou ne feroient que languir. L'industrie de l'homme sait tirer parti de la gloutonnerie de la tanche; s'il veut débarrasser les eaux des sangsues, qui font périr les jeunes canards et les oisons de sa basse-cour en s'attachant à leurs pattes, il y jette des tanches, dont ces vers deviennent bientôt la pâture.

Dans nos climats, le mois de juin est la saison marquée par la nature pour le frai des tanches. Les endroits les plus exposés au soleil, et les plus couverts de plantes aquatiques, sont ceux qu'elles choisissent pour déposer leurs œufs. A cette époque, elles sont meilleures à manger qu'en tout autre temps.

PÊCHE DE LA TANCHE. Diverses espèces de filets, et les hameçons servent à cette pêche. Les amorces que l'on y emploie avec le plus de fruit, sont les vers et les insectes. (S.)

TAUPE, (*Addition à l'art. de* Rozier.) Tous les cultivateurs et les jardiniers savent combien les taupes sont funestes à l'agriculture. Cet animal vit sous terre, et détruit toutes les racines qu'il rencontre en parcourant les longues galeries souterraines qu'il se forme à l'aide de son museau et de ses pattes. Il se plaît dans la terre meuble des jardins, où il fait des dégâts considérables en rongeant les racines des plantes potagères; mais il est encore plus nuisible dans les prairies; en couvrant leur sol de nombreux monticules que l'on nomme *taupinières*, il empêche de couper rez terre le foin qu'elles ont produit, et fait perdre une partie des récoltes. D'autres fois il occasionne des inondations, en perçant de mille trous les digues qui avoisinent les rivières auprès desquelles il va chercher la fraîcheur dans les ardeurs de l'été. Tant de dégâts ont fait déclarer à la taupe une guerre d'extermination. Les appâts, les pièges, les machines, le poison, les armes à feu, ont été tour à tour dirigés contre elle; mais tous ces moyens de destruction ont été insuffisans ou trop coûteux, lorsqu'ils étoient employés par la routine ou dirigés par des hommes ignorant les habitudes et les mœurs de cet animal. Une simple houe, un brin de paille, un petit bâton surmonté d'un étendard de papier, un peu d'eau, et du silence, ont suffi, à M. Aurignac, pour prendre en vie, dans une matinée, toutes les taupes d'un héritage, y fussent-elles au nombre de trente, lorsque vingt années lui ont eu fait connoître l'instinct qui dirige la marche de la taupe dans toutes les saisons de l'année. Ces connoissances pratiques ont été rédigées avec clarté, précision et méthode dans un Mémoire de M. Dralet, dont nous allons donner l'analyse.

Histoire de la taupe. La taupe passe sa vie sous terre; le grand air l'incommode; si elle abandonne quelquefois le terrain qu'elle habite pour en chercher un plus commode, c'est pour y rentrer aussitôt. Elle a l'ouïe très-délicate et la vue foible; elle cherche les terres douces et de bonne qualité où elle trouve les vers, les racines et les insectes dont elle se nourrit; elle n'habite pas les terrains pierreux ni fangeux; elle se hâte de fuir de son souterrain lorsque l'eau vient l'y surprendre; elle habite, pendant l'hiver, les endroits élevés, à l'abri des inondations et d'une trop grande humidité; au printemps, elle descend dans les prairies et le long des collines; dans les longues sécheresses, elle se réfugie au bord des fossés, le long des rivières, des ruisseaux, et sous les haies. Les femelles mettent bas, en une portée, quatre à cinq petits chaque année, en février, mars ou avril. Quatre à cinq grosses taupinières rapprochées, placées dans un endroit élevé près d'une haie ou d'un buisson, indiquent le réduit souterrain et couvert d'une voûte solide où elles ont déposé leurs petits. Comme la taupe est obligée de chercher sa nourriture dans les entrailles de la terre, elle y fait de longues routes souterraines que l'on nomme *boyaux*. Ces boyaux sont parallèles à la surface de la terre, à la profondeur de quatre à six pouces, suivant la saison. Les taupes, craignant également le froid et le chaud, s'enfoncent plus profondément en terre en été et en hiver. Lorsqu'elles se sentent en danger, elles s'enfoncent en terre par un boyau perpendiculaire qu'elles creusent quelquefois à un pied et demi de profondeur. En formant ces boyaux, les taupes rejettent continuellement, à la surface du sol, la terre qu'elles ont détachée : c'est ce qui produit ces monticules connus sous le nom de *taupinières*; elles en forment, à chaque reprise, trois, quatre, six et jusqu'à neuf, selon leur âge et leurs forces; ce genre de travail donne lieu à la communication de tous les boyaux souterrains.

Si l'on ouvre, avec un instrument quelconque, un boyau que la taupe a formé depuis peu, elle vient quelques instans après le réparer, afin de se mettre à couvert du danger et du grand air. Pour y parvenir, elle forme, à l'endroit ouvert, une voûte de terre mobile qui présente à l'extérieur une taupinière oblongue, au moyen de laquelle elle réunit et rapièce, pour ainsi dire, le boyau coupé; la taupe vient ainsi réparer la taupinière fraîche qu'on endommageroit. Les taupes travaillent peu en hiver; mais c'est à l'approche du printemps qu'elles ont plus d'activité et qu'elles mettent plus d'ardeur dans leur travail; elles recouvrent en cette saison leur vigueur, la terre se remue plus facilement, et la nécessité de nourrir leurs petits les fait s'occuper incessamment d'ouvrir de nouveaux boyaux pour y trouver les substances qui leur conviennent.

Les taupinières formées par le mâle, qui est plus vigoureux, sont plus grosses et plus multipliées; celles de la femelle sont petites et peu nombreuses; les jeunes font seulement de longues traînasses, en effleurant la superficie de la terre qui suffit à peine pour les recouvrir.

Les taupes sont le plus ardentes à travailler au lever et au coucher du soleil; on les voit aussi s'occuper à neuf heures, à midi et à trois heures. Le soleil levant est le temps où elles font le plus de taupinières pendant la sécheresse, tandis qu'en hiver elles attendent, pour travailler, que le soleil ait réchauffé la terre de ses rayons.

Déduisons de la connoissance des mœurs de la taupe, les principes qui doivent diriger le taupier. On doit choisir, pour faire la guerre aux taupes, le moment où elles travaillent; la saison la plus favorable est le printemps; l'heure la plus propice, le lever du soleil; viennent ensuite les autres heures que nous venons d'indiquer. Le caractère craintif des taupes doit empêcher de faire du bruit et de frapper la terre quand on les guette. Dans certains cas, on peut les forcer de sortir de leur souterrain, en y versant de l'eau. Une taupinière fraîche annonce la présence d'une taupe, si on ne la voit percée, dans son centre, d'un trou perpendiculaire d'environ deux pieds de diamètre; car alors il est certain que la taupe a quitté cette retraite pour chercher un sol qui lui convient mieux. On seroit toujours assuré de prendre la taupe qui travaille dans un assemblage de taupinières fraîches, si l'on prenoit la peine de les enlever toutes avec la houe, et de découvrir leurs boyaux. Cette opération embarrassante et longue deviendroit extrêmement facile si on pouvoit réduire la taupe et l'enfermer entre deux points peu éloignés; car il suffiroit alors, pour la trouver, de découvrir avec la houe l'espace intermédiaire de ces deux points. Pour réduire la taupe entre deux points d'un boyau, il suffit de quelques coupures faites à propos dans le boyau: ces incisions lui coupent pour ainsi dire le chemin, puisqu'elles ne les franchissent qu'après les avoir réparées; il faut de plus fermer légèrement avec un peu de terre l'extrémité des boyaux qui y aboutissent.

Pratique de l'art du taupier. Le seul instrument nécessaire au taupier, est une houe, des morceaux de paille, de papier blanc et un peu d'eau.

Le premier objet qui doit occuper un taupier en entrant dans un héritage, est de savoir combien il renferme de taupes, pour les attaquer toutes à la fois, afin de pouvoir aller plus vite en besogne. Je suppose une pièce de prés, représentée dans la *Pl.* V, (p. 349) couverte des taupinières, *fig.* 1, 2, 3, 4, 5, 6, 7; j'apperçois, *fig.* 1, une taupinière isolée; elle est fraîche, donc elle annonce l'existence d'une taupe; elle est grosse, donc elle a été faite par un mâle. Les deux taupinières, *fig.* 2, sont peu éloignées l'une de l'autre; elles ont aussi été faites par une seule taupe; elles sont petites, donc elles appartiennent à une femelle. Les trois taupinières, *fig.* 3, sont encore peu éloignées; elles appartiennent encore à une seule taupe, qui est mâle; car ces taupinières sont grosses; elles sont fraîches, donc la taupe y travaille. Les six taupinières, *fig.* 4, peu éloignées entr'elles, appartiennent à une seule taupe; elles sont fraîches et petites, donc elles recèlent une femelle. Les traînasses en zigzag, ou taupinières informes, *fig.* 5, sont fraîches; elles appartiennent à une jeune taupe. Les trois taupinières, *fig.* 6, sont sèches, donc elles ont été abandonnées. Les taupinières, *fig.* 7, sont encore fraîches; mais une d'elles, M, est percée par le haut, donc la taupe qui les a faites les a quittées depuis peu.

Ces observations indiquent qu'il y a dans ce pré cinq taupes, deux mâles, deux femelles et une jeune; les mâles travaillant plus vite, doivent être guettés de plus près que les femelles. On doit aussi veiller de près les jeunes, qui ne faisant qu'effleurer la terre, vont fort vite en besogne.

Lorsqu'une taupe n'a fait qu'un trou, *fig.* 1, j'enlève d'abord la taupinière avec la terre, et je m'assure si elle n'a pas de communication avec les taupinières voisines. Pour y parvenir, je tousse dans l'ouverture que j'ai faite, c'est-à-dire à l'ouverture du boyau commencé : j'en approche en même temps l'oreille; si la taupinière n'a pas de communication, la taupe est peu éloignée; effrayée par le bruit je l'entends s'agiter et elle ne peut m'échapper. Je découvre le boyau de *a* en *b* avec la houe et le suis jusqu'en *b*, où je rencontre la taupe. Mais l'animal, connoissant le danger, a peut-être eu le temps de s'enfoncer en terre en y formant un boyau *b c ;* alors j'ai deux moyens pour la prendre : je creuse jusqu'en *c* où je rencontre ma proie, ou bien je verse de l'eau en *b*, et l'animal s'y présente de lui-même.

Si en toussant je n'ai pas entendu l'animal s'agiter, c'est la preuve qu'il a au moins deux taupinières A B, *fig.* 2, et j'opère de la manière suivante : je fais une ouverture de *d* en *e* de plus de neuf pouces dans la direction du boyau qui communique d'une taupinière à l'autre; je ferme avec un peu de terre les deux extrémités *d e* du boyau. Frappée par le grand air, et craignant pour sa sûreté, la taupe vient quelques instans après pour réparer le dommage fait à sa galerie souterraine; elle souffle ou pousse de la terre avec ses pattes en *d*, ou en *e*. Si elle se présente en *d*, je suis assuré de la trouver entre ce point et la taupinière A. Si c'est en *e*, je suis certain qu'elle est entre ce point et la taupinière B. Dans l'un ou l'autre cas, j'opère comme si ma proie n'avoit pour taupinière que celle où elle se trouve arrêtée.

Si une taupe a trois taupinières CDE, *fig.* 3, je multiplie mes sections en *f g h i ;* la taupe viendra alors souffler en *f*, en *h*, en *g* ou en *i ;* si elle souffle en *f*, elle est enfermée entre ce point et la taupinière C; si elle souffle en *i*, elle se trouve enfermée entre ce dernier point et la taupinière E; si elle souffle en *g* ou en *h*, elle est dans l'espace intermédiaire entre ces deux points. Dans ces trois hypothèses, j'opère comme dans le premier cas, en découvrant l'espace où se trouve la taupe. Si la taupe est enfermée en *g* ou en *h*, et que je ne veuille pas découvrir tout cet intervalle, j'enlève la taupinière B, et je fais à sa place une troisième incision; j'attends que la taupe ait soufflé; le côté où elle se présente m'indique si je la trouverai entre la troisième incision et le point *g*, ou entre cette incision et le point *h*.

Si une taupe a six taupinières F G H I K L, *fig.* 4, je fais une incision *k l;* si la taupe vient souffler, en ce cas elle est enfermée entre ce point et la taupinière *f;* si au contraire elle souffle en *l*, elle est enfermée entre ce dernier point et la taupinière L; alors j'agis comme dans le cas où il existe seulement trois taupinières.

Lorsqu'une ou plusieurs taupinières fraîches se trouvent près de vieilles taupinières, il faut d'abord faire des coupures qui interrompent toutes communications entre les unes et les autres; et lorsqu'on est parvenu à reconnoître l'endroit où la taupe se présente pour souffler, on agit comme dans les premiers cas.

Si l'on attaque plusieurs taupes à la fois, il faut être très-actif et très-vigilant, parce que lorsqu'on est occupé à guetter une taupe, une autre peut traverser le boyau que l'on a découvert; pour s'appercevoir plus facilement de ses mouvemens, on place dans ce cas un étendard de paille ou de papier, dont l'agitation ou la chute indique la présence de la taupe, à laquelle on rend encore le passage plus difficile par une petite motte de terre placée dans sa galerie.

Lorsqu'on veut employer avec succès les alimens empoisonnés destructeurs des taupes, tels que les noix bouillies dans une forte lessive, ou la ciguë, la racine d'ellébore couverte de farine d'orge, l'arsenic placé sur le blanc d'un poireau, on fera des incisions comme si on vouloit prendre les taupes avec la houe, et l'on placera les alimens empoisonnés aux deux extrémités coupées de sa galerie : l'animal trouvera sûrement la mort en venant réparer son chemin couvert. Si l'on veut faire périr les taupes par des fumigations de soufre ou d'autres combustibles, on commencera par les cerner pour connoître leur résidence et les acculer dans un endroit où elles ne puissent se soustraire aux effets de la fumée. Depuis quelque temps M. Cadet de Vaux a vanté les talens et les moyens de Henri Lecourt, qui se réduisent à ouvrir les boyaux souterrains que se creuse la taupe, et à y placer deux pièges à ressorts opposés, où la taupe vient se prendre au moment où elle veut réparer son chemin couvert. C'est ainsi que la connoissance des habitudes de la taupe a fourni des moyens divers de se préserver de ses ravages. (M.)

TENDUES D'HIVER, (*Chasse aux oiseaux.*) On entend par ce nom différentes espèces de pièges mobiles ou fixes que l'on n'emploie guères que l'hiver, temps où les habitans des campagnes, plus désœuvrés, font une guerre active et destructive aux oisillons. Un des pièges les plus simples et les plus généralement connus, résulte de la tendue d'une porte ou grande claie, que l'on soutient élevée d'un côté au moyen d'un bâton, lequel est tiré par une ficelle qui aboutit jusqu'au lieu où le chasseur est caché, observant s'il y a assez d'oiseaux engagés sous la porte ou claie. On a soin, pour les y attirer, de semer dans cette place quelques graines. Ce piège est très-efficace, sur-tout en temps de neige : mais, il est un moyen de le perfectionner, et avec lequel on ne risque pas d'écraser les oiseaux, comme on le fait sous une porte ; c'est de construire un châssis, de la dimension d'une porte, ou plus grand si l'on veut, et de couvrir ce châssis d'un filet. Pour monter ce châssis, on fixe, à chaque extrémité de ses deux plus grands côtés, une planchette longue de six pouces, et large d'un ; ces planchettes ou supports, percés d'un trou à une de leurs extrémités, sont fixés sur le côté du châssis, par un clou rond ou une vis, sur laquelle ils jouent tous les quatre ; ils servent comme de pieds mobiles au châssis qui est dressé sur eux comme une table. Pour que ce châssis s'abatte également et librement à la moindre impulsion, on en appuie les pieds sur autant de tuiles, et on leur donne un peu d'inclinaison ; mais comme alors le châssis ne resteroit pas élevé, les pieds n'ayant plus d'équilibre, on l'appuie en devant, du côté vers lequel il est porté à venir, au moyen d'un bâton ou support long de sept ou huit pouces, et qu'on incline en *arc-boutant* contre le bout du châssis ; à ce support tient une ficelle avec laquelle on le fait sauter lorsqu'on voit beaucoup d'oiseaux sous le filet. Je crois qu'on pourroit soutenir ce piège avec un quatre de chiffre et une marchette, et on s'éviteroit la peine de rester aux aguets. Il doit être plus destructif que la porte, parce qu'il offre moins d'appareil aux oiseaux.

Les Fossettes (*Voyez* ce mot) et toutes les machines soutenues par des quatre de chiffre, dont la chute tue ou enferme les oiseaux, servent aussi aux tendues d'hiver. (*Voyez* Trébuchet.) On les attire encore dans des greniers et des chambres vides, où des filets en entonnoir, comme des espèces de nasses ou de verveux, les reçoivent. Cette sorte de filet se place avantageusement dans les granges ou greniers, et en dehors d'une lucarne ou fenêtre ouverte : on ménage, sur un autre côté du bâtiment, une autre ouverture, au bord de laquelle on sème du grain en dehors et en dedans ; ces grains attirent les oisillons ; ils pénètrent dans le bâtiment ; alors, on ferme le passage par où ils sont entrés, et, faisant du bruit à la porte, on les effarouche ; ils cherchent à s'envoler, se portent du côté où ils voient du jour, et s'engagent dans le filet qui est tendu. Si on veut les attirer dans des chambres vides, on ne laisse que deux fenêtres ouvertes, l'une desquelles est garnie d'un filet en rideau et qui bourse beaucoup, l'autre est entièrement libre; on jette quelques graines au bord, et l'on dispose un volet ou un châssis, qu'on puisse fermer au moyen d'une corde, ou de quelque autre invention qu'on fait jouer d'une pièce voisine; par exemple, on peut adapter, au haut de la croisée, un volet mobile, qui se relève à l'aide d'une poulie contre le plafond de la chambre, et qu'on laisse retomber au moment convenable. (S.)

TESE ou TAISE, espèce de chasse qui se pratique en Provence pour prendre les petits oiseaux, et sur-tout les becfigues. On forme des haies de fusain et d'autres arbrisseaux, dont le fruit attire les oisillons; on garnit avec un filet très-fin un côté de ces haies, et on les côtoie doucement, en frappant légèrement sur un morceau de bois; les oiseaux fuient de branche en branche; et, lorsqu'ils approchent du filet, on fait plus de bruit pour les déterminer à s'y jeter. (S.)

TIRASSE, (*Chasse.*) *Consultez* l'article CAILLE. (S.)

TOILES, (*Economie rurale et domestique.*) *Nouveau procédé pour doubler la durée des toiles à voile, des cordages pour la marine, des filets pour la pêche, etc.* On sait que les substances végétales, exposées à l'action alternative ou réunie de l'air et de l'eau, finissent bientôt par éprouver des altérations sensibles, et qu'elles ne tardent pas ensuite à se détruire : c'est pour prévenir en partie ces inconvéniens, qu'on goudronne les cordages pour la marine, et qu'on enduit de vernis les toiles dont on n'a pas besoin de conserver la souplesse : mais il n'en est pas de même de celles qui doivent avoir la flexibilité et la légèreté nécessaires aux usages auxquels on les destine; par exemple, les toiles à voiles pour la marine, celles à l'usage des tentes pour les armées, celles qui sont fixées aux ailes des moulins à vent, enfin les filets pour la pêche, ne peuvent recevoir aucune préparation, d'après les procédés ordinaires, sans plus ou moins changer leurs propriétés physiques. Cependant l'avantage qu'il y auroit à augmenter la durée des substances végétales tissées, eu égard à la grande consommation qui s'en fait depuis quelques années, auroit bien dû fixer l'attention du gouvernement, et l'engager à mettre sous les yeux des chimistes la nécessité de trouver un moyen d'augmenter la durée des toiles servant à la marine et aux armées, mais avec la condition de ne rien changer à leurs propriétés physiques : sa demande certainement auroit provoqué la découverte de ce procédé, et son application auroit déjà procuré *au trésor public une économie de plusieurs millions* : cependant, comme il est toujours utile de revenir sur tout ce qui peut intéresser le gouvernement et la société, j'ai cru entrer dans ses vues, en me livrant à la recherche d'un procédé qui pût remplir les conditions proposées.

Je ne citerai ici aucune des expériences infructueuses que j'ai faites, je me bornerai seulement à décrire le procédé qui m'a réussi, et d'après lequel je suis parvenu à doubler et au delà la durée des toiles que j'avois soumises à mes expériences, et qui étoient comparées avec celles qui n'avoient subi aucune préparation.

PROCÉDÉ. On prendra cent kilogrammes de colle fraîche de tanneur (1), qu'on fera dissoudre dans le double de son poids d'eau; lorsque la dissolution sera achevée, (ce qui n'a lieu ordinairement qu'après une longue ébullition) on l'écumera en observant que la quantité d'eau évaporée pendant l'opération soit remplacée par une égale quantité, afin

(1) Si elle étoit sèche, trente kilogrammes suffiroient; plus, l'eau nécessaire pour avoir une dissolution de trois cents kilogrammes. Si on vouloit se servir de la colle ordinaire, vingt-cinq kilogrammes suffiroient, parce que dans cet état elle est pure; mais alors l'opération reviendroit plus cher.

que

que la dissolution représente toujours un poids de trois cents kilogrammes. On entretiendra cette dissolution à soixante degrés de chaleur, et pendant une heure on y fera macérer les toiles, cordes ou filets qu'on voudroit soumettre à l'opération. Au bout de ce temps, on les fera sécher à l'ombre sans les avoir exprimées; on observera de ne pas les laisser sécher à fond, afin d'éviter qu'elles ne prennent trop de roideur, ce qui les empêcheroit de se plier facilement. Immédiatement après cette opération, on les mettra dans un très-grand cuvier. Si on a employé suffisamment de toile pour avoir absorbé deux cents kilogrammes de la dissolution de colle, on prendra cinq hectolitres d'eau de tan chargée de tannin à deux degrés, qu'on versera sur la toile contenue dans le cuvier : on laissera le tout en repos pendant quarante-huit heures, au bout de ce temps on fera sécher la toile à fond et à l'ombre; ensuite on la lavera à l'eau courante pour la faire sécher pour la dernière fois; dans cet état elle est aussi souple qu'elle peut l'être : sa couleur est d'un beau fauve, ce qui ne nuit nullement aux usages auxquels on la destine : en vieillissant, l'intensité de la couleur augmente de plus en plus, et jusqu'à ce qu'elle soit arrivée au brun très-foncé.

De la toile ainsi préparée peut être plusieurs mois dans une cave humide, sans éprouver d'altération sensible, tandis que le tissu de celle qui auroit été exposée au même lieu et qui n'auroit subi aucune préparation seroit en partie détruit.

On expliquera facilement cette nouvelle propriété des toiles ou cordes de la toile ainsi préparées, si on compare la gélatine avec une peau tannée. En effet, ne sait-on pas que rien n'est plus destructible que la peau des animaux, et que cependant l'art est parvenu à la rendre imputrescible, et à lui communiquer, en la végétalisant, un degré d'indestructibilité tel, qu'une peau bien préparée peut être conservée plusieurs siècles sans éprouver de la part de l'air et de l'eau une destruction complète?

Je ne dois pas omettre de faire remarquer ici que l'intromission de la combinaison végéto-animale dans le tissu de la toile ou de la corde est une addition à sa contexture, et que cela doit, indépendamment de son indestructibilité, la faire résister plus long-temps aux frottemens qu'elle peut éprouver dans les usages auxquels on la destine.

D'après la réunion de ces deux avantages, il n'y a pas de doute que l'application de ce nouveau moyen ne devienne très-avantageux dans tous les cas où on aura des toiles, des cordes, etc., à exposer à l'action réunie de l'air et de l'eau. (CURAUDAU.)

TOMBEREAU, (*Chasse aux oiseaux*,) sorte de TRÉBUCHET. *Voyez* ce mot. (S.)

TOPINAMBOUR. Sa description se trouve au mot TOURNESOL, parce qu'en effet la plante appartient à cette classe; mais *Rozier* ne paroît pas avoir pris des tubercules nombreux qu'elle produit, une opinion assez avantageuse. Cependant, si sa culture inspire moins d'intérêt que la pomme de terre, nous pensons que mieux connue, elle figurera un jour en plein champ, et sera inscrite au nombre des productions qui peuvent accroître la masse de la subsistance des hommes et des animaux.

Le *topinambour, poire de terre, taratouf*, est encore un présent de l'Amérique, qu'on a confondu mal à propos avec la pomme de terre. *Olivier de Serres* en a donné une description assez exacte, sous le nom de *cartouf*. Ce patriarche de l'agriculture, dont le mérite est rappelé dans le premier volume du Cours complet, dit que cette plante a le port d'un arbrisseau, qu'elle s'élève à cinq ou six pieds de hauteur, pousse une tige qu'on provigne avec toutes les branches, donne des tubercules qui ont l'apparence extérieure des truffes, et naissent à la fourchure des nœuds. Or, la pomme de terre n'a aucun de ces caractères; cependant des écrivains célèbres, *Haller*, entr'autres, n'a fait aucune difficulté de croire qu'il s'agissoit dans cette description du *solanum tuberosum*; mais il paroît bien constaté qu'à l'époque où le *Théâtre d'Agriculture* parut, la pomme de terre et la patate étoient inconnues en Europe, et que, des trois plantes qui couvrent aujourd'hui nos tables d'excellentes racines, le topinambour est la première qui a été introduite parmi nous.

On ne sait pas bien positivement si la plante est originaire du Brésil ou bien du Canada : les auteurs sont partagés d'opinion sur ce point; ce qu'il y a de certain, c'est qu'à en juger par quelques unes de ses propriétés, elle semble venir des pays situés au nord, car elle résiste bien plus long-temps au froid que la pomme de terre et la patate; mais, ainsi que ces deux plantes, elle a une vigoureuse végétation, et produit beaucoup.

Le topinambour n'est pas encore assez cultivé pour avoir un grand nombre de variétés; s'il en existe, je ne les connois point. Cette plante fleurit tard, et il est difficile d'obtenir par conséquent de la graine à maturité. M. Quesnay de Beauvois, qui a communiqué à l'ancienne Société royale d'Agriculture de Paris quelques observations sur cette plante, ne fait mention que d'une seule espèce.

La culture du topinambour est aisée; il faut remarquer seulement que la plante vient mieux dans une terre forte, où le chanvre et le froment se plaisent, que dans un fonds sablonneux; que même un sol trop léger ne lui convient pas du tout, tandis que la pomme de terre y réussit à merveille; mais la végétation en est aussi vigoureuse; et dès que la plante s'est emparée d'un champ, il est difficile de l'y détruire : les endroits bas, humides, et un peu ombragés, ne lui paroissent pas contraires.

La terre étant bien préparée, on divise les topinambours par morceaux, auxquels on laisse deux ou trois œilletons; on met chacun d'eux à quatre pouces de profondeur, distans les uns des autres de neuf à dix pouces en tous sens, dans des rigoles ou des trous qu'on recouvre; quand la plante a sept à huit pouces d'élévation, on la sarcle; on la bute ensuite, dès qu'elle a atteint une certaine force. Sa maturité est annoncée par le feuillage qui se flétrit, et la récolte s'opère avec la fourche à deux dents. On peut planter aux pieds des haricots grimpans, et, dans leurs rangées, plusieurs espèces de choux. Cette double culture m'a très-bien réussi.

La plante a encore cela de commun avec la pomme de terre et la patate, que les branches couchées ou coupées, avec les précautions déjà indiquées, prennent racine, et fournissent ensuite des tubercules peu différens, pour la grosseur, de la principale racine. Cette plante a donc également la faculté de se propager par bouture et par marcotte. Je ne doute pas que, dans les endroits où il est possible d'amener la graine à maturité, elle ne puisse se reproduire aussi par semis, ce qui est bien contraire à l'assertion de quelques écrivains, qui ont prétendu que la plante n'étoit vivace que par ses racines, et non par ses tiges.

On parle souvent des graines de cette plante; je n'en ai jamais vu : pour m'en procurer, j'ai cru devoir hâter sa floraison; en conséquence, d'abord j'en ai mis quelques tubercules sur couches; ils ont été transplantés ensuite sur un sol léger, bien fumé et exposé au soleil; mais, quoique la fleur ait paru un peu plus tôt, elle n'a pas rapporté de graine; peut-être aussi la continuité de la reproduction par bouture est-elle la première cause de ce que la plante ne produit pas de semence à maturité, et que la nature paroît se refuser à une opération qui devient inutile.

On est tout étonné de lire dans un ouvrage estimé, *le Bon Jardinier*, qu'il est possible de cultiver le topinambour par la voie des semis, et qu'il faut prendre garde de laisser en terre ses tubercules pendant l'hiver, parce qu'ils périssent si les gelées sont fortes; j'ignore si l'auteur a eu la faculté de faire la première tentative; mais je dois assurer que l'un des avantages de cette plante, est de résister aux plus grands froids.

Dépourvu d'amidon, le topinambour n'est pas susceptible, comme la pomme de terre, de la fermentation panaire, ni de fournir une liqueur spiritueuse comme la patate, par conséquent il ne possède pas la faculté alimentaire au même degré. Ainsi, des trois plantes que nous venons de nommer, elle est la moins propre à remplir les vues économiques sous lesquelles on doit les considérer; mais, en revanche, elle a l'avantage de ne pas craindre la gelée comme la plupart des autres racines potagères, de pouvoir rester en terre pendant l'hiver, et de n'avoir pas besoin d'être déterrée d'avance pour en nourrir les bestiaux. L'eau que les tubercules contiennent adhère si fortement à la matière fibreuse, que quoiqu'ils acquièrent par le froid la dureté d'une pierre, le dégel ne la désunit point, comme il arrive à la pomme de terre, par exemple, dont l'eau, dans cet état, se sépare par la simple pression des doigts. Cependant si, pour les conserver à la maison, on les laissoit en tas trop épais, ils contracteroient bientôt une disposition à germer; alors ces tubercules, un peu filandreux, deviendroient encore mollasses et pâteux.

On peut les cuire dans l'eau ou à sa vapeur; le goût de cul d'artichaut, qu'ils ont plus ou moins sensiblement, fait rechercher les topinambours par les amateurs de ce légume. Pendant l'hiver, on les mange à la sauce blanche; on les fricasse au beurre avec des ognons; on en relève la fadeur avec de la moutarde. Mais ils n'ont pu échapper à la manie, qui veut tout convertir en pain, et les tentatives infructueuses n'ont pas laissé la moindre espérance d'en venir jamais à bout; c'est un aliment dont il faut faire usage en substance: il a plus de saveur que la pomme de terre, et, sous ce rapport, il convient mieux aux bestiaux.

Après avoir lavé et coupé par morceaux les topinambours, on les donne au bétail plusieurs fois le jour: six vaches en mangent jusqu'à six à sept boisseaux par semaine; mais elles les préfèrent à moitié cuits. On pourroit faire parquer des cochons dans les champs où cette plante auroit été cultivée, comme le pratiquent, pour la pomme de terre, les Anglais et les Américains.

Surpris de ce que, dans la plupart des fermes, on sème des végétaux de toute espèce pour la nourriture des bœufs, des vaches, des chevaux, et des bêtes à cornes, tandis qu'on ne sème rien pour les cochons et qu'on ne leur donne que le rebut de tous les autres, les Anglais désireroient que pour ceux-ci, qui ne font pas moins de profit à la maison, on leur assignât, au moins pour la nourriture d'hiver, un champ soit de topinambours, soit de pommes de terre; ce seroit alors le moyen d'en entretenir un plus grand nombre, et de profiter de leur fumier.

Le topinambour offre encore une nourriture aux animaux, par son feuillage. On coupe les tiges aux premières gelées blanches, et on les fait sécher comme les feuilles d'arbres dont on fait la feuillée; alors on les fagotte, et on les arrange de manière qu'elles ne s'échauffent point. Dans cet état, elles servent, pendant tout l'hiver, à la nourriture des chèvres et des moutons.

Nous ne pensons point que la culture des topinambours prenne jamais une grande faveur dans les endroits où celle des pommes de terre est bien établie; mais il faut convenir qu'elle a quelques avantages sur la dernière, qui ne sont pas à dédaigner. Par exemple, le topinambour est plus tardif que la pomme de terre; il peut, par conséquent, profiter des pluies d'automne dont elle est nécessairement privée, par l'obligation où l'on est d'enlever aussitôt qu'ils sont mûrs les tubercules, parce qu'à cette époque ils pourroient commencer à germer ou à souffrir du froid: or, le topinambour n'est point exposé à ces deux inconvéniens.

Il paroît que cette culture, bornée à de simples essais, n'a été qu'un objet de curiosité, et que jusqu'à présent il n'y a que M. Yvart qui en ait couvert une certaine étendue de terrain. J'en ai vu plusieurs arpens des plus mauvaises terres de sa ferme, à Maisons, qui annonçoient la récolte la plus abondante; et j'apprends que cet agriculteur distingué continue à cet égard ses essais, dont on doit attendre les plus heureux résultats. M. Bourgeois cultive aussi, tous les ans, cette plante avec succès, à la ferme impériale de Rambouillet.

Je dois ajouter ici que la plante dont il s'agit a prospéré dans des fonds où la pomme de terre n'a eu que peu de succès.

M. *Chancey* a observé qu'un pied avoit donné quatorze livres, poids de marc, de tubercules, dans un endroit où une pomme de terre n'en a rendu que trois livres. *Mustel* dit même en avoir vu réussir dans un sol où les pommes de terre qu'il avoit plantées périrent toutes. Dans l'étendue de cinquante pieds de terrain formé de débris de carrière, situé à Conflans, près Paris, M. Quesnay de Beauvois assure avoir retiré trois boisseaux de ces racines, indépendamment des tiges qu'on pourroit, dans les pays privés de bois, employer avec profit au chauffage des fours pour lesquels on consomme tant de paille, cet engrais si nécessaire à l'agriculture. Les plus belles tiges pourroient servir aussi d'échalas dans les pays vignobles, et dans les jardins, à ramer les pois et haricots. Si l'on en croit quelques auteurs, il seroit possible que les vers à soie trouvassent une nourriture dans les feuilles du topinambour; que son écorce, préparée comme celle du chanvre, pût remplir les mêmes usages, et sa moelle, celle du sureau : mais ces propriétés n'ont pas encore été bien justifiées par un assez grand nombre de faits, pour les invoquer en faveur du topinambour.

Dans les taillis qu'on vient de couper, et où il se trouve nécessairement beaucoup de terre végétale, le topinambour y réussiroit à merveille. A mesure que le taillis grandiroit, la plante végéteroit mal; mais il resteroit toujours assez de tubercules pour servir de nourriture aux cochons qu'on y enverroit pâturer. Encore une fois, ne proscrivons aucune plante dont la racine est alimentaire, puisque, suivant le proverbe, *ce qui ne vaut rien là, est bon ici.* Nous avons en France une si grande quantité de terrains et d'aspects, que le topinambour, pour ne pas convenir à tous les sols, peut trouver des endroits où sa culture seroit exclusivement avantageuse. Un pays n'est riche que par la multiplicité de ses productions. Nous invitons donc M. Quesnay de Beauvois, qui l'a déjà introduite dans le Nivernois, de la répandre autant qu'il le pourra, sans cependant négliger les autres racines potagères, également utiles dans une grande exploitation. (Parm.)

TRAINEAU, (*Chasse.*) *Voyez* les articles Alouette, Bécassine et Perdrix. (S.)

TRAMAIL, (*Chasse et Pêche.*) Ce nom paroît comprendre génériquement diverses sortes de filets, dont le caractère commun est d'être composés de trois nappes posées et appliquées l'une sur l'autre, mais qui diffèrent plus ou moins dans leurs formes et dimensions, ainsi que par les usages auxquels on les destine. J'ai déjà eu occasion de dire que, de ces trois nappes, celle qui tient le milieu s'appelle ordinairement *toile*, et que celles qui l'enveloppoient ou recouvroient en dessus et en dessous, portoient le nom d'*aumez* ou *aumées.* (*Voyez* l'art. Filet.)

Les principales espèces de tramaux ou filets contre-maillés, que j'ai eu occasion de décrire, sont les *pantières* ou *pantaines*, pour les Bécasses; les *halliers*, pour les Cailles; les *rafles* et *araignes*, pour les Merles et les Grives. (*Voyez* ces articles.) On se sert aussi, pour pêcher, du *tramail* proprement dit, filet semblable au hallier, excepté qu'il est plus haut, ayant communément environ quatre pieds sur une longueur indéterminée, et qui, de plus, est garni par sa tête de flottes de liège, et par ses pieds de balles de plomb.

Enfin les filets contre-maillés s'emploient encore, selon les vieux auteurs, pour faire des *pans* ou *panneaux*, ou *toiles* à prendre un grand nombre de bêtes à quatre pieds.

Ces pans ou panneaux sont très-usités pour la chasse du Lapin et du Lièvre. (*Voyez* ces deux mots.) Ils servent aussi pour le loup, le renard, le blaireau, etc. Ces différens usages rendent la description de ce filet assez intéressante pour qu'on ait jugé convenable de la placer ici, et de réparer par là une erreur de distribution qui a eu lieu dans le classement de l'article relatif au panneau.

Le *pan* ou *panneau contre-maillé*, bien que décrit par les anciens auteurs d'ouvrages sur la chasse, paroît aujourd'hui à peu près abandonné pour le panneau simple, grand ou petit, qui est plus commode à tendre, moins lourd à porter, et qui rend le même service.

Je vais donc m'attacher à donner l'idée la plus exacte possible de celui-ci, et en faire connoître la fabrication, selon les procédés de M. Clavaux, à qui, je ne saurois trop le répéter, la partie de chasse de cet Ouvrage doit une foule de documens précieux.

Le grand panneau simple est une nappe ou pièce de filet d'une longueur arbitraire et indéterminée, et haute d'environ quatre pieds. Le fil dont il est composé est plus ou moins fort, selon l'espèce d'animaux pour lesquels on veut tendre. Celui qu'on destine aux lapins est fait d'un fil retors en trois brins, de la grosseur des ficelles ordinaires, telles que celles, par exemple, qui attachent les tabacs, ou celles qui servent communément dans les cuisines. Il faut aussi faire attention à ne pas trop tordre l'assemblage des trois brins, parce qu'un fil trop retors rendra le filet dur et peu obéissant aux mouvemens qui lui seroient imprimés; de plus, ces sortes de filets étant souvent exposés à l'humidité, acquièrent déjà par là une tendance à tordre, qui, augmentée par un défaut semblable dans la confection du fil, rendroit la pièce de filet très-difficile à tendre sur le terrain. Le moule sur lequel on fabriquera le filet devra avoir quatorze lignes de diamètre. On fera une levure de dix-huit mailles qui rendront environ quatre pieds de large; on poursuivra sur cette même largeur, sans décroître ni augmenter, jusqu'à ce que la pièce ait acquis la longueur qu'on s'est proposée. Cette longueur est suffisante à cinquante toises; mais il faut remarquer que pour que le filet tendu obtienne ces cinquante toises, on doit le fabriquer sur soixante-quinze; parce qu'on ne peut le tendre selon sa largeur, qui doit être de quatre pieds, qu'en lui faisant subir une diminution dans le sens de sa longueur, et parce qu'encore le filet devant bourser et faire la poche, a besoin d'être monté lâche pour présenter au gibier une ampleur dans laquelle il puisse s'empêtrer.

La toile achevée selon ces proportions, on la montera, c'est-à dire qu'on passera dans chacune des deux lisières inférieure et supérieure, un *maître* ou cordonnet gros comme une très-forte plume à écrire, long de cinquante toises, et peu cablé pour qu'il se torde moins à l'humidité, d'après ce qui vient d'être dit un peu plus haut. Outre les cinquante toises que doit avoir chaque *maître* pour déterminer la tendue du filet, il conviendra de laisser à chacun deux toises de corde de plus, pour servir à faire des boucles, ou attacher le filet à ses deux bouts. Telles sont les proportions commodes d'un panneau pour lapins. Rien n'empêche, d'ailleurs, de l'allonger tant qu'on voudra; mais plus il sera long, plus il acquerra de poids, et plus il deviendra difficile à tendre, manier et porter.

L'on chasse au panneau toute l'année: mais les saisons où cette chasse est plus fructueuse sont sans contredit l'automne et l'hiver, parce qu'alors le gibier se contente de l'abri qu'il trouve dans les feuilles tombées des arbres, et se terre bien moins que dans les autres saisons, et principalement dans l'été, où le lapin cherche au fond des terriers un asile contre les grandes chaleurs.

Il faut encore, pour *panneauter* avec succès, se munir de quatre ou six pièces de panneaux, et rassembler un assez grand nombre de chasseurs.

Ces premières dispositions arrêtées, on se rend au bois, et l'on s'y munit, pendant une halte faite à ce dessein, de plusieurs bottes ou paquets de baguettes grosses comme deux doigts ou dix lignes environ de diamètre, hautes de quarante-deux pouces, et aiguisées par un bout pour entrer plus aisément dans la terre où l'on doit les piquer. Il faut seize à dix-sept de ces piquets pour tendre une pièce de pan de cinquante toises sur le terrain, parce que chaque baguette se place à environ dix-huit pieds de distance de la précédente. Les chasseurs munis de cette dernière partie de leur attirail, avancent à l'endroit qu'ils ont déterminé, et étendent les panneaux. On commence par arrêter à quelque arbre ou pieu les deux extrémités du *maître* ou cordonnet qui se prolongent, comme on l'a vu plus haut, à chaque bout de pan, et sortent des deux lisières inférieure et supérieure du filet. On forme cette attache assez près de terre pour que le filet, abandonné à lui-même, tende à tomber sur le terrain, et l'on développe le reste de la toile pour l'attacher de même à son autre extrémité. Le développement des panneaux fait ordinairement la lisière de quelque chemin ou sentier qui coupe le bois : quelquefois, selon les localités ou l'intention du chasseur, il forme une enceinte demi-circulaire, ou se replie en ailes comme les côtés d'un carré. Pour tenir le filet tendu en forme de haie ou de muraille, on se sert des piquets indiqués ci-dessus ; on les enfonce devant le filet, à la distance, ainsi que je l'ai dit, de dix-huit pieds l'un de l'autre, et en les inclinant un peu vers le côté où se doit faire la battue et par où le gibier doit venir. On relève à fur et à mesure, sur chaque piquet enfoncé, le *maître* qui borde la lisière supérieure du pan, et on l'engage légèrement sur la tête de ce piquet. En continuant cette opération tout le long du chemin, on sent qu'une partie de bois se trouve fermée comme par une haie dans laquelle doit donner le gibier. C'est en se jetant contre cet obstacle qu'il doit enlever la lisière supérieure du pan de dessus le piquet qui la tient élevée ; par là, cette lisière retombant sur la bête, l'enveloppe, et donne au chasseur la facilité de l'y saisir. On voit d'après cela qu'il faut que le *maître* ne soit arrêté sur chaque piquet que de manière à céder à la première impulsion. Une autre précaution à prendre pour le placement des toiles et l'inclinaison des piquets, est d'observer le vent et de disposer sa chasse de manière qu'il donne dans le nez du gibier, lorsqu'il marchera vers les panneaux, et que par conséquent, les chasseurs qui l'y poussent cherchent à tourner leur proie tout à fait en dessous du vent.

Tout cela bien observé, les chasseurs se séparent en deux bandes. Les batteurs ou traqueurs, s'ils ne sont toutefois restés en arrière, partent d'un bout des panneaux, ou mieux encore des deux bouts de l'enceinte, et descendant le long du terrain qu'ils se proposent d'embrasser, ils se réunissent à un point déterminé, où, faisant volte-face, et marchant sur une grande ligne, dont il est bon que le centre reste un peu en arrière pour faire la courbe, ils avancent vers les panneaux, faisant grand bruit, battant les buissons avec des bâtons, et remuant les feuilles sur leurs passages. Les autres chasseurs, ainsi que les curieux, restent pendant ce temps derrière les filets et se placent de manière qu'au moins une personne se trouve au tiers de la longueur de chaque pan. Autant les traqueurs doivent faire de bruit et s'agiter, autant les observateurs doivent être silencieux et attentifs à ce qui se passe sur la partie de filet que chacun doit inspecter. Il ne faut ni se montrer ni parler mal à propos ; en un mot, tous leurs mouvemens doivent être commandés par quelque nécessité. Dès qu'une bête donne dans le panneau, celui dans le domaine duquel elle passe doit être diligent à aller s'en saisir, tant pour qu'en se débattant elle ne rompe pas le filet, que pour le retendre. Quand le gibier est abondant et que la chasse a du succès, il est plus convenable d'assommer la bête dans le filet que de l'en tirer vivante. Pour cela, on est armé d'un bâton à masse ou à crosse, destiné pour cet usage, et dont il est essentiel de se pourvoir.

C'est sur-tout lorsque les traqueurs commencent à approcher, que les assommeurs doivent être plus alertes et plus vigilans ; c'est en effet le moment où il est probable qu'il y a plus de gibier de rabattu, et qu'il va donner en troupes dans les panneaux ; et si alors on ne l'y assommoit pas, il s'en débarrasseroit beaucoup, outre que les efforts réunis de plusieurs de ces animaux suffiroient pour rompre le filet. Un chien est inutile à cette chasse, quand elle est faite avec tous les moyens que je viens d'indiquer ; il y seroit même plutôt nuisible. Quand on a bien battu un terrain, il faut rester quelque temps sans y reparoître, autrement on courroit risque de perdre son temps et ses peines. Les jours de brouillard sont assez favorables à cette chasse ; dans les temps ordinaires, l'heure qui lui convient le mieux est avant le lever du soleil.

Si l'on veut *panneauter* dans l'été, il faut choisir une place où abondent les terriers, et l'enceindre de panneaux. On bouche de pierres ou de ramées les trous qu'on ne peut enclore. Cette opération doit se faire au moment où le lapin est ordinairement dehors. Tout étant disposé, on rabat tout autour des panneaux, et en prenant une bonne distance. Le lapin fuit vers ses terriers, mais le filet fatal l'enveloppe à son passage. Quelques auteurs conseillent de se servir dans ce cas d'un basset bien dressé pour rabattre le gibier.

Le panneau à lièvres ne diffère que par quelques dimensions du *panneau à lapins*. La longueur est la même; mais la hauteur est plus grande, parce que la maille de la levure a plus d'étendue. On se sert pour ce panneau d'un moule de seize à dix-sept lignes; on fait de même dix-huit mailles à la largeur, ce qui donne pour cette dimension une hauteur de cinq pieds et demi. Le fil avec lequel on lace doit être d'un quart plus fort que celui qui sert dans le cas précédent.

Comme le lièvre se tient plus communément en plaine, et ne va guères au bois que pour y chercher le soir une nourriture fraîche, ce qu'il fait sur-tout lorsqu'il est voisin des jeunes bois, les chasseurs qui seront en état de saisir cette circonstance, pourront *panneauter* pour lièvres avec fruit, en observant d'ailleurs les précautions indiquées dans la chasse précédente, avec la seule différence qu'il ne faudra pas tendre en plein bois, mais seulement sur la lisière. L'heure de tendre est avant le soleil couché. On exclut aussi les chiens de cette chasse. Quand le lièvre donne au panneau, il faut nécessairement l'y assommer: on risqueroit, en le prenant, de recevoir des morsures très-dangereuses; de plus, comme le lièvre se réunit communément en troupes pour aller au bois, quand plusieurs tombent à la fois sur le filet, si on ne les y tuoit pas, leur force leur donneroit bientôt les moyens de se débarrasser en coupant et déchirant les mailles. D'ailleurs on a vu souvent ceux de ces animaux qui ne sont point pris, accourir au secours des autres et leur aider, par un instinct admirable, à se débarrasser; il faut donc que les chasseurs s'arment contre cet instinct, et qu'ils soient très-attentifs et très-prestes à courir à la moindre secousse qu'ils apperçoivent dans les toiles. Il faut observer aussi que dans cette chasse le poste des tueurs est sur le côté du filet, où ils doivent se réunir tranquilles et cachés. Lorsqu'on a manqué le passage du soir qui se fait de la plaine au bois, on peut *panneauter* par celui du matin, qui est l'inverse, c'est-à-dire du bois à la plaine. L'on doit sentir que dans ce cas, il faut incliner les filets et les piquets vers le bois, en sens contraire de ce qu'on devra faire dans le cas précédent, le reste de la chasse n'offrant aucune différence.

Ces chasses demandent, comme on vient de le voir, un certain étalage, et ne conviennent qu'à de gros propriétaires; mais l'habitant de la campagne se sert aussi d'un plus petit panneau dont l'usage peut être assez avantageux quand le chasseur est intelligent et que son canton est giboyeux. Ces panneaux, qui n'emploient qu'un homme seul ou deux au plus, n'ont qu'environ trois toises de longueur; du reste, ils doivent être conformes à la description que je viens de donner des précédens, pour la matière et la fabrication. Cependant on voit dans d'anciens auteurs qu'on employoit, pour cette manière de tendre, les panneaux contremaillés, ou à trois nappes. Cette différence n'en apportant aucune dans la manière de préparer le piège, je ne m'y arrêterai pas plus long-temps, et je vais indiquer de suite comment il faut chasser avec le petit panneau, soit qu'il soit simple, soit qu'on l'ait contremaillé.

On le tend dans le bois par le travers d'un chemin ou à l'entrée. Il faut avoir bien observé les passages du gibier et ses habitudes. Si l'on chasse un jour où le vent soit foible ou nul, on piquera quatre baguettes par le travers du chemin où l'on attend son gibier, en les inclinant non pas cette fois vers le côté par où il vient, mais en sens opposé, c'est-à-dire du même côté qu'il va. S'il souffle un peu de vent, et qu'on ne puisse pas le prendre de côté, il faudra alors incliner ses piquets selon la direction du vent, comme si c'étoit son action qui les tînt penchés. La tête de ces piquets formera une petite fourche, et présentera à peu près la forme d'une béquille. C'est sur cette sorte de branche qu'on engagera bien légèrement la lisière supérieure du panneau, laissant pendre l'inférieure jusqu'à terre. On sent que le filet, étant posé du même côté que les piquets s'inclinent, il sera enlevé très-aisément par tout animal qui se jettera dedans, et qui s'y empêtrera en courant. Ce même arrangement doit faire sentir qu'on ne peut tendre par un vent un peu fort, parce qu'il feroit tomber le filet. Lorsqu'on l'a préparé et convenablement élevé sur ses piquets, on s'écarte, non en traversant le chemin devant le filet, mais en longeant par-derrière ou par le côté, et l'on gagne quelque buisson où l'on puisse se cacher, et d'où l'on voie sur le chemin. Lorsque le gibier s'y engage, il faut attendre qu'il ait dépassé de plusieurs pas la niche que l'on s'est choisie; puis, venant doucement passer derrière, on jette un cri ou l'on frappe des mains, pour le précipiter dans le panneau, où l'on court le saisir. On peut retendre à cette chasse, et rester plusieurs heures dans la même passée. A cette manière de *panneauter*, on est souvent contrarié par le vent, qu'il faut prendre au moins de côté, si l'on ne peut pas espérer que le gibier vienne dans sa direction.

Voici une autre méthode qui est plus indépendante de l'état de l'air : Il faut passer les dernières mailles des lisières inférieure et supérieure du pan ou panneau, sur deux cordonnets chacun d'une ou de deux toises plus longs que le panneau. Les mailles ne devront point être arrêtées sur ce cordonnet qu'on prendra gros comme une plume à écrire; mais elles couleront de manière que tout le filet puisse se rassembler et se froncer comme un rideau sur sa tringle. Le pan ainsi préparé, on attachera à des arbres ou à des pieux, les deux bouts du *maître* à environ un pied et demi de terre. Ce nœud réunira ensemble les deux bouts d'un côté; l'on opérera de même de l'autre côté du chemin et à l'autre extrémité du pan. On étend ensuite chaque lisière du filet le long des deux cordonnets qui le bordent; cette première opération le dispose comme il doit être selon sa longueur. Reste à le tendre en largeur et de manière à ce qu'il fasse *haie* par le travers du chemin. Pour cela, on a deux baguettes d'environ quatre pieds de haut et de dix à douze lignes de diamètre; posant l'une de ces baguettes sur le bout de la lisière inférieure du pan, et sur le cordonnet qui l'enfile, on lui fait toucher terre; de l'autre main, on écarte le second cordonnet qui passe par la lisière supérieure, et on l'engage sur le bout supérieur du piquet. On doit sentir que ce bâton, ainsi placé, et qui ne doit pas être flexible, tient les deux cordes qui tordent le filet écarté, et ouvre celui-ci dans toute sa largeur. Le second bâton se place de la même manière à l'autre extrémité du pan, qui par là est ouvert sur sa largeur et barre le chemin. Pour exécuter cette seconde tension, il ne faut pas que les deux cordonnets, qui vont d'un pieu à l'autre, aient été attachés trop roide, puisqu'alors on ne pourroit les écarter l'un de l'autre, ni par conséquent déployer le panneau selon sa largeur ou hauteur. De plus, si ces deux cordes étoient trop roidies, elles serreroient les bâtons qui les séparent de manière à ce que ceux-ci ne se dégageroient qu'avec effort. Il faut donc que leur tension soit combinée de manière à ce que le serrement opéré sur les extrémités des bâtons soit très-foible, et permette à ceux-ci de se dégager au moindre effort. Le piège étant en cet état, on se place pour observer le gibier, comme je l'ai dit pour le cas précédent, et lorsqu'un lapin ou un lièvre tombe dans ce panneau, il s'y embarrasse plus sûrement encore que dans l'autre, puisque dès que les bâtons qui tiennent le filet ouvert sont dégagés, pour peu que l'animal avance, il fronce sur lui-même ce filet qui glisse sur les deux cordons de traverse, lesquels d'ailleurs se rapprochent, n'étant plus tenus écartés par les piquets.

Si à cette chasse on n'avoit point de cachette commode sur le chemin où l'on doit se poster, il faudroit nécessairement monter sur quelque arbre voisin, d'où l'on pourroit jeter quelque chose vers l'animal qu'on voudroit faire fuir vers le panneau : cette dernière manière de le tendre fait agir ce filet

à

à peu près comme la pochette dont il a été parlé à l'article Lapin.

Les panneaux pour de plus grosses bêtes, telles que le renard et le loup, doivent être beaucoup plus forts de mailles, et plus hauts que ceux précédemment décrits. Dans cette espèce de chasse l'on doit être armé d'épieux. (S.)

TRAQUE, (*Chasse*,) battue qui se fait dans une enceinte déterminée d'un bois, pour chasser les diverses espèces d'animaux sauvages qui s'y trouvent. La traque exige un concours assez nombreux de chasseurs, qui se partagent en deux bandes; l'une, celle des traqueurs, se dispose en portion de cercle avant d'entrer dans l'enceinte, de façon que les deux extrémités de l'arc soient dirigées vers le point où ils vont, et qu'il y ait entre chaque traqueur une distance à peu près égale, et, autant qu'il est possible, peu considérable. Cette troupe est la seule agissante; l'autre, qui se compose de chasseurs armés de fusils, est immobile, et se range dans un chemin, où ils attendent au passage le gibier que les traqueurs poussent devant eux, en suivant la direction du vent, jetant quelques cris, et frappant les arbres et les buissons avec des bâtons, qui sont leurs seules armes.

Ce n'est qu'en hiver que cette chasse a lieu, les arbres, dépouillés de leurs feuilles, facilitant la marche régulière des traqueurs, et permettant aux tireurs de distinguer le gibier qui approche; d'ailleurs, les bois sont alors la retraite habituelle des animaux sauvages. Les chiens sont inutiles pour la traque; ils la dérangeroient même, à moins que l'on n'ait un chien de plaine assez sage pour voir passer le gibier et entendre les coups de fusil, sans s'agiter, ni crier; on ne le lâche que pour trouver une pièce de gibier qui n'auroit été que blessée.

On conçoit que la traque est la plus meurtrière de toutes les chasses; c'est, pour ainsi dire, une suite d'assassinats, qui n'exige ni peines, ni recherches, ni adresse. Le tireur attend à sa portée le gibier qui arrive, pour l'ordinaire, à pas lents, et dont l'approche lui est annoncée par le bruit que produit la marche de l'animal sur les feuilles, et il le tire fort à son aise. Mais cette chasse est très-dangereuse pour les hommes; les fusils ne doivent être confiés qu'à des chasseurs exercés et prudens, qui savent que l'on ne doit jamais tirer dans le chemin où leurs compagnons sont rangés, et qu'avant de tirer dans l'enceinte, ils doivent bien s'assurer que le coup ne pourra pas atteindre les traqueurs. J'ai été témoin de plusieurs accidens occasionnés par l'inexpérience et l'étourderie des chasseurs; et il n'y a guères de ces grandes traques que l'on commande l'hiver contre les loups, et pour lesquelles on arme le premier qui se présente, où il n'en arrive de semblables. (S.)

TRAQUENARD, (*Chasse*,) piège de fer qui se vend chez les marchands quincaillers, et dont l'usage est décrit à l'article Renard du *Cours*. (S.)

TRÉBUCHET, (*Chasse.*) Les chasseurs donnent le nom de *trébuchet* à plusieurs machines qui, soutenues en l'air dans un état de ressort et de gravitation, enferment ou tuent, en s'abattant, le gibier qui, attiré par un appât sous la machine, en fait jouer la détente. Les *filets à ressort* et les *fossettes*, pièges décrits à leurs lettres, sont des sortes de trébuchets. Mais il semble qu'on applique plus spécialement cette dénomination seule, et non accompagnée d'un adjectif caractéristique, à l'espèce de panier ou cage pyramidale qu'on tend à l'aide du *quatre de chiffre*, pour toutes sortes d'oiseaux, et particulièrement pour les perdrix. Ce trébuchet, que d'autres appellent *mue* ou *tombereau*, est d'un très-bon service. Voici comment on le fabrique.

On a quatre bâtons, longs d'environ trois pieds, plus ou moins, gros comme le doigt, que l'on assemble carrément, en les perçant tous d'un trou à chaque bout, à un pouce environ de chaque extrémité. On pratique de plus des entailles ou coches, pour évider l'épaisseur des bâtons vis-à-vis de chacun des trous. Ces entailles sont larges du diamètre même du bâton : par là, on conçoit qu'en les assemblant par leurs entailles, tournées face à face, on forme un châssis carré et plan. Les trous qui se trouvent alors aux quatre coins servent à recevoir d'autres verges de bois souple, et proportionnées à la grosseur du trou. Il y en a qui ne se servent que de deux de ces verges, qu'ils prennent longues de cinq ou six pieds, et qu'ils courbent en croix l'une sur l'autre, en engageant les deux extrémités de chaque baguette, dans les trous du châssis, opposés diagonalement, c'est-à-dire, d'angle à angle ; cela forme comme les arcs-boutans de l'édifice, et ils établissent le long de ces baguettes leurs branches de clôture. D'autres fichent obliquement quatre baguettes, moitié moins longues que les précédentes, dans les quatre trous du châssis, et ils rapprochent l'extrémité supérieure, qu'ils assemblent dans quatre autres bâtons disposés en châssis carré comme celui de la base, mais plus petit, n'ayant environ que huit pouces de côté. Ceci forme la pointe de la pyramide, et sert de plus à ménager une ouverture, qu'on ferme par une petite claie ou planche, par laquelle on tire le gibier enfermé sous le trébuchet. Ce que je viens d'en dire n'indique que la carcasse du piège : quelle que soit celle des deux méthodes dont je viens de parler, que l'on emploie, il faudra toujours clore les quatre faces à claire-voie, ce qui se fait en coupant un certain nombre de baguettes de quelque bois léger, dont les quatre premières, égales entr'elles, soient un peu moins longues que les quatre qui forment le châssis ; les quatre suivantes aussi égales entr'elles, encore moins longues que les précedentes, et ainsi de suite, jusqu'au sommet de la pyramide ou du trébuchet. Ces couches de bâtons se posent alternativement l'une sur l'autre, et se réunissent par les angles qu'ils forment, contre les côtés montans du trébuchet ; ils s'y attachent avec des cordes ou du fil de fer souple. Cette construction achevée, on ferme, comme je l'ai dit, la petite ouvertute supérieure avec une planchette ou autre chose équivalent ; on ajoute au châssis d'en bas une tringle ou morceau de bois plat ; c'est ordinairement un bâton gros comme l'un des quatre qui forment la base, qu'on aplatit grossièrement des deux côtés. Ce bâton est plus long de trois ou quatre pouces que ceux de cette base ; c'est-à-dire que, si le trébuchet a trois pieds d'ouverture, la tringle ou *marchette* aura trois pieds quatre ou cinq pouces. Il s'attache par une de ses extrémités, au moyen d'une ficelle nouée lâche, et qui lui laisse du jeu ; il s'attache, dis-je, sur le milieu d'un des deux bâtons ou côtés du châssis, et déborde par conséquent, étant tendu droit, par le milieu du côté opposé. De plus, cette machine qui déborde le châssis, est terminée par une coche ou entaille tournée en l'air, et dont le biseau s'étend en mourant selon la longueur de cette marchette. C'est là ce qui détermine le devant de la machine.

Lorsqu'on veut la tendre, on la pose par terre sur sa base, on plante au ras du côté par-dessous lequel sort le bout de la marchette, et contre cette marchette même, un piquet long d'un pied et demi ; au haut de ce piquet tient une ficelle à laquelle est attaché un *triquet* ou petit morceau de bois, long de six ou huit pouces, échancré par un bout, taillé en coin par l'autre. Ceci disposé, on soulève le devant du trébuchet, c'est-à-dire le côté qui frotte contre le piquet; on engage sous ce côté l'échancrure du triquet pendu après le piquet, et son extrémité en coin presse la coche qui termine la marchette ou tringle décrite plus haut. Alors le trébuchet est tendu; mais si on place dessous des grains ou des appâts appropriés au gibier que l'on veut y attirer, il est immanquable que ce gibier, se jetant sous le trébuchet, passera par-dessus cette marchette, qu'il dégagera par là le triquet cunéiforme, qui pèse sur la coche de cette même marchette, et soutient ainsi en l'air un des côtés du trébuchet, lequel privé de son appui, retombera et enfermera la proie. Ces pièges multipliés, pendant l'hiver, dans une ferme, ne laissent pas de se garnir d'oiseaux. On peut les faire sur de plus grandes ou plus petites dimensions; la précaution essentielle à prendre, c'est que l'arrêt soit bien léger et la détente très-douce. Lorsqu'on les tend pour de gros oiseaux, il est bon de mettre quelque chose de lourd sur le sommet; car plusieurs oiseaux un peu forts pourroient, en se débattant, renverser la cage sur le côté.

Vient ensuite le *trébuchet battant*, destiné aux oisillons, et où l'on prend quantité de pinsons, verdiers, mésanges, etc., etc. Ce trébuchet n'est autre chose qu'une cage ou coffret carré long, de proportions indéterminées. Il se fait de bâtons plantés verticalement, et à claire-voie, le long des quatre côtés d'une planche, aux quatre angles de laquelle quatre bâtons plus forts soutiennent les traverses qui forment les côtés supérieurs du coffret, et soutiennent tout l'assemblage. Le dessus est ouvert et se recouvre par une espèce de trape ou porte de cage, formée de baguettes tranversales assemblées dans trois bâtons montans, rangés parallèlement. Les deux montans de cette porte, qui en forment les deux côtés, ne sont pas plus longs que les côtés mêmes de la cage; mais celui du milieu dépasse cette longueur d'une quantité égale à la profondeur de cette même cage, c'est-à-dire que, supposant cette porte élevée verticalement sur le bout du coffret, le montant du milieu doit en toucher presque le fond. Pour tendre cette porte, et lui donner du ressort, on passe en double, au bout de la cage et dans le sens de sa largeur, une forte ficelle que l'on tord sur elle-même, au moyen d'un petit morceau de bois, comme on fait quand on veut monter une scie; la corde suffisamment roidie, on engage à la place du petit morceau de bois dont on s'est servi pour tordre, l'excédant du montant du milieu de la porte, lequel sert de levier au ressort de cette porte, que la corde, par ce moyen, rabat naturellement. On sent que l'autre extrémité de cette porte doit battre sur le bout opposé de la cage, et s'y arrêter. Pour tenir la porte tendue, on a une marchette longue comme la longueur intérieure de la cage, et qui puisse entrer dedans. Cette marchette est un bâton traversé en croix par de plus petits, un peu moins larges que l'intérieur de la cage; au bout de cette marchette est une coche tournée en l'air; on engage dans cette coche l'extrémité du levier, qui se prolonge du milieu de la porte, et le piège est tendu. On sème des grains au fond; les oiseaux y descendent, pèsent sur la marchette, dont la coche abandonne le bout du levier, et la porte se rabat. On fait ces trébuchets doubles, c'est-à-dire, qu'entre deux trébuchets simples, tournés bout à bout, on élève une cage fixe, dans laquelle on place des *appelans*, ce qui rend la chasse plus fructueuse.

Le mécanisme de cette porte ou recouvrement ressemble beaucoup à celui d'une autre espèce de trébuchet, dit *assommoir du Mexique*.

Pour construire cet assommoir, on assemble deux morceaux de bois qu'on nomme *arbres*, dans deux autres qui servent de montans ou tenons, et se placent à quelque distance, mais sur un seul bout des arbres. La machine ainsi montée, présente en petit la forme des limons d'une voiture. On a de plus une planche, moins large et moins longue que l'espace compris entre ces deux arbres ou limons; une des largeurs de cette planche est armée, à son milieu, d'un bout qui dépasse et forme une sorte de tenon ou mentonnet. Ce mentonnet s'engage dans le double d'une bonne corde, qui va d'une extrémité d'un arbre à l'autre, et on tord cette corde, en faisant faire à la planche, entre les deux arbres, autant de révolutions qu'on le juge nécessaire. On peut monter ce piège, ainsi tendu, sur une planche qui sert de base, on le laisse tel quel, en le posant par terre, où on arrête les montans avec des piquets à crochets. On sent que selon le sens qu'on a tordu la corde, la planche qui fait *assommoir* se détend ou en dehors ou en dedans des arbrets; cela est indifférent, seulement on posera la marchette ou *détente*, en dehors ou en dedans, selon le jeu de l'assommoir. Pour arrêter cette planche, on a un piquet passablement fort, percé d'une mortaise et garni d'un ressort en crémaillère, comme celui que j'ai décrit à l'article Filet a ressort. Cette crémaillère mord sur un triquet qui tient au bout de l'assommoir, et passe par la mortaise : un fil au bout duquel est l'appât, est attaché à la crémaillère; il ébranle le ressort qui laisse échapper le triquet et l'assommoir. On pourroit combiner une détente plus simple, sur les principes du quatre de chiffre, excepté que la pièce dite *support* devroit accrocher, par son extrémité supérieure, le bord de l'assommoir, et être accrochée elle-même à son autre extrémité par la marchette. On tend l'assommoir pour des oiseaux, et aussi pour des bêtes malfaisantes; on peut lui donner les plus fortes dimensions, et même garnir la planche de pointes de fer.

La *mesangette* est encore, strictement parlant, une espèce de trébuchet. C'est une cage carrée longue, comme celle du trébuchet battant; mais les bâtons, au lieu d'être perpendiculaires, sont couchés horizontalement les uns au dessus des autres, comme dans le trébuchet; ils diffèrent de ceux employés pour celui-ci, en ce qu'étant tous égaux, ils forment une sorte de petit coffre dont la base est une planche; une autre planche en ferme l'ouverture; elle est suspendue en l'air, au moyen de deux planchettes appuyées en croix contre un pivot ou bâton vertical, implanté au milieu de la planche qui sert de base. Ce pivot est plus court d'un pouce que la profondeur de la mesangette, qui n'en a ordinairement que trois. Sur le croisement des planchettes, on élève un second petit bâton mobile, long comme le doigt, lequel tient la porte ouverte. On pourroit aussi se servir de quatre de chiffre. On sème dans la mesangette des grains, du chènevis et autres, et il s'y prend beaucoup de gourmands. (*Voyez* Quatre de chiffre, Filet a ressort, Possette, Tendue.)

Je terminerai cet article par la description du *trébuchet sans fin*, machine fort ingénieuse, en ce qu'elle se retend d'elle-même à chaque oiseau qui se prend, et fait un grand nombre de captures, avant qu'on ait besoin d'y toucher pour remonter le poids qui lui sert de mobile, (*Consultez* la Planche VI, pour mieux suivre le détail des pièces qui composent ce piège.) La figure 1ere. représente la carcasse de la cage dégagée de sa clôture, pour mieux saisir la disposition des pièces intérieures; 1, 2 sont deux agrafes de fil de fer, au moyen desquelles on suspend la cage qu'on peut placer à la fenêtre d'un grenier ou d'une volière; V est l'ouverture par laquelle s'engage l'oiseau; L, une trape à claire-voie et mobile, sur laquelle venant à poser, il dégage le battant A, *fig.* 1 *et* 2, dont une des branches est prise par son extrémité dans l'arrêt E, qu'on voit à part, *fig.* 3. Ce battant, dont la figure seule indique le jeu tournant sur lui-même par l'action du poids M, rabat sa partie A sur l'oiseau qu'il force d'entrer dans le compartiment S: en même temps le battant achevant sa révolution, vient s'arrêter de nouveau dans la pièce E. L'oiseau, dans le compartiment S, vient percher sur la trape H, laquelle étant aussi mobile, se baisse sous lui, et il descend encore dans le compartiment P, lequel communique à la chambre ou volière, où il est définitivement prisonnier. Le compartiment *p* est séparé, à demeure, de tous les autres, et une porte extérieure sert à y introduire un *appelant.*

Il me semble que la seule inspection des figures doit donner tous les détails de la construction. Les baguettes des trapes et du battant doivent être de menu bois ou de fil de fer. La claire-voie *s*, qui ferme le dessus du compartiment S, n'étend ses branches que jusqu'au rouleau ou axe du *battant.* Ce battant, vu à part, *fig.* 2, est donc un axe T*h*, traversé de baguettes ou fils de fer égaux à l'ouverture intérieure de la cage. La poulie T reçoit une corde, au bout de laquelle un poids M fait tourner cet axe engagé sur deux coches, qu'on peut fermer avec un petit recouvrement, comme on fait aux auges des meules à repasser. Les poids *o o*, placés derrière les bascules ou trapes L et H, *fig.* 3 et 4, servent à les mettre en équilibre; ces poids doivent être tels, que ces bascules puissent se mouvoir sur leurs pivots par la simple pesanteur d'un oiseau. La pièce E, *fig.* 2, qui sert d'*arrêt*, est une double branche de fil de fer, qui mord, dans sa courbure, les deux branches du milieu du *battant.* Il faut que le poids *o* de cette bascule ne la relève que d'une ligne ou deux, au plus, pour que l'arrêt E ne s'engage pas plus avant et parte plus prestement. Un peu au dessous de cette même bascule L, on place dans le compartiment qui lui est inférieur, un petit plateau de fer-blanc, à bords relevés, où l'on jette des grains qui, outre l'appelant, servent d'appât aux oiseaux. On pourroit aussi faire en planchettes légères cette espèce d'auge; cela même vaudroit mieux peut-être, en ce que l'éclat du fer-blanc, s'il n'étoit pas bruni, pourroit effaroucher les oiseaux. Plus cette machine est attachée haut, plus le poids agit long-temps, sans qu'il soit besoin de le remonter. La figure doit aussi faire sentir qu'on doit placer l'axe du *battant,* de manière que les branches qui le traversent, passent sans frottement entre les espaces du grillage *s*. (S.)

TROUBLE, (*Pêche.*) C'est ainsi que l'on prononce généralement le nom de ce filet, et non pas *truble*, comme plusieurs auteurs modernes l'écrivent.

La trouble est un filet en forme de poche, dont les bords sont attachés à la circonférence d'un cercle de bois ou de fer, auquel on ajoute un manche. La plupart des troubles sont rondes; on en fait néanmoins de carrées, qui sont plus commodes pour prendre le poisson renfermé dans des huches, boutiques, bascules, etc.; leurs mailles sont aussi plus ou moins serrées, suivant l'espèce de poissons que l'on pêche, et le filet lui-même a plus ou moins d'ampleur.

Cette pêche réussit principalement quand les eaux sont troubles, d'où est venu le nom du filet; les poissons s'approchent alors des bords des rivières, où le courant est moins rapide, et où ils sont moins effrayés par la trouble; le pêcheur la plonge dans l'eau, la pousse devant lui, ou la ramène à lui, après en avoir renversé la poche : on passe aussi la trouble dessous les poissons qu'on apperçoit dans l'eau à une petite profondeur, et on la relève à l'instant, de sorte qu'ils se trouvent pris dans la poche. On s'en sert encore pour s'emparer des poissons enveloppés dans de grands filets, ou pour enlever ceux qui ont mordu à l'hameçon, mais qui, par leur poids, pourroient rompre la ligne. (S.)

TROUBLEAU ou TRUBLEAU, (*Pêche*,) petite trouble propre à pêcher les grenouilles, les écrevisses et les petits poissons dans les ruisseaux. (S.)

TRUITE, (*Salmo fario* Lin.) poisson du genre du *saumon*, dans l'ordre des *abdominaux*, qui ont les nageoires du ventre derrière celles de la poitrine.

Caractères génériques : La tête lisse et comprimée; la bouche grande; les lèvres petites; la langue blanche, cartilagineuse et mobile; les yeux de moyenne grandeur, placés sur les côtés de la tête; des dents aux mâchoires et sur la langue; la membrane des ouïes ayant de quatre à dix rayons, et l'opercule trois lames; le corps allongé, et revêtu d'écailles arrondies, finement rayées sur leur surface; le dos un peu convexe; la ligne latérale plus rapprochée du dos que du ventre; la seconde nageoire adipeuse; enfin, plusieurs rayons aux nageoires ventrales.

Caractères spécifiques : Le corps parsemé de taches rouges; la mâchoire inférieure un peu plus longue que la supérieure.

Ce poisson a le devant de la tête d'un vert noirâtre, et les côtés variés de jaune et de vert; l'iris de l'œil de couleur blanche, avec un bord noirâtre en croissant; les nageoires pectorales d'un brun clair; les ventrales jaunes et terminées en pointe; les premiers rayons de l'anale pourprés, et les autres jaunes et cendrés; des raies d'un jaune noirâtre sur les nageoires de la queue, enfin un grand nombre de points rouges de pourpre répandus sur le corps.

Il y a une seconde espèce de truite, moins commune, que l'on nomme *truite saumonée*, (*salmo trutta* Lin.) à cause des taches noires, rondes ou angulaires dont son corps est parsemé, sur un fond noir, plus ou moins mêlé de nuances violettes; ses nageoires adipeuse et caudale sont noires, et les autres grises. On remarque six points noirs sur les pectorales; son ventre est blanc, et ses yeux noirs ont l'iris de couleur brune.

La truite, dont la chair est tendre et d'un goût très-agréable, a été nommée en plusieurs pays, *le roi des poissons d'eau douce ;* et par-tout les gourmets s'accordent à la regarder comme un *morceau de roi.* Quelques souverains d'Allemagne prenant cette expression à la lettre, se sont réservé la pêche des truites. Mais ce n'est que lorsqu'elles sont fraîches, ou tout récemment tirées de l'eau, qu'elles ont cette délicatesse et cette saveur exquise, qui les font rechercher, et qu'elles perdent bientôt, si on tarde à les apprêter. On ne peut les envoyer à quelque distance du lieu où elles ont été pêchées que cuites ou enfermées avec précaution dans des boîtes ou de la pâte.

Toutes les situations et toutes les eaux ne conviennent pas aux truites : c'est dans les contrées montueuses qu'elles se trouvent, et elles y habitent les eaux claires et froides, qui descendent des montagnes sur un fond pierreux : telles sont en France, le lac de Genève et les petites rivières qui s'y déchargent, la Moselle dans les Vosges, l'Isère, la Vienne, l'Aveyron, les rivières et les torrens du Golo, l'Aa près de St-Omer, la petite rivière d'Autrui qui se décharge dans celle d'Etampes, la Touvre en Angoumois, le Gardon, etc., etc. La grandeur ordinaire de ces poissons est d'un pied à un pied et demi : l'on en voit quelquefois qui pèsent quatre ou six livres, et même, dit-on, jusqu'à dix-huit livres. Elles nagent contre la direction des eaux les plus rapides ; et s'il se rencontre quelque obstacle sur leur passage, elles le franchissent avec aisance : elles peuvent s'élancer, comme le saumon, à six pieds de hauteur.

L'automne est la saison ordinaire du frai des truites : on les voit alors remonter les rivières, et même entrer dans les ruisseaux où il n'y a que quelques pouces d'eau, pour y chercher un gravier arrosé par un léger courant, et sur lequel les femelles déposent leurs œufs. Quoique le nombre de ces œufs soit moins considérable que celui de la plupart des autres espèces, les truites paroissent multiplier davantage ; ce qui vient, sans doute, de ce que les poissons voraces craignent de les suivre dans les eaux froides où elles se plaisent. Leur nourriture se compose de petits poissons, de coquillages, de vers, d'insectes, et particulièrement d'éphémères et de fryganes, qu'elles saisissent avec adresse auprès de la surface de l'eau. L'on prétend que les grosses truites dévorent fréquemment les plus petites.

Le désir de rassembler des truites et de les prendre à volonté, a fait imaginer d'en peupler des étangs; mais cette branche d'économie, qui présente des avantages aux propriétaires, exige des précautions, et ne réussit pas toujours. Il s'en faut bien que toutes les eaux soient propres à former ces sortes de réservoirs, où le goût et le luxe de la bonne chère ne manquent pas de venir puiser. Il faut une eau claire et froide, un fond de sable ou de cailloux, des sources ou un ruisseau ombragé qui y amène sans cesse une eau froide et limpide; des bords assez élevés pour que les truites, qui aiment à sauter, ne s'élancent pas par-dessus; de grands arbres, plantés assez près de ces bords, pour que leur ombre entretienne la fraîcheur de l'eau; sur le fond, des racines d'arbres ou de grosses pierres entre lesquelles les œufs puissent être déposés; un fossé ou des digues pour prévenir les inondations, et empêcher l'entrée des eaux sales et bourbeuses que les pluies font couler dans les ravins, et qui sont presque toujours mortelles aux truites; une profondeur de sept à dix pieds, sans laquelle les truites monteroient à la surface de l'eau en temps d'orage et y périroient; une grande quantité de goujons, de loches, de vérons, de meuniers, et d'autres poissons, dont les truites aiment à se nourrir, ou, à leur défaut, de petits morceaux de foie hachés, des entrailles d'animaux, des gâteaux secs, faits de sang de bœuf et d'orge mondé (1); les bondes garnies d'une grille assez fine pour arrêter l'alevin; enfin, une attention soutenue pour éloigner de l'étang les poissons voraces, les grenouilles, les loutres, les oiseaux pêcheurs, pour casser la glace en hiver, et pour empêcher que les bouches de l'étang ne soient jamais prises par la gelée.

Le meilleur emplacement d'un étang à truites, est une vallée ombragée, qui ait une source ou du moins un ruisseau dont la source soit peu éloignée. Si l'on ne rencontre pas cette position, l'on fera arriver l'eau dans l'étang par un petit canal qui soit ou très-profond ou cou-

(1) Pour faire ces gâteaux, on réduit l'orge en bouillie, on y mêle le sang de bœuf et l'on jette le tout sur une planche ou sur une table garnie d'un rebord. Quand cette espèce de pâte est refroidie, on la coupe en petits morceaux que l'on fait sécher, et que l'on garde pour s'en servir au besoin.

vert. La quantité d'eau dont on peut disposer, détermine l'étendue de l'étang. On compte ordinairement soixante poissons par arpent. Le fond de l'étang doit être de terre glaise, ou de toute autre terre qui retienne les eaux; on la couvre de sable ou de cailloux; en haut et en bas, on doit placer une bonde, une grille et une vanne, afin qu'on puisse, à son gré, faire baisser ou augmenter les eaux. Deux caisses grillées, en forme de nasses, retiennent les truites aux deux bondes, quand elles s'élancent au dessus de la grille.

Si, pour peupler cet étang, on est obligé de transporter les truites d'un endroit un peu éloigné, il faut ne placer, dans chaque vase, qu'un très-petit nombre de ces poissons, agiter souvent et renouveler l'eau dans laquelle on les a mis.

Tous ces soins, dont s'occupent les économes allemands, sont négligés parmi nous; les bénéfices qu'ils procurent devroient nous engager à imiter nos voisins. C'est chez eux que s'est encore formée une méthode particulière pour se procurer des truites, ainsi que des saumons.

On fait une caisse longue de douze pieds, large d'un pied et demi, et profonde de huit pouces. Par le haut, où l'eau doit entrer, on attache en travers un morceau de bois, percé dans son milieu d'un trou de six pouces de long et de quatre pouces de large : une ouverture de quatre pouces en carré laisse en bas un passage à l'eau; ces deux ouvertures se ferment avec un grillage en fil de fer, afin que l'alevin ne puisse pas s'échapper; et pour que les rats d'eau et autres animaux destructeurs ne s'introduisent pas dans la caisse, on la couvre d'un couvercle percé de plusieurs trous; au fond est du gravier, et la caisse se place de manière que l'eau puisse y entrer par le haut et s'écouler par le bas, dès qu'elle est parvenue à deux pouces au dessus du gravier. Ces dispositions faites, on prend, à l'époque du frai, les truites mâles et femelles, et on leur presse le ventre, pour en faire sortir la laite et les œufs, que l'on met dans un petit vase avec de l'eau; on les remue ensuite avec la main, et on jette le tout dans la caisse dont je viens de parler; on la laisse sous la chute d'eau d'une fontaine, qui coule sans cesse, et au bout de quelque temps, l'on voit éclore une multitude de petites truites.

Pêche de la truite. Si l'art de multiplier l'espèce de la truite dans des étangs n'est pas encore très-répandu, et n'a pas toujours du succès, celui de pêcher cet excellent poisson, dans les eaux où il vit en liberté, a reçu généralement un grand développement : différens procédés sont mis en usage pour s'emparer de ce *roi des eaux douces*, et en faire aussi *le roi des tables*. Les principaux instrumens dont on se sert, sont la trouble, la ligne, la louve et la nasse.

Si l'on emploie la trouble, il faut la lever très-vite, lorsque la truite y est entrée, afin de ne pas lui donner le temps de s'élancer et de s'échapper.

La ligne doit être forte, tant du manche que du cordonnet, pour que la truite ne puisse pas la casser par ses mouvemens précipités. On garnit l'hameçon de différentes substances, de chair d'écrevisse, d'un petit poisson, d'un gros ver de terre, de sangsues coupées par morceaux, de petites boules, composées d'une partie de camphre, de deux parties de graisse de héron, de quatre parties de bois de saule pourri, et d'un peu de miel. Les Anglais, qui aiment beaucoup la pêche à la ligne, ont des insectes artificiels, assez bien imités pour que les truites s'y trompent, et qu'elles s'élancent hors de l'eau pour les saisir. Cette pêche réussit mieux vers le lever du soleil et par un beau temps : elle se pratique en Suisse et en Franconie, à

peu

peu près de la même manière qu'en Angleterre, et on l'y appelle, suivant la disposition de la ligne et de l'hameçon, *pêche au grand saut* et *pêche au petit saut.*

Pour attirer un plus grand nombre de truites dans les nasses ou dans les louves, on y place un linge imbibé d'huile de lin, dans laquelle on a mêlé du castoréum et du camphre fondus.

On prend aussi quantité de ces poissons pendant la nuit, à la lueur des feux que l'on promène sur les eaux ou le long des bords.

Dans la saison du frai, les truites se laissent prendre fort aisément, et même à la main.

En Sicile, la pêche de la truite est curieuse et facile : on détourne l'eau des torrens dans une autre partie de leur lit; celle qu'ils abandonnent reste à sec, à la réserve de quelques petits courans, que l'on appelle des *puits;* c'est là que se cachent les truites, et on les y prend avec un filet, qui s'élargit ou se rétrécit à volonté. (S.)

VACCINATION. La découverte des propriétés qu'a la *vaccine* de préserver de la petite vérole est due à M. Jenner, médecin anglais. Il mit à profit la pratique des habitans de *Berkeley*, dans le *Glocestershire*, qui depuis plus de cinquante ans, dit-on, s'exemptent de la petite vérole, en se frottant les mains contre le pis des vaches attaquées d'une maladie nommée en anglais *cowpox.* On a publié depuis qu'il existe une pratique semblable en *Irlande*, dans quelques parties du *Holstein* (1) et de la *Lombardie.*

C'est en 1795 que le docteur Jenner fit ses expériences vaccinales, qui furent confirmées à Londres par les docteurs Pearson et Woodville.

Le vaccin fut ensuite apporté d'Angleterre à Vienne, à Genève et à Paris.

Un *comité central de vaccine*, formé à Paris à la fin de l'an 8, a propagé et conservé la vraie vaccine en France. On a d'abord reproduit sur la vache des pustules semblables à celles d'où la matière vaccinale avoit été tirée primitivement.

Des enfans vaccinés par centaine, et enfin par milliers, à Londres et à Paris, dont un grand nombre a été exposé ensuite à la contagion de l'inoculation de la petite vérole, ont fourni la preuve de la qualité préservative attribuée à la vaccine.

Peu à peu la vaccination s'est répandue dans toute la France ; on a établi des correspondances, des hospices, dont la vaccination étoit l'objet unique. Enfin, le *comité central de vaccine* a publié les résultats obtenus d'après des faits innombrables, et qui tous démontrent que *la vraie vaccine, en préservant l'homme de la petite vérole*, est par conséquent un moyen de s'opposer à une des causes principales de mortalité dans l'espèce humaine.

N'étoit-il pas raisonnable de chercher les moyens d'appliquer cette découverte aux animaux qui font partie de notre richesse, en leur reportant un secours qu'on n'a fait que leur emprunter ?

Nous ne détaillerons point les faits nombreux qui établissent l'efficacité de la vaccine dans l'homme, on les trouve consignés tant dans les écrits d'un grand nombre de vaccinateurs, que dans les rapports unanimes des sociétés qui en ont fait un objet principal de correspondance. Nous bornant à ce qui est du ressort de notre art, nous allons rapporter un précis des expériences qui ont été faites avec la vaccine, principalement

(1) La vaccine est connue sous le nom de *Finnen*, dans le Holstein.

sur les bêtes à laine, par MM. Godine jeune, et Chaumontel, professeurs à l'Ecole vétérinaire d'Alfort, et enfin par M. Voisin, docteur-chirurgien, membre de la Société d'Agriculture de Versailles.

Les expériences de M. Godine ont été faites en l'an 10 et en l'an 11 (1); celles de M. Voisin et de M. Chaumontel, en l'an 12.

Lieu de l'inoculation. On choisit toujours un endroit du corps où il n'y ait point de laine; par exemple, les ars tant antérieurs que postérieurs, les parties latérales des mamelles et de la poitrine; mais, comme il est plus difficile de fixer l'animal pour faire l'insertion du virus en ces endroits, on peut préférer un lieu plus à la portée de l'instrument, et où les phénomènes seront plus faciles à observer; par exemple, à deux pouces au dessus de l'œil et un peu en arrière; là on tond la laine avec des ciseaux.

Manière de recueillir et de conserver le virus vaccin. On le recueille d'un bouton de vaccine existant soit au pis d'une vache, soit sur le corps de quelque personne. On peut passer avec une aiguille à travers ce bouton, un fil qui s'imprègne de la matière vaccinale; on le met ensuite dans un tube de verre ou dans une petite fiole que l'on bouche bien. On recueille aussi la matière sur une lancette, et on la dépose sur une pièce de verre contre laquelle on en applique une seconde, de même grandeur; on colle les deux verres l'un à l'autre par les bords, avec de la cire, et quand on veut pratiquer l'inoculation, on sépare les verres et l'on délaie la matière avec une goutte d'eau tiède. Ces moyens sont mis en usage sur-tout pour conserver quelque temps le vaccin, et pour le transporter à quelque distance.

Un autre moyen plus direct, quand les animaux sont dans le même lieu, c'est d'ouvrir le bouton de vaccine et d'insérer la matière sur-le-champ. Ainsi, le virus est plus fort et a une action plus assurée.

Mode d'insertion. On peut l'insérer au mouton et à la vache comme à l'homme, par une simple piqûre de lancette chargée de matière et tenue verticalement, afin que le fluide descende. Mais on est plus sûr de l'opération, en faisant d'abord pénétrer entre l'épiderme et le derme le bout de la lancette non chargée, qu'on enfonce obliquement; puis on pince la peau par les deux bouts de la petite plaie, ce qui fait que l'incision s'ouvre; alors on y porte de la matière vaccinale avec la pointe de la lancette. On fait ainsi quatre, six, huit insertions, selon qu'on le juge à propos. On peut encore faire un pli à la peau, inciser à plat l'épiderme avec un bistouri, soulever l'épiderme et appliquer le virus.

Si le vaccin est recueilli sur un fil, on peut faire un pli à la peau, y passer le fil avec une aiguille entre le derme et l'épiderme, et y laisser un petit bout de ce fil; ou mieux encore, couper une petite portion de ce fil, et la placer dans une petite incision faite avec la lancette ou avec le bistouri.

Traitement du vrai vaccin des bêtes à laine. Le développement de la pustule vaccinale dans les bêtes à laine présente des différences avec celles de l'homme. Dans les bêtes à laine, l'aréole ou la rougeur qui environne la pustule est foible et rayonnée, tandis qu'elle est beaucoup plus foncée dans l'homme; dans les bêtes à laine, la matière de la pustule est beaucoup moins abondante que dans l'homme, et elle est formée complètement le sixième jour, c'est-à-dire deux jours plus tôt que dans l'espèce humaine. Les animaux vaccinés éprouvent une légère diminution de la gaîté ainsi que de l'appétit, sur-tout les cinquième et sixième jours.

D'après ces faits, nous pensons, avec M. Voisin, que le temps le plus opportun pour recueillir le virus vaccin du mouton, est le cinquième jour. Cette matière dans l'homme est gommeuse et transparente, tandis qu'elle est purulente dans le mouton. On a cependant vu dans quelques pustules un sommet cristallin.

La pustule vaccinale humaine est aplatie dans toute sa surface, et présente un enfoncement dans son centre; l'aplatissement n'existe pas dans le mouton, et la dépression y est beaucoup moins sensible.

Le septième jour, le dessèchement de la pustule est déjà bien avancé; la croûte qui se forme ensuite, au lieu d'être brune ou

(1) Voyez les *Mémoires de M. Godine* jeune, dans le *Journal de Vaccine*, an 10, et dans les *Annales d'Agriculture*, an 12.

noire, comme dans l'homme, est grisâtre et se détache du douzième au quatorzième jour.

De la fausse vaccine. Tels sont les caractères qui distinguent le vrai vaccin, tandis que dans la fausse vaccine, il n'y a point d'aréole, le liquide est transparent, et il n'y a point du tout de dépression au centre.

MM. Huzard et Tessier ont observé la fausse vaccine chez M. Saint-Genis, membre de la Société d'Agriculture de Paris, cultivateur à Pantin. M. Jadelot et M. Fromage l'ont vue à Champigny, près Saint-Maur, sur les vaches de M. Bagot. L'une et l'autre ont été inoculées sans succès.

Inoculation avec diverses matières. M. Godine jeune a pris la matière de la petite vérole sur un enfant, l'a inoculée à deux brebis, et il s'est développé une éruption semblable en tout au claveau.

M. Voisin a inoculé la vraie vaccine à une vache avec le virus vaccin du mouton. MM. Godine jeune, Chaumontel, Soulard et Langlois ont inoculé la vraie vaccine à des moutons, avec la matière prise sur d'autres moutons.

M. Valentin, docteur-chirurgien à Nancy, a inoculé la vraie vaccine à deux chèvres, à un chien, à une ânesse; il prouve que la vaccine étoit vraie, parce que chaque fois il a pris la matière vaccinale de ces animaux, et qu'il l'a inoculée avec succès à des enfans (1).

Le docteur Jenner attribue l'origine de la vaccine à la matière des eaux aux jambes des chevaux, (en anglais *greas*) transportée par les mêmes hommes qui, en Angleterre, chez beaucoup de cultivateurs, ont la tâche de panser les chevaux et de traire les vaches. Ceux qui ont quelque coupure ou quelque égratignure aux doigts gagnent plus facilement la vaccine.

Le docteur Woodville a inoculé sans succès, à des vaches, les eaux aux jambes du cheval, prises à diverses périodes de la maladie. M. Simmons n'a pu non plus faire naître la vaccine sur trois vaches inoculées avec la matière des eaux aux jambes. Enfin, M. Pearson rapporte qu'il a vu la vaccine se manifester dans plusieurs fermes, quoiqu'il n'y eût point de chevaux; et dans d'autres, quoique les chevaux de la ferme n'eussent point les eaux aux jambes, et que le domestique qui avoit soin de traire les vaches ne touchât jamais les chevaux.

Cependant, le docteur Jenner est tellement persuadé de cette cause, qu'il ne craint pas d'assurer que, « par-tout où l'on trouvera » un cheval, un homme, une vache et une » laiterie, on trouvera la vaccine. »

M. Coleman, professeur au collège vétérinaire de Londres, a essayé plusieurs fois sans succès de donner la vaccine à une vache, avec le pus du *greas* (2).

D'un autre côté, M. Godine jeune a inoculé de la matière des eaux aux jambes à une vache, et a déterminé aux mamelles huit boutons aréolaires qui, dans l'espace de quinze jours, passèrent successivement par les divers degrés qu'on remarque dans les boutons vaccins de l'homme.

Il a fait plus, il s'est servi de la matière des eaux aux jambes du cheval pour inoculer douze bêtes à laine, sur lesquelles le vaccin se déclara tellement, que le pus de leurs pustules servit à vacciner trente-six moutons.

Les variétés qui existent dans les eaux aux jambes, et parmi lesquelles les inoculateurs ont pu prendre des matières différentes, ne sont-elles pas cause de l'opposition qu'on observe dans leurs résultats? Il existe aussi des boutons dans les eaux aux jambes des chevaux. La matière altérée par l'air ambiant et par les vapeurs des excrémens n'est sans doute plus aussi propre à être inoculée; c'est pour cela que dans cette expérience il nous semble qu'il est convenable de chercher des eaux aux jambes où il existe des boutons, et de saisir le moment où ces boutons sont remplis de la matière bien formée. Alors, on nettoieroit le paturon du cheval avec une éponge légèrement imbibée d'eau tiède, et après avoir lavé l'éponge et l'avoir pressée fortement, on s'en serviroit de nouveau pour essuyer doucement les boutons remplis de la matière des eaux; on ouvriroit ces boutons avec la lancette, on

(1) *Journal de la Société de Médecine*, Tome XII, page 177.
(2) Decarro, page 34.

recueilleroit la matière et on l'inoculeroit sans altération.

Dans tous les cas, il nous paroît important que dans cette expérience les inoculateurs rapportent dans leur récit, le caractère des eaux aux jambes inoculées, ou qu'ils en essaient l'inoculation dans tous les états; c'est-à-dire la matière étant séreuse, purulente ou sanieuse, suintant des poils, étant répandue sur la peau, ou encore contenue dans les boutons. Ce n'est qu'après avoir marqué ces distinctions, que l'on pourra s'entendre.

Contre-épreuves. L'inspection seule des boutons vaccins est encore insuffisante aujourd'hui pour faire reconnoître la vraie vaccine. Il faut, après avoir vacciné beaucoup de moutons, leur inoculer le claveau; on les mêlera à un troupeau de claveleux; alors il ne restera plus de doute, et les incertitudes qui peuvent rester encore seront dissipées.

M. Moutonnet, vétérinaire à Bourneville, département de Seine et Marne, a inoculé en l'an 9 la vaccine à quatre béliers mérinos; les boutons vaccins se sont bien développés; mais le grand prix des animaux a empêché de les soumettre à une contre-épreuve.

M. Godine jeune, n'ayant point de matière du claveau, a fait ses contre-épreuves avec la matière fournie par des boutons d'une brebis sur laquelle il avoit inoculé la petite vérole humaine. Le virus fut sans action sur les animaux vaccinés, tandis que d'autres qui ne l'avoient point été et auxquels il inocula en même temps la petite vérole, furent attaqués du claveau.

Une des brebis vaccinées par M. Chaumontel, professeur, Soulard et Langlois, répétiteurs de l'Ecole, appartenant à M. Ganeron, cultivateur à Malnoue, département de Seine et Oise, fut mise chez M. Laclef, cultivateur à Ferrière, dans son troupeau affecté du claveau. Trois moutons claveleux moururent à côté d'elle. On l'a retirée intacte au bout de sept mois.

Les moutons de M. Dupuis, cultivateur à la ferme de Sceaux, ayant été vaccinés, l'on a vu s'arrêter la mortalité que le claveau causoit dans son troupeau.

M. Godine jeune, rapporte qu'un particulier des environs de Nangis, département de Seine et Marne, a vacciné soixante moutons de son troupeau, composé de trois cents bêtes; que le claveau s'est développé dans sa bergerie, et qu'il a respecté les soixante vaccinés.

M. Deschamps, vétérinaire à Evreux, département de l'Eure, nous écrit qu'il a fait des contre-épreuves multipliées, et qu'il atteste l'efficacité de la vaccination comme préservatif du claveau.

Conclusion. Quoique l'on ait déjà des résultats semblables à diverses époques, dans divers lieux, sur des sujets d'âge différent, il faut encore multiplier les observations et les expériences pour constater, 1°. si la vaccine de la vache ou cowpox, est l'espèce varioleuse dont les vaches sont susceptibles.

2°. Si les *eaux aux jambes* des chevaux, que l'on aura soin de décrire, inoculées à la vache, au mouton, à l'homme, etc., font réellement naître la vaccine, le claveau, la petite vérole, etc.

3°. Si sur-tout, comme cela paroît se confirmer, la vaccine humaine inoculée au mouton, le préserve du claveau.

4°. Si la vaccine inoculée au cheval le préservoit de la gourme, et le dindon de sa variole, appelée *dindonnade.*

5°. De quel secours pourroit être cette inoculation aux autres animaux, suivant le docteur Decarro (1). M. Coleman, professeur au collège vétérinaire de Londres; MM. Ingenhouse, Woodville et Hunter n'ont jamais pu inoculer la petite vérole à des singes, à des chiens, à des vaches, à des lapins.

Les propriétaires d'animaux peuvent les vacciner eux-mêmes; l'opération est assez facile, ainsi que nous l'avons indiqué. Ceux qui en ont l'occasion ne doivent point mettre en comparaison un léger sacrifice, avec les avantages considérables qui résulteroient de l'application de la découverte de M. Jenner aux animaux, qui font une partie importante

(1) *Observations sur la Vaccine*, page 34.

de leur richesse. Ceux qui s'en seront occupés avec zèle et sagacité auront, d'un côté, l'avantage de travailler à leur fortune, et de l'autre, l'honneur de contribuer à la prospérité de l'Etat. (Ch. et Fr.)

VACHE ARTIFICIELLE, (*Chasse aux oiseaux.*) Il semble qu'un certain raisonnement apprenne à tous les oiseaux qu'ils n'ont rien à craindre du bétail qu'ils voient pâturer dans les champs; tandis qu'en général ils fuient à la vue de l'homme, comme s'ils sentoient que ce roi des animaux en est aussi, par là même, le plus actif et le plus dangereux ennemi. Mais cet instinct même est devenu, dans les mains de ce souverain, un nouveau moyen d'imposer aux plus méfians le tribut commun de la destruction, et bientôt l'homme superbe, mais avide, eut appris à cacher son orgueil et sa cupidité sous le vil déguisement d'une vache. Les chasseurs commencèrent d'abord par se mêler aux troupeaux. Du temps qu'ils n'étoient armés que d'arbalètes, ils s'y mêloient sans crainte et avec succès. Les armes à feu, dont le bruit pourroit épouvanter les animaux broutans, les forcèrent à faire bande à part; mais ils cherchèrent au moins à se cacher sous leurs formes; de là vinrent les *vaches artificielles.*

On commença d'abord par attacher deux bâtons en X; un troisième pointu passoit entre deux, et s'attachoit sur le croisement. Ce bâton servoit à ficher la machine en terre. Sur cette espèce de châssis, on tendoit une toile brune ou rousse. On figuroit, à un bout, une tête de vache, à l'autre on attachoit une queue de filasse; et le chasseur, caché derrière cet appareil, avançoit pas à pas, faisant de son mieux la bête, et parvenoit à s'approcher, à force de patience, du gibier qu'il guettoit, au moyen de deux trous pratiqués à un point convenable du châssis. Cette invention a long-temps servi, et, à ce qu'il paroît, avec succès, puisqu'elle est seule connue et recommandée des vieux auteurs qui ont écrit sur la chasse.

Mais comme cette image ne pouvoit qu'être très-grossière, on a senti la nécessité de la perfectionner. Le premier pas, vers ce but, a été de faire faire un bonnet de carton emboîtant toute la tête, et figurant exactement la tête de vache. Du bout des manches de l'habit, pendoient deux morceaux d'étoffe, taillés en forme de pieds de devant, et d'une couleur assortie à celle du reste du vêtement, laquelle devoit être choisie pour imiter le ton le plus commun de la peau des bestiaux. Enfin, on a porté le raffinement jusqu'à faire fabriquer un simulacre complet de vache, composé de deux pièces ou parties: la première représente le corps d'une vache, prise des épaules à la queue. Ce corps est formé d'une cage ou châssis de quatre morceaux de bois léger, de deux pouces d'équarissage, assemblés par des traverses: cet assemblage doit être fait solidement et avec soin, pour qu'on n'entende pas le criaillement des bois, lorsqu'on porte cette machine. On ajuste, sur ce châssis, des cercles qui servent à arrondir la machine, et à lui donner la forme des flancs de la vache. A chaque extrémité inférieure du châssis, on attache deux jambes de derrière, faites de bois, ou, pour plus de légèreté, d'une espèce de fourreau de toile cirée, qu'on emplit de mousse. On recouvre toute la machine de toile peinte à l'huile, et imitant la couleur de la vache. On a soin d'attacher au cul une queue de filasse, aussi teinte convenablement. On sent que cette première pièce représente une vache ou bœuf, coupé un peu au dessus des épaules. C'est sur cette coupe, et après les traverses de bois qui soutiennent la masse de la machine, que sont attachées des courroies ou bretelles au moyen desquelles le chasseur charge le corps postérieur de la vache sur ses épaules. Il faut que ce corps soit, d'après cela, fait avec le plus de légèreté possible. Un homme trop grand auroit de la peine à se servir de cette machine. Il faudroit qu'il fût perpétuellement très-courbé. La tête de la vache est la seconde pièce du déguisement: la tête proprement dite est faite de carton, et peinte à l'huile: le col et le fanon sont de toile, et se placent l'un sur le col du chasseur, jusque par-dessus ses épaules; l'autre descend jusqu'à son pantalon, et cache ses bras. Ce pantalon doit être d'une couleur assortie au reste du domino.

Il faut que ce domino soit ajusté de manière à ce que le chasseur découvre, d'un premier coup d'œil, le canon de son fusil, d'un bout à l'autre, lorsqu'il couche en joue. Ainsi costumé, il ne suffit pas de se fier à ce déguisement pour courir après le gibier; il faut encore, dans tous les cas, s'attacher à bien remplir toutes les parties du rôle qu'on a pris, c'est-à-dire contrefaire l'allure lente et irrégulière de la vache, présenter souvent le flanc au gibier, baisser la tête comme si l'on broutoit, se coucher quelquefois, et combiner enfin ses mouvemens d'après ceux du gibier. Avec toutes ces précautions, on approche les oiseaux les plus rusés; on se dégage alors doucement des bretelles, on ajuste son coup sans précipitation, et on tire avec succès, soit à terre, soit au départ. L'usage de cette machine est recommandé pour les oiseaux aquatiques et sauvages, pour ceux qui tiennent les plaines, etc. J'ai eu soin, d'ailleurs, de noter à tous leurs articles, ceux contre lesquels on emploie ce piège le plus ordinairement et le plus efficacement. (S.)

VANNEAU, (*tringa vanellus* Lin.) oiseau qui, dans ses formes et ses habitudes, présente de grands rapports avec le PLUVIER; (*Voyez* ce mot) mais il a quatre doigts, au lieu que le pluvier n'en a que trois.

Le vanneau tire ce nom moderne du bruit produit par le mouvement de ses ailes, assez semblable à celui d'un van; il est aussi connu sous le nom vulgaire de *paon sauvage*, à cause de l'aigrette dont sa tête est ornée, et des reflets brillans qui jouent dans les couleurs de son plumage; enfin, il est des pays où on lui a imposé le nom de *dix-huit*, parce que son cri de rappel semble exprimer ces mots. Quoique le vanneau soit, à proprement parler, un oiseau voyageur, néanmoins on en voit en tout temps en France; les froids rigoureux seuls les en font momentanément disparoître. En général, ils cherchent une température douce, se répanuent au nord en été, et au midi en hiver: on les voit affluer en France, dès février, après les dégels, lorsque les vents du sud règnent; ils deviennent plus rares vers la fin de l'automne. C'est avant cette époque qu'ils sont parvenus au plus haut degré d'embonpoint qu'ils peuvent atteindre, et qu'ils sont plus recherchés pour la table. L'estime qu'on en fait, comme gibier, n'est point universelle; et comme, en fait de goût, il n'est rien d'absolu, les uns les prisent, les autres en font assez peu de cas. Il y a cependant un vieux proverbe qui dit que, *qui n'a point mangé vanneau, n'a point mangé bon morceau*. Je laisse au reste cette question à décider aux gourmands, et je passe à l'exposé des connoissances utiles à ceux qui veulent chasser ces oiseaux.

Hors le temps des amours, les vanneaux volent toujours en troupes très-nombreuses; ils sont gais et folâtres, se jouent sans cesse en l'air; et quand ils sont à terre, il se livrent à la même pétulance avec beaucoup de graces et de légèreté; cette mobilité, jointe à une extrême défiance, les rend très-difficiles à approcher, excepté par de très-grands vents qui les empêchent de s'enlever. Ils fréquentent les prairies, les terrains bas et humides, les blés verts et les champs ensemencés. Ils se nourrissent principalement de vers de terre, de mouches, de limaçons et autres insectes; voilà pourquoi on élève, dans plusieurs pays, de petits vanneaux qu'on lâche dans les jardins et les vergers, après qu'on leur a cassé le bout de l'aile, et ils y font la guerre aux insectes dont on y craint la présence. L'adresse du vanneau à faire sortir les vers du sein de la terre est quelque chose de singulier: dès qu'il a apperçu ces petits tas de terre en boulettes ou chapelets que le ver a rejetés et qui indiquent sa présence, il les écarte avec légèreté et découvre le trou des vers; frappant alors de son pied la terre voisine, il guette immobile le mouvement de sa proie que le bruit fait sortir de terre, et qui est aussitôt saisie. La nuit, ces oiseaux sentent sous leurs pieds les vers que la fraîcheur a attirés dehors, et ils en font de même une ample pâture. C'est cette manière de chasser et de chercher leur vie qui les amène, comme les bécasses et les pluviers, au bord des eaux pour s'y laver le bec et les pattes après avoir véroté pendant la nuit. Si on parvient à tuer un vanneau dans une volée et qu'on ait un fusil double, on peut espérer de tirer à profit son second coup, car toute la bande tournoie quelque temps en volant autour du mort.

Les vanneaux, comme je l'ai dit, rompent leur société au temps de la ponte; les mâles se disputent alors les femelles avec acharnement; les couples une fois appareillés, cherchent des pelouses et des friches pour faire leur nid; ou s'ils les placent dans des terrains humides, c'est toujours sur quelque butte ou tertre élevé sur le niveau de ce terrain. Ce nid n'est qu'un trou formé dans l'herbe, qui se flétrit par l'incubation; de sorte qu'on peut reconnoître si les œufs qu'on rencontre sont frais pondus au degré de flétrissure du nid. Ces œufs sont au nombre de trois ou quatre, d'un vert sombre tacheté de noir; ils passent pour un fort bon manger, et sont recherchés en Hollande pour la table. Les petits, qui éclosent au bout de vingt jours, sont couverts d'un duvet noirâtre et d'espèces de longs poils blancs; ils courent au bout de deux ou trois jours, et sont bientôt si alertes qu'on ne peut les arrêter sans chiens. Lorsqu'on approche d'un nid de vanneau, cet oiseau semble ne pouvoir se résoudre à abandonner sa famille, et il voltige autour de la tête du chasseur; mais cette preuve de tendresse ne sert qu'à le trahir. Vers la fin de juillet les petits vanneaux sont adultes, et c'est alors que se recompose la grande société, et qu'on revoit ces oiseaux par bandes de plusieurs centaines. Bien qu'on les chasse en tout temps, l'époque de la fin de l'été et commencement de l'automne est préférable parce qu'elle donne un meilleur gibier.

On prend le vanneau dans les rets saillans ou nappes tendues comme pour alouettes et pour canards. Les prairies et les voisinages des eaux sont les lieux propres à cette chasse. Il faut, comme pour les autres oiseaux, que le nappiste se prépare une cabane de branchages éloignée de ses filets, qu'il se munisse d'*appelans*, ou à leur défaut, d'un appeau de vanneau. Cet appeau peut se faire d'un petit jet de vigne plié en double, et où l'on place pour languette une écorce de sarment. D'autres se servent d'un petit bâton de coudrier gros comme le petit doigt, long de trois ou quatre pouces, et refendu dans sa longueur presqu'au milieu à peu près. On insère, pour languette, dans cette fente un peu vidée, une feuille de lierre ou de laurier. Lorsqu'on voit des vanneaux en l'air, on fait jouer cet appeau dont le son les fait descendre. On les chasse aussi de nuit aux flambeaux, et de jour avec la vache artificielle. Si l'on se trouve à portée de prairies bordées d'un ruisseau, on peut y former un affût très-productif: pour cela on se construit, dans la prairie, une hutte en gazon et en branchages, et on l'entoure d'eau en faisant une saignée à la rivière, ce qui inonde la prairie. Le matin, lorsque les vanneaux, après avoir *véroté*, viennent à l'eau pour laver leur bec, on les fusille à l'aise du fond de la cabane. On peut aussi à cette chasse se munir d'un appeau pour les déterminer à s'approcher quand on les voit voler aux environs. Cette chasse donne beaucoup de gibier; on la commence vers la Saint-Michel. On a vu, à l'article Pluvier, que le vanneau se mêloit volontiers à ces oiseaux, et que beaucoup d'habitudes semblables faisoient venir l'une et l'autre espèce aux mêmes pièges et au bruit des mêmes appeaux.

Les plaines de la Beauce, de l'Orléanais, de la Sologne, du Berry; celles de la Champagne, de la Brie, etc., sont les lieux où abonde plus qu'ailleurs ce gibier. (S.)

VÉGÉTAL. M. *Delamétherie* vient de proposer, sur l'organisation des végétaux, des vues intéressantes et nouvelles, dont j'ai cru devoir enrichir cet Ouvrage. L'anatomie des plantes, malgré les efforts de plusieurs observateurs, n'avoit pas fait les mêmes progrès que l'anatomie des animaux, et l'on s'épuisoit en d'inutiles efforts pour découvrir la structure intime de leurs parties. M. Delamétherie a conçu l'idée de renoncer à des recherches jusqu'à présent infructueuses, et de suivre, pour les végétaux, la même marche que les physiologistes ont adoptée pour les animaux; cette manière neuve de considérer la physiologie végétale y répand le plus grand jour, et fait infiniment d'honneur à M. Delamétherie, déjà célèbre par des travaux importans dans plusieurs parties des sciences. Je dois, à l'amitié de ce savant recommandable, l'extrait suivant de ses recherches sur l'organisation végétale.

Il la compare entièrement à celle des animaux. Les végétaux, dit-il, n'ont aucun des viscères de l'animal, ni cerveau, ni nerfs, ni cœur, ni estomac, ni foie...; mais ils ont un grand nombre de divers tissus, ou systèmes analogues à ceux des animaux, et dont les fonctions sont analogues; tels sont les suivans:

Système du tissu cellulaire;
Système des membranes séreuses;
Système des membranes muqueuses;
Système des membranes fibreuses;
Système des membranes kératiques ou cornées.
Système nucléen;
Système des membranes fibro-séreuses;
Système des membranes fibro-muqueuses;
Système des membranes séro-muqueuses;
Système des membranes des cicatrices;
Système des membranes des galles;
Système épidermoïde;
Système pileux;
Système épineux;
Système dermoïde;
Système dermoïde colorant;
Système des trachées;
Système médullaire;
Système fibreux ou des vaisseaux;
Système glanduleux;
Système exhalant;
Système inhalant ou absorbant;
Système moteur qui remplace le système musculaire;
Système des organes des forces vitales;
Système des organes de la nutrition;
Système des organes de la circulation;
Système des organes de la respiration;
Système des organes de la sensibilité.

On ne connoît point la nature des divers systèmes ou tissus des organes: on ignore celle d'un muscle, d'une glande, d'une membrane muqueuse, d'une membrane séreuse...... Un voile épais en couvre l'organisation, et l'esprit de sagesse qui, dans ce siècle, préside aux travaux du philosophe, lui a fait abandonner ces recherches, pour se borner à considérer ces organes, seulement quant à leurs *fonctions*.

L'auteur a suivi la même marche, dans son travail sur l'organisation végétale: il s'est contenté de constater les diverses fonctions des différentes parties des végétaux, sans chercher à en pénétrer la nature intime. Nous allons faire un exposé succinct de son travail.

On ne doit pas oublier qu'il compare continuellement les tissus végétaux à ceux des animaux.

Du système du tissu cellulaire. Le tissu cellulaire, chez le végétal comme chez l'animal, en forme toutes les parties. Il paroît composé de petites lames juxtaposées les unes auprès des autres. Ces lames sont très-distinctes dans l'épiderme de quelques végétaux, par exemple dans celui du bouleau.

Ces lames du tissu cellulaire végétal ont quelquefois des figures régulières, comme celles des minéraux. L'auteur y a reconnu la figure rectangulaire et la figure rhomboïdale.

Les prolongemens de la partie médullaire dans le chêne et dans d'autres arbres (*fig.* 1, *Planch. X.*) paroissent formés des lames rectangulaires.

La lame rhomboïdale se trouve dans la partie intérieure des gousses des plantes légumineuses (*fig.* 2.) Celle du cytise des Alpes, (*cytisus laburnum*) a les angles de 140° et de 40°.

Quant à la lame triangulaire, il ne l'a point encore rencontrée dans l'organisation végétale. Mais, on sait que les lames rectangulaires et rhomboïdales peuvent être composées de lames triangulaires.

Du tissu cellulaire végétal huileux. Une partie du tissu cellulaire végétal se surcharge d'huile

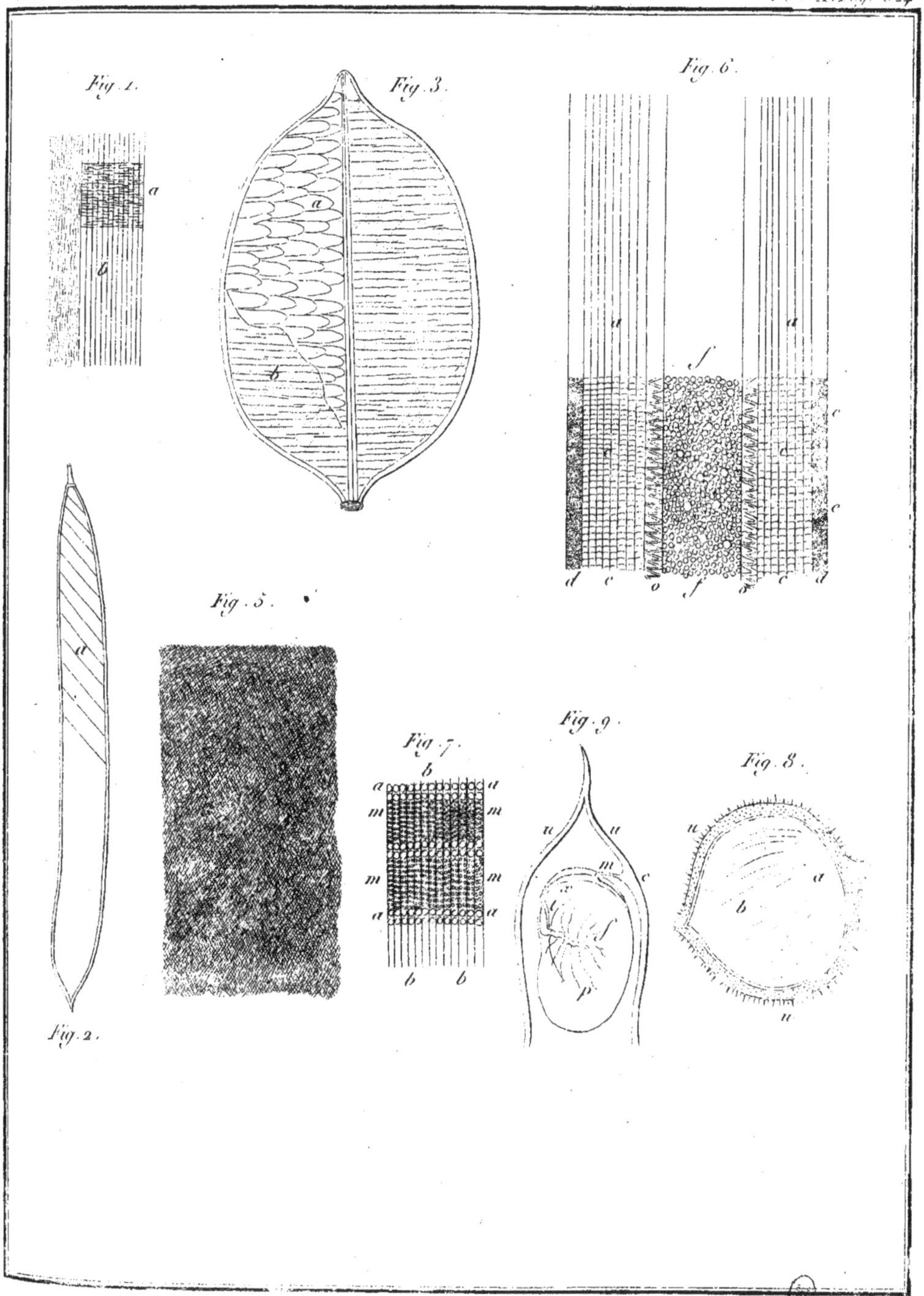
Fig. 1.
a
b
Fig. 3.
a
b
Fig. 6.
a
a
f
c
c
d
c
o
f
o
c
d
Fig. 2.
a
Fig. 5.
Fig. 7.
b
a a
m m
m m
a a
b b
Fig. 9.
u u
m
c
x
t
f
p
Fig. 8.
u
a
b
u

d'huile ou de cire, comme chez les animaux, il se surcharge de graisse. Ainsi, les feuilles du galé se surchargent de cire, celles de l'hypéricum se surchargent d'huile, ainsi que l'écorce des oranges, des citrons.

Du système des membranes séreuses. L'auteur appelle membranes séreuses des végétaux, celles qui revêtent la surface extérieure de plusieurs de leurs organes, comme on a donné chez les animaux le nom de séreuses aux membranes, telles que la plèvre, le péritoine, la pie-mère qui enveloppent les poumons, les viscères de l'abdomen, le cerveau.

En ouvrant avec précaution certains fruits, tels qu'un citron, une orange, on voit, lorsqu'on a enlevé l'écorce, qu'ils sont divisés, à peu près, en douze à dix-huit segmens de sphère, dont les diamètres se réunissent à l'axe du fruit. Chacun de ces segmens est enveloppé d'une membrane mince, transparente; c'est cette membrane que l'auteur nomme séreuse, (*fig.* 3.) On la détache facilement avec quelques précautions.

De pareilles membranes séreuses tapissent l'intérieur des tiges creuses des graminées, des roseaux, des ombellifères.

Les fonctions de ces membranes, chez les végétaux, comme chez les animaux, se réduisent à deux principales : 1°. elles sécrètent une liqueur séreuse, pour lubrifier les parties qui leur sont contiguës; 2°. elles servent d'enveloppes à des organes plus essentiels.

L'organisation de ces membranes paroît analogue à celle des membranes séreuses des animaux. Elles sont composées d'un tissu cellulaire très-délié, qui contient, 1°. des artérioles et des veinules pour les nourrir; 2°. des vaisseaux lymphatiques; 3°. des vaisseaux exhalans; 4°. des vaisseaux inhalans.

Du système des membranes muqueuses. Les végétaux contiennent un système de membranes *qui sécrètent les sucs muqueux proprement dits*, tels que les mucilages, les gommes, les corps sucrés; c'est pourquoi l'auteur les appelle *membranes muqueuses*. Elles diffèrent, dit-il, de celles qu'on a appelées muqueuses chez les animaux, telles que celles de la bouche, de l'estomac, des intestins, des narines. Ces dernières communiquent à l'extérieur avec la peau, et sont composées, comme celles-ci, d'un épiderme, d'un corps papillaire, d'un chorion ou tissu analogue, d'un tissu glanduleux. Elles sécrètent des sucs appelés improprement *muqueux*, puisqu'ils ne sont point susceptibles de la fermentation spiritueuse, qu'ils donnent à la distillation les mêmes produits que les substances animales. Ces sucs, après avoir rempli différentes fonctions dans l'économie animale, sont expulsés au dehors. Les membranes muqueuses des végétaux n'ont aucune ressemblance avec cette espèce de membrane muqueuse des animaux.

Elles approchent davantage des autres membranes animales qu'on a rangées parmi les séreuses, telles que les membranes du corps vitré, celles du cristallin. Ces dernières sécrètent des fluides mucoso-albumineux, qui sont de la plus grande transparence, et qui sont logés dans différentes cellules. Les sucs disposés dans les cellules des membranes muqueuses des végétaux, sont également plus ou moins limpides, et sont logés dans différentes cellules : aussi, un grain de raisin blanc, par exemple, qui est une membrane muqueuse végétale, a la plus grande ressemblance avec le corps vitré. L'auteur décrit les différentes membranes muqueuses des diverses parties des végétaux.

Membranes muqueuses des fruits. Les fruits sont tous composés de membranes muqueuses qui sécrètent les sucs particuliers, si diversifiés chez les différens fruits. Ces sucs sont muqueux et sucrés dans le raisin, la figue; muqueux et contenant l'acide malique dans les pommes; muqueux et contenant l'acide citrique dans les citrons, (*fig.* 4.)

Lorsqu'on considère un grain de raisin, on y distingue trois à quatre gros vaisseaux qui rampent à la surface interne de la peau dont il est enveloppé. Ces vaisseaux pénètrent ensuite dans la substance même du fruit, et ils deviennent si fins et si déliés, qu'on ne peut les y suivre.

Un melon, une poire, une figue, ont également un plus ou moins grand nombre de vaisseaux, qu'on distingue facilement en coupant leur pétiole. Ces vaisseaux entrent dans l'intérieur du fruit, et s'y distribuent dans les différentes parties.

Membranes muqueuses des graines. Les graines ont également des membranes muqueuses qui sécrètent des sucs muqueux : les graines de coins, de poires sécrètent des sucs muqueux très-épais; les graines céréales sécrètent de la fécule; les graines de l'amandier, du prunier, sécrètent de la fécule, de l'huile.

Membranes muqueuses des tiges. Les tiges des monocotylédons, tels que les palmiers, ont des membranes qui sécrètent une grande quantité de fécule, comme le sagou; les tiges de la canne à sucre sécrètent une grande quantité de corps sucrés; les tiges des plantes annuelles dicotylédones contiennent également des membranes muqueuses, qui sécrètent des sucs muqueux, telles sont les tiges de laitue, de chicorée.

Membranes muqueuses des racines. Les racines contiennent aussi des membranes muqueuses. Celles des betteraves sécrètent une grande quantité de corps sucré; celles des pommes de terre, du manioc, sécrètent de la fécule.

Membranes muqueuses de la peau. La peau est également composée de membranes muqueuses, qui sécrètent différens sucs.

Toutes ces diverses membranes muqueuses végétales sont composées comme celles des animaux. Leur tissu est analogue à celui des glandes, et en remplit les fonctions.

Du système des membranes fibreuses. Les membranes fibreuses sont une des portions considérables de l'organisation végétale. On les distingue particulièrement dans le liber.

Le liber ou livret, qu'on appelle encore *couches corticales*, est composé de membranes fibreuses qu'on détache avec beaucoup de facilité dans certains végétaux; telle est l'écorce du tilleul, dont on fait des cordes, des nattes. Les tissus du chanvre, du lin sont des membranes fibreuses d'une grande finesse, et qui ont beaucoup de force. Leur éclat approche de celui de la belle amiante. Dans la lagette ou bois dentelle, (*fig* 5) le liber forme une membrane fibreuse, assez fine pour qu'on puisse l'employer comme manchettes à dentelle. Ses fibres sont entre-croisées, et lorsqu'on les tire dans le sens de la largeur, elles laissent des mailles vides qui sont presque rhomboïdales. Un tissu cellulaire très-fin en occupe les vides. Mais, dans leur état naturel, ces vides n'existent pas.

Toutes ces fibres chez les végétaux, comme chez les animaux, sont composées de différens vaisseaux réunis. Ils sont très-apparens dans les fibres du bois.

Du système des membranes kératiques. On trouve, chez les végétaux, des membranes qui ont une apparence cornée: c'est ce que l'auteur appelle membranes kératiques; telles sont les valves qui enveloppent les graines de la pomme, de la poire, du coin. Ces membranes forment le placenta de ces graines.

Du système nucléen. Les noyaux de plusieurs fruits, tels que les cerises, les prunes, les amandes, les pêches, les abricots sont d'une nature particulière, et leur tissu ne peut se rapporter à aucun autre: il est grenu, serré, compacte, très-fragile, et a beaucoup d'analogie avec celui des os des animaux.

Du système des membranes fibro-séreuses. Ces membranes tiennent de la nature des membranes fibreuses et de celle des membranes séreuses. Les membranes qui, chez les crucifères, occupent le milieu de la silique, paroissent de cette nature. Elles sont fibreuses, et sécrètent une liqueur séreuse pour lubrifier les semences.

Du système des membranes fibro-muqueuses. L'auteur place parmi les membranes fibro-muqueuses, les membranes des écailles, des boutons de certains arbres, des peupliers, particulièrement celui qui fournit le baume tacamhaca. Le tissu de ces écailles est fibreux, et elles sécrètent des liqueurs muqueuses extractives.

Du système des membranes séro-muqueuses. Ces membranes tiennent de la nature des séreuses et des muqueuses; telles sont les membranes qui forment l'amnios des graines.

Du système des membranes des galles. Plusieurs espèces d'insectes piquent la surface des parties tendres des végétaux, pour y déposer leurs œufs. Ces piqûres y font venir des protubérances qu'on appelle *galle*; c'est ce que l'auteur appelle *système gallin.* Ces galles sont de deux espèces.

Les unes sont solides et paroissent composées d'une substance analogue à la substance médullaire, dans laquelle se trouvent de petites cavités où sont logées les larves de ces insectes.

Les autres sont composées de membranes plus ou moins fines, qui forment des poches où sont logés les insectes qui les ont produites: telles sont les galles de l'érable. Elles forment des tissus plus ou moins considérables, qui renferment souvent une liqueur sucrée dont se nourrissent les insectes et principalement les pucerons.

Du système des membranes des cicatrices. Lorsqu'on blesse quelques parties du végétal, il s'y forme une cicatrice dont le tissu est d'une nature particulière: c'est la membrane des cicatrices. Elle a beaucoup de rapport avec la membrane des cicatrices des animaux. Elle est composée de divers vaisseaux qui ont été brisés et se sont rapprochés. Un calus se forme par la réunion de tous ces vaisseaux. On le nomme souvent *bourrelet*. Il paroît formé comme le bourrelet des plaies des animaux, par une substance *grenue* qui prend ensuite de la consistance.

Du système épidermoïde. Ce système renferme deux substances différentes; *a*, l'épiderme proprement dit; *b*, les glandes épidermoïdales.

De l'épiderme. Cette membrane, *c c*, *fig.* 6, enveloppe tout le végétal, comme elle enveloppe l'animal. Elle varie chez les divers végétaux, et chez les diverses parties du même végétal. Dans les plantes herbacées, l'épiderme est un tissu fin et délicat; celui des jeunes tiges et des feuilles est plus fin que celui des tiges; celui des fleurs est encore plus délicat, et celui des racines est le plus grossier. Dans les grands arbres, l'épiderme a plus de consistance; il est composé de plusieurs lames superposées, qu'on distingue très-bien dans l'épiderme du bouleau, du cerisier.

L'épiderme, vu à la loupe, paroît percé de plusieurs trous de différentes grandeurs et de différentes figures. Ils ont différens usages; les uns servent à la transpiration, les autres à l'absorption ou exhalation : ceux-ci donnent passage aux poils.

Des glandes épidermoïdales. Ces glandes, appelées *milliaires* par Guétard, *corticales* par Saussure, *évaporatoires* par Hedwig, *épidermoïdales* par l'auteur, sont très-visibles dans le bouleau, le cerisier. Elles paroissent destinées à sécréter une liqueur propre à lubrifier les feuilles et l'épiderme, ainsi qu'à les garantir de l'humidité, et de l'intempérie des saisons.

Du système pileux. Ce système renferme deux objets principaux; *a*, les poils dont sont couverts les végétaux; *b*, les glandes qui se trouvent à l'origine de ces poils.

Des poils. Le plus grand nombre des végétaux est couvert d'une quantité plus ou moins considérable de poils. Chez quelques uns, tels que la piloselle, les poils sont très-longs; d'autres les ont plus courts : ils sont durs et même piquans chez quelques uns, tels que l'ortie; chez d'autres, tels que l'argentine, ils sont doux et soyeux.

Des parties internes des plantes, telles que les graines du pommier, du poirier, ont également des poils.

Les poils ont une grande excitabilité, suivant l'observation de Prevost. Il a observé que les poils du *panicum* étoient très-irritables.

Des glandes des poils. A l'origine des poils, on trouve toujours une petite glande, ou bulbe semblable à celle que l'on voit à l'origine des poils des animaux. L'auteur leur donne le nom de *pileuses*. Elle paroissent avoir un double usage.

Le premier est de nourrir les poils de la même manière que le bulbe du poil des animaux sert à le nourrir.

Le second usage des glandes des poils des végétaux, est de fournir à la sécrétion d'un suc particulier, tel que ceux de la glaciale, du rossolis, du cicer; car le poil paroît percé dans toute sa longueur, pour donner issue à ces sucs.

Du système épineux. Les épines forment un système particulier chez les végétaux. On en doit distinguer de deux espèces: les unes ne sont que la continuation des petites branches terminées par une pointe acérée, telles sont les épines du néflier.

Les autres, telles que celles du rosier, de la ronce, sont une production particulière; leur intérieur est composé d'une substance médullaire, analogue à celle de la peau: elle est recouverte par une substance cornée ou kératique, terminée par une pointe acérée et souvent recourbée.

Du système dermoïde. Au dessous de l'épiderme, on rencontre une substance succulente plus ou moins épaisse, *d d*, *fig.* 6. Sa couleur est le plus souvent verte; mais d'autres fois elle est jaune, rouge, violette, bleue, blanche. Cette substance, qui est le *derme*, correspond à la vraie peau ou chorion des animaux. Elle est de la nature des membranes muqueuses, ainsi que nous l'avons dit.

Le derme varie dans les diverses espèces des végétaux, et dans les diverses parties des végétaux; ainsi, le derme des jeunes branches diffère de celui de la tige, et celui des racines diffère des uns et des autres.

Du système colorant chez les végétaux. On trouve entre l'épiderme et la peau des animaux, un tissu particulier qu'on appelle *réticulaire*, dans lequel on croit que réside le principe qui colore la peau des différentes variétés d'hommes, les noirs, les cuivrés, les basanés.

Chez les végétaux, il y a également une substance qui en colore la peau ou derme; la couleur de ces principes varie chez les divers végétaux, et même dans les différentes parties du même végétal. Il est, en général, d'un vert plus ou moins foncé; mais il est rouge dans la betterave; jaune dans la carotte; bleu-violet dans les campanules; noirâtre dans l'ébène. Sa couleur varie prodigieusement dans les pétales.

Le principe colorant des végétaux paroît composé de carbone, d'hydrogène et souvent d'azote. Nous verons que les différentes parties des plantes exhalent différentes espèce d'air, en plus ou moins grande quantité. Ces airs, et principalement l'oxigène, se combinent avec le principe colorant, ce qui en fait varier les couleurs, comme on le remarque particulièrement dans les pétales.

Du système des vaisseaux spiraux, ou trachées. Lorsqu'on déchire lentement les pétioles fibreux, ou les nervures d'une feuille, et qu'on l'observe à la loupe, ou même à la vue simple, on apperçoit, dans l'endroit déchiré, une multitude de lames brillantes, élastiques, d'une couleur nacrée, et contournées en spirale, comme un tire-bourre, (*o o*, *fig.* 6.) Ces lames sont appelées *trachées*, parce qu'on les a comparées aux trachées des insectes; elles se déroulent également, et en ont tous les caractères. Leur élasticité est considérable. Lorsqu'on les a distendues modérément, elles reviennent sur elles-mêmes, aussitôt qu'on fait cesser l'extension, de la même manière que le fait un ressort à boudin.

Les trachées ont une grande irritabilité. Malpighi dit qu'il y avoit observé, en hiver, *un mouvement vermiculaire qui le ravissoit.*

Prevost a confirmé cette observation de Malpighi : « Si l'on découvre, dit-il, (1) les » trachées d'une plante fraîche, et qu'on les » rompe ensuite avec précaution, afin de les » conserver longues, on y observe un mou- » vement vermiculaire, quelquefois très-vif, » qui demeure depuis quelques minutes jus- » qu'à deux ou trois heures, et qui se re- » nouvelle lorsqu'on souffle dessus de l'haleine » humide et chaude.

» Elles s'agitent également à la vapeur de » l'eau chaude. »

On croit que les trachées sont destinées à la circulation de l'air; mais aucune expérience décisive ne le prouve.

Du sytème médullaire. La moelle ou substance médullaire, *ff, fig.* 6, des végétaux, est un tissu qui paroît avoir quelques rapports extérieurs avec une liqueur pleine de petites bulles d'air; par exemple, avec une eau de savon limpide, dans laquelle on a soufflé de l'air. Lorsque la substance médullaire n'est point comprimée, telle qu'elle l'est dans les tiges herbacées de plusieurs plantes annuelles, elle ne remplit pas entièrement la cavité de la tige, et elle se présente pour lors sous la forme d'un amas de fibres entrelacées, comme de la bourre de coton : c'est ce qu'on voit dans les tiges de laitue, de chicorée, de sparganium; mais lorsqu'elle remplit toute la cavité de la tige, comme dans le sureau, ses petites cellules affectent quelquefois la forme hexagonale. C'est une forme géométrique qui résulte de la compression : mais cette forme est très-rare.

Cette substance est ordinairement blanche : cependant elle est colorée chez quelques plantes, telles que le noyer, le choux, le pin. Mais, pour mieux connoître une partie aussi essentielle, l'auteur l'examine dans les divers végétaux.

De la substance médullaire chez les végétaux agenies. Les végétaux agenies ou sans sexe, tels que les tremelles, les conferves, les byssus, sont d'un tissu si délié, que l'auteur n'a pu en distinguer la partie médullaire.

Mais, chez les champignons, que quelques auteurs placent dans cette famille, la partie médullaire est très-sensible.

De la substance médullaire chez les végétaux acotylédons. Chez les végétaux acotylédons ou sans cotylédons, la substance médullaire se trouve distribuée comme chez les monocotylédons.

De la substance médullaire chez les monocotylédons. Cette substance est très-abondante dans cette famille de végétaux. Elle en remplit toute la tige, comme l'a fait voir Desfontaines, et la partie fibreuse s'y trouve comme noyée.

De la substance médullaire chez les dicotylédons. La substance médullaire forme, au centre des végétaux dicotylédons, une masse continue plus ou moins considérable. De là elle s'étend en rayons divergens à travers la substance fibreuse jusqu'à l'écorce. C'est ce qu'on appelle les prolongemens médullaires.

Dans les plantes annuelles la partie médullaire centrale est très-considérable, comme on le voit dans les tiges des laitues, par exemple.

Dans les grands arbres, tels que le chêne, le châtaignier, la partie médullaire est assez considérable dans les jeunes branches, et elle a peu de consistance : mais dans la tige, la partie médullaire est peu considérable, et sa consistance est égale à celle de la partie fibreuse. Les prolongemens médullaires sont en lames rectangulaires, et ont un éclat satiné.

De la substance médullaire de la peau ou derme, d d, fig. 6. La peau ou derme, ou chorion, paroît composée de substances médu-

(1) *Journal de Physique.* Thermidor an 11, page 112.

laires dans lesquelles sont noyées quelques parties fibreuses.

Le liège ou partie fibreuse du quercus ilex est une substance médullaire souple, mais très-élastique.

De la substance médullaire des racines. On retrouve dans les racines la substance médullaire distribuée comme dans la tige ; mais sa consistance est moins considérable, elle se prolonge peu dans la racine, et se termine par un cul-de-sac.

De la substance médullaire des fruits. Les fruits, comme nous l'avons déjà dit, sont composés d'une substance médullaire qui forme une membrane muqueuse.

Du système fibreux. Le système fibreux végétal paroît formé, comme le système fibreux animal, de plusieurs fibres unies ensemble par un tissu cellulaire très-fin : des lames du tissu médullaire sont, chez les dicotylédons, interposées entre ces différentes fibres.

Ces fibres, examinées avec soin, paroissent n'être que des vaisseaux plus ou moins déliés. L'auteur a fait beaucoup de recherches sur la nature de ces vaisseaux. Je les ai considérés, dit-il, particulièrement dans les grands arbres où ils sont plus visibles.

Il a fendu des morceaux de bois de chêne ; vus à la loupe et même à la vue simple, ils lui ont paru composés de vaisseaux longitudinaux *a a a*, *fig.* 6, parallèles entr'eux. Ils sont divisés dans leur longueur par de petits diaphragmes *c c c* transversaux, distans les uns des autres, depuis un huitième de ligne jusqu'à un quart, en sorte que leur structure se rapproche beaucoup de celle des vaisseaux lymphatiques des animaux.

Ces diaphragmes sont percés d'un ou plusieurs trous, pour laisser passer les liquides qui y circulent. Il suppose que ces petits trous ont des valvules comme les vaisseaux lymphatiques des animaux, mais il n'a pu les distinguer.

Ces diaphragmes sont composés de membranes souples, élastiques, et doués d'une grande irritabilité.

Les vaisseaux longitudinaux *a a a* se voient très-distinctement dans la coupe transversale des arbres. Ce sont leurs ouvertures qui forment cette couche circulaire qui marque l'accroissement annuel des arbres. Dans les bois qu'on appelle *roulés*, on voit que tous ces vaisseaux ont brisé leurs parois latérales, et pour lors la couche entière se sépare comme le fait une pellicule d'ognon.

Mais la partie ligneuse qui sépare les couches annuelles dont sont composés ces grands vaisseaux *a a a*, n'est elle-même qu'un faisceau des vaisseaux beaucoup plus petits *m m m*, *fig.* 7. On ne peut que difficilement distinguer ces petits vaisseaux *m m m*, en divisant longitudinalement la tige d'un arbre ; mais on les voit très-bien dans la coupe transversale.

Leur diamètre est environ vingt fois plus petit que celui des grands vaisseaux *a a a*.

Examinés à la loupe, on voit qu'ils sont composés comme les grands vaisseaux *a a a*. Ils s'étendent longitudinalement, et ils sont parallèles aux grands vaisseaux *a a a*.

Ils sont divisés par de petits diaphragmes transversaux, semblables à ceux des grands vaisseaux *a a a*, mais qui sont plus rapprochés. Ces petits diaphragmes sont également percés par des trous munis vraisemblablement de valvules, pour laisser passer les liquides.

Tous ces vaisseaux, soit les grands *a a a*, soit les petits *m m m*, communiquent entr'eux par des anastomoses fréquentes. Ainsi on voit fréquemment un grand vaisseau *a* du chêne ou du frêne, aller se perdre dans un autre, et celui-ci, un peu plus loin, se sous-diviser en deux autres.

Dans les végétaux dicotylédons, les prolongemens médullaires *b b b* séparent chacun des grands vaisseaux *a a*.

Mais dans les monocotylédons, tels que le rotang ou roseau dont on fait des cannes, chacun des grands vaisseaux *a a a* se fait voir dans les substances médullaires, et paroît isolé et n'avoir point de communication avec les autres.

Cependant il est quelques monocotylédons, tels que le sparganium, chez qui les grands vaisseaux *a a* communiquent ensemble par des vaisseaux latéraux.

Du système glanduleux. Les végétaux ont des parties analogues aux glandes des animaux. Leur usage est le même, celui de sécréter différentes liqueurs.

1°. Les glandes *épidermoïdales*.

Elles sécrètent une liqueur analogue à la cire, qui garantit des intempéries de l'air les feuilles et l'épiderme des jeunes tiges.

2°. Les glandes *pileuses*.

Elles sécrètent diverses liqueurs, comme dans le cicer, le rossolis, la glaciale.

3°. Les glandes des *nectaires*.

Elles sécrètent les sucs mielleux.

4°. Les glandes de l'*ovule*.

Elles sécrètent les liqueurs prolifiques de la femelle.

5°. Les glandes de l'*anthère*.

Elles sécrètent le pollen ou liqueur prolifique du mâle.

La structure des glandes végétales est aussi inconnue que celle des glandes animales, mais on doit supposer que leur organisation est à peu près la même.

Du système exhalant. Les végétaux ont, comme les animaux, des vaisseaux exhalans. On en doit distinguer de deux sortes :

Les vaisseaux exhalans externes.

Les vaisseaux exhalans internes.

Des vaisseaux exhalans externes. La surface extérieure des différentes parties des végétaux éprouve une transpiration qui ne peut s'opérer que par des vaisseaux exhalans. Si l'on place une plante sous une cloche, celle-ci sera bientôt couverte à l'intérieur d'une rosée qui n'est que la transpiration condensée de la plante.

Les racines ont également leur transpiration. On voit souvent des racines pénétrer dans l'eau, et se couvrir d'une espèce de mucilage, qui n'est que l'humeur de la transpiration condensée.

Des vaisseaux exhalans internes. Il y a dans les cavités intérieures des végétaux une exhalation comme dans les cavités des animaux. Toutes les tiges creuses des végétaux sont lubrifiées par de semblables exhalations qui quelquefois se réunissent en liqueur. Ainsi, l'amande du cocotier, avant sa maturité, est entourée d'une liqueur claire et limpide.

Du système inhalant. Il y a chez les végétaux comme chez les animaux, un double système de vaisseaux inhalans ou absorbans, les externes et les internes.

Du système des vaisseaux inhalans ou absorbans externes. Les végétaux comme les animaux, absorbant beaucoup par leur surface extérieure, lorsque l'atmosphère est humide ils se conservent frais, quoiqu'on ne les arrose pas. Plusieurs plantes, telles que les cactus ou cierges, tirent peu de nourriture par leurs racines, ils se nourrissent principalement par ce que leur surface absorbe de l'atmosphère.

Du système des vaisseaux inhalans internes. Des vaisseaux inhalans se trouvent dans toutes les cavités des végétaux et en absorbent ce qui a été versé par les vaisseaux exhalans, comme chez les animaux. Si l'absorption n'est pas égale à l'exhalation, il se forme un épanchement qui ressemble à l'hydropisie des animaux. C'est ce que l'on voit dans les melons, lorsqu'ils sont trop mûrs. La liqueur exhalée n'est pas toute repompée, et elle s'accumule dans l'intérieur du fruit.

Des organes du système moteur. Les animaux ont des muscles pour se mouvoir, et des nerfs qui fournissent à ces muscles le principe de leurs mouvemens. C'est ce qui forme leur *système moteur*.

Les végétaux n'ont aucune partie analogue aux muscles et aux nerfs ; cependant plusieurs ont des mouvemens particuliers. On connoît ceux de la sensitive, de la dionæa, de l'*hædisarum gyrans*. Dans le temps de la fécondation, toutes les parties sexuelles sont agitées ; mais il n'est aucune plante où ces mouvemens soient aussi considérables que chez la vallisnera. Enfin, les tremelles oscillaires ont divers mouvemens analogues à ceux des animaux.

L'auteur suppose que ces mouvemens s'opèrent par le moyen des trachées. Toutes les parties qui éprouvent des mouvemens, telles que les feuilles, les corolles, les étamines, les pistils, etc., contiennent des trachées. Or, les trachées sont susceptibles d'une grande excitabilité, comme nous l'avons vu. Elles se contractent avec force. Ce sont donc elles qui opèrent les mouvemens des végétaux.

Du système des organes des forces végétales. Nos machines sont mues par des ressorts, des poids, des contre-poids. Nous ne connoissons rien de semblable chez les êtres organisés. Ils doivent cependant avoir un principe quelconque de leurs mouvemens. C'est ce qu'on appelle *forces vitales*. Mais quel est le principe, quelle est la nature des forces vitales ? ils sont encore peu connus.

L'auteur rapporte les forces vitales à trois causes principales :

1°. L'action des solides.

2°. L'action des tuyaux capillaires.

3°. L'action de l'air.

De l'action de l'air contenu dans les vaisseaux des végétaux. Les végétaux contiennent une très-grande quantité d'air, comme nous l'avons vu ; cet air doit y éprouver des altérations continuelles de dilatation et de condensation. Or, ces mouvemens alternatifs doivent donner une impulsion non interrompue aux liqueurs contenues, avec cet air, dans les vaisseaux du végétal. C'est ce qui est confirmé par l'observation.

Hales rapporte qu'ayant coupé une branche de vigne, et en ayant introduit le chicot dans un tube, il observoit que, quand le soleil dardoit fortement sur le cep, il en voyoit sortir et monter à travers la sève une si grande quantité de bulles d'air qu'elles faisoient beaucoup de mousse, et que le suc montoit en beaucoup plus grande quantité que dans d'autres momens.

Coulomb a fait la même observation sur des peupliers qu'il perçoit avec une tarrière. Lorsque le soleil dardoit sur l'arbre, la sève s'écouloit en abondance, avec un dégagement considérable d'air. Mais lorsqu'un simple nuage interceptoit les rayons du soleil, cet écoulement diminuoit.

De l'action des tuyaux capillaires dans les végétaux. Quelle que soit l'action des tuyaux capillaires, on sait que les liqueurs y montent à une hauteur plus ou moins considérable au dessus de leur niveau. Les végétaux ne sont qu'une réunion de fibres qui laissent entr'elles des espaces vides, lesquels ressemblent aux tuyaux capillaires. Aussi, lorsqu'on fait tremper l'extrémité d'un végétal dans l'eau, elle s'y élève plus ou moins.

De l'action des solides chez les végétaux. L'action des solides des végétaux peut être envisagée sous deux aspects généraux : ou on les considère comme doués des propriétés générales de la matière, la densité, la solidité, et particulièrement l'élasticité ;

Ou on les considère comme doués de la *vitalité*, et faisant partie des êtres vivans. Sous ce dernier rapport, on doit avoir égard particulièrement à leur irritabilité et leur excitabilité.

De l'irritabilité de la fibre végétale. La fibre végétale a une irritabilité très-sensible chez certains végétaux. La *mimosa pudica* a une telle irritabilité que, lorsqu'on la touche, ses folioles se ferment, et leur pétiole s'affaisse ; c'est pourquoi on lui a donné le nom de sensitive. La dionæa, attrape-mouche, a une telle irritabilité, que si un insecte passe sur ses feuilles, elles se ferment avec une si grande promptitude que l'insecte se trouve pris. Plusieurs autres plantes ont la même irritabilité.

De l'excitabilité de la fibre végétale. Toutes les parties des plantes ont une excitabilité assez considérable. Nous avons déjà vu celle des trachées ; nous avons également rapporté que si l'on aiguise par quelque stimulant l'eau dont on arrose les plantes, elles végètent avec plus de force. Humboldt a prouvé qu'en trempant des graines dans une eau imprégnée d'acide muriatique oxigéné, elles germent plus promptement. La lumière est un puissant irritant pour les végétaux. Aussi, la plupart ont-ils moins d'excitabilité à l'obscurité et pendant la nuit ; ce qui produit en eux cet état que Linnée a appelé leur SOMMEIL. (*Voyez* ce mot.)

Les petits diaphragmes qu'on observe dans l'intérieur des grands vaisseaux *a a*, et des petits vaisseaux *m m m*, ont une grande excitabilité. Les liqueurs qui circulent dans les vaisseaux servent de stimulans.

Des causes de l'excitabilité et de l'irritabilité. L'auteur croit qu'elles dépendent de l'action galvanique que les parties médullaires et les parties fibreuses exercent l'une sur l'autre.

Ces différens agens font mouvoir les liquides des végétaux de la même manière que la lymphe, chez les animaux, se meut dans leurs vaisseaux lymphatiques.

Du système des organes de la nutrition. Ainsi que les animaux, les végétaux font des pertes continuelles par leurs différentes excrétions, principalement par leur transpiration. Ils ont donc également besoin de réparer ces pertes. C'est ce qu'opère la nutrition. Cette fonction essentielle suppose trois choses :

a, Le changement de la matière inorganique en matière organique.

b, Cette matière organique formée va se déposer, suivant les lois des affinités, vers les parties similaires.

c, Enfin, elle contracte une véritable adhérence, qui s'opère par les lois de la cristallisation.

Les végétaux sont composés principalement de charbon, d'oxigène, d'hydrogène, d'azote, de soufre, de phosphore, de silice, d'alumine, de chaux, de magnésie, de fer, de manganèse, de natron, de potasse, d'huile, de résine, d'acide, de fécule, de glutine, de fibrine. Les savans sont partagés d'opinion sur l'origine de ces diverses substances : les uns veulent que la plupart soient apportées du dehors dans le végétal ; l'auteur pense au contraire que la plus grande partie y est formée par les forces de la végétation, de la même manière qu'elles se forment dans les nitrières artificielles ; tandis que d'autres, telles que les différentes espèces d'air, sont fournies par l'atmosphère et par le terrain ; car tous les fruits délicats ont le *goût de terroir*, ce qui ne permet pas de douter que le terrain leur fournit beaucoup.

Cette formation nouvelle des différentes substances qui se trouvent chez les végétaux, est le produit de leur digestion ; car il y a chez eux une véritable digestion. Ils n'ont pas d'estomac, d'intestins comme les animaux ; aussi leurs alimens n'éprouvent-ils pas cette première digestion qui convertit les alimens des animaux en chyle. Mais le chyle, en entrant dans le torrent de la circulation, est converti en sang et autres liqueurs par une seconde digestion. Les alimens des végétaux n'éprouvent qu'une digestion analogue à celle-ci : ils se combinent entr'eux et avec l'air que le végétal respire. Ces combinaisons, qui sont analogues au mouvement de fermentation, donnent toutes les différentes substances qu'on retrouve chez le végétal, les huiles, les résines, les mucilages, le corps sucré, la fécule, la glutine, la fibrine, les acides végétaux, les parties colorantes, les extraits.

Toutes ces substances étant formées vont se déposer, par les lois des affinités, vers leurs parties similaires. Ainsi, les huiles vont se déposer dans les graines; les fixes se déposent dans les cotylédons de l'amande, de la noix; les volatiles, dans l'écorce du citron, de l'orange, dans l'écorce des semences des ombellifères; les fécules, dans les cotylédons des plantes céréales, dans les racines des pommes de terre; les mucilages, le corps sucré, dans les membranes muqueuses.

Enfin, toutes ces substances ainsi formées par les forces de la végétation, et déposées suivant les lois des affinités, contractent une véritable adhérence par les *lois de la cristallisation*. C'est ce qui forme vraiment la nutrition.

Du système des organes de la respiration. Tous les phénomènes qu'on observe chez les végétaux prouvent qu'ils ont un véritable système de respiration semblable à celui de certains animaux; leurs trachées sont semblables à celles des insectes, en sorte qu'on ne peut douter qu'ils *n'inspirent* et *n'expirent* continuellement.

Si on fait passer une petite branche d'une plante vivante sous une cloche pleine d'eau et exposée au soleil, on voit qu'il se dégage beaucoup d'air des feuilles de cette plante, lequel va se réunir au haut de la cloche. Il contient une très-grande quantité d'oxigène.

Cette même plante, mise sous une cloche vide qui repose sur le mercure, laisse également dégager beaucoup d'air lorsqu'elle est au soleil.

La même plante laissée pendant la nuit sous la cloche reposant également sur le mercure, absorbe presque la même quantité d'air qui s'en étoit dégagée lorsqu'elle étoit au soleil.

Ces expériences ne laissent point de doute que les végétaux n'inspirent de l'air, et ne l'expirent, c'est-à-dire qu'ils ont un véritable système de respiration.

Cette respiration contribue à leur chaleur, comme chez les animaux.

Du système des organes de la circulation. On ne peut douter que les liqueurs végétales ne circulent réellement comme les liqueurs animales; mais cette circulation, dit l'auteur, s'opère comme chez les basses classes de l'animalité, les méduses, les rhizostomes, les polypes, qui n'ont point de cœur : car les végétaux n'ont aucun organe analogue au cœur et aux grands vaisseaux sanguins, artériels ou veineux des premières classes de l'animalité, les mammaux, les oiseaux; les vaisseaux des végétaux (*a a*, *fig.* 6, et *a a m m*, *fig.* 7) ressemblent plutôt aux vaisseaux lymphatiques des mammaux, ainsi que nous venons de l'exposer en parlant du système fibreux. Il y a un grand nombre de liqueurs chez les végétaux, chacune doit avoir son système de vaisseaux particulier : il y a donc vaisseaux de la sève, vaisseaux de la lymphe, vaisseaux du suc propre, vaisseaux des différentes liqueurs sécrétoires, vaisseaux des liqueurs qui nourrissent le fœtus.

De la circulation de la sève et de ses vaisseaux. La sève doit être regardée, chez les végétaux, comme leur sang qui est blanc. On ne peut douter qu'elle n'ait un système de circulation; car, si au printemps on coupe l'extrémité d'une branche de vigne, la sève coule en quantité; une racine découverte et coupée également, verse beaucoup de sève.

Le mouvement de cette sève se fait avec une si grande force en certaines circonstances, que Hales ayant fait entrer dans un tube une branche de vigne dont l'extrémité avoit été coupée, et l'ayant bien scellée, la sève souleva une colonne de mercure de trente-sept pouces, c'est-à-dire qu'elle auroit pu s'élever à quarante-cinq pieds.

Les matériaux qui fournissent la sève sont apportés au végétal, ou par le chevelu des racines, ou par la surface entière du végétal, principalement par les feuilles; elles entrent dans le torrent de la circulation et passent par différens ordres de vaisseaux, dont les uns font fonctions d'artères, et les autres fonctions de veines. Les vaisseaux séveux sont, suivant l'auteur, les grands vaisseaux *a a a*, dont nous avons parlé.

De la circulation de la lymphe et de ses vaisseaux. Le végétal contient plusieurs espèces de liqueurs qu'on peut regarder comme lymphatiques : 1°. le mucilage; 2°. le corps sucré; 3°. la fécule; 4°. la glutine; 5°. la fibrine. Ces divers fluides doivent avoir des vaisseaux particuliers dans lesquels ils circulent. Nous avons vu, dit l'auteur, qu'à côté des grands vaisseaux *a a*, il y en a une grande quantité d'autres plus petits *m m m*; ces vaisseaux servent sans

sans doute à la circulation de quelques fluides: on peut supposer que ce sont les divers fluides lymphatiques dont nous parlons.

De la circulation du suc propre (ou idiochule), et de ses vaisseaux. Ce sont encore quelques uns des vaisseaux *m m m*, qui servent à la circulation du suc propre.

De la circulation de l'air chez les végétaux, et de ses vaisseaux. Les différentes expériences que nous avons rapportées ne laissent point de doute sur cette circulation de l'air.

De la circulation dans le système capillaire végétal. Il y a, chez les végétaux comme chez les animaux, un système capillaire auquel aboutissent les dernières ramifications des artères, et commencent les premières vésicules, ainsi que les vaisseaux sécrétoires. L'anatomie n'a encore pu parvenir à développer l'organisation de ce système, ni chez l'animal, ni chez le végétal; mais des faits positifs en démontrent l'existence aux physiologistes. C'est dans ces organes que le système artériel communique avec le système veineux, avec le système capillaire des membranes muqueuses des membranes séreuses, et avec celui des glandes. C'est encore dans ces organes que se sécrètent ces sucs si variés qu'on retrouve chez les végétaux.

Toutes ces opérations ne peuvent avoir lieu sans qu'on suppose différens ordres de vaisseaux particuliers dans le système capillaire.

1°. L'artère qui apporte la sève artérielle.

2°. Les vaisseaux pneumateux dans lesquels l'air est contenu.

3°. Les vaisseaux lymphatiques.

4°. Les vaisseaux sécrétoires.

5°. Enfin les vaisseaux veineux qui reprennent la sève veineuse et la reportent dans le torrent de la circulation.

Cette sève veineuse a été, comme le sang veineux des animaux, appauvrie par les sécrétions: elle a donc besoin d'être revivifiée par le concours de l'air et par son mélange avec la nouvelle sève qui arrive par les organes nutritifs. C'est ce qui s'opère dans le système artériel.

Du système des organes de la reproduction. Des observations multipliées ont constaté que les végétaux se reproduisent par des moyens analogues à ceux qui opèrent la reproduction des animaux. Ils ont des organes mâles et des organes femelles, indépendamment des organes communs, le *calice* et la *corolle*.

Des organes mâles. Ils sont composés de deux parties principales, le filet de l'étamine et l'anthère. L'anthère contient une très-grande quantité de petits globules qui sont remplis d'un fluide particulier, lequel est *l'aura seminalis*, ou liqueur reproductive qu'on appelle *pollen*.

Les organes femelles. Ils sont très-multipliés, et l'auteur y a retrouvé tous ceux qui existent chez les femelles des animaux; il leur a donné en conséquence les mêmes noms.

Le *pistil* est un petit tube percé qui représente les parties externes des animaux. 1°. Le stygmate ou cunéole, qui en est l'ouverture extérieure, par laquelle s'introduit le pollen. 2°. Le vagin ou conduit qui porte le pollen jusqu'à la cavité intérieure où sont les ovules. *L'uterus* a, *fig.* 8 et 9, est la cavité où est l'ovule ou la graine.

L'ovule, ou petit œuf, correspond à l'œuf de la femelle des animaux. Un cordon délié l'attache à l'utérus. C'est *le cordon ombilical.*

L'ovule, avant la fécondation, contient un fluide particulier qui, en se mélangeant avec le pollen du mâle, produit, par cristallisation, le petit embryon, ou *fœtus végétal.*

Cette opération est accompagnée d'une chaleur très-considérable chez quelques plantes, telles que l'*arum*.

Quelques botanistes ont donné le nom d'*ovaire* ou de *réceptacle* à l'organe qui contient l'ovule; mais, dit l'auteur, on doit lui laisser le nom d'utérus, puisqu'il en remplit les fonctions, et les végétaux n'ont point d'ovaire. Cet utérus n'a quelquefois qu'une seule loge, comme dans le châtaignier, *fig.* 8, le noyer. D'autres fois il en a plusieurs, comme dans le hêtre. Il est quelquefois entièrement fermé, comme dans les fruits dont nous venons de parler : d'autres fois il n'est qu'à moitié fermé, comme dans la noisette, le gland.

Le placenta, chez les végétaux, est la partie des enveloppes de l'embryon qui adhère à la face interne de l'utérus, par de petits mamelons. Ce placenta est très-visible dans le châtaignier, *a*, *fig.* 8, le marron d'Inde, la noisette.

Le chorion, *b*, *fig.* 8, est la partie de l'enveloppe extérieure de l'embryon, qui est contiguë au placenta : telle est la membrane coriacée de la châtaigne, du marron d'Inde, la faîne.

L'Amnios. Au dessous du placenta et du chorion, se trouve une membrane fine et déliée qui enveloppe immédiatement le fœtus; telle est la membrane fine qui enveloppe l'amande, la noisette. Elle remplit les mêmes fonctions que l'amnios chez le fœtus des mammaux. Cet amnios reçoit la nourriture par le cordon ombilical, qui s'y insère par un seul point.

Le cordon ombilical, c, fig. 9, naît toujours du placenta ; il pénètre à travers le chorion, qu'il perce vers son extrémité, ainsi que l'amnios, pour envelopper la radicule.

Des cotylédons. En enlevant le placenta, le chorion et l'amnios, on trouve les cotylédons, *p*, *fig.* 9, et l'embryon, qui demeurent à découvert.

De l'embryon ou fœtus végétal. On y distingue deux parties principales : *la radicule*, *r*, *fig.* 9, qui se montre à l'extrémité des cotylédons, comme un point. C'est la racine de la plante.

La caulicule, ou petite tige, *t*, *fig.* 9, désignée communément par le nom de *plantule ;* elle est logée entre les cotylédons.

Les feuilles séminales, *f*, *fig.* 9, sont éparses dans les cotylédons.

Le fœtus végétal n'est point nourri comme le fœtus animal. Celui-ci reçoit directement le sang de sa mère par les artères ombilicales, qui vont s'aboucher avec ses artères iliaques. Le cordon ombilical du fœtus végétal ne va point communiquer directement avec lui, il lui fait seulement une enveloppe, *x*, *fig.* 9, conjointement avec le chorion ; et la radicule nichée dans cette petite loge pompe sa nourriture par absorption comme elle fera lorsqu'elle aura pénétré dans la terre.

Du système des organes de la sensibilité. Suivant les analogies, les végétaux ne sont pas dépourvus de sensibilité. Elle paroît sur-tout très-considérable chez les tremelles oscillaires; mais les physiologistes ignorent encore quels sont les organes de cette sensibilité. Les animaux ont des sens externes, et leur sensibilité paroît résider dans un système nerveux. Nous ne connoissons, chez les végétaux, aucun organe analogue aux sens, et ils n'ont point de systèmes nerveux : néanmoins ils donnent différens signes de sensibilité, et, suivant les analogies, ce sont des êtres sentants : il faut donc qu'ils aient les organes du sentiment, soit externes, soit internes.

Des sens externes. 1°. Le sens du toucher paroît répandu à toute leur surface. Ce sens est très-sensible chez la sensitive et la dionée.

2°. Ils sont très-sensibles à l'impression de la lumière. Ont-ils un sens analogue à la vue, comme on peut le supposer aux vers de terre, aux polypes. . . qui sont également sensibles à la lumière, quoiqu'ils n'aient point d'yeux ?

3°. Ils sont également sensibles à l'impression de la chaleur. Darwin supposoit, pour cette sensation, un sens particulier chez les animaux. Les végétaux en auroient-ils un analogue ?

4°. Les végétaux doivent avoir, comme les animaux, le sens de la reproduction. Ceux de leurs organes qui servent à cette fonction donnent dans le moment des signes manifestes de sensibilité.

5°. Les végétaux paroissent choisir leurs alimens. Leurs chevelus auroient-ils un sens analogue à celui du goût, comme le rhizostomes, le polype coupé en plusieurs morceaux, qui n'ont également que des suçoirs ?

Quant aux odeurs et aux sons, ils n'y paroissent pas sensibles.

Des sens internes. Toutes les impressions externes que reçoivent les animaux, ou leurs sensations, se rapportent à un point central, qui est leur *sens interne*, ou *sensorium commune.* Y a-t-il un pareil centre, ou sens interne, chez les végétaux ? Ce seroit conforme à l'analogie ; car tous les mouvemens, par exemple, de la vallisnera, soit mâle, soit femelle, paroissent avoir un même but, celui de concourir à la fécondation de la plante. Or, ce concours uniforme de mouvemens suppose qu'ils sont tous ordonnés par un seul centre. Mais il n'y a sur tous ces objets que des analogies très-éloignées.

Tous les faits que nous venons d'exposer, conclut l'auteur, sur la structure des animaux et sur celle des végétaux, confirment une vérité apperçue depuis long-temps, et qui n'avoit pas encore été développée avec les preuves nécessaires; cette vérité est que :

Les êtres organisés sont construits sur un seul et même plan, qui subit seulement différentes modifications dans les diverses espèces.

Par conséquent les êtres existant sur notre globe ne forment plus que deux grandes classes : les *êtres inorganiques* et les *êtres organiques.* (S.)

VÉNERIE. C'est, à proprement parler, l'art de chasser les bêtes sauvages dans les forêts, avec des chiens courans. Simple dans son principe, cet art est devenu très-compliqué dès que la puissance et la richesse en ont fait leur apanage exclusif, et il a cessé d'être utile dès que le luxe s'en est emparé. Mais les souverains et les princes l'ont jugé digne d'occuper leurs loisirs, ils l'ont regardé comme un exercice salutaire et l'amusement le plus noble; ils l'ont entouré d'un grand appareil, ils y ont attaché des charges qui flattent l'ambition des courtisans, et ils ont voulu qu'il y régnât une étiquette, une sorte de cérémonial; en un mot, la vénerie d'un souverain, c'est-à-dire la grande direction de ses chasses, est un objet important, un corps honorable qui fait partie de la cour et de la splendeur du trône.

Des hommes de toutes les classes, des meutes nombreuses, une grande quantité de chevaux, un attirail considérable composent la vénerie des grands. Mais c'est un faste qui leur est réservé et auquel d'autres ne peuvent atteindre. Ce seroit donc un travail superflu et même hors de toute convenance, que de donner, dans cet Ouvrage, les règles et tous les détails d'une vénerie montée de manière à faire partie de la maison d'un prince. Assez d'autres livres offrent ce pompeux étalage; et celui-ci, qui est consacré uniquement aux objets utiles, ne doit point être surchargé d'accessoires brillans, qui n'intéressent qu'un très-petit nombre de personnes trop au dessus de la classe commune.

Cependant la chasse aux bois est un exercice également utile et agréable, qui convient aux riches propriétaires des campagnes, à ceux même qui n'ont que de l'aisance. L'équipage se règle sur la fortune, et l'on peut espérer de se procurer du gibier et de l'amusement avec un petit nombre de chiens courans, et même avec un seul. Le choix des chiens, la meilleure méthode de les élever, de les nourrir, de les loger, de les dresser et de les conduire à la chasse des diverses espèces d'animaux des forêts, sont autant d'objets qui ont quelque intérêt aux yeux de la plupart des propriétaires, et qui doivent compléter la partie des chasses que j'ai développée dans cet Ouvrage. Abandonnant ainsi tout ce qui tient à la haute vénerie, que l'on appelle aussi *chasse à cors et à cris*, et *chasse royale*, la restreignant, d'une part, et l'étendant de l'autre aux chasses qui passent pour en être distinctes, je traiterai rapidement de ce qui peut assurer le succès et l'agrément de ces chasses, et j'en parlerai de manière à en faciliter l'exercice au plus grand nombre.

Des chiens courans. La réussite de la chasse aux bois, de même que de la chasse en plaine, dépend du choix des chiens. J'ai donné, à l'article Chasse, les qualités que doit avoir un bon chien d'arrêt : voici celles qu'on recherche dans le chien courant : la tête sèche, les naseaux ouverts et gros, les yeux vifs et ardens, les oreilles larges, médiocrement épaisses et tombantes; les épaules libres et dégagées; les reins forts et un peu élevés en dos de carpe; le fouet (c'est ainsi qu'en vénerie on nomme la queue des chiens courans) gros près des reins, s'amincissant jusqu'au bout, et peu chargé de poils; les cuisses nerveuses et charnues; le jarret ni trop droit, ni trop courbe, et sur-tout pas attaché trop bas; la jambe sèche et forte, la hauteur des jambes en proportion avec la hauteur du corps; le pied petit, les doigts fins et un peu longs; le poil rude sous le ventre; enfin, vingt-trois pouces et plus de hauteur.

L'on sent bien que ces signes extérieurs, que l'expérience a montrés comme les indices de la bonté d'un chien, ne doivent pas se prendre d'une manière absolue : il peut arriver qu'un chien qui les réunit ait de mauvaises qualités, tandis qu'un autre chien, dont les formes n'ont pas une belle apparence, soit néanmoins très-bon. La couleur du poil n'influe nullement sur les qualités des chiens, comme on le croit communément. Les chiens blancs que l'on vante le plus, ne sont pas, en général, meilleurs que les autres, mais ils sont plus beaux; ils ont d'ailleurs un avantage, c'est qu'ils s'apperçoivent de fort loin, au lieu que l'on ne distingue pas aussi aisément ceux dont le poil a une teinte plus sombre. Cet avantage est néanmoins compensé en partie dans les pays où les loups sont communs; en effet, le chien blanc qui s'écarte, est bientôt remarqué et suivi par le loup, qui ne tarde pas à en faire sa proie.

Les défauts les plus marqués de l'extérieur des chiens courans sont les jambes trop longues, les pieds courts et de gros doigts; ce sont des vices de conformation, et les chiens dans lesquels on les trouve sont sujets à s'écarter de la voie du gibier. Ceux dont les jambes sont courtes, les pieds mous et plats, et les épaules charnues, n'ont ni vigueur ni légèreté, non plus que ceux dont les épaules sont sèches et serrées, les reins et les jarrets bas, et les cuisses longues et plates. Les chiens qui ont le fouet attaché fort haut, et retombant sur le dos en se tournant en trompe, ne sont jamais vigoureux; ceux qui ont le poitrail trop ouvert sont sujets à se prendre des épaules. Des oreilles épaisses indiquent pour l'ordinaire un chien pesant, et elles se déchirent si elles sont trop minces.

Il y a plusieurs races de chiens courans; mais comme elles ont été mêlées par de nombreux croisemens, il est rare de les rencontrer dans leur pureté. On a également mélangé les chiens anglais avec ceux de France, et il en est résulté plusieurs variétés plus ou moins estimées. La plus grande et la plus belle race de l'Angleterre, que l'on y nomme *race royale*, a des taches noires sur un fond blanc: ce sont les meilleurs chiens de l'Europe.

Il faut encore qu'un chien courant soit bien *allant*, bien *gorgé*, ni trop *chaud*, ni trop *froid de gueule*, bien collé à la voie; qu'il ne *bricole* pas, ne crie pas *à faux* et ne *cèle* pas la voie; enfin qu'il soit sage et obéissant. Pour qu'une meute soit belle dans son ensemble, les chiens qui la composent doivent être de même taille et de même pied, c'est-à-dire de la même vitesse.

Indépendamment de la race de chiens courans, proprement dite, la vénerie se sert encore de bassets à jambes droites et à jambes torses, de grands levriers et même de mâtins. (*Voyez* la description de ces différentes races, à l'article Chien, du *Cours*.)

Lorsqu'on dresse les chiens pour la chasse de plaine, on s'étudie à contrarier l'instinct naturel de ces animaux qui les porte à poursuivre le gibier et à se jeter dessus. Il faut que le chien d'arrêt dépose toute volonté, pour ne plus obéir qu'à celle de son maître et au moindre signe de son commandement. L'industrie de l'homme a moins altéré la nature du chien courant; il peut se livrer à l'impulsion de son instinct qui le porte sur les traces de l'animal sauvage. Le chasseur exige cependant que l'impétuosité de son chien soit modérée, et que ses mouvemens soient soumis à des règles dont il ne permet pas qu'il s'écarte. Cet état de demi-liberté et de demi-contrainte est le fruit de l'exercice et de l'éducation.

Les chiens courans de bonne race chassent quelquefois d'eux-mêmes, comme il y a des chiens de plaine qui arrêtent naturellement. C'est ordinairement à dix mois ou à un an que l'on retire les jeunes chiens des lieux où ils ont été élevés, et que doit commencer leur éducation. Celui qui en est chargé a besoin de patience, de douceur et d'intelligence; les mauvais traitemens que la brutalité de la plupart des piqueurs fait éprouver aux chiens, rebutent ces animaux et empêchent le développement de leurs bonnes qualités. Les détails indispensables pour bien dresser les chiens courans me mèneroient trop loin; les particuliers feront mieux d'acheter leurs chiens tout dressés, que de se donner la peine d'entreprendre eux-mêmes cette éducation. Si néanmoins ils vouloient se livrer à une occupation qui exige du temps et de la patience, ils ne pourroient mieux faire que de suivre les instructions que M. Desgraviers, ancien commandant des véneries du prince de Conti, a présentées dans son excellent ouvrage intitulé : *Essai de Vénerie*, seconde édition. *Paris*, *Déterville*, 1804, *page* 96.

Il est essentiel de loger les chiens courans dans un chenil commode et proportionné à leur nombre. En été, ce chenil doit être exposé au levant et avoir plusieurs fenêtres grillées qui s'ouvrent de plusieurs côtés, afin que l'air puisse circuler. Le chenil d'hiver sera à l'exposition du midi et n'aura qu'une fenêtre. Quand on le pourra, on fera bien d'y établir un poële entouré d'un grillage, et que l'on allumera quand les chiens reviendront de la chasse fatigués ou mouillés. S'il n'y a qu'un chenil, il sera au levant et au couchant. Mais, quelque part qu'on tienne les chiens, la plus grande propreté doit y régner; on nettoie et on lave souvent le chenil, on change journellement la paille des bancs sur lesquels couchent les chiens ; et, à ce propos, je ferai observer que la paille de seigle est préférable à celle de blé, qui se brise, pique les chiens et leur fait venir des boutons. Deux fois le jour on fait sortir ces animaux, ce qui s'appelle leur faire prendre l'*ébat ;* on les étrille, on les brosse et on leur fait le fouet, c'est-à-dire qu'on leur coupe avec des ciseaux les longs poils du dessous de la queue, en allant du bas en haut. Ce pansement les conserve sains et vigoureux, et les rend capables de rendre tous les services que l'on peut en attendre.

La meilleure nourriture pour les chiens, le traitement de leurs maladies et le pansement des blessures qu'ils reçoivent, ont été indiqués dans plusieurs articles de cet Ouvrage, comme du ressort de l'art vétérinaire; je me contenterai d'y renvoyer le lecteur.

Un assemblage de chiens courans s'appelle *meute.* Dans les grands équipages, les *chiens de meute* sont les premiers que l'on découple pour attaquer; et le premier relais qui donne après eux, s'appelle *vieille meute.* Les *six chiens* forment le dernier relais, formé des plus vieux chiens, et qui se donne seulement sur la fin d'une chasse : ce relais, malgré sa dénomination, est quelquefois composé de huit et de dix chiens. Outre un commandant des grands équipages, il y a des piqueurs, des valets de limiers, des valets de chiens, etc. On met ordinairement un piqueur par vingt chiens, c'est-à-dire, un veneur qui suive les chiens d'assez près à la chasse pour les aider et les faire manœuvrer, ce qui s'appelle *piquer à la queue des chiens.* Les piqueurs portent un cor de chasse, qui se nomme *trompe* en terme de vénerie, et dont ils sonnent différens tons, selon les circonstances. Il y a pour chaque piqueur deux valets de chiens, dont l'un monté et l'autre à pied. Si à tout cet attirail l'on joint un nombre de palefreniers et de chevaux, l'on aura l'équipage de chasse le plus complet, le plus fastueux, celui dont il doit être le moins question dans cet Ouvrage.

Les chevaux barbes, anglais et normands sont les meilleurs coureurs pour la chasse.

Du limier. C'est un chien que l'on dresse pour *détourner* les animaux sauvages, c'est-à-dire pour s'assurer qu'ils ne sont pas sortis d'une enceinte. La bonne race des limiers vient communément de Normandie. Il y en a de noirs ; mais ils sont plus communément d'un gris brun ; les noirs sont marqués de feu et ont aussi du blanc sur la poitrine. Leur taille ordinaire est de vingt à vingt-deux pouces; ils ont la tête grosse et carrée, le corps épais, les oreilles longues et larges, les cuisses et les reins bien faits et le nez très-bon ; ils sont vigoureux, hardis et même méchans.

Les qualités d'un bon limier sont d'être discret, d'avoir le nez fin et de suivre juste. Dans un équipage, les limiers sont toujours logés dans un chenil séparé. Leur éducation exige des soins et des connoissances; il ne faut pas les mener avant qu'ils aient quinze ou seize mois, encore doit-on s'assurer qu'ils sont formés et en bon état.

Quand on mène le limier au bois, on lui met *la botte;* c'est un collier de quatre à cinq pouces de largeur, auquel est attachée la *plate-longe*, morceau de cuir long d'un pied et large d'un pouce ; le trait ou corde de crin tient à un touret au bout de la plate-longe. La saison la plus convenable pour dresser le jeune limier, est l'automne. Si la première fois qu'on le mène, il ne veut pas *se rabattre*, ou montrer qu'il trouve les voies, en mettant le nez à terre avec plus d'activité et s'élançant au bout de son trait, il faut lui faire voir quelques animaux, le mettre dans la voie, et s'il s'en rabat, l'encourager par des caresses. Si, après l'avoir conduit plusieurs fois, il ne veut ni suivre ni rabattre, on l'associera avec un limier dressé qui excitera son ardeur. Mais, si cette épreuve ne réussit pas, on *avalera la botte* du jeune chien, ce qui veut dire qu'on lui laissera la liberté de chasser à sa fantaisie l'animal sur les voies duquel on l'a mis. L'on ne doit pas se décourager si l'on voit qu'un limier se dresse difficilement; les veneurs ont remarqué que les limiers tardifs, pourvu qu'ils soient de bonne race, se déclarent au moment qu'on s'y attend le moins, et servent plus long-temps que d'autres. D'ailleurs, quelque disposition que montre un jeune limier, il ne mérite confiance qu'après avoir été mené pendant une année entière et régulièrement deux fois la semaine.

Quand le limier que l'on dresse commence à se rabattre, on l'arrête de temps en temps pour l'affermir sur la voie et lui apprendre à suivre juste. Quand il reste ferme dans la voie, l'on doit raccourcir le trait jusqu'à la plate-longe pour le bien caresser, détourner ensuite des animaux et les lancer pour lui donner du plaisir, enfin, le ménager en ne lui permettant pas de trop longues *suites*, qui pourroient l'excéder et le rebuter.

Si un limier que l'on dresse pour le cerf se rabat d'un animal d'espèce différente, on le retire des voies, on le gronde et même on lui donne un coup de trait. Mais les corrections seront rares, sur-tout si le chien est d'un naturel craintif; elles ne doivent jamais être trop rudes, et ne point aller jusqu'à la brutalité, ainsi que cela n'arrive que trop souvent.

Il ne faut pas trop presser le jeune limier; on lui laisse le temps de mettre le nez à terre, de tâter de côté et d'autre. S'il porte le nez haut, soit parce qu'il a vu les animaux, soit parce qu'il va au vent, on l'arrête en lui donnant un coup de trait; cette allure le feroit passer par-dessus les voies sans en rabattre. Si, dans les commencemens, le jeune limier donne de la voix lorsqu'il suit la piste du gibier, il faut le laisser faire; mais quand il est tout à fait dans les voies, on l'empêche de crier, en le retenant, lui donnant des saccades et même des coups de trait; on le caresse s'il s'appaise; mais on redouble les avertissemens et les corrections s'il continue à donner de la voix, la première qualité du limier étant d'être *secret*. Le meilleur moyen de le rendre muet, lorsqu'il est en vigueur, est de lui donner de longues suites, tant au droit qu'au *contre-pied*. Les suites au contre-pied ont le double avantage de calmer son ardeur et de lui rendre le nez plus fin. Cependant on le retirera quand on s'appercevra qu'il se rabat de voies un peu vieilles: l'on doit être satisfait s'il se rabat de voies de trois ou quatre heures au plus.

Pour faire suivre à volonté le jeune limier au contre-pied comme au droit, on le laisse aller lorsqu'il se rabat, jusqu'au bout de son trait, puis on l'arrête ferme dans la voie, et on le fait revenir pour se rabattre également du côté opposé où on l'arrête de même; s'il s'arrête ferme dans la voie, on l'encourage par des caresses.

Le limier qui marche toujours devant celui qui le mène, ne doit pas tirer trop fort sur son trait; il suffit que ce trait soit assez tendu pour ne pas traîner à terre. L'on modère la trop grande ardeur du limier, en l'arrêtant de temps en temps par de légères saccades.

Il n'y a de valets de limier que dans les équipages des princes. Celui qui se chargera de conduire au bois un limier pour détourner, après lui avoir passé la botte au col, le mettra en quête, l'encouragera, et lui répètera à demi-voix, les paroles d'usage: *Va outre* (le nom du limier), *Va outre; allez devant, allez; trouve l'ami, trouve; hou l'ami, hou, hou, l'au, l'au, l'au.* Si le limier paroît rencontrer et se rabattre, on lui dit, en l'appelant par son nom: *Qu'est-ce que c'est que ça? qu'est-ce que c'est que ça, l'ami? hou, gare à toi; là, valet, là.* S'il se rabat d'un autre animal que de celui pour lequel il est destiné, on le retire par une saccade du trait; on le gronde, en lui disant: *fouais, mâtin, fouais, vilain.* Mais s'il se rabat sur la voie de l'animal que l'on cherche, on lui parle ainsi: *Y va là sûrement, l'ami; volcelets* (le nom du chien); *y après, y après.* On continue à l'encourager par les mots: *après, après, velai; après l'ami; il dit vrai; après, après.* Si le limier, en suivant les voies, a vent de l'animal, s'il lève le nez et pousse une espèce de sifflement, on lui raccourcit le trait, en lui disant: *tout couais*, (le nom du chien) *tout couais*, et on le retire de peur de faire lever l'animal. On marque la voie, chemin faisant, par des Brisées. (*Voyez* ce mot.) L'enceinte faite, le veneur revient à sa première brisée, en suivant le contre-pied de l'animal et en s'assurant de sa nature par sa voie et ses fumées.

Ce sont là des préparatifs indispensables d'une grande chasse, ils éprouvent des modifications, suivant l'espèce du gibier. Le lendemain on va attaquer avec les chiens courans l'animal détourné; mais il arrive quelquefois qu'ayant changé de canton, on ne le retrouve plus dans l'enceinte, ce qui s'appelle *faire buissson creux*.

De la chasse du cerf. Cette chasse est réservée aux plaisirs des princes; c'est pour elle principalement qu'ont été instituées ces combinaisons d'attaque et de poursuite, ces règles de cérémonial suivies en vénerie. La chasse du cerf estdonc celle qui doit occuper le moins de place dans cet Ouvrage, par cela même qu'elle en occupe une très-grande dans le recueil des attributions privilégiées des cours.

J'ai donné à l'article Cerf, les moyens de juger un cerf, par le pied, les fumées, les allures, les abattures, les foulures, les portées, le frayoir, etc., connoissances indispensables pour tout veneur.

Après avoir détourné le cerf de la manière indiquée plus haut, et après que les hommes, tant à cheval qu'à pied, ainsi que les relais ou divisions de la meute ont été disposés convenablement, suivant les localités, on attaque le cerf, soit à trait de limier, c'est-à-dire en mettant le limier sur la voie, le laissant aller de toute la longueur du trait, et l'encourageant à haute voix, soit avec la meute même que l'on fait entrer dans le fort.

Dès que le cerf est lancé, celui qui laisse courre sonne pour faire découpler les chiens que les piqueurs encouragent de la voix et de la trompe, et qu'ils accompagnent toujours, piquant à côté d'eux, et toujours les animant sans trop les presser. Lorsque les chiens sont *en défaut*, on prend les devants, on retourne sur les derrières, les chiens travaillent de concert, jusqu'à ce qu'on soit retombé sur les voies, et que les chiens aient relevé le défaut. Ils chassent alors avec plus d'ardeur; les ruses et les détours du cerf deviennent inutiles, les chiens savent les démêler et en triompher. Si l'animal se jette à l'eau pour dérober son sentiment aux chiens, les piqueurs traversent ces eaux, ou bien ils tournent autour, et remettent ensuite les chiens sur la voie du cerf qui ne peut aller loin dès qu'il a battu les eaux; il est bientôt aux abois; il tâche encore de défendre sa vie, et blesse souvent de coups d'andouillers les chiens, les chevaux, et les chasseurs eux-mêmes.

Quand un cerf est tout à fait sur ses fins, il ne fait plus que *randonner*, sa bouche est noire et sèche, et sa langue se retire; il n'appuie plus que du talon, ne marche qu'en chancelant, fait de grandes glissades dans lesquelles il imprime sa jambe et ses os en terre, et se sentant tout à fait affoibli, il entre dans l'eau s'il en trouve à sa portée, ou reste derrière une touffe de bois. Alors un des piqueurs lui coupe le jarret pour le faire tomber, et l'achève ensuite en lui donnant un coup de couteau de chasse au défaut de l'épaule. Si le cerf se fait prendre à l'eau où il se tient à la nage, et si les chiens ne peuvent venir à bout de le noyer, il est dangereux de chercher à l'approcher à cheval; il est plus prudent de se servir d'un petit bateau, et, quand on est à portée de l'animal, on le tue d'un coup de carabine; on l'amène ensuite à terre, attaché au bateau.

Pendant tout le temps que le cerf est aux abois, on sonne des fanfares, que l'on répète pour célébrer sa mort. On le laisse *fouler* aux chiens, c'est-à-dire qu'on leur permet de se jeter dessus et de le mordre, et on les fait jouir pleinement de leur victoire en leur faisant *curée*.

On distingue en vénerie deux sortes de curées; l'une chaude et l'autre froide. La curée chaude se fait sur les lieux, et au moment de la mort de l'animal; la curée froide ne se fait qu'au retour de la chasse, le soir ou le lendemain. Quand les chiens ont foulé l'animal mort, on les fait retirer en leur disant: *derrière*, *derrière chiens*; *tirez*, *tirez derrière*. On dépouille le cerf, suivant les règles que la vénerie prescrit; on appelle les chiens, en leur disant: *tayaux*, *tayaux*; *hallaly*, *valets*, *hallaly*. Les morceaux du cerf sont déposés sur sa peau, que l'on étend à terre, et que, par cette raison, les veneurs appellent la *nappe*. Pendant la curée, les fanfares continuent, et, lorsqu'elle est finie, on conduit les chiens à l'eau la plus prochaine pour s'y désaltérer.

Outre cette curée générale, on en donne souvent une autre aux chiens; on la nomme *forhu*. Ce sont les intestins de l'animal, vidés et lavés, que l'on porte au bout d'une fourche, à la fin de la curée; pour encourager les chiens, en leur répétant le mot: *tayaux*, que l'on emploie à la chasse pour les relever d'une mauvaise voie. Au bout de quelques instans d'attente et de désirs, on leur livre le *forhu*.

CHASSE DU CHEVREUIL. Il est nécessaire de chercher, à l'article CHEVREUIL, les connoissances qui doivent diriger à la chasse de cet animal.

On détourne le chevreuil comme le cerf. Le partage des relais, l'attaque et le laisser courre, c'est-à-dire l'action de le lancer avec le limier, ou de le faire partir, sont les mêmes que pour la chasse du cerf. Celle du chevreuil est moins fatigante et tout aussi agréable. On y parle aux chiens en termes un peu moins forts que pour le cerf, et on leur dit souvent; *bellement, sagement; ça va, chiens, ça va; il fuit là, là, ha.* On cherche, autant qu'il est possible, à avoir l'animal par corps; ce qui n'est pas difficile, parce que le chevreuil traverse fréquemment les routes, et suit beaucoup plus les bois clairs que les cantons fourrés. Sa curiosité est remarquable; lorsqu'il a été lancé il revient sur ses pas, pour examiner ce qui a pu troubler son repos; ses détours et ses ruses sont très-multipliés, et il n'attend pas à les mettre en œuvre que les forces lui manquent, comme le cerf. Il aime à ruser dans l'eau et au milieu des grandes herbes qui croissent sur les terrains marécageux; quelquefois un chevreuil qui s'est *relaissé* (couché, après avoir pris de l'avance sur les chiens) soit dans l'eau ou dans les roseaux, soit dans les broussailles, ou entre des roches, s'obstine tellement à ne pas sortir, que pour le chasser, on est obligé de lui donner des coups de fouet.

Quoique l'ardeur des chiens soit plus vive à la chasse du chevreuil qu'à celle du cerf, il ne leur est pas facile de garder le change, parce que l'animal va continuellement par bonds; aussi, dans un défaut, est-il nécessaire de bien prendre les devants. Quand le chevreuil est sur *ses fins*, il perd la tête, et se relaisse par-tout où il croit se dérober à la poursuite de ses ennemis ameutés; il entre quelquefois dans les jardins, les maisons et les étables; il n'appuie plus que du talon, et donne par-tout des os en terre; il se méjuge, ses allures sont tout à fait déréglées, ses randonnées se raccourcissent, il ne fait plus que des retours qui donnent aux chiens la facilité de se trouver sur son passage, ou de le gagner de vitesse, ou de le surprendre relaissé; ils le portent à terre et l'étranglent. La trompe sonne sa mort, toute la meute se rassemble, et on lui donne la curée. On se contente, pour l'ordinaire, de ne laisser aux chiens que les dedans du chevreuil, avec le sang, du lait et des morceaux de pain. La délicatesse de ce gibier le fait réserver pour la table des chasseurs, et permet rarement de l'abandonner en entier aux chiens.

Si l'on veut se procurer des chevreuils vivans pour en peupler des bois ou des parcs, on les prend avec des panneaux. (*Voyez* TRAMAIL.) Après avoir détourné les animaux, on fait tendre les panneaux sans bruit et avec le plus de promptitude possible, de peur que les chevreuils effrayés n'abandonnent l'enceinte. Lorsque les panneaux sont tendus, plusieurs hommes se cachent auprès, et se placent à quelques pas l'un de l'autre. L'on va ensuite aux brisées avec le limier pour lancer les chevreuils, ou l'on fait entrer dans l'enceinte, du côté opposé aux panneaux, des traqueurs qui, rangés en haie, s'avancent à petit bruit, font fuir les chevreuils devant eux, et les contraignent à donner dans les pièges. Les chasseurs qui sont cachés à portée, se jettent aussitôt aux jambes des animaux, et les saisissent avec précaution de peur de les blesser. On les transporte ensuite, sans les attacher, dans des espèces de cabanes, que l'on met sur des charrettes. Toute saison est bonne pour cette chasse, à l'exception du printemps, époque à laquelle les chevrettes mettent bas leurs faons.

CHASSE

CHASSE DU DAIM. L'espèce du daim est très-voisine de celle du cerf, et beaucoup moins commune en France que celle du chevreuil. On ne l'y rencontre guères que dans quelques cantons ; mais elle est nombreuse en Angleterre, et l'on y fait grand cas de cette venaison. On élève les daims dans les parcs, où ils sont, pour ainsi dire, à demi-domestiques.

Le pelage du daim est plus clair que celui du cerf, sa queue est plus longue, sa tête un peu plus forte ; elle est plus aplatie, et, à proportion, plus garnie d'andouillers que celle du cerf ; elle est aussi plus courbée en dedans, et elle se termine par une large et longue empaumure ; quelquefois, lorsque la tête est forte et bien nourrie, les plus grands andouillers se terminent eux-mêmes par une petite empaumure.

Les daims entrent en rut quinze ou vingt jours après les cerfs. La daine porte, comme la biche, huit mois et quelques jours, et produit de même ordinairement un ou deux faons. Ces animaux aiment les terrains élevés et entrecoupés de petites collines. Ils sont toujours en hardes qui se battent assez souvent les unes contre les autres avec beaucoup d'animosité ; chacune de ces hardes vit séparée et a son chef qui marche à la tête.

Pour juger les daims, on peut se régler sur les connoissances que j'ai décrites à l'article CERF ; elles sont, en plus petit, les mêmes, ainsi que la manière de détourner ; mais il faut observer que le daim est plus méfiant que le cerf et qu'il change plus souvent d'enceinte.

« Le chassé du daim, dit un grand maître » en l'art de la vénerie, M. Desgraviers, » dans l'ouvrage que j'ai cité au commencement de cet article, ressemble à celui » du chevreuil ; mais ses ruses le rendent » plus difficile. Le daim s'accompagne d'abord plus souvent, s'il se sent la force, » il retourne derrière vous, longe dix fois » un chemin de droite et de gauche sur ses » mêmes voies, et rentre au fort, où il se » met sur le ventre. S'il vous apperçoit le » premier, vous le jugerez difficilement le » *daim de meute ;* (celui qui a été lancé) » car il redresse sa tête comme s'il venoit » d'être attaqué, et présente sa queue en » éventail. Après lui avoir sonné fanfare » plusieurs fois, vous serez même sa dupe, » lorsqu'au relancé vous le reverrez repartir » avec l'air tout frais, la tête haute, n'allant même qu'à trois jambes, comme » s'il étoit boiteux, et sa queue sur le rein. » Quelquefois, pour se faire méconnoître, il » ira par bonds des quatre jambes, ou s'il » vous voit longer une route, il suivra la voie » de votre cheval pour se déceler aux chiens, » et se jettera sur le ventre à droite ou à » gauche.

» Lorsque le daim de meute a été chassé » quelque temps, son nerf (verge) pend et » bat entre ses jambes. Cette connoissance » qu'il ne peut cacher, vous le fera infailliblement juger. S'il est mal mené, vous » pourrez le connoître à sa queue qui est » tendue et qu'il redressera difficilement sur » le rein, à moins qu'il n'ait repris haleine.

» Si, dans le courant de la chasse, vous » l'appercevez sans être vu, vous remarquerez toujours sa queue tendue et tremblante. Après avoir employé toutes les » ruses possibles pour se recéler aux veneurs et se débarrasser des chiens, et » avoir été relancé, il emploie son reste » de force à une dernière fuite qui bientôt » est suivie de sa mort. »

DE LA CHASSE DU LIÈVRE. La chasse du lièvre aux chiens courans peut se faire sans appareil et sans dépense ; deux ou trois chiens suffisent : il est même possible de l'entreprendre avec un seul, dans les bois de peu d'étendue ; aussi convient-elle à tout le monde, et les propriétaires de biens de campagne y trouvent un amusement utile, tandis que le plaisir fuit souvent le fracas d'un équipage nombreux qui étourdit plutôt qu'il n'adoucit les soucis, les embarras et les amertumes inséparables de la grandeur.

Cependant, comme il est plus facile de se diriger d'après un plan étendu, que de s'élever au point le plus haut sur la simple connoissance du point le plus bas, je parlerai de la chasse du lièvre, qui se fait avec appareil, et dont les règles conviennent à la chasse la plus simple ; de sorte que chacun pourra en distraire ce qui excède ses facultés et se former un train de chasse qui s'adapte à sa position.

Mon article Lièvre renferme quelques notions qui ne doivent pas être étrangères aux chasseurs ; il convient donc de le consulter.

Un vent doux du levant et du couchant, ni trop sec, ni trop humide, est le plus convenable à la chasse du lièvre; ceux du nord et du midi ne sont pas si favorables, parce qu'ils dessèchent la terre, et dérobent aux chiens le sentiment du gibier. Il n'est pas nécessaire de détourner le lièvre avec le limier. On découple les chiens à l'endroit que l'on aura choisi, ordinairement dans un petit bois, où les lièvres aiment à se retirer. Un piqueur suivra les chiens au pas, sonnant des tons de quête, et disant : *lance, lance; trouve-là valets; debout, debout.* Lorsqu'il les verra mettre le nez à terre, pour prendre les voies de quelque lièvre, il s'arrêtera, les laissera travailler, en leur parlant ainsi : *ah, il va là; il va là; c'est de l'y, l'ami, etc.*; et, si un des chiens s'en alloit en avant, ce piqueur y mèneroit les autres, en leur disant : *aucoute à....* (le nom du chien qui perce en avant.) *Il dit vrai; aucoute, valets, aucoute.* Il sonne des tons de quête, et dit : *rapproche, valets; debout, debout.* Il continuera de sonner et de parler ainsi, jusqu'à ce que le lièvre soit lancé.

Lorsqu'un des chasseurs voit le lièvre, il doit crier : *holoo, je le vois, holoo.* Ce dernier mot, que l'on prononce assez généralement *vloo*, est le signal que donne le chasseur qui voit un animal quelconque, à l'exception du cerf, à la vue duquel on crie *tayau.* Il ne faut pas trop presser les chiens au commencement de la chasse; ils doivent chasser sagement, jusqu'à ce que l'emportement du plus ardent se ralentisse ; alors on les anime par les cris : *ah, il va là, il va là ha, là ha, là ha.*

Les ruses ordinaires des lièvres lancés et poursuivis, sont de tourner et de retourner sur leurs pas, et leurs nombreux détours mettent quelquefois les chiens à *bout de voie;* ce qui signifie qu'ayant perdu la voie de leur animal, ils cessent de chasser. Le piqueur doit alors les faire revenir, et les ramener prendre les derrières et les devants à droite et à gauche du retour, afin de retomber sur les voies. Il évitera toute erreur, et de prendre un lièvre pour un autre. Une pareille méprise, outre qu'elle est contre le bon ordre de la chasse, ne contribue pas peu à gâter les chiens; cela leur apprend à s'emporter au delà du retour, et l'on a ensuite beaucoup de peine à les réduire.

Dans un défaut, on ne peut trop longer les chemins. C'est principalement dans les carrefours que les lièvres rusent; ils longent tous les chemins qui y aboutissent, puis ils font plusieurs sauts pour se relaisser, et ils ne partent plus que difficilement. A force de requêter, il est bien rare de ne pas relancer le lièvre de meute, sur-tout si l'on fait attention à la façon de faire des vieux chiens, qui étant plus accoutumés aux ruses du lièvre, en débrouillent mieux les voies. Les jeunes chiens qui rencontrent la voie, suivent souvent le contre-pied. On les rompt et on les corrige. Au relancé, il faut savoir si ce n'est pas un autre lièvre que le lièvre de meute qui part. On obtiendra cette connoissance, en examinant s'il y a un gîte à l'endroit d'où le lièvre est parti; si l'on n'en trouve pas, l'on aura tout lieu de croire que l'animal est le lièvre de meute.

Quand un lièvre se fait relancer souvent, c'est une marque qu'il est sur ses fins. Il se relaisse fréquemment; et lorsqu'il repart, les chiens qui s'en apperçoivent le chassent à outrance. Son affoiblissement s'annonce par sa marche chancelante, ses oreilles basses et écartées, son dos arrondi, l'écartement de son pied, et la disposition des deux doigts de son pied de devant, qui se trouvent en dehors l'un sur l'autre en forme de croissant, au lieu de s'enfoncer en terre. La trompe sonne l'*hallaly ;* ce mot, à défaut de trompe, est prononcé par un des chasseurs au moment où l'animal succombe. L'ardeur des chiens est à son comble; un piqueur les suit à toute bride pour les empêcher de déchirer le lièvre. J'avois un vieux chien envers lequel cette précaution auroit été inutile. Aussitôt qu'il cessoit de donner de la voix, l'on pouvoit être assuré que le lièvre étoit tombé forcé, ou à la suite d'un coup de fusil; il ne souffroit pas qu'aucun autre chien en approchât; il se couchoit auprès, et le gardoit jusqu'à ce que son maître vînt le prendre. Ce fidèle dépositaire n'auroit pas permis que tout autre que son maître, à moins que ce ne fût un chasseur qu'il eût habitude de voir, vînt lui ravir le fruit de ses peines, et il se seroit jeté avec fureur sur quiconque auroit tenté de le lui enlever.

Le lièvre pris, on le laisse fouler aux chiens; puis on les fait retirer pour dépouiller l'animal et le couper par morceaux, que l'on mêle avec du pain. Après cette curée, que des fanfares accompagnent, on conduit les chiens se désaltérer à l'eau la plus voisine.

De la chasse du lapin. Les chiens courans chassent le lapin comme le lièvre; mais on se sert plus ordinairement, pour cette chasse, de chiens bassets, qui la rendent fort agréable. Du reste, elle ne diffère en rien de celle du lièvre.

De la chasse du sanglier. Il ne peut être question ici que de la chasse à force ouverte; les autres manières de chasser, ou plutôt de tuer le sanglier, ont été décrites à l'article de cet animal, ainsi que les connoissances nécessaires pour le bien juger, c'est-à-dire pour bien distinguer son âge, son sexe et sa force.

Il ne faut pas chasser le sanglier avec les bons chiens courans destinés pour le cerf et le chevreuil; cette chasse leur gâteroit le nez, et les accoutumeroit à aller lentement: des mâtins un peu dressés suffisent pour la chasse du sanglier, sur-tout quand on ne veut pas le forcer, et que l'on se contente de le tirer.

Les grands équipages pour la chasse du sanglier, sont ordinairement composés de trente à quarante chiens. Les piqueurs et les valets doivent être très-entendus. Cette chasse est extrêmement pénible; les veneurs sont obligés de parler sans cesse aux chiens qui se rebutent souvent, sur-tout quand ils suivent un vieux sanglier; on choisit des chevaux ardens et vigoureux, et ceux qui les montent ne doivent pas craindre les branches des lieux les plus fourrés de la forêt, que les sangliers recherchent avec préférence.

On emploie, pour détourner le sanglier, la méthode en usage pour détourner le cerf; cependant il faut parler à son limier en termes plus pleins et plus gros, sans néanmoins élever trop la voix. Il est important d'avoir des limiers bien dressés pour cette chasse, et cette instruction exige beaucoup de soins et de patience. Ce n'est pas qu'un jeune limier ne veuille d'abord des voies de l'animal, mais il se rebute quelquefois à cause du sentiment du sanglier, et les lieux fourrés et marécageux qu'il est forcé de traverser le découragent.

Il ne faut attaquer que les plus vieux sangliers. On place les relais à portée des forts qui sont dans des fonds où il y a quelque ravin ou quelque ruisseau. Le veneur qui laisse courre, tenant le trait de son limier tout déployé, mettra son chien sur les voies aux brisées; il avancera d'une dizaine de pas sur ces voies, et, s'y arrêtant de pied ferme, il parlera au limier pour l'encourager, le fera appuyer sur le trait jusqu'à ce qu'il ait revu de l'animal; alors il crie: *vloo, vey-leci allais, vey-leci allais;* la trompe sonne pour faire découpler les chiens de meute, qui ne sont pas plutôt libres qu'ils vont à la bauge. Les piqueurs les appuient de près et sans cesse, de la trompe et de la voix, sans les quitter un seul instant; car un sanglier méchant, qui ne sent personne aux chiens, les charge, et les tue. Les mots que l'on dit aux chiens, sont: *hou, hou, valets; perce là haut mes beaux; perce là haut; ça va hau, ça va hau;* les piqueurs doivent les prononcer d'une voix forte.

Les sangliers qui *donnent à l'essai*, c'est-à-dire qui donnent de leurs défenses contre les baliveaux qu'ils rencontrent, sont dangereux. Voici un moyen bien simple de préserver les chiens d'être *décousus* (éventrés) ou tués à l'attaque par les solitaires ou par d'autres sangliers. Je laisserai parler M. Desgraviers, à qui l'on doit tant de connoissances utiles sur l'art de la vénerie: « Un vieux solitaire, dit cet habile veneur, » ne sort pas de sa bauge facilement; il » écoute pour l'ordinaire les chiens venir

» à lui, se récriant sur sa voie et la rapprochant. C'est lorsqu'ils commencent à être près de lui, qu'il se décide à se mettre sur son cul, les attend et les regarde arriver : il se fait aboyer ainsi fort long-temps par tous les chiens; ce que l'on nomme *aboyer d'étaut*. Ce n'est qu'après avoir été harcelé et mordu devant et derrière, par les plus hardis, qu'il prend le parti de se mettre sur ses quatre traces : alors furieux et décidé, il déclare la guerre aux chiens, et fond pour l'ordinaire sur ceux qui ont derrière eux des rachées de bois ou des arbres : il *découd* les uns, éventre les autres. Glorieux de sa victoire, il se remet debout à sa bauge et reste toujours ferme. Le bruit de la trompe du piqueur qui vient au secours de ses chiens, les coups de fusil en l'air des tireurs éloignés, rien ne l'étonne; le piqueur même a beau paroître mêler ses cris et les sons de sa trompe aux cris des chiens, le sanglier n'en remue pas davantage; souvent, furieux de la présence du piqueur, il fond de préférence sur son cheval, qu'il s'efforce de découdre; le piqueur le tire alors, et la lutte cesse ou par la mort du sanglier, ou par la fuite que le bruit de l'arme à feu a déterminée.

» Un moyen bien simple pour chasser un sanglier de sa bauge, consiste à mettre au col de deux chiens d'entreprise, un grelot attaché après un collier de cuir. Le bruit du grelot, joint à la voix des chiens qu'il entend approcher, l'étonne et le fait partir, et il laisse ordinairement une distance de trente à quarante pas entre lui et les chiens; de cette manière, vous évitez un combat meurtrier.

» Je vais indiquer encore aux amateurs un autre expédient pour empêcher les chiens trop hardis d'approcher de près un sanglier qui leur fait ferme, et pour les faire rester, toujours en l'aboyant, assez éloignés de lui pour n'en être pas blessés.

» Lorsqu'en chasse, vous aurez tué un sanglier, et qu'à l'*hallaly* tous les chasseurs seront réunis, le plus fort et le plus robuste d'entre eux, pendant que les chiens sont acharnés à fouler l'animal, saisira, de chaque main, une *écoute* ou oreille de sanglier qu'il mettra sur le ventre, ses deux traces ployées dessous et son cou placé entre ses jambes : après avoir renvoyé tous les chiens en tête, il présentera la hure à ceux qui lui font face : tous les chasseurs avec lui amèneront les chiens de la voix, afin qu'ils se jettent sur le sanglier; il agitera la hure et en donnera des coups de boutoir sur le nez de tous les chiens qui approcheront pour la mordre : s'ils reculent et si le sanglier n'est pas trop pesant, il le traînera et avancera sur eux pour les bourrer tous; il cessera quand il aura forcé toute la meute à s'écarter et à tenir le sanglier à l'abois. Vous répéterez cette manœuvre pendant plusieurs chasses; vous verrez, par ce moyen, que vos chiens se méfieront toujours d'un sanglier qui leur fera tête, et qu'ils resteront toujours écartés de lui; par-là, vous conserverez votre équipage » (*Essai de Vénerie*, deuxième édition, pag. 50 et suivantes.)

Si le sanglier lancé s'accompagne d'autres bêtes, il est rare que les bons chiens prennent le change, parce que l'animal échauffé laisse un sentiment fort, qui ne permet guères aux chiens de se méprendre. Quand on voit le sanglier par corps, on crie *vloo*, et si le veneur a une trompe, il sonne la vue.

Un jeune sanglier de trois ans est difficile à forcer, parce qu'il court très-loin sans s'arrêter; au lieu qu'un sanglier plus âgé ne fuit pas loin, se laisse chasser de près, n'a pas grand'peur des chiens, et s'arrête souvent pour leur faire tête. Lorsque le sanglier est couru, il passe dans toutes les mares, les ruisseaux, les queues d'étang dont il a connoissance dans le pays, et il ne manque pas d'y prendre *souil*, c'est-à-dire de s'y coucher. On connoît qu'il est sur ses fins, lorsqu'il ne perce plus en avant, qu'il se fait battre long-temps dans le même canton, qu'il ne va plus que par sauts, qu'il écume beaucoup, qu'enfin il fait souvent tête aux chiens en s'acculant dans une mare ou contre une cépée, et les charge avec fureur.

Quand le sanglier tient aux abois, il est bon d'empêcher les chiens d'en approcher de trop près ; les piqueurs entrent dans le fort avec précaution, l'un d'eux met pied à terre et perce l'animal avec son couteau de chasse, au défaut de l'épaule ; mais il doit s'esquiver à l'instant, en se jetant du côté opposé à la blessure. Si cependant le sanglier est furieux, au point d'exposer la vie des veneurs, des chiens ou des chevaux, il est à propos de le tuer d'un coup de carabine ou de pistolet.

Dès qu'il est tué, les chasseurs ont grand soin de lui couper les *suites*, dont l'odeur est si forte, que si l'on passe seulement quelques heures sans les ôter, toute la chair en est infectée. Les chiens ne mangent pas la chair du sanglier avec autant d'avidité que celle du cerf; on se contente de leur donner à la curée les épaules et les dedans. Avant de quitter le lieu de la chasse, on visite les chiens, et l'on panse ceux qui ont été blessés par le sanglier.

Une manière plus courte et plus sûre pour prendre les sangliers, c'est de les coiffer avec des dogues et de forts levriers d'Angleterre, que l'on nomme *levriers d'attache*. On lâche ces chiens à la suite d'un sanglier qui débuche et prend la plaine pour passer d'un bois à un autre ; ils le joignent bientôt et le prennent par l'oreille ou le jarret, ce qui donne aux piqueurs le temps d'arriver, car ces chiens ne démordent pas, et on tue facilement le sanglier.

On prend aussi les sangliers dans les toiles. L'équipage de cette chasse s'appeloit le *vautrait* dans la vénerie du roi.

De la chasse du loup. La chasse du loup aux chiens courans est la moins utile de toutes les chasses que l'on peut faire à cet animal destructeur. Il est des moyens plus sûrs de purger l'agriculture d'un ennemi dangereux et redouté, tels que les battues, les pièges, etc. (*Voyez* l'article Loup, du *Cours.*) Ce n'est pas que la louveterie, créée par Henri IV, et montée comme elle l'étoit à Versailles, ne rendît aussi des services par la destruction des loups ; mais aucun particulier ne pouvant se procurer un équipage semblable à celui qui existoit dans la vénerie du roi, ce seroit chose superflue, inconvenante même pour un ouvrage consacré aux habitans des campagnes, que de les engager à tâcher d'imiter un établissement très-dispendieux, et qui n'atteindroit pas au but vers lequel leur intérêt doit les diriger, l'extermination des loups. La chasse ne présente plus d'amusement, dès que l'on a la certitude que si on manque l'animal qui en fait l'objet, il deviendra un fléau pour le pays où on l'aura laissé, ou dans lequel on aura amené un si funeste présent.

De la chasse du renard. De toutes les chasses aux chiens courans, celle du renard est la plus agréable ; elle se fait d'ailleurs à peu de frais. Tous les chiens chassent le renard volontiers, et même avec plaisir ; car, quoiqu'il ait l'odeur très-forte, ils le préfèrent souvent au cerf, au chevreuil et au lièvre. Cette odeur procure encore l'avantage de suivre la chasse sans qu'il y ait de défaut.

La façon la plus ordinaire et la plus amusante de chasser le renard, est de commencer par boucher les terriers. Cette opération se fait communément pendant la nuit qui précède la chasse : le matin on va quêter le renard avec les chiens de meute, car on ne le détourne pas. Dès qu'ils sont tombés sur la voie, le renard gagne son gîte ; mais le trouvant bouché, il retourne dans le bois ; et après s'être fait chasser, il revient encore au terrier, puis il prend le parti de se faire battre, et quelquefois il fait une fuite très-longue. Il ne laisse pas de fatiguer beaucoup les chiens, parce qu'il passe à dessein dans les endroits les plus fourrés, où les chiens ont grand'peine à le suivre, et que, quand il prend la plaine, il va très-loin sans s'arrêter. Il tient aussi long-temps, et quelquefois plus long-temps que le cerf ; il est à propos d'avoir des relais, ou du moins de ne faire partir qu'un petit nombre de chiens à la fois, en commençant par les plus vigoureux.

Lorsque le renard tire sur ses fins, il se réfugie dans un trou, sous une pierre, ou sous une petite île au milieu de l'eau : il cherche à s'y défendre, mais les chiens s'élancent sur lui et l'étranglent.

Si l'on ne veut pas forcer le renard, ce qui est toujours long, des tireurs se placent à portée des terriers que l'on a eu soin de boucher; et lorsque l'animal lancé gagne son gîte, il essuie une première décharge; puis une seconde quand il y revient encore, s'il a échappé à la première.

On peut chasser le renard non seulement avec des chiens courans, mais aussi avec des bassets et des briquets. Les bassets à jambes torses sont ceux qui se glissent le plus aisément dans les terriers.

Pour détruire les renards, il est encore plus sûr et plus commode de tendre des pièges, des lacs coulans, etc. *Voyez* l'article Renard, du *Cours*. (S.)

VERGE DE MEUTE, (*Chasse aux oiseaux*,) synonyme de *paumille*. *Cherchez* les mots Appelant et Moquette. (S.)

VERVEUX ou VERVIER, (*Pêche*.) On donne ce nom à un large filet en cloche, soutenu en dedans par des cerceaux minces et légers: à sa pointe est un œillet qui sert à le fixer aux endroits où on le tend; son embouchure est pour l'ordinaire fort évasée en portion de cercle, dont les bouts sont assujettis par une corde ou un morceau de bois, afin que cette partie s'applique à plat sur le fond; c'est ce qu'on appelle la *coiffe*. A l'intérieur du verveux est un goulet en forme d'entonnoir très-pointu, dans lequel le poisson s'engage, et d'où il passe sans peine dans le verveux, en écartant les fils vers l'extrémité du goulet; il y reste enfermé, mais à l'aise, de sorte qu'on l'y trouve en vie et parfaitement sain. Le verveux ne diffère de la nasse, qu'en ce que celle-ci est construite en osier. (*Voy.* l'article Nasse.)

Les troncs et les herbiers sont les endroits des rivières ou des étangs où se placent communément les verveux. On a l'attention de les mettre à l'ombre en été, et à l'exposition du soleil, pendant les froids. Les pêcheurs commencent par couper l'herbe avec le croissant, et même par y pratiquer de petits sentiers qui conduisent au filet, et qui déterminent les poissons à y entrer. Une pierre s'attache à la pointe du verveux, et une autre à chaque extrémité de la coiffe; les pêcheurs jettent le tout à la place qu'ils ont préparée; une perche leur sert à donner au verveux une position convenable, et ils laissent au dessus les herbes qu'ils ont coupées, et qui, flottant à la surface de l'eau, offrent un abri que le poisson recherche. Tantôt, suivant les circonstances, on place le verveux dans la direction du courant, tantôt on lui donne une position contraire, en opposant la bouche du filet au courant de l'eau. Dans ce cas, on arrête le verveux par une perche passée dans l'œillet de l'extrémité du cône, et on la fiche fortement au fond.

Il y a des verveux à plusieurs entrées; celui que les pêcheurs appellent *louve* ou *verveux à tambour*, a la forme d'un cylindre, deux entrées et deux goulets, de sorte que le poisson peut s'y introduire également par l'un et l'autre bout. Les cerceaux qui soutiennent ce filet, sont attachés à des bâtons qui s'étendent sur toute sa longueur. Le double verveux est employé dans les eaux dormantes, où le poisson, ne recevant pas l'impulsion d'un courant, nage indifféremment d'un côté et d'autre; il convient mieux que le verveux simple pour la pêche dans ces eaux. Si on le place dans les herbiers, on a soin de pratiquer, en coupant les plantes aquatiques, des coulées qui aboutissent aux deux entrées; ensuite l'on attache des pierres à un des bâtons qui fixent les cerceaux dans toute la longueur du filet, et une corde au bâton opposé; les pierres arrêtent le verveux sur le fond de l'eau, et la corde sert à l'en retirer. Quand la passée est large, il est bon d'ajouter aux deux bouts de la louve ou du tambour, des ailes ou nappes de filets qui s'étendent obliquement de chaque côté des deux entrées, et qui s'attachent au rivage, s'il n'est pas trop éloigné, ou à un piquet planté au fond de l'eau; ces ailes déterminent le poisson à chercher dans le verveux un passage trompeur. (*Voyez* l'article RAFLE.)

Il est rare que l'on se serve dans les eaux douces d'un verveux cubique à cinq entrées, et que, par cette raison, l'on appelle *quinqueportes*.

Les pêcheurs ne se contentent pas de placer un seul verveux aux endroits qu'ils jugent propres à cette sorte de pêche; ils y en mettent souvent jusqu'à trente, et ils les relèvent au bout de deux jours, si le temps est frais, et plus tôt pendant les chaleurs. Ils laissent moins long-temps le verveux double que le verveux simple.

Pour engager le poisson à entrer dans les verveux, il est bon de l'y attirer, soit par la vue de quelques poissons enfermés entre le goulet et le fond du filet, soit par des appâts, tels que les vers de terre, des os de porc salé, du tourteau de chènevis, un lièvre prêt à se gâter, que l'on fait rôtir à demi, et que l'on arrose de miel, des tranches de pain trempées dans le jus qui découle de ce rôt, des fleurs à couleurs vives, etc., etc. Un coq, dans lequel on met du safran, et qu'on laisse entièrement corrompre, est le meilleur appât que l'on puisse employer pour tous les filets dormans. Dans plusieurs contrées de l'Allemagne, il est sévèrement défendu de faire usage d'appâts dans les verveux, et de pareils ménagemens d'un intérêt général, sont de nature à être généralement imités. (S.)

VÉSIGON. Le vésigon est une tumeur synoviale qui se montre au jarret du cheval, entre les condyles du tibia et la corde tendineuse qui passe sur le calcanéum.

Le vésigon, qui n'existe qu'à un côté du jarret, est appelé *simple;* et lorsqu'il y en a deux, c'est-à-dire un de chaque côté, on dit qu'ils sont chevillés.

La forme du vésigon est celle d'une demi-sphère. Cette tumeur est plus ou moins volumineuse, et ne présente au tact ni chaleur, ni douleur; elle est molle; elle disparoît lorsque l'animal fléchit la jambe, et reparoît lorsqu'il s'appuie dessus. Lorsque le mal est ancien, l'humeur synoviale s'épaissit, dans quelques sujets, encroûte les ligamens capsulaires, s'agglutine avec les pièces osseuses, et donne lieu à une ankilose plus ou moins complète; alors la tumeur est dure et fait boiter l'animal.

Il arrive encore que les vésigons chevillés sont quelquefois assez étendus pour s'unir ensemble, et pour envelopper entièrement l'articulation, alors le jarret est *cerclé;* les mouvemens en sont très-difficiles, et l'animal en boite plus ou moins bas. Dans ces deux cas, le mal est sans remède.

Les causes de cette maladie sont des efforts plus ou moins violens des jarrets, dans toutes les actions où ils auront été obligés de supporter ou de retenir la masse du corps de l'animal, ou de maîtriser la charge.

Les ligamens capsulaires ayant été distendus, l'humeur synoviale qui lubrifie l'articulation du jarret, augmentant de quantité par le mouvement et par le jeu de cette partie, elle presse, soulève les ligamens capsulaires dans les instans où les abouts des os s'appliquent exactement les uns sur les autres. Par la raison contraire, le vésigon disparoît lorsque l'articulation s'ouvre, parce que l'humeur synoviale passe entre les pièces articulées.

Au surplus, il ne faut pas confondre le vésigon avec les engorgemens des jarrets; ces engorgemens sont chauds, inflammatoires et douloureux, ils arrivent aux jeunes chevaux qui n'ont pas jeté leur gourme, après des voyages qui ont fatigué plus ou moins les jarrets. L'humeur qui les constitue n'offre aucune poche ou réservoir particulier; elle gît dans l'épaisseur des ligamens capsulaires, latéraux, le périoste, le tissu cellulaire des tégumens, les tendons, les os et les cartilages articulaires; aussi tous les moyens capables d'assouplir les parties, de calmer l'inflammation, sont-ils employés avec le plus grand succès pour faire résoudre ce genre de tuméfaction. (*V.* Gourme.)

Relativement au vésigon, l'humeur synoviale surabondante n'est pas le seul obstacle à vaincre, il faut de plus resserrer les ligamens capsulaires, et rendre aux vaisseaux absorbans la faculté de repomper la surabondance de l'humeur synoviale; ainsi, lors même que l'humeur du vésigon seroit évacuée par le moyen d'une ponction subite, elle ne se renouvelleroit pas moins par une nouvelle filtration peu de temps après; d'où il résulte que cette maladie doit être envisagée en quelque sorte comme une hydropisie de l'article, et traitée comme telle.

Les vésigons simples, lorsqu'ils sont petits, attirent bien rarement l'attention des propriétaires. Cependant, pour les empêcher d'augmenter, il est nécessaire qu'une ferrure raisonnée établisse l'articulation du jarret sur son véritable point de force; et pour les résoudre, il faut recourir à des frictions d'huile essentielle de lavande alternées avec des frictions de baume de Fioraventi éthéré. Lorsque leur volume exige de plus grands moyens, les vésicatoires appliqués de manière à exciter une grande exsudation, sans insulter les tégumens, et après leur effet passé, l'emploi des frictions qui viennent d'être prescrites, seront presque toujours suivis de succès, pourvu que l'angle de l'articulation du jarret ait le degré moyen d'ouverture qui lui convient.

Mais lorsque le volume du vésigon outre-passe celui de la moitié d'un œuf d'oie, ou qu'il en approche, tous ces moyens seroient insuffisans: il faut donner issue à l'humeur synoviale en fortifiant les ligamens capsulaires et les vaisseaux absorbans.

Cette tumeur n'ayant aucun caractère de douleur ni d'inflammation, ainsi que nous l'avons observé, il faut faire naître l'une et l'autre avec assez de méthode, pour que ce type inflammatoire opère l'effet désiré, sans être assez violent pour s'étendre aux parties osseuses et cartilagineuses qui composent l'articulation du jarret.

L'animal et la partie malade doivent être préparés à l'opération méditée: il faut tenir le ventre libre, tant par une nourriture de facile digestion, que par des lavemens émolliens; le cheval sera placé dans une écurie très-saine et dont le sol soit sur un plan absolument horizontal; il sera déferré des quatre pieds, et ils seront parés de manière que l'animal soit le plus d'aplomb qu'il sera possible.

Et en ce qui concerne la partie à opérer, on lui fera prendre des bains d'eau de son, matin et soir, à l'effet d'assouplir la peau et toutes les parties de l'articulation; pendant l'usage de ces bains, on la frottera à différentes reprises et long-temps, pour donner à toutes les parties la souplesse dont elles ont besoin. L'usage de ces bains doit être continué l'espace de sept à huit jours; alors on choisit un beau temps pour abattre l'animal sur une bonne litière et pratiquer l'opération de la cautérisation: elle doit se faire le matin, l'animal étant à jeun et n'ayant pas eu à souper la veille.

L'artiste se munit de deux espèces de cautères actuels, les uns cutélaires et les autres à bouton. Ces cautères, préparés ainsi que l'art le prescrit, seront tous chauffés au même degré, c'est-à-dire,

couleur

couleur de cerise ; cependant l'artiste tracera d'abord avec le cautère cutélaire, chauffé à un degré moindre, trois raies verticales de cautérisation, l'une dans le centre, les deux autres à une distance égale de la raie mitoyenne et de chaque bord de la poche du vésigon ; elles seront parallèles, et partiront de cinq à six pouces au dessus du jarret, descendant jusqu'au premier tiers du canon.

Le cautère, chauffé légèrement d'abord, n'intéressant que les poils, laisse à l'artiste la facilité de rectifier les raies qui ne seroient pas régulières.

Ces trois raies tracées, il place un bouton de feu sur la partie la plus déclive du vésigon; mais le fer du bouton doit être taillé de manière qu'à son extrémité il soit cylindrique dans une longueur de deux lignes, et que l'endroit de cette partie qui s'applique sur la peau soit plan.

Nous recommandons que l'artiste ait plusieurs cautères de même forme, toujours chauds, à sa disposition, à l'effet de les renouveler dès l'instant qu'ils perdent le degré de chaleur prescrit.

Il passera ces cautères tour à tour dans les raies tracées; il n'appuiera point sur le manche de l'instrument, son propre poids étant plus que suffisant pour l'appliquer sur la partie : cette cautérisation devant brûler le moins qu'on peut le tégument, et cependant faire pénétrer le plus possible de calorique, le cautère cutélaire ne doit point s'arrêter. Il le repassera successivement dans les raies tracées, et il importe que la partie qui vient de subir l'impression du feu soit refroidie de la cautérisation précédente, avant que d'en recevoir une autre : cette attention contribue beaucoup à l'efficacité du moyen.

Afin que le degré de cautérisation soit égal dans toutes les raies, il est indispensable d'établir de l'ordre dans la distribution de la cautérisation ; ainsi, de la raie du centre, on passera à celle d'un côté, puis à celle de l'autre, et enfin le bouton aura son tour. Cet ordre étant établi, la partie qui vient d'être cautérisée absorbera tout le calorique, avant qu'une autre raie de cautérisation ne vienne l'atteindre. Il en est de même pour le bouton ; il doit aussi agir peu à peu; cependant ce bouton de feu devant charbonner la petite surface qu'il cautérise, il doit y être un peu plus longtemps appliqué : la raie de cautérisation sera suffisante lorsqu'elle réfléchira une couleur d'or, et qu'elle laissera suinter par les pores de la peau, qui sont alors béans, une sérosité roussâtre. Quant à la surface atteinte par le bouton, on juge par son peu de résistance qu'elle est suffisamment charbonnée, pour tomber en escarre au bout de quatre à cinq jours, époque de la suppuration; cette escarre ne se détachant que peu à peu, sa chute totale est toujours accompagnée d'une ample évacuation de l'humeur synoviale surabondante.

Cette évacuation opérée ainsi, donne aux parties environnantes le temps de revenir sur elles-mêmes, de prendre un degré de force suffisant pour l'inflammation qui suit la cautérisation, inflammation qui opère une résolution générale dans toutes les parties tuméfiées.

On sent bien que pour produire l'effet désiré, ce type inflammatoire doit être dirigé par l'art, étant susceptible d'être trop fort ou trop foible; on reconnoît qu'il est au degré convenable, lorsque la suppuration s'établit du quatrième au cinquième jour; alors la douleur, suite nécessaire de la cautérisation, a augmenté jusqu'au troisième jour inclusivement; cette douleur diminue peu à peu; et à mesure que la suppuration devient plus copieuse, l'inflammation se calme, la résolution s'opère, toutes les parties rentrent peu à peu sur elles-mêmes, l'animal s'appuie, il se couche, et se lève ; mais il importe que l'artiste ne permette en aucune manière de le sortir de sa place, et encore moins de le faire exercer. La résolution ne commence à s'opérer que par les surfaces. L'affection des parties intérieures, c'est-à-dire des cartilages, qui recouvrent les abouts osseux de l'articulation, ne se dissipant qu'avec le temps, les moindres efforts de ces parties susciteroient en peu de temps une inflammation doulourense, qui pourroit être suivie des plus grandes catastrophes. Ces accidens, en pareil cas, ne sont malheureusement que trop fréquens, et l'on ne sauroit trop s'en garantir. D'une autre part, si les mouvemens s'opèrent aussitôt après l'évacuation de l'humeur synoviale, les surfaces des parties articulées se frottent à sec; ces mêmes mouvemens peuvent encore ouvrir ou forcer la petite plaie par où sa synovie a été évacuée, et par conséquent permettre à l'air extérieur d'entrer dans l'articulation, introduction qui est suivie du gonflement de la partie, de la douleur la plus insupportable, de la fièvre, etc.

Cette circonstance exige donc nécessairement que l'animal garde le repos le plus parfait, jusqu'à ce que la partie ait repris à peu près son état naturel.

Si l'inflammation et la douleur étoient trop fortes, et que la fièvre existât, la suppuration n'auroit point lieu, il faudroit se hâter de saigner, de faire prendre des pédiluves émolliens, d'envelopper la partie de cataplasmes anodins, dont l'application seroit précédée d'une onction d'onguent populéum bien frais: on renouvelleroit ces applications toutes les quatre heures, et on les continueroit, sans interruption, jusqu'à ce que l'inflammation fût calmée; on donneroit en outre des boissons adoucissantes et calmantes, ainsi que des lavemens de même nature.

Lorsque le feu est trop foible, il faut avoir recours aux frictions d'huile essentielle de lavande, alternées avec celles de baume de Fioraventi, auquel on ajoute un cinquième d'éther sulfurique; du reste, on doit laisser tomber d'elle-même l'escarre résultante de la cautérisation opérée par le bouton de feu. (Ch. et Fr.)

VIANDE. Les parties molles, la chair, et sur-tout les muscles de ceux des quadrupèdes, des oiseaux et des poissons que les hommes ont reconnus comme les plus propres à leur servir de nourriture, sont désignés sous le nom générique de *viande*. Sa qualité varie suivant les espèces d'animaux, leur âge, leur sexe, leur état sauvage ou domestique, la quantité et la nature des alimens dont ils ont été nourris, l'embonpoint qu'ils ont acquis, ou l'état de maigreur dans lequel ils sont tombés, suivant qu'ils sont pourvus ou privés des organes de la génération, ou enfin, suivant le climat et les lieux qu'ils habitent.

Ainsi, la viande est dense, compacte et désagréable dans les animaux carnivores; tendre, délicate dans les animaux herbivores ou frugivores ; molle, grasse dans les animaux sédentaires ; ferme, maigre dans ceux qui prennent beaucoup d'exercice ; gélatineuse dans les jeunes animaux; dure, fibreuse dans les vieux ; semblable dans les animaux des deux sexes, pendant qu'ils sont jeunes ; d'un tissu toujours moins serré dans les femelles que dans les mâles; plus grasse, plus savoureuse dans les animaux privés des organes de la génération que dans ceux qui les ont conservés; sèche et coriace dans les animaux maigres; plus molle et moins fibreuse dans ceux qui sont engraissés ; plus légère, plus facile à digérer, moins nourrissante dans les oiseaux que dans les quadrupèdes, mais aussi succulente que celle de ces derniers, quand les oiseaux ont subi l'opération de la castration ; plus ferme dans les parties les plus exercées de ces oiseaux, comme les cuisses, quand ils marchent plus qu'ils ne volent, comme les ailes, quand ils volent plus souvent qu'ils ne marchent ; enfin elle est huileuse dans les oiseaux qui vivent de poissons, et dans les poissons eux-mêmes : de là, une multitude innombrable de nuances et de qualités de viande, qui offrent aux hommes des alimens plus ou moins sains, plus ou moins savoureux.

Des différens moyens de conserver la viande. Il est des circonstances où, dans l'impossibilité de fournir à un certain nombre d'hommes de la viande fraîche en proportion de la consommation, on a besoin de la remplacer par celle qu'on a amenée par des moyens particuliers, à un état propre à la conserver un temps plus ou moins long.

La viande mise dans un lieu frais et sec, où par conséquent elle est à l'abri de la chaleur et de l'humidité, deux puissans agens de la putréfaction, se conserve un certain temps; exposée même à une température au dessous de la glace, elle reste constamment dans le même état de fraîcheur où elle étoit à l'instant où la gelée l'a surprise. C'est ainsi que les habitans du Canada gardent leur viande pendant le fort de l'hiver. Les soldats à qui on distribue de la viande pour huit ou dix jours, ont coutume de lui faire éprouver une légère dessiccation préalable au feu et à la fumée, ce qu'on appelle *boucaner ;* ils parviennent, par ce moyen, à la manger le dixième jour, sinon aussi délicate, au moins aussi saine que lorsqu'elle est fraîche.

Ce moyen est celui qu'emploient les Lapons pour conserver la viande et le poisson, excepté que destinant les substances animales à une plus longue durée que celle qui suffit aux viandes de nos soldats, ils poussent plus loin la dessiccation. Il y a une trentaine d'années que M. Cazalès, professeur de physique et de chimie à Bordeaux, a présenté un procédé pour dessécher le bœuf. Voici en quoi il consiste :

On met la viande de bœuf non soufflée, désossée, découpée en morceaux de plusieurs livres, dans une étuve de huit pieds de long sur quatre de large, et cinq pieds et demi de hauteur ; à l'aide de deux poêles, on porte la température à 55 degrés du thermomètre de Réaumur, et on la soutient pendant soixante-douze heures. La viande desséchée acquiert la couleur de la viande cuite : on la plonge dans une dissolution de gelée faite avec les os, ayant une consistance de sirop; on la reporte à l'étuve, l'humidité s'évapore, et la viande reste recouverte d'une espèce de vernis, qu'on pourroit remplacer avec avantage par celui que donne le blanc d'œuf desséché.

Pour faire du bouillon avec cette viande, on la passe à l'eau qui lui enlève son vernis, on jette cette eau; ensuite on met la viande à tremper pendant douze heures dans l'eau destinée à faire le bouillon; une ébullition de trois à quatre minutes suffit pour opérer la cuisson de la viande : on ajoute du sel et un clou de girofle. Le bouillon est presqu'aussi agréable que celui de la viande fraîche, et la viande presqu'aussi tendre.

Le bœuf de Hambourg se prépare, en exposant la viande à la fumée, après l'avoir saupoudrée de sel, et forcé le sel à pénétrer dans l'intérieur des morceaux, à l'aide d'une forte compression.

Lorsqu'on prépare de la viande pour la provision d'une maison, on prend une livre de sel et une once de salpêtre, pour quatorze ou quinze livres de viande, dépouillée de sang et desséchée : on frotte les morceaux avec le sel; on les laisse pendant un mois les uns sur les autres dans un saloir, avec la précaution de les retourner tous les huit jours. Au bout d'un mois, on essuie ces morceaux de viande ; on absorbe l'humidité avec du son, et on les suspend dans l'intérieur de la cheminée de la cuisine, ou dans une étuve.

Si la viande est destinée à être envoyée dans les pays chauds, ou à passer les mers, on double la quantité de sel, et on arrange les morceaux suffisamment secs, avec de la sciure de bois, dans des barils qu'on remplit et qu'on ferme avec soin.

Les bœufs étant égorgés et dépouillés de leurs peaux, on les vide, on sépare les têtes et les pieds; on désosse la viande; on la laisse se mortifier pendant deux jours; on la découpe en morceaux de cinq à six livres ; on les frotte avec du sel, mêlé à une petite quantité de salpêtre; on les place dans des baquets de bois; on les charge d'un poids considérable, qui en exprime une liqueur rougeâtre, à laquelle on procure un écoulement, en débouchant le fond du baquet. On retire la viande des baquets, pour la placer sur des planches; on la frotte de nouveau avec du sel pilé, sans mélange de salpêtre, et ensuite on l'arrange dans des barils, en isolant chaque morceau avec du sel.

Les barils pleins, on les ferme; ensuite on prend la liqueur exprimée par la première opération, on la fait bouillir, on l'écume, on la concentre et on la verse refroidie, et en plusieurs fois, dans le baril, par l'ouverture du bondon; et lorsqu'on est assuré qu'il n'existe dans le baril aucun vide, on le bouche. C'est par des procédés à peu près semblables qu'on est parvenu à saler non seulement les viandes des autres quadrupèdes, mais encore des oiseaux, et même celles des poissons.

Les Mahométans conservent leurs viandes, et les Africains celle du chameau, à peu près aussi de la même manière; ils leur donnent un quart de cuisson dans du beurre fondu; ils ne les salent et ne les assaisonnent que comme pour l'usage journalier; ils les laissent refroidir, les arrangent dans des jarres de terre, versent dessus le beurre figé, et ils ferment exactement les vases, ayant soin chaque fois qu'ils en tirent un morceau de viande, que le reste soit bien couvert de beurre. Dans les pays où l'huile est commune, on s'en sert pour conserver la viande et certains poissons, le thon, par exemple. Le procédé consiste à découper la viande d'un bœuf bien saigné, et dès qu'il est tué, à arranger aussitôt les morceaux dans des jarres, ou mieux encore, dans des bocaux de verre, à y verser assez d'huile d'olive fraîche, pour que toute la viande en soit noyée et couverte. Les bocaux parfaitement remplis, on les ferme avec un bouchon de liége, luté avec une pâte de craie et d'huile, qui forme le mastic des liquoristes. Un de ces bocaux, ayant été ouvert après cinquante jours de navigation, la viande s'est trouvée non altérée. Lavée, pressée et battue dans l'eau, pour la débarrasser de l'huile, cuite ensuite, elle flattoit encore le goût et l'odorat.

Dans l'Inde, on soumet souvent le poisson à la préparation suivante: on le nettoie, on le découpe par tranches, on le saupoudre de sel, de poivre, on le met dans un vase entre des couches de tamarin; quelquefois on ajoute aux ingrédiens précédens, du piment, de l'ail, de la moutarde, et même de l'assa fœtida.

On conserve encore les viandes à l'aide de plusieurs liqueurs; celle qu'on nomme saumure, et qu'on emploie pour le bœuf, le mouton et le cochon, se prépare en faisant bouillir quatre livres de sel marin, une livre et demie de sucre, deux onces de salpêtre, dans trente-quatre livres d'eau; on écume et on retire du feu; on verse cette liqueur refroidie sur la viande, dépouillée de sang, et frottée avec du sel.

On vante encore un moyen merveilleux, l'acide muriatique étendu dans une quantité d'eau suffisante pour conserver les viandes, pour leur donner un goût agréable, et les rendre propres à être digérées facilement.

On a laissé de la viande pendant neuf mois dans l'alcool à 13 degrés: au bout de ce temps, elle a fourni de fort bon bouillon.

On peut conserver la viande huit à dix jours, et même rétablir celle qui est altérée, en la lavant deux à trois fois par jour avec de l'eau saturée d'acide carbonique, ou en l'exposant au gaz carbonique dans une cuve en fermentation. Les personnes qui habitent la campagne ont sous la main le lait caillé, qui produit le même effet. Cette liqueur, lorsqu'on n'est pas obligé de garder trop long-temps la viande, est infiniment avantageuse, parce qu'elle n'en altère en rien la saveur. On a encore par-tout un moyen simple de rétablir les viandes qui commencent à se gâter; il consiste à les faire bouillir avec un nouet de charbon, ou à plonger dans le bouillon qui les cuit un charbon ardent. Tout le monde sait également qu'en plongeant une croûte de pain bien grillée dans du beurre rance, on lui enlève l'odeur et la saveur désagréables qui lui sont particulières.

Dangers à éviter dans la préparation des viandes. Avant qu'on s'avisât de cuire de la viande enfermée dans de la pâte qui, grossière d'abord, est maintenant délicate, on la mettoit dans des pots vernissés, de différentes formes, qu'on couvroit, qu'on lutoit et qu'on plaçoit, ou dans un four ou sur un feu étouffé. Puis, la viande étant cuite, on la conservoit dans ces mêmes pots jusqu'à ce qu'elle fût consommée pour les besoins des habitans de la maison.

Cette pratique étoit dangereuse, en ce que la graisse de la viande, agissant sur le vernis, dissolvoit l'oxide de plomb dont il étoit composé, et devenoit un poison d'autant plus actif, qu'elle séjournoit plus longtemps dans le pot.

Ceux qui tiendroient encore à ce mauvais mode de conservation, ne doivent pas balancer de l'abandonner.

La viande peut devenir insalubre par les combustibles qui la cuisent, ou à la fumée desquels on l'expose pour être séchée ou boucanée.

On a remarqué que le bois de garou, par exemple, lui communiquoit une propriété délétère; et on sait que le pain cuit dans un four chauffé avec des treillages peints avec des oxides de plomb ou de cuivre, a considérablement nui à la santé de ceux qui en ont mangé.

Il n'est que trop ordinaire, sur-tout dans les villes très-peuplées, de mettre en vente la viande d'animaux morts de maladies contagieuses; mais, comme l'usage de cette viande pourroit entraîner des inconvéniens, la police doit veiller avec soin pour les prévenir. A la vérité, il convient aussi de l'éclairer sur ce point de salubrité publique.

On ne seroit pas fondé à regarder comme dangereux l'usage de la viande d'animaux morts subitement par une cause quelconque, ou qu'on tue quand il leur est arrivé quelque accident, ou qu'ils sont affectés d'une maladie inflammatoire, parce que la chair ne semble participer en rien de leurs affections, qu'il n'y a alors que les viscères dans lesquels a été le foyer du mal, qui pourroient être suivis d'inconvéniens dans leur emploi comme nourriture. Quand le prix de la viande est à un taux très-élevé, on est moins scrupuleux sur le choix des bêtes à tuer, et l'emploi de celles qui sont mortes; mais des recherches très-multipliées, faites par des médecins chez des indigens, qui font habituellement une grande consommation de basse viande, à cause du bon marché, n'ont fait rien connoître qu'on pût raisonnablement attribuer à cet aliment. Plusieurs, au contraire, ont cité des exemples qui tendoient à prouver l'innocuité de cette viande.

Les maladies chroniques, telles que la pourriture dans le mouton, la pommelière ou la phthisie pulmonaire dans les vaches, la ladrerie dans le cochon, ne paroissent pas non plus avoir d'influence marquée sur la qualité de la viande: on remarque seulement que, quand ces maladies sont parvenues à un certain période, la chair est décolorée, fade, gélatineuse, passant plus facilement à la décomposition, et moins susceptible par conséquent d'être conservée; mais il n'existe aucune expérience positive qui atteste qu'elle a produit de mauvais effets dans son usage.

On trouve dans les Annales des Facultés de Médecine, consultées par leurs gouvernemens respectifs, sur les effets de la viande provenant d'animaux tués à cause de la maladie épizootique, une multitude de faits qui inspirent à cet égard la plus grande sécurité. Je me dispenserai de les citer, pour arriver à des évènemens qui se sont pour ainsi dire passés sous mes yeux.

Dans l'instruction publiée sur la maladie inflammatoire épizootique qui a régné en 1795, MM. Huzard et Desplas, après avoir établi que cette maladie n'étoit pas contagieuse des animaux à l'homme; que la viande de ceux tués ou morts, n'avoit incommodé en aucune manière les ouvriers qui en avoient mangé; ils ajoutent que, dans les ouvertures nombreuses qu'ils ont faites de ces animaux, la viande leur a paru toujours fort saine; qu'ils n'ont trouvé d'autres traces de la maladie que dans la poitrine, le foie, le bas-ventre et l'arrière-bouche. Mais, nous ne poursuivrons pas davantage l'examen de cette question, étrangère en quelque sorte à celle que nous venons d'envisager dans cet article. (PARMENTIER.)

VILAIN, (*Cyprinus jeses* Lin.) poisson du genre des *cyprins* ou des *carpes*. (*Voyez*, pour les caractères génériques, l'article CARPE.)

Caractères spécifiques : Quatorze rayons à la nageoire anale; le museau arrondi.

Il est peu de poissons qui aient reçu autant de noms que celui-ci : on l'appelle *meunier*, *chevanne*, *chevesne*, *testard*, *barbotteau*, *garbottin*, *garbotteau* et *chaboisseau*; son corps est gros, et son front large; une teinte bleue colore son dos et les opercules de ses ouïes : il a les côtés jaunes au dessus de la ligne latérale, qui est marquée par une série de points d'un jaune brun; au dessous règne un bleu argentin; les écailles sont grandes et bordées de bleu à leur partie inférieure, de même que la nageoire de la queue; les nageoires pectorales, ventrales et anales sont d'un violet clair; deux rangées de dents garnissent chacune des deux mâchoires.

Le vilain parvient à une grosseur assez considérable, et il pèse jusqu'à huit à dix livres : on le trouve dans les rivières, où il nage avec force; il se plaît près des buttes de sable et des moulins, d'où lui est venu le nom de *meunier*; son frai a lieu au printemps, et dure ordinairement pendant huit jours; il multiplie beaucoup, mais croît lentement; sa chair est grasse, molle, remplie d'arêtes, et prend une nuance de jaune lorsqu'elle est cuite : ce poisson n'est admis sur les bonnes tables que quand il a quelque grandeur.

PÊCHE DU VILAIN. La ligne est l'instrument le plus en usage pour cette pêche : on amorce les hameçons avec des pois cuits ou des insectes. (S.)

VIN. Quoique son usage remonte à la plus haute antiquité, l'art de le faire étoit cependant éloigné d'avoir atteint la perfection désirée à l'époque où parut le dixième volume du *Cours complet*; un chimiste célèbre, dont le ministère sera remarquable par des institutions utiles à l'agriculture, aux sciences, aux arts et à la bienfaisance, le sénateur Chaptal, a développé, dans cet Ouvrage, tous les phénomènes de la vinification : c'étoit à lui qu'il étoit réservé d'opérer parmi nous l'amélioration de cette source la plus féconde de notre prospérité, de notre industrie, de notre commerce et de nos jouissances, puisque la France embrasse une étendue immense de territoire favorable à la culture de la vigne. Son travail est un véritable traité d'œnologie si parfait, qu'il est presque impossible d'y rien ajouter dans l'état actuel de nos connoissances.

En effet, avant de songer à y faire un supplément, il faudroit que des cultivateurs habiles, qui auroient à cœur les progrès de la vinification, méditassent les principes généraux que M. Chaptal a présentés, qu'ils en fissent l'application dans tous les pays vignobles, qu'ils donnassent la plus grande publicité aux résultats généraux de leurs expériences, aux changemens produits dans la routine, enfin aux exceptions qu'ils auroient rencontrées dans leurs pratiques; et, connoissant alors parfaitement les procédés qu'on suivoit anciennement, et ceux qu'on leur a substitués avec succès, on pourroit obtenir quelques perfectionnemens de plus.

Les principes de l'art du vigneron ont aussi été supérieurement développés dans le même volume par M. Dussieux, qui s'est plus occupé de la qualité des fruits que de leur abondance. Au lieu de s'amuser à décrire tous les procédés, toutes les méthodes applicables à la culture de la vigne, dans toutes les circonstances, dans tous les terrains et à toutes les expositions, il s'est borné à établir clairement les principes généraux, d'où dérivent les modifications dont cette culture est susceptible. Son article VIGNE forme également un traité complet, et lui donne des droits à la reconnoissance nationale; nous conseillons à tous les propriétaires de vignobles, pour leur intérêt, de le consulter.

Je me bornerai donc à rappeler, dans cet

article, le résultat des expériences que j'ai faites sur les diverses méthodes de procéder à la clarification des liquides, de ceux surtout qui ont subi la fermentation vineuse.

Clarification des vins. Le but qu'on se propose dans ce travail, qui tend à éclaircir les vins, c'est de les débarrasser des corps qui, sans être dissous, y restent suspendus, et obscurcissent leur transparence. Ce travail est désigné, dans la clarification, sous le nom de *soutirage ;* il est suffisant pour les cantons dont les habitans tirent, comme on dit, au tonneau, une partie des impuretés qui nagent dans le liquide ; elle en est, à la vérité, séparée ; mais les vins ne peuvent acquérir spontanément, par le temps et le repos, cette belle limpidité à laquelle on attache tant de prix ; il faut nécessairement recourir au collage et à la clarification.

Mon dessein n'est pas d'examiner ici tous les procédés indiqués et essayés pour tirer les vins au clair. J'observerai seulement qu'on ne doit pas, pour vouloir réunir les molécules hétérogènes éparses dans un liquide qu'on se propose de clarifier, s'exposer à en altérer la composition, et c'est vraisemblablement ce qui sera arrivé lorsqu'on a été forcé de tâtonner entre cette foule d'agens préconisés autrefois, dont on ne connoissoit alors ni la nature, ni la manière d'opérer ; dans ce nombre, je n'en signalerai qu'un seul, c'est le sable bien lavé et très-pur, parce qu'étant insoluble dans le vin, il ne pourroit lui communiquer aucun goût étranger : son usage, à la vérité, n'est utile que dans le cas où les vins n'ont besoin que d'être dégagés de légères ordures, qui en troublent ordinairement la transparence ; il entraîne, par sa pesanteur spécifique, tout ce qui se rencontre sur son passage, et va se confondre dans la lie.

C'est surtout pour les vins rouges, qu'on fait un grand usage de l'albumen, après le soutirage, et quelques jours avant de les mettre en bouteilles : dans ce cas, il suffit de battre les blancs d'œufs avec de l'eau, de les ajouter par la bonde, en les mêlant au vin par l'agitation : peu de temps après, on apperçoit se former un réseau dans tout le mélange, et bientôt ce réseau, en se concentrant sur lui-même, rassemble tous les corps qui sont étrangers au vin, et les entraîne au fond du tonneau.

Un fait qui démontre que les vins blancs, comme les vins rouges, peuvent être clarifiés par l'albumen, c'est que les habitans de l'Ouest et du Midi n'emploient pas d'autres moyens pour cette opération, et que, d'après les relevés des douanes de Bordeaux, cette ville consomme annuellement pour ce seul article, près de quinze millions d'œufs, tandis que dans les départemens septentrionaux, les blancs d'œufs servent exclusivement aux vins rouges, et on croit ne pouvoir se dispenser de faire usage de la colle de poisson pour clarifier les vins blancs. Quelques informations prises auprès des négocians de différens départemens, n'ont pu encore m'éclairer sur les motifs qui leur font préférer, dans ce cas, la colle de poisson : il semble même, d'après les réponses vagues et insignifiantes qui m'ont été faites, que cet usage tienne à des habitudes locales.

Mais si l'albumen, pour clarifier tous les vins, quelle qu'en soit la couleur, remplit complètement cet effet, il faut convenir qu'il n'est pas toujours à l'abri de quelques inconvéniens ; et malgré l'attention recommandée de n'y employer que des œufs frais, de les examiner, de les casser un à un dans un vase particulier, il est arrivé quelquefois que pour s'être servi d'un œuf qui avoit un commencement d'altération, on a changé, dénaturé ou masqué le parfum, le *gratter* des vins.

J'ai vu chez un de mes amis, dont la cave étoit livrée à des domestiques peu soigneux, une pièce de vin, qui avoit absolument le goût d'un œuf qui, comme on dit, sent la paille. Combien de fois n'a-t-on pas accusé les tonneaux, la cave, le sol d'en être cause, quand ce goût particulier ne provenoit souvent que de la clarification opérée par les œufs, dans le nombre desquels il s'en sera trouvé un seul de gâté ! On sait que dans cet état il peut influer désagréablement dans les ragoûts, dans les pâtisseries, dans les crêmes, etc., etc.

Mais, dira-t-on, il sera toujours possible de parer à cet inconvénient, avec l'attention de n'employer, en pareille circonstance, que des œufs frais. Ce moyen, à la vérité, est facile, au printemps et même jusqu'en vendémiaire, parce qu'alors tous les œufs qui sont dans le commerce n'ont pas une date bien ancienne ; les habitans des campagnes les apportent deux fois la semaine aux marchés des villes ; et ce n'est guères qu'à la seconde ponte, que l'idée de faire des provisions pour l'hiver, occupe les soins de la ménagère

C'est en hiver qu'on met ordinairement les vins en bouteilles, après les avoir préalablement clarifiés ; alors les œufs frais sont rares, et par conséquent fort chers ; ceux qui existent dans le commerce ont au moins trois mois de ponte ; il faut donc redoubler de vigilance pour éviter d'employer les œufs qu'on soupçonneroit sentir la paille ; car ce caractère ne devient souvent très-marqué que quand l'œuf est délayé et étendu.

Cependant, sur ce point il convient de s'entendre : quand on dit qu'un œuf sent la paille, c'est sans doute à cause de cette dernière matière dans laquelle on l'a conservé ; car il arrive souvent que quand cette matière est mouillée, elle fermente, les œufs s'y altèrent facilement, et prennent, au bout d'un temps plus ou moins long, ce caractère désigné sous le nom générique de goût de paille, quel que soit l'intermède employé à leur garde.

A l'exception de l'incubation, à laquelle les œufs pondus par des poules, sans avoir eu communication avec les coqs, les *œufs clairs* (*Voyez* le mot OEuf, dans ce volume), c'est ainsi qu'ils se nomment, peuvent servir généralement à tous les autres usages ; non seulement ils sont aussi substantiels, aussi savoureux, aussi salubres que les œufs fécondés, mais ils méritent la préférence dans l'emploi de quelques procédés de celui dont il s'agit ici, par exemple : il seroit donc très-avantageux de ne se servir, dans la clarification des vins, que d'œufs non fécondés, privés alors du principe de la vie, et ne contractant pas aussi facilement de mauvais goût.

Pendant leur garde et dans leur transport, ils n'en communiquent aucun aux liquides collés et clarifiés par ce moyen. Arrêtons-nous maintenant sur la colle de poisson, considérée également comme agent de la clarification.

De l'icthyocolle ou colle de poisson, et des matières propres à la remplacer dans la clarification des vins et autres boissons fermentées. La colle de poisson, comme l'on sait, est préparée avec l'estomac, la peau, la vessie, les intestins desséchés et roulés en cordes, du grand esturgeon, *acipenser huso* L. Mais ce que nos pêcheurs ignorent ou négligent trop, c'est qu'il est possible d'en préparer également avec presque toutes les parties de quelques espèces de plusieurs autres poissons ; car sans parler de l'excellente icthyocolle que les Lapons savent extraire de plusieurs espèces de perches, *perca* L., les Russes en tirent aussi de tous les poissons du genre de l'esturgeon, tels que le strelet, l'étoile, le petit esturgeon, etc. On prépare l'icthyocolle, en faisant bouillir la peau, les intestins nettoyés, la vessie natatoire, les nageoires, les membranes des esturgeons et de plusieurs autres poissons ; lorsque cette gélatine est épaissie, on la coule en plaques, qu'on roule ensuite, qu'on forme en lyre, et qu'on dessèche à l'ombre, pour la faire passer dans le commerce : telle est, au rapport de plusieurs voyageurs, et sur-tout de *Pallas*, la manière dont s'apprête cette colle. Les Anglais en font la consommation la plus considérable dans leurs brasseries de *porter*, et c'est d'eux que les Français et les autres peuples de l'Europe méridionale l'achètent pour coller leurs vins. L'exportation extrêmement forte de cette substance, en augmente beaucoup le prix. (*Nouveaux Voyages de Pallas dans les parties méridionales de l'empire de Russie*, en 1794, tom. I.)

Dans son *Histoire naturelle des Poissons*, à l'article Acipensere, M. *Lacépède* dit : « qu'on peut très-bien imiter en Europe les » procédés des Russes, pour la fabrication » d'une matière qui forme une branche de » commerce plus importante qu'on ne le » croit, et je puis assurer que particulièrement en France, il n'est ni dans nos étangs, » ni dans nos rivières, ni dans nos mers, » presque aucune espèce de poisson dont » la vésicule aérienne et toutes les parties minces et membraneuses ne puissent fournir, après

» après avoir été nettoyées et séchées » avec soin, une colle aussi bonne, ou du » moins presque aussi bonne que celle qu'on » nous apporte de la Russie méridionale. » On l'a essayée avec succès, et je n'ai pas » besoin de faire remarquer à quel bas prix » et dans quelle quantité on auroit une » préparation que l'on feroit avec des ma- » tières rejetées de toutes les poissonneries » et de toutes les cuisines, et dont l'emploi » ne diminueroit en rien la consommation » des autres parties des poissons. »

Les poissons les plus propres à remplacer, avec leurs intestins et leur peau, l'icthyocolle, sont principalement ceux que les naturalistes rangent dans la famille des cartilagineux ou des chondropterygiens et branchiostéges; tels sont les chiens de mer, les roussettes, les raies; ces poissons fournissent un gluten gélatineux, extrêmement abondant et très-tenace, comme on l'a éprouvé. La couleur est, à la vérité, un peu plus foncée que celle de l'icthyocolle, et elle conserve une légère odeur de poisson; mais la petite quantité qu'on en emploie, soit pour clarifier les diverses liqueurs, soit pour coller des objets cassés, soit pour donner un lustre éclatant à diverses étoffes de soie, n'est nullement capable d'offrir une différence sensible avec l'icthyocolle.

Pour ôter tout soupçon à cet égard, voici plusieurs espèces de poissons, dont les membranes et les vessies fournissent une icthyocolle toute aussi bonne, aussi transparente, aussi inodore et aussi peu sapide que celle de l'esturgeon, puisque l'essai en a été fait.

Le premier est le *mal*, poisson d'eau douce, qui devient très-gros et qui se pêche dans le Rhin, le Danube et le Volga. Il appartient au genre des silures, et Linnée le désigne sous le nom de *silurus glanis*. Ceux du Danube ont communément six à huit pieds de longueur, et pèsent environ trois quintaux. C'est un animal pesant, qui se tient dans les fonds vaseux; quoiqu'il multiplie peu, et qu'on ne le trouve guères qu'apparié avec sa femelle, il est abondant dans les eaux des grands fleuves. Sa vésicule aérienne fait une icthyocolle bonne, transparente et inodore; de là vient la dénomination de *poisson icthyocolle*, que lui ont imposée plusieurs naturalistes.

En général, tous les poissons peu couverts d'écailles, qui vivent dans les eaux tranquilles des lacs, des étangs, fournissent une abondance extraordinaire de gélatine très-saine et très-agréable, si l'on a soin de la préparer avec propreté; car non seulement elle sera transparente et inodore, comme la colle de poisson, mais même elle présentera des gelées plus pures; car les Tartares et autres habitans demi-sauvages qui apprêtent l'icthyocolle, sont connus pour être, en général, fort malpropres et dégoûtans. Les poissons des eaux vives, des fonds caillouteux, des mers agitées, ayant une chair plus ferme et plus fibreuse, présentent moins de principes gélatineux; telles sont les espèces que les naturalistes rangent dans l'ordre des thorachiques, et qui se tiennent dans les hautes mers. Ceux des rivages tranquilles, des baies peu agitées par les tempêtes, et qui rampent dans la vase, sont très-propres à fournir, dans toutes leurs parties, une gélatine plus ou moins transparente et inodore, suivant le degré de soins qu'on apportera dans sa préparation.

Les poissons les plus propres à cet objet, sont premièrement le *perce-pierre* ou la *baveuse*, le *blennius pholis* L., qui se trouve dans l'Océan et la Méditerranée, au milieu des varechs et dans les trous des rochers; tout son corps est enduit d'une humeur visqueuse très-abondante, et il peut servir en entier d'icthyocolle, avec d'autant plus de fruit, qu'on fait peu de cas d'une chair si gélatineuse. Plusieurs autres espèces du même genre serviront facilement au même objet, telles que le *lièvre de mer moucheté*, *blennius ocellaris* L., qui vit dans la Méditerranée; la molle, *blennius phyces* L. de la même mer, ainsi que la coquillarde, *blennius galerita* L., dont la chair est également gélatineuse.

Secondement, si l'on craignoit que le nombre de ces poissons ne pût suffire à la préparation de la colle de poisson que l'on consomme, il en est une source très-abondante dans les morues. « On fait, dans le Nord, » avec les vésicules aériennes des morues,

» une colle qui approche beaucoup, pour la » qualité, de celle faite avec les esturgeons, et » qu'on appelle proprement *colle de poisson.* » Voici comme on procède à cette opération : » On détache les vésicules, ainsi que leurs » ligamens qu'on appelle *poches ;* on les » coupe en deux, et on enlève la première » peau avec un couteau dentelé, ensuite on » les met dans l'eau de chaux pour enlever » les parties graisseuses qui pourroient y » être restées ; on les lave dans l'eau pure, » et on les fait sécher. On a essayé de faire » les mêmes opérations sur le banc de Terre-» Neuve ; mais on y a renoncé, parce que » le temps et la place y manquoient souvent ; » en conséquence on y sale les vésicules aé-» riennes pour les manger. On les regarde » comme un morceau fort nourrissant et fort » sain. » *Bosc*, dans le *Nouveau Dictionnaire d'Histoire naturelle*, article de la Morue.

Avec une pêche aussi abondante que celle des morues, on ne peut que laisser perdre beaucoup de parties de ces poissons, très-propres à fabriquer une excellente icthyocolle, et qui ne le céderoit en rien à celle de l'esturgeon.

D'ailleurs, il y a plusieurs autres poissons du même genre que la morue ou le cabillaud, qui fourniroient également une bonne colle ; tel est l'aiglefin ou l'ânon, *gadus eglefinus* L., si commun dans nos mers septentrionales ; tel est aussi le tacaud, *gadus barbatus* L., qui vient frayer au printemps sur toutes les côtes du nord de la France. Le colin, *gadus carbonarius* L., et la lingue, *gadus molva* L., dont on prend de si grandes quantités, et qui se multiplie presque autant que le hareng. Aussi plusieurs habitans du Nord préparent une bonne colle de poisson avec sa vésicule aérienne, industrie négligée des pêcheurs français. La merluche ou stochfisch, *gadus merluccius* L., doit encore être comptée comme l'un des plus avantageux pour la fabrication de l'icthyocolle, capable de rivaliser avec celle de la Russie.

Nous ne parlerons ni des lamproies, ni des anguilles, de la peau desquelles on peut retirer une colle très-tenace, car on pourroit ne rien laisser perdre de tout ce qui peut être utile.

Les sèches, les poulpes et plusieurs autres animaux de la classe des mollusques, qu'on pêche abondamment sur certaines côtes maritimes, fournissent également l'une des meilleures gélatines qu'on puisse extraire, si on a le soin de la préparer par des moyens convenables : c'est avec de pareilles substances animales que sont formés ces *nids d'alcyon*, qu'on apporte de Chine, et qui donnent des bouillons si recherchés et si nourrissans dans les maladies d'épuisement. Ces nids d'alcyon ne sont autre chose qu'une icthyocolle naturelle, formée par des holothuries et autres mollusques dont une hirondelle maritime compose son nid et qu'elle colle contre les rochers : on nomme salangane, *hirundo esculenta* L. ce petit oiseau ; et *Kempfer* assure que l'on prépare une matière semblable à ces nids avec la chair des poulpes, des polypes, aromatisée naturellement par une odeur un peu musquée, qui est celle de l'encre que lancent les sèches des mers de la Chine, lorsqu'on les poursuit, pour obscurcir les eaux et échapper à la faveur de ces nuages. La nature des *nids d'alcyon* est de la couleur et de la consistance de l'icthyocolle ; elle peut également se dissoudre dans de l'eau bouillante, quoique plus difficilement ; l'excellente saveur de ces nids, la nourriture très-substantielle qu'ils offrent, les font extrêmement rechercher des peuples de l'Asie ; mais la gélatine extraite de nos sèches et de nos poulpes peut les remplacer avec le plus grand avantage.

Résultats des expériences comparatives de l'albumen ou blancs d'œufs, de la colle de poisson et de la colle de Flandre, employés dans la clarification des vins et de la bière, etc. On ne sauroit douter que les avantages de la colle de poisson, sur l'albumen, ne soient très-sensibles pour les vins blancs de la plupart des cantons de la France ; qu'elle ne les clarifie en peu de temps d'une manière suffisante ; qu'elle n'offre nécessairement le moyen de faire disparoître les nuances jaunâtres qu'ils ont quelquefois naturellement, en mêlant cette colle avec du lait et jetant le tout dans la futaille ordinaire.

L'albumen, au contraire, employé pour les vins blancs de la même qualité, les colore constamment et ne les clarifie pas toujours ; la plupart conservent un brouillard plus ou moins épais, et ne sont jamais ce qu'on appelle *clairs fins ;* mais ce moyen a aussi quelques avantages sur la colle de poisson, pour les vins rouges plus visqueux, plus pesans. Le blanc d'œuf entraîne beaucoup mieux les parties tartareuses en extraction qui s'y trouvent en plus grand nombre que dans les vins blancs ; tandis que la colle de poisson, qui est légère, reste suspendue dans le vin rouge avec les parties qu'elle n'a pas la force d'entraîner.

En Allemagne, on ne se sert jamais, ou très-rarement, de l'albumen pour coller les vins, c'est la colle de poisson qu'on préfère. Les tonneliers interrogés sur les motifs de cette préférence, ont répondu que c'étoit pour plusieurs raisons: 1°. parce qu'en se servant de cette première substance, il n'en falloit que très-peu pour coller beaucoup de vins ; 2°. pour la seconde, ils étoient obligés d'en employer une trop grande quantité qui altéroit sur-tout la qualité de ce liquide ; qu'en outre les blancs d'œufs étoient trop crus, c'est-à-dire, qu'ils n'étoient pas assez animalisés ; car on sait que plus une substance a ce caractère, plus elle est propre à la clarification des liqueurs. Le sang plus animalisé que les autres matières animales, opère dans ce cas le plus grand effet, sur-tout quand il se trouve un peu altéré.

La colle de Flandre a été également essayée ; non seulement elle ne clarifie pas complètement les vins, mais elle leur communique encore une saveur très-désagréable ; ils se colorent promptement et ne tardent pas à s'altérer. L'opinion dans laquelle on est que cette substance fait la base de la colle des brasseurs, pour la clarification de la bière, m'a déterminé à soumettre à quelques expériences cette colle prise au hasard dans le commerce de la brasserie, et je me suis assuré que c'étoit la colle de poisson ; il peut bien arriver que dans les circonstances où cette denrée, de quatre à cinq francs la livre qu'elle coûte ordinairement, se vend jusqu'à seize francs, on la remplace par la colle de Flandre qui, en qualité de gélatine animale, peut très-bien clarifier la bière.

Quelques écrivains qui ont essayé de jeter du jour sur ces matières, prétendent que les substances gélatineuses sont les plus efficaces pour le collage de la bière ; mais ils indiquent la gomme arabique comme très-propre à cette opération : on ne s'en sert néanmoins que fort rarement, à cause du prix qu'elle coûte, et du corps qu'elle donne à la liqueur, ce qui, suivant l'idée des ouvriers, la rend moins mousseuse, moins délicate et très-inférieure en qualité à la bière dans la composition de laquelle on a fait entrer des substances animales.

Il paroît encore que dans plusieurs endroits les brasseurs emploient, au lieu de tous les agens clarifians que nous venons de citer, le sérum du sang de bœuf lorsqu'il est bien séparé du caillot. Ils se gardent bien d'en convenir, pour l'ordinaire, à cause du dégoût qu'une telle substance pourroit inspirer à beaucoup de consommateurs. Cependant, lorsque ce *sérum* est pur et battu avec un peu d'eau ou de la liqueur des tonneaux dans lesquels on le verse, la clarification s'en fait très-bien.

La clarification des vins, de la bière, opérée d'une manière quelconque, laisse précipiter dans la lie un gluten animal ; la colle de poisson particulièrement en fournit abondamment, est plus susceptible de se putréfier, et développe une odeur de marée. Ainsi, comme le sérum du sang est albumineux, et la colle de poisson gélatineuse, on pourroit reconnoître dans les lies de vin ou de bière, laquelle des deux substances a servi à clarifier ces liqueurs ; ces lies putréfiées exhalent une odeur très-animale, sur-tout lorsqu'on en fabrique du vinaigre.

En examinant attentivement la question dont il s'agit, on est disposé à croire que, de toutes les matières propres à la clarification des liquides, et à leur donner ensuite cette limpidité qu'ils ne peuvent acquérir et conserver par le simple repos et par les filtres, l'albumine est la seule qui convient le mieux, sous les rapports du temps, de la perfection, et particulièrement à cause du peu d'altération qu'elle leur fait éprouver ; que peut-être même, les gélatines animales ne possèdent-elles cette propriété qu'en raison de l'albumen qu'elles contiennent ; mais que parmi les matières de ce genre, l'icthyocolle est préférable à la colle de Flandre, parce qu'elle est presque sans couleur, insipide, et ne communique rien de désagréable aux liqueurs clarifiées par cet intermède ; qu'enfin, relativement à l'économie, la première avoit l'avantage.

On reconnoît que la plupart des vins blancs, clarifiés au moyen de la colle de poisson, sont plus transparens et gardent plus longtemps leur limpidité que ceux clarifiés avec les blancs d'œufs qui, par le contact avec l'air atmosphérique, perdent bientôt cette limpidité.

Quant aux vins rouges, je pense qu'il faudroit essayer de nouveau la colle de poisson qui, selon moi, peut remplacer avec avantage les blancs d'œufs, puisqu'il en faut beaucoup moins pour la même quantité de vin ; mais il n'y a pas de doute que son action clarifiante ne dépende de la nature et des proportions des principes sur lesquels elle s'exerce, et qu'on ne sauroit employer le même mode pour toutes les espèces de vins, qui exigent plus ou moins de temps pour acquérir le *maximum* de leur perfection comme boisson, et que ce mode doit être déterminé d'après la connoissance de la composition de la liqueur à clarifier.

Il y a ici un objet à calculer, c'est l'économie. La colle de poisson peut également clarifier toutes sortes de vins blancs et de vins rouges, remplacer par conséquent l'énorme quantité de blancs d'œufs que consomme cette opération domestique, et rendre à la masse alimentaire du peuple une ressource précieuse que rien ne supplée.

Dans le rapport fait au bureau de consultation sur la colle forte des os, proposée par M. *Grenet*, inséré dans le Cahier des *Annales de chimie*, avril 1792, tome XIII, page 192, nous avons prouvé, *Pelletier* et moi, qu'on pouvoit, dans une foule de circonstances où l'on emploie une dissolution de colle de poisson, lui substituer une gelée blanche, préparée par une courte ébullition de râpure d'os dans le moins d'eau possible.

Mais, ne pourroit-on pas substituer à la colle de poisson elle-même, une matière analogue prise dans nos productions indigènes ? Que de matières y sont propres, et qu'on rejette dans nos poissonneries ! Dans le *Système des connoissances chimiques*, M. *Fourcroy* n'a point oublié l'examen de l'icthyocolle ; ce savant l'a considérée comme matière alimentaire et comme médicament ; il propose d'en préparer avec toutes les parties, et principalement avec les vessies natatoires des poissons d'un grand volume.

Ce travail mériteroit bien d'être suivi par quelques uns de nos chimistes les plus exercés en ce genre. Je désirerois, par exemple, que M. *Seguin*, qui a traité avec tant de succès les matières albumineuses et gélatineuses, voulût en faire l'objet de ses expériences et de ses recherches ; qu'il déterminât ce qui est le plus économique et le plus convenable à employer pour clarifier nos boissons vineuses, et indiquât les motifs qui font que dans les cantons vignobles de l'Ouest, par exemple, leurs habitans évitent de se servir de la colle de poisson : nous serions alors dispensés d'aller au loin nous approvisionner d'une matière, que nos ressources indigènes sont facilement en état de remplacer. Ne perdons jamais de vue qu'une nation n'est véritablement puissante et riche, qu'autant qu'elle peut se passer de l'étranger, spécialement pour ce qui est relatif aux alimens et aux boissons. (PARM.)

VOLANT, (*Chasse aux oiseaux.*) Il est décrit à l'article BECFIGUE. (S.)

VOLIERE. La demeure habituelle des pigeons fuyards ou libres, se trouvant développée au mot COLOMBIER, et décrite séparément de tout ce qui intéresse les mœurs et l'éducation de ces oiseaux, j'ai cru devoir en faire autant pour la volière, que Rozier n'a point décrite, et offrir en même temps quelques vues sur les espèces de pigeons auxquelles elle sert de gîte.

La volière doit être établie dans un endroit où le chaud et le froid ne se fassent point trop sentir ; il faut qu'elle tire ses jours du côté du levant ou du midi, qu'elle soit meublée de nids de figure carrée, assez profonds pour y asseoir un pigeon à l'aise ; leur nombre est ordinairement en raison de trois par paire de pigeons ; on la meuble de terrines de plâtre, de paniers d'osier, qu'on attache au mur, ou bien on construit des cabanes de bois d'un pied en tous sens, ou bien encore on pratique des trous dans l'épaisseur des murs. Mais ces différens nids sont sujets à des inconvéniens; on reproche aux cases en planches, dans lesquelles on met un plateau de plâtre, de s'imbiber trop facilement de la partie humide de la fiente, et de contracter par là une odeur qui finit par occasionner des maladies aux pigeons. Les paniers d'osier ont aussi leurs inconvéniens; outre que la vermine trouve plus aisément à s'y loger, les petits sont exposés à tomber souvent; et, si on n'a pas le soin de les replacer aussitôt dans leurs nids, ils ne tardent pas à être massacrés par les autres. Les plâtres peuvent être avantageusement remplacés par des terrines de terre cuite vernissées; ces dernières, à la vérité, sont d'un prix à peu près double, mais la facilité de les nettoyer à grande eau, et sur-tout leur durée, dédommagent au delà de l'excédant de la dépense. Les cavités pratiquées dans l'épaisseur du mur sont trop fraîches, et ne paroissent pas leur convenir; quelques amateurs ont été jusqu'à faire fabriquer, en terre cuite, des pots assez ressemblans à ceux qu'on place pour recevoir les moineaux. Il faut avoir l'attention de placer les nids dans l'endroit le moins clair de la volière; car les pigeons, comme tous les autres oiseaux, lorsqu'ils veulent pondre ou couver, recherchent toujours l'obscurité.

On ne sauroit trop recommander de balayer souvent la volière, d'en faire nettoyer sous ses yeux toutes les parties, de faire transporter à quelque distance la colombine et les autres immondices; de renouveler la paille des nids tous les trois ou quatre jours au moins pendant l'incubation, sans quoi la fiente qui les entoure ne tarderoit pas à leur procurer de la vermine. Il ne faut pas négliger non plus de changer souvent leur eau en été, et de la faire dégeler dans les grands froids. Il faut encore avoir le soin de mettre de la paille fraîche dans les nids aussitôt qu'on en a enlevé les petits, parce que les pères tiennent aux nids dans lesquels ils ont déjà élevé leur famille. Moyennant cette précaution et cette propreté, qu'on peut porter à l'excès, j'ose affirmer qu'il est rare d'avoir des pigeons attaqués d'autre maladie que de l'incurable vieillesse.

Il y a des espèces de pigeons qui mettent beaucoup de paille dans leurs nids, d'autres qui n'en mettent que quelques brins. Il est bon d'avoir la précaution de les dégarnir quand il y en a trop, parce que les œufs pourroient tomber et se casser, et d'en mettre quand il n'y en a point, attendu que les œufs, à nu sur la planche, roulent de dessous la femelle, qui ne peut les embrasser comme il faut, se refroidissent, et ne sont plus bons à rien. Pour éviter ces inconvéniens, on fera bien de leur préparer soi-même leurs nids, de rompre la paille, afin qu'elle se prête mieux à la forme qu'on veut leur donner, et que les œufs ne puissent glisser entre, ce qui arrive quand elle n'a pas été préalablement brisée.

Des pigeons de volière. C'est le nom qu'on donne le plus généralement aux pigeons mondains et autres de cette race. Ils sont plus ou moins gros et féconds; mais si l'on vise au profit, les pigeons communs, et en général les moyennes espèces, sont ceux qui paroissent devoir être plus multipliés, pourvu toutefois qu'on les ait choisis beaux et bien forts, qu'ils aient de l'ardeur, l'œil vif, la démarche fière, le vol roide. Ces pigeons sont d'une fécondité telle que, dans le cercle de quarante jours, la femelle pond, nourrit sa progéniture, et est déjà occupée d'une autre couvée; ils sont aptes à se reproduire dès l'âge de six mois. On a observé que le principe de la reproduction étoit plus promptement développé dans les mâles que chez les femelles. Ce n'est guères qu'à la fin de la seconde année qu'ils sont dans leur plus grande vigueur.

On ne peut pas aisément, dans les jeunes pigeons, distinguer au premier coup d'œil le mâle de la femelle; les premiers ont, en général, le bec et la tête plus forts; mais le roucoulement est le signe le plus assuré auquel on puisse les reconnoître; dans certaines variétés on connoît le mâle au panache, c'est-à-dire à des taches noires que, à quelques exceptions près, les femelles n'ont jamais.

Lorsqu'on désire obtenir des sujets forts et vigoureux, il est avantageux d'avoir recours au croisement des races; mais quand il s'agit de conserver ce que les amateurs appellent *pigeons de genres*, il faut observer avec soin de n'y employer que les espèces dont la grosseur est une des beautés, tandis qu'il faut éviter le croisement lorsque l'on veut conserver les petites espèces dans leur forme ordinaire. Si au contraire on ne cherche qu'à obtenir de forts pigeonneaux, il importe peu de mélanger les races, en observant néanmoins de donner à la femelle un mâle plus gros qu'elle.

Il seroit à souhaiter que la race des pigeons mondains fût sans défaut, car il n'est pas rare d'y rencontrer des individus stériles; du reste, c'est la plus excellente race pour le produit, et une des meilleures pour la qualité des pigeonneaux.

Quand on peuple une volière, ou qu'on veut remplacer les pigeons invalides, on conserve ordinairement les pigeons nés en septembre ou octobre, parce qu'ils sont dans toute leur force au mois de mars suivant. On sait qu'un ou deux mâles non appareillés suffisent pour porter le trouble dans l'habitation, et pour déranger toutes les pontes; aussi quelques amateurs ont-ils la précaution de retirer de la volière, aussitôt qu'ils mangent seuls, tous les jeunes pigeons qu'ils destinent à augmenter le nombre des nids, ou à remplacer ceux dont l'âge annonce la prochaine stérilité. Ils les réunissent dans un endroit qu'ils nomment l'*appareilloir*, et les y laissent jusqu'à l'époque où le roucoulement des mâles et la coquetterie prononcée des femelles ne laissent aucun doute sur le sexe des individus; alors, à moins que vous n'en ayez de différentes races, que vous ne vouliez croiser, ne genez point leurs inclinations, et laissez-les faire leur choix. Vous vous appercevrez bientôt des affections mutuelles; vous transporterez dans la volière les paires qu'un même sentiment a déjà unies. Il y a même de l'inconvénient à mettre indistinctement un mâle et une femelle pour qu'ils s'accouplent. Dans ces ménages brusquement formés, avant que les soins mutuels en fassent le lien, la discorde règne plusieurs jours. Le mâle exerce sur la femelle une tyrannie, qui va jusqu'à la frapper presque continuellement à coups de bec, et à la tourmenter sans cesse. Il est ennuyeux d'être témoin de cette dissension, qui dure plus ou moins, qui se termine à la vérité par une union indissoluble, mais qu'on peut éviter, en laissant à l'inclination de la femelle, dans un appareilloir, le choix de l'objet auquel elle doit vouer une fidélité sans bornes, et presque sans exemple. Heureux néanmoins des époux dont l'union est précédée de quelques momens d'orage, pour n'être suivie que d'une continuité de jours sereins! Le couple une fois uni demeure joint toute la vie; mais si l'un d'eux vient à mourir par quelque accident ou autrement, celui qui survit cherche et trouve à former une nouvelle alliance.

Quels que soient la qualité de la nourriture des pigeons, et les soins qu'on leur donne, il arrive souvent qu'ils font des œufs clairs, c'est-à-dire qui ne sont pas fécondés. Quand on s'en apperçoit, il faut les ôter de dessous la couveuse, et leur substituer, si l'on veut, ceux d'une autre paire, dont on voudroit multiplier l'espèce; sans quoi le temps qu'ils emploîroient à couver ces mauvais œufs seroit entièrement perdu, tandis que ceux dont on a enlevé les œufs pondent de nouveau au bout de quelques jours.

Pour manger de bons pigeonneaux, il ne faut pas attendre qu'ils mangent seuls, parce qu'alors ils maigrissent; leur chair n'a plus cette finesse et cette délicatesse qui caractérisent les pigeonneaux de volière. C'est lorsqu'ils ont environ un mois, et qu'ils sont sur le point de sortir de leurs nids, qu'il faut les prendre; mais si l'on veut manger d'excellens pigeonneaux, il faut les engraisser de la manière suivante :

Lorsque les pigeonneaux seront parvenus au dix-neuf ou vingtième jour, que le dessous de leurs ailes commencera à se garnir de plumes ou de canons dans la partie des aisselles, retirez-les de la volière, placez-les ailleurs dans un nid, et couvrez-le avec une corbeille, un panier, qui refuse l'accès à la lumière, et laisse un libre passage à l'air. Tout le monde sait qu'on doit, en général, tenir dans l'obscurité les animaux qu'on veut engraisser artificiellement. Ayez des grains de maïs qui auront trempé dans l'eau environ vingt-quatre heures : retirez deux fois par jour, le matin de bonne heure, le soir avant la nuit, chaque pigeonneau hors de son nid; ouvrez-lui le bec avec adresse, et faites-lui avaler chaque fois, selon son espèce et sa grosseur, depuis cinquante jusqu'à quatre-vingts et même cent grains de maïs humecté. Continuez dix ou quinze jours de suite, et vous aurez des pigeons d'une graisse aussi fine que celle des plus belles volailles du monde. Il n'y aura de différence que dans la couleur. Je puis certifier le succès de cette recette.

Les pigeons, comme tous les autres animaux, ne sont pas exempts de maladies. Il n'est pas douteux que ceux qui sont captifs n'y soient plus sujets que les pigeons fuyards, qu'ils n'en aient même qui soient inconnues à ces derniers, et qui appartiennent à la condition domestique, laquelle a cependant pour eux quelques avantages, quoi qu'on en disc. Nous ne dirons que deux mots sur les maladies, parce qu'il faudroit énoncer leurs symptômes et le traitement qu'il faut leur faire subir, et qu'il nous manque à cet égard des données certaines.

La goutte, la mue même, est pour le pigeon captif une maladie souvent aussi cruelle que la dentition l'est pour d'autres animaux. Quelquefois un pigeon meurt après avoir long-temps souffert, faute d'avoir pu se défaire de trois ou quatre plumes de l'aile. On peut prévenir cette mort en prenant l'individu, et en lui arrachant les plumes avec soin, de peur de les rompre ou de déchirer les parties adhérentes par un mouvement trop brusque et trop fort.

Quelques pigeons sont tellement avides, qu'ils se gorgent d'alimens, au point que, ne pouvant pas être digérés, ils restent dans le jabot, s'y corrompent, et font souvent mourir l'animal. Cela arrive souvent, sur-tout lorsqu'ils ont été trop long-temps sans manger. Dans ce cas, on les renferme dans un bas, qu'on attache à un clou, de manière qu'ils aient les pieds inférieurement. Dans cette position, on ne leur donne qu'un peu d'eau de temps en temps. Mais ce procédé manque quelquefois; alors on est obligé de fendre le jabot avec une paire de ciseaux bien pointus, ou un canif; on retire l'aliment corrompu, on le lave, et on le recoud. Cette méthode a souvent réussi, mais elle fait perdre au jabot sa forme ronde. Quelques personnes font une ligature qui intercepte la partie du jabot, qui contient la nourriture non digérée, et elles la laissent jusqu'à ce qu'elle tombe d'elle-même, emportant avec elle la partie du jabot qu'elle entouroit. On sent aisément les suites d'un semblable moyen, qui, au reste, est immanquable.

Les pigeons sont quelquefois attaqués par une espèce d'insecte, qui dévore sur-tout les pigeonneaux qui viennent d'éclore. Ces insectes, connus vulgairement sous le nom *de punaises des pigeons*, leur sont d'autant plus funestes, qu'ils s'introduisent dans leurs oreilles, et les privent entièrement du repos nécessaire à leur santé et à leur accroissement. Pour y remédier, il faut semer dans le nid de la poudre de tabac, et en répandre aussi sur les pigeonneaux; par ce moyen, on parviendra à les détruire.

Aux îles de France et de la Réunion, les pigeons sont aussi tourmentés par des espèces de punaises qui nuisent à leur multiplication; mais on les détruit en mettant dans le pigeonnier un panier que l'on remplit d'herbes quelconques; au bout de quelques jours on retire ces herbes, dans lesquelles ces insectes n'ont pas manqué de se réfugier, et on les jette au feu; par ce moyen, aussi simple qu'économique, on parvient à en délivrer les pigeons.

Les pigeons ne sont pas non plus exempts des maladies contagieuses. M. Lendormy, médecin célèbre à Amiens, a remarqué que la cause qui a ravagé, il y a quelques années, les colombiers dans les environs de Montdidier, dépendoit en partie des cendres rouges vitrioliques employées sur les terres comme engrais, et que le pigeon avaloit pour amour pour tout ce qui est salé, d'où il résulte nécessairement du désordre dans l'économie animale.

Le moyen de prévenir les maladies des pigeons consiste, nous le répétons, à maintenir dans le colombier une extrême propreté, à le laver, à le blanchir quelquefois au lait de chaux, et à n'y pas laisser séjourner trop long-temps la colombine. En un mot, tout ce qui peut prévenir le méphitisme et écarter les vermines, contribue essentiellement à conserver les pigeons dans l'état de santé et de vigueur. (Parmentier.)

APPENDICE.

Pyrotechnie. L'agent qui concourt le plus immédiatement à l'accroissement et à la prospérité de nos fabriques, c'est le feu; c'est lui qui, primitivement, exerce la plus haute influence sur les combinaisons qu'il faut pour ainsi dire créer pour les besoins de la vie; c'est lui qui modifie les productions que la nature met entre les mains de ceux qui s'occupent de la fabrication d'objets nécessaires aux arts et à la société; c'est lui enfin qui offre à l'économie domestique tant de moyens dont l'application est si généralement utile. Cependant, avec un agent aussi puissant, nous manquerions bientôt de tout, si les alimens de la combustion venoient à réduire les opérations des fabricans, et si la société avoit à compter, au nombre de ses plus fortes dépenses, celle du combustible. Déjà on s'alarme, avec juste raison, sur le prix actuel du bois; mais que seroit-ce dans quelques années, si cette augmentation étoit progressive comme elle l'a été depuis cinq à six ans? Il importe donc que ceux qui se livrent à des recherches utiles aux arts et à la société, mettent au nombre de leurs travaux les plus essentiels, tous ceux qui peuvent tendre à nous procurer les moyens de diminuer la consommation du combustible.

C'a été dans l'intention de contribuer pour ma part à perfectionner nos moyens de constructions pyrotechniques, que depuis plusieurs années je dirige mes recherches vers cet objet. J'ai successivement fait connoître les diverses observations qu'elles m'ont donné lieu de faire; mais il s'en falloit de beaucoup que je crusse le mieux que j'indiquois, comme le *nec plus ultrà* de la perfection. Je disois, au contraire, que les innovations que je proposois donneroient lieu de faire de nouvelles observations, et que celles-ci ajouteroient encore aux lumières que nous aurions alors.

C'est à l'examen de la classe des Sciences physiques et mathématiques de l'Institut national, que j'ai successivement soumis le résultat de mes observations; c'est cette savante Société qui a alimenté mon zèle par les invitations réitérées qu'elle m'a faites de continuer des recherches et des travaux qu'elle avoit jugés dignes de son approbation.

Cependant, l'art de construire les fourneaux, les cheminées et les poêles étoit encore bien éloigné du degré de perfection auquel on doit désirer qu'il arrive.

La plupart de ceux qui se livrent à ces différens genres de constructions, conduits le plus souvent par une aveugle routine, et dépourvus de connoissances physiques et chimiques suffisantes pour se rendre raison des phénomènes qui accompagnent toute espèce de combustion, négligent de prendre des précautions essentielles, qui, en assurant à leurs constructions un effet plus certain, offriroient encore l'avantage d'obtenir avec une moindre quantité de combustible, une chaleur beaucoup plus intense.

Ce qui se passe dans les lampes d'Argan et d'émailleur, a servi de base à mon travail. En examinant avec attention l'effet de ces deux lampes, j'ai reconnu que le plus grand foyer de chaleur résidoit seulement à l'extrémité du jet de la flamme, et que son intensité étoit toujours en raison de la rapidité de son jet.

Guidé

Guidé par cette simple observation, j'ai cherché à en faire l'application aux fourneaux d'évaporation, et par suite à toutes les autres espèces de constructions pyrotechniques. Les nombreux avantages que j'en ai obtenus ont confirmé la théorie que j'avois établie. Mais il me restoit encore beaucoup à faire pour empêcher que la chaleur produite ne se bornât pas à une première action; celle sur-tout que le courant d'air entraîne par les cheminées dut particulièrement fixer mon attention; car on doit être effrayé de l'immense quantité de combustible qu'il faut brûler en pure perte, pour entretenir à une température aussi élevée un courant d'air dont on peut à peine calculer la rapidité.

La condition du problème à résoudre étoit donc de n'évacuer le courant d'air, que nécessite une combustion quelconque, qu'après lui avoir enlevé une partie du calorique dont il s'est imprégné en traversant le foyer où s'opère la combustion; ce qui alors devoit réduire cette perte indispensable à son minimum, et procurer, par cela seul, une économie de combustible qu'aucune construction de ce genre n'avoit encore offerte.

Pour arriver à ce but, on conçoit combien d'obstacles durent d'abord s'opposer au succès que je me promettois d'obtenir; car la rapidité avec laquelle s'échappe un courant d'air chaud, lui laisse à peine le temps de déposer son calorique dans l'intérieur du fourneau où s'opère la combustion.

Ce fut le fourneau à réverbère, tel qu'il sert dans nos laboratoires, qui me parut fournir l'exemple le plus remarquable des défauts qu'ont presque tous les fourneaux de cette espèce, celui de perdre une chaleur presqu'égale à celle du foyer. Je conviens cependant qu'il est des opérations où il n'en peut être autrement; mais alors, cette perte doit être limitée, tandis que dans le cas dont je parle, elle ne l'est pas.

Il ne faut pas déduire, de ce que je viens d'avancer, que la rapidité avec laquelle s'opère une combustion quelconque ne soit pas une des causes qui concourent à augmenter son énergie; c'est même en accélérant l'introduction de l'air extérieur dans le foyer, qu'on augmente l'intensité de la chaleur, et qu'on détermine la combustion la plus prompte et la plus complète. Mais est-il nécessaire que la cheminée soit perpendiculaire au foyer pour augmenter l'énergie de la combustion? Je dis affirmativement, non. Il faut au contraire, à mesure que la chaleur s'élève dans l'intérieur d'un fourneau, faire rétrograder le courant d'air que transmet au dehors la cheminée; par ce moyen, on accumule le calorique dans la voûte du fourneau, l'air incandescent y est refoulé, il y circule; ce qui donne le temps au calorique d'exercer son action sur les corps qu'on y soumet.

Que l'on calcule la quantité de bois que brûlera un fourneau dont la cheminée sera perpendiculaire au foyer, avec celle que consommera celui dont la cheminée rendra le courant d'air rétrograde; certainement l'économie de combustible que procurera cette dernière sera de plus de moitié, et les effets cependant auront été les mêmes.

Voici ce qui arrive dans l'un et l'autre cas: dans le premier, la température ne peut être soutenue qu'à la faveur de beaucoup de combustible, puisqu'à mesure que la chaleur est développée, elle est aussitôt emportée par le courant d'air dont la rapidité est presque incalculable.

Dans le second cas, le courant d'air qu'on a forcé à être rétrograde, établit une pression qui se fait sentir dans tout l'intérieur du fourneau; c'est cette pression qui concentre et qui accumule le calorique, c'est elle qui règle l'énergie de la combustion; c'est elle enfin qui s'oppose à ce que le combustible se réduise en cendre aussi promptement qu'il l'est dans tous les fourneaux dont les courans ne sont pas limités.

Combien, à l'air libre, ne faudroit-il pas de combustible pour produire les mêmes effets que ceux qu'on produiroit dans un fourneau, quelque mauvais qu'il fût ?

Là, le facile accès de l'air et le courant qui s'établiroit sur tous les points du foyer, modifieroient constamment la chaleur et la combustion. On ne pourroit donc, dans une semblable circonstance, élever la température qu'aux dépens d'une quantité considérable de combustible. Eh bien! nos fourneaux à courant d'air rapide sont précisément des constructions où on ne peut élever la température qu'aux dépens de beaucoup de combustible.

Il en est de même de nos cheminées dont les tuyaux sont perpendiculaires à leurs foyers; plus on y fait de feu, et plus, dans un instant donné, l'air de dehors a d'accès dans ce foyer; circonstance qui concourt constamment à refroidir nos appartemens. C'est donc ce déplacement successif d'un air chaud par un air froid qui empêche la chaleur de s'accumuler dans nos habitations; c'est donc cette cause qui nécessite que nous brûlions beaucoup de bois, et qui nous empêche de conserver la chaleur dans l'intérieur de nos appartemens.

Comme ces sortes de constructions doivent avoir de larges ouvertures pour que leurs foyers nous transmettent la chaleur rayonnante, et pour nous faire jouir de l'agrément de voir le feu, elles ne peuvent se prêter aussi facilement que les fourneaux à faire rétrograder le courant d'air.

Cependant, comme il importoit à l'économie domestique de lui procurer les moyens d'obtenir plus de chaleur avec moins de combustible, qu'on en obtient ordinairement avec beaucoup, j'ai cherché, d'après les principes que je viens de développer, à faire rétrograder le courant d'air de nos cheminées, et à le faire circuler dans des corps qui puissent facilement transmettre le calorique dans l'intérieur des appartemens. De cette manière, je suis parvenu à économiser les trois quarts du combustible, et à faire tourner au profit de nos habitations, la presque totalité de la chaleur résultante d'une combustion quelconque.

J'ai ensuite appliqué le même principe aux poêles, et les divers systèmes de circulation que j'ai établis dans une seule colonne, produisent autant d'effet qu'on en obtiendroit avec deux poêles de même dimension, et qui consommeroient chacun le double de combustible.

On voit combien l'application d'un principe va avoir d'influence sur la perfection de toutes nos constructions pyrotechniques, et combien elle va porter loin l'économie du combustible.

La théorie que je viens d'établir peut acquérir une nouvelle force de démonstration, en faisant connoître ici les résultats de diverses expériences que j'ai faites, en présence des autorités constituées du département de la Seine, avec des poêles et des cheminées construites d'après mes principes.

Le samedi 6 pluviose an 13, à six heures du matin, un thermomètre de Chevalier, division de Réaumur, placé en dehors d'une des croisées de la chambre où se faisoient mes expériences, étoit à trois degrés et demi au dessous de glace, et ceux de l'intérieur de l'appartement étoient à six degrés au dessus de zéro. Je pesai vingt-cinq livres de bois neuf passablement sec; la longueur de chaque morceau étoit de treize à quatorze pouces; il y en avoit vingt morceaux.

Le feu fut allumé à six heures et demie; à sept heures, trois morceaux de bois qui étoient à peine consumés, avoient déjà élevé la température de l'appartement à huit degrés et demi; j'observe que l'appartement où se sont faites ces expériences, a quinze pieds et demi en carré, et dix pieds et demi de hauteur, et qu'il y a deux grandes croisées et deux portes vitrées.

A sept heures, on ajouta un quatrième morceau de bois, et à sept heures et demie la chaleur étoit à dix degrés et demi. Enfin, à huit heures, où un instant auparavant on avoit mis deux morceaux de bois pour entretenir la combustion, le thermomètre étoit à douze degrés, celui du dehors n'étoit plus alors qu'à deux degrés au dessous de glace.

Le bois qui fut brûlé les deux premières heures se trouva peser six livres et demie; ce qui faisoit environ le quart de celui qui avoit été pesé, et celui qui fut brûlé les deux heures d'ensuite ne pesa que trois livres et demie. Pour expliquer cette différence, il suffit d'observer que les deux premières heures il a fallu ajouter à la température de l'appartement, et qu'ensuite on n'a plus eu qu'à l'entretenir au même degré. La température moyenne de l'appartement fut constamment, ce jour-là, de douze degrés.

Ces expériences, qui ont été continuées pendant huit jours avec la même exactitude, m'ont donné lieu d'apprécier, d'une manière très-rigoureuse, l'économie que procure une cheminée construite d'après mes principes.

J'avois annoncé que cette économie pouvoit être des cinq huitièmes; mais l'expérience prouve au contraire qu'elle est des trois quarts, et que la chaleur des appartemens est presque double de celle qu'on obtiendroit avec trois fois plus de combustible.

Il en est de même de mes poêles; la chaleur qu'ils procurent dans l'intérieur des appartemens est double de celle qu'on obtiendroit avec les poêles ordinaires, même en y brûlant le double de combustible.

Il n'y a pas de doute que l'adoption de ces nouvelles constructions ne devienne bien favorable à l'*économie politique*, *domestique* et *manufacturière;* on ne peut donc trop insister sur la réforme de toutes nos anciennes constructions pyrotechniques; l'intérêt de tous doit la provoquer, puisque tous, nous concourons chaque jour, chaque heure, à augmenter la disette du combustible.

CURAUDAU.

Pour faire apprécier à sa juste valeur le mérite des découvertes de M. Curaudau, l'Editeur de cet Ouvrage croit devoir consigner ici le Rapport fait à l'Institut National, sur ses procédés pyrotechniques.

Extrait d'un Rapport fait à la classe des sciences physiques et mathématiques de l'Institut National, *le 22 pluviose an 13, par MM.* Berthollet *et* Guyton, *chargés d'examiner et de lui rendre compte des avantages qui résultent des* poêles *et* cheminées *de l'invention de M.* Curaudau.

Le rapporteur (M. Berthollet,) après avoir rappelé à la classe, que précédemment la même commission lui avoit rendu un compte très-favorable des avantages que réunissoient différentes constructions pyrotechniques de M. *Curaudau*, lui soumet le résultat de l'examen qu'elle a fait de ses nouveaux poêles et cheminées.

« M. Curaudau (dit le rapporteur,) » a modifié son procédé, de manière » qu'il n'est ni dispendieux ni embar» rassant. »

Il observe ensuite que la pièce où l'auteur avoit établi sa nouvelle cheminée, portoit par-tout l'empreinte de la fumée à laquelle l'ancienne avoit été sujette; et que d'après les dispositions qu'il donnoit à sa construction, elle ne laissoit échapper aucune fumée dans l'appartement : il ajoute que la combustion qui s'opéroit dans cette cheminée, étoit alimentée par une petite quantité de bois, qui y brûloit avec vivacité, et que la chaleur qui se dégageoit du combustible étoit conservée dans l'appartement; ce qui contribuoit à l'entretenir très-échauffé, avec beaucoup moins qu'une construction ordinaire n'en auroit exigé.

« Ce qui caractérise le procédé de » M. Curaudau (continue le rapporteur,) c'est 1°. qu'il sépare entièrement le foyer où se fait la combustion du tuyau qui sert à concentrer » la chaleur; ayant soin de donner » aux parois du foyer l'inclinaison la » plus propre à refléter la chaleur » rayonnante et à diriger les gaz dans » un tuyau central. Par là, la combustion s'établit promptement et se » fait avec facilité; au lieu que dans » les poêles et cheminées où l'on cherche » à concentrer la chaleur par des circonvolutions autour du foyer, on a » d'abord une grande masse à échauffer, » en sorte que l'on n'obtient que lentement l'effet de la combustion, et qu'avant que toute cette masse soit échauffée, l'on est souvent exposé à la » fumée. »

(La cheminée de M. *Curaudau* est donc exempte de ce grave inconvénient.)

« 2°. Que le système des tuyaux de » tôle, leur facile emboîtement et leur » distribution retiennent toute la chaleur, et la transmettent promptement.

» Ces tuyaux, qui servent de réservoir » à la chaleur, l'auteur les place dans » une cheminée derrière la glace, dont » il recouvre le parquet d'un tissu : par » cette disposition, la forme ordinaire » des cheminées est maintenue, et l'air » qui se trouve échauffé dans le vide, » que la glace recouvre, est continuellement déplacé et renouvelé; ce qui » donne à la construction de M. *Curaudau* l'avantage d'admettre une » glace sans qu'elle soit exposée à un » excès de chaleur.

» 3°. Que tous les appareils n'exigeant que de la tôle, leur prix est inférieur aux constructions imaginées » jusqu'à présent. »

Enfin, MM. *Berthollet* et *Guyton* citent le fait suivant comme une preuve de la perfection que l'auteur a su donner à ses poêles et cheminées.

« Nous avons vu un petit fourneau-poêle entretenu avec du bois, faire » bouillir avec activité une chaudière, » et le tuyau qui servoit de cheminée, » ouvert dans la chambre, sans qu'il » s'en exhalât aucune fumée; ce qui » prouve que tout ce qui étoit combustible produisoit son effet et étoit » consommé.

» Nous pensons donc (conclut le rapporteur,) que par une heureuse application des principes physiques de » la combustion et de la communication de la chaleur, les appareils de » M. *Curaudau* offrent des avantages » réels dans les différens emplois du » bois, dont l'économie et le bon usage » sont d'un grand intérêt pour la société. »

La classe a approuvé le rapport et en a adopté les conclusions. La minute est signée *Guyton*, et *Berthollet*, rapporteur. Certifié conforme à l'original. A Paris, le 23 pluviose an 13. Le secrétaire perpétuel de la classe, signé *Delambre*.

FIN DU TOME DOUZIEME, ET DERNIER.

Imprimé en France
FRHW011731231023
36749FR00008B/48

9 782418 033924